Vito Posca
Tiziana Fiorani

Chimica più

Dalla struttura atomica alla chimica organica

Impara con l'eBook multimediale

1 REGÌSTRATI

Vai su **my.zanichelli.it** e iscriviti come studente

2 ATTIVA IL TUO LIBRO

Nella tua area **myZanichelli**, clicca su **attiva opera** e inserisci la **chiave di attivazione** che trovi sul bollino argentato in questa pagina

3 CLICCA SULLA COPERTINA

Puoi:
- sfogliare l'**eBook online**
- **scaricarlo offline** sul tuo computer o sul tuo tablet

LOSAI? Ripassa con lo smartphone prima della verifica

1 SCARICA LA APP DA:

Scarica su App Store | DISPONIBILE SU Google Play

2 AGGIUNGI IL LIBRO

con le tue credenziali **myZanichelli** e con la **chiave di attivazione**

3 CLICCA SUL CAPITOLO

che vuoi ripassare

4 SCEGLI LA TEORIA O IL TEST

Trovi:
- **sintesi di capitolo** per rivedere la teoria
- **esercizi** per metterti alla prova

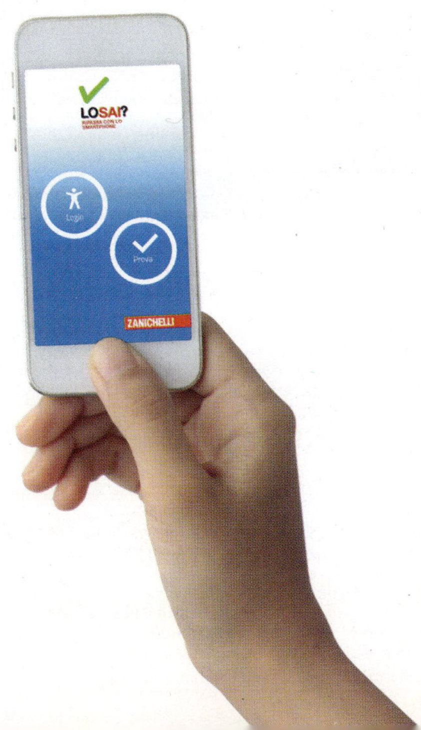

Realizzazione editoriale:
- Coordinamento redazionale: Martina Mugnai, Lara Rossi
- Redazione: Lara Rossi; Martina Mugnai; il Nove, Bologna
- Contributi redazionali: Sonia Serra
- Segreteria di redazione: Deborah Lorenzini, Rossella Frezzato
- Progetto grafico: Chialab srl, Bologna
- Composizione e impaginazione: Preparé Italia, Battipaglia (SA); Publi&Stampa Sas, Conselice (RA)
- Ricerca iconografica: Lara Rossi, Martina Mugnai
- Ufficio iconografico: Claudia Patella, Chiara Presepi
- Disegni: Grafie di Luca Tible
- Correzione bozze e rilettura testi: il Nove, Bologna
- Indice analitico: il Nove, Bologna

Contributi:
- Rilettura critica: Chiara Gedressi, Claudia Mirri
- Risoluzione esercizi: il Nove, Bologna
- Stesura schede *Per saperne di più* e *Chimica verde*: Giulia Pavarelli

Le fonti delle illustrazioni si trovano online nel sito online.zanichelli.it/poscafioranichimica

Copertina:
- Progetto grafico: Miguel Sal & C., Bologna
- Ideazione: Studio 8vo, Bologna
- Realizzazione: Roberto Marchetti e Francesca Ponti
- Immagine di copertina: Artwork Studio 8vo, Bologna

Prima edizione: marzo 2017

Ristampa: **prima tiratura**

5 4 3 2 1 2017 2018 2019 2020 2021

Zanichelli garantisce che le risorse digitali di questo volume sotto il suo controllo saranno accessibili, a partire dall'acquisto dell'esemplare nuovo, per tutta la durata della normale utilizzazione didattica dell'opera. Passato questo periodo, alcune o tutte le risorse potrebbero non essere più accessibili o disponibili: per maggiori informazioni, leggi my.zanichelli.it/fuoricatalogo

File per sintesi vocale
L'editore mette a disposizione degli studenti non vedenti, ipovedenti, disabili motori o con disturbi specifici di apprendimento i file pdf in cui sono memorizzate le pagine di questo libro. Il formato del file permette l'ingrandimento dei caratteri del testo e la lettura mediante software screen reader. Le informazioni su come ottenere i file sono sul sito http://www.zanichelli.it/scuola/bisogni-educativi-speciali

Grazie a chi ci segnala gli errori
Segnalate gli errori e le proposte di correzione su **www.zanichelli.it/correzioni**. Controlleremo e inseriremo le eventuali correzioni nelle ristampe del libro. Nello stesso sito troverete anche l'errata corrige, con l'elenco degli errori e delle correzioni.

Zanichelli editore S.p.A. opera con sistema qualità
certificato CertiCarGraf n. 477
secondo la norma UNI EN ISO 9001:2008

Questo libro è stampato su carta che rispetta le foreste.
www.zanichelli.it/la-casa-editrice/carta-e-ambiente/

Stampa: Grafica Ragno
Via Lombardia 25, 40064 Tolara di Sotto, Ozzano Emilia (Bologna)
per conto di Zanichelli editore S.p.A.
Via Irnerio 34, 40126 Bologna

Realizzazione eBook:

- Redazione: Simona Vannini
- Segreteria di redazione: Deborah Lorenzini, Rossella Frezzato
- Progettazione esecutiva e sviluppo software: duDAT srl, Bologna, Chialab srl, Bologna

Video ClipLab
- Coordinamento redazionale: Matteo Fornesi
- Produzione: Vertical Film/I4Gatti srl
- Progetto e sceneggiature: Mauro Mennuni
- Supervisione scientifica: Franco Bagatti, Elis Corradi, Alessandro Desco, Claudia Ropa (chimica), Giovanni Pezzi (fisica)
- Regia: Francesco Dafano
- Speaker: WPS MULTIMEDIA, Roma

Video OpenLab
- Coordinamento redazionale: Martina Mugnai
- Produzione: formicablu srl, Bologna
- Sceneggiatura: OpenLab, Università di Firenze
- Supervisione scientifica: Antonella Salvini, Annamaria Papini, Università di Firenze
- Regia: Francesca Conti, formicablu srl, Bologna

Animazioni
- Coordinamento redazionale: Matteo Fornesi
- Supervisione scientifica: Franco Bagatti, Elis Corradi, Alessandro Desco, Claudia Ropa
- Realizzazione multimediale: Infmedia srl
- Speaker: Bruno Schirripa

Videolezioni
- Sceneggiatura, regia e narrazione: Christian Biasco, http://biasco.ch
- Testi e supervisione scientifica: Ludovico De Padova, Giorgia Messori
- Coordinamento redazionale e redazione: Martina Mugnai
- Musica: Riccardo Turchini

Video *Come si fa?*
- Coordinamento redazionale: Martina Mugnai
- Produzione: formicablu srl, Bologna
- Sceneggiatura e supervisione scientifica: Tiziana Fiorani
- Riprese: Carlo Gardini, Parma

Video *LabOr*
- Coordinamento redazionale: Martina Mugnai
- Produzione: formicablu srl, Bologna
- Sceneggiatura e supervisione scientifica: Opificio Golinelli, Bologna
- Regia: Giulia Rocco, formicablu srl, Bologna
- Attore: Chrisiani

Tavola periodica interattiva
- Ideazione e redazione: Martina Mugnai, Beppe Chia, Manuel Zanettin, Edoardo Cavazza
- Progetto generale, interfaccia grafica e sviluppo: Chialab srl, Bologna
- Stesura tesi: Massimo Dellavalle, Laura Moroni
- Consulenza e revisione: Massimo Dellavalle, Elisa Zini

SOMMARIO

10 LA CONFIGURAZIONE ELETTRONICA DEGLI ATOMI

1. I limiti del modello planetario di Rutherford e il modello atomico di Bohr 233
PER SAPERNE DI PIÙ La doppia natura della luce 234
2. Il modello atomico di Bohr per l'atomo di idrogeno 236
3. Per il principio di indeterminazione l'orbita dell'elettrone non si può definire 237
4. Gli orbitali atomici esprimono la probabilità di trovare l'elettrone in una regione dello spazio intorno al nucleo 238
5. I numeri quantici definiscono la dimensione e l'energia, la forma e l'orientamento degli orbitali atomici 238
6. La forma degli orbitali atomici è definita dal numero quantico secondario 240
7. Il numero quantico di spin definisce il moto di rotazione dell'elettrone 242
8. Il principio di esclusione di Pauli definisce il numero di elettroni in un orbitale 243
9. L'energia degli orbitali aumenta con i valori di *n* e di *l* 244
10. L'ordine di riempimento degli orbitali è definito da tre principi 246
11. La configurazione elettronica è la disposizione degli elettroni negli orbitali di un atomo 247
LABORATORIO Saggi di colorazione alla fiamma 250
FACCIAMO IL PUNTO 250
ESERCIZI 251

IN DIGITALE
La tavola periodica interattiva
APPROFONDIMENTO
Storia della chimica: Neils Bohr
LO SAI? RIPASSA CON LO SMARTPHONE
ZTE 20 esercizi interattivi

11 LA TAVOLA PERIODICA DEGLI ELEMENTI

1. Nella tavola di Mendeleev le proprietà degli elementi variano con la massa atomica 255
2. Nel sistema periodico le proprietà degli elementi variano con il numero atomico 257
PER SAPERNE DI PIÙ Eccezioni alla legge periodica 257
3. Il sistema periodico è costituito da sette periodi e diciotto gruppi 258
PER SAPERNE DI PIÙ La chimica dello smartphone 260
4. La configurazione elettronica esterna nello stato fondamentale è definita dal numero del gruppo 261
5. Le proprietà periodiche degli elementi sono distinte in fisiche e chimiche 263
6. Il raggio atomico diminuisce lungo un periodo e aumenta lungo un gruppo 264
7. L'energia di ionizzazione aumenta in un periodo e diminuisce in un gruppo 265
8. L'affinità elettronica è bassa negli alcalini e alta negli alogeni 269
9. L'elettronegatività aumenta in un periodo e diminuisce in un gruppo 271
10. Gli elementi si classificano in metalli, non metalli e semimetalli 272
11. Il carattere metallico diminuisce in un periodo e aumenta in un gruppo 275
LABORATORIO Proprietà chimiche dei metalli alcalini e alcalino-terrosi 276
LABORATORIO Proprietà fisiche dei metalli e dei non metalli 276
FACCIAMO IL PUNTO 277
ESERCIZI 278
Sei pronto per la verifica? 284

IN DIGITALE
La tavola periodica interattiva
APPROFONDIMENTI
Storia della chimica: Dmitrij Ivanovič Mendeleev
Storia della chimica: Stanislao Cannizzaro
Gli elementi della vita
ANIMAZIONI
La tavola periodica
Energia di ionizzazione e livelli energetici
LO SAI? RIPASSA CON LO SMARTPHONE
ZTE 20 esercizi interattivi

12 I LEGAMI CHIMICI

1. I legami chimici sono forze attrattive tra atomi o tra molecole 285
2. La configurazione elettronica dell'ottetto è stabile 286
3. I legami chimici sono distinti in ionico, covalente e metallico 287
4. Il legame ionico si forma tra atomi di metalli e atomi di non metalli 288
5. Il legame covalente si forma tra atomi di non metalli uguali o diversi 291
6. Il legame covalente omopolare o puro si forma tra atomi dello stesso non metallo 292
7. Il legame covalente eteropolare o polare si forma tra atomi diversi di non metalli 295
8. Nel legame covalente dativo gli elettroni di legame sono forniti da un solo atomo 298

PER SAPERNE DI PIÙ La lunghezza e la forza del legame covalente 301

9. Il tipo di legame dipende dalla differenza di elettronegatività tra due atomi 302
10. Il legame metallico si forma tra atomi dello stesso metallo 304
11. I legami chimici secondari sono distinti in interazioni intermolecolari e ione-dipolo 303
12. Il legame a idrogeno 307
13. Le proprietà dell'acqua 310

FACCIAMO IL PUNTO 312

ESERCIZI 313

IN DIGITALE

La tavola periodica interattiva

APPROFONDIMENTO
La conducibilità in un acquario

ANIMAZIONI
Il legame chimico e il legame metallico
Il legame covalente

LO SAI? RIPASSA CON LO SMARTPHONE

ZTE 20 esercizi interattivi

13 LA GEOMETRIA DELLE MOLECOLE

1. L'ibridazione prevede la combinazione di orbitali atomici 317
2. Esistono diversi tipi di ibridazione degli orbitali 318
3. L'atomo di carbonio si può ibridare *sp*, sp^2, sp^3 321
4. Le formule di struttura indicano come sono disposti gli atomi 322
5. La risonanza: più formule di Lewis per una stessa molecola 325
6. La teoria VSEPR definisce la geometria delle molecole 326
7. La polarità delle molecole dipende da ΔE_n e dalla geometria 329

LABORATORIO Polarità delle molecole 331

FACCIAMO IL PUNTO 331

ESERCIZI 332

Sei pronto per la verifica? 336

IN DIGITALE

LO SAI? RIPASSA CON LO SMARTPHONE

ZTE 20 esercizi interattivi

14 LE PROPRIETÀ DELLE SOLUZIONI

1. La tendenza al massimo disordine spinge i soluti a disciogliersi nei solventi 337
2. Un soluto si scioglie in un solvente se è simile al solvente 338
3. La solubilità di solidi e liquidi in acqua dipende dalla temperatura e dalla natura del soluto 339

LABORATORIO Miscibilità dei liquidi 343

4. La solubilità di un gas in acqua dipende anche dalla pressione 344
5. L'acqua dissocia i solidi ionici e dissolve i solidi molecolari polari 347
6. La concentrazione delle soluzioni indica la quantità di soluto 348
7. Come diluire le soluzioni concentrate 353
8. Le proprietà colligative dipendono dal numero di particelle di soluto 354
9. L'abbassamento della tensione di vapore 356

IN DIGITALE

APPROFONDIMENTI
Storia della chimica: Jacobus Henricus van't Hoff
Il tasso alcolemico

VIDEO IN LABORATORIO
Dissoluzione del solfato rameico anidro
Dissoluzione e concentrazione di una soluzione
La preparazione di una soluzione

10. L'innalzamento del punto di ebollizione 358
11. L'abbassamento del punto di congelamento 360
12. La pressione osmotica 360
FACCIAMO IL PUNTO 364
ESERCIZI 365
Sei pronto per la verifica? 372

VIDEOLEZIONE
Preparare, usare e diluire una soluzione con una data concentrazione

LO SAI? RIPASSA CON LO SMARTPHONE

ZTE 20 esercizi interattivi

15 LA NOMENCLATURA

1. Il numero di ossidazione e le regole per calcolarlo 373
2. Come scrivere le formule dei composti a partire dai numeri di ossidazione 376
3. La IUPAC fissa le regole della nomenclatura sistematica 376
4. La nomenclatura dei composti binari 379
5. I composti binari dell'ossigeno sono gli ossidi, i perossidi e i superossidi 382
6. I composti binari dell'idrogeno sono gli idruri 386
7. I sali binari sono formati da un metallo e da un non metallo 387
8. Gli idrossidi sono composti ternari formati da un catione e dallo ione idrossido 389
9. Gli ossoacidi sono formati da idrogeno, non metallo e ossigeno 390
10. Gli ossoanioni si formano dagli ossoacidi che rilasciano H^+ 393
11. I sali degli ossoacidi sono costituiti da cationi metallici e ossoanioni 395
12. I composti del cromo e del manganese 397
PER SAPERNE DI PIÙ La nomenclatura in un'etichetta 398
FACCIAMO IL PUNTO 399
ESERCIZI 400

IN DIGITALE

La tavola periodica interattiva

APPROFONDIMENTO
Dal *nomenclator* alla IUPAC

VIDEOLEZIONE
Assegnare i numeri di ossidazione

LO SAI? RIPASSA CON LO SMARTPHONE

ZTE 20 esercizi interattivi

16 LE REAZIONI CHIMICHE

1. Le reazioni si rappresentano attraverso le equazioni chimiche 405
2. Il bilanciamento delle reazioni osserva la legge di conservazione della massa 406
3. Esistono diversi tipi di reazioni chimiche 408
4. L'equazione ionica netta evidenzia gli ioni che partecipano alla reazione 415
5. La stechiometria descrive gli aspetti quantitativi delle reazioni 417
6. Stabilire le quantità di reagenti e prodotti in una reazione 418
7. Il reagente limitante determina la quantità dei prodotti di una reazione 419
8. La resa di una reazione è la quantità di prodotto che si forma 421
CHIMICA VERDE *Green chemistry*: la chimica sostenibile 423
LABORATORIO Reazioni chimiche 425
FACCIAMO IL PUNTO 425
ESERCIZI 426
Sei pronto per la verifica? 432

IN DIGITALE

VIDEO: COME SI FA?
Manipolare i reagenti chimici

VIDEO IN LABORATORIO
Combustione di un nastro di magnesio / Reazione del potassio in acqua / Raccolta dell'idrogeno gassoso / Precipitazione dello ioduro di piombo / Precipitazione del bromuro di piombo

ANIMAZIONE
Il bilanciamento di una reazione chimica

VIDEOLEZIONE
Bilanciare le equazioni chimiche (non redox)
Determinare il reagente limitante e la resa di una reazione

LO SAI? RIPASSA CON LO SMARTPHONE

ZTE 20 esercizi interattivi

17 LA TERMODINAMICA E LA TERMOCHIMICA

1. L'energia nelle reazioni chimiche si trasforma 433
2. Il calore di reazione è energia termica liberata o assorbita da una reazione 435
3. Il primo principio della termodinamica definisce la variazione di energia interna 438
4. L'entalpia è l'energia totale di un sistema 439

PER SAPERNE DI PIÙ L'entalpia nei viventi 447

5. Il secondo principio della termodinamica e il massimo disordine 447
6. L'entropia è una misura del grado di disordine di un sistema 448

PER SAPERNE DI PIÙ L'entropia nei viventi 448

7. La spontaneità di una reazione dipende dalla variazione di energia libera 451

LABORATORIO Reazioni esotermiche ed endotermiche 455

FACCIAMO IL PUNTO 455

ESERCIZI 456

IN DIGITALE

ANIMAZIONE
Equilibrio termico ed energia termica

APPROFONDIMENTI
CO_2 e riscaldamento globale / La termodinamica nell'industria

VIDEO IN LABORATORIO
Reazioni esotermiche ed endotermiche

LO SAI? RIPASSA CON LO SMARTPHONE

ZTE 20 esercizi interattivi

18 LA CINETICA CHIMICA

1. Il fattore tempo è determinante per il decorso delle reazioni chimiche 461

PER SAPERNE DI PIÙ Determinazione sperimentale della velocità di reazione 464

2. La teoria delle collisioni: in una reazione atomi e molecole si urtano 464
3. Il complesso attivato: uno stato di transizione con energia potenziale maggiore di quella dei reagenti 466
4. La velocità di reazione dipende da diversi fattori 468
5. Velocità di reazione e concentrazione dei reagenti sono legati dall'equazione cinetica 470

PER SAPERNE DI PIÙ Il meccanismo di reazione 474

PER SAPERNE DI PIÙ Gli enzimi: catalizzatori biologici 477

LABORATORIO Velocità di reazione 478

PER SAPERNE DI PIÙ Gli enzimi per il restauro *green* 479

FACCIAMO IL PUNTO 479

ESERCIZI 480

IN DIGITALE

APPROFONDIMENTO PDF
La catalisi nell'industria

VIDEO IN LABORATORIO
Clock reactions: reazioni a tempo

LO SAI? RIPASSA CON LO SMARTPHONE

ZTE 20 esercizi interattivi

19 L'EQUILIBRIO CHIMICO

1. Le reazioni chimiche possono essere irreversibili o reversibili 485
2. Le reazioni reversibili raggiungono l'equilibrio 487
3. La costante di equilibrio fornisce informazioni qualitative e quantitative 493
4. Il verso di svolgimento di una reazione chimica è definito dal quoziente di reazione 494

PER SAPERNE DI PIÙ La relazione tra la variazione di energia libera e la costante di equilibrio 499

IN DIGITALE

ANIMAZIONE
Lo stato di equilibrio

LABORATORIO
Il principio di Le Châtelier

5. Il principio di Le Châtelier definisce la posizione dell'equilibrio quando cambiano le condizioni del sistema 499
PER SAPERNE DI PIÙ La reazione reversibile tra l'emoglobina e l'ossigeno 504
6. La presenza di un catalizzatore in un sistema all'equilibrio 505
7. Nelle reazioni a completamento l'equilibrio è spostato a destra 506
FACCIAMO IL PUNTO 507
ESERCIZI 508
Sei pronto per la verifica? 514

VIDEOLEZIONE
Determinare la costante di equilibrio in fase gassosa
LO SAI? RIPASSA CON LO SMARTPHONE
ZTE 20 esercizi interattivi

20 GLI ACIDI E LE BASI

1. La reazione di dissociazione ionica consiste nella formazione di ioni di carica opposta 515
2. I composti che in acqua si dissociano in ioni sono elettroliti 517
3. Gli acidi e le basi si identificano per le diverse proprietà 519
PER SAPERNE DI PIÙ Acidi e basi nei viventi 520
4. La teoria di Arrhenius: gli acidi in acqua liberano ioni H^+, le basi ioni OH^- 521
5. La teoria di Brønsted-Lowry: gli acidi cedono protoni, le basi accettano protoni 522
6. Nella reazione di protolisi si trasferisce un protone 523
7. I composti anfoteri possono comportarsi sia da acidi sia da basi 525
PER SAPERNE DI PIÙ Grotte, gusci e gas serra 526
8. Gli acidi si classificano in forti e deboli secondo la loro tendenza a cedere protoni 527
9. Le basi si classificano in forti e deboli secondo la loro tendenza ad accettare protoni 529
10. I valori di K_a e K_b sono legati dal prodotto ionico dell'acqua 533
11. La teoria di Lewis: gli acidi accettano un doppietto elettronico, le basi lo condividono 534
LABORATORIO Costante di dissociazione di un acido debole 536
FACCIAMO IL PUNTO 536
ESERCIZI 537

IN DIGITALE
LO SAI? RIPASSA CON LO SMARTPHONE
ZTE 20 esercizi interattivi

21 GLI EQUILIBRI IN SOLUZIONE ACQUOSA

1. L'acqua dà origine a una reazione di autoionizzazione 543
2. Le soluzioni possono essere acide, neutre o basiche 546
3. Acidi e basi si neutralizzano a vicenda 554
PER SAPERNE DI PIÙ Le curve di titolazione di acidi e di basi forti 560
4. Anche un sale in acqua può determinare la variazione del pH 561
5. Le soluzioni tampone si oppongono alle variazioni di pH 565
PER SAPERNE DI PIÙ Le soluzioni tampone nel sangue 566
6. Il prodotto di solubilità regola gli equilibri dei sali poco solubili 570
LABORATORIO Soluzione tampone 576
FACCIAMO IL PUNTO 576
ESERCIZI 577
Sei pronto per la verifica? 584

IN DIGITALE
APPROFONDIMENTI
Le curve di titolazione di acidi e basi deboli
La costante di idrolisi
LABORATORIO
Costruzione di una scala cromatica del pH / Reazione di neutralizzazione / Titolazione acido-base / Idrolisi salina / Soluzione tampone
VIDEO IN LABORATORIO
Estraiamo un indicatore ... dal cavolo rosso
La titolazione acido-base
VIDEOLEZIONE
Calcolare il pH di una soluzione
LO SAI? RIPASSA CON LO SMARTPHONE
ZTE 20 esercizi interattivi

22 LE REAZIONI DI OSSIDO-RIDUZIONE

1. Le ossido-riduzioni comportano la variazione del numero di ossidazione degli elementi coinvolti nella reazione 585
2. Una reazione di ossido-riduzione è costituita da due semireazioni: l'ossidazione e la riduzione 586
3. I riducenti si ossidano e gli ossidanti si riducono 588
4. Nel bilanciamento delle reazioni redox si deve conservare non solo la massa ma anche la carica 589
5. Una reazione di dismutazione è una redox in cui lo stesso elemento si ossida e si riduce 594

PER SAPERNE DI PIÙ Gli equivalenti nelle reazioni di ossido-riduzione 597

6. La tendenza di un elemento alla riduzione o all'ossidazione dipende dal tipo di ione con cui reagisce 597

LABORATORIO Costruzione di una scala di riduzione 600

FACCIAMO IL PUNTO 600

ESERCIZI 601

IN DIGITALE

VIDEO IN LABORATORIO
Le reazioni di ossido-riduzione
Dimmi di che colore sei e ti dirò in che ambiente stai

VIDEOLEZIONI
Assegnare i numeri di ossidazione
Identificare le reazioni di ossido-riduzione (redox)
Bilanciare le redox con il metodo del trasferimento degli elettroni
Scrivere le reazioni redox in forma ionica
Bilanciare le redox con il metodo delle semireazioni

LO SAI? RIPASSA CON LO SMARTPHONE

ZTE 20 esercizi interattivi

23 L'ELETTROCHIMICA

1. Le pile trasformano l'energia chimica in energia elettrica 605
2. La pila Daniell è costituita da un elettrodo di rame e da uno di zinco 606

PER SAPERNE DI PIÙ La forza elettromotrice di una pila e la variazione di energia libera sono in relazione tra loro 609

3. Il potenziale standard di riduzione misura la tendenza a ridursi di un elettrodo 610
4. La serie elettrochimica è l'insieme dei valori dei potenziali standard di riduzione degli elementi 612

PER SAPERNE DI PIÙ La corrosione dei metalli 617

5. L'equazione di Nernst permette di calcolare i potenziali di riduzione in condizioni non standard 618
6. Le celle elettrolitiche trasformano l'energia elettrica in energia chimica 619
7. L'elettrolisi in soluzione acquosa origina vari prodotti 621
8. Per l'elettrolisi dell'acqua si deve aggiungere un elettrolita forte 622
9. Le leggi di Faraday: relazione tra le quantità di corrente e di sostanza nella cella elettrolitica 624

PER SAPERNE DI PIÙ Applicazioni industriali dell'elettrolisi 627

FACCIAMO IL PUNTO 628

ESERCIZI 629

Sei pronto per la verifica? 634

IN DIGITALE

APPROFONDIMENTI
Le pile alcaline e a bottone sono irreversibili
Gli accumulatori sono pile reversibili
Storia della chimica: Michael Faraday

CHIMICA VERDE
Gli accumulatori al litio per l'energia sostenibile

LABORATORIO
Celle elettrochimiche
Elettrolisi in soluzione acquosa

LO SAI? RIPASSA CON LO SMARTPHONE

ZTE 20 esercizi interattivi

24 LA RADIOATTIVITÀ E L'ENERGIA NUCLEARE

1. I nuclei instabili emettono radiazioni nucleari 635
2. Esistono diverse forme di decadimento radioattivo 638

PER SAPERNE DI PIÙ Bonificare_ il radon-222 643

3. Gli isotopi radioattivi hanno numerosi impieghi in ambito scientifico 645

PER SAPERNE DI PIÙ La radiodatazione con il carbonio-14 646

4. Il difetto di massa corrisponde all'energia liberata per formare un nucleo atomico 647
5. La fissione e la fusione nucleare rendono i nuclei più stabili e liberano energia 648

FACCIAMO IL PUNTO 651

ESERCIZI 652

Sei pronto per la verifica? 656

IN DIGITALE
La tavola periodica interattiva
APPROFONDIMENTO
Storia della chimica: Marie Sklodowska Curie
LO SAI? RIPASSA CON LO SMARTPHONE
ZTE 20 esercizi interattivi

A1 CHIMICA ORGANICA: UNA VISIONE D'INSIEME

1. I composti organici sono i composti del carbonio A1
2. Le caratterstiche dell'atomo di carbonio A2
3. I composti organici si rappresentano con diverse formule A5
4. Gli isomeri: stessa formula ma diversa struttura A6
5. Gli isomeri di struttura hanno una sequenza diversa degli atomi A6
6. Gli stereoisomeri hanno diversa disposizione spaziale A8
7. Le proprietà fisiche dipendono dai legami intermolecolari A14
8. La reattività dipende dai gruppi funzionali A15

FACCIAMO IL PUNTO A22

ESERCIZI A23

IN DIGITALE
La tavola periodica interattiva
VIDEO
Chiralità e stereoisomeria
LO SAI? RIPASSA CON LO SMARTPHONE
ZTE 20 esercizi interattivi

A2 GLI IDROCARBURI

1. Gli idrocarburi sono costituiti da carbonio e idrogeno A27
2. Negli alcani il carbonio è ibridato sp^2 A28
3. La formula molecolare e la nomenclatura degli alcani A29

PER SAPERNE DI PIÙ Petrolio: energia e industria A34

4. L'isomeria conformazionale degli alcani A35
5. Le proprietà fisiche degli alcani A36
6. Le reazioni degli alcani A37

PER SAPERNE DI PIÙ Il cracking A37

CHIMICA VERDE Biodiesel: un combustibile da fonti rinnovabili A38

7. La formula molecolare e la nomenclatura dei cicloalcani A40
8. Isomeria nei cicloalcani: di posizione e geometrica A40
9. Le proprietà fisiche e la conformazione dei cicloalcani A42
10. Le reazioni dei cicloalcani A44
11. Negli alcheni il carbonio è ibridato sp^2 A45
12. La formula molecolare e la nomenclatura degli alcheni A46
13. L'isomeria negli alcheni: di posizione, di catena e geometrica A47

IN DIGITALE
La tavola periodica interattiva
VIDEO
L'ibridazione dell'atomo di carbonio
La nomenclatura degli idrocarburi alifatici
Aromaticità
VIDEO: LabOr
Alcani e cicloalcani
Alcheni
LO SAI? RIPASSA CON LO SMARTPHONE
ZTE 20 esercizi interattivi

14. Le proprietà fisiche e la reattività degli alcheni A49
15. Il carbonio negli alchini è ibridato *sp* A54
16. La formula molecolare e la nomenclatura degli alchini A55
17. Isomeria negli alchini: di posizione e di catena A56
18. Le proprietà fisiche e chimiche degli alcheni A57
19. Le reazioni degli alchini: combustione e addizione al triplo legame A58
20. Il benzene è un anello di elettroni delocalizzati A61
21. Gli idrocarburi aromatici monociclici sono anelli benzenici con uno o più sostituenti A61
22. La molecola del benzene è un ibrido di risonanza A63
23. Il benzene dà reazioni di sostituzione elettrofila A65
24. Gli idrocarburi aromatici policiclici sono un insieme di anelli A68
LA NOSTRA SALUTE Come si formano gli idrocarburi policiclici aromatici A69
25. I composti aromatici eterociclici sono costituiti da anelli contenenti eteroatomi A71
PER SAPERNE DI PIÙ Le condizioni di aromaticità A72
26. Gli aromatici eterociclici svolgono un importante ruolo biologico A72
FACCIAMO IL PUNTO A74
ESERCIZI A75
Sei pronto per la verifica? A82

A3 I DERIVATI DEGLI IDROCARBURI

1. I derivati degli idrocarburi si suddividono in alogenati, ossigenati e azotati A83
2. Gli alogenuri alchilici contengono atomi di alogeni A84
3. Le proprietà fisiche degli alogenuri alchilici A86
4. Le reazioni di sostituzione nucleofila e di eliminazione A86
CHIMICA VERDE I composti organoclorurati: dal DDT ai pesticidi naturali A90
5. Gli alcoli contengono il gruppo ossidrile A92
6. La sintesi degli alcoli A94
PER SAPERNE DI PIÙ Il mentolo: un alcol chirale A95
7. Le proprietà fisiche degli alcoli A96
8. Le proprietà chimiche degli alcoli A97
9. Le reazioni degli alcoli A98
10. I polioli presentano più gruppi ossidrile A100
11. Negli eteri un atomo di ossigeno è legato a due gruppi organici A101
12. Le proprietà fisiche degli eteri A102
13. Le reazioni degli eteri A102
14. Gli epossidi sono eteri ciclici A103
15. Nei fenoli il gruppo ossidrilico è legato a un anello benzenico A103
CHIMICA VERDE MTBE: l'etere per la benzina senza piombo A104
16. Le proprietà fisiche e chimiche dei fenoli A106
17. Le reazioni dei fenoli A107
18. Le aldeidi e i chetoni contengono il gruppo carbonile A107
PER SAPERNE DI PIÙ Tautomeria cheto-enolica A110
19. La sintesi delle aldeidi e dei chetoni A111
20. Le proprietà fisiche delle aldeidi e dei chetoni A111
21. Le reazioni delle aldeidi e dei chetoni A112
PER SAPERNE DI PIÙ L'aroma di vaniglia A113
22. Gli acidi carbossilici contengono due gruppi funzionali A117
23. La sintesi degli acidi carbossilici A118
24. Le proprietà fisiche e chimiche degli acidi carbossilici A119
LA NOSTRA SALUTE FANS: farmaci antinfiammatori non steroidei A122

IN DIGITALE

VIDEO: LabOr
Gli alcoli
Alcoli primari, secondari e terziari
Fenoli
Aldeidi e chetoni
Distinguere aldeidi e chetoni
Acidi carbossilici
Esteri
Cromatografia a scambio ionico
Ammine
Ammine primarie, secondarie e terziarie

LO SAI? RIPASSA CON LO SMARTPHONE

ZTE 20 esercizi interattivi

25. Le reazioni delgi acidi carbossilici A123
26. Negli esteri l'ossidrile è sostituito dal gruppo alcossido A123
27. La sintesi degli esteri A124
28. Le reazioni degli esteri A125
29. Nelle ammidi l'ossidrile è sostituito dal gruppo amminico A125
30. La sintesi e le reazioni delle ammidi A127
31. Acidi carbossilici polifunzionali A127
PER SAPERNE DI PIÙ La sintesi dell'urea e l'industria dei fertilizzanti A128
32. Le ammine possono essere considerate derivati dell'ammoniaca A131
33. Le proprietà fisiche, chimiche e la reattività delle ammine A133
LA NOSTRA SALUTE Le amfetamine: da farmaci a stupefacenti A136
34. I polimeri sono macromolecole formate da monomeri A137
35. Le reazioni di polimerizzazione A138
36. Le proprietà fisiche dei polimeri A142
37. L'importanza dei polimeri nell'industria e in natura A143
PER SAPERNE DI PIÙ Le configurazioni R e S degli enantiomeri A144
FACCIAMO IL PUNTO A146
ESERCIZI A147
Sei pronto per la verifica? A157
Sei pronto per la verifica? A158
PER SAPERNE DI PIÙ Nanotecnologie: che cosa possono fare le nanoparticelle A159
CHIMICA VERDE Da rifiuti a risorse: le biomasse A160

CHEMISTRY HIGHLIGHTS Periodic properties 1
Indice analitico 9

In aggiunta, è disponibile **IN DIGITALE** la **PROVA ESPERTA** La chimica della carta.

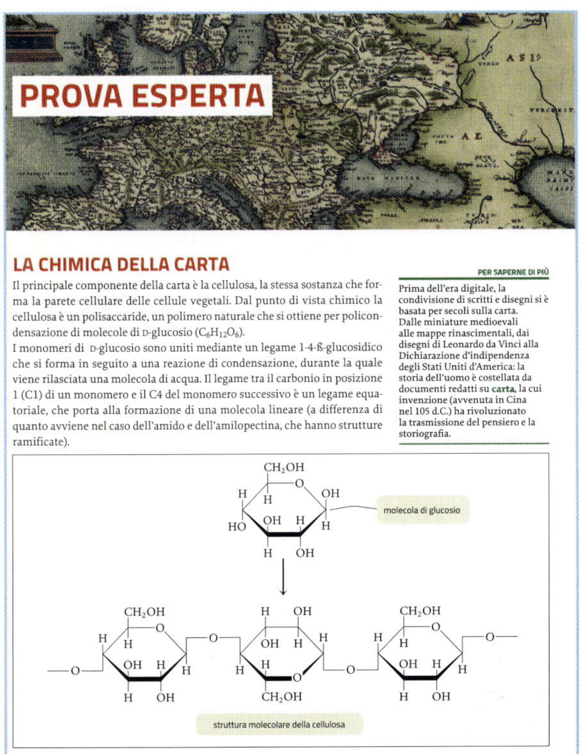

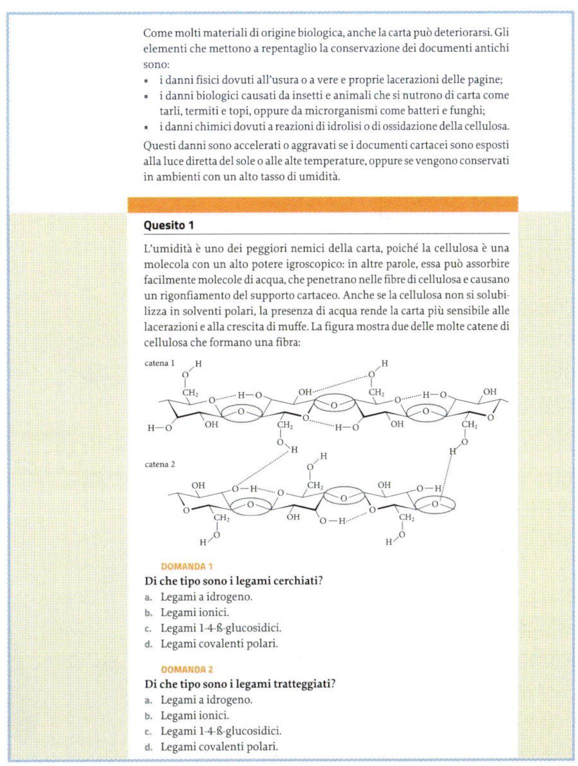

COME ORIENTARSI NEL LIBRO

SU CARTA

PROBLEMI MODELLO

Problemi svolti per ragionare come un chimico. I problemi modello sono seguiti da *Problemi simili*, per mettersi subito alla prova.

Per esempio, 13 problemi modello di Chimica Organica per:

1. Determinare il n.o. del carbonio nei composti organici
2. Rappresentare le formule dei composti organici
3. Riconoscere i tipi di isomeria
4. Nominare gli alcani
5. Nominare i cicloalcani
6. Rappresentare le formule razionali
7. Rappresentare le reazioni degli alcheni
8. Rappresentare gli isomeri
9. Rappresentare le reazioni di sintesi dei derivati del benzene
10. Rappresentare le formule razionali degli alogenuri alchilici
11. Rappresentare le formule razionali degli alcoli
12. Rappresentare le reazioni delle aldeidi e dei chetoni
13. Giustificare l'acidità degli acidi organici

BOX

Ti ricordi?
Per richiamare alla memoria i concetti fondamentali della chimica.
Per esempio, cap. A1 pag. A3

A colpo d'occhio
Mappe sintetiche per organizzare i concetti della teoria.
Per esempio, cap. 22 pag. 588

Le parole
Per riflettere sull'etimologia dei termini scientifici.
Per esempio, cap. A2 pag. A42

SCHEDE

Per saperne di più
Approfondimenti che stimolano ad andare oltre il testo.
Per esempio, La chimica dello smartphone, cap. 11 pag. 260

La nostra salute
Schede per capire come i composti organici interagiscono con il nostro organismo.
Per esempio, FANS: farmaci antinfiammatori non steroidei, cap. A3 pag. A122

La chimica verde
Focus sulla chimica sostenibile: un nuovo modo di fare scienza.
Per esempio, Biodiesel: un combustibile da fonti rinnovabili, cap. A2 pag. A38

FACCIAMO IL PUNTO

Sintesi di fine capitolo per fissare i concetti-chiave.
Per esempio, cap. A3 pag 146

ESERCIZI DI FINE CAPITOLO

Per esempio, cap. 18 pag. 480

- Verifica le tue conoscenze
- Verifica le tue abilità
- Test yourself
- Verso l'università
- Verso l'esame: le tue competenze

SEI PRONTO PER LA VERIFICA? IN 1 ORA

Allenati con una prova generale della verifica da svolgere in un'ora, con il punteggio per autovalutarti.
Per esempio, pag. A157 e A158

IN DIGITALE

VIDEO

Per capire meglio
Video per comprendere i concetti alla base della chimica.
Per esempio: Chiralità e stereoisomeria

LabOr: il laboratorio di chimica organica
Video per capire la reattività dei composti organici. Vengono proposti i saggi classici della chimica organica, spesso difficili da realizzare in un laboratorio scolastico.
Per esempio: Distinguere aldeidi e chetoni

LO SAI?

LO SAI? RIPASSA CON LO SMARTPHONE

Ripassa con lo smartphone prima di una verifica con sintesi di capitolo per rivedere la teoria e batterie di test per metterti alla prova.

ESERCIZI INTERATTIVI SU ZTE

TAVOLA PERIODICA INTERATTIVA

In digitale i video per capire e «vedere» la chimica organica.

I PITTOGRAMMI DI PERICOLO

Le etichette dei reagenti chimici usati in laboratorio riportano **pittogrammi di pericolo** ai quali è importante prestare attenzione. Si tratta di simboli stabiliti nel 2008 dal regolamento CLP (*Classification Labelling and Packaging*) e riconosciuti a livello europeo.

Questi simboli si possono trovare anche sulle confezioni di molti prodotti di largo consumo, come detergenti per la casa o disgorganti per lavandini e tubature: prima di utilizzarli è importante prendere tutte le precauzioni necessarie.

Pittogramma di pericolo	Significato	Esempi
	Pericolo di esplosione.	Fuochi d'artificio e munizioni.
	Sostanza altamente infiammabile.	Benzina, acetone, etanolo.
	Sostanza comburente, che può provocare un incendio o un'esplosione.	Ossigeno a scopi medici, perossido di idrogeno (acqua ossigenata).
	Contiene gas sotto pressione, che può esplodere se riscaldato; oppure, contiene un gas refrigerato che può provocare ustioni.	Bombole del gas e contenitori per azoto liquido.
	Può essere corrosivo per i metalli; causa gravi lesioni alla pelle e agli occhi.	Prodotti disgorganti, acido acetico, acido cloridrico, ammoniaca.
	Sostanza nociva per la salute (se ingerita, inalata o messa a contatto con la pelle) e per l'ambiente (danni all'ozono). Irritante per le vie respiratorie, per la pelle e per gli occhi. Può causare reazioni allergiche, sonnolenza o vertigini.	Detersivi, detergenti per bagno.
	Letale o tossico se ingerito, inalato o messo a contatto con la pelle.	Pesticidi, biocidi, metanolo.
	Tossico per gli organismi acquatici, con effetti a lungo termine.	Pesticidi, biocidi, benzina.
	Dannoso per la salute. Se ingerito o inalato può essere letale o danneggiare gli organi; può nuocere alla fertilità o al feto. Può essere cancerogeno o causare alterazioni genetiche.	Naftalene (naftalina), benzina.

CAPITOLO

10

LA CONFIGURAZIONE ELETTRONICA DEGLI ATOMI

1 I LIMITI DEL MODELLO PLANETARIO DI RUTHERFORD E IL MODELLO ATOMICO DI BOHR

Il modello planetario di Rutherford, per quanto geniale per le intuizioni in esso implicite, era tuttavia in contraddizione con le leggi della **fisica classica**. In base alle leggi dell'elettromagnetismo un elettrone – ovvero una particella con carica elettrica – muovendosi intorno a un nucleo lungo orbite circolari dovrebbe perdere energia cinetica, emettendola sotto forma di radiazioni elettromagnetiche.

La *perdita continua di energia cinetica* comporterebbe di conseguenza una diminuzione della *velocità dell'elettrone* con conseguente *diminuzione della forza centrifuga*. Inoltre, nel progressivo avvicinarsi al nucleo, l'elettrone dovrebbe emettere radiazioni elettromagnetiche di *tutte* le lunghezze d'onda (*spettro continuo*).

Invece, ogni atomo emette radiazioni elettromagnetiche di lunghezza d'onda *definite*, variabili da atomo ad atomo e registrabili in uno *spettro discontinuo*. L'elettrone descriverebbe quindi una serie di orbite a spirale fino a cadere sul nucleo (figura 1). È evidente quindi che il modello atomico di Rutherford contrasta con la stabilità manifestata dagli atomi.

Per risolvere le contraddizioni emerse nel modello atomico di Rutherford, il fisico danese Niels Bohr (1913; figura 2) applicò al modello planetario, e precisamente all'atomo di idrogeno, la **teoria quantistica** formulata nel 1900 dal fisico tedesco Max Planck.

L'energia di una radiazione elettromagnetica è emessa (o assorbita) da un oggetto non in modo continuo, secondo quantità variabili, ma in modo discontinuo, secondo quantità ben definite, dette *quanti*.

In base alla teoria quantistica l'energia, in qualunque forma essa si manifesti (elettrica, magnetica, meccanica, acustica, termica, elettromagnetica), è **quantizzata**: questo significa che l'energia può essere emessa o assorbita dalla materia solo in modo discontinuo, cioè sotto forma di quantità ben definite chiamate **quanti di energia**.

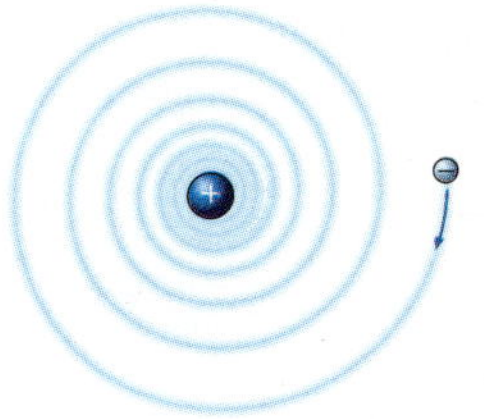

Figura 1 I limiti del modello di Rutherford Per le leggi della fisica classica, un elettrone, ruotando attorno al nucleo, dovrebbe compiere orbite a spirale sempre più piccole fino a cadere sul nucleo.

Figura 2 Niels Bohr Il fisico danese Niels Bohr (1885-1962) fu insignito del premio Nobel per la fisica nel 1922.

PER SAPERNE DI PIÙ

La doppia natura della luce

La natura ondulatoria della luce

La teoria che permette di spiegare la natura della luce e di interpretarne i fenomeni associati (rifrazione, diffrazione e interferenza) è stata formulata dal fisico inglese James Clerk Maxwell (1873).

Le radiazioni elettromagnetiche

Secondo la **teoria elettromagnetica ondulatoria** la luce è una forma di energia radiante che si propaga nello spazio per mezzo di radiazioni elettromagnetiche.

Queste radiazioni sono costituite da un campo elettrico e da un campo magnetico oscillanti e associati, che si propagano in linea retta e sono perpendicolari tra di loro e alla direzione di propagazione.

Il campo elettrico e il campo magnetico che formano le radiazioni sono *oscillanti* perché i loro valori non sono costanti, ma cambiano continuamente in modo periodico tra un valore massimo e un valore minimo.

Questo andamento è tipico delle onde: per questo le radiazioni elettromagnetiche sono chiamate anche onde elettromagnetiche e vengono rappresentate con una sinusoide. I parametri che caratterizzano un'onda elettromagnetica sono l'*ampiezza*, la *lunghezza d'onda* e la *frequenza* (figura **A**).

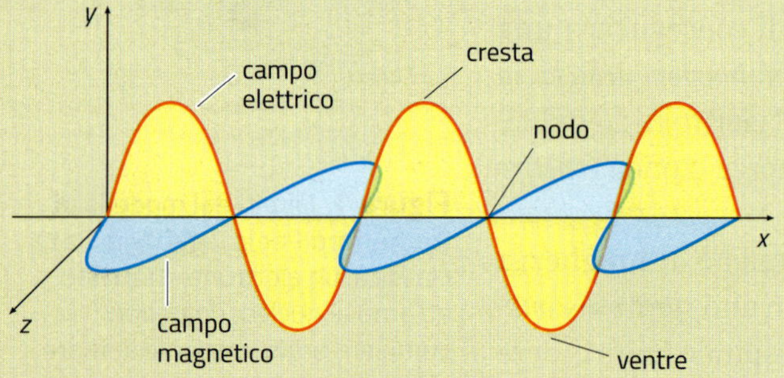

Figura A Un'onda elettromagnetica è caratterizzata da tre parametri: ampiezza (A), lunghezza (λ) e frequenza (ν) Le creste sono i punti di massima oscillazione; i ventri sono i punti di minimo, ossia di massima oscillazione in senso opposto. I punti in cui la sinusoide incontra la retta sono detti nodi.

- L'**ampiezza (*A*)** è la distanza tra il massimo di una cresta e la direzione di propagazione dell'onda e determina l'intensità o luminosità della radiazione elettromagnetica.
- La **lunghezza d'onda (λ)** è la distanza che intercorre fra due creste consecutive; nel SI, la sua unità di misura è il **metro**, ma spesso si ricorre ai suoi sottomultipli o all'angstrom ($1\ \text{Å} = 10^{-10}$ m).
- La **frequenza (ν)** è il numero di oscillazioni che la radiazione elettromagnetica compie in un secondo; la sua unità di misura è il ciclo al secondo, chiamata anche **hertz** (simbolo **Hz**, $1\ \text{Hz} = 1\ \text{s}^{-1}$).

La lunghezza d'onda e la frequenza sono grandezze inversamente proporzionali.

Il prodotto tra la lunghezza e la frequenza d'onda è quindi costante ed è uguale alla velocità della radiazione elettromagnetica, detta generalmente *velocità della luce* (simbolo *c*).

$$c = \lambda \cdot \nu \qquad c = 3 \cdot 10^8\ \text{m/s} = 300\,000\ \text{km/s}$$

Rifrazione

Quando attraversa un prisma di vetro o di quarzo, un fascio di luce bianca viene scomposto nei colori dell'iride: rosso, arancione, giallo, verde, azzurro, indaco e violetto. Questo fenomeno, detto *dispersione*, dimostra che la luce bianca è policromatica, cioè formata da radiazioni monocromatiche, e dipende dalla doppia rifrazione che le radiazioni elettromagnetiche subiscono al contatto con le due facce del prisma (figura **B**).

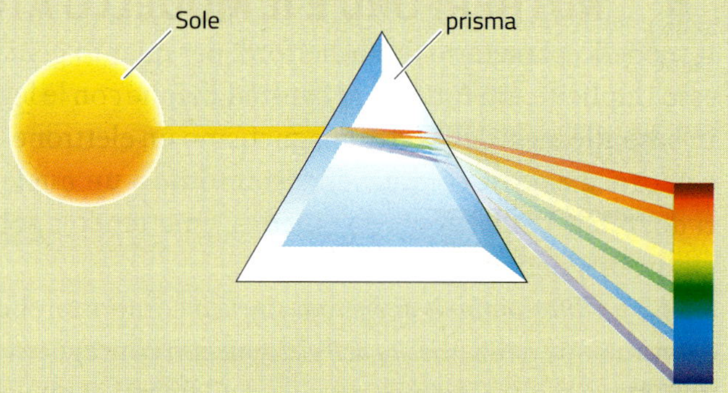

Figura B La luce solare è policromatica Il prisma scompone la luce solare nelle diverse radiazioni monocromatiche di cui è composta.

La **rifrazione** (*r*) è la deviazione che subisce un raggio luminoso passando da una sostanza trasparente (aria) con una data densità (d_1) a un'altra, anch'essa trasparente (acqua), ma di differente densità (d_2).

L'angolo di rifrazione dipende dalla *lunghezza d'onda* della radiazione elettromagnetica: maggiore è la lunghezza d'onda, minore è la deviazione; il rosso è quindi il meno deviato, mentre il violetto subisce la maggiore deviazione.

Spettro visibile ed elettromagnetico

I colori, ovvero le *radiazioni elettromagnetiche* che costituiscono la luce visibile, hanno una lunghezza d'onda compresa fra 400 nm (violetto) e 700 nm (rosso) e una frequenza compresa tra $7{,}1 \cdot 10^{14}$ Hz (violetto) e $4 \cdot 10^{14}$ Hz (rosso). L'insieme delle radiazioni elettromagnetiche che costituiscono la luce visibile è lo **spettro visibile**.

A lunghezze d'onda maggiori del rosso o minori del violetto si hanno altre radiazioni elettromagnetiche che, insieme alle radiazioni del visibile, costituiscono lo **spettro elettromagnetico** (figura **C**).

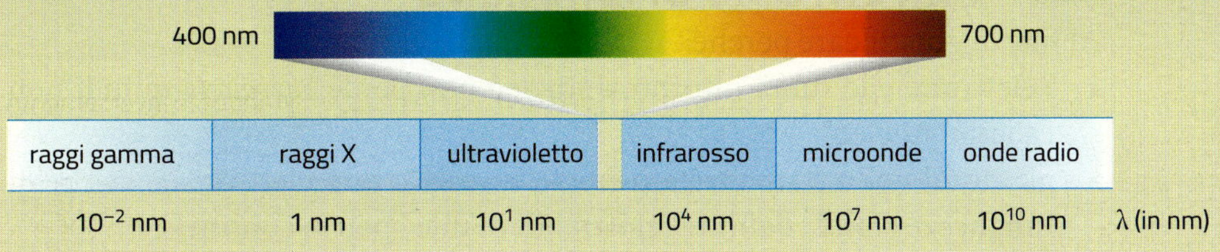

Figura C **Le diverse regioni dello spettro elettromagnetico** Onde radio, microonde e infrarossi hanno lunghezza d'onda maggiore del rosso; ultravioletti (UV), raggi X e raggi gamma hanno lunghezza d'onda minore del violetto.

La *luce visibile* ha uno **spettro di emissione continuo**, nel quale il colore si attenua in modo uniforme dal rosso al violetto. Anche alcuni metalli incandescenti (tungsteno) o alcuni metalli allo stato fuso danno spettri di emissione continui.

Gli atomi di tutti gli *elementi chimici* sotto forma di gas incandescenti hanno uno **spettro di emissione discontinuo**, caratterizzato da righe di diverso colore; questo spettro è specifico per ogni elemento chimico.

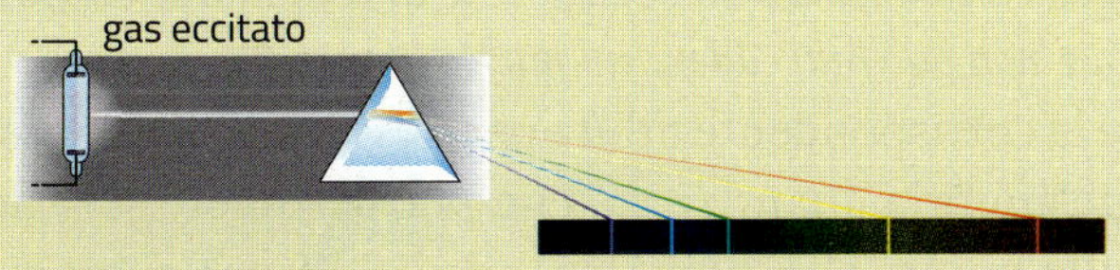

La natura corpuscolare della luce

La teoria elettromagnetica ondulatoria, pur interpretando alcuni fenomeni luminosi, non giustificava l'emissione di energia radiante da parte di solidi metallici incandescenti (figura **D**).

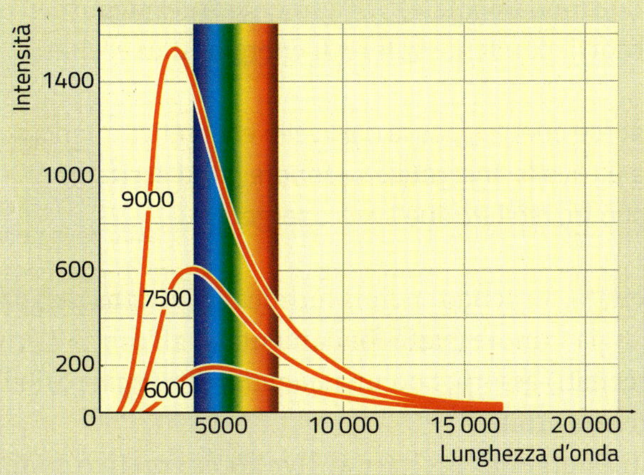

Figura D A basse temperature, l'emissione di energia radiante ha luogo nell'infrarosso, a temperature più alte nel visibile e, a temperature ancora più alte, nel violetto.

Teoria dei quanti

I dati sperimentali trovarono una spiegazione nella **teoria quantistica**, formulata nel 1900 dal fisico tedesco Max Planck, in base alla quale l'energia di una radiazione elettromagnetica è emessa (o assorbita) da un oggetto in modo *discontinuo*, secondo quantità definite dette *quanti*, di valore diverso in base alla frequenza.

L'**energia** (simbolo E) di un quanto è direttamente proporzionale alla frequenza (ν) della radiazione elettromagnetica:

$$E = h \cdot \nu \qquad \text{(equazione di Planck)}$$

dove h (pari a $6{,}6 \cdot 10^{-34}$ J · s) è la costante di Planck.

Un quanto di radiazione violetta ha quindi più energia di un quanto di radiazione rossa, e questo ne ha di più di un quanto di radiazione infrarossa. In base a questa teoria, l'energia è quantizzata, cioè è emessa o assorbita dalla materia per mezzo di *quanti di energia*. In base alla teoria di Planck, la luce ha una *natura corpuscolare* che non esclude la natura ondulatoria: la luce si comporta quindi come onda o come corpuscolo (particella).

Effetto fotoelettrico

L'ipotesi che la luce potesse avere una natura corpuscolare fu confermata da Albert Einstein (1905), giustificando il fenomeno dell'effetto fotoelettrico (scoperto da Hertz nel 1887) che i fisici non riuscivano a spiegare con le leggi della fisica classica (figura **E**).

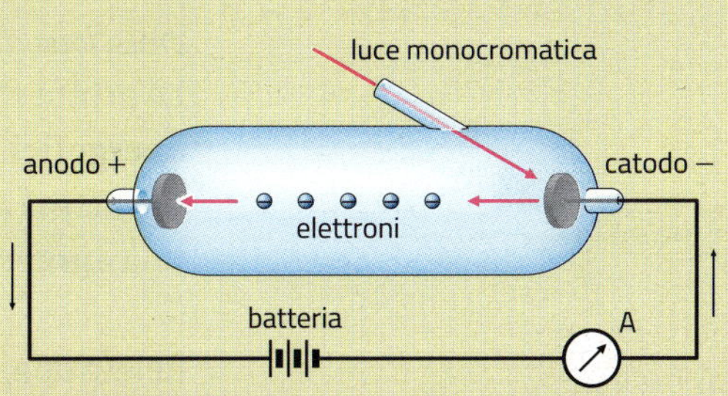

Figura E **Effetto fotoelettrico** Un fascio di luce monocromatica colpisce una lamina metallica (catodo) e determina l'emissione di elettroni che, dirigendosi verso l'anodo, trasportano corrente elettrica.

L'**effetto fotoelettrico** consiste nel passaggio di corrente elettrica provocato dalla luce. Il fenomeno si spiega ammettendo che la radiazione elettromagnetica che colpisce il catodo metallico ha un'energia più elevata dell'energia che lega gli elettroni al nucleo; l'energia in eccesso è ceduta sotto forma di energia cinetica agli elettroni, che si spostano verso l'anodo trasportando corrente.

Queste osservazioni sono in accordo con l'ipotesi quantistica di Planck; Einstein ha quindi confermato che la luce possiede *anche* una natura corpuscolare: solo *particelle* con sufficiente energia possono spostare altre particelle (in questo caso gli elettroni). Alle *particelle di radiazione elettromagnetica*, con energia $E = h \cdot \nu$ è stato dato il nome di **quanti di luce** o **fotoni**, ed essi sono stati identificati con i quanti di energia ipotizzati da Planck.

2 IL MODELLO ATOMICO DI BOHR PER L'ATOMO DI IDROGENO

PER SAPERNE DI PIÙ
PDF *Storia della chimica*
Niels Bohr

Al fine di giustificare perché:

- l'elettrone che ruota intorno al nucleo non perde *energia* (e quindi non cade sul nucleo);
- gli atomi nello stato eccitato emettono radiazioni elettromagnetiche di lunghezze d'onda definite registrabili in uno spettro continuo;

Bohr dimostrò che l'elettrone, per avvicinarsi al nucleo o allontanarsi da esso, doveva perdere o acquistare quantità di energia ben definite, distinguendo il comportamento che l'elettrone ha nello stato fondamentale da quello nello stato eccitato.

Nello **stato fondamentale**, in cui gli elettroni possiedono il minor contenuto energetico, il moto dell'elettrone è possibile solo su determinate orbite circolari (*orbite stazionarie*).

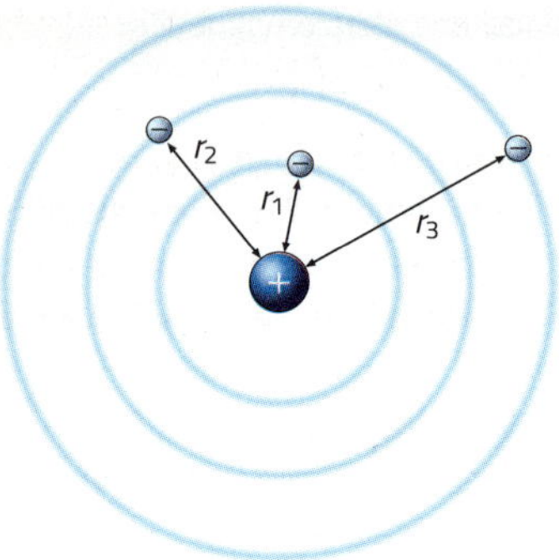

Figura 3 Le orbite nell'atomo di idrogeno Nell'atomo di idrogeno, l'elettrone può muoversi solo su orbite circolari di raggio ben definito.

Sulla base di questa prima ipotesi si possono trarre due conclusioni.

1. L'elettrone si muove su *orbite diverse* ma di **raggio** ben definito: i raggi delle orbite possono assumere solo *determinati valori* e mai valori intermedi tra quelli permessi. L'elettrone non può scendere a una distanza minore dell'orbita più piccola e *non può mai cadere sul nucleo* (figura **3**).
2. L'elettrone, così come la corrispondente orbita permessa nella quale esso si muove, possiede un'**energia** quantizzata, che può assumere solo determinati valori: risulta quindi che, fino a quando l'elettrone si muove in una delle orbite permesse, la sua energia rimane costante e *non si ha emissione di energia.*
   Le orbite e i corrispondenti valori di energia permessi si chiamano **livelli energetici**. Il valore minimo dell'energia è quello corrispondente all'orbita più vicina al nucleo (stato fondamentale). All'aumentare del raggio dell'orbita aumenta anche il corrispondente valore di energia (stati eccitati).

L'elettrone, quando assorbe energia, passa dal livello energetico inferiore (**stato fondamentale**) a un livello energetico superiore (**stati eccitati**): l'elettrone quindi non può trovarsi *tra* due livelli energetici.

Quando l'atomo viene eccitato, fornendo energia termica, l'elettrone può passare dall'orbita E_1 con energia minore (stato fondamentale) all'orbita E_2 con energia maggiore (stati eccitati) assorbendo una *quantità di energia* pari alla differenza di energia fra le due orbite.

Ritornando dai livelli energetici eccitati al livello energetico fondamentale, direttamente o passando attraverso livelli energetici intermedi, l'elettrone emette una *quantità di energia* sotto forma di radiazione elettromagnetica.

Questa energia corrisponde alla differenza di energia (indicata con il simbolo ΔE) che esiste tra il livello energetico di *energia maggiore* E_2 e il livello energetico di *energia minore* E_1 (figura **4**):

$$\Delta E = E_2 - E_1$$

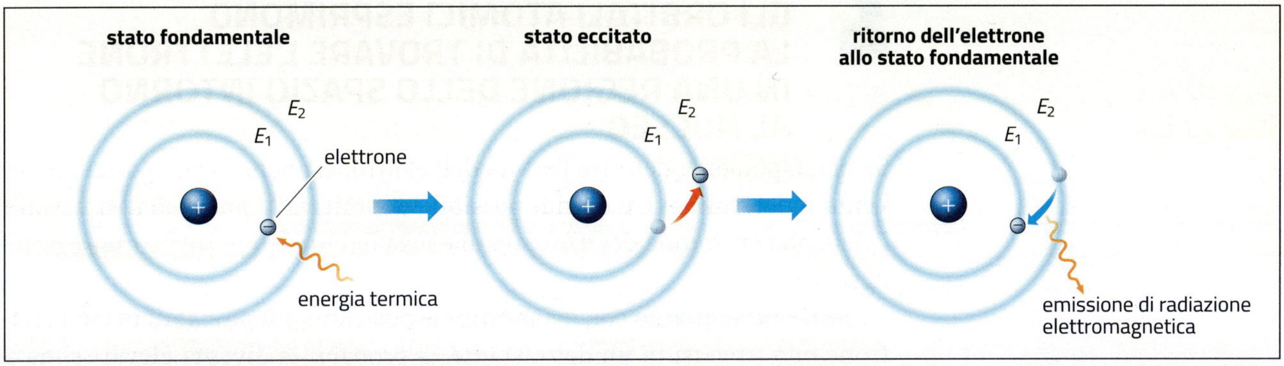

Figura 4 Lo stato fondamentale e lo stato eccitato Un elettrone, passando da un'orbita a più elevata energia (E_2) a un'orbita a minore energia (E_1), emette energia sotto forma di radiazioni elettromagnetiche.

3 PER IL PRINCIPIO DI INDETERMINAZIONE L'ORBITA DELL'ELETTRONE NON SI PUÒ DEFINIRE

Negli anni successivi il modello atomico di Bohr risultò valido per spiegare unicamente il comportamento dell'atomo di idrogeno che ha un solo elettrone. Il modello si rivelò insufficiente per giustificare il comportamento di atomi polielettronici in quanto in contraddizione con il **principio di indeterminazione** formulato dal fisico tedesco Werner Heisenberg (1927):

> È *impossibile* misurare con precisione e contemporaneamente coppie di grandezze; anzi, la precisione di misura di una grandezza è inversamente proporzionale alla precisione di misura dell'altra.

Tale principio, ponendo dei limiti alla precisione con cui è possibile misurare coppie di grandezze, applicato all'atomo di Bohr non permette di *definire esattamente le orbite* descritte dagli elettroni.

La coppia di grandezze per la determinazione delle orbite di un atomo è costituita dalla *posizione* e dalla *velocità dell'elettrone in ogni istante*, ma secondo il principio di Heisenberg qualsiasi misura della posizione di un elettrone influisce sulla sua velocità e viceversa. Volendo infatti osservare un elettrone si devono far arrivare su di esso dei fotoni che con la loro massa ed energia lo deviano e variano la sua velocità (figura **5**).

Essendo impossibile misurare con precisione e in uno stesso istante posizione e velocità dell'elettrone, non si possono attribuire a un elettrone orbite ben **definite**.

Figura 5 Il principio di indeterminazione Non si possono misurare contemporaneamente e con precisione la velocità e la posizione di un elettrone.

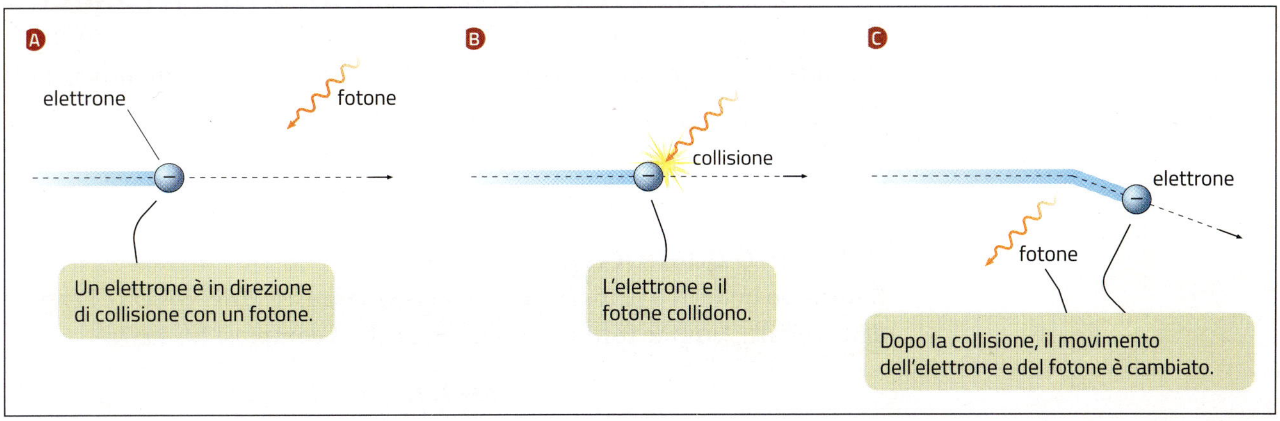

4 GLI ORBITALI ATOMICI ESPRIMONO LA PROBABILITÀ DI TROVARE L'ELETTRONE IN UNA REGIONE DELLO SPAZIO INTORNO AL NUCLEO

Se non è possibile definire l'orbita dell'elettrone, anche la sua posizione diventa indeterminata; è quindi possibile delimitare la *probabilità* di trovare l'elettrone entro una determinata distanza dal nucleo in una certa regione di spazio.

Se rappresentiamo con dei puntini le posizioni più probabili in cui l'elettrone può trovarsi in un dato istante, la probabilità diventa elevatissima a una distanza ben definita dal nucleo, ovvero quando l'elettrone è nello stato fondamentale, mentre diminuisce quando l'elettrone si allontana dal nucleo o si avvicina a esso.

L'addensamento dei puntini definisce una regione di spazio con contorno indefinito, chiamata *nuvola* o *nube elettronica*, nella quale è molto probabile che si trovi l'elettrone nel suo movimento intorno al nucleo. La regione di spazio intorno al nucleo in cui si addensa il 95% dei puntini, con contorno definito, costituisce invece un *orbitale*.

L'**orbitale** è la regione dello spazio intorno al nucleo in cui la probabilità di trovare l'elettrone è del 95%.

L'elettrone, quindi, non si muove su un'orbita ben precisa, ma occupa uno spazio tridimensionale intorno al nucleo, detto orbitale (figura **6**).

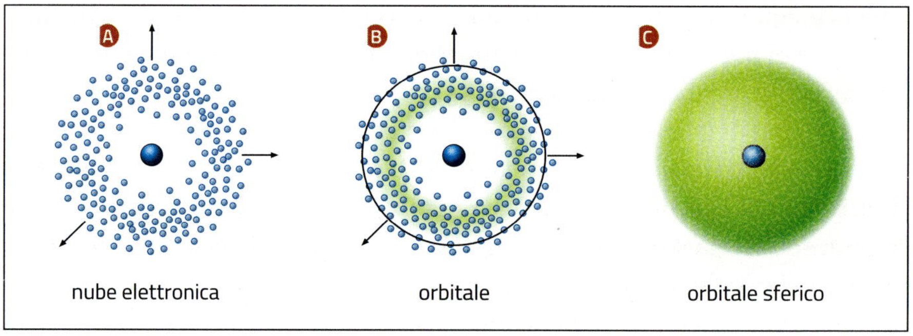

Figura 6 Un orbitale atomico
A Nella nube elettronica la probabilità di trovare l'elettrone è molto alta. B Nell'orbitale la probabilità è del 95%.
C Rappresentazione di un orbitale sferico.

5 I NUMERI QUANTICI DEFINISCONO LA DIMENSIONE E L'ENERGIA, LA FORMA E L'ORIENTAMENTO DEGLI ORBITALI ATOMICI

Nel modello quanto-meccanico l'elettrone si trova all'interno di orbitali che differiscono per dimensione ed energia, forma e orientamento. Questi parametri sono specificati da *tre numeri interi* detti *quantici*, perché le grandezze che definiscono sono quantizzate, cioè possono assumere solo valori definiti.

Il numero quantico principale

Il **numero quantico principale** (simbolo ***n***) definisce le *dimensioni* e l'*energia* dell'orbitale. Assume tutti i valori interi positivi compresi tra 1 e 7:

$$n = 1, 2, \ldots, 7$$

All'aumentare del valore di n aumenta la distanza dal nucleo e, di conseguenza, aumentano le dimensioni e l'energia dell'orbitale.

Tutti gli orbitali con lo stesso valore del numero quantico principale costituiscono un *livello energetico*.

Il numero di orbitali per un dato valore di n è dato da n^2.

Al primo livello energetico ($n = 1$) appartiene un orbitale ($1^2 = 1$), al secondo livello energetico ($n = 2$) appartengono quattro orbitali ($2^2 = 4$), al terzo livello energetico ($n = 3$) appartengono nove orbitali ($3^2 = 9$).

Il numero quantico secondario

Il **numero quantico secondario** o *azimutale* o *angolare* (simbolo $\boldsymbol{l}$) indica la *forma* dell'orbitale e assume tutti i valori interi compresi tra 0 e $n - 1$.

$$l = 0, \ldots, (n-1)$$

Insieme al numero quantico principale n, contribuisce a determinare l'*energia* di un orbitale atomico. Tutti gli orbitali con lo stesso valore di n ma con diverso valore di l costituiscono un *sottolivello*.

Il numero dei sottolivelli presenti nei primi quattro livelli energetici è uguale al valore del numero quantico principale n. Nel primo livello ($n = 1$) è presente un sottolivello ($l = 0$), nel secondo livello ($n = 2$) sono presenti due sottolivelli ($l = 0, 1$) e così di seguito. Nel terzo livello ($n = 3$) sono presenti tre sottolivelli ($l = 0, 1, 2$).

$$n = 1 \quad l = 0$$

$$n = 2 \quad l = 0, 1$$

$$n = 3 \quad l = 0, 1, 2$$

Il numero quantico magnetico

Il **numero quantico magnetico** (simbolo $\boldsymbol{m}$) precisa l'*orientazione* dell'orbitale nello spazio rispetto ai tre assi ortogonali x, y, z. Assume tutti i valori interi compresi tra $-l$ e $+l$:

$$m = -l, \ldots, 0, \ldots, +l$$

Il numero degli orbitali con lo stesso valore di l (numero quantico secondario), ma con diversa orientazione, è dato dal valore di $2l + 1$.

Nel sottolivello $l = 0$ è presente un solo orbitale, nel sottolivello $l = 1$ sono presenti tre orbitali, nel sottolivello $l = 2$ sono presenti cinque orbitali.

$$l = 0 \quad m = 0$$

$$l = 1 \quad m = -1, 0, 1$$

$$l = 2 \quad m = -2, -1, 0, 1, 2$$

Orbitali con lo stesso valore del numero quantico principale (n) e del numero quantico secondario (l), ma con diversa orientazione, si chiamano **degeneri**.

Sono orbitali degeneri quelli specificati dai seguenti numeri quantici:

$$n = 2 \quad l = 1 \quad m = -1; \qquad n = 2 \quad l = 1 \quad m = 0; \qquad n = 2 \quad l = 1 \quad m = 1$$

In definitiva, possiamo concludere che i valori del numero quantico *m* dipendono da quelli di *l*, che a loro volta dipendono dai valori del numero quantico *n* (figura **7**).

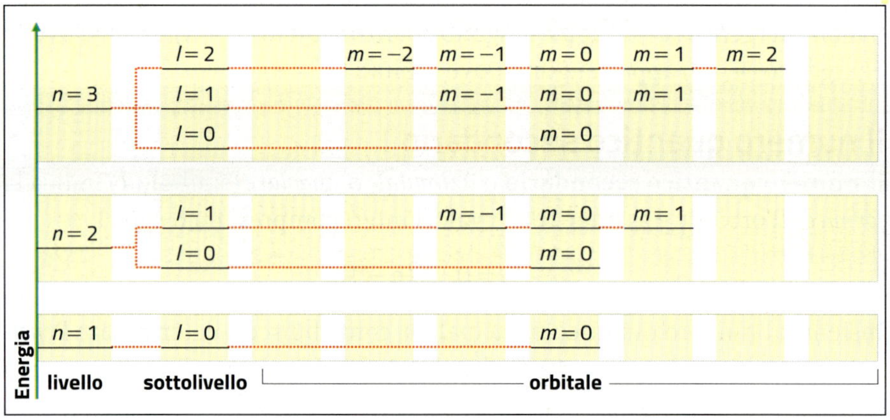

Figura 7 I numeri quantici *l* e *m* Lo schema rappresenta i valori che *l* e *m* possono assumere in corrispondenza dei primi tre valori di *n*.

6 LA FORMA DEGLI ORBITALI ATOMICI È DEFINITA DAL NUMERO QUANTICO SECONDARIO

Gli orbitali che possiedono lo stesso valore di *l* hanno la stessa forma: pertanto, anche se hanno dimensioni diverse a seconda del valore del numero quantico principale *n*, questi orbitali vengono denominati con la stessa lettera (*s*, *p*, *d*, *f*).

Gli orbitali con *l* = 0 sono di tipo *s*

Per ogni valore di *n* esiste sempre un orbitale con *l* = 0. Questi orbitali sono detti **orbitali *s***; per distinguerli si premette al simbolo *s* il corrispondente valore di *n*. L'orbitale *s* con *n* = 1 si chiama 1*s*, quello con *n* = 2 è il 2*s*.

Tutti gli orbitali *s* hanno la stessa forma *sferica*, ma sono diversi per dimensioni ed energia. All'aumentare di *n* aumentano il raggio dell'orbitale e l'energia dell'elettrone (figura **8**).

L'orbitale di tipo *s* si rappresenta graficamente con un quadratino:

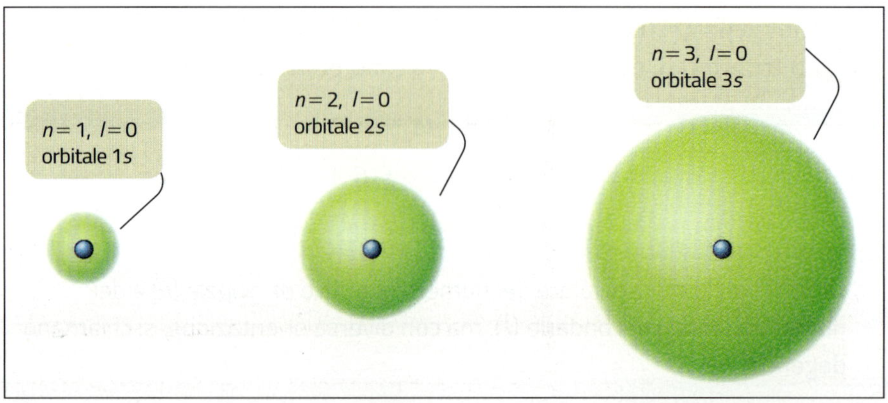

Figura 8 Rappresentazione degli orbitali 1*s*, 2*s* e 3*s* Aumentando il valore del numero quantico principale aumentano le dimensioni e l'energia dell'orbitale.

Gli orbitali con $l = 1$ sono di tipo *p*

Per ogni valore di $n > 1$ ($n = 2, 3, 4, 5, 6$) esistono tre orbitali con $l = 1$ detti **orbitali *p***. Per distinguerli si premette al simbolo *p* il corrispondente valore di *n*. I tre orbitali *p* con $n = 2$ si chiamano quindi $2p$. I tre orbitali *p* con lo stesso valore di *n* hanno uguali dimensioni ed energia, la stessa forma a due lobi ma diverso orientamento (orbitali degeneri); si dispongono lungo tre assi cartesiani (x, y, z), da cui i nomi p_x, p_y, p_z (figura **9**). Orbitali *p* con diverso valore di *n* hanno la stessa forma, ma diverse dimensioni ed energia: gli orbitali $2p_x$, $2p_y$, $2p_z$ hanno dimensioni ed energia minori degli orbitali $3p_x$, $3p_y$, $3p_z$.

I tre orbitali di tipo *p* si rappresentano graficamente con tre quadratini:

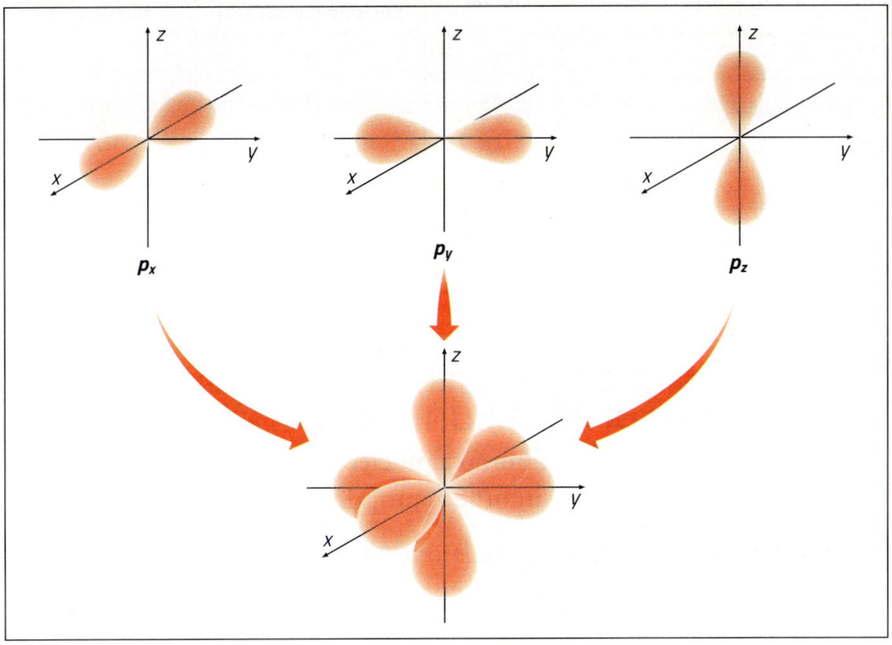

Figura 9 Rappresentazione dei tre orbitali *p* I tre orbitali *p* hanno le stesse dimensioni e la stessa forma a due lobi, ma diversa orientazione.

Gli orbitali con $l = 2$ sono di tipo *d*

Per ogni valore di $n > 2$ ($n = 3, 4, 5, 6$) esistono cinque orbitali con $l = 2$ detti **orbitali *d***. Per distinguere gli orbitali *d* con diverso valore di *n* si premette al simbolo *d* il corrispondente valore di *n*. I cinque orbitali *d* con $n = 3$ si chiamano quindi $3d$. I cinque orbitali *d* con lo stesso valore di *n* e quindi uguale energia ma diversa orientazione nello spazio sono degeneri (figura **10**).

I cinque orbitali di tipo *d* si rappresentano con cinque quadratini:

Figura 10 Rappresentazione dei cinque orbitali *d* Quattro dei cinque orbitali *d* hanno la stessa forma a quattro lobi ma diversa orientazione; il quinto orbitale *d* ha una forma diversa in quanto presenta due lobi lungo l'asse *z* con un anello intorno al nucleo.

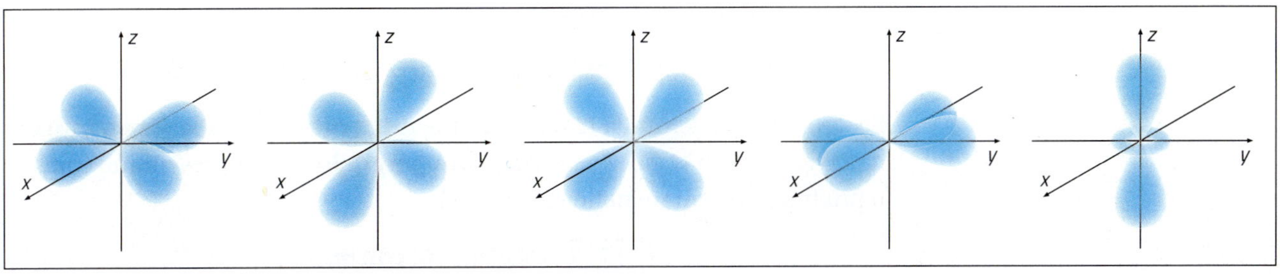

Gli orbitali con $l = 3$ sono di tipo *f*

Per i valori di $n = 4$ e 5 esistono sette orbitali che hanno $l = 3$ detti **orbitali *f***. Per distinguere gli orbitali *f* con diverso valore di *n* si premette al simbolo *f* il corrispondente valore di *n*. I sette orbitali *f* con $n = 4$ si chiamano quindi 4*f*. I sette orbitali *f* con lo stesso valore di *n* ma diverso valore di *m* sono degeneri.

I sette orbitali di tipo *f* si rappresentano graficamente con sette quadratini:

☐☐☐☐☐☐☐

La tabella **1** riporta le relazioni fra i tre numeri quantici.

Tabella 1 Relazioni tra i valori di *n*, *l*, *m* Lo schema riporta i dati per gli orbitali dei primi tre livelli energetici.

Numeri quantici			Orbitali			
n	***l***	***m***	**tipo**	**nome**	**numero per sottolivello ($2l+1$)**	**numero per livello (n^2)**
1	0	0	*s*	1*s*	1	1
2	0	0	*s*	2*s*	1	4
	1	−1, 0, +1	*p*	2*p*	3	
3	0	0	*s*	3*s*	1	9
	1	−1, 0, +1	*p*	3*p*	3	
	2	−2, −1, 0, +1, +2	*d*	3*d*	5	

7 IL NUMERO QUANTICO DI SPIN DEFINISCE IL MOTO DI ROTAZIONE DELL'ELETTRONE

L'elettrone, oltre a muoversi intorno al nucleo, si comporta come fosse una piccola sfera che ruota anche intorno al proprio asse.

Il moto di rotazione dell'elettrone intorno al proprio asse (dall'inglese *spin*, rotazione), è descritto dal **numero quantico di spin** (simbolo m_s).

Il numero quantito di spin può assumere solo due valori a seconda che la rotazione avvenga in senso orario o antiorario (figura **11**):

$$m_s = \frac{1}{2} \quad \text{e} \quad m_s = -\frac{1}{2}$$

Per indicare lo spin si rappresenta l'elettrone con una freccia verticale. Un orbitale con un elettrone si rappresenta pertanto con un quadratino contenente una freccia:

[↑] elettrone con $m_s = \frac{1}{2}$ [↓] elettrone con $m_s = -\frac{1}{2}$

Quando due elettroni si trovano nello stesso orbitale con diverso numero quantico di spin, si dice che hanno **spin opposto** e si rappresentano con due frecce orientate nel senso opposto:

[↑↓] due elettroni con $m_s = \frac{1}{2}$ e con $m_s = -\frac{1}{2}$

Se due o più elettroni si trovano in due o più orbitali con lo stesso numero quantico di spin si dice che hanno **spin parallelo** e si rappresentano con due o più frecce orientate nello stesso modo:

[↑][↑][↑] tre elettroni con $m_s = \frac{1}{2}$

LE PAROLE

Il termine ***spin*** (dall'inglese, «rotazione») indica il movimento di rotazione dell'elettrone intorno al proprio asse.

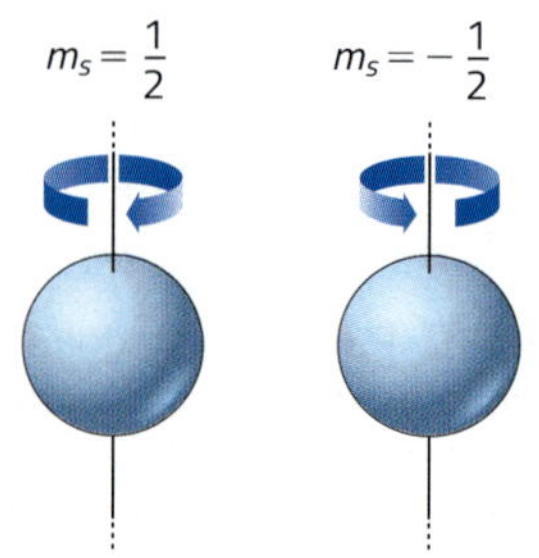

Figura 11 Rappresentazione di due elettroni con spin opposto Un elettrone può ruotare attorno al proprio asse in senso orario o antiorario.

8 IL PRINCIPIO DI ESCLUSIONE DI PAULI DEFINISCE IL NUMERO DI ELETTRONI IN UN ORBITALE

Il numero quantico di spin è importante soprattutto in relazione al numero di elettroni che possono coesistere in un orbitale. Questo numero è stato definito dal fisico austriaco Wolfgang Pauli (1925) in base al cosiddetto **principio di esclusione di Pauli**.

Un orbitale non può essere occupato da più di due elettroni e quando due elettroni occupano lo stesso orbitale devono avere spin opposto.

Quando due elettroni occupano l'orbitale 1*s* di un atomo, ciascuno dei due elettroni sarà identificato dai seguenti numeri quantici:

$$n=1 \quad l=0 \quad m=0$$

Poiché questi tre numeri quantici sono uguali per entrambi gli elettroni, il principio di esclusione di Pauli prevede che i loro numeri quantici di spin siano diversi. Pertanto, se uno dei due elettroni ruota attorno al proprio asse in senso orario ed è identificato dai seguenti numeri quantici:

$$n=1 \quad l=0 \quad m=0 \quad m_s = \frac{1}{2}$$

l'altro elettrone avrà tre numeri quantici uguali, ma il numero quantico di spin avrà valore opposto:

$$n=1 \quad l=0 \quad m=0 \quad m_s = -\frac{1}{2}$$

Quindi, in un atomo non possono coesistere due o più elettroni che abbiano tutti e quattro i numeri quantici uguali.

In base al principio di Pauli possiamo innanzitutto stabilire il numero *massimo* di elettroni per *sottolivello* (tabella **2**).

Sottolivello (*l*)	Orbitali		Numero massimo di elettroni per sottolivello
	tipo	numero ($2l+1$)	
0	*s*	1	2
1	*p*	3	6
2	*d*	5	10
3	*f*	7	14

Tabella 2 Numero di orbitali e di elettroni per sottolivello Ogni sottolivello può contenere un numero massimo di orbitali e di elettroni.

Inoltre, il principio di Pauli ci permette di determinare anche il numero *massimo* di elettroni per *livello* (tabella **3**).

Livello (*n*)	Orbitali		Numero massimo di elettroni per livello ($2n^2$)
	tipo	numero (n^2)	
1	*s*	1	2
2	*s*, *p*	4 (1+3)	8 (2+6)
3	*s*, *p*, *d*	9 (1+3+5)	18 (2+6+10)
4	*s*, *p*, *d*, *f*	16 (1+3+5+7)	32 (2+6+10+14)

Tabella 3 Numero di orbitali e di elettroni per livello Ogni livello può contenere un numero massimo di orbitali e di elettroni.

PROBLEMA MODELLO

Determinare il numero di elettroni in un livello, in un sottolivello e in un orbitale

Determina il numero massimo di elettroni per:

a. il livello $n = 3$;
b. il sottolivello $3d$;
c. un orbitale $3d$.

L'IDEA

Per stabilire il numero massimo di elettroni in un livello energetico, in un sottolivello e in un orbitale, dobbiamo calcolare il numero di orbitali in un livello e dobbiamo tenere conto del principio di esclusione di Pauli.

LA SOLUZIONE

a. Il numero massimo di orbitali in un livello energetico è dato da n^2 e, poiché per il principio di esclusione di Pauli in un orbitale possono stare al massimo due elettroni, ne consegue che il numero massimo degli elettroni è dato dalla relazione:

$$2n^2 = 18$$

b. Per il sottolivello d ($l = 2$) ci sono cinque valori di m ($m = -2, -1, 0, 1, 2$), ovvero cinque orbitali e di conseguenza 10 elettroni.
c. In qualunque orbitale (s, p, d, f) si hanno al massimo due elettroni con spin opposto.

PROBLEMA SIMILE

Determina il numero massimo di elettroni per il livello $n = 4$, il sottolivello $4f$ e un orbitale $4f$.

9 L'ENERGIA DEGLI ORBITALI AUMENTA CON I VALORI DI *n* E DI *l*

La distribuzione degli elettroni in un atomo è in relazione con l'energia degli orbitali presenti nei diversi livelli e sottolivelli.

In particolare, l'energia degli orbitali dipende dal *numero quantico principale* (n) e dal *numero quantico secondario* (l) e aumenta al crescere dei valori di n e di l.

- Per orbitali con *diverso* livello energetico (n) ma con la *stessa* forma (l), l'energia degli orbitali aumenta con il valore di n. Per esempio, nel caso degli orbitali s si ha:

- Per orbitali con lo *stesso* livello energetico (n) ma con *diversa* forma (l), l'energia degli orbitali aumenta con il valore di l:

- Per gli orbitali con $n = 4$ e $l = 0, 1, 2, 3$ si ha quindi:

$$4s < 4p < 4d < 4f$$

L'ordine di *energia crescente* per orbitali dello stesso livello energetico e di diversa forma (4*s*, 4*p*, 4*d*, 4*f*) si giustifica ammettendo che un elettrone dell'orbitale *s* può trovarsi molto più vicino al nucleo di un elettrone che si trova nell'orbitale *p*, nell'orbitale *d* e nell'orbitale *f*: di conseguenza un elettrone dell'orbitale *s* è legato più fortemente al nucleo di un elettrone che si trova nell'orbitale *p*, nell'orbitale *d*, nell'orbitale *f*.
- Orbitali che appartengono allo *stesso* livello energetico (*n*) e che hanno la *stessa* forma (*l*) hanno la stessa energia (orbitali **isoenergetici**).
Sono orbitali isoenergetici i tre orbitali *p* (p_x, p_y, p_z), i cinque orbitali *d* e i sette orbitali *f*.

Tenendo conto di questi criteri possiamo costruire l'*ordine di energia crescente* degli orbitali (figura **12**).

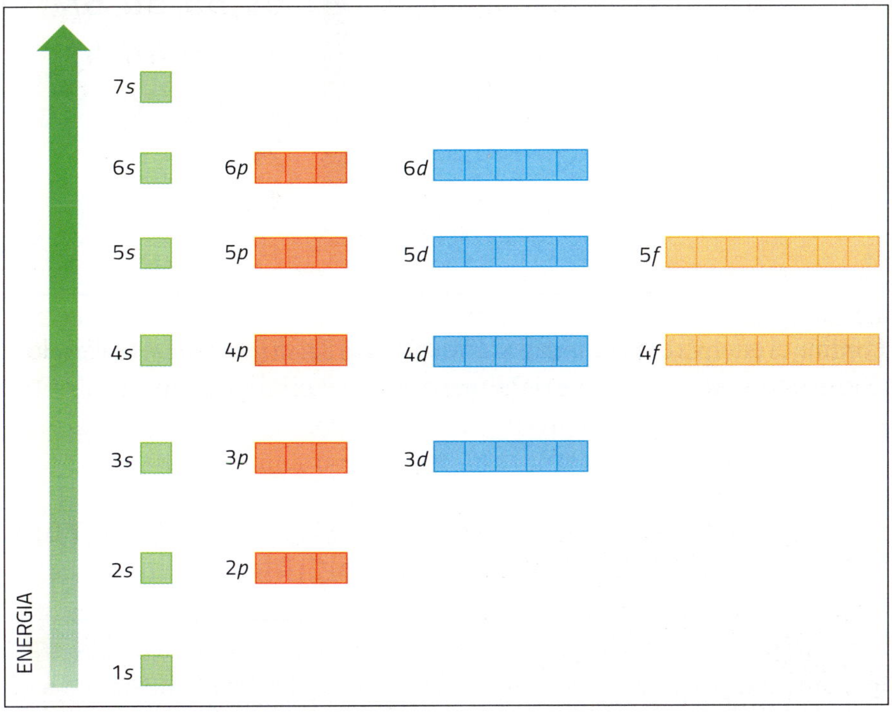

Figura 12 L'energia degli orbitali atomici L'energia aumenta con l'aumentare dei valori di *n* e di *l*.

Tuttavia, gli effetti della maggiore *vicinanza* al nucleo degli elettroni e della maggiore *forza di attrazione* nucleo-elettrone determinano delle variazioni di energia tra gli orbitali *s* e *d* ma anche tra gli orbitali *s* e *f* di diversi livelli energetici. In particolare:

- gli orbitali *nd* possiedono una quantità di energia maggiore rispetto a quella degli orbitali $(n+1)\,s$:

$$nd > (n+1)\,s \qquad \text{per } n = 3 \qquad 3d > 4s$$

- gli orbitali *nf* possiedono una quantità di energia maggiore rispetto a quella degli orbitali $(n+2)\,s$:

$$nf > (n+2)\,s \qquad \text{per } n = 4 \qquad 4f > 6s$$

Considerando le suddette variazioni, l'ordine di energia *crescente* degli orbitali è il seguente (figura **13A**):

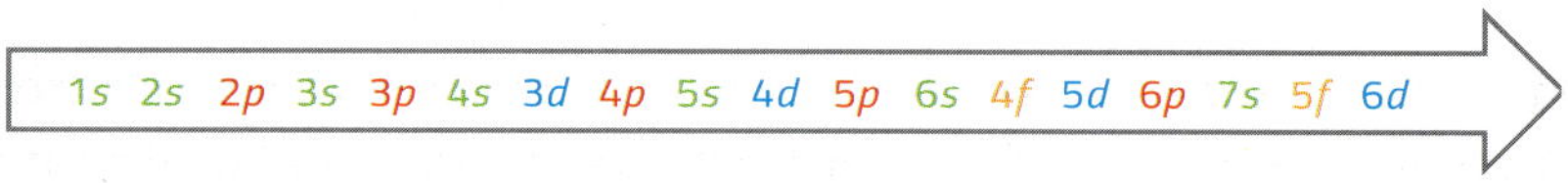

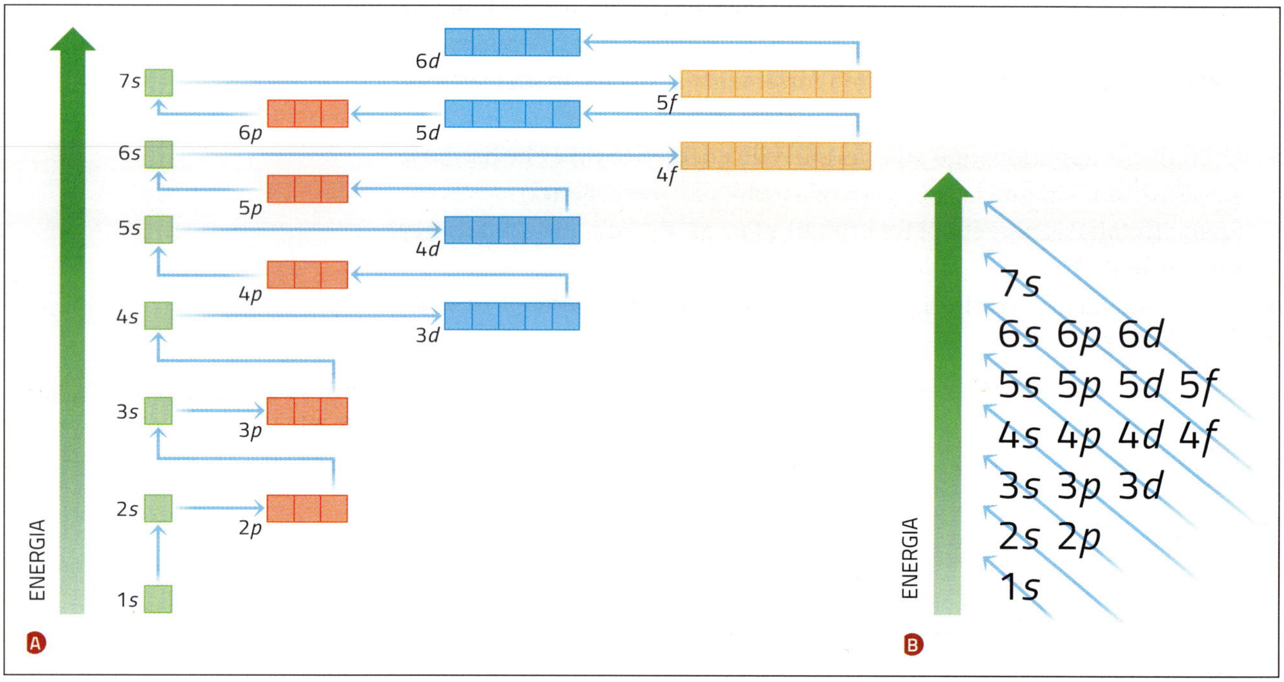

Figura 13 Ordine di energia crescente degli orbitali L'ordine di energia crescente è indicato dalle frecce azzurre (A), come illustrato dal diagramma delle diagonali (B).

L'ordine di energia crescente degli orbitali è dato dal *diagramma delle diagonali*: riportiamo, lungo successive righe orizzontali, gli orbitali atomici con lo stesso valore di n, iniziando dal livello minore ($n = 1$), e seguiamo la successione delle frecce dal basso verso l'alto e da destra verso sinistra (figura **13B**).

10 L'ORDINE DI RIEMPIMENTO DEGLI ORBITALI È DEFINITO DA TRE PRINCIPI

In ogni atomo gli elettroni sono opportunamente distribuiti nei vari orbitali. L'ordine, con il quale gli elettroni degli atomi polielettronici nello stato fondamentale (o di minima energia) riempiono gli orbitali che hanno a disposizione, deve tenere conto delle seguenti regole:

- gli elettroni tendono a occupare gli orbitali di minore energia secondo l'ordine dei livelli energetici crescenti (*principio della minima energia*);
- due elettroni in un atomo non possono avere i quattro numeri quantici uguali (*principio di esclusione di Pauli*);
- gli elettroni di un atomo che hanno a disposizione orbitali degeneri (i tre orbitali *p*, i cinque orbitali *d*, i sette orbitali *f*) si dispongono con spin parallelo occupando il maggior numero di orbitali (*regola di Hund o della massima molteplicità*).

La regola di Hund parte dal presupposto che due elettroni, avendo la stessa carica elettrica, si respingono con maggior energia se sono nello stesso orbitale, rispetto a due elettroni in due orbitali distinti; in altri termini, un atomo è più stabile quanti più elettroni con spin parallelo possiede (figura **14**).

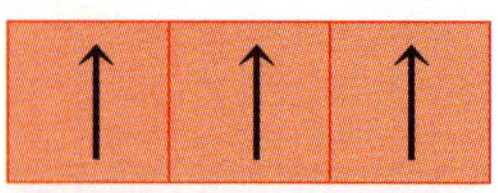

Figura 14 La regola di Hund Disposizione di tre elettroni nei tre orbitali degeneri e isoelettronici di tipo *p*.

11 LA CONFIGURAZIONE ELETTRONICA È LA DISPOSIZIONE DEGLI ELETTRONI NEGLI ORBITALI DI UN ATOMO

In base a tali principi è possibile determinare la configurazione elettronica degli atomi, ovvero la disposizione degli elettroni nei vari orbitali di un atomo nel suo *stato fondamentale*. La configurazione elettronica si può rappresentare con:

1. il **diagramma energia-orbitale**, che consiste nel rappresentare gli orbitali con dei quadratini e gli elettroni con delle frecce verticali, disponendoli secondo la loro energia crescente;
2. la **notazione *s p d f***, che consiste nel denominare i vari orbitali che contengono gli elettroni con i simboli *s*, *p*, *d*, *f*, e nel precisare con un esponente il numero di elettroni contenuti.

Con la notazione:

$1s^2$ (leggi: «uno esse due»)

si rappresenta la configurazione elettronica di un atomo che ha due elettroni nell'orbitale 1*s*, dove:

1 = numero quantico principale, indica il livello energetico;
s = lettera corrispondente al numero quantico secondario, indica il sottolivello energetico ovvero il tipo di orbitale;
2 = numero di elettroni presenti nel sottolivello energetico (figura **15**).

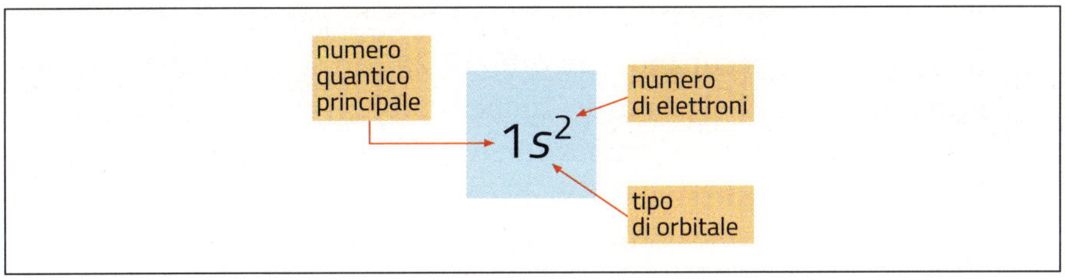

Figura 15 La configurazione elettronica Rappresentazione della configurazione elettronica di un atomo con due elettroni.

Esaminiamo ora la disposizione degli elettroni negli atomi con numero atomico *Z* da 1 (idrogeno) a 9 (fluoro).

- L'atomo di idrogeno (H, *Z* = 1) ha un solo elettrone che, in base al principio della minima energia, si dispone nell'orbitale a minore energia 1*s*;
- l'atomo di elio (He, *Z* = 2) ha due elettroni che si dispongono entrambi nell'orbitale a minore energia 1*s*, ma con spin opposto (principio di esclusione di Pauli);
- l'atomo di litio (Li, *Z* = 3) ha tre elettroni, di cui due nell'orbitale a minore energia 1*s* con spin opposto e l'altro nell'orbitale 2*s* (figura **16**).

APP La tavola periodica interattiva

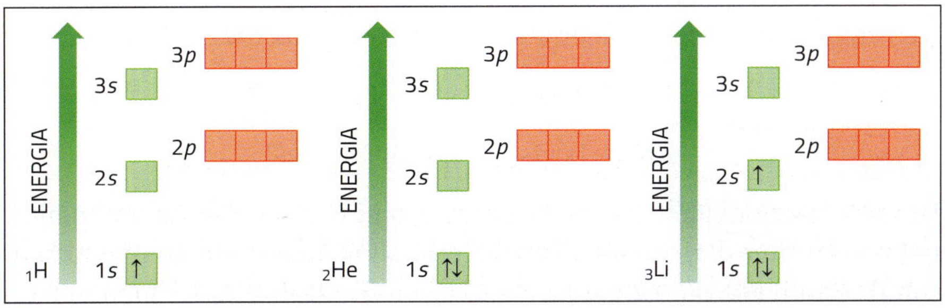

Figura 16 Le configurazioni elettroniche degli atomi di idrogeno, elio e litio Rappresentazione con il diagramma energia-orbitale delle configurazioni elettroniche degli atomi di idrogeno (H), elio (He) e litio (Li).

- L'atomo di berillio (Be, $Z = 4$) ha quattro elettroni: i primi due si dispongono nell'orbitale 1*s* con spin opposto, mentre il terzo e il quarto elettrone occupano l'orbitale 2*s* con spin opposto;
- l'atomo di boro (B, $Z = 5$) possiede cinque elettroni: due occupano l'orbitale 1*s*, due l'orbitale 2*s*, mentre il quinto elettrone si sistema nell'orbitale 2*p*;
- l'atomo di carbonio (C, $Z = 6$) ha sei elettroni: i primi quattro occupano gli orbitali 1*s* e 2*s*, mentre il quinto e il sesto si dispongono in due dei tre orbitali *p* (degeneri) con spin parallelo (*regola di Hund*), realizzando in tal modo una configurazione a minore energia e quindi più stabile (figura **17**).

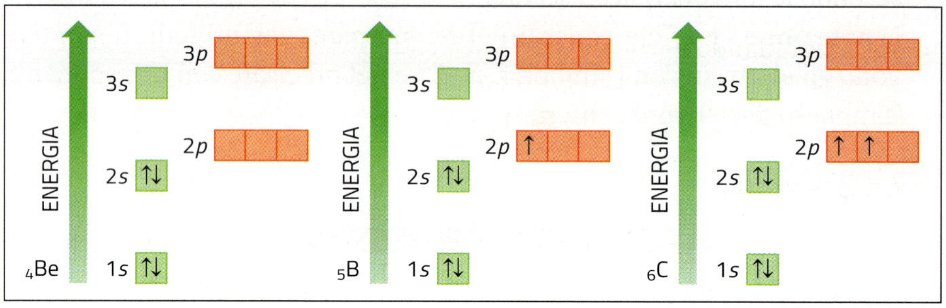

Figura 17 Le configurazioni elettroniche degli atomi di berillio, boro, carbonio Rappresentazione con il diagramma energia-orbitale delle configurazioni elettroniche degli atomi di berillio (Be), boro (B) e carbonio (C).

- L'atomo di azoto (N, $Z = 7$) ha sette elettroni: i primi quattro si dispongono con spin opposto negli orbitali 1*s* e 2*s*, mentre gli ultimi tre elettroni occupano i tre orbitali 2*p* con spin parallelo (regola di Hund), realizzando in tal modo una configurazione elettronica più stabile;
- l'atomo di ossigeno (O, $Z = 8$) possiede otto elettroni: i primi quattro si dispongono naturalmente negli orbitali 1*s* e 2*s*; per quanto riguarda gli altri quattro, tre occupano i tre orbitali 2*p* con spin parallelo, mentre l'ultimo si dispone nel primo dei suddetti orbitali con spin opposto;
- l'atomo di fluoro (F, $Z = 9$) ha nove elettroni: i primi quattro occupano gli orbitali 1*s* e 2*s*, gli altri quattro si dispongono in due dei tre orbitali con spin opposto e l'ultimo occupa da solo il terzo orbitale 2*p* (figura **18**).

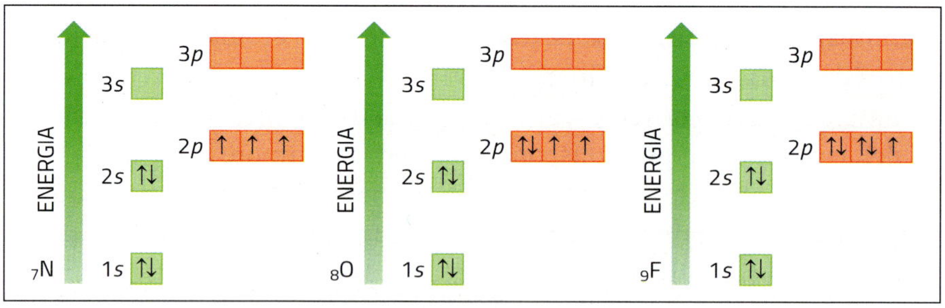

Figura 18 Le configurazioni elettroniche degli atomi di azoto, ossigeno e fluoro Rappresentazione con il diagramma energia-orbitale delle configurazioni elettroniche degli atomi di azoto (N), ossigeno (O) e fluoro (F).

Rappresentiamo ora le configurazioni elettroniche del calcio ($Z = 20$) e del ferro ($Z = 26$), tenendo presente che dopo il riempimento degli orbitali 3*p*, gli elettroni si disporranno nell'orbitale 4*s* e successivamente negli orbitali 3*d*:

$$_{20}\mathrm{Ca} = 1s^2\ 2s^2\ 2p^6\ 3s^2\ 3p^6\ 4s^2$$

$$_{26}\mathrm{Fe} = 1s^2\ 2s^2\ 2p^6\ 3s^2\ 3p^6\ 4s^2\ 3d^6$$

Le configurazioni elettroniche di alcuni atomi (Cr, Cu, Mo, Ag, Au) non riflettono l'ordine di riempimento degli orbitali in quanto alle configurazioni con il sottolivello nd^5 (semicompleto) e con il sottolivello nd^{10} (completo) compete un minor contenuto energetico e quindi maggiore stabilità. Di conseguenza nelle configurazioni degli atomi di Cr, Cu, Mo, Ag e Au l'*orbitale ns non è completo*. Rappresentiamo qui di seguito le configurazioni elettroniche del cromo ($Z = 24$) e dell'argento ($Z = 47$):

$${}_{24}\mathrm{Cr} = 1s^2\ 2s^2\ 2p^6\ 3s^2\ 3p^6\ 4s^1\ 3d^5$$

$${}_{47}\mathrm{Ag} = 1s^2\ 2s^2\ 2p^6\ 3s^2\ 3p^6\ 4s^2\ 3d^{10}\ 4p^6\ 5s^1\ 4d^{10}$$

Si deve mettere in evidenza che, nota la configurazione elettronica, sommando gli esponenti possiamo determinare il numero totale di elettroni presenti nell'atomo, ovvero il suo *numero atomico*. È pertanto possibile identificare l'atomo, individuando nel sistema periodico il simbolo chimico corrispondente.

PROBLEMA MODELLO

Rappresentare le configurazioni elettroniche degli atomi

Rappresenta la configurazione elettronica dei seguenti atomi con la notazione *s, p, d, f*:

a. zolfo (${}_{16}$S);
b. potassio (${}_{19}$K);
c. oro (${}_{79}$Au).

L'IDEA

La configurazione elettronica degli atomi si rappresenta tenendo conto del principio della minima energia, del principio di Pauli e del principio di Hund.

LA SOLUZIONE

a. L'atomo di zolfo ha $Z = 16$: il numero di elettroni è quindi uguale a 16. Tenendo presente il principio che prevede il riempimento degli orbitali a minore energia, si ha che la configurazione elettronica è la seguente:

$${}_{16}\mathrm{S} = 1s^2\ 2s^2\ 2p^6\ 3s^2\ 3p^4$$

b. L'atomo di potassio ha $Z = 19$. Ricordando che, nell'ordine di riempimento degli orbitali, l'orbitale $4s$ ha minore energia dell'orbitale $3d$, la configurazione elettronica è la seguente:

$${}_{19}\mathrm{K} = 1s^2\ 2s^2\ 2p^6\ 3s^2\ 3p^6\ 4s^1$$

c. L'atomo di oro ha $Z = 79$. Tenendo conto delle variazioni di energia tra gli orbitali *ns* e *nd* e della maggiore stabilità di un sottolivello completo ($5d$) rispetto allo stesso incompleto, si ha che la configurazione elettronica è la seguente:

$${}_{79}\mathrm{Au} = 1s^2\ 2s^2\ 2p^6\ 3s^2\ 3p^6\ 4s^2\ 3d^{10}\ 4p^6\ 5s^2\ 4d^{10}\ 5p^6\ 6s^1\ 4f^{14}\ 5d^{10}$$

PROBLEMA SIMILE

Rappresenta la configurazione elettronica dei seguenti atomi con la notazione *s p d f*:

a. silicio (${}_{14}$Si);
b. piombo (${}_{82}$Pb).

LABORATORIO

Saggi di colorazione alla fiamma

L'obiettivo

Identificare gli elementi chimici in base alla differente colorazione assunta dalla fiamma ossidante del Bunsen.

I concetti

Il saggio di colorazione alla fiamma si basa sulle proprietà di alcuni metalli, in particolare gli alcalini e gli alcalino-terrosi, e dei rispettivi sali: se riscaldate, queste sostanze impartiscono colorazioni caratteristiche alla fiamma ossidante del Bunsen (figura). La colorazione di alcuni elementi (sodio) maschera spesso quella di altri: in tal caso conviene osservare la fiamma attraverso un vetro azzurro al cobalto che assorbe la radiazione del sodio.

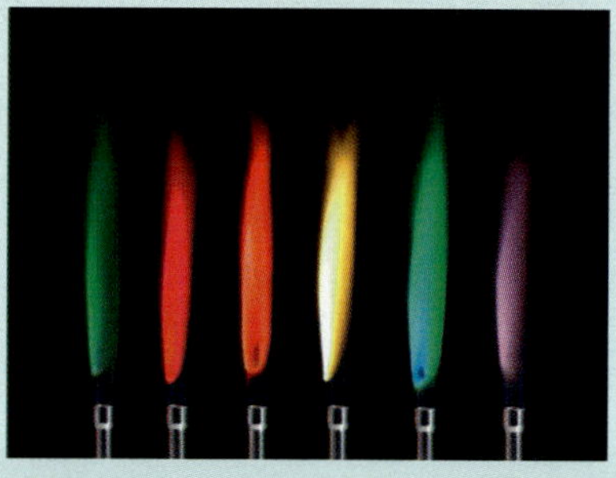

Figura Saggio alla fiamma Da sinistra a destra, la fiamma di bario, stronzio, litio, sodio, rame e potassio.

I materiali

Bunsen, bacchetta di vetro con filo di nichel-cromo, vetrini da orologio, vetro azzurro al cobalto; cloruri di: potassio, sodio, litio, bario e rame; soluzione concentrata di acido cloridrico (HCl).

L'esperimento

1. Disponi con una spatolina piccole quantità dei sali nei vetrini da orologio.
2. Accendi il Bunsen e porta il filo di nichel-cromo alla base della fiamma ossidante: se cambia colore, va purificato immergendolo nella soluzione di HCl e riportandolo alla fiamma, fino a quando essa appare incolore.
3. Bagna il filo di nichel-cromo con la soluzione di HCl e fai aderire alcuni cristalli del primo sale in analisi.
4. Porta il filo alla base della fiamma ossidante e osserva il colore, la persistenza (ovvero la permanenza della sensazione luminosa) e la colorazione dietro il vetro azzurro al cobalto.
5. Purifica il filo e ripeti con tutti i sali.
6. Riporta i risultati in una tabella: per ogni sale analizzato, indica il colore della fiamma, la sua persistenza e il colore che assume dietro il vetro azzurro al cobalto.

Le competenze

Come giustifichi la colorazione della fiamma e la diversità dei colori osservati?

FACCIAMO IL PUNTO

LO SAI? RIPASSA CON LO SMARTPHONE

Su che cosa si basa il modello atomico di Bohr?

Per superare i limiti del modello atomico planetario di Rutherford, Niels Bohr propose un modello atomico basato sui principi della teoria quantistica.
La **teoria quantistica di Planck** sostiene che l'energia di una radiazione elettromagnetica è emessa (o assorbita) da un oggetto non in modo continuo, secondo quantità variabili, ma in modo *discontinuo*, secondo **quanti** definiti.

Qual è la differenza tra stato fondamentale e stato eccitato dell'elettrone?

Nello **stato fondamentale** il moto dell'elettrone è possibile solo su orbite circolari dal raggio ben definito e dall'energia quantizzata; nello **stato eccitato** l'elettrone assorbe energia passando dal livello energetico inferiore a un livello energetico superiore. L'elettrone quindi non può trovarsi *tra* due livelli energetici.

Qual è il limite del modello di Bohr?

Il modello di Bohr non spiega il comportamento di atomi polielettronici ed è in contraddizione con il **principio di indeterminazione**: è impossibile determinare con precisione e contemporaneamente posizione e velocità dell'elettrone. L'**orbitale** è la regione di spazio in cui si ha il 95% di probabilità di trovare l'elettrone.

Che cosa indicano i numeri quantici?

Il **numero quantico principale** n definisce le *dimensioni* e l'*energia* dell'orbitale e ha valori interi positivi compresi tra 1 e 7; il **numero quantico secondario** l indica la *forma* dell'orbitale e ha valori interi compresi tra 0 e $n-1$; il **numero quantico magnetico** m precisa l'*orientazione* dell'orbitale nello spazio e ha valori interi compresi tra $-l$ e $+l$. Il moto di rotazione dell'elettrone è descritto dal **numero quantico di spin**.

Come varia l'energia degli orbitali?

L'energia degli orbitali aumenta all'aumentare di n e di l. Quando gli elettroni riempiono gli orbitali tendono a occupare quelli con minore energia (*principio della minima energia*), e a disporsi con spin parallelo in quelli degeneri (*regola di Hund*).

Quale ordine di riempimento seguono gli orbitali?

L'ordine di riempimento degli orbitali è definito da tre principi. Il **principio della minima energia** afferma che gli elettroni nell'atomo tendono a occupare gli orbitali di minore energia. Il **principio di esclusione di Pauli** sostiene che due elettroni in un atomo non possono avere i quattro numeri quantici uguali. Per la **regola di Hund** gli elettroni di un atomo che hanno a disposizione orbitali degeneri si dispongono con spin parallelo occupando il maggior numero di orbitali.

10 ESERCIZI

ZTE ONLINE Mettiti alla prova con 20 esercizi interattivi

VERIFICA LE TUE CONOSCENZE

I LIMITI DEL MODELLO PLANETARIO

1 **Analizza le cause dell'instabilità dell'atomo nel modello planetario.**

2 **Nel modello atomico di Rutherford, l'elettrone, muovendosi su orbite circolari intorno al nucleo, emette radiazioni elettromagnetiche registrabili in uno spettro:**
Ⓐ di emissione continuo.
Ⓑ elettromagnetico.
Ⓒ discontinuo a righe.
Ⓓ di assorbimento.

IL MODELLO ATOMICO DI BOHR

3 **Esamina il comportamento dell'elettrone dell'atomo di idrogeno nello stato fondamentale.**

4 **Bohr applicò all'atomo di idrogeno la teoria quantistica formulata da**
Ⓐ Heisenbergh.
Ⓑ Planck.
Ⓒ Pauli.
Ⓓ Einstein.

5 **Indica il completamento non vero. Nel modello atomico di Bohr, l'elettrone**
Ⓐ si può muovere solo su orbite con energia quantizzata.
Ⓑ per passare da un'orbita a un'altra deve assorbire energia.
Ⓒ per passare da un'orbita a un'altra deve assorbire una quantità di energia corrispondente alla differenza tra le due orbite.
Ⓓ passando al livello energetico inferiore emette una determinata quantità di energia sotto forma di radiazione elettromagnetica.

6 **Secondo il modello atomico di Bohr, quando l'elettrone dell'atomo di idrogeno passa dal livello energetico dello stato fondamentale a un livello dello stato eccitato, l'atomo**
Ⓐ assorbe energia.
Ⓑ emette energia.
Ⓒ emette energia luminosa.
Ⓓ emette energia termica.

L'ORBITALE ATOMICO

7 **Definisci i termini *nube elettronica* e *orbitale*.**

8 **Un orbitale atomico è la regione di spazio intorno al nucleo che definisce**
Ⓐ l'orientazione dell'elettrone.
Ⓑ la posizione dell'elettrone.
Ⓒ la posizione e la velocità dell'elettrone.
Ⓓ un'elevata probabilità di trovare l'elettrone.

I NUMERI QUANTICI E IL PRINCIPIO DI PAULI

9 **Stabilisci i possibili valori di l per:**
a. $n = 2$
b. $n = 4$

10 **Stabilisci i possibili valori di m per:**
a. $l = 2$
b. $l = 5$

11 **Determina i possibili valori di l e m per:**
a. $n = 2$
b. $n = 4$

12 **Per $n = 4$ indica, per ogni valore di l, il nome del corrispondente sottolivello.**

13 **Per $l = 2$ determina:**
a. il valore minimo di n;
b. il numero massimo di elettroni.

14 **Calcola il numero di orbitali e di elettroni per:**
a. $n = 2$
b. $n = 4$

15 **Determina il numero massimo di elettroni per:**
a. il livello $n = 3$;
b. il sottolivello $3d$;
c. un orbitale $3d$.

16 **Indica il numero di orbitali:**
a. nel livello $n = 4$;
b. nel sottolivello $3d$;
c. in un sottolivello f.

17 **Stabilisci:**
a. il valore minimo di n per $l = 3$;
b. il numero di orbitali in un sottolivello con $l = 3$;
c. il numero dei diversi sottolivelli per $n = 4$.

18 **Determina tutti i tipi di orbitali per il livello energetico:**
a. $n = 2$
b. $n = 3$

19 **Gli elettroni in orbitali di tipo *f*, *s*, *d* hanno, rispettivamente, numero quantico secondario:**

Ⓐ 1, 2, 3
Ⓑ 2, 1, 0
Ⓒ 3, 0, 2
Ⓓ 3, 0, 1

20 **L'elettrone con i numeri quantici $n = 4$, $l = 1$, $m = -1$ e $m_s = -1/2$ appartiene all'orbitale:**

Ⓐ 4*s*
Ⓑ 4*p*
Ⓒ 4*d*
Ⓓ 4*f*

21 **Il numero totale di orbitali nel sottolivello 4*f* è**

Ⓐ 1
Ⓑ 3
Ⓒ 5
Ⓓ 7

22 **Indica il numero di elettroni nel sottolivello 2*p* del fosforo ($Z = 15$) nello stato fondamentale.**

Ⓐ 3
Ⓑ 6
Ⓒ 5
Ⓓ 4

23 **Indica il numero massimo di elettroni per un livello energetico *n*.**

Ⓐ n^2
Ⓑ $2n^2$
Ⓒ $2n$
Ⓓ n

24 **Tra i seguenti, orbitali può esistere solo l'orbitale:**

Ⓐ $4s^2$
Ⓑ $2d^5$
Ⓒ $3f^7$
Ⓓ $1p^3$

L'ENERGIA DEGLI ORBITALI

25 **In base al principio della minima energia, individua, tra le seguenti serie di orbitali, l'ordine di energia crescente *errato*.**

Ⓐ $1s < 2s < 2p < 3s$
Ⓑ $1s < 2s < 2p < 3s < 3p < 3d$
Ⓒ $1s < 2s < 2p < 3s < 3p$
Ⓓ $1s < 2s < 2p$

26 **Disponi i seguenti orbitali secondo l'ordine di energia crescente:**

a. 4*f*, 4*d*, 4*p*, 4*s*
b. 7*s*, 5*f*, 6*p*, 6*d*
c. 5*d*, 3*p*, 6*s*, 3*d*
d. 3*d*, 4*s*, 4*p*, 3*p*

27 **Gli elettroni di un atomo, prima di disporsi nello stesso orbitale, occupano singolarmente:**

Ⓐ tutti gli orbitali *s* disponibili;
Ⓑ tutti gli orbitali a maggior energia disponibili;
Ⓒ tutti gli orbitali *p* disponibili;
Ⓓ tutti gli orbitali di uguale energia disponibili.

28 **L'ordine di energia crescente degli orbitali 4*f*, 5*p*, 5*d*, 6*s* è:**

Ⓐ $6s < 5p < 4f < 5d$
Ⓑ $4f < 6s < 5p < 5d$
Ⓒ $5p < 6s < 4f < 5d$
Ⓓ $5p < 5d < 6s < 4f$

29 **Si ha emissione di energia nel trasferimento di un elettrone dall'orbitale**

Ⓐ 1*s* a 2*s*
Ⓑ 2*s* a 2*p*
Ⓒ 3*p* a 3*s*
Ⓓ 3*p* a 4*p*

30 **In base al principio della massima molteplicità, individua, tra le seguenti disposizioni elettroniche, quella corretta.**

Ⓐ [↑↓ | ↑ | ↓]
Ⓑ [↑ | ↑↓ | ↓]
Ⓒ [↑↓ | ↑ | ↑]
Ⓓ [↓ | ↑ | ↑↓]

LA CONFIGURAZIONE ELETTRONICA

31 **Stabilisci quali elementi presentano le seguenti configurazioni elettroniche:**

a. $1s^2\ 2s^2\ 2p^6\ 3s^2\ 3p^3$
b. $1s^2\ 2s^2\ 2p^6\ 3s^2\ 3p^6\ 4s^2\ 3d^{10}\ 4p^5$
c. $1s^2$
d. $1s^2\ 2s^2\ 2p^1$

32 **Rappresenta la configurazione elettronica dei seguenti atomi con il diagramma energia-orbitale:**

a. $_{12}Mg$
b. $_{17}Cl$

33 **Rappresenta la configurazione elettronica dei seguenti atomi con la notazione *s p d f*:**

a. $_{16}S$
b. $_{20}Ca$

VERIFICA LE TUE ABILITÀ

34 **Stabilisci a quale orbitale appartengono gli elettroni con i seguenti numeri quantici:**

a. $n = 3$ $l = 2$ $m = 0$ $m_s = -1/2$
b. $n = 3$ $l = 1$ $m = -1$ $m_s = 1/2$

35 **Indica, tra le seguenti serie di numeri quantici (n, l, m, m_s), quelle che non sono possibili:**

a. 2, 2, 1, 1/2
b. 3, 2, 0, −1/2
c. 3, 3, 2, 1/2
d. 1, 0, 0, −1/2
e. 4, 0, 2, 1/2
f. 4, 1, 1, 1/2

36 **Per $n = 2$ esistono otto elettroni. Assegna a ognuno di essi i numeri quantici l, m, m_s.**

37 Disponi le seguenti serie di numeri quantici di elettroni in ordine di energia crescente:

a. 3, 2, −1, −1/2
b. 1, 0, 0, 1/2
c. 2, 1, 1, −1/2
d. 3, 1, 0, 1/2
e. 2, 0, 0, 1/2
f. 4, 3, 2, 1/2

38 Tra i seguenti orbitali, non può esistere quello con i numeri quantici:

Ⓐ $n = 1 \quad l = 0 \quad m = 0$
Ⓑ $n = 4 \quad l = 3 \quad m = 2$
Ⓒ $n = 2 \quad l = 2 \quad m = 1$
Ⓓ $n = 3 \quad l = 2 \quad m = 2$

39 Rappresenta la configurazione elettronica dei seguenti atomi con il diagramma energia-orbitale:

a. $_{37}$Rb
b. $_{25}$Mn
c. $_{27}$Co
d. $_{40}$Zr

40 Rappresenta la configurazione elettronica dei seguenti atomi con la notazione *s p d f*:

a. $_{30}$Zn
b. $_{33}$As
c. $_{23}$V
d. $_{51}$Sb

41 Calcola il numero totale di elettroni che si trova nel sottolivello *p* negli atomi di

a. $_{47}$Ag
b. $_{12}$Mg
c. $_{26}$Fe
d. $_{33}$As

42 Indica, tra le seguenti configurazioni elettroniche, quali appartengono ad atomi nello stato fondamentale (F), quali ad atomi nello stato eccitato (E) e quali sono invece impossibili (I).

a. $1s^2\, 2s^2\, 2p^6\, 3p^8\, 4s^1$
b. $1s^2\, 2s^2$
c. $1s^2\, 2s^1\, 3s^1$
d. $1s^2\, 2s^2\, 2p^2\, 2d^2$
e. $1s^2\, 2s^2\, 2p^6\, 3s^2\, 3p^6\, 4s^2\, 3d^3$
f. $1s^2\, 2s^2\, 2p^6\, 3s^2\, 3p^5\, 4s^1$

43 Calcola il numero di elettroni singoli negli atomi di

a. $_{17}$Cl
b. $_{26}$Fe
c. $_{7}$N
d. $_{22}$Ti

44 Quale, fra le seguenti notazioni, rappresenta la disposizione degli elettroni nei sottolivelli 3*s* e 3*p* in un atomo di zolfo (*Z* = 16) nel suo stato fondamentale?

Ⓐ $3s^2\, 3p_x^1\, 3p_y^1\, 3p_z^1$
Ⓑ $3s^2\, 3p_x^2\, 3p_y^1$
Ⓒ $3s^2\, 3p_x^2\, 3p_y^2$
Ⓓ $3s^2\, 3p_x^2\, 3p_y^1\, 3p_z^1$

45 Quale dei seguenti atomi non contiene elettroni disaccoppiati nel suo stato fondamentale?

Ⓐ Te Ⓑ Sn Ⓒ Ag Ⓓ Zn

46 Il numero quantico principale a cui corrisponde il maggior numero di elettroni in un atomo di alluminio nel suo stato fondamentale è

Ⓐ 1 Ⓑ 2 Ⓒ 3 Ⓓ 4

TEST YOURSELF

47 Indicate the number of orbitals:

a. in a level with $n = 2$;
b. in the 3*p* sublevel;
c. in a *d* sublevel.

48 Among the following electronic configurations, indicate which ones belong to the ground state (G), which ones to the excited state (E) and which ones are impossible (I):

a. $1s^2\, 2s^2\, 2p^6\, 3s^2\, 3p^3\, 4s^1$
b. $1s^2\, 2s^1$
c. $1s^2\, 2s^2\, 2p^3$
d. $1s^2\, 2s^2\, 2p^6\, 3s^2\, 3p^6\, 4f^4$
e. $1s^2\, 2s^2\, 2p^4\, 3s^2$
f. $1s^2\, 2s^2\, 2p^6\, 3s^2\, 3p^6\, 4s^2\, 3d^2$

49 How many calcium electrons ($Z = 20$) correspond to the following set of quantum numbers?

a. $n = 4, l = 0, m = 0, m_s = 1/2$
b. $n = 3, l = 1$
c. $n = 3, l = 2, m = 1$

50 Which of the following groups of atoms has unpaired electrons in their ground state?

Ⓐ H, O, He
Ⓑ Be, Na, P
Ⓒ S, Li, F
Ⓓ N, K, Mg

51 Given the following series of quantum numbers, indicate which orbital cannot exist.

Ⓐ $n = 1, l = 0, m = 0$
Ⓑ $n = 2, l = 2, m = 2$
Ⓒ $n = 2, l = 1, m = 1$
Ⓓ $n = 4, l = 2, m = 3$

VERSO I GIOCHI DELLA CHIMICA

52 Indica la configurazione elettronica di un atomo allo stato fondamentale:

Ⓐ $1s^2\, 2s^2\, 2p^5\, 3s^1$
Ⓑ $1s^2\, 2s^1\, 2p^1$
Ⓒ $1s^2\, 2s^2\, 2p^2$
Ⓓ $1s^2\, 2s^2\, 2p^6\, 3s^1\, 3p^1$

[Finale nazionale 2016]

53 **Indica la terna di numeri quantici che non può essere attribuita a un elettrone:**

Ⓐ $n = 3, l = 1, m = 0$
Ⓑ $n = 2, l = 1, m = 1$
Ⓒ $n = 1, l = 0, m = 0$
Ⓓ $n = 1, l = 1, m = 0$

[Finale nazionale 2015]

54 **Indica la configurazione elettronica nello stato eccitato dell'atomo di ossigeno:**

Ⓐ $1s^2\,2s^2\,2p^2$
Ⓑ $1s^2\,2s^2\,2p^2\,3s^2$
Ⓒ $1s^2\,2s^2\,2p^3$
Ⓓ $1s^2\,2s^2\,2p^4$

[Finale nazionale 2016]

55 **Un elettrone ha i seguenti numeri quantici: $n = 4$, $l = 2$, $m = -2$, $m_s = -1/2$. L'elettrone appartiene all'orbitale**

Ⓐ $4p$
Ⓑ $4d$
Ⓒ $2p$
Ⓓ $3d$

[Finale nazionale 2015]

56 **Indica la sequenza corretta di tutti i valori possibili di m per $l = 2$.**

Ⓐ $-2, -1, 0, 1, 2$
Ⓑ $-2, -1, 1, 2$
Ⓒ $-2, 2$
Ⓓ $-1, 0, 1$

[Finale nazionale 2015]

VERSO L'UNIVERSITÀ

57 **Un atomo ha configurazione elettronica 2, 8, 18, 7. Quale delle opzioni sottostanti riporta la posizione corretta di questo elemento nella tavola periodica (periodo e gruppo) e la carica dello ione nel suo composto ionico binario (carica)?**

Ⓐ periodo: 4; gruppo: 17; carica: 1−
Ⓑ periodo: 4; gruppo: 15; carica: 1−
Ⓒ periodo: 4; gruppo: 15; carica: 2−
Ⓓ periodo: 3; gruppo: 17; carica: 1−
Ⓔ periodo: 4; gruppo: 17; carica: 1

[dalla prova di accesso a Medicina, 2015]

58 **Un atomo ha la configurazione elettronica che termina in s^2. Qual è il suo numero atomico?**

Ⓐ 3
Ⓑ 6
Ⓒ 8
Ⓓ 10
Ⓔ 12

[dalla prova di ingresso a Veterinaria, 2014]

59 **Quale tra le seguenti configurazioni elettroniche è corretta?**

Ⓐ $1s^2\,2s^2\,2p^8\,3s^2$
Ⓑ $1s^2\,2s^2\,2p^6\,2d^4$
Ⓒ $1s^2\,2s^2\,2p^6\,3s^4\,3p^2$
Ⓓ $1s^2\,2s^2\,2p^6\,3s^2\,3p^7$
Ⓔ $1s^2\,2s^2\,2p^6\,3s^2\,3p^6\,4s^2$

[dalla prova di ingresso a Veterinaria, 2011]

VERSO L'ESAME: LE TUE COMPETENZE

RAPPRESENTA

60 **Rappresenta la configurazione elettronica del molibdeno ($Z = 42$) con il diagramma energia-orbitale.**

RAPPRESENTA

61 **Rappresenta la configurazione elettronica dell'oro ($Z = 79$) con la notazione *s p d f*.**

RAPPRESENTA

62 **Rappresenta la configurazione elettronica dell'argento ($Z = 47$) con il diagramma energia-orbitale e con la notazione *s p d f*.**

ANALIZZA

63 **Stabilisci a quanti elettroni dell'arsenico ($Z = 33$) corrispondono le seguenti serie di numeri quantici:**

a. $n = 4, l = 1, m = 0$
b. $n = 3, l = 2$
c. $n = 3, l = 2, m = -1$

ANALIZZA

64 **Stabilisci a quanti elettroni del calcio ($Z = 20$) corrispondono le seguenti serie di numeri quantici:**

a. $n = 4, l = 0, m = 0, m_s = 1/2$
b. $n = 3, l = 1$
c. $n = 3, l = 2, m = 1$

DEFINISCI

65 **Assegna una serie di quattro numeri quantici:**

a. agli elettroni $3s$ del magnesio ($Z = 12$);
b. agli elettroni $3p$ del cloro ($Z = 17$).

RAPPRESENTA E DEDUCI

66 **Rappresenta la configurazione elettronica del cadmio ($Z = 48$) con la notazione *s p d f*. Sulla base di tale configurazione**

a. indica una configurazione analoga;
b. individua i possibili stati eccitati.

CAPITOLO

11 LA TAVOLA PERIODICA DEGLI ELEMENTI

1 NELLA TAVOLA DI MENDELEEV LE PROPRIETÀ DEGLI ELEMENTI VARIANO CON LA MASSA ATOMICA

Nel 1830, lo studio sistematico del *comportamento chimico* dei diversi elementi chimici noti (55) permise di mettere in evidenza che tra alcuni di essi esistevano delle analogie. Si rilevò infatti che gli elementi litio, sodio e potassio, reagendo con l'acqua, formavano composti simili con proprietà basiche e che fluoro, cloro, bromo e iodio, reagendo con l'idrogeno, formavano composti simili con proprietà acide. Divenne pertanto sempre più sentita l'esigenza di pervenire a una *classificazione sistematica degli elementi chimici* per ordinare questi ultimi in gruppi con proprietà simili.

Nel 1869 il chimico russo Dmitrij Ivanovič Mendeleev (figura **1**), in seguito alla determinazione dei valori delle masse atomiche relative definite mediante il metodo precisato dal chimico italiano Stanislao Cannizzaro, dispose gli elementi chimici conosciuti (63) in righe orizzontali secondo la loro **massa atomica** *crescente*. Poté così constatare che, nel passare da un elemento a quello successivo di una stessa riga, le proprietà cambiavano in modo continuo; giunto in corrispondenza di un determinato elemento, le proprietà ritornavano simili a quelle degli elementi già ordinati nella riga precedente e quindi li posizionò in una riga sottostante. In altri termini, la lunghezza di una riga era in relazione alla periodica variazione delle proprietà fisiche e chimiche; da qui la formulazione della **legge periodica degli elementi**.

Figura 1 Dmitrij Ivanovič Mendeleev Il chimico russo (1834-1907) ideò la prima classificazione sistematica degli elementi chimici.

PER SAPERNE DI PIÙ
PDF *Storia della chimica*
Dmitrij Ivanovič Mendeleev

PER SAPERNE DI PIÙ
PDF *Storia della chimica*
Stanislao Cannizzaro

> Le proprietà fisiche e chimiche degli elementi variano in modo periodico con la loro massa atomica.

Nella tavola periodica (la cui ultima versione fu pubblicata da Mendeleev nel 1871) le righe orizzontali (12) vengono chiamate **periodi**, mentre le colonne verticali (8), che contengono elementi con proprietà chimiche simili, **gruppi**. Gli elementi chimici di uno stesso gruppo costituiscono una *famiglia chimica*. Per sistemare alcuni elementi con proprietà fisiche e chimiche simili Mendeleev fu costretto a lasciare alcuni *posti vuoti*, poiché nessun elemento allora

Periodi	Gruppo I	Gruppo II	Gruppo III	Gruppo IV	Gruppo V	Gruppo VI	Gruppo VII	Gruppo VIII
1	H=1							
2	Li=7	Be=9,4	B=11	C=12	N=14	O=16	F=19	
3	Na=23	Mg=24	Al=27,3	Si=28	P=31	S=32	Cl=35,5	
4	K=39	Ca=40	—=44	Ti=48	V=51	Cr=52	Mn=55	Fe=56, Co=59, Ni=59, Cu=63
5	(Cu=63)	Zn=65	—=68	—=72	As=75	Se=78	Br=80	Ru=104, Rh=104, Pd=106, Ag=108
6	Rb=85	Sr=87	Yt=88	Zr=90	Nb=94	Mo=96	—=100	
7	(Ag=108)	Cd=112	In=113	Sn=118	Sb=122	Te=125	I=127	
8	Cs=133	Ba=137	—=138	Ce=140	—	—	—	
9	—	—	—	—	—	—	—	
10	—	—	—=178	La=180	Ta=182	W=184	—	Os=195, Ir=197, Pt=198, Au=199
11	(Au=199)	Hg=200	Tl=204	Pb=207	Bi=208	—	—	
12	—	—	—	Th=231	—	U=240	—	

Tabella 1 La tavola periodica di Mendeleev La classificazione degli elementi, pubblicata da Mendeleev nel 1871.

noto aveva le proprietà richieste per occupare quelle posizioni, che avrebbero dovuto essere occupate da elementi chimici non ancora conosciuti (tabella **1**).

A tal proposito Mendeleev sistemò il titanio, che per massa atomica segue il calcio, sotto il silicio, perché le proprietà del titanio e del silicio sono simili, e lasciò un posto vuoto tra il calcio e il titanio, prevedendo l'esistenza di un elemento sconosciuto, a cui diede il nome di *eka-boro*, con massa atomica uguale a 44. Per lo stesso motivo collocò l'arsenico sotto il fosforo, lasciando vuote due caselle che avrebbero dovuto essere occupate da due elementi non ancora noti, a cui diede i nomi di *eka-alluminio* (68) ed *eka-silicio* (72). Mendeleev sistemò questi elementi *un posto* sotto elementi già noti.

LE PAROLE

Il termine *eka*, in sanscrito, significa «uno».

Mendeleev arrivò anche a *prevedere le proprietà* di questi elementi non noti: quando furono scoperti essi presero il nome di *scandio*, *gallio* e *germanio* e le loro proprietà corrispondevano esattamente a quelle ipotizzate dal chimico russo (tabella **2**).

Tabella 2 Le previsioni di Mendeleev Le proprietà dell'eka-silicio confrontate con quelle del germanio.

	Proprietà	Eka-silicio	Germanio
Fisiche	aspetto	grigio	grigio
	massa atomica	72	72,6
	punto di fusione (°C)	Alto	937
	densità (g/cm^3)	5,5	5,38
Chimiche	formula dell'ossido	EO_2	GeO_2
	aspetto dell'ossido	solido bianco	solido bianco
	densità dell'ossido (g/cm^3)	4,7	4,23
	formula del cloruro	ECl_4	$GeCl_4$
	punto di ebollizione del cloruro (°C)	minore di 100	84
	densità del cloruro (g/cm^3)	1,9	1,84

Per rispettare la periodicità delle proprietà fisiche e chimiche, Mendeleev dovette tuttavia interrompere la regolare disposizione secondo la massa atomica crescente in corrispondenza della coppia *tellurio-iodio*. Il tellurio, pur avendo massa atomica maggiore, avrebbe dovuto precedere lo iodio, poiché le sue proprietà sono analoghe a quelle dello zolfo e quelle dello iodio sono invece simili alle proprietà del cloro e del bromo.

Mendeleev in tal caso non tenne conto della sua legge periodica, pensando a un errore nella determinazione della massa atomica del tellurio. In realtà, il valore della massa atomica del tellurio era esatto, ma a Mendeleev va riconosciuto il merito di aver dato maggior importanza alle proprietà degli elementi che alla disposizione della massa atomica crescente.

PER CAPIRE MEGLIO
PDF *Approfondimento*
Raccontare la chimica

2 NEL SISTEMA PERIODICO LE PROPRIETÀ DEGLI ELEMENTI VARIANO CON IL NUMERO ATOMICO

L'inversione di posizione, nella tavola periodica di Mendeleev, della coppia tellurio-iodio e la successiva scoperta dell'argon, che rese inevitabile l'inversione con il potassio per rispettare la periodicità delle proprietà chimiche, indusse i chimici a ipotizzare che non fosse la massa atomica il criterio per determinare le proprietà periodiche. La scoperta del nucleo (Rutherford, 1911), quella del protone e la determinazione sperimentale del numero atomico (Moseley, 1913) portarono a stabilire che a contraddistinguere chimicamente un atomo non è la massa, bensì il **numero atomico**. Gli elementi furono perciò disposti secondo il numero atomico *crescente* e la *legge periodica* venne modificata.

TI RICORDI?
Il **numero atomico** (Z) è il numero di protoni contenuti nel nucleo di un atomo. Si indica in basso a sinistra del simbolo dell'elemento chimico.

Le proprietà fisiche e chimiche degli elementi variano in modo periodico con il numero atomico.

Disponendo quindi gli elementi secondo l'ordine crescente del numero atomico non sono necessarie le inversioni tra le coppie di elementi tellurio-iodio, argon-potassio e anche cobalto-nichel. Dovendo utilizzare il numero atomico come criterio per ordinare gli elementi, furono in seguito proposte nuove tavole e oggi quella universalmente adottata è la tavola periodica nota con il nome di **sistema periodico** degli elementi.

Il termine *periodico* mette in evidenza il fatto che a intervalli regolari si ritrovano elementi con comportamento chimico simile.

PER SAPERNE DI PIÙ

Eccezioni alla legge periodica

Gli elementi hanno di solito proprietà fisiche e chimiche simili a quelle degli elementi dello stesso gruppo. Tuttavia, questa legge presenta delle eccezioni, come nel caso dell'oro e dell'argento. Questi due elementi appartengono allo stesso gruppo, ma mentre l'argento riflette la luce come uno specchio, l'oro appare giallo.

Interagendo con la luce, sia l'oro sia l'argento assorbono energia per trasferire un elettrone da un orbitale *d* a un orbitale *s* di energia superiore. Tuttavia, nell'argento la differenza di energia tra gli orbitali 4*d* e 6*s* è molto più grande che nell'oro: questo fa sì che le lunghezze d'onda assorbite e riflesse dal metallo siano diverse. L'oro appare quindi giallo perché assorbe la luce alle frequenze più alte, mentre riflette la luce alle frequenze più basse.

Anche alcuni elementi artificiali scoperti di recente sfuggono alla legge periodica. Per esempio, il rutherfordio ($Z = 104$) si trova nel gruppo 4, ma la sua reattività in soluzione ricorda più quella del plutonio ($Z = 94$) che quella dell'elemento che lo precede nel gruppo 4, l'afnio ($Z = 72$). La tavola periodica ha ancora molti segreti da svelare.

3 IL SISTEMA PERIODICO È COSTITUITO DA SETTE PERIODI E DICIOTTO GRUPPI

Il sistema periodico risulta diviso in quattro grandi blocchi: a sinistra il **blocco *s***, a destra il **blocco *p***, al centro il **blocco *d*** e in basso il **blocco *f***. In questi si trovano i simboli degli elementi che hanno il loro ultimo elettrone rispettivamente nell'orbitale *s*, nell'orbitale *p*, nell'orbitale *d* e nell'orbitale *f* (figura **2**).

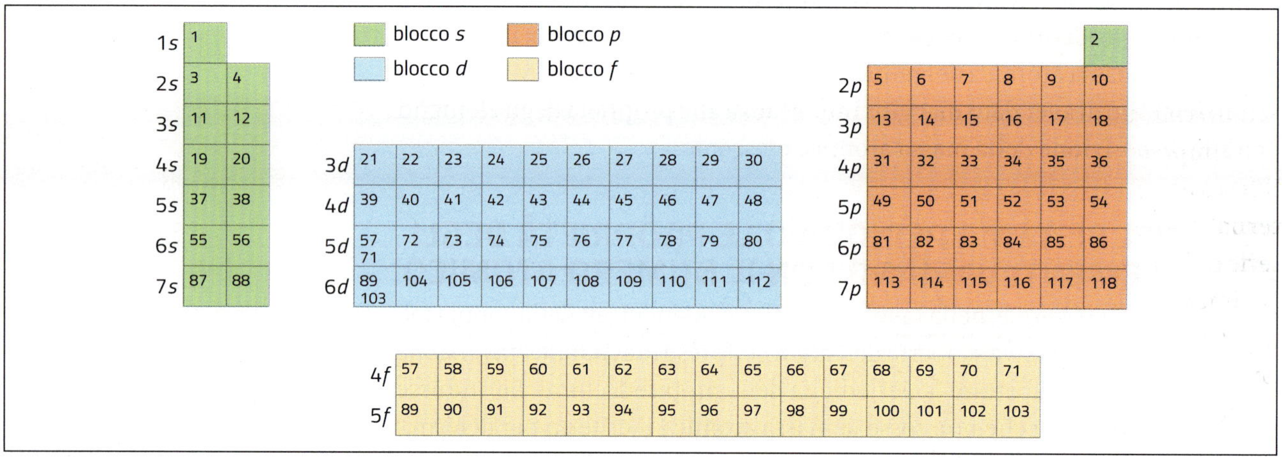

Figura 2 Struttura a blocchi del sistema periodico Nella tavola sono indicati il numero atomico degli elementi e il blocco corrispondente agli orbitali (*s*, *p*, *d* e *f*) riempiti dall'ultimo elettrone.

Ogni elemento chimico viene inserito in una casella che contiene il nome, il simbolo chimico e alcuni dati significativi per la sua identificazione e per prevedere il suo comportamento chimico (figura **3**).

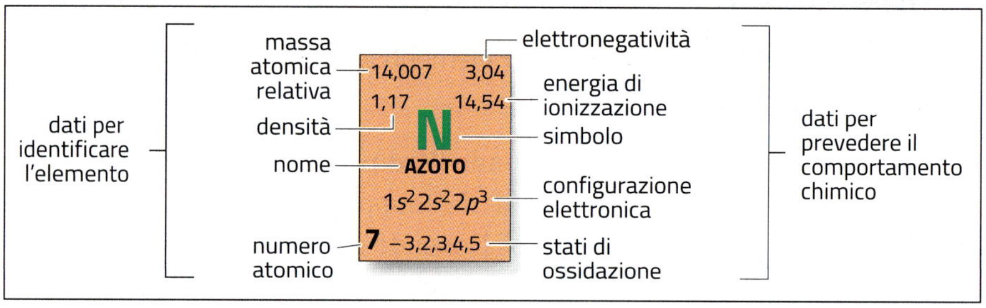

Figura 3 Le caselle del sistema periodico Informazioni che possono essere riportate in una casella del sistema periodico.

APP
La tavola periodica interattiva

PER CAPIRE MEGLIO
Animazione
La tavola periodica

Nel sistema periodico si distinguono periodi e gruppi.

> I **periodi** sono le righe orizzontali, lungo le quali le proprietà fisiche e chimiche variano in modo continuo all'aumentare del numero atomico.

I periodi sono sette e sono indicati con un numero arabo, corrispondente a quello del livello energetico (*n*) più esterno occupato dagli elettroni.

I primi tre periodi, detti anche **periodi brevi**, contengono solo elementi con elettroni in orbitali di tipo *s* e *p*.

- Il primo periodo ($n = 1$) comprende solo *due elementi* (idrogeno ed elio), in quanto il livello energetico 1*s* è occupato al massimo da due elettroni.
- Il secondo periodo ($n = 2$) comprende *otto elementi*, in quanto il livello corrispondente (2*s* e 2*p*) è occupato al massimo da otto elettroni.
- Il terzo periodo ($n = 3$), corrispondente al livello energetico 3*s* e 3*p*, comprende sempre *otto elementi*, in quanto l'ordine d'energia crescente degli orbitali impone che, dopo l'orbitale 3*p*, venga occupato l'*orbitale* 4*s* e non l'orbitale 3*d*.

I periodi dal quarto al settimo, detti anche **periodi lunghi**, contengono elementi con elettroni in orbitali di tipo *s*, *p*, *d* e *f*.

- Il quarto periodo ($n=4$) è il primo grande periodo e comprende *diciotto elementi*, in quanto si ha il riempimento degli orbitali 4*s*, 3*d* e 4*p*.
- Il quinto periodo ($n=5$) è il secondo grande periodo, comprende sempre *diciotto elementi* e si ha il riempimento degli orbitali 5*s*, 4*d* e 5*p*.
- Il sesto periodo ($n=6$), o terzo grande periodo, comprende *trentadue elementi*, in quanto si ha il riempimento degli orbitali 6*s*, 4*f*, 5*d* e 6*p*.
- Il settimo periodo ($n=7$), o quarto grande periodo, comprende *trentadue elementi* (molti dei quali identificati solo recentemente) e con esso si ha il riempimento completo degli orbitali 7*s*, 5*f*, 6*d* e 7*p*.

Il sesto e il settimo periodo includono anche gli **elementi di transizione interna**, distinti in due serie di *quindici elementi*: i *lantanidi* e gli *attinidi*. Le due serie occupano gli orbitali 4*f* e 5*f* e prendono il nome dal primo elemento con cui iniziano (lantanio, $Z=57$, e attinio, $Z=89$). Il lutezio ($Z=71$) e il laurenzio ($Z=103$), che nel sistema periodico sono gli ultimi elementi nella serie dei lantanidi e degli attinidi, sono **elementi di transizione**: con essi inizia rispettivamente il riempimento degli orbitali 5*d* e 6*d* dopo che è stato completato il riempimento degli orbitali 4*f* e 5*f*.

Lo scandio, l'ittrio e i lantanidi sono denominati **elementi delle terre rare**. Gli elementi che seguono l'uranio (*elementi transuranici*) non esistono in natura e sono stati ottenuti in laboratorio attraverso reazioni nucleari.

LE PAROLE

Il termine **terre rare** è attribuito a 17 elementi chimici (scandio, ittrio e lantanidi) isolati per la prima volta in ossidi non comuni trovati nel minerale *gadolinite*.

I **gruppi** sono le colonne verticali in cui si trovano elementi che hanno proprietà chimiche simili.

I gruppi nella **numerazione CAS** (*Chemical Abstract Service*) sono sedici: otto *gruppi A* e otto *gruppi B*, indicati con numeri romani, corrispondenti al numero massimo di elettroni nel livello energetico esterno, che ogni elemento può impegnare nei legami; nella **numerazione IUPAC** i gruppi sono diciotto, indicati con numeri arabi. Ufficialmente si usa la numerazione araba, ma per capire la struttura periodica ricorriamo alla numerazione CAS.

I **gruppi A** appartengono ai blocchi *s* e *p* e comprendono gli elementi *principali* o *rappresentativi*.

- Ai gruppi I e II (1 e 2), blocco *s*, appartengono rispettivamente gli elementi *alcalini* (dal litio al francio) e *alcalino-terrosi* (dal berillio al radio).
- Il gruppo VI (16), blocco *p*, comprende gli elementi *calcogeni* (dall'ossigeno al polonio).
- Il gruppo VII (17), blocco *p*, comprende gli elementi *alogeni* (dal fluoro all'astato).
- Il gruppo VIII (18), blocco *p*, comprende i *gas nobili* o *gas inerti* (dall'elio al radon).

I **gruppi B** appartengono al blocco *d* e comprendono gli **elementi di transizione**, che s'inseriscono tra gli elementi a maggior carattere metallico (I A e II A) e quelli con minor carattere metallico (*elementi di post-transizione*). Il numero d'ordine dei gruppi B è anomalo: si inizia con III B e si aumenta fino al VII B (a quest'aumento regolare del numero d'ordine corrisponde un aumento del numero di elettroni nel livello energetico esterno).

LE PAROLE

Il termine **alcalino** (dall'arabo *al-qály*) indicava in origine la «potassa» o carbonato di potassio, ottenuto dalla combustione del legno e dotato di proprietà basiche.
Gli **alogeni** (dal greco *hals*, *halós*, «sale», e il suffisso *-geno*, «generatore») sono elementi chimici i cui composti sono sali.
Il termine **gas nobili** deriva dal tedesco *Edelgas* (*Edel*, «nobile») e indica l'inerzia chimica di questi elementi.

PER SAPERNE DI PIÙ

La chimica dello smartphone

Se volessimo analizzare a livello chimico il nostro smartphone scopriremmo con sorpresa che contiene decine di elementi della tavola periodica. Non solo: accanto a materiali comuni come i silicati e il rame, per raggiungere le prestazioni e le funzionalità a cui siamo abituati, si sfruttano le proprietà di alcuni metalli molto particolari, le *terre rare* o **Rare Earth Elements** (**REE**). Secondo la definizione IUPAC, le REE sono lo scandio, l'ittrio e i lantanidi, cioè quegli elementi con un numero atomico compreso tra 57 e 71, la cui peculiarità a livello elettronico è la presenza dell'orbitale *f*. Praseodimio, europio, disprosio, neodimio e gadolinio sono solo alcune delle terre rare che si trovano nei nostri smartphone. Questi elementi chimici, seppur presenti in minima quantità, hanno un ruolo fondamentale in molte funzioni del telefono, dalla visualizzazione dei colori del *touchscreen* alle componenti elettroniche.

Tanta chimica in pochissimo spazio

La scoperta di materiali con prestazioni migliori ha permesso di sviluppare tecnologie sempre più efficienti e sofisticate. Grazie alla *miniaturizzazione*, il mercato dell'hi-tech ha visto una crescita e una diffusione senza precedenti, e ci ha permesso di maneggiare quotidianamente dispositivi leggeri, compatti e funzionali. Questo è possibile grazie al connubio di diversi compartimenti (figura).

Dal problema dell'approvvigionamento all'*e-waste*

L'esplosione del mercato dell'hi-tech e la diffusione di tablet e smartphone ha sollevato il problema dell'approvvigionamento e del recupero dei metalli preziosi contenuti in questi dispositivi elettronici. Questi elementi, infatti, sono presenti in basse concentrazioni sia nei minerali da cui vengono estratti, sia nei prodotti finali a cui vengono destinati. Questo significa che le attività di estrazione e di recupero sono complesse e costose, comportando un impatto ambientale ed economico piuttosto gravoso.

A questo si aggiunge il problema della distribuzione geografica dei giacimenti, che nel caso delle terre rare è concentrata in Cina, paese che da solo soddisfa circa il 90% dell'approvvigionamento mondiale. Il recupero e il successivo riciclo di questi metalli sono quindi diventati una necessità sempre più stringente. Gli ***e-waste***, cioè i rifiuti di apparecchiature elettriche ed elettroniche (**RAEE**), devono essere trattati come dei veri e propri rifiuti speciali. Anche noi come cittadini possiamo dare il nostro contributo, impegnandoci nella raccolta differenziata di questi rifiuti: è questo il primo passo per valorizzare le risorse del nostro pianeta, agendo in modo responsabile nel rispetto dell'ambiente e della nostra salute.

Rivestimento protettivo
Per visualizzare i colori sul display e proteggere il telefono dai raggi UV, sono presenti tracce di *terre rare*, come ittrio, lantanio, terbio, praseodimio, europio, disprosio e gadolinio.

Touchscreen
Per essere leggero e resistente, lo schermo è temprato chimicamente a 400 °C con *nitrato di potassio*: alcuni atomi di silicio della matrice vetrosa sono sostituiti, per scambio ionico, da atomi di potassio. Questo aumenta l'elasticità del vetro e la resistenza agli urti.
Il display è rivestito di sottili film di *ossido di indio e di stagno*, che conferiscono conduttività al vetro e, allo stesso tempo, ne garantiscono la trasparenza.

Elettronica
Il processore dello smartphone contiene *materiali semiconduttori* a base di silicio, al quale sono aggiunte piccole quantità di fosforo, antimonio, indio o gallio che ne aumentano la conducibilità (questa pratica è chiamata *drogaggio* o *doping*).
I collegamenti e i microcomponenti elettronici, invece, sono costituiti da rame, argento, oro e tantalio.

Scocca
Per unire leggerezza e resistenza agli urti, la parte più esterna del telefono contiene *leghe metalliche leggere* (con magnesio) e *polimeri sintetici* come il policarbonato.
Per maggiore sicurezza, alle materie plastiche sono addizionati dei *ritardanti di fiamma bromurati*.

Batteria
Gli smartphone utilizzano batterie a *ioni litio*. Rispetto alle pile di vecchia generazione, esse garantiscono prestazioni migliori: sono piccole, leggere e si ricaricano rapidamente.

Microfono, altoparlante e unità vibranti
Queste componenti completano la parte elettronica e contengono particolari *magneti* a base di leghe di ferro, nichel e terre rare (Nd, Dy, Pr, Gd).

I nove elementi successivi presentano un comportamento chimico molto particolare, per cui sono stati inseriti in un *unico gruppo* (VIII B). Gli ultimi due gruppi comprendono elementi che presentano delle analogie con gli elementi dei gruppi I A e II A, per cui vengono contrassegnati con la notazione I B e II B (figura **4**).

Figura 4 Il sistema periodico In figura sono indicati i gruppi e gli orbitali che si riempiono nei diversi periodi.

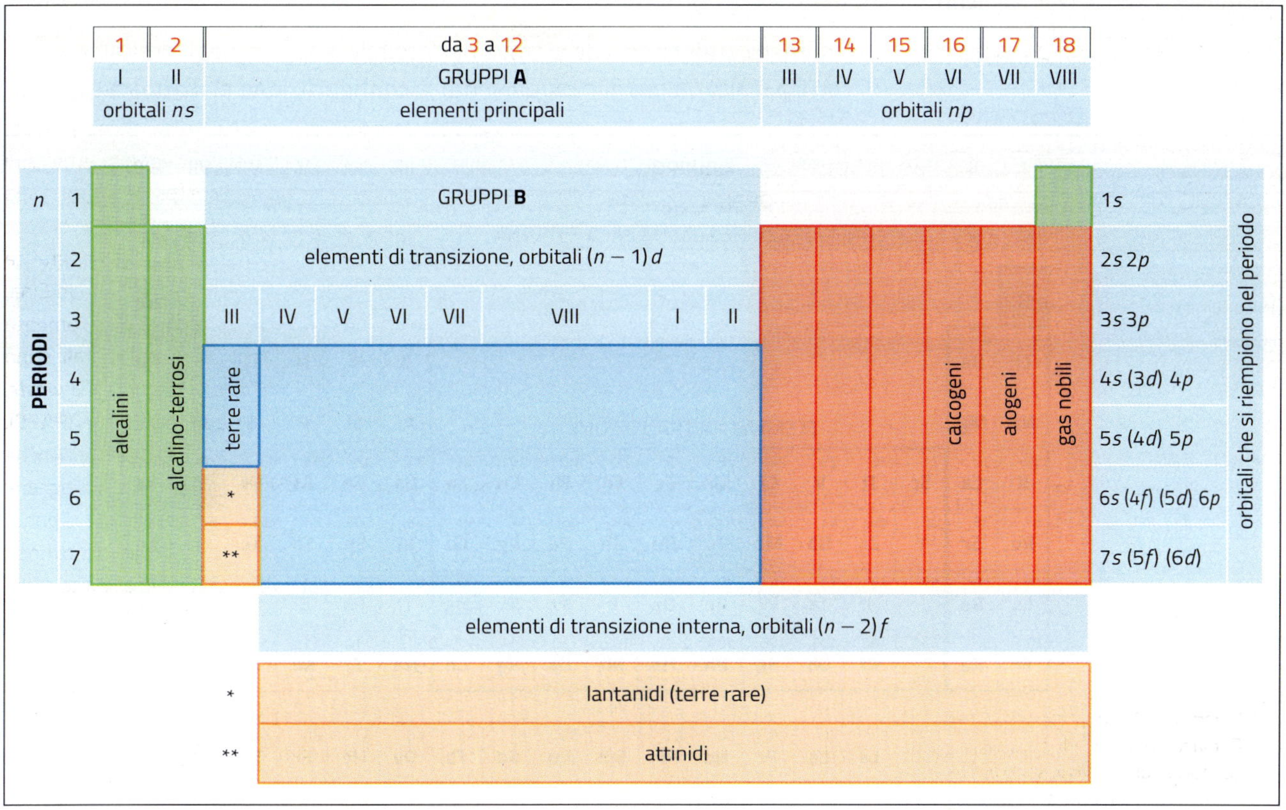

4 LA CONFIGURAZIONE ELETTRONICA ESTERNA NELLO STATO FONDAMENTALE È DEFINITA DAL NUMERO DEL GRUPPO

Prendiamo in esame le configurazioni elettroniche, nello *stato fondamentale*, degli elementi del gruppo I A e del gruppo VII A del sistema periodico evidenziandone il **livello energetico esterno**, ovvero quello costituito dagli orbitali con il più alto valore di *n* (tabella **3**).

Tabella 3 Configurazione elettronica degli elementi dei gruppi I A e VII A.

Elementi gruppo I A	Configurazione elettronica	Elementi gruppo VII A	Configurazione elettronica
$_{1}H$	$1s^1$	$_{9}F$	$1s^2\ 2s^2\ 2p^5$
$_{3}Li$	$1s^2\ 2s^1$	$_{17}Cl$	$1s^2\ 2s^2\ 2p^6\ 3s^2\ 3p^5$
$_{11}Na$	$1s^2\ 2s^2\ 2p^6\ 3s^1$	$_{35}Br$	$1s^2\ 2s^2\ 2p^6\ 3s^2\ 3p^6\ 3d^{10}\ 4s^2\ 4p^5$
$_{19}K$	$1s^2\ 2s^2\ 2p^6\ 3s^2\ 3p^6\ 4s^1$	$_{53}I$	$1s^2\ 2s^2\ 2p^6\ 3s^2\ 3p^6\ 3d^{10}\ 4s^2\ 4p^6\ 4d^{10}\ 5s^2\ 5p^5$

Si può osservare che sia gli elementi del gruppo I A sia quelli del gruppo VII A, pur avendo un diverso numero totale di elettroni, hanno, nel livello energetico esterno, lo *stesso numero di elettroni*, corrispondente rispettivamente alla formula ns^1 e $ns^2\ np^5$.

Analogamente, gli elementi del gruppo II A hanno un numero di elettroni, nel livello energetico esterno, corrispondente alla formula ns^2; quelli del gruppo III A $ns^2\ np^1$ e così di seguito (figura **5**). Risulta, quindi, che gli elementi di uno stesso gruppo del blocco *s* o *p* hanno lo stesso numero di elettroni nel livello energetico esterno e questo numero coincide con il *numero del gruppo* per gli elementi dei gruppi A.

Il numero di elettroni che si trova nell'orbitale *s* oppure negli orbitali *s* e *p* con il più alto valore di *n* rappresenta la **configurazione elettronica esterna.**

Figura 5 Configurazione elettronica esterna degli elementi dei gruppi principali I diversi colori indicano lo stato fisico di tutti gli elementi.

I	II	GRUPPO										III	IV	V	VI	VII	VIII
ns		ORBITALI $(n-1)d$										*np*					
s^1	s^2	CONFIGURAZIONE ELETTRONICA ESTERNA										s^2p^1	s^2p^2	s^2p^3	s^2p^4	s^2p^5	s^2p^6
1 H																	2 He
3 Li	4 Be											5 B	6 C	7 N	8 O	9 F	10 Ne
11 Na	12 Mg	ELEMENTI DI TRANSIZIONE										13 Al	14 Si	15 P	16 S	17 Cl	18 Ar
19 K	20 Ca	21 Sc	22 Ti	23 V	24 Cr	25 Mn	26 Fe	27 Co	28 Ni	29 Cu	30 Zn	31 Ga	32 Ge	33 As	34 Se	35 Br	36 Kr
37 Rb	38 Sr	39 Y	40 Zr	41 Nb	42 Mo	43 Tc	44 Ru	45 Rh	46 Pd	47 Ag	48 Cd	49 In	50 Sn	51 Sb	52 Te	53 I	54 Xe
55 Cs	56 Ba	57 71	72 Hf	73 Ta	74 W	75 Re	76 Os	77 Ir	78 Pt	79 Au	80 Hg	81 Tl	82 Pb	83 Bi	84 Po	85 At	86 Rn
87 Fr	88 Ra	89 103	104 Rf	105 Db	106 Sg	107 Bh	108 Hs	109 Mt	110 Ds	111 Rg	112 Cn	113 Nh	114 Fl	115 Mc	116 Lv	117 Ts	118 Og

57 La	58 Ce	59 Pr	60 Nd	61 Pm	62 Sm	63 Eu	64 Gd	65 Tb	66 Dy	67 Ho	68 Er	69 Tm	70 Yb	71 Lu
89 Ac	90 Th	91 Pa	92 U	93 Np	94 Pu	95 Am	96 Cm	97 Bk	98 Cf	99 Es	100 Fm	101 Md	102 No	103 Lr

- solidi
- liquidi
- aeriformi
- elementi artificiali

Dato che le reazioni tra atomi coinvolgono solo gli elettroni negli orbitali più esterni, le *proprietà chimiche* degli elementi non dipendono dal numero totale di elettroni, ma dalla configurazione elettronica esterna.

Gli elementi di uno stesso gruppo, aventi la stessa configurazione elettronica esterna, hanno proprietà chimiche simili.

L'**elio**, pur avendo configurazione elettronica esterna ns^2, non appartiene al gruppo II A del sistema periodico, ma al gruppo VIII A, i cui elementi hanno configurazione elettronica esterna $ns^2\ np^6$. Questa apparente contraddizione si giustifica in quanto l'elio è un gas monoatomico e con proprietà chimiche simili a quelle dei gas nobili.

La configurazione elettronica esterna permette di rappresentare la **configurazione elettronica in forma breve** di atomi con $Z > 10$, indicando dentro una parentesi quadra il simbolo del gas nobile che precede l'atomo e facendo seguire la configurazione elettronica degli orbitali *s*, *p*, *d*, *f* con il *più alto valore di n*. Per esempio:

$_{11}\text{Na} = [\text{Ne}]\ 3s^1$ $\qquad$ $_{30}\text{Zn} = [\text{Ar}]\ 4s^2\ 3d^{10}$ $\qquad$ $_{49}\text{In} = [\text{Kr}]\ 5s^2\ 4d^{10}\ 5p^1$

PROBLEMA MODELLO

Rappresentare la configurazione elettronica in forma breve

Rappresenta la configurazione elettronica in forma breve del cadmio (Cd).

L'IDEA

Per rappresentare la configurazione elettronica bisogna conoscere il numero atomico dell'elemento e individuare il gas nobile che lo precede.

LA SOLUZIONE

Il cadmio ha numero atomico 48 e il gas nobile che lo precede nel sistema periodico è il kripton Kr ($Z=36$). Il cadmio appartiene al quinto periodo, in cui si ha il riempimento degli orbitali 5*s* e 4*d*.

LA CONCLUSIONE

La configurazione elettronica del cadmio è la seguente:

$$_{48}\text{Cd} = [\text{Kr}]\ 5s^2\ 4d^{10}$$

PROBLEMA SIMILE

Rappresenta la configurazione elettronica in forma breve del platino (Pt).

UNA DELLE PROPRIETÀ PERIODICHE È IL RAGGIO ATOMICO, VARIA SIA NELL'AMBITO DI UN PERIODO, SIA NELL'AMBITO DI UN GRUPPO. ANDANDO DA SINISTRA VERSO DESTRA DIMINUISCE (RAGGIO) PERCHÉ L'ELEMENTO SUCCESSIVO HA UN NUMERO DI PROTONI MAGGIORE E QUESTO FA SÌ CHE GLI ELETTRONI PIÙ INTERNI VENGANO ATTRATTI CON UNA FORZA MAGGIORE.

5 LE PROPRIETÀ PERIODICHE DEGLI ELEMENTI SONO DISTINTE IN FISICHE E CHIMICHE

Le proprietà degli elementi chimici variano in modo abbastanza regolare da sinistra a destra lungo un periodo e dall'alto in basso lungo un gruppo. Si distinguono proprietà fisiche (densità, raggio atomico) e proprietà chimiche (energia di ionizzazione, affinità elettronica, elettronegatività).

La densità

La **densità** di un elemento è il rapporto tra la sua massa e il suo volume.

La densità, per gli elementi solidi e liquidi, si esprime in g/cm^3 alla temperatura di 20 °C; per gli elementi gassosi in g/L a 0 °C e alla pressione di 1 atm.

Osservando i *valori* della densità nel sistema periodico si constata che:

- lungo un *periodo* prima aumentano (nei gruppi A fino al III e nei gruppi B fino all'VIII) e poi diminuiscono;
- lungo un *gruppo* aumentano con l'aumentare del numero atomico (figura 6).

Figura 6 Valori della densità degli elementi chimici Gli elementi con densità più alta sono quelli del sesto periodo. Osmio, iridio e platino hanno i valori più alti di densità, perché possiedono una grande massa atomica e un piccolo volume.

Be 1,85 — densità in g/cm^3 ($t=20$ °C)

N 1,25 — densità in g/L ($t=0$ °C; $P=1$ atm)

	1 IA	2 IIA	3 IIIB	4 IVB	5 VB	6 VIB	7 VIIB	8 VIIIB	9 VIIIB	10 VIIIB	11 IB	12 IIB	13 IIIA	14 IVA	15 VA	16 VIA	17 VIIA	18 VIIIA
1	H 0,09																	He 0,178
2	Li 0,53	Be 1,85											B 2,46	C 2,23	N 1,25	O 1,43	F 1,74	Ne 0,89
3	Na 0,97	Mg 1,74											Al 2,71	Si 2,33	P 1,84	S 2,06	Cl 3,17	Ar 1,78
4	K 0,86	Ca 1,54	Sc 2,99	Ti 4,5	V 6,7	Cr 7,14	Mn 7,47	Fe 7,87	Co 8,8	Ni 8,91	Cu 8,9	Zn 7,14	Ga 5,9	Ge 5,32	As 5,72	Se 4,81	Br 3,12	Kr 3,75
5	Rb 1,53	Sr 2,6	Y 4,47	Zr 6,5	Nb 8,6	Mo 10,2	Tc 11,5	Ru 12,45	Rh 12,41	Pd 12,2	Ag 10,5	Cd 8,64	In 7,3	Sn 7,29	Sb 6,68	Te 6,24	I 4,98	Xe 5,89
6	Cs 1,90	Ba 3,6	La 6,18	Hf 13,3	Ta 16,7	W 19,3	Re 21,02	Os 22,61	Ir 22,65	Pt 21,45	Au 19,3	Hg 13,5	Tl 11,85	Pb 11,35	Bi 9,8	Po 9,0	At –	Rn 9,72

I gas (in rosso) hanno i valori più bassi di densità.

PASSANDO DALL'ULTIMO ELEMENTO DI UN PERIODO AL PRIMO DEL SUCCESSIVO IL RAGGIO AUMENTA, PERCHÉ PASSA AL LIVELLO ENERGETICO SUPERIORE

6 IL RAGGIO ATOMICO DIMINUISCE LUNGO UN PERIODO E AUMENTA LUNGO UN GRUPPO

Dato che non è possibile determinare i raggi degli atomi isolati, i valori dei raggi atomici, espressi in **picometri** (simbolo **pm**; 1 pm $= 10^{-12}$ m), sono stati ricavati in base alla distanza che separa i nuclei di due atomi uguali. Si distinguono due casi. Se l'elemento è:

a. un *metallo* (rame), il raggio *r* è la metà della distanza tra i centri di due *atomi adiacenti* (figura **7A**);

b. un *non-metallo* (cloro), il raggio è la metà della distanza tra i centri di due *atomi uniti da un legame chimico* (figura **7B**).

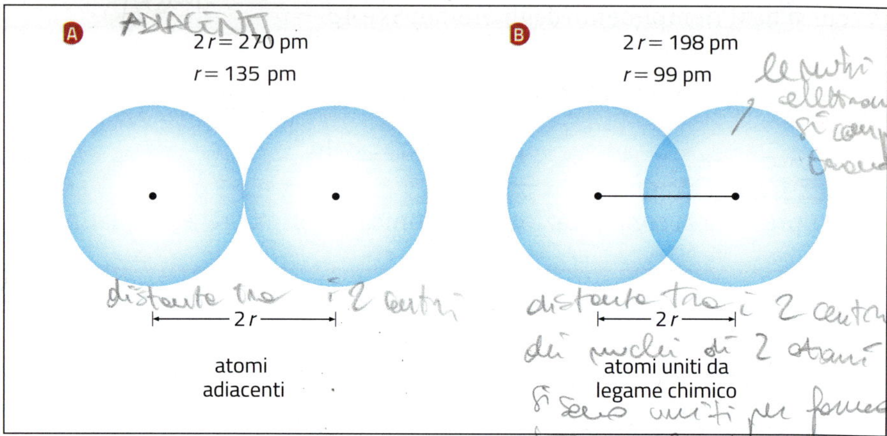

Figura 7 **Il raggio atomico** A Raggio atomico di un metallo (rame). B Raggio atomico di un non metallo (cloro).

I valori dei raggi atomici dei diversi elementi chimici evidenziano un comportamento periodico.

> Il **raggio atomico** diminuisce lungo un periodo da sinistra a destra e aumenta scendendo lungo un gruppo.

Il raggio atomico **diminuisce in un periodo** in quanto gli elettroni che via via si aggiungono (passando da un elemento all'altro) vanno a occupare orbitali dello stesso livello energetico esterno (*n*); contemporaneamente però aumenta anche il valore di *Z*, ovvero la carica nucleare, che attrae con maggiore forza gli elettroni degli orbitali esterni: questo comporta, di conseguenza, una progressiva diminuzione del raggio atomico lungo un periodo (figura **8**).

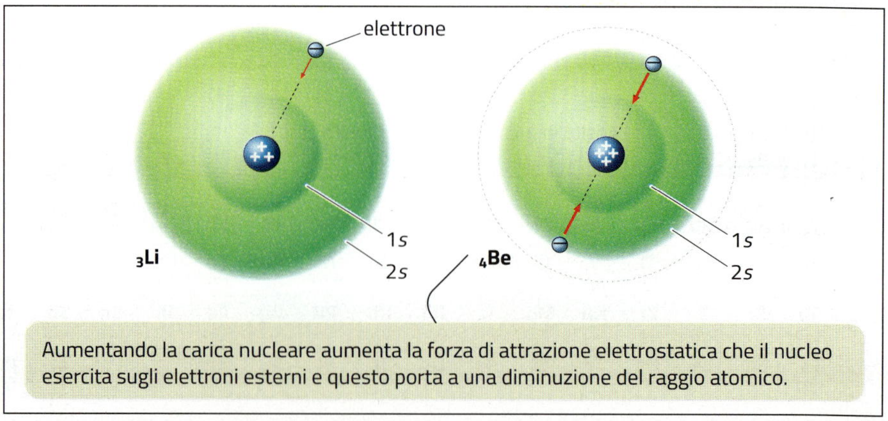

Figura 8 **Il raggio atomico diminuisce lungo un periodo** Il raggio atomico varia al variare della carica nucleare.

Il raggio atomico **aumenta in un gruppo** perché, passando da un periodo a quello successivo, gli elettroni vanno a occupare orbitali con livelli energetici più alti e quindi a maggiore distanza dal nucleo: ne deriva una diminuzione della forza attrattiva nucleo-elettroni. Inoltre, si deve tener presente che gli elettroni interni esercitano sul nucleo un *effetto schermo*, che fa diminuire l'attrazione tra il nucleo e gli elettroni esterni (figura **9A**). In altri termini, un aumento del numero atomico lungo un periodo determina quindi una diminuzione del raggio atomico; al contrario, un aumento del numero atomico lungo un gruppo comporta un progressivo aumento del raggio atomico (figura **9B**).

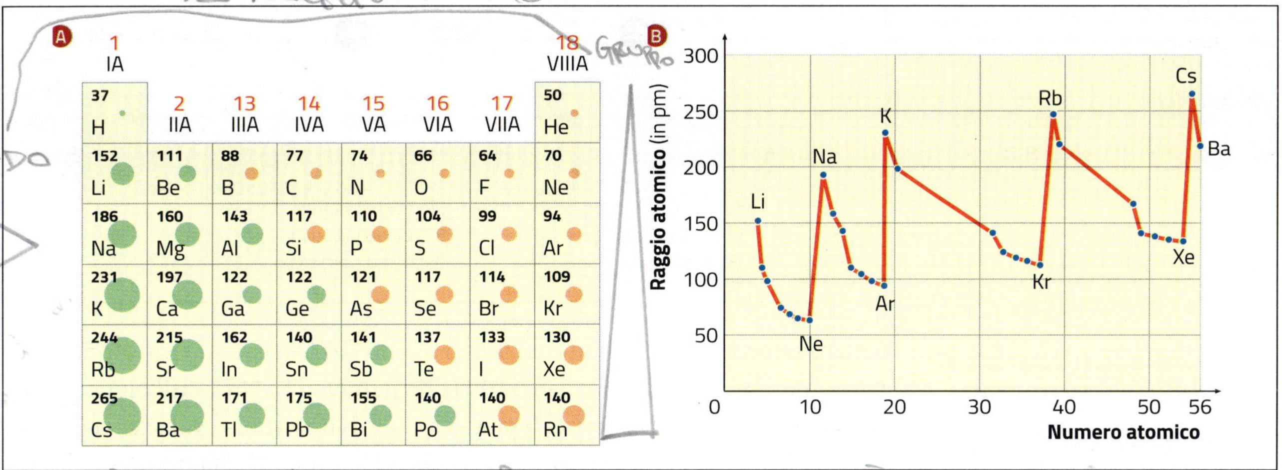

Figura 9 **I valori del raggio atomico nei gruppi A** A Valori dei raggi atomici in picometri. B Variazione periodica dei raggi atomici in funzione del numero atomico.

7 L'ENERGIA DI IONIZZAZIONE AUMENTA IN UN PERIODO E DIMINUISCE IN UN GRUPPO

In un atomo neutro le cariche positive dei protoni sono bilanciate dalle cariche negative degli elettroni e tra le due cariche opposte si stabilisce una forza di attrazione elettrostatica. Pertanto, per allontanare un elettrone da un atomo neutro bisogna vincere questa forza di attrazione, fornendo una determinata *quantità di energia*.

Si definisce **energia di prima ionizzazione** (simbolo I_1) la minima energia che si deve fornire a un atomo neutro allo stato gassoso per allontanare da esso un elettrone del livello energetico più esterno.

L'energia di ionizzazione può essere fornita sotto forma di energia elettrica, termica o luminosa.

Allontanando un elettrone da un atomo neutro, la carica nucleare aumenta di una unità e l'atomo si trasforma in uno *ione positivo* o *catione*.

Uno **ione positivo** o **catione** è una specie chimica con un numero di protoni maggiore del numero di elettroni.

L'equazione chimica generica che descrive l'allontanamento di un elettrone da un atomo X si può così rappresentare:

$$X_{(g)} + I_1 \longrightarrow X^+_{(g)} + e^-$$

Se viene fornita energia all'atomo di litio ($Z = 3$; configurazione elettronica $= 1s^2\ 2s^1$) si ha l'allontanamento dell'elettrone dell'orbitale $2s$ e la formazione di uno ione positivo (simbolo Li^+) costituito da tre protoni e due elettroni (figura **10**):

$$Li_{(g)} + I_1 \longrightarrow Li^+_{(g)} + e^-$$

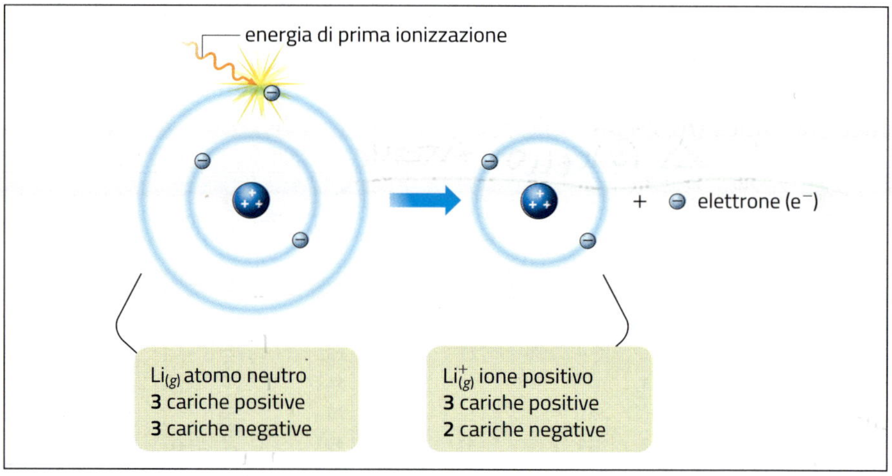

Figura 10 L'energia di prima ionizzazione Un atomo di litio allo stato di gas, assorbendo una determinata quantità di energia, perde un elettrone e si trasforma nello ione litio Li^+.

TI RICORDI?

La **mole** di un elemento o di un composto corrisponde al valore della massa atomica relativa, della massa molecolare relativa o della massa formula relativa espressa in grammi.

Il **raggio ionico** del catione è *minore* di quello del corrispondente atomo neutro perché aumenta la forza attrattiva che il nucleo esercita sull'elettrone del livello energetico più esterno. Il raggio ionico di un catione misura *molto meno* del raggio del corrispondente atomo neutro: lo ione litio ha un raggio ionico uguale a 65 pm, mentre l'atomo di litio ha un raggio atomico uguale a 152 pm (figura **11**).

L'energia di ionizzazione è misurata in riferimento a una **mole** (simbolo **mol**) di atomi di un elemento e si esprime quindi in **kJ/mol**.

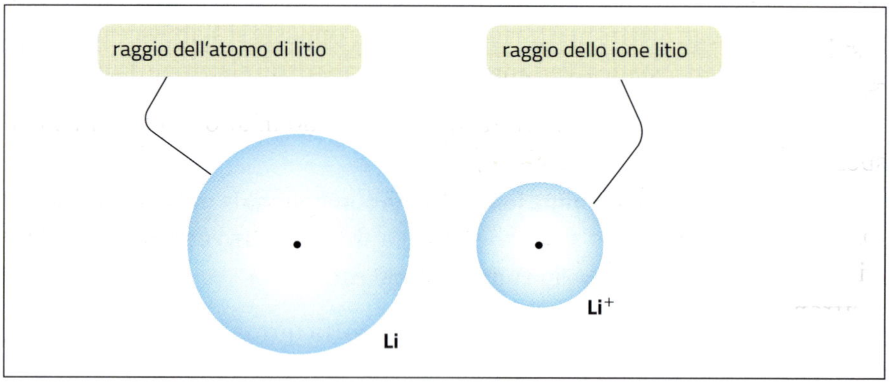

Figura 11 Raggio atomico e raggio del catione Il raggio ionico di un catione è molto inferiore al raggio dell'atomo neutro.

Esaminando i valori dell'energia di prima ionizzazione, si osserva che questa aumenta lungo un periodo da sinistra a destra e diminuisce scendendo lungo un gruppo. È evidente quindi che le variazioni periodiche dell'energia di prima ionizzazione sono legate al *numero atomico* e, di conseguenza, al *raggio atomico*, che dipende dalla *forza di attrazione elettrostatica* nucleo-elettrone.

L'energia di ionizzazione **aumenta lungo un periodo** perché, al diminuire del raggio, aumenta la forza attrattiva che il nucleo esercita sull'elettrone più esterno. È da sottolineare che gli elementi del gruppo II e del gruppo V

A

1 IA							18 VIIIA
H 1312	2 IIA	13 IIIA	14 IVA	15 VA	16 VIA	17 VIIA	**He** 2372
Li 520	**Be** 900	**B** 799	**C** 1090	**N** 1400	**O** 1310	**F** 1680	**Ne** 2080
Na 496	**Mg** 738	**Al** 578	**Si** 786	**P** 1012	**S** 1000	**Cl** 1251	**Ar** 1520
K 419	**Ca** 590	**Ga** 576	**Ge** 762	**As** 944	**Se** 941	**Br** 1140	**Kr** 1351
Rb 403	**Sr** 550	**In** 558	**Sn** 709	**Sb** 832	**Te** 869	**I** 1009	**Xe** 1170
Cs 376	**Ba** 503	**Tl** 589	**Pb** 716	**Bi** 703	**Po** 812	**At** 930	**Rn** 1037

B

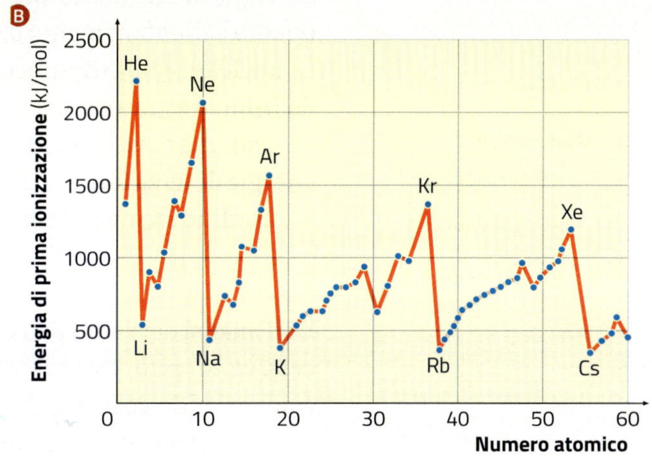

Figura 12 **L'energia di prima ionizzazione** A Valori dell'energia di prima ionizzazione (in kJ/mol) per gli elementi principali (gruppi A). B Variazione dei valori dell'energia di prima ionizzazione in funzione del numero atomico.

presentano valori *più alti* di quelli dei gruppi III e VI perché la presenza di orbitali *ns* completi e di orbitali *np* semicompleti conferisce agli atomi una maggiore stabilità (figura **12**).

L'energia di ionizzazione **diminuisce scendendo lungo un gruppo**; anche in questo caso aumenta la distanza nucleo-elettrone esterno e gli elettroni interni esercitano un effetto schermo sul nucleo (figura **13**).

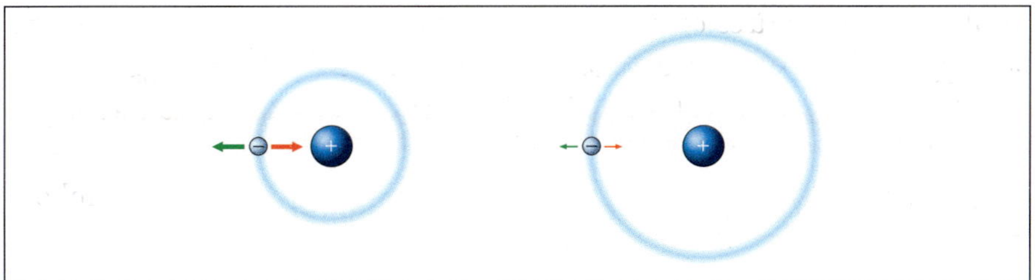

Figura 13 **Forza di attrazione elettrostatica nucleo-elettrone** L'energia, che si deve fornire per vincere la forza di attrazione tra nucleo ed elettrone, e quindi allontanare l'elettrone più esterno, è tanto minore quanto maggiore è la distanza.

Risulta quindi che gli elementi con la **minore** energia di ionizzazione si trovano in basso a sinistra nel sistema periodico (elementi alcalini) e gli elementi con la **maggiore** energia di ionizzazione si trovano in alto a destra, in corrispondenza dei gas nobili (figura **14**).

Volendo allontanare un secondo elettrone da uno ione positivo X^+ si deve fornire una quantità di energia, chiamata **energia di seconda ionizzazione** (simbolo $\boldsymbol{I}_2$), maggiore rispetto a quella utilizzata per allontanare il primo elettrone. Il processo si rappresenta con la seguente equazione:

$$X^{+}_{(g)} + I_2 \longrightarrow X^{2+}_{(g)} + e^-$$

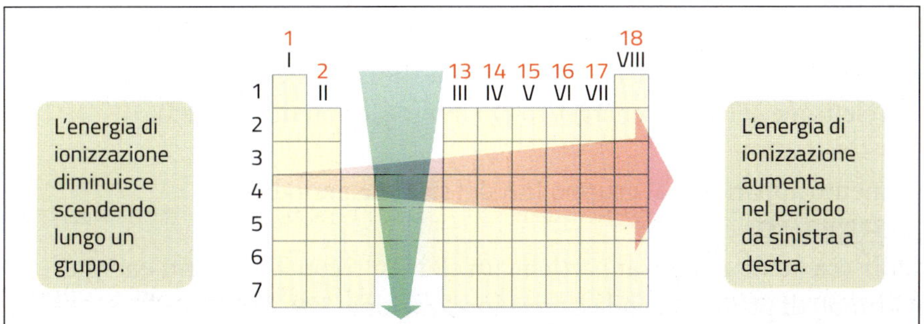

Figura 14 **La variazione dell'energia di ionizzazione** L'energia di ionizzazione è una proprietà periodica.

L'energia di seconda ionizzazione è più alta di quella di prima ionizzazione in quanto l'allontanamento del primo elettrone comporta un *aumento* della carica nucleare e una diminuzione del raggio ionico, con conseguente aumento della forza attrattiva nucleo-elettrone esterno.

PER CAPIRE MEGLIO
Animazione
Energia di ionizzazione e livelli energetici

L'allontanamento di un terzo elettrone richiede una quantità di energia, **energia di terza ionizzazione** (simbolo I_3), ancora più alta di quella di seconda.

L'ordine *crescente* dei valori dell'energia di ionizzazione è quindi:

$$I_1 < I_2 < I_3$$

Dall'analisi dei valori dell'energia di prima, seconda, terza ionizzazione e successive si può osservare come tali valori siano raggruppati in *fasce*, evidenziando così che gli elettroni sono disposti intorno al nucleo in *livelli energetici situati a varia distanza da esso.* In ogni livello si trovano elettroni con valori di energia di ionizzazione vicini, mentre tra un livello e il successivo i valori di *I* presentano variazioni notevoli (tabella 4).

Tabella 4 L'energia di prima, seconda e terza ionizzazione Valori (in kJ/mol) dell'energia di prima, seconda e terza ionizzazione degli elementi del secondo periodo.

2° periodo	Li	Be	B	C	N	O	F	Ne
I_1	520	900	799	1090	1400	1310	1680	2080
I_2	7300	1760	2420	2350	2860	3390	3370	3950
I_3	11800	14800	3660	4620	4580	5300	6050	6280

I valori delle energie di ionizzazione degli elementi forniscono pertanto informazioni sul numero dei livelli energetici di un atomo, sul numero di elettroni presenti in ogni livello e sul gruppo a cui appartiene l'atomo.

PROBLEMA MODELLO

Stabilire il gruppo di un elemento in base alle energie di ionizzazione

Stabilisci a quale gruppo appartiene un elemento con le seguenti energie (in kJ/mol) di ionizzazione: $I_1 = 900$, $I_2 = 1756$, $I_3 = 14841$.

L'IDEA

Per definire a quale gruppo appartiene l'elemento, si deve tenere presente che per allontanare un elettrone da un livello energetico esterno l'energia di ionizzazione è bassa, mentre per allontanare un elettrone da un livello interno è alta. Confrontando le tre energie di ionizzazione fornite, deduciamo quanti elettroni sono nel livello energetico esterno e quindi a quale gruppo appartiene l'elemento.

LA SOLUZIONE

I primi due valori (900 e 1756) sono poco diversi tra loro, ma molto inferiori al terzo (14841): I_2 è circa il doppio di I_1, ma I_3 è quasi dieci volte I_2. Possiamo ipotizzare che essi siano i valori di I_1 e I_2 di un atomo con due elettroni nel livello energetico esterno e che I_3, molto più alto, sia l'energia di ionizzazione di un elettrone del livello energetico più interno, e quindi completo.

LA CONCLUSIONE

L'elemento appartiene al gruppo II A del sistema periodico.

PROBLEMA SIMILE

Stabilisci a quale gruppo appartiene un elemento con le seguenti energie (in kJ/mol) di prima, seconda e terza ionizzazione: 520, 7300, 11 800.

8 L'AFFINITÀ ELETTRONICA È BASSA NEGLI ALCALINI E ALTA NEGLI ALOGENI

L'**affinità elettronica** (simbolo *F*) è l'energia, sotto forma di calore, che si libera o che deve essere assorbita quando a un atomo neutro allo stato gassoso si associa un elettrone.

Il valore dell'affinità elettronica assume segno *negativo* nei casi in cui il processo è accompagnato da una diminuzione di energia del sistema (processo *esotermico*); al contrario, l'affinità elettronica ha segno *positivo* quando il processo comporta un aumento di energia del sistema (processo *endotermico*).

Addizionando a un atomo X un elettrone, il numero degli elettroni aumenta di un'unità e l'atomo si trasforma in uno *ione negativo* o *anione*.

Uno **ione negativo** o **anione** è una specie chimica che ha un numero di protoni minore del numero di elettroni.

La formazione di un anione è favorevole quando il processo è esotermico e quindi l'affinità elettronica di un atomo è *tanto più elevata quanto più piccolo* è il suo valore numerico.

Le equazioni generiche relative ai processi esotermici ed endotermici si possono rappresentare così:

$$\text{processo esotermico:} \quad X_{(g)} + e^- \longrightarrow X^-_{(g)} \; (-F)$$

$$\text{processo endotermico:} \quad X_{(g)} + e^- \longrightarrow X^-_{(g)} \; (+F)$$

L'atomo di cloro ha $Z = 17$ e configurazione elettronica $1s^2\ 2s^2\ 2p^6\ 3s^2\ 3p^5$; acquistando un elettrone l'atomo di cloro si trasforma in uno ione negativo (simbolo Cl^-) con 17 protoni e 18 elettroni, liberando energia di affinità elettronica (figura **15**).

$$Cl_{(g)} + e^- \longrightarrow Cl^-_{(g)} \; (-F)$$

Il **raggio ionico** dell'anione è *maggiore* di quello del corrispondente atomo neutro perché la carica nucleare è minore del numero di elettroni e la forza di attrazione elettrostatica esercitata sull'elettrone del livello energetico esterno è minore.

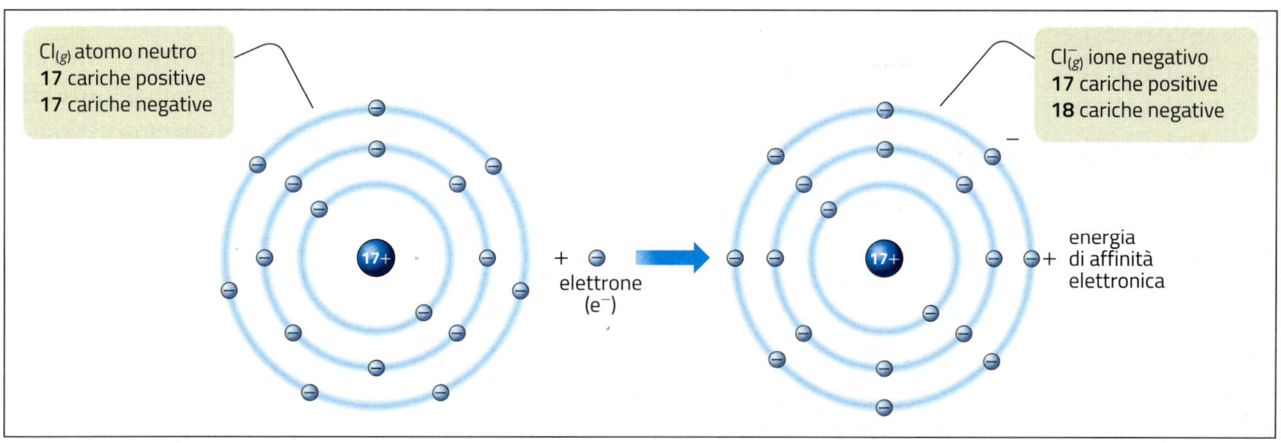

Figura 15 **L'affinità elettronica** Un atomo di cloro allo stato di gas, acquistando un elettrone, si trasforma nello ione cloruro Cl^-, liberando energia di affinità elettronica.

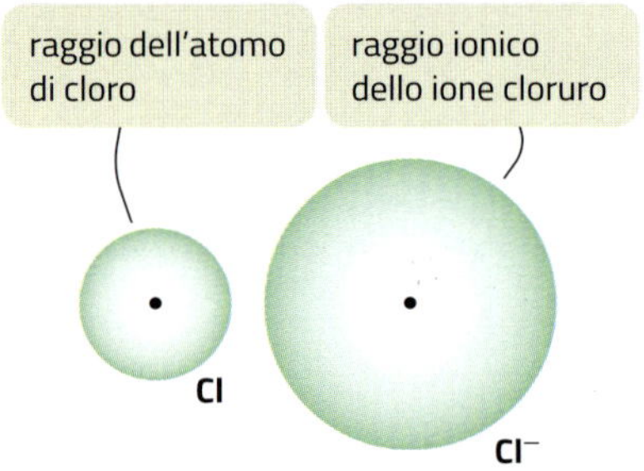

Figura 16 Raggio atomico e raggio dell'anione Il raggio ionico di un anione è molto maggiore del raggio atomico di un atomo neutro.

Il raggio ionico di un anione misura quasi il doppio del raggio dell'atomo neutro: lo ione cloruro Cl^- ha un raggio ionico uguale a 189 pm, mentre quello dell'atomo di cloro Cl è 99 pm (figura **16**).

I valori di affinità elettronica sono misurati in riferimento a una **mole** di atomi e si esprimono in **kJ/mol**. Non è semplice misurare il valore dell'affinità elettronica e per questo disponiamo di valori attendibili solo per gli *elementi principali* (appartenenti ai blocchi *s* e *p*). Dai dati disponibili emergono alcune considerazioni generali:

- gli **alogeni**, e a seguire gli elementi del **gruppo VI**, hanno i valori *più alti* (valori negativi) di affinità elettronica: il piccolo raggio atomico e l'elevata carica nucleare aumentano infatti l'attrazione che il nucleo esercita sull'elettrone;
- gli elementi del **gruppo V** hanno *bassi* valori di affinità elettronica (l'azoto ha addirittura un valore positivo) per la presenza di orbitali *np* più esterni *semicompleti* che manifestano particolare stabilità;
- gli elementi del **gruppo VIII** e, in misura maggiore, quelli del **gruppo II** hanno valori di affinità elettronica *molto bassi* (valori positivi). Questo si giustifica, nei primi, con la presenza di orbitali *ns* e *np completi*, che determinano l'alta stabilità, e nei secondi con la presenza di un orbitale *ns* più *esterno completo*, per cui un nuovo elettrone dovrebbe occupare l'orbitale *np* di un livello energetico più esterno (figura **17**).

Figura 17 L'affinità elettronica A Valori (in kJ/mol) dell'affinità elettronica degli elementi principali (gruppi A). B Variazione dei valori dell'affinità elettronica in funzione del numero atomico per gli elementi dei primi tre periodi.

A

1 IA	2 IIA	13 IIIA	14 IVA	15 VA	16 VIA	17 VIIA	18 VIIIA
H −72,8							He +21
Li −59,6	Be +241	B −26,7	C −122	N 7	O −141	F −328	Ne +29
Na −52,9	Mg +230	Al −42,5	Si −134	P −72	S −200	Cl −349	Ar +34
K −48,4	Ca +156	Ga −28,9	Ge −119	As −78,2	Se −195	Br −325	Kr +39
Rb −46,9	Sr +167	In −28,9	Sn −107	Sb −103	Te −190	I −295	Xe +40
Cs −45,5	Ba +52	Tl −19,3	Pb −35,1	Bi −91,3	Po −183	At −270	Rn +41

B

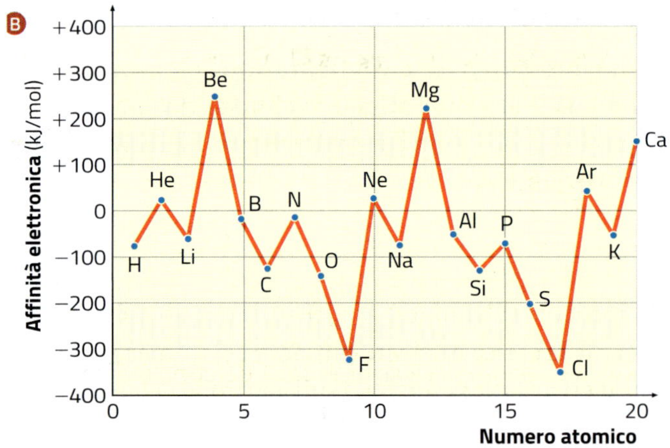

AFFINITÀ ELETTRONICA
▷ = aumenta
Δ = diminuisce

Risulta, quindi, che gli elementi con **minore affinità elettronica** si trovano nei gruppi II, V e VIII del sistema periodico, mentre quelli con **maggiore affinità elettronica** sono collocati nei gruppi più a destra del sistema periodico (gruppi VI e VII).

È possibile anche l'associazione di un secondo elettrone con formazione di uno ione con due cariche negative; ma, per vincere la forza di repulsione dovuta alla carica negativa già presente, si deve fornire energia (*processo endotermico*). Il processo si rappresenta con l'equazione:

$$X^-_{(g)} + e^- \longrightarrow X^{2-}_{(g)} \ (+F_2)$$

Gli elementi che possono addizionare due elettroni sono quelli del gruppo VI A, con configurazione elettronica esterna $ns^2\ np^4$.

9 L'ELETTRONEGATIVITÀ AUMENTA IN UN PERIODO E DIMINUISCE IN UN GRUPPO

Quando due atomi diversi si legano tra loro, si ha il trasferimento *parziale* o *totale* di uno o più elettroni da un atomo all'altro: questi elettroni, chiamati **elettroni di legame**, vengono attirati maggiormente verso l'atomo la cui carica nucleare presenta la forza di attrazione elettrostatica più elevata.

Si definisce **elettronegatività** (simbolo E_n) la tendenza che ha un atomo ad attirare verso di sé gli elettroni di legame (o elettroni di valenza).

I valori dell'elettronegatività degli elementi sono stati determinati sperimentalmente dal chimico statunitense Linus Pauling: dall'esame di tali valori si può osservare che l'elettronegatività aumenta procedendo da sinistra a destra lungo un periodo, mentre diminuisce scendendo lungo un gruppo (figura **18**).

Figura 18 L'elettronegatività
A Valori dell'elettronegatività secondo la scala di Pauling per gli elementi principali (gruppi A).
B Variazione dei valori dell'elettronegatività in funzione del numero atomico.

A

1 IA	2 IIA	13 IIIA	14 IVA	15 VA	16 VIA	17 VIIA	18 VIIIA
H 2,2							He
Li 1	Be 1,5	B 2,0	C 2,5	N 3,0	O 3,5	F 4	Ne
Na 0,9	Mg 1,2	Al 1,5	Si 1,8	P 2,1	S 2,4	Cl 3	Ar
K 0,8	Ca 1	Ga 1,6	Ge 1,8	As 2,0	Se 2,4	Br 2,8	Kr
Rb 0,8	Sr 1	In 1,7	Sn 1,8	Sb 1,9	Te 2,1	I 2,5	Xe
Cs 0,7	Ba 0,8	Tl 1,8	Pb 1,8	Bi 1,9	Po 2	At 2,2	Rn

B

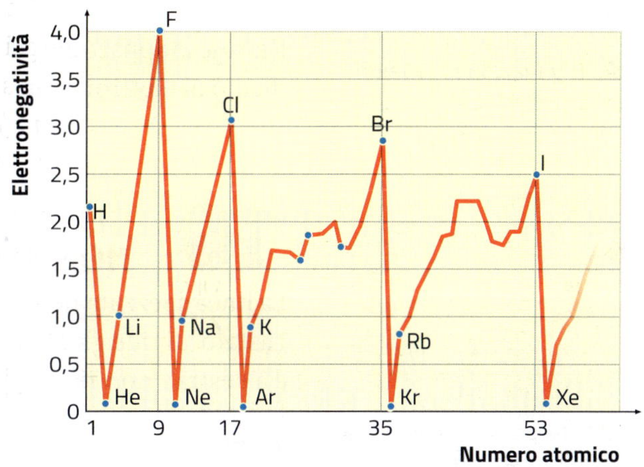

Dall'andamento dei valori di elettronegatività possiamo trarre due conclusioni.

- L'*aumento lungo un periodo* si giustifica con la diminuzione del raggio atomico e l'aumento della carica nucleare, che hanno come conseguenza una maggiore forza di attrazione elettrostatica tra il nucleo e gli elettroni di legame (figura **19**).
- La *diminuzione lungo un gruppo* si giustifica con l'aumento del raggio atomico e con l'effetto schermo, esercitato dagli elettroni interni, che comportano una diminuzione della forza di attrazione elettrostatica tra il nucleo e gli elettroni di legame.

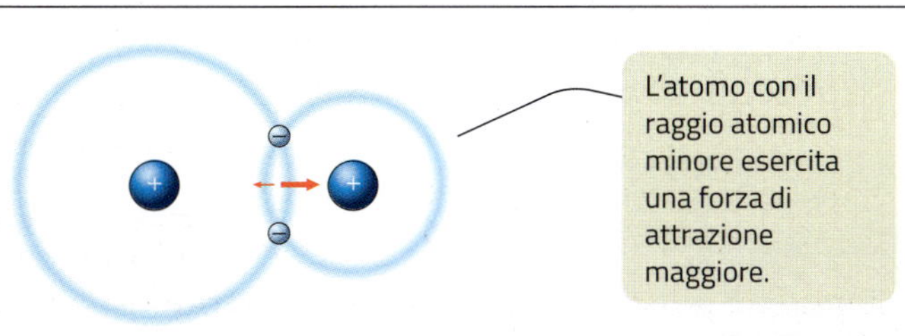

Figura 19 Attrazione tra nucleo ed elettroni di legame Gli elettroni di legame, condivisi tra due atomi dal diverso raggio atomico, sono attratti più fortemente dal nucleo dell'atomo più piccolo.

Risulta quindi che gli elementi con **minore elettronegatività** si trovano in basso a sinistra nel sistema periodico (elementi alcalini e alcalino-terrosi) e gli elementi con **maggiore elettronegatività** si trovano in alto a destra nel sistema periodico (calcogeni e alogeni) (figura **20**).

L'elemento più elettronegativo è il *fluoro* con un valore di elettronegatività uguale a 4; seguono l'*ossigeno* con 3,5, il cloro e l'azoto con 3, il carbonio con 2,5 e lo zolfo con 2,4.

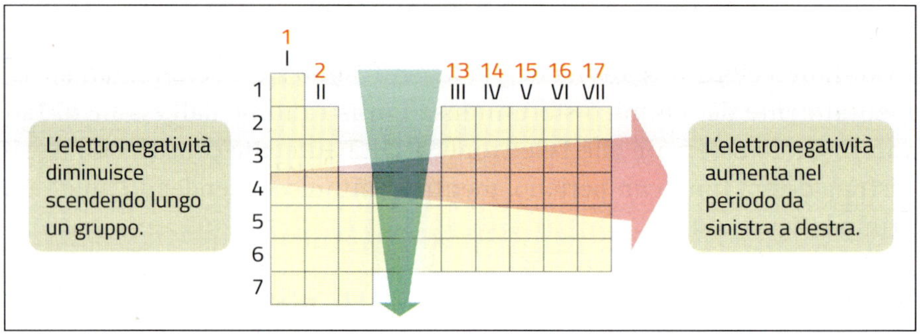

Figura 20 La variazione dell'elettronegatività L'elettronegatività è una proprietà periodica.

L'*idrogeno* appartiene al gruppo I A, ma, essendo un non metallo, ha un valore medio di elettronegatività (2,2), molto vicino a quello del carbonio.

10 GLI ELEMENTI SI CLASSIFICANO IN METALLI, NON METALLI E SEMIMETALLI

La linea spezzata nera, che nel sistema periodico parte dal boro e termina con l'astato, divide gli elementi chimici in due grandi gruppi, a sinistra i **metalli** e a destra i **non metalli**; gli elementi a contatto con questa linea (tranne l'alluminio e il polonio) sono i **semimetalli** (figura **21**).

I **metalli** sono elementi che tendono a perdere elettroni.

Sono metalli gli elementi del blocco *s* (tranne l'idrogeno), del blocco *d* (elementi di transizione), del blocco *f* (elementi di transizione interna) e gli elementi in basso a sinistra del blocco *p* (*elementi di post-transizione*).

Figura 21 La posizione di metalli, non metalli e semimetalli nel sistema periodico Nel sistema periodico i metalli sono a sinistra della linea spezzata, i non metalli a destra; i semimetalli si trovano a contatto con questa linea.

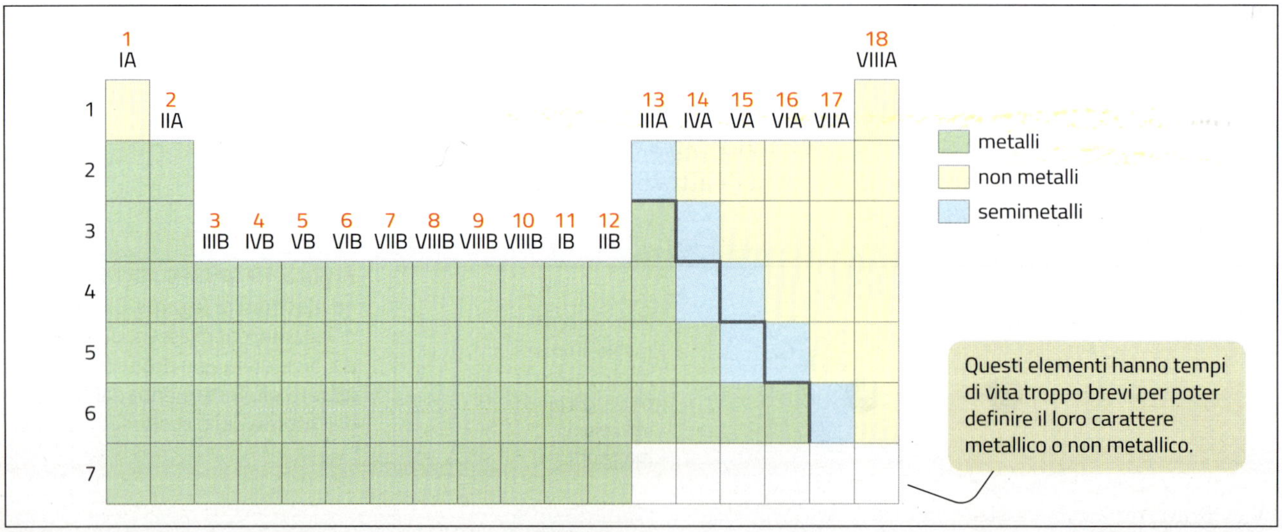

A temperatura ambiente (25 °C) i metalli sono tutti solidi tranne il mercurio che è liquido (figura 22). I metalli, avendo bassa energia di ionizzazione, tendono a perdere facilmente elettroni e perciò, nei composti, si trovano sotto forma di **ioni positivi** o **cationi monoatomici**. Il numero degli elettroni che gli elementi metallici dei gruppi principali tendono a perdere è in genere uguale al numero di elettroni presenti negli orbitali del livello energetico esterno. Più precisamente, i metalli dei gruppi I A, II A, III A tendono a perdere rispettivamente 1, 2, 3 elettroni, trasformandosi in *cationi* monoatomici con 1, 2, 3 cariche positive; diventano così **ioni isoelettronici** con il gas nobile che li precede, conseguendo elevata stabilità, bassa energia e bassa reattività.

Figura 22 Mercurio A temperatura ambiente, il mercurio si presenta come un metallo liquido di colore argenteo.

Un **catione monoatomico** è **isoelettronico** con il gas nobile che lo precede quando ha la stessa configurazione elettronica.

I cationi monoatomici perdono sempre lo *stesso numero* di elettroni e sono indicati con il nome dell'elemento preceduto dal termine *ione* (tabella 5). Alcuni metalli dei blocchi *p* e *d* (elementi di post-transizione e transizione) possono cedere un *diverso numero* di elettroni: l'atomo di ferro può perdere due o tre elettroni formando lo ione Fe^{2+} o lo ione Fe^{3+}.

Tabella 5 Simboli e nomi di alcuni cationi monoatomici Gli ioni litio e magnesio sono isoelettronici rispettivamente con gli atomi di elio e neon.

Simbolo	Nome
Li^+	ione litio
Mg^{2+}	ione magnesio

Per designare i due cationi, la *nomenclatura tradizionale* fa seguire alla radice del nome dell'elemento le desinenze **-oso** o **-ico**, rispettivamente per lo ione con carica positiva minore o maggiore; la *notazione Stock* fa seguire al nome dell'elemento un numero romano corrispondente alla carica dello ione.

Fe^{2+} = ione ferroso o ione ferro(II) Fe^{3+} = ione ferrico o ione ferro(III)

Per rappresentare la **configurazione elettronica** di un catione si deve determinare la configurazione dell'atomo neutro e quindi allontanare un numero di elettroni corrispondente al numero di cariche positive prima dagli orbitali *np* e a seguire dagli orbitali *ns* e dagli orbitali $(n-1)\,d$.

La configurazione elettronica del ferro ($Z = 26$) è la seguente:

$$Fe = [Ar]\ 4s^2\ 3d^6$$

Le configurazioni elettroniche dello ione Fe^{2+} e dello ione Fe^{3+} sono le seguenti:

$$Fe^{2+} = [Ar]3d^6 \qquad Fe^{3+} = [Ar]3d^5$$

I **non metalli** sono elementi che tendono ad acquistare parzialmente o totalmente elettroni.

Sono non metalli l'idrogeno e gli elementi del blocco *p* che si trovano in *alto a destra* del sistema periodico. I non metalli a temperatura ambiente possono essere gassosi (idrogeno, azoto, ossigeno, fluoro, cloro e i gas nobili), liquidi (bromo) e solidi (figura 23).

Figura 23 Campioni di non metalli A temperatura ambiente il cloro è gassoso (a sinistra), il bromo è liquido (al centro) e lo zinco è solido (a destra).

Il numero di elettroni che i non metalli acquistano dipende dal numero di elettroni presenti nel livello energetico esterno: essi raggiungono così la configurazione elettronica esterna del gas nobile che li segue, conseguendo bassa energia, bassa reattività e alta stabilità. I non metalli dei gruppi IV A e V A tendono ad acquistare *parzialmente* 4 e 3 elettroni, condividendoli con altri atomi in molecole neutre o ioni poliatomici. I non metalli dei gruppi VI A e VII A, avendo alti valori di affinità elettronica, tendono in genere ad acquistare *totalmente* elettroni e a diventare, in tal modo, anioni monoatomici e quindi **ioni isoelettronici** con il gas nobile che li segue.

Un **catione monoatomico** è **isoelettronico** con il gas nobile che lo segue quando ha la stessa configurazione elettronica esterna.

Tabella 6 Simboli e nomi di alcuni anioni monoatomici Gli ioni nitruro, solfuro e bromuro sono isoelettronici rispettivamente con gli atomi di neon, argon e kripton.

Simbolo	Nome
N^{3-}	ione nitruro
S^{2-}	ione solfuro
Br^{-}	ione bromuro

Gli anioni monoatomici sono designati con il termine *ione* seguito dalla radice del nome dell'elemento con la desinenza -**uro** (tabella **6**). Da tener presente che lo ione O^{2-} è designato con il nome di *ione ossido*.

Per rappresentare la **configurazione elettronica** di un anione si deve addizionare alla configurazione di un atomo neutro un numero di elettroni sufficiente a raggiungere la configurazione elettronica del gas nobile successivo. La configurazione elettronica del fosforo ($Z = 15$) e quella dello ione fosfuro P^{3-} sono le seguenti:

$$P = [Ne]3s^2\ 3p^3 \qquad e \qquad P^{3-} = [Ne]3s^2\ 3p^6$$

I **semimetalli** sono elementi con alcune proprietà *fisiche* dei metalli (conducibilità elettrica e termica) e alcune proprietà *chimiche* dei non metalli (formazione di composti dal carattere acido).

PER CAPIRE MEGLIO
PDF *Approfondimento*
Gli elementi della vita

Nel sistema periodico questi elementi sono a contatto della linea di separazione fra metalli e non metalli. I semimetalli sono il boro (B), il silicio (Si), il germanio (Ge), l'arsenico (As), l'antimonio (Sb), il tellurio (Te) e l'astato (At).

PROBLEMA MODELLO

Identificare gli ioni isoelettronici con un gas nobile

Stabilisci quali sono gli ioni dei gruppi I A, II A, VI A e VII A isoelettronici con l'argon ($Z = 18$).

L'IDEA

Rappresenta la configurazione elettronica dell'argon e considera i due elementi che lo seguono (gruppi I A e II A) e i due che lo precedono (gruppi VI A e VII A) nel sistema periodico.
Per definire gli ioni isoelettronici si deve stabilire quanti elettroni perdono o acquistano gli elementi per raggiungere la configurazione del gas nobile.

LA SOLUZIONE

L'argon ($Z = 18$) appartiene al gruppo VIII A e ha configurazione elettronica:

$${}_{18}Ar = 1s^2\ 2s^2\ 2p^6\ 3s^2\ 3p^6$$

Il potassio ($Z = 19$) e il calcio ($Z = 20$), che nel sistema periodico seguono l'argon e che appartengono ai gruppi I A e II A, perdendo rispettivamente 1 e 2 elettroni del livello energetico esterno si trasformano nello ione potassio (K^+) e nello ione calcio (Ca^{2+}) con la stessa configurazione elettronica dell'argon.
Lo zolfo ($Z = 16$) e il cloro ($Z = 17$), che nel sistema periodico precedono l'argon e che appartengono ai gruppi VI A e VII A, acquistando

rispettivamente 2 e 1 elettroni si trasformano nello ione solfuro (S^{2-}) e nello ione cloruro (Cl^-) con la stessa configurazione elettronica dell'argon.

LA CONCLUSIONE

Gli ioni isoelettronici con l'argon sono K^+, Ca^+, S^{2-} e Cl^-.

PROBLEMA SIMILE

Stabilisci quali sono gli ioni dei gruppi I A, II A, VI A e VII A isoelettronici con il kripton.

11 IL CARATTERE METALLICO DIMINUISCE IN UN PERIODO E AUMENTA IN UN GRUPPO

Il carattere metallico e non metallico degli elementi si manifesta attraverso proprietà *fisiche* e *chimiche*.

I **metalli** sono lucenti, duttili e malleabili, e presentano un'elevata conducibilità elettrica e termica. Avendo i metalli un *elevato raggio atomico*, è evidente che il loro nucleo esercita, sugli elettroni del livello energetico esterno, una bassa forza di attrazione e di conseguenza essi hanno valori *bassi* di energia di ionizzazione, di affinità elettronica e di elettronegatività. Risulta, quindi, che il **carattere metallico** degli elementi *diminuisce* procedendo da sinistra verso destra lungo un periodo e *aumenta* scendendo lungo un gruppo. Gli elementi che presentano il maggior carattere metallico sono quindi gli alcalini e gli alcalino-terrosi.

I **non metalli** sono opachi, non sono duttili e malleabili e non sono conduttori di energia elettrica e termica (tranne il carbonio sotto forma di grafite). Avendo i non metalli un *piccolo raggio atomico*, il loro nucleo esercita un'elevata forza di attrazione sugli elettroni del livello energetico esterno e di conseguenza essi presentano valori *elevati* di energia di ionizzazione, affinità elettronica ed elettronegatività. Risulta quindi che il **carattere non metallico** degli elementi *aumenta* da sinistra verso destra lungo un periodo e *diminuisce* scendendo lungo un gruppo. Gli elementi a maggior carattere non metallico sono quindi i calcogeni e gli alogeni (figura **24**).

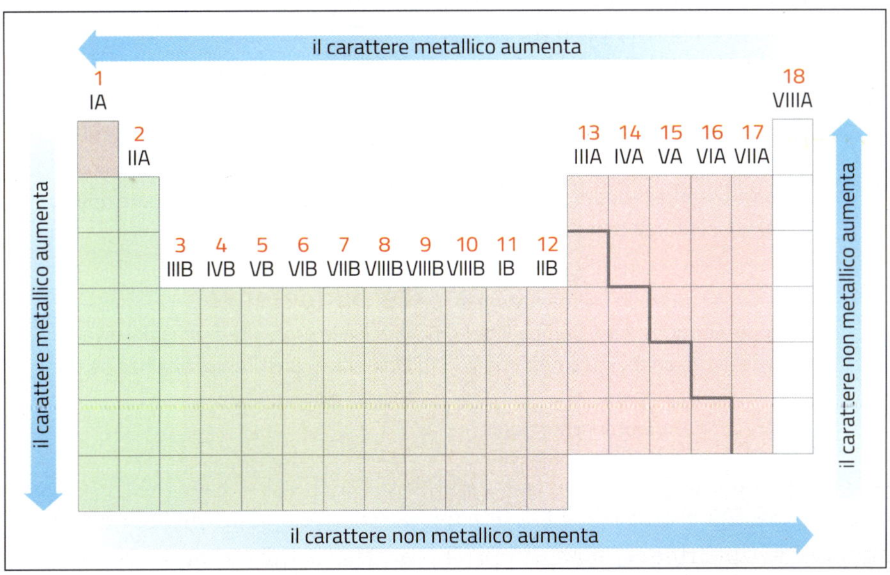

Figura 24 Variazione del carattere metallico e non metallico nel sistema periodico Il carattere metallico diminuisce lungo un periodo e aumenta lungo un gruppo; il carattere non metallico segue un andamento opposto.

LABORATORIO

Proprietà chimiche dei metalli alcalini e alcalino-terrosi

L'obiettivo

Individuare le analogie tra le proprietà chimiche dei metalli alcalini e alcalino-terrosi attraverso la diversa reattività.

I concetti

Il nucleo degli atomi dei metalli alcalini e alcalino-terrosi esercita sugli elettroni di legame una piccola forza di attrazione elettrostatica, per cui questi metalli tendono a cedere facilmente elettroni, come indicano i bassi valori di energia di ionizzazione, di affinità elettronica e di elettronegatività.
Le proprietà di questi metalli, che definiscono il carattere metallico, sono quindi determinate dalla loro elevata tendenza a cedere elettroni che, essendo inversamente proporzionale al raggio atomico, aumenta lungo un gruppo.

I materiali

Tre becher da 200 mL, vetrini da orologio, pinza metallica, contagocce, fenolftaleina (incolore con pH < 9; rosso ciclamino con pH > 9), Bunsen; acqua distillata, litio, sodio, potassio, calcio in granuli, magnesio in polvere.

L'esperimento

PRIMA PARTE

Versa nel becher 150 mL di acqua, prendi con la pinza un pezzettino di litio (*non toccare mai i metalli alcalini con le mani*), immergilo nell'acqua e copri immediatamente con il vetrino da orologio. Osserva attentamente la reazione e prendi nota del tempo impiegato, dell'eventuale fusione del metallo e dell'energia liberata dalla reazione.

1. A reazione avvenuta, versa nel becher alcune gocce di fenolftaleina.
2. Ripeti le operazioni dei punti 1 e 2 con il sodio e il potassio.

SECONDA PARTE

Versa nel becher 150 mL di acqua, prendi con la pinza alcuni granelli di calcio (*non toccare mai i metalli alcalino-terrosi con le mani*), immergili nell'acqua e copri immediatamente con un vetrino da orologio. Osserva la reazione.

1. A reazione avvenuta versa nella soluzione due gocce di fenolftaleina.
2. Ripeti le operazioni dei punti 1 e 2 con il magnesio prima a freddo, e successivamente a caldo mediante riscaldamento con il Bunsen (porta l'acqua a ebollizione).

Le competenze

Come giustifichi l'effervescenza, la maggiore reattività del potassio, il colore rosso ciclamino delle soluzioni e la formazione della fiammella?
Come giustifichi l'effervescenza, il colore opaco della soluzione con il calcio e la minore reattività del magnesio?

LABORATORIO

Proprietà fisiche dei metalli e dei non metalli

L'obiettivo

Evidenziare alcuni caratteri fisici di una serie di elementi al fine di operare una distinzione in metalli e non metalli.

I concetti

La distinzione degli elementi chimici in metalli e non metalli è evidenziata da alcune proprietà fisiche (lucentezza, conducibilità elettrica e termica, sfaldabilità) che caratterizzano i metalli e sono assenti nei non metalli.

I materiali

Bunsen, alimentatore a corrente continua, lampadina e porta lampade con cavetti di collegamento, vetrino da orologio, becher da 100 mL. Campioni di: zinco, piombo, rame, sodio, alluminio, mercurio, carbonio (nella forma di grafite), iodio, zolfo.

L'esperimento

Gli elementi disponibili (i campioni dovranno essere ben puliti al fine di rimuovere ogni patina superficiale) dovranno essere sottoposti ai seguenti esami:

1. *aspetto*: osserva l'aspetto dei campioni (colore, lucentezza metallica, opacità);
2. *conducibilità elettrica*: predisponi un circuito elettrico con l'alimentatore a corrente continua e una lampadina; interponi al circuito, interrompendo uno dei fili, il campione in osservazione, annotando se esso conduce o no la corrente, in base all'accensione o meno della lampadina;
3. *conducibilità termica*: riscalda brevemente i campioni alla fiamma del Bunsen, rilevando con la mano l'eventuale conducibilità termica (da questo esame sono da escludersi i campioni di sodio, mercurio, iodio, zolfo);
4. *sfaldabilità*: disponendo di fili o lamine di alcuni elementi osserva la duttilità e la malleabilità.

In seguito alle prove effettuate riporta i risultati in un tabella.

Le competenze

Precisa le proprietà fisiche dei diversi elementi e giustifica la distinzione tra metalli e non metalli.

FACCIAMO IL PUNTO

LO SAI?
RIPASSA CON LO SMARTPHONE

Qual è la differenza tra la tavola periodica di Mendeleev e il sistema periodico?

Nella tavola periodica di Mendeleev gli elementi chimici sono disposti in funzione della loro **massa atomica crescente**, con le proprietà fisiche e chimiche che variano in modo continuo lungo un periodo, mentre sono simili all'interno di un gruppo.
Nel sistema periodico gli elementi chimici sono disposti secondo il **numero atomico crescente**.

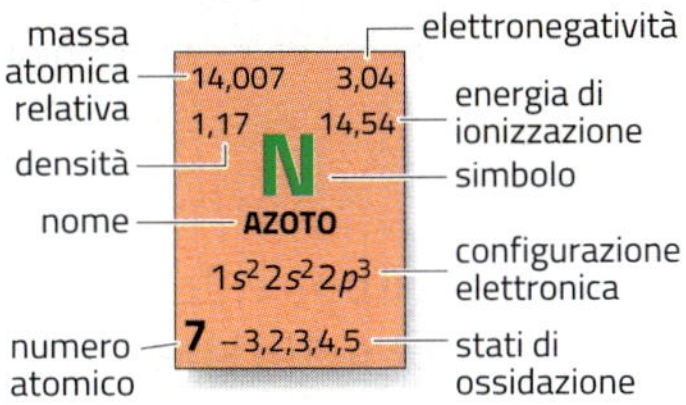

Com'è organizzato il sistema periodico?

Il sistema periodico è diviso in quattro grandi blocchi: a sinistra il blocco *s*, a destra il blocco *p*, al centro il blocco *d* e in basso il blocco *f*. Si distinguono *periodi* e *gruppi*.
I **periodi** (sette) sono le righe orizzontali, lungo le quali le proprietà fisiche e chimiche variano in modo continuo all'aumentare del numero atomico.
I **gruppi** (sedici) sono le colonne verticali in cui si trovano elementi che hanno proprietà chimiche simili.
I gruppi sono distinti in otto **gruppi A** e otto **gruppi B**. I gruppi A appartengono ai blocchi *s* e *p* e comprendono gli elementi principali. I gruppi B appartengono al blocco *d* e comprendono gli elementi di transizione.

Quali sono le proprietà periodiche fisiche?

Le proprietà periodiche *fisiche* comprendono la densità e il raggio atomico.
La **densità** (***d***) di un elemento è il rapporto tra la sua massa e il suo volume.
In un periodo, i valori di densità prima aumentano e poi diminuiscono. In un gruppo, la densità aumenta con l'aumentare del numero atomico.
Il **raggio atomico** è la metà della distanza tra i centri di due atomi adiacenti (nei metalli) o uniti da un legame chimico (nei non metalli).
Il raggio atomico diminuisce lungo un periodo da sinistra a destra e aumenta scendendo lungo un gruppo.

Quali sono le proprietà periodiche chimiche?

Le proprietà periodiche *chimiche* comprendono l'energia di ionizzazione, l'affinità elettronica e l'elettronegatività.
L'**energia di prima ionizzazione** (I_1) è la minima energia che si deve fornire a un atomo neutro allo stato gassoso per allontanare da esso l'elettrone del livello energetico più esterno. L'atomo si trasforma in uno **ione positivo** o **catione**, cioè in una specie chimica che ha un numero di protoni maggiore del numero di elettroni.
L'energia di ionizzazione aumenta in un periodo e diminuisce in un gruppo.
Per allontanarne un secondo elettrone da uno ione positivo è necessario fornire l'**energia di seconda ionizzazione** (I_2); per allontanare un terzo è necessaria l'**energia di terza ionizzazione** (I_3).
L'**affinità elettronica** (***F***) è l'energia che si libera o che deve essere assorbita quando a un atomo neutro allo stato gassoso si associa un elettrone. Aggiungendo un elettrone a un atomo si forma uno **ione negativo** o **anione**, ovvero una specie chimica che ha un numero di protoni minore del numero di elettroni. Gli elementi con maggiore affinità elettronica sono quelli del VI e VII gruppo del sistema periodico.
L'**elettronegatività** (E_n) è la tendenza che ha un atomo ad attirare verso di sé gli elettroni di legame.
L'elettronegatività aumenta in un periodo e diminuisce in un gruppo. L'elemento più elettronegativo è il fluoro.

Quali sono le caratteristiche di metalli, non metalli e semimetalli?

I **metalli** sono elementi che tendono a perdere elettroni. Sono metalli gli elementi del blocco *s* (tranne l'idrogeno), del blocco *d* (elementi di transizione), del blocco *f* (elementi di transizione interna) e gli elementi in basso a sinistra del blocco *p* (elementi di post-transizione).
I **non metalli** sono elementi che tendono ad acquistare parzialmente o totalmente elettroni. Per esempio sono non metalli l'idrogeno e gli elementi del blocco *p* che si trovano in alto a destra del sistema periodico.
I **semimetalli** (B, Si, Ge, As, Sb, Te, At) sono elementi con alcune proprietà fisiche dei metalli (conducibilità elettrica e termica) e alcune proprietà chimiche dei non metalli (formazione di composti dal carattere acido).

Come varia il carattere metallico? E il carattere non metallico?

I metalli hanno valori bassi di energia di ionizzazione, di affinità elettronica e di elettronegatività. Quindi, il **carattere metallico** diminuisce procedendo da sinistra verso destra in un periodo e aumenta scendendo in un gruppo.
I non metalli hanno valori elevati di energia di ionizzazione, affinità elettronica ed elettronegatività. Quindi, il **carattere non metallico** aumenta da sinistra verso destra in un periodo e diminuisce scendendo in un gruppo.

ESERCIZI

ZTE ONLINE
Mettiti alla prova
con 20 esercizi interattivi

VERIFICA LE TUE CONOSCENZE

LA TAVOLA PERIODICA DI MENDELEEV

1 **Giustifica la decisione di Mendeleev di lasciare alcuni posti vuoti nella tavola periodica.**

2 **Mendeleev aveva previsto le proprietà di un elemento chimico non noto a cui assegnò il nome di eka-boro. Oggi il suo nome è**
Ⓐ alluminio
Ⓑ germanio
Ⓒ scandio
Ⓓ gallio

3 **Nella tavola periodica di Mendeleev le proprietà degli elementi variano in modo periodico con l'aumentare**
Ⓐ del numero di massa.
Ⓑ della massa atomica.
Ⓒ della densità.
Ⓓ del numero atomico.

4 **Mendeleev utilizzò il termine *famiglia chimica* per indicare gli elementi**
Ⓐ di uno stesso periodo.
Ⓑ con proprietà chimiche simili.
Ⓒ con proprietà fisiche simili.
Ⓓ con lo stesso stato fisico.

IL SISTEMA PERIODICO DEGLI ELEMENTI

5 **Descivi la struttura (blocchi, periodi e gruppi) del sistema periodico degli elementi.**

6 **Utilizza la tavola periodica per individuare tra i seguenti elementi chimici gli alogeni, gli elementi di transizione, gli alcalini, i calcogeni e i lantanidi:**
a. Rb, Ti, F, Hg, Ce, Se, At, Yb, Po, K
b. Cs, Cl, Te, La, Cd, Li, Mo, S, Nd, I

7 **Utilizza la tavola periodica per individuare tra i seguenti elementi chimici gli elementi di post-transizione, gli alcalino-terrosi, i gas nobili, gli elementi delle terre rare e gli attinidi:**
a. Sc, Am, In, Xe, Ba, Rn, Ga, Md, Sr, Ce
b. Ra, Y, Np, Be, Pu, Eu, He, Sn, Kr, Bi

8 **Indica il numero atomico dell'elemento che appartiene al quarto periodo e al sedicesimo gruppo.**
Ⓐ 34 Ⓑ 16 Ⓒ 20 Ⓓ 12

9 **Il numero atomico di un elemento è 47. Indica il periodo e il gruppo a cui appartiene l'elemento.**
Ⓐ 4 e 11 Ⓑ 5 e 10 Ⓒ 5 e 11 Ⓓ 4 e 12

10 **Indica il gruppo del sistema periodico a cui appartiene il magnesio.**
Ⓐ Alogeni
Ⓑ Alcalino-terrosi
Ⓒ Alcalini
Ⓓ Calcogeni

11 **Indica l'affermazione *errata*.**
Nel sistema periodico gli elementi:
Ⓐ di transizione costituiscono il blocco *d*.
Ⓑ alcalini costituiscono il primo gruppo.
Ⓒ di transizione interna iniziano con il lantanio e l'attinio.
Ⓓ del sesto periodo sono diciotto.

12 **Un elemento è del primo gruppo e del secondo periodo; un altro elemento è dello stesso gruppo ma del terzo periodo. I due elementi differiscono per**
Ⓐ 10 elettroni
Ⓑ 8 elettroni
Ⓒ 12 elettroni
Ⓓ 2 elettroni

LA CONFIGURAZIONE ELETTRONICA ESTERNA NELLO STATO FONDAMENTALE

13 **Indica i simboli degli elementi:**
a. con $Z < 35$ e proprietà simili al rubidio.
b. con $Z > 40$ e proprietà simili al germanio.
c. delle terre rare con $Z < 57$.
d. attinidi con $Z > 99$.

14 **Riporta i simboli degli elementi:**
a. con $Z < 30$ aventi proprietà chimiche simili al bario.
b. che completano un sottolivello *p*.
c. con $Z > 50$ con proprietà chimiche simili al sodio.
d. con $Z < 20$ che completano il sottolivello *s*.

15 **Rappresenta la configurazione elettronica esterna dei seguenti elementi:**
a. Ba, I b. Na, Al c. Xe, As d. Sn, Te

16 **Stabilisci a quale gruppo appartengono gli elementi con la seguente configurazione elettronica esterna:**
a. $ns^2\ np^4$
b. ns^2
c. $ns^2\ np^6$
d. $ns^2\ np^1$

17 **Gli elementi rappresentativi di uno stesso gruppo del sistema periodico hanno**

Ⓐ proprietà fisiche e chimiche uguali.
Ⓑ lo stesso numero di elettroni nei livelli energetici interni.
Ⓒ lo stesso numero di elettroni nel livello energetico esterno.
Ⓓ lo stesso stato fisico.

IL RAGGIO ATOMICO

18 **Analizza e motiva la diminuzione dei valori del raggio atomico in un periodo.**

19 **Indica l'atomo con raggio minore:**

Ⓐ Be Ⓑ Ca Ⓒ Mg Ⓓ Ba

20 **Indica l'atomo con raggio maggiore:**

Ⓐ Al Ⓑ Mg Ⓒ P Ⓓ Cl

21 **Disponi gli atomi di Sn, Si, Pb e Ge in ordine decrescente di raggio atomico.**

22 **Disponi gli atomi Fe, Ca, Zn e Ni in ordine crescente di raggio atomico.**

L'ENERGIA DI IONIZZAZIONE

23 **Analizza e motiva la diminuzione dei valori dell'energia di prima ionizzazione in un gruppo.**

24 **Stabilisci quale atomo in ogni coppia presenta la minore energia di ionizzazione:**

a. Se e Ge
b. Cr e Sc
c. As e Bi
d. Cs e Rb

25 **Disponi i seguenti atomi in ordine crescente di energia di prima ionizzazione:**

a. Si, Na, Cl, Al
b. In, B, Tl, Ga

26 **Rappresenta l'equazione chimica relativa all'energia di prima ionizzazione del rubidio.**

27 **L'energia di seconda ionizzazione di un atomo X è l'energia**

Ⓐ necessaria per allontanare due elettroni da un atomo $X_{(g)}$.
Ⓑ necessaria per allontanare un elettrone da uno ione.
Ⓒ liberata da un atomo $X_{(g)}$ quando acquista due elettroni.
Ⓓ liberata da uno ione quando acquista un elettrone.

28 **Indica l'equazione che rappresenta l'energia di seconda ionizzazione del magnesio:**

Ⓐ $Mg^{+}_{(g)} \longrightarrow Mg^{2+}_{(g)} + e^-$
Ⓑ $Mg_{(g)} \longrightarrow Mg^{2+}_{(g)} + 2\,e^-$
Ⓒ $Mg_{(s)} \longrightarrow Mg^{2+}_{(s)} + 2\,e^-$
Ⓓ $Mg^{+}_{(s)} \longrightarrow Mg^{2+}_{(s)} + e^-$

29 **Indica l'equazione che rappresenta l'energia di prima ionizzazione dell'atomo di calcio:**

Ⓐ $Ca_{(g)} + e^- \longrightarrow Ca^{+}_{(g)} + I_1$
Ⓑ $Ca_{(s)} + I_1 \longrightarrow Ca^{+}_{(s)} + e^-$
Ⓒ $Ca_{(g)} + I_1 \longrightarrow Ca^{+}_{(g)} + e^-$
Ⓓ $Ca_{(s)} + e^- \longrightarrow Ca^{+}_{(s)} + I_1$

L'AFFINITÀ ELETTRONICA

30 **Analizza e motiva i bassi valori dell'affinità elettronica degli elementi del secondo e quinto gruppo del sistema periodico.**

31 **Stabilisci quale atomo in ogni coppia presenta la minore affinità elettronica:**

a. Si e Sn
b. B e C

32 **Disponi i seguenti atomi in ordine crescente di affinità elettronica:**

a. Se, Br, K, Ga
b. Ge, Si, Sn, C

33 **Rappresenta l'equazione chimica relativa all'energia di prima affinità elettronica dello iodio.**

34 **Indica l'elemento con minore affinità elettronica.**

Ⓐ Fluoro Ⓑ Bromo Ⓒ Iodio Ⓓ Cloro

35 **Indica l'elemento con maggiore tendenza ad acquistare elettroni.**

Ⓐ Zolfo
Ⓑ Bromo
Ⓒ Ossigeno
Ⓓ Fluoro

L'ELETTRONEGATIVITÀ

36 **Esamina e motiva l'aumento in un periodo dei valori di elettronegatività.**

37 **Stabilisci quale atomo in ogni coppia presenta la minore elettronegatività:**

a. Al e Mg
b. Se e Te
c. C e B
d. Br e Kr

38 **Disponi i seguenti atomi in ordine crescente di elettronegatività:**

a. Ar, Si, S, Na
b. N, Bi, P, Sb

39 **Indica l'elemento con minore elettronegatività.**

Ⓐ Carbonio Ⓒ Boro
Ⓑ Zolfo Ⓓ Ossigeno

40 **Indica in quale delle seguenti sequenze gli atomi di Si, O e Cl sono disposti secondo l'ordine crescente di elettronegatività:**

Ⓐ Si < O < Cl Ⓒ Si < Cl < O
Ⓑ O < Cl < Si Ⓓ Cl < Si < O

41 **Indica l'elemento con maggiore elettronegatività:**

Ⓐ Br Ⓑ P Ⓒ S Ⓓ Si

METALLI, NON METALLI E SEMIMETALLI

42 **Classifica i seguenti elementi come metalli (ME), non metalli (NM) e semimetalli (SM):**

a. H, C, Ga, N, Te, S, F, Hg, Ba, Cd
b. Al, Si, Cl, K, Co, Fe, Se, Sb, Ag, As, Br

43 **Stabilisci quali tra i seguenti atomi si comportano da anioni e quali da cationi:**

a. Rb, Br, Te, As, Sn, Ni, Ba
b. Cs, F, N, Cd, Sc, Pb

44 **Rappresenta i simboli degli ioni che si formano dai seguenti atomi:**

a. K, P, Ca, Br b. Al, I, S, As

45 **Calcola il numero di protoni (p^+), neutroni (n) ed elettroni (e^-) presenti nei seguenti ioni:**

a. $^{27}_{13}Al^{3+}$ b. $^{20}_{9}F^{-}$ c. $^{128}_{52}Te^{2-}$

46 **Rappresenta la configurazione elettronica esterna degli ioni:**

a. Mg^{2+} b. S^{2-}

47 **Gli atomi dei metalli tendono a**

Ⓐ acquistare elettroni e formare ioni negativi.
Ⓑ acquistare protoni e formare ioni positivi.
Ⓒ cedere protoni e formare ioni negativi.
Ⓓ cedere elettroni e formare ioni positivi.

48 **Quanti protoni (p^+) e quanti elettroni (e^-) sono presenti nello ione $^{24}_{12}Mg^{2+}$?**

Ⓐ 24 p^+ e 24 e^-
Ⓑ 12 p^+ e 10 e^-
Ⓒ 12 p^+ e 12 e^-
Ⓓ 13 p^+ e 11 e^-

49 **Quale delle seguenti specie chimiche presenta il maggiore numero di elettroni?**

Ⓐ $^{58}_{26}Fe^{3+}$ Ⓑ $^{56}_{26}Fe$ Ⓒ $^{58}_{26}Fe^{2+}$ Ⓓ $^{56}_{26}Fe^{3+}$

50 **Quale, tra le seguenti terne di elementi, è costituita da tre metalli?**

Ⓐ Na, Hg, W Ⓒ Li, Sc, P
Ⓑ Ca, S, Sn Ⓓ K, Si, Fe

51 **Quale delle seguenti terne di elementi è costituita da un elemento di transizione preceduto da un metallo e seguito da un non metallo?**

Ⓐ K, Fe, Cu Ⓒ Mg, Sn, I
Ⓑ Mn, Al, Cl Ⓓ Cs, Cr, P

IL CARATTERE METALLICO E NON METALLICO

52 **Indica, per ciascuna delle seguenti serie di atomi, quale atomo ha il maggiore carattere metallico.**

a. Be, Mg, Ca, Ba b. Ca, Al, Na, K

53 **Indica, per ciascuna delle seguenti serie di atomi, quale atomo ha il maggiore carattere non metallico.**

a. S, Cl, Si, P b. Cl, F, Br, I

54 **Nel gruppo II A, passando dal berillio al bario, il carattere metallico**

Ⓐ aumenta e il raggio atomico aumenta.
Ⓑ aumenta e il raggio atomico diminuisce.
Ⓒ diminuisce e il raggio atomico aumenta.
Ⓓ diminuisce e il raggio atomico diminuisce.

55 **Quale, tra i seguenti elementi, ha il maggiore carattere metallico?**

Ⓐ Sodio Ⓒ Potassio
Ⓑ Magnesio Ⓓ Alluminio

56 **Quale, tra i seguenti elementi, ha il maggiore carattere non metallico?**

Ⓐ Cloro Ⓑ Azoto Ⓒ Fosforo Ⓓ Bromo

57 **Se nel sesto gruppo si considerano gli elementi dal basso verso l'alto, si ha una diminuzione:**

Ⓐ dell'energia di prima ionizzazione.
Ⓑ dell'affinità elettronica.
Ⓒ della densità.
Ⓓ del carattere non metallico.

VERIFICA LE TUE ABILITÀ

58 **Indica il numero atomico dell'elemento che:**

a. completa il settimo periodo;
b. ha cinque elettroni nell'orbitale 6*p*.

59 **Indica il numero atomico dell'elemento con:**

a. il sottolivello 6*d* semicompleto;
b. il sottolivello 7*p* semicompleto.

60 **Indica il numero atomico dell'elemento che:**
a. completa il sottolivello 5*s*;
b. inizia il sottolivello 7*s*;
c. ha il sottolivello 5*p* semicompleto;
d. inizia il sottolivello 4*p*.

61 **Indica il simbolo dell'elemento con il più basso numero atomico e con:**
a. un sottolivello *p* completo;
b. due elettroni 3*d*;
c. quattro elettroni 3*p*;
d. dieci elettroni 3*d*.

62 **Indica il simbolo dell'elemento con il più basso numero atomico e con:**
a. un sottolivello *d* completo;
b. un sottolivello 4*s* completo;
c. due elettroni 4*p*;
d. un elettrone 6*s*.

63 **Indica i simboli degli elementi con nessun elettrone nell'orbitale *p*.**

64 **Gli elementi di transizione riempiono gli orbitali**
Ⓐ *nf*.
Ⓑ *nd* e *nf*.
Ⓒ più interni rispetto all'elemento del secondo gruppo che li precede.
Ⓓ più esterni rispetto all'elemento del terzo gruppo che li segue.

65 **Calcola il numero di elettroni esterni di un atomo con:**
a. $Z = 6$ c. $Z = 52$ e. $Z = 31$ g. $Z = 15$
b. $Z = 19$ d. $Z = 38$ f. $Z = 35$ h. $Z = 54$

66 **Indica i simboli di tutti gli elementi principali con:**
a. un solo elettrone nell'orbitale *s* più esterno;
b. cinque elettroni nel livello energetico esterno.

67 **Rappresenta la configurazione elettronica in forma breve dei seguenti atomi:**
a. $_{88}Ra$ b. $_{31}Ga$ c. $_{47}Ag$ d. $_{52}Te$

68 **Stabilisci a quale gruppo appartengono gli elementi con la seguente configurazione elettronica:**
a. [X] $ns^2\ nd^1$
b. [X] $ns^2\ nd^{10}$
c. [X] $ns^2\ np^5$
d. [X] $ns^2\ nd^{10}\ np^3$

69 **In quali gruppi A del sistema periodico gli elementi hanno zero elettroni disaccoppiati per atomo? E in quali un elettrone?**

70 **Il raggio del nucleo dell'atomo di rame è $1{,}2 \cdot 10^{-12}$ cm, mentre il raggio atomico è $1{,}2 \cdot 10^{-10}$ m.**
a. Calcola l'ordine di grandezza del rapporto tra il raggio atomico e il raggio del nucleo.
b. Se, a livello macroscopico, rappresentiamo il nucleo con una sfera di raggio 1 mm, calcola il raggio in metri della sfera corrispondente dell'atomo.

71 **Il diametro di un atomo di alluminio è $1{,}43 \cdot 10^{-10}$ m. Calcola quanti milioni di atomi considerati allineati si trovano su una lunghezza di $1{,}43 \cdot 10^{-3}$ m.**

72 **Disponi i simboli dei seguenti atomi in ordine crescente di raggio atomico:**
a. S, Te, Si, K b. Pd, Co, Ni, Pt

73 **Disponi gli atomi Al, Cl, I, Mg in ordine decrescente di raggio atomico.**

74 **Stabilisci quale atomo in ogni coppia presenta la minore energia di ionizzazione:**
a. S e P
b. I e Xe
c. As e Se
d. Be e B

75 **Rappresenta l'equazione chimica relativa all'energia di:**
a. prima e seconda ionizzazione del calcio;
b. prima, seconda e terza ionizzazione dell'alluminio.

76 **Disponi gli atomi in ordine crescente di energia di prima ionizzazione:**
a. C, B, Be, F b. Sb, As, P, Bi

77 **Indica l'elemento con l'energia di seconda ionizzazione più elevata.**
Ⓐ Litio Ⓒ Boro
Ⓑ Berillio Ⓓ Carbonio

78 **Stabilisci quale specie chimica in ogni coppia presenta il raggio maggiore:**
a. Na e K^+ b. Mg^{2+} e Al

79 **Indica l'equazione che rappresenta l'energia di seconda ionizzazione dello ione solfuro:**
Ⓐ $S^-_{(g)} + e^- \longrightarrow S^{2-}_{(g)} + I_2$
Ⓑ $S^-_{(g)} + I_2 \longrightarrow S^{2-}_{(g)} + e^-$
Ⓒ $S^-_{(s)} + e^- \longrightarrow S^{2-}_{(s)} + I_2$
Ⓓ $S^-_{(s)} + I_2 \longrightarrow S^{2-}_{(s)} + e^-$

80 **Stabilisci quale atomo in ogni coppia presenta la minore affinità elettronica:**
a. Be e Li b. P e Si c. Ar e Cl d. N e P

81 **Rappresenta l'equazione chimica relativa all'energia di prima e seconda affinità elettronica per il selenio.**

82 **Disponi gli atomi O, C, Ne, Be in ordine crescente di affinità elettronica.**

83 **Stabilisci quale specie chimica in ogni coppia presenta il raggio maggiore:**
a. S^{2-} e Se b. Te e I^-

84 **Indica l'equazione che rappresenta la seconda energia di affinità elettronica del tellurio:**
Ⓐ $Te^-_{(g)} + e^- \longrightarrow Te^{2-}_{(g)}\ (-F_2)$
Ⓑ $Te_{(g)} + 2\ e^- \longrightarrow Te^{2-}_{(g)}\ (+F_2)$
Ⓒ $Te_{(g)} + 2\ e^- \longrightarrow Te^{2-}_{(g)}\ (-F_2)$
Ⓓ $Te^-_{(g)} + e^- \longrightarrow Te^{2-}_{(g)}\ (+F_2)$

85 **Stabilisci quale atomo in ogni coppia presenta la maggiore elettronegatività:**
a. H e B b. Si e Se c. Ca e Na d. As e I

86 **Disponi le seguenti serie di atomi in ordine crescente di elettronegatività:**
a. Se, Si, I, P b. C, B, H, S

87 **Quale delle seguenti affermazioni riguardanti gli elementi cloro e zolfo è vera?**
Ⓐ Il raggio atomico dello zolfo è minore di quello del cloro.
Ⓑ L'energia di prima ionizzazione dello zolfo è minore di quella del cloro.
Ⓒ L'affinità elettronica del cloro è minore di quella dello zolfo.
Ⓓ L'elettronegatività dello zolfo è maggiore di quella del cloro.

88 **Indica in quale sequenza gli atomi di H, B, Se e Si sono disposti secondo l'ordine decrescente di elettronegatività:**
Ⓐ B > Se > Si > H
Ⓑ Se > H > B > Si
Ⓒ H > Se > Si > B
Ⓓ Se > B > Si > H

89 **Rappresenta i simboli chimici dei seguenti ioni:**
a. ione stannoso;
b. ione arseniuro;
c. ione cobaltoso;
d. ione bario;
e. ione ossido.

90 **La configurazione elettronica $1s^2\ 2s^2\ 2p^6$ *non* può rappresentare**
Ⓐ un catione.
Ⓑ un anione.
Ⓒ un metallo di transizione.
Ⓓ un gas nobile.

91 **Un elemento X che forma facilmente ioni X^{2+} ha configurazione elettronica:**
Ⓐ $1s^2$
Ⓑ $1s^2\ 2s^2\ 2p^6\ 3s^1$
Ⓒ $1s^2\ 2s^2\ 2p^6\ 3s^2$
Ⓓ $1s^2\ 2s^2\ 2p^6\ 3s^2\ 3p^4$

92 **Quale delle seguenti specie chimiche non è isoelettronica dello ione cloruro Cl^-?**
Ⓐ S^{2-} Ⓑ Ar Ⓒ K^+ Ⓓ Al^{3+}

93 **Un elemento X forma lo ione X^{2+}. L'atomo X e lo ione X^{2+} hanno uguale**
Ⓐ raggio.
Ⓑ carica nucleare.
Ⓒ numero di elettroni.
Ⓓ configurazione elettronica esterna.

94 **Uno ione X^{3+} ha numero di massa 138 e contiene 80 neutroni. Lo ione è:**
Ⓐ Ce^{3+}
Ⓑ La^{3+}
Ⓒ Pr^{3+}
Ⓓ Fe^{3+}

95 **Rappresenta i simboli e assegna il nome tradizionale agli ioni che si formano dai seguenti atomi:**
a. Pb, Se, Mg b. Ga, As, Co

96 **Assegna il nome tradizionale e il nome Stock ai seguenti cationi:**
a. Cu^{2+}
b. Ni^{3+}
c. Cu^+
d. Sn^{4+}

97 **Rappresenta la configurazione elettronica in forma breve degli ioni:**
a. Pb^{4+}, Br^-, Cu^{2+}, Rb^+
b. P^{3-}, I^-, Mn^{2+}, Ag^+

98 **Disponi le seguenti serie di elementi in ordine crescente di carattere non metallico:**
a. S, Te, O, Po
b. O, S, P, Cl

99 **Disponi gli elementi K, Se, Br in ordine di:**
a. raggio atomico crescente;
b. energia di ionizzazione crescente;
c. carattere metallico decrescente.

100 **Indica quale tra gli atomi Be, Li, O, Na ha:**
a. raggio atomico minore;
b. energia di ionizzazione minore;
c. maggiore carattere metallico.

101 **Disponi gli atomi Ag, Sb, Sn, Cd in ordine decrescente di carattere metallico.**

TEST YOURSELF

102 **How many external electrons has an atom with $Z = 15$?**

103 **Write the chemical equation for the first and second electron affinity for sulphur.**

104 **Classify the following elements as metals, non-metals, semimetals: boron, fluorine, mercury, hydrogen, germanium, calcium, helium, antimony, aluminium.**

105 **The element X has got the following electronic configuration: [Ar] $4s^2\ 3d^{10}\ 4p^5$. Locate its position in the Periodic System, classify it as a metal, semimetal or non-metal, assess its physical state and predict if it behaves as a cation or an anion.**

VERSO I GIOCHI DELLA CHIMICA

106 **Le prime otto energie di ionizzazione (espresse in kJ/mol) di un atomo sono:**
1^: 1300; 2^: 3300; 3^: 5300; 4^: 7500;
5^: 11 000; 6^: 13 300; 7^: 71 300; 8^: 84 000.
L'atomo ha un numero di elettroni di legame uguale a:

Ⓐ 2 Ⓑ 4 Ⓒ 5 Ⓓ 6

[Finale nazionale 2010]

107 **Indica la sequenza che riporta le seguenti specie chimiche secondo l'ordine crescente del loro raggio:**
Ⓐ $S^{2-} < Ca^{2+} < K^+ < Ar < Cl^-$
Ⓑ $Ca^{2+} < K^+ < Ar < Cl^- < S^{2-}$
Ⓒ $K^+ < Ca^{2+} < Ar < Cl^- < S^{2-}$
Ⓓ $S^{2-} < K^+ < Ar < Ca^{2+} < Cl^-$

[Finale nazionale 2012]

108 **Indica i tre gruppi del sistema periodico in cui è presente il maggior numero di semimetalli:**
Ⓐ 1, 2, 13
Ⓑ 12, 13, 14
Ⓒ 14, 15, 16
Ⓓ 16, 17, 18

[Finale nazionale 2012]

VERSO L'UNIVERSITÀ

109 **L'isotopo di un elemento è $^{27}_{13}X$. Qual è la posizione dell'elemento X nella tavola periodica?**
Ⓐ Periodo: 2; Gruppo: 13
Ⓑ Periodo: 3; Gruppo: 9
Ⓒ Periodo: 3; Gruppo: 13
Ⓓ Periodo: 4; Gruppo: 9
Ⓔ Periodo: 5; Gruppo: 1

[dalla prova di ammissione a Veterinaria, 2015]

VERSO L'ESAME: LE TUE COMPETENZE

RIFLETTI

110 **Indica in quale gruppo della tavola periodica dovrebbero trovarsi gli elementi con le seguenti caratteristiche:**
a. un elemento con energia di ionizzazione molto bassa;
b. un elemento con energia di ionizzazione molto alta e buona affinità elettronica;
c. un atomo molto piccolo;
d. un atomo in grado di formare uno ione più piccolo dell'atomo di partenza;
e. un atomo in grado di formare uno ione più grande dell'atomo di partenza.

RAPPRESENTA E ARGOMENTA

111 **Disegna l'andamento delle energie di prima ionizzazione degli elementi appartenenti al terzo periodo. Come giustifichi un simile andamento?**

ANALIZZA E ARGOMENTA

112 **Senza guardare la tavola periodica, rispondi alle seguenti domande.**
a. Quanti elementi ci sono nel terzo periodo?
b. Quanti elementi nel quinto periodo?
c. Su quale principio ti sei basato per rispondere a queste domande?

CONFRONTA E DEDUCI

113 **Senza guardare la tavola periodica, indica il numero atomico di un elemento che si trova nello stesso gruppo di un elemento con:**
a. $Z = 3$
b. $Z = 32$
c. $Z = 15$
d. $Z = 25$
e. $Z = 44$

SEI PRONTO PER LA VERIFICA?

IN 1 ORA

Dopo aver studiato i contenuti dei **capitoli 10 e 11**, svolgi la prova nel **tempo massimo di un'ora**.

CONOSCENZE E ABILITÀ

1 **La configurazione elettronica dell'azoto ($Z = 7$) giustificata dalla regola di Hund è**

Ⓐ $1s^2\,2s^2\,2p_x^2\,2p_y^1\,2p_z^0$

Ⓑ $1s^2\,2s^2\,2p_x^1\,2p_y^2\,2p_z^0$

Ⓒ $1s^2\,2s^2\,2p_x^1\,2p_y^1\,2p_z^1$

Ⓓ $1s^2\,2s^2\,2p_x^0\,2p_y^1\,2p_z^2$

(5 punti se hai risposto correttamente) ...../5

2 **Date le seguenti serie di numeri quantici (n, l, m), indica quella che non è possibile:**

Ⓐ $n = 3, l = 2, m = 1$

Ⓑ $n = 3, l = 1, m = 2$

Ⓒ $n = 3, l = 0, m = 0$

Ⓓ $n = 3, l = 2, m = 2$

(5 punti se hai risposto correttamente) ...../5

3 **Gli isotopi calcio-40 e calcio-43 differiscono per**

Ⓐ tre protoni.

Ⓑ tre neutroni.

Ⓒ un protone e due neutroni.

Ⓓ due protoni e un neutrone.

(5 punti se hai risposto correttamente) ...../5

4 **Quale tra i seguenti elementi ha minore energia di ionizzazione?**

Ⓐ As

Ⓑ Br

Ⓒ Kr

Ⓓ Se

(5 punti se hai risposto correttamente) ...../5

5 **Quale tra i seguenti processi rappresenta la seconda energia di ionizzazione dell'alluminio?**

Ⓐ $Al^{+}_{(s)} \longrightarrow Al^{2+}_{(s)} + e^-$

Ⓑ $Al^{2+}_{(g)} \longrightarrow Al^{3+}_{(g)} + e^-$

Ⓒ $Al^{2+}_{(s)} \longrightarrow Al^{3+}_{(s)} + e^-$

Ⓓ $Al^{+}_{(g)} \longrightarrow Al^{2+}_{(g)} + e^-$

(5 punti se hai risposto correttamente) ...../5

6 **Quale tra i seguenti elementi ha maggiore affinità elettronica?**

Ⓐ P

Ⓑ Al

Ⓒ Si

Ⓓ Ar

(5 punti se hai risposto correttamente) ...../5

7 **Gli elettroni del livello energetico esterno degli elementi del gruppo III A riempiono gli orbitali:**

Ⓐ *p*

Ⓑ *d*

Ⓒ *s*, *p*

Ⓓ *s*, *p*, *d*

(5 punti se hai risposto correttamente) ...../5

8 **Calcola il numero di protoni, neutroni ed elettroni negli ioni:**

a. ${}^{56}_{26}Fe^{3+}$ **b.** ${}^{35}_{17}Cl^{-}$

(9 punti se hai risposto correttamente) ...../9

9 **Disponi gli ioni isoelettronici F^-, Na^+, O^{2-}, Mg^{2+} secondo l'ordine crescente del loro raggio ionico.**

(8 punti se hai risposto correttamente) ...../8

10 **Disponi gli atomi di Na, Mg, H, Li, Be secondo l'ordine crescente della loro elettronegatività.**

(8 punti se hai risposto correttamente) ...../8

I primi 60 punti valgono per il raggiungimento degli obiettivi minimi. Per fare di più, rispondi alle seguenti domande.

COMPETENZE

11 **Stabilisci quali sono gli ioni dei gruppi I A, II A, VI A, VII A isoelettronici con il Kr ($Z = 36$).**

(20 punti se hai risposto correttamente) ...../20

12 **Indica il numero atomico (Z) dell'elemento che:**

a. inizia il sottolivello 6*p*;

b. completa il sottolivello 4*s*;

c. è l'ultimo degli attinidi;

d. ha il sottolivello 5*d* semicompleto.

(20 punti se hai risposto correttamente) ...../20

PUNTEGGIO TOTALE ...../100

CAPITOLO

12

I LEGAMI CHIMICI

1 I LEGAMI CHIMICI SONO FORZE ATTRATTIVE TRA ATOMI O TRA MOLECOLE

Gli atomi isolati, tranne i gas nobili, avendo livelli energetici esterni incompleti, sono *instabili* e di conseguenza hanno un'elevata energia.

Per aumentare la stabilità e diminuire la loro energia, modificano la loro *configurazione elettronica esterna*, formando legami chimici con atomi dello stesso tipo o diversi.

I **legami chimici** sono forze attrattive che si stabiliscono tra gli elettroni del livello energetico esterno (elettroni di legame) e i nuclei di due o più atomi uguali o diversi.

L'energia che si libera in seguito alla formazione di un legame chimico tra i due atomi si chiama *energia di legame* e corrisponde anche a quella che deve essere fornita per rompere il legame chimico tra gli stessi atomi (figura **1**).

La rappresentazione della configurazione elettronica esterna nello stato fondamentale

Nella formazione dei legami chimici entrano in gioco gli elettroni del livello energetico esterno, quindi risulta utile rappresentare la configurazione elettronica esterna con una simbologia che indichi efficacemente il *numero* e la *disposizione* degli elettroni di legame.

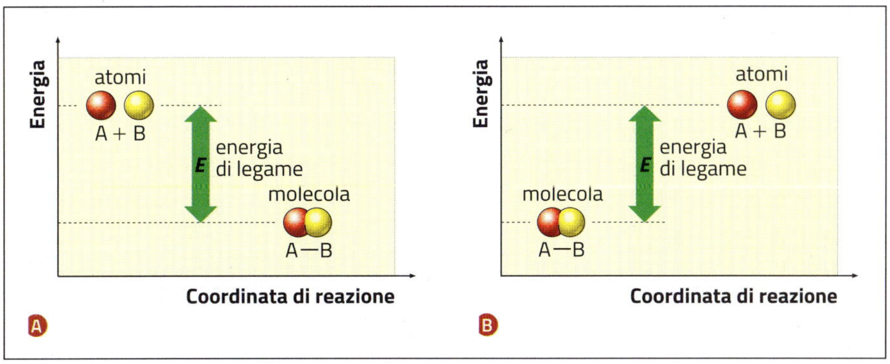

Figura 1 L'energia di legame
A La formazione di un legame chimico libera una quantità di energia, detta *energia di legame*.
B La rottura dello stesso legame necessita di una quantità di energia uguale a quella che si era liberata in seguito alla sua formazione.

TI RICORDI?

La **configurazione elettronica esterna** indica il numero di elettroni presenti nell'orbitale *s* (blocco *s*) oppure negli orbitali *s* e *p* (blocco *p*) con il più alto valore di *n*.

La configurazione elettronica esterna nello *stato fondamentale* è indicata con:

- la **notazione *s*, *p***, che mette in evidenza il *numero* di elettroni presenti negli orbitali *s* e *p* del livello energetico esterno;
- il **diagramma energia-orbitale**, che visualizza la *disposizione* degli elettroni negli orbitali *s* e *p* del livello energetico esterno;
- la **simbologia** o **notazione di Lewis**, che fa dedurre il *tipo* e il *numero* di legami che un atomo dei gruppi principali (blocchi *s* e *p*) può formare.

Nella notazione di Lewis, un solo elettrone in un orbitale si chiama *elettrone singolo* e si indica con un puntino (•).

Una coppia di elettroni nello stesso orbitale si chiama *doppietto* e si indica con due puntini (••) o un trattino (–).

Gli elettroni singoli e i doppietti si dispongono intorno al simbolo chimico dell'elemento costituendo una rappresentazione denominata **diagramma a punti** (tabella **1**).

Le notazioni di Lewis non vengono utilizzate per gli *elementi di transizione* (blocco *d*) e di *transizione interna* (lantanidi e attinidi).

Tabella 1 **Rappresentazione della configurazione elettronica esterna nello stato fondamentale**
La notazione *s*, *p*, il diagramma energia-orbitale e la simbologia di Lewis degli atomi del secondo periodo.

Nome	Simbolo	Gruppo	Notazione *s*, *p*	Diagramma energia-orbitale	Simbologia di Lewis
litio	Li	I A	ns^1	[↑] [		]	Li•
berillio	Be	II A	ns^2	[↑↓] [		]	Be: Be|
boro	B	III A	$ns^2\ np^1$	[↑↓] [↑		]	B: B|
carbonio	C	IV A	$ns^2\ np^2$	[↑↓] [↑	↑	]	•C: •C|
azoto	N	V A	$ns^2\ np^3$	[↑↓] [↑	↑	↑]	•N: •N|
ossigeno	O	VI A	$ns^2\ np^4$	[↑↓] [↑↓	↑	↑]	•O: •O|
fluoro	F	VII A	$ns^2\ np^5$	[↑↓] [↑↓	↑↓	↑]	:F: |F|
neon	Ne	VIII A	$ns^2\ np^6$	[↑↓] [↑↓	↑↓	↑↓]	:Ne: |Ne|

APP La tavola periodica interattiva

Figura 2 **Gilbert Newton Lewis**
Chimico statunitense (1875-1946) noto anche per la sua teoria sugli acidi e le basi (1923).

2 LA CONFIGURAZIONE ELETTRONICA DELL'OTTETTO È STABILE

Gli elementi del **gruppo 18 (VIII A)** del sistema periodico, essendo allo stato di gas a temperatura ambiente e avendo bassa tendenza a reagire con altri elementi per formare dei composti, sono stati denominati *gas nobili* o gas inerti. La loro bassa reattività, e di conseguenza grande stabilità, è da attribuire alla loro configurazione elettronica esterna $ns^2\ np^6$ **(ottetto)**.

Partendo da questo presupposto, il chimico statunitense Gilbert N. Lewis (figura **2**) suppose che anche gli altri atomi tendessero a raggiungere la suddetta configurazione elettronica esterna per avere bassa energia, bassa reattività ed elevata stabilità.

Ogni atomo tenderà a raggiungere la **configurazione elettronica esterna dell'ottetto** mediante la formazione di legami chimici.

La stabilità tuttavia può essere raggiunta anche conseguendo una configurazione elettronica **non** otteziale:

- l'*elio* ($1s^2$) consegue la stabilità con due elettroni perché ha solo l'orbitale *s*; naturalmente anche l'*idrogeno* ($1s^1$), che ha un solo elettrone, e il *litio* ($1s^2\ 2s^1$), che ha un solo elettrone nel livello energetico esterno, raggiungeranno la stabilità conseguendo la configurazione elettronica esterna dell'elio;
- il *berillio* ($1s^2\ 2s^2$) e il *boro* ($1s^2\ 2s^2\ 2p^1$), che hanno rispettivamente due e tre elettroni di legame nel livello energetico esterno, conseguono la stabilità rispettivamente con quattro e sei elettroni (**ottetto incompleto**);
- i *non metalli che seguono il silicio* presentano nel livello energetico esterno orbitali *nd* disponibili, per cui intorno a essi si possono sistemare più di otto elettroni (**espansione dell'ottetto**).

I legami chimici sono distinti in **primari** (o *interatomici*) e **secondari** (interazioni *intermolecolari* e interazioni *ione-dipolo*).

LE PAROLE

L'**elio** (dal greco *hélios*, «Sole») è un gas nobile ($Z = 2$) incolore e inerte. Dopo l'idrogeno, è il secondo elemento chimico più leggero e più diffuso nell'Universo.

3 I LEGAMI CHIMICI PRIMARI SONO DISTINTI IN IONICO, COVALENTE E METALLICO

La tendenza degli elementi a raggiungere la configurazione elettronica stabile è alla base della formazione dei legami chimici primari o interatomici (ionico, covalente, metallico), che si formano mediante le seguenti modalità:

1. acquistando elettroni da un atomo o cedendo elettroni a un altro atomo. I due atomi interagenti si trasformano in ioni di carica opposta tra cui si stabilisce una forza di attrazione elettrostatica detta **legame ionico**.
   Lo stabilirsi di un legame ionico tra un atomo di sodio e uno di fluoro porta alla formazione di un'**unità formula** Na^+F^- che si rappresenta con la formula chimica NaF:

$$Na\cdot + \cdot\overline{\underline{F}}| \longrightarrow Na^+\ F^- \longrightarrow NaF$$

2. condividendo uno o più elettroni di legame con altrettanti di un altro atomo dello stesso tipo (**legame covalente omopolare**) o diverso (**legame covalente eteropolare**).
   Lo stabilirsi di legami covalenti tra due atomi di idrogeno o tra un atomo di idrogeno e uno di cloro porta alla formazione di una **molecola** (H_2, HCl):

$$H\cdot + \cdot H \longrightarrow H{-}H \longrightarrow H_2 \qquad H\cdot + \cdot\overline{\underline{Cl}}| \longrightarrow H{-}\overline{\underline{Cl}}| \longrightarrow HCl$$

3. condividendo elettroni di legame con cationi dello stesso tipo (**legame metallico**). Lo stabilirsi del legame metallico tra gli ioni positivi del rame e gli elettroni di legame porta alla formazione di un **elemento metallico**, il rame (figura **3**).

A COLPO D'OCCHIO

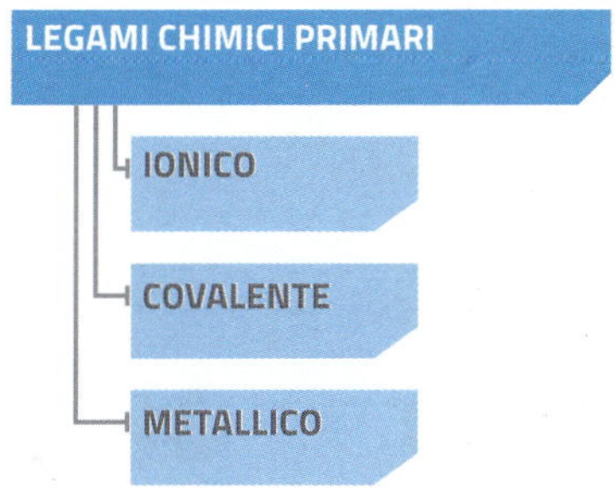

PER CAPIRE MEGLIO
Animazione
Il legame ionico e il legame metallico

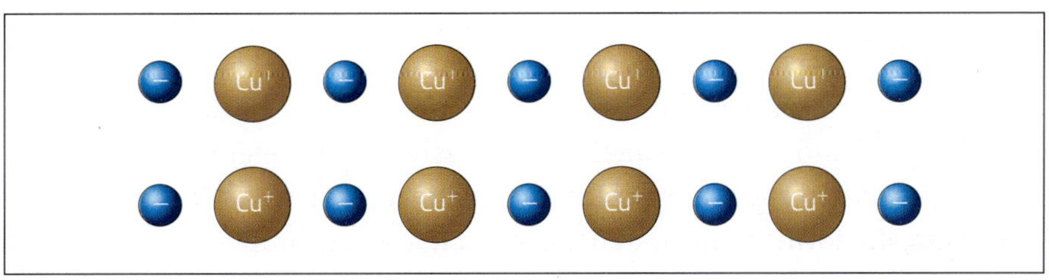

Figura 3 Il legame metallico Questo tipo di legame si origina per condivisione degli elettroni di legame tra cationi dello stesso metallo.

4 IL LEGAME IONICO SI FORMA TRA ATOMI DI METALLI E ATOMI DI NON METALLI

Il **legame ionico** si realizza per il trasferimento di uno o più elettroni da un atomo a un altro atomo, con la formazione di un catione e di un anione tra i quali si stabilisce una forza di attrazione elettrostatica.

Il legame ionico si forma per il trasferimento di elettroni da atomi che hanno un'elevata tendenza a perdere elettroni e quindi bassa energia di ionizzazione (in particolare gli elementi alcalini e alcalino-terrosi), ad atomi che hanno un'alta tendenza ad acquistare elettroni e quindi un'elevata affinità elettronica (in particolare gli elementi del gruppo 16 e gli alogeni).

Il legame ionico si forma quindi tra atomi che hanno un'*elevata differenza di elettronegatività* (simbolo ΔE_n), ovvero tra atomi di metalli e non metalli tra i quali esiste un valore di $\Delta E_n > 1{,}7$. Si deve evidenziare che tra alcuni metalli, nello specifico berillio e alluminio, e gli alogeni **non** si stabilisce un legame ionico ma si forma un legame covalente polare.

PER SAPERNE DI PIÙ
PDF *Approfondimento*
La conducibilità in un acquario

Il legame ionico tra il sodio e il cloro

Il sodio è un metallo con un basso valore di elettronegatività ($E_n = 0{,}9$), mentre il cloro è un non metallo con un alto valore di elettronegatività ($E_n = 3{,}0$). Tra i due atomi esiste quindi una differenza di elettronegatività pari a 2,1.

Il sodio appartiene al gruppo 1 e ha quindi configurazione elettronica esterna ns^1. Poiché il sodio ha un *basso valore di energia di ionizzazione*, tende a perdere un elettrone trasformandosi nello ione sodio Na^+ e a conseguire così la configurazione elettronica stabile del gas nobile che lo precede, il neon.

Con la simbologia di Lewis, la formazione dello ione Na^+ è così rappresentata:

$$Na\cdot \longrightarrow Na^+ + e^-$$

Il cloro, appartiene al gruppo 17 (o VII A) e ha quindi la configurazione elettronica esterna $ns^2\ np^5$. Poiché il cloro ha un alto valore di *affinità elettronica* tende ad acquistare un elettrone trasformandosi nello ione cloruro Cl^- e a conseguire così la configurazione elettronica stabile del gas nobile che lo segue, l'argon.

Con la notazione di Lewis, la formazione dello ione Cl^- è la seguente:

$$|\overline{\underline{Cl}}\cdot + e^- \longrightarrow Cl^-$$

Tra i due ioni di carica opposta si stabilisce una **forza di attrazione elettrostatica** che costituisce il legame ionico: si forma in tal modo un composto ionico, il cloruro di sodio (figura 4):

$$Na^+ + Cl^- \longrightarrow Na^+Cl^-$$

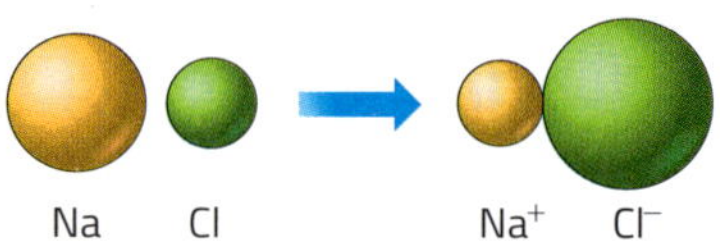

Figura 4 Il legame ionico tra il sodio e il cloro La formazione del legame ionico comporta la variazione dei raggi atomici: il catione Na^+ diventa più piccolo, l'anione Cl^- più grande.

La **forza** di un legame ionico è tanto maggiore quanto più elevata è la *carica* degli ioni e minore la loro *distanza* (ovvero quanto più piccoli sono i raggi ionici).

La formazione del legame chimico è giustificata dalla *minore energia potenziale* del composto rispetto a quella complessiva dei due elementi (figura 5).

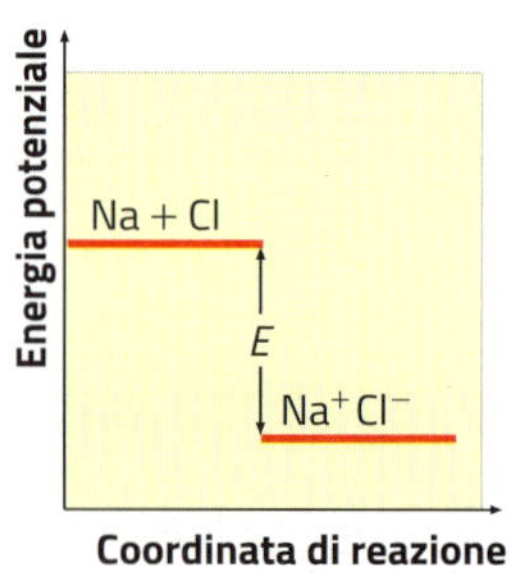

Figura 5 Variazione dell'energia potenziale nella formazione del cloruro di sodio Energia (E) che si libera in seguito alla formazione del legame ionico tra sodio e cloro.

La forza di attrazione elettrostatica tra i due ioni (ovvero il legame ionico) **non** porta alla formazione di una molecola ma di una unità formula.

L'**unità formula** è una specie elettricamente neutra costituita da ioni uniti da un legame ionico; indica il rapporto quantitativo esistente tra gli ioni di un composto ionico allo stato liquido o solido.

Nel cloruro di sodio per ogni ione sodio Na^+ si ha uno ione cloruro Cl^- e quindi l'unità formula è Na^+Cl^-. L'unità formula si esprime con la **formula chimica**, in cui si omettono le cariche degli ioni. La formula chimica corrispondente all'unità formula Na^+Cl^- si esprime con la notazione NaCl (tabella **2**).

Nome composto	Unità formula	Formula chimica
cloruro di sodio	$Na^+\ Cl^-$	NaCl
fluoruro di calcio	$Ca^{2+}\ 2\ F^-$	CaF_2
ossido di alluminio	$2\ Al^{3+}\ 3\ O^{2-}$	Al_2O_3

Tabella 2 Nome, unità formula e formula chimica di alcuni composti ionici.

PROBLEMA MODELLO

Determinare l'unità formula e la formula chimica di un composto ionico

Stabilisci l'unità formula e la formula chimica che derivano dalla formazione del legame ionico tra il calcio (Ca) e il bromo (Br).

L'IDEA

Rappresentiamo con la simbologia di Lewis l'equazione che descrive il processo di formazione degli ioni. Stabiliamo il numero di elettroni che devono essere ceduti o acquistati per raggiungere la configurazione del gas nobile che precede il catione e che segue l'anione.

LA SOLUZIONE

Il calcio (Ca) è un metallo del gruppo 2 con configurazione elettronica esterna ns^2. Il calcio ha un basso valore di energia di ionizzazione e quindi tende a perdere due elettroni formando lo ione Ca^{2+}, con la configurazione elettronica stabile del gas nobile che lo precede (Ar). Con la simbologia di Lewis, la formazione dello ione calcio è così rappresentata:

$$Ca\!: \longrightarrow Ca^{2+} + 2\ e^-$$

Il bromo (Br) è un non metallo del gruppo 17 (o VII A) con una configurazione elettronica esterna $ns^2\ np^5$. Il bromo ha un alto valore di affinità elettronica e quindi tende ad acquistare un elettrone con formazione dello ione bromuro Br^-, con la configurazione elettronica esterna del gas nobile che lo segue (Kr). Con la simbologia di Lewis, la formazione dello ione bromuro è così rappresentata:

$$|\overline{Br}\cdot + e^- \longrightarrow Br^-$$

LA CONCLUSIONE

Dato che l'atomo di calcio perde due elettroni e l'atomo di bromo ne acquista uno solo, è evidente che occorrono due atomi di bromo per un atomo di calcio: si ha la formazione dell'unità formula $Ca^{2+}\ 2\ Br^-$:

$$Ca + 2\ Br \longrightarrow Ca^{2+}\ 2\ Br^-$$

All'unità formula corrisponde la formula chimica $CaBr_2$ (bromuro di calcio).

Ioni dei metalli di post-transizione e di transizione

I **metalli di post-transizione** (elementi in basso a sinistra del blocco *p*) perdono generalmente gli elettroni dei sottolivelli *s* e *p* ma possono cedere anche solo gli elettroni del sottolivello *p*.

Lo stagno (Sn) appartiene al gruppo 14 (o IV A) e la sua configurazione elettronica è la seguente:

$$_{50}Sn = [Kr]\ 5s^2\ 4d^{10}\ 5p^2$$

- cedendo $4e^-$ dei sottolivelli *s* e *p* si trasforma nello ione stannico Sn^{4+};
- cedendo $2e^-$ del sottolivello *p* si trasforma nello ione stannoso Sn^{2+}.

I **metalli di transizione** (blocco *d*) perdono abbastanza facilmente gli elettroni del sottolivello *s* ma possono perdere anche gli elettroni del sottolivello *d*.

Il ferro (Fe) appartiene al gruppo 8 (o VIII B) e la sua configurazione elettronica è la seguente:

$$_{26}Fe = [Ar]\ 4s^2\ 3d^6$$

- cedendo $2e^-$ del sottolivello *s* si trasforma nello ione ferroso Fe^{2+};
- cedendo $3e^-$ (due del sottolivello *s* e uno del sottolivello *d*) si trasforma nello ione ferrico Fe^{3+}.

TI RICORDI?

I **metalli di transizione** sono quaranta elementi chimici posizionati tra gli elementi del blocco *s* e gli elementi del blocco *p*.

Ioni poliatomici

Oltre agli ioni monoatomici, ovvero ioni formati da un solo atomo (Na^+, Cl^-, Al^{3+}, O^{2-}), esistono anche ioni poliatomici.

Gli **ioni poliatomici** sono gruppi di due o più atomi legati tra di loro mediante legami covalenti e recanti una o più cariche elettriche positive o negative.

I più comuni ioni poliatomici sono alcuni anioni biatomici e cationi poliatomici e diversi anioni poliatomici che derivano da *ossoacidi* (composti formati da idrogeno, non metallo e ossigeno), per perdita *totale* o *parziale* in soluzione acquosa di atomi di idrogeno sotto forma di ioni idrogeno H^+ (tabella **3**).

Naturalmente anche gli ioni poliatomici possono dare luogo a composti ionici formando un legame ionico con ioni positivi o negativi (monoatomici o poliatomici) che ne bilanciano la carica (tabella **4**).

Tabella 3 Formula e nome di alcuni comuni ioni poliatomici.

Formula	Nome
O_2^{2-}	ione perossido
CN^-	ione cianuro
OH^-	ione idrossido
HS^-	ione idrogenosolfuro
NH_4^+	ione ammonio
H_3O^+	ione ossonio
NO_3^-	ione nitrato
HSO_4^-	ione idrogenosolfato
SO_4^{2-}	ione solfato

Tabella 4 Composti ionici costituiti da ioni positivi (Ca^{2+}, NH_4^+) e ioni poliatomici negativi (NO_3^-, SO_4^{2-}).

Composto ionico	Formula	Ioni
nitrato di calcio	$Ca(NO_3)_2$	Ca^{2+} NO_3^-
solfato di ammonio	$(NH_4)_2SO_4$	NH_4^+ SO_4^{2-}

Struttura dei composti ionici

In un composto ionico la forza di attrazione elettrostatica si esercita nello spazio in tutte le direzioni e gli ioni si dispongono in modo ordinato e regolare a costituire una *struttura* geometrica tridimensionale, il **reticolo cristallino**, in cui ciascuno ione è ugualmente attratto da tutti quelli di segno opposto che lo circondano.

TI RICORDI?

Il **reticolo cristallino** è formato dalla sovrapposizione di piani reticolari paralleli costituiti da filari ovvero allineamenti di particelle (atomi, ioni, molecole) lungo rette.

Il numero di ioni di carica opposta di cui ogni ione è circondato si chiama **numero di coordinazione**.

Nei cristalli ionici le strutture cristalline più comuni sono:

- la cella **cubica a facce centrate**, in cui ogni ione è circondato da sei ioni di carica opposta disposti ai vertici di un ottaedro (*coordinazione a sei*). Nel cloruro di sodio uno ione Na^+ è circondato da sei ioni Cl^- che si trovano ai vertici di un ottaedro e uno ione Cl^- è circondato da sei ioni Na^+ (figura **6**);
- la cella **cubica a corpo centrato**, in cui ogni ione è circondato da otto ioni di carica opposta disposti ai vertici di un cubo (*coordinazione a otto*). Nel cloruro di cesio ogni ione cesio Cs^+ è al centro di un cubo ed è circondato da otto ioni cloruro Cl^-, che si trovano ai vertici del cubo (figura **7**).

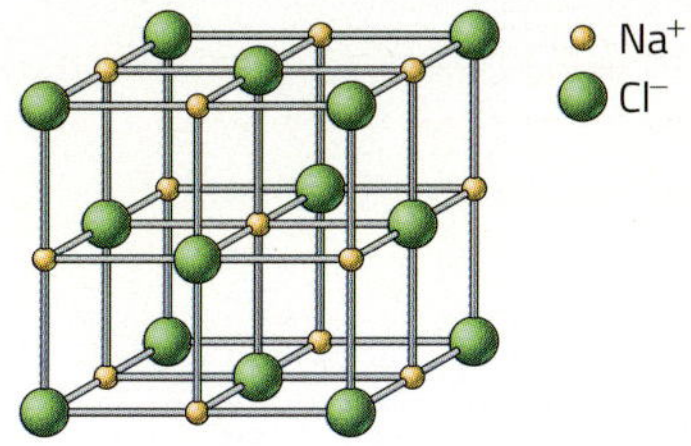

Figura 6 Cella cristallina cubica a facce centrate La cella del cloruro di sodio.

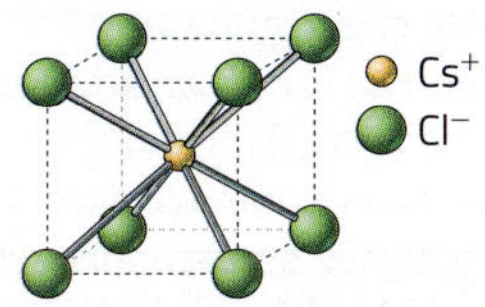

Figura 7 Cella cristallina cubica a corpo centrato La cella del cloruro di cesio.

5 IL LEGAME COVALENTE SI FORMA TRA ATOMI DI NON METALLI UGUALI O DIVERSI

Il legame covalente si stabilisce prevalentemente tra atomi uguali o diversi di *non metalli* e quindi tra atomi che hanno la stessa elettronegatività o tra cui esiste una piccola differenza di elettronegatività. Il legame si realizza mediante la *condivisione* di una o più coppie di elettroni (*doppietti*), in modo che i due atomi possano raggiungere la configurazione elettronica esterna stabile (figura **8**).

La formazione di un legame covalente tra due atomi è spiegata dalla **teoria del legame di valenza** (o **teoria VB**, dall'inglese *Valence Bond*) proposta nel 1930 da Linus Pauling e John Slater.

Il **legame covalente** si forma per sovrapposizione parziale di un orbitale incompleto di un atomo con un orbitale incompleto di un altro atomo.

Ne consegue la formazione di un **orbitale di legame** che contiene una coppia di elettroni con spin opposto che si muovono intorno ai nuclei dei due atomi.

Generalmente ciascuno dei due atomi fornisce *uno degli elettroni* che costituiscono la coppia (legame covalente omopolare ed eteropolare). Talvolta *entrambi gli elettroni* sono forniti dallo stesso atomo (legame covalente dativo).

La forza di un legame covalente è tanto maggiore quanto più estesa è l'area di sovrapposizione tra i due orbitali atomici.

La formazione del legame covalente comporta un aumento della stabilità e una diminuzione dell'energia potenziale. La variazione di energia che si verifica quando due atomi si avvicinano e successivamente si legano è descritta dalla **curva di potenziale**, dove sull'asse delle ascisse è riportata la distanza tra i due atomi e sull'asse delle ordinate l'energia potenziale (figura **9**).

Figura 8 Il legame covalente: condivisione di elettroni Così come in un tandem due persone *condividono* la stessa bicicletta, nel legame covalente due atomi *condividono* una coppia elettronica.

PER CAPIRE MEGLIO
Animazione
Il legame covalente

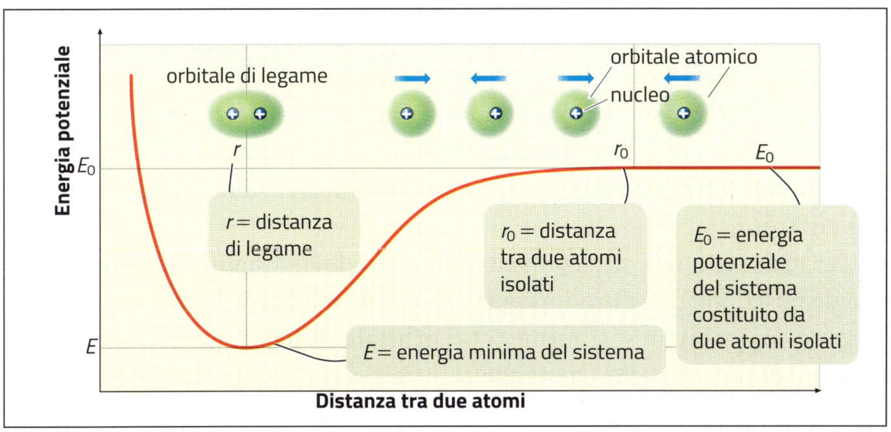

Figura 9 Variazione dell'energia potenziale durante la formazione di una molecola biatomica (la figura va letta da destra verso sinistra) Il legame si stabilisce a una distanza detta *distanza di legame* (r) a cui corrisponde la minima energia potenziale (E). A distanze minori prevalgono le forze repulsive che fanno aumentare l'energia potenziale, con la conseguenza che il legame chimico non si forma.

Quando la distanza (r_0) tra due atomi è molto grande, fra di essi non si esercita nessuna forza, né di attrazione né di repulsione: il valore dell'energia potenziale (E_0) è zero.

Quando i due atomi si avvicinano si generano **forze attrattive** tra il nucleo di un atomo e l'elettrone dell'altro che tendono a far diminuire l'*energia potenziale del sistema.*

Bisogna però considerare che, fra i due atomi che si avvicinano, si stabiliscono anche **forze repulsive**, nucleo-nucleo ed elettrone-elettrone (figura **10**).

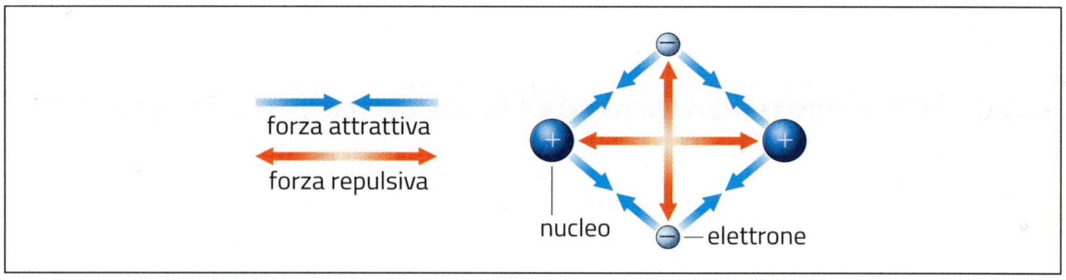

Figura 10 Forze attrattive e repulsive che si generano fra due atomi Le forze attrattive si stabiliscono tra il nucleo di un atomo e l'elettrone dell'altro. Le forze repulsive sono rappresentate dalle forze nucleo-nucleo ed elettrone-elettrone.

Ne consegue che a una distanza detta *distanza* o *lunghezza di legame* (r) le forze attrattive e repulsive si bilanciano e il sistema possiede la minima quantità di energia (E) e la più alta stabilità (figura **11**).

Un ulteriore avvicinamento tra i due atomi farebbe aumentare le forze repulsive determinando un aumento dell'energia del sistema e il legame chimico non si forma. Il legame covalente è distinto in omopolare (o puro), eteropolare (o polare) e dativo.

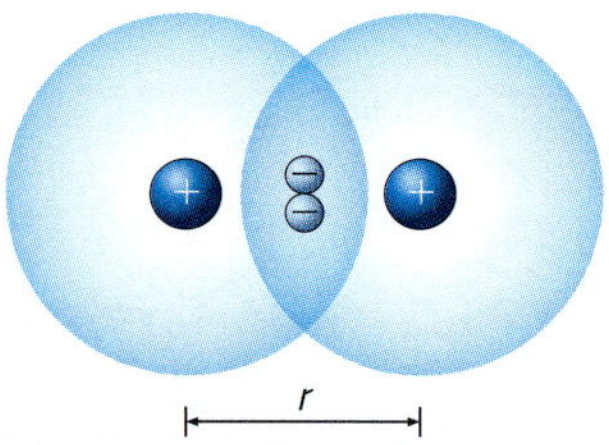

r = distanza o lunghezza di legame

Figura 11 La formazione del legame covalente Il legame covalente fra due atomi si stabilisce quando le forze attrattive si bilanciano esattamente con le forze repulsive.

6 IL LEGAME COVALENTE OMOPOLARE O PURO SI FORMA TRA ATOMI DELLO STESSO NON METALLO

Il **legame covalente omopolare** o **puro** si stabilisce tra due atomi dello stesso elemento non metallico e quindi con lo stesso valore di elettronegatività ($\Delta E_n = 0$), oppure tra due atomi di non metalli diversi con una piccola differenza di elettronegatività ($\Delta E_n < 0{,}4$).

In seguito alla formazione di questo legame, gli elettroni di legame sono attratti con la stessa forza da entrambi i nuclei e di conseguenza condivisi esattamente tra i due atomi.

A COLPO D'OCCHIO

Il legame covalente omopolare nella molecola di idrogeno (H_2)

Due atomi di idrogeno isolati hanno configurazione elettronica esterna ns^1, di conseguenza ciascun atomo di idrogeno, per raggiungere la stabilità (configurazione elettronica esterna dell'elio), tenderà ad avere intorno al nucleo due elettroni.

Per realizzare tale situazione, ognuno dei due atomi di idrogeno metterà a disposizione dell'altro il proprio elettrone mediante la sovrapposizione parziale dell'orbitale *s*: si formerà un **orbitale di legame** costituito da due elettroni di spin opposto, che vengono attratti da entrambi i nuclei (figura **12**).

LE PAROLE

L'**idrogeno** (dal greco *hydor*, «acqua» e dal prefisso *-geno*, «generare») è l'elemento chimico ($Z = 1$) più abbondante dell'Universo. Il suo isotopo più comune è il pròzio che consiste di un protone e di un elettrone.

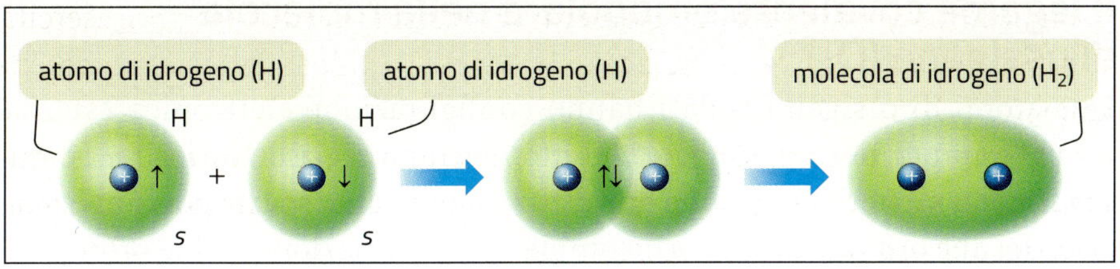

Figura 12 Formazione di un legame covalente omopolare tra due atomi di idrogeno Entrambi gli atomi di idrogeno mettono in comune il proprio elettrone dell'orbitale *s*, così che ciascun nucleo ha intorno due elettroni.

I due atomi di idrogeno hanno lo stesso valore di elettronegatività e quindi gli elettroni di legame sono attratti con la stessa forza. Ne consegue che la coppia elettronica è esattamente condivisa tra i due atomi e si ha la formazione di un orbitale di legame *simmetrico*.

I due atomi non assumono alcuna carica elettrica, per cui il legame che si forma è definito **omopolare**. La sovrapposizione *frontale* (testa a testa) determina un addensamento elettronico lungo l'asse che congiunge i due nuclei.

Un legame covalente costituito da un orbitale di legame che avvolge omogeneamente la retta ideale che unisce i due nuclei si chiama **sigma** (simbolo σ).

Condividendo i due atomi **una** sola coppia elettronica il legame che si stabilisce è un *legame semplice*, che con la simbologia di Lewis è così rappresentato:

$$H\cdot + \cdot H \longrightarrow H{-}H$$

Il legame covalente omopolare nella molecola di cloro (Cl_2)

Due atomi di cloro isolati hanno configurazione elettronica esterna $ns^2\ np^5$ e quindi per raggiungere la stabilità tenderanno ad avere intorno al nucleo otto elettroni.

Per realizzare l'ottetto elettronico i due atomi mettono in comune due elettroni, con sovrapposizione dei due orbitali atomici incompleti p_y e formazione di un orbitale di legame costituito da due elettroni che si muovono con spin opposto intorno ai due nuclei (figura **13**).

LE PAROLE

Il **cloro** (dal greco *chlorós*, «verde») è un gas di colore verde-giallo ($Z = 17$) dall'odore soffocante. È un potente agente ossidante.

Figura 13 Formazione di un legame covalente omopolare fra due atomi di cloro Nel legame tra atomi di cloro vengono condivisi due elettroni negli orbitali *p*.

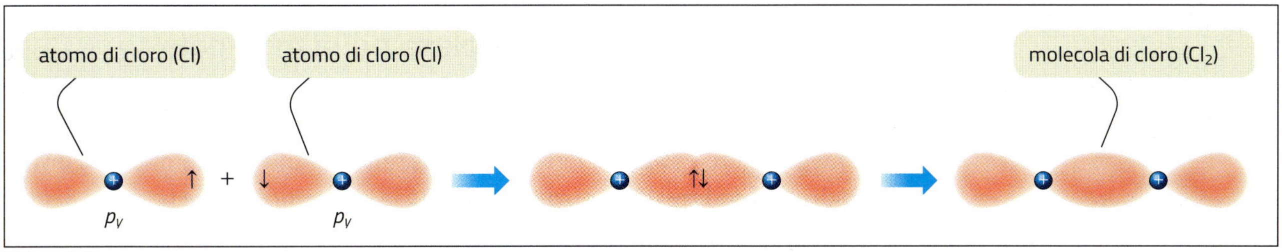

I due atomi di cloro hanno naturalmente lo stesso valore di elettronegatività e quindi l'orbitale di legame che si forma è *simmetrico*.

La sovrapposizione tra i due orbitali è frontale e l'addensamento elettronico che si verifica lungo l'asse congiungente i due nuclei determina un legame di tipo σ.

Con la simbologia di Lewis, la formazione del legame è così rappresentata:

$$|\overline{\underline{Cl}}\cdot + \cdot\overline{\underline{Cl}}| \longrightarrow |\overline{\underline{Cl}}{-}\overline{\underline{Cl}}|$$

Il legame covalente omopolare nella molecola di ossigeno (O_2)

Due atomi di ossigeno isolati hanno configurazione elettronica esterna $ns^2\ np^4$ e quindi, per raggiungere l'ottetto elettronico, ciascuno dei due atomi di ossigeno metterà in comune due elettroni mediante sovrapposizione parziale dei due orbitali atomici *p* incompleti, con formazione di due orbitali di legame (figura **14**).

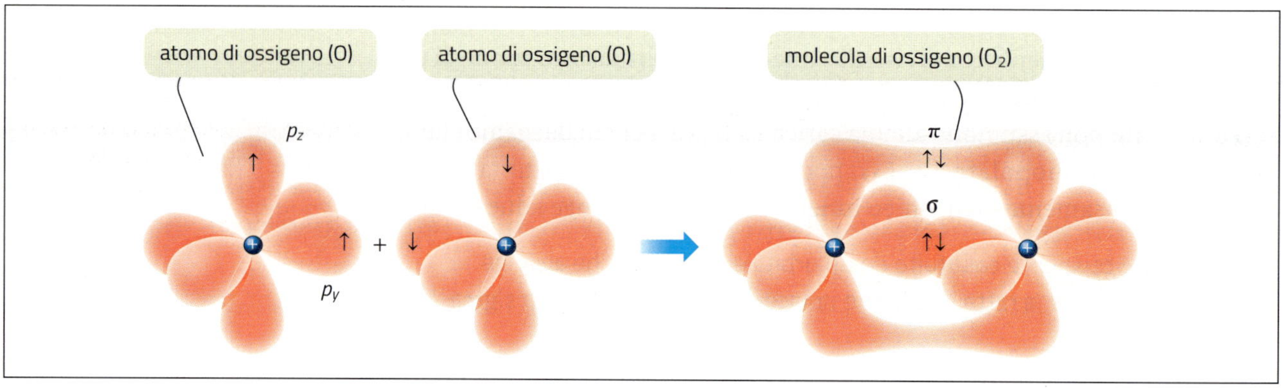

Figura 14 **Formazione del doppio legame covalente omopolare (σ e π) fra due atomi di ossigeno** Ogni atomo di ossigeno condivide due elettroni negli orbitali *p*.

La sovrapposizione tra i due orbitali atomici p_y è frontale e il legame è di tipo sigma.

La sovrapposizione *laterale* (fianco a fianco) degli orbitali atomici p_z determina un addensamento elettronico in due regioni situate ai lati dell'asse congiungente i due nuclei.

Un legame covalente costituito da un orbitale di legame che si trova al di sopra e al di sotto della retta ideale che unisce i due nuclei si chiama **pi-greco** (simbolo π).

Condividendo i due atomi **due** coppie elettroniche, il legame che si stabilisce è un *legame doppio*, così rappresentato con la simbologia di Lewis:

$$|\dot{\underset{\cdot}{O}}\cdot + \cdot\dot{\underset{\cdot}{O}}| \longrightarrow \langle O{=}O \rangle$$

Il legame covalente omopolare nella molecola di azoto (N_2)

Due atomi di azoto isolati hanno configurazione elettronica esterna $ns^2\ np^3$. Per raggiungere l'ottetto elettronico, ciascuno dei due atomi di azoto dovrà quindi condividere tre elettroni mediante la sovrapposizione parziale dei tre orbitali atomici *p* incompleti, con formazione di tre orbitali di legame.

La sovrapposizione dei due orbitali atomici p_y è frontale e il legame che ne risulta è di tipo σ. Tra i due orbitali atomici p_x e i due orbitali atomici p_z la sovrapposizione è invece laterale: questo porta alla formazione di due legami π (figura **15**).

Dal momento che i due atomi condividono **tre** coppie elettroniche, il legame che si stabilisce è un *triplo legame*, rappresentato con la simbologia di Lewis nel modo seguente:

$$|\dot{\underset{\cdot}{N}}\cdot + \cdot\dot{\underset{\cdot}{N}}| \longrightarrow |N{\equiv}N|$$

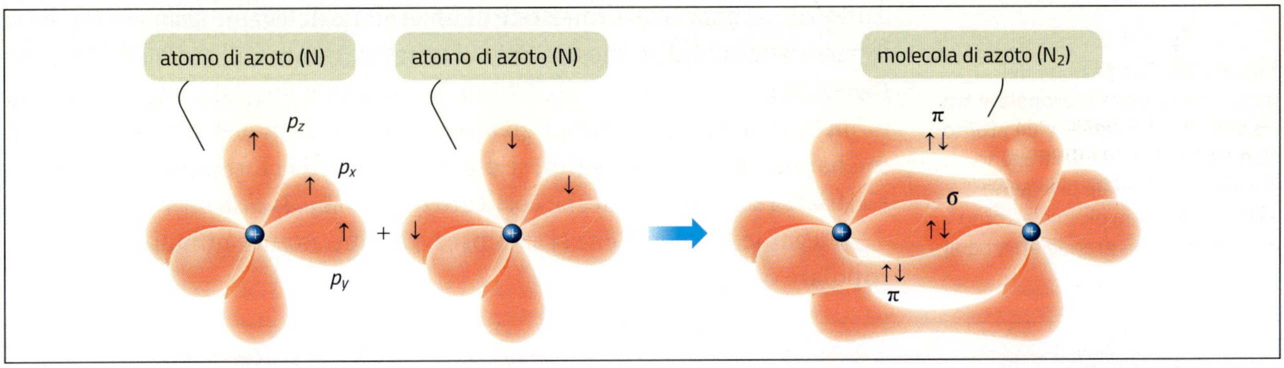

Figura 15 Formazione del triplo legame covalente omopolare (un legame σ e due legami π) fra due atomi di azoto La sovrapposizione degli orbitali p_y è frontale (legame σ) mentre quella tra i due p_y e i due p_z è laterale (i due legami sono di tipo π).

7 IL LEGAME COVALENTE ETEROPOLARE O POLARE SI FORMA TRA ATOMI DIVERSI DI NON METALLI

Il **legame covalente polare** o **eteropolare** si stabilisce tra due atomi diversi di elementi non metallici e quindi con una piccola differenza di elettronegatività ($0{,}4 < \Delta E_n < 1{,}7$).

In seguito alla formazione di questo legame, gli elettroni di legame sono attratti con maggiore forza dal nucleo dell'atomo più elettronegativo e di conseguenza su di esso si stabilisce una parziale carica negativa.

Il legame covalente polare nella molecola del cloruro di idrogeno (o acido cloridrico, HCl)

L'atomo di idrogeno (configurazione elettronica esterna ns^1) e l'atomo di cloro (configurazione elettronica esterna $ns^2\,np^5$) devono condividere un elettrone per raggiungere la configurazione elettronica esterna del gas nobile che li segue (rispettivamente l'elio e l'argon).

Per realizzare la condizione di stabilità, i due atomi mettono a disposizione il proprio elettrone esterno, che per l'atomo di idrogeno è nell'orbitale *s* e per l'atomo di cloro è nell'orbitale incompleto *p*.

La sovrapposizione parziale e frontale dell'orbitale *s* con l'orbitale *p* determina la formazione di un orbitale di legame costituito da due elettroni con spin opposto che si muovono intorno a entrambi i nuclei.

L'addensamento elettronico avviene lungo l'asse congiungente i due nuclei e il legame è di tipo σ.

Utilizzando la simbologia di Lewis il legame si può così rappresentare:

$$\text{H}\cdot + \cdot\overline{\underline{\text{Cl}}}| \longrightarrow \text{H}-\overline{\underline{\text{Cl}}}|$$

Dato che la molecola di cloruro di idrogeno (HCl) è costituita da due atomi *con diversa elettronegatività*, gli elettroni di legame non sono distribuiti simmetricamente ma sono attirati con maggiore forza dall'atomo di cloro, più elettronegativo. L'atomo di cloro, presentando pertanto un maggiore addensamento elettronico, assume una *parziale carica negativa* (δ−), mentre l'atomo di idrogeno, con un minore addensamento elettronico, assume una *parziale carica positiva* (δ+):

$$\overset{\delta+}{\text{H}}-\overset{\delta-}{\text{Cl}}$$

Tutto ciò comporta la formazione di un orbitale di legame *asimmetrico* che si espande intorno all'atomo di cloro e si restringe intorno all'atomo di idrogeno (figura **16**).

In questa molecola quindi gli atomi non sono più elettricamente neutri ma hanno una carica elettrica, se pur parziale, con la formazione di due poli elettrici di segno opposto che costituiscono un *dipolo elettrico*.

Il legame covalente che si stabilisce tra i due atomi è quindi definito **eteropolare** o **polare**.

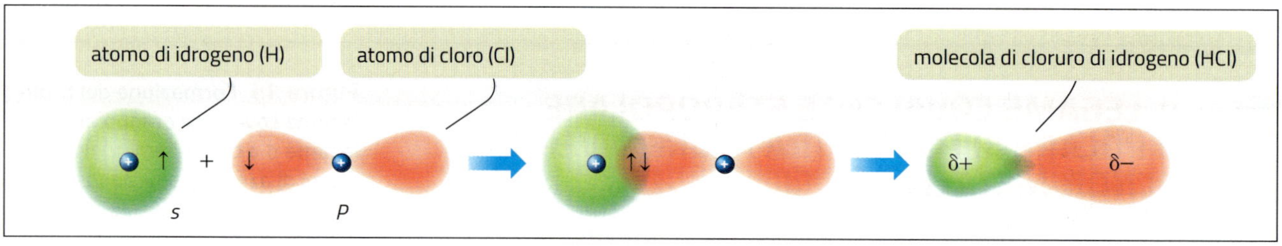

Figura 16 Formazione del legame covalente eteropolare tra un atomo di idrogeno e un atomo di cloro Nel cloruro di idrogeno si forma un orbitale di legame asimmetrico: più piccolo attorno all'idrogeno, più grande attorno al cloro.

Il legame covalente polare nella molecola di acqua (H_2O)

I due atomi di idrogeno (configurazione elettronica esterna ns^1) e l'atomo di ossigeno (configurazione elettronica esterna $ns^2\ np^4$) devono condividere rispettivamente uno e due elettroni per raggiungere la stabilità.

Tale situazione si realizza con la sovrapposizione parziale e frontale dell'orbitale *s* dei due atomi di idrogeno con due orbitali *p* incompleti dell'atomo di ossigeno.

Si ha la formazione di due legami covalenti eteropolari di tipo σ (figura **17**).

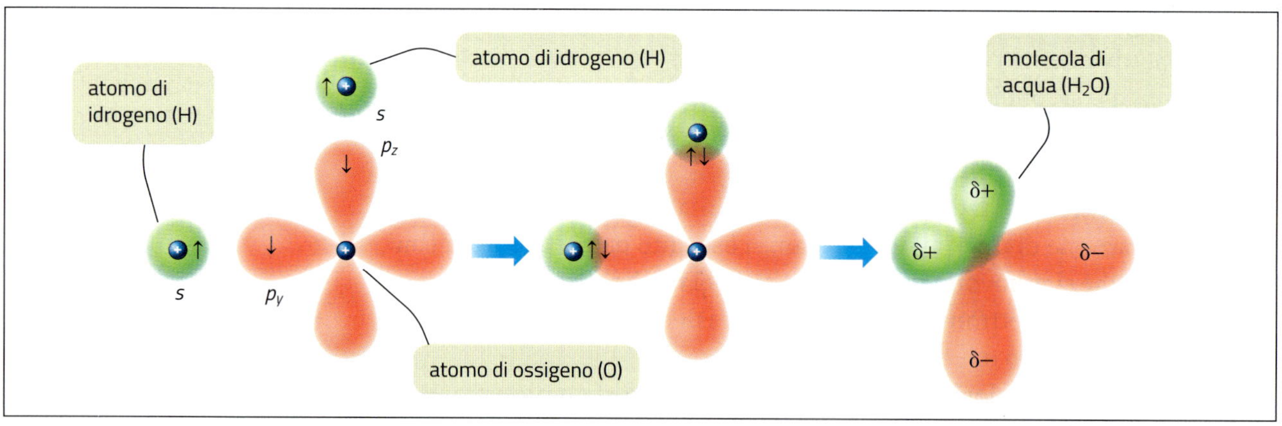

Figura 17 Formazione di due legami covalenti eteropolari fra due atomi di idrogeno e un atomo di ossigeno Nella molecola d'acqua si ha la sovrapposizione dell'orbitale *s* dei due atomi di idrogeno con i due orbitali *p* dell'atomo di ossigeno.

Utilizzando la simbologia di Lewis la molecola può essere rappresentata nel modo seguente:

Dato che l'ossigeno ($E_n = 3{,}5$) è più elettronegativo dell'idrogeno ($E_n = 2{,}1$), gli elettroni di legame sono addensati sull'atomo di ossigeno che assume due parziali cariche negative, mentre ciascun atomo di idrogeno assume una parziale carica positiva (figura **18**).

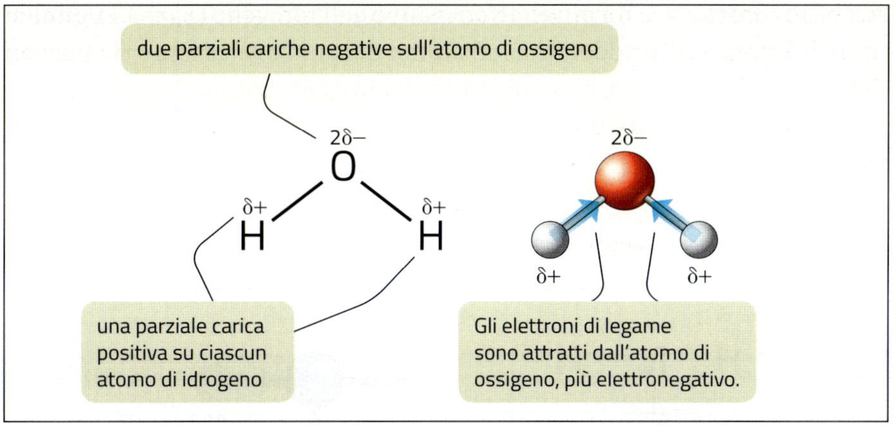

Figura 18 Separazione di cariche elettriche nella molecola dell'acqua Sull'atomo di ossigeno vi sono due cariche parziali negative e una positiva su ciascun atomo di idrogeno.

Il legame covalente polare nella molecola di ammoniaca (NH_3)

I tre atomi di idrogeno (configurazione elettronica esterna ns^1) e l'atomo di azoto (configurazione elettronica esterna $ns^2\ np^3$) devono condividere rispettivamente uno e tre elettroni per raggiungere la stabilità.

Tale situazione si realizza con la sovrapposizione parziale e frontale dell'orbitale *s* di ciascun atomo di idrogeno con i tre orbitali *p* incompleti dell'atomo di azoto. Si ha la formazione di tre legami covalenti polari di tipo σ (figura **19**).

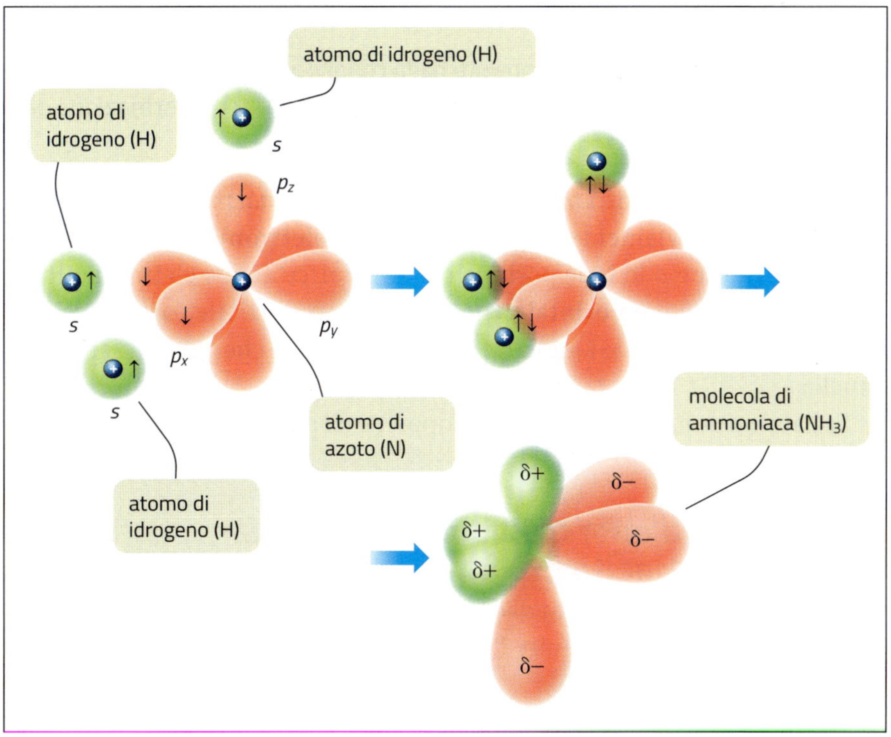

Figura 19 Formazione di tre legami covalenti eteropolari fra tre atomi di idrogeno e un atomo di azoto Nella molecola dell'ammoniaca si ha la sovrapposizione dell'orbitale *s* dei tre atomi di idrogeno con i tre orbitali *p* dell'atomo di azoto.

Utilizzando la simbologia di Lewis la molecola si può così rappresentare:

$$\mathrm{H{\cdot\cdot}\overline{N}{\cdot\cdot}H} \ (\text{con } \mathrm{H} \text{ legato a N da } :) \longrightarrow \mathrm{H{-}\overline{N}{-}H} \ (\text{con } \mathrm{H} \text{ legato a N da } |)$$

Poiché l'azoto ($E_n = 3,0$) è più elettronegativo dell'idrogeno ($E_n = 2,1$), gli elettroni di legame sono addensati sull'atomo di azoto che assume tre parziali cariche negative, mentre ciascun atomo di idrogeno assume una parziale carica positiva (figura **20**).

Figura 20 **Separazione di cariche elettriche nella molecola dell'ammoniaca** Sull'atomo di azoto vi sono tre cariche parziali negative e una positiva su ciascun atomo di idrogeno.

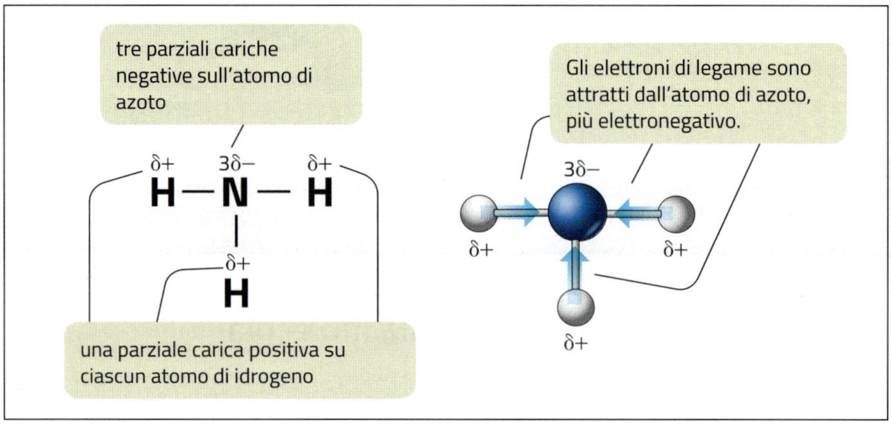

8 NEL LEGAME COVALENTE DATIVO GLI ELETTRONI DI LEGAME SONO FORNITI DA UN SOLO ATOMO

Il legame covalente eteropolare può anche formarsi per sovrapposizione parziale di un orbitale di un atomo contenente due elettroni con un orbitale vuoto di un altro atomo o di uno ione positivo monoatomico.

Questo tipo di legame covalente eteropolare è definito *legame dativo*.

Il **legame covalente dativo** consiste nella condivisione di un doppietto elettronico, ma è solo un atomo a fornire gli elettroni per la formazione del legame.

L'atomo che fornisce entrambi gli elettroni (atomo *donatore*) ha già raggiunto l'ottetto e deve ovviamente avere un **doppietto elettronico** non impegnato in legami; l'atomo o lo ione positivo che usufruisce di due elettroni (atomo *accettore*) deve avere un **orbitale vuoto**. La sovrapposizione parziale dei due orbitali porta alla formazione di un orbitale di legame che circonda entrambi i nuclei.

Se l'atomo donatore ha due o tre doppietti disponibili può formare due o tre legami dativi.

Il legame covalente dativo nella molecola del diossido di zolfo (SO_2)

L'atomo di zolfo e i due atomi di ossigeno hanno configurazione elettronica esterna $ns^2\ np^4$ e per conseguire l'ottetto ciascuno dei tre atomi deve condividere due elettroni.

Lo zolfo e uno dei due atomi di ossigeno raggiungono l'ottetto condividendo ognuno due elettroni mediante sovrapposizione dei rispettivi orbitali atomici p incompleti, con formazione di un doppio legame (σ e π):

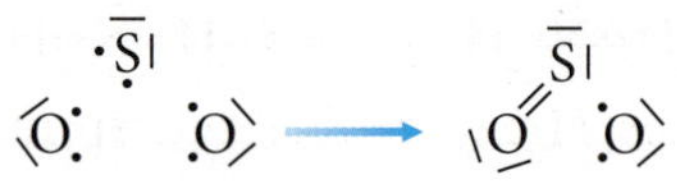

Lo zolfo, conseguito l'ottetto, presenta due doppietti elettronici non impegnati in legami. L'altro atomo di ossigeno non ha orbitali vuoti, può però addensare i due elettroni singoli in un unico orbitale, liberando quindi un orbitale che può funzionare da accettore:

Utilizzando la simbologia di Lewis, l'atomo di ossigeno è così rappresentato:

L'energia consumata dall'atomo di ossigeno per l'accoppiamento dei due elettroni in un unico orbitale è compensata dalla possibilità di formare un nuovo legame. In questo modo viene raggiunta la *stabilità* mediante la sovrapposizione dell'orbitale vuoto con l'orbitale *p* dello zolfo, contenente un doppietto non impegnato in legami. Con la simbologia di Lewis la formazione del legame dativo (in rosso) si può così rappresentare:

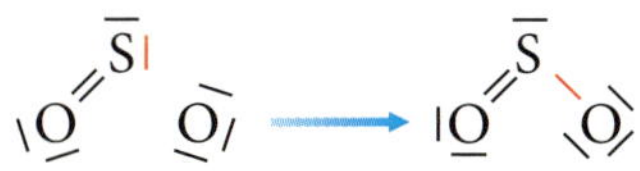

Il legame covalente dativo **non è distinguibile** da un altro legame covalente, in quanto presenta sia lunghezza di legame sia energia di legame *uguali* a quelle degli altri legami covalenti semplici zolfo-ossigeno, che si sono formati per sovrapposizione di orbitali atomici incompleti.

Il legame covalente dativo nello ione ammonio (NH_4^+)

Nella molecola dell'ammoniaca (NH_3), l'azoto ha già raggiunto l'ottetto e dispone di un doppietto elettronico non impegnato in legami. In presenza dello ione H^+ (derivante dalla dissociazione dell'acqua o di un acido), che ha l'orbitale *s* vuoto, il doppietto dell'azoto può essere utilizzato per formare un legame covalente dativo con formazione di uno ione poliatomico: lo ione ammonio NH_4^+. La carica positiva non è localizzata su uno specifico atomo di idrogeno ma è delocalizzata su tutti gli atomi e quindi con la simbologia di Lewis lo ione ammonio è così rappresentato:

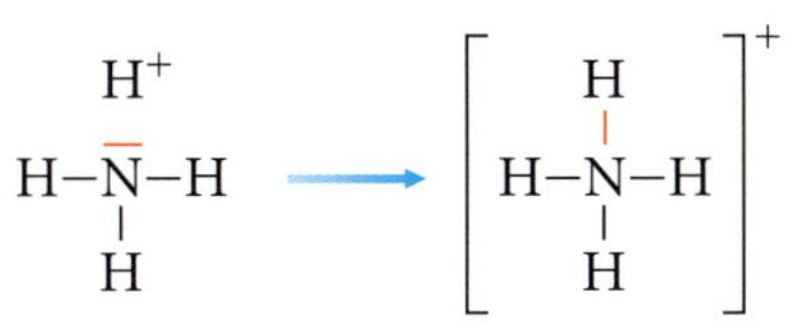

La polarità del legame covalente

Tra due atomi legati da un legame covalente, il grado di polarità del legame dipende dalla distribuzione degli elettroni di legame rispetto ai nuclei dei due atomi legati e quindi dalla loro *elettronegatività*.

- Tra due atomi **uguali**, e quindi con lo *stesso* valore di elettronegatività, la coppia elettronica è esattamente condivisa, per cui si ha una distribuzione degli elettroni di legame *simmetrica*: il legame è **omopolare**.
- Tra due atomi **diversi**, e quindi con un *diverso* valore di elettronegatività, la coppia elettronica condivisa è più attratta dall'atomo più elettronegativo, determinando una distribuzione degli elettroni di legame *asimmetrica*.

L'atomo più elettronegativo assume una parziale carica negativa e l'atomo meno elettronegativo assume una parziale carica positiva: il legame è **eteropolare** o **polare**.

La distribuzione asimmetrica del *doppietto elettronico* si può rappresentare:

- con i simboli δ+ e δ− posti rispettivamente sull'atomo meno elettronegativo e su quello più elettronegativo (figura **21A**);
- con un vettore diretto verso la parziale carica negativa e dove il segno + sulla freccia evidenzia la localizzazione della parziale carica positiva (figura **21B**).

A $\overset{\delta+}{H}-\overset{\delta-}{Cl}$ **B** $\overset{+\!\!\longrightarrow}{H-Cl}$

Figura 21 **Rappresentazioni di un legame covalente polare** A I simboli δ+ e δ− si trovano, rispettivamente, sull'atomo meno elettronegativo e su quello più elettronegativo; B un vettore diretto verso la parziale carica negativa.

Due atomi legati da un legame covalente polare o eteropolare costituiscono un *dipolo* (figura **22**).

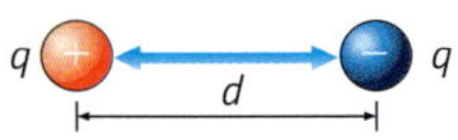

Figura 22 **Rappresentazione di un dipolo.**

Il **dipolo** è un sistema costituito da due cariche elettriche (simbolo *q*) uguali e di segno opposto (+*q* e −*q*) poste a una distanza *d* l'una dall'altra.

Il **grado di polarità** di un dipolo è espresso quantitativamente dal momento dipolare (simbolo μ, leggi «mi»).

LE PAROLE

La lettera μ (che si legge «mi») è la dodicesima lettera dell'alfabeto greco e corrisponde alla lettera *m* del nostro alfabeto.

Il **momento dipolare** (μ) esprime il prodotto tra il valore assoluto della carica (*q*) presente ai due estremi di un dipolo e la distanza (*d*) tra le cariche:

$$\mu = q \cdot d$$

Il valore del momento dipolare aumenta con l'aumentare della **carica** dei due poli e all'aumentare della **distanza** che li separa.

Il momento dipolare è una grandezza vettoriale e quindi possiamo rappresentarla mediante una freccia la cui lunghezza è proporzionale al suo valore (figura **23**).

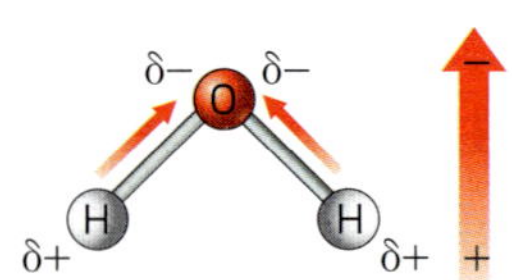

Figura 23 **Rappresentazione di un momento dipolare** La freccia è orientata verso l'atomo più elettronegativo; nel caso della molecola dell'acqua si tratta dell'ossigeno.

Risulta quindi che il momento dipolare, e di conseguenza il grado di polarità di un legame, aumenta con l'aumentare della differenza di elettronegatività (figura **24**).

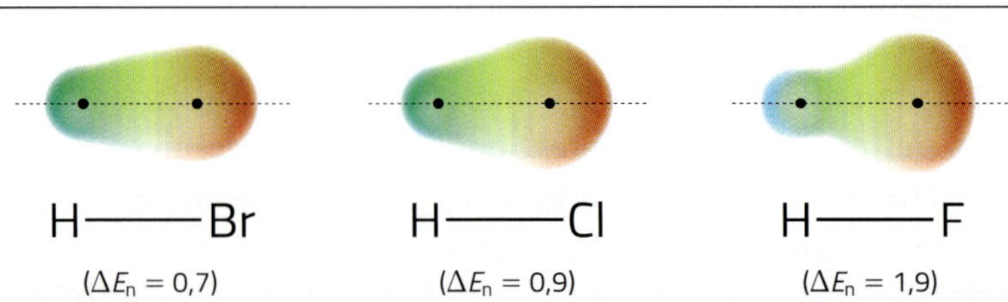

Figura 24 **Il grado di polarità** Rappresentazione del diverso grado di polarità nei legami tra l'idrogeno e, rispettivamente, bromo, cloro e fluoro.

PER SAPERNE DI PIÙ

La lunghezza e la forza del legame covalente

La *lunghezza di legame* dipende dall'*equilibrio* che si stabilisce tra le *forze attrattive* nucleo-elettroni, e tra le *forze repulsive* nucleo-nucleo ed elettroni-elettroni quando due atomi si uniscono (figura **A**).

La **lunghezza di legame** è la distanza tra i centri dei due atomi uniti da un legame covalente.

Il valore della lunghezza di legame dipende dal **raggio atomico**, dalla **forza di legame** e dal **numero dei legami** (tabella **A**).

- La lunghezza del legame tra due atomi dal *raggio atomico piccolo* è *minore* di quella tra due atomi dal *raggio atomico grande*, in quanto i centri dei due atomi legati sono più vicini (figura **B**).
- La lunghezza del legame tra due atomi è *tanto minore quanto più forte è il legame* che li unisce. In due atomi legati da un legame forte (H—O), i nuclei sono più vicini rispetto ai nuclei di due atomi uniti da un legame meno forte (H—N).

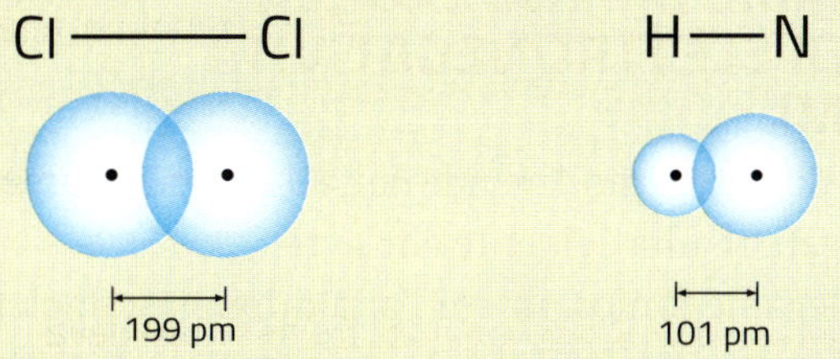

Figura A **Lunghezza di legame** Valore della lunghezza di legame tra due atomi di cloro e un atomo di idrogeno e uno di azoto.

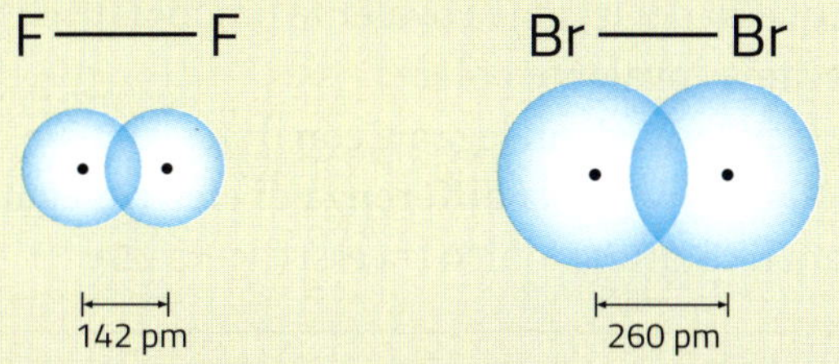

Figura B **Lunghezza di legame e raggio atomico** La lunghezza di legame tra due atomi di fluoro è minore di quella tra due atomi di bromo.

- La lunghezza del legame tra due atomi uniti da un *legame multiplo* (doppio o triplo) è *minore* di quella tra i due stessi atomi uniti da un legame semplice (figura **C**).

La lunghezza di legame è direttamente proporzionale al raggio atomico e diminuisce con l'aumentare della forza di legame e del numero dei legami.

La **forza del legame** esistente tra due atomi uniti da un legame covalente è descritta dalla grandezza **energia di legame** (simbolo *E.L.*): è la quantità di energia necessaria per rompere i legami chimici o che si libera per formare legami chimici in una mole di un elemento o di un composto allo stato di gas. Il valore dell'energia di legame si esprime in kilojoule per mole (simbolo kJ/mol).

L'energia di legame per una mole di cloro gassoso, ovvero l'energia che occorre per rompere i legami chimici presenti in 71 g di cloro molecolare, è pari a 242 kJ/mol:

$$Cl_{2(g)} \longrightarrow 2\ Cl_{(g)} \qquad (E.L. = 242 \text{ kJ/mol})$$

L'energia di legame che si libera quando 71 g di cloro atomico reagiscono per formare cloro molecolare è sempre uguale a 242 kJ/mol (in tal caso il valore numerico assume segno negativo):

$$Cl_{(g)} + Cl_{(g)} \longrightarrow Cl_{2(g)} \qquad (E.L. = -242 \text{ kJ/mol})$$

Il valore dell'energia di legame fornisce una precisa indicazione sulla **forza** del legame stesso. Un alto valore di energia di legame indica un legame *forte*, un basso valore un legame *debole*. La forza del legame esprime quindi un indice della *reattività* di un composto: composti con legami forti sono stabili e poco reattivi, composti con legami deboli sono instabili e molto reattivi (tabella **B**).

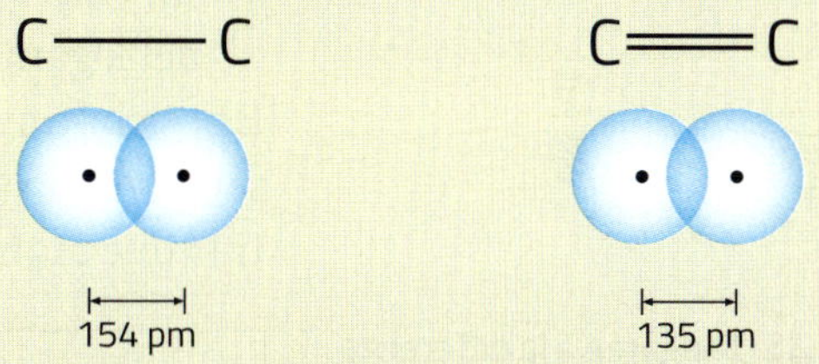

Figura C **Lunghezza di legame e tipo di legame** La lunghezza di un legame semplice carbonio-carbonio è maggiore di quella di un legame doppio carbonio-carbonio.

Legame	F—F	Cl—C	Br—Br	H—H	H—O	C—C	C=C	C≡C
Lunghezza di legame (pm)	142	199	260	101	96	154	135	120

Tabella A **La lunghezza di legame (in pm) di alcuni legami covalenti semplici e multipli** La lunghezza di legame dipende da parametri come il raggio atomico, la forza e il numero dei legami.

Parametri	Raggio atomico							Polarità			Numero		
Legame	Cl—Cl	Br—Br	I—I	H—F	H—Cl	H—Br	H—I	S—H	N—H	O—H	C—C	C—C	C≡C
Energia di legame (kJ/mol)	242	193	151	565	431	366	299	339	389	464	347	615	820

Tabella B **Energia di legame** Valori dell'energia di legame (in kJ/mol) per alcuni legami covalenti singoli omopolari ed eteropolari e per alcuni legami multipli.

La forza di legame dipende dal **raggio atomico**, dalla **polarità del legame** e dal **numero dei legami**.

- La forza di legame tra due atomi con *raggio atomico piccolo* (Cl—Cl) è *maggiore* di quella tra due atomi con *raggio atomico grande* (Br—Br). Tra due atomi dal raggio atomico piccolo, infatti, gli elettroni di legame condivisi sono molto più vicini ai nuclei e risentono quindi in misura maggiore delle forze attrattive esercitate da essi (tabella **B**).
- La forza di legame tra due atomi con una *elevata polarità*, ovvero una grande differenza di elettronegatività (ΔE_n O—H = 1,4), è maggiore di quella tra due atomi con una piccola differenza di elettronegatività (ΔE_n S—H = 0,4).
  Aumentando la polarità del legame, gli elettroni condivisi sono più vicini al nucleo dell'atomo più elettronegativo, risentendo di più della forza di attrazione (tabella **B**).
- La forza di legame tra due atomi che condividono *una sola coppia elettronica* (C—C) è *minore* di quella tra gli *stessi atomi che ne condividono due* (C=C) *o tre* (C≡C). Quindi è più facile rompere un legame semplice che un doppio o triplo legame.

La forza di un legame doppio (C=C), costituito da un legame σ e un legame π, o di un legame triplo (C≡C), costituito da un legame σ e da due legami π, **non** ha un valore *doppio o triplo* di quella di un legame singolo (C—C), costituito da un legame σ, perché nei legami π la sovrapposizione degli orbitali atomici dei due atomi è minore rispetto alla sovrapposizione degli orbitali atomici che costituiscono il legame σ; di conseguenza gli elettroni di legame condivisi risentono meno della forza attrattiva esercitata dai due nuclei.

La **forza del legame**, e di conseguenza l'energia di legame, aumenta con il diminuire del raggio atomico e con l'aumentare della polarità e del numero delle coppie elettroniche condivise.

9 IL TIPO DI LEGAME DIPENDE DALLA DIFFERENZA DI ELETTRONEGATIVITÀ TRA DUE ATOMI

Dato che il grado di polarità di un legame dipende dalla differenza di elettronegatività tra i due atomi legati, risulta evidente che avrà:

- un *valore più elevato* nel legame ionico, in cui l'alta differenza di elettronegatività tra i due atomi comporta il trasferimento completo di elettroni da un atomo a un altro;
- un *valore nullo* nel legame covalente omopolare, in cui la differenza di elettronegatività è nulla o molto piccola;
- un *valore intermedio* (tra quello del legame covalente omopolare e quello del legame ionico) nel legame covalente polare.

È possibile quindi correlare la polarità di un legame con il suo parziale carattere ionico: maggiore è la polarità, ovvero la **differenza di elettronegatività** tra i due atomi, maggiore sarà il carattere ionico tra essi (figura **25**):

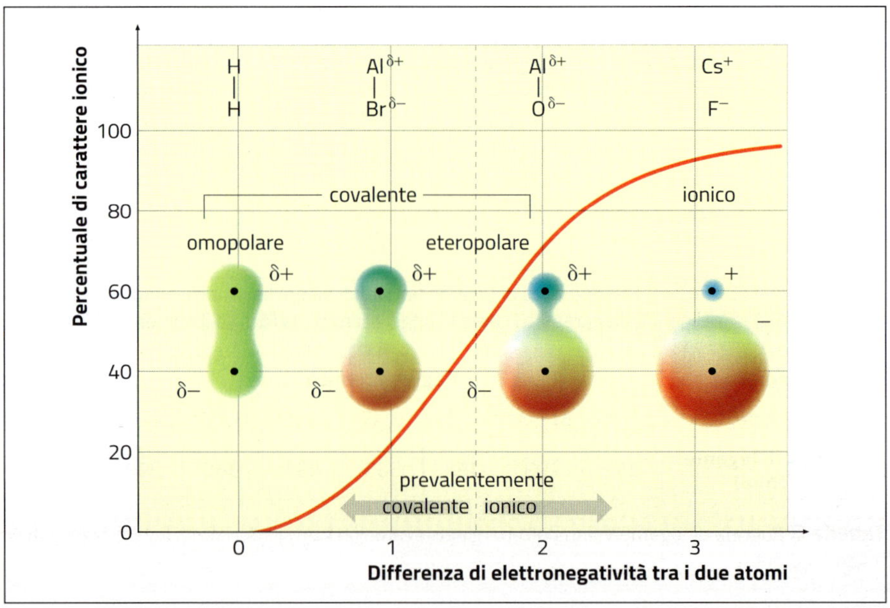

Figura 25 Il legame e la differenza di elettronegatività Tipo di legame (covalente o ionico) che si forma tra due atomi in funzione della differenza di elettronegatività.

- se la differenza di elettronegatività tra i due atomi legati è **uguale a 0** (legame tra due atomi di idrogeno) o **inferiore a 0,4** (legame tra carbonio e idrogeno), il legame è essenzialmente *covalente omopolare* e i due atomi non assumono alcuna carica elettrica;
- a una differenza di elettronegatività **compresa tra 0,4 e 1,7** (legame tra alluminio e bromo o cloro o iodio) corrisponde un legame prevalentemente *covalente eteropolare* con carattere ionico inferiore al 50%;
- a una differenza di elettronegatività **uguale a 1,7** (legame tra stagno e ossigeno) corrisponde un legame in cui non prevale né il carattere covalente né quello ionico;
- se la differenza di elettronegatività è **maggiore di 1,7** (legame tra un metallo del gruppo 1 o 2 e l'ossigeno o il fluoro), il legame è prevalentemente *ionico*. Anche il legame tra l'alluminio (gruppo 13) e l'ossigeno ($\Delta E_n = 2$) o tra l'alluminio e il fluoro ($\Delta E_n = 2,5$) è prevalentemente ionico, con una percentuale di carattere ionico rispettivamente del 65% e dell'80%.

La differenza di elettronegatività *più elevata* tra due atomi si ha tra il cesio e il fluoro ($\Delta E_n = 3,2$), tuttavia neanche in tal caso il legame è puramente ionico, perché la percentuale di carattere ionico è del 95% (figura **26**).

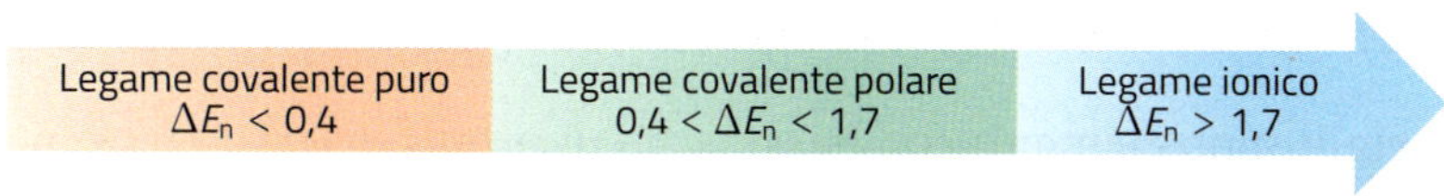

Figura 26 Polarità del legame ed elettronegatività Aumentando la differenza di elettronegatività, aumenta la polarità di legame.

PROBLEMA MODELLO

Identificare il tipo di legame in un composto chimico

Definisci il tipo di legame nei seguenti composti chimici:

a. I_2O; b. $MgCl_2$.

L'IDEA

Per stabilire il tipo di legame in un composto, si devono verificare i valori di elettronegatività degli elementi che lo costituiscono. Si calcola ΔE_n e, sulla base di questo valore, si attribuisce il tipo di legame.

LA SOLUZIONE

a. Il composto I_2O è formato dallo iodio, non metallo del gruppo 17 con un valore di elettronegatività uguale a 2,5, e dall'ossigeno, non metallo del gruppo 6 con un valore di elettronegatività uguale a 3,5.

b. Il composto $MgCl_2$ è costituito dal magnesio, metallo del gruppo 2 con un valore di elettronegatività uguale a 1,2, e dal cloro, non metallo del gruppo 17 con un valore di elettronegatività uguale a 3,0.

LA CONCLUSIONE

a. Dato che tra l'atomo di iodio e l'atomo di ossigeno esiste una differenza di elettronegatività ($\Delta E_n = 1$) inferiore a 1,7, il legame è *covalente eteropolare*, con gli elettroni di legame spostati verso l'ossigeno, più elettronegativo.

b. Dato che tra l'atomo di magnesio e l'atomo di cloro esiste una differenza di elettronegatività ($\Delta E_n = 1,8$) maggiore di 1,7, il legame è prevalentemente *ionico*.

10 IL LEGAME METALLICO SI FORMA TRA ATOMI DELLO STESSO METALLO

Per definire il tipo di legame che si stabilisce tra gli atomi di un metallo, dobbiamo esaminare la loro struttura e analizzare i valori dell'energia di ionizzazione.

- Gli atomi in un metallo (come gli ioni di un composto ionico) si dispongono in modo ordinato e regolare a costituire un *reticolo cristallino*. L'unità del reticolo che si ripete nelle tre dimensioni dello spazio è la *cella elementare*, caratterizzata da una struttura molto compatta e da un **numero di coordinazione elevato**. Le strutture più comuni sono la cella *cubica a corpo centrato* (litio, sodio, potassio, cromo, ferro), in cui ogni atomo è circondato da altri otto atomi, e le celle *cubica a facce centrate* (rame, argento, oro, alluminio) ed *esagonale compatta* (magnesio, calcio, cobalto), nelle quali ogni atomo è circondato da altri dodici atomi (figura 27).

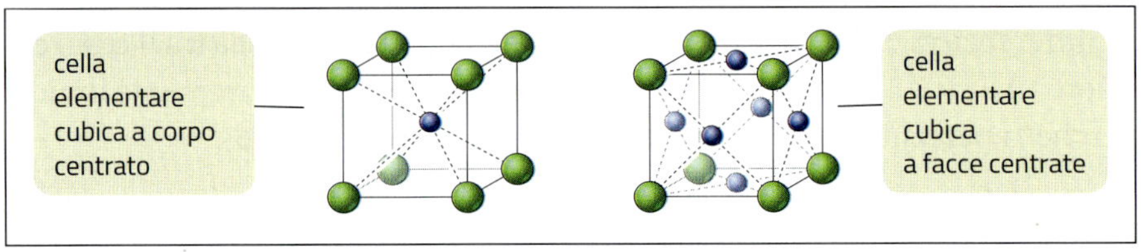

Figura 27 Le strutture più comuni di celle elementari Nella cella elementare cubica a corpo centrato il numero di coordinazione è otto, in quella cubica a facce centrate è dodici.

TI RICORDI?

L'**energia di ionizzazione** è la minima energia che si deve fornire a un atomo neutro allo stato di gas per allontanare da esso l'elettrone più esterno.

- I metalli sono elementi con **bassi** *valori di energia di ionizzazione*, per cui tendono a cedere facilmente elettroni trasformandosi in *ioni positivi*.
  Sulla base della loro struttura ed energia di ionizzazione, tra gli atomi di un metallo *non si può stabilire* né un legame ionico, perché tutti gli atomi sono uguali, né un legame covalente, in quanto ogni atomo ha a disposizione pochi elettroni esterni (1, 2 o 3) in confronto al numero di atomi (8 o 12) a cui è direttamente legato nella cella elementare.

Si è allora ipotizzata per i metalli, data la facilità con cui i loro elettroni esterni sono *liberi di muoversi*, una struttura costituita da **ioni positivi** (nuclei atomici ed elettroni dei livelli energetici interni) immersi in una **nube di elettroni mobili** (quelli del livello energetico esterno) diffusi per tutto il reticolo cristallino (figura 28).

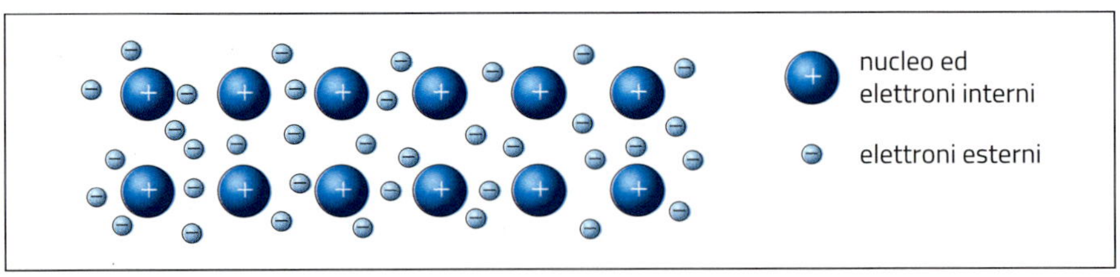

Figura 28 Il legame metallico Nel legame metallico gli elettroni di legame sono in continuo movimento attorno agli ioni positivi dei nuclei, disposti nella struttura cristallina.

Ognuno degli elettroni del livello energetico esterno è attratto contemporaneamente da tutti i cationi circostanti.

Il **legame metallico** consiste nella forza di attrazione che si stabilisce tra gli ioni positivi di un metallo e gli elettroni del livello energetico esterno (elettroni di legame) che sono in continuo movimento.

Il legame metallico è tanto più forte quanto maggiore è la carica del nucleo, ovvero il numero dei protoni, poiché aumenta la forza di attrazione che il nucleo esercita sugli elettroni mobili del livello energetico esterno: nei metalli dei primi gruppi, il legame è quindi più debole e di conseguenza essi fondono a temperature minori (la temperatura di fusione del sodio, 98 °C, è molto minore rispetto a quella dell'alluminio, 660 °C).

Questo tipo di legame giustifica le tipiche *proprietà* (conducibilità elettrica e termica, malleabilità e duttilità) che contraddistinguono i metalli.

- Applicando una differenza di potenziale molto piccola alle due estremità di una barretta metallica, si ha il passaggio di **corrente elettrica** (flusso di elettroni). Ponendo all'estremità di una barretta metallica una fonte di calore, si osserva che l'**energia termica** fornita si trasmette lungo tutta la barretta.
  La conducibilità elettrica e la conducibilità termica sono da attribuire alla *bassa energia di ionizzazione* e quindi *all'elevata mobilità degli elettroni di legame.*
- Sottoponendo i metalli a sollecitazioni meccaniche si ha che essi possono essere ridotti in lamine (**malleabilità**) o in fili (**duttilità**) (figura **29**).
  La malleabilità e la duttilità dipendono dalla *distribuzione uniforme degli elettroni*, per cui lo slittamento dei piani reticolari gli uni sugli altri lascia inalterate le interazioni di legame tra i cationi e non fa insorgere forze repulsive (figura **30**).

Figura 29 Il ferro lavorato in fili sottili è impiegato in molteplici settori.

Figura 30 Malleabilità e duttilità dei solidi metallici
Lo slittamento dei piani reticolari nei solidi metallici non determina l'insorgenza di forze repulsive, giustificando in tal modo la loro malleabilità e duttilità.

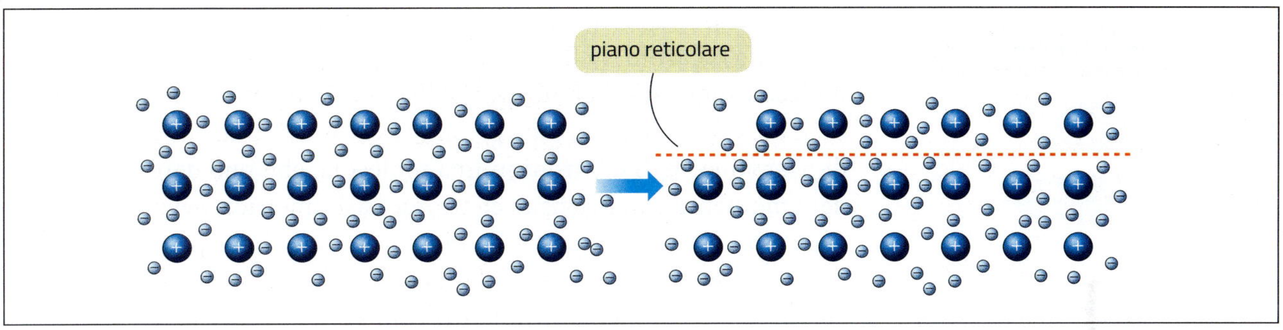

11 I LEGAMI CHIMICI SECONDARI SONO DISTINTI IN INTERAZIONI INTERMOLECOLARI E IONE-DIPOLO

I legami chimici secondari sono legami **elettrostatici** che si manifestano attraverso forze attrattive tra molecole elettricamente neutre (**interazioni intermolecolari**) o tra ioni e molecole polari (**interazioni ione-dipolo**).

Questi legami hanno energia di legame molto minore di quella dei legami chimici primari, per cui sono detti anche *interazioni deboli*; sono però importanti nel determinare le *proprietà fisiche* di sostanze allo stato liquido o solido. Le interazioni intermolecolari sono le interazioni di van der Waals, le forze di induzione e il legame a idrogeno.

Interazioni di van der Waals

Le interazioni o forze di van der Waals includono le forze intermolecolari che si stabiliscono nei liquidi o nei solidi tra molecole polari (forze dipolari) o tra molecole apolari (forze di London).

A COLPO D'OCCHIO

- Le **forze dipolari** o **interazioni dipolo-dipolo** sono deboli forze attrattive che si esercitano tra *molecole polari* inorganiche allo stato *liquido* (cloruro di idrogeno HCl, bromuro di idrogeno HBr) o allo stato *solido* (cloruro di iodio ICl) oppure tra molecole organiche allo stato *liquido* (1,1-dicloroetano $CH_3{-}CHCl_{2(l)}$).
  Le molecole polari sono dipoli elettrici che presentano una parziale carica positiva (δ+) a una estremità e una parziale carica negativa (δ−) all'altra estremità. Molecole di questo tipo, quando sono molto vicine, si orientano in modo tale da stabilire forze attrattive (*forze dipolari*) tra le parziali cariche di segno opposto (figura **31**). Aumentando il *momento dipolare* (μ), aumenta di conseguenza la forza attrattiva tra i dipoli e le forze dipolari diventano *più intense.* Le forze dipolari in un liquido sono *più deboli* che in un solido.

Figura 31 **Forze dipolari** Le forze dipolari sono forze attrattive che si stabiliscono tra molecole polari.

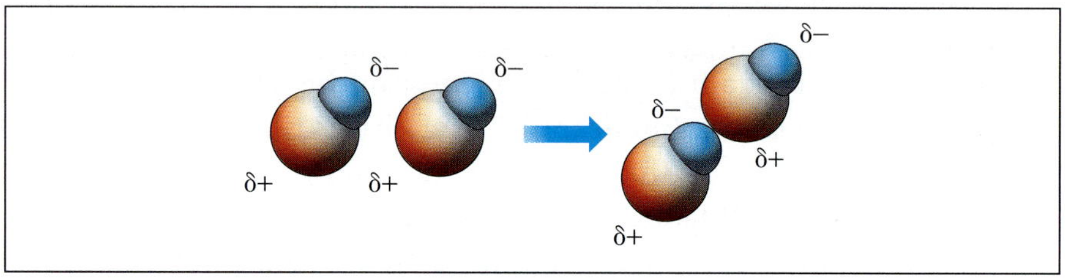

A COLPO D'OCCHIO

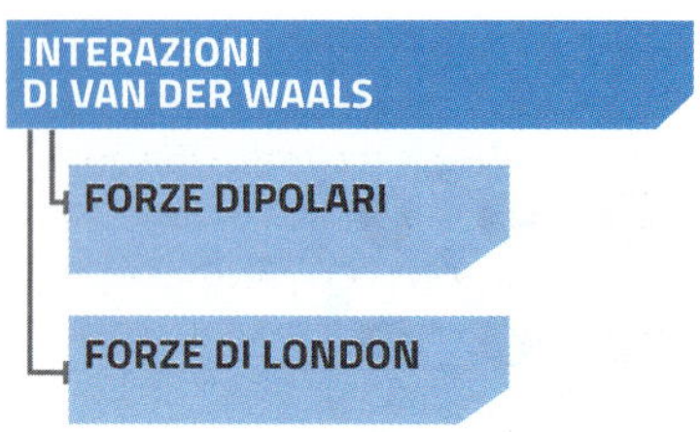

- Le **forze di London** o **interazioni dipolo istantaneo-dipolo indotto** sono interazioni elettrostatiche che si stabiliscono tra molecole apolari (idrogeno H_2, azoto N_2, fluoro F_2, tetracloruro di carbonio CCl_4) e anche tra molecole monoatomiche di gas nobili (elio He, neon Ne) allo stato liquido o solido. Tali interazioni sono possibili a causa del continuo cambiamento di posizione degli elettroni in una molecola, che può dare luogo in un dato momento a una densità elettronica asimmetrica, ovvero a un *dipolo istantaneo.* Quest'ultimo può creare per induzione in una molecola adiacente una temporanea polarizzazione (*dipolo indotto*) permettendo così lo stabilirsi di forze attrattive (figura **32**).

Figura 32 **Forze di London** Le forze di London sono forze attrattive che si stabiliscono tra molecole apolari.

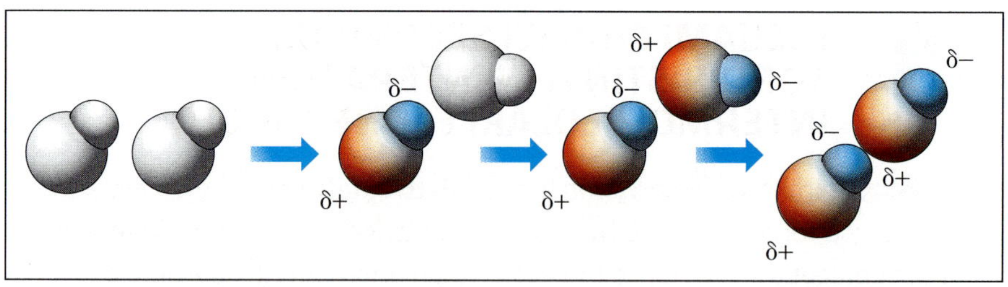

Dal confronto tra i punti di ebollizione di sostanze apolari emerge che le forze di London sono più intense quando aumenta la *massa molecolare relativa*: nel cloro ($M_r = 71$) sono più intense che nel fluoro ($M_r = 38$) (tabella **5**).

Tabella 5 **Massa molecolare relativa (M_r) e temperature di ebollizione di alcune sostanze** Nel cloro e nel tetracloruro di carbonio le temperature di ebollizione sono più alte perché le forze di London sono più intense per la maggiore massa molecolare relativa.

Sostanza	Formula	M_r	t_{eb} (°C)
fluoro	F_2	38	−188
cloro	Cl_2	71	−35
tetrafluoruro di carbonio	CF_4	88	−129
tetracloruro di carbonio	CCl_4	154	+77

Forze di induzione

Le forze di induzione o interazioni dipolo-dipolo indotto sono deboli forze attrattive che si esercitano tra molecole polari (acqua H_2O) e molecole apolari (iodio I_2). La molecola polare (dipolo) induce una separazione di cariche elettriche (polarizzazione) nella molecola apolare (dipolo indotto) permettendo così lo stabilirsi di forze attrattive (figura **33**).

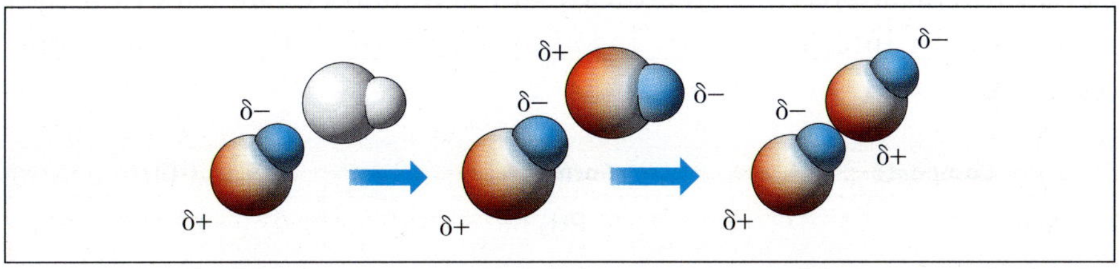

Figura 33 Forze di induzione Le forze di induzione si stabiliscono tra molecole polari e molecole apolari.

Le forze di induzione aumentano di intensità all'aumentare delle dimensioni delle molecole (le molecole di maggiori dimensioni sono più facilmente polarizzabili).

Interazioni ione-dipolo

Le interazioni o legami ione-dipolo si formano quando un composto, ionico (base, sale) o molecolare (acido), in acqua si dissocia in ioni di carica opposta (figura **34**).

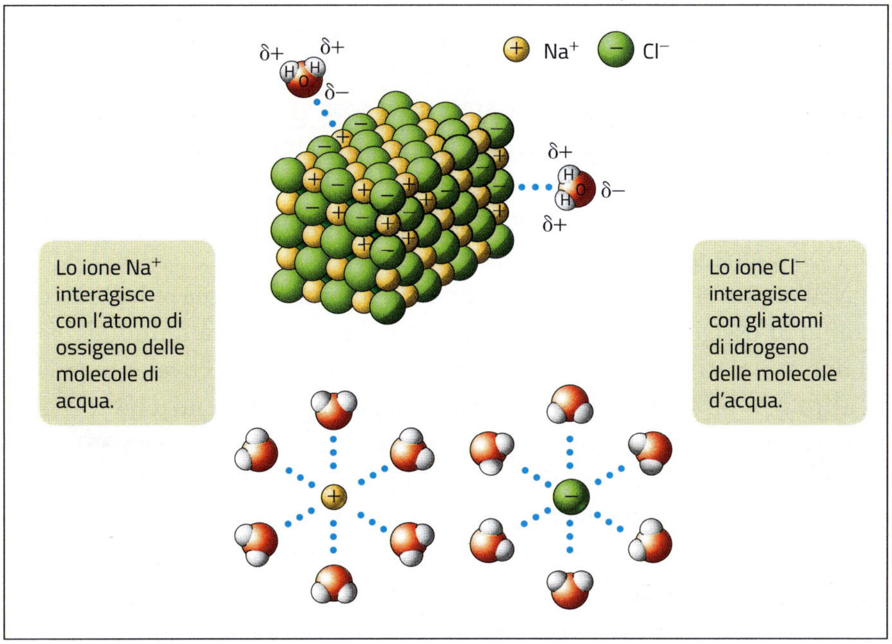

Figura 34 Le interazioni ione-dipolo tra il cloruro di sodio, NaCl, e l'acqua Lo ione sodio, Na^+, e lo ione cloruro, Cl^-, formano interazioni rispettivamente con l'atomo di ossigeno e con i due atomi di idrogeno dell'acqua.

L'acqua è un dipolo, quindi gli ioni positivi orientano e attirano la parziale carica negativa localizzata sull'atomo di ossigeno, mentre gli ioni negativi orientano e attirano la parziale carica positiva localizzata sui due atomi di idrogeno. In questo modo, ogni ione è circondato da un numero elevato di molecole di acqua (*idratazione*).

L'interazione o **legame ione-dipolo** è la forza di attrazione elettrostatica che si stabilisce tra uno ione e una molecola polare (in genere l'acqua).

12 IL LEGAME A IDROGENO

Prendiamo in esame alcuni composti con analoga composizione chimica (idruri) formati da elementi dei gruppi 15, 16, 17 e dall'idrogeno. Confrontando le loro temperature di ebollizione, si può osservare come alcuni di essi (ammoniaca, acqua e fluoruro di idrogeno) presentino valori abbastanza elevati che si possono giustificare ammettendo l'esistenza di un tipo di interazione intermolecolare insolitamente forte, il legame a idrogeno (tabella **6**).

TI RICORDI?

Gli **idruri** sono composti binari formati da un elemento e dall'idrogeno. Sono distinti in ionici, covalenti e idracidi.

Tabella 6 Temperature di ebollizione di alcuni idruri Nei composti con analoga composizione chimica il punto di ebollizione è più alto se sono presenti legami a idrogeno (H_2O, NH_3, HF).

Composto	Formula	t_{eb} (°C)
fosfina	PH_3	−88
ammoniaca	NH_3	−34
solfuro di idrogeno	H_2S	−60
acqua	H_2O	100
cloruro di idrogeno	HCl	−75
fluoruro di idrogeno	HF	20

Il **legame a idrogeno** si stabilisce quando in una molecola polare è presente l'atomo di idrogeno legato covalentemente a un atomo dal piccolo raggio atomico e molto elettronegativo (ossigeno, fluoro e azoto).

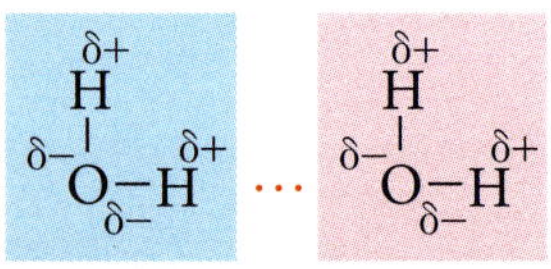

Figura 35 Legame a idrogeno tra due molecole di acqua L'atomo di idrogeno fa da ponte tra due atomi di ossigeno.

La presenza di questo legame, tra le molecole di ammoniaca, acqua e fluoruro di idrogeno, si giustifica in quanto gli elettroni di legame sono spostati verso l'atomo più elettronegativo (nello specifico l'azoto, l'ossigeno e il fluoro), che assume una parziale carica negativa: in tal caso l'atomo di idrogeno assume una parziale carica positiva (δ+) che gli permette di stabilire una forza attrattiva con la parziale carica negativa (δ−) dell'atomo molto elettronegativo (O, F, N) di una molecola vicina.

Nell'*acqua* (H_2O) un atomo di idrogeno di una molecola si legherà con l'atomo di ossigeno di una molecola vicina. L'idrogeno fa quindi da *ponte* tra due atomi di ossigeno: a uno è legato con un legame covalente polare, all'altro con un legame elettrostatico, il **legame a idrogeno**, che si indica con tre puntini perché è più debole di un legame covalente (figura **35**). Ogni molecola di acqua è legata con legami a idrogeno a quattro molecole di acqua adiacenti, con i due legami covalenti O—H e i due legami a idrogeno che partono dallo stesso atomo di ossigeno e sono diretti verso i vertici di un tetraedro (figura **36**).

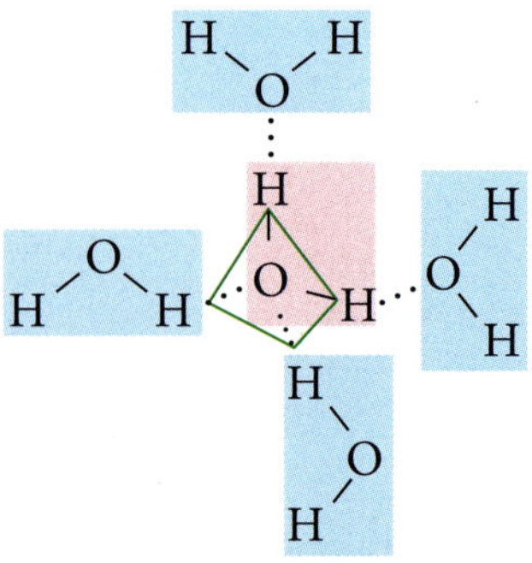

Figura 36 Molecole d'acqua legate da legami a idrogeno Una molecola di acqua è legata ad altre quattro molecole di acqua adiacenti secondo una disposizione tetraedrica.

La presenza del legame a idrogeno conferisce all'acqua alcune proprietà particolari.

- Nell'acqua allo *stato liquido* è la presenza di questi legami che determina una *temperatura di ebollizione* di 100 °C. In assenza del legame a idrogeno la temperatura di ebollizione sarebbe di −80 °C: l'acqua sarebbe tutta allo stato aeriforme e di conseguenza non ci sarebbe la vita sulla Terra.
- Nell'acqua allo *stato solido* sono i legami a idrogeno che fanno assumere alle molecole una *disposizione esagonale*: tutto ciò comporta un aumento di volume rispetto allo stato liquido e di conseguenza una minore

densità del ghiaccio rispetto a quella dell'acqua (figura **37A**). È proprio per la minore *densità* che il ghiaccio galleggia sull'acqua isolandola termicamente e permettendo la vita acquatica nelle regioni molto fredde (figura **37B**).

Figura 37 **I legami a idrogeno nel ghiaccio** A Nel ghiaccio le molecole legate da legami a idrogeno assumono una disposizione esagonale. Questa disposizione comporta (B) un aumento di volume e una conseguente diminuzione della sua densità che risulta quindi inferiore a quella dell'acqua.

Nel *fluoruro di idrogeno* (HF) allo stato liquido il legame a idrogeno che si stabilisce tra l'idrogeno di una molecola e il fluoro di una molecola adiacente comporta la formazione di una catena con disposizione angolare (figura **38A**).

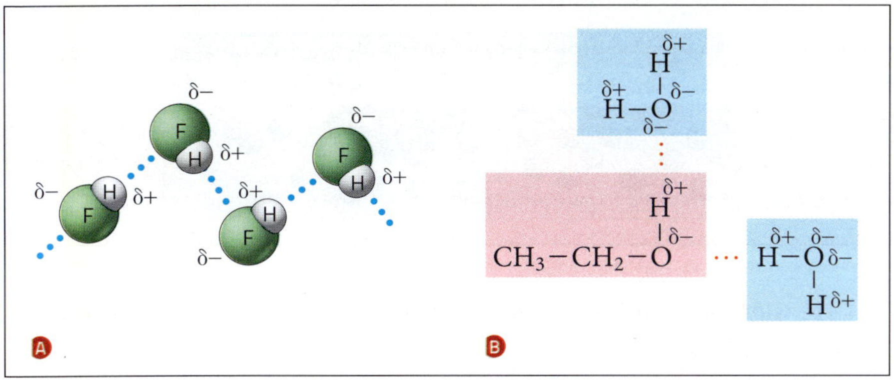

Figura 38 **Il legame a idrogeno non riguarda solo le molecole di acqua** A Nel fluoruro di idrogeno le molecole di fluoruro di idrogeno assumono una disposizione angolare. B Formazione del legame a idrogeno tra l'alcol etilico e l'acqua.

Nell'*ammoniaca* (NH_3), il legame a idrogeno si stabilisce per la presenza di una parziale carica positiva su ciascun atomo di idrogeno e di tre parziali cariche negative sull'atomo di azoto.

Il legame a idrogeno è tanto più forte quanto più il legame tra l'idrogeno e l'atomo molto elettronegativo (N, O, F) è *polare*, ovvero quanto maggiore è la **differenza di elettronegatività** tra i due atomi.

Il legame a idrogeno si stabilisce non solo tra molecole dello stesso composto ma anche tra molecole di composti diversi come tra l'alcol etilico e l'acqua (figura **38B**).

La condizione fondamentale per la formazione del legame a idrogeno è che l'idrogeno sia legato all'ossigeno, all'azoto o al fluoro.

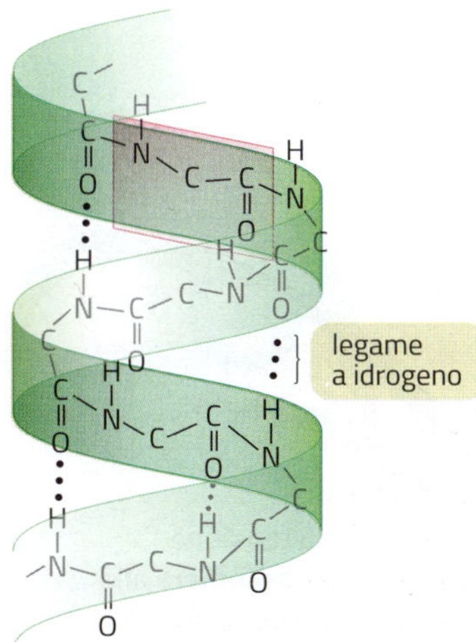

Figura 39 **I legami a idrogeno nelle proteine** La struttura a elica di una proteina è data dai legami a idrogeno che si stabiliscono tra l'atomo di idrogeno (legato all'azoto) e l'atomo di ossigeno (legato al carbonio).

Il legame a idrogeno è presente nelle biomolecole fondamentali dei viventi (*proteine*, *DNA*) , dove rappresenta un fattore di primaria importanza nel determinare la struttura e la funzione di queste molecole (figura **39**).

13 LE PROPRIETÀ DELL'ACQUA

Il legame a idrogeno conferisce all'acqua proprietà fisiche uniche, importanti per gli organismi viventi, come l'elevata *tensione superficiale* e le intense *forze di coesione.*

La tensione superficiale

Prendiamo in esame una molecola di acqua circondata *completamente* da altre molecole. In tal caso, le *forze attrattive* esercitate da queste molecole sulla molecola di acqua sono simmetriche in tutte le direzioni e la loro *risultante è nulla.*

Al contrario, una molecola di acqua che si trova sulla sua *superficie* è circondata solo *parzialmente* da altre molecole; su di essa agiscono forze attrattive laterali e forze attrattive dirette verso l'interno. In questo caso, la risultante è una *forza diretta verso l'interno* (figura 40).

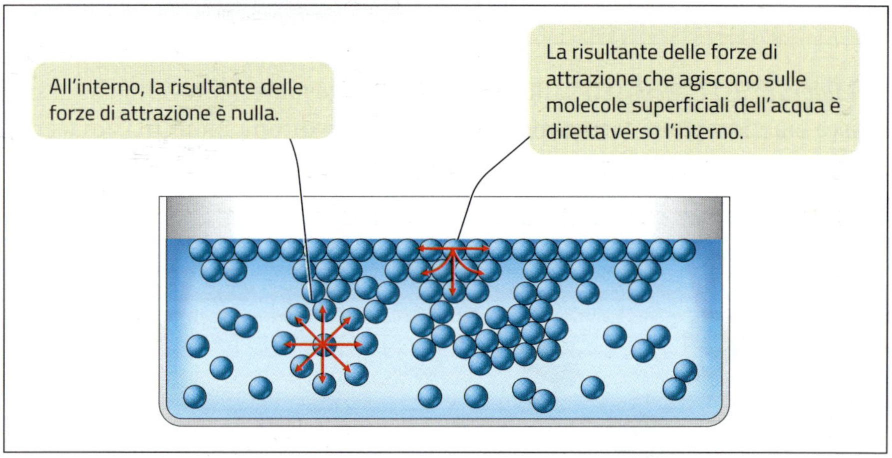

Figura 40 La tensione superficiale La risultante delle forze di attrazione dipende dalla posizione delle molecole.

La **tensione superficiale** dell'acqua è la forza con cui le molecole superficiali sono attratte verso l'interno.

Questa forza fa sì che la superficie dell'acqua assuma una forma *sferica*: la sfera, infatti, a parità di volume è il solido geometrico con la minore superficie. Per questo motivo, i liquidi dotati di elevata tensione superficiale, come l'acqua e il mercurio, manifestano resistenza a disporsi lungo una superficie piana e tendono invece a formare *gocce sferiche* (figura 41).

Figura 41 La tensione superficiale fa assumere alla superficie dei liquidi una forma sferica Per esempio, le goccioline di pioggia che rimangono appese alle foglie sono il risultato dell'elevata tensione superficiale dell'acqua.

La tensione superficiale dipende dalle *forze intermolecolari* e dalla *temperatura.*

La tensione superficiale dell'acqua è circa tre volte maggiore di quella del tetracloruro di carbonio perché le forze intermolecolari tra le molecole di acqua (legami a idrogeno) sono molto più intense delle interazioni di van der Waals (forze di London) presenti nel tetracloruro di carbonio. Il mercurio ha una tensione superficiale che è sei volte maggiore di quella dell'acqua per l'esistenza del forte legame metallico tra gli atomi di mercurio.

Più intense sono le forze intermolecolari, tanto maggiore è la tensione superficiale del liquido.

A una temperatura elevata le molecole di un liquido hanno una maggiore energia cinetica: in tal caso le forze intermolecolari si indeboliscono e diminuisce la tendenza della superficie del liquido ad assumere una forma sferica.

Tanto minore è la temperatura, tanto più elevata è la tensione superficiale del liquido.

La capillarità

Immergendo in un liquido come l'acqua o il mercurio un sottile tubo di vetro (detto *capillare*) possiamo osservare che:

- il liquido tende a disporsi nel capillare a un *livello più alto* o *più basso* rispetto al livello del liquido esterno (figura **42**).
- la superficie libera del liquido all'interno del capillare non è piana ma tende ad assumere una forma curva, chiamata **menisco**, che può essere *concavo* o *convesso*.

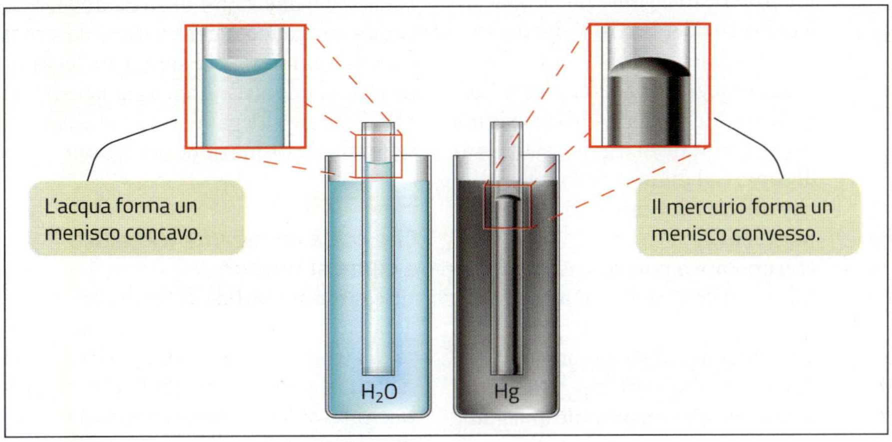

Figura 42 Gli effetti della capillarità nell'acqua e nel mercurio In un capillare l'acqua e il mercurio si collocano rispettivamente a un livello più alto e più basso rispetto al liquido esterno.

La **capillarità** è il fenomeno che provoca l'innalzamento o l'abbassamento del livello di un liquido all'interno di un capillare.

Responsabili del fenomeno della capillarità sono le **forze di coesione**, ovvero le forze intermolecolari che tengono unite le particelle del liquido, e le **forze di adesione**, che si stabiliscono tra le particelle del liquido e quelle della superficie solida con cui entrano in contatto (le pareti del capillare).

- Nel caso dell'acqua *le forze di adesione sono più intense* delle forze di coesione: il liquido nel capillare si colloca a un livello *più alto* rispetto al livello del liquido esterno. In questo caso si forma un **menisco concavo**, perché l'acqua tende ad aumentare quanto più possibile la superficie di contatto con il vetro.
- Nel caso del mercurio *le forze di coesione prevalgono* sulle forze di adesione: il liquido nel capillare si colloca a un *livello più basso* rispetto al livello del liquido esterno. In questo caso si forma un **menisco convesso**, perché il mercurio tende a ridurre al massimo la superficie di contatto con il vetro.

La capillarità è molto importante per alcuni processi biologici, come la *risalita della linfa grezza* (acqua e sali minerali) lungo il fusto delle piante, dalle radici alle foglie (figura **43**), e nella *circolazione del sangue* nei vasi sanguigni, in particolare a livello dei piccolissimi capillari periferici.

Figura 43 L'acqua si sposta dalle radici alle foglie per capillarità Grazie alle forze di coesione, quando l'acqua evapora a livello delle foglie, altre molecole entrano all'interno delle radici per il fenomeno della capillarità.

FACCIAMO IL PUNTO

LO SAI? RIPASSA CON LO SMARTPHONE

Che cosa sono i legami chimici e come vengono classificati?

I **legami chimici** sono forze attrattive tra i nuclei e gli elettroni del livello energetico esterno (**elettroni di legame**) tra due o più atomi uguali o diversi. La formazione di legami chimici comporta per gli atomi il raggiungimento della configurazione elettronica esterna $ns^2\ np^6$ (**ottetto**) corrispondente a quella dei gas nobili. I legami chimici possono essere **primari** (legame ionico, covalente o metallico) o **secondari** (interazioni intermolecolari e ione-dipolo).

Che cos'è un legame ionico e come si forma?

Il **legame ionico** si realizza tra atomi con un'elevata differenza di elettronegatività ($\Delta E_n > 1{,}7$): in seguito al trasferimento di uno o più elettroni dall'atomo meno elettronegativo a quello più elettronegativo, si formano un catione e un anione tra i quali si stabilisce una **forza di attrazione elettrostatica**. Il legame si forma tra atomi di metalli e atomi di non metalli. Lo stabilirsi di un legame ionico tra ioni porta alla formazione di un'**unità formula**, una specie elettricamente neutra che indica il rapporto esistente tra gli ioni nel composto allo stato liquido o solido. In un **composto ionico** gli ioni si dispongono secondo una struttura geometrica tridimensionale chiamata **reticolo cristallino** nel quale ciascuno ione è ugualmente attratto da tutti gli ioni di segno opposto che lo circondano. Il numero di ioni di carica opposta di cui ogni ione è circondato si chiama **numero di coordinazione**. Le strutture cristalline più comuni sono la **cubica a facce centrate** e la **cubica a corpo centrato**.

Che cos'è un legame covalente e come si forma?

Il **legame covalente** si stabilisce tra atomi uguali o diversi di non metalli (e quindi con valori molto simili di elettronegatività) e si realizza mediante la condivisione di una o più coppie di elettroni (*doppietti*) in modo da permettere ai due atomi di raggiungere la configurazione elettronica esterna stabile. La formazione di un legame covalente tra due atomi è spiegata dalla **teoria del legame di valenza (VB)**. Il legame covalente si distingue in:

- **omopolare** o **puro**, che si stabilisce tra due atomi dello stesso non metallo, per cui gli elettroni di legame sono esattamente condivisi tra i due atomi, con formazione di un orbitale di legame *simmetrico*. Un legame covalente costituito da un orbitale di legame che avvolge in modo omogeneo la retta ideale che unisce i due nuclei si chiama **sigma** (σ); se l'orbitale di legame si trova al di sopra e al di sotto della retta ideale che unisce i due nuclei si chiama **pi-greco** (π);
- **eteropolare** o **polare**, che si stabilisce tra atomi diversi di non metalli, per cui gli elettroni di legame sono attirati con maggiore forza dall'atomo più elettronegativo, con formazione di un orbitale di legame *asimmetrico*. Il legame covalente eteropolare si chiama **dativo** quando si forma tra un atomo che ha raggiunto l'ottetto e ha un doppietto elettronico disponibile, e un atomo con un orbitale vuoto o uno ione positivo monoatomico.

Che cos'è la polarità di legame?

La **polarità di un legame covalente** dipende dalla distribuzione degli elettroni di legame rispetto ai nuclei dei due atomi legati e quindi dalla loro elettronegatività. Tra due atomi uguali, e quindi con lo stesso valore di elettronegatività, la distribuzione degli elettroni di legame è **simmetrica** per cui il legame è **omopolare**. Tra due atomi diversi, quindi con un diverso valore di elettronegatività, la coppia di elettroni condivisa è maggiormente attratta dall'atomo più elettronegativo, determinando una distribuzione **asimmetrica** degli elettroni di legame; l'atomo più elettronegativo assume una parziale carica negativa e quello meno elettronegativo una parziale carica positiva, per cui il legame è **polare**.
La polarità di un legame è strettamente correlata alla percentuale di carattere ionico: maggiore è la differenza di elettronegatività tra i due atomi legati, maggiore sarà il carattere ionico del legame.

Che cosa sono la lunghezza e la forza di un legame covalente?

La **lunghezza** di legame è la distanza tra i centri dei due atomi uniti da un legame covalente. La **forza** del legame è descritta da una grandezza, l'**energia di legame**, ovvero la quantità di energia necessaria per rompere il legame o che si libera in seguito alla formazione del legame.

Che cos'è un legame metallico e come si forma?

Il **legame metallico** si forma tra atomi dello stesso metallo e consiste nella forza di attrazione tra gli ioni positivi di un metallo e gli elettroni del livello energetico esterno (elettroni di legame) in continuo movimento nel reticolo cristallino.

Che cosa sono i legami chimici secondari e come si formano?

I legami chimici secondari sono legami **elettrostatici** tra molecole elettricamente neutre (**interazioni intermolecolari**) o tra ioni e molecole polari (interazioni **ione-dipolo**). Si distinguono in:

- **interazioni di van der Waals** tra molecole *polari* (**forze dipolari**) o tra molecole *apolari* (**forze di London**);
- **forze di induzione** tra molecole *polari* e molecole *apolari*;
- **interazioni ione-dipolo** tra uno *ione* e una molecola *polare* (acqua);
- **legami a idrogeno** tra molecole polari in cui è presente l'atomo di idrogeno legato covalentemente a un atomo dal piccolo raggio atomico e molto elettronegativo (O, F, N). La presenza del legame a idrogeno conferisce all'acqua proprietà uniche come l'elevata **tensione superficiale** e le intense **forze di coesione**.

CAPITOLO

12 ESERCIZI

ZTE ONLINE
Mettiti alla prova con 20 esercizi interattivi

VERIFICA LE TUE CONOSCENZE

LA RAPPRESENTAZIONE DELLA CONFIGURAZIONE ELETTRONICA ESTERNA

1 **Rappresenta la configurazione elettronica esterna dei seguenti atomi utilizzando la notazione *sp*, il diagramma energia-orbitale e la simbologia di Lewis.**

a. As, Na
b. Mg, Cl

2 **Stabilisci i gruppi ai quali appartengono gli atomi con le seguenti configurazioni elettroniche esterne.**

a. |S̄·
b. Āl·
c. |Ār|

3 **Indica la simbologia di Lewis per l'atomo di carbonio nello stato fondamentale.**

Ⓐ C̈:   Ⓑ C̈· (con un punto sotto)   Ⓒ ·Ċ· (con un punto sotto)   Ⓓ :C:

LA REGOLA DELL'OTTETTO

4 **Indica l'atomo che può raggiungere la stabilità con un numero minore di otto elettroni nel livello energetico esterno.**

Ⓐ Boro
Ⓑ Ossigeno
Ⓒ Fluoro
Ⓓ Azoto

5 **Indica l'atomo che può raggiungere la stabilità con un numero maggiore di otto elettroni nel livello energetico esterno.**

Ⓐ Silicio
Ⓑ Carbonio
Ⓒ Fluoro
Ⓓ Cloro

6 **Il berillio raggiunge la stabilità conseguendo nel livello energetico esterno una configurazione elettronica di**

Ⓐ 8 elettroni.
Ⓑ 4 elettroni.
Ⓒ 2 elettroni.
Ⓓ 6 elettroni.

IL LEGAME IONICO

7 **Quali tra i seguenti elementi possono formare legami ionici con l'ossigeno?**

Ⓐ F, Li, Ca, S,
Ⓑ Mg, P, C, Fe

8 **I valori di elettronegatività di cesio, calcio, zolfo e bromo sono i seguenti:**

Cs = 0,7   Ca = 1,1   S = 2,5   Br = 2,8

In base a questi valori indica la coppia di atomi tra i quali si forma il legame con maggior carattere ionico.

Ⓐ Cs e S
Ⓑ Ca e S
Ⓒ Ca e Br
Ⓓ Cs e Br

9 **Indica l'affermazione *errata*. Il cloruro di sodio nelle condizioni normali di temperatura è**

Ⓐ un solido ionico.
Ⓑ costituito da ioni sodio Na^+ e ioni cloruro Cl^-.
Ⓒ una molecola che si rappresenta con la formula chimica NaCl.
Ⓓ un'unità formula che si rappresenta con la formula chimica NaCl.

10 **Quale, fra i seguenti composti, ha un legame ionico?**

Ⓐ $BeCl_2$
Ⓑ $CaCl_2$
Ⓒ SO_2
Ⓓ N_2O

11 **Un atomo di un non metallo con sei elettroni nel livello energetico esterno forma un legame ionico con un atomo di un metallo.**
La configurazione elettronica esterna è:

Ⓐ $ns^2\ np^1$
Ⓑ ns^2
Ⓒ ns^1
Ⓓ $ns^2\ np^2$

IL LEGAME COVALENTE

12 **Descrivi i tre tipi di legame covalente.**

13 **Stabilisci quali tra i seguenti atomi possono formare legami covalenti con l'idrogeno:**

a. Na, N, B, Mg
b. As, Ca, Li, Se

14 **I due atomi di ossigeno nella molecola di H_2O_2 sono uniti da un legame**

Ⓐ covalente dativo.
Ⓑ covalente omopolare.
Ⓒ covalente polare.
Ⓓ ionico.

15 **Nella molecola HBr il legame è di tipo**

Ⓐ ionico.
Ⓑ covalente dativo.
Ⓒ covalente omopolare.
Ⓓ covalente polare.

16 **Nella molecola PCl_3 i legami tra fosforo e cloro sono di tipo**
- Ⓐ covalente omopolare.
- Ⓑ covalente polare.
- Ⓒ covalente dativo.
- Ⓓ ionico.

17 **In quale, tra i seguenti composti, i legami hanno maggiore grado di polarità?**
- Ⓐ NO_2
- Ⓑ O_2
- Ⓒ ClO_2
- Ⓓ SO_3

LA DIFFERENZA DI ELETTRONEGATIVITÀ E IL TIPO DI LEGAME

18 **Indica in quale, tra le seguenti coppie di atomi, il legame ha la maggiore percentuale di carattere ionico.**
- Ⓐ Li e Br
- Ⓑ O e F
- Ⓒ H e Cl
- Ⓓ S e O

19 **Indica in quale, tra i seguenti composti, il legame ha la minore percentuale di carattere ionico.**
- Ⓐ HCl
- Ⓑ $CaCl_2$
- Ⓒ $AlCl_3$
- Ⓓ NaCl

20 **In quali delle seguenti coppie gli elementi formano fra loro legami con maggiore percentuale di carattere ionico?**
- Ⓐ C, I
- Ⓑ Ca, F
- Ⓒ P, Cl
- Ⓓ O, F
- Ⓔ Cs, Cl

IL LEGAME METALLICO

21 **Il legame metallico si realizza per l'attrazione elettrostatica tra ioni positivi ed elettroni delocalizzati**
- Ⓐ di uno stesso metallo.
- Ⓑ di due diversi metalli.
- Ⓒ solo dei metalli alcalini e alcalino-terrosi.
- Ⓓ solo dei metalli di transizione.

22 **Quale, tra le seguenti sostanze, è costituita da ioni positivi tenuti insieme da una nube di elettroni in movimento?**
- Ⓐ $C_{(s)}$
- Ⓑ $SiO_{2(s)}$
- Ⓒ $Cu_{(s)}$
- Ⓓ $As_{4(s)}$

23 **Quale, tra le seguenti sostanze, è costituita da soli ioni positivi ed elettroni delocalizzati?**
- Ⓐ $P_{4(s)}$
- Ⓑ $Na_{(s)}$
- Ⓒ $ZnO_{(s)}$
- Ⓓ $S_{8(s)}$

I LEGAMI CHIMICI SECONDARI

24 **In quale dei seguenti composti è presente il legame a idrogeno?**
- Ⓐ $HBr_{(g)}$
- Ⓑ $HI_{(g)}$
- Ⓒ $HF_{(g)}$
- Ⓓ $HCl_{(g)}$

25 **Quale dei seguenti composti non forma legami a idrogeno con l'acqua?**
- Ⓐ HF
- Ⓑ CH_3OH
- Ⓒ NH_3
- Ⓓ H_2S

26 **In quale, tra i seguenti composti, sono meno intense le forze di London?**
- Ⓐ C_2H_6
- Ⓑ C_3H_8
- Ⓒ C_4H_{10}
- Ⓓ C_5H_{12}

27 **Indica quale tra le seguenti molecole ha le forze dipolari più intense.**
- Ⓐ $HCl_{(g)}$
- Ⓑ $HCl_{(l)}$
- Ⓒ $HBr_{(g)}$
- Ⓓ $HBr_{(l)}$

28 **Tra il cloruro di calcio e l'acqua si stabilisce un'interazione**
- Ⓐ ione-dipolo.
- Ⓑ dipolo-dipolo.
- Ⓒ dipolo-dipolo indotto.
- Ⓓ dipolo istantaneo-dipolo indotto.

VERIFICA LE TUE ABILITÀ

29 **Indica la molecola in cui uno degli atomi consegue la stabilità con un numero minore di otto elettroni nel livello energetico esterno.**
- Ⓐ $BeCl_2$
- Ⓑ NCl_3
- Ⓒ CCl_4
- Ⓓ Cl_2O

30 **Indica la molecola in cui uno degli atomi consegue la stabilità con un numero maggiore di otto elettroni nel livello energetico esterno.**
- Ⓐ $AsCl_3$
- Ⓑ PCl_5
- Ⓒ $SiCl_4$
- Ⓓ BCl_3

31 **Indica quale, tra le seguenti configurazioni elettroniche, è la più stabile.**
- Ⓐ $1s^2$
- Ⓑ $1s^2\,2s^2\,2p^4$
- Ⓒ $1s^2\,2s^2\,2p^2$
- Ⓓ $1s^2\,2s^2$

32 **Rappresenta l'unità formula tra le seguenti coppie di atomi:**
- a. Ca e O
- b. Ba e Cl

33 **Rappresenta l'unità formula e la formula chimica tra le seguenti coppie di elementi chimici:**

a. Li e F; Na e O; Mg e Cl

b. Ba e O; Al e O; Sn e I

34 **Determina l'unità formula dei seguenti composti ionici:**

a. K_2S, $Mg(ClO_4)_2$ b. Ga_2O_3, $LiNO_3$

35 **I valori di elettronegatività di idrogeno, arsenico, selenio e bromo sono i seguenti:**

H = 2,2 As = 2,0 Se = 2,4 Br = 2,8

In base a questi valori, indica tra quale coppia di atomi il legame *non* è covalente omopolare.

Ⓐ H e Br Ⓒ H e Se

Ⓑ H e As Ⓓ H e H

36 **Indica in quale molecola è presente un legame covalente eteropolare.**

Ⓐ Na_2S Ⓒ $AlCl_3$

Ⓑ Al_2O_3 Ⓓ AlF_3

37 **In quale delle seguenti coppie entrambi i composti presentano legami covalenti?**

Ⓐ HF e CH_4 Ⓒ CO_2 e K_2O

Ⓑ HBr e LiH Ⓓ NH_3 e Na_2O

38 **In quale, fra le seguenti specie chimiche, è presente un legame covalente dativo?**

Ⓐ H_2 Ⓒ NH_3

Ⓑ H_3O^+ Ⓓ Hg_2^{2+}

39 **Considera i valori di E_n degli atomi C, P, N, O, S e F e disponi i seguenti legami in ordine crescente di polarità:**

a. P—O; P—P; P—C; P—N

b. N—F; N—N; N—O; N—S

40 **Considera i valori di elettronegatività delle seguenti coppie di atomi e stabilisci il tipo di legame che si forma.**

a. Li e H; H e F; As e H; Cu e O

b. N e O; Zn e Cl; P e P; C e H

41 **Definisci il tipo di legame che il cloro forma con i seguenti atomi.**

a. K, Ba, Al, O, Cl

b. Si, Be, P, Mg, Li

42 **Quale, fra i seguenti legami, *non* è rappresentato in modo corretto?**

Ⓐ K^+H^- Ⓒ Cs—F

Ⓑ H—Cl Ⓓ $Ca^{2+}S^{2-}$

43 **Quale tipo di legame si forma fra due atomi che, nello stato fondamentale, hanno configurazione elettronica $1s^2\,2s^1$ e $1s^2\,2s^2\,2p^5$ rispettivamente?**

Ⓐ Covalente polare

Ⓑ Covalente omopolare

Ⓒ Ionico

Ⓓ Covalente dativo

44 **Disponi i seguenti legami in ordine crescente di energia di legame.**

H—F, H—O, H—N, H···F, H···O, H···N

45 **Disponi le seguenti molecole secondo l'intensità crescente delle forze di London.**

a. $Cl_{2(l)}$, $I_{2(s)}$, $Br_{2(l)}$

b. $CF_{4(l)}$, $CH_{4(l)}$, $CCl_{4(l)}$

46 **Disponi le molecole di $HCl_{(l)}$, $HI_{(l)}$, $HBr_{(l)}$ secondo l'intensità crescente delle forze dipolari.**

TEST YOURSELF

47 **Draw the electron configuration for phosphorus using *s p d f* configurations, orbital diagrams, and Lewis' dot structures.**

48 **Which of the following compounds would you expect to have the highest boiling point?**

Ⓐ NH_3

Ⓑ H_2S

Ⓒ HF

Ⓓ HCl

49 **Which electrons are involved in the formation of chemical bonds?**

50 **In a dative bond**

Ⓐ two electrons are released from one atom.

Ⓑ the two shared bonding electrons are from the same atom.

Ⓒ two electrons are aquired by one atom.

Ⓓ two electrons are equally shared by two atoms.

VERSO I GIOCHI DELLA CHIMICA

51 **Indica la molecola che non ha un ottetto espanso.**

Ⓐ AsF_5 Ⓒ PCl_5

Ⓑ $SiCl_4$ Ⓓ SF_6

[Finale nazionale 2009]

52 **Indica il tipo di interazione che si può stabilire tra una molecola di acqua e una di iodio.**
Ⓐ Legame a idrogeno
Ⓑ Legame dipolo-dipolo indotto
Ⓒ Legame dipolo-dipolo
Ⓓ Legame dipolo istantaneo-dipolo indotto
[Finale nazionale 2010]

53 **Indica la serie di composti tra i cui atomi si stabiliscono solo legami ionici.**
Ⓐ LiF, BaF_2, KF, HF
Ⓑ LiF, BaF_2, KF, NH_4F
Ⓒ LiF, CFe_4, KF, NH_4F
Ⓓ NF_3, BaF_2, KF, NH_4F
[Finale nazionale 2012]

54 **Indica la coppia di composti in cui entrambe le molecole possono formare legami a idrogeno con l'acqua:**
Ⓐ PH_3 e NH_3
Ⓑ HF e NH_3
Ⓒ HF e HCl
Ⓓ CH_3OH e CH_4
[Finale nazionale 2013]

55 **Indica l'elemento costituito da molecole monoatomiche.**
Ⓐ Idrogeno
Ⓑ Cloro
Ⓒ Bromo
Ⓓ Elio
[Finale nazionale 2009]

VERSO L'UNIVERSITÀ

56 **Il fosforo (gruppo 15) e il cloro (gruppo 17) reagiscono per formare il composto PCl_3. In una molecola di PCl_3 quanti doppietti elettronici non condivisi (NC) e quante coppie di elettroni di legame (EL) ci sono nel livello di valenza del fosforo?**
Ⓐ NC = 1 EL = 1
Ⓑ NC = 1 EL = 2
Ⓒ NC = 1 EL = 3
Ⓓ NC = 2 EL = 2
Ⓔ NC = 2 EL = 3
[dalla prova di ammissione a Veterinaria, 2013]

57 **Quale tipo di forze intermolecolari esiste nel tetraclorometano?**
Ⓐ Attrazione istantanea dipolo-dipolo.
Ⓑ Attrazione permanente dipolo-dipolo.
Ⓒ Legame idrogeno.
Ⓓ Legame ionico.
Ⓔ Legame covalente.
[dalla prova di ammissione a Medicina e Chirurgia, Odontoiatria e Protesi dentaria, 2014]

VERSO L'ESAME: LE TUE COMPETENZE

RAPPRESENTA
58 **Rappresenta il tipo di legame che l'atomo di idrogeno forma con i seguenti atomi per raggiungere la stabilità.**
a. Litio
b. Cloro

RAPPRESENTA
59 **L'elio è un gas nobile che appartiene all'ottavo gruppo. Rappresenta la sua notazione di Lewis.**

DEDUCI
60 **Lo xenon è un gas nobile stabile poiché ha otto elettroni nel livello energetico esterno. Tuttavia, lo xenon forma legami chimici con un atomo di alogeno. Specifica quale.**

DEDUCI
61 **Tenendo presente la configurazione elettronica esterna, indica la formula molecolare o la formula minima che si forma tra le seguenti coppie di atomi:**
a. O e F
b. N e Cl
c. H e S
d. Si e Br

ANALIZZA E CLASSIFICA
62 **Stabilisci il numero e i tipi dei legami covalenti presenti tra due atomi di carbonio nella molecola C_2H_2.**

ANALIZZA E CLASSIFICA
63 **Precisa il tipo di legame chimico nelle seguenti specie chimiche:**
a. $I_{2(s)}$
b. $Mg_{(s)}$
c. $ClO^-_{3(aq)}$
d. KH
e. BeI_2
f. AlF_3

IPOTIZZA E ARGOMENTA
64 **Ipotizza il numero e i tipi dei legami covalenti presenti nella molecola di monossido di carbonio. Motiva la tua risposta.**

RAPPRESENTA
65 **Rappresenta con i simboli di Lewis i legami che si formano nel composto tra fosforo e cloro.**

RAPPRESENTA E CLASSIFICA
66 **Rappresenta con i simboli di Lewis i legami covalenti che si formano nella molecola dell'acido metafosforico e specifica di quale natura sono.**

CAPITOLO

13 LA GEOMETRIA DELLE MOLECOLE

1 L'IBRIDAZIONE PREVEDE LA COMBINAZIONE DI ORBITALI ATOMICI

La teoria del legame di valenza (teoria VB) presuppone che il numero di legami covalenti che un atomo può formare dipenda dal *numero di elettroni singoli nel livello energetico esterno nello stato fondamentale.* Esistono tuttavia atomi (Be) che formano legami covalenti pur non avendo elettroni singoli oppure atomi (B, Al, Si, C) capaci di formare legami covalenti in numero maggiore rispetto al numero degli elettroni singoli dello *stato fondamentale.* Questi atomi formano legami usando orbitali diversi da quelli dello stato fondamentale, con diversa forma ed energia (*orbitali ibridi*), che derivano dalla combinazione, **ibridazione**, di orbitali atomici puri nello *stato eccitato.*

LE PAROLE

Il termine **orbitale** (dal latino *orbis*, «cerchio» o «circonferenza») indica la regione dello spazio intorno al nucleo dove c'è il 95% di possibilità di trovare l'elettrone.

Configurazione elettronica esterna nello stato eccitato

Quando un atomo si combina con un altro, non sempre la sua configurazione elettronica esterna è quella dello stato fondamentale. Spesso le combinazioni tra atomi avvengono nello stato eccitato: in questo caso il numero dei legami che un atomo può formare non dipende dal numero di elettroni singoli presenti nello stato fondamentale, ma dal numero di elettroni singoli nella configurazione dello *stato eccitato.*

La **variazione** nella disposizione degli elettroni nel livello energetico esterno è dovuta al fatto che un elettrone di un doppietto va a occupare un orbitale vuoto che ha energia di *poco superiore*: in questo modo, aumenta il numero degli elettroni singoli e varia la configurazione elettronica esterna. Nell'atomo di berillio (ns^2) il trasferimento di un elettrone dall'orbitale *s* all'orbitale *p* vuoto porta alla configurazione elettronica esterna $ns^1\ np^1$ (figura **1**).

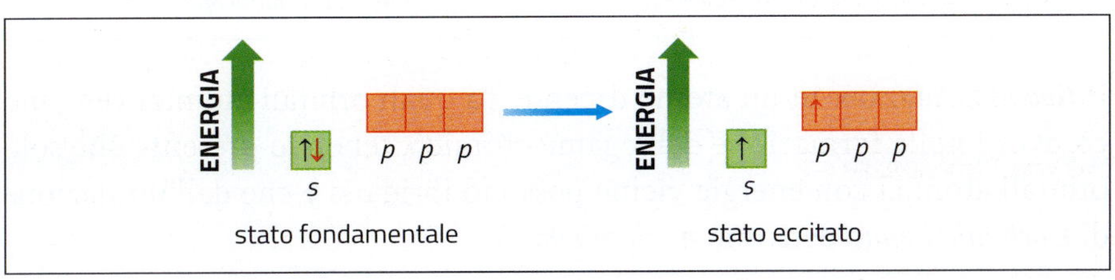

Figura 1 **Trasferimento di un elettrone dall'orbitale *s* all'orbitale *p*** La configurazione elettronica esterna nello stato eccitato è $ns^1\ np^1$.

Riportiamo di seguito la configurazione elettronica esterna negli stati fondamentale ed eccitato di alcuni atomi (tabella 1).

Tabella 1 Configurazione elettronica esterna di alcuni atomi Passando allo stato eccitato, l'atomo cambia la propria configurazione elettronica esterna.

Gruppo	Atomo	Stato fondamentale	Stato eccitato	
II	Be	ns^2	$ns^1\ np^1$	[↑] [↑][ ][ ]
III	B, Al	$ns^2\ np^1$	$ns^1\ np^2$	[↑] [↑][↑][ ]
IV	C, Si	$ns^2\ np^2$	$ns^1\ np^3$	[↑] [↑][↑][↑]

Nel trasferimento di un elettrone (*promozione dell'elettrone*) si ha assorbimento di energia. Perché un atomo, combinandosi con altri, si porta spontaneamente dallo *stato fondamentale*, con *minore energia*, a uno stato eccitato con maggiore energia? Il paradosso è solo apparente: l'atomo allo stato eccitato ha un maggiore numero di elettroni singoli e può formare più legami. E poiché la formazione di ogni legame comporta la liberazione di energia, il bilancio energetico globale favorisce lo stato eccitato rispetto allo stato fondamentale.

2 ESISTONO DIVERSI TIPI DI IBRIDAZIONE DEGLI ORBITALI

Nelle molecole in cui sono presenti atomi con configurazione elettronica esterna nello stato eccitato, i legami non sono descritti facendo riferimento a orbitali atomici puri (*s*, *p*) con forma ed energia diverse l'una dall'altra, ma con *orbitali atomici identici* e quindi con la stessa forma ed energia che derivano dalla combinazione (ibridazione) di orbitali atomici puri.

Gli **orbitali ibridi** sono orbitali atomici con la stessa forma e la stessa energia (**isoenergetici**).

Dalla combinazione di un orbitale *s* con un orbitale *p* si ha la formazione di due orbitali ibridi *sp*.

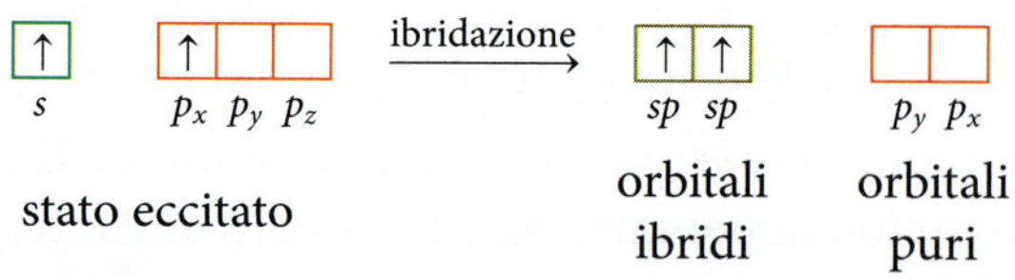

Gli orbitali ibridi *sp* hanno una forma a due lobi, di cui uno molto esteso e uno più piccolo, che in genere non viene rappresentato (figura 2).

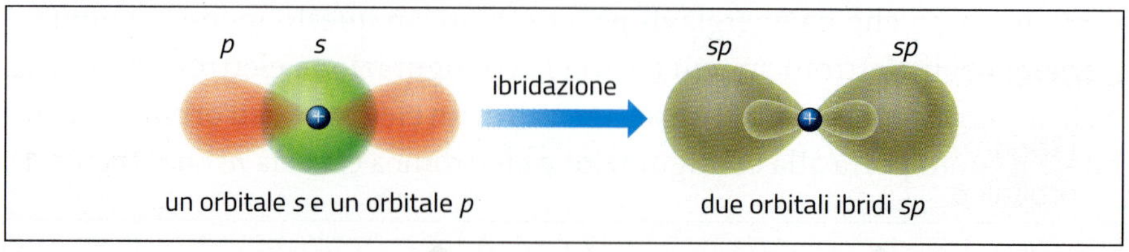

Figura 2 L'ibridazione tra un orbitale *s* e un orbitale *p* Dalla combinazione dei due orbitali si generano due orbitali *sp*.

Il *tipo di ibridazione* in un atomo dipende da quali orbitali atomici vengono coinvolti nella formazione del legame chimico, tenendo presente che solo orbitali atomici con energie vicine possono ibridarsi e che dall'ibridazione di *n orbitali atomici* derivano *n orbitali ibridi*.

L'ibridazione *sp*

L'ibridazione *sp* consiste nella combinazione tra un orbitale *s* e un orbitale *p*.

Prendiamo in esame l'atomo di berillio, che si combina con il cloro per formare la molecola di dicloruro di berillio ($BeCl_2$).

L'atomo di berillio, che nello stato fondamentale ha configurazione elettronica esterna ns^2, al momento della combinazione con i due atomi di cloro assorbe energia e uno dei due elettroni dall'orbitale *s* a minore energia viene trasferito nell'orbitale p_x a maggiore energia.

I due orbitali atomici, uno *s* e uno *p*, si combinano tra loro e formano due orbitali atomici ibridi *sp*.

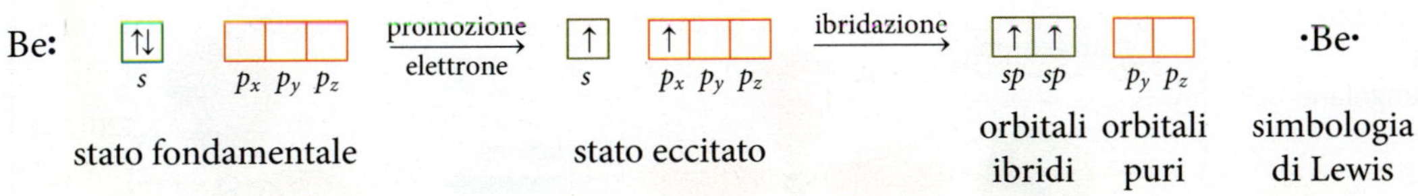

I due orbitali ibridi *sp* si dispongono nello stesso piano e si orientano lungo la stessa retta, ma l'uno in senso opposto all'altro. Tale disposizione è detta **lineare** e gli assi dei due orbitali ibridi formano un angolo di 180° (figura 3).

Figura 3 Orbitali ibridi *sp* nell'atomo di berillio I due orbitali ibridi *sp* assumono una disposizione lineare.

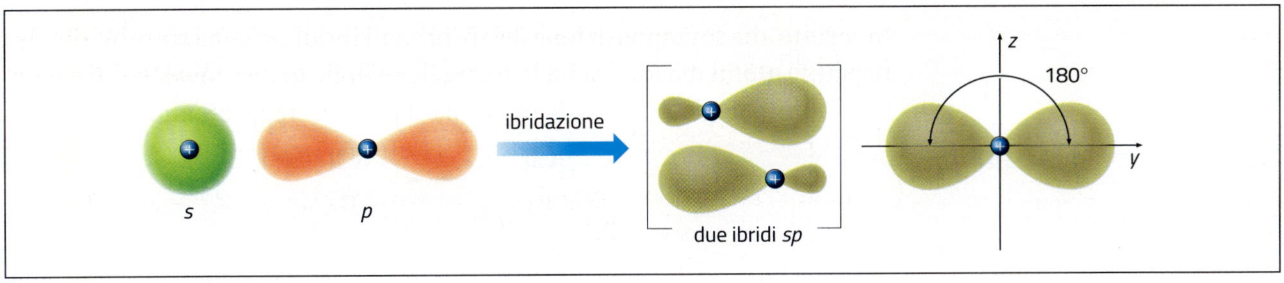

In seguito alla sovrapposizione dei due orbitali *sp* con i due orbitali *p* dei rispettivi atomi di cloro, si ha la formazione di *due legami* covalenti σ. Con la simbologia di Lewis la molecola si può rappresentare così:

$$|\overline{Cl}\cdot \quad \cdot Be \cdot \quad \cdot\overline{Cl}| \longrightarrow |\overline{Cl}-Be-\overline{Cl}|$$

Si deve evidenziare che il berillio, pur formando una molecola stabile, non è circondato da otto elettroni, ma da quattro. Il berillio presenta quindi un **ottetto incompleto**.

L'ibridazione sp^2

L'ibridazione sp^2 consiste nella combinazione tra un orbitale *s* e due orbitali *p*.

Prendiamo in esame l'atomo di boro, che forma con il cloro la molecola di tricloruro di boro (BCl_3).

L'atomo di boro, che nello stato fondamentale ha configurazione elettronica esterna $ns^2\ np^1$, al momento della combinazione con i tre atomi di cloro assorbe energia e un elettrone dall'orbitale *s* a minore energia viene trasferito nell'orbitale *p* a maggiore energia. I tre orbitali atomici, uno *s* e due *p*, contenenti altrettanti elettroni singoli si combinano tra loro formando tre orbitali ibridi sp^2:

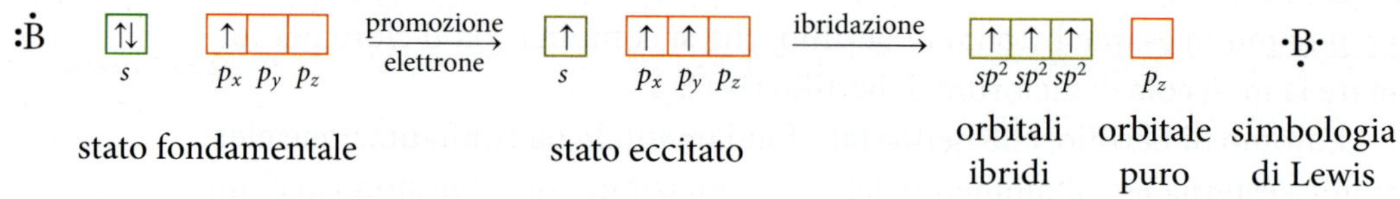

I tre orbitali ibridi si dispongono sullo stesso piano e si orientano in direzione dei vertici di un triangolo equilatero. Tale disposizione è detta **planare triangolare** e gli assi degli orbitali ibridi formano angoli di 120° (figura **4**).

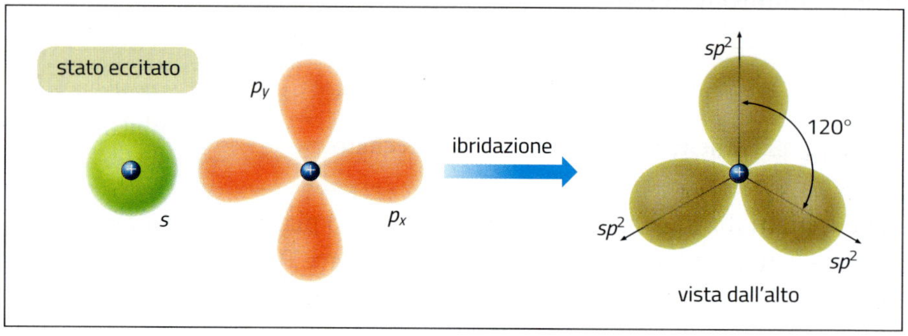

Figura 4 Orbitali ibridi sp^2 nell'atomo di boro I tre orbitali ibridi sp^2 assumono una disposizione planare triangolare.

In seguito alla sovrapposizione dei tre orbitali ibridi sp^2 con i tre orbitali *p* dei rispettivi atomi di cloro, si ha la formazione di *tre legami* covalenti di tipo σ. Con la simbologia di Lewis, la molecola si può così rappresentare:

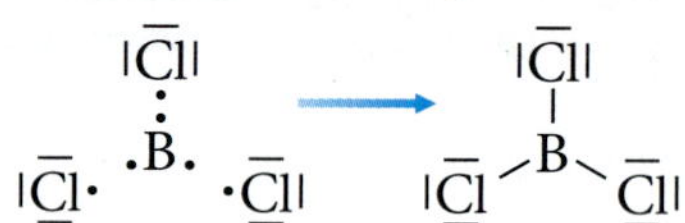

Anche il boro, nella molecola BCl_3, pur formando una molecola stabile non è circondato da un ottetto di elettroni, ma da sei elettroni. Il boro presenta quindi un **ottetto incompleto**.

L'ibridazione sp^3

L'**ibridazione sp^3** consiste nella combinazione tra un orbitale *s* e tre orbitali *p*.

Prendiamo in esame l'atomo di silicio, che forma con il cloro la molecola di tetracloruro di silicio ($SiCl_4$). L'atomo di silicio, che nello stato fondamentale ha configurazione elettronica esterna $ns^2\ np^2$, al momento della combinazione con i quattro atomi di cloro assorbe energia e si ha il trasferimento di un elettrone dall'orbitale *s*, a minore energia, a un orbitale *p*, a maggiore energia. I quattro orbitali atomici contenenti altrettanti elettroni singoli si combinano tra loro formando quattro orbitali ibridi sp^3:

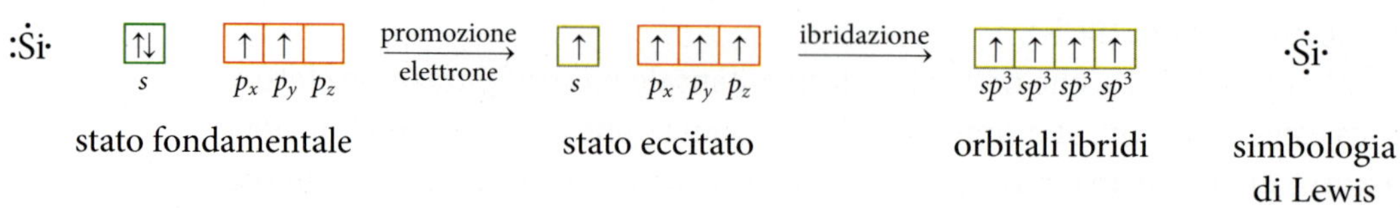

I quattro orbitali ibridi sp^3 si orientano secondo la direzione dei vertici di un tetraedro (solido geometrico con quattro facce triangolari); tale disposizione è detta **tetraedrica** e gli assi dei quattro orbitali ibridi formano angoli di 109,5° (figura 5).

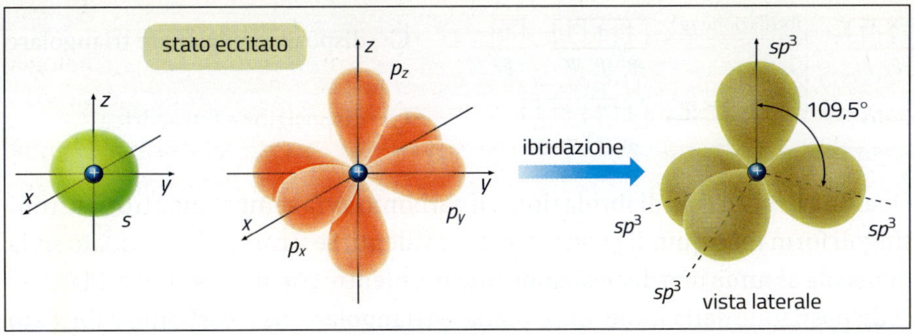

Figura 5 **Orbitali ibridi sp^3 nell'atomo di silicio** I quattro orbitali ibridi sp^3 assumono una disposizione tetraedrica.

In seguito alla sovrapposizione dei quattro orbitali ibridi sp^3 con i quattro orbitali p dei rispettivi atomi di cloro, si ha la formazione di *quattro legami* covalenti σ. Con la simbologia di Lewis, la molecola $SiCl_4$ si può rappresentare così:

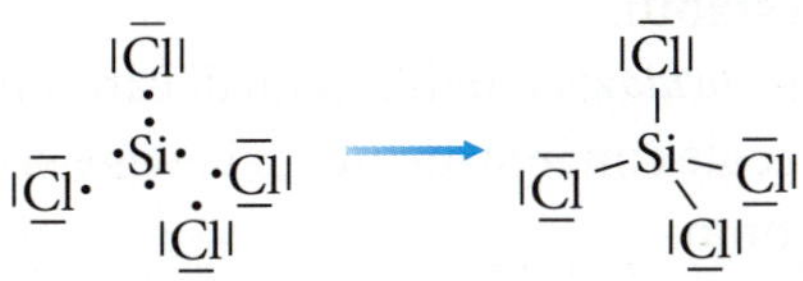

3 L'ATOMO DI CARBONIO SI PUÒ IBRIDARE *sp*, *sp*², *sp*³

La configurazione elettronica esterna dell'atomo di carbonio nello stato fondamentale è $ns^2\ np^2$.

Il carbonio ha un doppietto elettronico nell'orbitale s e due elettroni singoli in due orbitali p. Il carbonio dovrebbe quindi raggiungere la configurazione elettronica dell'ottetto solo in un composto, il monossido di carbonio (CO), la cui molecola, utilizzando la simbologia di Lewis, può essere rappresentata nel modo seguente:

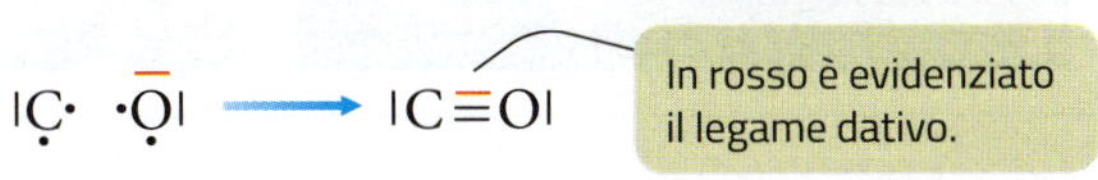

In realtà, l'atomo di carbonio raggiunge la configurazione dell'ottetto in tutti gli innumerevoli composti di cui fa parte. Ibridandosi, il carbonio può variare la propria configurazione elettronica esterna e può formare **quattro legami covalenti**.

L'atomo di carbonio acquisisce la possibilità di formare quattro legami alla *promozione dell'elettrone*. In particolare, un elettrone dell'orbitale s a minore energia viene trasferito all'orbitale p vuoto a maggiore energia:

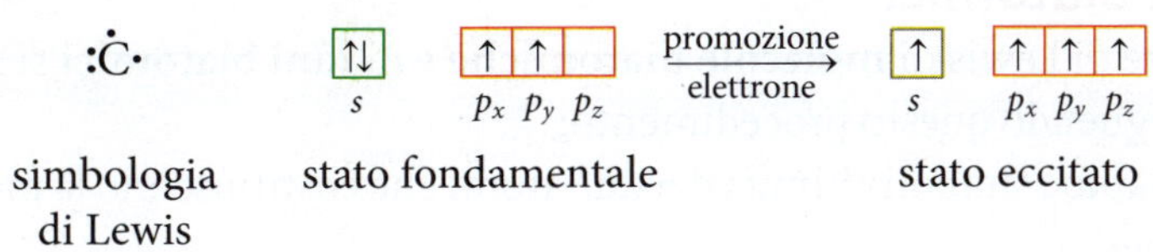

La successiva combinazione dell'orbitale *s* con uno, due o tre orbitali *p* porta rispettivamente all'ibridazione *sp*, sp^2 e sp^3:

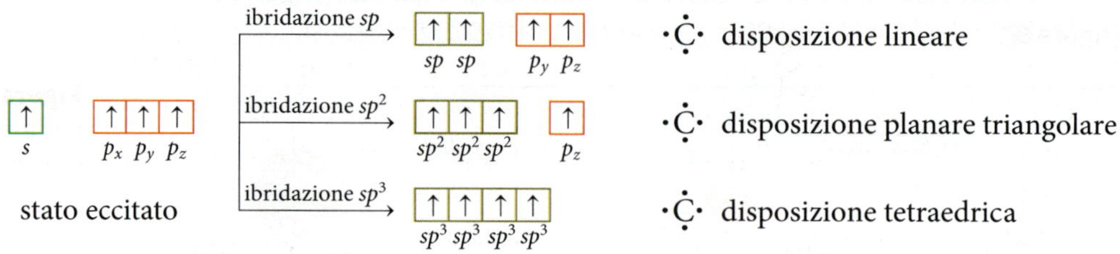

Qualunque sia il tipo di ibridazione, il carbonio avrà sempre quattro elettroni singoli formando quindi *quattro legami* covalenti. Se il carbonio è ibridato *sp*, la molecola assume una disposizione lineare, mentre con il carbonio ibridato sp^2 la disposizione della molecola è planare triangolare. Se il carbonio è ibridato sp^3, la molecola assume forma tetraedrica.

Poiché nell'atomo di carbonio ibridato gli orbitali ibridi sono utilizzati per formare legami covalenti σ e gli orbitali non ibridi (o puri) per formare legami covalenti π (più deboli dei legami σ), è il carbonio ibridato sp^3 che forma i **composti più stabili**.

Per definire il *tipo di ibridazione* dell'atomo di carbonio in un composto, si rappresentano le molecole con le strutture di Lewis e si determina il numero di atomi legati al carbonio.

Se l'atomo di carbonio è legato a un solo atomo non è ibridato, come nel caso del monossido di carbonio (CO). Se l'atomo di carbonio è legato a due atomi (CO_2) l'ibridazione è *sp*, se è legato a tre atomi (H_2CO_3) l'ibridazione è sp^2, se è legato a quattro atomi (CH_4) l'ibridazione è sp^3 (figura **6**).

Figura 6 Le tre ibridazioni del carbonio A L'acqua gassata contiene diossido di carbonio, una molecola in cui il carbonio ha ibridazione *sp*. B L'acido carbonico, in cui il carbonio è ibridato sp^2, contribuisce all'acidificazione degli oceani. C Le bolle nel lago Bajkal congelato contengono metano, una molecola in cui il carbonio è ibridato sp^3.

4 LE FORMULE DI STRUTTURA INDICANO COME SONO DISPOSTI GLI ATOMI

La **formula di struttura** indica come gli atomi sono legati in una molecola (biatomica o poliatomica) o in uno ione (biatomico o poliatomico).

Le strutture di Lewis di molecole biatomiche e di ioni biatomici

Le strutture di Lewis di **molecole biatomiche** e di **ioni biatomici** si rappresentano seguendo questo procedimento:

1. indichiamo i simboli chimici dei due atomi che costituiscono la molecola o lo ione;

2. calcoliamo il *numero delle coppie elettroniche*, dividendo per due il numero di elettroni del livello energetico esterno (per gli atomi dei gruppi A coincide con il numero del gruppo), sottraendo (o aggiungendo) per gli ioni biatomici un elettrone per ogni carica positiva (o negativa);
3. disponiamo le coppie elettroniche in modo che ogni atomo completi l'*ottetto* (l'idrogeno raggiunge la stabilità con *una sola coppia elettronica*).

La formula si determina in base al numero di coppie elettroniche presenti.

7 coppie elettroniche completano l'ottetto condividendo **una coppia** elettronica.

Nella molecola di cloro Cl_2, costituita da due atomi di cloro (gruppo VII), il numero degli elettroni del livello energetico esterno è 14 e il numero delle coppie è uguale a 7. La formula di struttura è così rappresentata:

6 coppie elettroniche completano l'ottetto condividendo **due coppie** elettroniche.

Nella molecola di ossigeno O_2 (gruppo VI) il numero degli elettroni del livello energetico esterno è 12 e il numero delle coppie è uguale a 6. La formula di struttura è così rappresentata:

5 coppie elettroniche completano l'ottetto condividendo **tre coppie** elettroniche.

Nella molecola di azoto N_2 (gruppo V) il numero degli elettroni del livello energetico esterno è 10 e il numero delle coppie è uguale a 5. La formula di struttura è così rappresentata:

Lo **ione cianuro CN^-** è costituito da un atomo di carbonio (gruppo IV) e da un atomo di azoto (gruppo V): il numero degli elettroni di legame, tenendo conto della presenza di una carica negativa, è uguale a 10 e quindi il numero delle coppie elettroniche è uguale a 5.

La formula di struttura è così rappresentata:

La struttura di Lewis di uno ione biatomico si racchiude con una parentesi quadra con la carica dello ione posta in alto a destra per indicare la sua delocalizzazione su entrambi gli atomi.

Le strutture di Lewis di molecole poliatomiche e di ioni poliatomici

Le strutture di Lewis di **molecole poliatomiche** e di **ioni poliatomici** si rappresentano seguendo questo procedimento:

1. individuiamo e rappresentiamo il simbolo chimico dell'atomo centrale, che è generalmente quello meno elettronegativo;
2. disponiamo i simboli degli atomi terminali *simmetricamente* intorno all'atomo centrale;

3. calcoliamo il *numero delle coppie elettroniche*, dividendo per due il numero degli elettroni di legame, sottraendo (o aggiungendo), per gli ioni poliatomici, un elettrone per ciascuna carica positiva (o negativa);
4. utilizziamo le coppie elettroniche per formare *legami semplici* tra l'atomo centrale e gli atomi terminali; successivamente disponiamo le altre coppie elettroniche in modo che ogni atomo terminale completi l'ottetto.
Nella molecola del *tricloruro di fosforo* PCl_3 gli elettroni del livello energetico esterno sono 26 e le coppie elettroniche 13. Il fosforo, atomo centrale in quanto meno elettronegativo, forma tre legami semplici con i tre atomi di cloro e consegue l'ottetto con un doppietto elettronico libero.
Nelle molecole degli **ossiacidi**, l'atomo centrale è legato agli atomi di ossigeno, a loro volta legati agli atomi di idrogeno. Nella molecola dell'*acido borico* H_3BO_3 gli elettroni del livello energetico esterno sono 24 e il numero delle coppie elettroniche è 12. Il boro, atomo centrale con ibridazione sp^2, forma tre legami semplici con i tre atomi di ossigeno, ciascuno dei quali è legato a un atomo di idrogeno. Il boro consegue la stabilità con sei elettroni.
Nello *ione silicato* SiO_4^{4-}, il numero degli elettroni del livello energetico esterno, tenendo conto della presenza di quattro cariche negative, è 32 e il numero delle coppie elettroniche 16. Il silicio, atomo centrale ibridato sp^3, forma quattro legami semplici con i quattro atomi di ossigeno, e quindi tutti gli atomi raggiungono l'ottetto.

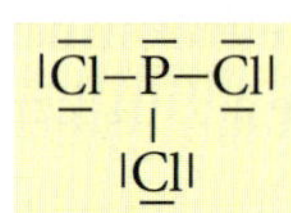
tricloruro di fosforo

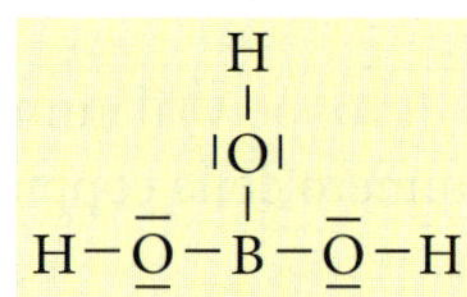
acido borico

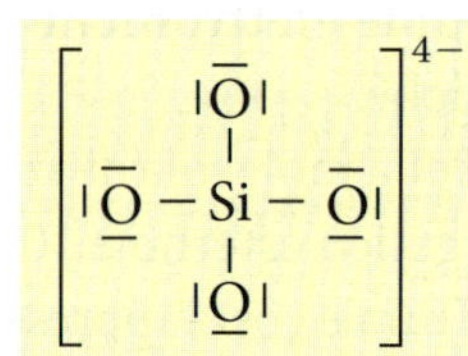
ione silicato

5. Se le coppie elettroniche *non sono sufficienti* per far raggiungere l'ottetto all'atomo centrale, dobbiamo utilizzare le coppie elettroniche *non condivise* dagli atomi terminali per formare *doppi e tripli legami* con l'atomo centrale.
Per esempio, nello ione carbonato CO_3^{2-} il numero degli elettroni del livello energetico esterno, tenendo conto delle due cariche negative, è uguale a 24 e le coppie elettroniche sono 12. Il carbonio, atomo centrale ibridato sp^2, forma legami semplici con i tre atomi di ossigeno, ma non è in grado di raggiungere l'ottetto.
In tal caso, una delle coppie elettroniche non condivise presente su un atomo di ossigeno verrà utilizzata per formare un doppio legame con l'atomo di carbonio. In questo modo il carbonio potrà conseguire l'ottetto elettronico, come mostrato dalla seguente di Lewis:

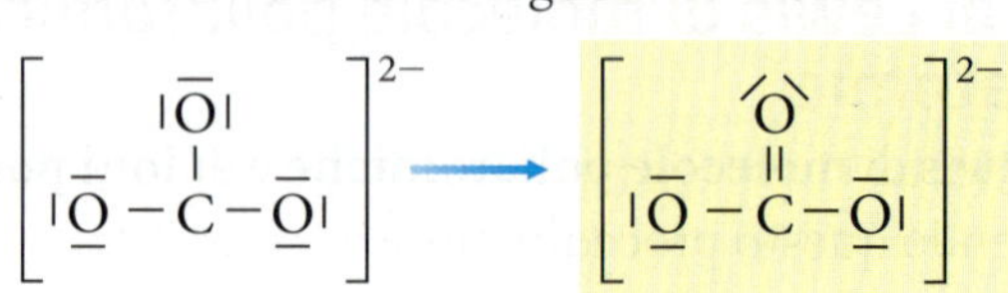

La struttura di Lewis di uno ione poliatomico si racchiude con una parentesi quadra con la carica posta in alto a destra a indicare la sua delocalizzazione su tutti gli atomi che formano lo ione.

5 LA RISONANZA: PIÙ FORMULE DI LEWIS PER UNA STESSA MOLECOLA

Una molecola poliatomica o uno ione poliatomico che presenta uno o più *doppi legami* si può rappresentare con due o più strutture di Lewis.

Prendiamo in esame le molecole dell'ozono O_3 (figura 7) e dello ione nitrato NO_3^-, che si rappresentano con le seguenti strutture di Lewis:

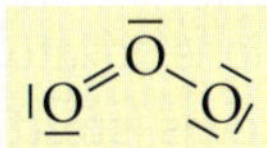

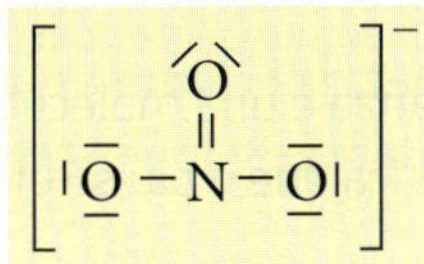

ozono ione nitrato

Figura 7 **L'ozonosfera** L'ozono è un gas incolore che si forma nella stratosfera. L'ozonosfera assorbe le radiazioni ultraviolette provenienti dal Sole che, altrimenti, sarebbero molto dannose per gli organismi che vivono sulla Terra.

Dato che nella formula di struttura dell'ozono sono presenti un doppio legame e un legame semplice e in quella dello ione nitrato sono presenti un doppio legame e due legami semplici, si potrebbe dedurre una *diversa* lunghezza di legame in quanto i legami doppi hanno una minore lunghezza di legame rispetto ai legami semplici.

I dati sperimentali, però, dicono che i legami ossigeno-ossigeno nella molecola di ozono e i legami azoto-ossigeno nello ione nitrato sono uguali e che la lunghezza di legame ha un valore intermedio tra quello atteso per un legame semplice e quello di un legame doppio. Si deve quindi ammettere che nei legami di tipo σ le coppie elettroniche condivise tra le coppie di atomi siano *localizzate*, e che nel legame di tipo π la coppia elettronica condivisa tra i due atomi sia **delocalizzata**, cioè mobile su tutti i legami O—O nella molecola di ozono e N—O nello ione nitrato.

In definitiva, il legame π può realizzarsi con la stessa probabilità tra l'atomo centrale e uno qualunque degli atomi di ossigeno e quindi la densità elettronica della coppia degli elettroni del legame π è distribuita *uniformemente* sui legami O—O nella molecola di ozono e sui legami N—O nello ione nitrato. Nello ione nitrato anche la *carica negativa* non è localizzata su un determinato atomo di ossigeno, ma è delocalizzata su tutti gli atomi che costituiscono lo ione.

La soluzione più aderente alla realtà è quindi quella di rappresentare la molecola di ozono e lo ione nitrato rispettivamente con due e tre *formule di struttura*, che differiscono solo per la **posizione del doppio legame π**.

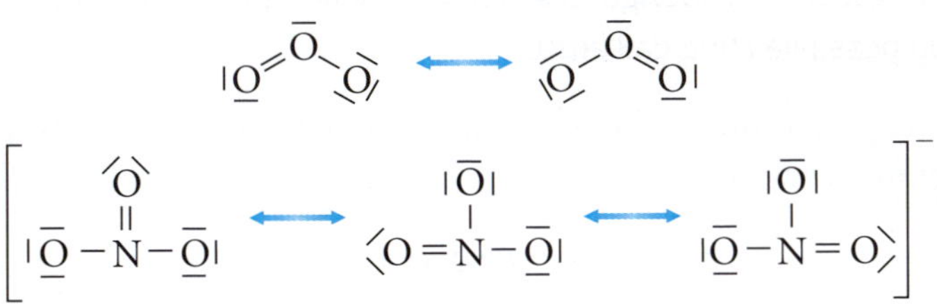

Si definisce **risonanza (o mesomeria)** la condizione per cui è possibile rappresentare la stessa formula di una molecola o di uno ione poliatomico con due o più formule di struttura di Lewis.

LE PAROLE

Il termine **mesomeria** (dal greco *mésos*, «medio», e *méros*, «parte») indica una formula di struttura intermedia tra più strutture limite.

La risonanza distribuisce il legame π sull'intera molecola e la carica di uno ione poliatomico su tutti gli atomi che lo costituiscono. Questo comporta una

diminuzione dell'energia e, di conseguenza, un aumento della stabilità. Le strutture possibili (*strutture limite*) sono collegate con una freccia a due punte per indicare che la vera struttura dell'ozono e dello ione nitrato è una struttura intermedia (*ibrido di risonanza*) che può essere rappresentata in questo modo:

Un **ibrido di risonanza** è una molecola o uno ione poliatomico la cui struttura reale è intermedia fra due o più strutture di Lewis (strutture limite).

La risonanza si verifica solo tra strutture con la stessa disposizione degli atomi ma con una diversa disposizione delle coppie elettroniche.

6 LA TEORIA VSEPR DEFINISCE LA GEOMETRIA DELLE MOLECOLE

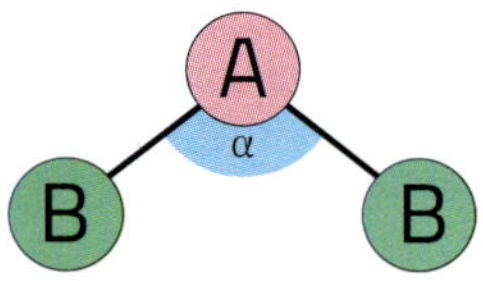

Figura 8 Rappresentazione dell'angolo di legame Nella molecola AB_2 α è l'angolo di legame.

Le *proprietà chimiche*, e in particolare la reattività chimica di una molecola, sono determinate spesso dalla loro *disposizione spaziale*, ovvero dalla forma o **geometria**. Tale disposizione dipende dal numero degli atomi che formano la molecola, dalla lunghezza di legame che unisce gli atomi e in particolare dall'*angolo* che i legami chimici formano tra loro.

L'**angolo di legame**, misurato in gradi, è l'angolo formato dagli assi di due legami chimici che partono dallo stesso atomo.

L'angolo di legame (simbolo α) nella generica molecola AB_2 è l'angolo compreso tra i due legami A—B (figura **8**). Per stabilire l'angolo di legame si devono conoscere i tipi di orbitali (puri o ibridi) coinvolti nel legame.

Tuttavia, gli angoli di legame, e quindi la disposizione spaziale degli atomi di una molecola o di uno ione poliatomico, possono essere efficacemente determinati utilizzando la teoria **VSEPR**. Secondo questa teoria, l'angolo di legame dipende dal numero delle coppie elettroniche, sia quelle impegnate nel legame (simbolo X_n) sia quelle libere (simbolo E_m), che circondano l'atomo centrale (simbolo A).

LE PAROLE

VSEPR è l'acronimo inglese di ***V****alence* ***S****hell* ***E****lectron* ***P****air* ***R****epulsion*, ovvero «repulsione tra le coppie elettroniche del livello energetico esterno». La teoria VSEPR è usata per stabilire la disposizione degli atomi di una molecola.

Le **coppie elettroniche** che circondano l'atomo centrale, essendo dotate di carica negativa, si dispongono e si orientano in modo tale da risultare il più lontano possibile l'una dall'altra.

A COLPO D'OCCHIO

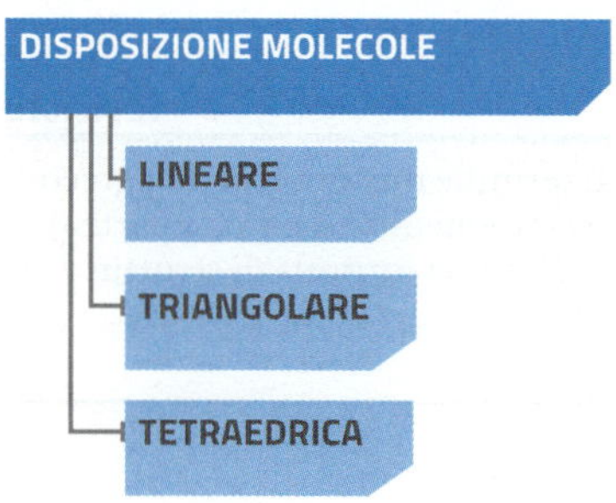

La molecola poliatomica o lo ione poliatomico possono essere rappresentati con la formula generale:

$$AX_nE_m$$

La loro geometria può essere stabilita con questo procedimento:

1. rappresentiamo la struttura di Lewis della molecola o dello ione;
2. calcoliamo il *numero delle coppie elettroniche* condivise (X_n) e non condivise (E_m) intorno all'atomo centrale (A), tenendo presente che i legami *multipli* (*doppi* o *tripli*) devono essere considerati come un *legame singolo*;
3. identifichiamo il *tipo* di molecola o ione e ne precisiamo la *disposizione*;
4. stabiliamo la *geometria* della molecola o dello ione.

Due coppie elettroniche

Una molecola o ione con **due coppie elettroniche** ha una disposizione *lineare.*

La molecola o ione è di tipo $\mathbf{AX_2}$ (HCN, NO_2^+), con i tre atomi disposti in linea retta. L'angolo formato dai legami covalenti tra i due atomi terminali e l'atomo centrale è di 180°, la geometria è **lineare** (figura **9**).

Figura 9 **Molecola con due coppie elettroniche** Questa molecola ha geometria lineare.

Tre coppie elettroniche

Una molecola o ione con **tre coppie elettroniche** ha disposizione *triangolare.*

a. In una molecola o ione di tipo $\mathbf{AX_3}$ (BF_3) l'atomo centrale si trova al centro di un triangolo in cui i vertici sono occupati dai tre atomi terminali disposti sullo stesso piano. L'angolo di legame è di 120°, la geometria è **triangolare planare** (figura **10A**).

b. In una molecola o ione di tipo $\mathbf{AX_2E}$ (SO_2, ClO_2^+) uno dei vertici del triangolo è occupato da un doppietto elettronico libero. L'angolo di legame è di 116°, la geometria è **angolare** (figura **10B**).

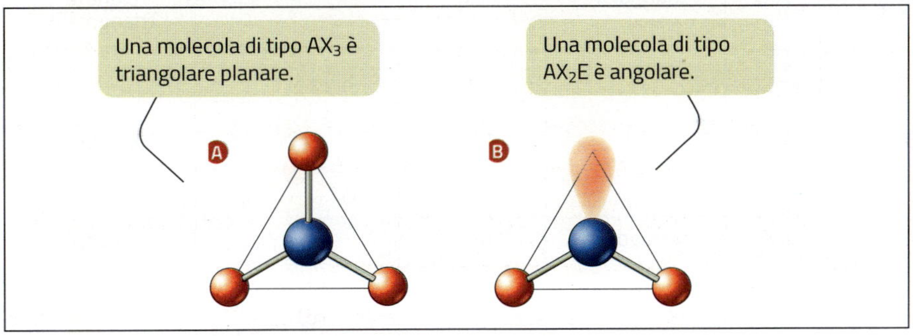

Figura 10 **Molecole con tre coppie elettroniche** La geometria è triangolare planare o angolare.

Quattro coppie elettroniche

Una molecola o ione con **quattro coppie elettroniche** ha una disposizione *tetraedrica.*

a. In una molecola o ione di tipo $\mathbf{AX_4}$ (CF_4, NH_4^+) l'atomo centrale è al centro di un tetraedro i cui vertici sono occupati dai quattro atomi terminali. Gli angoli di legame sono di 109,5°, la geometria è **tetraedrica** (figura **11A**).

b. In una molecola o ione di tipo AX_3E (PCl_3, ClO_3^-) uno dei vertici del tetraedro è occupato da un doppietto elettronico libero. Gli angoli di legame sono di 107°, la geometria è **piramidale triangolare** (figura **11B**).

c. In una molecola o ione di tipo AX_2E_2 (H_2S, ClO_2^-) due vertici del tetraedro sono occupati da due doppietti elettronici liberi. L'angolo di legame è di 104,5°, la geometria è **angolare** (figura **11C**).

A COLPO D'OCCHIO

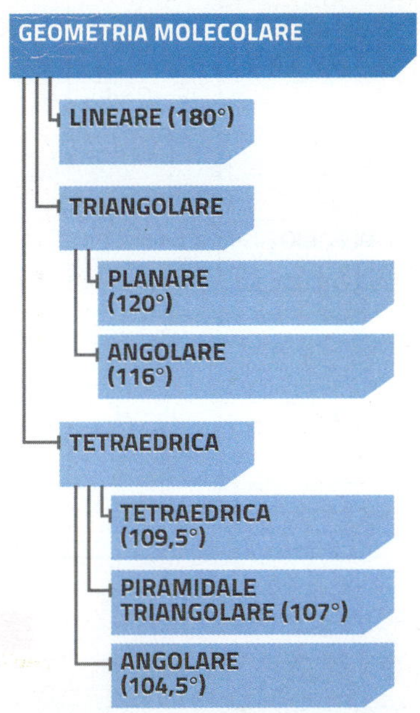

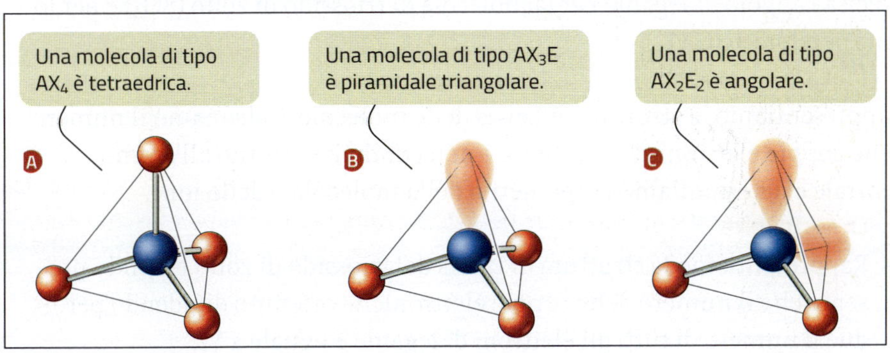

Figura 11 **Molecole con quattro coppie elettroniche** La geometria è tetraedrica, piramidale triangolare o angolare.

Riportiamo di seguito la struttura di Lewis, il tipo, la disposizione e la geometria di alcune molecole e ioni poliatomici (**tabella 2**).

Molecole e ioni poliatomici con la stessa formula di struttura e la stessa disposizione degli atomi si dicono **isosterici**.

Per esempio, la molecola di diossido di zolfo SO_2 e lo ione nitrito NO_2^- sono isosterici:

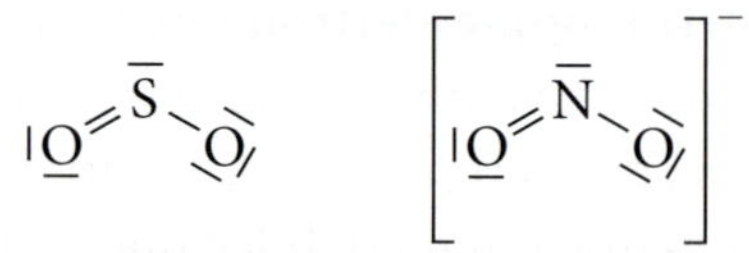

Tabella 2 La forma delle molecole Geometria molecolare di alcune molecole o ioni poliatomici sulla base della teoria VSEPR.

Molecola o ione poliatomico	Struttura di Lewis	Numero coppie elettroniche	Tipo	Disposizione	Angolo di legame	Modello	Geometria
HCN, NO_2^+	H—C≡N|	2	AX_2	lineare	180°	H—C—N	lineare
BF_3	|F̄—B—F̄|, |F̄|	3	AX_3	triangolare	120°	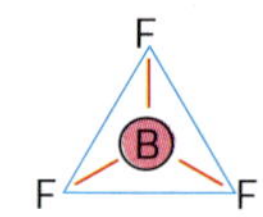	planare triangolare
SO_2, ClO_2^+	S̄=O〉, |O|	3	AX_2E		116°	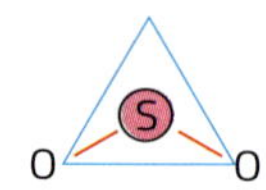	angolare
CF_4, NH_4^+	|F̄|, |F̄—C—F̄|, |F̄|	4	AX_4	tetraedrica	109,5°	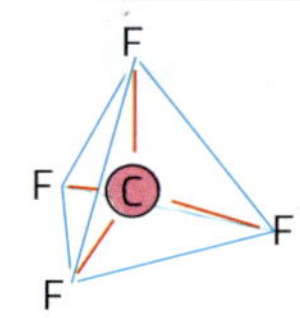	tetraedrica
PCl_3, ClO_3^-	|C̄l—P̄—C̄l|, |C̄l|	4	AX_3E		107°	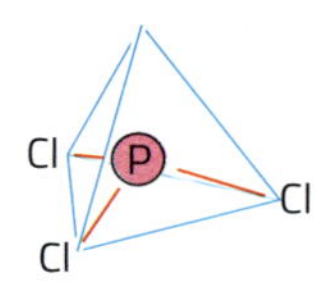	piramidale triangolare
H_2S, ClO_2^-	|S̄—H, H	4	AX_2E_2		104,5°	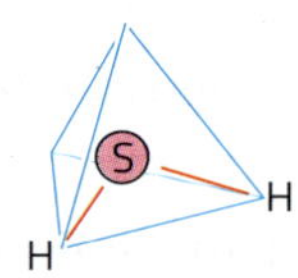	angolare

PROBLEMA MODELLO

Stabilisci il tipo e la disposizione, determina e rappresenta la geometria e precisa l'angolo di legame per la molecola di triossido di zolfo (SO_3) e per lo ione perclorato (ClO_4^-).

L'IDEA

Rappresentiamo la struttura di Lewis delle molecole. Calcoliamo il numero delle coppie elettroniche condivise e non condivise attorno all'atomo centrale e determiniamo la geometria della molecola o dello ione.

LA SOLUZIONE

a. Rappresentiamo la struttura di Lewis del triossido di zolfo tenendo presente che il numero delle coppie elettroniche ottenuto dividendo per due il numero di tutti gli elettroni di legame è uguale a 12.

Dato che il numero delle coppie elettroniche condivise intorno all'atomo centrale (zolfo) è uguale a tre, la molecola è di tipo AX_3 e ha pertanto una disposizione *triangolare*.

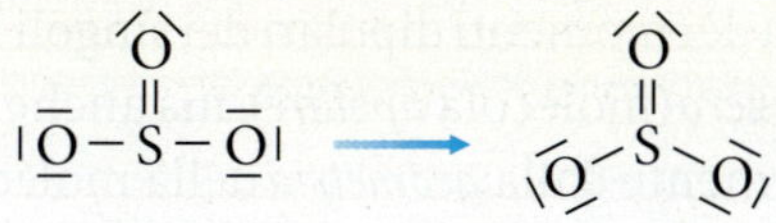

b. Rappresentiamo la struttura di Lewis dello ione perclorato: tenendo conto della carica negativa, il numero degli elettroni del livello energetico esterno più una carica negativa è uguale a 32 e quindi il numero delle coppie elettroniche è 16. Dato che il numero delle coppie elettroniche condivise intorno all'atomo centrale (cloro) è uguale a 4, lo ione è di tipo AX_4 e ha disposizione tetraedrica.

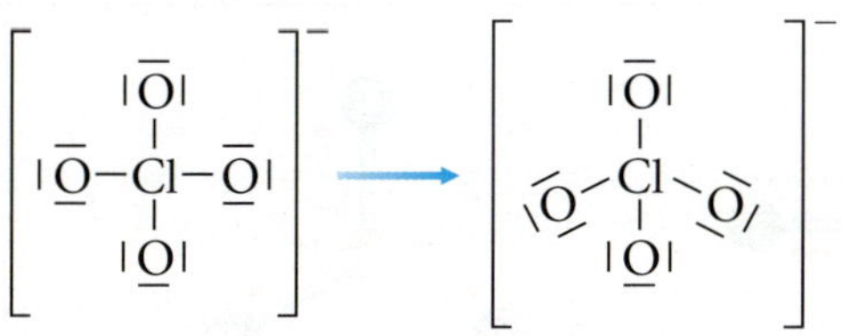

LA CONCLUSIONE

a. La geometria del triossido di zolfo è *planare triangolare* con angoli di legame di 120°.

b. La geometria dello ione perclorato è tetraedrica con angoli di legame di 109,5°.

PROBLEMA SIMILE

Stabilisci il tipo e la disposizione, definisci e rappresenta la geometria e precisa l'angolo di legame nell'ossido di dicloro e nel dicloro di silicio.

7 LA POLARITÀ DELLE MOLECOLE DIPENDE DA ΔE_n E DALLA GEOMETRIA

In relazione alla polarità delle molecole, è necessario operare una distinzione tra molecole biatomiche e molecole poliatomiche.

Molecole biatomiche

In una molecola **biatomica** la distribuzione degli elettroni di legame dipende dal *tipo di atomi* che la costituiscono, ovvero dalla differenza di elettronegatività. Se la molecola è formata da:

- due atomi uguali (H_2), e quindi con $\Delta E_n = 0$, la distribuzione degli elettroni di legame è *simmetrica* rispetto ai due nuclei. La molecola è **apolare** in quanto il suo momento dipolare è *nullo* (**figura 12A**);
- due atomi diversi (HCl), e quindi con $\Delta E_n \neq 0$, la distribuzione degli elettroni di legame è *asimmetrica* rispetto ai due nuclei in quanto un atomo assume una parziale carica negativa (polo negativo) e l'altro atomo una parziale carica positiva (polo positivo). La molecola è **polare** in quanto il suo momento dipolare *non è nullo* (**figura 12B**).

La **polarità** in una molecola biatomica è in relazione con una differenza di elettronegatività diversa da zero che determina un legame covalente polare.

Figura 12 Molecole biatomiche
A Le molecole con momento dipolare uguale a zero sono apolari.
B Le molecole con momento dipolare diverso da zero sono polari.

Molecole poliatomiche

In una molecola **poliatomica**, in cui ogni singolo legame covalente è un dipolo, la polarità è in relazione con il *momento dipolare totale*, derivabile dalla somma geometrica dei momenti dipolari dei singoli legami, che può dare una risultante *uguale a zero* (molecola *apolare*), ma anche *diversa da zero* (molecola *polare*) dipendentemente dalla *geometria* della molecola.

- Nelle molecole con geometria *lineare* ($BeCl_2$, dicloruro di berillio), *planare triangolare* (BCl_3, tricloruro di boro) e *tetraedrica* (CCl_4, tetracloruro di carbonio), e con *atomi terminali dello stesso tipo* la distribuzione degli elettroni di legame è *simmetrica*, e di conseguenza i singoli momenti dipolari si elidono dando una *risultante uguale a zero*. Queste molecole sono pertanto **apolari** (figura **13**).

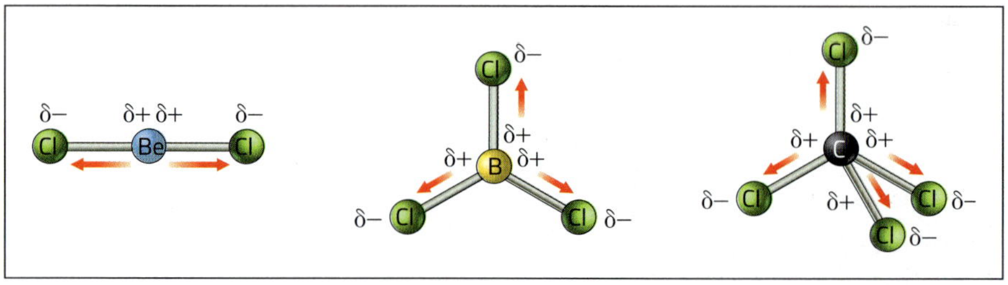

Figura 13 Molecole con momenti dipolari nulli Le molecole con geometria lineare, planare triangolare e tetraedrica e con gli atomi terminali dello stesso tipo sono apolari perché la risultante dei singoli momenti dipolari è uguale a zero.

- Nelle molecole con geometria *lineare* (HCN), *planare triangolare* ($COCl_2$) e *tetraedrica* ($CHCl_3$), ma con *atomi terminali diversi*, la distribuzione degli elettroni di legame è *asimmetrica* e di conseguenza la risultante dei singoli momenti dipolari risulta essere *diversa da zero*. Queste molecole sono pertanto **polari**.
  La molecola $CHCl_3$ (tricloro metano o cloroformio) possiede una geometria tetraedrica ma è polare, in quanto il dipolo C—H non si annulla con i tre dipoli C—Cl; di conseguenza, la risultante dei momenti dipolari è diversa da zero (figura **14**).

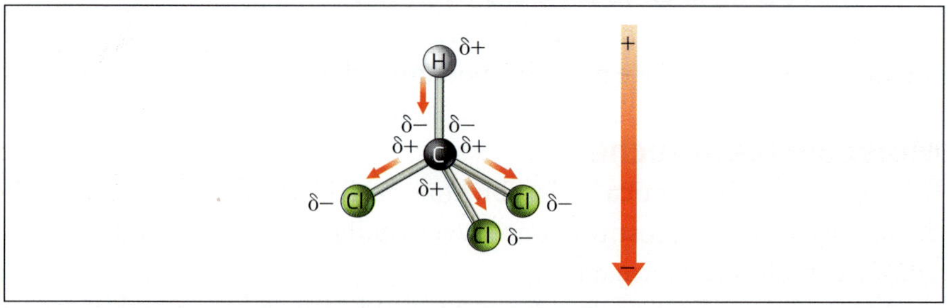

Figura 14 Momento dipolare di $CHCl_3$ La molecola $CHCl_3$ con geometria tetraedrica è polare perché i singoli momenti dipolari si compongono in una risultante diversa da zero.

- Nelle molecole con geometria *angolare* (SO_2, H_2O) e *piramidale triangolare* (NH_3) la distribuzione degli elettroni di legame è *simmetrica* e di conseguenza i singoli momenti dipolari si compongono in una *risultante diversa da zero*. Queste molecole sono **polari** (figura **15**).

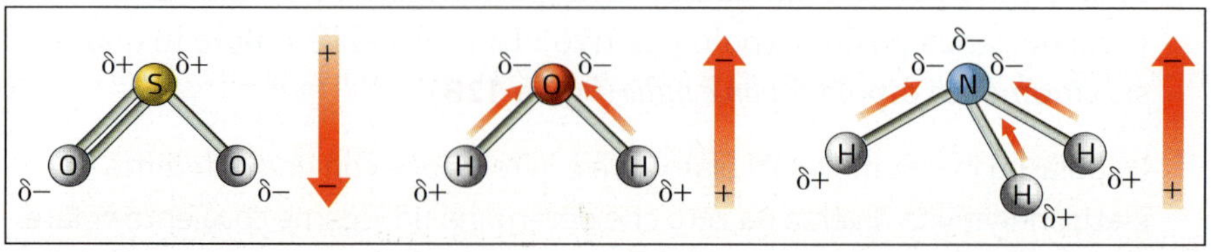

Figura 15 Momento dipolare di molecole angolari Le molecole con geometria angolare e piramidale triangolare sono polari perché la risultante dei singoli momenti dipolari è diversa da zero.

LABORATORIO

Polarità delle molecole

L'obiettivo
Valutare la polarità delle molecole prese in esame sulla base di osservazioni sperimentali.

I concetti
Le molecole polari presentano un dipolo, ovvero una zona povera di elettroni e perciò caricata positivamente e una zona ricca di elettroni e quindi caricata negativamente. Le molecole polari vengono pertanto attratte sia dalla bacchetta con carica positiva (bacchetta di vetro) sia da quella con carica negativa (bacchetta di ebanite). Da tener presente che la polarità delle molecole poliatomiche si spiega sia con la differenza di elettronegatività esistente tra gli atomi, sia con la disposizione della molecola nel piano o nello spazio.

I materiali
Bacchetta di vetro, bacchetta di ebanite, panno di lana, base con asta e pinza, buretta, imbuto, becher da 50 mL, becher da 200 mL. Acqua distillata, acetone, alcol etilico, tetracloruro di carbonio, pentano.

L'esperimento
1. Sistema l'imbuto sopra la buretta e il becher da 200 mL sotto la buretta.
2. Versa del pentano nel becher da 50 mL e da qui nella buretta.
3. Con il panno di lana strofina la bacchetta di vetro (che si carica positivamente) e avvicinala all'estremità della buretta, lasciando scendere lentamente il pentano.
4. Con il panno di lana strofina la bacchetta di ebanite (che si carica negativamente) e avvicinala all'estremità inferiore della buretta, lasciando scendere molto lentamente il pentano.
5. Ripeti le operazioni 2, 3, 4 con gli altri liquidi in questo ordine: tetracloruro di carbonio, acqua distillata (figura), acetone, alcol etilico.

Le competenze
Come giustifichi la polarità delle molecole analizzate sulla base della geometria molecolare?

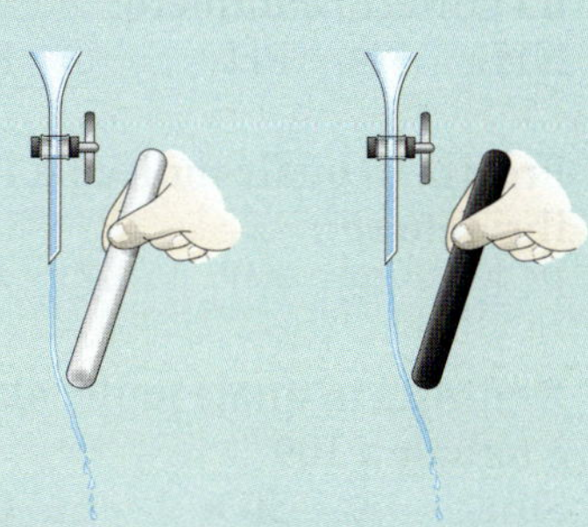

Figura La bacchetta di vetro e quella di ebanite caricate elettricamente deviano l'acqua distillata.

FACCIAMO IL PUNTO

LO SAI? RIPASSA CON LO SMARTPHONE

Che cos'è l'ibridazione?
Alcuni atomi formano legami covalenti utilizzando orbitali che derivano dalla combinazione (**ibridazione**) di orbitali atomici puri (*s* e *p*) nello *stato eccitato*. Esistono tre tipi di ibridazione, associati a specifiche geometrie molecolari.

Che cos'è l'ibridazione *sp*?
Nell'**ibridazione *sp*** si hanno la fusione dell'orbitale *s* con l'orbitale *p* e la formazione di due orbitali atomici ibridi detti *sp*. La molecola assume una disposizione lineare, con angoli di 180°.

Che cos'è l'ibridazione sp^2?
Nell'**ibridazione sp^2** si hanno la fusione dell'orbitale *s* con due orbitali *p* e la formazione di tre orbitali atomici ibridi detti sp^2. La molecola assume una disposizione planare, con angoli di 120°.

Che cos'è l'ibridazione sp^3?
Nell'**ibridazione sp^3** si hanno la fusione dell'orbitale *s* con tre orbitali *p* e la formazione di quattro orbitali atomici ibridi detti sp^3. In questo caso la molecola assume una disposizione tetraedrica, con angoli di 109,5°.

Che cos'è la formula di struttura?
La **formula di struttura** o **di Lewis** indica come gli atomi sono legati in una molecola (biatomica o poliatomica) o in uno ione (biatomico o poliatomico).

In che cosa consiste la risonanza?
Una molecola poliatomica o uno ione poliatomico con uno o più doppi legami possono essere rappresentati con due o più strutture di Lewis che differiscono solo per la posizione del doppio legame: in questo caso si parla di **risonanza**.

Che cosa prevede la teoria VSEPR?
La **teoria VSEPR** descrive la **geometria delle molecole**. In base a questa teoria, le coppie elettroniche che circondano l'atomo centrale si dispongono e si orientano in modo tale da risultare il più lontano possibile l'una dall'altra.

Quali disposizioni può assumere una molecola?
La disposizione che assume una molecola o uno ione dipende dal numero di coppie elettroniche.

Una molecola o ione con due coppie elettroniche ha una disposizione **lineare**; con tre coppie elettroniche ha una disposizione **triangolare** (geometria planare triangolare o angolare); con quattro coppie elettroniche ha una disposizione **tetraedrica** (geometria tetraedrica, piramidale triangolare o angolare).

ESERCIZI

ZTE ONLINE
Mettiti alla prova
con 20 esercizi interattivi

VERIFICA LE TUE CONOSCENZE

L'IBRIDAZIONE DEGLI ORBITALI

1 **Analizza i tipi di ibridazione nell'atomo di carbonio.**

2 **Indica la molecola in cui l'atomo centrale non ha l'ottetto completo:**
Ⓐ NH_3 Ⓑ PH_3 Ⓒ BH_3 Ⓓ SbH_3

3 **Precisa in quale molecola l'atomo centrale è ibridato *sp*^{2}:**
Ⓐ PCl_3 Ⓑ AlI_3 Ⓒ AsF_3 Ⓓ $SbBr_3$

4 **Definisci in quale molecola l'angolo di legame è uguale a 109°:**
Ⓐ $SiBr_4$ Ⓑ SiO_2 Ⓒ CO_2 Ⓓ C_2H_2

5 **Definisci l'ibridazione dell'atomo centrale, specifica la disposizione degli atomi, precisa l'angolo di legame e rappresenta con la simbologia di Lewis le seguenti molecole:**
a. BeH_2
b. $AlBr_3$
c. SiF_4

LE FORMULE DI STRUTTURA DI LEWIS

6 **Rappresenta le strutture di Lewis delle seguenti molecole:**
a. HI, ICl, CO
b. CS_2, NBr_3, Cl_2O
c. N_2H_4, AsH_3, H_2O_2

7 **Rappresenta la struttura di Lewis per i seguenti ioni biatomici:**
a. OH^-, NO^+
b. HS^-, BrO^-
c. O_2^{2-}, ClO^+

LA RISONANZA

8 **Il fenomeno della risonanza consiste:**
Ⓐ nella diminuzione della stabilità di una molecola.
Ⓑ nell'aumento dell'energia totale di una molecola.
Ⓒ nell'aumento della stabilità di una molecola.
Ⓓ nella rappresentazione di una molecola con due o più formule di struttura che differiscono per la disposizione degli atomi.

9 **Rappresenta le strutture limite di risonanza per le seguenti molecole:**
a. N_2O_4 b. SeO_2 c. SO_3

10 **Indica il numero di strutture limite di risonanza con cui si può rappresentare lo ione SiO_3^{2-}:**
Ⓐ 2 Ⓑ 3 Ⓒ 4 Ⓓ 6

LA GEOMETRIA MOLECOLARE

11 **Secondo la teoria VSEPR, la geometria molecolare è determinata principalmente:**
Ⓐ dalla lunghezza di legame.
Ⓑ dal numero di coppie elettroniche intorno all'atomo centrale.
Ⓒ dalla risultante dei singoli momenti dipolari.
Ⓓ dall'energia di ionizzazione e dall'affinità elettronica.

12 **Secondo la teoria VSEPR, la geometria molecolare dell'idruro di fosforo PH_3 è**
Ⓐ tetraedrica.
Ⓑ angolare.
Ⓒ piramidale triangolare.
Ⓓ planare triangolare.

13 **Quale, fra le seguenti molecole, ha geometria tetraedrica secondo la teoria VSEPR?**
Ⓐ BeH_2 Ⓑ AlF_3 Ⓒ $SiBr_4$ Ⓓ $AsBr_3$

14 **Secondo la teoria VSEPR, per quale delle seguenti molecole la geometria molecolare è rappresentabile con un triangolo equilatero?**
Ⓐ NH_3 Ⓑ CH_3F Ⓒ BF_3 Ⓓ H_2O

15 **Secondo la teoria VSEPR, la forma della molecola $AlCl_3$ è di tipo**
Ⓐ planare triangolare.
Ⓑ angolare.
Ⓒ piramidale triangolare.
Ⓓ lineare.

16 **Secondo la teoria VSEPR, in quale delle seguenti molecole è minore l'angolo di legame?**
Ⓐ BI_3 Ⓑ CCl_4 Ⓒ PF_3 Ⓓ H_2Se

17 **Secondo la teoria VSEPR, quale dei seguenti composti ha molecole con geometria lineare?**
Ⓐ COS Ⓑ H_2S Ⓒ CCl_2 Ⓓ NO_2

18 **In quale delle seguenti molecole è minore l'angolo di legame secondo la teoria VSEPR?**
Ⓐ SO_3 Ⓑ $SiBr_4$ Ⓒ OF_2 Ⓓ HCN

19 **Secondo la teoria VSEPR, quale tra le seguenti molecole non è planare triangolare?**

Ⓐ $AsCl_3$
Ⓑ BF_3
Ⓒ $AlCl_3$
Ⓓ CCl_2O

LA POLARITÀ DELLA MOLECOLA

20 **Precisa le condizioni necessarie per definire apolare una molecola poliatomica.**

21 **Quale, fra le seguenti molecole, ha momento dipolare nullo?**

Ⓐ NF_3
Ⓑ H_2Te
Ⓒ SiH_4
Ⓓ ICl

22 **Quale delle seguenti molecole è polare?**

Ⓐ CI_4
Ⓑ $CHCl_3$
Ⓒ CBr_4
Ⓓ CS_2

23 **Indica quale tra le seguenti molecole è apolare:**

Ⓐ Cl_2O
Ⓑ TeO_2
Ⓒ SiO_2
Ⓓ OF_2

VERIFICA LE TUE ABILITÀ

24 **Definisci l'angolo di legame nella molecola HCHO:**

Ⓐ 109,5°
Ⓑ 120°
Ⓒ 104,5°
Ⓓ 107°

25 **Definisci l'ibridazione dell'atomo di carbonio, specifica la disposizione degli atomi, precisa l'angolo di legame e rappresenta con la simbologia di Lewis le seguenti molecole:**

a. CH_3F
b. CS_2
c. $COBr_2$
d. COF_2
e. $CHCl_3$
f. HCN

26 **Rappresenta le strutture di Lewis delle seguenti molecole di ossidi acidi:**

a. Cl_2O_3, I_2O_5, As_2O_3
b. Br_2O_7, N_2O_3, P_2O_5

27 **Rappresenta le strutture di Lewis delle seguenti molecole:**

a. $HBrO_3$, H_2SO_4, H_3AsO_4
b. $HClO_2$, $HSbO_3$, $H_4P_2O_7$

28 **Rappresenta le strutture di Lewis dei seguenti ioni poliatomici:**

a. Pb_2^-, SbO_3^-, AsO_4^{3-}
b. PO_3^{3-}, ClO_2^-, $P_2O_7^{4-}$

29 **Rappresenta le strutture limite di risonanza dei seguenti ioni poliatomici:**

a. PO_3^-
b. SbO_2^-
c. TeO_3^{2-}

30 **Definisci il tipo, specifica e rappresenta la geometria, precisa l'angolo di legame delle seguenti molecole:**

a. H_2S
b. $SiBr_4$
c. BeF_2
d. NF_3
e. $OPCl_3$

31 **Definisci il tipo, specifica e rappresenta la geometria, precisa l'angolo di legame dei seguenti ioni poliatomici:**

a. SO_3^{2-}
b. SCN^-
c. PO_4^{3-}
d. NH_2^-
e. BrO_3^-

32 **In base alla teoria VSEPR, in quale molecola la geometria presenta angoli diversi da 109,5°?**

Ⓐ CHF_3
Ⓑ CH_3Br
Ⓒ CH_2Cl_2
Ⓓ CH_2O

33 **In base alla teoria VSEPR, quale delle seguenti molecole non ha struttura lineare?**

Ⓐ NHCO
Ⓑ C_2Cl_2
Ⓒ C_2H_2
Ⓓ C_2H_4

34 **In base alla teoria VSEPR, quale fra le seguenti molecole ha angoli di legame di 120°?**

Ⓐ SeO_3
Ⓑ SCl_2
Ⓒ SO_2Cl_2
Ⓓ $SOCl_2$

35 **Disponi le seguenti molecole in ordine crescente di polarità:**

a. OF_2, NF_3, BF_3
b. NH_3, PH_3, AsH_3

36 **Stabilisci quali tra le seguenti molecole sono polari:**

a. SO_3, PCl_3, SCl_2
b. AlI_3, CS_2, Br_2O

TEST YOURSELF

37 **Represent the Lewis structure for the following molecules:**

a. $AsBr_3$
b. CH_2Cl_2
c. H_2SiO_3

38 **Represent the Lewis structures for the following polyatomic ions:**

a. IO_4^-
b. $H_2PO_4^-$
c. HSO_3^-

39 **Define the type, state and draw the geometrical arrangement and specify the bond angle of the following chemical species:**

a. Br_2O
b. NCl_3

40 **In polyatomic molecules, the polarity depends on**

(A) the total dipole moment.
(B) the symmetric distribution of bond electrons.
(C) the electronegativity difference.
(D) the bond type existing between the atoms.

41 **Which of the following is a polar molecule?**

(A) SiF_4
(B) BBr_3
(C) CS_2
(D) $AsCl_3$

42 **Indicate in which of the following molecules the bond angle is smaller:**

(A) $AsBr_3$
(B) H_2Te
(C) TeO_2
(D) TeO_3

43 **According to VSEPR theory, indicate which tetrahedric of the following polyatomic ions has a molecular geometry:**

(A) SO_4^{3-}
(B) BrO_4^-
(C) PO_3^-
(D) SiO_3^{2-}

VERSO I GIOCHI DELLA CHIMICA

44 **Individua, tra le seguenti molecole, le due a geometria planare triangolare:**

$CH_2=CH_2$ PH_3 $NH_2{-}NH_2$ AlH_3

(A) $CH_2=CH_2$ e AlH_3
(B) $CH_2=CH_2$ e PH_3
(C) $NH_2{-}NH_2$ e AlH_3
(D) $NH_2{-}NH_2$ e PH_3

[Finale nazionale 2016]

45 **Indica l'angolo di legame in un fluoruro XF_3 in cui X è un elemento con configurazione elettronica $1s^2\,2s^2\,2p^1$.**

(A) 104,5°
(B) 107°
(C) 109,5°
(D) 120°

[Finale nazionale 2016]

46 **Indica, secondo la teoria VSEPR, la geometria della molecola NOCl.**

(A) Planare triangolare.
(B) Lineare.
(C) Angolare.
(D) Piramidale triangolare.

[Finale nazionale 2016]

47 **Sulla base della teoria VSEPR tra le due molecole AlI_3 e ClF_3**

(A) solo AlI_3 è apolare.
(B) solo AlI_3 è polare.
(C) sono entrambe polari.
(D) sono entrambe apolari.

[Finale nazionale 2015]

48 **Indica in quale tra le seguenti molecole l'atomo centrale non raggiunge l'ottetto.**

(A) PBr_3
(B) BI_3
(C) NCl_3
(D) AsF_3

[Finale nazionale 2014]

49 **Indica quale tra le seguenti molecole ha geometria tetraedrica.**

(A) SeF_4
(B) SF_4
(C) TeF_4
(D) SiF_4

[Finale nazionale 2013]

50 **Stabilisci quale affermazione relativa allo ione fosfato non è corretta:**

(A) ha geometria tetraedrica.
(B) presenta quattro strutture limite di risonanza.
(C) è uno ione poliatomico con una carica negativa.
(D) sull'atomo di fosforo non sono presenti doppietti elettronici liberi.

[Finale nazionale 2012]

51 **Indica l'unica molecola apolare:**

(A) O_3
(B) H_2O_2
(C) CO
(D) BeI_2

[Finale nazionale 2011]

VERSO L'UNIVERSITÀ

52 **Perché CCl_4 non è una molecola polare?**

(A) C e Cl hanno uguali valori di elettronegatività.
(B) Cl è più elettronegativo di C.
(C) Le dimensioni dell'atomo di C sono inferiori rispetto a quelle dell'atomo di Cl.
(D) CCl_4 è una molecola tetraedrica.
(E) C forma quattro legami e Cl solo due.

[dalla prova di ingresso a Veterinaria, 2014]

VERSO L'ESAME: LE TUE COMPETENZE

DEFINISCI E RAPPRESENTA

53 Considera le seguenti molecole:

C_2H_6 C_2H_2 C_2H_4

a. Definisci l'ibridazione dell'atomo di carbonio.
b. Specifica la disposizione delle molecole e precisa l'angolo di legame.
c. Rappresenta le molecole con la simbologia di Lewis.
d. Disponi i legami carbonio-carbonio in ordine crescente di lunghezza di legame.
e. Disponi i legami carbonio-carbonio in ordine crescente di energia di legame.

RAPPRESENTA

54 Rappresenta le strutture limite di risonanza dello ione $HCOO^-$.

DEFINISCI E RAPPRESENTA

55 Prendi in esame le seguenti molecole:

a. CH_3COOH
b. $(NH_2)_2CO$

Definisci l'ibridazione degli atomi di carbonio e rappresenta le formule di struttura di Lewis.

DEFINISCI E RAPPRESENTA

56 Definisci il tipo di geometria, precisa l'angolo di legame e rappresenta la geometria delle seguenti molecole:

a. ONF_3 b. N_2F_2 c. BF_2NH_2

CLASSIFICA

57 Disponi in ordine crescente di polarità le seguenti molecole:

a. CH_3F, CH_3I, CCl_4, CH_3Br, CH_3Cl
b. $FSiH_3$, SiF_4, F_2SiH_2, F_3SiH

RAPPRESENTA E IPOTIZZA

58 Un composto organico distillato del legno ha massa molecolare 32,04 g/mol e la seguente composizione in massa: 37,5% C, 12,6% H, 49,9% O.

a. Rappresenta la struttura di Lewis del composto e determina gli angoli di legame intorno agli atomi di carbonio e ossigeno.
b. Indica l'ibridazione degli atomi di carbonio e di ossigeno.
c. Prevedi se la molecola è polare oppure no.

RIFLETTI

59 È possibile che una molecola con legami polari sia nel suo complesso apolare? Spiega il perché.

CLASSIFICA

60 Completa la tabella associando ciascuna molecola alla definizione corrispondente.

a. Molecola poliatomica con legami covalenti polari e struttura trigonale.
b. Molecola biatomica con legami covalenti polarizzati.
c. Molecola polare con struttura tetraedrica e legami covalenti polari.
d. Molecola polare con legami covalenti polari dove l'atomo centrale presenta due doppietti liberi.
e. Molecola apolare con legami covalenti polari con struttura tetraedrica.
f. Molecola formata da atomi dello stesso elemento.

Molecola	Definizione
CH_4	
Cl_2	
H_2O	
BF_3	
$CHCl_3$	
HCl	

OSSERVA E DEDUCI

61 Quale tipo di orbitali usano gli atomi numerati della seguente molecola? Quali tipi di legame (σ o π) contribuiscono alla formazione dei legami indicati?

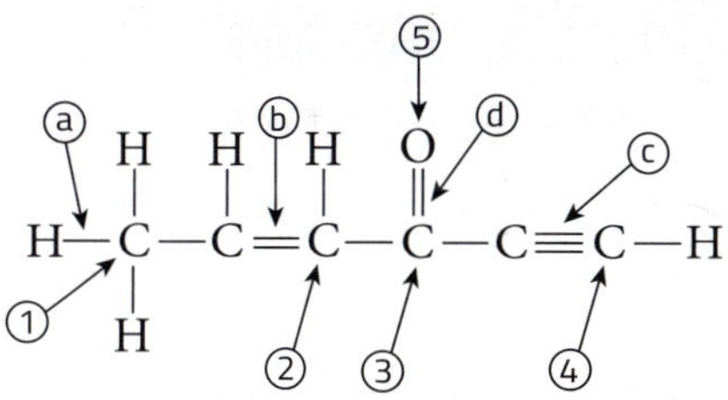

RAPPRESENTA E DEDUCI

62 L'acrilonitrile, CH_2CHCN, si adopera per sintetizzare le fibre acriliche (poliacrilonitrili), come l'*orlon*. Rappresenta la struttura di Lewis dell'acrilonitrile e descrivi gli orbitali ibridi su ciascun atomo di carbonio. Qual è il valore approssimato degli angoli di legame?

ANALIZZA

63 Indica l'ibridizzazione dell'atomo in neretto nelle seguenti molecole:

a. SF_6
b. $O_3Cl{-}O{-}ClO_3$
c. $H_2N{-}CH_2{-}COOH$ (glicina)
d. $OC(NH_2)_2$ (urea)

SEI PRONTO PER LA VERIFICA?

IN 1 ORA

Dopo aver studiato i contenuti dei **capitoli 12 e 13**, svolgi la prova nel **tempo massimo di un'ora**.

CONOSCENZE E ABILITÀ

1 Il legame covalente omopolare si forma per la sovrapposizione:

Ⓐ di due orbitali atomici, uno contenente un solo elettrone e l'altro vuoto.
Ⓑ di due orbitali atomici, ognuno contenente un solo elettrone.
Ⓒ di due orbitali atomici di atomi diversi, ognuno contenente un solo elettrone.
Ⓓ di due orbitali atomici di atomi uguali, ognuno contenente un solo elettrone.

(8 punti se hai risposto correttamente) ...../8

2 Quale, fra i seguenti composti, ha legami con la maggiore percentuale di carattere ionico?

Ⓐ NaCl
Ⓑ KCl
Ⓒ $CaCl_2$
Ⓓ $FeCl_3$

(10 punti se hai risposto correttamente) ...../10

3 Quale composto nelle seguenti coppie è il più polare?

a. HF e HI
b. BaS e MgS

(8 punti se hai risposto correttamente) ...../8

4 Gli orbitali ibridi sono orbitali:

Ⓐ atomici derivanti dalla fusione di orbitali diversi (*s*, *p*).
Ⓑ molecolari derivanti dalla fusione di orbitali diversi (*s*, *p*).
Ⓒ molecolari che hanno forma diversa degli orbitali *s* e *p*.
Ⓓ molecolari con forma uguale.

(12 punti se hai risposto correttamente) ...../12

5 Il legame metallico si realizza per:

Ⓐ condivisione di elettroni tra atomi dello stesso metallo.
Ⓑ condivisione di elettroni tra atomi di due metalli diversi.
Ⓒ attrazione elettrostatica tra ioni positivi ed elettroni delocalizzati dello stesso metallo.
Ⓓ trasferimento di elettroni tra atomi dello stesso metallo.

(10 punti se hai risposto correttamente) ...../10

6 Quale tra le affermazioni che seguono è corretta?

Ⓐ Il legame σ si forma per sovrapposizione di due orbitali *s*, il legame π di due orbitali *p*.
Ⓑ Il legame σ si forma per sovrapposizione di due orbitali *s* o di due orbitali *p*, il legame π di due orbitali *p*.
Ⓒ Il legame σ si forma per sovrapposizione di due orbitali *s* o di due orbitali *p* o di un orbitale *s* e un orbitale *p*, il legame π di due orbitali *p*.
Ⓓ Il legame σ si forma per sovrapposizione di due orbitali (*s* e *p*), il legame π di due orbitali *p*.

(12 punti se hai risposto correttamente) ...../12

I primi 60 punti valgono per il raggiungimento degli obiettivi minimi. Per fare di più, rispondi alle seguenti domande.

COMPETENZE

7 Rappresenta la struttura di Lewis nei seguenti ioni poliatomici e precisa il tipo di ibridazione degli atomi di carbonio.

a. NCO^-
b. CH_3COO^-

(4 punti se hai risposto correttamente) ...../4

8 Rappresenta la struttura di Lewis per le seguenti specie chimiche:

a. BrO^+
b. $HClO_3$
c. CaF_2
d. As_2O_3
e. K_3BO_3
f. HPO_4^{2-}

(10 punti se hai risposto correttamente) ...../10

9 Rappresenta le strutture di risonanza per lo ione poliatomico PO_3^-.

(4 punti se hai risposto correttamente) ...../4

10 Definisci il tipo, specifica e rappresenta la geometria, precisa l'angolo di legame delle seguenti specie chimiche:

a. AsO_3^{3-}
b. NO_2^-
c. CCl_4

(6 punti se hai risposto correttamente) ...../6

11 In quale delle seguenti specie chimiche è maggiore l'angolo di legame?

Ⓐ CO_3^{2-}
Ⓑ SO_4^{2-}
Ⓒ OF_2
Ⓓ H_3O^+

(4 punti se hai risposto correttamente) ...../4

12 Precisa il tipo di legame presente nelle seguenti specie chimiche:

a. $NaH_{(s)}$
b. $AlCl_{3(s)}$
c. $Br_{2(l)}$
d. $K_{(s)}$
e. $PbS_{(s)}$
f. $H_3O_{(aq)}$

(12 punti se hai risposto correttamente) ...../12

PUNTEGGIO TOTALE ...../100

CAPITOLO

14 LE PROPRIETÀ DELLE SOLUZIONI

1 LA TENDENZA AL MASSIMO DISORDINE SPINGE I SOLUTI A DISCIOGLIERSI NEI SOLVENTI

L'aria che respiriamo e l'acqua che beviamo sono esempi di miscugli che chiamiamo soluzioni. L'acqua e le sue soluzioni sono indispensabili alla vita, ma solo se possiedono specifiche proprietà. Per esempio, i mari e gli oceani sono immense soluzioni, ma hanno una concentrazione salina elevata e non possono, così come sono, risolvere il problema della sete nel mondo; conoscere le proprietà delle soluzioni ci consente però di ottenere «acqua dolce» dal mare.

> Una **soluzione** è un sistema omogeneo costituito da due o più componenti: il componente più abbondante è il *solvente*, gli altri costituiscono il *soluto*.

TI RICORDI?

Un sistema è **omogeneo** quando presenta *in ogni punto* le stesse proprietà fisiche e chimiche e i componenti non sono più distinguibili.

Esistono diversi tipi di soluzioni, che si distinguono in:

- *gassose*, se costituite da un gas in un gas (come, per esempio, l'aria);
- *liquide*, se costituite da un gas in un liquido (acqua gassata), da un liquido in un liquido (vino) o da un solido in un liquido (acqua di mare);
- *solide*, se costituite da un solido in un solido (leghe).

La formazione di una soluzione implica la *dissoluzione* di un soluto in un solvente. Spesso il sistema formato dalla soluzione che si ottiene è *più disordinato* rispetto ai sistemi iniziali, ovvero quelli costituiti dal solo solvente o dal solo soluto (**figura 1**).

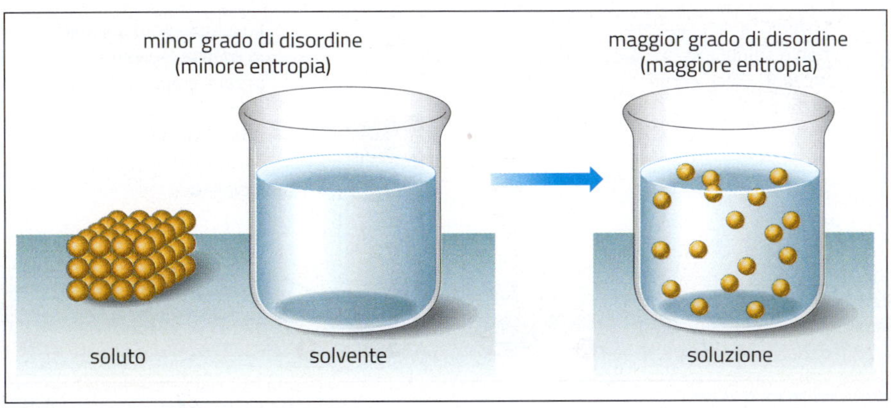

Figura 1 La solubilizzazione di un solido in un liquido Rappresentazione dell'aumento del grado di disordine durante la solubilizzazione di un soluto solido in un solvente liquido.

Come vedremo più avanti, i sistemi tendono a conseguire uno stato di massimo disordine e di minima energia: per questo motivo, il soluto tende a miscelarsi spontaneamente con il solvente e a formare un sistema più disordinato, cioè la soluzione. Quanto più esotermico è il processo di dissoluzione, tanto più facilmente si formerà la soluzione.

Poiché lo stato gassoso è molto più disordinato di quello liquido, il sistema diventa *meno disordinato* al disciogliersi di un gas in un liquido. Anche i soluti gassosi possono sciogliersi spontaneamente in un liquido (per esempio, l'ossigeno dell'aria si discioglie nell'acqua), ma soltanto a condizione che il processo di dissoluzione liberi energia.

Tutte le soluzioni tra gas si formano spontaneamente: i gas, infatti, possono mescolarsi completamente e in tutte le proporzioni. Quando si mescolano, aumenta il disordine del sistema e non è richiesta energia, dato che tra una particella e l'altra di gas ideale non ci sono forze attrattive.

TI RICORDI?

Un processo è **esotermico** se libera calore nell'ambiente.

TI RICORDI?

In un **gas ideale** le particelle sono puntiformi, si urtano in modo elastico, sono libere di muoversi in tutte le direzioni e sono molto *lontane* l'una dall'altra, in modo che tra esse non si manifestino forze attrattive o repulsive.

2 UN SOLUTO SI SCIOGLIE IN UN SOLVENTE SE È SIMILE AL SOLVENTE

La solubilizzazione di un soluto in un solvente è descritta dal detto latino *similia similibus solvuntur*, ovvero *i simili vengono sciolti dai simili*.

Si può quindi prevedere la formazione di una soluzione in base alle seguenti condizioni.

1. I **soluti ionici** (come il cloruro di calcio, l'idrossido di sodio, il solfato di rame) sono solubili in solventi polari (come l'acqua); in tal caso tra il soluto e il solvente si stabiliscono *legami ione-dipolo*.
2. I **soluti molecolari polari** (come il saccarosio $C_{12}H_{22}O_{11(s)}$ e l'etanolo $C_2H_5OH_{(l)}$) sono solubili in solventi polari; in tal caso tra il soluto e il solvente si stabiliscono *legami a idrogeno* o interazioni dipolo-dipolo (*forze dipolari*).
3. I **soluti molecolari apolari** (come lo iodio $I_{2(s)}$, il bromo $Br_{2(l)}$ e l'ossigeno $O_{2(g)}$) sono solubili in solventi apolari (come il benzene C_6H_6 e il tetracloruro di carbonio CCl_4); in tal caso tra il soluto e il solvente si stabiliscono interazioni dipolo istantaneo-dipolo indotto (*forze di London*) più forti delle deboli interazioni elettrostatiche tra le molecole del soluto, che in tal modo va in soluzione (figura 2).

TI RICORDI?

Una sostanza è **polare** se le sue molecole hanno un momento dipolare totale diverso da zero. Il momento dipolare totale è la somma dei momenti dipolari dei singoli legami all'interno della molecola e dipende dalla geometria della molecola.

TI RICORDI?

Il **legame a idrogeno** si forma tra molecole in cui è presente un atomo H legato in modo covalente a un atomo molto elettronegativo e piccolo (N, O, F). Le **forze dipolari** si esercitano tra molecole polari e le **forze di London** tra molecole apolari. Il **legame ione-dipolo** si stabilisce tra uno ione e una molecola polare.

Figura 2 **La solubilità dello iodio** Lo iodio è solubile in solventi apolari.

La tabella 1 riassume le interazioni che si possono instaurare in una soluzione in base alla natura del soluto e del solvente.

Soluto A	Solvente B	Interazione			Solubilità di A in B
		A----A	B----B	A----B	
non polare	non polare	debole	debole	debole	può essere alta
non polare	polare	debole	forte	debole	probabilmente bassa
polare	non polare	forte	debole	debole	probabilmente bassa
polare	polare	forte	forte	forte	può essere alta

Tabella 1 **Soluzioni di soluti e solventi di differente polarità** L'intensità delle interazioni dipende dalla natura del solvente e del soluto.

La **solubilità** è la quantità massima di un soluto che a una data temperatura si scioglie in una determinata quantità di solvente.

Se una soluzione a una data temperatura contiene una quantità di soluto *inferiore* al valore di solubilità si dice **insatura**, se ne contiene una quantità *uguale* al valore di solubilità si dice invece **satura**. Un solido si dice **solubile** in un dato solvente se presenta un valore alto di solubilità; è invece **insolubile** se il valore di solubilità è molto piccolo. Per esempio, a 20 °C la solubilità in acqua del cloruro di sodio NaCl è 358 g/L mentre quella del carbonato di calcio $CaCO_3$ è 0,014 g/L: da questi valori possiamo dedurre che NaCl è un sale solubile in acqua, mentre $CaCO_3$ è insolubile.

I solidi **covalenti** e i solidi **metallici** sono *insolubili* in un qualunque solvente perché le forze di attrazione che si stabiliscono tra le particelle di solido e quelle di solvente sono insufficienti a vincere le forze di attrazione esistenti tra le particelle del solido cristallino.

TI RICORDI?

Nei **solidi covalenti** gli atomi sono legati tra loro da legami covalenti puri o polari. Un esempio di solido covalente è il diamante.

3 LA SOLUBILITÀ DI SOLIDI E LIQUIDI IN ACQUA DIPENDE DALLA TEMPERATURA E DALLA NATURA DEL SOLUTO

Le soluzioni acquose sono molto diffuse sulla Terra e meritano per questo una particolare attenzione. La solubilità (simbolo ***s***) di un soluto in acqua varia con la temperatura e in modo diverso in relazione al tipo di soluto e al suo stato fisico.

Soluti solidi

La differenza di solubilità in acqua di sostanze diverse alla stessa temperatura dipende dalla **natura chimica del soluto**. I nitrati sono composti molto solubili, i solfati sono generalmente poco solubili, mentre i fosfati sono di solito insolubili.

Aumentando la **temperatura**, la solubilità della maggior parte dei solidi ionici e molecolari *aumenta*; per alcuni solidi, come il cloruro di sodio (NaCl), aumenta pochissimo, mentre per altri, come il nitrato di potassio (KNO_3), aumenta rapidamente. Quando soluzioni di questo tipo si raffreddano, la solubilità diminuisce e il soluto in eccesso si deposita come corpo di fondo.

Esistono però alcune eccezioni: per alcuni solidi, come il solfato di cerio ($Ce_2(SO_4)_3$), all'aumentare della temperatura la solubilità *diminuisce*.

L'aumento o la diminuzione della solubilità di un solido con *l'aumentare* della temperatura dipende dal *processo di solubilizzazione*. La formazione di una soluzione può essere un processo:

- *endotermico*, e in tal caso un aumento della temperatura incrementa la solubilità;
- *esotermico*, e in tal caso un aumento della temperatura riduce la solubilità.

I valori di solubilità di un solido alle diverse temperature sono rappresentati dalle **curve di solubilità** (figura 3). Queste curve sono state tracciate esprimendo la solubilità come la massa in grammi di solido che può sciogliersi a una data temperatura in 100 g di solvente.

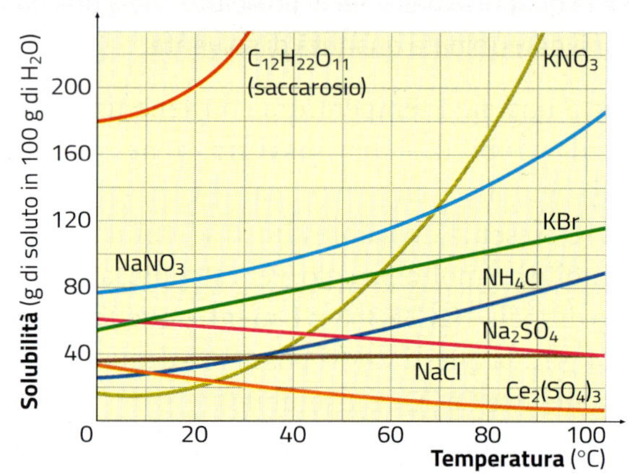

Figura 3 Solubilità di alcuni solidi in funzione della temperatura La solubilità della maggior parte dei solidi ionici e molecolari aumenta con la temperatura.

Quando, a una data temperatura, si aggiunge ancora soluto a una *soluzione satura*, questo non si scioglie più e si deposita come *corpo di fondo* (figura 4). A volte una soluzione può contenere, a una data temperatura, una quantità di soluto superiore al valore di solubilità senza avere il corpo di fondo; in tal caso si dice che la soluzione è *sovrasatura*.

Figura 4 Una soluzione satura Quando una soluzione è satura il soluto che viene aggiunto non si scioglie ma si deposita come corpo di fondo.

Una soluzione che contiene, a una data temperatura, una quantità di soluto superiore al valore di solubilità può essere **satura con corpo di fondo**, o **sovrasatura** se manca il corpo di fondo.

In una soluzione *satura con corpo di fondo* si stabilisce un equilibrio tra le particelle di soluto indisciolto e quelle presenti in soluzione (figura 5). In un dato tempo, infatti, un certo numero di particelle indisciolte va in soluzione (*processo di solubilizzazione*) e lo stesso numero di particelle presenti in soluzione si deposita come corpo di fondo (*processo di cristallizzazione*).

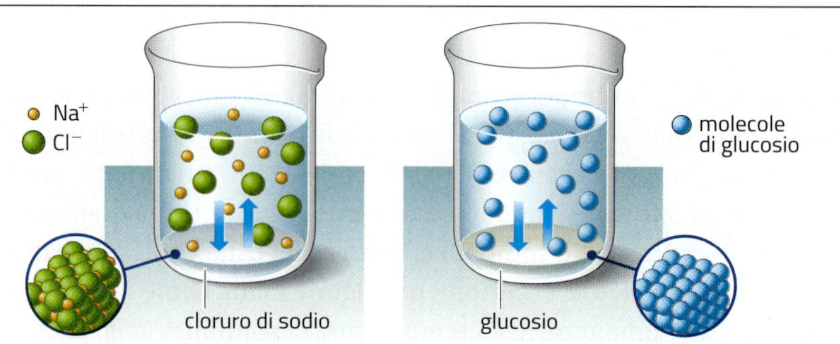

Figura 5 L'equilibrio in soluzioni sature con corpo di fondo Processo di solubilizzazione (indicato dalla freccia ↑) e di cristallizzazione (↓) in soluzioni sature con corpo di fondo di cloruro di sodio e di glucosio.

PROBLEMA MODELLO

Ricavare informazioni dalle curve di solubilità

Considera le curve di solubilità della figura 3. Una soluzione è stata preparata aggiungendo 80 g di bromuro di potassio (KBr) a 100 g di acqua.

a. La soluzione a 10 °C è satura o insatura?
b. Il sistema è omogeneo o eterogeneo? Perché?
c. Qual è la sua massa?
d. Che cosa accade se si riscalda la soluzione sino a 50 °C?

L'IDEA

Individuiamo la curva di solubilità di KBr: il valore in ordinata corrisponde alla massa di soluto che al massimo si scioglie in 100 g di acqua alla temperatura indicata dal valore in ascissa.
Consideriamo il punto della curva relativo a 10 °C e determiniamo il valore in ordinata, cioè la solubilità del soluto a quella temperatura.
Se la quantità di soluto aggiunta all'acqua è uguale o superiore a questo valore, la soluzione è satura; se è inferiore, la soluzione è insatura.
Nel caso in cui la quantità di soluto sia superiore, il sistema è eterogeneo perché si forma un corpo di fondo; in caso contrario il sistema è fisicamente omogeneo. La massa del sistema, in ogni caso, corrisponde alla somma delle masse di soluto e solvente.
Quando la temperatura varia, dobbiamo individuare il nuovo valore di solubilità; se è più grande della massa di soluto in questione, la soluzione a quella temperatura è insatura e il corpo di fondo si dissolverà.

LA SOLUZIONE

a. A 10 °C, in 100 g di acqua si sciolgono al massimo 60 g di KBr. Con 80 g, la soluzione risulta satura; la quantità di soluto in eccesso (20 g) non si scioglie e va a costituire il corpo di fondo.
b. Il sistema è eterogeneo perché si formano due fasi distinte: la fase liquida costituita dalla soluzione e la fase solida costituita dal corpo di fondo.
c. La massa del sistema è pari alla somma delle masse dell'acqua (100 g) e del bromuro di potassio (80 g), ovvero 180 g.
d. A 50 °C, in 100 g di acqua si sciolgono più di 80 g di bromuro di potassio; portando la temperatura del sistema da 10 °C a 50 °C il corpo di fondo si dissolve.

LA CONCLUSIONE

La solubilità di KBr, così come quella di molti altri solidi, aumenta all'aumentare della temperatura. Durante il riscaldamento cambia il numero di fasi del sistema, ma la sua massa resta costante.

PROBLEMA SIMILE

Considera le curve di solubilità della figura 3.

a. Quanti grammi di nitrato di sodio $NaNO_3$ sono disciolti in una soluzione satura senza corpo di fondo ottenuta a partire da 100 g di acqua alla temperatura di 80 °C?
b. Che cosa accade se la si raffredda sino a 10 °C? Spiega in termini quantitativi ciò che si osserverebbe.

Soluti liquidi

La solubilità di un liquido in un liquido dipende dalla loro natura chimica. In generale, i soluti liquidi *polari* si sciolgono in solventi polari, mentre i soluti liquidi *apolari* si sciolgono nei solventi apolari. La solubilità di un liquido in acqua diminuisce rapidamente al diminuire della polarità del soluto.

Per esempio, l'acqua e l'alcol etilico $CH_3—CH_2—OH$ sono entrambi liquidi **polari** le cui molecole, per la presenza di atomi di idrogeno legati ad atomi di ossigeno, sono in grado di formare legami a idrogeno.

Versando l'alcol etilico in acqua, i legami a idrogeno si rompono e tra le molecole di alcol etilico e quelle di acqua si stabiliscono nuovi legami a idrogeno: si forma così una soluzione costituita da due liquidi *miscibili in tutte le proporzioni* (figura **6**).

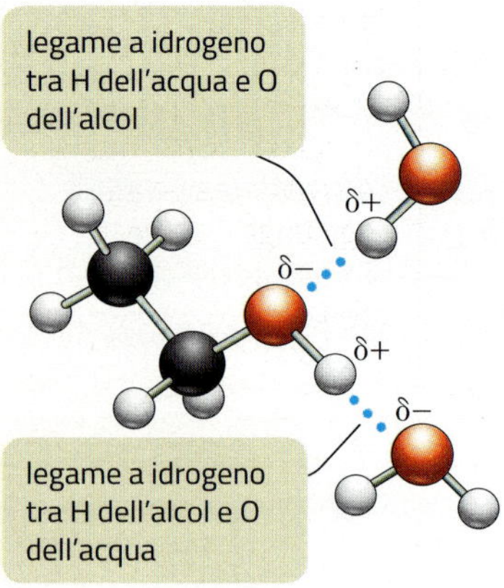

Figura 6 La solubilità tra liquidi polari La formazione di legami a idrogeno tra l'alcol etilico e l'acqua.

È necessario ricordare che i volumi di liquidi miscibili *non sono additivi*. Il volume che si ottiene unendo due liquidi miscibili è leggermente *inferiore* alla somma dei loro volumi, perché tra le molecole dei due liquidi si formano legami che portano all'avvicinamento delle molecole e alla conseguente *contrazione* del volume della soluzione (figura **7**).

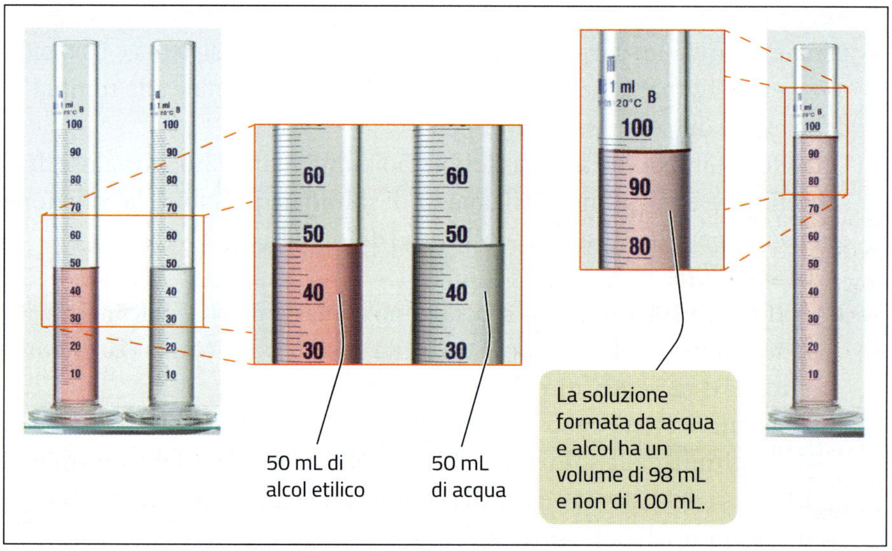

Figura 7 I volumi di liquidi miscibili non sono additivi La soluzione formata da alcol etilico e acqua ha un volume inferiore alla somma dei volumi dei due liquidi separati.

Il gruppo atomico —OH presente nell'alcol e nell'acqua è sia donatore (per la presenza di H con δ+) sia accettore (per la presenza di O con δ−) di legami a idrogeno.

Al contrario, l'etere dietilico, $CH_3—CH_2—O—CH_2—CH_3$, non è donatore di legami a idrogeno. Inoltre, mentre l'alcol etilico ha un solo gruppo apolare $—CH_2—CH_3$, l'etere dietilico ne ha due e quindi è solo debolmente polare.

Se ne versiamo una piccola quantità in acqua, che è un liquido **polare**, l'etere si scioglie e si forma una soluzione *omogenea*. Se, tuttavia, continuiamo ad aggiungere etere, osserviamo via via la formazione di uno *strato inferiore* di acqua saturo di etere e di uno *strato superiore* di etere saturo di acqua (figura **8**). L'etere dietilico e l'acqua sono perciò liquidi *parzialmente miscibili*.

Acqua e benzene sono invece liquidi *immiscibili*. Il benzene C_6H_6 è infatti un liquido **apolare**; versando il benzene in acqua si osserva subito la formazione di due strati: uno inferiore di acqua e uno superiore di benzene.

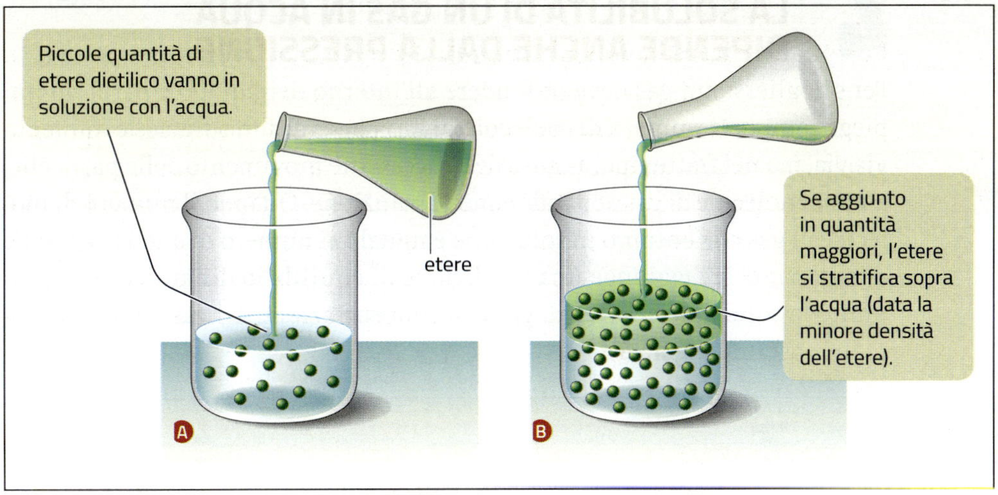

Figura 8 **L'acqua e l'etere dietilico sono parzialmente miscibili** Una piccola quantità di etere in acqua va in soluzione (A), ma, se continuiamo ad aggiungere etere, si formano due strati separati (B).

LABORATORIO

Miscibilità dei liquidi

L'obiettivo
Verificare la relazione che intercorre tra la natura (polare o apolare) dei liquidi e la loro miscibilità.

I concetti
La miscibilità di due liquidi è in relazione con la loro natura chimica.
I liquidi polari sono solubili in quelli polari mentre i liquidi apolari sono solubili in quelli apolari.

I materiali
Provetta, iodio in scaglie,
bacchetta di vetro; acqua distillata,
acetone $CH_3—CO—CH_3$;
alcol etilico $CH_3—CH_2—OH$;
pentano $CH_3—CH_2—CH_2—CH_2—CH_3$;
cloroformio $CHCl_3$.

L'esperimento
1. Versa 3 mL di acqua distillata in una provetta (figura A) e aggiungi lo stesso volume di acetone (figura B). Agita e, dopo aver lasciato riposare per qualche minuto, osserva se i due liquidi sono solubili.
2. Ripeti il procedimento suddetto con le altre coppie di liquidi elencate in tabella (figura C). Per rendere più evidente ciascun saggio, aggiungi una piccola scaglia di iodio, che non è solubile in acqua ma è solubile in altri liquidi, colorandoli in modo differente.
3. Annota le osservazioni (miscibile, poco miscibile, non miscibile) nella tabella in basso.

Le competenze
Che cosa puoi dedurre riguardo alla miscibilità dei liquidi sui quali hai eseguito il saggio?

	Acqua	Acetone	Alcol etilico	Cloroformio	Pentano
Acqua					
Acetone					
Alcol etilico					
Cloroformio					
Pentano					

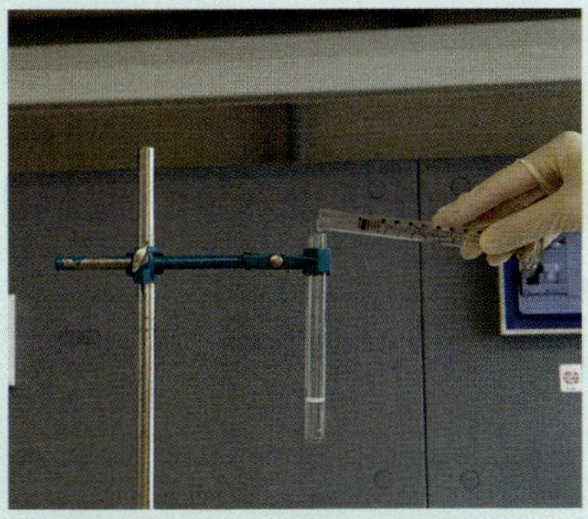
Figura A

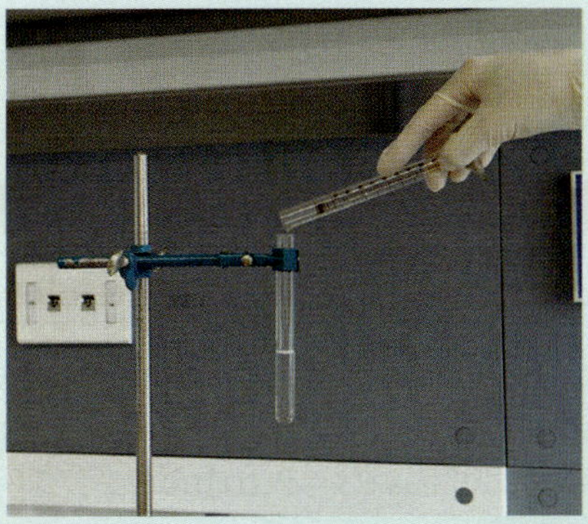
Figura B

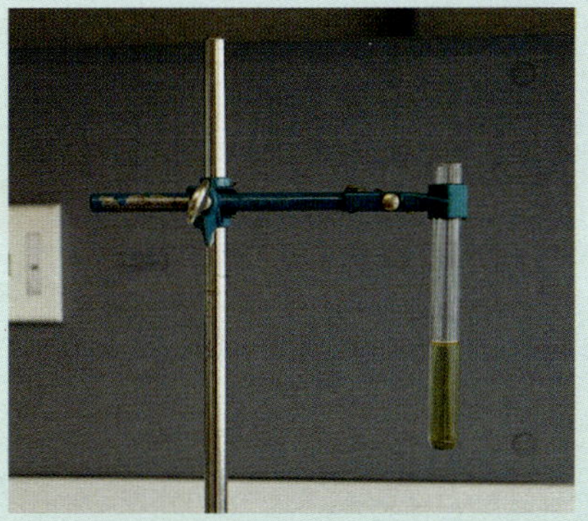
Figura C

4 LA SOLUBILITÀ DI UN GAS IN ACQUA DIPENDE ANCHE DALLA PRESSIONE

Per sciogliersi, un gas deve diffondere all'interno del liquido e per farlo impiega tempo. Il numero di molecole di gas che entra in soluzione aumenta via via, ma nel frattempo, a causa dell'incessante movimento delle particelle, alcune molecole di gas abbandonano la soluzione. Quando il numero di molecole di gas che entrano in soluzione è uguale al numero di quelle che se ne allontanano, si raggiunge una condizione di **equilibrio dinamico**. A questo punto la soluzione è *satura* di gas e la concentrazione del gas nel liquido rimane costante (figura **9**).

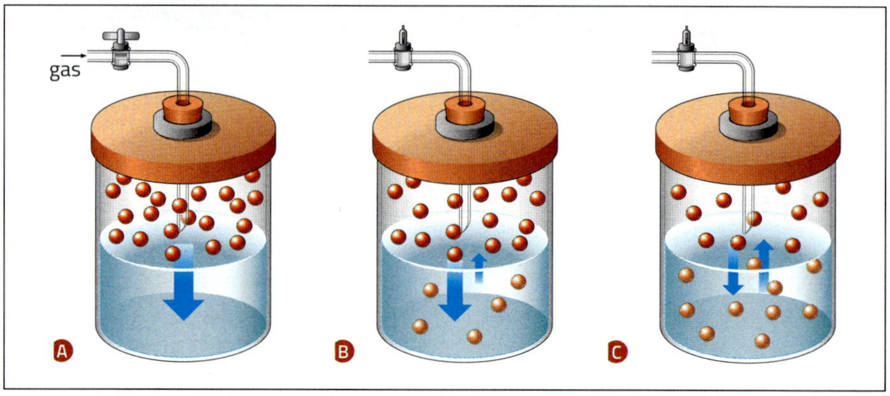

Figura 9 La formazione di una soluzione satura di gas Il gas inizia a diffondere nel liquido (A) e le molecole di gas che diffondono nel liquido aumentano (B) fino a raggiungere una condizione di equilibrio dinamico: la soluzione è satura di gas (C).

Come per i soluti solidi e liquidi, la solubilità di un gas dipende dalla *temperatura* della soluzione e dalla *natura chimica* del gas. A differenza di solidi e liquidi, essa risente notevolmente della *pressione* esercitata dal gas sulla superficie del liquido. I valori di solubilità dei gas vanno quindi riportati specificando le condizioni di temperatura e di pressione a cui sono stati determinati.

La solubilità di un gas in un liquido si esprime generalmente come quantità in moli di gas che può sciogliersi in un litro di soluzione: la solubilità *s* è quindi espressa in **moli al litro** (simbolo **mol/L**) (tabella **2**).

Tabella 2 Solubilità in acqua di alcuni gas I valori riportati si riferiscono alla temperatura di 25 °C e alla pressione di 1 atm.

Gas	Formula	*s* (mol/L)	Gas	Formula	*s* (mol/L)
ossigeno	O_2	0,0013	ammoniaca	NH_3	11
diossido di carbonio	CO_2	0,076	azoto	N_2	0,001
solfuro di diidrogeno	H_2S	0,1	cloruro di idrogeno	HCl	12

PROBLEMA MODELLO

Calcolare la quantità di gas disciolto in un dato volume di soluzione

Calcola la massa di solfuro di diidrogeno, $H_2S_{(g)}$, disciolto in $1{,}5 \cdot 10^3$ mL di soluzione acquosa a 25 °C e alla pressione di 1 atm. A queste condizioni la solubilità del gas è $s = 0{,}10$ mol/L.

L'IDEA

La solubilità del gas nelle condizioni indicate corrisponde alla quantità in moli di gas disciolto in un volume unitario (1 L) di soluzione. Per calcolare la quantità in moli (n) di gas disciolto in un dato volume di soluzione, moltiplichiamo la solubilità per il volume di soluzione espresso in L usando la relazione:

$$n_{gas} = s_{gas}\ (\text{mol/L}) \cdot V_{soluzione}\ (\text{L})$$

La massa in grammi del gas si determina moltiplicando la quantità in moli di gas per la sua massa molare.

LA SOLUZIONE

Poiché il volume di soluzione è espresso in mL è necessario convertirlo in litri, ricordando che 1 L = 10^3 mL.

$$V_{soluzione} = 1{,}5 \cdot 10^3\ \text{mL} \cdot \frac{1\ \text{L}}{10^3\ \text{mL}} = 1{,}5\ \text{L}$$

$$n_{(H_2S)} = s\ (\text{mol/L}) \cdot V_{soluzione}\ (\text{L}) = 0{,}10\ \text{mol/L} \cdot 1{,}5\ \text{L} = 0{,}15\ \text{mol}$$

La massa molecolare relativa di H_2S è $M_r = 34{,}09$; la sua massa molare è quindi $M = 34{,}09$ g/mol.

$$m_{(H_2S)} = n\ (\text{mol}) \cdot M\ (\text{g/mol}) = 0{,}15\ \text{mol} \cdot 34{,}09\ \text{g/mol} = 5{,}1135\ \text{g}$$

LA CONCLUSIONE

La massa di solfuro di diidrogeno $H_2S_{(g)}$ che a 25 °C e alla pressione di 1 atm si discioglie in $1{,}5 \cdot 10^3$ mL di soluzione acquosa è 5,1135 g. Poiché il risultato va espresso con due cifre significative, il valore che otteniamo è 5,1 g.

PROBLEMA SIMILE

Un acquario contiene 75 L di soluzione. Calcola la quantità in moli di ossigeno gassoso disciolto, sapendo che in quelle condizioni la solubilità dell'ossigeno è 4,2 mg/L.

Quando la **pressione** del gas che si trova al di sopra del liquido aumenta, cresce anche il numero di molecole per unità di volume e quindi la quantità di gas che può diffondere nel liquido (figura **10**).

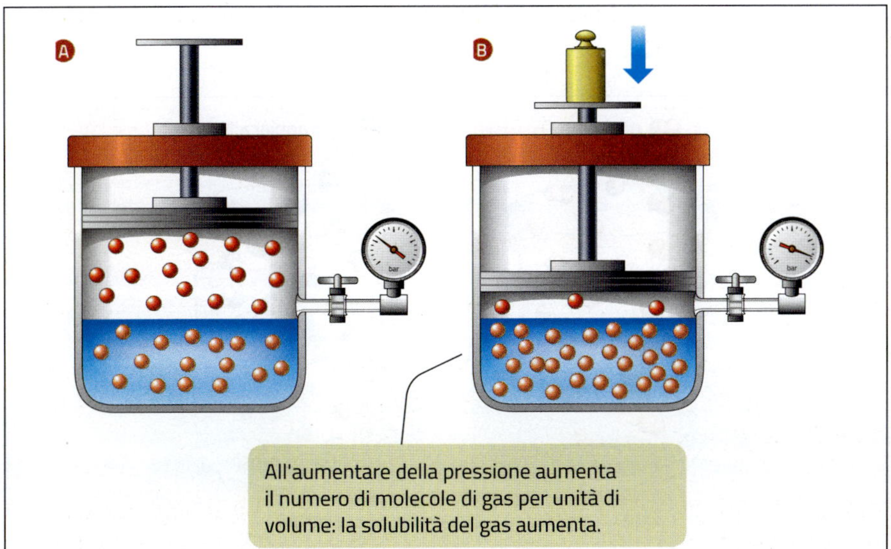

Figura 10 La solubilità aumenta a più alta pressione Aumentando la pressione si ha una riduzione del volume e un aumento della solubilità del gas.

TI RICORDI?

La **pressione parziale di un gas** che compone una miscela è la pressione che il gas avrebbe se occupasse tutto il volume dell'intera miscela.

La relazione fra la solubilità di un gas in un liquido e la pressione è espressa dalla **legge di Henry**:

La solubilità (s) di un gas in un liquido, a una data temperatura, è direttamente proporzionale alla pressione parziale p che il gas esercita sulla superficie del liquido:

$$s = K_H \cdot p$$

La costante di proporzionalità K_H, chiamata *costante di Henry*, dipende dalla natura del gas, dalla natura chimica del solvente e dalla temperatura della soluzione. La legge di Henry è valida solo per *soluzioni diluite di gas poco solubili* (ossigeno, azoto, elio) che non reagiscono con il solvente (figura **11A**). Aumentando la **temperatura** della soluzione, le molecole del gas e del liquido aumentano la loro energia cinetica e possono rompere i legami intermolecolari che le uniscono; in tal caso le molecole ritornano allo stato di gas e la solubilità diminuisce (figura **11B**).

La solubilità di un gas in un liquido diminuisce all'aumentare della temperatura.

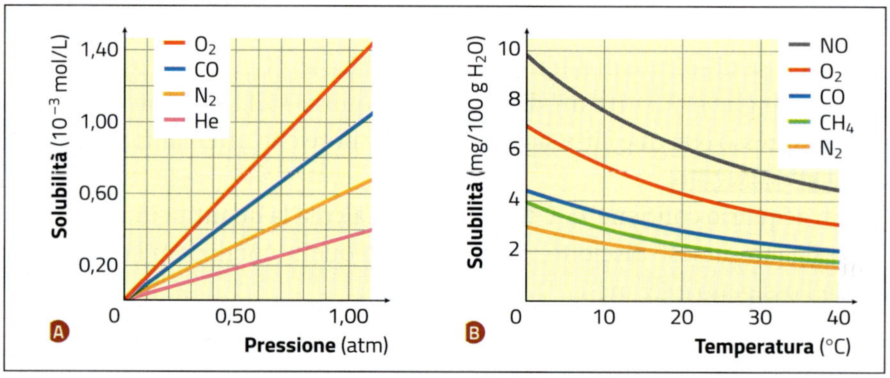

Figura 11 La solubilità in acqua di gas poco solubili La solubilità aumenta proporzionalmente all'aumentare della pressione (A) e diminuisce all'aumentare della temperatura (B).

I gas costituiti da molecole **apolari** (come l'ossigeno o l'azoto) sono *poco solubili* in liquidi polari, in quanto i legami intermolecolari gas-liquido sono debolissimi; i gas **polari** (come il cloruro di idrogeno o l'ammoniaca) sono invece *più solubili* poiché possono formare con i liquidi polari legami più forti e più stabili (figura **12**).

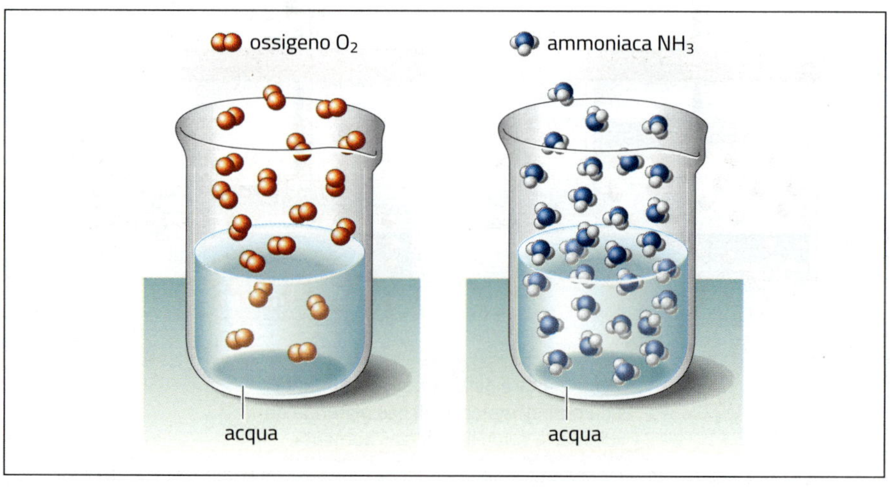

Figura 12 La diversa solubilità in acqua di gas apolari e polari L'ossigeno è un gas apolare: la sua solubilità in acqua è molto inferiore rispetto a quella di un gas polare, come l'ammoniaca.

I gas polari, diffondendo nell'acqua, reagiscono con essa in misura tanto più accentuata quanto maggiore è la loro polarità. Per esempio, la reazione tra l'ammoniaca e l'acqua porta alla formazione di ioni ammonio NH_4^+ e ioni idrossido OH^-:

$$NH_{3(g)} + H_2O_{(l)} \longrightarrow NH^+_{4(aq)} + OH^-_{(aq)}$$

La reazione tra il cloruro di idrogeno e l'acqua forma invece ioni ossonio H_3O^+ e ioni cloruro Cl^-:

$$HCl_{(g)} + H_2O_{(l)} \longrightarrow H_3O^+_{(aq)} + Cl^-_{(aq)}$$

La formazione di nuovi prodotti permette a un *maggior numero* di molecole di gas di *diffondere* nell'acqua e l'equilibrio dinamico alla stessa temperatura si raggiunge più tardi:

La solubilità di un gas dipende dalla sua natura chimica (apolare o polare) ed è maggiore per i gas polari che possono reagire con l'acqua.

5 L'ACQUA DISSOCIA I SOLIDI IONICI E DISSOLVE I SOLIDI MOLECOLARI POLARI

I solidi solubili in acqua sono i solidi ionici e i solidi molecolari polari; tutti gli altri tipi di solidi (solidi molecolari apolari, metallici e covalenti) sono invece insolubili.

Solidi ionici

Il cloruro di sodio NaCl è un solido ionico costituito da ioni sodio Na^+ e da ioni cloruro Cl^-, tenuti insieme dalle intense forze di attrazione elettrostatica tipiche del legame ionico. Quando immergiamo un cristallo di NaCl in acqua, che è un *liquido polare*, ogni catione sodio Na^+ attira, orienta e si lega con l'atomo di ossigeno (δ−) di diverse molecole di acqua. Contemporaneamente, ogni anione cloruro Cl^- attira, orienta e si lega con gli atomi di idrogeno (δ+) di diverse molecole di acqua.

I legami elettrostatici che si formano tra gli ioni e le molecole di acqua sono *legami ione-dipolo*. Se la somma dell'energia dei legami ione-dipolo è maggiore dell'energia del legame ionico, questo prima si indebolisce e infine si rompe: gli ioni Na^+ e gli ioni Cl^- che si trovano sulla superficie esterna del solido si staccano e vanno in soluzione sotto forma di *ioni idratati* (se il solvente è diverso dall'acqua si dicono più genericamente *ioni solvatati*) (figura **13**).

TI RICORDI?

I **legami O—H** sono polari, perché l'ossigeno è più elettronegativo dell'idrogeno: l'atomo di ossigeno presenta una parziale carica negativa (δ−) e l'atomo di idrogeno una parziale carica positiva (δ+). Poiché la molecola di acqua non è lineare, il baricentro delle cariche elettriche negative e di quelle positive non coincide: la molecola risulta quindi polare.

TI RICORDI?

Lo **stato di idratazione** degli ioni in soluzione è messo in evidenza con la notazione (*aq*) riportata in basso a destra del simbolo o della formula dello ione, come in $Na^+_{(aq)}$ o $Cl^-_{(aq)}$.

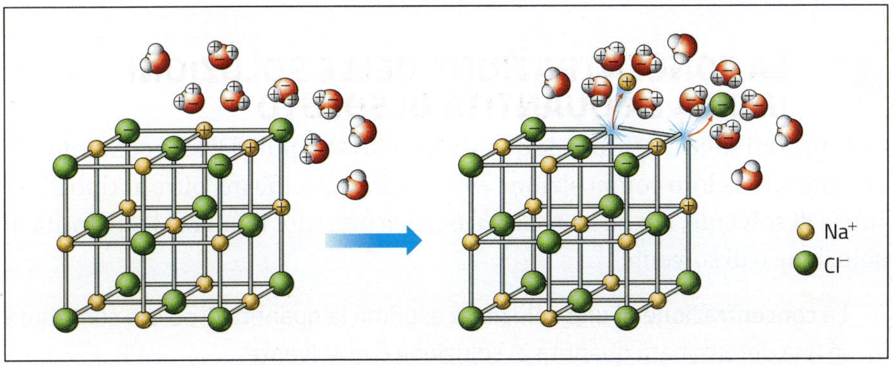

Figura 13 Il meccanismo di dissoluzione del cloruro di sodio I singoli ioni sono separati e circondati da molecole di acqua, con formazione di ioni Na^+ e Cl^- idratati.

PER CAPIRE MEGLIO
Animazione
Dissociazione ionica, dissoluzione molecolare e concentrazione di una soluzione

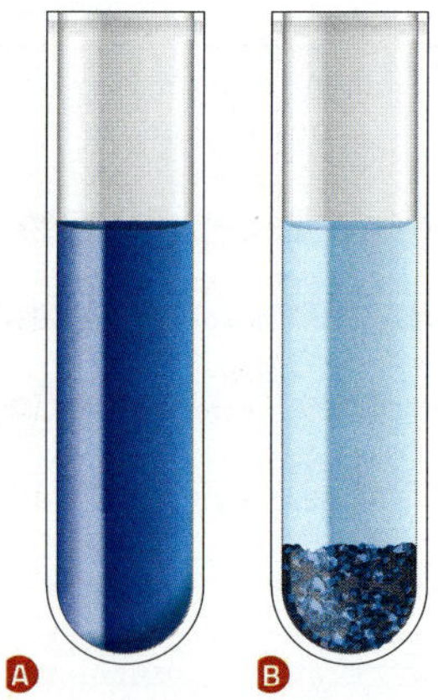

Figura 14 La solubilità del solfato di rame Un solido ionico come il solfato di rame è solubile in acqua (A), ma insolubile in solventi apolari, come per esempio la trielina o l'etere dietilico (B).

PER VEDERE LA CHIMICA
Video *In laboratorio*
Dissoluzione del solfato rameico anidro

Figura 15 Il meccanismo di dissoluzione del glucosio Il glucosio (A) è un solido molecolare polare; nel processo di dissoluzione, le singole molecole sono separate e circondate da molecole di acqua (B).

Le **reazioni di dissociazione ionica** del cloruro di sodio e del solfato di potassio sono rappresentate dalle seguenti equazioni:

$$NaCl_{(s)} \xrightarrow{H_2O} Na^+_{(aq)} + Cl^-_{(aq)}$$

$$K_2SO_{4(s)} \xrightarrow{H_2O} 2\,K^+_{(aq)} + SO^{2-}_{4(aq)}$$

Anche se molti solidi ionici si dissolvono facilmente in acqua (figura **14**), esistono diverse eccezioni. Alcuni composti ionici sono *poco solubili* o *insolubili* in acqua, perché la forza di attrazione elettrostatica tra gli ioni di questi composti e le molecole di acqua (legame ione-dipolo) non è sufficiente a vincere la forza di attrazione tra gli ioni all'interno del solido (legame ionico). In questi casi, solo quantità molto piccole del composto passano in soluzione. Il solfato di bario e il cloruro di argento sono esempi di solidi poco solubili.

Solidi molecolari polari

Il glucosio $C_6H_{12}O_6$ è un solido molecolare polare le cui molecole sono tenute insieme da legami a idrogeno.

Quando si immerge un cristallo di glucosio in acqua, le interazioni elettrostatiche presenti tra le molecole di glucosio si indeboliscono molto a causa del formarsi di nuovi legami a idrogeno tra le molecole di acqua e quelle di glucosio; il risultato è che il cristallo di glucosio si dissolve (figura **15**).

A differenza di quanto accade ai composti ionici, il processo di solubilizzazione di un solido molecolare non porta alla formazione di ioni, in quanto le molecole di un solido molecolare in soluzione acquosa rimangono *indissociate*.

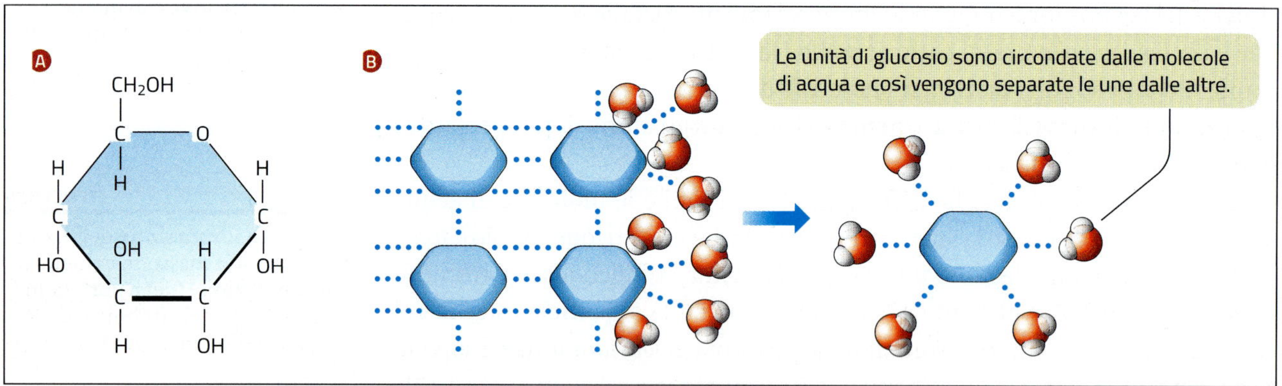

6 LA CONCENTRAZIONE DELLE SOLUZIONI INDICA LA QUANTITÀ DI SOLUTO

PER CAPIRE MEGLIO
Animazione
Dissoluzione e concentrazione di una soluzione

PER SAPERNE DI PIÙ
PDF *Approfondimento*
Il tasso alcolemico

Le soluzioni sono costituite da quantità molto variabili dei loro componenti. Per indicare la loro composizione è necessario specificare, oltre al tipo di soluto e di solvente, anche la *quantità di soluto* presente in una data quantità di soluzione o di solvente.

La **concentrazione di una soluzione** esprime la quantità di soluto contenuta in una determinata quantità di soluzione o di solvente.

La concentrazione di una soluzione può essere precisata in unità *fisiche* (percentuale in massa, in massa su volume, in volume) o in unità *chimiche* (molarità, frazione molare, molalità, normalità). Della concentrazione percentuale ci siamo già occupati in precedenza. Vediamo ora in dettaglio le unità chimiche di concentrazione, in cui la quantità di soluto è espressa in moli.

TI RICORDI?

La **concentrazione percentuale** indica la quantità di soluto, espressa in g o in mL, presente in 100 g o in 100 mL di soluzione:

$C\%_{m/m} = (m\,\text{soluto}/m\,\text{soluzione}) \cdot 100$

$C\%_{m/V} = (m\,\text{soluto}/V\,\text{soluzione}) \cdot 100$

$C\%_{V/V} = (V\,\text{soluto}/V\,\text{soluzione}) \cdot 100$

La molarità

La **concentrazione molare (M)** indica la quantità in moli (*n*) di soluto presente in 1 L di soluzione:

$$M = \frac{\text{quantità di soluto (mol)}}{\text{volume di soluzione (L)}} = \frac{n\,(\text{mol})}{V\,(\text{L})}$$

La molarità si esprime pertanto in **moli al litro** (simbolo **mol/L**). Se conosciamo la molarità di una soluzione, possiamo determinare il numero di moli di soluto presente in un dato volume di soluzione, oppure il volume di soluzione in cui è disciolta una data quantità in moli di soluto. In entrambi i casi basta rifarsi alla definizione di molarità e ricavare le relazioni inverse:

$$n = M\,(\text{mol/L}) \cdot V\,(\text{L}) \qquad V = \frac{n\,(\text{mol})}{M\,(\text{mol/L})}$$

Per esempio, una soluzione 0,2 M (si legge *0,2 molare*) di cloruro di sodio NaCl ($M = 58$ g/mol) contiene 0,2 mol di NaCl per ogni litro di soluzione. Questo significa che, in 1 L di soluzione, sono presenti 11,6 g di NaCl. Infatti:

$$\text{massa NaCl} = 0{,}2\ \text{mol} \cdot 58\ \text{g/mol} = 11{,}6\ \text{g}$$

Per indicare la *concentrazione molare* di una soluzione si racchiude tra parentesi quadre la formula del soluto; per esempio, una soluzione 0,2 M di cloruro di sodio si indica [NaCl] = 0,2 M.

TI RICORDI?

Una **mole** di sostanza contiene un numero di Avogadro di entità costitutive (atomi, molecole, unità formula) e ha una massa in grammi pari alla massa relativa (atomica, molecolare o massa formula) della sostanza.

TI RICORDI?

La lettera ***M*** in corsivo indica la *massa molare* di una sostanza e non va confusa con la lettera **M**, che indica la *molarità* di una soluzione.

PROBLEMA MODELLO

Calcolare la molarità di una soluzione

Calcola la molarità di una soluzione che contiene 7,8 g di cloruro di calcio $CaCl_2$ in 350 mL di soluzione.

L'IDEA

La molarità indica la quantità in moli di soluto ($CaCl_2$) in 1 L di soluzione e si calcola con la relazione M (mol/L) = *n* (mol) / *V* (L). Per applicarla, trasformiamo in moli la massa di $CaCl_2$ e in litri il volume di soluzione.

LA SOLUZIONE

La massa formula relativa di $CaCl_2$ è $M_r = 40{,}08 + (2 \cdot 35{,}45) = 111$ e la sua massa molare è

$$M_{(CaCl_2)} = 111\ \text{g/mol}$$

La quantità in moli di $CaCl_2$ è:

$$n_{(CaCl_2)} = \frac{m\,(\text{g})}{M\,(\text{g/mol})} = \frac{7{,}8\ \text{g}}{111\ \text{g/mol}} = 0{,}0702\ \text{mol}$$

Il volume in litri di soluzione si calcola tenendo presente che 1 L = 10^3 mL:

$$V = 350 \text{ mL} \cdot \frac{1 \text{ L}}{10^3 \text{ mL}} = 0{,}350 \text{ L}$$

$$\text{M (mol/L)} = \frac{n\text{ (mol)}}{V\text{ (L)}} = \frac{0{,}0702 \text{ mol}}{0{,}350 \text{ L}} = 0{,}20 \text{ mol/L}$$

LA CONCLUSIONE

La molarità di una soluzione che contiene 7,8 g di $CaCl_2$ in 350 mL di soluzione è 0,20 mol/L.

PROBLEMA SIMILE

Una bottiglietta di acqua minerale da 500 mL contiene 100 mg di ioni bicarbonato HCO_3^-. Calcola la concentrazione molare degli ioni bicarbonato.

La frazione molare

La **frazione molare** (*X*) indica il rapporto tra la quantità in moli di un componente della soluzione e la somma delle quantità in moli di tutti i componenti della soluzione (soluto più solvente).

Indicando con n_A le moli del soluto e con n_B le moli del solvente, la frazione molare del soluto X_A e quella del solvente X_B sono precisate dalle relazioni:

$$X_A = \frac{n_A}{n_A + n_B} \qquad X_B = \frac{n_B}{n_A + n_B}$$

La frazione molare è un numero *adimensionale* in quanto si ottiene dal rapporto fra due grandezze espresse dalla stessa unità di misura.

In una soluzione costituita da 1 mol di soluto e 9 mol di solvente, la frazione molare del soluto è 1/10 = 0,1 mentre la frazione molare del solvente è 9/10 = 0,9.

La *somma* delle frazioni molari di tutti i componenti della soluzione è sempre uguale a uno:

$$X_A + X_B = 1$$

La somma delle frazioni molari dell'esempio precedente è infatti 1/10 + 9/10 = 10/10 = 1.

PROBLEMA MODELLO

Calcolare la frazione molare di un soluto

Determina la frazione molare del glucosio $C_6H_{12}O_6$ in una soluzione ottenuta sciogliendo 5,68 g di glucosio in 25,2 g di acqua.

L'IDEA

La frazione molare del glucosio si determina con la relazione

$$X_{\text{glucosio}} = n_{\text{glucosio}} / (n_{\text{glucosio}} + n_{\text{acqua}})$$

Le masse di acqua e glucosio vanno quindi trasformate in moli dividendole per le rispettive masse molari.

LA SOLUZIONE

Le masse molecolari relative di acqua e glucosio sono:

$$M_{r\,(H_2O)} = (2 \cdot 1{,}008) + 16{,}00 = 18{,}02$$

$$M_{r\,(C_6H_{12}O_6)} = 6 \cdot 12{,}01 + 12 \cdot 1{,}008 + 6 \cdot 16{,}00 = 180{,}2$$

Le masse molari sono quindi:

$$M_{(H_2O)} = 18{,}02 \text{ g/mol}$$

$$M_{(C_6H_{12}O_6)} = 180{,}2 \text{ g/mol}$$

Le quantità in moli sono:

$$n_{(H_2O)} = \frac{m(\text{g})}{M(\text{g/mol})} = \frac{25{,}2 \text{ g}}{18{,}02 \text{ g/mol}} = 1{,}40 \text{ mol}$$

$$n_{(C_6H_{12}O_6)} = \frac{m(\text{g})}{M(\text{g/mol})} = \frac{5{,}68 \text{ g}}{180{,}2 \text{ g/mol}} = 0{,}0315 \text{ mol}$$

La frazione molare del glucosio è:

$$X_{\text{glucosio}} = \frac{n_{\text{glucosio}}}{n_{\text{glucosio}} + n_{\text{acqua}}} = \frac{0{,}0315}{0{,}0315 + 1{,}40} = 0{,}0220$$

LA CONCLUSIONE

In una soluzione che contiene 5,68 g di glucosio e 25,2 g di acqua, la frazione molare del glucosio è 0,0220.

Se calcoliamo la frazione molare dell'acqua, otteniamo 0,978. Possiamo quindi verificare che la somma delle due frazioni molari è uguale a 1 (0,978 + 0,0220 = 1).

PROBLEMA SIMILE

La salamoia è una soluzione molto concentrata di cloruro di sodio in acqua che viene utilizzata per la conservazione degli alimenti. Se essa contiene 100 g di NaCl disciolti in 1000 g di acqua, qual è la frazione molare del cloruro di sodio?

La molalità

La **molalità (m)** indica la quantità in moli (*n*) di soluto presente in 1 kg di solvente:

$$\text{m} = \frac{\text{quantità di soluto (mol)}}{\text{massa di solvente (kg)}} = \frac{n\,(\text{mol})}{m\,(\text{kg})}$$

TI RICORDI?

La lettera **m** è il simbolo della molalità, la lettera *m* in corsivo è il simbolo della massa.

La molalità si esprime in **moli al kilogrammo** (simbolo **mol/kg**).

Una soluzione 1,2 m (si legge *1,2 molale*) di fluoruro di litio LiF (M = 26 g/mol) contiene 1,2 mol di LiF, ovvero 31,2 g (massa LiF = 1,2 mol · 26 g/mol) in 1 kg di un solvente.

La concentrazione di una soluzione può essere espressa anche in **normalità**. Questo modo di indicare la concentrazione verrà definito più avanti dopo aver esaminato le reazioni di neutralizzazione che avvengono tra la soluzione di un acido e quella di una base.

PROBLEMA MODELLO

Calcolare la molalità di una soluzione

Calcola la molalità di una soluzione ottenuta sciogliendo 35 g di saccarosio $C_{12}H_{22}O_{11}$ in 120 mL di acqua. Considera la densità dell'acqua pari a 1,00 g/mL.

L'IDEA

La molalità indica la quantità in moli di soluto (saccarosio) presente in 1 kg di solvente (acqua) e si calcola con la relazione:

$$\mathrm{m} = \frac{\text{quantità di soluto (mol)}}{\text{massa di solvente (kg)}}$$

Per applicarla, esprimiamo la massa di saccarosio in moli dividendola per la massa molare del saccarosio; trasformiamo il volume di acqua in massa moltiplicandolo per la densità dell'acqua; convertiamo la massa dell'acqua in kilogrammi ricordando che 1 kg = 1000 g.

LA SOLUZIONE

La massa molecolare relativa del saccarosio è:

$$M_{\mathrm{r}\,(C_{12}H_{22}O_{11})} = 12 \cdot 12{,}01 + 22 \cdot 1{,}008 + 11 \cdot 16{,}00 = 342{,}3$$

La massa molare è quindi:

$$M_{(C_{12}H_{22}O_{11})} = 342{,}3 \text{ g/mol}$$

La quantità in moli è:

$$n_{\mathrm{r}\,(C_{12}H_{22}O_{11})} = \frac{m\,(\mathrm{g})}{M\,(\mathrm{g/mol})} = \frac{35\ \mathrm{g}}{342{,}3\ \mathrm{g/mol}} = 0{,}102\ \mathrm{mol}$$

La massa di acqua è:

$$m_{(H_2O)} = V \cdot d = 120\ \mathrm{mL} \cdot 1{,}00\ \mathrm{g/mL} = 120\ \mathrm{g} \cdot \frac{1\ \mathrm{kg}}{1000\ \mathrm{g}} = 0{,}120\ \mathrm{kg}$$

La molalità della soluzione è:

$$\mathrm{m} = \frac{\text{quantità di soluto (mol)}}{\text{massa di solvente (kg)}} = \frac{0{,}102\ \mathrm{mol}}{0{,}120\ \mathrm{kg}} = 0{,}85\ \mathrm{mol/kg}$$

LA CONCLUSIONE

La molalità di una soluzione ottenuta sciogliendo 35 g di saccarosio $C_{12}H_{22}O_{11}$ in 120 mL di acqua è 0,85 mol/kg.

PROBLEMA SIMILE

Calcola la molalità di una soluzione di cloruro di potassio KCl, costituita da 7,46 g di KCl e da 200 mL di acqua alla temperatura di 60 °C. Considera che a questa temperatura la densità dell'acqua è pari a 0,9832 g/mL.

7 COME DILUIRE LE SOLUZIONI CONCENTRATE

Nell'attività di laboratorio è spesso necessario ridurre la concentrazione di una soluzione, per ottenerne una a molarità inferiore. Per farlo, si preleva un dato volume di soluzione concentrata (che contiene una specifica quantità in moli di soluto) e si **diluisce** aggiungendo solvente sino a ottenere la concentrazione desiderata.

Con questa operazione *non varia la quantità in moli di soluto* che si è prelevata, *ma varia il volume* in cui il soluto è disciolto, cioè la concentrazione della soluzione.

Poiché la quantità in moli di soluto si calcola con la relazione:

$$n = \mathrm{M(mol/L)} \cdot V(\mathrm{L})$$

possiamo imporre che essa resti la stessa prima e dopo la diluizione. Otteniamo così l'equazione per calcolare il volume o la concentrazione della *soluzione diluita* finale:

$$\mathrm{M}_{\text{iniziale}} \cdot V_{\text{iniziale}} = \mathrm{M}_{\text{finale}} \cdot V_{\text{finale}}$$

Dal punto di vista operativo, inseriamo la soluzione da diluire in un matraccio tarato di adeguato volume e portiamo a volume aggiungendo solvente.

Ricordiamo che la diluizione di soluzioni acquose concentrate di idrossidi (basi) dei gruppi I e II della tavola periodica o di acidi, come HNO_3, H_2SO_4 o HCl, sviluppa una notevole quantità di calore. Per favorirne la dispersione durante la diluizione, è necessario aggiungere la base o l'acido all'acqua, e non viceversa (**figura 16**).

PER CAPIRE MEGLIO
Videolezione
Preparare, usare e diluire una soluzione con una data concentrazione

PER VEDERE LA CHIMICA
Video *In laboratorio*
La preparazione di una soluzione

TI RICORDI?

Gli **idrossidi** sono composti ionici formati da un catione metallico e dallo ione idrossido OH^-. Sono detti anche *basi* per la loro proprietà di reagire con un acido, neutralizzandone gli ioni H^+ liberati in soluzione.

Figura 16 **Diluizione di una soluzione di un acido**
La dissociazione di un acido in acqua è una reazione fortemente esotermica. Il procedimento corretto consiste nell'aggiungere l'acido all'acqua (A); il procedimento inverso è errato e pericoloso (B).

PROBLEMA MODELLO

Calcolare il volume di diluizione

Hai a disposizione 150 mL di una soluzione 0,80 M di acido carbonico, H_2CO_3. Calcola il volume in mL di acqua da aggiungere per ridurre la concentrazione della soluzione a 0,24 M. Considera additivi i volumi.

L'IDEA

Quando si diluisce una soluzione per aggiunta di solvente, la quantità di soluto non varia. Poiché la quantità in moli di soluto si calcola con la relazione $n = \mathrm{M} \cdot V$, possiamo imporre che $\mathrm{M}_{\text{iniziale}} \cdot V_{\text{iniziale}}$ sia uguale a $\mathrm{M}_{\text{finale}} \cdot V_{\text{finale}}$. Conoscendo $\mathrm{M}_{\text{iniziale}}$, V_{iniziale} e $\mathrm{M}_{\text{finale}}$, si può determinare il valore di V_{finale}. Se si considerano additivi i volumi, il volume di acqua da aggiungere corrisponde alla differenza tra il volume finale e il volume iniziale.

LA SOLUZIONE

La quantità in moli di soluto è:

$$n_{(H_2CO_3)} = M_{iniziale}(mol/L) \cdot V_{iniziale}(L) = 0{,}80\ mol/L \cdot 0{,}15\ L = 0{,}12\ mol$$

Il calcolo del volume finale è:

$$M_{finale}(mol/L) \cdot V_{finale}(L) = 0{,}12\ mol$$

$$V_{finale}(L) = \frac{0{,}12\ mol}{M_{finale}(mol/L)} = \frac{0{,}12\ mol}{0{,}24\ mol/L} = 0{,}50\ L = 500\ mL$$

Il volume di acqua da aggiungere è:

$$V_{(H_2O)} = (V_{finale} - V_{iniziale}) = (500 - 150)\ mL = 350\ mL$$

LA CONCLUSIONE

Il volume di acqua da aggiungere per ridurre la concentrazione della soluzione di H_2CO_3 da 0,80 M a 0,24 M è 350 mL. Il risultato espresso con il corretto numero di cifre significative è $3{,}5 \cdot 10^2$ mL.

Dal punto di vista operativo, inseriamo la soluzione iniziale in un matraccio da 500 mL e aggiungiamo acqua sino al livello indicato dalla tacca sul collo del matraccio.

PROBLEMA SIMILE

Calcola in quale volume devono essere diluiti 50 mL di soluzione 3,5 M di HCl per ridurre la concentrazione a 2,0 M.

8 LE PROPRIETÀ COLLIGATIVE DIPENDONO DAL NUMERO DI PARTICELLE DI SOLUTO

Le proprietà fisiche di una soluzione sono diverse da quelle del solvente puro; la presenza del soluto altera infatti le proprietà fisiche del solvente.

Per esempio, la *tensione di vapore* di una soluzione è inferiore a quella del solvente puro e la soluzione, di conseguenza, bolle a una temperatura superiore (*innalzamento ebullioscopico*) a quella del solvente puro. Il soluto, inoltre, abbassa il punto di congelamento della soluzione (*abbassamento crioscopico*) al di sotto di quello del solvente puro ed è la causa della *pressione osmotica* di una soluzione.

Dal punto di vista sperimentale, queste quattro proprietà delle soluzioni (abbassamento della tensione di vapore, innalzamento ebullioscopico, abbassamento crioscopico, pressione osmotica) dipendono solo dal *numero di particelle di soluto* presenti in soluzione e non dalla loro natura chimica. Queste quattro proprietà sono dette proprietà colligative delle soluzioni.

TI RICORDI?

La **tensione di vapore** è la pressione esercitata dal vapore sulla superficie del liquido con cui è in equilibrio a una data temperatura.

Le **proprietà colligative** di una soluzione sono proprietà fisiche che dipendono solo dalla concentrazione del soluto e non dalla sua natura chimica.

Poiché le proprietà colligative dipendono dal numero di particelle di soluto presenti nella soluzione, occorre tener presente che alcuni soluti ionici e molecolari *fortemente polari* in acqua sono completamente dissociati in **ioni**. In questi casi, per determinare il numero di particelle di soluto presenti in soluzione si moltiplica il numero di moli di soluto per un fattore, il **coefficiente di van't Hoff** (simbolo ***i***), che è pari al numero di ioni derivati da una singola molecola o unità formula di soluto.

Soluti che si dividono completamente in ioni sono i sali solubili, alcune basi dei metalli alcalini e alcalino-terrosi e alcuni acidi molto polari (tabella **3**).

Per esempio, per le soluzioni di idrossido di sodio il valore di *i* è uguale a 2 (il composto in acqua si dissocia in due ioni), mentre per il cloruro di calcio $i = 3$ (il composto si dissocia in tre ioni):

$$NaOH_{(s)} \xrightarrow{H_2O} Na^+_{(aq)} + OH^-_{(aq)}$$

$$CaCl_{2(s)} \xrightarrow{H_2O} Ca^{2+}_{(aq)} + 2\ Cl^-_{(aq)}$$

Di conseguenza, nella prima soluzione il numero di particelle risulta essere il doppio rispetto al numero di moli di soluto, mentre nella seconda è il triplo (figura **17**).

Le leggi che regolano le proprietà colligative, che descriveremo tra poco in dettaglio, sono valide esattamente per soluzioni liquide ideali. La soluzione ideale è un *modello* di riferimento per tutte le soluzioni liquide realmente esistenti, così come il gas ideale è il modello di riferimento per tutti i gas reali. In una **soluzione liquida ideale**:

- il volume della soluzione è identico alla somma dei volumi dei singoli componenti prima che vengano mescolati;
- il calore di soluzione misurato a pressione costante è nullo;
- i componenti della soluzione sono completamente miscibili.

A COLPO D'OCCHIO

PROPRIETÀ COLLIGATIVE
- ABBASSAMENTO TENSIONE DI VAPORE
- INNALZAMENTO EBULLIOSCOPICO
- ABBASSAMENTO CRIOSCOPICO
- PRESSIONE OSMOTICA

Tabella 3 **Basi e acidi dissociati** Esempi di basi e acidi che in acqua sono completamente dissociati in ioni.

Basi	Acidi
LiOH	HNO_3
NaOH	H_2SO_4
KOH	$HClO_4$
$Ca(OH)_2$	HCl
$Ba(OH)_2$	HBr

PER CAPIRE MEGLIO
PDF *Storia della Chimica*
Jacobus Henricus van't Hoff

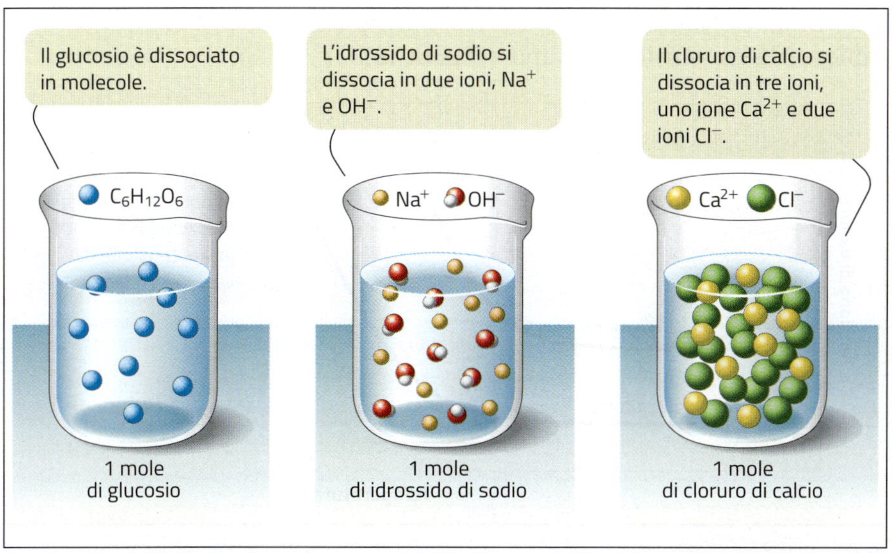

Figura 17 **Soluzioni contenenti una mole di soluto** Le tre soluzioni, pur contenendo la stessa quantità (1 mol) di diversi soluti, hanno un diverso numero di particelle disciolte.

Una *soluzione reale* si comporta in modo molto simile a una soluzione ideale quando è abbastanza diluita (0,1 M circa se il soluto non si dissocia e 0,01 M circa se il soluto si divide in ioni).

9 L'ABBASSAMENTO DELLA TENSIONE DI VAPORE

Consideriamo un *solvente volatile* (A) e una soluzione dello stesso solvente con *soluto non volatile* (B) che non si dissocia in ioni. Alla stessa temperatura, avremo che la tensione di vapore della soluzione (p) è minore della tensione di vapore del solvente puro (p°_A).

La **tensione di vapore della soluzione** diminuisce all'aumentare della quantità di soluto.

Tanto più è grande la quantità di soluto, tanto più diminuisce il numero di molecole di solvente che può evaporare dalla superficie della soluzione (figura **18**).

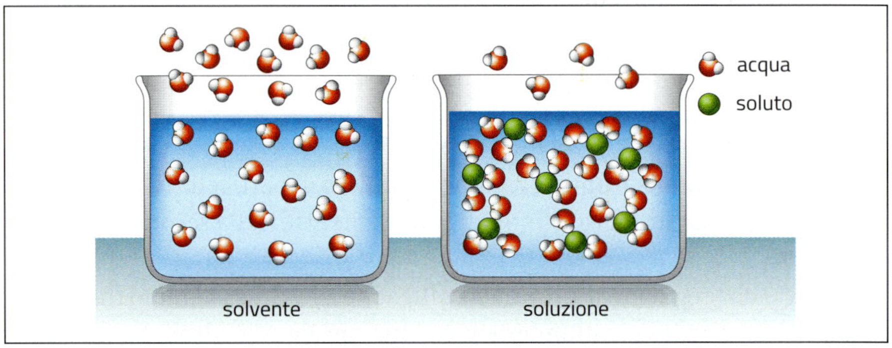

Figura 18 La tensione di vapore di una soluzione (p) è minore di quella del solvente puro Rispetto al solvente puro, nella soluzione è minore il numero di molecole di acqua che può evaporare dalla superficie.

La relazione tra la tensione di vapore del solvente e la concentrazione della soluzione è espressa dalla **legge di Raoult**:

La tensione di vapore di una soluzione (p) di un soluto non volatile e che non si dissocia in ioni è direttamente proporzionale alla concentrazione del solvente espressa come frazione molare (X_A):

$$p = p^\circ_A \cdot X_A$$

Di conseguenza, maggiore è la quantità di soluto presente nella soluzione, minore è la sua tensione di vapore (figura **19**).

PER SAPERNE DI PIÙ

L'abbassamento della tensione di vapore Δp può essere dimostrato nel modo seguente:

$$\Delta p = p^\circ_A - p = p^\circ_A - p^\circ_A \cdot X_A = p^\circ_A \cdot (1 - X_A) = p^\circ_A \cdot X_B$$

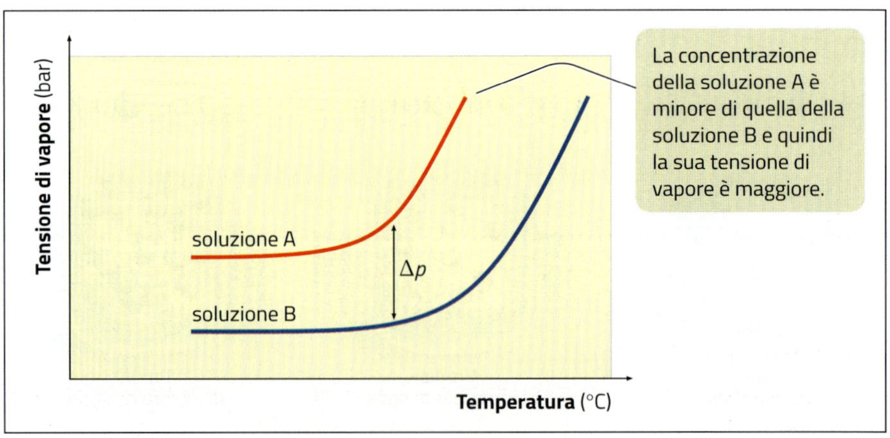

Figura 19 Variazione della tensione di vapore in funzione della temperatura Rispetto al solvente puro, una soluzione ha una tensione di vapore tanto più bassa, quanto maggiore è la concentrazione di soluto.

L'**abbassamento della tensione di vapore** di una soluzione (Δp) rispetto a quella di un solvente puro è direttamente proporzionale alla concentrazione molare del soluto espressa come frazione molare (X_B):

$$\Delta p = p^\circ_A \cdot X_B$$

Se il soluto presente nella soluzione è un *composto che si dissocia completamente in ioni*, si deve tener conto del numero degli ioni (i) per cui la relazione precedente diventa:

$$\Delta p = p^{\circ}_{A} \cdot X_{B} \cdot i$$

Se conosciamo il valore di Δp di una soluzione, possiamo calcolare la tensione di vapore della soluzione (p) con la relazione:

$$p = p^{\circ}_{A} - \Delta p$$

PROBLEMA MODELLO

Calcolare la tensione di vapore di una soluzione

Calcola la tensione di vapore di una soluzione che contiene 110 g di glucosio $C_6H_{12}O_6$ in 320 g di acqua alla temperatura di 28 °C. Alla temperatura di 28 °C la tensione di vapore dell'acqua $p^{\circ}_{H_2O}$ è 28,35 torr.

L'IDEA

Per determinare la tensione di vapore della soluzione (p) dobbiamo applicare la legge di Raoult:

$$p = p^{\circ}_{\text{solvente}} \cdot X_{\text{solvente}}$$

Per calcolare la frazione molare del solvente (H_2O) dobbiamo determinare la quantità in moli di soluto e di solvente; per farlo, dividiamo le loro masse per le rispettive masse molari.

LA SOLUZIONE

Le masse molari di acqua e glucosio sono:

$$M_{(H_2O)} = 18{,}02 \text{ g/mol}$$
$$M_{(C_6H_{12}O_6)} = 180{,}2 \text{ g/mol}$$

Le quantità in moli sono:

$$n_{(H_2O)} = \frac{m(\text{g})}{M(\text{g/mol})} = \frac{320 \text{ g}}{18{,}02 \text{ g/mol}} = 17{,}8 \text{ mol}$$

$$n_{(C_6H_{12}O_6)} = \frac{m(\text{g})}{M(\text{g/mol})} = \frac{110 \text{ g}}{180{,}2 \text{ g/mol}} = 0{,}610 \text{ mol}$$

La frazione molare dell'acqua è:

$$X_{(H_2O)} = \frac{n_{(H_2O)}}{n_{(C_6H_{12}O_6)} + n_{(H_2O)}} = \frac{17{,}8}{0{,}610 + 17{,}8} = 0{,}967$$

La tensione di vapore della soluzione è:

$$p = p^{\circ}_{\text{solvente}} \cdot X_{\text{solvente}} = 28{,}35 \text{ torr} \cdot 0{,}967 = 27{,}4 \text{ torr}$$

LA CONCLUSIONE

La tensione di vapore della soluzione è 27,4 torr ed è minore di quella del solvente puro (28,35 torr).

PROBLEMA SIMILE

Calcola la tensione di vapore di una soluzione preparata disciogliendo 50 g di saccarosio (zucchero) $C_{12}H_{22}O_{11}$ in 100 g di acqua alla temperatura di 20 °C. La tensione di vapore dell'acqua a 20 °C è 17,54 torr.

10 L'INNALZAMENTO DEL PUNTO DI EBOLLIZIONE

La temperatura di ebollizione di un solvente è la temperatura alla quale la *tensione di vapore* diventa **uguale** alla pressione atmosferica. Poiché la tensione di vapore di una soluzione è *minore* di quella di un solvente puro, occorre raggiungere una temperatura più alta (rispetto a quella del solvente puro) affinché la tensione di vapore della soluzione uguagli la pressione atmosferica.

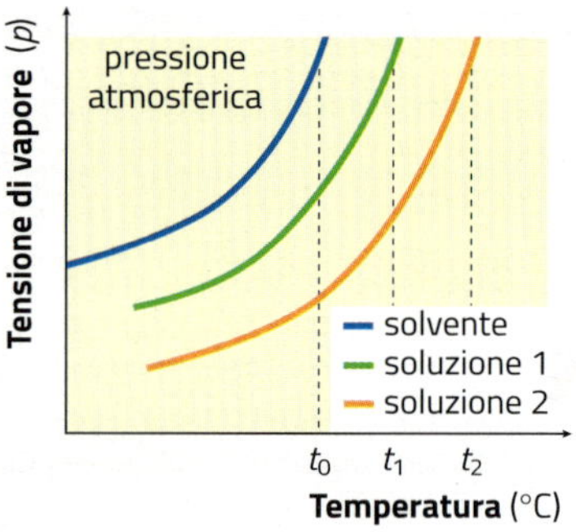

Figura 20 **L'innalzamento del punto di ebollizione** L'innalzamento ebullioscopico della soluzione 1, $(t_1 - t_0)$, è più piccolo di quello della soluzione 2 $(t_2 - t_0)$ perché la soluzione 1 è meno concentrata della soluzione 2.

Il **punto di ebollizione** di una soluzione è *maggiore* di quello del solvente puro.

Questo aumento è detto **innalzamento ebullioscopico** (simbolo Δt_{eb}) e corrisponde alla differenza tra la temperatura di ebollizione della soluzione e quella del solvente puro (figura **20**):

$$\Delta t_{eb} = t_{eb\ soluzione} - t_{eb\ solvente}$$

L'innalzamento ebullioscopico è una conseguenza dell'*abbassamento della tensione di vapore* della soluzione, che dipende a sua volta dalla concentrazione della soluzione.

L'innalzamento ebullioscopico è direttamente proporzionale alla concentrazione della soluzione espressa in molalità:

$$\Delta t_{eb} = K_{eb} \cdot m$$

La costante di proporzionalità K_{eb}, chiamata *costante ebullioscopica molale*, corrisponde all'aumento della temperatura di ebollizione per una soluzione 1 m di un qualunque soluto in un dato solvente; quindi, il valore di K_{eb} *è caratteristico di un certo solvente* e non del soluto (tabella **4**).

L'innalzamento ebullioscopico (Δt_{eb}) non dipende solo dalla molalità della soluzione (m) ma anche dalla natura chimica del soluto. Per i composti che si dissociano completamente in ioni, si deve tener conto del *numero degli ioni* (i), per cui l'innalzamento ebullioscopico si determina con la relazione:

$$\Delta t_{eb} = K_{eb} \cdot m \cdot i$$

Tabella 4 **Valori dei punti di ebollizione e delle costanti ebullioscopiche molali di alcuni solventi** Il valore di K_{eb} è indipendente dal soluto presente in soluzione.

Solvente	t_{eb} (°C)	K_{eb} (°C · mol^{-1} · kg)	Solvente	t_{eb} (°C)	K_{eb} (°C · mol^{-1} · kg)
acqua	100	0,512	benzene	80,2	2,53
acido acetico	118,5	3,07	cloroformio	61,2	3,63
alcol etilico	78,2	1,22	cicloesano	80,74	2,69

PROBLEMA MODELLO

Calcolare la temperatura di ebollizione di una soluzione

Calcola la temperatura di ebollizione di una soluzione che contiene 15,0 g di cloruro di calcio $CaCl_2$ in 120 g di acqua (K_{eb} = 0,512 °C · mol^{-1} · kg).

L'IDEA

Per determinare la temperatura di ebollizione della soluzione dobbiamo calcolare il valore dell'innalzamento ebullioscopico. Poiché il cloruro di calcio è un sale che in acqua si dissocia in ioni, dobbiamo individuare il numero degli ioni (*i*) e utilizzare la relazione:

$$\Delta t_{eb} = K_{eb} \cdot \text{m} \cdot i$$

Dobbiamo anche calcolare la molarità m della soluzione: per farlo, trasformiamo la massa di cloruro di calcio in moli dividendola per la massa molare di $CaCl_2$, ed esprimiamo in kg la massa dell'acqua, ricordando che 1 kg = 1000 g.
La temperatura di ebollizione della soluzione è più alta di quella del solvente puro e si calcola sommando il valore di Δt_{eb} alla temperatura di ebollizione dell'acqua.

LA SOLUZIONE

La quantità in moli di soluto è:

$$M_{r\,(CaCl_2)} = 40{,}08 + (2 \cdot 35{,}45) = 111$$

$$M_{r\,(CaCl_2)} = 111\ \text{g/mol}$$

$$n_{(CaCl_2)} = \frac{m\,(\text{g})}{M\,(\text{g/mol})} = \frac{15{,}0\ \text{g}}{111\ \text{g/mol}} = 0{,}135\ \text{mol}$$

La massa in kg di acqua è:

$$m_{(H_2O)} = 120\ \text{g} \cdot \frac{1\ \text{kg}}{1000\ \text{g}} = 0{,}120\ \text{kg}$$

La molalità della soluzione è:

$$\text{m}_{(CaCl_2)} = \frac{\text{quantità di soluto (mol)}}{\text{massa di solvente (kg)}} =$$

$$= \frac{0{,}135\ \text{mol}}{0{,}120\ \text{kg}} = 1{,}125\ \text{mol/kg}$$

L'equazione della dissociazione in ioni del cloruro di calcio è:

$$CaCl_{2(s)} \xrightarrow{H_2O} Ca^{2+}_{(aq)} + 2\ Cl^{-}_{(aq)}$$

per cui $i = 3$.
L'innalzamento ebullioscopico è:

$$\Delta t_{eb} = K_{eb} \cdot \text{m} \cdot i = 0{,}512\ °\text{C} \cdot \text{mol}^{-1} \cdot \text{kg} \cdot 1{,}125\ \text{mol/kg} \cdot 3 = 1{,}73\ °\text{C}$$

La temperatura di ebollizione della soluzione è:

$$t_{eb\,(\text{soluzione})} = t_{eb\,(\text{solvente})} + \Delta t_{eb} = 100\ °\text{C} + 1{,}73\ °\text{C} = 101{,}73\ °\text{C}$$

LA CONCLUSIONE

La temperatura di ebollizione di una soluzione che contiene 15,0 g di $CaCl_2$ in 120 g di acqua è 101,73 °C.

PROBLEMA SIMILE

Calcola la temperatura di ebollizione di una soluzione preparata disciogliendo 50,0 g di nitrato di magnesio $Mg(NO_3)_2$ in 200 g di acqua ($K_{eb} = 0{,}512\ °\text{C} \cdot \text{mol}^{-1} \cdot \text{kg}$).

11 L'ABBASSAMENTO DEL PUNTO DI CONGELAMENTO

TI RICORDI?

Il **reticolo cristallino** è una struttura tridimensionale che si ottiene collegando con una serie di linee immaginarie i nodi reticolari, cioè i punti nei quali si considera concentrata la massa di ciascuna particella del solido.

La temperatura di congelamento o di solidificazione di un liquido è la temperatura alla quale un liquido diventa solido. Quando la temperatura di un liquido si abbassa fino a raggiungere il punto di congelamento, le particelle si dispongono in modo ordinato nei nodi del reticolo cristallino del solido.

In una soluzione le particelle di soluto si inseriscono tra le particelle del solvente ostacolando la solidificazione alla normale temperatura di congelamento; pertanto il **punto di congelamento** di una soluzione è *minore* di quello di un solvente puro. Questa diminuzione è chiamata **abbassamento crioscopico** (simbolo Δt_{cr}) e corrisponde alla differenza tra la temperatura di congelamento del solvente e quella della soluzione:

$$\Delta t_{cr} = t_{cr\,(solvente)} - t_{cr\,(soluzione)}$$

L'abbassamento crioscopico dipende dalla quantità di soluto nella soluzione.

L'**abbassamento crioscopico** è direttamente proporzionale alla concentrazione della soluzione espressa in molalità:

$$\Delta t_{cr} = K_{cr} \cdot m$$

La costante di proporzionalità K_{cr}, chiamata *costante crioscopica molale*, corrisponde all'abbassamento del punto di congelamento di una soluzione 1 molale di un *qualunque soluto* in un dato solvente; il valore di K_{cr} *è caratteristico del solvente* e non dal soluto (**tabella 5**).

Tabella 5 Valori del punto di congelamento e delle costanti crioscopiche molali di alcuni solventi Il valore di K_{cr} è indipendente dal soluto presente in soluzione.

Solvente	t_{cr} (°C)	K_{cr} (°C · mol^{-1} · kg)	Solvente	t_{cr} (°C)	K_{cr} (°C · mol^{-1} · kg)
acqua	0	1,86	benzene	5,50	5,12
acido acetico	16,6	3,59	cloroformio	−63,5	4,68
alcol etilico	−117,3	1,99	cicloesano	6,55	20,2

Quando nella soluzione è presente un soluto che si dissocia completamente in ioni, si deve tener conto del *numero degli ioni* (i), per cui l'abbassamento crioscopico è dato dalla relazione:

$$\Delta t_{cr} = K_{cr} \cdot m \cdot i$$

12 LA PRESSIONE OSMOTICA

Un *solvente puro* e una *soluzione* formata dallo stesso tipo di solvente sono separati da una membrana semipermeabile: al passare del tempo possiamo osservare che il livello della soluzione aumenta e quello del solvente diminuisce. Questo fenomeno è causato dal *flusso del solvente verso la soluzione*, che di conseguenza si diluisce.

Il livello di una soluzione aumenta anche quando la membrana semipermeabile separa due soluzioni dello stesso solvente, ma contenenti un diverso numero di particelle. In questo caso *il solvente fluisce* dalla soluzione che ne contiene meno (*più diluita*) a quella che ne contiene di più (*più concentrata*).

Si chiama **osmosi** il flusso spontaneo delle molecole di solvente da un solvente puro a una soluzione, oppure da una soluzione più diluita a una più concentrata.

La *direzione dell'osmosi* dipende solo dal diverso numero di particelle di soluto sui due lati della membrana e non dalla natura chimica del soluto.

Il flusso del solvente puro verso la soluzione dipende dalle caratteristiche della membrana semipermeabile. Prendiamo il caso in cui la membrana separi la camera A, contenente una soluzione, dalla camera B, contenente solo molecole di solvente (figura **21**). Le molecole di soluto sono incapaci di attraversare la membrana e rimangono confinate nella camera A. Al contrario, le molecole di solvente possono passare liberamente dalla camera A alla B, e viceversa. Tuttavia, la camera B contiene solo particelle di solvente ed è quindi più probabile che una di esse si trovi vicino a un poro della membrana e la attraversi. Di conseguenza, a ogni istante il numero di molecole di solvente puro che dalla camera B fluisce nella camera A supera quello delle molecole di solvente che dalla soluzione fluiscono nel solvente puro. La differenza tra i due flussi è il *flusso netto* del solvente verso la soluzione.

LE PAROLE

Una **membrana semipermeabile** è una membrana che può essere attraversata da alcuni atomi o molecole, ma non da altri. Il diametro dei suoi pori consente il passaggio di particelle di piccole dimensioni, come le molecole di acqua, e impedisce il passaggio di quelle più voluminose, come le molecole di zucchero o gli ioni idratati.

PER SAPERNE DI PIÙ

Il **Gore-Tex®** (un materiale impiegato per calzature o abiti impermeabili) è un esempio di membrana semipermeabile, con pori abbastanza grandi per far passare le molecole del vapore acqueo, ma troppo piccoli per far passare goccioline anche minuscole di liquidi.

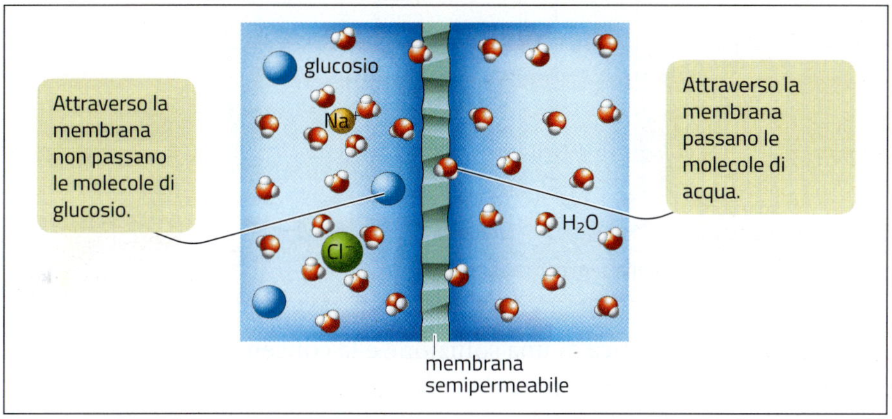

Figura 21 **L'osmosi** Una membrana semipermeabile è attraversata da molecole di acqua, ma non da molecole di glucosio o da ioni idratati.

Il flusso continua fino a che il *numero di molecole di solvente che attraversano la membrana dal solvente alla soluzione e dalla soluzione al solvente non diventa uguale* (figura **22**). A questo punto il sistema è in equilibrio dinamico (*equilibrio osmotico*) ed è caratterizzato da una **differenza di livello** (h) tra la soluzione (camera A) e il solvente (camera B), e dal fatto che la soluzione si è diluita.

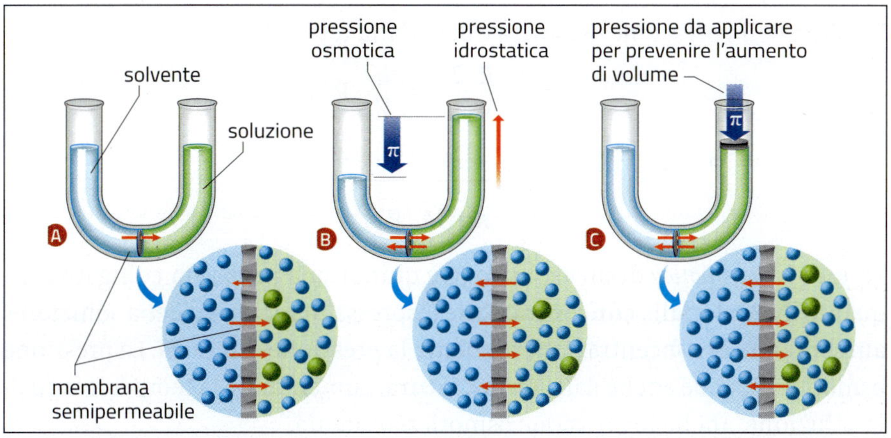

Figura 22 **L'equilibrio osmotico** Solvente e soluto sono divisi da una membrana semipermeabile. Il numero di particelle di solvente che la attraversa: A all'inizio è maggiore verso la soluzione, che così si diluisce; B all'equilibrio è uguale nei due sensi. C Applicando sulla soluzione una pressione pari a quella osmotica, il flusso di solvente nei due sensi è uguale: il volume e la concentrazione della soluzione non variano.

È proprio la pressione esercitata dalla colonna *h* di liquido a mantenere in equilibrio il sistema e a impedire che altro solvente entri in soluzione.

Si chiama **pressione osmotica** (π) di una soluzione la pressione che si deve esercitare per raggiungere l'equilibrio osmotico, cioè per fermare il flusso, attraverso una membrana semipermeabile, del solvente verso la soluzione.

L'osmosi ha quindi l'effetto di produrre una pressione che tende a opporsi all'ulteriore passaggio di solvente. Il flusso osmotico può essere bloccato sin dall'inizio esercitando sulla soluzione più concentrata una pressione (pari a quella osmotica) che rende uguale la diffusione nei due sensi delle molecole del solvente.

Se due soluzioni contengono un ugual numero di particelle di soluto, generano una stessa pressione osmotica e si dicono **isotoniche**. Se ne contengono un numero diverso, la soluzione che ne contiene meno si dice **ipotonica** e la soluzione che ne contiene di più si dice **ipertonica**; il solvente, pertanto, fluisce dalla soluzione ipotonica a quella ipertonica (figura **23**).

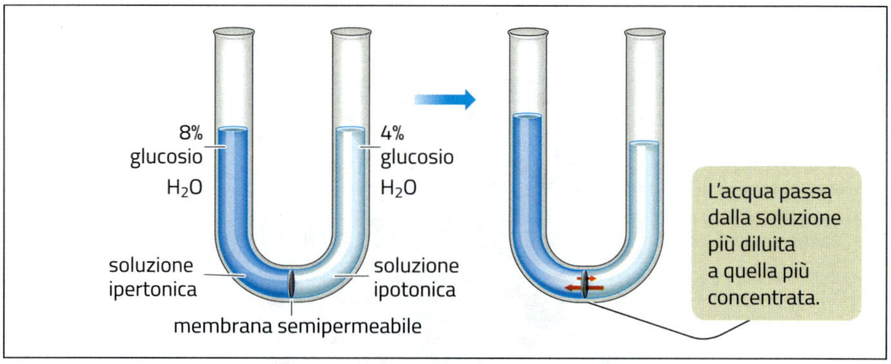

Figura 23 **Soluzioni ipotoniche e ipertoniche** Tra due soluzioni di glucosio a diversa concentrazione e separate da una membrana semipermeabile, l'acqua passa dalla soluzione più diluita (ipotonica) a quella più concentrata (ipertonica).

Tra la pressione osmotica di una soluzione e la concentrazione di un soluto esiste una relazione matematica che, nel caso di soluzioni *diluite*, ha una forma analoga a quella dei gas ideali. Tale relazione è espressa dall'**equazione di van't Hoff**:

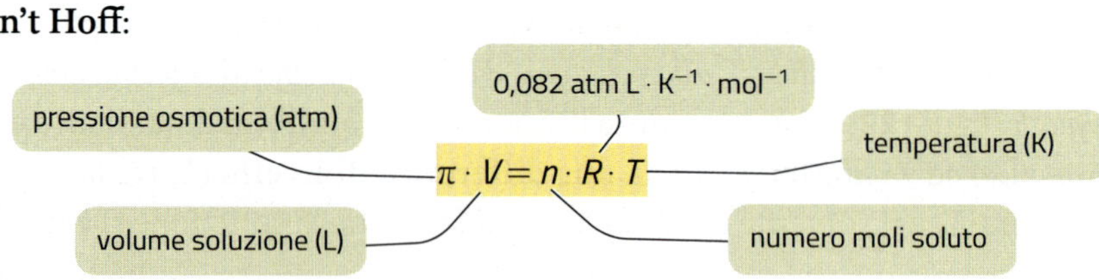

Il valore della pressione osmotica è dato dalla relazione:

$$\pi = \frac{n \cdot R \cdot T}{V} = \frac{n}{V} \cdot R \cdot T$$

Poiché $n/V = \text{M}$ (molarità), sostituendo si ha:

$$\pi = \text{M} \cdot R \cdot T$$

La *pressione osmotica* di una soluzione è quindi una proprietà colligativa, in quanto dipende dalla **concentrazione** (espressa in molarità) della soluzione: aumentando la concentrazione aumenta la pressione osmotica. La pressione osmotica dipende anche dalla **temperatura**: aumentando la temperatura della soluzione, anche la pressione osmotica aumenta.

Se il soluto è un composto che si dissocia completamente in ioni si deve tener conto del *numero di ioni* (i), per cui le relazioni precedenti diventano:

$$\pi \cdot V = n \cdot R \cdot T \cdot i$$

$$\pi = M \cdot R \cdot T \cdot i$$

PROBLEMA MODELLO

Calcolare la pressione osmotica di una soluzione

Calcola la pressione osmotica di una soluzione che contiene 8,0 g di fosfato di litio, Li_3PO_4, in 250 mL di soluzione acquosa alla temperatura di 25 °C.

L'IDEA

Il fosfato di litio è un sale che in acqua si dissocia in ioni. La relazione utile per calcolare la pressione osmotica è quindi $\pi = M \cdot R \cdot T \cdot i$. È quindi necessario determinare:

- la molarità M della soluzione, trasformando in moli la massa di fosfato di litio e dividendo il risultato per il volume in litri di soluzione;
- il valore del coefficiente *i*, scrivendo l'equazione della reazione di dissociazione ionica del fosfato di litio;
- la temperatura in K, sommando 273 al valore della temperatura Celsius.

LA SOLUZIONE

La quantità in moli di soluto è:

$$M_{r\,(Li_3PO_4)} = 3 \cdot 6{,}941 + 30{,}97 + (4 \cdot 16{,}00) = 115{,}8$$

$$M_{(Li_3PO_4)} = 115{,}8 \text{ g/mol}$$

$$n_{(Li_3PO_4)} = \frac{m\,(\text{g})}{M\,(\text{g/mol})} = \frac{8{,}0 \text{ g}}{115{,}8 \text{ g/mol}} = 0{,}069 \text{ mol}$$

Il volume in litri della soluzione è:

$$V = 250 \text{ mL} \cdot \frac{1 \text{ L}}{1000 \text{ mL}} = 0{,}250 \text{ mL}$$

La molarità della soluzione è:

$$\text{M}_{(Li_3PO_4)} = \frac{0{,}069 \text{ mol}}{0{,}250 \text{ L}} = 0{,}28 \text{ mol/L}$$

L'equazione della reazione di dissociazione ionica del fosfato di litio è:

$$Li_3PO_{4(s)} \xrightarrow{H_2O} 3\ Li^+_{(aq)} + PO^{3-}_{4(aq)}$$

per cui il valore del coefficiente i è 4.

La temperatura in kelvin è: $T = (25 + 273)$ K = 298 K

La pressione osmotica della soluzione risulta:

$$\pi = \text{M} \cdot R \cdot T \cdot i = 0{,}28 \text{ mol/L} \cdot 0{,}082 \text{ atm L} \cdot \text{mol}^{-1} \cdot \text{K}^{-1} \cdot 298 \text{ K} \cdot 4 = 27 \text{ atm}$$

LA CONCLUSIONE

La pressione osmotica di una soluzione che contiene 8,0 g di fosfato di litio Li_3PO_4 in 250 mL è 27 atm.

FACCIAMO IL PUNTO

LO SAI? RIPASSA CON LO SMARTPHONE

Che cosa si intende per soluzione, solvente e soluto?

Una soluzione è un sistema omogeneo costituito da due o più componenti. Il componente più abbondante è il **solvente**, il meno abbondante è il **soluto**.

Che cosa sono le soluzioni gassose?

Le soluzioni gassose sono costituite da due o più gas che si possono mescolare completamente in tutte le proporzioni.

La solubilità di un gas in un liquido si esprime in mol/L.

Quali sono le soluzioni liquide?

In un solvente liquido possono essere disciolti gas, liquidi o solidi.

La **solubilità di un gas** in un liquido a una data temperatura è direttamente proporzionale alla *pressione parziale* che il gas esercita sulla superficie del liquido (**legge di Henry**), diminuisce all'aumentare della *temperatura* e aumenta per i *gas polari* che reagiscono con l'acqua.

La **solubilità di un liquido in un liquido** dipende dalla loro *natura chimica* (polare o apolare): i liquidi polari si sciolgono in quelli polari, i liquidi apolari si sciolgono in quelli apolari.

I **solidi solubili** in un liquido sono i solidi *ionici* e *molecolari* (polari o apolari), quelli metallici e covalenti sono insolubili.

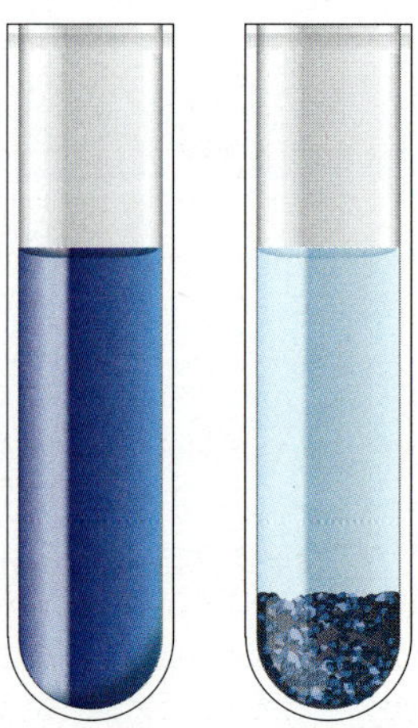

Che cosa è la solubilità?

La quantità *massima* di un soluto che, a una data temperatura, si può sciogliere in una data quantità di solvente si chiama **solubilità**.

Una soluzione che contiene una quantità di soluto inferiore al valore di solubilità è *insatura*, uguale al valore di solubilità è *satura*, se è presente il corpo di fondo, *sovrasatura*, se non lo è.

La **solubilità** è la massima quantità (espressa in grammi) di soluto che può sciogliersi, a una data temperatura, in 100 g di solvente.

All'aumentare della temperatura la solubilità può aumentare o diminuire: se il processo è *endotermico* la solubilità aumenta, se invece è *esotermico* la solubilità diminuisce.

La *solubilizzazione* di un soluto in un solvente implica la formazione di un sistema più *disordinato*, con minore energia e maggiore stabilità.

Come si esprime la concentrazione di una soluzione?

La concentrazione di una soluzione esprime la quantità di soluto contenuta in una determinata quantità di soluzione o di solvente.

La **percentuale massa/massa** indica la quantità, espressa in grammi, di soluto presente in 100 g di soluzione.

La **percentuale massa/volume** indica la quantità, espressa in grammi, di soluto presente in 100 mL di soluzione.

La **percentuale volume/volume** indica la quantità, espressa in mL, di soluto presente in 100 mL di soluzione.

La **molarità** indica il numero di moli di soluto in 1 L di soluzione:

$$M = \frac{n\,(\text{mol})}{V\,(\text{L})}$$

La **frazione molare** indica il rapporto tra il numero delle moli di un componente della soluzione e il numero totale delle moli di tutti i componenti della soluzione:

$$X_A = \frac{n_A}{n_A + n_B} \quad \text{e} \quad X_B = \frac{n_B}{n_A + n_B}$$

La somma delle reazioni molari dei diversi cmponenti è sempre uguale a 1:

$$X_A + X_B = 1$$

La **molalità** indica il numero di moli di soluto in 1 kg di solvente:

$$m = \frac{n\,(\text{mol})}{m\,(\text{Kg})}$$

Che cosa sono le proprietà colligative?

Le proprietà colligative sono *proprietà fisiche* delle soluzioni che non dipendono dalla natura chimica del soluto, ma dalla *concentrazione.*

L'**abbassamento della tensione di vapore** di una soluzione rispetto a quella di un solvente puro è proporzionale alla concentrazione molare del soluto espressa come frazione molare.

L'**innalzamento ebullioscopico** e l'**abbassamento crioscopico** sono direttamente proporzionali alla concentrazione della soluzione espressa in molalità.

La **pressione osmotica** di una soluzione è la pressione esercitata da una soluzione, a contatto con un solvente o con una soluzione più diluita mediante una membrana semipermeabile.

La soluzione con concentrazione minore si dice *ipotonica*, quella con concentrazione maggiore si dice *ipertonica.*

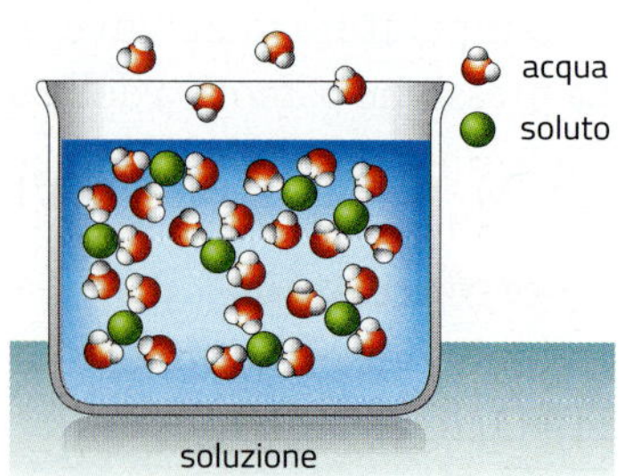

ESERCIZI

ZTE ONLINE Mettiti alla prova con 20 esercizi interattivi

VERIFICA LE TUE CONOSCENZE

LE SOLUZIONI

1 **Perché lo zucchero si scioglie spontaneamente in acqua? Tieni presente ciò che accade a livello particellare quando si forma una soluzione e considera che la dissoluzione dello zucchero avviene con liberazione di calore.**

2 **Quale tipo di soluto e di solvente forma sempre una soluzione?**

3 **L'espressione «il simile scioglie il simile» descrive il processo di solubilizzazione. Tra solvente e soluto, il «simile» è**
Ⓐ la densità del soluto e del solvente.
Ⓑ la massa molare del soluto e del solvente.
Ⓒ lo stato fisico del soluto e del solvente.
Ⓓ la natura polare o apolare del soluto e del solvente.

4 **Riporta un esempio di:**
a. un sale sicuramente solubile in acqua;
b. un liquido sicuramente immiscibile in acqua;
c. un solvente capace di sciogliere l'olio.

5 **Quali tipi di solidi sono insolubili in tutti i solventi? Come si spiega il loro comportamento?**

LA SOLUBILITÀ DI SOLIDI E LIQUIDI

6 **A una soluzione (*s*) satura di acqua e zucchero contenente 2 g di corpo di fondo (*f*) viene aggiunto un grammo di zucchero. La concentrazione di *s***
Ⓐ aumenta e la massa di *f* resta 2 g.
Ⓑ aumenta e la massa di *f* diventa 3 g.
Ⓒ non varia e la massa di *f* diventa 3 g.
Ⓓ diminuisce e la massa di *f* diventa 4 g.

7 **Le seguenti soluzioni contengono, disciolte, le masse di soluto indicate. Sapendo che la solubilità del soluto è uguale a 60 g per 100 g di acqua, individua le soluzioni sature, quelle insature e quelle sovrasature.**
a. 50 g di soluto in 100 g di acqua;
b. 35 g di soluto in 100 g di acqua;
c. 35 g di soluto in 50 g di acqua;
d. 300 g di soluto in 500 g di acqua.

8 **Sapendo che la dissoluzione del soluto X nel solvente Y libera calore, si può concludere che le interazioni X-X**
Ⓐ sono più forti delle interazioni X-Y.
Ⓑ e Y-Y sono complessivamente più deboli delle interazioni X-Y.
Ⓒ sono più forti delle interazioni Y-Y.
Ⓓ sono più deboli delle interazioni Y-Y e X-Y.

LA SOLUBILITÀ IN ACQUA

9 **Quale tra i seguenti gas è meno solubile in acqua? Perché gli altri sono più solubili?**
Ⓐ NH_3 Ⓑ O_2 Ⓒ CO_2 Ⓓ HF

10 **Quali tra le seguenti sostanze si sciolgono in acqua senza dare origine a ioni? Motiva la scelta.**
Ⓐ Na_3PO_4
Ⓑ $CaCl_2$
Ⓒ H_2S
Ⓓ $C_6H_{12}O_6$
Ⓔ O_2

11 **Che cosa accade a livello microscopico quando un solido ionico si scioglie in acqua? Scrivi la reazione di dissociazione ionica del nitrato di sodio, $NaNO_3$.**

12 **La legge di Henry stabilisce che la quantità di gas che si solubilizza in un liquido è**
Ⓐ direttamente proporzionale alla temperatura e alla pressione parziale del gas.
Ⓑ inversamente proporzionale alla pressione parziale del gas e alla temperatura.
Ⓒ direttamente proporzionale alla pressione parziale del gas.
Ⓓ inversamente proporzionale alla temperatura assoluta.

13 **Perché i cristalli di zucchero e di sale da cucina si sciolgono entrambi in acqua ma soltanto il sale origina ioni?**

14 **Quale tra i seguenti fattori non influisce sulla solubilità di un gas in un liquido?**
Ⓐ La pressione del gas.
Ⓑ Il volume della soluzione.
Ⓒ La temperatura della soluzione.
Ⓓ La natura chimica del soluto e del solvente.

LA CONCENTRAZIONE DELLE SOLUZIONI

15 **Molarità, molalità e frazione molare sono tre modi diversi di esprimere la concentrazione di una soluzione: scrivi la formula con cui si possono calcolare, specificando le unità di misura delle grandezze coinvolte.**

16 **Qual è la molarità di una soluzione costituita da 4,00 mol di cloruro di potassio disciolte in 3,00 L di soluzione?**

17 **Qual è la quantità in moli di cloruro di sodio presente in 40 mL di una soluzione 2,0 M?**

18 **Qual è la molalità di una soluzione contenente 2,50 mol di acido carbonico in 700 g di acqua?**

19 **Qual è la frazione molare del soluto in una soluzione costituita da 0,30 mol di soluto e 10 mol di solvente?**

20 **Che cosa resta costante quando si diluisce una soluzione?**

Ⓐ Il volume della soluzione.
Ⓑ La massa del soluto.
Ⓒ La concentrazione percentuale *m*/*m*.
Ⓓ Nessuno dei tre.

LE PROPRIETÀ COLLIGATIVE

21 **Quali sono le proprietà colligative? Che cosa hanno in comune?**

22 **Alla pressione esterna di 1 atm, stabilisci se una soluzione di acqua e sale bolle a temperature:**

a. inferiori o superiori a 373 K;
b. inferiori o superiori a quella di una soluzione di acqua e zucchero di uguale concentrazione.

Motiva le tue risposte.

23 **Considera una soluzione acquosa di bicarbonato di sodio $NaHCO_{3(s)}$. Quale tra le seguenti affermazioni è vera?**

Ⓐ Si dissocia in tre ioni.
Ⓑ Ha tensione di vapore superiore a quella dell'acqua alla stessa temperatura.
Ⓒ Genera la stessa pressione osmotica di una soluzione di NaCl di uguale concentrazione.
Ⓓ Solidifica a temperatura superiore a 0 °C.

24 **Una soluzione contiene disciolti *m* grammi di una proteina in un volume *V* e alla temperatura *T*. Quale delle seguenti relazioni consente di calcolare la massa molare *M* della proteina a partire dalla pressione osmotica π della soluzione?**

Ⓐ $M = \pi \cdot V / m \cdot R \cdot T$
Ⓑ $M = \pi \cdot R \cdot V / m \cdot T$
Ⓒ $M = R \cdot V / m \cdot \pi \cdot T$
Ⓓ $M = m \cdot R \cdot T / \pi \cdot V$

25 **Nel sistema riportato in figura le due soluzioni sono separate da una membrana semipermeabile. Con il passare del tempo, in quale ramo del tubo aumenterà il livello del liquido? Perché?**

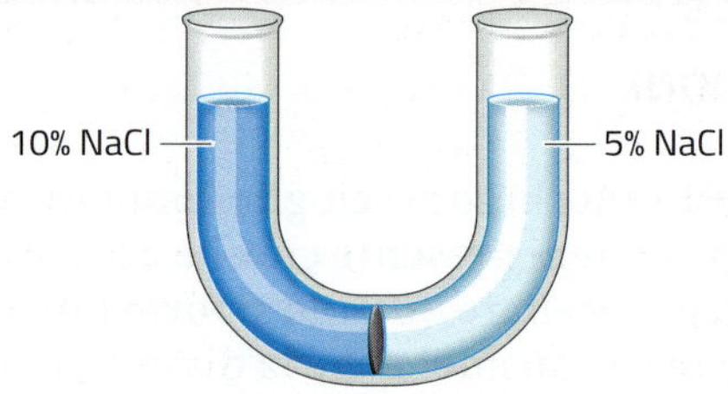

26 **Con quale relazione puoi calcolare la pressione osmotica di una soluzione 0,15 M di cloruro di sodio alla temperatura di 37 °C? Qual è il suo valore?**

27 **Le soluzioni *A*, *B* e *C* contengono, rispettivamente, 1 mol di NaOH, 1 mol di Na_2SO_4 e 2 mol di $C_6H_{12}O_6$, disciolte in un'uguale massa di acqua. In quale soluzione si registrerà il maggior abbassamento crioscopico? Perché?**

28 **Una soluzione acquosa 1 m di zucchero ($C_{12}H_{22}O_{11}$) congela a −1,86 °C. A quale temperatura congela una soluzione 1 m di sale da cucina (NaCl)?**

29 **Una soluzione è costituita dal solvente A e dal soluto B. Se X_A e X_B sono le rispettive frazioni molari e p_A° è la tensione di vapore del solvente puro, con quale delle seguenti formule puoi calcolare l'abbassamento della tensione di vapore Δp della soluzione?**

Ⓐ $p = p_A \cdot X_A$
Ⓑ $\Delta p = p_A^\circ \cdot X_B$
Ⓒ $\Delta p = p_A^\circ \cdot X_A$
Ⓓ $\Delta p = p_A^\circ \cdot (X_B + X_A)$

VERIFICA LE TUE ABILITÀ

30 **Quale dei seguenti liquidi è più solubile nel benzene (C_6H_6)? Perché?**

Ⓐ Cloroformio ($CHCl_3$)
Ⓑ Pentano ($CH_3{-}CH_2{-}CH_2{-}CH_2{-}CH_3$)
Ⓒ Acetone ($CH_3{-}CO{-}CH_3$)
Ⓓ Metanolo ($CH_3{-}OH$)

31 **Calcola la massa in grammi di cloruro di sodio che occorre per preparare 50,0 mL di una soluzione 0,400 M.**

32 **Immagina di mescolare le seguenti coppie di sostanze:**

Ⓐ $NaCl$ e H_2O;
Ⓑ $CO_{2(g)}$ e $N_{2(g)}$;
Ⓒ $NaOH$ e H_2O ($Q = -44,5$ kJ/mol);
Ⓓ $O_{2(g)}$ e $H_2O_{(l)}$;
Ⓔ C_6H_6 (benzene) e H_2O

a. Quali formano sicuramente una soluzione?
b. In quali casi la dissoluzione è certamente esotermica?
c. In quali casi puoi prevedere un'alta solubilità?

Motiva ciascuna scelta.

33 **Alla temperatura di 50 °C una soluzione acquosa satura di cloruro di ammonio (s_{NH_4Cl} = 50 g in 100 g di H_2O) contiene 60 g di corpo di fondo. Se si aggiungono alla stessa temperatura 50 g di acqua, calcola la massa del corpo di fondo.**

34 **Si mescolano 400 mL di acqua con 300 mL di acido acetico (CH_3COOH). Qual è il volume della soluzione? Motiva la scelta.**

Ⓐ 700 mL
Ⓑ Minore di 700 mL
Ⓒ Maggiore di 700 mL
Ⓓ Molto minore di 700 mL

35 **La solubilità dell'azoto in acqua alla temperatura di 20 °C e alla pressione di 580 torr è 0,015 g/L. Calcola la sua solubilità alla stessa temperatura e alla pressione di 800 torr.**

36 **In condizioni standard, la solubilità dell'azoto in acqua è 0,0010 mol/L. Calcola la massa in grammi di azoto disciolta nelle stesse condizioni in 100 L di acqua.**

37 **In condizioni standard, la solubilità dell'ossigeno in acqua è 0,00013 mol/L. Calcola la massa in grammi di ossigeno disciolta in 5,00 L di acqua alla temperatura di 25 °C e alla pressione di 4 atm.**

38 **Quanti e quali ioni si liberano dalla dissociazione in acqua di un'unità formula di ciascuno dei seguenti composti?**

a. $Ca(OH)_2$
b. Na_3PO_4
c. $Al_2(SO_4)_3$
d. $FeCl_3$
e. $NaHCO_3$
f. $C_{12}H_{22}O_{11}$

39 **Calcola la molarità di una soluzione contenente 40 g di cloruro di potassio in 3500 mL di soluzione.**

40 **A 300 mL di una soluzione 0,80 M vengono aggiunti 500 mL di acqua. Calcola la nuova molarità della soluzione.**

41 **A 200 mL di una soluzione di idrossido di sodio 0,40 M vengono aggiunti 750 mL di una soluzione di idrossido di sodio 2,4 M. Calcola la molarità della soluzione risultante.**

42 **Una soluzione di idrossido di calcio contiene 44,4 g in 200 mL. Calcola il volume in mL necessario per preparare 800 mL di una soluzione 0,500 M.**

43 **Quale volume in mL di acido solforico (*d* = 1,94 g/mL) si deve utilizzare per preparare una soluzione acquosa 1,00 M?**

44 **Calcola la massa degli ioni sodio e degli ioni carbonato presenti in 250 mL di una soluzione 1,2 M di carbonato di sodio.**

45 **Calcola la molarità di una soluzione di:**

a. acido solforico (*d* = 1,8 g/mL) all'80% *m*/*m*;
b. idrossido di potassio (*d* = 1,36 g/mL) al 35% *m*/*m*.

46 **Una soluzione di acido solforico all'80% *m*/*m* ha una concentrazione pari a 14,69 M. Calcola la sua densità.**

47 **Si deve preparare una soluzione 3,00 M di acido cloridrico. Quale volume in mL di una soluzione di acido cloridrico (*d* = 1,1 g/mL) al 30% *m*/*m* occorre utilizzare?**

48 **Calcola la molarità di una soluzione di idrossido di sodio (*d* = 1,045 g/mL) ottenuta sciogliendo 0,9 g di idrossido di sodio in 20,4 g di acqua.**

49 **A 40 mL di una soluzione di acido nitrico al 6,3% *m*/*V* vengono aggiunti 60 mL di acqua. Calcola la molarità della nuova soluzione.**

50 **Qual è la molarità di una soluzione di acido cloridrico al 3% *m*/*V*?**

51 **Calcola il volume in mL di una soluzione di acido nitrico all'80% *m*/*V* necessario per preparare 0,50 L di una soluzione 3,0 M.**

52 Per preparare 400 mL di una soluzione 0,50 M di acido cloridrico si usa una soluzione al 40% *m*/*V* dell'acido. Quale volume in mL di tale soluzione si deve utilizzare?

53 Una soluzione contiene 68,48 g di saccarosio ($C_{12}H_{22}O_{11}$) in 1000 g di acqua. Calcola la frazione molare dei componenti della soluzione.

54 Calcola la frazione molare dei componenti di una soluzione acquosa di metanolo (CH_3OH) al 12% *m*/*m*.

55 Calcola la frazione molare dei componenti di una soluzione acquosa contenente 15,5 g di cloruro di sodio in 70 g di soluzione.

56 Calcola la frazione molare dei componenti di una soluzione acquosa (d = 1,0344 g/mL) di glucosio ($C_6H_{12}O_6$) 0,30 M.

57 Si prepara una soluzione miscelando 500 mL di una soluzione di acido nitrico (d = 1,42 g/mL) 16 M e 500 mL di una soluzione di acido nitrico (d = 1,19 g/mL) 6,0 M. Calcola la frazione molare di acido nitrico e di acqua nella soluzione finale (considera additivi i volumi).

58 Si hanno a disposizione 80 g di idrossido di sodio e si vuole preparare una soluzione 2,5 m. Calcola la massa in grammi di acqua necessaria a preparare la soluzione.

59 Calcola la molalità di una soluzione contenente 150 g di idrossido di potassio in 800 g di acqua.

60 Qual è la molalità di una soluzione 1,0 M di cloruro di potassio (d = 1,1 g/mL)?

61 Quale massa in grammi di fosfato di litio è presente in 900 g di una soluzione 3,00 m?

62 Calcola la molarità di una soluzione di acido cloridrico (d = 1,08 g/mL) 1,7 m.

63 Calcola la tensione di vapore di una soluzione contenente 5,00 g di cloruro di sodio in 250 g di acqua alla temperatura di 18 °C. La tensione di vapore dell'acqua a 18 °C è 15,45 torr.

64 Qual è la tensione di vapore di una soluzione contenente 4,15 g di iodio I_2 in 80 g di tetracloruro di carbonio CCl_4 alla temperatura di 22 °C? La tensione di vapore del tetracloruro di carbonio a 22 °C è 90,5 torr.

65 Calcola l'abbassamento della tensione di vapore di una soluzione contenente 15,0 g di saccarosio, $C_{12}H_{22}O_{11}$, in 100 g di acqua alla temperatura di 20 °C. La tensione di vapore dell'acqua a 20 °C è 17,5 torr.

66 Di quanto si abbassa la tensione di vapore di una soluzione contenente 8,65 g di solfato di potassio in 491,35 g di acqua alla temperatura di 4 °C? La tensione di vapore dell'acqua a 4 °C è 6,101 torr.

67 La tensione di vapore dell'acqua a 20 °C è 17,50 torr. Aggiungendo all'acqua una data massa di glicerolo, si misura un abbassamento della tensione di vapore della soluzione di 0,19 torr. Calcola la frazione molare del glicerolo.

68 A che temperatura bolle una soluzione contenente 855,75 g di saccarosio $C_{12}H_{22}O_{11}$ in 1,00 kg di acqua?

69 Una soluzione ottenuta sciogliendo nel benzene un composto organico bolle a 95,0 °C. Calcola la molalità della soluzione.

70 Quale massa in grammi di solfato di sodio si deve aggiungere a 1400 g di acqua, affinché il punto di ebollizione della soluzione sia 100,2 °C?

71 Calcola la massa in grammi di glicerolo, $C_3H_8O_3$, che, sciolta in 600 g di acqua, provoca un innalzamento ebullioscopico di 0,30 °C.

72 Quanto vale l'innalzamento ebullioscopico di una soluzione contenente 2,69 g di cloruro di potassio in 30 g di acqua?

73 Calcola la temperatura di congelamento di una soluzione contenente 5,0 g di cloruro di sodio in 50 g di acqua.

74 Una soluzione ottenuta sciogliendo un composto in acido acetico congela a 4 °C. Calcola la molalità della soluzione.

75 Sciogliendo 5,0 g di un composto molecolare in 75 g di acqua, si registra un abbassamento crioscopico di 2,95 °C. Calcola la massa molare del composto sapendo che in acqua ogni sua molecola origina tre ioni.

76 Quale massa in grammi di saccarosio ($C_{12}H_{22}O_{11}$) è necessario aggiungere a 25 g di acqua per avere una temperatura di congelamento di −0,184 °C?

77 Calcola il Δt_{eb} e il Δt_{cr} di una soluzione contenente 10,0 g di glicerolo ($C_3H_8O_3$) in 100 g di acqua.

78 A quale temperatura inizia a bollire e a solidificare una soluzione contenente 6,25 g di solfato di magnesio in 50,5 g di acqua?

79 Quanto vale la pressione osmotica di una soluzione 0,050 M di acido solforico alla temperatura di 10 °C?

80 Qual è la pressione osmotica di una soluzione ottenuta sciogliendo 10,34 g di cloruro di calcio in 800 mL di soluzione alla temperatura di 25 °C?

81 Calcola la pressione osmotica di una soluzione al 10% *m*/*V* di cloruro di sodio alla temperatura di 27 °C.

82 Qual è la pressione osmotica di una soluzione contenente 7,25 g di fosfato di potassio e 2,41 g di cloruro di sodio in 500 mL di soluzione alla temperatura di 15 °C?

83 In quale volume di soluzione occorre sciogliere 2,34 g di idrossido di magnesio perché la soluzione a 30 °C abbia una pressione osmotica di 5,00 atm?

84 Calcola la molarità di una soluzione di cloruro di calcio che a 20 °C ha una pressione osmotica di 14,43 atm.

85 Sciogliendo 6,00 g di soluto non dissociabile in 100 mL di soluzione si ha, a 27 °C, una pressione osmotica di 24,5 atm. Calcola la massa molecolare relativa del composto.

86 Una soluzione contiene 1,32 g di cloruro di sodio in 62 mL ed esercita una pressione osmotica di 20 atm. Calcola la temperatura (in °C) della soluzione.

87 Una soluzione 0,090 M di un composto alla temperatura di 300 K esercita una pressione di 6,65 atm. In quanti ioni è dissociato il composto in soluzione?

88 Una soluzione di acido solforico alla temperatura di 40 °C ha una pressione osmotica di 5,00 atm. Quale massa in grammi di acido solforico è disciolta in 500 mL di soluzione?

TEST YOURSELF

89 Calculate the mass percent (*m*/*m*) for the solution obtained dissolving 2 moles of sodium chloride in 40 moles of water.

90 Calculate the molarity of a solution of nitric acid (d = 1.2 g/mL) which has a volume of 50 mL and is at 32% *m*/*m*.

91 Calculate the molality of a solution obtained dissolving an organic compound in chloroform (K_{eb} = 3.63 °C mol^{-1}·kg, t_{eb} = 61.2 °C) knowing that it boils at a temperature of 70 °C.

92 What volume of solution is required to dissolve 50 g of sodium chloride, so that the solution has an osmotic pressure of 7 atm at 27 °C?

93 Which would be the better solvent, water or tetrachloromethane, for each of the following substances?

a. HCl
b. NaCl
c. I_2

94 Explain why the freezing point of a solution is lower than the freezing point of the pure solvent.

VERSO I GIOCHI DELLA CHIMICA

95 Aumentando la temperatura di una soluzione, quale delle seguenti grandezze non cambia?

(A) Molarità.
(B) Molalità.
(C) Densità.
(D) Nessuna delle risposte precedenti.

[Fase nazionale 2016]

96 **Il radon è un gas che a 25 °C ha una K_H in acqua di $9{,}2 \cdot 10^{-8}$ M/Pa. Calcola la concentrazione in g/L di radon in una soluzione acquosa sottoposta alla pressione parziale di radon di $2{,}0 \cdot 10^5$ Pa.**

Ⓐ 2,99 g/L
Ⓑ 7,85 g/L
Ⓒ 9,32 g/L
Ⓓ 4,08 g/L

[Fase nazionale 2015]

97 **Il sale $MgCl_2$ è solubile in acqua. Sciogliendo 3 mol di $MgCl_2$ in un litro di acqua, si ottengono:**

Ⓐ 1 mol di Mg^{2+} e 2 mol di Cl^-
Ⓑ 3 mol di Mg^{2+} e 3 mol di Cl^-
Ⓒ 3 mol di Mg^{2+} e 6 mol di Cl^-
Ⓓ 3 mol di Mg^{2-} e 6 mol di Cl^+

[Fase regionale 2014]

98 **In 100 mL di una soluzione satura di ossigeno in acqua, sono contenuti 3,16 mL di O_2, misurati alla temperatura di 298 K e alla pressione di $1{,}01 \cdot 10^5$ Pa. Determinare la solubilità di O_2 in mol/L**

Ⓐ $2{,}07 \cdot 10^{-3}$ M
Ⓑ $1{,}29 \cdot 10^{-3}$ M
Ⓒ $1{,}01 \cdot 10^{-3}$ M
Ⓓ $1{,}65 \cdot 10^{-3}$ M

[Fase nazionale 2016]

99 **Lo iodio è solubile in tetracloruro di carbonio**

Ⓐ perché entrambi i composti sono polari.
Ⓑ perché entrambi i composti sono apolari.
Ⓒ perché il primo composto è polare mentre il secondo no.
Ⓓ non è vero che lo iodio è solubile in tetracloruro di carbonio.

[Fase regionale 2015]

100 **Quanti grammi di $LiOH_{(s)}$ sono necessari per preparare una soluzione contenente lo stesso numero di moli di soluto che sono presenti in 10 mL di una soluzione di NaOH 0,2 M?**

Ⓐ 0,099 g
Ⓑ 0,077 g
Ⓒ 0,055 g
Ⓓ 0,048 g

[Fase nazionale 2015]

101 **Bisogna preparare una soluzione di $K_2Cr_2O_4$ ($1{,}00 \cdot 10^{-1}$ L; $5{,}00 \cdot 10^{-2}$ M). Indicare il volume di soluzione $2{,}50 \cdot 10^{-1}$ M che bisogna usare:**

Ⓐ $2{,}00 \cdot 10^{-2}$ L
Ⓑ $2{,}00 \cdot 10^{-1}$ L
Ⓒ $1{,}00 \cdot 10^{-1}$ L
Ⓓ $3{,}50 \cdot 10^{-1}$ L

[Fase regionale 2013]

102 **L'ammoniaca usata in laboratorio è una soluzione acquosa di NH_3 gas (14,8 M) con una densità pari a $8{,}98 \cdot 10^{-1}$ g mL^{-1}. Ciò permette di calcolare la sua frazione molare:**

Ⓐ $6{,}4 \cdot 10^{-5}$
Ⓑ $7{,}0 \cdot 10^{-1}$
Ⓒ $2{,}92 \cdot 10^{-1}$
Ⓓ $3{,}2 \cdot 10^{2}$

[Fase regionale 2013]

VERSO L'UNIVERSITÀ

103 **Una soluzione (1) di NaCl ha concentrazione molare doppia rispetto a una soluzione (2) di Na_2SO_4. Se si mescolano 100 mL della soluzione 1 con 200 mL della soluzione 2, la concentrazione dello ione Na^+ nella soluzione finale sarà:**

Ⓐ tripla rispetto alla soluzione 1.
Ⓑ doppia rispetto alla soluzione 1.
Ⓒ doppia rispetto alla soluzione 2.
Ⓓ uguale a quella della soluzione 1.
Ⓔ la metà rispetto alla soluzione 2.

[dalla prova di ammissione a Medicina e Chirurgia, 2016]

104 **A 400 mL di una soluzione acquosa 2,5 M è stata aggiunta dell'acqua per diluirla alla concentrazione di 2 M. Quale volume di acqua è stato aggiunto?**

Ⓐ 100 mL
Ⓑ 1000 mL
Ⓒ 200 mL
Ⓓ 500 mL
Ⓔ 800 mL

[dalla prova di ammissione a Veterinaria, 2013]

VERSO L'ESAME: LE TUE COMPETENZE

OSSERVA E IPOTIZZA

105 **L'acqua di mare contiene molti sali disciolti; la pressione osmotica che essa genera è circa quella di una soluzione 0,50 M di NaCl.**

a. Qual è il suo valore a 20 °C?
b. Alle condizioni specificate in figura, come si riesce a ottenere acqua pura dall'acqua di mare?
c. Il processo schematizzato in figura si chiama *osmosi inversa*. Cerca in rete informazioni sugli impianti di dissalazione dell'acqua di mare. Su quale altro principio possono funzionare? Ci sono in Italia impianti di dissalazione?

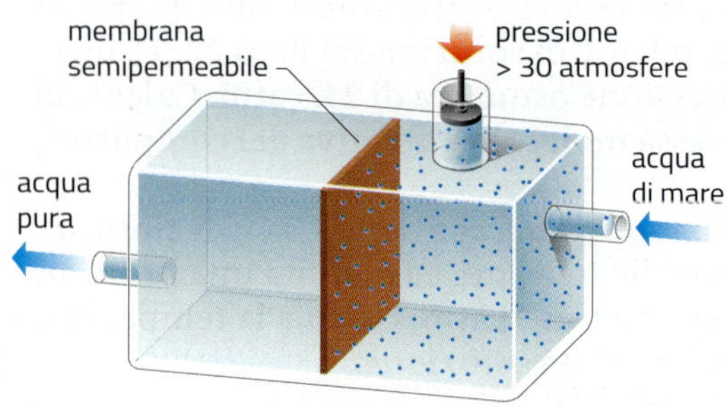

RIFLETTI

106 **Le centrali termoelettriche, così come molti altri impianti industriali, usano l'acqua nei circuiti di raffreddamento per assorbire il calore sviluppato durante i processi produttivi.**
Le acque di raffreddamento, prelevate da mari, laghi e fiumi a una certa temperatura, sono restituite dopo l'utilizzo a una temperatura più elevata. In prossimità del dispositivo di scarico l'acqua è quindi più calda: questo causa l'alterazione degli ecosistemi acquatici e la variazione dei processi vitali (per contenere tali effetti negativi le leggi italiane impongono il rispetto di limiti ben precisi).
Perché un eccessivo aumento della temperatura dell'acqua può portare alla morte della flora batterica (utile nei processi di autodepurazione delle acque) e, nei casi più gravi, anche dei pesci?
[*Suggerimento*: nel rispondere tieni presente che flora batterica e pesci hanno bisogno di ossigeno per i loro processi vitali].

ANALIZZA E RIFLETTI

107 **Nell'insufficienza renale i reni sono incapaci di eliminare dal sangue i materiali di rifiuto come l'urea, l'acido urico e la creatinina. I pazienti affetti da questa condizione vengono sottoposti a *emodialisi*: il sangue del paziente è fatto circolare all'esterno del corpo in un lungo tubo, costituito da una membrana semipermeabile che lascia passare il solvente e le piccole molecole dei prodotti di rifiuto. Il lungo tubo, avvolto come in un gomitolo, è immerso in un grande volume di soluzione dializzante, in cui migreranno le sostanze di rifiuto. Emodialisi e osmosi avvengono grazie a una membrana semipermeabile, ma non sono processi equivalenti: quali sono le differenze?**

RIFLETTI

108 **Nell'industria alimentare si può utilizzare il processo osmotico per ottenere una parziale disidratazione di alimenti che hanno un elevato tenore in acqua. Le membrane cellulari agiscono infatti come vere e proprie membrane semipermeabili.**

a. In che cosa consiste l'osmosi?
b. Come deve essere la soluzione che si pone a contatto del materiale da disidratare?

COLLEGA E ARGOMENTA

109 **Come spieghi il fatto che, in una bottiglia semivuota, l'acqua frizzante tende a «sgasarsi»?**

COLLEGA E CONFRONTA

110 **Il lavaggio a secco dei tessuti utilizza, al posto dell'acqua, solventi organici: fra questi, uno dei più importanti è il percloroetilene C_2Cl_4.**

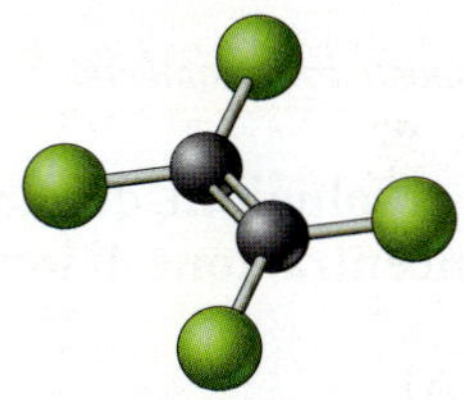

a. Considera il modello molecolare del C_2Cl_4 riportato in figura e tieni presenti la natura dei suoi legami e la geometria della molecola: quale proprietà distingue questo solvente dal solvente acqua?
b. Quale dei due solventi è più adatto a sciogliere materiali oleosi o grassi depositati sui tessuti? Perché?
c. Il colore rosso dei pomodori si deve al licopene, un idrocarburo di formula $C_{40}H_{56}$ rappresentato in figura. Pensi che l'acqua possa togliere da un tessuto la macchia di pomodoro? Perché?

SEI PRONTO PER LA VERIFICA?

IN 1 ORA

Dopo aver studiato i contenuti del **capitolo 14**, svolgi la prova nel **tempo massimo di un'ora**.

CONOSCENZE E ABILITÀ

1 **Una soluzione gassosa costituita da 15 g di idrogeno e 30 g di ammoniaca esercita una pressione di 5 atm. Calcolare la pressione parziale dei due gas.**

(6 punti se hai risposto correttamente) ...../6

2 **Calcolare i grammi di diossido di carbonio ($s = 0{,}076$ mol/L) sciolti in 5 L di acqua alla temperatura di 25 °C e alla pressione di 4 atm.**

(8 punti se hai risposto correttamente) ...../8

3 **Tra le seguenti soluzioni, quella con la maggiore concentrazione di ione cloruro (Cl^-) è:**

Ⓐ $NaCl_{(aq)}$ 0,02 M
Ⓑ $NH_4Cl_{(aq)}$ 0,03 M
Ⓒ $CaCl_{2(aq)}$ 0,02 M
Ⓓ $CrCl_{3(aq)}$ 0,01 M

(8 punti se hai risposto correttamente) ...../8

4 **A 25 mL di una soluzione di acido cloridrico ($d = 1{,}1$ g/mL) al 30% *m*/*m* sono aggiunti 400 mL di acqua. Calcolare la molarità della nuova soluzione.**

(8 punti se hai risposto correttamente) ...../8

5 **Calcolare la frazione molare dei componenti di una soluzione acquosa ($d = 1{,}03$ g/mL) di fruttosio ($C_6H_{12}O_6$) 0,5 M.**

(12 punti se hai risposto correttamente) ...../12

6 **Se si separano con una membrana semipermeabile una soluzione acquosa di glucosio (A) 0,1 M e una soluzione di cloruro di sodio (B) 0,06 M, le molecole di:**

Ⓐ acqua vanno dalla soluzione A alla soluzione B.
Ⓑ acqua vanno dalla soluzione B alla soluzione A.
Ⓒ acqua si spostano in ugual numero da A a B e viceversa.
Ⓓ glucosio vanno dalla soluzione A alla soluzione B.

(8 punti se hai risposto correttamente) ...../8

7 **Tra le seguenti soluzioni acquose di NaOH ($M_r = 40$) è più concentrata quella che contiene:**

Ⓐ 1 mole di soluto in 1 dm^3 di soluzione.
Ⓑ 2 g di soluto in 250 cm^3 di soluzione.
Ⓒ 0,05 moli di soluto in 10 cm^3 di soluzione.
Ⓓ 4 g di soluto in 100 cm^3 di soluzione.

(10 punti se hai risposto correttamente) ...../10

I primi 60 punti valgono per il raggiungimento degli obiettivi minimi. Per fare di più, rispondi alle seguenti domande.

COMPETENZE

8 **Da una soluzione di solfato di potassio (K_2SO_4) a 70 °C che contiene 36 g di sale disciolti, si fa evaporare il 40% dell'acqua. Quanti grammi di solfato di potassio precipitano, sapendo che a questa temperatura la solubilità del sale è di 18 g per 100 g di acqua?**

(8 punti se hai risposto correttamente) ...../8

9 **In 1000 g di acqua sono contenuti 100 g di glucosio ($C_6H_{12}O_6$; $M_r = 180$). Calcolare la tensione di vapore a 28 °C di tale soluzione sapendo che l'acqua a 28 °C ha una tensione di vapore di 28,35 torr.**

(8 punti se hai risposto correttamente) ...../8

10 **Tra le seguenti soluzioni acquose in 1 kg di acqua, quella che presenta il maggior abbassamento crioscopico è:**

Ⓐ 1 mole di KClO
Ⓑ 1 mole di Na_2SO_4
Ⓒ 1,3 moli di $LiMnO_4$
Ⓓ 2 moli di glucosio ($C_6H_{12}O_6$)

(8 punti se hai risposto correttamente) ...../8

11 **Calcolare il punto di ebollizione di una soluzione acquosa ottenuta sciogliendo 40,15 g di Na_2CO_3 ($M_r = 106$) in 750 g di acqua.**

(8 punti se hai risposto correttamente) ...../8

12 **Calcolare a quale temperatura (in °C) una soluzione al 2% *m*/*V* di idrossido di litio esercita una pressione osmotica di 40 atm.**

(8 punti se hai risposto correttamente) ...../8

PUNTEGGIO TOTALE ...../100

CAPITOLO

15 LA NOMENCLATURA

1 IL NUMERO DI OSSIDAZIONE E LE REGOLE PER CALCOLARLO

Abbiamo visto che conoscere la valenza di un elemento ci consente di stabilire quanti legami può formare ciascuno dei suoi atomi, ma non ci fornisce alcuna informazione sul modo in cui gli elettroni coinvolti nel legame si distribuiscono tra i due atomi. Questa informazione è molto importante perché dalla distribuzione della carica elettrica in una molecola dipendono molte delle sue proprietà fisiche e chimiche. Per questo motivo è preferibile sostituire il concetto di valenza con quello più accurato di *numero di ossidazione*.

PER CAPIRE MEGLIO
Videolezione
Assegnare i numeri di ossidazione

Il **numero di ossidazione** (simbolo **n.o.**) è la carica elettrica che un atomo avrebbe se, quando è legato ad altri atomi, gli elettroni di legame venissero assegnati all'atomo più elettronegativo.

Per esempio, nella molecola HCl il numero di ossidazione dell'atomo di idrogeno si ricava assegnando al cloro i due elettroni di legame; l'atomo di cloro è infatti il più elettronegativo dei due. Così facendo, è come se l'atomo H perdesse il proprio elettrone (anche se non lo perde davvero); l'idrogeno assume in questo modo una carica positiva, mentre l'atomo Cl assume una carica negativa.

TI RICORDI?
L'**elettronegatività** esprime la forza con cui un atomo attira a sé gli elettroni di legame.

Per evidenziare che il **numero di ossidazione è una carica convenzionale**, e non una *carica elettrica effettiva* come quella degli ioni, il *numero di ossidazione* viene indicato con un numero relativo, cioè con un numero preceduto dal segno + o dal segno −.

Nella molecola H−Cl, il numero di ossidazione dell'atomo H diventa quindi +1 e quello dell'atomo Cl diventa −1.

$$\overset{\text{n.o. }+1}{\mathrm{H}}\ /\!-\ \overset{\text{n.o. }-1}{\underline{\overline{\mathrm{Cl}}}|}$$

La carica elettrica effettiva di uno ione viene invece indicata con un numero seguito dal segno della carica; lo ione magnesio si rappresenta come Mg^{2+} e l'apice 2+ indica proprio la carica elettrica dello ione.

■ comportamento metallico
■ comportamento anfotero
■ comportamento non metallico

	I A	II A	III B	IV B	V B	VI B	VII B	VIII B	VIII B	VIII B	I B	II B	III A	IV A	V A	VI A	VII A	VIII A
1	H −1, 1																	He
2	Li 1	Be 2											B 3	C −4, 2, 4	N −3, 1, 2, 3, 4, 5	O −2, −1	F −1	Ne
3	Na 1	Mg 2											Al 3	Si −4, 4	P −3, 3, 5	S −2, 4, 6	Cl −1, 1, 3, 5, 7	Ar
4	K 1	Ca 2	Sc 3	Ti 2, 3, 4	V 2, 3, 4, 5	Cr 2, 3, 6	Mn 2, 3, 4, 6, 7	Fe 2, 3	Co 2, 3	Ni 2, 3	Cu 1, 2	Zn 2	Ga 3	Ge 2, 4	As −3, 3, 5	Se −2, 4, 6	Br −1, 1, 3, 5, 7	Kr
5	Rb 1	Sr 2	Y 3	Zr 4	Nb 3, 5	Mo 6	Tc 4, 6, 7	Ru 3, 4	Rh 3	Pd 2, 4	Ag 1	Cd 2	In 3	Sn 2, 4	Sb −3, 3, 5	Te −2, 4, 6	I −1, 1, 5, 7	Xe
6	Cs 1	Ba 2	La-Lu	Hf 4	Ta 5	W 6	Re 4, 6, 7	Os 3, 4	Ir 3, 4	Pt 2, 4	Au 1, 3	Hg 1, 2	Tl 1, 3	Pb 2, 4	Bi 3, 5	Po 2, 4	At −1, 3, 5,7	Rn
7	Fr 1	Ra 2	Ac-Lr															

APP
La tavola periodica interattiva

Figura 1 **Numeri di ossidazione e comportamento chimico** La tavola periodica riporta i più comuni numeri di ossidazione degli elementi chimici e il relativo comportamento chimico: metallico, anfotero e non metallico.

Gli elementi *alcalini* e *alcalino-terrosi* (metalli dei gruppi 1 e 2), quando sono combinati a formare un composto, assumono **un solo** numero di ossidazione. Molti elementi, invece, possono combinarsi in modo da assumere **diversi** numeri di ossidazione: i più frequenti sono riportati in figura **1**.

Di solito, per assegnare il numero di ossidazione a un atomo non serve sapere come sia legato ad altri atomi, ma basta applicare alcune regole.

Regola	Esempio
1. Gli atomi di un elemento nello **stato non combinato** (per esempio Ar, C, Cl_2, P_4), cioè non legati ad atomi *diversi*, hanno n.o. uguale a **zero**.	0 Ar; 0 0 Cl—Cl
2. L'**idrogeno** nei composti ha n.o. **+1** quando è legato a un *non metallo*, e **−1** quando è legato a un *metallo* (i metalli sono meno *elettronegativi* dell'idrogeno).	+1 −1 H—F ← non metallo; metallo → +1 −1 Li—H
3. L'**ossigeno** nei composti ha n.o. **−2**, tranne nei perossidi, nei superossidi e in OF_2. I *perossidi* sono composti in cui due atomi di ossigeno condividono esattamente un doppietto elettronico che non può essere assegnato a nessuno dei due atomi: l'ossigeno assume quindi n.o. **−1**. I *superossidi* contengono lo ione O_2^-; la carica complessiva è quindi −1, ma ogni atomo di ossigeno è come se avesse n.o. **−1/2**. Nel *difluoruro di ossigeno* (OF_2), l'ossigeno assume n.o. **+2**: i doppietti elettronici sono infatti assegnati al fluoro, che è più elettronegativo dell'ossigeno.	+2 −2 C=O 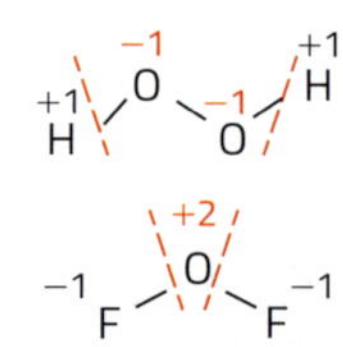
4. I **cationi** monoatomici e gli **anioni** monoatomici hanno n.o. uguale alla carica dello ione.	+2 Ca^{2+} +1 Na^+ −1 Cl^- −2 S^{2-}
5. I metalli del gruppo 1 (**metalli alcalini**) e del gruppo 2 (**metalli alcalino-terrosi**) nei composti hanno rispettivamente n.o. **+1** e **+2**. Questi elementi formano sempre composti ionici nei quali sono presenti come cationi con una o due cariche positive. Il **berillio** (gruppo 2) e l'**alluminio** (gruppo 13) formano sia composti ionici sia composti molecolari, ma sempre con lo stesso n.o. (rispettivamente **+2** e **+3**).	gruppo 1 ⟶ +1 KCl gruppo 2 ⟶ +2 BaO
6. In un composto la **somma algebrica dei n.o.** degli atomi o degli ioni che lo costituiscono è sempre **uguale a zero**.	−2 +4 −2 O=C=O $2 \cdot (-2) + (+4) = 0$
7. In uno **ione poliatomico** la somma algebrica dei n.o. degli atomi che lo costituiscono è uguale alla carica dello ione.	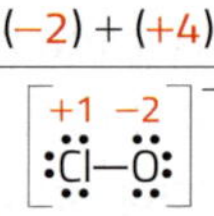 (+1) +(−2) = −1

PROBLEMA MODELLO

Calcolare il numero di ossidazione di un elemento presente in una specie neutra o in uno ione poliatomico

Calcola il numero di ossidazione:

a. del fosforo nell'acido fosforico H_3PO_4;
b. dell'azoto nel nitrato di magnesio $Mg(NO_3)_2$;
c. del carbonio nello ione carbonato CO_3^{2-}.

L'IDEA

Per calcolare il numero di ossidazione di un elemento presente in una molecola, è necessario ricordare che la somma algebrica dei numeri di ossidazione di tutti gli atomi che formano la molecola deve essere uguale a zero e che alcuni elementi presenti nella molecola hanno numero di ossidazione definito da una regola specifica. Nel caso degli ioni poliatomici la somma algebrica dei n.o. degli atomi deve essere uguale alla carica elettrica dello ione. In ciascun caso si procede in questo modo:

1. si indica con x il numero di ossidazione incognito;
2. si scrivono i valori dei n.o. degli altri elementi e li si moltiplica per i rispettivi indici numerici;
3. si imposta un'equazione sommando algebricamente tutti i n.o. e ponendo la somma uguale a zero;
4. si determina il valore di x risolvendo l'equazione.

LA SOLUZIONE

a. n.o. P $= x$
n.o. H $= +1$ indice numerico H $= 3$, quindi: $3 \cdot (+1)$
n.o. O $= -2$ indice numerico O $= 4$, quindi: $4 \cdot (-2)$

$$3 \cdot (+1) + x + 4 \cdot (-2) = 0$$
$$x = +5$$

b. n.o. N $= x$ indice numerico N $= 2$, quindi $2 \cdot x$
n.o. Mg $= +2$ (Mg appartiene al gruppo 2 della tavola periodica)
n.o. O $= -2$ indice numerico O $= 3 \cdot 2 = 6$, quindi: $6 \cdot (-2)$

$$2 + 2\,x + 6 \cdot (-2) = 0$$
$$x = +5$$

c. n.o. C $= x$
n.o. O $= -2$ indice numerico O $= 3$, quindi $3 \cdot (-2)$
carica ione poliatomico $= -2$

$$x + 3 \cdot (-2) = -2$$
$$x = +4$$

LA CONCLUSIONE

Nell'acido fosforico il fosforo ha n.o. +5, nel nitrato di magnesio l'azoto ha n.o. +5, nello ione carbonato il carbonio ha n.o. +4.

PROBLEMA SIMILE

Calcola il numero di ossidazione:

a. dello zolfo nel solfito di potassio K_2SO_3;
b. dello iodio nell'acido periodico HIO_4.

TI RICORDI?

$Mg(NO_3)_2$

1 atomo di magnesio

6 atomi di ossigeno

2 atomi di azoto

Per calcolare il numero di ossidazione degli atomi di un composto che presenta nella formula un gruppo poliatomico tra parentesi, si deve tenere conto anche dell'indice fuori della parentesi.

A COLPO D'OCCHIO

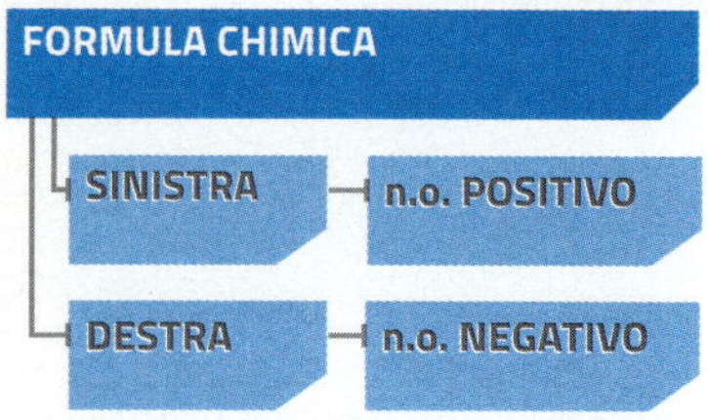

TI RICORDI?

Gli **indici** di una formula sono i numeri che compaiono in basso a destra del simbolo dell'elemento a cui si riferiscono e indicano quanti atomi dell'elemento sono presenti in una molecola o in una unità formula.

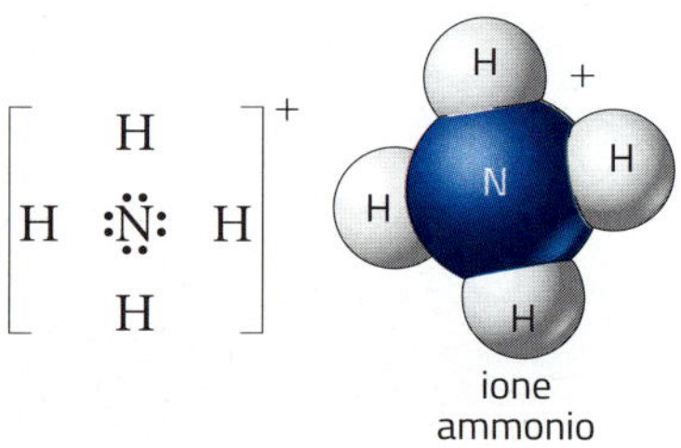

Figura 2 Formula di struttura e modello dello ione ammonio
I doppietti elettronici condivisi tra l'atomo N e gli atomi H costituiscono i legami covalenti che uniscono tra loro gli atomi. Lo ione ha carica positiva perché uno degli atomi H ha perso il proprio elettrone.

2 COME SCRIVERE LE FORMULE DEI COMPOSTI A PARTIRE DAI NUMERI DI OSSIDAZIONE

Quando si conoscono gli atomi o gli ioni che costituiscono un composto e sono noti i loro numeri di ossidazione è possibile scrivere la **formula chimica** del composto. Si indica:

- a *sinistra* il simbolo della specie chimica (atomo, ione monoatomico o poliatomico) che presenta numero di ossidazione *positivo*;
- a *destra* il simbolo della specie chimica con numero di ossidazione *negativo*.

Sapendo che la somma algebrica dei numeri di ossidazione degli atomi in una molecola (o degli ioni in una unità formula) deve essere uguale a zero, si calcolano gli indici della formula in modo da ottenere un complesso elettricamente neutro.

Per individuare velocemente gli indici di una formula si può utilizzare il numero di ossidazione della specie positiva come indice della specie negativa, e viceversa; se i due indici risultano avere un divisore comune, si procede poi a semplificare la formula. Vediamo un esempio: se applichiamo questo metodo agli atomi C (n.o. +4) e O (n.o. −2), la formula del composto diventerebbe C_2O_4. Gli indici possono però essere semplificati, perché entrambi hanno 2 come divisore comune: la formula diventa quindi CO_2.

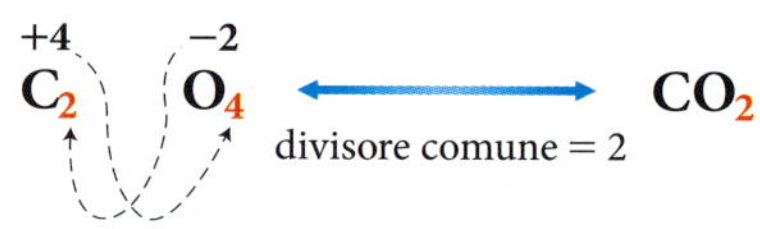

Molti composti ionici sono costituiti da ioni semplici, come Na^+ o Cl^-, ma molti altri contengono ioni poliatomici, cioè formati da più atomi, uguali o diversi, uniti tra loro da legami covalenti. Per esempio, sono ioni poliatomici O^{2-} (*ione ossido*), SO_4^{2-} (*ione solfato*) e NH_4^+ (*ione ammonio*) (figura 2).

La procedura per scrivere la formula di un composto costituito da atomi, ioni monoatomici o ioni poliatomici è comunque la stessa.

3 LA IUPAC FISSA LE REGOLE DELLA NOMENCLATURA SISTEMATICA

Acqua, ammoniaca e metano sono **nomi comuni** che non danno alcuna informazione né sulla composizione chimica di tali sostanze né sulle loro proprietà. Se le sostanze possedessero solo nomi comuni, dovremmo memorizzare milioni di nomi. L'uso di regole precise permette invece di assegnare a ciascun composto un **nome sistematico**, che lo distingue da tutti gli altri composti e che è riconosciuto a livello internazionale.

Una prima classificazione suddivide i composti in due grandi categorie.

I **composti organici** sono tutti i composti del carbonio, con l'eccezione del monossido e del diossido di carbonio, dei carbonati e di poche altre sostanze.

I **composti inorganici** sono i composti di tutti gli altri elementi.

Le regole di nomenclatura chimica sono moltissime e sono diverse per composti organici e inorganici; tutte sono comunque fissate dalla IUPAC, *International Union of Pure and Applied Chemistry*.

PER CAPIRE MEGLIO
PDF *Approfondimento*
Dal *nomenclator* alla IUPAC

PROBLEMA MODELLO

Scrivere la formula di un composto ionico

Rappresenta la formula del composto ionico formato:

a. dallo ione alluminio e dallo ione poliatomico fosfato (PO_4^{3-});

b. dallo ione calcio e dallo ione poliatomico nitrato, costituito da un atomo di azoto (n.o. +5) e da tre atomi di ossigeno.

L'IDEA

Per scrivere la formula di un composto ionico è necessario conoscere il numero di ossidazione degli elementi che lo costituiscono, riportare per primo il simbolo della specie con n.o. positivo, cioè del catione, e individuare gli indici della formula ricordando che la somma algebrica delle cariche elettriche deve risultare zero.
Il numero di ossidazione di uno ione monoatomico coincide con quello della sua carica elettrica ed è riportato sulla tavola periodica. In generale, la carica elettrica di un catione monoatomico coincide con il numero romano del gruppo di appartenenza.
Nel caso **a.**, formula e carica dell'anione poliatomico sono indicate nel problema; nel caso **b.** si scrive la formula dell'anione a partire dal simbolo dell'elemento meno elettronegativo (N) e si calcola la carica complessiva sommando i n.o. di tutti gli atomi.

LA SOLUZIONE

a. L'alluminio appartiene al gruppo III della tavola periodica e il suo n.o. è +3; per raggiungere la configurazione elettronica stabile perde infatti tre elettroni e diventa catione Al^{3+}.
Lo ione fosfato è PO_4^{3-}.
Gli indici del catione e dell'anione nella formula del composto sono quindi uguali a 1.

b. Il calcio appartiene al gruppo II e il suo numero di ossidazione è +2; il catione calcio è Ca^{2+}.
Lo ione poliatomico nitrato ha formula NO_3; ricaviamo la sua carica:
n.o. N = +5
n.o. O = −2   indice numerico O = 3, quindi $3 \cdot (-2)$
La carica dello ione poliatomico è quindi:

$$+5 + 3 \cdot (-2) = -1$$

L'anione nitrato è NO_3^-. Per azzerare la carica 2+ del catione calcio sono necessari due ioni nitrato; l'indice da apporre nella formula del composto al gruppo nitrato racchiuso tra parentesi è quindi 2.

LA CONCLUSIONE

La formula del composto ionico formato dallo ione alluminio e dallo ione fosfato è $AlPO_4$, mentre quella del composto formato dallo ione calcio e dallo ione nitrato è $Ca(NO_3)_2$.

PROBLEMA SIMILE

Rappresenta la formula del composto formato dallo ione magnesio e dallo ione poliatomico costituito da un atomo di boro e tre di ossigeno.

Per denominare correttamente un buon numero di composti inorganici è sufficiente applicare un numero limitato di regole.

> La **nomenclatura chimica** è un insieme di regole che permettono di assegnare nomi sistematici ai composti chimici.

I criteri con cui la IUPAC fissa le regole cambiano nel tempo. I più recenti, che risalgono al 2005, sono finalizzati a specificare la composizione o la struttura del composto. Il nome che si ottiene rende quindi evidente da quali e quanti atomi è costituito un composto, oppure come sono strutturate le sue molecole, ma non dà alcuna indicazione sulle sue proprietà chimiche (per esempio l'acidità). Per questo motivo certi composti inorganici (come gli acidi) sono ancora frequentemente denominati secondo le precedenti regole IUPAC, in cui la caratteristica di acidità era espressa in modo esplicito. Inoltre, a volte il nome sistematico di un composto è troppo lungo o troppo tecnico per l'utilizzo quotidiano, così che la stessa IUPAC mantiene *anche* il nome tradizionale. La conseguenza è che esistono diverse nomenclature IUPAC: per esempio, la sostanza con formula H_3PO_4, che può essere anche scritta $[PO(OH)_3]$, è denominata:

triidrossidoossidofosforo	*acido tetraossofosforico(V)*	*acido fosforico*
nuova nomenclatura IUPAC	nomenclatura acida IUPAC	nomenclatura tradizionale accettata dalla IUPAC

Per illustrare le regole di nomenclatura dei composti inorganici più semplici li suddividiamo in *gruppi omogenei* con caratteristiche comuni al loro interno. Una prima suddivisione li distingue in due grandi categorie: **composti binari**, formati da due elementi diversi, e **composti non binari**, formati da più di due elementi (molto spesso tre). Ciascuna categoria comprende a sua volta diverse classi di composti (figura 3):

- i composti **binari** sono distinti in composti contenenti ossigeno (*ossidi, perossidi, superossidi*), composti contenenti idrogeno (*idruri ionici, idruri covalenti, idracidi*) e sali binari;
- i composti **non binari** sono distinti in idrossidi, ossoacidi e sali di ossoacidi.

Per ciascuna categoria riporteremo le regole con cui si ricavano sia i nomi comuni sia i nomi sistematici.

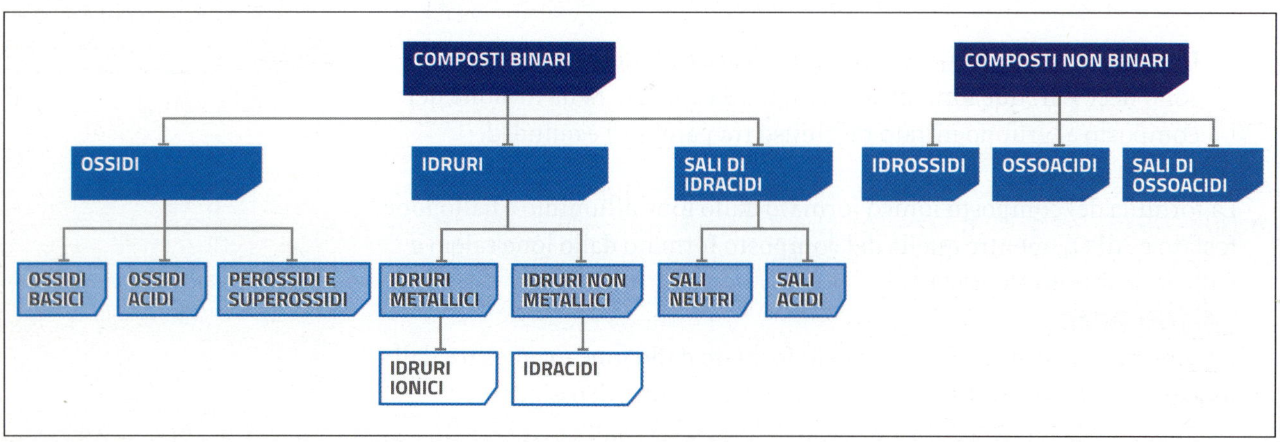

Figura 3 Classificazione dei composti inorganici I composti inorganici si suddividono in due grandi gruppi, composti binari e composti non binari, a loro volta suddivisi in altre categorie.

4 LA NOMENCLATURA DEI COMPOSTI BINARI

La **nomenclatura sistematica** dei composti binari si basa sull'applicazione di poche regole, valide sia per i composti ionici sia per quelli molecolari:

- il nome del *primo elemento* della formula resta inalterato e si cita per ultimo;
- il nome del *secondo elemento* della formula, troncato in corrispondenza della sua radice (tabella **1**) e completato con la desinenza *-uro*, si cita per primo;
- se il secondo elemento della formula è l'ossigeno O, non si applica la regola precedente ma si utilizza il termine *ossido*;
- tra i due termini si introduce la preposizione *di*.

LiBr

litio (si cita per ultimo)

bromuro di litio

bromo
radice = *brom-*
desinenza = *-uro*
bromuro (si cita per primo)

Fanno eccezione i composti in cui l'ossigeno O compare per ultimo nella formula; le regole specifiche sono elencate nel prossimo paragrafo.

Tabella 1 **Radice di alcuni elementi chimici** Per la denominazione dei composti, il nome degli elementi è trasformato in una radice usata nella nomenclatura sistematica.

Elemento	Radice	Composto
bromo	*brom-*	*brom*uro di calcio
silicio	*silic-*	*silic*ato di sodio
rame	*rame-*	cloruro *rame*ico
manganese	*mangan-*	*mangan*ato di litio
zolfo	*solf-*	*solf*ato di potassio
	solfor-	acido *solfor*oso
fosforo	*fosf-*	*fosf*ato di zinco
	fosfor-	acido *fosfor*oso
azoto	*nitr-*	acido *nitr*oso
oro	*aur-*	solfuro *aur*ico
stagno	*stann-*	cloruro *stann*ico

Se la formula del composto binario presenta *indici numerici*, si specifica il numero di atomi di ciascun elemento anteponendo al suo nome il corrispondente prefisso (tabella **2**). Per esempio:

CF_4

tetrafluoruro di carbonio

4 = *tetra-*
(si antepone al termine *fluoruro*)

Tabella 2 **Prefissi numerici** Per indicare quanti atomi di ciascun elemento sono presenti nella formula di un composto si usa un prefisso derivato dal nome greco del numero.

Numero di atomi	Prefisso
1	mono- (in genere si omette)
2	di- (o bi-)
3	tri-
4	tetra-
5	penta-
6	esa-
7	epta-

Se gli elementi che formano il composto hanno più di un numero di ossidazione, si può accorciare il nome sistematico utilizzando la **notazione Stock**. Essa comporta l'eliminazione del prefisso numerico e l'*introduzione* del *numero di ossidazione* dell'elemento, che va riportato come numero romano racchiuso tra parentesi subito dopo il nome dell'elemento (senza lasciare spazi tra nome e parentesi). Per esempio, i nomi dei due composti binari che il ferro (n.o. +2 e +3) forma con il bromo sono rispettivamente:

(n.o. = +2) $FeBr_2$ — *bromuro di ferro(II)*

(n.o. = +3) $FeBr_3$ — *bromuro di ferro(III)*

La notazione Stock si applica anche agli elementi non metallici, come lo zolfo S, che può avere n.o. +4 o +6:

(n.o. = +4) SF_4 *fluoruro di zolfo(IV)* (n.o. = +6) SF_6 *fluoruro di zolfo(VI)*

È necessario ricordare, però, che i prefissi numerici o la notazione Stock vanno riportati soltanto quando l'elemento possiede più di un numero di ossidazione o quando possono nascere ambiguità sull'effettiva struttura del composto.

Molti composti binari sono costituiti da ioni: il nome dei *cationi* monoatomici (**tabella 3**) è uguale a quello dell'elemento, mentre quello degli *anioni* monoatomici (**tabella 4**) si ricava aggiungendo la desinenza *-uro* alla radice del nome dell'elemento. Per esempio:

Na^+ = catione *sodio* Cl^- = anione *cloruro*

È utile ricordare che la carica elettrica di un anione monoatomico si calcola effettuando la differenza $N - 18$, dove N è il numero del gruppo di appartenenza. Per esempio lo zolfo S appartiene al gruppo 16 della tavola periodica; la carica dello ione monoatomico solfuro è quindi pari a (16 − 18), cioè −2.

Tabella 3 **Simboli e nomi di alcuni ioni positivi monoatomici**
Il mercurio con n.o. +1 nei composti è presente sotto forma di dimero.

Simbolo	Nome tradizionale	Notazione Stock	Simbolo	Nome tradizionale	Notazione Stock
Li^+	ione litio	-	Cu^+	ione rameoso	ione rame(I)
Ca^{2+}	ione calcio	-	Cu^{2+}	ione rameico	ione rame(II)
Zn^{2+}	ione zinco	ione zinco(II)	Hg_2^{2+}	ione mercuroso	ione mercurio(I)
Fe^{2+}	ione ferroso	ione ferro(II)	Hg^{2+}	ione mercurico	ione mercurio(II)
Fe^{3+}	ione ferrico	ione ferro(III)	Sn^{4+}	ione stannico	ione stagno(IV)

Tabella 4 **Simboli e nomi di alcuni ioni negativi monoatomici**
Con l'eccezione dell'ossigeno, il nome degli anioni monoatomici si ricava dal nome dell'elemento con l'aggiunta della desinenza *-uro*.

Simbolo	Nome ione	Simbolo	Nome ione
H^-	idruro	F^-	fluoruro
P^{3-}	fosfuro	Cl^-	cloruro
O^{2-}	ossido	I^-	ioduro
Br^-	bromuro	S^{2-}	solfuro
N^{3-}	nitruro		

Dal nome sistematico di un composto binario si può risalire facilmente alla sua formula; è infatti sufficiente individuare i simboli dei due elementi, scrivere per primo il simbolo dell'elemento citato per ultimo e aggiungere gli indici specificati dal rispettivo prefisso numerico, o calcolati sulla base del numero di ossidazione.

fluoruro di rame(II)

n.o. Cu = +2

fluoro, F (n.o. = −1)
Si scrive per ultimo.

rame, Cu
Si scrive per primo.

$Cu^{+2}\,F^{-1} \longleftrightarrow CuF_2$

PROBLEMA MODELLO

Assegnare il nome sistematico a un composto binario

a. Scrivi il nome sistematico del composto che ha formula BN.

b. Scrivi il nome sistematico del composto che ha formula Cl_2O_3 (in cui l'ossigeno ha n.o. −2) utilizzando sia i prefissi numerici sia la notazione Stock.

L'IDEA

Si cita per primo l'ultimo elemento della formula. Se è diverso dall'ossigeno, si modifica il suo nome aggiungendo alla radice la desinenza *-uro* (caso **a.**), se è l'ossigeno si utilizza il termine *ossido.*
Si aggiunge la preposizione *di-* e si cita il nome del primo elemento della formula.
Si fa precedere il nome di ciascun elemento dal prefisso che ne specifica il numero, omettendolo se esso è *mono-*.

Per la notazione Stock, si individua l'elemento che ha numero di ossidazione variabile, si determina il valore del suo n.o. ricordando che coincide con quello dell'indice dell'altro elemento e lo si riporta come numero romano racchiuso tra parentesi subito dopo il nome dell'elemento. *Non* si utilizzano i prefissi per indicare il numero di atomi di ciascun elemento.

LA SOLUZIONE

a. N = azoto; la radice del suo nome è *nitr-*; la desinenza è *-uro*; il primo termine è *nitruro*;
B = boro

Otteniamo quindi:

BN = *nitruro di boro*

b. O = ossigeno; il primo termine è *ossido*; il numero di atomi O è 3 e il rispettivo prefisso è *tri-*; il nome del composto inizia con *triossido*;
Cl = cloro; il numero di atomi Cl è 2 e il rispettivo prefisso è *di-*; il nome del composto termina con *dicloro.*

Otteniamo quindi:

Cl_2O_3 = *triossido di dicloro*

L'atomo Cl ha numero di ossidazione variabile; l'indice dell'atomo O è 3, per cui il cloro ha n.o. +3 e va riportato come (III). Utilizzando la notazione Stock il nome è *ossido di cloro(III).*

LA CONCLUSIONE

Il nome sistematico del composto BN è *nitruro di boro*; quello del composto Cl_2O_3 è *triossido di dicloro* oppure, secondo la notazione Stock, *ossido di cloro(III).*

PROBLEMA SIMILE

a. Scrivi il nome sistematico del composto che ha formula SF_6.

b. Scrivi il nome del composto che ha formula FeF_2 utilizzando la notazione Stock.

5 I COMPOSTI BINARI DELL'OSSIGENO SONO GLI OSSIDI, I PEROSSIDI E I SUPEROSSIDI

L'ossigeno si lega facilmente a quasi tutti gli elementi e forma tre diverse categorie di composti a seconda del numero di ossidazione che presenta:

$$\textit{ossidi} \longrightarrow O^{-2}$$
$$\textit{perossidi} \longrightarrow O^{-1}$$
$$\textit{superossidi} \longrightarrow O^{-1/2}$$

Gli **ossidi** sono i composti binari dell'ossigeno più numerosi; sono formati da un elemento, metallico o non metallico (indicato con il simbolo generico *E*), e dall'ossigeno (O):

formula generale **ossidi** = E_xO_y

Le lettere *x* e *y* rappresentano gli indici generici degli elementi *E* e O.

Fanno eccezione le formule in cui l'elemento *E* è un *alogeno*: in tal caso il simbolo O compare per primo nella formula. Per esempio, mentre la formula del composto tra calcio e ossigeno è CaO, la formula del composto tra fluoro e ossigeno è OF_2 (per cui il suo nome sistematico è *difluoruro di ossigeno*).

TI RICORDI?

Gli **alogeni** sono gli elementi del gruppo 17 della tavola periodica.

I nomi sistematici degli ossidi

Il **nome sistematico** degli ossidi è costituito dal termine *ossido* a cui segue, inalterato, il nome dell'altro elemento preceduto dalla preposizione *di*:

E_xO_y = ***ossido di*** + nome elemento

Figura 4 **Un cristallo di rutilio** Il rutilio è una delle forme cristalline in cui il biossido di titanio TiO_2 può presentarsi in natura.

Per indicare il numero di atomi di ciascun elemento presente nella formula del composto si applicano le regole generali di nomenclatura dei composti binari (figura 4), come indicato dai prefissi numerici o dalla notazione Stock (tabella 5).

Cu_2O = *ossido di dirame* oppure *ossido di rame(I)*

Fe_2O_3 = *triossido di diferro* oppure *ossido di ferro(III)*

Tabella 5 **Nomi tradizionali, sistematici e notazione Stock di alcuni ossidi** La notazione Stock dell'ossido di alluminio è assente perché l'alluminio ha un solo n.o., pari a +3.

Formula	Nome tradizionale	Nome sistematico	Notazione Stock
FeO	ossido ferroso	ossido di ferro	ossido di ferro(II)
Fe_2O_3	ossido ferrico	triossido di diferro	ossido di ferro(III)
Cu_2O	ossido rameoso	ossido di dirame	ossido di rame(I)
P_2O_3	anidride fosforosa	triossido di difosforo	ossido di fosforo(III)
SO_2	anidride solforosa	diossido di zolfo	ossido di zolfo(IV)
Al_2O_3	ossido di alluminio	triossido di alluminio	-

I nomi tradizionali degli ossidi

La **nomenclatura tradizionale** distingue gli ossidi a seconda che l'elemento *E* sia un metallo o un non metallo. Un *metallo* e l'*ossigeno* formano un **ossido basico**, mentre un *non metallo* e l'*ossigeno* formano un **ossido acido**. Tale distinzione nasce dal diverso comportamento degli ossidi quando si disciolgono in acqua; molti ossidi basici formano infatti soluzioni acquose basiche, mentre molti ossidi acidi formano soluzioni acquose acide.

Per il momento ci basta sapere che possiamo distinguere una soluzione acida da una basica usando particolari sostanze, chiamate *indicatori*, che hanno la proprietà di assumere colori diversi quando sono a contatto di acidi o di basi.

Gli **ossidi basici** sono composti *ionici* formati da un *catione metallico* e dallo *ione ossido* O^{2-}. Il loro nome tradizionale è simile al nome sistematico ma è più semplice perché mancano i prefissi numerici:

ossido di + nome metallo

metallo — K_2O = *ossido di potassio*

Se il metallo presenta **due** numeri di ossidazione forma due ossidi diversi; per distinguere i loro nomi si aggiungono alla radice del nome del metallo le desinenze *-oso* per il numero di ossidazione minore e *-ico* per il numero di ossidazione maggiore (**figura 5**):

ossido + radice nome *metallo* + desinenza { *-oso* (per il n.o. minore) / *-ico* (per il n.o. maggiore) }

FeO = *ossido ferroso* (in cui Fe ha n.o. = +2)

Fe_2O_3 = *ossido ferrico* (in cui Fe ha n.o. = +3)

Figura 5 **Un cristallo di ematite** Questo minerale è costituito da cristalli di ossido ferrico Fe_2O_3.

PROBLEMA MODELLO

Scrivere la formula di un ossido a partire dal suo nome tradizionale

Determina la formula dell'ossido di sodio.

L'IDEA

L'ossido di sodio è un composto ionico formato dallo ione del metallo sodio e dallo ione ossido; il numero delle cariche negative dell'ossigeno si ricava calcolando la differenza ($N - 18$), con N = numero del gruppo a cui appartiene l'ossigeno, ovvero $N = 16$.
Determiniamo la carica dello ione metallico ricordando che essa è sempre positiva e che il numero di cariche elettriche è pari al numero romano del gruppo di appartenenza del metallo. Impostiamo la formula scrivendo per primo il simbolo del metallo poi quello dell'ossigeno. Infine, stabiliamo gli indici di ciascun elemento tenendo presente che la somma algebrica delle cariche di tutti gli ioni deve essere zero.

LA SOLUZIONE

Simbolo sodio = Na; il sodio appartiene al gruppo I, quindi il catione sodio ha formula Na^+. Lo ione ossido ha formula O^{2-}; per neutralizzare la sua carica servono due cationi sodio, per cui l'indice del sodio è 2.

$$Na^+ \; O^{2-} \longrightarrow Na_2O$$

LA CONCLUSIONE

La formula dell'ossido di sodio è Na_2O. La somma algebrica delle cariche di tutti gli ioni che costituiscono l'unità formula è zero: $2 \cdot (+1) + (-2) = 0$.

PROBLEMA SIMILE

Determina la formula dell'ossido rameoso.

Gli **ossidi acidi** sono composti *molecolari* detti **anidridi**. Per denominarle si riportano in sequenza i termini:

anidride + radice nome *non metallo* + desinenza *-ica*

non metallo — B_2O_3 = *anidride borica*

Anche in questo caso, se il non metallo ha due numeri (positivi) di ossidazione si utilizzano le desinenze *-osa* o *-ica*.

I non metalli iodio, cloro e bromo possono avere anche più di due numeri di ossidazione positivi. Per distinguere i nomi delle loro anidridi si utilizzano, oltre alle desinenze *-osa* e *-ica*, i prefissi *ipo-* e *per-* : *-ipo* si riferisce al numero di ossidazione minore e *per-* a quello maggiore.

anidride	*ipo-* radice nome non metallo *-osa*	(n.o. = +1)	Cl_2O = *anidride ipoclorosa*
	radice nome non metallo *-osa*	(n.o. = +3)	Cl_2O_3 = *anidride clorosa*
	radice nome non metallo *-ica*	(n.o. = +5)	Cl_2O_5 = *anidride clorica*
	per- radice nome non metallo *-ica*	(n.o. = +7)	Cl_2O_7 = *anidride perclorica*

Rispetto a quanto detto finora, dobbiamo tuttavia tenere presente alcuni casi particolari:

- l'ossido del non metallo *idrogeno*, H_2O, non è mai chiamato anidride, ma soltanto *acqua*;
- il *carbonio* forma con l'ossigeno un solo ossido acido, l'anidride carbonica CO_2, in cui C ha n.o. +4;
- l'*azoto* forma con l'ossigeno soltanto due ossidi acidi: l'anidride nitrosa N_2O_3 (in cui N ha n.o. +3) e l'anidride nitrica N_2O_5 (in cui N ha n.o. +5).

I nomi di perossidi e superossidi

I **perossidi** sono composti formati da un elemento (metallo o non metallo) e dal gruppo *perossido* O_2^{2-}, costituito da due atomi di ossigeno, entrambi con numero di ossidazione −1 e legati tra loro da un legame covalente:

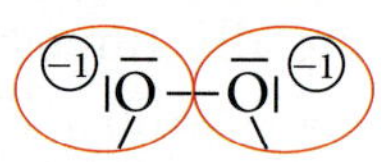

gruppo perossido

Il **nome tradizionale** di questi composti è:

perossido di + nome elemento

H_2O_2 = *perossido di idrogeno*

Il perossido di idrogeno è noto con il nome comune di *acqua ossigenata*, un composto usato come sbiancante o come disinfettante.

PER SAPERNE DI PIÙ

I due atomi di ossigeno nel **gruppo superossido** hanno numeri di ossidazione diversi: 0 quello a sinistra e −1 quello a destra. Facendo la media dei due valori si ottiene il *numero di ossidazione medio* dell'ossigeno, pari a −1/2.

I **superossidi** sono composti formati da un elemento e dal gruppo *superossido*, che è costituito da due atomi di ossigeno, con numero di ossidazione medio −1/2, legati tra loro da un legame covalente:

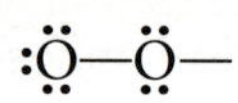

Il **nome tradizionale** di questo tipo di composti è:

superossido di + nome elemento

KO_2 = *superossido di potassio*

Al fine di evitare ambiguità, nel **nome sistematico** di perossidi e superossidi è necessario indicare tutti i prefissi numerici:

K_2O_2 = *diossido di dipotassio*

KO_2 = *diossido di monopotassio*

PROBLEMA MODELLO

Assegnare il nome sistematico e quello tradizionale a un ossido

Assegna il nome sistematico e quello tradizionale al composto che ha formula P_2O_5, in cui l'ossigeno ha n.o. = −2.

L'IDEA

Il fosforo è un non metallo che ha numero di ossidazione variabile; si deve quindi individuare il numero di ossidazione del fosforo nel composto, che è un ossido acido, tenendo presente che la somma algebrica dei n.o. di tutti gli atomi deve essere zero.

Il primo termine del nome tradizionale è *anidride*; il secondo termine deriva dalla radice del nome *fosforo* a cui si aggiunge la desinenza *-ica* o *-osa* a seconda del valore dei numeri di ossidazione del fosforo.

Il nome sistematico si compone dei termini *ossido* e *fosforo*, preceduti dai rispettivi prefissi, tra i quali si scrive la preposizione *di*.

Con la notazione Stock, si eliminano i prefissi e si aggiunge alla fine il numero di ossidazione del fosforo come numero romano racchiuso tra parentesi.

LA SOLUZIONE

Il fosforo ha due numeri di ossidazione positivi: +3 e +5.

Il n.o. dell'ossigeno è −2 e il suo indice nella formula è 5; l'indice del fosforo è 2, per cui il suo numero di ossidazione deve essere +5. Infatti $5 \cdot (-2) + 2 \cdot (+5) = 0$. Il fosforo assume quindi il n.o. maggiore.

Per il nome tradizionale si utilizza la desinenza *-ica* da aggiungere alla radice del nome (*fosfor-*); il nome risulta quindi *anidride fosforica*.

Per il nome sistematico si utilizzano i prefissi *penta-* e *di-* per precisare il numero di atomi di ossigeno (5) e di fosforo (2); il nome è pertanto *pentaossido di difosforo*.

Per la notazione Stock il numero di ossidazione da aggiungere è (V); il nome risulta quindi *ossido di fosforo(V)*.

LA CONCLUSIONE

Il nome sistematico del composto P_2O_5 è *pentaossido di difosforo*, con la notazione Stock è *ossido di fosforo(V)*; il nome tradizionale è *anidride fosforica*.

PROBLEMA SIMILE

Assegna il nome sistematico e quello tradizionale al composto I_2O_7.

6 I COMPOSTI BINARI DELL'IDROGENO SONO GLI IDRURI

I nomi sistematici degli idruri

I composti binari dell'idrogeno costituiscono la categoria generale degli idruri.

Gli **idruri** sono composti binari formati da un elemento e dall'idrogeno.

La loro formula generale è diversa in relazione al gruppo di appartenenza dell'elemento:

- per gli **idruri dei gruppi dall'1 al 15** la formula generale è $\boldsymbol{E}\mathbf{H}_x$;
- per gli **idruri dei gruppi 16 e 17** la formula generale è $\mathbf{H}_x\boldsymbol{E}$.

Il loro **nome sistematico** (tabella 6) si ottiene applicando le regole generali dei composti binari esposte in precedenza:

AlH_3 = *triidruro di alluminio*

H_2S = *solfuro di diidrogeno*

Tabella 6 Nomi sistematici e tradizionali di alcuni idruri
L'acido cianidrico HCN non è un composto binario, ma è incluso tra gli idruri perché ha un analogo comportamento chimico.

Formula	Nome tradizionale	Nome sistematico
CaH_2	idruro di calcio	diidruro di calcio
NH_3	idruro di azoto	triidruro di azoto
SiH_4	idruro di silicio	tetraidruro di silicio
H_2S	acido solfidrico	solfuro di diidrogeno
HCN	acido cianidrico	cianuro di idrogeno
HCl	acido cloridrico	cloruro di idrogeno

I nomi tradizionali degli idruri e degli idracidi

Il **nome tradizionale** (*vedi* tabella 6) degli idruri dipende dal tipo di formula generale:

$\boldsymbol{E}\mathbf{H}_x$ = ***idruro di*** + nome elemento

CaH_2 = *idruro di calcio*

Negli *idruri metallici* l'elemento *E* è un metallo e il numero di ossidazione dell'idrogeno è sempre −1. Se il metallo appartiene ai gruppi 1 e 2 (tranne il berillio), l'idruro ha natura ionica e contiene lo *ione idruro* (simbolo H^-); gli altri idruri metallici sono invece molecolari.

Negli *idruri non metallici* il numero di ossidazione dell'idrogeno è sempre +1. Questi idruri sono tutti molecolari e molti sono più noti con il *nome comune*, spesso accettato dalla IUPAC (tabella 7).

Tabella 7 Nome tradizionale di alcuni idruri non metallici
I composti di questa categoria vengono spesso indicati con il nome comune.

Formula	Nome tradizionale
B_2H_6	diborano
CH_4	metano
SiH_4	silano
NH_3	ammoniaca
PH_3	fosfina
AsH_3	arsina
SbH_3	stibina

Gli idruri $\mathbf{H}_x\boldsymbol{E}$ costituiscono il gruppo degli **idracidi**; la proprietà che li accomuna è di formare soluzioni acide quando si sciolgono in acqua. Per questo motivo l'*acido cianidrico* HCN, pur non essendo un composto binario, viene considerato appartenente al gruppo degli idracidi.

$\mathbf{H}_x\boldsymbol{E}$ (*E* = S, Se, Te, F, Cl, Br, I) =
= ***acido*** + ***radice nome*** elemento + desinenza ***-idrico***

H_2S = *acido solfidrico*

Gli idracidi sono *composti molecolari* formati dall'idrogeno e da un non metallo del gruppo 16 (tranne l'ossigeno) o del gruppo 17 (tranne l'astato). In questi composti il *non metallo* assume il numero di ossidazione *minore*, ovvero:

- −2 per gli elementi S, Se e Te del gruppo 16;
- −1 per gli elementi F, Cl, Br e I del gruppo 17 (alogeni).

Le loro formule pertanto sono:

$$H_2S \quad H_2Se \quad H_2Te \quad HF \quad HCl \quad HBr \quad HI \quad (HCN)$$

Gli idracidi degli alogeni (HF, HCl, HBr, HI) sono detti comunemente *acidi alogenidrici.*

Gli idracidi in soluzione acquosa liberano ioni idrogeno H^+ e ioni negativi monoatomici; per esempio, l'acido fluoridrico libera ioni idrogeno e fluoruro secondo la seguente reazione:

$$HF_{(aq)} \xrightarrow{\text{acqua}} H^+_{(aq)} + F^-_{(aq)}$$

TI RICORDI?

Il nome degli **ioni negativi** monoatomici termina in *-uro.*

7 I SALI BINARI SONO FORMATI DA UN METALLO E DA UN NON METALLO

I sali binari sono *composti ionici* costituiti da un metallo e da un non metallo; il non metallo proviene da un idracido, per cui i sali binari sono di fatto i sali degli idracidi (figura 6). In questi composti il non metallo assume il numero di ossidazione *minore.*

La formula dei sali binari si ottiene a partire da quella dell'idracido per sostituzione dell'*atomo di idrogeno* (o dei due atomi di idrogeno) con cationi metallici:

formula generale **sali binari** = Me_xE_y (E = S, Se, Te, F, Cl, Br, I)

I sali binari degli *acidi alogenidrici* (HF, FCl, HBr, HI) sono detti *alogenuri.*

Figura 6 **Cristalli di fluorite**
Il fluoruro di calcio o difluoruro di calcio (CaF_2) è un esempio di sale binario. In natura, questo composto ionico forma cristalli cubici di colorazione molto varia.

I nomi sistematici dei sali binari

Il **nome sistematico** dei sali binari (tabella 8) si ottiene applicando le regole generali dei composti binari:

Me_xE_y = radice nome elemento + desinenza ***-uro*** + ***di*** + nome metallo

Na_2S = *solfuro di disodio*

$FeCl_3$ = *tricloruro di ferro*

Formula	Nome tradizionale	Nome sistematico
CaF_2	fluoruro di calcio	difluoruro di calcio
CuCl	cloruro rameoso	cloruro di rame
$CuCl_2$	cloruro rameico	dicloruro di rame
Al_2S_3	solfuro di alluminio	trisolfuro di dialluminio
$Mg(CN)_2$	cianuro di magnesio	cianuro di magnesio
AgI	ioduro d'argento	ioduro d'argento

Tabella 8 **Nomi tradizionali e sistematici di alcuni sali di idracidi**
Le due nomenclature sono simili, ma nel nome tradizionale si omette l'indice numerico e si usano i suffissi *-oso* e *-ico* se sono possibili più numeri di ossidazione.

Figura 7 **Cristalli di antimonite** Questo minerale dalla caratteristica colorazione grigio piombo è formato da cristalli di solfuro di antimonio Sb_2S_3.

I nomi tradizionali dei sali binari

Il **nome tradizionale** è simile al nome sistematico ma è più semplice perché mancano i prefissi numerici (figura **7**); nel caso il metallo abbia più numeri di ossidazione è necessario introdurre la desinenza *-oso* o *-ico:*

Na_2S = *solfuro di sodio* $FeCl_3$ = *cloruro ferrico*

Il nome tradizionale del sale si può ricavare anche dal nome tradizionale dell'idracido da cui deriva: si elimina il termine *acido*, si sostituisce la desinenza *-idrico* dell'acido con *-uro*, e si completa con il nome del metallo:

Na_2S deriva da H_2S H_2S = *acido solfidrico* Na_2S = *solfuro di sodio*

PROBLEMA MODELLO

Assegnare il nome sistematico e quello tradizionale a un composto binario

Assegna il nome sistematico e quello tradizionale al composto che ha formula $FeBr_3$.

L'IDEA

Il composto formato dal ferro, un elemento metallico, e dal bromo, un elemento non metallico, è un sale di idracido la cui formula è HBr; il numero di ossidazione del bromo è −1.
Il ferro ha numero di ossidazione variabile, per cui è necessario individuare il suo n.o. nel composto tenendo presente che la somma algebrica dei numeri di ossidazione di tutti gli atomi deve essere uguale a zero.
Nel nome sistematico di un composto binario si cita per primo l'ultimo elemento della formula aggiungendo la desinenza *-uro* alla radice del suo nome e anteponendo il rispettivo prefisso numerico; si aggiunge poi la preposizione *di* e il nome del metallo.
Nel nome tradizionale si eliminano i prefissi, ma alla radice del nome del metallo si aggiunge la desinenza *-oso* o *-ico* in ragione dei numeri di ossidazione del metallo.

LA SOLUZIONE

- Nome sistematico: il primo termine deriva dal bromo, ed è quindi *bromuro*, il secondo è *ferro*; i prefissi sono *tri-* per il bromo e *mono-* (che si omette) per il ferro. Il nome è quindi *tribromuro di ferro.*
- Nome tradizionale: l'indice del bromo è 3 e il suo numero di ossidazione −1. Per azzerare la somma dei n.o. il ferro deve assumere numero di ossidazione +3; i numeri di ossidazione del ferro sono +2 e +3, per cui il ferro assume la desinenza *-ico*. Il nome del composto è *bromuro ferrico.*

LA CONCLUSIONE

Il nome sistematico del composto $FeBr_3$ è *tribromuro di ferro* e quello tradizionale è *bromuro ferrico.*

PROBLEMA SIMILE

Assegna il nome sistematico e quello tradizionale al composto che ha formula FeS.

8 GLI IDROSSIDI SONO COMPOSTI TERNARI FORMATI DA UN CATIONE E DALLO IONE IDROSSIDO

Gli **idrossidi**, chiamati anche *basi*, sono composti *ionici* formati da un catione metallico e dallo *ione idrossido* (simbolo OH^-), che ha carica elettrica −1.

formula generale **idrossidi** = $Me(OH)_n$

dove ***n*** corrisponde al valore del numero di ossidazione del catione metallico.

I nomi sistematici degli idrossidi

Il **nome sistematico** è costituito dal termine *idrossido* seguito dalla preposizione *di* e dal nome del metallo:

$Me(OH)_n$ = ***idrossido di*** + nome metallo

Per indicare il numero di gruppi idrossido OH^- si ricorre come sempre ai prefissi numerici o alla notazione Stock (tabella **9**):

$Fe(OH)_3$ = *triidrossido di ferro* oppure *idrossido di ferro(III)*

Formula	Nome tradizionale	Nome sistematico	Notazione Stock
LiOH	idrossido di litio	idrossido di litio	-
$Ca(OH)_2$	idrossido di calcio	diidrossido di calcio	-
$Fe(OH)_2$	idrossido ferroso	diidrossido di ferro	idrossido di ferro(II)
$Fe(OH)_3$	idrossido ferrico	triidrossido di ferro	idrossido di ferro(III)
NH_4OH	idrossido di ammonio	idrossido di ammonio	-

Tabella 9 Nomi sistematici e tradizionali di alcuni idrossidi Gli idrossidi, riconoscibili dalla presenza del gruppo −OH, sono sostanze basiche.

I nomi tradizionali degli idrossidi

Il **nome tradizionale** è simile a quello sistematico ma non ci sono prefissi numerici (figura **8**); presenta invece le desinenze *-ico* e *-oso* se il metallo possiede più di un numero di ossidazione. Per esempio, il rame può avere numeri di ossidazione +1 e +2 e i nomi dei due idrossidi sono:

(n.o. = +1) CuOH = *idrossido rameoso*

(n.o. = +2) $Cu(OH)_2$ = *idrossido rameico*

Per scrivere la formula di un idrossido a partire dal nome tradizionale si scrive il simbolo del metallo seguito dal gruppo —OH e si individua il numero di ossidazione del metallo; tale numero corrisponde all'indice numerico da assegnare al gruppo —OH racchiuso tra parentesi.

Gli idrossidi sono sostanze a carattere *basico* che si formano quando un ossido basico reagisce con l'acqua; l'ossido di calcio, per esempio, reagisce rapidamente con l'acqua e si trasforma in idrossido di calcio, $Ca(OH)_2$:

$$CaO_{(s)} + H_2O_{(l)} \longrightarrow Ca(OH)_{2(aq)}$$

Essendo composti ionici, gli idrossidi sono solidi a temperatura ambiente; quando si sciolgono in acqua liberano in soluzione i cationi metallici e gli anioni idrossido OH^- di cui sono costituiti.

Figura 8 Idrossido di sodio Questo composto, noto con il nome comune di soda caustica, è impiegato nella preparazione di saponi e detergenti.

PROBLEMA MODELLO

Scrivere la formula di un idrossido a partire dal suo nome tradizionale

Determina la formula dell'idrossido di calcio.

L'IDEA

L'idrossido di calcio è un composto ionico formato dallo ione calcio e dallo ione idrossido.
Si determinano le formule degli ioni ricordando che la carica degli ioni metallici è pari al numero romano del gruppo di appartenenza. Si scrive prima il simbolo del metallo (ione positivo) e poi la formula dello ione idrossido (negativo). L'indice da assegnare al gruppo OH racchiuso tra parentesi coincide con la carica dello ione positivo.

LA SOLUZIONE

Il calcio appartiene al gruppo II, per cui lo ione calcio ha carica +2: Ca^{2+}.
L'indice del gruppo OH è 2, per cui la formula diventa $Ca(OH)_2$.

LA CONCLUSIONE

La formula dell'idrossido di calcio è $Ca(OH)_2$; poiché lo ione idrossido ha formula OH^-, la somma algebrica delle cariche di tutti gli ioni dell'unità formula è uguale a zero.

PROBLEMA SIMILE

Scrivi la formula dell'idrossido ferrico.

9 GLI OSSOACIDI SONO FORMATI DA IDROGENO, NON METALLO E OSSIGENO

Gli **ossoacidi** sono *composti molecolari* formati dall'idrogeno, da un non metallo (simbolo generico *nMe*) e dall'ossigeno. Nella *formula* generale di un ossoacido compaiono uno dopo l'altro i simboli H, *nMe* e O:

formula generale **ossoacidi** = $H_x(nMe)_xO_z$

Spesso contengono più di un atomo di idrogeno e in tal caso si dicono genericamente **acidi poliprotici**. L'acido solforico H_2SO_4 contiene due atomi di idrogeno ed è un *acido diprotico*; l'acido fosforico H_3PO_4 è un *acido triprotico*.

I nomi sistematici degli ossoacidi

Il **nome sistematico** degli ossoacidi (assegnato secondo il sistema di *nomenclatura acida*) è dato dal termine *acido*, da un prefisso (*monosso-*, *diosso-*, *triosso-*, *tetraosso-*) che precisa il numero di atomi di ossigeno, dalla radice del nome del non metallo con la desinenza *-ico* e dal n.o. del non metallo (se ne ha più di uno) indicato con un numero romano tra parentesi (tabella **10**).

$H_x(nMe)_xO_z$ = ***acido*** + ***prefisso num.*** ossigeno + ***osso-*** +
+ ***radice nome*** *nMe* + ***-ico*** + (**n.o.** *nMe*)

$HClO_4$ = *acido tetraossoclorico(VII)*

H_2CO_3 = *acido triossocarbonico*

Se nella formula dell'ossoacido sono presenti due o più atomi del non metallo, il nome di quest'ultimo è precisato dai prefissi *di-*, *tri-*, *tetra-* (**figura 9**).

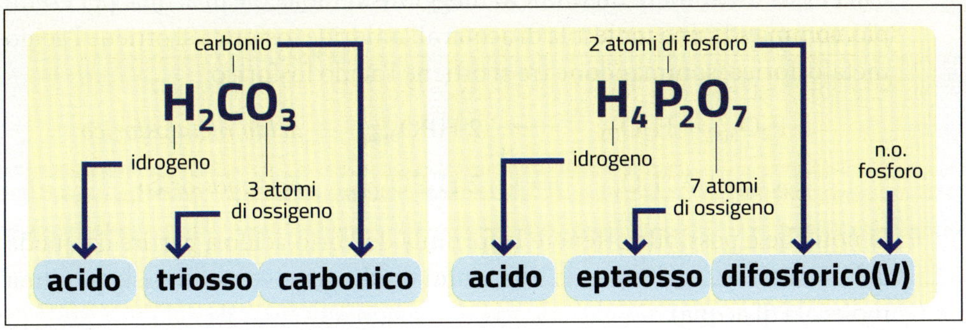

Figura 9 **La nomenclatura IUPAC degli ossoacidi** Il nome IUPAC degli ossoacidi indica la presenza di idrogeno, il numero di atomi di ossigeno e quanti atomi del non metallo sono legati all'ossigeno.

I nomi tradizionali degli ossoacidi

Il **nome tradizionale** degli ossoacidi ricalca quello delle corrispondenti anidridi; per ottenerlo si sostituisce il termine *acido* al termine *anidride* (**tabella 10**).

CO_2 = *anidride carbonica* H_2CO_3 = *acido carbonico*

Tabella 10 **Nomi sistematici e tradizionali di alcuni ossoacidi** In base al numero di H contenuti nella formula, questi acidi sono anche suddivisi in monoprotici, diprotici e triprotici.

Formula del composto	Nome tradizionale	Nome sistematico
H_3BO_3	acido borico	acido triossoborico
H_2SiO_3	acido metasilicico	acido triossosilicico
HNO_2	acido nitroso	acido diossonitrico(III)
HNO_3	acido nitrico	acido triossonitrico(V)
H_3PO_4	acido fosforico	acido tetraossofosforico(V)
H_2SO_4	acido solforico	acido tetraossosolforico(VI)
$HClO_4$	acido perclorico	acido tetraossoclorico(VII)
$HBrO_3$	acido bromico	acido triossobromico(V)
HIO	acido ipoiodoso	acido monossoiodico(I)

Il nome è costituito dal termine *acido* e dalla radice del nome del non metallo, preceduta da *ipo-* o *per-* (per i non metalli con più di due n.o.) e seguita da *-oso* o *-ico*. Per esempio, gli acidi derivati dalle anidridi del cloro sono:

Cl_2O = *anidride ipoclorosa* (n.o. Cl = +1) $HClO$ = *acido ipocloroso*
Cl_2O_3 = *anidride clorosa* (n.o. Cl = +3) $HClO_2$ = *acido cloroso*
Cl_2O_5 = *anidride clorica* (n.o. Cl = +5) $HClO_3$ = *acido clorico*
Cl_2O_7 = *anidride perclorica* (n.o. Cl = +7) $HClO_4$ = *acido perclorico*

Il *fosforo* e alcuni altri elementi (*boro, silicio, arsenico, antimonio*) possono formare più di un ossoacido con lo stesso n.o.; in tal caso il nome tradizionale degli ossoacidi è precisato dai prefissi *meta-*, *piro-*, *orto-*. Secondo le più recenti indicazioni IUPAC, il prefisso *piro-* non va più utilizzato, mentre i prefissi *orto-* e *meta-* sono ammessi soltanto nei seguenti casi: acido *orto*tellurico (H_6TeO_6), *orto*periodico (H_5IO_6), *meta*fosforico (HPO_3), *meta*silicico (H_2SiO_3) e *meta*borico (HBO_2).

Molti ossoacidi (ma non tutti) si formano dalla reazione tra un ossido acido e l'acqua. Per esempio, l'anidride carbonica è l'ossido acido che, dissolvendosi in acqua, genera l'acido carbonico H_2CO_3:

$$CO_{2(g)} + H_2O_{(l)} \longrightarrow H_2CO_{3(aq)} \quad \textit{acido carbonico}$$

In generale, sommando una molecola d'acqua alla formula di una anidride è possibile ricavare la formula del rispettivo ossoacido. In alcuni casi, però, è necessario sommare un numero maggiore di molecole di acqua; per esempio, sommando una molecola di acqua all'anidride fosforica si ottiene l'acido metafosforico, sommandone tre si ottiene l'acido fosforico:

$$P_2O_{5(s)} + H_2O_{(l)} \longrightarrow 2\ HPO_{3(aq)} \quad \textit{acido metafosforico}$$

$$P_2O_{5(s)} + 3\ H_2O_{(l)} \longrightarrow 2\ H_3PO_{4(aq)} \quad \textit{acido fosforico}$$

Si noti che è possibile ottenere la formula dell'orto-acido a partire da quella del meta-acido, aggiungendo due atomi di idrogeno e uno di ossigeno (una molecola di acqua).

Risalire alla formula di un ossoacido

Dal nome sistematico di un ossoacido si risale facilmente alla sua formula. Basta infatti scrivere per primo il simbolo H, poi il simbolo del non metallo seguito dal numero di atomi di ossigeno indicati dal prefisso; il numero di atomi di idrogeno deve essere tale che la somma algebrica dei numeri di ossidazione della molecola sia uguale a zero.

Il nome tradizionale degli ossoacidi è più semplice di quello sistematico ma richiede un maggiore sforzo mnemonico quando dal nome dell'ossoacido si deve risalire alla sua formula.

Un procedimento che consente di ricavare la formula di molti ossoacidi comuni a partire dal loro nome tradizionale consiste nell'individuare il numero di ossidazione del non metallo, ricordare il numero di ossidazione di H e O, e calcolare gli indici in modo che la somma algebrica dei numeri di ossidazione sia uguale a zero:

$$\text{acido cloroso: } \overset{+1}{H}\,\overset{+3}{Cl}\,\overset{-2}{O}\text{, da cui: } HClO_2$$

$$\text{acido nitrico: } \overset{+1}{H}\,\overset{+5}{N}\,\overset{-2}{O}\text{, da cui: } HNO_3$$

Nel caso degli ossoacidi più comuni degli elementi **P**, **B**, **Si**, **As** e **Sb** (denominati in passato *orto*-acidi) è però necessario continuare il procedimento sommando agli atomi della formula dell'ossoacido gli atomi di una molecola di acqua. La formula che si ottiene dal solo bilanciamento dei numeri di ossidazione corrisponde, infatti, a quella del rispettivo *meta*-acido.

$$\text{acido borico: } \overset{+1}{H}\,\overset{+3}{B}\,\overset{-2}{O} \longrightarrow HBO_2 + H_2O \longrightarrow H_3BO_3$$

PROBLEMA MODELLO

Scrivere la formula di un ossoacido a partire dal suo nome tradizionale

Determina la formula dell'acido fosforoso.

L'IDEA

La formula di tutti gli ossoacidi inizia con il simbolo dell'idrogeno, seguito da quello del non metallo e poi dell'ossigeno; come la maggior parte degli ossoacidi più comuni, una molecola di acido fosforico contiene un solo

atomo di non metallo. La desinenza *-oso* indica che il fosforo assume il n.o. più piccolo fra quelli positivi che possiede.
Per calcolare gli indici della formula si tiene presente che la somma algebrica dei n.o. di tutti gli atomi deve essere zero.
Il fosforo è uno dei cinque elementi di cui si determina, con questo procedimento, la formula del rispettivo *meta*-acido; è necessario pertanto sommare a tale formula una molecola di acqua.

LA SOLUZIONE

Gli atomi di idrogeno hanno n.o. = +1; per il fosforo, il n.o. positivo più piccolo è +3; l'ossigeno ha n.o. −2:

$$\overset{+1}{H}\,\overset{+3}{P}\,\overset{-2}{O}$$

La somma dei numeri di ossidazione di un atomo H e di un atomo P vale +4; per compensare questo valore servono due atomi di ossigeno. Gli indici da assegnare all'idrogeno e all'ossigeno sono quindi 1 e 2. La formula dell'acido così determinata, HPO_2, è quella dell'acido *meta*fosforoso; aggiungendo gli atomi di una molecola di acqua, cioè 2 atomi H e 1 atomo O, si ottiene H_3PO_3.

LA CONCLUSIONE

La formula dell'acido fosforoso è H_3PO_3.

PROBLEMA SIMILE

Determina la formula:

a. dell'acido bromico;
b. dell'acido nitroso.

10 GLI OSSOANIONI SI FORMANO DAGLI OSSOACIDI CHE RILASCIANO H^+

Allo stesso modo degli idracidi, gli ossoacidi liberano in soluzione acquosa i propri atomi di idrogeno in forma di ioni H^+; ciò che resta della molecola dell'acido è uno ione poliatomico negativo, chiamato **ossoanione**, costituito da un non metallo e dall'ossigeno. Il numero delle cariche negative dell'ossoanione corrisponde al numero degli ioni idrogeno ceduti dall'ossoacido:

Il numero di cariche è uguale al numero di ioni H^+ liberati dall'acido.

ossoanione
ione triossonitrato(V) o ione nitrato

$$HNO_{3(aq)} \xrightarrow{\text{acqua}} (1)H^+_{(aq)} + NO^-_{3(aq)}$$

A differenza degli acidi monoprotici (con un solo atomo di idrogeno nella formula), gli *acidi poliprotici* possono liberare in forma di ioni H^+ soltanto una parte dei loro atomi di idrogeno. Per esempio, la molecola H_2SO_4 può liberare due ioni H^+ ma anche soltanto uno; la molecola H_3PO_4 può invece liberare tre ioni H^+, ma anche soltanto uno o soltanto due. In tal caso si formano ossoanioni costituiti da idrogeno, non metallo e ossigeno, come per esempio lo ione HSO_4^-.

$$H_2SO_{4(aq)} \xrightarrow{\text{acqua}} H^+_{(aq)} + HSO^-_{4(aq)}$$

I nomi sistematici degli ossoanioni

Il **nome sistematico** di un ossoanione si ottiene applicando gli stessi criteri adottati per gli ossoacidi, tenendo presente che il nome inizia con il termine *ione* e termina con la desinenza *-ato* seguita dal numero di ossidazione del non metallo racchiuso tra parentesi.

$(nMe_yO_z)^{x-}$ = ***ione*** + ***prefisso num.*** ossigeno + ***osso-*** + + ***radice nome*** *nMe* + ***-ato*** + (***n.o.*** *nMe*)

PO_4^{3-} = *ione tetraossofosfato(V)*

Se l'ossoanione contiene atomi di idrogeno, si cita per primo il termine *idrogeno* preceduto, se necessario, dal rispettivo prefisso numerico; in tal caso, nel nome dell'ossoanione *non* deve essere precisato il numero di atomi di ossigeno (tabella **11**). Per esempio:

$H_2PO_4^-$ = *ione diidrogenofosfato(V)*

Tabella 11 **Nomi sistematici e tradizionali di alcuni ioni negativi poliatomici** Alcuni ossoanioni, come HSO_3^- e HSO_4^-, contengono il termine *acido* nel nome tradizionale per indicare la presenza di un atomo di idrogeno.

Formula	Nome tradizionale	Nome sistematico
BO_3^{3-}	ione borato	ione triossoborato
SiO_3^{2-}	ione silicato	ione triossosilicato
NO_3^-	ione nitrato	ione triossonitrato(V)
$H_2PO_4^-$	ione fosfato biacido	ione diidrogenofosfato(V)
HSO_3^-	ione solfito acido	ione idrogenosolfato(IV)
HSO_4^-	ione solfato acido	ione idrogenosolfato(VI)
SO_4^{2-}	ione solfato	ione tetraossosolfato(VI)
ClO_3^-	ione clorato	ione triossoclorato(V)
ClO_4^-	ione perclorato	ione tetraossoclorato(VII)
BrO_3^-	ione bromato	ione triossobromato(V)
IO^-	ione ipoiodito	ione monossoiodato(I)
HSe^-	ione seleniuro acido	ione idrogenoseleniuro

Per risalire dal nome sistematico dell'ossoanione alla sua formula basta scrivere il simbolo del non metallo seguito dal numero di atomi di ossigeno indicati dal prefisso; il numero di cariche negative dello ione corrisponde alla somma algebrica dei numeri di ossidazione degli atomi che lo costituiscono.

Se nell'anione sono presenti atomi di idrogeno, si sommano i loro numeri di ossidazione a quelli del non metallo e si stabilisce qual è il numero minimo di atomi di ossigeno che devono essere presenti perché lo ione abbia carica negativa; infine, dalla somma algebrica dei numeri di ossidazione, si ricava la carica dello ione.

I nomi tradizionali degli ossoanioni

Il **nome tradizionale** si ottiene dal nome del rispettivo acido sostituendo la desinenza *-ico* dell'acido con la desinenza *-ato* e la desinenza *-oso* dell'acido con la desinenza *-ito*; vengono mantenuti anche i prefissi, *ipo-* o *per-* oppure *meta-* o *orto-*, presenti nel nome dell'ossoacido.

Se l'ossoanione contiene atomi di idrogeno, si aggiunge il termine *acido*, *biacido* ecc. dopo il nome dello ione. Nel *nome comune* degli ossoanioni derivati da acidi diprotici compare invece il prefisso *bi-*. Per esempio:

H_2SO_4 = acido solforico SO_4^{2-} = *ione solfato* HSO_4^- = *ione solfato acido o ione bisolfato*

H_2SO_3 = acido solforoso SO_3^{2-} = *ione solfito* HSO_3^- = *ione solfito acido o ione bisolfito*

Si applicano queste stesse regole anche per assegnare il *nome tradizionale* agli anioni provenienti dagli idracidi del gruppo 16; è necessario però ricordare che la desinenza *-idrico* dell'acido va sostituita con la desinenza *-uro*. Per esempio:

H_2S = acido solfidrico S^{2-} = *ione solfuro* HS^- = *ione solfuro acido o ione bisolfuro*

11 I SALI DI OSSOACIDI SONO COSTITUITI DA CATIONI METALLICI E OSSOANIONI

I sali di ossoacidi (sali ternari) sono *composti ionici* costituiti da cationi metallici e ossoanioni.

formula generale **sali ossoacidi** = $Me_x(nMe)_yO_z$
cation ossoanione

Questi composti si dicono *sali acidi* se l'ossoanione contiene atomi di idrogeno (figura **10**), *sali neutri* in caso contrario.

Il **nome sistematico** dei sali ternari è costituito dal *nome sistematico* dell'*ossoanione*, $(nMe_yO_z)^{x-}$, che si cita per primo, seguito dalla preposizione *di* e dal *nome* del *catione metallico*, a sua volta seguito, se necessario, dal proprio numero di ossidazione:

$Me_x(nMe)_yO_z$ = nome di ***ossoanione*** + ***di*** + nome ***metallo (n.o.)***
Na_3PO_4 = *tetraossofosfato(V)* *di* *sodio*
$FePO_4$ = *tetraossofosfato(V)* *di* *ferro(III)*

Figura 10 **Bicarbonato di sodio** Per la sua azione sbiancante, il bicarbonato di sodio $NaHCO_3$ è usato per la preparazione di alcuni dentifrici, ma trova impiego anche come blando disinfettante in prodotti per la pulizia di frutta e verdura.

Il **nome tradizionale** è costituito dal *nome tradizionale* dell'*ossoanione* che si cita per primo, seguito dalla preposizione *di* e dal *nome* del *catione metallico* che, se necessario, assume la desinenza *-oso* o *-ico* rispettivamente per il numero di ossidazione minore o maggiore (tabella **12**). Per esempio:

$NaClO$ = *ipoclorito di sodio* (n.o. Cl = +1) $CuCO_3$ = *carbonato rameico* (n.o. Cu = +2)

$NaHS$ = *solfuro acido di sodio o bisolfuro di sodio*

Formula	Nome tradizionale	Nome sistematico
$NaBO_2$	metaborato di sodio	diossoborato di sodio
$Cu(NO_2)_2$	nitrito rameico	diossonitrato(III) di rame(II)
$Sn(ClO_3)_4$	clorato stannico	triossoclorato(V) di stagno(IV)
LiH_2PO_3	fosfito biacido di litio	diidrogenofosfato(III) di litio
$Zn(H_3SiO_4)_2$	silicato triacido di zinco	triidrogenosilicato di zinco
$Al(HSO_3)_3$	solfito acido di alluminio	idrogenosolfato(IV) di alluminio
$Fe(HS)_2$	solfuro acido ferroso	idrogenosolfuro di ferro(II)

Tabella 12 **Nomi sistematici e tradizionali di alcuni sali neutri e sali acidi** Nel nome tradizionale di un sale acido, come LiH_2PO_3, il termine *acido* viene inserito tra il nome dell'anione e quello del catione.

Per risalire dal nome sistematico del sale alla sua formula si scrive prima il simbolo del metallo poi la formula dell'ossoanione; a metallo e ossoanione si assegnano indici numerici tali da bilanciare le cariche positive del catione con quelle negative dell'ossoanione.

PROBLEMA MODELLO

Scrivere la formula di un sale di ossoacido a partire dal suo nome tradizionale

Determina la formula:

a. del carbonato ferrico;
b. del solfato acido di calcio.

L'IDEA

La desinenza *-ato* indica che si tratta di sali di ossoacidi e che il nome degli ossoacidi da cui derivano ha desinenza *-ico*.
I sali hanno natura ionica: sono costituiti da ioni metallici positivi e da anioni che derivano da un acido per perdita degli atomi di idrogeno.
Nell'anione di un sale acido è ancora presente almeno uno degli atomi di idrogeno dell'acido.
La desinenza *-ico* presente nel nome del metallo indica che esso assume il numero di ossidazione maggiore. Nelle formule dei sali si scrive prima il simbolo del metallo, poi la formula dell'anione. Gli indici della formula dei sali si ricavano tenendo presente che la somma algebrica delle cariche di tutti gli ioni deve essere zero.

LA SOLUZIONE

a. L'acido carbonico ha formula H_2CO_3; l'anione carbonato CO_3^{2-}.
Il ferro ha n.o. +2 e +3; il catione ferrico ha formula Fe^{3+}.
Per bilanciare le cariche elettriche di cationi e anioni servono tre anioni carbonato e due cationi ferro; infatti:

$$2 \cdot (+3) + 3 \cdot (-2) = 0$$

Gli indici da assegnare sono 2 per il ferro e 3 per l'anione carbonato.

b. L'acido solforico ha formula H_2SO_4; l'anione solfato acido HSO_4^-.
Il calcio appartiene al gruppo II; il catione calcio ha formula Ca^{2+}.
Per bilanciare le cariche elettriche di cationi e anioni servono due anioni HSO_4^- e un catione calcio; infatti:

$$1 \cdot (+2) + 2 \cdot (-1) = 0$$

Gli indici da assegnare sono 1 per il calcio e 2 per l'anione solfato acido.

LA CONCLUSIONE

La formula del carbonato ferrico è $Fe_2(CO_3)_2$ mentre quella del solfato acido di calcio è $Ca(HSO_4)_2$.

PROBLEMA SIMILE

Determina la formula:

a. dell'ipoclorito di calcio;
b. del solfuro acido di ferro.

Alcuni sali, oltre agli ioni che li costituiscono, contengono anche una proporzione definita di molecole di acqua: questi composti prendono quindi il nome di *sali idrati*. Per esempio, il solfato di rame(II) (figura **11**) si presenta normalmente sotto forma di cristalli azzurri di composizione $CuSO_4 \cdot 5\,H_2O$ (il simbolo · serve a separare le molecole dell'*acqua di idratazione* dal resto della formula). Dalla formula possiamo quindi dedurre che per ogni unità formula di $CuSO_4$ ci sono cinque molecole di H_2O.

Per denominare i sali idrati basta far seguire al nome del composto il termine *idrato* preceduto dal rispettivo prefisso numerico. Il nome di $CuSO_4 \cdot 5\,H_2O$ è pertanto *solfato di rame(II) pentaidrato*.

Figura 11 Cristalli di solfato di rame(II) Questi cristalli azzurri sono formati da solfato di rame(II) pentaidrato, ovvero $CuSO_4 \cdot 5\,H_2O$.

12 I COMPOSTI DEL CROMO E DEL MANGANESE

APP La tavola periodica interattiva

Il cromo e il manganese possono manifestare un diverso comportamento chimico (metallico, non metallico o anfotero) a seconda del numero di ossidazione (figura **12**).

Il **cromo** (Cr) nei composti assume numeri di ossidazione +2, +3, +6.

1. Con **n.o. +2**, il cromo si comporta da **metallo** formando composti ionici: un *ossido basico* (ossido di cromo) e un *idrossido* (idrossido di cromo).
2. Con **n.o. +3**, il cromo si comporta da **metallo** o da **non metallo**, formando con l'ossigeno un *ossido anfotero* Cr_2O_3 (triossido di dicromo). Un composto ha un *comportamento anfotero* quando, reagendo con un composto basico, si comporta da acido e, reagendo con un composto acido, si comporta da base.
3. Con **n.o. +6**, il cromo si comporta da **non metallo**, formando composti molecolari: un *ossido acido* (anidride cromica) e due *ossoacidi*, l'acido cromico e l'acido dicromico, in cui sono presenti rispettivamente un atomo di cromo e due atomi di cromo:

$$\text{acido cromico: } \overset{+1}{H}\,\overset{+6}{Cr}\,\overset{-2}{O} \longrightarrow H_2CrO_4$$

$$\text{acido dicromico: } \overset{+1}{H}\,\overset{+6}{Cr}\,\overset{-2}{O} \longrightarrow H_2Cr_2O_7$$

Figura 12 Ossido di cromo e anidride cromica Con n.o. +3 il cromo può formare composti come l'ossido di cromo; con n.o. +6 il cromo si comporta da non metallo e può formare anidride cromica.

A COLPO D'OCCHIO

CROMO
- +2 METALLO
- +3 ANFOTERO
- +6 NON METALLO

Il **manganese** (Mn) nei composti assume numeri di ossidazione +2, +3, +4, +6, +7.

1. Con **n.o. +2 e +3**, il manganese si comporta da **metallo**, formando composti ionici: due *ossidi basici* (l'ossido manganoso e l'ossido manganico) e due *idrossidi* (l'idrossido manganoso e l'idrossido manganico).
2. Con **n.o. +4**, il manganese si comporta da **metallo** o da **non metallo**, formando con l'ossigeno un *ossido anfotero* MnO_2 (diossido di manganese).
3. Con **n.o. +6 e +7**, il manganese si comporta da **non metallo**, formando con l'ossigeno due *ossidi acidi* (l'anidride manganica e l'anidride permanganica) e naturalmente due *ossoacidi* (l'acido manganico e l'acido permanganico):

$$\text{acido manganico: } \overset{+1}{H}\,\overset{+6}{Mn}\,\overset{-2}{O} \longrightarrow H_2MnO_4$$

$$\text{acido permanganico: } \overset{+1}{H}\,\overset{+7}{Mn}\,\overset{-2}{O} \longrightarrow HMnO_4$$

A COLPO D'OCCHIO

MANGANESE
- +2, +3 METALLO
- +4 ANFOTERO
- +6, +7 NON METALLO

PER SAPERNE DI PIÙ

La nomenclatura in un'etichetta

Anche le sostanze di uso comune sono identificate mediante la nomenclatura chimica. La ritroviamo negli additivi alimentari, nei detergenti, nei cosmetici, nei prodotti per l'igiene, nei medicinali. Per esempio, la soluzione fisiologica usata per gli aerosol è una soluzione acquosa di cloruro di sodio, mentre il disgorgante per tubi è una soluzione di idrossido di sodio (o soda caustica).

Detergenti e non solo

La candeggina è un comune prodotto per la casa utilizzato come smacchiante e disinfettante. Dal punto di vista chimico è una soluzione acquosa di ipoclorito di sodio ($NaClO$), il sale sodico dell'acido ipocloroso ($HClO$). La candeggina è disponibile in commercio in formulazioni diverse, a seconda della concentrazione del sale (in molti prodotti per la casa è, per esempio, 1-2%).

Anche se è un prodotto di uso comune, la candeggina deve essere maneggiata con cautela, evitando il contatto con gli occhi. Questi accorgimenti valgono anche per altri prodotti che troviamo sugli scaffali dei supermercati, in particolare l'ammoniaca (NH_3), l'acido muriatico (una soluzione al 10% di acido cloridrico HCl) e la soda caustica ($NaOH$, idrossido di sodio). Conoscere le caratteristiche chimiche di queste sostanze è indispensabile per adottare le opportune precauzioni. Per esempio, l'ammoniaca, l'ipoclorito sodico e l'idrossido di sodio sono sostanze basiche, mentre l'acido cloridrico è un acido: è quindi bene evitare di mescolare queste soluzioni perché possono portare allo sviluppo di sostanze pericolose. Per esempio la *reazione tra candeggina e acido muriatico* sviluppa cloro gassoso (Cl_2), molto tossico se inalato.

$$NaClO + 2\,HCl \longrightarrow Cl_2 + NaCl + H_2O$$

In generale, è buona norma prestare attenzione alle etichette dei prodotti chimici e ai relativi **pittogrammi di pericolo** (tabella).

Additivi e cosmetici

Come per i detergenti, anche per i cosmetici esiste una direttiva europea (Regolamento CE n. 1223/2009), che stabilisce quali informazioni devono essere riportate sulle etichette dei prodotti. I nomi degli ingredienti sono elencati *in ordine di concentrazione*, partendo da quello con concentrazione maggiore. I componenti vengono identificati utilizzando la **nomenclatura INCI** (*International Nomenclature of Cosmetic Ingredients*): se derivano da un nome botanico sono riportati in latino (per esempio, gli oli vegetali e gli ingredienti utilizzati nella farmacopea), mentre negli altri casi il nome è riportato in lingua inglese. Lo scopo della nomenclatura INCI è anche quello di permettere al consumatore di identificare facilmente la presenza di eventuali *allergeni* nel prodotto.

I componenti di un cosmetico sono tantissimi:

- I **tensioattivi** e gli **emulsionanti** permettono di combinare ingredienti altrimenti incompatibili, come l'acqua e gli oli; un esempio è il *laurilsolfato di sodio*.
- I **conservanti** e gli **stabilizzanti**, come il *diossido di titanio*, preservano il prodotto dalle contaminazioni microbiche.
- Gli **antiossidanti** evitano l'ossidazione del prodotto e la sua degradazione a contatto con l'aria: un esempio è il *delta-tocoferolo*, ovvero la vitamina E.
- Gli **additivi reologici** conferiscono al cosmetico la giusta consistenza e scorrevolezza: per esempio i *silicati* di magnesio e alluminio.
- I **pigmenti** e i **coloranti** sono responsabili della colorazione del cosmetico. Sono classificati con un codice CI (*Colour Index*) di 5 cifre; per esempio, il CI 77510 è l'esacianoferrato di ferro, chiamato comunemente blu di Prussia.

Pittogramma	Significato	Pittogramma	Significato	Pittogramma	Significato
	Pericolo di esplosione.		Contiene gas sotto pressione, che può esplodere; oppure, un gas refrigerato che può provocare ustioni.		Letale o tossico se ingerito, inalato o messo a contatto con la pelle.
	Sostanza altamente infiammabile.		Può essere corrosivo per i metalli; causa gravi lesioni alla pelle e agli occhi.		Tossico per gli organismi acquatici, con effetti a lungo termine.
	Sostanza comburente, che può provocare un incendio o un'esplosione.		Sostanza nociva per la salute (se ingerita, inalata o messa a contatto con la pelle) e per l'ambiente (danni all'ozonosfera). Irritante per le vie respiratorie, per la pelle, per gli occhi. Può causare reazioni allergiche, sonnolenza o vertigini.		Dannoso per la salute. Se ingerito o inalato può essere letale; può nuocere alla fertilità o al feto. Può essere cancerogeno.

Tabella Nuovi pittogrammi di pericolo secondo il regolamento CLP (*Classification Labelling and Packaging*) dell'Unione Europea del 2008.

FACCIAMO IL PUNTO

LO SAI? RIPASSA CON LO SMARTPHONE

Che cosa indica il numero di ossidazione (n.o.)?

Il **numero di ossidazione** (simbolo **n.o.**) è la carica elettrica che un atomo avrebbe se, quando è legato ad altri atomi, gli elettroni di legame venissero assegnati all'atomo più elettronegativo.

Per calcolare il numero di ossidazione si deve tenere presente che:

1. gli atomi di un elemento nello stato non combinato hanno numero di ossidazione uguale a zero;
2. l'idrogeno nei composti ha numero di ossidazione +1 tranne negli idruri ionici, in cui presenta n.o. = −1;
3. l'ossigeno nei composti ha n.o. = −2 tranne nei perossidi (n.o. = −1) e nel difluoruro di ossigeno (n.o. = +2);
4. in un composto molecolare o ionico la somma algebrica dei numeri di ossidazione degli atomi o degli ioni che lo costituiscono è sempre uguale a zero.

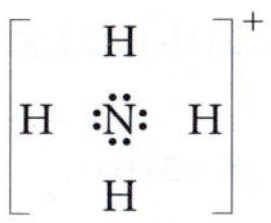

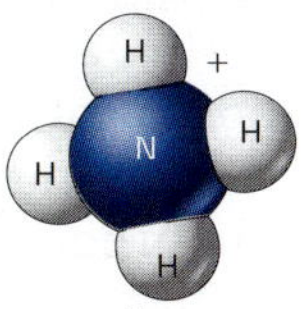

ione ammonio

Come si classificano i composti binari?

I composti binari sono distinti in ossidi basici, ossidi acidi, perossidi, idruri ionici, idruri non acidi e sali di idracidi (sali binari).

- Gli **ossidi basici** sono composti ionici formati da un catione metallico e dallo ione ossido (O^{2-}).
- Gli **ossidi acidi** o **anidridi** sono composti molecolari formati da un non metallo e dall'ossigeno.
- I **perossidi** (distinti in ionici e molecolari) sono ossidi costituiti da un metallo o un non metallo e dal gruppo perossido (O_2^{2-}).
- Gli **idruri ionici** sono composti ionici formati da un catione metallico e dallo ione idruro (H^-).
- Gli **idruri non acidi** sono composti molecolari formati da un non metallo e dall'idrogeno.
- Gli **idracidi** sono composti molecolari formati dall'idrogeno e da un non metallo.
- I **sali binari** sono composti ionici formati da un metallo e da un non metallo. Questi composti sono di fatto i sali degli idracidi.

Nella nomenclatura IUPAC il nome degli ossidi e degli idruri è costituito dal termine *ossido* o *idruro* a cui si fa seguire il nome dell'altro elemento preceduto dalla preposizione *di*; il numero di atomi di ciascun elemento presente nella formula del composto è precisato con i prefissi *mono-*, *di-*, *tri-*, *tetra-*, *penta-*, *esa-*, *epta-*.

Come si classificano i composti non binari?

I composti non binari sono distinti in idrossidi, ossoacidi e sali di ossoacidi.

- Gli **idrossidi** o basi sono composti ionici formati da un catione metallico e dallo ione idrossido OH^-. Per la IUPAC il nome è costituito dal termine *idrossido* (diidrossido, triidrossido) e dal nome del metallo.
- Gli **ossoacidi** sono composti molecolari formati da idrogeno, non metallo e ossigeno. Nella IUPAC il nome è costituito dal termine *acido*, dal prefisso *monosso-* (*diosso-*, *triosso-*, *tetraosso-*), dalla radice del non metallo con la desinenza *-ico* e dal numero di ossidazione.
- I **sali di ossoacidi** sono distinti in neutri e acidi. I sali neutri derivano dagli ossoacidi per sostituzione totale degli atomi di idrogeno con cationi metallici. Per la IUPAC il nome del composto è costituito dal prefisso *monosso-* (*diosso-*, *triosso-*) che precisa il numero di atomi di ossigeno, dalla radice del non metallo con la desinenza *-ato* seguita dalla preposizione *di* e dal nome del metallo.

Che cosa sono i sali acidi?

I **sali acidi** sono composti che derivano da ossoacidi poliprotici per sostituzione parziale di uno o più atomi di idrogeno con cationi metallici.

Il nome IUPAC di un sale acido corrisponde a quello dei sali neutri precisando il numero di atomi di idrogeno presente nella formula del sale con il prefisso *idrogeno*, *diidrogeno*, *triidrogeno* (non deve invece essere precisato il numero di atomi di ossigeno presente nella formula).

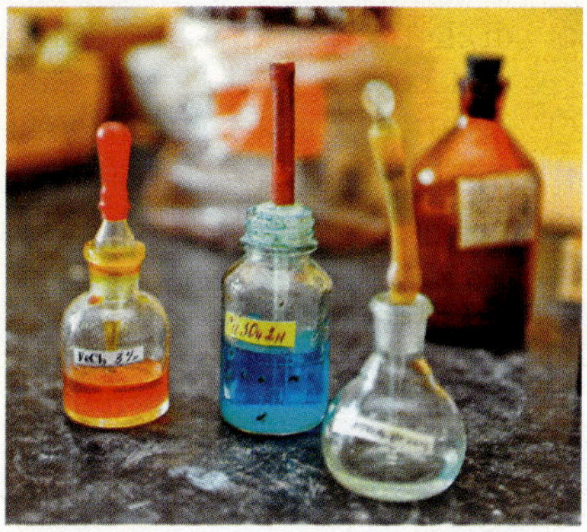

Qual è la particolarità del comportamento del cromo e del manganese?

Cromo e manganese si possono comportare da acido o da base, a seconda del numero di ossidazione che assumono.

Il **cromo** nei composti può avere numeri di ossidazione +2, +3, +6.

- Con il numero di ossidazione +2 si comporta da metallo;
- Con il numero di ossidazione +3 si comporta da metallo o da non metallo, ovvero ha comportamento *anfotero*;
- Con il numero di ossidazione +6 si comporta da non metallo.

Il **manganese** nei composti assume i numeri di ossidazione +2, +3, +4, +6, +7.

- Con i numeri di ossidazione +2 e +3 si comporta da metallo;
- Con il numero di ossidazione +4 ha un comportamento anfotero;
- Con i numeri di ossidazione +6 e +7 si comporta da non metallo.

ESERCIZI

ZTE ONLINE
Mettiti alla prova
con 20 esercizi interattivi

VERIFICA LE TUE CONOSCENZE

VALENZA E NUMERO DI OSSIDAZIONE

1 Rispondi alle seguenti domande sulla valenza.
a. Che cos'è la valenza di un elemento?
b. Qual è la valenza massima di un elemento del terzo gruppo della tavola periodica?
c. Quanti legami può formare al massimo un atomo di carbonio?

2 Il numero di ossidazione di un atomo in un composto è il numero
Ⓐ di atomi di ossigeno in una molecola.
Ⓑ di elettroni condivisi da un atomo in una molecola.
Ⓒ di cariche reali o convenzionali associato a ciascun atomo del composto.
Ⓓ degli elettroni di legame.

3 Riconosci quali delle seguenti regole per il calcolo del numero di ossidazione non sono corrette e riscrivile corrette:
a. l'ossigeno ha sempre n.o. −2;
b. l'idrogeno ha n.o. +1 nei composti e +2 nella molecola H_2;
c. la somma dei n.o. di tutti gli atomi di una molecola è 0;
d. in un composto il n.o. di un metallo alcalino è sempre +1.

SCRIVERE LE FORMULE DEI COMPOSTI A PARTIRE DAI NUMERI DI OSSIDAZIONE

4 Un composto ionico è formato dagli ioni Na^+ e O^{2-}: quali sono gli indici del sodio e dell'ossigeno nella formula del composto?

5 Qual è la formula del composto formato dagli ioni Ca^{2+} e PO_4^{3-}?

6 Scrivi la formula e determina la carica degli ioni poliatomici formati da:
a. quattro atomi di ossigeno e un atomo di zolfo con n.o. +6;
b. tre atomi di ossigeno e un atomo di cloro con n.o. +5.

7 La formula Cl_2Ba è sbagliata. Perché?

8 Individua quale tra le seguenti formule è corretta e correggi le altre:
a. HS
b. Fe_3S_2
c. LiS_2
d. SO_2

LA NOMENCLATURA DEI COMPOSTI BINARI

9 Che cos'è un composto binario? In quali categorie sono suddivisi i composti binari? Riporta un esempio per ciascuna categoria.

10 Qual è la desinenza del nome di un grande numero di composti binari? Nel nome di quale categoria di composti binari non compare tale desinenza?

11 Che cosa indica la notazione di Stock e quando la si utilizza? Quale vantaggio presenta rispetto all'uso dei prefissi numerici? Riporta un esempio.

12 Che differenza c'è fra gli ioni ossido, perossido e superossido? E tra un ossido acido e un ossido basico?

13 Indica a quale categoria appartiene un composto formato da atomi:
a. di idrogeno e di un metallo;
b. di idrogeno e di un non metallo dei gruppi 16 e 17;
c. di un metallo e di un non metallo.
Riporta un esempio per ciascun caso.

14 Tra i seguenti idracidi è monoprotico l'acido
Ⓐ cianidrico.
Ⓑ solfidrico.
Ⓒ selenidrico.
Ⓓ telluridrico.

15 Scrivi il nome tradizionale dei composti K_2O e SO_2 e spiega perché sono diversi.

16 Negli acidi binari, indica il n.o.
a. degli atomi di alogeno;
b. degli atomi del gruppo 16.

LA NOMENCLATURA DEI COMPOSTI NON BINARI

17 Quali sono i principali composti ternari? Riporta un esempio per ciascun caso.

18 A quale categoria appartengono i seguenti composti? Specifica da che cosa lo deduci.
a. H_2SO_3
b. $Ba(OH)_2$
c. $CaCO_3$

19 **In che modo la nomenclatura tradizionale distingue i composti H_3PO_4 e H_3PO_3?**

20 **Il nome sistematico del composto H_2SO_4 è acido tetraossosolforico(VI). Associa ciascuna della parti che costituiscono il suo nome ai simboli e ai numeri che compaiono nella sua formula.**

21 **Scrivi la formula e il nome tradizionale degli ossoanioni che derivano dai seguenti acidi.**
a. Acido nitroso, HNO_2
b. Acido borico, H_3BO_3
c. Acido perclorico, $HClO_4$

22 **Scrivi la formula di ciascuno dei seguenti composti e specifica se è binario o ternario:**
a. cloruro di rame(II);
b. solfato ferrico;
c. idrossido di alluminio;
d. acido iodidrico;
e. idruro di stagno(IV).

23 **Individua l'anidride da cui hanno formalmente origine i seguenti acidi:**
a. HNO_3
b. $HClO_3$
c. H_2CO_3
d. H_2SO_3

VERIFICA LE TUE ABILITÀ

24 **Calcola il numero di ossidazione degli atomi evidenziati in neretto nei seguenti composti:**
a. $\mathbf{Ni}_2O_3$, $\mathbf{Cl}_2O_7$, $K_2\mathbf{O}_2$, $Ba\mathbf{H}_2$, $\mathbf{C}H_4$, $\mathbf{Cu}F_2$, $Zn(H\mathbf{S})_2$, $H\mathbf{Br}$
b. $\mathbf{Mn}(OH)_2$, $H\mathbf{I}O_4$, $K_3\mathbf{As}O_4$, $Mg(\mathbf{Cl}O_4)_2$, $NaH\mathbf{Cr}O_4$, $H_2\mathbf{Mn}O_4$

25 **Calcola il numero di ossidazione degli atomi evidenziati in neretto dei seguenti ioni poliatomici:**
a. $\mathbf{Mn}O_4^-$, $\mathbf{Si}O_4^{4-}$, $H\mathbf{S}O_3^-$
b. $\mathbf{Cl}O^-$, $H_2\mathbf{As}O_4^-$, $\mathbf{Cr}O_4^{2-}$
c. $\mathbf{N}O_2^+$, $Sn\mathbf{Cl}_5^-$, $H_3\mathbf{Sb}_2O_7^-$

26 **Calcola il numero di ossidazione del fosforo nelle seguenti specie chimiche:**
$Ca_3(PO_4)_2$, PO_3^{3-}, P_2O_5, $HP_2O_7^{3-}$, HPO_3, PH_3, NH_4PO_2, P_4

27 **Calcola il numero di ossidazione dell'azoto nelle seguenti specie chimiche:**
NH_3, N_2, N_2O, NO_2, NH_2^-, NO_3^-, NH_4^+

28 **Rappresenta la formula del composto che si forma tra le seguenti coppie di ioni:**
a. Na^+/H^-, Hg_2^{2+}/O^{2-}, Rb^+/OH^-, Cu^{2+}/Cl^-, Fe^{3+}/MnO_4^-
b. Ca^{2+}/H^-, Co^{3+}/O^{2-}, Ni^{2+}/OH^-, Mn^{3+}/S^{2-}, Sn^{2+}/ClO_4^-

29 **Identifica le coppie di ioni presenti nelle formule dei seguenti composti:**
a. BaH_2, Mn_2O_3, $Zn(OH)_2$, Na_4SiO_4, K_2HPO_4
b. PbO_2, $Fe_2(SiO_3)_3$, $MnCl_3$, $Ba(CN)_2$, $(NH_4)_2S$

30 **Assegna i nomi tradizionale e sistematico ai seguenti *ossidi*:**
a. CuO, Na_2O_2, As_2O_3, P_2O_5
b. PbO_2, N_2O_3, Co_2O_3, CaO_2
c. H_2O_2, HgO, Cl_2O_5, SO_2

31 **Rappresenta la formula dei seguenti *ossidi*:**
a. perossido di bario, anidride iodica, ossido di alluminio, anidride ipobromosa;
b. ossido di litio, anidride nitrica, perossido di potassio, ossido cobaltoso.

32 **Assegna i nomi tradizionale e sistematico ai seguenti *idruri*:**
a. MgH_2, HI, NH_3, HBr
b. PH_3, BaH_2, HCN
c. HF, H_2Se, CaH_2, AsH_3

33 **Rappresenta la formula dei seguenti *idruri*:**
a. idruro di potassio, metano, acido bromidrico, idruro di calcio;
b. acido cloridrico, idruro di litio, acido cianidrico.

34 **Assegna i nomi tradizionale e sistematico ai seguenti *sali di idracidi*:**
a. K_2S, $Fe(CN)_2$, $SnCl_4$, Fe_2S_3
b. CuI_2, PbF_2, NH_4CN, CaS

35 **Rappresenta la formula dei seguenti *sali di idracidi*:**
a. solfuro di litio, cianuro di bario, fluoruro mercuroso, ioduro di argento;
b. solfuro di zinco, bromuro di ammonio, ioduro cobaltico, cloruro stannoso.

36 **Se *Me* è un elemento del gruppo III A del sistema periodico, qual è la formula del suo solfuro?**

37 **Assegna i nomi tradizionale e sistematico ai seguenti *idrossidi* e *ossoacidi*:**

a. H_3AsO_4, $CuOH$, $HBrO$, $Au(OH)_3$, H_2SO_3, $Ni(OH)_3$
b. HIO_4, $Mg(OH)_2$, HBO_2, $Cu(OH)_2$, $HClO_2$, $Fe(OH)_2$
c. HPO_2, $Cd(OH)_2$, H_2SiO_3, $Sn(OH)_4$, H_3BO_3, $HBrO_3$

38 **Rappresenta la formula dei seguenti *idrossidi* e *ossoacidi*:**

a. acido antimonico, idrossido piombico, acido arsenioso, idrossido di cadmio, acido nitroso, idrossido mercurico;
b. acido fosforico, idrossido ferroso, acido periodico, idrossido cobaltico, acido metaborico, idrossido di argento.

39 **Assegna i nomi tradizionale e sistematico ai seguenti *ioni poliatomici*:**

a. $HSiO_3^-$, BrO^-, NO_2^-, SO_3^{2-}
b. HPO_4^{2-}, ClO_2^-, HSO_4^-, $H_2BO_3^-$

40 **Rappresenta la formula dei seguenti *ioni poliatomici*:**

a. ione fosfito biacido, ione triossoarseniato(III), ione tetraossoiodato(VII);
b. ione arsenito, ione diidrogenofosfato(III), ione ipoclorito.

41 **Assegna i nomi tradizionale e sistematico ai seguenti *sali di ossoacidi*:**

a. $Al(ClO_4)_3$, $CuSO_4$, $Zn(HCO_3)_2$, $Fe(IO_3)_3$, $Mg(HSO_3)_2$, $NaNO_3$
b. $Ba(ClO)_2$, $LiHSO_4$, K_2CO_3, $Cu(NO_2)_2$, $NaHSiO_3$, $Fe(BrO_4)_3$
c. $Al_2(SO_4)_3$, $HgHPO_4$, $Fe(H_2PO_4)_2$, $(NH_4)_3PO_3$, $Zn(BO_2)_2$, $Co_3(AsO_3)_2$

42 **Rappresenta la formula dei seguenti *sali di ossoacidi*:**

a. carbonato di litio, nitrito ferrico, solfato di ammonio, ipoiodito di bario, solfito acido di zinco;
b. nitrato di bario, solfato acido di magnesio, bromato rameico, carbonato acido di potassio, perclorato di calcio.

43 **Assegna i nomi tradizionale e sistematico ai seguenti composti:**

a. $Fe(HS)_3$, $Pb(OH)_2$, H_2MnO_4, As_2O_5, HI, $Mg(BrO_4)_2$, Hg_2O
b. NH_3, $HClO_3$, BaO_2, K_2SiO_3, CrO_3, BeH_2, $Sn(OH)_2$

44 **Rappresenta la formula dei seguenti composti:**

a. perossido di sodio, permanganato di potassio, cromato di litio, cianuro di bario, acido solfidrico, idrossido ferroso, ossido di cadmio, acido manganico, cloruro di mercurio(I);
b. dicromato rameoso, arseniato biacido di alluminio, idruro di magnesio, ossido di argento, solfato manganico, solfuro di rame(II);
c. tetraossofosfato(V) di ferro(II), diidrogeno borato di ammonio, idrogeno solfato(IV) di ferro(III), triossoarseniato(III) di rame(I), pentaossido di diantimonio, difluoruro di ossigeno, tetraidruro di carbonio.

45 **Precisa a quale classe appartengono i seguenti composti ionici:**

ZnO, $Ca(HS)_2$, NH_4OH, BaO_2, KH, $NaCN$, $Pb(CO_3)_2$, $Mg(H_2BO_3)_2$

46 **Precisa a quale classe appartengono i seguenti composti molecolari:**

H_3PO_3, SO_2, H_2SiO_3, As_2O_3, HI, BeH_2, H_2O_2

47 **Stabilisci quali sono le formule non corrette e riscrivile corrette:**

$Fe(ClO_4)_3$, $CaNO_3$, K_2O_2, As_2O_5, H_3As, NaO

48 **Individua quali sono i nomi *non* corretti e riscrivili corretti:**

a. acido diossonitrico, tetraidruro di carbonio, diossido di dipotassio;
b. idrossido di scandio, solfuro acido di bario, ipoclorato di calcio;
c. anidride fosforosa, idrogenotriossosilicato di sodio, acido bromidrico.

49 **Completa la seguente tabella.**

Formula	Nome tradizionale	Nome IUPAC
$H_4P_2O_7$	-	
	idruro di calcio	
		ossido di ferro
$AlPO_3$		
	idrossido mercurico	
		idrogenosolfato(VI) di cobalto(III)
NH_3		
	dicromato di litio	
		triossido di diarsenico
H_2S		

TEST YOURSELF

50 Calculate the carbon oxidation number in the following chemical species:

a. H_2CO_3
b. CN^-
c. CO
d. CH_4
e. CH_3OH

51 Write the formula of the following compounds:

a. silver oxide
b. magnesium hydride
c. cupric sulphide
d. zinc hydroxide
e. iodic acid
f. aluminium acid carbonate

52 For each of the following oxides, state whether the compound is acidic or basic:

a. Cu_2O
b. N_2O_5
c. SO_2
d. K_2O
e. CaO

53 The compound A_2B_3 is a stable solid. What ionic charge do you expect for *A* and *B*?

VERSO I GIOCHI DELLA CHIMICA

54 Quale delle seguenti specie presenta l'atomo con il numero di ossidazione più alto?

Ⓐ MnO_4^-
Ⓑ $Cr_2O_7^{2-}$
Ⓒ $IrCl_6^{2-}$
Ⓓ OsO_4

[Fase nazionale 2016]

55 Indica le formule corrette dei composti ionici che si formano quando il catione Al^{3+} si lega agli anioni cloruro, solfato e fosfato.

Ⓐ $AlCl_2$, $Al_2(SO_4)_3$, $AlPO_4$
Ⓑ $AlCl_3$, $Al_2(SO_4)_3$, $Al_2(PO_4)_3$
Ⓒ $AlCl_3$, $AlSO_4$, $AlPO_4$
Ⓓ $AlCl_3$, $Al_2(SO_4)_3$, $AlPO_4$

[Fase regionale 2015]

56 Indica il nome dello ione N^{3-} secondo la nomenclatura internazionale.

Ⓐ Nitrito
Ⓑ Nitrato
Ⓒ Azoturo
Ⓓ Nitruro

[Fase nazionale 2015]

57 Nella formula chimica dell'idruro di calcio CaH_2, l'idrogeno viene scritto dopo il metallo perché si segue la regola secondo cui, nei composti binari, gli elementi sono scritti

Ⓐ in ordine alfabetico.
Ⓑ in ordine crescente di elettronegatività.
Ⓒ secondo numero atomico decrescente.
Ⓓ in ordine decrescente di elettronegatività.

[Fase nazionale 2015]

58 Relativamente all'acido solfidrico e all'acido solforico si può affermare che

Ⓐ sono entrambi acidi binari.
Ⓑ sono entrambi acidi ternari.
Ⓒ l'acido solfidrico è ternario, mentre l'acido solforico è binario.
Ⓓ l'acido solfidrico è binario, mentre l'acido solforico è ternario.

[Fase regionale 2015]

59 Indica il nome del composto di formula $MgHPO_4$ secondo la nomenclatura tradizionale.

Ⓐ Idrogenofosfito di magnesio
Ⓑ Idrogenofosfato di magnesio
Ⓒ Idrogenofosfito di manganese
Ⓓ Idrogenofosfato di manganese

[Fase regionale 2015]

60 In uno ione molecolare poliatomico, la somma algebrica dei numeri di ossidazione di tutti gli atomi deve essere uguale

Ⓐ a zero.
Ⓑ alla carica dello ione.
Ⓒ al numero di atomi presenti nello ione.
Ⓓ al numero di elettroni di valenza dell'atomo più elettronegativo.

[Fase nazionale 2015]

61 Il composto Na_2O_2 è un

Ⓐ perossido.
Ⓑ ossido.
Ⓒ superossido.
Ⓓ idrossido.

[Fase nazionale 2016]

VERSO L'UNIVERSITÀ

62 **Qui di seguito vengono elencati alcuni composti del cloro:**

$NaClO, HClO_2, ClO_2, ClF_3, HClO_3$

Quali numeri di ossidazione del cloro sono presenti in questi composti?

- Ⓐ +1, +2, +3, +4, +5
- Ⓑ +1, +2, +3, +4, +6
- Ⓒ +1, +3, +4, +5
- Ⓓ +2, +3, +4, +5
- Ⓔ +2, +3, +4, +6

[dalla prova di ammissione a Veterinaria, 2013]

63 **Indica la formula corretta dello ione clorato:**

- Ⓐ ClO_3^-
- Ⓑ ClO_2^-
- Ⓒ Cl^-
- Ⓓ ClO_4^-
- Ⓔ ClO^-

[dalla prova di ammissione a Veterinaria, 2012]

VERSO L'ESAME: LE TUE COMPETENZE

RIFLETTI E IPOTIZZA

64 **Il brano seguente è tratto dall'articolo *Il killer invisibile* reperibile in rete e, insieme ad altri articoli simili, descrive i pericoli del DHMO (*DiHydroMonOxide*).**

«... Sto parlando del Monossido di diidrogeno. Come il suo "cugino", il terribile Monossido di Carbonio, questa sostanza è incolore, inodore e insapore, e uccide, spesso per eccessiva inalazione ambientale, svariate migliaia di persone ogni anno. Qualche lettore ha già accennato ai pericoli di questa sostanza in vari commenti sparsi nel Blog, e quindi mi è sembrato opportuno, oggi, dedicarle un articolo apposito, anche nella speranza che coloro che si battono per l'ambiente e la salute pubblica inizino a considerare seriamente i pericoli che pone questa sostanza chimica e a inserirli nella loro agenda politica. [...] Pensate che:

- *È il componente principale delle piogge acide.*
- *Contribuisce all'effetto serra.*
- *Contribuisce all'erosione del suolo e dei paesaggi naturali.*
- *Viene usato ampiamente negli impianti di produzione dell'energia nucleare.*
- *Viene utilizzato come solvente industriale.*
- *È stato ritrovato nelle cellule tumorali di pazienti terminali.*
- *Può causare ustioni anche di terzo grado.*
- *È presente nelle falde acquifere, dove penetra tramite la pioggia, arriva nelle nostre case, entra nelle nostre cucine dai rubinetti, e finisce nei nostri cibi. È molto difficile evitare la contaminazione perché, a differenza di altre molecole che possono essere filtrate, questa si miscela completamente con l'acqua.»*

a. Qual è la formula chimica del DHMO? E del monossido di carbonio?

b. Analizza ciascuna delle affermazioni in elenco: stabilisci se sono vere o false, e commentale.

c. L'articolo trasmette un'informazione corretta o ingannevole?

d. L'autore dell'articolo è assolutamente affidabile dal punto di vista scientifico e parecchi lettori si sono effettivamente allarmati leggendo questa sua analisi sugli effetti del DHMO. Quale potrebbe essere il motivo che ha condotto l'autore a scrivere un tale articolo? In ogni caso, che cosa dimostra il fatto che parecchi lettori si siano allarmati?

RICERCA E COLLEGA

65 **I prodotti per la pulizia della casa contengono molti composti chimici inorganici. La candeggina commerciale contiene, oltre al sodio ipoclorito, anche *perborato* e acido cloridrico al 15%. I detersivi per disgorgare i lavabi, che sono tra i prodotti più tossici, contengono soda caustica (70-100%) e granuli di alluminio o zinco (2%) che, in presenza di ioni OH^-, sviluppano idrogeno; contengono anche nitrato di sodio (15%), che reagisce con l'idrogeno per formare ammoniaca: si evita così la possibile esplosione dell'idrogeno quando esso si combina con l'ossigeno dell'aria. Nei disincrostanti liquidi per WC contro il *calcare* e gli *acidi urici* ci sono, tra gli altri componenti, acido fosforico (20-30%) e solforico e *acido formico*.**

a. Scrivi le formule dei composti sottolineati, stabilisci se sono binari o ternari e a quale categoria appartengono.

b. Cerca in rete informazioni sulla composizione delle sostanze scritte in corsivo: spiega perché gli acidi urico e formico sono diversi dagli altri acidi inorganici, stabilisci il nome delle sostanze che costituiscono il perborato e scrivi il nome tradizionale e sistematico del calcare.

c. Come puoi individuare la pericolosità dei composti citati? Spiega il significato dei simboli di rischio chimico realitivi ai composti in questione e verifica se tali simboli sono riportati sulla confezione dei prodotti che li contengono.

d. La reazione che avviene quando la soda caustica reagisce con gli ioni idrossido è:

$$2\,OH^-_{(aq)} + 2\,Al_{(s)} + 6\,H_2O_{(l)} \longrightarrow 2\,[Al(OH)_4]^- + 3\,H_{2(g)}$$

Assegna a ciascun atomo il rispettivo numero di ossidazione.

CAPITOLO

16 LE REAZIONI CHIMICHE

1 LE REAZIONI SI RAPPRESENTANO ATTRAVERSO LE EQUAZIONI CHIMICHE

Prendiamo in considerazione una molecola di idrogeno H_2 e una molecola di cloro Cl_2 che, reagendo tra loro, formano due molecole di cloruro di idrogeno HCl:

legame covalente puro — legame covalente polare

$$H{-}H + Cl{-}Cl \longrightarrow H{-}Cl + H{-}Cl \longrightarrow 2\,HCl$$

È possibile quindi affermare che una **reazione chimica** è un processo in cui si formano legami chimici o in cui si rompono legami più deboli per formare nuovi legami più forti. Come abbiamo visto nel capitolo 7,

> Una **reazione chimica** è un processo in cui una o più sostanze (reagenti) modificano la loro composizione chimica, trasformandosi in una o più sostanze diverse (prodotti).

Le specie chimiche (atomi, molecole, unità formula) che si combinano si chiamano **reagenti** e le specie chimiche che si formano si chiamano **prodotti**. Reagenti e prodotti si rappresentano mediante simboli e formule.

PER VEDERE LA CHIMICA
Video *Come si fa?*
Manipolare i reagenti chimici

> La rappresentazione di una reazione chimica mediante simboli e formule è un'**equazione chimica**.

A *sinistra* dell'equazione chimica si rappresentano i simboli e le formule dei reagenti e a *destra* quelle dei prodotti. Tra i reagenti e i prodotti si interpone:

- una *freccia di reazione* (→) con il verso da sinistra a destra, se la reazione procede in un solo verso (reazione *irreversibile o completa*);
- una doppia freccia (⇄), se la reazione avviene in entrambi i sensi (reazione *reversibile o incompleta*).

reagenti ⟶ prodotti (reazione irreversibile)

reagenti ⇄ prodotti (reazione reversibile)

A COLPO D'OCCHIO

REAZIONI CHIMICHE
- IRREVERSIBILI (COMPLETE)
- REVERSIBILI (INCOMPLETE)

Con riferimento allo stato fisico dei reagenti, le reazioni si distinguono in:

- **omogenee**, se i reagenti sono nella stessa fase (gassosa, liquida o solida); le reazioni tra l'idrogeno e il cloro in fase gassosa e tra il ferro e lo zolfo in fase solida sono omogenee:

$$H_{2(g)} + Cl_{2(g)} \longrightarrow 2\,HCl_{(g)}$$
$$Fe_{(s)} + S_{(s)} \longrightarrow FeS_{(s)}$$

- **eterogenee**, se i reagenti sono in fasi diverse (solida e gassosa, liquida e gassosa, solida e liquida). Le reazioni tra il carbonio allo stato solido e l'ossigeno allo stato di gas e tra il sodio allo stato solido e l'acqua allo stato liquido sono eterogenee:

$$C_{(s)} + O_{2(g)} \longrightarrow CO_{2(g)}$$
$$2\,Na_{(s)} + 2\,H_2O_{(l)} \longrightarrow 2\,NaOH_{(aq)} + H_{2(g)}$$

LE PAROLE

Omogeneo (dal greco *homóios*, «uguale», e *genos*, «origine») si riferisce a un sistema costituito da un'unica fase.

LE PAROLE

Eterogeneo (dal greco *héteros*, «diverso», e *genos*, «origine») si riferisce a un sistema costituito da fasi diverse.

2 IL BILANCIAMENTO DELLE REAZIONI OSSERVA LA LEGGE DI CONSERVAZIONE DELLA MASSA

Durante una reazione chimica non si verifica la perdita di atomi o la formazione di nuovi atomi: gli atomi rimangono gli *stessi* ma si combinano solo in modo *diverso*, pertanto per la descrizione **quantitativa** di una equazione chimica si deve rispettare la legge di conservazione della massa.

La legge di conservazione della massa prevede che per ogni elemento coinvolto nella reazione, il numero degli atomi presenti nei reagenti debba essere uguale al numero degli atomi presenti nei prodotti.

Per realizzare l'uguaglianza numerica tra gli atomi dei reagenti e gli atomi dei prodotti è necessario mettere, davanti ai simboli o alle formule chimiche dei reagenti e dei prodotti, dei numeri, interi o frazionari, detti coefficienti stechiometrici.

LE PAROLE

Il **coefficiente stechiometrico** (dal greco *stoichéion*, «elemento», e *métron*, «misura») indica in che quantità un elemento o un composto prende parte a una reazione chimica.

Il calcolo dei coefficienti stechiometrici in una reazione costituisce il **bilanciamento** di una equazione chimica.

Per bilanciare correttamente un'equazione chimica si devono ricordare le regole viste nel capitolo 7:

- non si possono modificare gli indici all'interno delle formule;
- gli elementi chimici idrogeno, azoto, ossigeno, fluoro, cloro, bromo, iodio a temperatura ambiente e a pressione atmosferica ordinaria si trovano sotto forma di **molecole biatomiche** e devono quindi essere rappresentati in forma molecolare (figura 1);

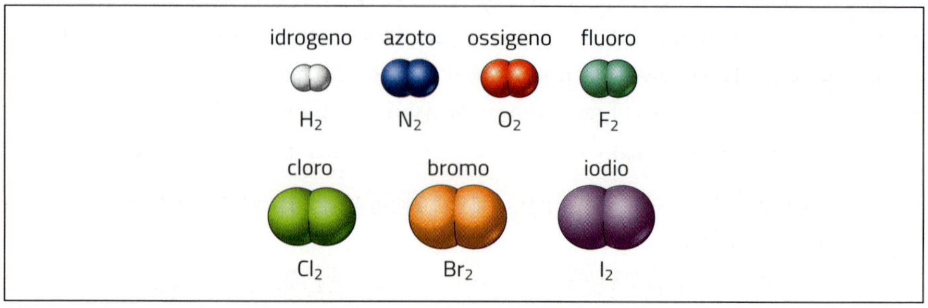

Figura 1 Elementi chimici che si trovano sotto forma di molecole biatomiche Le molecole di idrogeno, azoto, ossigeno, fluoro, cloro, bromo e iodio sono biatomiche.

- gli elementi chimici fosforo e arsenico, che si trovano sotto forma di molecola tetratomica, e zolfo, che si trova sotto forma di molecola ottatomica, si possono rappresentare sia in forma molecolare (P_4, As_4, S_8) sia in forma monoatomica (P, As, S);
- nell'equazione devono essere rappresentate solo le specie chimiche che *effettivamente partecipano* alla reazione. L'acqua, nelle reazioni in cui si comporta solo da solvente, **non** va rappresentata nell'equazione;
- il coefficiente stechiometrico 1 si omette;
- i coefficienti stechiometrici devono avere i minori valori possibili. L'equazione tra lo zinco e una soluzione di acido cloridrico, bilanciata con i coefficienti (2, 4 → 2, 2), garantisce sicuramente la conservazione della massa, ma **non** è corretta in quanto deve essere bilanciata con i coefficienti più piccoli possibili (1, 2 → 1, 1):

$$2\ Zn_{(s)} + 4\ HCl_{(aq)} \longrightarrow 2\ ZnCl_{2(aq)} + 2\ H_{2(g)}$$

NO

$$Zn_{(s)} + 2\ HCl_{(aq)} \longrightarrow ZnCl_{2(aq)} + H_{2(g)}$$

SÌ

- si possono utilizzare, generalmente nelle equazioni chimiche più semplici, anche coefficienti stechiometrici *frazionari*. La reazione tra il sodio nello stato solido e l'ossigeno nello stato di gas si può bilanciare con i coefficienti (4, 1 → 2) ma anche con i coefficienti (2, 1/2 → 1):

$$4\ Na_{(s)} + O_{2(g)} \longrightarrow 2\ Na_2O_{(s)}$$
$$2\ Na_{(s)} + \frac{1}{2}O_{2(g)} \longrightarrow Na_2O_{(s)}$$

- devono essere bilanciati prima gli atomi dei *metalli* e dei *non metalli* e a seguire, se sono presenti, gli atomi di *idrogeno* e di *ossigeno*.

LE PAROLE

L'**azoto** (dal greco *zoon*, «vivente», preceduto da alfa privativo; significa quindi «privo di vita») è un gas inodore e incolore. È uno dei costituenti fondamentali delle proteine.

PER CAPIRE MEGLIO
Animazione
Il bilanciamento di una reazione chimica

PER CAPIRE MEGLIO
Videolezione
Bilanciare le equazioni chimiche (non redox)

PROBLEMA MODELLO

Bilanciare le equazioni chimiche

Bilancia l'equazione chimica tra l'idrossido di alluminio e l'acido solforoso in soluzione acquosa:

$$Al(OH)_3 + H_2SO_3 \longrightarrow Al_2(SO_3)_3 + H_2O$$

L'IDEA

Nell'assegnare i coefficienti stechiometrici di un'equazione chimica, si devono bilanciare prima gli atomi dei metalli e dei non metalli. Successivamente si determinano i coefficienti stechiometrici degli atomi di idrogeno e di ossigeno.

LA SOLUZIONE

Tra i reagenti è presente un atomo di alluminio Al e tra i prodotti due, quindi dobbiamo inserire il coefficiente stechiometrico 2 davanti alla formula $Al(OH)_3$:

$$2\ Al(OH)_3 + H_2SO_3 \longrightarrow Al_2(SO_3)_3 + H_2O$$

Si passa poi a definire i coefficienti stechiometrici dei non metalli, nello specifico dello zolfo.
A sinistra è presente un atomo di zolfo S, a destra tre, quindi dobbiamo inserire il coefficiente stechiometrico 3 davanti alla formula H_2SO_3:

$$2\ Al(OH)_3 + 3\ H_2SO_3 \longrightarrow Al_2(SO_3)_3 + H_2O$$

Determiniamo ora i coefficienti dell'idrogeno. A sinistra (tra i reagenti) sono presenti dodici atomi di idrogeno ($2 \cdot 3 + 3 \cdot 2 = 12$), a destra (tra i prodotti) due.
Per rendere uguale il numero degli atomi di idrogeno, mettiamo il coefficiente 6 davanti alla formula dell'acqua:

$$2\ Al(OH)_3 + 3\ H_2SO_3 \longrightarrow Al_2(SO_3)_3 + 6\ H_2O$$

Calcoliamo infine i coefficienti dell'ossigeno: a sinistra sono quindici ($2 \cdot 3 + 3 \cdot 3 = 15$) così come a destra ($3 \cdot 3 + 6 = 15$).

LA CONCLUSIONE

Poiché il numero degli atomi presenti nei reagenti è uguale al numero degli atomi presenti nei prodotti, risulta che tutti i coefficienti stechiometrici sono corretti. L'equazione chimica è bilanciata.

PROBLEMA SIMILE

Bilancia le seguenti equazioni chimiche:

a. $Fe(NO_3)_3 + LiOH \longrightarrow LiNO_3 + Fe(OH)_3$
b. $CaSO_4 + K_3PO_4 \longrightarrow Ca_3(PO_4)_2 + K_2SO_4$

3 ESISTONO DIVERSI TIPI DI REAZIONI CHIMICHE

A COLPO D'OCCHIO

TIPI DI REAZIONI CHIMICHE
- SINTESI E ANALISI
- COMBINAZIONE E DECOMPOSIZIONE
- SCAMBIO SEMPLICE
- DOPPIO SCAMBIO

Dovendo prevedere quali sono i prodotti che si formano nelle reazioni chimiche, il criterio di classificazione si basa sul tipo di processo che si verifica tra le sostanze reagenti: si distinguono in tal modo reazioni di sintesi e analisi, combinazione e decomposizione, scambio semplice o spostamento e doppio scambio (**figura 2**).

Figura 2 I tipi di reazioni chimiche Le reazioni chimiche sono evidenziate da colori diversi.

Le reazioni di sintesi

Le **reazioni di sintesi** sono reazioni in cui due elementi (A e B) si combinano per formare un composto binario (AB):

$$A + B \longrightarrow AB$$

Sono riconducibili a reazioni di sintesi:

1. la reazione tra un metallo (o un semimetallo) o un non metallo e l'ossigeno per formare rispettivamente *ossidi* basici o acidi (figura **3**):

a.	metallo	+	ossigeno	$\longrightarrow$	ossido basico
	$2\,Mg_{(s)}$	+	$O_{2(g)}$	$\longrightarrow$	$2\,MgO_{(s)}$
b.	non metallo	+	ossigeno	$\longrightarrow$	ossido acido
	$C_{(s)}$	+	$O_{2(g)}$	$\longrightarrow$	$CO_{2(g)}$

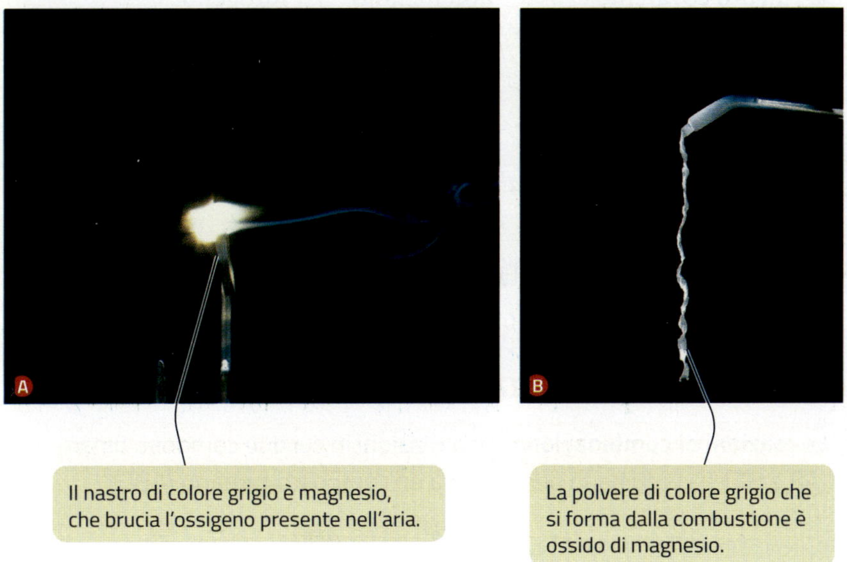

Figura 3 Una reazione di sintesi La combustione del magnesio porta alla formazione di ossido di magnesio.

PER VEDERE LA CHIMICA
Video *In laboratorio*
Combustione di un nastro di magnesio

2. la reazione tra un metallo (alcalino, alcalino-terroso) o un non metallo e l'idrogeno per formare rispettivamente idruri ionici o idruri covalenti (con non metalli poco elettronegativi) e idracidi (con metalli molto elettronegativi):

a.	metallo	+	idrogeno	$\longrightarrow$	idruro ionico
	$2\,Li_{(s)}$	+	$H_{2(g)}$	$\longrightarrow$	$2\,LiH_{(s)}$
b.	non metallo	+	idrogeno	$\longrightarrow$	idruro covalente
	$C_{(s)}$	+	$2\,H_{2(g)}$	$\longrightarrow$	$CH_{4(g)}$
c.	idrogeno	+	non metallo	$\longrightarrow$	idracido
	$H_{2(g)}$	+	$F_{2(g)}$	$\longrightarrow$	$2\,HF_{(g)}$

3. la reazione tra un metallo e un non metallo per formare *sali di idracidi*:

metallo	+	non metallo	$\longrightarrow$	sale di idracido
$2\,Na_{(s)}$	+	$Cl_{2(g)}$	$\longrightarrow$	$2\,NaCl_{(s)}$

A COLPO D'OCCHIO

REAZIONI DI SINTESI DI
- OSSIDI
- IDRURI
- SALI DI IDRACIDI

TI RICORDI?

Gli **idruri** sono composti dall'idrogeno e da un altro elemento. Si distinguono in ionici (metallo e idrogeno), covalenti (non metallo e idrogeno) e idracidi (idrogeno e non metallo dei gruppi VI e VII).

Le reazioni di analisi

A COLPO D'OCCHIO

REAZIONI DI ANALISI A PARTIRE DA
- OSSIDI BASICI
- IDRURI COVALENTI
- IDRACIDI
- SALI DI IDRACIDI

Le **reazioni di analisi** sono reazioni in cui un composto binario (AB) si suddivide in due elementi (A e B) fornendo energia termica o energia elettrica (in una soluzione acquosa):

$$AB \longrightarrow A + B$$

Le reazioni di analisi sono:

1. la decomposizione di un *ossido basico* in un metallo e ossigeno (**figura 4**):

$$\text{ossido basico} \longrightarrow \text{metallo} + \text{ossigeno}$$
$$2\,HgO_{(s)} \xrightarrow{\Delta} 2\,Hg_{(l)} + O_{2(g)}$$

2. la decomposizione di *idruri* covalenti e *idracidi* (in soluzione acquosa) in idrogeno e un non metallo:

   a. $$\text{idruro covalente} \longrightarrow \text{non metallo} + \text{idrogeno}$$
   $$2\,NH_{3(g)} \xrightarrow{\Delta} N_{2(g)} + 3\,H_{2(g)}$$

   b. $$\text{idracido} \longrightarrow \text{idrogeno} + \text{non metallo}$$
   $$2\,HCl_{(aq)} \longrightarrow H_{2(g)} + Cl_{2(g)}$$

3. la decomposizione di un *sale di idracido* (in soluzione acquosa) in un metallo e un non metallo:

$$\text{sale di idracido} \longrightarrow \text{metallo} + \text{non metallo}$$
$$2\,KI_{(aq)} \longrightarrow 2\,K_{(s)} + I_{2(s)}$$

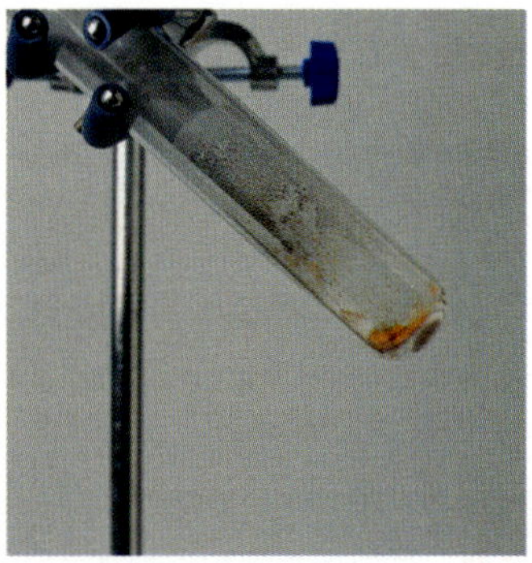

Figura 4 Decomposizione dell'ossido di mercurio in mercurio e ossigeno L'ossido di mercurio(II) (polvere di colore arancione), fornendo calore, forma mercurio (goccioline di colore grigio) e ossigeno.

Le reazioni di combinazione

A COLPO D'OCCHIO

REAZIONI DI COMBINAZIONE A PARTIRE DA
- OSSIDI BASICI + H_2O
- OSSIDI ACIDI + H_2O
- OSSIDI BASICI + CO_2
- OSSIDI BASICI + SO_2

Le **reazioni di combinazione** sono reazioni in cui due composti binari (AB e BC) si combinano per formare un composto ternario (ABC):

$$AB + BC \longrightarrow ABC$$

Le reazioni di combinazione sono:

1. le reazioni tra un ossido basico (generalmente dei metalli alcalini o alcalino-terrosi) o un ossido acido e acqua per formare rispettivamente un *idrossido* o un *ossoacido*:

   a. $$\text{ossido basico} + \text{acqua} \longrightarrow \text{idrossido}$$
   $$Na_2O_{(s)} + H_2O_{(l)} \longrightarrow 2\,NaOH_{(aq)}$$

   b. $$\text{ossido acido} + \text{acqua} \longrightarrow \text{ossoacido}$$
   $$N_2O_{5(g)} + H_2O_{(l)} \longrightarrow 2\,HNO_{3(l)}$$

2. le reazioni tra un ossido basico e il diossido di carbonio o il diossido di zolfo per formare rispettivamente un *carbonato* o un *solfito*:

   a. $$\text{ossido basico} + \text{diossido di carbonio} \longrightarrow \text{carbonato}$$
   $$CaO_{(s)} + CO_{2(g)} \longrightarrow CaCO_{3(s)}$$

   b. $$\text{ossido basico} + \text{diossido di zolfo} \longrightarrow \text{solfito}$$
   $$K_2O_{(s)} + SO_{2(g)} \longrightarrow K_2SO_{3(s)}$$

Le reazioni di decomposizione

Le **reazioni di decomposizione** sono reazioni in cui un composto ternario (idrossido, carbonato), fornendo calore, si decompone in due composti binari; i clorati invece si decompongono in un composto binario (cloruro) e in ossigeno.

Sono reazioni di decomposizione:

1. la decomposizione di un *idrossido* (tranne quelli dei metalli alcalini) in un ossido *basico* e acqua:

$$\text{idrossido} \longrightarrow \text{ossido basico} + \text{acqua}$$
$$2\ Ni(OH)_{3(s)} \xrightarrow{\Delta} Ni_2O_3 + 3\ H_2O_{(l)}$$

2. la decomposizione di un *carbonato* (tranne quelli dei metalli alcalini) in un ossido basico e diossido di carbonio (figura **5**):

$$\text{carbonato} \longrightarrow \text{ossido basico} + \text{diossido di carbonio}$$
$$PbCO_{3(s)} \longrightarrow PbO_{(s)} + CO_{2(g)}$$

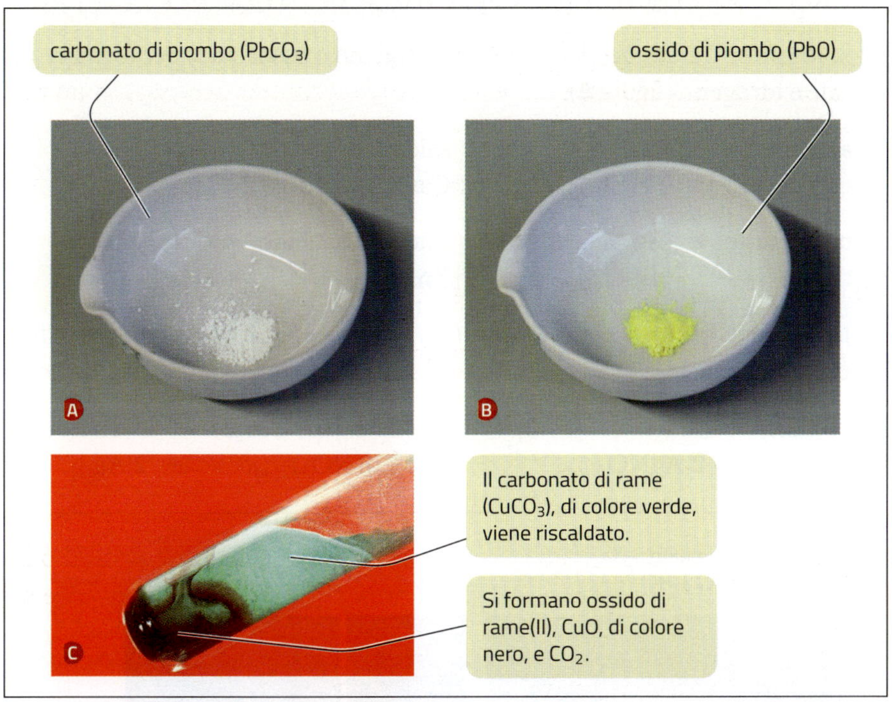

Figura 5 La decomposizione di un carbonato Il carbonato di piombo(II) (A) si decompone in ossido di piombo(II) e diossido di carbonio (B). Il carbonato di rame (C) si decompone in ossido di rame(II) e diossido di carbonio.

3. la decomposizione di un *clorato* in un cloruro e ossigeno:

$$\text{clorato} \xrightarrow{\Delta} \text{cloruro} + \text{ossigeno}$$
$$2\ KClO_{3(s)} \xrightarrow{\Delta} 2\ KCl_{(s)} + 3\ O_{2(g)}$$

Le reazioni di scambio semplice o spostamento

Le **reazioni di scambio semplice o spostamento** sono reazioni in cui un metallo A sposta un elemento meno reattivo B (metallo o idrogeno) di un composto BC (acqua, acido, sale di ossoacido).

$$A + BC \longrightarrow AC + B$$

A COLPO D'OCCHIO

REAZIONI DI DECOMPOSIZIONE A PARTIRE DA
- IDROSSIDI
- CARBONATI
- CLORATI

A COLPO D'OCCHIO

REAZIONI DI SCAMBIO SEMPLICE A PARTIRE DA
- METALLO + H_2O
- METALLO + ACIDO
- METALLO + SALE DI OSSOACIDO

Li K Ba Ca Na Mg Al Mn(II) Zn Cr(III) Fe(II) Cd Co(II) Ni(II) Sn(II) Pb(II) H Cu(II) Ag Hg(I) Au(III)

Figura 6 La serie di reattività dei metalli Gli elementi con maggiore reattività sono i metalli alcalini e alcalino-terrosi, gli elementi con minore reattività sono i metalli di transizione.

Una reazione di spostamento può verificarsi solo quando il metallo A è più reattivo dell'elemento B del composto BC. Per prevedere una reazione di spostamento si fa riferimento alla **serie di reattività dei metalli** (e dell'idrogeno) (figura **6**).

Nella serie di reattività un metallo sposta da un composto tutti gli elementi che lo seguono.

Figura 7 Il potassio in acqua forma idrossido di potassio e libera idrogeno L'idrossido di potassio rende la soluzione basica, mentre l'idrogeno a contatto con l'aria si incendia.

PER VEDERE LA CHIMICA
Video *In laboratorio*
Reazione del potassio in acqua

Le reazioni di spostamento sono:

1. la reazione tra un *metallo* (alcalino o alcalino-terroso) e l'*acqua* per formare un idrossido e idrogeno (figura **7**):

$$\text{metallo} + \text{acqua} \longrightarrow \text{idrossido} + \text{idrogeno}$$
$$2\,K_{(s)} + 2\,H_2O_{(l)} \longrightarrow 2\,KOH_{(aq)} + H_{2(g)}$$

2. la reazione tra un *metallo* e un *acido* (idracido o ossoacido) per formare un sale e idrogeno (figura **8**):

a. $$\text{metallo} + \text{idracido} \longrightarrow \text{sale di idracido} + \text{idrogeno}$$
$$Ca_{(s)} + 2\,HCl_{(aq)} \longrightarrow CaCl_{2(aq)} + H_{2(g)}$$

b. $$\text{metallo} + \text{ossoacido} \longrightarrow \text{sale di ossoacido} + \text{idrogeno}$$
$$Zn_{(s)} + H_2SO_{4(aq)} \longrightarrow ZnSO_{4(aq)} + H_{2(g)}$$

3. la reazione tra un *metallo* e un *sale di ossoacido* per formare un metallo e un sale ossoacido:

$$\text{metallo} + \text{sale di ossoacido} \longrightarrow \text{sale di ossoacido} + \text{metallo}$$
$$Cu_{(s)} + 2\,AgNO_{3(aq)} \longrightarrow Cu(NO_3)_{2(aq)} + 2\,Ag_{(s)}$$

Figura 8 La reazione tra un metallo e un acido A Il calcio in una soluzione di acido cloridrico. B Lo zinco in una soluzione di acido solforico. In entrambi i casi si sviluppa idrogeno gassoso.

PER VEDERE LA CHIMICA
Video *In laboratorio*
Raccolta dell'idrogeno gassoso

Le reazioni di doppio scambio

Le **reazioni di doppio scambio** sono reazioni in cui due composti AB e CD (acido, base, sale) si scambiano i loro costituenti (atomi, ioni monoatomici o poliatomici) per formare altri due composti AD e CB:

$$AB + CD \longrightarrow AD + CB$$

A COLPO D'OCCHIO

Le reazioni di doppio scambio sono reazioni che avvengono in soluzione acquosa tra un sale e un acido, tra due sali, tra un sale e una base oppure tra un acido e una base. Nelle reazioni di doppio scambio, uno dei prodotti che si ottengono si allontana dal sistema di reazione sotto forma di un *gas* o di un *composto insolubile* (una base o un sale) che precipita (**reazioni di precipitazione**) o di *acqua* (**reazioni acido-base**). Poiché le reazioni di doppio scambio avvengono tra reagenti in soluzione acquosa, si deve tenere conto della loro solubilità in acqua (tabella **1**).

Tabella 1 Classi di composti solubili in acqua

	Composti solubili
idrossidi	Gli idrossidi degli ioni del gruppo I A e degli ioni Ca^{2+}, Sr^{2+}, Ba^{2+}
solfuri, fluoruri	I solfuri e i fluoruri degli ioni del gruppo I A e dello ione NH_4^+
cloruri, bromuri, ioduri	Tutti i cloruri, i bromuri e gli ioduri tranne i composti degli ioni Ag^+, Hg_2^{2+}, Pb^{2+}
cromati, carbonati, fosfati	I cromati, i carbonati e i fosfati degli ioni del gruppo I A e dello ione NH_4^+
solfati	Tutti i solfati tranne i composti degli ioni Ca^{2+}, Ba^{2+}, Pb^{2+}, Sr^{2+}, Hg_2^{2+}
clorati, nitrati	Tutti i clorati e i nitrati

Le reazioni di doppio scambio sono reazioni tra:

1. un *sale* (**solfuro** o **cloruro**) e un **acido** con formazione di un sale e un gas (solfuro o cloruro di idrogeno):

$$\text{solfuro} + \text{acido} \longrightarrow \text{sale} + \text{solfuro di idrogeno}$$
$$Na_2S_{(aq)} + 2\,HBr_{(aq)} \longrightarrow 2\,NaBr_{(aq)} + H_2S_{(g)}\uparrow$$

2. un *sale* (**carbonato** o **solfito**) e un **acido** con formazione di un sale, un gas (diossido di carbonio o diossido di zolfo) e acqua (figura **9**):

$$\text{carbonato} + \text{acido} \longrightarrow \text{sale} + \text{diossido di carbonio} + \text{acqua}$$
$$CaCO_{3(aq)} + 2\,HCl_{(aq)} \longrightarrow CaCl_{2(aq)} + CO_{2(g)}\uparrow + H_2O_{(l)}$$
$$\text{solfito} + \text{acido} \longrightarrow \text{sale} + \text{diossido di zolfo} + \text{acqua}$$
$$Li_2SO_{3(aq)} + 2\,HNO_{3(aq)} \longrightarrow 2\,LiNO_{3(aq)} + SO_{2(g)}\uparrow + H_2O_{(l)}$$

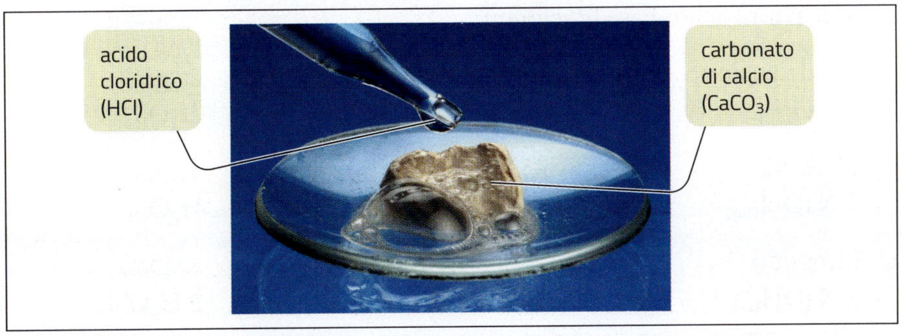

Figura 9 **La reazione tra carbonato di calcio e acido cloridrico** Il carbonato di calcio (marmo) reagendo con una soluzione di acido cloridrico libera diossido di carbonio sotto forma di gas.

PER VEDERE LA CHIMICA
Video *In laboratorio*
Precipitazione del bromuro di piombo

PER VEDERE LA CHIMICA
Video *In laboratorio*
Precipitazione dello ioduro di piombo

3. un *sale* e un *acido* con formazione di un acido e un sale insolubile:

sale	+	acido	$\longrightarrow$	sale	+	acido
$BaBr_{2(aq)}$	+	$H_2SO_{4(aq)}$	$\longrightarrow$	$BaSO_{4(s)}\downarrow$	+	$2\,HBr_{(aq)}$

4. due *sali* solubili con formazione di due sali di cui uno insolubile (figura **10**):

sale	+	sale	$\longrightarrow$	sale	+	sale
$2\,AgNO_{3(aq)}$	+	$CaBr_{2(aq)}$	$\longrightarrow$	$Ca(NO_3)_{2(aq)}$	+	$2\,AgBr_{(s)}\downarrow$

Figura 10 La formazione di un sale insolubile A Dalla reazione tra la soluzione di nitrato d'argento e la soluzione di bromuro di calcio si forma il bromuro d'argento, composto insolubile (reazione di precipitazione). B Aggiungendo una soluzione di $Pb(NO_3)_2$ a una di KI (entrambe incolori) si ottiene un precipitato giallo (PbI_2).

5. un *sale* e una *base* con formazione di un sale e una base insolubile (figura **11**):

sale	+	base	$\longrightarrow$	sale	+	base
$FeCl_{3(aq)}$	+	$3\,NaOH_{(aq)}$	$\longrightarrow$	$3\,NaCl_{(aq)}$	+	$Fe(OH)_{3(s)}\downarrow$

6. un *sale di ammonio* e una *base* con formazione di un sale, ammoniaca e acqua:

sale di ammonio	+	base	$\longrightarrow$	sale	+	ammoniaca	+	acqua
$NH_4Cl_{(aq)}$	+	$KOH_{(aq)}$	$\longrightarrow$	$KCl_{(aq)}$	+	$NH_{3(g)}\uparrow$	+	$H_2O_{(l)}$

Figura 11 La reazione di un sale con una base Dalla reazione tra una soluzione di cloruro ferrico e una di idrossido di sodio si forma un precipitato, l'idrossido ferrico.

Le reazioni acido-base

Le reazioni **acido-base** sono particolari reazioni di doppio scambio.

Le **reazioni acido-base** sono reazioni di doppio scambio tra un composto a carattere acido (ossido acido, idracido, ossoacido) e un composto a carattere basico (ossido basico, idrossido) con formazione di un sale e acqua:

ACIDO + BASE $\longrightarrow$ SALE + ACQUA

A COLPO D'OCCHIO

REAZIONI ACIDO-BASE A PARTIRE DA
- OSSIDO BASICO + ACIDO
- IDROSSIDO + OSSIDO ACIDO
- IDROSSIDO + ACIDO

Sono reazioni acido-base le seguenti:

a. ossido basico + acido ⟶ sale + acqua

ossido basico	+	acido	$\longrightarrow$	sale	+	acqua
$Na_2O_{(aq)}$	+	$H_2SO_{3(aq)}$	$\longrightarrow$	$Na_2SO_{3(aq)}$	+	$H_2O_{(l)}$

b.

idrossido	+	ossido acido	$\longrightarrow$	sale	+	acqua
$2\,NaOH_{(aq)}$	+	$SO_{2(g)}$	$\longrightarrow$	$Na_2SO_{3(aq)}$	+	$H_2O_{(l)}$

c.

idrossido	+	acido	$\longrightarrow$	sale	+	acqua
$2\,NaOH_{(aq)}$	+	$H_2SO_{3(aq)}$	$\longrightarrow$	$Na_2SO_{3(aq)}$	+	$2\,H_2O_{(l)}$

Le reazioni acido-base avvengono in *acqua* e quindi occorre tener conto delle interazioni fra i reagenti (gli ossidi) e l'acqua. Poiché gli ossidi basici e gli ossidi acidi reagiscono con l'acqua per formare, rispettivamente, idrossidi e ossoacidi, è formalmente più corretto rappresentare le equazioni acido-base con le formule chimiche degli idrossidi e degli ossoacidi e non con quelle degli ossidi basici e degli ossidi acidi (figura 12).

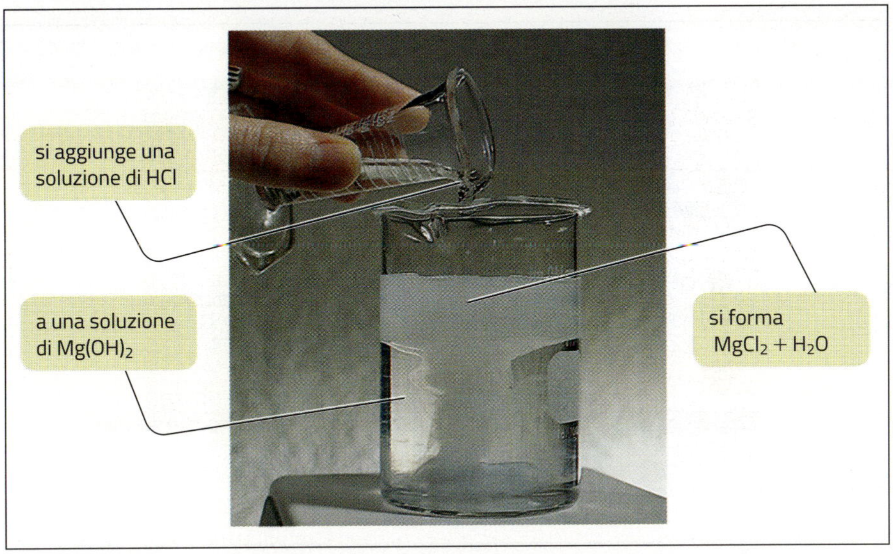

Figura 12 Le reazioni acido-base formano un sale e acqua Reazione acido-base tra una soluzione di idrossido di magnesio (base poco solubile) e una soluzione di acido cloridrico: si formano cloruro di magnesio e acqua.

4 L'EQUAZIONE IONICA NETTA EVIDENZIA GLI IONI CHE PARTECIPANO ALLA REAZIONE

Poiché le reazioni di doppio scambio avvengono in acqua, i «protagonisti» della reazione sono gli **ioni** che derivano dalla dissociazione di acidi, basi e sali. Ne consegue che le reazioni di doppio scambio sono descritte in modo più corretto in **forma ionica**, tenendo presente che alcuni prodotti non si dissociano in ioni, per esempio i composti sotto forma di *gas* (CO_2, NH_3, H_2S, HCl), i composti insolubili e l'acqua.

LE PAROLE

Uno **ione** (dal greco *ion*, andare) è un atomo o un gruppo atomico dotato di una o più cariche elettriche positive (catione) o negative (anione).

Riprendiamo pertanto in esame la reazione di doppio scambio in acqua tra un sale (il solfuro di sodio Na_2S) e un acido (l'acido bromidrico HBr):

$$Na_2S_{(aq)} + 2\ HBr_{(aq)} \longrightarrow 2\ NaBr_{(aq)} + H_2S_{(g)}\uparrow$$

Rappresentiamo l'equazione in forma ionica:

$$2\ Na^+_{(aq)} + S^{2-}_{(aq)} + 2\ H^+_{(aq)} + 2\ Br^-_{(aq)} \longrightarrow 2\ Na^+_{(aq)} + 2\ Br^-_{(aq)} + H_2S_{(g)}\uparrow$$

Dall'equazione si può osservare che gli ioni sodio Na^+ e gli ioni bromuro Br^- restano in soluzione acquosa senza subire modifiche. Tali ioni, detti **ioni spettatori**, possono perciò essere eliminati da entrambi i membri dell'equazione.

L'equazione si rappresenta pertanto solo con gli ioni che realmente partecipano alla reazione:

$$2\ H^+_{(aq)} + S^{2-}_{(aq)} \longrightarrow H_2S_{(g)}\uparrow$$

La rappresentazione in soluzione acquosa delle reazioni di doppio scambio si definisce **equazione ionica netta**.

La reazione di doppio scambio in acqua tra il nitrato di argento $AgNO_3$ e il cloruro di sodio NaCl è rappresentata dalla seguente equazione:

$$AgNO_{3(aq)} + NaCl_{(aq)} \longrightarrow AgCl_{(s)}\downarrow + NaNO_{3(aq)}$$

La reazione in forma ionica è descritta dalla seguente equazione (figura 13):

$$Ag^+_{(aq)} + NO^-_{3(aq)} + Na^+_{(aq)} + Cl^-_{(aq)} \longrightarrow AgCl_{(s)}\downarrow + Na^+_{(aq)} + NO^-_{3(aq)}$$

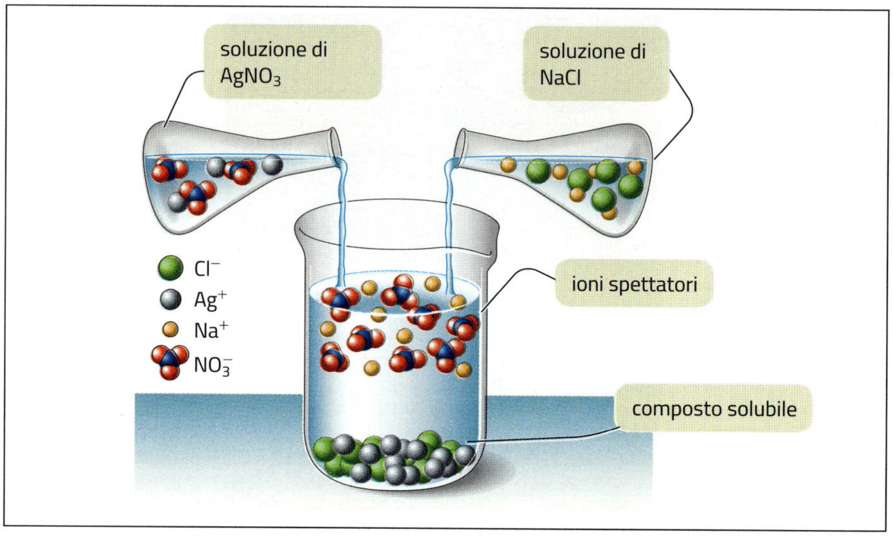

Figura 13 L'equazione ionica netta in una reazione di doppio scambio Nella reazione tra una soluzione di nitrato d'argento $AgNO_{3(aq)}$ e una soluzione di cloruro di sodio $NaCl_{(aq)}$ si forma un composto bianco insolubile: il cloruro d'argento. Gli ioni sodio e gli ioni nitrato rimangono in soluzione (ioni spettatori) e non compaiono quindi nell'equazione ionica netta.

Poiché gli ioni sodio Na^+ e gli ioni nitrato NO_3^- rimangono in soluzione sotto forma di ioni spettatori, l'equazione ionica netta è la seguente:

$$Ag^+_{(aq)} + Cl^-_{(aq)} \longrightarrow AgCl_{(s)}\downarrow$$

Anche le reazioni *acido-base* nella loro forma più corretta, quella tra un idrossido e un acido, si possono rappresentare con l'equazione ionica netta.

Riprendiamo in esame la reazione acido-base in acqua tra l'idrossido di sodio NaOH e l'acido solforoso H_2SO_3:

$$2\,NaOH_{(aq)} + H_2SO_{3(aq)} \longrightarrow Na_2SO_{3(aq)} + 2\,H_2O_{(l)}$$

La reazione in **forma ionica** è descritta dalla seguente equazione:

$$2\,Na^+_{(aq)} + 2\,OH^-_{(aq)} + 2\,H^+_{(aq)} + SO^{2-}_{3(aq)} \longrightarrow 2\,Na^+_{(aq)} + SO^{2-}_{3(aq)} + 2\,H_2O_{(l)}$$

Dall'equazione risulta che gli ioni sodio Na^+ e gli ioni solfito SO_3^{2-} rimangono in soluzione sotto forma di ioni spettatori e quindi la reazione è rappresentata dalla seguente **equazione ionica netta**:

$$2\,H^+_{(aq)} + 2\,OH^-_{(aq)} \longrightarrow 2\,H_2O_{(l)}$$

TI RICORDI?

Il **legame covalente di coordinazione** consiste nella condivisione di una coppia di elettroni tra un atomo che ha un doppietto elettronico disponibile e uno ione che ha un orbitale vuoto.

Si deve tuttavia evidenziare che lo ione idrogeno H^+, essendo particolarmente instabile, si lega a una molecola di acqua con un legame *covalente di coordinazione* a formare lo ione ossonio H_3O^+.

L'equazione ionica netta nella forma più corretta è quindi quella seguente (figura 14):

$$H_3O^+_{(aq)} + OH^-_{(aq)} \longrightarrow 2\,H_2O_{(l)}$$

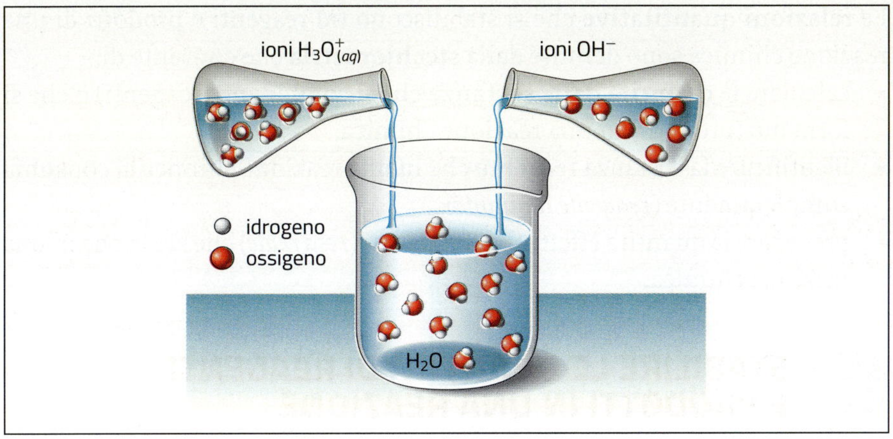

Figura 14 L'equazione ionica netta nelle reazioni acido-base L'equazione ionica netta di una reazione acido-base evidenzia la formazione di acqua.

5 LA STECHIOMETRIA DESCRIVE GLI ASPETTI QUANTITATIVI DELLE REAZIONI

I coefficienti stechiometrici presenti in un'equazione chimica bilanciata indicano il rapporto che si stabilisce tra atomi, molecole o unità formula dei reagenti e dei prodotti.

La mole rappresenta la quantità di un elemento o di un composto che contiene un numero di Avogadro ($N_A = 6{,}022 \cdot 10^{23}$) di atomi, molecole o unità formula; tali rapporti sono validi anche con riferimento alle moli dei reagenti e dei prodotti.

Prendendo invece in esame le *masse molari* (massa atomica, molecolare o formula espressa in grammi) risulta che la somma delle masse molari dei reagenti è uguale alla somma delle masse molari dei prodotti (legge di conservazione della massa).

In ultima analisi, l'aspetto **quantitativo** di una reazione può essere descritto prendendo in esame il numero di atomi, molecole e unità formula, il numero di moli, oppure il numero di grammi dei reagenti e dei prodotti. L'aspetto quantitativo della reazione tra lo zinco allo stato solido e una soluzione di acido cloridrico rappresentata dalla seguente equazione:

$$Zn_{(s)} + 2\,HCl_{(aq)} \longrightarrow ZnCl_{2(aq)} + H_{2(g)}\uparrow$$

può essere quindi così espresso:

- un atomo di zinco reagisce con due molecole di acido cloridrico per formare un'unità formula di cloruro di zinco e una molecola di idrogeno;
- una mole di zinco reagisce con due moli di acido cloridrico per formare una mole di cloruro di zinco e una mole di idrogeno;
- 65 g di zinco reagiscono con 72 g di acido cloridrico per dare 135 g di cloruro di zinco e 2 g di idrogeno (tabella **2**).

TI RICORDI?

L'**unità formula** indica il rapporto quantitativo esistente tra gli ioni di un composto allo stato solido e liquido.

$Zn_{(s)}$ +	$2\,HCl_{(aq)}$ →	$ZnCl_{2(aq)}$ +	$H_{2(g)}\uparrow$
1 atomo	2 molecole	1 unità formula	1 molecola
1 mole	2 moli	1 mole	1 mole
65 g	72 g	135 g	2 g

Tabella 2 Informazioni quantitative fornite da una equazione chimica Le informazioni quantitative relative a una reazione si deducono dai coefficienti stechiometrici.

Le **relazioni quantitative** che si stabiliscono tra reagenti e prodotti di una reazione chimica sono definite dalla **stechiometria** che consente di:

- calcolare le **quantità delle sostanze** che si combinano (reagenti) o che si formano (prodotti) in una reazione chimica;
- identificare la sostanza reagente che in una reazione chimica si consuma completamente (*reagente limitante*);
- prevedere la quantità effettiva dei prodotti (*resa reale*) che si ottiene in una reazione chimica.

6 STABILIRE LE QUANTITÀ DI REAGENTI E PRODOTTI IN UNA REAZIONE

Dovendo calcolare le quantità con cui i reagenti si combinano o le quantità di prodotti che si formano in una reazione chimica, occorre:

- **rappresentare** e **bilanciare** l'equazione chimica;
- **trasformare** in moli le masse in grammi delle sostanze coinvolte nella reazione chimica;
- **confrontare** il numero delle moli delle sostanze coinvolte nella reazione chimica;
- **trasformare** le moli delle sostanze in grammi.

PROBLEMA MODELLO

Calcolare le quantità di reagenti e di prodotti di una reazione

Un cubetto di 10 g, costituito per il 90% di zinco, reagisce con una soluzione acquosa di acido cloridrico. Calcola:

a. quanti grammi di acido cloridrico reagiscono con lo zinco;
b. quale volume di idrogeno si sviluppa se la reazione avviene alla temperatura di 50 °C e alla pressione di 2 atm.

L'IDEA

La reazione in esame è una reazione di scambio semplice tra un metallo (Zn) e un acido (HCl). I prodotti della reazione sono quindi un sale e l'idrogeno.

Rappresentiamo quindi le formule chimiche dei reagenti e dei prodotti e operiamo il bilanciamento della reazione inserendo i coefficienti stechiometrici :

$$\mathrm{Zn}_{(s)} + 2\,\mathrm{HCl}_{(aq)} \longrightarrow \mathrm{ZnCl}_{2(aq)} + \mathrm{H}_{2(g)}\uparrow$$

Calcoliamo la massa (in grammi) dello zinco che partecipa alla reazione:

$$90\ \mathrm{g} : 100\ \mathrm{g} = m_{(\mathrm{Zn})} : 10\ \mathrm{g}$$

da cui si ricava:

$$m_{(\mathrm{Zn})} = 9{,}0\ \mathrm{g}$$

E trasformiamo i grammi dello zinco ($M = 65$ g/mol) in moli con la relazione:

$$\mathrm{n}_{(\mathrm{Zn})} = \frac{m(\mathrm{g})}{M(\mathrm{g/mol})} = \frac{9{,}0\ \mathrm{g}}{65\ \mathrm{g/mol}} = 0{,}14\ \mathrm{mol}$$

LA SOLUZIONE

a. Poiché dall'equazione bilanciata risulta che 1 mole di Zn reagisce con 2 moli di HCl, determiniamo il numero di moli di HCl che reagiscono con 0,14 moli di Zn con la relazione:

$$1 \text{ mol} : 2 \text{ mol} = 0{,}14 \text{ mol} : n_{(HCl)} \qquad n_{(HCl)} = 0{,}28 \text{ mol}$$

b. Poiché dall'equazione bilanciata risulta che da 1 mole di zinco si forma 1 mole di idrogeno è evidente che da 0,14 moli di zinco si formerà lo stesso numero (0,14) di moli di idrogeno.

LA CONCLUSIONE

a. Calcoliamo i grammi di HCl ($M = 36$ g/mol) con la relazione:

$$n_{(HCl)} = n \text{ (mol)} \cdot M \text{ (g/mol)} = 0{,}28 \text{ mol} \cdot 36 \text{ g/mol} = 10 \text{ g}$$

b. Noti il numero delle moli (n), la temperatura e la pressione determiniamo il volume di idrogeno che si libera nella reazione applicando l'equazione di stato dei gas:

$$V = \frac{n \cdot R \cdot T}{P} = \frac{0{,}14 \text{ mol} \cdot 0{,}082 \text{ atm} \cdot \text{L} \cdot \text{mol}^{-1} \cdot \text{K}^{-1} \cdot 323 \text{ K}}{2 \text{ atm}} = 1{,}9 \text{ L}$$

PROBLEMA SIMILE

Nella reazione tra carbonio e ossido ferrico si formano ferro e monossido di carbonio. Calcola i grammi di carbonio e di ossido ferrico occorrenti per ottenere 50 g di ferro.

7 IL REAGENTE LIMITANTE DETERMINA LA QUANTITÀ DEI PRODOTTI DI UNA REAZIONE

L'equazione chimica di una reazione definisce il rapporto stechiometrico tra le moli dei reagenti e specifica quante moli di prodotti si formano.

Dalla reazione di sintesi tra fosforo e cloro risulta che 2 moli di fosforo P reagiscono con 3 moli di cloro Cl_2 per formare 2 moli di tricloruro di fosforo PCl_3:

$$2\,P_{(s)} + 3\,Cl_{2(g)} \longrightarrow 2\,PCl_{3(l)}$$

Se i reagenti sono presenti nel rapporto stechiometrico previsto dall'equazione, si consumano entrambi completamente: la reazione di 6 moli di cloro con 4 moli di fosforo ne determina la completa trasformazione in 4 moli di PCl_3.

Se uno dei reagenti è presente in difetto rispetto al rapporto stechiometrico, determina e limita la quantità di prodotto che si forma: dalla reazione di 3 moli di cloro con 3 moli di fosforo si formano 2 moli di tricloruro di fosforo, non di più, perché il cloro è insufficiente a esaurire il fosforo presente.

In una reazione chimica, il reagente che si consuma completamente è il **reagente limitante**.

Nell'esempio precedente, una mole di fosforo rimane inalterata perché tale reagente è presente in eccesso rispetto al rapporto stechiometrico.

In una reazione chimica il reagente che si consuma solo in parte è il **reagente in eccesso**.

PROBLEMA MODELLO

Calcolare la quantità dei prodotti di una reazione

Si hanno 21 g di litio e 32 g di ossigeno:

a. individua il reagente limitante;

b. calcola quanti grammi di ossido di litio si formano;

c. calcola quanti grammi del reagente in eccesso non reagiscono.

L'IDEA

La reazione in esame è una reazione di sintesi tra un metallo (litio) e l'ossigeno. Il prodotto della reazione è un ossido basico (ossido di litio). L'equazione chimica bilanciata che rappresenta la reazione è quindi la seguente:

$$4\,Li_{(s)} + O_{2(g)} \longrightarrow 2\,Li_2O_{(s)}$$

Determiniamo ora le masse molari del litio ($M = 7$ g/mol) e dell'ossigeno ($M = 32$ g/mol) e calcoliamo il numero delle moli con le seguenti relazioni:

$$n_{(Li)} = \frac{21\text{ g}}{7\text{ g/mol}} = 3\text{ mol} \qquad n_{(O_2)} = \frac{32\text{ g}}{32\text{ g/mol}} = 1\text{ mol}$$

LA SOLUZIONE

a. Per individuare il reagente limitante si calcola il *quoziente* (q) tra le moli di ciascun reagente e il relativo coefficiente stechiometrico:

$$q_{(Li)} = 3\text{ mol}/4\text{ mol} = 0{,}75 \qquad q_{(O_2)} = 1\text{ mol}/1\text{ mol} = 1$$

Tra i due valori ottenuti quello *più piccolo* (nello specifico il litio) corrisponde al reagente limitante.

b. Per determinare la quantità di prodotto (Li_2O) che si forma, prima calcoliamo il numero di moli di ossido di litio che si formano da 3 moli di litio (reagente limitante), utilizzando il *rapporto* tra i coefficienti stechiometrici:

$$4\text{ mol} : 2\text{ mol} = 3\text{ mol} : n_{(Li_2O)} \qquad n_{(Li_2O)} = 1{,}5\text{ mol}$$

e quindi determiniamo la *massa in grammi* di Li_2O ($M = 30$ g/mol) mediante la relazione:

$$m = n\text{ (mol)} \cdot M\text{ (g/mol)} = 1{,}5\text{ mol} \cdot 30\text{ g/mol} = 45\text{ g}$$

c. Per calcolare quanti grammi del reagente in eccesso (ossigeno) non reagiscono, prima determiniamo quante moli di ossigeno reagiscono con 3 moli di litio (reagente limitante) utilizzando il *rapporto* tra i coefficienti stechiometrici:

$$4\text{ mol} : 1\text{ mol} = 3\text{ mol} : n_{(O_2)} \qquad n_{(O_2)} = 0{,}75\text{ mol}$$

quindi calcoliamo per differenza quante moli di ossigeno non hanno reagito:

$$n_{(O_2)\text{ in eccesso}} = 1{,}00\text{ mol} - 0{,}75\text{ mol} = 0{,}25\text{ mol}$$

e infine determiniamo i *grammi* di ossigeno ($M = 32$ g/mol) in eccesso con la relazione:

$$m = n\text{ (mol)} \cdot M\text{ (g/mol)} = 0{,}25\text{ mol} \cdot 32\text{ g/mol} = 8\text{ g}$$

LA CONCLUSIONE

a. Il litio è il reagente limitante, l'ossigeno il reagente in eccesso.
b. Da 3 moli di litio (reagente limitante) si formano 45 g di ossido di litio.
c. La quantità di ossigeno (reagente in eccesso) che non reagisce è uguale a 8 g.

PROBLEMA SIMILE

Si fanno reagire 0,6 mol di idrossido di alluminio e 1,2 mol di acido cloridrico. Stabilisci:

a. quanti grammi di cloruro di alluminio si formano;
b. quanti grammi del reagente in eccesso non si combinano.

8 LA RESA DI UNA REAZIONE È LA QUANTITÀ DI PRODOTTO CHE SI FORMA

In una reazione chimica, la quantità di prodotto che si dovrebbe ottenere è precisata dai coefficienti stechiometrici dei reagenti e dei prodotti. In effetti la quantità di prodotto che si forma è sempre *inferiore* a quella prevista dal rapporto stechiometrico:

> La quantità di prodotto che si dovrebbe ottenere da un reagente in base alla stechiometria della reazione si chiama **resa teorica** (R_t).

I motivi per cui in una reazione chimica si ottiene una quantità di prodotto inferiore a quella teorica sono la reversibilità di molte reazioni chimiche e anche il verificarsi di una reazione secondaria che compete con quella principale.

Le reazioni incomplete o reversibili

In molte reazioni i reagenti non si consumano completamente in quanto i prodotti che si formano reagiscono tra di loro per ricostituire i reagenti. Reazioni di questo tipo, dette **incomplete** o **reversibili**, si rappresentano con un'unica equazione chimica interponendo tra le formule di reagenti e prodotti due frecce con verso opposto. Una reazione incompleta è quella di sintesi dello ioduro di idrogeno che, con il procedere della reazione, si decompone in idrogeno e iodio:

$$H_{2(g)} + I_{2(g)} \rightleftarrows 2HI_{(g)}$$

Le due frecce opposte esprimono la reversibilità della reazione diretta e della reazione inversa

Le reazioni secondarie

In alcune reazioni si verifica una *reazione secondaria* che, competendo con la *reazione principale*, porta alla formazione di un sottoprodotto. Durante la reazione di sintesi del tricloruro di fosforo PCl_3 (reazione principale) si forma anche pentacloruro di fosforo PCl_5 (reazione secondaria), in quanto il PCl_3 che si ottiene è in grado di reagire con il cloro Cl_2:

$$2\,P_{(s)} + 3\,Cl_{2(g)} \longrightarrow 2\,PCl_{3(l)} \qquad \text{(reazione principale)}$$

$$PCl_{3(l)} + Cl_{2(g)} \longrightarrow PCl_{5(s)} \qquad \text{(reazione secondaria)}$$

A COLPO D'OCCHIO

RESA DI REAZIONE
- TEORICA
- REALE
- PERCENTUALE

PER CAPIRE MEGLIO
Videolezione
Determinare il reagente limitante e la resa di una reazione

In altri termini il fosforo che non ha ancora reagito e il tricloruro di fosforo che si forma competono per la reazione con il cloro disponibile.

Ne consegue che nessuna reazione ha una resa uguale a quella teorica:

La quantità di prodotto che si ottiene in una reazione chimica è la **resa reale**.

La resa reale (R_r) è quindi la quantità di prodotto che si ottiene *sperimentalmente*, mentre la resa teorica è quella definita dal suo rapporto stechiometrico. La resa reale è ovviamente *minore* della resa teorica.

Note la resa reale e quella teorica, si può calcolare la resa percentuale (R_p).

La **resa percentuale** di un prodotto è il rapporto, espresso in percentuale, tra la quantità di prodotto ottenuta (resa reale) e quella definita dalla stechiometria della reazione (resa teorica).

$$\text{resa percentuale } (R_p) = \frac{\text{resa reale } (R_r)}{\text{resa teorica } (R_t)} \cdot 100\%$$

PROBLEMA MODELLO

Calcolare la resa percentuale di una reazione

Nella reazione di sintesi tra il calcio e 20 g di ossigeno si formano 50 g di ossido di calcio. Calcola la resa percentuale della reazione.

L'IDEA

Rappresentiamo e bilanciamo la reazione

$$2\,Ca_{(s)} + O_{2(g)} \longrightarrow 2\,CaO_{(s)}$$

Nota la resa reale (50 g) dell'ossido di calcio, per definire la resa percentuale dobbiamo calcolare la resa teorica.

LA SOLUZIONE

Calcoliamo il numero delle moli dell'ossigeno ($M = 32$ g/mol):

$$n_{(O_2)} = \frac{m(\text{g})}{M(\text{g/mol})} = \frac{20\ \text{g}}{32\ \text{g/mol}} = 0{,}63\ \text{mol}$$

Utilizzando il rapporto tra i coefficienti stechiometrici, definiamo le moli di ossido di calcio che si dovrebbero ottenere da 0,63 moli di ossigeno:

$$1\ \text{mol} : 2\ \text{mol} = 0{,}63\ \text{mol} : n_{(CaO)} \qquad n_{(CaO)} = 1{,}3\ \text{mol}$$

Trasformando le moli in grammi otteniamo la resa teorica:

$$m = n\ (\text{mol}) \cdot M\ (\text{g/mol}) = 1{,}3\ \text{mol} \cdot 56\ \text{g/mol} = 73\ \text{g}$$

LA CONCLUSIONE

Sapendo che la resa reale (R_r) è uguale a 50 g, si ha che la resa percentuale è data dalla relazione

$$R_p = \frac{R_r}{R_t} \cdot 100 = \frac{50\ \text{g}}{73\ \text{g}} \cdot 100 = 68\%$$

PROBLEMA SIMILE

Nella reazione di sintesi tra 30 g di alluminio e 110 g di bromo si formano 66 g di bromuro di alluminio. Calcola la resa precentuale della reazione.

CHIMICA VERDE

Green Chemistry: la chimica sostenibile

Nell'immaginario collettivo la chimica è percepita come qualcosa di negativo, dannoso e pericoloso. In pochi riconoscono i vantaggi che ha portato alla nostra vita e al progresso per l'umanità, dai farmaci alle materie plastiche, ai fertilizzanti e ai detergenti. Questa visione distorta è dovuta all'eredità del passato, in cui la gestione politica della chimica, e non la chimica stessa, ha portato a un cattivo uso delle risorse e alla dispersione incontrollata di rifiuti. A distanza di anni stiamo pagando le conseguenze di questo atteggiamento irresponsabile dettato dagli interessi economici, a discapito dell'ambiente e della comunità.

I principi della *Green Chemistry*

La *Green Chemistry* non è una branca della chimica, ma è una nuova visione di questa disciplina basata su principi che hanno come scopo lo sviluppo responsabile e sostenibile. Si tratta di un approccio trasversale che coinvolge tutti i settori e che ha permesso di rimettere a fuoco gli obiettivi primari della ricerca e dell'industria chimica.

La *Green Chemistry* è stata teorizzata ufficialmente nel 1998 dai chimici Paul Anastas e John Warner, che hanno avuto il merito di stilarne i dodici principi fondanti.

1. **Prevenzione**: è meglio prevenire a monte la produzione di rifiuti e scarti, piuttosto che trattarli e bonificarli una volta creati. Queste procedure rappresentano un danno per l'ambiente e causano sprechi economici notevoli (figura **A**).

2. **Economia atomica:** le reazioni chimiche di sintesi devono essere progettate cercando di massimizzare l'incorporazione di tutti gli atomi dei reagenti iniziali nei prodotti finali di interesse.
   Ad esempio, se si deve sintetizzare una molecola a sei atomi di carbonio, l'economia atomica al 100% si ottiene partendo da un reagente a sei atomi di carbonio; nel caso il reagente ne avesse otto, due atomi sarebbero «persi» in un sottoprodotto di scarto, riducendo l'efficienza atomica del processo nel suo complesso (figura **B**).

3. **Sintesi chimiche meno pericolose:** dove possibile, i metodi di sintesi devono essere progettati utilizzando e generando sostanze poco o per nulla tossiche sia per l'uomo sia per l'ambiente (figura **C**).

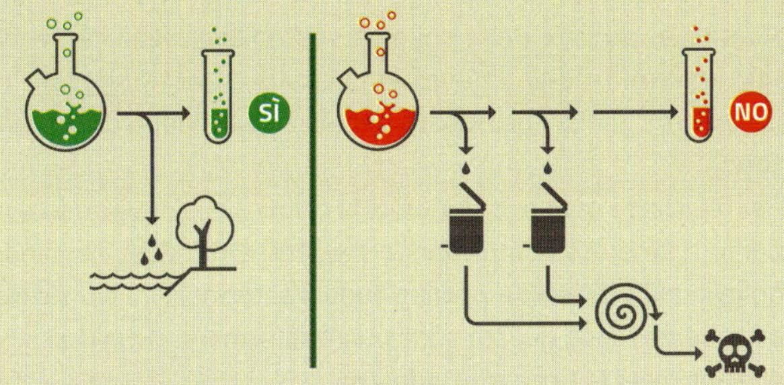

Figura A **Prevenire rifiuti pericolosi**.

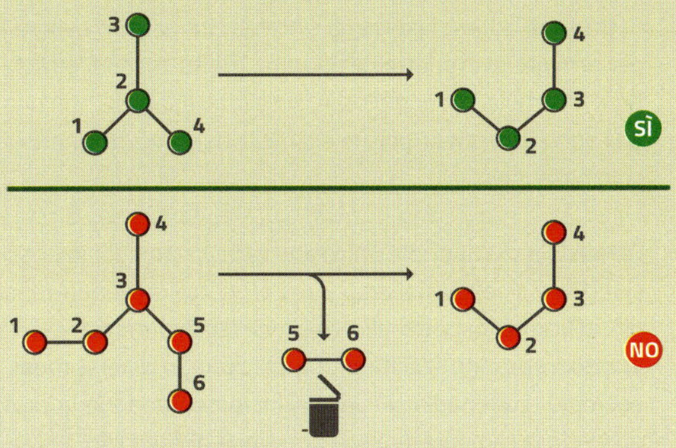

Figura B **Fare economia di atomi.**

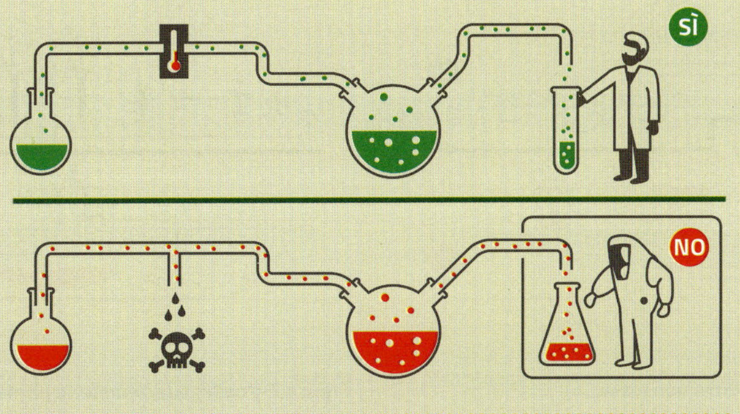

Figura C **Usare sostanze non tossiche.**

4. **Progettazione di prodotti chimici più sicuri**: si deve cercare di progettare prodotti chimici che siano funzionali al loro utilizzo, minimizzandone la tossicità.

5. **Solventi e additivi più sicuri:** quando possibile, l'uso di sostanze ausiliarie, come solventi e agenti di separazione, deve essere evitato o limitato il più possibile; se usati, devono essere innocui (figura **D**).

6. **Efficienza energetica:** la richiesta energetica per i processi chimici deve essere valutata tenendo conto del suo impatto ambientale ed economico e minimizzata. Per questo, dove possibile, le sintesi devono essere realizzate a temperatura e pressione ambiente.

7. **Utilizzo di materie prime rinnovabili:** le materie prime e i precursori (molecole di partenza per una sintesi) devono essere rinnovabili per quanto fattibile dal punto di vista tecnico ed economico (figura **E**).

8. **Ridurre i derivati**: si devono minimizzare o eliminare, se possibile, la produzione di derivati non necessari poiché richiedono ulteriori reagenti, aumentano i costi (solventi, energia) e possono produrre scarti.
Si tratta di ridurre i passaggi sintetici che devono essere fatti per arrivare al prodotto desiderato: molto spesso, infatti, per produrre molecole complesse, si devono eseguire non una ma una serie di reazioni, poiché è difficile riuscire a ottenerle in un solo passaggio.

9. **Catalisi**: le reazioni che utilizzano catalizzatori (il più possibile selettivi - cioè specializzati - nel prodotto da generare) sono più efficienti rispetto alle reazioni stechiometriche. I catalizzatori possono facilitare una reazione in diversi modi, per esempio rendendola più veloce, incrementandone la resa, riducendo la temperatura o la pressione di esercizio.

10. **Degradazione:** i prodotti chimici che si progettano devono potersi decomporre facilmente alla fine del loro ciclo di vita, in modo da rimanere innocui e da non persistere nell'ambiente per lungo tempo.

11. **Analisi in tempo reale per prevenire l'inquinamento**: si devono sviluppare metodologie analitiche che consentano il monitoraggio e il controllo in tempo reale all'interno di un processo chimico. L'obiettivo è quello di prevenire la formazione di sostanze pericolose durante la lavorazione all'interno degli impianti chimici.

12. **Sicurezza:** la chimica deve essere più sicura per cercare il più possibile di prevenire gli incidenti, ovvero si devono scegliere sostanze e formulazioni che permettano di minimizzare il rischio (per esempio, privilegiando composti non infiammabili e non esplosivi).
L'attenzione alla sicurezza non riguarda solo le sostanze chimiche in quanti tali, ma anche le loro gestione nella filiera di produzione: è infatti importante aumentare anche la sicurezza dei lavoratori e delle comunità che vivono in prossimità di impianti chimici.

Applicare i principi della chimica sostenibile non significa quindi chiudere impianti o limitarne l'attività. Lo scopo è quindi quello di garantire la crescita produttiva delle industrie chimiche riducendo però ogni tipo di costo, primo fra tutti quello ambientale. Aderire ai principi della chimica sostenibile significa senza dubbio limitare l'inquinamento ambientale e adottare pratiche più sicure, ma senza che questo penalizzi lo sviluppo dell'intero settore.

Per realizzare questo obiettivo è la chimica che deve andare in soccorso a sé stessa, impiegando reagenti alternativi, cercando tecnologie più efficienti e privilegiando trasformazioni più sicure. Solo in questo modo questa sfida può trasformarsi in un'occasione di rilancio per la ricerca e l'industria.

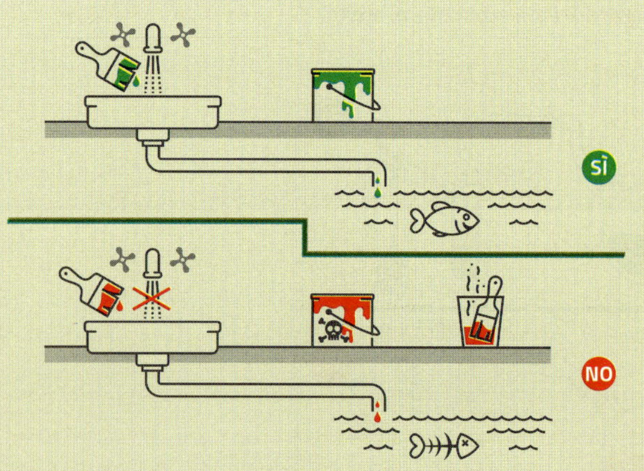

Figura D **Usare solventi e additivi non tossici.**

Figura E **Privilegiare le materie prime rinnovabili.**

LABORATORIO

Reazioni chimiche

L'obiettivo
Eseguire sperimentalmente alcune reazioni chimiche, identificare il tipo di reazione e i prodotti che si formano.

I concetti
Una reazione chimica è una trasformazione di uno o più reagenti in altre sostanze di composizione differente (prodotti).
Durante le reazioni chimiche si verificano modificazioni del sistema (cambiamento di colore, sviluppo di gas, formazione di precipitati).

I materiali
Provette, spatolina, vetrini da orologio, cilindro graduato da 10 mL, becher da 50 mL, bunsen, ossido di rame(II). Soluzioni 0,5 M di: nitrato d'argento, solfato di ferro (II); soluzioni 1 M, acido cloridrico; soluzioni 0,5 M di: idrossido di sodio e idrossido di bario.

L'esperimento 1
1. Determina con il cilindro graduato 5 mL della soluzione di nitrato d'argento e versala in una provetta. Aggiungi 5 mL della soluzione di acido cloridrico. Osserva.
2. Determina con il cilindro graduato 5 mL della soluzione di solfato di ferro(II) e versala in una provetta. Aggiungi 5 mL della soluzione di idrossido di sodio. Osserva.

Le competenze 1
Per ciascuna delle due reazioni, giustifica la formazione dei precipitati e rappresenta l'equazione chimica bilanciata.

L'esperimento 2
Versa nel becher circa 5 mL di idrossido di bario e aggiungi 30 mL di acqua distillata. Con la pipetta soffia lentamente nella soluzione per qualche minuto. Osserva.

Le competenze 2
Giustificare la formazione dei granellini di colore bianco che si depositano sul fondo del becher e rappresenta l'equazione chimica bilanciata.

FACCIAMO IL PUNTO

LO SAI? RIPASSA CON LO SMARTPHONE

Che cos'è una reazione chimica?
Una reazione chimica, processo in cui si formano legami chimici o in cui si rompono legami più deboli per formare nuovi legami più forti, si rappresenta con un'*equazione chimica*.
In una reazione chimica le specie chimiche che si combinano si chiamano *reagenti*, mentre quelle che si formano si chiamano *prodotti*.

Che cosa distingue le reazioni omogenee da quelle eterogenee?
Nelle reazioni chimiche *omogenee* i reagenti sono nello stesso stato fisico, mentre nelle reazioni *eterogenee* i reagenti sono in fase diversa.

Come si bilanciano le reazioni chimiche?
Per realizzare l'uguaglianza numerica tra gli atomi dei reagenti e gli atomi dei prodotti è necessario bilanciare l'equazione, ovvero mettere davanti alle formule chimiche, dei reagenti e dei prodotti, dei numeri, interi o frazionari, detti **coefficienti stechiometrici**.

Come si classificano le reazioni chimiche?
Le reazioni chimiche, in base al *tipo di processo* che si verifica tra le sostanze che reagiscono, si distinguono in reazioni
- di sintesi;
- di analisi;
- di combinazione;
- di decomposizione;
- di spostamento o scambio semplice;
- di doppio scambio;
- acido-base.

Che cos'è l'equazione ionica netta?
La rappresentazione in soluzione acquosa delle reazioni di doppio scambio si chiama **equazione ionica netta**. In essa sono presenti solo gli ioni che partecipano alla reazione; gli **ioni spettatori** possono essere eliminati da entrambi i membri dell'equazione.

Come si calcolano le quantità di reagenti e prodotti che prendono parte a una reazione?
Per calcolare le quantità di reagenti e prodotti si *bilancia* l'equazione chimica, quindi si fa il confronto tra il numero delle moli delle specie chimiche presenti nella reazione e, dopo aver determinato le masse molari, si calcolano le masse in grammi delle sostanze coinvolte.

Che cos'è il reagente limitante?
Il reagente che si consuma completamente è il **reagente limitante**: occorre calcolare il *quoziente* tra le moli di ciascun reagente e il relativo coefficiente stechiometrico (il valore *più piccolo* tra quelli ottenuti è quello del reagente limitante).

Che cosa sono la resa teorica, la resa reale e la resa percentuale?
La **resa** è la quantità di prodotto che si ottiene in una reazione chimica. In genere, il reagente limitante non si consuma completamente, e quindi la quantità di prodotto che si dovrebbe ottenere (**resa teorica R_t**) è inferiore a quella prevista dal rapporto stechiometrico.
La quantità di prodotto che effettivamente si ottiene in una reazione chimica è la **resa reale (R_r)**. Note la resa reale e quella teorica, si può calcolare la **resa percentuale (R_p)** con la relazione:

$$\frac{\text{resa reale } (R_r)}{\text{resa teorica } (R_t)} \cdot 100\%$$

ESERCIZI

ZTE ONLINE
Mettiti alla prova con 20 esercizi interattivi

VERIFICA LE TUE CONOSCENZE

LE EQUAZIONI CHIMICHE

1 **Precisa quali sono i simboli convenzionali utilizzati nella rappresentazione delle equazioni chimiche.**

2 **Quale tra le seguenti equazioni chimiche è omogenea?**
Ⓐ $H_{2(g)} + Br_{2(l)} \rightarrow 2\ HBr_{(g)}$
Ⓑ $4\ Al_{(s)} + 3\ O_{2(g)} \rightarrow 2\ Al_2O_{3(s)}$
Ⓒ $2\ K_{(s)} + 2\ H_2O_{(l)} \rightarrow 2\ KOH_{(aq)} + H_{2(g)}$
Ⓓ $N_{2(g)} + 3\ H_{2(g)} \rightarrow 2\ NH_{3(g)}$

3 **Indica l'elemento chimico che a temperatura ambiente e a pressione ordinaria non è sotto forma di molecola biatomica.**
Ⓐ Cloro
Ⓑ Fosforo
Ⓒ Azoto
Ⓓ Bromo

4 **Indica l'equazione chimica bilanciata correttamente:**
Ⓐ $2\ Fe + H_2SO_4 \rightarrow Fe_2(SO_4)_3 + 3\ H_2$
Ⓑ $(NH_4)_2CO_3 + 2\ NaOH \rightarrow Na_2CO_3 + NH_3 +$
$+ 2\ H_2O$
Ⓒ $C_4H_8 + 4\ O_2 \rightarrow 2\ CO_2 + 4\ H_2O$
Ⓓ $Al + 2HNO_3 \rightarrow Al(NO_3)_2 + H_2$

5 **Indica i corretti coefficienti stechiometrici della seguente equazione chimica:**

$$CO + Fe_3O_4 \rightarrow CO_2 + FeO$$

Ⓐ 2,2 → 6,2
Ⓑ 1,3 → 1,3
Ⓒ 2,3 → 2,3
Ⓓ 1,1 → 1,3

LE REAZIONI DI SINTESI E ANALISI, COMBINAZIONE E DECOMPOSIZIONE

6 **Specifica tutti i tipi di reazioni di sintesi precisando il prodotto che si ottiene.**

7 **Definisci i reagenti che nelle reazioni di combinazione portano alla formazione di un:**
a. ossoacido;
b. carbonato.

8 **Nella reazione tra un non metallo e l'ossigeno si ottiene:**
Ⓐ un ossido acido.
Ⓑ un ossido basico.
Ⓒ un perossido.
Ⓓ un idrossido.

9 **Quale tra i seguenti composti, in acqua, forma un acido?**
Ⓐ CO
Ⓑ CaO
Ⓒ SO_3
Ⓓ Li_2O

10 **La seguente equazione chimica:**

$$CaCO_3 \rightarrow CaO + CO_2$$

si riferisce a una reazione di
Ⓐ spostamento.
Ⓑ sintesi.
Ⓒ analisi.
Ⓓ decomposizione.

11 **Quale, tra i seguenti composti, indica il prodotto della reazione tra litio metallico e cloro gassoso?**
Ⓐ LiCl
Ⓑ $LiCl_2$
Ⓒ Li_3Cl
Ⓓ Li_2Cl

REAZIONI DI SCAMBIO SEMPLICE

12 **Specifica tutti i tipi di reazioni di spostamento e precisa i prodotti che si formano.**

13 **Nella reazione tra un metallo e acqua, un prodotto della reazione è:**
Ⓐ un ossido basico.
Ⓑ ossigeno.
Ⓒ un idruro.
Ⓓ idrogeno.

14 **Quale, tra i seguenti metalli, *non* reagisce con l'acqua?**
Ⓐ Zn
Ⓑ Sn(II)
Ⓒ Cu(II)
Ⓓ Ca

15 **I reagenti che in una reazione di spostamento portano alla formazione del carbonato di alluminio sono:**
Ⓐ alluminio e monossido di carbonio.
Ⓑ alluminio e diossido di carbonio.
Ⓒ alluminio e acido carbonico.
Ⓓ alluminio e carbonato di zinco.

LE REAZIONI DI DOPPIO SCAMBIO

16 **Specifica i tipi di reazione di doppio scambio e precisa i prodotti che si formano.**

17 **Per ciascuna delle seguenti terne, identifica il composto più solubile in acqua:**

a. $BaSO_4$ / K_2S / $Mg_3(PO_4)_2$
b. $AgCl$ / $Fe(OH)_3$ / $Na_2Cr_2O_7$
c. $Fe(NO_3)_2$ / $PbCO_3$ / Ag_2CrO_4

18 **Tra i seguenti composti del rame, il più solubile in acqua è il:**

Ⓐ carbonato rameico.
Ⓑ solfato rameico.
Ⓒ solfuro rameico.
Ⓓ idrossido rameico.

19 **Il diossido di zolfo si forma nella reazione di doppio scambio tra un acido e il:**

Ⓐ solfuro di sodio.
Ⓑ solfito di sodio.
Ⓒ solfato di sodio.
Ⓓ bisolfuro di sodio.

LE REAZIONI ACIDO-BASE

20 **Esamina tutti i tipi di reazioni acido-base e descrivine le caratteristiche.**

21 **Indica quale, tra le seguenti, è una reazione acido-base:**

Ⓐ $N_2O_5 + H_2O \rightarrow 2\ HNO_3$
Ⓑ $2\ NaOH + H_2S \rightarrow Na_2S + 2\ H_2O$
Ⓒ $2\ Fe + 6\ HCl \rightarrow 2\ FeCl_3 + 3\ H_2$
Ⓓ $Na_2O + H_2O \rightarrow 2\ NaOH$

22 **Nella reazione tra idrossido di calcio e acido fosforico si ottengono sei molecole d'acqua e:**

Ⓐ fosfato di calcio.
Ⓑ pirofosfato di calcio.
Ⓒ metafosfato di calcio.
Ⓓ fosfito di calcio.

23 **Per ottenere cloruro di alluminio è necessario far reagire:**

Ⓐ $HClO$ e $Al(OH)_3$
Ⓑ $HClO$ e $AlBr_3$
Ⓒ $HClO$ e Al_2O_3
Ⓓ HCl e $Al(OH)_3$

L'EQUAZIONE IONICA NETTA

24 **Giustifica la formazione dell'acqua nell'equazione ionica netta di una reazione acido-base.**

25 **Completa e bilancia le seguenti equazioni ioniche nette:**

a. $Cu^{2+}_{(aq)} + OH^{-}_{(aq)}$
b. $Ag^{+}_{(aq)} + S^{-}_{2(aq)}$
c. $Mg^{2+}_{(aq)} + PO^{3-}_{4(aq)}$
d. $Pb^{2+}_{(aq)} + SO^{2-}_{4(aq)}$

26 **Gli ioni spettatori nella reazione tra una soluzione di NaOH e una di HCl sono:**

Ⓐ $H^{+}_{(aq)}$ e $OH^{-}_{(aq)}$
Ⓑ $H^{+}_{(aq)}$ e $Cl^{-}_{(aq)}$
Ⓒ $Na^{+}_{(aq)}$ e $OH^{-}_{(aq)}$
Ⓓ $Na^{+}_{(aq)}$ e $Cl^{-}_{(aq)}$

27 **Nell'equazione ionica netta costituita dallo ione ferrico e dallo ione fosfato, il precipitato che si forma è:**

Ⓐ $Fe_2(PO_4)_3$
Ⓑ $FePO_4$
Ⓒ $Fe_3(PO_4)_2$
Ⓓ $Fe(PO_4)_2$

LE QUANTITÀ DI REAGENTI E PRODOTTI

28 **La stechiometria di una reazione chimica definisce**

Ⓐ l'aspetto qualitativo.
Ⓑ l'aspetto quantitativo.
Ⓒ la simbologia.
Ⓓ il bilanciamento.

29 **Scegli il completamento *errato*.**

L'aspetto quantitativo di una reazione chimica è descritto prendendo in esame il numero di

Ⓐ atomi.
Ⓑ molecole.
Ⓒ moli.
Ⓓ ioni.

30 **Se KI e HS reagiscono in un rapporto stechiometrico di 2 : 1, quante moli di KI reagiscono con 5 mol di H_2S?**

Ⓐ 5
Ⓑ 2,5
Ⓒ 10
Ⓓ 15

31 **Quante moli di idrogeno H_2 si sviluppano dalla reazione tra una mole di sodio Na e una soluzione di acido solforico $H_2SO_{4(aq)}$?**

Ⓐ 1,0 mol
Ⓑ 0,5 mol
Ⓒ 1,5 mol
Ⓓ 2 mol

IL REAGENTE LIMITANTE E LA RESA DI REAZIONE

32 **Precisa i motivi per i quali in una reazione chimica la resa reale è sempre inferiore alla resa teorica.**

33 **La resa reale di una reazione è determinata dal**

Ⓐ reagente limitante.
Ⓑ reagente con il coefficiente stechiometrico maggiore.
Ⓒ reagente con il coefficiente stechiometrico minore.
Ⓓ reagente in eccesso.

34 **Il reagente limitante in una reazione rappresenta il reagente**

Ⓐ con la massa molecolare minore.
Ⓑ con il coefficiente stechiometrico minore.
Ⓒ che si consuma completamente.
Ⓓ che si consuma solo in parte.

35 **Indica quanti grammi di $H_2O_{(l)}$ si ottengono da 2 mol di $H_{2(g)}$ e 2 mol di $O_{2(g)}$ nella reazione di sintesi dell'acqua:**

$$H_{2(g)} + O_{2(g)} \rightarrow 2\ H_2O_{(l)}$$

Ⓐ 68 g Ⓑ 72 g Ⓒ 36 g Ⓓ 18 g

36 **Quanti grammi di cloruro di sodio si ottengono da 46 g di sodio e 80 g di cloro?**

Ⓐ 46 g Ⓑ 117 g Ⓒ 126 g Ⓓ 132 g

VERIFICA LE TUE ABILITÀ

37 **Indica l'equazione chimica bilanciata in modo corretto:**

Ⓐ $4\ KMnO_4 + 2\ H_2S + 2\ H_2SO_4 \rightarrow 4\ K_2SO_4 + MnSO_4 + S + H_2O$

Ⓑ $KMnO_4 + H_2S + H_2SO_4 \rightarrow K_2SO_4 + MnSO_4 + S + H_2O$

Ⓒ $2\ KMnO_4 + 5\ H_2S + H_2SO_4 \rightarrow K_2SO_4 + 2\ MnSO_4 + 5\ S + H_2O$

Ⓓ $2\ KMnO_4 + 5\ H_2S + 3\ H_2SO_4 \rightarrow K_2SO_4 + 2\ MnSO_4 + 5\ S + 8\ H_2O$

38 **Bilancia le seguenti equazioni chimiche:**

a. $SbCl_3 + H_2S \rightarrow Sb_2S_3 + HCl$
b. $Li_2S + H_3PO_4 \rightarrow Li_3PO_4 + H_2S$
c. $CaCO_3 + H_3PO_4 \rightarrow Ca_3(PO_4)_2 + CO_2 + H_2O$
d. $K_2CrO_4 + AgNO_3 \rightarrow Ag_2CrO_4 + KNO_3$

39 **Bilancia le seguenti equazioni chimiche:**

a. $NaOH + As_2O_5 \rightarrow Na_3AsO_4 + H_2O$
b. $(NH_4)_3PO_4 + FeBr_2 \rightarrow NH_4Br + Fe_3(PO_4)_2$
c. $Bi(NO_3)_3 + KOH \rightarrow KNO_3 + Bi(OH)_3$
d. $(NH_4)_3AsO_4 + LiOH \rightarrow Li_3AsO_4 + NH_3 + H_2O$

40 **Completa e bilancia le seguenti equazioni chimiche:**

a. $B + O_2$
b. $Si + O_2$
c. HBr
d. $Cl_2O + H_2O$
e. $Ba(ClO_3)_2$
f. $CuCO_3$
g. ZnO
h. $Al + S$

41 **Rappresenta le reazioni di sintesi che portano alla formazione dei seguenti composti:**

a. ossido ferrico;
b. anidride bromica;
c. idruro di arsenico;
d. fluoruro piomboso.

42 **Identifica, per ciascuna delle seguenti coppie di prodotti, il reagente da cui derivano:**

a. $Al + O_2$
b. $H_2 + F_2$
c. $K + Br_2$
d. $N_2 + H_2$

43 **Rappresenta le reazioni di combinazione che portano alla formazione dei seguenti composti:**

a. idrossido di calcio;
b. carbonato di bario;
c. solfito di magnesio;
d. acido iodico.

44 **Identifica il reagente da cui si ottengono i seguenti prodotti:**

a. $Li_2O + H_2O$ b. $CuCl_2 + O_2$ c. $SnO_2 + CO_2$

45 **Quale, fra le seguenti reazioni di decomposizione, è corretta?**

Ⓐ $Mg(OH)_2 \rightarrow Mg + H_2O$
Ⓑ $CaSO_3 \rightarrow Ca + SO_3$
Ⓒ $2\ NaClO_3 \rightarrow Na_2O + Cl_2O_5$
Ⓓ $BaCO_3 \rightarrow BaO + CO_2$

46 **Rappresenta le corrispondenti formule chimiche dei reagenti, completa e bilancia le seguenti equazioni chimiche:**

a. ossido di litio + acqua;
b. solfuro ferroso;
c. idrossido manganoso;
d. idrogeno + fluoro;
e. clorato di zinco;
f. ossido di alluminio;
g. carbonato rameico;
h. anidride periodica + acqua.

47 **Completa e bilancia le seguenti equazioni chimiche:**

a. $Ba + HNO_3$
b. $Ca + H_2O$
c. $Al + H_2S$
d. $Zn + H_3PO_4$
e. $Cd + AgClO_4$
f. $Na + H_2O$
g. $K + Pb(IO)_2$
h. $Mg + HCl$

48 **Per ciascuna delle seguenti coppie di reagenti, rappresenta le formule chimiche, completa e bilancia le equazioni chimiche corrispondenti:**

a. litio + acido silicico
b. magnesio + acqua
c. ferro(III) + acido bromidrico
d. stagno(II) + acido bromico
e. alluminio + solfato rameico
f. potassio + acqua
g. zinco + perclorato di cadmio
h. cromo(III) + acido fluoridrico

49 **Stabilisci quale precipitato si forma nelle seguenti reazioni di doppio scambio:**

a. $FeCl_{2(aq)} + NaOH_{(aq)}$
b. $CaF_{2(aq)} + K_3PO_{4(aq)}$
c. $Cu(ClO_4)_2 + Li_2S$
d. $MnCl_2 + AgNO_3$

50 **Completa e bilancia le seguenti equazioni chimiche:**
a. $CaS + H_3BO_3$
b. $CdCl_2 + HBrO_3$
c. $BaS + KMnO_4$
d. $Na_2Cr_2O_7 + Zn(ClO_3)_2$
e. $CaSO_4 + LiOH$
f. $(NH_4)_3PO_4 + NaOH$
g. $CaBr_2 + Na_2SO_4$
h. $AlCl_3 + HNO_3$

51 **Per ciascuna delle seguenti coppie di reagenti, rappresenta le formule chimiche, completa e bilancia le equazioni chimiche corrispondenti:**
a. solfuro di ammonio + acido bromidrico
b. cloruro di bario + acido metafosforoso
c. carbonato stannico + acido solfidrico
d. solfito di magnesio + cianuro di litio
e. carbonato di sodio + perclorato di bario
f. clorato di ammonio + idrossido di calcio
g. silicato di magnesio + ioduro rameico
h. arseniato di zinco + idrossido di litio

52 **Completa e bilancia le seguenti equazioni chimiche**
a. $NaOH + SO_2$
b. $KOH + I_2O_7$
c. $Ba(OH)_2 + HClO_3$
d. $Li_2O + HCN$
e. $CaO + H_3AsO_3$
f. $Mg(OH)_2 + HNO_2$

53 **Per ciascuna delle seguenti coppie di reagenti, rappresenta le formule chimiche, completa e bilancia le equazioni chimiche corrispondenti:**
a. idrossido di magnesio + acido metasilicico
b. ossido di potassio + acido fosforico
c. ossido di calcio + acido antimonico
d. idrossido di bario + anidride bromica
e. idrossido di sodio + anidride nitrica
f. idrossido di litio + acido solforoso

54 **Esegui le reazioni acido-base (nella forma idrossido + ossoacido) per ottenere i seguenti sali:**
a. manganato di litio
b. cromato di ammonio
c. silicato di sodio
d. borato di calcio
e. perbromato di alluminio
f. ipoclorito di zinco

55 **Bilancia le seguenti equazioni chimiche, rappresentale in forma ionica e con l'equazione ionica netta:**
a. $FeCl_3 + NaOH \rightarrow Fe(OH)_3\downarrow + NaCl$
b. $Pb(NO_3)_2 + K_2CrO_4 \rightarrow PbCrO_4\downarrow + KNO_3$
c. $MnCl_2 + NaOH \rightarrow NaCl + Mn(OH)_2\downarrow$
d. $CaCl_2 + Na_3PO_4 \rightarrow Ca_3(PO_4)_2\downarrow + NaCl$
e. $K_2CO_3 + H_2SO_4 \rightarrow K_2SO_4 + CO_2\uparrow + H_2O$

56 **Completa e bilancia le seguenti equazioni chimiche, rappresentale in forma ionica e con l'equazione ionica netta:**
a. $KOH + H_2SO_4$
b. $Ca(OH)_2 + HNO_3$
c. $LiOH + HI$
d. $Mg(OH)_2 + HBr$

57 **Per ciascuna delle seguenti coppie di reagenti, rappresenta le corrispondenti formule chimiche, completa e bilancia le corrispondenti equazioni chimiche, rappresentale in forma ionica e con l'equazione ionica netta:**
a. nitrato piomboso + carbonato di ammonio
b. cloruro di ferro(II) + idrossido di sodio
c. solfuro di litio + nitrato d'argento
d. clorato di bario + cromato di potassio
e. solfuro di calcio + fosfato di ammonio
f. idrossido di bario + acido iodico

58 **Calcola i grammi di cloruro di argento che possono essere prodotti dalla reazione tra 70 g di nitrato d'argento e cloruro di sodio.**

59 **Calcola quanti grammi di idrossido di calcio reagiscono completamente con 10 g di acido fosforico.**

60 **Il benzene (C_6H_6) reagisce con l'ossigeno formando anidride carbonica e acqua. Calcola i grammi di ossigeno necessari per realizzare la combustione di 30 g di benzene.**

61 **Calcola la quantità di SO_2 (in kg) che si ottiene dalla reazione tra 5 kg di pirite (FeS_2) e l'ossigeno secondo l'equazione (da bilanciare):**

$$FeS_2 + O_2 \rightarrow SO_2 + Fe_2O_3$$

62 **Calcola quanti grammi di acido solfidrico e nitrato di piombo (II) occorre far reagire per formare 80 g di solfuro di piombo(II).**

63 **Il nitrato d'argento reagisce con 100 g di cloruro di bario.**
a. Quanti grammi di nitrato d'argento sono necessari?
b. Quanti grammi di cloruro d'argento si formano?
c. Quanti grammi di nitrato d'argento sono necessari per ottenere 100 g di nitrato di bario?

64 Quante moli di ossigeno $O_{2(g)}$ sono complessivamente necessarie affinché una mole di calcio $Ca_{(s)}$ e una mole di alluminio $Al_{(s)}$ vengano trasformate nei rispettivi ossidi?
Ⓐ 1,25 mol
Ⓑ 1,66 mol
Ⓒ 2,00 mol
Ⓓ 0,833 mol

65 Quante moli di idrogeno $H_{2(g)}$ si sviluppano dalla reazione tra una mole di $Al_{(s)}$ e una soluzione di $HCl_{(aq)}$?
Ⓐ 1,5 mol
Ⓑ 2,0 mol
Ⓒ 2,5 mol
Ⓓ 4,0 mol

66 Per reazione fra 65,4 g di un metallo e una soluzione di acido cloridrico si ottengono 2,0 g di $H_{2(g)}$. Il metallo è:
Ⓐ Zn
Ⓑ Mg
Ⓒ Sn(II)
Ⓓ Fe(II)

67 Nella reazione di sintesi dello ioduro di alluminio si fanno reagire 6,5 g di alluminio con 8,5 g di iodio. Stabilisci qual è il reagente limitante e calcola quanti grammi di prodotto si formano.

68 Nella reazione di sintesi dell'ossido di sodio:

$$4\ Na + O_2 \rightarrow 2\ Na_2O$$

si fanno reagire 3 moli di sodio con 1 mole di ossigeno. Calcola la quantità di ossido di sodio che si forma e la quantità del reagente in eccesso che non si combina.

69 Nella reazione di combustione di 50 g di esano (C_6H_{14}) si formano 120 g di anidride carbonica:

$$2\ C_6H_{14} + 19\ O_2 \rightarrow 12\ CO_2 + 14\ H_2O$$

Calcola la resa relativa percentuale della reazione.

70 Nella reazione di decomposizione termica di 175 g di carbonato di calcio si ottengono 80,5 g di ossido di calcio. Calcola la resa relativa percentuale della reazione.

71 Nella reazione di sintesi dell'ammoniaca, da 1 quintale di azoto si ottengono 40 kg di ammoniaca. Calcola la resa percentuale della reazione.

TEST YOURSELF

72 Calculate how many grams of carbon dioxide develop from the thermal decomposition of 1 kg of calcium carbonate.

73 You want to prepare potassium nitrate from reaction between potassium hydroxide and 30 g of nitric acid. Calculate how many grams of potassium hydroxide are required and how many grams of potassium nitrate are formed.

74 Calculate the grams of copper sulphide(I) that can be produced by the reaction between 9,90 g of copper chloride and sulphydric acid in aqueous solution.

75 Reacting 0,1 moles of aluminium with 0,22 moles of a hydrochloric acid solution, establish the limiting reagent and calculate how many grams of aluminium chloride are obtained.

VERSO I GIOCHI DELLA CHIMICA

76 Nella seguente reazione:

$$4\ FeS_2 + 11O_2 \rightarrow 2\ Fe_2O_3 + 8\ SO_2$$

le moli di ossigeno necessarie per ossidare 450 g di FeS_2 sono:
Ⓐ 8 mol
Ⓑ 6,4 mol
Ⓒ 10,3 mol
Ⓓ 22,2 mol

[Finale regionale 2014]

77 Nella reazione tra 125 g di P_4 e 325 g di Cl_2, la massa di PCl_3 che si ottiene è uguale a:
Ⓐ 420 g
Ⓑ 210 g
Ⓒ 549 g
Ⓓ 105 g

[Finale regionale 2013]

VERSO L'UNIVERSITÀ

78 Data l'equazione:

$$3\ Cu + x\ HNO_3 \rightarrow y\ Cu(NO_3)_2 + $$
$$+ z\ H_2O + 2\ NO$$

quali valori devono avere i coefficienti x e z affinché l'equazione sia bilanciata?
Ⓐ $x = 8; z = 4$
Ⓑ $x = 4; z = 2$
Ⓒ $x = 6; z = 3$
Ⓓ $x = 10; z = 5$
Ⓔ $x = 2; z = 1$

[dal test di ingresso alla facoltà di Medicina, 2015]

VERSO L'ESAME: LE TUE COMPETENZE

DEDUCI

79 **Completa e bilancia le seguenti equazioni chimiche:**

a. .... + ... → $H_4P_2O_7$
b. .... + ... → MgH_2
c. .... + ... → P_2O_3
d. .... + ... → $Pb(OH)_4$
e. .... + ... → K_2S

DEDUCI

80 **Completa e bilancia le seguenti equazioni chimiche:**

a. .... + ... → $MnCl_3 + H_2$
b. .... + ... → $Al(MnO_4)_3 + H_2$
c. .... + ... → KOH + ...

DEDUCI

81 **Completa e bilancia le seguenti equazioni chimiche:**

a. $(NH_4)_2S$ + ... → NH_4Br + ...
b. Na_2SO_3 + ... → $NaNO_2$ + ... + H_2O
c. K_2CO_3 + ... → KCl + ... + ...
d. $FeCl_3$ + ... → KCl + ...
e. $Al_2(SO_4)_3$ + ... → K_2SO_4 + ...
f. NH_4Cl + ... → LiCl + ... + ...

DEDUCI

82 **Completa e bilancia le seguenti equazioni chimiche:**

a. .... + ... → $Fe(ClO_4)_3$ + H_2O
b. .... + Cl_2O_7 → $Cu(ClO_4)_2$ + ...
c. MgO + ... → $Mg_2P_2O_7$ + ...
d. Fe_2O_3 + ... → Fe_2S_3 + ...

CALCOLA

83 **Calcola quanti grammi di idrossido di potassio sono necessari per reagire completamente con 250 mL di una soluzione 1,5 M di acido solforico.**

COLLEGA E CALCOLA

84 **Un cubetto di rame(I) (l = 1,5 cm; d = 8,96 g/cm^3) reagisce con una soluzione 2,1 M di acido solforoso. Calcola quanti mL di tale soluzione occorrono per far reagire tutto il rame.**

COLLEGA E CALCOLA

85 **Un cubetto (l = 2,3 cm; d = 2,7 g/cm^3) è costituito per l'87% da carbonato di calcio. Calcola quanti mL di una soluzione di acido cloridrico (d = 1,1 g/mL) al 28% *m*/*m* occorrono per far reagire tutto il carbonato di calcio.**

COLLEGA E CALCOLA

86 **Si fa reagire una soluzione di acido cloridrico al 60% *m*/*m* con 300 g di una soluzione di nitrato d'argento al 5% *m*/*m*.**

a. Quanti grammi di acido cloridrico occorrono?
b. Quanti grammi di cloruro d'argento si formano?

CALCOLA

87 **Nella reazione tra il piombo(II) e una soluzione 2 M di acido solforico si formano 17,5 g di solfato di piombo(II).**

a. Quanti grammi di piombo(II) occorrono?
b. Quanti mL della soluzione di acido solforico sono necessari?

COLLEGA E CALCOLA

88 **Un cubetto (l = 3,75 cm; d = 7 g/mL) è costituito per il 95% da zinco. Calcola:**

a. quanti grammi di acido cloridrico occorrono per far reagire tutto lo zinco;
b. quanti grammi di cloruro di zinco si formano;
c. il volume dell'idrogeno sviluppato alla pressione di 2 atm e alla temperatura di 27 °C.

COLLEGA E CALCOLA

89 **Una soluzione di cloruro di bario (V = 400 mL) a 27 °C esercita una pressione osmotica di 22 atm. Calcola quanti mL di una soluzione di acido solforico (d = 1,8 g/cm^3) all'80% *m*/*m* si devono aggiungere per far reagire tutto il cloruro di bario.**

COLLEGA E CALCOLA

90 **Una soluzione di nitrato di argento (V = 500 mL) a 20 °C esercita una pressione osmotica di 180 atm. Calcolare quanti mL di una soluzione di acido solforico (d = 1,8 g/cm^3) al 41,8% *m*/*m* si devono aggiungere per far reagire tutto il nitrato di argento.**

ANALIZZA E DEDUCI

91 **150 g di rame(I) puro al 90% reagiscono con 70 g di zolfo.**

a. Identifica il reagente limitante;
b. calcola quanti grammi di solfuro di rame(I) si formano;
c. calcola quanti grammi del reagente in eccesso non si combinano.

ANALIZZA E DEDUCI

92 **A una soluzione contenente 40 g di cloruro di bario vengono aggiunti 50 g di nitrato di argento.**

a. Identifica il reagente limitante;
b. determina la resa teorica della reazione;
c. calcola quanti grammi di reagente in eccesso rimangono in soluzione.

SEI PRONTO PER LA VERIFICA?

IN 1 ORA

Dopo aver studiato i contenuti dei **capitoli 15 e 16**, svolgi la prova nel **tempo massimo di un'ora**.

CONOSCENZE E ABILITÀ

1 Calcola il numero di ossidazione:
a. dell'antimonio nello ione $H_2Sb_2O_7^{2-}$
b. dello zolfo nel composto $Mg(SO_3)_2$

(8 punti se hai risposto correttamente) ...../8

2 La formula dell'idrogenofosfato(V) di calcio è $CaHPO_4$; quella del cloruro di ferro(III) è $FeCl_3$. La formula dell'idrogenofosfato(V) di ferro(III) è:

Ⓐ $FeHPO_4$
Ⓑ Fe_2HPO_4
Ⓒ $Fe_2(HPO_4)_3$
Ⓓ $Fe(HPO_4)_2$

(10 punti se hai risposto correttamente) ...../10

3 Il nome del composto che si rappresenta con la formula Br_2O_5 è

Ⓐ ossido di bromo.
Ⓑ pentaossido di bromo.
Ⓒ pentaossido di dibromo.
Ⓓ ossido di dibromo.

(10 punti se hai risposto correttamente) ...../10

4 Rappresenta la formula relativa a ogni composto e bilancia la seguente equazione chimica:

$$\text{alluminio}_{(s)} + \text{acido iodico}_{(aq)} \rightarrow \rightarrow \text{iodato di alluminio}_{(aq)} + \text{idrogeno}_{(g)}\uparrow$$

(10 punti se hai risposto correttamente) ...../10

5 Completa e bilancia la seguente equazione chimica in soluzione acquosa:

$$MgCO_{3(aq)} + H_2SO_{3(aq)} \rightarrow$$

(12 punti se hai risposto correttamente) ...../12

6 Quale tra le seguenti sostanze poste in acqua forma un acido?

Ⓐ N_2O_5
Ⓑ NH_3
Ⓒ NO_2
Ⓓ NO

(10 punti se hai risposto correttamente) ...../10

I primi 60 punti valgono per il raggiungimento degli obiettivi minimi. Per fare di più, rispondi alle seguenti domande.

COMPETENZE

7 Rappresenta la formula delle seguenti specie chimiche:

Nome	Formula chimica
Cromato piombico	
Ione fosfuro	
Cloruro mercuroso	
Ione perossido	
Antimoniato biacido di cadmio	

(5 punti se hai risposto correttamente) ...../5

8 Assegna il nome tradizionale e IUPAC alle seguenti specie chimiche:

Formula	Nome tradizionale	Nome IUPAC
AsO_3^{3-}		
$Ca(HSiO_3)_2$		
CuCl		
$HMnO_4^-$		
NH_4PO_2		

(5 punti se hai risposto correttamente) ...../5

9 Quale tra le seguenti formule è corretta?

Ⓐ N_3O_2
Ⓑ H_2NO_4
Ⓒ NH_4NO_2
Ⓓ NH_2

(8 punti se hai risposto correttamente) ...../8

10 Bilancia la seguente equazione chimica, rappresentala in forma ionica e con l'equazione ionica netta:

$$CaCl_{2(aq)} + Na_3PO_{4(aq)} \rightarrow Ca_3(PO_4)_{2(s)}\downarrow + NaCl_{(aq)}$$

(10 punti se hai risposto correttamente) ...../10

11 A una soluzione contenente 120 g di $CaCl_2$ si aggiungono 200 g di una soluzione di $AgNO_3$. Qual è il reagente limitante? Quanti grammi di AgCl si formano?

(12 punti se hai risposto correttamente) ...../12

PUNTEGGIO TOTALE ...../100

CAPITOLO

17 LA TERMODINAMICA E LA TERMOCHIMICA

1 L'ENERGIA NELLE REAZIONI CHIMICHE SI TRASFORMA

Una reazione chimica è un processo in cui avviene una *trasformazione di materia*: alcune sostanze (reagenti) modificano la loro composizione chimica e si trasformano in sostanze diverse (prodotti). Ma questo non è tutto: durante una reazione si verifica anche una *trasformazione di energia*.

L'energia a livello molecolare si presenta sotto forma di **energia cinetica** ed **energia potenziale**.

L'**energia cinetica** (**E_c**), in una *singola molecola*, è legata ai movimenti di vibrazione, rotazione e traslazione; in un *sistema di molecole* è il risultato complessivo di questi tre tipi di movimenti e si chiama **energia termica**, perché dipende dalla temperatura assoluta (figura **1**).

TI RICORDI?

L'**energia** è la capacità di un corpo di compiere lavoro o trasferire calore.

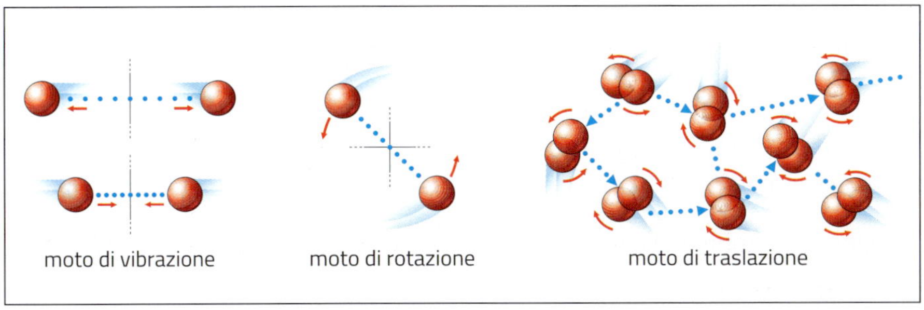

Figura 1 Modello descrittivo dei movimenti di una molecola biatomica L'energia cinetica di una molecola dipende dai movimenti di vibrazione, rotazione, traslazione.

L'**energia potenziale** (**E_p**), in una *singola molecola*, dipende dalle forze dei legami interatomici; in un *sistema di molecole* dipende anche dalle forze attrattive intermolecolari e si chiama **energia chimica**. Un elevato valore di energia chimica indica legami chimici *deboli* (instabili), un basso valore di energia chimica indica legami *forti* (stabili). Nella reazione chimica tra fluoro e cloruro di idrogeno (o acido cloridrico):

$$F_{2(g)} + 2\,HCl_{(g)} \longrightarrow Cl_{2(g)} + 2\,HF_{(g)}$$

l'energia chimica diminuisce e, di conseguenza, si formano due prodotti (cloro e fluoruro di idrogeno) con legami chimici più forti e più stabili (figura **2** a pagina seguente).

A COLPO D'OCCHIO

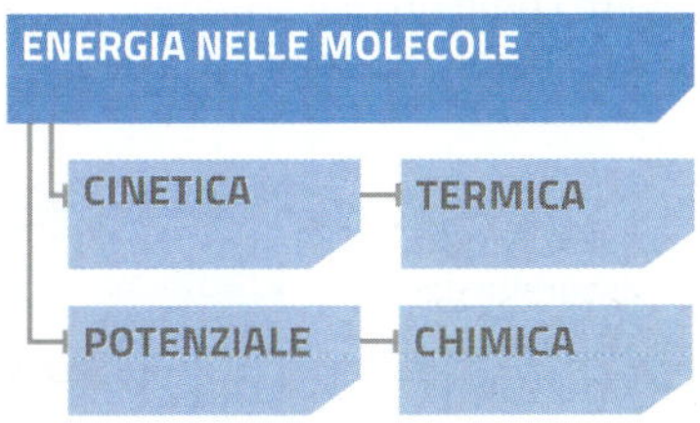

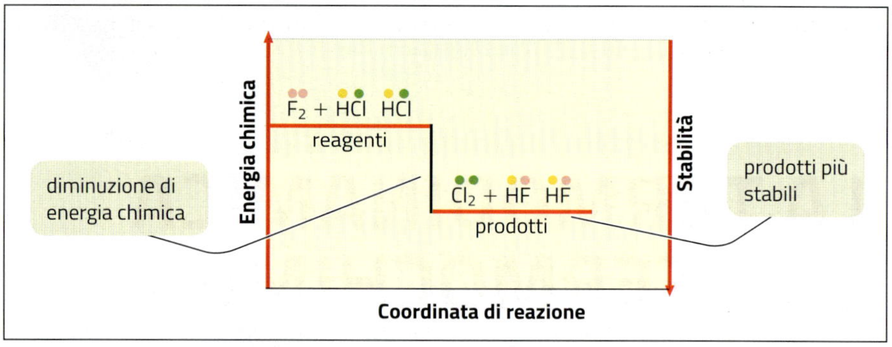

Figura 2 Variazione di energia chimica nella reazione tra fluoro e acido cloridrico Questa reazione comporta la diminuzione di energia chimica e la formazione di cloro e fluoruro di idrogeno, più stabili dei reagenti.

Le *trasformazioni di energia* che accompagnano le reazioni chimiche consistono in scambi di calore e di lavoro tra il sistema e l'ambiente.

Un **sistema termodinamico chimico**, o semplicemente **sistema chimico**, è l'insieme delle sostanze che partecipano a una reazione chimica.

Una reazione chimica tra zinco solido e una soluzione di acido cloridrico che avviene in un becher all'interno di un laboratorio di chimica è un sistema.

$$Zn_{(s)} + 2\,HCl_{(aq)} \longrightarrow ZnCl_{2(aq)} + H_{2(g)}$$

Figura 3 Un sistema termodinamico La reazione tra zinco e una soluzione di acido cloridrico in un becher è il sistema, lo spazio intorno al becher è l'ambiente, la parete del becher è il confine.

L'**ambiente** è lo spazio che circonda un sistema.

In riferimento alla reazione tra lo zinco solido e la soluzione di acido cloridrico in un becher, il laboratorio di chimica è l'ambiente.

Il sistema e l'ambiente sono separati da una superficie, il *confine*, che delimita il sistema.

Nel sistema preso in esame, il confine è rappresentato dalla superficie di vetro del becher (figura **3**). Attraverso il confine, il sistema e l'ambiente scambiano energia sotto forma di calore e lavoro.

Il **calore** (simbolo ***Q***) è energia termica scambiata (liberata o assorbita) tra il sistema e l'ambiente a causa delle loro diverse temperature.

Per convenzione si attribuisce segno *negativo* ($-Q$) alla quantità di calore liberata dal sistema e segno *positivo* ($+Q$) alla quantità di calore assorbita dal sistema (figura **4A**).

Il **lavoro** (simbolo ***L***) è energia meccanica scambiata tra il sistema e l'ambiente.

Per convenzione si attribuisce segno *negativo* ($-L$) al lavoro compiuto dall'ambiente sul sistema e segno *positivo* ($+L$) al lavoro compiuto dal sistema sull'ambiente (figura **4B**).

Figura 4 Segni convenzionali attribuiti a calore e lavoro
A La quantità di calore che un sistema assorbe dall'ambiente ha per convenzione segno positivo mentre quella che cede all'ambiente ha segno negativo.
B Il lavoro compiuto dall'ambiente sul sistema ha per convenzione segno negativo mentre il lavoro compiuto dal sistema sull'ambiente ha segno positivo.

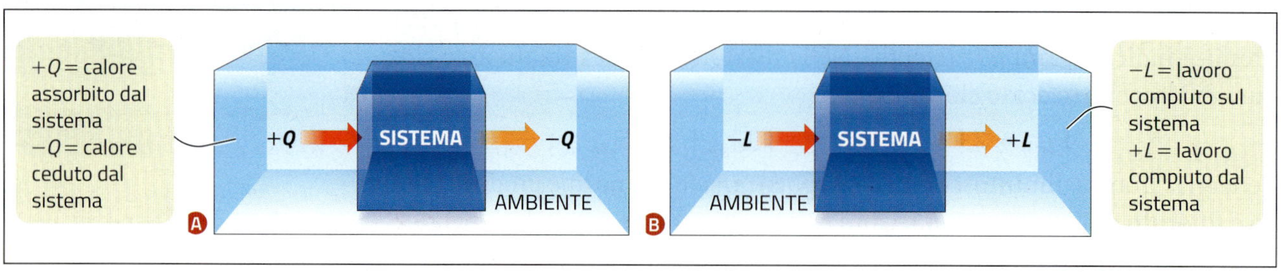

Il sistema costituito dalla reazione chimica tra il litio solido e l'acqua libera energia termica sotto forma di calore, Q, che viene ceduto all'ambiente (figura **5A**):

$$2\ Li_{(s)} + 2\ H_2O_{(l)} \longrightarrow 2\ LiOH_{(aq)} + H_{2(g)} \qquad (-Q)$$

Il calore è ceduto dal sistema all'ambiente e quindi assume segno negativo.

Il sistema costituito dalla reazione chimica, a pressione costante, tra il carbonato di calcio e una soluzione di acido cloridrico libera un gas, il diossido di carbonio, che espandendosi compie un lavoro L (figura **5B**):

$$CaCO_{3(s)} + 2\ HCl_{(aq)} \longrightarrow CaCl_{2(aq)} + H_2O_{(l)} + CO_{2(g)}$$

Il calore è compiuto dal sistema sull'ambiente e quindi assume segno positivo.

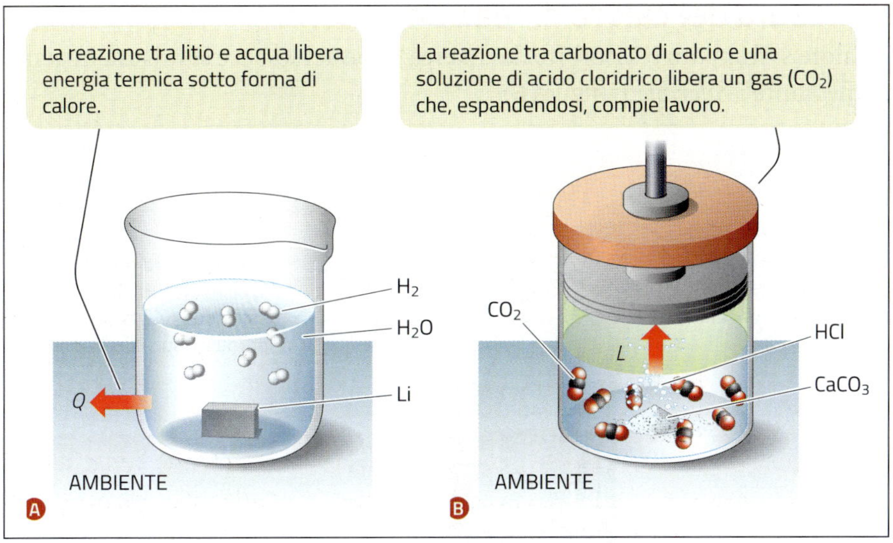

Figura 5 Il calore e il lavoro nelle reazioni chimiche

PER CAPIRE MEGLIO
Animazione
Equilibrio termico ed energia termica

2 IL CALORE DI REAZIONE È ENERGIA TERMICA LIBERATA O ASSORBITA DA UNA REAZIONE

Le reazioni chimiche liberano o assorbono energia termica sotto forma di calore.

Si chiama **calore di reazione** la quantità di calore che una reazione chimica libera nell'ambiente o assorbe dall'ambiente.

A COLPO D'OCCHIO

Il calore di reazione (simbolo $\boldsymbol{Q}$) è espresso in kilojoule (simbolo **kJ**) e, a seconda del tipo di reazione, si differenzia in:

- **calore di formazione**: è la quantità di calore liberata o assorbita nella formazione di *una mole* di un composto partendo dai suoi elementi costitutivi. La reazione di sintesi dell'acqua è una reazione che libera calore:

$$H_{2(g)} + \frac{1}{2} O_{2(g)} \longrightarrow H_2O_{(l)} \qquad (-Q)$$

La reazione di analisi del monossido di azoto assorbe calore:

$$NO_{(g)} \longrightarrow \frac{1}{2} N_{2(g)} + \frac{1}{2} O_{2(g)} \qquad (+Q)$$

TI RICORDI?

La **mole** di un composto corrisponde al valore della massa molecolare relativa espressa in grammi.

- **calore di combustione**: è la quantità di calore liberata da una *mole* di combustibile (per esempio, carbonio e idrocarburi) che reagisce completamente con l'ossigeno. La reazione di combustione del metano è una reazione che sviluppa calore:

$$CH_{4(g)} + 2\ O_{2(g)} \longrightarrow CO_{2(g)} + 2\ H_2O_{(l)} \qquad (-Q)$$

- **calore di neutralizzazione**: è la quantità di calore liberata o assorbita nella reazione tra una soluzione acquosa di un acido e una soluzione acquosa di una base. La reazione acido-base tra una soluzione di acido cloridrico e una soluzione di idrossido di sodio è una reazione che libera calore:

$$HCl_{(aq)} + NaOH_{(aq)} \longrightarrow NaCl_{(aq)} + H_2O_{(l)} \qquad (-Q)$$

La misura del calore di reazione

Il calore sviluppato o assorbito da una reazione acido-base si misura in genere mediante i *calorimetri* (figura **6**).

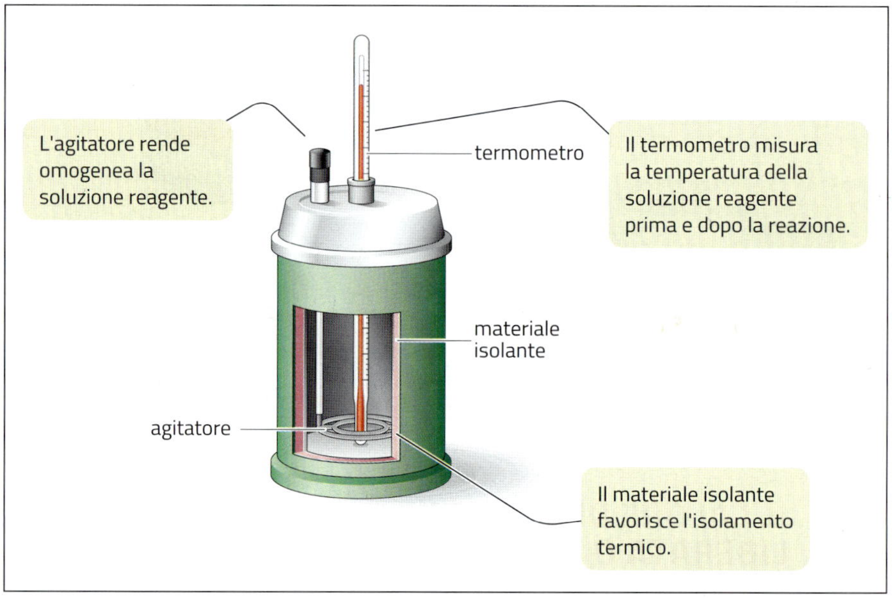

Figura 6 **I calorimetri** Il calore di reazione in soluzione acquosa viene misurato tramite i calorimetri.

Introducendo le soluzioni reagenti nel calorimetro, lo sviluppo o l'assorbimento di calore che si verifica durante la reazione chimica fa diminuire o aumentare la temperatura della soluzione.

Il **calore specifico** di una sostanza (espresso in $J \cdot g^{-1} \cdot °C^{-1}$) è la quantità di calore che occorre fornire a 1 g della sostanza per aumentare la sua temperatura di 1 °C o di 1 K.

Se sono note la massa *m* (espressa in grammi) e il **calore specifico** (simbolo ***c***) delle soluzioni reagenti e si misura la variazione di temperatura (Δt), il calore di reazione si determina con la relazione:

$$Q = m \cdot c \cdot \Delta t$$

Poiché le soluzioni acquose in cui avvengono le reazioni acido-base sono *molto diluite*, agli effetti del calcolo del calore liberato e assorbito si prende in esame il solo calore specifico dell'acqua ($c_{H_2O} = 4{,}18\ J \cdot g^{-1} \cdot °C^{-1}$).

PROBLEMA MODELLO

Calcolare la quantità di calore assorbita

Calcola la quantità di calore (in kJ) assorbita da 20 g di acqua ($c = 4{,}18 \text{ J} \cdot \text{g}^{-1} \cdot {}^\circ\text{C}^{-1}$) per innalzare la sua temperatura da 25 °C a 65 °C.

L'IDEA

Poiché sono noti i valori della temperatura iniziale (t_1) e della temperatura finale (t_2) dell'acqua, determiniamo la variazione della temperatura Δt:

$$\Delta t = t_2 - t_1 = (65 - 25)\ {}^\circ\text{C} = 40\ {}^\circ\text{C}$$

LA SOLUZIONE

La quantità di calore (Q) assorbita dall'acqua è pertanto determinata con la relazione:

$$Q = m \cdot c \cdot \Delta t = 20 \text{ g} \cdot 4{,}18 \text{ J} \cdot \text{g}^{-1} \cdot {}^\circ\text{C}^{-1} \cdot 40\ {}^\circ\text{C} = 3344 \text{ J}$$

LA CONCLUSIONE

Ricordando che 1 kJ è uguale a 1000 J, il valore del calore espresso in kJ è:

$$Q = 3{,}344 \text{ kJ}$$

PROBLEMA SIMILE

Calcola la quantità di calore (in kJ) assorbita da 200 cm^3 di glicerolo ($d = 1{,}27 \text{ g/cm}^3$; $c = 2{,}43 \text{ J} \cdot \text{g}^{-1} \cdot {}^\circ\text{C}^{-1}$) per innalzare la sua temperatura da 10 °C a 20,4 °C.

Le reazioni esotermiche ed endotermiche

Nelle reazioni chimiche si hanno sempre scambi tra l'*energia termica* e l'*energia chimica* del sistema. Durante una reazione chimica i reagenti si trasformano in prodotti: in questo processo il numero degli atomi dei prodotti è *uguale* a quello dei reagenti, ma la combinazione e la posizione degli atomi nei prodotti sono *diverse* da quelle dei reagenti. Come conseguenza, si ha una variazione dell'energia potenziale delle singole molecole e quindi dell'energia chimica del sistema.

Quando in una reazione chimica i legami che si formano nei prodotti contengono una *minore quantità di energia* chimica di quella presente nei legami dei reagenti, l'*energia chimica* eccedente nei reagenti si trasforma in *energia termica*, ceduta dal sistema all'ambiente sotto forma di calore: la reazione è **esotermica** (figura **7**).

$$\text{A} + \text{B} \longrightarrow \text{C} + \text{D} \qquad (-Q)$$

LE PAROLE

Esotermico deriva dalle parole greche *héxo* (fuori) e *thermós* (calore). Si riferisce a un processo che avviene con liberazione di calore.

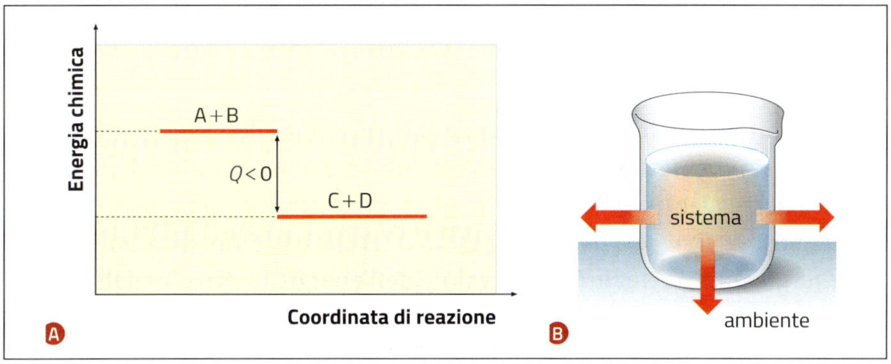

Figura 7 **Reazioni esotermiche** Nelle reazioni esotermiche i prodotti hanno energia chimica minore dei reagenti e il sistema cede calore all'ambiente.

LE PAROLE

Endotermico deriva dalle parole greche *endos* (dentro) e *termós* (calore). Si riferisce a un processo che avviene con assorbimento di calore.

Quando in una reazione chimica i legami che si formano nei prodotti contengono una *maggiore quantità di energia chimica* di quella dei reagenti, l'*energia termica* eccedente si trasforma in *energia chimica*. La temperatura del sistema diminuisce e il sistema assorbe energia termica dall'ambiente sotto forma di calore: la reazione è **endotermica** (figura **8**).

$$A + B \longrightarrow C + D \qquad (+Q)$$

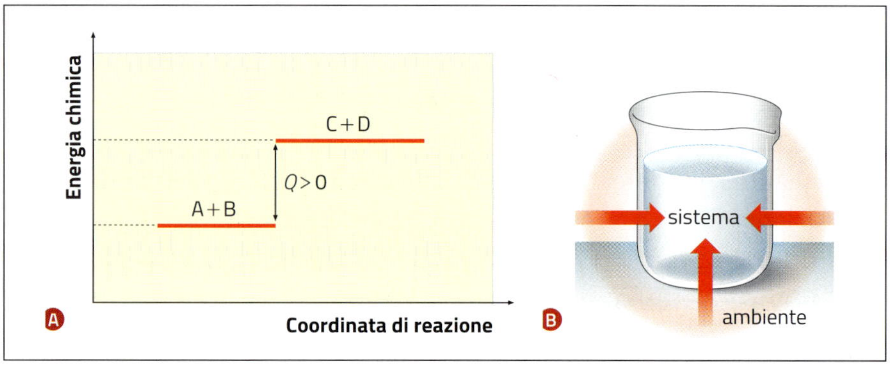

Figura 8 **Reazioni endotermiche** Nelle reazioni endotermiche i prodotti hanno energia chimica maggiore dei reagenti e il sistema assorbe calore dall'ambiente.

PER VEDERE LA CHIMICA
Video *In laboratorio*
Reazioni esotermiche ed endotermiche

Tra le reazioni esotermiche hanno particolare importanza quelle di *combustione* perché liberano un'elevata quantità di calore. Sono endotermiche le reazioni di *analisi* e di *decomposizione*, che possono avvenire solo fornendo calore.

3 IL PRIMO PRINCIPIO DELLA TERMODINAMICA DEFINISCE LA VARIAZIONE DI ENERGIA INTERNA

Lo stato termodinamico di un sistema è definito dal valore di grandezze variabili (pressione, volume, temperatura) dette funzioni di stato.

Una **funzione di stato** è una grandezza la cui variazione dipende solo dallo stato iniziale e dallo stato finale del sistema e non dagli stati intermedi attraverso i quali il sistema procede.

A COLPO D'OCCHIO

ENERGIA INTERNA
- ENERGIA CINETICA
- ENERGIA POTENZIALE

In un sistema termodinamico ogni singola molecola possiede un'energia cinetica legata ai movimenti di vibrazione, rotazione e traslazione e un'energia potenziale associata alla forza dei legami interatomici.

L'energia totale (termica e chimica) posseduta da un *sistema* di molecole si chiama **energia interna** (simbolo U) ed è data dalla somma dell'energia cinetica E_c e dell'energia potenziale E_p di ogni singola molecola.

$$U = E_c + E_p$$

LE PAROLE

Termodinamica deriva dalle parole greche *thermós* (calore) e *dýnamis* (forza). È la disciplina che studia le trasformazioni dell'energia termica (calore) in energia meccanica (lavoro) e viceversa.

L'energia interna di un sistema dipende dall'estensione del sistema ed è quindi una *grandezza estensiva*. Quando avviene una reazione, il valore dell'energia chimica dei reagenti è diverso da quello dei prodotti, per cui nel sistema si ha una *variazione di energia interna* (simbolo ΔU) che è la differenza tra il valore dell'energia interna finale (U_f) e il valore dell'energia interna iniziale (U_i):

$$\Delta U = U_f - U_i$$

L'energia interna di un sistema è quindi una funzione di stato termodinamica la cui variazione in una trasformazione si manifesta come uno scambio di energia tra il sistema e l'ambiente. Tale scambio è espresso in forma di *calore* Q e di *lavoro* L. Sulla base di ciò, il fisico tedesco Rudolf Clausius ha formulato il primo principio della termodinamica.

Il **primo principio della termodinamica** stabilisce che la variazione di energia interna di un sistema è uguale alla differenza delle quantità di calore e di lavoro scambiate tra il sistema e l'ambiente.

$$\Delta U = Q - L$$

Tale principio può essere anche così espresso (figura **9**):

Il calore fornito a un sistema termodinamico in parte determina un aumento dell'energia interna del sistema e in parte si trasforma in lavoro scambiato tra il sistema e l'ambiente.

$$Q = \Delta U + L$$

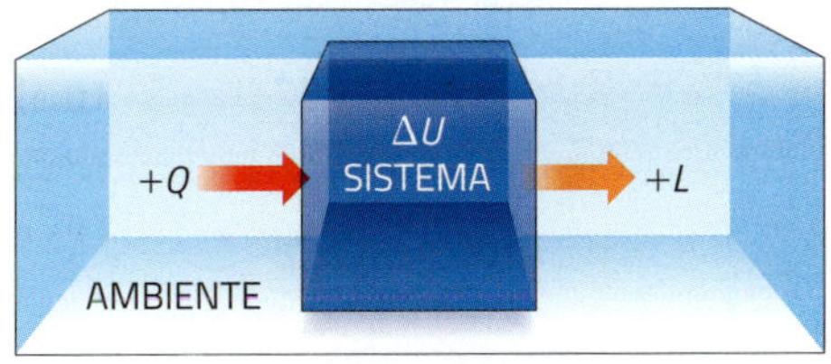

Figura 9 **Rappresentazione del primo principio della termodinamica**

4 L'ENTALPIA È L'ENERGIA TOTALE DI UN SISTEMA

In un sistema termodinamico chimico il calore Q è il calore di reazione prodotto da una reazione chimica, mentre il lavoro L è quello compiuto da un gas che si espande contro la pressione atmosferica.

Le reazioni chimiche in laboratorio avvengono a pressione costante. Prendiamo in esame il sistema termodinamico costituito dalla reazione tra zinco e una soluzione di acido cloridrico che avviene in un becher, dove la pressione costante dell'atmosfera è stata sostituita da un pistone e da un cilindretto che esercitano una pressione equivalente.

$$Zn_{(s)} + 2\,HCl_{(aq)} \longrightarrow ZnCl_{2(aq)} + H_{2(g)}$$

La reazione sviluppa calore che determina un aumento dell'energia interna e quindi una sua variazione (ΔU) e produce un gas che espandendosi compie un lavoro L, spingendo il pistone verso l'alto con conseguente variazione di volume ΔV (figura **10**):

$$L = p \cdot \Delta V$$

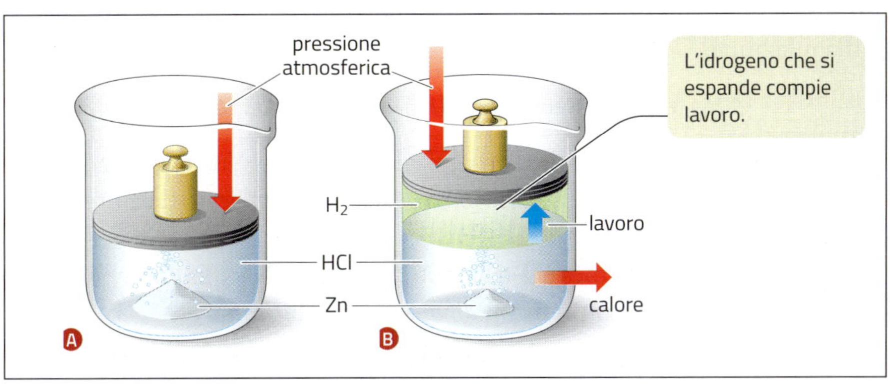

Figura 10 **Reazioni con variazione di volume** A Reazione tra lo zinco e una soluzione di acido cloridrico a pressione costante (la pressione atmosferica è stata sostituita dal pistone e dal cilindretto). B Nella reazione si sviluppa idrogeno, che espandendosi compie un lavoro.

Sostituendo il valore di L nell'equazione del *primo principio della termodinamica*, il valore del calore di reazione a pressione costante (Q_p) è dato dalla relazione:

$$Q_p = \Delta U + p \cdot \Delta V$$

Poiché all'inizio della reazione i valori di U e V sono U_1 e V_1 e alla fine della reazione sono U_2 e V_2, l'equazione che esprime il primo principio della termodinamica può essere anche così espressa:

$$Q_p = (U_2 + p \cdot V_2) - (U_1 + p \cdot V_1)$$

In altri termini il calore di reazione a pressione costante (Q_p) è dato dalla *differenza* dei valori della funzione ($U + p \cdot V$) calcolata rispetto agli stati finale (E_2 e V_2) e iniziale (E_1 e V_1) di una reazione.

Alla grandezza ($U + p \cdot V$) si dà il nome di *entalpia*.

L'**entalpia (*H*)** di un sistema chimico rappresenta l'energia totale di cui il sistema dispone e corrisponde alla somma della sua energia (U) e del lavoro ($p \cdot V$) che esso compie sull'ambiente:

$$H = U + p \cdot V$$

LE PAROLE

La parola **entalpia** deriva dal greco *enthálpo* (portare calore dentro) e indica l'energia totale di un sistema.

L'entalpia è una funzione di stato

L'entalpia è una *funzione di stato* e pertanto la **variazione di entalpia** (simbolo **ΔH**) in una trasformazione a *pressione costante* si rappresenta nella forma:

$$\Delta H = \Delta U + p \cdot \Delta V$$

Confrontando questa relazione con quella del primo principio della termodinamica a pressione costante ($Q_p = \Delta U + L$) si ha che:

Il calore a pressione costante Q_p scambiato tra un sistema e l'ambiente corrisponde alla variazione di entalpia ΔH tra lo stato finale e lo stato iniziale del sistema:

$$Q_p = \Delta H$$

Dato che in una reazione chimica:

$$\mathrm{A + B \longrightarrow C + D}$$

l'entalpia dello stato finale è quella dei *prodotti* (H_2) e l'entalpia dello stato iniziale è quella dei *reagenti* (H_1), si ha che la variazione di entalpia è data dalla relazione:

$$\Delta H = \text{entalpia dei prodotti } (H_2) - \text{entalpia dei reagenti } (H_1)$$

- Nelle reazioni **esotermiche** l'entalpia dei reagenti (H_1) è *maggiore* di quella dei prodotti (H_2) e quindi il *sistema cede calore* all'*ambiente*: il valore del ΔH è *negativo* (figura **11A**).
  Una reazione esotermica è la reazione di sintesi dell'acqua che avviene con sviluppo di calore e quindi con *diminuzione* di entalpia:

$$2\,H_{2(g)} + O_{2(g)} \longrightarrow 2\,H_2O_{(l)} \qquad (\Delta H = -571{,}5\ \mathrm{kJ})$$

- Nelle reazioni **endotermiche** l'entalpia dei reagenti (H_1) è *minore* di quella dei prodotti (H_2) e quindi il *sistema assorbe calore* dall'*ambiente*: il valore del ΔH è *positivo* (figura **11B**).
  Una reazione endotermica è la reazione di analisi dell'ammoniaca che avviene con assorbimento di calore e quindi con *aumento* di entalpia:

$$2\,NH_{3(g)} \xrightarrow{\Delta} N_{2(g)} + 3\,H_{2(g)} \qquad (\Delta H = 92{,}38\ kJ)$$

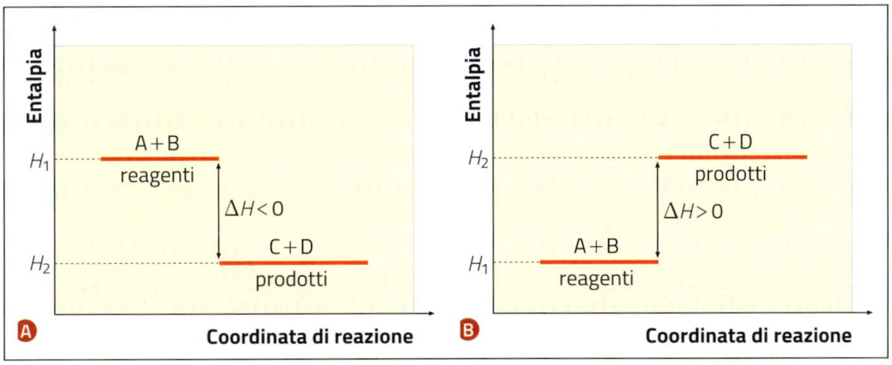

Figura 11 **Variazione di entalpia nelle reazioni esotermiche ed endotermiche** A Nelle reazioni esotermiche ΔH è negativo. B Nelle reazioni endotermiche ΔH è positivo.

La variazione di entalpia nelle reazioni chimiche

La rappresentazione completa di una reazione chimica prevede la specificazione dello stato fisico dei reagenti e dei prodotti ma anche della variazione di entalpia (ΔH) espressa in **kJ**.

Un'equazione chimica bilanciata in cui vengono definiti il valore del ΔH e gli stati fisici dei reagenti e dei prodotti è detta **equazione termochimica**.

LE PAROLE

La **termochimica** è la disciplina che studia le variazioni termiche che si verificano durante le reazioni chimiche.

La reazione di combustione tra il carbonio e l'ossigeno è descritta dalla seguente equazione termochimica:

$$C_{(s)} + O_{2(g)} \longrightarrow CO_{2(g)} \qquad (\Delta H = -393{,}5\ kJ)$$

Dalla stechiometria della reazione risulta che per **una mole** di carbonio che reagisce con una mole di ossigeno una quantità di energia corrispondente a 393,5 kJ passa dal sistema all'ambiente sotto forma di calore. Dalla combustione di **due moli** di carbonio con due moli di ossigeno la quantità di calore che si trasferisce dal sistema all'ambiente raddoppia ($\Delta H = -787$ kJ).

PER SAPERNE DI PIÙ
PDF *Approfondimento*
CO_2 e riscaldamento globale

$$2\,C_{(s)} + 2\,O_{2(g)} \longrightarrow 2\,CO_{2(g)} \qquad (\Delta H = -787\ kJ)$$

La variazione di entalpia riferita ai coefficienti stechiometrici presenti in un'equazione chimica si chiama **variazione di entalpia di reazione (ΔH)**.

La variazione di entalpia di reazione dipende dalle condizioni (temperatura e pressione) in cui si trova il sistema. Per confrontare le variazioni di entalpia di diverse reazioni occorre quindi riferire il valore di entalpia a **condizioni di temperatura e pressione standard** (TPS).

Le condizioni standard stabilite per i sistemi termodinamici sono temperatura pari a 25 °C (298 K) e pressione pari a 1 bar (101 325 Pa).

La variazione di entalpia che si verifica quando i reagenti reagiscono in condizioni standard (t = 25 °C; p = 1 bar) si chiama **variazione di entalpia standard di reazione ($\Delta H°$)**.

Anche la variazione di entalpia standard di reazione si esprime in kJ e il suo valore dipende dai *coefficienti stechiometrici* che specificano le *quantità* dei reagenti e dei prodotti. Nella reazione di sintesi dell'ammoniaca NH_3 in seguito alla formazione di una mole si liberano 46,18 kJ, quando si formano due moli si ha la liberazione di 92,36 kJ:

$$1/2\ N_{2(g)} + 3/2\ H_{2(g)} \longrightarrow NH_{3(g)} \qquad (\Delta H^\circ = -46{,}18\ \text{kJ})$$

$$N_{2(g)} + 3\ H_{2(g)} \longrightarrow 2\ NH_{3(g)} \qquad (\Delta H^\circ = -92{,}36\ \text{kJ})$$

Se una reazione è rappresentata mediante la sua equazione termochimica, si può rappresentare anche l'equazione termochimica della reazione inversa. Per la reazione inversa il ΔH° ha lo *stesso* valore numerico ma di segno *opposto*. La reazione di analisi dell'ammoniaca è rappresentata dalla seguente equazione termochimica:

$$2\ NH_{3(g)} \xrightarrow{\Delta} N_{2(g)} + 3\ H_{2(g)} \qquad (\Delta H^\circ = 92{,}36\ \text{kJ})$$

La variazione di entalpia standard di formazione

Per calcolare la variazione di entalpia standard di reazione, devono essere noti i valori di entalpia dei reagenti e dei prodotti. Per ogni reagente e prodotto si deve conoscere il valore di entalpia specifico per la formazione di **una mole** del composto nelle condizioni standard.

La variazione di entalpia associata alla formazione di una mole di un composto a partire dagli elementi che lo costituiscono nelle condizioni standard si chiama **variazione di entalpia standard di formazione (ΔH°_f)**.

Non essendo possibile determinare l'entalpia assoluta degli elementi chimici, si è stabilito di assegnare agli **elementi** nella loro forma più stabile (temperatura di 25 °C e pressione di 1 bar) un valore di entalpia standard di formazione uguale a **zero**. I valori delle variazioni di entalpia standard di formazione (ΔH°_f) si esprimono in **kJ/mol** (tabella **1**).

Tabella 1 Valori di variazione di entalpia standard di formazione di alcuni composti

Composto	ΔH°_f (kJ/mol)	Composto	ΔH°_f (kJ/mol)	Composto	ΔH°_f (kJ/mol)
$AgCl_{(s)}$	−127,0	$C_2H_5OH_{(l)}$	−277,63	$K_2SO_{4(s)}$	−1433,7
$Al_2O_{3(s)}$	−1669,8	$CaCO_{3(s)}$	−1207	$NH_{3(g)}$	−46,18
$CO_{(g)}$	−110,5	$CaCl_{2(s)}$	−795,0	$NH_4Cl_{(s)}$	−315,4
$CO_{2(g)}$	−393,5	$CaO_{(s)}$	−635,5	$NO_{(g)}$	90,37
$CH_{4(g)}$	−74,848	$Ca(OH)_{2(s)}$	−986,59	$NO_{2(g)}$	33,8
$CH_3Cl_{(g)}$	−82,0	$CaSO_{4(s)}$	−1432,7	$N_2O_{(g)}$	81,57
$CH_3I_{(g)}$	−0,16	$Fe_2O_{3(s)}$	−822,2	$N_2O_{4(g)}$	9,67
$CH_3OH_{(l)}$	−238,6	$H_2O_{(g)}$	−241,8	$NaHCO_{3(s)}$	−947,7
$C_2H_{2(g)}$	226,75	$H_2O_{(l)}$	−285,9	$Na_2CO_{3(s)}$	−1131
$C_2H_{4(g)}$	52,284	$HCl_{(g)}$	−92,30	$NaCl_{(s)}$	−411,0
$C_2H_{6(g)}$	−84,667	$HI_{(g)}$	26,6	$NaOH_{(s)}$	−426,8
$C_3H_{8(g)}$	−104,7	$HNO_{3(l)}$	−173,2	$Na_2SO_{4(s)}$	−1384,5
$C_4H_{10(g)}$	−126,15	$H_2SO_{4(l)}$	−811,32	$SO_{2(g)}$	−296,9
$C_6H_{6(l)}$	49	$KCl_{(s)}$	−435,89	$SO_{3(g)}$	−395,2

I valori delle variazioni di entalpia standard di formazione ΔH°_f sono generalmente *negativi*, in quanto la formazione di una mole di un composto a partire dai suoi elementi è una *reazione esotermica*. I composti che presentano valori di ΔH°_f molto negativi (Al_2O_3, Na_2SO_4) sono molto stabili.

Valori di ΔH°_f positivi indicano che la formazione di una mole di un composto a partire dai suoi elementi è una *reazione endotermica*. Le variazioni di entalpia standard di formazione sono utilizzate per calcolare la variazione di entalpia standard di reazione (ΔH°).

La **variazione di entalpia standard di reazione** è la differenza tra l'entalpia standard di formazione totale dei prodotti e l'entalpia standard di formazione totale dei reagenti:

$$\Delta H^\circ = \Sigma H^\circ_{f\ \text{prodotti}} - \Sigma H^\circ_{f\ \text{reagenti}}$$

Il simbolo Σ (dal greco: *sigma* = sommatoria) indica la somma delle variazioni di entalpie standard di formazione dei prodotti e dei reagenti (figura **12**).

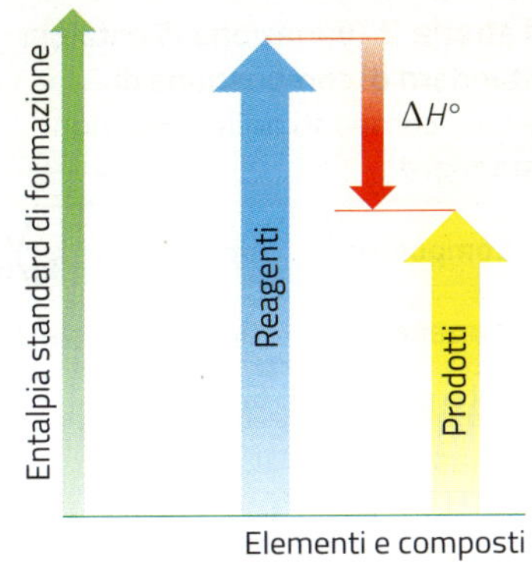

Figura 12 La variazione di entalpia standard Il ΔH° di una reazione è la differenza tra l'entalpia standard di formazione dei prodotti e dei reagenti.

PROBLEMA MODELLO

Calcolare la variazione di entalpia standard in una reazione

La reazione di combustione del metano è rappresentata dalla seguente equazione termochimica:

$$CH_{4(g)} + 2\ O_{2(g)} \longrightarrow CO_{2(g)} + 2\ H_2O_{(l)} \qquad (\Delta H^\circ = -890\ \text{kJ})$$

Calcola la variazione di entalpia standard di formazione ΔH°_f del metano.

L'IDEA

Tenendo conto dei coefficienti stechiometrici nell'equazione chimica bilanciata, rappresentiamo la variazione dell'entalpia standard di reazione (ΔH°):

$$\Delta H^\circ = \Delta H^\circ_{f\ CO_{2(g)}} + 2\ \Delta H^\circ_{f\ H_2O_{(l)}} - \Delta H^\circ_{f\ CH_{4(g)}}$$

Dalla tabella delle variazioni di entalpia standard di formazione ricaviamo i valori del ΔH°_f di $CO_{2(g)}$ e di $H_2O_{(l)}$; il valore del ΔH°_f dell'ossigeno, come per tutti gli elementi, è uguale a zero:

$$\Delta H^\circ_{f\ CO_{2(g)}} = -\ 393{,}5\ \text{kJ/mol} \qquad \Delta H^\circ_{f\ H_2O_{(l)}} = -\ 285{,}9\ \text{kJ/mol}$$

LA SOLUZIONE

Sostituiamo i valori corrispondenti nell'equazione del ΔH° di reazione:

$$-\ 890\ \text{kJ} = -\ 393{,}5\ \text{kJ/mol} + 2\ \text{mol} \cdot (-\ 285{,}9\ \text{kJ/mol}) - \Delta H^\circ_{f\ CH_{4(g)}}$$

LA CONCLUSIONE

Calcoliamo il ΔH°_f del metano con la relazione:

$$\Delta H^\circ_{f\ CH_{4(g)}} = -\ 393{,}5\ \text{kJ/mol} + 2\ \text{mol} \cdot (-\ 285{,}9\ \text{kJ/mol}) - (-\ 890\ \text{kJ}) = -\ 75{,}3\ \text{kJ/mol}$$

Il valore è in accordo, salvo approssimazioni nei calcoli, con il valore riportato in tabella 1.

PROBLEMA SIMILE

Calcola la variazione di entalpia di reazione per la reazione di sintesi di 70 g di diossido di carbonio, in condizioni standard.

Le reazioni di combustione

La combustione è una reazione che avviene fra un **combustibile** (generalmente un composto organico) e un **comburente** (di solito l'ossigeno). Le reazioni di combustione sono fortemente *esotermiche* e pertanto liberano una elevata quantità di energia termica sotto forma di calore:

La variazione di entalpia associata alla combustione di una mole di un combustibile che reagisce completamente con l'ossigeno nelle condizioni standard ($t = 25$ °C; $p = 1$ bar) si chiama **variazione di entalpia standard di combustione**.

La variazione di entalpia standard di combustione (simbolo ΔH°_c) si esprime in **kJ/mol** (tabella **2**).

I composti organici che danno reazioni di combustione possono essere costituiti da carbonio e idrogeno (idrocarburi come metano CH_4 ed etano C_2H_6) oppure da carbonio, idrogeno e ossigeno (etanolo C_2H_5OH, glucosio $C_6H_{12}O_6$).

La grande quantità di energia termica che sotto forma di calore si libera nelle reazioni di combustione è giustificata dalla formazione di prodotti (CO_2 e H_2O) che hanno legami chimici interatomici *molto forti*. Tali legami conferiscono a questi composti elevata stabilità e bassa energia.

Tabella 2 Variazione di entalpia standard di combustione di alcuni composti nelle condizioni standard

Composto	Formula	ΔH°_c (kJ/mol)
benzene	$C_6H_{6(l)}$	−3268
butano	$C_4H_{10(g)}$	−2877
etano	$C_2H_{6(g)}$	−1560
etanolo	$C_2H_5OH_{(l)}$	−1368
etene	$C_2H_{4(g)}$	−1411
etino	$C_2H_{2(g)}$	−1300
glucosio	$C_6H_{12}O_{6(s)}$	−2808
metano	$CH_{4(g)}$	−890
metanolo	$CH_3OH_{(l)}$	−726
pentano	$C_5H_{12(l)}$	−3536
propano	$C_3H_{8(g)}$	−2220
saccarosio	$C_{12}H_{22}O_{11(s)}$	−5640

PROBLEMA MODELLO

Calcolare la quantità di calore sviluppata da una combustione

La reazione di combustione del carbonio è rappresentata dalla seguente equazione termochimica:

$$C_{(s)} + O_{2(g)} \longrightarrow CO_{2(g)} \quad (\Delta H^\circ_c = -393{,}5 \text{ kJ/mol})$$

Calcola la quantità di calore che si sviluppa dalla combustione di 1 kg di carbonio.

L'IDEA

Calcoliamo il numero delle moli di carbonio ($M = 12$ g/mol) con la relazione:

$$n = \frac{m\,(\text{g})}{M\,(\text{g/mol})} = \frac{1000 \text{ g}}{12 \text{ g/mol}} = 83{,}3 \text{ mol}$$

LA SOLUZIONE

Poiché dall'equazione termochimica si deduce che da una mole di carbonio si libera una quantità di calore equivalente a 393,5 kJ, calcoliamo la quantità di calore (Q) che si sviluppa da 83,3 mol con la relazione:

$$Q = n\,(\text{mol}) \cdot 393{,}5 \text{ kJ/mol} = 83{,}3 \text{ mol} \cdot 393{,}5 \text{ kJ/mol} = 32\,778 \text{ kJ}$$

PROBLEMA SIMILE

La reazione di combustione del butano è rappresentata dalla seguente equazione termochimica:

$$2\ C_4H_{10(g)} + 13\ O_{2(g)} \longrightarrow 8\ CO_{2(g)} + 10\ H_2O_{(l)} \quad (\Delta H = -5754 \text{ kJ})$$

Calcola quanti grammi di questo gas occorrono per liberare 350 kJ.

La legge di Hess

L'entalpia è una funzione di stato, pertanto la sua variazione (ΔH) in una reazione chimica è determinata dallo *stato iniziale* (reagenti) e dallo *stato finale* (prodotti) del sistema.

Questa affermazione si può giustificare prendendo in esame la reazione di combustione del carbonio che può avvenire in un unico stadio oppure in due stadi:

- in un *unico stadio*, il carbonio in *eccesso* di ossigeno forma diossido di carbonio secondo l'equazione:

$$C_{(s)} + O_{2(g)} \longrightarrow CO_{2(g)} \qquad (\Delta H^\circ = -393{,}5 \text{ kJ})$$

- in *due stadi* successivi, il carbonio in *difetto* di ossigeno forma prima il monossido di carbonio secondo l'equazione:

$$C_{(s)} + \frac{1}{2} O_{2(g)} \longrightarrow CO_{(g)} \qquad (\Delta H_1^\circ = -110{,}5 \text{ kJ})$$

e successivamente il diossido di carbonio secondo l'equazione:

$$CO_{(g)} + \frac{1}{2} O_{2(g)} \longrightarrow CO_{2(g)} \qquad (\Delta H_2^\circ = -283 \text{ kJ})$$

Si può osservare che, sommando le due reazioni del processo che avviene in due stadi:

$$C_{(s)} + \frac{1}{2} O_{2(g)} + CO_{(g)} + \frac{1}{2} O_{2(g)} \longrightarrow CO_{(g)} + CO_{2(g)}$$

Eliminando i termini comuni (CO) che compaiono nei reagenti e nei prodotti, otteniamo la reazione del processo che avviene in un unico stadio, non solo per quanto riguarda reagenti e prodotti:

$$C_{(s)} + O_{2(g)} \longrightarrow CO_{2(g)}$$

ma anche per la variazione standard di entalpia definita dalla relazione:

$$\Delta H^\circ = \Delta H_1^\circ + \Delta H_2^\circ = -110{,}5 \text{ kJ} + (-283 \text{ kJ}) = -393{,}5 \text{ kJ}$$

In altri termini, se una reazione si svolge in un solo stadio oppure in più stadi, la quantità di calore liberata o assorbita è sempre la stessa in quanto dipende solo dagli stati iniziale e finale del sistema (figura **13**).

A COLPO D'OCCHIO

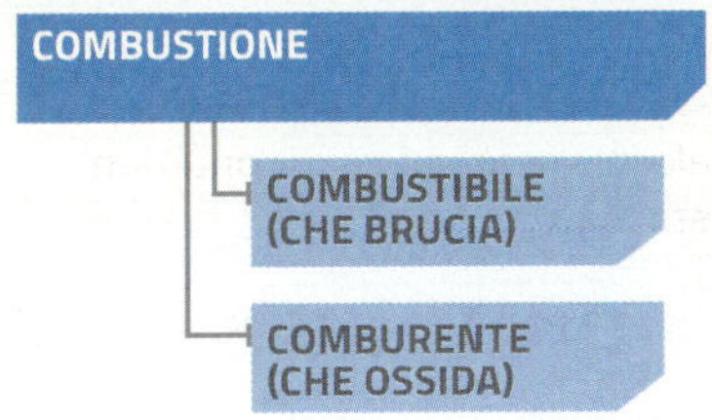

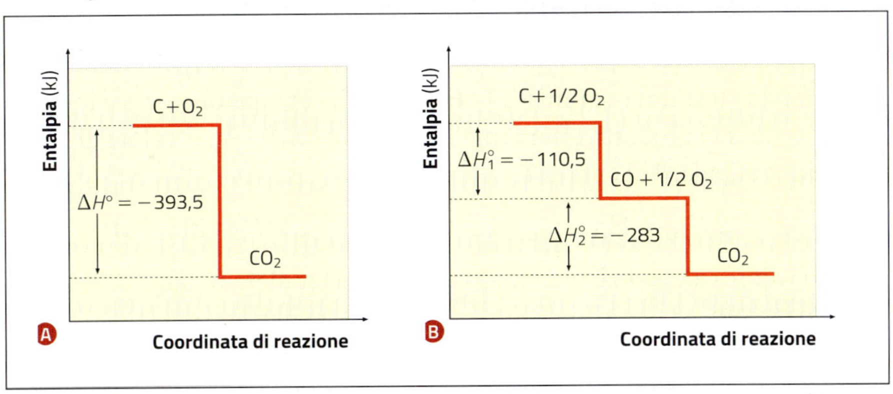

Figura 13 **La legge di Hess** Variazione di entalpia associata alla combustione del carbonio secondo due diversi processi: A in un unico stadio; B in due stadi.

La **legge di Hess** stabilisce che la variazione di entalpia in una reazione chimica dipende esclusivamente degli stati iniziale e finale e non dagli stadi intermedi attraverso i quali la reazione procede.

La legge di Hess permette di stabilire la variazione di entalpia standard di reazione ($\Delta H°$) di una reazione chimica che avviene in più stadi conoscendo il valore della variazione di entalpia standard di reazione di ogni stadio intermedio.

PROBLEMA MODELLO

Calcolare il ΔH di una reazione

Date le variazioni di entalpia standard $\Delta H°$ delle seguenti reazioni:

a. $C_2H_{2(g)} + 5/2\ O_{2(g)} \longrightarrow 2\ CO_{2(g)} + H_2O_{(l)}$ $(\Delta H_1^\circ = -1291{,}6\ kJ)$

b. $C_{(s)} + O_{2(g)} \longrightarrow CO_{2(g)}$ $(\Delta H_2^\circ = -393{,}5\ kJ)$

c. $H_{2(g)} + 1/2\ O_{2(g)} \longrightarrow H_2O_{(l)}$ $(\Delta H_3^\circ = -285{,}9\ kJ)$

calcola il $\Delta H°$ della reazione: $2\ C_{(s)} + H_{2(g)} \longrightarrow C_2H_{2(g)}$

L'IDEA

Tenendo presente che nella reazione finale il *prodotto* di reazione è C_2H_2 (nell'equazione **a** è un reagente) e che tra i reagenti sono presenti due moli di carbonio (nell'equazione **b** è presente una mole), si deve quindi:

- **invertire** la reazione **a** cambiando il segno del ΔH_1°:

$$2\ CO_{2(g)} + H_2O_{(l)} \longrightarrow C_2H_{2(g)} + 5/2\ O_{2(g)} \qquad (\Delta H_1^\circ = 1291{,}6\ kJ)$$

- **moltiplicare** l'equazione **b** per due, compresa la variazione di ΔH_2°.

$$2\ C_{(g)} + 2\ O_{2(g)} \longrightarrow 2\ CO_{2(g)} \qquad (\Delta H_2^\circ = -787\ kJ)$$

L'equazione **c** rimane invariata in quanto $H_{2(g)}$ nella reazione finale è presente come reagente.

LA SOLUZIONE

Sommiamo ora le tre reazioni:

$$2\ CO_2 + H_2O + 2\ C + 2\ O_2 + H_2 + 1/2\ O_2 \longrightarrow$$
$$\longrightarrow C_2H_2 + 5/2\ O_2 + 2\ CO_2 + H_2O$$

e i rispettivi valori di $\Delta H°$:

$$\Delta H° = (1291{,}6 - 787 - 285{,}9)\ kJ = 218\ kJ$$

LA CONCLUSIONE

Eliminando i termini comuni (CO_2, H_2O, O_2) che compaiono sia tra i reagenti sia tra i prodotti, otteniamo la reazione finale con il valore di variazione standard di entalpia:

$$2\ C_{(s)} + H_{2(g)} \longrightarrow C_2H_{2(g)} \qquad (\Delta H° = 218{,}7\ kJ)$$

Questo valore calcolato è in accordo con quello tabulato in tabella.

PROBLEMA SIMILE

Date le variazioni di entalpia standard delle seguenti reazioni:

a. $NH_{3(g)} \longrightarrow 1/2\ N_{2(g)} + 3/2\ H_{2(g)}$ $(\Delta H° = 46\ kJ)$

b. $2\ H_2O_{(g)} \longrightarrow 2\ H_{2(g)} + O_{2(g)}$ $(\Delta H° = 484\ kJ)$

calcola il $\Delta H°$ della reazione: $N_{2(g)} + 3\ H_2O_{(g)} \longrightarrow 3/2\ O_{2(g)} + 2\ NH_{3(g)}$

PER SAPERNE DI PIÙ

L'entalpia nei viventi

La respirazione cellulare è un processo aerobico tramite il quale i sistemi viventi ricavano energia da molecole organiche (prevalentemente carboidrati).

La combustione del glucosio, processo che si svolge prima nel citoplasma (glicolisi) e poi nei mitocondri (ciclo di Krebs e fosforilazione ossidativa), non avviene in un unico stadio ma in molti stadi intermedi, a ciascuno dei quali è associato un piccolo valore di ΔH. Alla fine del processo, sommando la variazione entalpica degli stadi intermedi si ottiene una variazione di entalpia corrispondente a quella della reazione in un unico stadio. Questa suddivisione dell'energia è fondamentale per la vita cellulare in quanto la piccola quantità di energia liberata a ogni stadio intermedio permette alla cellula di poterla utilizzare durante i diversi processi anabolici che deve svolgere.

5 IL SECONDO PRINCIPIO DELLA TERMODINAMICA E IL MASSIMO DISORDINE

La spontaneità dei processi chimici è legata all'instabilità dei reagenti che, trasformandosi nei prodotti, tendono a raggiungere una condizione finale stabile con minore energia (figura **14**).

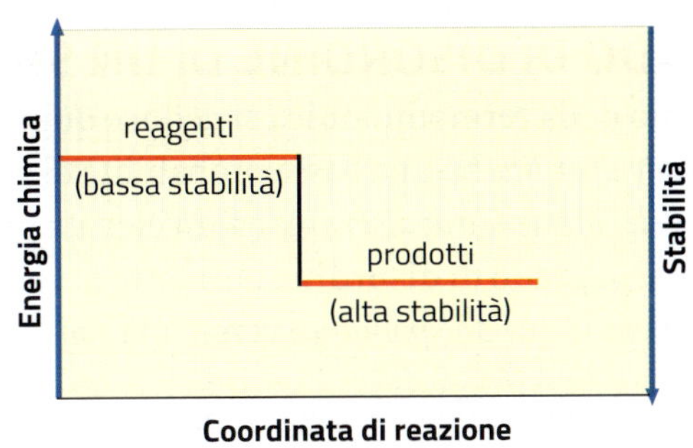

Figura 14 Spontaneità dei processi chimici Una reazione chimica è spontanea quando i reagenti instabili si trasformano in prodotti stabili.

Questa trasformazione è tipica delle **reazioni esotermiche**, ovvero delle reazioni che avvengono con sviluppo di calore ($\Delta H < 0$), quindi si potrebbe ipotizzare che solo queste reazioni abbiano tendenza ad avvenire spontaneamente. In realtà, si tratta di un comportamento abbastanza comune ma non di una regola: si conoscono infatti reazioni esotermiche *non spontanee* e **reazioni endotermiche** che avvengono con assorbimento di calore ($\Delta H < 0$) e che sono *spontanee*.

La **diminuzione di entalpia** non è quindi l'*unico criterio* per prevedere la spontaneità di una reazione.

Prendiamo in esame la reazione di dissociazione ionica del cloruro di potassio KCl in acqua:

$$KCl_{(aq)} \longrightarrow K^+_{(aq)} + Cl^-_{(aq)} \quad (\Delta H = 17{,}2 \text{ kJ})$$

Tale processo è *endotermico* ($\Delta H > 0$) in quanto avviene con assorbimento di calore dall'ambiente, ma è *spontaneo*.

Nel cloruro di potassio, solido ionico, gli ioni sono disposti in modo ordinato nel reticolo cristallino con minima possibilità di movimento. Quando il solido passa in soluzione, gli ioni hanno un'elevata libertà di movimento, cioè possono occupare un numero maggiore di posizioni, conseguendo così una condizione di maggior disordine (figura **15**).

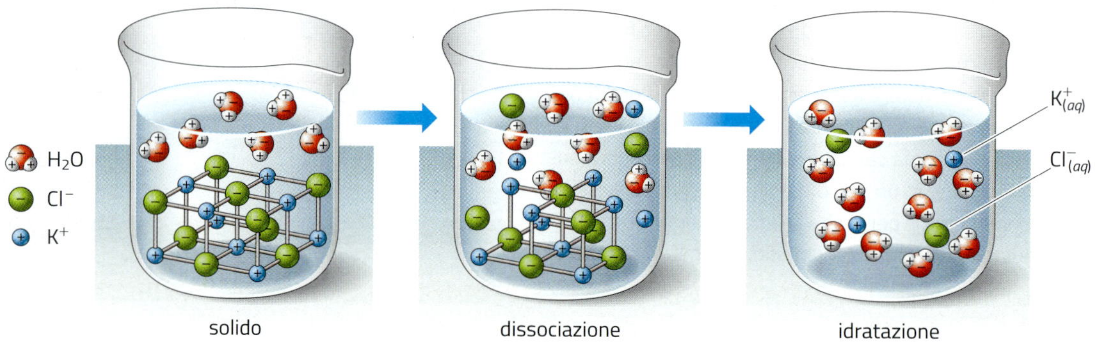

Figura 15 Lo stato di disordine nella reazione di dissociazione del cloruro di potassio in acqua Gli ioni idratati hanno un'elevata libertà di movimento, conseguendo una condizione di maggior disordine.

Un sistema più disordinato è quindi più stabile di un sistema ordinato.

Il **secondo principio della termodinamica** stabilisce che qualunque sistema termodinamico tende a evolvere verso la condizione di massimo disordine.

6 L'ENTROPIA È UNA MISURA DEL GRADO DI DISORDINE DI UN SISTEMA

Dal secondo principio della termodinamica si deduce quindi che una condizione con *elevato grado di ordine* ha una bassa probabilità di verificarsi, mentre una condizione con *elevato grado di disordine* ha un'elevata probabilità di verificarsi. In altri termini, il **grado di disordine** permette di valutare la tendenza di un sistema a evolvere in modo *spontaneo* verso una *condizione più probabile*.

Si chiama **entropia** (simbolo ***S***) la funzione di stato termodinamica che misura il grado di disordine di un sistema.

PER SAPERNE DI PIÙ

L'entropia nei viventi

I sistemi viventi sono complessi, molto ordinati e con un alto livello di organizzazione.

Un vivente è di conseguenza un sistema con un'entropia molto bassa, che può essere mantenuta mediante un continuo apporto di energia. Per non fare aumentare la loro entropia, i viventi usano l'energia chimica di molecole organiche (carboidrati) sintetizzate mediante la fotosintesi clorofilliana, processo endotermico che necessita dell'energia solare. L'energia chimica dei carboidrati può essere poi trasformata in ATP, una forma di energia utilizzabile dai viventi mediante la reazione di combustione della respirazione cellulare.

È quindi l'energia solare che mantiene l'ordine dei viventi e che permette di non aumentare spontaneamente l'entropia, condizione a cui tendono tutti i sistemi fisici dell'Universo.

I processi fisici che portano a un *aumento* di entropia sono:
- i passaggi di stato (fusione di un solido, vaporizzazione di un liquido, sublimazione di un solido);
- il riscaldamento di un solido, di un liquido o di un gas.

I processi chimici che portano a un *aumento* di entropia sono:
- la dissoluzione di un solido in un liquido;
- le reazioni chimiche in cui aumenta il numero delle moli nella trasformazione dei reagenti in prodotti.

La **dissoluzione** di un solido in acqua comporta la formazione di una soluzione, sistema con un livello di disordine più elevato del soluto e del solvente puri (figura **16**).

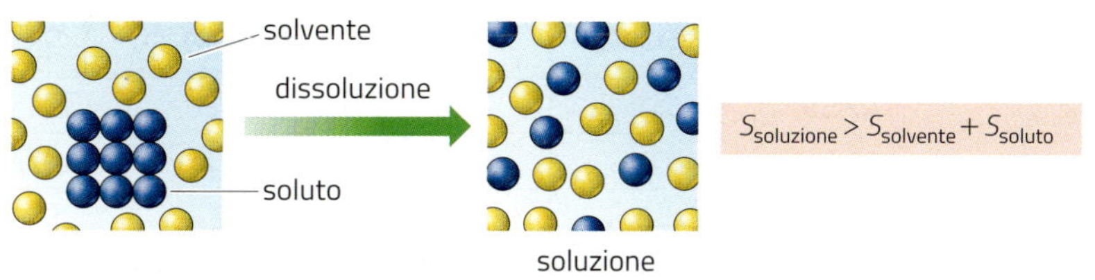

Figura 16 La dissoluzione e l'entropia La dissoluzione di un solido in un solvente ha come conseguenza l'aumento di entropia.

In una **reazione chimica**, la variazione di entropia è determinata:
- dallo *stato fisico finale* (entropia dei prodotti S_2) e dallo *stato fisico iniziale* (entropia dei reagenti S_1);
- dalla *stechiometria* della reazione, ovvero dal numero di moli dei reagenti e dei prodotti.

La variazione di entropia ΔS per una reazione chimica è data dalla relazione:

$$\Delta S = \text{entropia dei prodotti } (S_2) - \text{entropia dei reagenti } (S_1)$$

Quando l'entropia dei prodotti è maggiore dell'entropia dei reagenti, il valore di ΔS è *positivo* ($\Delta S > 0$), il disordine del sistema aumenta e la trasformazione tende a essere **spontanea**.

Nella reazione di sintesi dell'ammoniaca (*reazione esotermica*):

$$N_{2(g)} + 3\,H_{2(g)} \longrightarrow 2\,NH_{3(g)} \qquad \Delta S < 0$$

sia i reagenti sia i prodotti sono in fase gassosa ma, poiché la reazione avviene con *diminuzione del numero delle moli*, si ha uno stato finale di minore disordine (figura **17**).

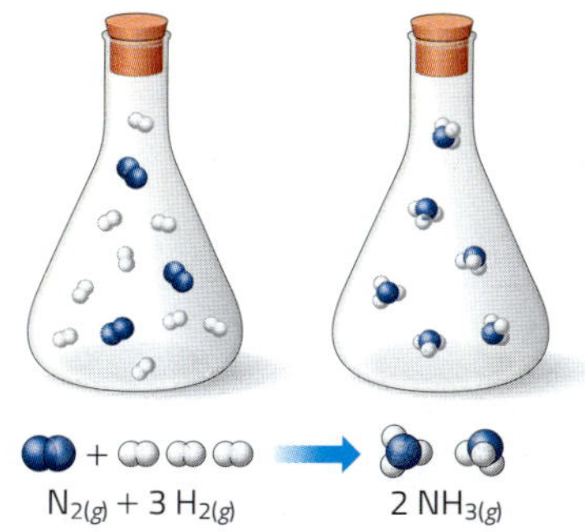

Figura 17 La variazione di entropia nella reazione di sintesi dell'ammoniaca Nella reazione di sintesi dell'ammoniaca l'entropia diminuisce perché nel passaggio dai reagenti ai prodotti diminuisce il numero di moli.

Nella reazione di sintesi dell'acido cloridrico (*reazione esotermica*):

$$H_{2(g)} + Cl_{2(g)} \longrightarrow 2\,HCl_{(g)} \qquad \Delta S = 0$$

sia i reagenti sia i prodotti sono in fase gassosa. Il numero delle moli dei reagenti è *uguale* al numero delle moli dei prodotti e quindi l'entropia **non** varia.

Nella reazione di analisi del tetraossido di diazoto (reazione endotermica):

$$N_2O_{4(g)} \longrightarrow 2\,NO_{2(g)} \qquad \Delta S > 0$$

sia i reagenti sia i prodotti sono in fase gassosa. Il numero delle moli dei prodotti è maggiore di quello dei reagenti e quindi nello stato finale il disordine aumenta (figura **18**).

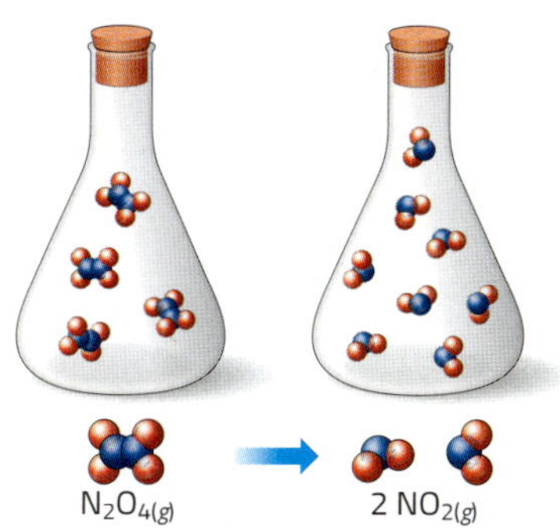

Figura 18 La variazione di entropia nella reazione di analisi del tetraossido di diazoto Nella reazione di analisi del tetraossido di diazoto l'entropia aumenta perché nel passaggio dai reagenti ai prodotti aumenta il numero di moli.

L'entropia molare standard

L'entropia di una sostanza dipende dal suo stato fisico (solido, liquido, aeriforme) ma anche dalla temperatura. Per confrontare l'entropia di diverse sostanze il suo valore deve essere riferito a una mole di sostanza (elemento o composto) nelle condizioni standard ($t = 25$ °C; $p = 1$ bar).

Si chiama **entropia molare standard** (simbolo $S°$) l'entropia di una mole di una sostanza nelle condizioni standard.

I valori dell'entropia molare standard, essendo molto piccoli, si esprimono in $\mathbf{J \cdot mol^{-1} \cdot K^{-1}}$. Tali valori sia per gli elementi sia per i composti sono *positivi* (tabella **3**).

Tabella 3 Valori di entropia molare standard di alcuni elementi e composti

Sostanza	$S°$(J/mol K)	Sostanza	$S°$(J/mol K)	Sostanza	$S°$(J/mol K)
$Ag_{(s)}$	42,55	$CaO_{(s)}$	40	$N_{2(g)}$	191,5
$AgCl_{(s)}$	96,2	$Ca(OH)_{2(s)}$	76,1	$NH_{3(g)}$	192,5
$Al_{(s)}$	28,3	$CaSO_{4(s)}$	107	$NH_4Cl_{(g)}$	94,6
$Al_2O_{3(s)}$	51,0	$Cl_{2(g)}$	223,0	$NO_{(g)}$	210,6
$C_{(s)}$ (grafite)	5,69	$Fe_{(s)}$	27	$NO_{2(g)}$	240,5
$CO_{(g)}$	197,9	$Fe_2O_{3(s)}$	90,0	$N_2O_{(g)}$	220,0
$CO_{2(g)}$	213,6	$H_{2(g)}$	130,6	$N_2O_{4(g)}$	304
$CH_{4(g)}$	186,2	$H_2O_{(g)}$	188,7	$Na_{(s)}$	51,0
$CH_3Cl_{(g)}$	234,2	$H_2O_{(l)}$	69,96	$Na_2CO_{3(s)}$	136
$CH_3OH_{(l)}$	126,8	$HCl_{(g)}$	186,7	$NaCl_{(s)}$	72,38
$C_2H_{2(g)}$	200,8	$HNO_{3(l)}$	155,6	$NaOH_{(s)}$	64,18
$C_2H_{4(g)}$	219,8	$H_2SO_{4(l)}$	157	$Na_2SO_{4(s)}$	149,4
$C_2H_{6(g)}$	229,5	$Hg_{(l)}$	76,1	$O_{2(g)}$	205,0
$C_2H_5OH_{(l)}$	161	$Hg_{(g)}$	175	$PbO_{(s)}$	67,8
$Ca_{(s)}$	42	$K_{(s)}$	64,18	$S_{(s)}$	31,9
$CaCO_{3(s)}$	92,9	$KCl_{(s)}$	82,59	$SO_{2(g)}$	248,5
$CaCl_{2(s)}$	114	$K_2SO_{4(s)}$	176	$SO_{3(g)}$	256,2

I valori di entropia molare standard sono usati per determinare la variazione di entropia standard di reazione (simbolo $\mathbf{\Delta S°}$) di una reazione chimica.

La **variazione di entropia standard di reazione** (espressa in J/K) è data dalla differenza tra l'entropia standard totale dei prodotti e l'entropia standard totale dei reagenti:

$$\Delta S° = \Sigma S°_{\text{f prodotti}} - \Sigma S°_{\text{f reagenti}}$$

PROBLEMA MODELLO

Calcolare la variazione di entropia standard

Calcola la variazione di entropia standard per la reazione di analisi del tetraossido di diazoto:

$$N_2O_{4(g)} \longrightarrow 2\,NO_{2(g)}$$

L'IDEA

Dalla tabella delle entropie molari standard, ricaviamo i valori di $S°$ dei reagenti e dei prodotti:

$$S°_{N_2O_4} = 304\ J \cdot mol^{-1} \cdot K^{-1} \qquad S°_{NO_2} = 240{,}5\ J \cdot mol^{-1} \cdot K^{-1}$$

LA SOLUZIONE

Tenendo conto dei coefficienti stechiometrici presenti nell'equazione chimica bilanciata, rappresentiamo l'equazione per il calcolo di $\Delta S°$ di reazione:

$$\Delta S° = 2\,(S°_{NO_2}) - S°_{N_2O_4}$$

LA CONCLUSIONE

Sostituendo i valori corrispondenti, determiniamo $\Delta S°$:

$$\Delta S° = 2\ mol \cdot (240{,}5\ J \cdot mol^{-1} \cdot K^{-1} - 304\ J/K = 177\ J/K$$

PROBLEMA SIMILE

Calcola la variazione di entropia standard per la seguente reazione:

$$CaCO_{3(s)} + H_2SO_{4(l)} \longrightarrow CaSO_{4(s)} + H_2O_{(g)} + CO_{2(g)}$$

7 LA SPONTANEITÀ DI UNA REAZIONE DIPENDE DALLA VARIAZIONE DI ENERGIA LIBERA

L'**entalpia** e l'**entropia** sono le due funzioni di stato termodinamiche che determinano la spontaneità di una trasformazione fisica o chimica. Se i due fattori sono *entrambi favorevoli*, la trasformazione è *spontanea*.

I due fattori però, riguardo alla spontaneità della reazione, possono essere in *opposizione* tra loro. In tal caso si può trovare l'effetto globale, determinando una nuova funzione di stato termodinamica, l'**energia libera**.

Il chimico statunitense Willard Gibbs ha determinato questa funzione, che è dunque chiamata **energia libera di Gibbs** (simbolo G).

L'**energia libera di Gibbs** è una funzione di stato termodinamica, legata all'entalpia H, all'entropia S e alla temperatura assoluta T di un sistema:

$$G = H - T \cdot S$$

Non è possibile determinare il valore assoluto dell'entalpia e dell'entropia, ma solo le loro variazioni nel corso di una reazione chimica, e quindi si può definire solo la **variazione di energia libera** (simbolo ΔG).

La relazione precedente si esprime nella forma:

$$\Delta G = \Delta H - T \cdot \Delta S \qquad \textbf{(equazione di Gibbs)}$$

L'equazione di Gibbs è valida per tutte le condizioni di temperatura e pressione.

In tutti i calcoli in cui la useremo, faremo riferimento alle *condizioni standard* e quindi l'equazione sarà nella forma:

$$\Delta G° = \Delta H° - T \cdot \Delta S°$$

La **variazione di energia libera standard** (simbolo $\Delta G°$) è espressa in **kJ**.

Una reazione chimica condotta a temperatura e pressione costanti è *spontanea* solo se il valore della variazione di energia libera standard assume un valore *negativo*:

$$\text{reazione spontanea: } \Delta G^\circ < 0$$

Il ΔG° è determinato dalle variazioni di ΔH° e $T \cdot \Delta S^\circ$; esaminiamo quindi le situazioni per il decorso spontaneo o non spontaneo di una reazione, in relazione a queste funzioni.

Reazioni con $\Delta H^\circ < 0$ e $\Delta S^\circ > 0$

Quando la reazione è *esotermica* ($\Delta H^\circ < 0$) ed è accompagnata da un *aumento del disordine* ($\Delta S^\circ > 0$), entrambi i fattori favoriscono la spontaneità. In tal caso, i due valori sono rispettivamente negativo e positivo e quindi il valore di ΔG° risulta negativo:

$$\Delta G^\circ = \Delta H^\circ - T \cdot \Delta S^\circ \qquad \Delta G^\circ = (-) - T\,(+) \qquad \Delta G^\circ < 0$$

Reazioni di questo tipo sono le *reazioni di combustione* degli idrocarburi. La reazione di combustione del metano è rappresentata dalla seguente equazione:

$$CH_{4(g)} + 2\ O_{2(g)} \longrightarrow CO_{2(g)} + 2\ H_2O_{(g)}$$

Reazioni con ΔH° e ΔS° che hanno lo stesso segno

Quando le variazioni di entalpia (ΔH°) e di entropia (ΔS°) hanno lo *stesso segno*, ovvero con i due fattori in *opposizione*, la spontaneità della reazione è determinata dalla **temperatura**.

Se la reazione è *esotermica* ($\Delta H^\circ < 0$) ed è accompagnata da un *aumento di ordine* ($\Delta S^\circ < 0$), un fattore è favorevole e l'altro è sfavorevole, pertanto solo a **basse temperature** ΔG° è negativo:

$$\Delta G^\circ = \Delta H^\circ - T \cdot \Delta S^\circ \qquad \Delta G^\circ = (-) - T\,(-) \qquad \Delta G^\circ < 0$$

Una reazione di questo tipo è la reazione di sintesi dell'ammoniaca alla temperatura di 25 °C:

$$3\ H_{2(g)} + N_{2(g)} \longrightarrow 2\ NH_{3(g)}$$

Se la reazione è *endotermica* ($\Delta H^\circ > 0$) ed è accompagnata da un *aumento di disordine* ($\Delta S^\circ > 0$), si ha che un fattore è sfavorevole e l'altro è favorevole, quindi solo ad **alte temperature** ΔG° è negativo:

$$\Delta G^\circ = \Delta H^\circ - T \cdot \Delta S^\circ \qquad \Delta G^\circ = (+) - T\,(+) \qquad \Delta G^\circ < 0$$

Una reazione di questo tipo è la reazione di decomposizione termica del carbonato di calcio:

$$CaCO_{3(s)} \xrightarrow{\Delta} CaO_{(s)} + CO_{2(g)}$$

Reazioni con $\Delta H^\circ > 0$ e $\Delta S^\circ < 0$

Quando la reazione è *endotermica* ($\Delta H^\circ > 0$) ed è accompagnata da un *aumento di ordine* ($\Delta S^\circ < 0$), entrambi i fattori sono sfavorevoli: in tal caso, i due valori sono rispettivamente positivo e negativo e quindi il valore di ΔG risulta *positivo.* Una reazione con $\Delta G° > 0$ è termodinamicamente impossibile ovvero **non spontanea**:

$$\Delta G° = \Delta H° - T \cdot \Delta S° \qquad \Delta G° = (+) - T(-) \qquad \Delta G° > 0$$

La reazione è impossibile da sinistra a destra, ma può avvenire da destra a sinistra.

Riportiamo di seguito le condizioni per il decorso spontaneo o non spontaneo di una reazione chimica (tabella **4**).

Tabella 4 Spontaneità o non spontaneità di una reazione in relazione al valore di $\Delta G°$

Tipo di reazione	Variazione di entalpia ($\Delta H°$)	Variazione di entropia ($\Delta S°$)	Variazione di energia libera ($\Delta G°$)	Spontaneità o non spontaneità di una reazione
esotermica con aumento di disordine	$\Delta H° < 0$	$\Delta S° > 0$	$\Delta G° < 0$	Entrambi i termini sono favorevoli: la reazione è **spontanea**
esotermica con diminuzione di disordine	$\Delta H° < 0$	$\Delta S° < 0$	$\Delta G° < 0$ oppure $\Delta G° > 0$	Un termine è favorevole, l'altro è sfavorevole: la reazione è **spontanea** a *basse temperature*
endotermica con aumento di disordine	$\Delta H° > 0$	$\Delta S° > 0$	$\Delta G° < 0$ oppure $\Delta G° > 0$	Un termine è sfavorevole, l'altro è favorevole: la reazione è **spontanea** ad *alte temperature*
endotermica con diminuzione di disordine	$\Delta H° > 0$	$\Delta S° < 0$	$\Delta G° > 0$	Entrambi i termini sono sfavorevoli: la reazione **non** è **spontanea**

PER SAPERNE DI PIÙ
PDF *Approfondimento*
La termodinamica nell'industria

Un sistema termodinamico con una variazione di energia libera *uguale a zero* è in una condizione di **equilibrio dinamico**. In tal caso la trasformazione non ha la tendenza a decorrere né in una direzione né nella direzione opposta. Sistemi rappresentati da un equilibrio dinamico sono un solido e un liquido durante la fusione e un liquido e un vapore durante l'evaporazione. Anche i sistemi costituiti da un liquido in equilibrio con il suo vapore saturo oppure da un soluto solido in equilibrio con la sua soluzione satura sono in equilibrio dinamico.

A COLPO D'OCCHIO

EQUILIBRIO DINAMICO
- SOLIDO-LIQUIDO
- LIQUIDO-VAPORE
- LIQUIDO-VAPORE SATURO
- SOLIDO-SOLUZIONE SATURA

PROBLEMA MODELLO

Stabilire la spontaneità di una reazione chimica

Stabilisci se la reazione di ossidazione dell'ammoniaca alla temperatura di 25 °C è spontanea o non spontanea:

$$4\ NH_{3(g)} + 5\ O_{2(g)} \longrightarrow 4\ NO_{(g)} + 6\ H_2O_{(g)}$$

L'IDEA

La spontaneità di una reazione chimica è determinata dalla variazione di energia libera standard di reazione $\Delta G°$:

$$\Delta G° = \Delta H° - T \cdot \Delta S°$$

e quindi è necessario calcolare $\Delta H°$ e $\Delta S°$.

LA SOLUZIONE

Calcolo del valore del $\Delta H°$

Ricaviamo dalla tabella 1 i valori del $\Delta H_f°$ dei reagenti e dei prodotti:

$$\Delta H°_{f\ NH_{3(g)}} = -46{,}18\ kJ/mol \qquad \Delta H°_{f\ NO_{(g)}} = 90{,}37\ kJ/mol$$
$$\Delta H°_{f\ H_2O_{(g)}} = -241{,}8\ kJ/mol$$

Determiniamo la sommatoria dei $\Delta H_f°$ dei reagenti e dei prodotti, tenendo conto dei coefficienti stechiometrici presenti nell'equazione chimica bilanciata:

$$\Sigma\Delta H°_{f\ reagenti} = 4\,\Delta H°_{f\ NH_{3(g)}} = 4\ mol \cdot (-46{,}18\ kJ/mol) = -184{,}72\ kJ$$

$$\Sigma\Delta H°_{f\ prodotti} = 4\,\Delta H°_{f\ NO_{(g)}} + 6\,\Delta H°_{f\ H_2O_{(g)}} =$$
$$= 4\ mol \cdot (90{,}37\ kJ/mol) + 6\ mol \cdot (-241{,}8\ kJ/mol) = -1089{,}32\ kJ$$

Eseguiamo la differenza tra la sommatoria del $\Delta H_f°$ dei prodotti e la sommatoria del $\Delta H_f°$ dei reagenti:

$$\Delta H_f° = \Delta H°_{f\,prodotti} - \Delta H°_{f\,reagenti} = (-1089{,}32 + 184{,}72)\ kJ = -904{,}60\ kJ$$

Calcolo del valore del $\Delta S°$

Ricaviamo dalla tabella 3 i valori di $S°$ dei reagenti e dei prodotti:

$$S°_{NH_{3(g)}} = 192{,}5\ J \cdot mol^{-1} \cdot K^{-1} \qquad S°_{O_{2(g)}} = 205{,}0\ J \cdot mol^{-1} \cdot K^{-1}$$
$$S°_{NO_{(g)}} = 210{,}6\ J \cdot mol^{-1} \cdot K^{-1} \qquad S°_{H_2O_{(g)}} = 188{,}7\ J \cdot mol^{-1} \cdot K^{-1}$$

Determiniamo la sommatoria di $S°$ dei reagenti e dei prodotti, tenendo conto dei coefficienti stechiometrici presenti nell'equazione chimica bilanciata:

$$\Sigma S°_{reagenti} = 4\,S°_{NH_{3(g)}} + 5\,S°_{O_{2(g)}} =$$
$$= 4\ mol \cdot 192{,}5\ J \cdot mol^{-1} \cdot K^{-1} + 5\ mol \cdot 205{,}0\ J \cdot mol^{-1} \cdot K^{-1} =$$
$$= 1795\ J/K$$

$$\Sigma S°_{prodotti} = 4\,S°_{NO_{(g)}} + 6\,S°_{H_2O_{(g)}} =$$
$$= 4\ mol \cdot 210{,}6\ J \cdot mol^{-1} \cdot K^{-1} + 6\ mol \cdot 188{,}7\ J \cdot mol^{-1} \cdot K^{-1} =$$
$$= 1974{,}6\ J/K$$

Eseguiamo la differenza tra la sommatoria di $S°$ dei prodotti e la sommatoria di $S°$ dei reagenti:

$$\Delta S° = \Sigma S°_{prodotti} - \Sigma S°_{reagenti} =$$
$$= (1974{,}6 - 1795)\ J/K = 179{,}6\ J/K = 0{,}179\ kJ/K$$

LA CONCLUSIONE

Determiniamo il valore della temperatura in kelvin ($T = 25 + 273 = 298$ K) e calcoliamo il $\Delta G°$ (espresso in kJ) mediante la relazione:

$$\Delta G° = \Delta H° - T \cdot \Delta S° = -904{,}60\ kJ - 298\ K \cdot 0{,}179\ kJ/K = -957{,}94\ kJ$$

PROBLEMA SIMILE

Stabilisci se la reazione che porta alla formazione del glucosio ($\Delta H° = -1275$ kJ/mol; $S° = 212\ J \cdot mol^{-1} \cdot K^{-1}$) alla temperatura di 25 °C è spontanea oppure no:

$$6\,CO_{2(g)} + 6\,H_2O_{(l)} \longrightarrow C_6H_2O_{6(s)} + 6\,O_{2(g)}$$

LABORATORIO

Reazioni esotermiche ed endotermiche

L'obiettivo

Determinare il calore di reazione e verificare se, nelle reazioni chimiche prese in esame, il sistema assorbe calore dall'ambiente o cede calore all'ambiente.

I concetti

Le reazioni esotermiche avvengono con produzione di calore mentre le reazioni endotermiche avvengono con assorbimento di calore.

I materiali

Calorimetro con termometro e agitatore, becher da 50 mL, cilindro graduato, bilancia analitica, spatolina, vetrino da orologio; soluzione 1 M di HCl, soluzione 1 M di NaOH, zinco in polvere, bicarbonato di sodio, cloruro di ammonio.

L'esperimento

1. Preleva con il cilindro graduato 50 mL della soluzione di HCl e versali nel calorimetro; rileva la temperatura (t_1). Preleva 50 mL della soluzione di NaOH, versali nel calorimetro e agita; rileva la nuova temperatura (t_2). Lava il calorimetro.
2. Preleva con il cilindro graduato 50 mL della soluzione di HCl e versali nel calorimetro; rileva la temperatura (t_1). Dopo averne determinato la massa, aggiungi circa 1 g di zinco; agita la soluzione e rileva la temperatura (t_2) alla fine della reazione. Lava il calorimetro.
3. Preleva con il cilindro graduato 50 mL della soluzione di HCl e versali nel calorimetro; rileva la temperatura (t_1). Dopo averne determinato la massa, introduci circa 8 g di bicarbonato di sodio nel becher; aggiungi 30 mL di acqua e agita la soluzione. Versa lentamente la soluzione nel calorimetro e rileva la temperatura (t_2). Lava il calorimetro.
4. Preleva con il cilindro graduato 50 mL di acqua e versali nel calorimetro; rileva la temperatura (t_1). Dopo averne determinato la massa, introduci circa 8 g di cloruro di ammonio nel becher; aggiungi 30 mL di acqua e agita la soluzione. Versa lentamente la soluzione nel calorimetro e rileva la temperatura (t_2). Lava il calorimetro.
5. Completa con i dati raccolti una tabella in cui riportare i reagenti, t_1, t_2, Δt e una colonna in cui specificare la natura termica della reazione.
6. Calcola il calore ceduto o assorbito (in kJ) durante la reazione con la relazione:

$$Q = m \cdot c \cdot \Delta t$$

Le competenze

Le reazioni esaminate sono esotermiche o endotermiche? Motiva le risposte.

FACCIAMO IL PUNTO

LO SAI? RIPASSA CON LO SMARTPHONE

Che cos'è il calore di reazione?

Il **calore di reazione** è la quantità di calore che una reazione chimica cede all'ambiente o assorbe dall'ambiente.

Qual è la differenza tra le reazione esotermiche e le reazioni endotermiche?

Nelle reazioni chimiche si verificano sempre scambi di *energia* tra il sistema e l'ambiente: se il sistema cede all'ambiente calore, la reazione è **esotermica**; se il sistema assorbe energia termica dall'ambiente, la reazione è **endotermica**.

Che cosa afferma il primo principio della termodinamica?

Il **primo principio della termodinamica** afferma che il calore (Q) fornito a un sistema termodinamico in parte va ad aumentare l'energia interna (U) del sistema e in parte si trasforma in lavoro (L) compiuto dal sistema sull'ambiente:

$$Q = \Delta U + L$$

Che cos'è l'entalpia?

L'energia totale di cui dispone un sistema chimico (**entalpia**, H), corrisponde alla sua energia interna (U) e al lavoro ($p \cdot V$) che esso compie sull'ambiente. La variazione di entalpia (ΔH) è:

$$\Delta H = \Delta U + p \cdot \Delta V$$

Le trasformazioni che avvengono con $\Delta H < 0$ sono favorite.

Che cosa afferma la legge di Hess?

La variazione di entalpia (ΔH) in una reazione chimica è determinata dallo *stato iniziale* (reagenti) e dallo stato finale (prodotti) del sistema, e non dagli stadi intermedi della reazione (**legge di Hess**).

Che cosa afferma il secondo principio della termodinamica?

Il **secondo principio della termodinamica** afferma che qualunque sistema tende a portarsi nella condizione di massima probabilità, ovvero nella condizione di *massimo disordine*.

Che cos'è l'entropia?

Si chiama **entropia** (S) la funzione di stato termodinamica che misura il grado di disordine di un sistema. In una **trasformazione chimica**, la variazione di entropia è determinata dallo *stato fisico finale*, dallo *stato fisico iniziale* e dalla *stechiometria* della reazione. Le trasformazioni che avvengono con $\Delta S > 0$ sono favorite.

Che cos'è l'energia libera?

Se l'entalpia e l'entropia danno contributi opposti alla spontaneità della reazione, si può trovare l'effetto globale determinando l'**energia libera di Gibbs** (G). La variazione (ΔG°) nelle condizioni standard è data dalla relazione:

$$\Delta G^\circ = \Delta H^\circ - T \cdot \Delta S^\circ$$

Una reazione avviene spontaneamente solo se $\Delta G < 0$.

ESERCIZI

ZTE ONLINE Mettiti alla prova con 20 esercizi interattivi

VERIFICA LE TUE CONOSCENZE

L'ENERGIA NELLE REAZIONI CHIMICHE

1 **L'energia chimica è l'energia**
- Ⓐ cinetica legata ai movimenti di una molecola.
- Ⓑ termica liberata nelle reazioni di combustione.
- Ⓒ potenziale presente nei legami interatomici di una molecola.
- Ⓓ potenziale contenuta nei legami interatomici di una molecola e nei legami intermolecolari.

2 **Precisa i segni convenzionali attribuiti al calore e al lavoro negli scambi di energia tra un sistema termodinamico e l'ambiente.**

3 **Un sistema termodinamico è costituito da una reazione chimica che, assorbendo calore dall'ambiente, sviluppa un gas che compie un lavoro. I segni convenzionali attribuiti al calore e al lavoro sono**
- Ⓐ entrambi positivi.
- Ⓑ positivo e negativo.
- Ⓒ entrambi negativi.
- Ⓓ negativo e positivo.

IL CALORE DI REAZIONE

4 **Una barra di metallo ha una massa di 5 kg e una temperatura di 25 °C. Se si fornisce una quantità di calore di 19,05 kJ, la temperatura raggiunge il valore di 35 °C. Calcola il calore specifico del metallo.**

5 **Una massa di 500 g di acqua ha una temperatura di 20 °C. Viene fornito calore fino a una temperatura di 50 °C. Calcola la quantità di calore (in kJ) assorbita dall'acqua.**

6 **In seguito alla formazione di una mole di un composto**
- Ⓐ si libera calore.
- Ⓑ si assorbe calore.
- Ⓒ il calore può essere assorbito o liberato.
- Ⓓ non si assorbe né si libera calore.

7 **La reazione di combustione del carbonio è rappresentata dalla seguente equazione:**

$$2\,C + O_2 \rightarrow 2\,CO \qquad Q = -220\ kJ$$

La reazione è:
- Ⓐ endotermica.
- Ⓑ esotermica.
- Ⓒ atermica.
- Ⓓ fortemente endotermica.

L'ENTALPIA

8 **Definisci l'entalpia in un sistema termodinamico e rappresenta l'equazione della sua variazione per**
- a. una trasformazione a pressione costante;
- b. la generica reazione chimica $A + B \rightarrow C + D$.

9 **Rappresenta l'equazione termochimica associata all'entalpia standard di formazione (ΔH_f) della reazione di sintesi dello ioduro di idrogeno.**

10 **In una reazione chimica il valore di ΔH:**
- Ⓐ rimane sempre costante.
- Ⓑ dipende dalla presenza di un catalizzatore.
- Ⓒ dipende dalla pressione e dalla temperatura.
- Ⓓ è maggiore di zero in una reazione esotermica.

LE REAZIONI DI COMBUSTIONE

11 **Nella reazione di combustione di un composto organico si ottengono diossido di carbonio e acqua. Giustifica la formazione di questi prodotti.**

12 **Rappresenta e bilancia la reazione di combustione**
- a. dell'etano, $C_2H_{6(g)}$;
- b. del glucosio, $C_6H_{12}O_{6(s)}$.

13 **Il metano CH_4, l'etano C_2H_6, il propano C_3H_8 e il butano C_4H_{10} sono idrocarburi che reagendo con l'ossigeno liberano grandi quantità di calore. Il combustibile più efficiente è il**
- Ⓐ metano.
- Ⓑ etano.
- Ⓒ propano.
- Ⓓ butano.

LA LEGGE DI HESS

14 **Considera la variazione di entalpia standard di una reazione che avviene in più stadi e rispondi alle seguenti domande.**
- a. Da quale proprietà dell'entalpia viene giustificata questa variazione?
- b. Qual è il valore numerico che è necessario conoscere per poterla calcolare?

15 Indica l'equazione con un valore di $\Delta H°$ che potrebbe essere specificata correttamente con il $\Delta H_f°$:

Ⓐ $2\ H_{2(g)} + O_{2(g)} \rightarrow 2\ H_2O_{(l)}$
Ⓑ $H_{2(g)} + 1/2\ O_{2(g)} \rightarrow H_2O_{(l)}$
Ⓒ $2\ H_{(g)} + O_{(g)} \rightarrow H_2O_{(l)}$
Ⓓ $H_{2(g)} + O_{(g)} \rightarrow H_2O_{(l)}$

16 Indica le equazioni con un valore di $\Delta H°$ che potrebbero essere specificate correttamente con il $\Delta H_f°$:

Ⓐ $2\ Fe_{(s)} + O_{2(g)} \rightarrow 2\ FeO_{(s)}$
Ⓑ $SO_{2(g)} + 1/2\ O_{2(g)} \rightarrow SO_{3(g)}$
Ⓒ $N_{2(g)} + 1/2\ O_{2(g)} \rightarrow N_2O_{(g)}$
Ⓓ $2\ Cu_{(s)} + O_{2(g)} \rightarrow 2\ CuO_{(s)}$

L'ENTROPIA

17 Rappresenta l'equazione chimica tra il biossido di zolfo (*g*) e l'acqua (*l*) e stabilisci se il sistema va incontro a un aumento o a una diminuzione di entropia.

18 Quale dei seguenti processi avviene con aumento di entropia?

Ⓐ La solidificazione dei vapori di iodio.
Ⓑ La condensazione del vapore d'acqua.
Ⓒ Il raffreddamento di rame metallico.
Ⓓ L'evaporazione dell'alcol etilico.

19 Stabilisci la variazione di entropia (aumento o diminuzione) per le seguenti reazioni chimiche:

a. $SO_{2(g)} + CaO_{(s)} \rightarrow CaSO_{3(s)}$
b. $Ni_{(s)} + 2\ HCl_{(aq)} \rightarrow NiCl_{2(aq)} + H_{2(g)}$
c. $NH_4Cl_{(s)} \rightarrow NH_{3(g)} + HCl_{(g)}$
d. $Br_{2(s)} + 3\ Cl_{2(g)} \rightarrow 2\ BrCl_{3(g)}$
e. $2\ ZnS_{(s)} + 3\ O_{2(g)} \rightarrow 2\ ZnO_{(s)} + 2\ SO_{2(g)}$
f. $2\ NO_{(s)} + O_{2(g)} \rightarrow 2\ NO_{2(g)}$

L'ENERGIA LIBERA

20 Prendi in esame l'equazione di Gibbs e precisa in quali condizioni di $\Delta H°$ e $\Delta S°$ una reazione chimica è spontanea.

21 Analizza i processi fisici in cui la variazione di energia libera è uguale a zero.

22 Considera il seguente processo fisico:

$$H_2O_{(l)} \rightarrow H_2O_{(g)}$$

a. Quali sono i valori di $\Delta H°$ e $\Delta S°$?
b. In quali condizioni il processo è spontaneo?

23 La reazione di sintesi del monossido di carbonio:

$$2\ C_{(s)} + O_{2(g)} \rightarrow 2CO_{(g)}$$

ha i seguenti valori di $\Delta H°$ e $\Delta S°$:

$\Delta H° = -220{,}9$ kJ $\Delta S° = 178{,}72$ J/K

Calcola il valore di $\Delta G°$ (in kJ) alla temperatura di 25 °C.

24 Indica, tra i seguenti composti, quello la cui formazione è termodinamicamente possibile a partire dagli elementi costituenti:

Ⓐ NO ($\Delta G = 86{,}6$ kJ)
Ⓑ HI ($\Delta G = 1{,}3$ kJ)
Ⓒ ICl ($\Delta G = -3{,}4$ kJ)
Ⓓ C_2H_4 ($\Delta G = 63{,}2$ kJ)

25 La reazione di sintesi del monossido di azoto è rappresentata dalla seguente equazione:

$$N_{2(g)} + O_{2(g)} \rightarrow 2\ NO_{(g)} \quad (\Delta G < 0)$$

La reazione è

Ⓐ spontanea.
Ⓑ esotermica.
Ⓒ endotermica.
Ⓓ non spontanea.

VERIFICA LE TUE ABILITÀ

26 Il maggior contenuto di energia termica è presente

Ⓐ nell'acqua allo stato liquido.
Ⓑ nell'acqua allo stato di vapore.
Ⓒ nel diossido di carbonio allo stato solido.
Ⓓ nell'acqua allo stato solido.

27 Il maggior contenuto di energia chimica è presente

Ⓐ nell'ossigeno monoatomico.
Ⓑ nell'azoto monoatomico.
Ⓒ nell'azoto biatomico.
Ⓓ nell'ossigeno biatomico.

28 Calcola la quantità di calore assorbita da 30 g di etanolo [$c = 2{,}45$ J/(g °C)] per innalzare la sua temperatura da 20 °C a 37 °C.

29 La reazione di analisi dell'ossido di mercurio è rappresentata dalla seguente equazione:

$$2\ HgO_{(s)} \xrightarrow{\Delta} 2\ Hg_{(s)} + O_{2(g)} \quad (Q = 360\ kJ)$$

Calcola quanto calore occorre fornire per la decomposizione termica di 0,2 kg del composto.

30 Dalla combustione di 0,125 g di cicloesano (C_6H_{12}) in eccesso di ossigeno (O_2) si liberano $5{,}54 \cdot 10^3$ J. Calcola la quantità di calore (in kJ) sviluppato dalla reazione:

$$C_6H_{12(l)} + 9\ O_{2(g)} \rightarrow 6\ CO_{2(g)} + 6\ H_2O_{(l)}$$

31 **La reazione di combustione del metano è:**

$$CH_{4(g)} + 2\ O_{2(g)} \rightarrow CO_{2(g)} + 2\ H_2O_{(l)}$$
$$Q = -833\ \text{kJ/mol}$$

Quanti grammi di metano occorrono per innalzare la temperatura di 120 kg di acqua da 15 °C a 65 °C?

Ⓐ 16 g Ⓑ 483g Ⓒ 48,3 g Ⓓ 32 g

32 **Calcola la variazione di entalpia standard per le seguenti reazioni.**

a. Sintesi del cloruro di idrogeno:
$H_{2(g)} + Cl_{2(g)} \rightarrow 2\ HCl_{(g)}$

b. Combinazione dell'idrossido di calcio:
$CaO_{(s)} + H_2O_{(l)} \rightarrow Ca(OH)_{2(s)}$

33 **Calcola la variazione di entalpia standard per le seguenti reazioni.**

a. Decomposizione del carbonato di calcio.

b. Combustione dell'etanolo:
$C_2H_5OH_{(l)} + 3\ O_{2(g)} \rightarrow 2\ CO_{2(g)} + 3\ H_2O_{(l)}$

c. Combustione dell'etano:
$2\ C_2H_{6(g)} + 7\ O_{2(g)} \rightarrow 4\ CO_{2(g)} + 6\ H_2O_{(l)}$

34 **La reazione di analisi del diossido di azoto è rappresentata dalla seguente equazione:**

$$2\ NO_{2(g)} \rightarrow 2\ NO_{(g)} + O_{2(g)}$$

La variazione di entalpia standard di reazione ha il valore di:

Ⓐ 248,34 kJ Ⓒ 113,4 kJ
Ⓑ 56,57 kJ Ⓓ 124,17 kJ

35 **Le variazioni di entalpia standard di formazione per il diossido di carbonio CO_2 e per l'acido formico HCOOH sono rispettivamente −393,5 kJ/mol e −409,2 kJ/mol. La variazione di entalpia standard per la reazione:**

$$H_{2(g)} + CO_{2(g)} \rightarrow HCOOH_{(l)}$$

ha il valore di:

Ⓐ −802,9 kJ Ⓒ +802,9 kJ
Ⓑ −15,5 kJ Ⓓ +15,5 kJ

36 **Il calore di combustione del glucosio $C_6H_{12}O_6$ è 2808 kJ/mol. Calcola quanti grammi di glucosio sono necessari per liberare una quantità di calore pari a 12 552 kJ.**

37 **La variazione di entalpia standard di combustione (ΔH°_c) del metano (CH_4) è uguale a −890 kJ/mol. La quantità di calore prodotta dalla combustione di 4 g di metano nelle condizioni standard è uguale a:**

Ⓐ −3560 kJ Ⓒ −445 kJ
Ⓑ −55,6 kJ Ⓓ −225,5 kJ

38 **La variazione di entalpia standard di combustione (ΔH°_c) del metano è uguale a −890 kJ/mol. Calcola i grammi di metano necessari per ottenere una quantità di calore uguale a −1350 kJ.**

39 **La produzione dell'etanolo C_2H_5OH può avvenire in due stadi successivi rappresentati dalle seguenti equazioni termochimiche.**

a. $C_2H_{4(g)} + 3\ O_{2(g)} \rightarrow 2\ CO_{2(g)} + 2\ H_2O_{(l)}$
($\Delta H^\circ_1 = -1411$ kJ)

b. $2\ CO_{2(g)} + 3\ H_2O_{(l)} \rightarrow C_2H_5OH_{(l)} + 3\ O_{2(g)}$
($\Delta H^\circ_2 = -1367{,}1$ kJ)

Rappresenta l'equazione termochimica in un unico stadio e calcola il valore della variazione di entalpia standard di reazione.

40 **Le variazioni di entalpia standard per le seguenti reazioni sono:**

a. $H_{2(g)} + F_{2(g)} \rightarrow 2\ HF_{(g)}$ ($\Delta H^\circ = -542{,}2$ kJ)

b. $2\ H_{2(g)} + O_{2(g)} \rightarrow 2\ H_2O_{(l)}$ ($\Delta H^\circ = -571{,}6$ kJ)

Calcolare la variazione di entalpia standard per la reazione:

$$2\ F_{2(g)} + 2\ H_2O_{(l)} \rightarrow 4\ HF_{(g)} + O_{2(g)}$$

41 **Le variazioni di entalpia standard per le seguenti reazioni sono:**

a. $C_3H_{8(g)} + 5\ O_{2(g)} \rightarrow 3\ CO_{2(g)} + 4\ H_2O_{(l)}$
($\Delta H^\circ_1 = -2220$ kJ)

b. $C_{(s)} + O_{2(g)} \rightarrow CO_{2(g)}$ ($\Delta H^\circ_2 = -394$ kJ)

c. $H_{2(g)} + 1/2\ O_{2(g)} \rightarrow H_2O_{(l)}$ ($\Delta H^\circ_3 = -286$ kJ)

Calcola la variazione di entalpia standard per la reazione di sintesi del propano:

$$3C_{(s)} + 4H_{2(g)} \rightarrow C_3H_{8(g)}$$

42 **Le variazioni di entalpia standard per le seguenti reazioni sono:**

1. $2\ CO_{(g)} + O_{2(g)} \rightarrow 2\ CO_{2(g)}$ ($\Delta H^\circ = -566$ kJ)
2. $2\ Cu_{(s)} + O_{2(g)} \rightarrow 2\ CuO_{(s)}$ ($\Delta H^\circ = -310{,}5$ kJ)

La variazione di entalpia standard per la reazione:

$$CuO_{(s)} + CO_{(g)} \rightarrow Cu_{(s)} + CO_{2(g)}$$

ha il valore di:

Ⓐ −876,5 kJ Ⓒ −127,8 kJ
Ⓑ −255,5 kJ Ⓓ 876,5 kJ

43 **Calcola la variazione di entropia standard per le seguenti reazioni:**

a. $CaO_{(s)} + 2\ HCl_{(g)} \rightarrow CaCl_{2(s)} + H_2O_{(l)}$

b. $C_2H_{4(g)} + H_{2(g)} \rightarrow C_2H_{6(g)}$

44 Calcola la variazione di entropia standard per le seguenti reazioni:

a. $4\ HCl_{(g)} + O_{2(g)} \rightarrow 2\ Cl_{2(g)} + 2H_2O_{(g)}$

b. $Ca(OH)_{2(s)} + H_2SO_{4(l)} \rightarrow CaSO_{4(s)} + 2\ H_2O_{(l)}$

45 La reazione di decomposizione termica del cloruro di ammonio è rappresentata dalla seguente equazione:

$$NH_4Cl_{(s)} \rightarrow NH_{3(g)} + HCl_{(g)}$$

Le variazioni di entalpia ΔH e di entropia ΔS sono rispettivamente:

Ⓐ $\Delta H < 0; \Delta S < 0$
Ⓑ $\Delta H < 0; \Delta S > 0$
Ⓒ $\Delta H > 0; \Delta S > 0$
Ⓓ $\Delta H > 0; \Delta S < 0$

46 La reazione di sintesi del diossido d'azoto è rappresentata dalla seguente equazione:

$$NO_{(g)} + 1/2\ O_{2(g)} \rightarrow NO_{2(g)}$$

La variazione di entropia standard è

Ⓐ +246 J/K
Ⓑ −72,6 J/K
Ⓒ −145,2 J/K
Ⓓ −246 J/K

47 Nella reazione di analisi del monossido di azoto

$$2\ NO_{(g)} \rightarrow N_{2(g)} + O_{2(g)}$$

il valore di $T \cdot \Delta S$ è uguale a −24,68 kJ. Stabilisci se la reazione è spontanea o non spontanea.

48 La reazione di sintesi dell'acqua ha i seguenti valori di $\Delta H°$ e $\Delta G°$:

$$\Delta H° = -571\ kJ \qquad \Delta G° = -474\ kJ$$

Calcola la variazione di entropia standard.

49 La reazione di formazione del metanolo è rappresentata dalla seguente equazione:

$$2\ H_{2(g)} + CO_{(g)} \rightarrow CH_3OH_{(l)}$$

La reazione

Ⓐ è spontanea.
Ⓑ non è spontanea.
Ⓒ è spontanea ad alta temperatura.
Ⓓ è spontanea a bassa temperatura.

TEST YOURSELF

50 The thermal decomposition reaction of calcium carbonate is represented by the following equation:

$$CaCO_{3(s)} \rightarrow CaO_{(s)} + CO_{2(g)} \quad (Q = 177.82\ kJ)$$

Calculate the heat that must be supplied for the decomposition of 5 kg of $CaCO_3$.

51 Calculate the enthalpy change for the thermal decomposition reaction of 5 kg of calcium carbonate at 25 °C and 1 atm.

52 The heat of combustion of carbon is 393.5 kJ/mol. Estimate the amount of energy produced by the combustion of 1 kg of carbon under standard conditions.

53 The heat of combustion of methane is 890 kJ/mol. Calculate the heat released by burning 120 L of methane under standard conditions.

54 The combination reaction of calcium hydroxide is represented by the following equation:

$$CaO_{(s)} + H_2O_{(l)} \rightarrow Ca(OH)_{2(s)}$$

Determine whether at 25 °C and 1 atm the reaction is spontaneous or non-spontaneous.

VERSO I GIOCHI DELLA CHIMICA

55 Una mole di acqua [c = 4,18 J/(g °C)] è riscaldata da 25 °C a 35 °C. La quantità di calore che occorre fornire è uguale a:

Ⓐ 75,3 J Ⓑ 753 kJ Ⓒ 0,753 kJ Ⓓ 7,53 J

[Finale regionale 2015]

56 Se a 2 moli di acqua [c = 4,18 J/(g °C)] si fornisce una quantità di calore equivalente a 452 J, la temperatura dell'acqua diventa 40 °C. La temperatura iniziale dell'acqua ha il valore di:

Ⓐ 37 °C
Ⓑ 40 °C
Ⓒ 27 °C
Ⓓ 43 °C

[Finale regionale 2016]

VERSO L'UNIVERSITÀ

57 La seguente reazione è esotermica.

$$2\ T_{(g)} + 3\ X_{(g)} \rightleftarrows 5\ Z_{(g)}$$

Quale delle seguenti affermazioni è corretta?

Ⓐ All'equilibrio, T e X producono Z alla stessa velocità con cui Z produce T e X.
Ⓑ Un catalizzatore aumenta la quantità di prodotto Z.
Ⓒ Un aumento di pressione causa un aumento della quantità di prodotto Z.
Ⓓ Un aumento di temperatura causa un aumento della quantità di prodotto Z.
Ⓔ L'aggiunta di Z sposta la posizione dell'equilibrio verso destra.

[dalla prova di ammissione a Medicina e Chirurgia, 2014]

VERSO L'ESAME: LE TUE COMPETENZE

COLLEGA E CALCOLA

58 Si fornisce la stessa quantità di calore a 10 g di ferro [$c = 0,44$ J/(g °C)] e a 20 g di alluminio [$c = 0,89$ J/(g °C)]. La temperatura del ferro aumenta di 20 °C. Calcola di quanti gradi aumenta la temperatura dell'alluminio.

COLLEGA E CALCOLA

59 Una sfera di rame [$c = 0,381$ J/(g °C); $d = 8,96$ g/cm^3)] ha un volume di 100 cm^3. Calcola quanti grammi di carbonio ($Q = 393,5$ kJ/mol) occorrono per innalzare la temperatura della sfera di rame da 25 °C a 100 °C.

COLLEGA E CALCOLA

60 Il calore di combustione del carbonio è di 393,5 kJ/ mol. Calcola quanti grammi di carbonio sono necessari per innalzare da 20 °C a 80 °C la temperatura di 0,03 m^3 di acqua [$d = 1$ g/cm^3; $c = 4,18$ J/(g °C)].

COLLEGA E CALCOLA

61 Si forniscono 32,6 kJ a 500 g di alluminio [$c = 0,993$ J/(g °C)] la cui temperatura iniziale è 25 °C. Calcola la temperatura finale (espressa in °C).

CALCOLA

62 Calcola la variazione di entalpia per la reazione di combustione di 5,95 g di etano (C_2H_6) alla pressione di 1 atm e alla temperatura di 25 °C.

CALCOLA

63 Calcola la variazione di entalpia per la reazione di combustione di 2 m^3 di etilene (C_2H_4) alla pressione di 1 atm e alla temperatura di 25 °C:

$$C_2H_{4(g)} + 3\,O_{2(g)} \rightarrow 2\,CO_{2(g)} + 2\,H_2O_{(l)}$$

CALCOLA

64 L'equazione termochimica per la reazione di combustione del benzene (C_6H_6) è la seguente:

$$C_6H_{6(l)} + 15/2\,O_{2(g)} \rightarrow 6\,CO_{2(g)} + 3\,H_2O_{(l)}$$
$$(\Delta H^\circ = -3267,4\ \text{kJ})$$

Calcola l'entalpia standard di formazione (espressa in kJ/mol) del benzene.

COLLEGA E CALCOLA

65 L'equazione termochimica per la reazione di combustione dell'etilene (C_2H_4) è la seguente:

$$C_2H_{4(g)} + 3\,O_{2(g)} \rightarrow 2\,CO_{2(g)} + 2\,H_2O_{(l)}$$
$$(\Delta H_f^\circ = 52,30\ \text{kJ/mol})$$

Calcola l'entalpia standard di formazione (espressa in kJ/mol) dell'etilene.

COLLEGA E CALCOLA

66 Il calore di combustione dell'idrogeno è 286 kJ/mol. Calcola la quantità di calore prodotto dalla combustione di 5 L di idrogeno alla pressione di 2 atm e alla temperatura di 17 °C.

COLLEGA E CALCOLA

67 La combustione di una mole di metano CH_4 libera una quantità di calore corrispondente a 890 kJ/mol. Calcola i litri di metano occorrenti, in condizioni normali, per ottenere 6000 kJ.

COLLEGA E CALCOLA

68 La combustione di una mole di idrogeno libera una quantità di calore corrispondente a 286 kJ/mol. Calcola la quantità di calore (in kJ) che si libera dalla combustione di 500 L di idrogeno in condizioni normali.

IPOTIZZA

69 Stabilisci se le seguenti reazioni alla pressione di 1 atm e alla temperatura di 25 °C sono spontanee o non spontanee:

a. $NH_4Cl_{(s)} \rightarrow NH_{3(g)} + HCl_{(g)}$
b. $C_2H_5OH_{(l)} + 3\,O_{2(g)} \rightarrow 2\,CO_{2(g)} + 3\,H_2O_{(l)}$

OSSERVA E IPOTIZZA

70 Spesso nei film o nei fumetti le reazioni in corso nei laboratori di chimica sono rappresentate da liquidi che emettono vapori o producono schiuma.
La formazione di prodotti allo stato aeriforme da reagenti liquidi e/o in soluzione

a. favorisce o sfavorisce la spontaneità di una reazione chimica?
b. influenza il fattore entropico o il fattore entalpico?

Illustra tali effetti facendo riferimento all'equazione che rappresenta la variazione di energia libera standard di una reazione chimica.

OSSERVA E CLASSIFICA

71 Classifica i processi a cui si riferiscono le seguenti immagini in spontanei o non spontanei, esotermici o endotermici, caratterizzati da un aumento o da una diminuzione di entropia.

CAPITOLO

18 LA CINETICA CHIMICA

1 IL FATTORE TEMPO È DETERMINANTE PER IL DECORSO DELLE REAZIONI CHIMICHE

Lo studio termodinamico delle reazioni chimiche definisce le *condizioni* che devono essere soddisfatte affinché una trasformazione chimica si verifichi spontaneamente. Tuttavia, il fatto che una reazione sia *spontanea* non significa che essa si verifichi in un intervallo di *tempo* quantificabile. La reazione di analisi del monossido di azoto è una reazione spontanea, tuttavia il monossido di azoto rimane a lungo nell'atmosfera perché la decomposizione del composto in azoto e ossigeno è lentissima:

$$2\,NO_{(g)} \longrightarrow N_{2(g)} + O_{2(g)}$$

Ogni reazione chimica ha una specifica velocità (figura 1). Alcune reazioni chimiche (come l'esplosione dei fuochi d'artificio) si svolgono così rapidamente che sono da considerarsi *istantanee*; altre reazioni chimiche (come la reazione di combustione del carbonio) richiedono invece tempi misurabili in minuti e sono *veloci*; altre ancora (come la reazione di ossidazione del ferro) richiedono tempi più lunghi e sono *lente*. Altre, infine, sono *lentissime*: un esempio è dato dalla trasformazione del bicarbonato di calcio (solubile) in carbonato di calcio (insolubile) e diossido di carbonio in acqua. Questa reazione è alla base del processo che porta alla formazione delle stalattiti e delle stalagmiti:

$$Ca(HCO_3)_{2(aq)} \longrightarrow CaCO_{3(s)} + CO_{2(g)} + H_2O_{(l)}$$

LE PAROLE

La **cinetica** (dal greco *kínesis*, movimento) studia la velocità delle reazioni chimiche.

Figura 1 Le reazioni chimiche non procedono tutte alla stessa velocità A L'esplosione dei fuochi d'artificio è una reazione molto veloce; B la formazione di stalattiti e stalagmiti avviene invece mediante una reazione lentissima. Nella foto le grotte di Frasassi, nelle Marche.

Prendiamo in esame una generica reazione chimica in *fase omogenea* gassosa:

$$A_{(g)} + B_{(g)} \longrightarrow C_{(g)} + D_{(g)}$$

Esprimiamo la quantità dei reagenti e dei prodotti in termini di *concentrazione molare*. Poiché durante una reazione chimica i reagenti si trasformano in prodotti, determiniamo sperimentalmente la variazione di concentrazione di un reagente o di un prodotto, in funzione del tempo *t*.

Riportando i dati su un diagramma cartesiano concentrazione-tempo, si osserva che con il procedere della reazione la quantità dei reagenti A e B diminuisce e quella dei prodotti C e D aumenta (figura 2).

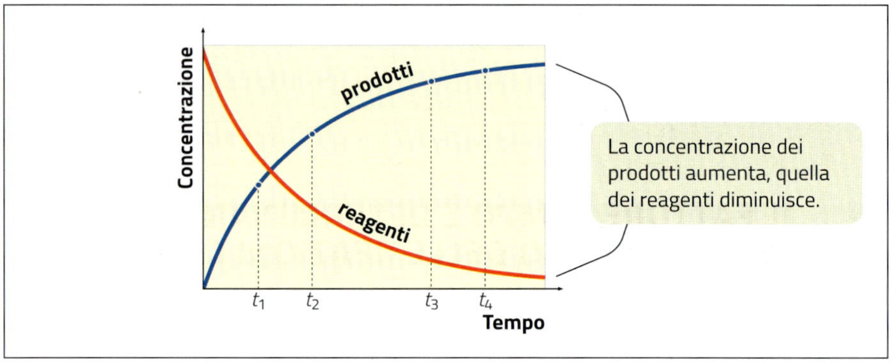

Figura 2 **Variazione della concentrazione dei reagenti e dei prodotti di una reazione in funzione del tempo** Con il passare del tempo, la concentrazione dei reagenti diminuisce, mentre quella dei prodotti aumenta.

La **velocità di reazione** (simbolo *v*) esprime la diminuzione della concentrazione dei reagenti o l'aumento della concentrazione dei prodotti nell'unità di tempo.

Se si considera un determinato intervallo di tempo Δt in cui la concentrazione del reagente A (simbolo [A]) diminuisce di un valore Δ e la concentrazione del prodotto C (simbolo [C]) aumenta di un valore Δ, la velocità di reazione è rappresentata dalle seguenti relazioni:

$$v = -\frac{\Delta[A]}{\Delta t} \qquad v = \frac{[C]}{\Delta t}$$

La prima uguaglianza, relativa alla velocità del reagente A, presenta il segno negativo perché, con il procedere della reazione, la concentrazione dei reagenti diminuisce: il valore di Δ[A] risulta quindi *negativo* e, moltiplicato per il segno negativo dell'uguaglianza, determina un valore positivo della velocità di reazione (figura 3).

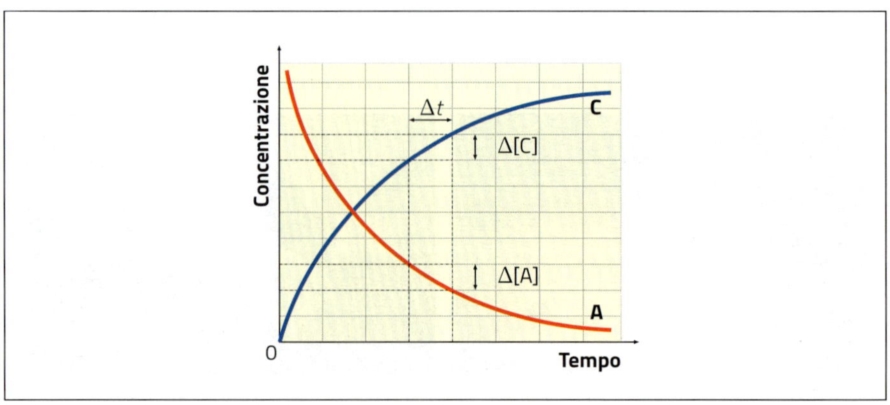

Figura 3 **Variazione della concentrazione del reagente A e del prodotto C in un dato intervallo di tempo Δt** In un dato intervallo di tempo Δt, la concentrazione molare del reagente A diminuisce, quindi Δ [A] avrà segno negativo.

Esprimendo la concentrazione dei reagenti e dei prodotti in molarità (mol/L) e il tempo in secondi, la velocità di reazione si esprime in **moli su litro su secondo** (simbolo **$mol \cdot L^{-1} \cdot s^{-1}$**). A seconda della velocità di reazione, le unità di misura del tempo di riferimento possono essere anche i minuti o le ore.

È da tenere presente che la velocità di reazione, in quanto riferita a un determinato intervallo di tempo Δt, è una **velocità media** (figura **4**) che in un diagramma *concentrazione reagenti-tempo* si calcola mediante la seguente relazione:

$$v = -\frac{[A_2]-[A_1]}{t_2 - t_1}$$

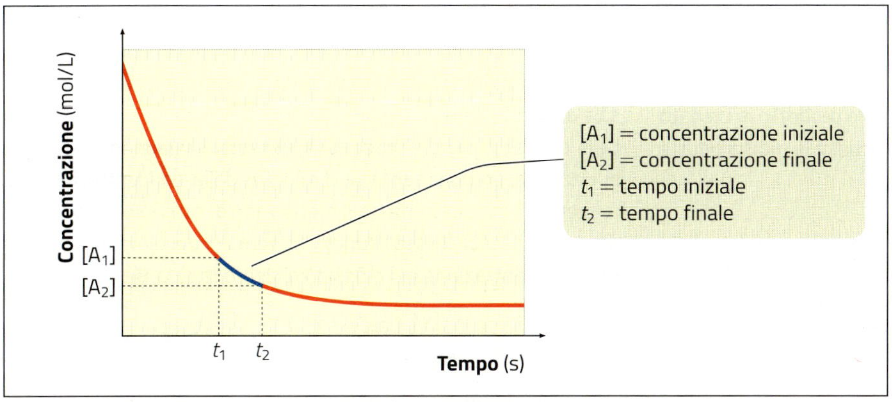

Figura 4 La velocità media di reazione La velocità media di decomposizione di un reagente A è uguale alla differenza tra la concentrazione finale $[A_2]$ e quella iniziale $[A_1]$ in un dato intervallo di tempo.

PER VEDERE LA CHIMICA
Video *In laboratorio*
Clock reactions: reazioni a tempo

PROBLEMA MODELLO

Calcolare la velocità di reazione

La reazione di analisi dello ioduro di idrogeno è rappresentata dalla seguente equazione:

$$2\ HI_{(g)} \longrightarrow H_{2(g)} + I_{2(g)}$$

Sapendo che la sua concentrazione dopo 100 s è 0,06 mol/L, e che dopo 150 s è 0,11 mol/L, calcola la velocità media di formazione dello iodio.

L'IDEA

La velocità media di formazione dello iodio è data dalla differenza tra la concentrazione finale e la concentrazione iniziale, nell'intervallo di tempo $(t_2 - t_1)$:

$$v = \frac{[I_2]_{fin.} - [I_2]_{in.}}{t_2 - t_1}$$

LA SOLUZIONE

Sostituendo nella precedente relazione i valori della concentrazione molare finale e iniziale dello iodio e i valori del tempo finale (t_2) e iniziale (t_1), si ha

$$v = \frac{(0{,}11 - 0{,}06)\ mol \cdot L^{-1}}{(150 - 100)\ s} = 1 \cdot 10^{-3}\ mol \cdot L^{-1} \cdot s^{-1}$$

PROBLEMA SIMILE

Sapendo che la concentrazione iniziale è 0,11 mol/L e che dopo 400 s è 0,048 mol/L, calcola la velocità media di decomposizione del pentossido di diazoto in diossido di azoto e ossigeno.

PER SAPERNE DI PIÙ

La determinazione sperimentale della velocità di reazione

La velocità di una reazione diminuisce nel tempo. Per stabilirla sperimentalmente si misurano il tempo con un cronometro e la variazione di concentrazione (diminuzione dei reagenti o aumento dei prodotti) con metodi analitici diversi a seconda dello stato fisico delle specie chimiche coinvolte nella reazione.

Il metodo **volumetrico** è usato quando un reagente o un prodotto della reazione è un *gas*. La reazione di decomposizione del perossido di idrogeno (acqua ossigenata) è rappresentata dalla seguente equazione:

$$H_2O_{2(aq)} \longrightarrow H_2O_{(l)} + \frac{1}{2}O_{2(g)}$$

Una volta determinato il volume dell'ossigeno prodotto in un dato intervallo di tempo (figura **A**), si possono calcolare le moli prodotte o consumate con l'equazione $p \cdot V = n \cdot R \cdot T$.

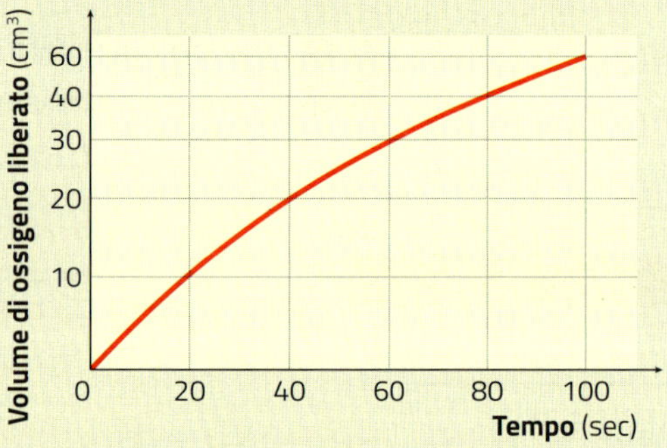

Figura A La velocità della reazione di decomposizione dell'acqua ossigenata è determinata calcolando il volume di ossigeno liberato dalla reazione.

Il metodo **gravimetrico** è usato quando uno dei reagenti della reazione è allo stato *solido*. La reazione di spostamento tra lo zinco e una soluzione di acido cloridrico è rappresentata dalla seguente equazione:

$$Zn_{(s)} + 2\,HCl_{(aq)} \longrightarrow ZnCl_{2(aq)} + H_{2(g)}$$

Se si determina la massa dello zinco all'inizio e dopo un dato intervallo di tempo, dalla differenza di massa si possono ricavare le moli di zinco consumate.

Il metodo **colorimetrico** è usato quando la reazione che consuma il reagente o che porta alla formazione del prodotto è accompagnata da una variazione di *colore*.

Determinando mediante un colorimetro la variazione di colore dopo un dato intervallo di tempo, dalla variazione cromatica si risale alla variazione di concentrazione del reagente o del prodotto. Se è colorato uno dei reagenti, il sistema, inizialmente colorato, si decolora gradualmente al diminuire della concentrazione del reagente. Nella reazione tra il monossido di carbonio (incolore) e il diossido di azoto (rosso bruno) il sistema si decolora al diminuire della concentrazione del diossido di azoto (figura **B**).

$$\underset{\text{(incolore)}}{CO_{(g)}} + \underset{\text{(rosso bruno)}}{NO_{2(aq)}} \longrightarrow \underset{\text{(incolore)}}{CO_{2(g)}} + \underset{\text{(incolore)}}{NO_{(g)}}$$

Figura B La velocità della reazione tra il monossido di carbonio (incolore) e il diossido di azoto (rosso bruno) è determinata dalla decolorazione del sistema.

2 LA TEORIA DELLE COLLISIONI: IN UNA REAZIONE ATOMI E MOLECOLE SI URTANO

In una reazione chimica che avviene tra molecole si verificano la rottura dei legami chimici delle molecole reagenti e la formazione di nuovi legami tra i prodotti. Nella reazione tra una molecola di idrogeno e una molecola di cloro si rompono i legami interatomici H—H e Cl—Cl e si formano nuovi legami H—Cl.

$$H{-}H + Cl{-}Cl \longrightarrow H{-}Cl + H{-}Cl$$

Affinché si formino dei legami e quindi una reazione chimica possa avvenire, gli atomi e le molecole dei reagenti devono *urtarsi* (entrare in collisione).

Non si deve tuttavia pensare che la formazione del prodotto di una reazione chimica sia legata solo al verificarsi di collisioni tra gli atomi o le molecole dei reagenti, in quanto le collisioni possono essere **non efficaci** o **efficaci**, e solo le collisioni efficaci portano alla formazione del prodotto della reazione.

Un **urto efficace** tra molecole di reagenti è un urto che può determinare la formazione di un prodotto.

L'*efficacia* degli urti dipende da due fattori: l'orientazione delle collisioni e l'energia delle molecole reagenti.

L'orientazione delle collisioni

Per la formazione di un legame tra due atomi di due molecole diverse è necessario che l'urto avvenga tra gli orbitali specifici dei due atomi che devono stabilire il legame.

L'**orientazione delle collisioni** è relativa alla direzione secondo la quale le molecole dei reagenti devono urtarsi.

Prendiamo in esame la reazione tra l'idrogeno e il cloro, che porta alla formazione di acido cloridrico:

$$H_{2(g)} + Cl_{2(g)} \longrightarrow 2\,HCl_{(g)}$$

Si può notare che:

- se l'orientazione è **sfavorevole**, le molecole dei reagenti conservano i loro legami in quanto gli urti sono inefficaci e di conseguenza la reazione *non avviene* (figura **5**);

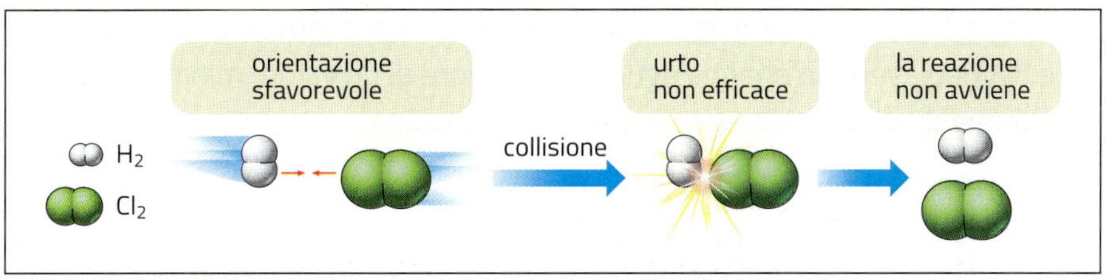

Figura 5 **Urto non efficace con orientazione sfavorevole** Le molecole presentano la composizione iniziale e gli stessi legami.

- se l'orientazione è **favorevole**, ma le molecole *non* hanno energia sufficiente per rompere i legami tra gli atomi nelle molecole dei reagenti, la reazione *non avviene* (figura **6**).

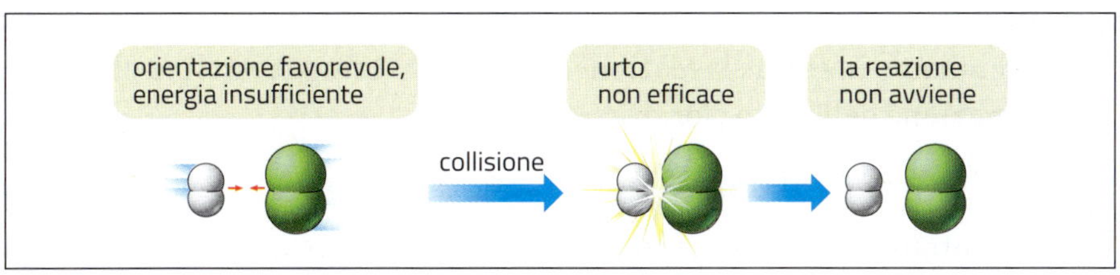

Figura 6 **Urto non efficace con orientazione favorevole** Nonostante l'orientazione sia favorevole, l'energia è insufficiente per rompere i legami dei reagenti.

L'energia delle molecole reagenti

L'orientazione favorevole non è la sola condizione per considerare un urto efficace. Le molecole, entrando in collisione, devono avere anche un'*energia potenziale* tale da rompere i legami delle molecole reagenti (figura **7**).

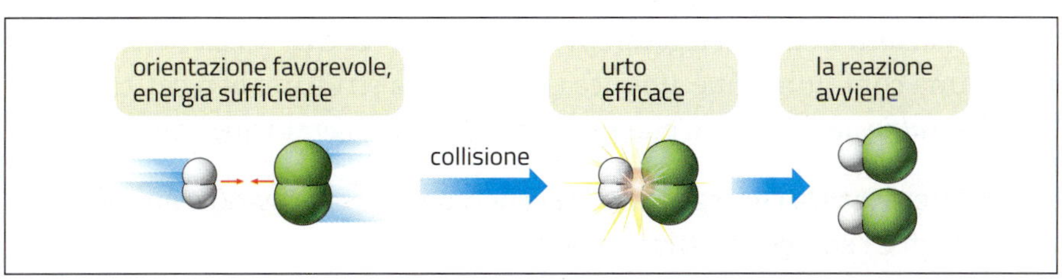

Figura 7 **Urto efficace** Se l'orientazione è favorevole e l'energia sufficiente, la reazione avviene e si formano molecole che presentano una nuova composizione e diversi legami.

L'**energia di attivazione** è il valore minimo di energia che le molecole devono avere perché possano collidere con forza sufficiente a rompere i legami dei reagenti e a dare luogo a un urto efficace.

L'**energia di attivazione** (simbolo E_a) si esprime in **kJ/mol**. Il suo valore è *specifico* per ogni reazione, poiché dipende dalla *forza* dei legami interatomici presenti tra le molecole reagenti. Tutte le reazioni chimiche che comportano la rottura di legami chimici necessitano di energia di attivazione e questo vale anche per le reazioni *esotermiche*, che sono spontanee ma non veloci.

Di conseguenza, se l'energia di attivazione richiesta per fare avvenire una reazione chimica è:

- *alta*, sono *poche* le molecole con energia sufficiente per dare luogo a urti efficaci e perciò la reazione procede con bassa velocità;
- *bassa*, sono *molte* le molecole con energia sufficiente a dare luogo a urti efficaci e perciò la reazione procede con alta velocità.

Le due condizioni descritte (orientazione ed energia) permettono ora di formulare la teoria delle collisioni.

La **teoria delle collisioni** stabilisce che, affinché una reazione chimica avvenga, le molecole reagenti devono urtarsi con la giusta orientazione e devono avere un'energia uguale o maggiore di un valore minimo, detto energia di attivazione, specifico per ogni reazione.

3 IL COMPLESSO ATTIVATO: UNO STATO DI TRANSIZIONE CON ENERGIA POTENZIALE MAGGIORE DI QUELLA DEI REAGENTI

Dopo il verificarsi di collisioni efficaci la reazione procede secondo un meccanismo che prevede la formazione di uno *stato di transizione* detto **complesso attivato**.

Riprendiamo in esame la reazione di sintesi tra idrogeno e cloro che porta alla formazione dell'acido cloridrico:

$$H_{2(g)} + Cl_{2(g)} \longrightarrow 2\,HCl_{(g)}$$

Prima di entrare in collisione, le molecole dei reagenti hanno valori di energia cinetica e potenziale ben definiti. Tuttavia, le molecole rallentano quando si avvicinano, a causa della forza di repulsione elettrostatica esercitata dagli elettroni del livello energetico esterno. Di conseguenza, si ha una *diminuzione* dell'energia cinetica.

Nel momento in cui le molecole dei reagenti (H_2 e Cl_2) entrano in collisione, l'energia cinetica liberata si trasforma in *energia potenziale*; contemporaneamente si ha un indebolimento dei legami interatomici H—H e Cl—Cl e la formazione di deboli legami interatomici H—Cl e H—Cl. Per un istante si forma una configurazione atomica (H_2Cl_2) dalla struttura ben definita detta *complesso attivato*, che ha un'energia potenziale *maggiore* di quella dei reagenti.

La differenza tra l'energia potenziale del complesso attivato e quella dei reagenti è l'**energia di attivazione** della reazione.

TI RICORDI?

L'**energia cinetica** è l'energia posseduta da un corpo di massa *m* in movimento. Dipende dalla velocità *v* e si esprime con l'equazione $E_c = \frac{1}{2}\, m \cdot v^2$.

TI RICORDI?

L'**energia potenziale** è l'energia posseduta da un corpo di massa *m* che si trova a un'altezza *h* rispetto a un livello di base. Dipende dall'accelerazione di gravità e si esprime con la formula $E_p = m \cdot g \cdot h$.

Dato che il complesso attivato ha un'energia potenziale molto alta, è *instabile* e quindi si trasforma subito in composti più stabili, i prodotti (figura **8**).

In seguito a questa trasformazione si ha una *diminuzione* di energia potenziale, che si trasforma in energia cinetica nelle molecole dei prodotti.

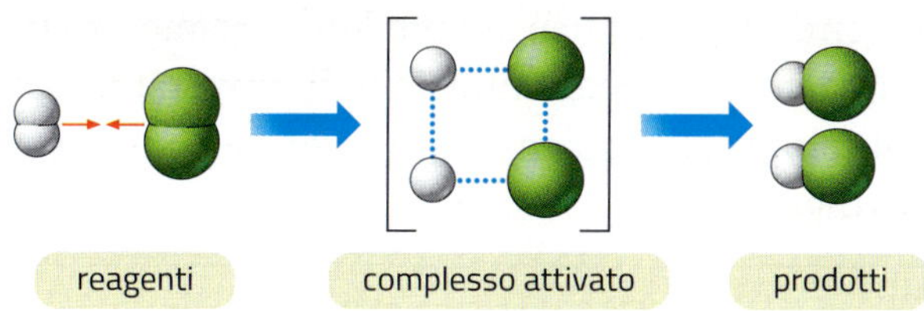

Figura 8 Il complesso attivato Prima di trasformarsi nel prodotto finale (HCl), le molecole dei reagenti (H_2 e Cl_2) assumono una configurazione atomica instabile, il complesso attivato (H_2Cl_2).

I diagrammi dell'energia di attivazione

La variazione di energia in una reazione chimica si può rappresentare mediante un diagramma, detto *profilo di reazione*.

Il **profilo di reazione** esprime la variazione dell'energia potenziale (in ordinata) in funzione della coordinata di reazione (in ascissa), ovvero del percorso della reazione.

Osservando il profilo di reazione(figura **9**), possiamo confrontare l'energia potenziale dei reagenti con quella:

- del *complesso attivato*, ricavando informazioni sull'energia di attivazione e, conseguentemente, sulla velocità di reazione;
- dei *prodotti*, ricavando informazioni sulla variazione di energia cinetica avvenuta nel sistema e, quindi, sulla tendenza della reazione a cedere o ad assorbire calore dall'ambiente.

Analizziamo quest'ultimo punto attraverso due esempi concreti.

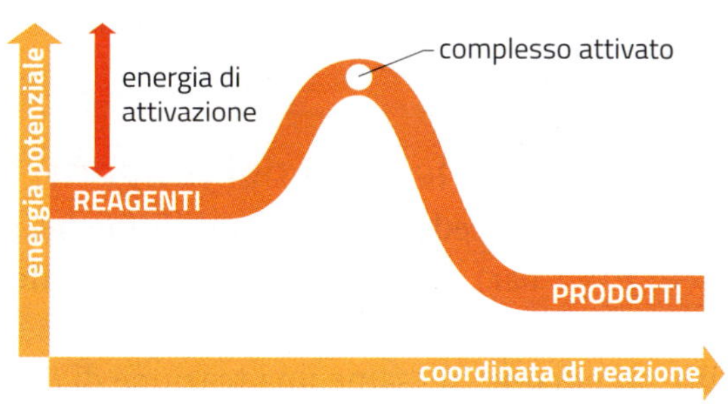

Figura 9 L'avanzamento dell'energia potenziale di una reazione Lo stato di transizione (complesso attivato) ha un'energia potenziale maggiore di quella dei reagenti.

Consideriamo la reazione di sintesi del cloruro di idrogeno:

$$H_{2(g)} + Cl_{2(g)} \longrightarrow 2\,HCl_{(g)}$$

In questa reazione, le molecole dei prodotti hanno un'*energia potenziale minore* di quella dei reagenti. Di conseguenza aumenta l'energia cinetica dei prodotti, determinando così un aumento di temperatura e la liberazione di energia termica sotto forma di calore nell'ambiente: la **reazione** è **esotermica** e il valore di ΔH è negativo (figura **10A**).

Consideriamo ora la reazione di analisi del cloruro di idrogeno:

$$2\ HCl_{(g)} \longrightarrow H_{2(g)} + Cl_{2(g)}$$

In questo caso, le molecole dei prodotti hanno un'*energia potenziale maggiore* di quella dei reagenti. Di conseguenza, i prodotti avranno una minore energia cinetica, determinando così una diminuzione di temperatura e il conseguente assorbimento di calore dall'ambiente: la **reazione** è **endotermica** e il valore di ΔH è positivo (figura **10B**).

Figura 10 I profili di una reazione esotermica e di una endotermica A In una reazione esotermica, i reagenti hanno un'energia potenziale maggiore dei prodotti e il ΔH è negativo; B in una reazione endotermica, i prodotti hanno un'energia potenziale maggiore dei reagenti e il ΔH è positivo.

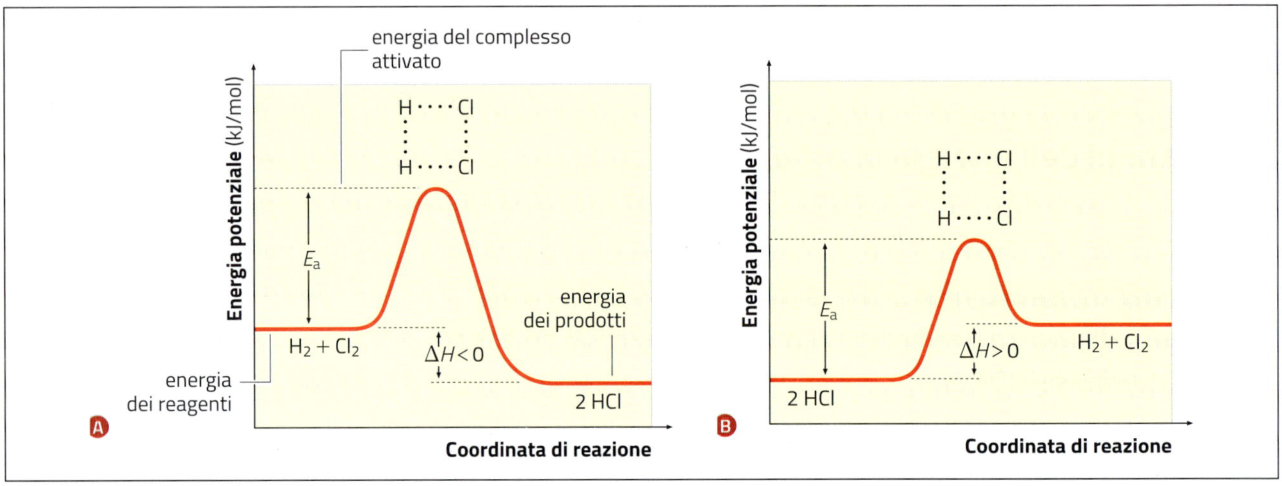

4 LA VELOCITÀ DI REAZIONE DIPENDE DA DIVERSI FATTORI

A COLPO D'OCCHIO

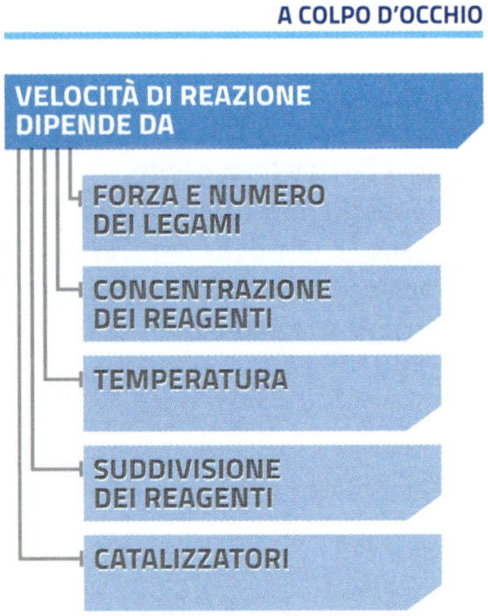

I fattori che determinano una variazione della velocità di reazione sono:

- la forza e il numero dei legami interatomici nelle molecole dei reagenti;
- la concentrazione dei reagenti;
- la temperatura alla quale la reazione avviene;
- lo stato di suddivisione dei reagenti in fase eterogenea;
- la presenza di un catalizzatore.

La forza e il numero dei legami nei reagenti

La diversa velocità con cui procedono le reazioni chimiche, nelle condizioni standard (t = 25 °C; p = 1 bar), dipende dai **legami chimici** presenti nelle molecole dei reagenti.

A tal proposito, prendiamo in esame una reazione di doppio scambio in *soluzione acquosa* e due reazioni di ossidazione in fase *gassosa* nelle quali è presente un reagente in comune, l'ossigeno.

- La reazione di doppio scambio in soluzione acquosa tra il nitrato di argento $AgNO_3$ e il cloruro di potassio KCl è *istantanea*.
  La reazione porta alla formazione del cloruro di argento AgCl insolubile, che precipita, mentre il nitrato di potassio KNO_3, solubile, rimane in soluzione sotto forma di ioni:

$$AgNO_{3(aq)} + KCl_{(aq)} \longrightarrow AgCl_{(s)}\downarrow + KNO_{3(aq)}$$

- La reazione di ossidazione del diossido di zolfo è *veloce*:

$$2\ SO_{2(g)} + O_{2(g)} \longrightarrow 2\ SO_{3(g)}$$

- La reazione di ossidazione del metano è molto *lenta*:

$$CH_{4(g)} + 2\ O_{2(g)} \longrightarrow CO_{2(g)} + 2\ H_2O_{(l)}$$

La **diversa** velocità nelle tre reazioni prese in esame si spiega partendo dal presupposto che una reazione chimica è un processo in cui si rompono i legami nei reagenti e si formano nuovi legami nei prodotti e che in ogni reagente (unità formula o molecole) i legami sono diversi per **forza** e per **numero**. A causa della diversa forza e del diverso numero dei legami dei reagenti si ha un'*energia di attivazione* specifica e quindi *diversa* per ogni reazione chimica.

La reazione in *soluzione acquosa* **non** comporta la rottura di legami in quanto i reagenti sono già dissociati in ioni. Le reazioni di *ossidazione* del diossido di zolfo e del metano implicano rispettivamente la rottura di *tre legami* covalenti (due σ e uno π) nel diossido di zolfo e di *quattro legami* covalenti σ nel metano (figura **11**).

Quindi le reazioni che **non** implicano la rottura di legami (reazioni in soluzione acquosa) sono veloci, mentre quelle che comportano la rottura dei legami (reazioni di ossidazione) sono più lente. Le due reazioni di ossidazione in fase *gassosa* hanno *diversa* velocità perché questa dipende dal *numero* dei legami (tre nel diossido di zolfo e quattro nel metano) e dalla loro *forza* (il legame covalente σ è più forte di quello π).

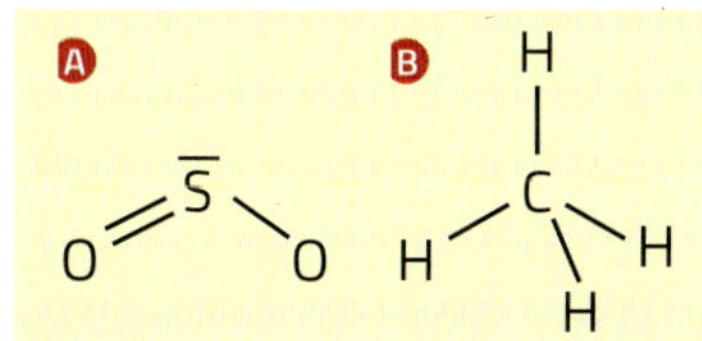

Figura 11 La velocità di reazione dipende dalla forza e dal numero di legami nei reagenti A Nel diossido di zolfo sono presenti due legami σ e un legame π; B nel metano sono presenti quattro legami σ.

Minori sono la forza e il numero dei legami interatomici nelle molecole dei reagenti, maggiore è la velocità della reazione chimica.

La concentrazione dei reagenti

La teoria delle collisioni presuppone che le molecole si urtino perché una reazione chimica possa avvenire.

Prendendo in esame tre diverse reazioni omogenee in soluzione acquosa con un differente numero di molecole reagenti, si osserva che aumentando il numero delle molecole, ovvero la concentrazione, la probabilità che le molecole si urtino è maggiore (figura **12**). Poiché il numero delle collisioni è legato alla concentrazione dei reagenti, risulta che:

TI RICORDI?

La **concentrazione di una soluzione** esprime la quantità di soluto contenuta in una determinata quantità di soluzione.

La **velocità di una reazione chimica** in fase omogenea (in soluzione acquosa o gassosa) aumenta con la concentrazione dei reagenti, perché un aumento del numero delle molecole per unità di volume determina un aumento della frequenza delle collisioni.

Figura 12 La concentrazione dei reagenti influenza la velocità di reazione A parità di volume di soluzione, più elevato è il numero di molecole reagenti, maggiore è il numero di collisioni.

In una reazione in fase *gassosa*, l'aumento della concentrazione dei reagenti si può ottenere aumentando la *pressione*; in tal caso, infatti, diminuisce il volume ma aumenta il numero di molecole per unità di volume, ovvero la concentrazione e, quindi, la velocità di reazione (figura **13**).

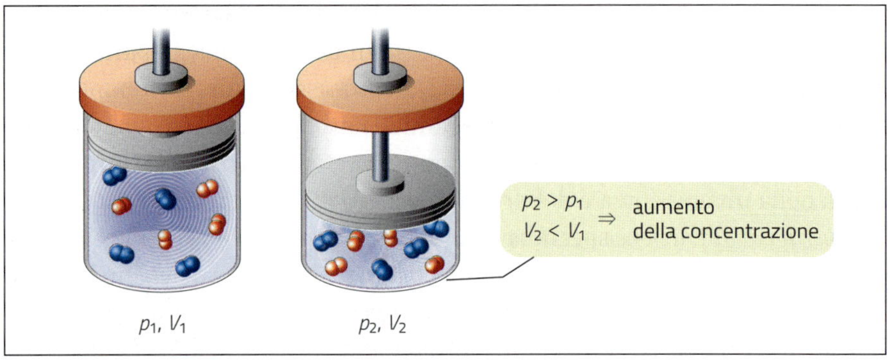

Figura 13 In una reazione in fase gassosa la concentrazione aumenta con la pressione L'aumento di pressione (*p*) determina una diminuzione di volume (*V*) e di conseguenza un aumento della concentrazione delle molecole reagenti e quindi del numero delle collisioni.

Dal momento che la velocità di reazione dipende dalla concentrazione dei reagenti, la velocità è massima all'inizio della reazione, quando la concentrazione dei reagenti è massima, e diminuisce con il passare del tempo, perché diminuisce la concentrazione dei reagenti (figura **14**).

La **velocità delle reazioni** chimiche non è costante ma tende a diminuire nel tempo.

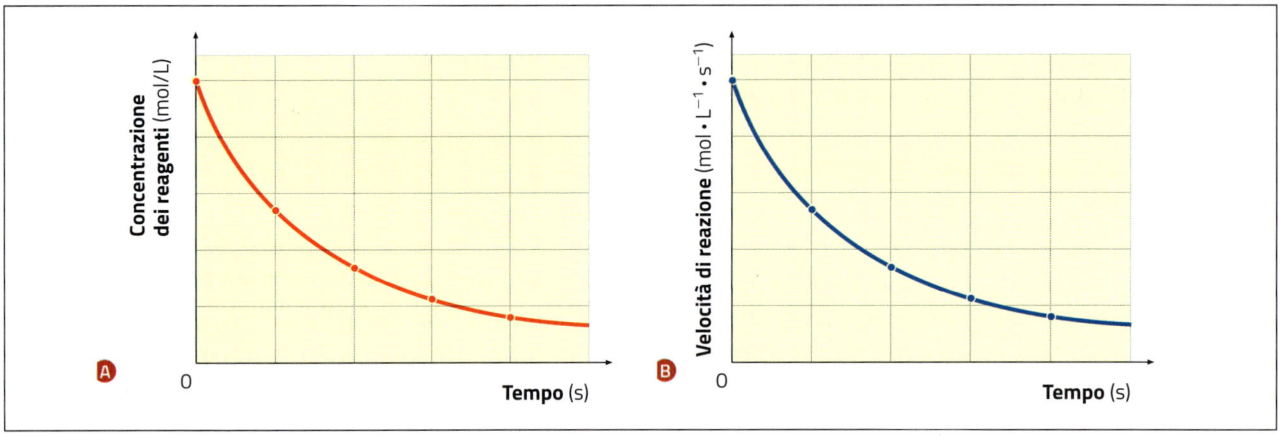

Figura 14 La velocità di reazione diminuisce nel tempo A Con il diminuire della concentrazione di un reagente, B anche la velocità di reazione diminuisce.

5 VELOCITÀ DI REAZIONE E CONCENTRAZIONE DEI REAGENTI SONO LEGATI DALL'EQUAZIONE CINETICA

Nelle reazioni in fase *omogenea* (in soluzione acquosa o gassosa), la velocità di reazione e la concentrazione dei reagenti sono legate dall'**equazione cinetica**.

La velocità di una reazione, a una data temperatura, è proporzionale al prodotto delle concentrazioni molari dei reagenti (o almeno di uno di essi), ciascuna elevata a un esponente (indicato con i simboli α, β).

Consideriamo una reazione generica rappresentata dalla seguente equazione (i coefficienti stechiometrici sono indicati con i simboli: a, b, c, d):

$$aA + bB \longrightarrow cC + dD$$

L'equazione cinetica che esprime la velocità di reazione è la seguente:

$$v = k \cdot [A]^{\alpha} \cdot [B]^{\beta}$$

In questa equazione:

- il fattore k è la **costante specifica di velocità** o **costante cinetica**, il cui valore, specifico per ogni reazione, dipende dalla temperatura;
- le parentesi quadre indicano le *concentrazioni molari dei reagenti*; quando le concentrazioni dei reagenti sono 1 M la velocità di reazione è **uguale** alla costante cinetica: $v = k$;
- gli esponenti α e β sono numeri interi o frazionari i cui valori, determinati sperimentalmente, dipendono dal *meccanismo di reazione* e *non sempre coincidono* con i coefficienti stechiometrici.

Il valore degli esponenti α e β rappresenta l'**ordine relativo** di ciascun reagente; la somma degli esponenti rappresenta l'**ordine complessivo** o semplicemente l'**ordine** della reazione.

Nella reazione di analisi del pentossido di diazoto:

$$2\,N_2O_{5(g)} \longrightarrow 4\,NO_{2(g)} + O_{2(g)}$$

l'esponente della concentrazione di N_2O_5 determinato sperimentalmente risulta uguale a 1 e, quindi, l'equazione cinetica è così rappresentata:

$$v = k \cdot [N_2O_5]$$

La reazione è del primo ordine rispetto al reagente N_2O_5 e del *primo ordine complessivo*. Raddoppiando la concentrazione di N_2O_5, raddoppia anche la velocità di reazione.

Nella reazione di analisi dello ioduro di idrogeno:

$$2\,HI_{(g)} \longrightarrow H_{2(g)} + I_{2(g)}$$

l'esponente della concentrazione di HI è uguale a 2 (in tal caso l'esponente della concentrazione coincide con il coefficiente stechiometrico) e, quindi, l'equazione cinetica è così rappresentata:

$$v = k \cdot [HI]^2$$

La reazione è del secondo ordine rispetto a HI e del *secondo ordine complessivo*.

Raddoppiando la concentrazione di HI, la velocità di reazione aumenta di quattro volte.

Nella reazione di ossidazione del monossido di azoto:

$$2\,NO_{(g)} + O_{2(g)} \longrightarrow 2\,NO_{2(g)}$$

l'esponente α della concentrazione di NO è uguale a 2 e l'esponente β della concentrazione di O_2 è uguale a 1 e, quindi, l'equazione cinetica è così rappresentata:

$$v = k \cdot [NO]^2 \cdot [O_2]$$

La reazione è del secondo ordine rispetto al reagente NO, del primo ordine rispetto al reagente O_2 e del *terzo ordine complessivo*.

In alcune reazioni, la velocità di reazione **non** dipende dalla concentrazione e, quindi, la reazione è di **ordine zero**. Naturalmente in queste reazioni, raddoppiando la concentrazione, la velocità di reazione *non cambia*. Tipiche reazioni di ordine zero sono quelle *catalizzate*. Una reazione di ordine zero è quella di analisi dell'ammoniaca su un filo di platino (catalizzatore) riscaldato:

$$2\ NH_{3(g)} \xrightarrow{\Delta,\ Pt} N_{2(g)}\uparrow + 3\ H_{2(g)}\uparrow$$

La velocità della reazione resta costante fino a quando l'ammoniaca non si è trasformata completamente in azoto e idrogeno (figura **15A**). L'equazione cinetica è così rappresentata:

$$v = k \cdot [NH_3]^0$$

e quindi:

$$v = k$$

Poiché in una reazione di ordine zero la velocità rimane costante, la *diminuzione della concentrazione* del reagente nell'unità di tempo è sempre la *stessa* e pertanto in un diagramma concentrazione reagenti-tempo è rappresentata da una retta (figura **15B**).

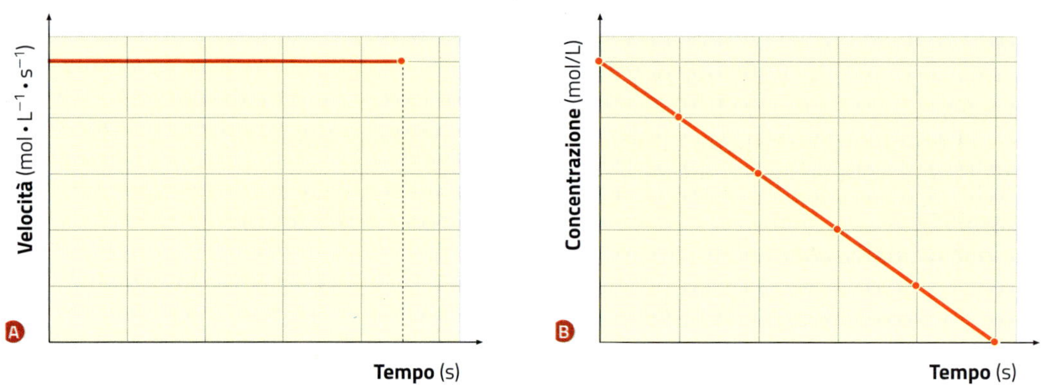

Figura 15 Diagrammi della velocità e della concentrazione in funzione del tempo in una reazione di ordine zero In una reazione di ordine zero: A la velocità è costante; B la diminuzione della concentrazione di un reagente nell'unità di tempo è rappresentata da una retta.

PROBLEMA MODELLO

Calcolare l'ordine di reazione e la costante di velocità

I dati sperimentali riportati in tabella si riferiscono alla reazione di analisi dello ioduro di idrogeno alla temperatura di 518 °C. In base a questi dati, calcola:

a. l'ordine di reazione;
b. il valore della costante specifica di velocità.

Esperimento	Concentrazione iniziale (mol/L)	Velocità iniziale di decomposizione ($mol \cdot L^{-1} \cdot s^{-1}$)
1	0,15	$1{,}5 \cdot 10^{-7}$
2	0,30	$6{,}0 \cdot 10^{-7}$
3	0,60	$24{,}0 \cdot 10^{-7}$

L'IDEA

Dall'analisi dei dati sperimentali, si osserva che, raddoppiando la concentrazione iniziale, la velocità iniziale della reazione quadruplica.

LA SOLUZIONE

a. Dall'analisi dei dati in tabella, si deduce che la reazione è del secondo ordine. L'equazione cinetica di velocità risulta quindi:

$$v = k \cdot [HI]^2$$

b. La costante specifica di velocità può essere ricavata dall'equazione cinetica mediante la relazione:

$$k = \frac{v}{[HI]^2}$$

LA CONCLUSIONE

Sostituendo con i dati sperimentali di uno dei tre esperimenti (nello specifico prendiamo in esame i dati dell'esperimento 1), si ha:

$$k = \frac{1{,}5 \cdot 10^{-7}\ \text{mol} \cdot \text{L}^{-1} \cdot \text{s}^{-1}}{(0{,}15)^2\ \text{mol}^2 \cdot \text{L}^{-2}} = 6{,}66 \cdot 10^{-6}\ \text{mol}^{-1} \cdot \text{L} \cdot \text{s}^{-1}$$

PROBLEMA SIMILE

Nello studio cinetico della generica reazione

$$AB \longrightarrow A + B$$

si sono ricavati i seguenti dati:

Concentrazione iniziale [AB] (mol/L)	0,20	0,40	0,80
Velocità v (mol · L^{-1} · s^{-1})	0,008	0,016	0,032

Determina:

a. l'ordine della reazione;

b. il valore della costante cinetica.

La temperatura del sistema reagente

L'equazione cinetica ha evidenziato che la velocità di reazione, a una data temperatura, aumenta con la concentrazione dei reagenti:

$$v = k \cdot [A]^{\alpha} \cdot [B]^{\beta}$$

La velocità di reazione dipende anche dal valore della costante specifica di velocità collegata alla temperatura assoluta. La relazione matematica che lega la costante specifica di velocità k con la temperatura assoluta T del sistema reagente è rappresentata dall'*equazione di Arrhenius*:

$$k = A \cdot e^{-E_a/RT}$$

In questa equazione:

- il fattore A, *fattore pre-esponenziale*, è una costante specifica per ogni reazione;

TI RICORDI?

La **temperatura** di un corpo definisce il suo stato termico. Il suo valore numerico è dato dalla misura dell'energia cinetica media delle particelle che costituiscono il corpo.

PER SAPERNE DI PIÙ

Il meccanismo di reazione

La determinazione sperimentale dell'ordine di reazione rappresenta il dato di partenza per stabilire il meccanismo di reazione.

Si definisce **meccanismo di reazione** la sequenza di stadi o di reazioni elementari che il sistema compie per passare dai reagenti ai prodotti.

Le reazioni elementari si classificano in base alla loro *molecolarità*, ovvero in base al numero di unità elementari (atomi, ioni, molecole) che compaiono tra i reagenti. Si distinguono pertanto reazioni elementari monomolecolari, bimolecolari, trimolecolari.

Le **reazioni elementari monomolecolari** sono reazioni in cui una singola unità elementare di un reagente A si trasforma nei prodotti. Poiché la velocità di reazione è proporzionale alla concentrazione di una singola unità elementare, una reazione monomolecolare ha un'equazione cinetica di **primo ordine**.

$$A \longrightarrow \text{prodotti} \qquad v = k[A]$$

Le **reazioni elementari bimolecolari** sono reazioni in cui due unità elementari uguali o diverse dei reagenti, collidendo con urti efficaci, si trasformano nei prodotti:

$$A + A \longrightarrow \text{prodotti} \qquad A + B \longrightarrow \text{prodotti}$$

Poiché la velocità di reazione è proporzionale alla concentrazione di entrambe le unità elementari, una reazione bimolecolare ha un'equazione cinetica di **secondo ordine**.

$$v = k[A]^2 \qquad v = k[A][B]$$

Le **reazioni elementari trimolecolari** sono reazioni in cui tre unità elementari di reagenti, collidendo simultaneamente, si trasformano nei prodotti:

$$A + A + B \longrightarrow \text{prodotti} \qquad A + B + C \longrightarrow \text{prodotti}$$

Poiché la velocità di reazione è proporzionale alla concentrazione delle tre unità elementari, una reazione trimolecolare ha un'equazione cinetica di **terzo ordine**.

$$v = k \cdot [A]^2 \cdot [B] \qquad v = k \cdot [A] \cdot [B] \cdot [C]$$

Sulla base delle reazioni elementari, risulta che l'**ordine di una reazione** elementare è generalmente uguale alla sua molecolarità.

Prendiamo in esame la reazione di ossidazione del monossido di azoto (NO) che porta alla formazione del diossido di azoto (NO_2):

$$2\,NO_{(g)} + O_{2(g)} \longrightarrow 2\,NO_{2(g)}$$

L'ordine relativo a ciascun reagente rilevato sperimentalmente permette di stabilire che l'equazione cinetica è la seguente:

$$v = k \cdot [NO]^2 \cdot [O_2]$$

La reazione è quindi del terzo ordine.

Il meccanismo di reazione ipotizzato procede in due stadi.

Nel *primo stadio* due molecole di monossido di azoto collidono tra di loro con formazione di una molecola di diossido di diazoto:

$$NO_{(g)} + NO_{(g)} \longrightarrow N_2O_{2(g)} \qquad v = k_1 \cdot [NO]^2$$

reazione bimolecolare

La molecola di N_2O_2 non è presente nella reazione e quindi rappresenta un *intermedio* di reazione, ovvero un composto che è il prodotto di una reazione e il reagente della successiva.

Nel *secondo stadio* una molecola di diossido di diazoto reagisce con una molecola di ossigeno per formare diossido di azoto.

$$N_2O_{2(g)} + O_{2(g)} \longrightarrow 2\,NO_{2(g)} \qquad v = k_2 \cdot [N_2O_2] \cdot [O_2]$$

reazione bimolecolare

La reazione complessiva è il risultato della somma di questi due stadi:

$$2\,NO_{(g)} + N_2O_{2(g)} + O_{2(g)} \longrightarrow N_2O_{2(g)} + 2\,NO_{2(g)}$$

Eliminando l'intermedio di reazione N_2O_2, la reazione coincide con quella presa in esame:

$$2\,NO_{(g)} + O_{2(g)} \longrightarrow 2\,NO_{2(g)}$$

La reazione è di **terzo ordine**, ma procede attraverso due reazioni elementari **bimolecolari**. Ordine e molecolarità in tal caso non coincidono: l'ordine di reazione è infatti un dato sperimentale ottenuto dall'equazione cinetica, mentre la molecolarità è un dato teorico mediante il quale viene ipotizzato uno stadio del meccanismo di reazione.

Quando una reazione avviene in due stadi, in generale entrambi contribuiscono a determinare la velocità della reazione. Tuttavia, in alcune reazioni il primo stadio è molto più lento del secondo, poiché i prodotti del primo rappresentano i reagenti del secondo stadio; in queste condizioni la velocità della reazione è uguale alla velocità con cui si verifica il primo stadio (figura **A**).

Si chiama **stadio limitante** la reazione elementare la cui velocità è tanto inferiore a quella delle altre reazioni elementari da determinare la velocità della reazione complessiva.

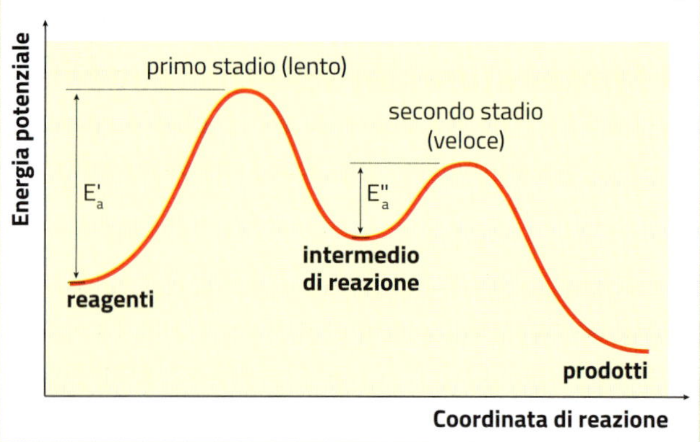

Figura A Profilo emergente di una reazione che avviene in due stadi
Il primo stadio ha un'energia di attivazione maggiore del secondo e determina la velocità di reazione (stadio limitante).

- il fattore $e^{-E_a/RT}$, *fattore esponenziale*, rappresenta il numero di molecole con un'energia uguale o maggiore dell'energia di attivazione.
  Nel fattore esponenziale:
  - il simbolo e è la base dei logaritmi naturali ($e = 2{,}718$);
  - il simbolo E_a è l'energia di attivazione (in kJ/mol) della reazione;
  - il simbolo R è la costante universale dei gas ($R = 8{,}31\ J \cdot K^{-1} \cdot mol^{-1}$);
  - il simbolo T è la temperatura assoluta (in kelvin).

La dipendenza della velocità di reazione dalla temperatura è giustificata dalla *teoria delle collisioni*, secondo la quale la velocità di reazione è direttamente proporzionale al numero delle collisioni efficaci.

Aumentando la *temperatura* aumenta l'energia cinetica delle molecole e, quindi, la frequenza delle collisioni, ovvero il numero di molecole con energia cinetica uguale o maggiore dell'energia di attivazione e, pertanto, il numero di *collisioni efficaci*. Risulta quindi che:

La velocità di reazione aumenta con l'aumentare della temperatura.

Riportiamo in diagramma i valori relativi al *numero delle molecole* (in ordinata) di un gas e alla loro *energia cinetica* (in ascissa): a due temperature diverse (con $T_2 > T_1$), si osserva che, per un dato valore di E_a, a una temperatura maggiore (T_2) il numero di molecole con un valore di energia cinetica superiore all'energia di attivazione è molto più alto (figura **16**).

Generalmente la velocità delle reazioni chimiche raddoppia per ogni aumento di 10 °C di temperatura.

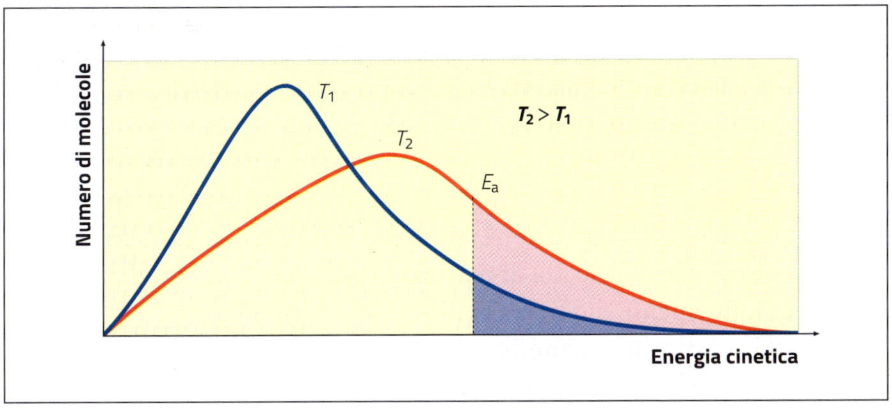

Figura 16 Curve relative al valore di energia cinetica delle molecole di un gas a due temperature diverse Il numero di molecole con un'energia cinetica maggiore dell'energia di attivazione aumenta notevolmente all'aumentare della temperatura.

Lo stato di suddivisione dei reagenti

Nelle reazioni in **fase eterogenea** (solido-gas, solido-liquido, liquido-gas) la velocità di reazione dipende dall'*estensione della superficie di contatto* dei reagenti.

Prendiamo in esame la reazione di spostamento tra lo zinco e una soluzione acquosa di acido cloridrico:

$$Zn_{(s)} + 2\,HCl_{(aq)} \longrightarrow ZnCl_{2(aq)} + H_{2(g)}$$

- quando lo zinco è presente sotto forma di lamina, le molecole di acido cloridrico reagiscono solo con gli atomi di zinco che si trovano sulla superficie esterna della lamina. La velocità di reazione, evidenziata dallo sviluppo di idrogeno, dipendendo dal *numero di atomi* che si trovano sulla superficie della lamina, è bassa;

Figura 17 La velocità di reazione dipende dall'estensione della superficie di contatto dei reagenti La reazione tra lo zinco e una soluzione di acido cloridrico (evidenziata dallo sviluppo di idrogeno) è lenta se il metallo è sotto forma di una lamina, mentre è più veloce se è sotto forma di polvere.

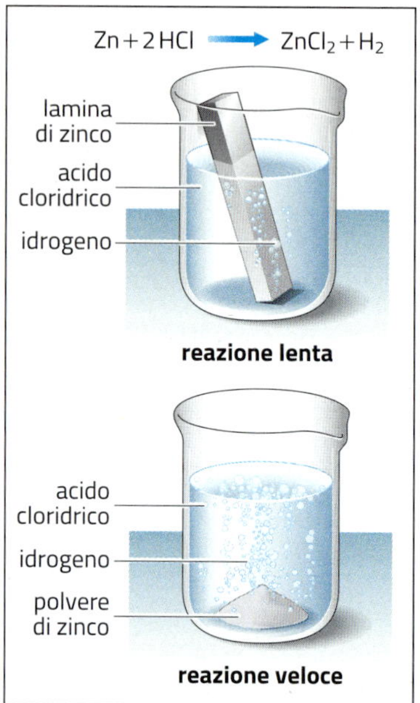

- quando lo zinco è presente in polvere, il numero di atomi di zinco che possono reagire con le molecole di acido cloridrico *aumenta* e perciò la velocità di reazione è elevata (figura **17**).

La velocità di una reazione chimica aumenta all'aumentare della suddivisione dei reagenti.

Nelle reazioni in **fase omogenea** (gassosa o in soluzione acquosa) la suddivisione dei reagenti è realizzata *spontaneamente* dalle molecole libere dei gas o dagli ioni presenti in soluzione.

I catalizzatori e gli inibitori

Poiché la velocità di una reazione chimica dipende dal numero di molecole con un'energia cinetica uguale o maggiore dell'energia di attivazione, volendo aumentare o diminuire la velocità di una reazione si deve rispettivamente diminuire o aumentare il valore dell'energia di attivazione.

Le specie chimiche che, aggiunte ai reagenti durante una reazione chimica, aumentano o diminuiscono la velocità di reazione si chiamano rispettivamente **catalizzatori** e **inibitori** (o catalizzatori negativi).

I catalizzatori e gli inibitori, nonostante partecipino alla reazione chimica, non si rappresentano tra i reagenti. Alla fine della reazione si trovano infatti *inalterati*, cioè non si modificano *chimicamente* e non si consumano. I catalizzatori e gli inibitori possono modificare solo la velocità delle reazioni chimiche *spontanee*; se la reazione chimica non può avvenire, la loro presenza risulta ininfluente. Il processo attraverso il quale i catalizzatori e gli inibitori esplicano la loro azione si chiama *catalisi*.

I catalizzatori **aumentano** la velocità di reazione (catalisi *positiva*) interagendo con i reagenti e formando un complesso attivato con un'energia di attivazione minore rispetto a quella di una reazione non catalizzata. Diminuendo l'energia di attivazione, aumenta il numero di urti efficaci e di conseguenza anche la velocità di reazione (figura **18**). Sono catalizzatori alcuni metalli finemente suddivisi (platino, nichel, palladio).

Gli inibitori **diminuiscono** la velocità di reazione (catalisi *negativa*) aumentando il valore dell'energia di attivazione. Sono inibitori gli additivi (antiossidanti, conservanti) utilizzati nell'industria alimentare.

I catalizzatori si distinguono in omogenei ed eterogenei.

LE PAROLE

I **catalizzatori** (dalle parole greche *katá*, in basso, e *lýsis*, disgregazione) sono sostanze che abbassano l'energia di attivazione, aumentando la velocità di reazione.

LE PAROLE

Gli **inibitori** (dal latino *inhibēre*, impedire) sono sostanze che impediscono o rallentano una trasformazione chimica.

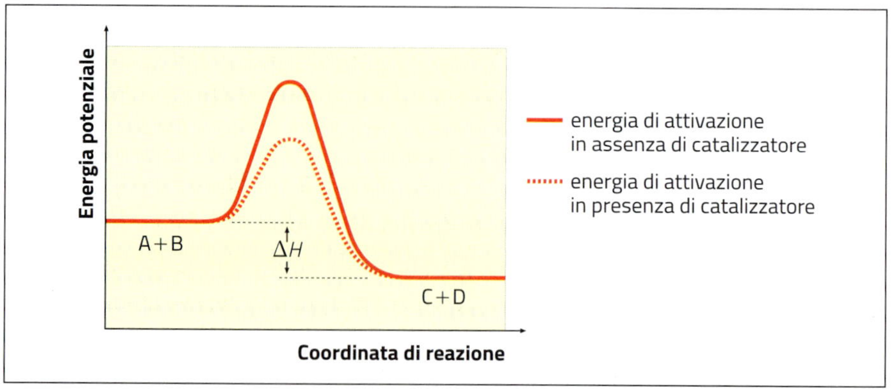

Figura 18 Profilo di una reazione in assenza e in presenza di un catalizzatore La presenza del catalizzatore abbassa l'energia di attivazione.

Sono **omogenei** i catalizzatori che si trovano nella stessa fase, ovvero nello stesso stato fisico, dei reagenti. La reazione di ossidazione del diossido di zolfo, in fase *gassosa*, è catalizzata dal *gas* monossido di azoto (il simbolo o la formula del catalizzatore si rappresentano sopra la freccia):

PER SAPERNE DI PIÙ
PDF *Approfondimento*
La catalisi nell'industria

$$2\,SO_{2(g)} + O_{2(g)} \xrightarrow{NO_{(g)}} 2\,SO_{3(g)}\uparrow$$

Se la reazione avviene in soluzione *acquosa*, in genere l'effetto catalitico è dovuto agli *idrogenioni* H_3O^+ (catalisi acida) o agli *ossidrilioni* OH^- (catalisi basica). Un'importante classe di catalizzatori omogenei sono gli **enzimi**.

Sono **eterogenei** i catalizzatori che si trovano in una fase diversa dai reagenti. La reazione di sintesi dell'ammoniaca, in fase *gassosa*, è catalizzata dal ferro allo stato *solido*:

$$N_{2(g)} + 3\,H_{2(g)} \xrightarrow{Fe_{(s)}} 2\,NH_{3(g)}\uparrow$$

Da ricordare infine che esistono reazioni chimiche, chiamate **reazioni fotochimiche**, in cui è la luce solare a svolgere *azione catalitica*: la fotosintesi clorofilliana (figura **19**) o la sintesi della vitamina D nel tessuto osseo sono processi catalizzati dalla luce.

Figura 19 Le reazioni fotochimiche La fotosintesi è un processo catalizzato dalla luce solare.

PER SAPERNE DI PIÙ

Gli enzimi: catalizzatori biologici

Gli enzimi sono proteine con struttura terziaria a forma globulare che svolgono la funzione di catalizzatori biologici nei sistemi viventi.

L'attività catalitica degli enzimi consiste nel rendere *più veloci le reazioni metaboliche*, indebolendo i legami chimici dei reagenti (nelle reazioni cataboliche) e favorendo l'orientazione delle molecole per la formazione dei legami (nelle reazioni anaboliche e di sintesi). Le molecole su cui agiscono gli enzimi sono indicate con il termine **substrato**.

Per esplicare la loro attività catalitica, molti enzimi devono essere affiancati da specie chimiche non proteiche, dette **cofattori**. Il cofattore può essere:

- un **attivatore**: uno ione metallico (Mg^{2+}, Zn^{2+}) che permette alla molecola enzimatica di assumere una forma adatta per potersi combinare con il substrato;
- un **coenzima**: una molecola organica che funziona da trasportatore di gruppi funzionali (coenzima A) o di elettroni (NAD, FAD, NADP).

La proteina enzimatica non legata al cofattore, e quindi cataliticamente inattiva, si chiama *apoenzima*.

L'*oloenzima* è il complesso cataliticamente attivo apoenzima-cofattore:

$$\text{apoenzima} + \text{cofattore} \longrightarrow \text{oloenzima}$$

L'azione catalitica dell'enzima per aumentare la velocità della reazione chimica si esplica abbassando l'energia di attivazione (E_a): in altri termini, gli enzimi abbassano la barriera di energia che le molecole di substrato devono superare prima che esse possano essere trasformate in molecole di prodotto (figura).

A differenza dei catalizzatori inorganici, gli enzimi hanno un'elevata specificità sia verso il substrato sul quale agiscono sia riguardo al tipo di reazione che catalizzano.

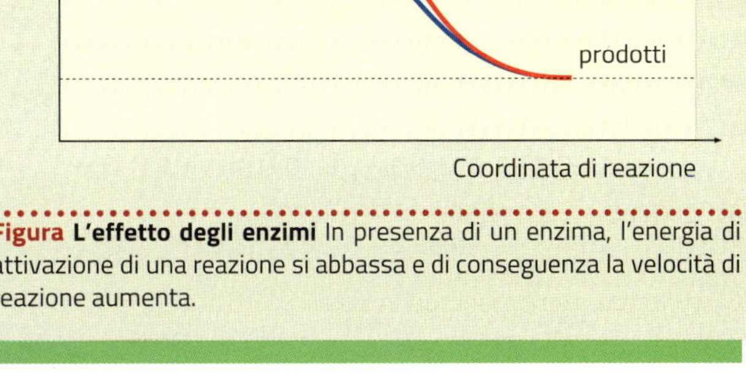

Figura L'effetto degli enzimi In presenza di un enzima, l'energia di attivazione di una reazione si abbassa e di conseguenza la velocità di reazione aumenta.

LABORATORIO

Velocità di reazione

L'obiettivo

Verificare come alcuni fattori (natura, concentrazione estato di suddivisione dei reagenti, temperatura, presenza di un catalizzatore) influenzano la velocità di reazione.

I concetti

Il fatto che una reazione sia spontanea non significa però che essa si verifichi in un intervallo di tempo apprezzabile. Esistono tuttavia molteplici fattori che influenzano la velocità di una reazione ed è importante conoscere le modalità con cui agiscono.

I materiali

1. Becher, cronometro, agitatore, cilindri graduati, fogli di carta da filtro, Bunsen, termometro, vetrini da orologio, spatolina, bilancia, pipette graduate.
2. Soluzioni: 0,02 M di permanganato di potassio $KMnO_4$; 0,1 M di acido ossalico $H_2C_2O_4$; 0,1 M di solfato di ferro(II) $FeSO_4$; 2 M di acido solforico H_2SO_4.
3. Soluzioni: 0,2 M di tiosolfato di sodio $Na_2S_2O_3$; 1 M di acido cloridrico HCl; acqua distillata; 0,1 M di permanganato di potassio $KMnO_4$.
4. Carbonato di calcio $CaCO_3$ in pezzi, carbonato di calcio in polvere, cloruro di manganese $MnCl_2$ in cristalli.

L'esperimento 1

1. Preleva con un cilindro graduato 10 mL della soluzione 0,02 M di permanganato di potassio e versali in un becher. Preleva con il cilindro graduato 10 mL di acido ossalico, versali in un becher e aggiungi 5 mL di acido solforico. Agita la soluzione di acido ossalico acidificata e versala nella soluzione di permanganato di potassio. Cronometra il tempo (t_1) fino a che la soluzione diventa incolore.
2. Preleva con un cilindro graduato 10 mL della soluzione 0,02 M di permanganato di potassio e versali in un becher. Preleva con il cilindro graduato 10 mL di solfato di ferro(II), versali in un becher e aggiungi 5 mL di acido solforico. Agita la soluzione di solfato di ferro(II) acidificata e versala nella soluzione di permanganato di potassio. Cronometra il tempo (t_2) fino a che la soluzione diventa di colore giallo.

Le competenze 1

Considera che le reazioni che si verificano sono le seguenti e rappresentale con l'equazione ionica netta:

a. $2\,KMnO_{4(aq)} + 3\,H_2SO_{4(aq)} + 5\,H_2C_2O_{4(aq)} \longrightarrow$
$\longrightarrow K_2SO_{4(aq)} + 2\,MnSO_{4(aq)} + 10\,CO_{2(g)}\uparrow + 8\,H_2O_{(l)}$

b. $2\,KMnO_{4(aq)} + 8\,H_2SO_{4(aq)} + 10\,FeSO_{4(aq)} \longrightarrow$
$\longrightarrow K_2SO_{4(aq)} + 2\,MnSO_{4(aq)} + 5\,Fe_2(SO_4)_{3(aq)} + 8\,H_2O_{(l)}$

Giustifica le osservazioni sperimentali.

L'esperimento 2

1. Preleva con un cilindro graduato 10 mL della soluzione di acido ossalico e acidificala con 1 mL di soluzione di acido solforico. Versa la soluzione in un becher e aggiungi 5 mL di soluzione di 0,1 M di permanganato di potassio. Agita la soluzione.
   Cronometra il tempo (t_1) impiegato dalla soluzione per diventare incolore (figura A).
2. Ripeti lo stesso procedimento scaldando la soluzione di acido ossalico e acido solforico fino a 60 °C, prima di aggiungere la soluzione di permanganato di potassio. Cronometra il tempo (t_2) di decolorazione della soluzione (figura B).

Figura A

Figura B

L'esperimento 3

1. Determina alla bilancia, utilizzando 2 vetrini da orologio, la massa di un pezzettino di carbonato di calcio e la stessa quantità di carbonato di calcio in polvere.
2. Con la pipetta aggiungi 5 mL della soluzione di acido cloridrico al pezzettino di carbonato di calcio e al carbonato di calcio in polvere. Osserva.

L'esperimento 4

1. Versa in ciascuno dei 2 becher 10 mL di acido ossalico e 5 mL di acido solforico.
2. Aggiungi alcuni cristalli di cloruro di manganese a uno dei due becher.
3. Versa in entrambi i becher 10 mL di permanganato di potassio e annota il tempo che le due soluzioni impiegano a decolorarsi.

Le competenze 2, 3, 4

Giustifica i diversi tempi di reazione in relazione alla diversa natura dei reagenti, concentrazione della soluzione e temperatura, alla differente suddivisione dei reagenti e alla presenza del catalizzatore.

CHIMICA VERDE

Gli enzimi per il restauro *green*

Il mantenimento e la conservazione del patrimonio artistico italiano rappresentano un importante settore di sviluppo per la chimica ed esistono vari studi per il restauro *green*. Un esempio è l'utilizzo di enzimi per la pulitura di manufatti artistici: grazie a questi catalizzatori biologici il trattamento diventa ecocompatibile e meno invasivo.

Il restauro sostenibile

Il restauro sostenibile ricerca di materiali biocompatibili e metodologie innovative che permettano di tutelare la salute di chi li usa e di limitare il più possibile i danni all'ambiente legati al loro smaltimento. Ciò significa cercare di ridurre i costi su tutti i fronti: ambientale, sanitario ed economico. Tuttavia, fare ciò senza inficiare la qualità del restauro non è facile, ed è per questo che occorre tanta ricerca.

Il biorestauro

L'innovazione nel restauro *green* comprende la ricerca di nuovi *solventi* e di *tensioattivi* per la pulizia, così come l'utilizzo di *materiali polimerici* per il recupero e la manutenzione. Per esempio, nel *biorestauro* la tendenza è quella di utilizzare non più prodotti di sintesi industriale ma prodotti ottenuti dai microrganismi. Inoltre, nella *bioricostruzione* si adottano **enzimi** che hanno la capacità di «riparare» selettivamente i danni del manufatto, consolidando il materiale degradato. Questi catalizzatori biologici sono particolarmente preziosi nella rimozione dalle opere di patine superficiali. Queste pellicole sono costituite da macromolecole proteiche (albumina, caseina, collagene), lipidiche (cere, grassi, oli) o glucidiche (amido); enzimi come proteasi, lipasi e amilasi possono degradare queste molecole senza intaccare i manufatti artistici. Tuttavia, gli enzimi sono molto sensibili e agiscono solo a dati valori di pH, temperatura e concentrazione, per cui il loro utilizzo in larga scala è ancora difficile.

La conservazione della carta

Uno dei settori più sviluppati di restauro *green* riguarda i materiali cartacei

Con il tempo, i libri e i documenti cartacei tendono a ingiallire e a diventare più fragili. Se non viene arrestato, questo processo può compromettere la lettura e la conservazione delle opere. La *cellulosa*, principale costituente della carta, si degrada poiché viene ossidata dall'ossigeno atmosferico e idrolizzata in presenza di acqua. Il restauro ha il compito di ricomporre questi frammenti ridando struttura al polimero. Tradizionalmente questo avviene mediante un trattamento di deacidificazione (l'acidità è dovuta alla scissione ossidativa, alla presenza di inchiostri e additivi della carta) e di consolidamento. Quest'ultimo prevede l'utilizzo della metil-cellulosa che, sebbene non tossica, è ottenuta dalla metilazione della cellulosa con cloruro di metile, un composto cancerogeno. Per questo si sta cercando di sostituire la metil-cellulosa con una molecola più sostenibile, ma con le stesse prestazioni. Si stanno sperimentando dei polisaccaridi estratti da matrici vegetali, in particolare da alghe, che rappresentano una possibile soluzione *green*.

FACCIAMO IL PUNTO

LO SAI? RIPASSA CON LO SMARTPHONE

Che cos'è la velocità di reazione?

La **velocità** (v) **di reazione** rappresenta la diminuzione della concentrazione dei reagenti o l'aumento della concentrazione dei prodotti nell'unità di tempo.
Se il tempo è in secondi si esprime in moli su litro su secondo ($\mathbf{mol \cdot L^{-1} \cdot s^{-1}}$).

Che cosa stabilisce la teoria delle collisioni?

La **teoria delle collisioni** presuppone che, affinché avvenga una reazione chimica, le particelle dei reagenti debbano *urtarsi* (entrare in collisione).
Quanto più frequenti sono le collisioni *efficaci*, tanto più velocemente procede la reazione.

Da che cosa dipende l'efficacia degli urti?

L'efficacia degli urti dipende dall'orientazione delle collisioni e dall'energia cinetica dei reagenti. L'*orientazione* delle collisioni è in relazione alla probabilità che le particelle si urtino in modo che la reazione avvenga.

Che cos'è l'energia di attivazione?

L'**energia di attivazione** è l'energia minima di cui i reagenti hanno bisogno per rompere i legami chimici in seguito alla collisione.

Che cosa prevede la teoria del complesso attivato?

La **teoria del complesso attivato** presuppone che, dopo il verificarsi di collisioni efficaci, si formi per un istante (*stato di transizione*) un aggregato intermedio, il **complesso attivato**.
Il complesso attivato ha struttura ben definita che, essendo instabile, per effetto delle oscillazioni degli atomi, amplificate dall'urto, si scinde subito formando le molecole del prodotto.

Da che cosa dipende la velocità di reazione?

La velocità di una reazione chimica dipende dalla *natura* e dalla *concentrazione dei reagenti*, dalla *temperatura del sistema reagente*, dallo *stato di suddivisione dei reagenti* e dai *catalizzatori*.

Che cosa sono i catalizzatori?

I **catalizzatori** sono specie chimiche che, aggiunte ai reagenti durante una reazione chimica, aumentano o diminuiscono la velocità di reazione. Gli **enzimi** sono catalizzatori biologici; le molecole sulle quali agiscono sono dette *substrati*.

ESERCIZI

ZTE ONLINE Mettiti alla prova con 20 esercizi interattivi

VERIFICA LE TUE CONOSCENZE

LA VELOCITÀ DI REAZIONE

1 **Definisci la velocità di reazione facendo riferimento alla variazione di concentrazione dei reagenti. Giustifica il segno negativo presente nell'equazione che la rappresenta.**

2 **Indica l'unità di misura utilizzata per esprimere la velocità di reazione:**
Ⓐ mol · L/s
Ⓑ mol/(L · s)
Ⓒ mol · L · s
Ⓓ mol · s/L

3 **La velocità di reazione chimica rappresenta**
Ⓐ il rapporto tra le variazioni di concentrazione dei reagenti e la variazione di concentrazione dei prodotti.
Ⓑ il rapporto tra le variazioni di concentrazione dei reagenti.
Ⓒ il rapporto tra le variazioni di concentrazione dei prodotti.
Ⓓ la variazione di concentrazione dei reagenti o dei prodotti nell'unità di tempo.

LA TEORIA DELLE COLLISIONI DEL COMPLESSO ATTIVATO

4 **Esamina le due condizioni da cui dipende l'efficacia di un urto tra due molecole reagenti.**

5 **Analizza le variazioni di energia (cinetica e potenziale) che si verificano in una reazione in seguito a un urto efficace tra le molecole dei reagenti.**

6 **L'energia di attivazione di una reazione chimica**
Ⓐ fa avvenire una reazione non spontanea.
Ⓑ determina la rottura dei legami nei reagenti.
Ⓒ favorisce l'azione dei catalizzatori.
Ⓓ determina la formazione di nuovi legami nei prodotti.

7 **Il complesso attivato da una reazione chimica è una struttura di transizione con un'energia potenziale**
Ⓐ uguale a quella dei reagenti.
Ⓑ maggiore di quella dei reagenti.
Ⓒ uguale a quella dei prodotti.
Ⓓ maggiore di quella dei reagenti e dei prodotti.

8 **A che cosa è correlata l'energia di attivazione di una reazione chimica?**

9 **La reazione di combustione dell'idrogeno è rappresentata dalla seguente equazione:**

$$2\,H_{2(g)} + O_{2(g)} \rightarrow 2\,H_2O_{(l)} \quad (\Delta H < 0)$$

A temperatura ambiente la reazione è termodinamicamente spontanea, ma non si verifica. Perché?

I DIAGRAMMI DI ENERGIA DI ATTIVAZIONE

10 **Rappresenta il profilo di reazione per la generica reazione di analisi:**

$$AB \xrightarrow{\Delta} A + B$$

11 **Una generica reazione esotermica è rappresentata dalla seguente equazione:**

$$A + B \rightarrow C + D$$

Delinea il profilo di reazione, indica i reagenti, il complesso attivato, i prodotti e la variazione di entalpia.

12 **Indica quale tra le seguenti affermazioni è *errata*.**
Il profilo di reazione indica
Ⓐ la variazione dell'energia potenziale in una reazione.
Ⓑ il valore energetico del complesso attivato.
Ⓒ il valore energetico dei reagenti e dei prodotti.
Ⓓ la variazione dell'energia cinetica in una reazione.

13 **Il diagramma rappresenta la variazione dell'energia potenziale di un sistema durante il decorso della generica reazione:**

$$A + B \rightarrow C + D$$

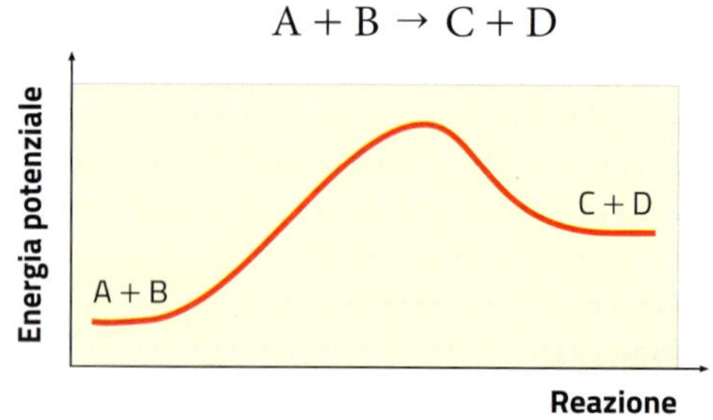

Indica quale tra le seguenti affermazioni è corretta.
Ⓐ La reazione richiede energia.
Ⓑ La reazione è impossibile perché endotermica.
Ⓒ La reazione è esotermica.
Ⓓ Il ΔH della reazione è negativo.

L'EQUAZIONE CINETICA

14 **Indica l'unità di misura con cui è espressa la costante cinetica di una reazione che ha la seguente equazione di velocità:**

$$v = k \cdot [A]^2 \cdot [B]$$

15 **Analizza la variazione della concentrazione e della velocità di reazione dei reagenti in una reazione di ordine zero.**

16 **Rappresenta l'equazione cinetica relativa alle seguenti equazioni ammettendo che i valori degli esponenti (α, β) coincidano con i coefficienti stechiometrici.**

a. $N_2 + O_2 \rightarrow 2\,NO$
b. $2\,SO_2 + O_2 \rightarrow 2\,SO_3$
c. $2\,NO + O_2 \rightarrow 2\,NO_2$
d. $2\,H_2O_2 \rightarrow 2\,H_2O + O_2$

17 **Per la reazione $NO_{(g)} + O_{3(g)} \rightarrow NO_{2(g)} + O_{2(g)}$ l'equazione cinetica è la seguente:**

$$v = k \cdot [NO] \cdot [O_3]$$

Indica:

a. l'ordine relativo a ciascun reagente;
b. l'ordine complessivo della reazione.

18 **Per la reazione di decomposizione del pentossido di diazoto, l'equazione cinetica è la seguente:**

$$v = k \cdot [N_2O_5]$$

Alla temperatura di 25 °C la costante specifica di velocità è uguale a $1 \cdot 10^{-5}\ s^{-1}$. Calcola la velocità di reazione quando la $[N_2O_5]$ ha il valore di $1 \cdot 10^{-2}$ mol/L.

19 **Il valore della costante cinetica di reazione**

Ⓐ è indipendente dalla temperatura.
Ⓑ aumenta con l'aumentare della temperatura.
Ⓒ diminuisce con l'aumentare della temperatura.
Ⓓ diminuisce con l'aumentare della temperatura solo se la reazione è esotermica.

20 **Che cosa rappresenta l'ordine di una reazione?**

21 **Per la reazione di ossidazione del diossido di zolfo, $2\,SO_{2(g)} + O_{2(g)} \rightarrow 2\,SO_{3(g)}$, l'equazione cinetica di velocità è la seguente:**

$$v = k \cdot [SO_2] \cdot [O_2]$$

Indica l'unità di misura che esprime la costante di velocità *k*.

22 **Da che cosa dipende la costante specifica di velocità *k* di una reazione?**

I FATTORI RELATIVI ALLA VELOCITÀ DI REAZIONE

23 **Le reazioni chimiche che avvengono in soluzione acquosa sono molto veloci. Giustifica questa affermazione.**

24 **Analizza la relazione tra la temperatura di un sistema e la velocità di reazione.**

25 **Quali fattori influenzano la velocità di una specifica reazione chimica?**

26 **La reazione tra l'idrogeno e il cloro allo stato gassoso avviene in un reattore con un volume uguale a 50 dm^3. La reazione ha la maggiore velocità in un reattore con un volume di**

Ⓐ 25 dm^3 Ⓑ 60 dm^3 Ⓒ 40 dm^3 Ⓓ 100 dm^3

27 **Se in una reazione chimica aumenta la temperatura, la velocità della reazione**

Ⓐ diminuisce.
Ⓑ aumenta solo se la reazione è endotermica.
Ⓒ aumenta.
Ⓓ aumenta solo se la reazione è esotermica.

28 **Per far reagire più velocemente un oggetto di rame e una soluzione di acido carbonico si deve utilizzare**

Ⓐ una lamina di rame.
Ⓑ un filo di rame finemente suddiviso.
Ⓒ un cubetto di rame.
Ⓓ una sfera di rame.

29 **In una reazione in fase gassosa, l'aumento di concentrazione si può ottenere aumentando**

Ⓐ la temperatura.
Ⓑ la pressione.
Ⓒ il volume.
Ⓓ lo stato di suddivisione dei reagenti.

I CATALIZZATORI

30 **Analizza l'effetto della presenza di un catalizzatore in una reazione chimica.**

31 **Una reazione chimica in condizioni normali ha un'energia di attivazione pari a 200 kJ/mol. In determinate condizioni operative l'energia di attivazione diventa uguale a 162 kJ/mol. Questa modificazione è dovuta**

Ⓐ all'aumento della temperatura.
Ⓑ alla presenza di un catalizzatore.
Ⓒ allo stato di suddivisione di un reagente.
Ⓓ alla diminuzione della temperatura.

32 Un catalizzatore, al termine di una reazione chimica, si ritrova
Ⓐ legato a uno dei prodotti della reazione.
Ⓑ trasformato in un prodotto.
Ⓒ chimicamente inalterato.
Ⓓ fisicamente e chimicamente inalterato.

33 Osserva il seguente diagramma, relativo a una generica reazione A + B → C + D.

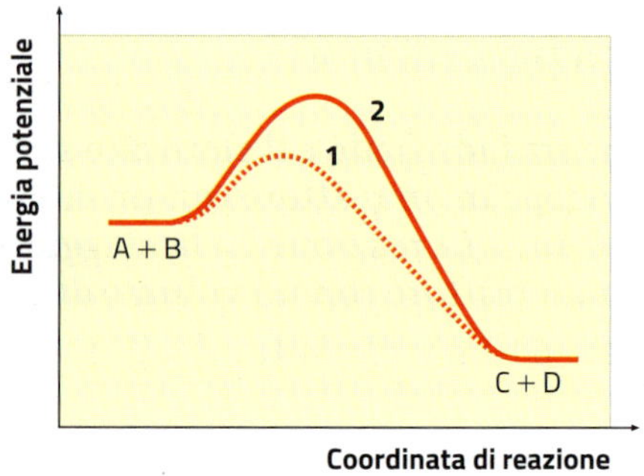

Si deduce che
Ⓐ il profilo di reazione 1 rappresenta la reazione esotermica non catalizzata.
Ⓑ il profilo di reazione 2 rappresenta la reazione endotermica catalizzata.
Ⓒ il profilo di reazione 1 rappresenta la reazione esotermica catalizzata.
Ⓓ il profilo di reazione 2 rappresenta la reazione endotermica non catalizzata.

VERIFICA LE TUE ABILITÀ

34 Considera la seguente equazione chimica:

$$2\,NH_{3(g)} + 2\,O_{2(g)} \rightarrow N_2O_{(g)} + 3\,H_2O_{(g)}$$

Se in 6,0 s reagiscono 0,12 moli di ammoniaca, nello stesso intervallo di tempo si formano:
Ⓐ 0,01 mol di N_2O
Ⓑ 0,03 mol di H_2O
Ⓒ 0,06 mol di N_2O
Ⓓ 0,06 mol di H_2O

35 Nello studio cinetico di una generica reazione AB → A + B, si sono ricavati i seguenti dati.

[AB] (mol/L)	0,5	0,4	0,3
Tempo (s)	0	10	20

Calcola la velocità di reazione.

36 Nello studio cinetico della reazione di decomposizione del pentossido di diazoto

$$2\,N_2O_{5(g)} \rightarrow 4\,NO_{2(g)} + O_{2(g)}$$

si sono ricavati i seguenti dati.

$[N_2O_5]$ (mol/L)	0,16	0,13	0,08
Tempo (min)	0	1	2

Calcola la velocità media nell'intervallo di tempo (t_1 = 1 min e t_2 = 2 min).

37 Considera la reazione di analisi di un generico composto AB:

$$AB \rightarrow A + B$$

Se dopo 4 minuti la concentrazione di AB è 0,25 mol/L e dopo 8 minuti 0,13 mol/L, qual è il valore della velocità media?

38 Nella reazione di analisi dello ioduro di idrogeno

$$2\,HI_{(g)} \rightarrow H_{2(g)} + I_{2(g)}$$

la velocità di decomposizione di HI è uguale a $5 \cdot 10^{-3}$ mol/(L · s). Qual è il valore della velocità di formazione dell'idrogeno?

39 Nella seguente reazione di combinazione

$$2\,NO_{(g)} + Br_{2(g)} \rightarrow 2\,NOBr_{(g)}$$

la velocità di formazione di NOBr è uguale a $4{,}5 \cdot 10^{-4}$ mol/(L · s). Calcola la velocità, espressa in mol/(L · s), con la quale Br_2 reagisce.

40 Traccia il profilo dell'energia potenziale per una reazione per la quale $\Delta H = -25$ kJ/mol ed $E_a = 25$ kJ/mol.

41 Traccia un profilo dell'energia potenziale per una reazione per la quale $\Delta H = 20$ kJ/mol ed $E_a = 30$ kJ/ mol.

42 La generica reazione A + B → C + D è di primo ordine sia rispetto ad A sia rispetto a B. Quando $[A] = 25 \cdot 10^{-1}$ mol/L e $[B] = 8 \cdot 10^{-2}$ mol/L, la velocità di reazione è $40 \cdot 10^{-2}$ mol/(L · s). Calcola la costante specifica di velocità.

43 La reazione di analisi dello ioduro di idrogeno:

$$2\,HI_{(g)} \rightarrow H_{2(g)} + I_{2(g)}$$

è di secondo ordine. Calcola la costante specifica di velocità quando [HI] è 0,0558 mol/L e la velocità è uguale a $2{,}5 \cdot 10^{-4}$ mol/(L · s).

44 La reazione di sintesi del diossido di azoto avviene in un reattore con volume *V*:

$$2\,NO_{(g)} + O_{2(g)} \rightarrow 2\,NO_{2(g)}$$

L'equazione cinetica di velocità è la seguente:

$$v = k\,[NO]^2 \cdot [O_2]$$

Il maggiore aumento di velocità si ha con un
Ⓐ raddoppiamento della [NO].
Ⓑ raddoppiamento della $[O_2]$.
Ⓒ dimezzamento della pressione.
Ⓓ dimezzamento del volume *V*.

45 La reazione di sintesi del diossido di azoto ha la seguente equazione cinetica

$$v = k \cdot [NO]^2 \cdot [O_2]$$

Se la concentrazione di NO raddoppia, affinché la velocità di reazione non cambi la concentrazione di O_2 deve:

Ⓐ dimezzarsi.
Ⓑ diminuire di 4 volte.
Ⓒ raddoppiare.
Ⓓ aumentare di 4 volte.

46 Nello studio cinetico della reazione $2\,A \rightarrow A_2$ si sono ricavati i seguenti dati:

Concentrazione iniziale [A] (mol/L)	0,020	0,040	0,080
Velocità v [mol/(L · s)]	0,004	0,016	0,064

L'espressione dell'equazione cinetica è

Ⓐ $v = k[A]^2$
Ⓑ $v = k[A]^3$
Ⓒ $v = k[A]$
Ⓓ $v = 2k[A]$

47 Le seguenti reazioni si svolgono nelle stesse condizioni di concentrazione e temperatura. Indica quale procede con maggiore velocità.

Ⓐ $2\,Al_{(s)} + 6\,HCl_{(aq)} \rightarrow 2\,AlCl_{3(aq)} + 3\,H_{2(g)}$
Ⓑ $N_{2(g)} + O_{2(g)} \rightarrow 2\,NO_{(g)}$
Ⓒ $NaOH_{(aq)} + HCl_{(aq)} \rightarrow NaCl_{(aq)} + H_2O_{(l)}$
Ⓓ $2\,H_{2(g)} + O_{2(g)} \rightarrow 2\,H_2O_{(l)}$

48 Per una generica reazione $A \rightarrow B$, $\Delta H = -16$ kJ/mol ed $E_a = 64$ kJ/mol. Traccia il profilo dell'energia potenziale della reazione e un profilo per la stessa reazione catalizzata, in cui $E_a = 16$ kJ/mol.

49 Il grafico riporta i profili di una generica reazione $A \rightarrow B$, con o senza catalizzatore. Calcola il valore di E_a della reazione catalizzata e stabilisci la natura termica della reazione.

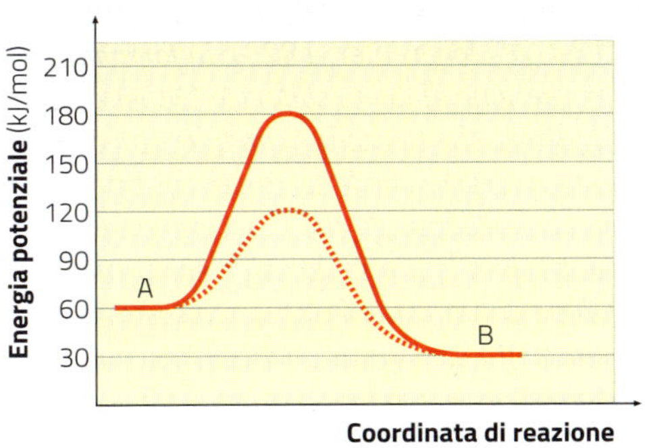

50 Per la generica reazione $A \rightarrow B$ il ΔH è pari a -60 kJ/mol e l'energia di attivazione è 70 kJ/mol. In presenza di un catalizzatore l'E_a assume il valore di 45 kJ/mol. Traccia un profilo della reazione in presenza e in assenza di un catalizzatore.

51 Per una generica reazione $A + B \rightarrow C + D$, il diagramma rappresenta due possibili profili, con o senza catalizzatore.

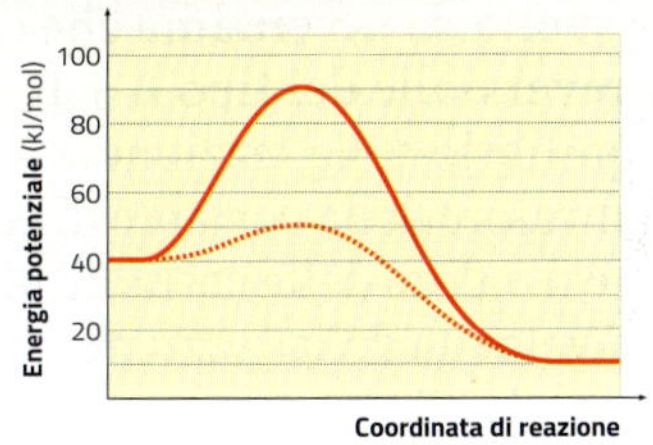

Quale effetto ha la presenza del catalizzatore sull'energia e sulla resa della reazione?

52 Una reazione non catalizzata ha energia di attivazione $E_a = 20$ kJ/mol e una variazione di entalpia $\Delta H = -15$ kJ/mol. Per la stessa reazione catalizzata quali sono i valori di E_a e ΔH?

TEST YOURSELF

53 In the analysis reaction of dinitrogen tetroxide

$$N_2O_{4(g)} \rightarrow 2\,NO_{2(g)}$$

the formation velocity of NO_2 is 0,01 mol/(L · s). Calculate the decomposition velocity of $N_2O_{4(g)}$.

54 Draw a potential energy profile for a reaction for which $\Delta H = 120$ kJ/mol and $E_a = 170$ kJ/mol.

55 The activation energy for the analysis reaction of one mole of ammonia is 300 kJ/mol. Calculate ΔH_c and draw a profile of the potential energy for this reaction.

VERSO I GIOCHI DELLA CHIMICA

56 L'energia di attivazione di una reazione chimica rappresenta

Ⓐ la differenza tra l'energia potenziale dei prodotti e quella dei reagenti.
Ⓑ il valore di energia potenziale che i reagenti devono avere per trasformarsi nei prodotti.
Ⓒ l'energia che si deve fornire nella fase iniziale di una reazione.
Ⓓ l'energia liberata alla fine di una reazione.

[Finale regionale 2010]

57 Indica la condizione per il verificarsi di una collisione efficace tra molecole in una reazione chimica:
1. orientazione favorevole delle molecole;
2. energia cinetica sufficiente;
3. ΔH di reazione elevato.

Ⓐ 1 Ⓑ 1 e 2 Ⓒ 2 e 3 Ⓓ 1 e 3

[Finale nazionale 2014]

VERSO L'UNIVERSITÀ

58 **Indica quale, tra le quelle sottoelencate, è la funzione svolta da un enzima che catalizza una reazione reversibile del tipo $A + B \leftrightarrows C + D$:**

Ⓐ sposta l'equilibrio della reazione.
Ⓑ aumenta il valore della costante di equilibrio.
Ⓒ diminuisce il valore della costante di equilibrio.
Ⓓ accelera la velocità della reazione.
Ⓔ apporta energia alla reazione.

[dalla prova di ammissione a Medicina veterinaria, 2009]

VERSO L'ESAME: LE TUE COMPETENZE

DEDUCI

59 **Il grafico riporta il profilo di una generica reazione $A + B \rightarrow C + D$ che ha un'energia di attivazione uguale a 25 kJ/mol e una variazione di entalpia uguale a −10 kJ.**

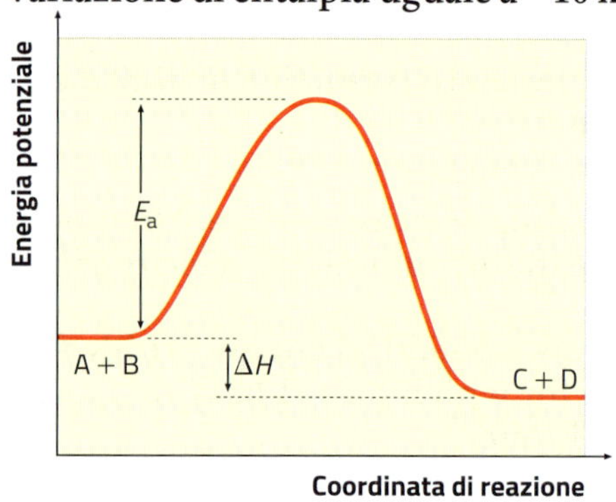

In presenza di un catalizzatore l'energia di attivazione diminuisce di 10 kJ/mol. L'energia di attivazione della reazione inversa è

Ⓐ 20 kJ/mol
Ⓑ 35 kJ/mol
Ⓒ 25 kJ/mol
Ⓓ 30 kJ/mol

RAPPRESENTA

60 **Considera la seguente reazione:**

$$NO_{(g)} + H_2O_{(g)} \rightarrow NO_{2(g)} + H_{2(g)}$$

Rappresenta le strutture di Lewis delle molecole reagenti e precisa tra quali atomi deve avvenire l'urto affinché sia efficace.

RAPPRESENTA

61 **L'energia di attivazione per la reazione di sintesi di una mole di ioduro di idrogeno è 163 kJ/mol. Calcola il $\Delta H°$ e traccia un profilo dell'energia potenziale per questa reazione.**

RAPPRESENTA E CALCOLA

62 **Per la generica reazione del secondo ordine**

$$2\,AB \rightarrow A_2 + B_2$$

quando la concentrazione di AB è 0,15 mol/L, la velocità di reazione è di 2,5 mol/(L · min).

a. Rappresenta l'equazione cinetica di velocità.
b. Calcola la costante k.
c. Calcola la concentrazione di A ammettendo che la velocità rimanga uguale e che la costante k diventi la metà.

DEDUCI E CALCOLA

63 **Nello studio cinetico della generica reazione $A \rightarrow B$, si sono ricavati i seguenti dati:**

Concentrazione iniziale [A] (mol/L)	0,20	0,40	0,80
Velocità v [mol/(L · min)]	$4 \cdot 10^{-3}$	$4 \cdot 10^{-3}$	$16 \cdot 10^{-3}$

a. Determina l'ordine della reazione.
b. Calcola il valore di k.

IPOTIZZA E DEDUCI

64 **In una reazione di primo ordine con un solo reagente la sua concentrazione iniziale è uguale a 0,08 mol/L. Dopo 2 ore la concentrazione del reagente risulta uguale a 0,04 mol/L.**
La concentrazione (in mol/L) del reagente dopo 6 ore sarà uguale a

Ⓐ 0,01 Ⓑ 0,015 Ⓒ 0,02 Ⓓ 0,03

ANALIZZA E DEDUCI

65 **Ostwald nel 1909 ha ricevuto il premio Nobel per la chimica per i studi sulla catalisi. Nel discorso pronunciato in tale occasione, Ostwald parla dell'inventore del termine *catalisi*:**

I processi raggruppati da Berzelius erano: [...] la decomposizione del perossido di idrogeno in acqua e ossigeno gassoso in presenza di platino, biossido di manganese, ecc (Thénard, 1818); l'azione di platino finemente suddiviso su miscele di gas infiammabili (Davy, 1817, e Dobereiner, 1823); la formazione di etere per azione di acido solforico (Mitscherlich, 1834). Il fattore che Berzelius considerava comune a tutti questi processi è che le sostanze che interagiscono per formare il prodotto (o che si decompongono nei loro prodotti) non lo fanno da soli o spontaneamente, ma solo dopo l'aggiunta di una certa sostanza, che non è a sua volta consumata. Mitscherlich aveva definito questo processo una azione chimica per contatto; Berzelius ha introdotto il nome di catalisi, invece.

a. Quale metodo utilizza Berzelius per identificare il fenomeno della catalisi?
b. Quali catalizzatori sono citati nel brano?
c. Basandoti solo sulle informazioni contenute nel brano, come definiresti un catalizzatore?

CAPITOLO

19

L'EQUILIBRIO CHIMICO

1 LE REAZIONI CHIMICHE POSSONO ESSERE IRREVERSIBILI O REVERSIBILI

Prendiamo in esame alcune reazioni chimiche che avvengono in *sistemi chiusi* e teniamo presente che, dopo l'inizio di una reazione chimica, la concentrazione dei reagenti, inizialmente elevata, diminuisce e la concentrazione dei prodotti, inizialmente bassa, aumenta.

Reazioni irreversibili

A reazione avvenuta, se nel sistema sono presenti solo i prodotti e le concentrazioni dei reagenti sono irrilevanti, la reazione è **completa** o **irreversibile**.

La reazione di *sintesi* dell'acido cloridrico in presenza di *luce* è istantanea (in assenza di luce la velocità di reazione è molto bassa in quanto sono poche le molecole dei reagenti con energia uguale o maggiore dell'energia di attivazione) è istantanea. Un'analisi chimica del sistema evidenzia che le quantità di idrogeno e di cloro si sono trasformate completamente in acido cloridrico (figura **1**).

LE PAROLE

Irreversibile deriva dal latino *in*, preposizione con significato di negazione, e *rĕvertĕre*, «volgere indietro». Le reazioni irreversibili sono processi che non possono avvenire in direzione opposta.

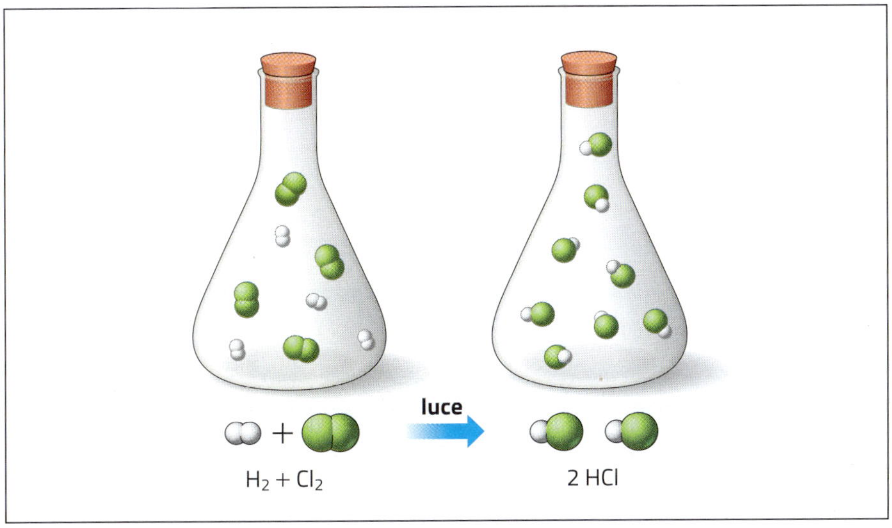

Figura 1 Una reazione irreversibile Il sistema costituito da idrogeno e cloro che porta alla formazione di acido cloridrico costituisce una reazione irreversibile.

La reazione chimica si rappresenta pertanto con **una** sola freccia diretta dai reagenti ai prodotti:

$$H_{2(g)} + Cl_{2(g)} \xrightarrow{\text{luce}} 2\,HCl_{(g)}$$

Una reazione chimica che avviene solo in una direzione, dai reagenti ai prodotti, è **completa** o **irreversibile**.

Reazioni reversibili

LE PAROLE

Reversibile deriva dal latino *rĕversĭo*, «inversione». Le reazioni reversibili sono processi che invertono il proprio percorso in seguito a opportuni cambiamenti delle condizioni.

A reazione avvenuta, se sono presenti sia i reagenti sia i prodotti, in rapporti variabili nei singoli casi, la reazione è **incompleta** o **reversibile**.

Analizziamo la reazione di *sintesi* dello ioduro di idrogeno, che può essere osservata bene in laboratorio per le variazioni cromatiche che presenta. L'idrogeno e lo ioduro di idrogeno sono incolori, mentre lo iodio ha un intenso colore violetto:

$$\underset{\text{(incolore)}}{H_{2(g)}} + \underset{\text{(violetto)}}{I_{2(g)}} \longrightarrow \underset{\text{(incolore)}}{2\,HI_{(g)}}$$

Prima della reazione il sistema si presenta di colore *violetto*. A reazione avvenuta, se questa fosse completa, si dovrebbero avere la formazione dello ioduro di idrogeno e la decolorazione del sistema. Si osserva invece solo un'attenuazione del colore violetto e questo indica che la reazione in esame *non è completa* poiché è ancora presente dello iodio. Un'analisi chimica rivelerebbe la presenza nel sistema di $HI_{(g)}$, $H_{2(g)}$ e $I_{2(g)}$.

Consideriamo ora la reazione di *analisi* dello ioduro di idrogeno:

$$\underset{\text{(incolore)}}{2\,HI_{(g)}} \longrightarrow \underset{\text{(violetto)}}{I_{2(g)}} + \underset{\text{(incolore)}}{H_{2(g)}}$$

Prima della reazione il sistema si presenta *incolore*. A reazione avvenuta, si dovrebbe formare un sistema costituito da idrogeno e iodio intensamente colorata di violetto. Si osserva invece la presenza di una tenue colorazione violetta: ciò significa che è ancora presente ioduro di idrogeno. Un'analisi chimica rivelerebbe che nel sistema sono presenti $HI_{(g)}$, $H_{2(g)}$ e $I_{2(g)}$. Quindi anche la reazione di analisi dello ioduro di idrogeno *non è completa* (figura 2).

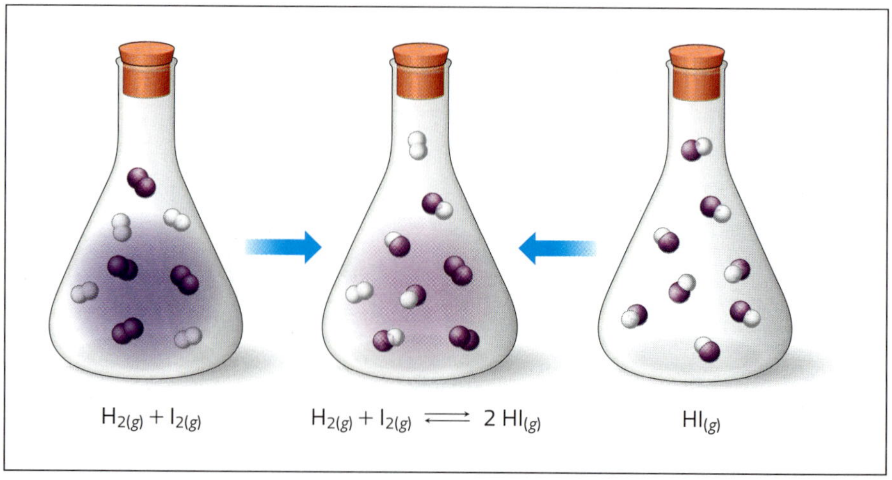

Figura 2 **Una reazione reversibile** Il sistema costituito da idrogeno, iodio e ioduro di idrogeno è lo stesso, sia che la reazione inizi partendo da H_2 e I_2 sia che inizi partendo da HI: si tratta pertanto di una reazione reversibile.

Le due reazioni incomplete possono essere rappresentate con un'unica equazione chimica interponendo tra le formule dei reagenti e dei prodotti due frecce con verso opposto:

$$H_{2(g)} + I_{2(g)} \rightleftharpoons 2\,HI_{(g)}$$

Le due frecce opposte esprimono la contemporanea incompletezza della *reazione diretta* (verso destra) e della *reazione inversa* (verso sinistra), ma anche la loro reversibilità.

Una reazione chimica che avviene in entrambi i sensi è **incompleta** o **reversibile**.

2 LE REAZIONI REVERSIBILI RAGGIUNGONO L'EQUILIBRIO

Una reazione *reversibile* è il risultato di una reazione *diretta* (con i reagenti A e B che si trasformano nei prodotti) e di una reazione *inversa* (con i prodotti C e D che si trasformano nei reagenti). Prendiamo in esame una reazione reversibile che avviene in un *sistema chiuso* e rappresentiamola con la seguente equazione chimica (i coefficienti stechiometrici sono indicati con i simboli a, b, c, d):

$$aA + bB \rightleftharpoons cC + dD$$

Ammettendo di far reagire una mole di A con una mole di B, analizziamo la variazione della *concentrazione* dei reagenti e dei prodotti in funzione del tempo e la variazione della *velocità* con cui si consumano i reagenti e si formano i prodotti in funzione del tempo:

- *prima che la reazione abbia inizio* sono presenti solo i reagenti e la loro concentrazione è massima. Viceversa i prodotti sono assenti e quindi la loro concentrazione è nulla;
- *dopo l'inizio della reazione*, poiché la concentrazione molare dei reagenti è alta, anche la probabilità di urti efficaci è elevata e quindi la reazione diretta procede con la massima velocità. Naturalmente la concentrazione dei prodotti è bassa, così come la probabilità di urti efficaci, e quindi la reazione inversa procede lentamente;
- *con il procedere della reazione* la concentrazione molare dei reagenti diminuisce e con essa la velocità della reazione diretta (v_1), mentre aumenta la concentrazione molare dei prodotti e con essa la velocità della reazione inversa (v_2);
- *dopo un dato tempo* (t) le concentrazioni dei reagenti e dei prodotti rimangono *costanti* e la velocità della reazione diretta è *uguale* alla velocità della reazione inversa (**figura 3** alla pagina successiva).

La reazione chimica ha raggiunto l'**equilibrio**, ovvero una condizione in cui la sua *composizione chimica non cambia* per un tempo indefinito se le condizioni del sistema (concentrazione, pressione e temperatura) non vengono modificate.

LE PAROLE

L'**equilibrio** (dal latino *aequilibrium*, «equilibrio») è lo stato di un sistema che si mantiene inalterato nel tempo e in cui i processi si bilanciano reciprocamente.

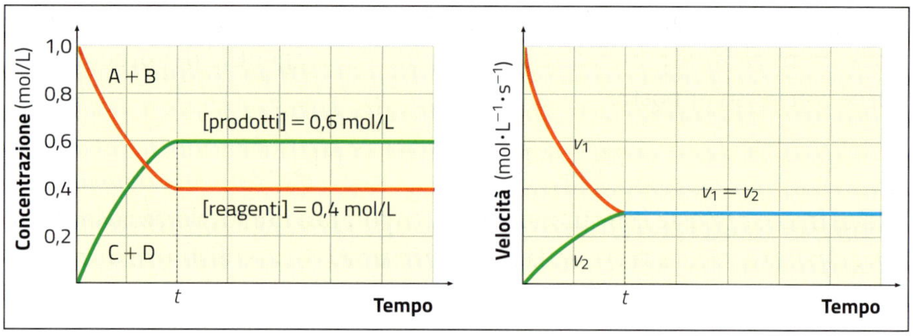

Figura 3 **Variazione in funzione del tempo delle concentrazioni dei reagenti e dei prodotti e delle velocità della reazione diretta (v_1) e di quella inversa (v_2)**
A La velocità della reazione diretta diminuisce con il procedere della reazione, mentre aumenta quella della reazione inversa. B A un dato tempo *t* le concentrazioni dei reagenti e dei prodotti rimangono costanti e le velocità della reazione diretta e di quella inversa sono uguali ($v_1 = v_2$): la reazione è all'equilibrio.

L'equilibrio raggiunto dalla reazione è un **equilibrio dinamico**, cioè una condizione in cui le reazioni diretta e inversa non si arrestano ma procedono con la stessa velocità (tabella 1).

Una reazione chimica raggiunge l'equilibrio quando le concentrazioni dei reagenti e dei prodotti rimangono costanti nel tempo e la velocità della reazione diretta è uguale a quella della reazione inversa:

$$v_1 = v_2$$

In altri termini, l'equilibrio chimico è una condizione in cui l'energia libera dei reagenti è *uguale* all'energia libera dei prodotti, e quindi la variazione di energia libera (ΔG) è uguale a *zero*.

Tabella 1 **Raggiungimento dell'equilibrio nella reazione** $A + B \rightleftarrows C + D$ v_1 è la velocità della reazione diretta, k_1 è la costante di velocità della reazione diretta (pari a 1,00), v_2 è la velocità della reazione inversa, k_2 è costante di velocità della reazione inversa (pari a 0,45).

Tempo	[A]	[B]	[C]	[D]	v_1 = 1,00 [A] · [B]	v_2 = 0,45 [C] · [D]	v_1 e v_2
0	1	1	0	0	1	0	
t_1	0,8	0,8	0,2	0,2	0,64	0,018	$v_1 > v_2$
t_2	0,6	0,6	0,4	0,4	0,36	0,072	$v_1 > v_2$
t	**0,4**	**0,4**	**0,6**	**0,6**	**0,16**	**0,16**	**$v_1 = v_2$**

La legge di azione di massa

Riprendiamo in esame una generica reazione chimica *reversibile* rappresentata dalla seguente equazione:

PER CAPIRE MEGLIO
Animazione
Lo stato di equilibrio

$$aA + bB \rightleftarrows cC + dD$$

Indicando con v_1 la velocità della reazione diretta e con v_2 la velocità della reazione inversa, rappresentiamo l'equazione cinetica delle due reazioni (k_1 e k_2 sono le costanti specifiche di velocità):

$$v_1 = k_1 \cdot [A]^a \cdot [B]^b \qquad v_2 = k_2 \cdot [C]^c \cdot [D]^d$$

Nelle *condizioni di equilibrio* le due velocità sono uguali:

velocità della reazione diretta $v_1 = v_2$ velocità della reazione inversa

e quindi si ha:

$$k_1 \cdot [A]^a \cdot [B]^b = k_2 \cdot [C]^c \cdot [D]^d$$

Dividendo entrambi i membri dell'equazione prima per $[A]^a [B]^b$ e successivamente per k_2 si ha:

$$\frac{k_1}{k_2} = \frac{[C]^c \cdot [D]^d}{[A]^a \cdot [B]^b}$$

Dato che k_1 e k_2 sono delle costanti, anche il loro rapporto k_1/k_2 è una costante che si chiama **costante di equilibrio** (simbolo ***K***):

$$K = \frac{[C]^c \cdot [D]^d}{[A]^a \cdot [B]^b}$$

Questa relazione, determinata sperimentalmente del matematico Cato Guldberg e dal chimico Peter Waage, entrambi norvegesi, esprime la **legge di azione di massa**.

In una reazione chimica all'equilibrio il rapporto tra il prodotto delle concentrazioni molari dei prodotti e il prodotto delle concentrazioni molari dei reagenti, ciascuna elevata a un esponente corrispondente al proprio coefficiente stechiometrico, è uguale a una *costante K*, il cui valore dipende solo dalla temperatura.

Possiamo verificare la costanza del rapporto analizzando i diversi valori delle concentrazioni iniziali e delle concentrazioni all'equilibrio dei reagenti e dei prodotti per la reazione di sintesi dello ioduro di idrogeno (tabella **2**):

$$H_{2(g)} + I_{2(g)} \rightleftharpoons 2\,HI_{(g)}$$

Esperimento	Concentrazioni iniziali (mol/L)			Concentrazioni all'equilibrio (mol/L)			Costante di equilibrio (*K*)
	H_2	I_2	HI	H_2	I_2	HI	
1	1,00	1,00	0	0,214	0,214	1,572	54,0
2	2,00	2,00	2,00	0,642	0,642	4,716	54,0
3	0	0	2,00	0,214	0,214	1,572	54,0

Tabella 2 Concentrazioni iniziali e all'equilibrio di reagenti e prodotti nella reazione di sintesi dello ioduro di idrogeno I risultati sperimentali evidenziano che, nella reazione di sintesi dello ioduro di idrogeno a una temperatura costante, il valore della costante di equilibrio è sempre lo stesso.

La costante di equilibrio K_c

La costante di equilibrio di una reazione espressa in funzione della *concentrazione molare* dei componenti è indicata con il simbolo K_c:

$$K_c = \frac{[C]^c \cdot [D]^d}{[A]^a \cdot [B]^b}$$

Le concentrazioni molari dei *prodotti* della reazione compaiono al *numeratore* e le concentrazioni molari dei *reagenti* al *denominatore*.

Le concentrazioni dei reagenti e dei prodotti non sono le concentrazioni iniziali ma le **concentrazioni nelle condizioni di equilibrio** e ognuna di esse, espressa in **mol/L**, deve essere elevata a un esponente uguale al *coefficiente stechiometrico* presente nell'equazione bilanciata.

LE PAROLE

Il termine **costante** (dal latino *constans*, «stabile») indica il parametro fisico di un processo che rimanc inalterato nel tempo.

La costante di equilibrio K_c si esprime pertanto in **(mol/L)**$^{\Delta n}$, dove Δn rappresenta la *differenza* tra le moli totali dei prodotti e quelle totali dei reagenti. Nella generica reazione chimica reversibile che ha raggiunto l'equilibrio:

$$aA + bB \rightleftharpoons cC + dD$$

il valore di Δn è dato da:

$$\Delta n = (c + d) - (a + b)$$

Si deve tuttavia precisare che in genere l'*unità di misura* della costante di equilibrio viene *omessa*. Ogni reazione chimica reversibile possiede una costante di equilibrio caratteristica, il cui valore dipende solo dalla **temperatura** e non dalle concentrazioni iniziali dei reagenti né dalla pressione o dalla presenza di un catalizzatore (tabella **3**).

Tabella 3 **La costante all'equilibrio K_c** Valore della costante di equilibrio K_c delle reazioni di sintesi dell'ammoniaca e dello ioduro di idrogeno a diverse temperature.

Reazione	Temperatura (K)	Costante di equilibrio K_c
$3\,H_{2(g)} + N_{2(g)} \rightleftharpoons 2\,NH_{3(g)}$	298 800 1000	$4{,}05 \cdot 10^{8}$ $3{,}4 \cdot 10^{-2}$ $2{,}4 \cdot 10^{-3}$
$H_{2(g)} + I_{2(g)} \rightleftharpoons 2\,HI_{(g)}$	298 498 700	794 160 54

Nella reazione di sintesi dell'ammoniaca:

$$N_{2(g)} + 3\,H_{2(g)} \rightleftharpoons 2\,NH_{3(g)}\ (\Delta n = -2)$$

il valore di K_c alla temperatura di 800 K è:

$$K_c = \frac{[NH_{3(g)}]^2}{[N_{2(g)}]\cdot[H_{2(g)}]^3} = 3{,}4 \cdot 10^{-2}\,(\text{mol/L})^{-2}$$

A COLPO D'OCCHIO

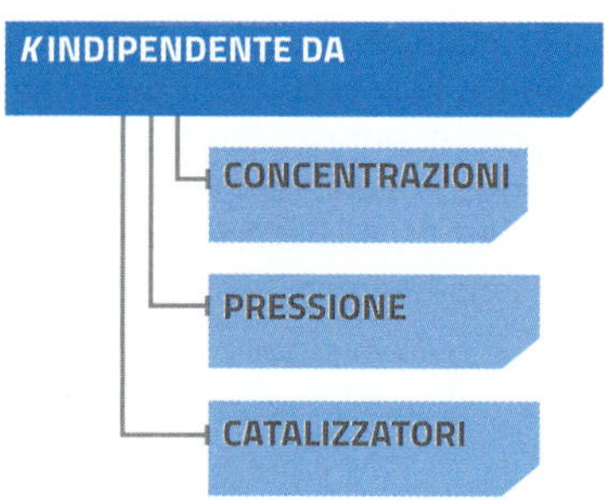

Naturalmente, quando Δn è uguale a zero, K_c è un numero puro (*adimensionale*). Nella reazione di sintesi dello ioduro di idrogeno:

$$H_{2(g)} + I_{2(g)} \rightleftharpoons 2\,HI_{(g)} \qquad (\Delta n = 0)$$

il valore di K_c alla temperatura di 498 K è:

$$K_c = \frac{[HI_{(g)}]^2}{[H_{2(g)}]\cdot[I_{2(g)}]^2} = 160$$

La costante di equilibrio K_p

Nelle reazioni *omogenee in fase gassosa* la concentrazione molare dei componenti è direttamente proporzionale alla loro pressione parziale e perciò la costante di equilibrio può venire espressa, oltre che in funzione della concentrazione molare, anche in funzione della *pressione parziale*. In tal caso la costante di equilibrio è indicata con il simbolo K_p.

Per la generica reazione omogenea in fase gassosa che ha raggiunto l'*equilibrio*:

$$aA_{(g)} + bB_{(g)} \rightleftharpoons cC_{(g)} + dD_{(g)}$$

la costante di equilibrio in funzione della pressione parziale (espressa in **atm**)

LE PAROLE

La **pressione** (dal latino *pressĭo*, «pressione») è una grandezza fisica definita dal rapporto tra una forza e l'area della superficie su cui questa è applicata. Nel SI l'unità di misura della pressione è il pascal.

dei componenti (indicata con i simboli p_A, p_B, p_C, p_D) è rappresentata dalla relazione:

$$K_p = \frac{(p_C)^c \cdot (p_D)^d}{(p_A)^a \cdot (p_B)^b}$$

Il valore di K_p dipende solo dalla **temperatura** e si esprime in **(atm)$^{\Delta n}$**. Anche l'unità di misura di K_p, analogamente a quella di K_c, può essere *omessa* (tabella **4**).

Reazione	Temperatura (K)	Costante di equilibrio K_p
$N_{2(g)} + 3\,H_{2(g)} \rightleftarrows 2\,NH_{3(g)}$	298 400 500	$6{,}8 \cdot 10^5$ 41 $3{,}6 \cdot 10^{-2}$
$H_{2(g)} + I_{2(g)} \rightleftarrows 2\,HI_{(g)}$	298 500 700	794 160 54

Tabella 4 **La costante di equilibrio K_p** Valore della costante di equilibrio K_p delle reazioni di sintesi dell'ammoniaca e dello ioduro di idrogeno a diverse temperature.

PER VEDERE LA CHIMICA
Videolezione
Determinare le costanti di equilibrio in fase gassosa

Relazione tra le costanti di equilibrio K_p e K_c

Nonostante che i valori di K_p e K_c relativi a una stessa reazione a una determinata temperatura possano essere diversi, non indicano due differenti equilibri. Le due costanti infatti per una reazione omogenea in fase gassosa sono legate dalla relazione:

$$K_p = K_c \cdot (R \cdot T)^{\Delta n}$$

In questa equazione:

- R è la costante generale dei gas ideali ($R = 0{,}082$ atm · L · K^{-1} · mol^{-1});
- T è la temperatura assoluta espressa in kelvin.

Nelle reazioni con il valore di Δn uguale a zero, si ha che il fattore $(RT)^{\Delta n}$ è uguale a uno e quindi il valore di K_p è uguale a quello di K_c:

Per $\Delta n = 0$ si ha $(R \cdot T)^{\Delta n} = 1$ e quindi $K_p = K_c$

PER SAPERNE DI PIÙ

Dall'equazione di stato dei gas ideali: $p \cdot V = n \cdot R \cdot T$ si può ricavare che:

$$p = \frac{n}{V} \cdot R \cdot T$$

Siccome la concentrazione molare è pari a n/V, si può scrivere:

$$K_p = \frac{(R \cdot T \cdot [C])^c \cdot (R \cdot T \cdot [D])^d}{(R \cdot T \cdot [A])^a \cdot (R \cdot T \cdot [B])^b}$$

$$K_p = \frac{[C]^c \cdot [D]^d}{[A]^a \cdot [B]^b} \cdot (R \cdot T)^{(c+d)-(a+b)}$$

$$K_p = K_c \cdot (R \cdot T)^{\Delta n}$$

PROBLEMA MODELLO

Calcolare il valore di K_p

La reazione di sintesi dell'ammoniaca è rappresentata dal seguente equilibrio:

$$N_{2(g)} + 3\,H_{2(g)} \rightleftarrows 2\,NH_{3(g)}$$

Alla temperatura di 25 °C il valore di K_c è uguale a $4 \cdot 10^8$ (mol/L)$^{-2}$. Calcola il valore di K_p.

L'IDEA

Rappresentiamo l'espressione della costante di equilibrio in funzione delle pressioni parziali:

$$K_p = \frac{(p_{NH_3})^2}{(p_{N_2}) \cdot (p_{H_2})^3}$$

LA SOLUZIONE

Determiniamo il valore di Δn (differenza tra le moli dei prodotti e quelle dei reagenti) ed esprimiamo la temperatura in kelvin:

$$\Delta n = 2 - 4 = -2 \qquad T = 25 + 273 = 298\ \text{K}$$

LA CONCLUSIONE

Calcoliamo il valore di K_p sostituendo nella relazione i dati sperimentali:

$$K_p = K_c \cdot (R \cdot T)^{\Delta n} = \frac{(4 \cdot 10^8)}{(0,082 \cdot 298)^2} = 6,7 \cdot 10^5 \text{ atm}^{-2}$$

PROBLEMA SIMILE

La reazione di sintesi del diossido di azoto è rappresentata dal seguente equilibrio:

$$2\,NO_{(g)} + O_{2(g)} \rightleftharpoons 2\,NO_{2(g)}$$

Alla temperatura di 25 °C il valore di K_p è uguale a $1,6 \cdot 10^{12}$ atm^{-1}. Calcola il valore di K_c.

Gli equilibri eterogenei

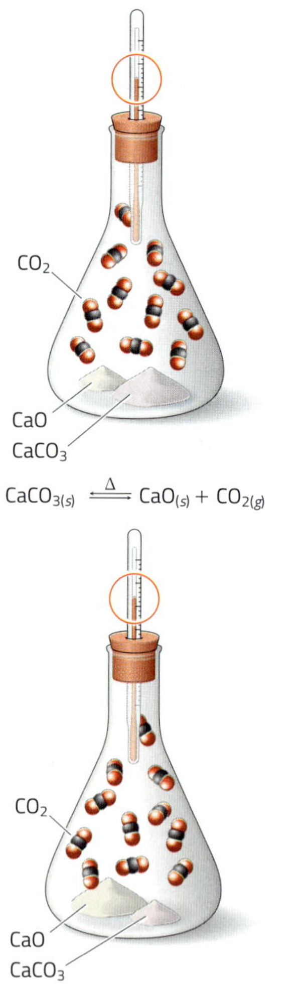

Figura 4 La reazione di decomposizione termica del carbonato di calcio A temperatura costante, qualunque sia la quantità di carbonato di calcio presente, la concentrazione di CO_2 all'equilibrio rimane sempre uguale.

Una reazione chimica reversibile in fase *eterogenea* è una reazione chimica in cui reagenti e prodotti sono presenti in stati fisici diversi (solido, liquido, gas).

La costante di equilibrio di una reazione in fase eterogenea si esprime prendendo in considerazione *solo* i componenti gassosi e **non** le concentrazioni dei liquidi puri o dei solidi presenti. Raddoppiando infatti la quantità (espressa in moli) di un liquido o di un solido, raddoppia anche il suo volume e quindi il rapporto tra il numero delle moli e il volume, cioè la concentrazione, rimane *costante*.

Poiché le concentrazioni molari di un liquido puro o di un solido sono costanti, i loro valori si possono escludere dal calcolo del valore della costante di equilibrio (K_c o K_p). Per la generica reazione chimica reversibile in fase eterogenea:

$$aA_{(s)} + bB_{(g)} \rightleftharpoons cC_{(g)} + dD_{(s)}$$

le costanti di equilibrio K_c e K_p sono rappresentate dalle seguenti relazioni:

$$K_c = \frac{[C]^c}{[B]^b}$$

$$K_p = \frac{(p_C)^c}{(p_B)^b}$$

Queste espressioni stanno a indicare che la posizione dell'equilibrio in una reazione eterogenea **non** dipende dalla *quantità* dei componenti allo stato liquido o solido presenti nel sistema. Aumentando infatti la quantità di tali componenti il valore della costante di equilibrio non viene modificato. La costante di equilibrio anche per le reazioni eterogenee dipende solo dalla *temperatura*. Per la reazione in fase eterogenea di decomposizione termica del carbonato di calcio (figura 4):

$$CaCO_{3(s)} \xrightleftharpoons{\Delta} CaO_{(s)} + CO_{2(g)}$$

le espressioni delle costanti di equilibrio K_c e K_p sono rappresentate quindi dalle seguenti relazioni:

$$K_c = [CO_2] \qquad K_p = p_{CO_2}$$

3 LA COSTANTE DI EQUILIBRIO FORNISCE INFORMAZIONI QUALITATIVE E QUANTITATIVE

La conoscenza del valore numerico della costante di equilibrio *K* di una reazione fornisce importanti informazioni sul sistema di reazione:

1. permette di stabilire se all'equilibrio la *concentrazione dei prodotti* sarà bassa o alta;
2. consente di prevedere il *verso* nel quale la reazione è destinata a svolgersi;
3. può essere utilizzata per calcolare la *concentrazione all'equilibrio* di un *reagente* o di un *prodotto* quando sono note le concentrazioni all'equilibrio degli altri componenti;
4. permette di calcolare la *concentrazione all'equilibrio* dei *reagenti* e dei *prodotti*, quando sono note le concentrazioni iniziali, mediante la costruzione delle tabelle dell'equilibrio.

La posizione dell'equilibrio in una reazione

La posizione dell'equilibrio in una reazione è definita dal **valore numerico** della costante di equilibrio. Tale valore permette di stabilire se all'equilibrio il sistema conterrà un'elevata oppure una bassa concentrazione di prodotti.

Valore di *K* maggiore di 1

Un valore della costante di equilibrio maggiore di 1 indica che il numeratore (prodotti) ha un valore numerico superiore a quello del denominatore (reagenti) e quindi nella condizione di equilibrio i *prodotti* si trovano in concentrazione maggiore dei reagenti (figura **5**). In tal caso l'equilibrio chimico è spostato a **destra** e per indicare graficamente questa situazione si rappresenta la freccia verso destra più lunga di quella verso sinistra:

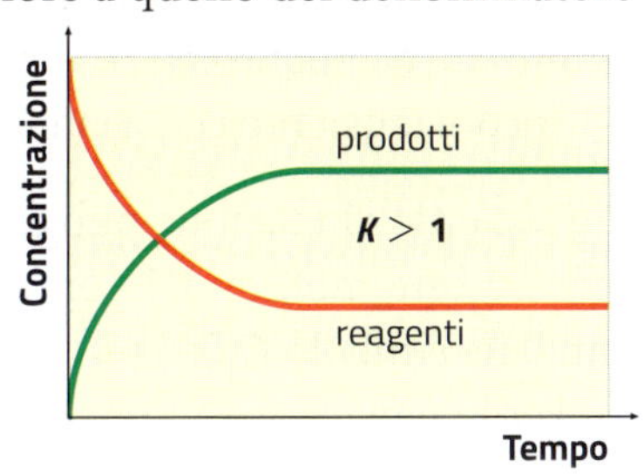

Figura 5 L'equilibrio nelle reazioni con *K* > 1 Quando il valore di *K* è maggiore di 1, l'equilibrio è spostato verso destra: la reazione favorisce la formazione dei prodotti.

$$aA + bB \rightleftharpoons cC + dD$$

Valore di *K* minore di 1

Un valore della costante di equilibrio minore di 1 indica che il numeratore (prodotti) ha un valore numerico inferiore a quello del denominatore (reagenti) e quindi nelle condizioni di equilibrio i *reagenti* si trovano in concentrazione maggiore di quella dei prodotti (figura **6**). In tal caso l'equilibrio chimico è spostato a **sinistra** e per indicare graficamente questa situazione si rappresenta la freccia verso sinistra piú lunga di quella verso destra:

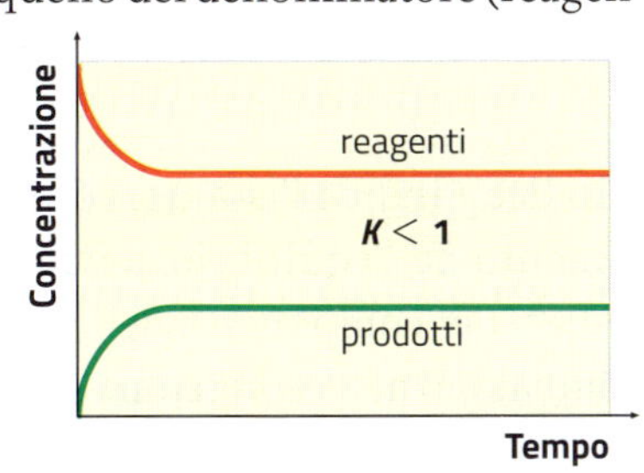

Figura 6 L'equilibrio nelle reazioni con *K* < 1 Quando il valore di *K* è minore di 1, l'equilibrio è spostato verso sinistra: la reazione favorisce la formazione dei reagenti.

$$aA + bB \leftrightharpoons cC + dD$$

Se la costante di equilibrio è alta, una quantità elevata di reagenti si trasforma in prodotti, mentre se la costante di equilibrio è bassa solo una piccola quantità di reagenti si trasforma in prodotti.

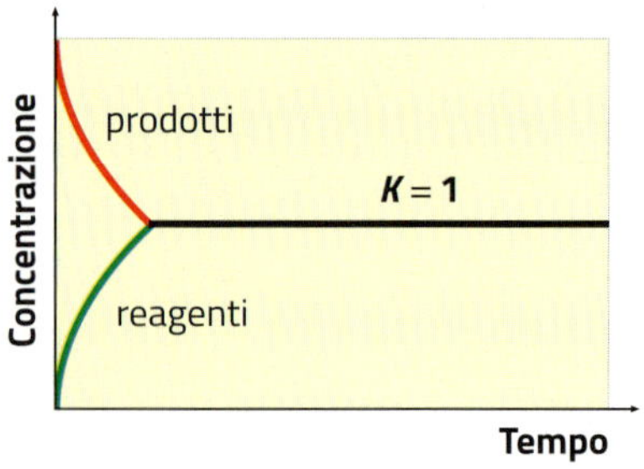

Figura 7 L'equilibrio nelle reazioni con $K = 1$ Quando il valore di K è uguale a 1, l'equilibrio è in una posizione intermedia: le concentrazioni dei reagenti e dei prodotti hanno lo stesso valore.

Valore di *K* uguale a 1

Un valore della costante di equilibrio uguale a 1 indica che il numeratore (prodotti) e il denominatore (reagenti) hanno lo stesso valore numerico e quindi nelle condizioni di equilibrio le concentrazioni dei prodotti e dei reagenti sono uguali (figura 7). L'equilibrio chimico assume pertanto una posizione intermedia tra reagenti e prodotti.

4 IL VERSO DI SVOLGIMENTO DI UNA REAZIONE CHIMICA È DEFINITO DAL QUOZIENTE DI REAZIONE

Consideriamo una reazione chimica reversibile, che *non ha ancora raggiunto l'equilibrio* e di cui sia nota la costante di equilibrio. Per stabilire se la reazione ha la tendenza a procedere da sinistra a destra (formando altri prodotti) o in direzione opposta (formando altri reagenti), si deve calcolare il quoziente di reazione (simbolo Q). Il quoziente di reazione è una grandezza la cui espressione è analoga alla costante di equilibrio, ad eccezione del momento in cui le concentrazioni sono misurate (all'equilibrio per K, in un istante t qualsiasi per Q).

Il **quoziente di reazione** (simbolo $\boldsymbol{Q}$) è il rapporto tra il prodotto delle concentrazioni molari (o delle pressioni parziali) dei prodotti e il prodotto delle concentrazioni molari (o delle pressioni parziali) dei reagenti, ciascuna elevata al proprio coefficiente stechiometrico, quando la reazione non ha ancora raggiunto l'equilibrio.

Il quoziente di reazione può essere espresso pertanto in funzione della concentrazione molare dei componenti (simbolo $\boldsymbol{Q_c}$) o della loro pressione parziale (simbolo $\boldsymbol{Q_p}$).

Per la generica reazione reversibile in fase gassosa rappresentata dall'equazione:

$$aA_{(g)} + bB_{(g)} \rightleftharpoons cC_{(g)} + dD_{(g)}$$

il quoziente di reazione espresso in funzione delle concentrazioni molari (Q_c) dei reagenti e dei prodotti è rappresentato dalla seguente relazione:

$$Q_c = \frac{[C]_t^c \cdot [D]_t^d}{[A]_t^a \cdot [B]_t^b}$$

L'indice t indica l'istante, compreso tra l'inizio della reazione e il raggiungimento dell'equilibrio, a cui corrispondono i valori delle concentrazioni molari dei componenti della reazione. All'**equilibrio** le concentrazioni che compaiono nell'espressione del Q_c sono *uguali* a quelle presenti nell'espressione di K_c e pertanto il valore numerico del Q_c è *uguale* a quello della K_c:

$$\text{all'equilibrio: } Q_c = K_c$$

Per prevedere quindi se la reazione, a un dato istante t, procede da sinistra a destra o in direzione opposta si deve confrontare il valore del Q_c con quello di K_c:

- $\boldsymbol{Q_c < K_c}$: le concentrazioni dei prodotti sono troppo basse e quelle dei

LE PAROLE

Quoziente (dall'avverbio latino *quotiens*, «quante volte») è il valore numerico che esprime il rapporto tra due grandezze.

reagenti troppo alte; per raggiungere l'equilibrio i reagenti devono trasformarsi nei prodotti e quindi la reazione deve procedere da *sinistra verso destra*;

- $Q_c = K_c$: il sistema di reazione ha raggiunto l'equilibrio; le concentrazioni dei reagenti e dei prodotti non variano e la reazione *non tenderà a svolgersi né in un senso né nell'altro*;
- $Q_c > K_c$: le concentrazioni dei prodotti sono troppo alte e quelle dei reagenti troppo basse; per raggiungere l'equilibrio i prodotti devono trasformarsi nei reagenti e quindi la reazione deve procedere da *destra verso sinistra* (figura **8**).

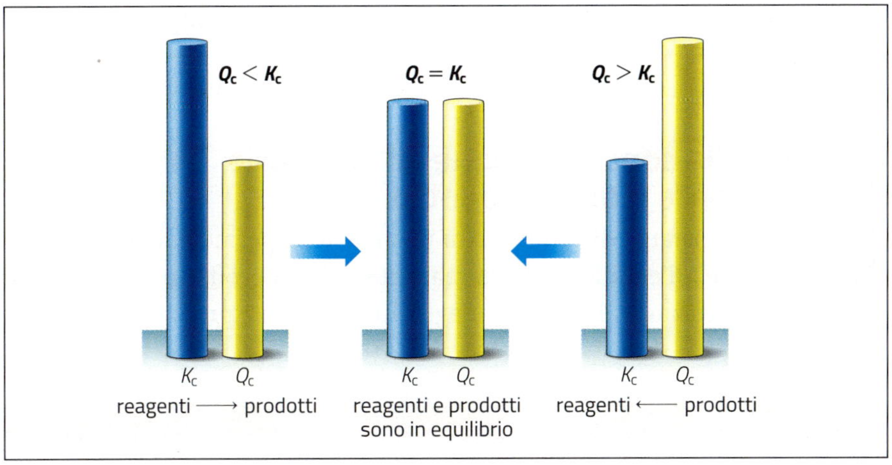

Figura 8 La previsione della direzione di una reazione reversibile Per stabilire la direzione nella quale si sposta una reazione si devono confrontare i valori di Q_c e K_c.

PROBLEMA MODELLO

Stabilire la direzione in cui si sposta un sistema per raggiungere l'equilibrio

In un reattore da 1 L sono presenti 0,2 moli di diossido di azoto NO_2 e 0,4 moli di tetraossido di diazoto N_2O_4:

$$2\,NO_{2(g)} \rightleftharpoons N_2O_{4(g)}$$

Alla temperatura di 298 K, la K_c è uguale a 46 $(mol/L)^{-1}$. Stabilisci in quale direzione si sposta il sistema per raggiungere l'equilibrio.

L'IDEA

Per prevedere se una reazione in un dato istante procede da sinistra a destra o viceversa, dobbiamo calcolare dapprima il quoziente di reazione Q_c e successivamente confrontare il valore di Q_c con il valore di K_c.

LA SOLUZIONE

Il quoziente di reazione Q_c della reazione di analisi del diossido di azoto si calcola con la seguente relazione:

$$Q_c = \frac{[N_2O_4]}{[NO_2]^2} = \frac{0,4\ mol/L}{(0,2\ mol/L)^2} = 10\,(mol/L)^{-1}$$

LA CONCLUSIONE

Confrontiamo ora il valore di Q_c con il valore K_c:

$$Q_c = 10 \qquad K_c = 46$$

Il valore numerico di Q_c (10) è minore del valore di K_c (46) per cui le concentrazioni dei prodotti sono basse e quelle dei reagenti sono alte. La reazione tende pertanto a raggiungere l'equilibrio trasformando una data quantità di NO_2 in N_2O_4, procedendo così verso **destra**.

PROBLEMA SIMILE

In un reattore da 1 L sono presenti 0,0025 moli di SO_2, 0,035 moli di NO_2, 0,0021 moli di NO e 0,004 moli di SO_3:

$$SO_{2(g)} + NO_{2(g)} \rightleftharpoons NO_{(g)} + SO_{3(g)}$$

Alla temperatura di 460 °C la K_c ha un valore uguale a 85,0. Stabilisci in quale direzione si sposta il sistema per raggiungere l'equilibrio.

Calcolo della concentrazione all'equilibrio di un reagente o di un prodotto

Il valore della costante di equilibrio di una reazione permette di calcolare la concentrazione all'equilibrio di un reagente o di un prodotto quando sono note le concentrazioni all'*equilibrio* degli altri reagenti o prodotti.

PROBLEMA MODELLO

Calcolare le concentrazioni di un componente di un sistema all'equilibrio

Nella reazione di analisi del tetraossido di diazoto, il valore di K_c è uguale a $8{,}75 \cdot 10^{-2}$ mol/L:

$$N_2O_{4(g)} \rightleftharpoons 2\,NO_{2(g)}$$

All'equilibrio la concentrazione di N_2O_4 è $1{,}72 \cdot 10^{-2}$ mol/L.
Calcola la concentrazione all'equilibrio di NO_2.

L'IDEA

Rappresentiamo l'espressione della costante di equilibrio in funzione delle concentrazioni molari:

$$K_c = \frac{[NO_2]^2}{[N_2O_4]}$$

LA SOLUZIONE

Sostituiamo K_c e la concentrazione di N_2O_4 con i dati sperimentali:

$$8{,}75 \cdot 10^{-2}\ \text{mol/L} = \frac{[NO_2]^2}{1{,}72 \cdot 10^{-2}\ \text{mol/L}}$$

LA CONCLUSIONE

Risolvendo per $[NO_2]$ si ha:

$$[NO_2]^2 = 8{,}75 \cdot 10^{-2}\ \text{mol/L} \cdot 1{,}72 \cdot 10^{-2}\ \text{mol/L} = 1{,}51 \cdot 10^{-3}\ \text{mol}^2/\text{L}^2$$

Estraiamo la radice quadrata, determinando così la concentrazione di NO_2:

$$[NO_2] = \sqrt{1{,}51 \cdot 10^{-3}\,(\text{mol/L})^2} = 3{,}88 \cdot 10^{-2}\ \text{mol/L}$$

PROBLEMA SIMILE

Nella reazione di sintesi del pentacloruro di fosforo alla temperatura di 200 °C il valore di K_p è $1{,}2 \cdot 10^{-3}$ atm^{-1}:

$$PCl_{3(g)} + Cl_{2(g)} \rightleftharpoons PCl_{5(g)}$$

All'equilibrio le pressioni parziali di PCl_3 e di Cl_2 sono rispettivamente 2,3 atm e 3,5 atm.
Calcola la pressione parziale di PCl_5.

Calcolo della concentrazione all'equilibrio sia dei reagenti sia dei prodotti

Il valore della costante di equilibrio permette di calcolare la *concentrazione all'equilibrio* dei reagenti e dei prodotti, quando sono note le concentrazioni *iniziali* dei reagenti.

Poiché le variazioni di concentrazione o di pressione parziale di ciascun componente sono legate alla *stechiometria* della reazione, il modo piú facile di procedere consiste nel:

a. *costruire* una **tabella di equilibrio** che evidenzia le concentrazioni iniziali dei reagenti, le variazioni di concentrazione e le concentrazioni all'equilibrio in termini di un'unica incognita *x*;
b. *sostituire* i termini delle concentrazioni nell'espressione di K_c ottenendo un'equazione algebrica contenente la *x*;
c. *risolvere* l'equazione in funzione di *x*:
   - estraendo la radice quadrata di entrambi i membri dell'equazione se la parte destra dell'equazione è un *quadrato perfetto*;
   - altrimenti rappresentando l'equazione nella forma:

   $$ax^2 + bx + c = 0$$

   e applicando la formula di risoluzione dell'equazione di secondo grado:

   $$x = \frac{-b \pm \sqrt{b^2 - 4ac}}{2a}$$

d. *calcolare* la concentrazione dei componenti all'equilibrio.

PROBLEMA MODELLO

Calcolare le concentrazione di tutti i componenti di un sistema all'equilibrio

Nella reazione di analisi del tetraossido di diazoto la concentrazione iniziale di N_2O_4 è 0,1 mol/L :

$$N_2O_{4(g)} \rightleftharpoons 2\,NO_{2(g)}$$

Alla temperatura di 100 °C la K_c è uguale a 0,26.
Calcola la concentrazione all'equilibrio di N_2O_4 e NO_2.

L'IDEA

Costruiamo la tabella dell'equilibrio specificando le concentrazioni iniziali, indicando con *x* le variazioni di concentrazione e definendo le concentrazioni all'equilibrio dei reagenti e dei prodotti:

	$N_2O_{4(g)}$ $\rightleftharpoons$	$2\,NO_{2(g)}$
moli iniziali	0,1	0
variazione moli	$-x$	$2x$
moli all'equilibrio	$0,1-x$	$2x$

Rappresentiamo l'espressione della costante di equilibrio K_c:

$$K_c = \frac{[NO_2]^2}{[N_2O_4]}$$

LA SOLUZIONE

Sostituiamo K_c con il dato sperimentale e i termini di concentrazione con i valori delle concentrazioni molari all'equilibrio:

$$0,26 = \frac{(2x)^2}{(0,1-x)} \qquad 0,26 = \frac{4x^2}{(0,1-x)}$$

- Risolviamo l'equazione in funzione di x rappresentandola nella forma:

$$ax^2 + bx + c = 0 \qquad 4x^2 = 0,26 \cdot (0,1 - x)$$

$$4x^2 = 0,026 - 0,26x \qquad 4x^2 + 0,26x - 0,026 = 0$$

- Semplifichiamo dividendo entrambi i membri dell'equazione per 4:

$$x^2 + 0,065x - 0,0065 = 0$$

- Risolviamo l'equazione di secondo grado:

$$x = \frac{-b \pm \sqrt{b^2 - 4ac}}{2a}$$

- Sostituendo con i valori numerici, calcoliamo i due valori di x:

$$x = \frac{-0,065 \pm \sqrt{0,065^2 + 4 \cdot 0,0065}}{2}$$

$$x_1 = \frac{0,108}{2} = 0,054 \qquad x_2 = -\frac{0,238}{2} = -0,119$$

LA CONCLUSIONE

Dei due valori trovati solo il valore di x_1 è plausibile perché il valore di x_2 è negativo e quindi impossibile. Calcoliamo le concentrazioni dei valori all'equilibrio sostituendo x con il valore trovato:

$[N_2O_4] = 0,1 - x = 0,1 - 0,054$ mol/L $= 0,046$ mol/L

$[NO_2] = 2x = 2 \cdot 0,054$ mol/L $= 0,108$ mol/L

PROBLEMA SIMILE

Nella seguente reazione di analisi le concentrazioni iniziali di BrCl, Br_2 e Cl_2 sono uguali a 0,04 mol/L:

$$2\,BrCl \rightleftharpoons Br_2 + Cl_2$$

Alla temperatura di 180 °C $K_c = 0,145$. Calcola la concentrazione all'equilibrio di BrCl, Br_2 e Cl_2.

PER SAPERNE DI PIÙ

La relazione tra la variazione di energia libera e la costante di equilibrio

La tendenza di una reazione a procedere *spontaneamente* dipende dal valore della **variazione dell'energia libera ΔG**. Una reazione è spontanea quando il valore della variazione di energia libera ΔG (definita dalla differenza tra l'energia libera dei prodotti e quella dei reagenti) è negativo:

$$\Delta G = G_{prodotti} - G_{reagenti} \qquad \Delta G < 0 \qquad \textbf{reazione spontanea}$$

Con il procedere di una reazione, i reagenti si trasformano nei prodotti e l'energia libera del sistema *diminuisce*. Il valore dell'energia libera in un dato *istante* dipende quindi dalla concentrazione dei prodotti e dei reagenti presenti nel sistema e di conseguenza dal **quoziente di reazione Q**. Le due grandezze, variazione dell'energia libera e quoziente di reazione, possono essere legate tra loro mediante la seguente relazione:

$$\Delta G = \Delta G° + RT \ln Q$$

In questa equazione:

- $\Delta G°$ è la variazione dell'energia libera della reazione nelle condizioni standard;
- R è la costante universale dei gas ($R = 8{,}31\ J \cdot K^{-1} \cdot mol^{-1}$);
- T è la temperatura assoluta espressa in kelvin.

Quando il sistema raggiunge l'*equilibrio* chimico, le concentrazioni dei reagenti e dei prodotti sono costanti e quindi la variazione di energia libera è uguale a zero e il quoziente di reazione è uguale alla costante di equilibrio K:

$$\Delta G = 0 \qquad \text{e} \qquad Q = K$$

All'equilibrio la relazione che lega la variazione dell'energia libera e il quoziente di reazione si rappresenta quindi nella forma:

$$\Delta G° = -R \cdot T \cdot \ln K$$

Il valore numerico di $\Delta G°$ può essere:

- **negativo**: la reazione procede spontaneamente verso **destra** e quindi il valore di ln K deve essere *positivo* ($K > 1$): l'equilibrio chimico è spostato verso i *prodotti*;
- uguale a **zero**: la reazione non ha la tendenza a decorrere né in una direzione né nella direzione opposta e, quindi, il valore di ln K deve essere uguale a zero ($K = 1$);
- **positivo**: la reazione procede spontaneamente verso **sinistra** e quindi il valore di ln K deve essere *negativo* ($K < 1$): l'equilibrio è spostato verso i *reagenti*.

In altri termini, le considerazioni espresse evidenziano come *aumentando* il valore di $\Delta G°$ *diminuisca* il corrispondente valore della costante di equilibrio (tabella **A**).

Tabella A Relazione tra il valore di $\Delta G°$ e il valore della costante di equilibrio K_p di alcune reazioni

Reazione	$\Delta G°$ (kJ/mol)	K_p
$C_2H_2 + 3\ H_2 \rightleftarrows 2\ CH_4$	−308	$1{,}0 \cdot 10^{57}$
$CO + 2\ H_2 \rightleftarrows CH_3OH$	−25,3	$1{,}7 \cdot 10^{7}$
$3\ H_2 + N_2 \rightleftarrows 2\ NH_3$	328	$4{,}7 \cdot 10^{-54}$

5 IL PRINCIPIO DI LE CHÂTELIER DEFINISCE LA POSIZIONE DELL'EQUILIBRIO QUANDO CAMBIANO LE CONDIZIONI DEL SISTEMA

Lo stato di equilibrio raggiunto da una reazione chimica non cambia fino a quando le condizioni del sistema (*concentrazione di uno dei componenti, volume o pressione e temperatura*) rimangono invariate. Se in una reazione chimica che ha raggiunto l'equilibrio si modificano le condizioni del sistema, la reazione si sposta o verso i reagenti o verso i prodotti in modo da poter raggiungere un nuovo stato di equilibrio.

La direzione in cui si sposta l'equilibrio è prevista dal **principio di Le Châtelier** o principio dell'equilibrio mobile.

Un sistema chimico all'equilibrio reagisce alle variazioni a cui è sottoposto in modo da annullarne gli effetti e raggiungere un nuovo stato di equilibrio.

Esaminiamo ora gli effetti che si verificano quando in un sistema all'equilibrio si hanno variazioni della concentrazione dei reagenti o dei prodotti, della pressione o della temperatura.

A COLPO D'OCCHIO

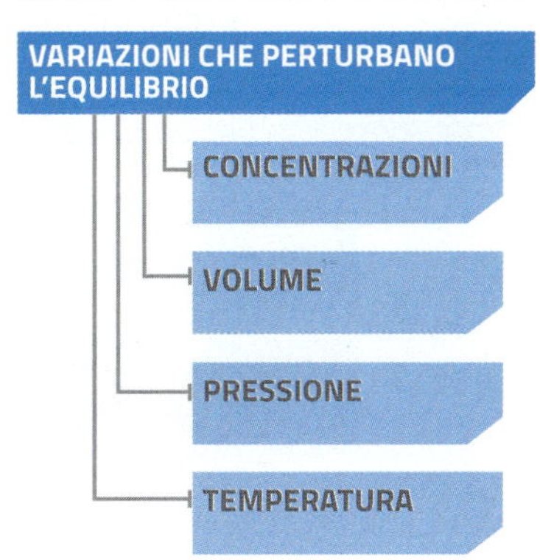

L'effetto sull'equilibrio della variazione della concentrazione di uno dei componenti

Consideriamo una generica reazione reversibile che ha raggiunto l'equilibrio:

$$aA + bB \rightleftharpoons cC + dD$$

e rappresentiamo la costante di equilibrio in funzione dei valori delle concentrazioni molari dei reagenti e dei prodotti:

$$K_c = \frac{[C]^c \cdot [D]^d}{[A]^a \cdot [B]^b}$$

A COLPO D'OCCHIO

EQUILIBRIO SI SPOSTA A DESTRA SE
- AUMENTA LA CONCENTRAZIONE DEI REAGENTI
- DIMINUISCE LA CONCENTRAZIONE DEI PRODOTTI

- *Aggiungendo* al sistema in equilibrio una certa quantità di un **reagente** (A o B) o *sottraendo* una certa quantità di un **prodotto** (C o D), la velocità della reazione diretta (simbolo v_d) diventa *maggiore* della velocità della reazione inversa (simbolo v_i). Il sistema reagisce alla variazione effettuata trasformando i reagenti in prodotti e quindi con il procedere della reazione la concentrazione dei reagenti e la velocità della reazione diretta *diminuiscono*, mentre *aumentano* la *concentrazione dei prodotti* e la *velocità della reazione inversa*. Quando le due velocità sono di nuovo uguali si ha una nuova posizione dell'equilibrio, spostato verso i **prodotti**.

  Un aumento della concentrazione dei reagenti o una diminuzione della concentrazione dei prodotti sposta l'equilibrio a destra.

  Le concentrazioni dei singoli componenti assumono *nuovi valori*, tali comunque da lasciare *invariato* il valore di K_c, se la temperatura è rimasta costante (figura 9).

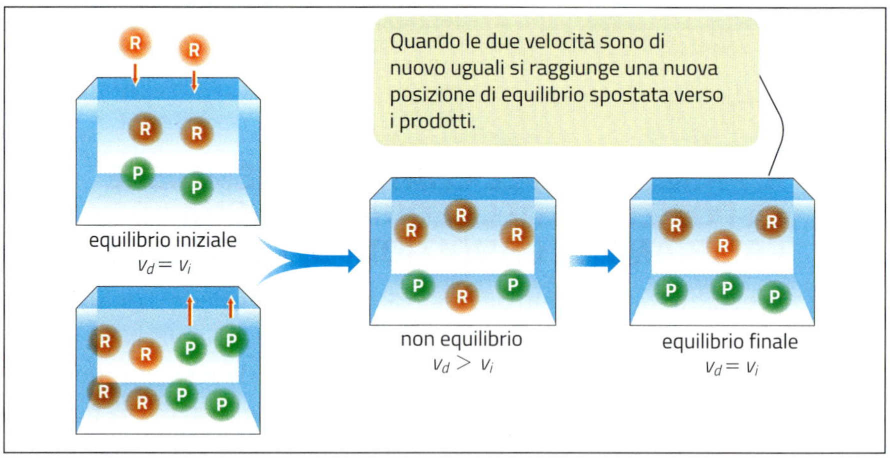

Figura 9 Aggiunta di un reagente o sottrazione di un prodotto da un sistema in equilibrio Aggiungendo una data quantità di un reagente (*R*) o sottraendo una certa quantità di prodotto (*P*), la velocità v_d diventa maggiore della velocità v_i: il sistema reagisce trasformando i reagenti in prodotti.

A COLPO D'OCCHIO

EQUILIBRIO SI SPOSTA A SINISTRA SE
- DIMINUISCE LA CONCENTRAZIONE DEI REAGENTI
- AUMENTA LA CONCENTRAZIONE DEI PRODOTTI

- *Aggiungendo* al sistema in equilibrio una certa quantità di un **prodotto** (C o D), o *sottraendo* una certa quantità di un **reagente** (A o B), la velocità della reazione inversa v_i diventa maggiore della velocità della reazione diretta v_d. Il sistema reagisce alla variazione effettuata trasformando i prodotti in reagenti e quindi, con il procedere della reazione, la concentrazione dei prodotti e la velocità della reazione inversa *diminuiscono*, mentre *aumentano* la *concentrazione dei reagenti* e la *velocità della reazione diretta*. Quando le due velocità sono di nuovo uguali la posizione dell'equilibrio si è spostata verso i **reagenti**.

Un aumento della concentrazione dei prodotti o una diminuzione della concentrazione dei reagenti sposta l'equilibrio a sinistra.

Le concentrazioni dei singoli componenti assumono *nuovi valori*, tali comunque da lasciare *invariato* il valore di K_c se la temperatura è rimasta costante (figura **10**).

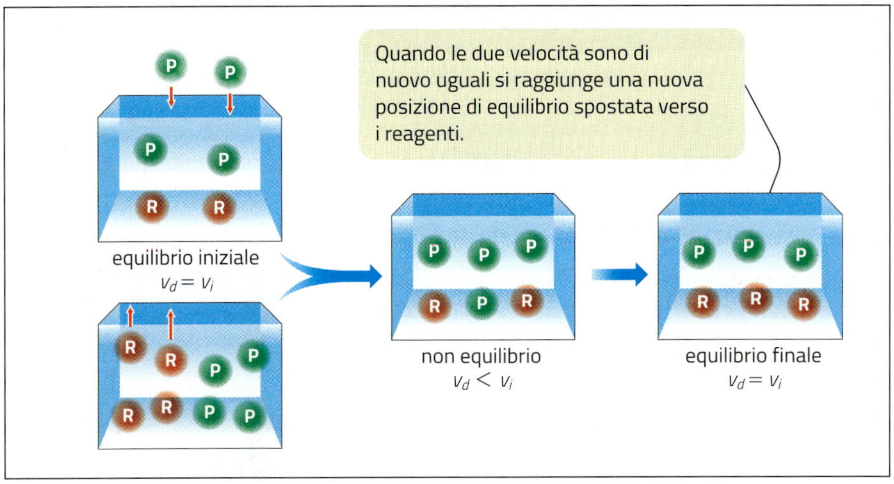

Figura 10 Aggiunta di un prodotto o sottrazione di un reagente da un sistema in equilibrio Aggiungendo a un sistema in equilibrio una data quantità di un prodotto (*P*) o sottraendo una certa quantità di un reagente (*R*), la velocità v_i diventa maggiore della velocità v_d: il sistema reagisce trasformando i prodotti in reagenti.

Specifichiamo ora tutti gli spostamenti possibili dell'equilibrio chimico a seguito di aggiunta o di sottrazione di reagenti o di prodotti:

- per la seguente generica reazione chimica (figura **11**):

$$aA + bB \rightleftharpoons cC + dD$$

- per la reazione di ossidazione del diossido di zolfo SO_2 rappresentata dalla seguente equazione (tabella **5**):

$$2\ SO_{2(g)} + O_{2(g)} \rightleftharpoons 2\ SO_{3(g)}$$

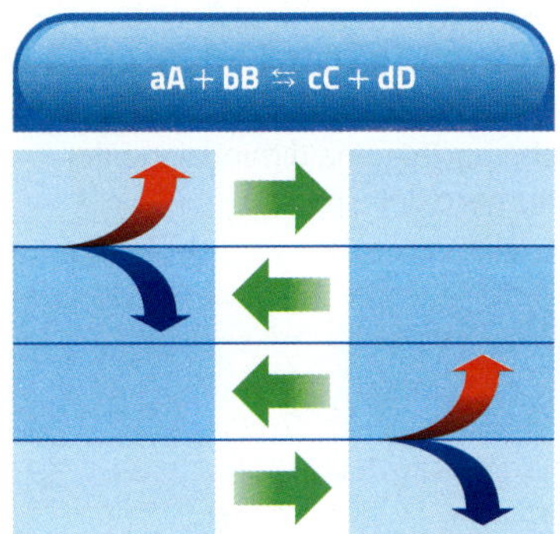

Figura 11 Spostamenti della posizione dell'equilibrio Spostamenti della posizione dell'equilibrio (frecce verdi) a seguito di un aumento di concentrazione (frecce rosse verso l'alto) o di una diminuzione di concentrazione (frecce blu verso il basso) di reagenti e prodotti.

L'effetto sull'equilibrio della variazione di pressione o di volume

Una variazione di pressione o di volume in un sistema all'equilibrio ha effetto significativo solo quando si abbia una **variazione** del numero delle moli e, a ogni modo, quando:

- tutti i componenti sono in **fase gassosa**;
- un *reagente solido* si decompone formando un **prodotto aeriforme**.

Reazione	Variazione di concentrazione	Spostamento della posizione dell'equilibrio
$2\ SO_{2(g)} + O_{2(g)} \rightleftharpoons 2\ SO_{3(g)}$	aumento di $[SO_2]$ o $[O_2]$	verso destra
	aumento di $[SO_3]$	verso sinistra
	sottrazione di $[SO_2]$ o $[O_2]$	verso sinistra
	sottrazione di $[SO_3]$	verso destra

Tabella 5 Effetti della variazione della concentrazione sulla posizione dell'equilibrio nella reazione di sintesi del triossido di zolfo Nella tabella è indicata anche la direzione in cui si sposta l'equilibrio.

a. Prendiamo in esame una reazione *omogenea* in fase *gassosa*, la reazione di analisi del pentacloruro di fosforo, che avviene con una **variazione** del numero delle moli ($\Delta n = 1$):

$$PCl_{5(g)} \rightleftharpoons PCl_{3(g)} + Cl_{2(g)}$$

La costante di equilibrio in funzione delle pressioni parziali dei componenti è data dalla seguente equazione:

$$K_p = \frac{(p_{PCl_3}) \cdot (p_{Cl_2})}{(p_{PCl_5})}$$

- *Aumentando* la pressione del sistema si ha una *riduzione* del volume e quindi un aumento del numero di moli per unità di volume. In tal caso il sistema reagirà in modo da annullare la variazione effettuata, PCl_3 e Cl_2 reagiscono per formare PCl_5, diminuendo cosí il *numero totale* delle moli: l'equilibrio si sposta verso *i reagenti* (figura **12**).

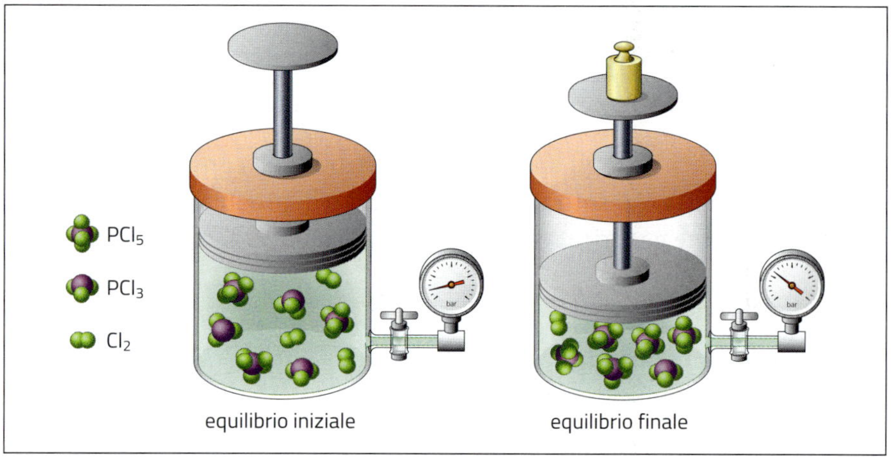

Figura 12 Effetto dell'aumento della pressione sull'equilibrio Un aumento di pressione con conseguente diminuzione di volume su un sistema all'equilibrio con $\Delta n \neq 0$ favorisce la reazione che porta a una diminuzione del numero delle moli.

- *Diminuendo* la pressione del sistema si ha un *aumento* del volume e quindi una *diminuzione* del numero di moli per unità di volume. In tal caso PCl_5 si decompone formando PCl_3 e Cl_2, aumentando così il numero totale delle moli: l'equilibrio si sposta verso *i prodotti* (figura **13**).

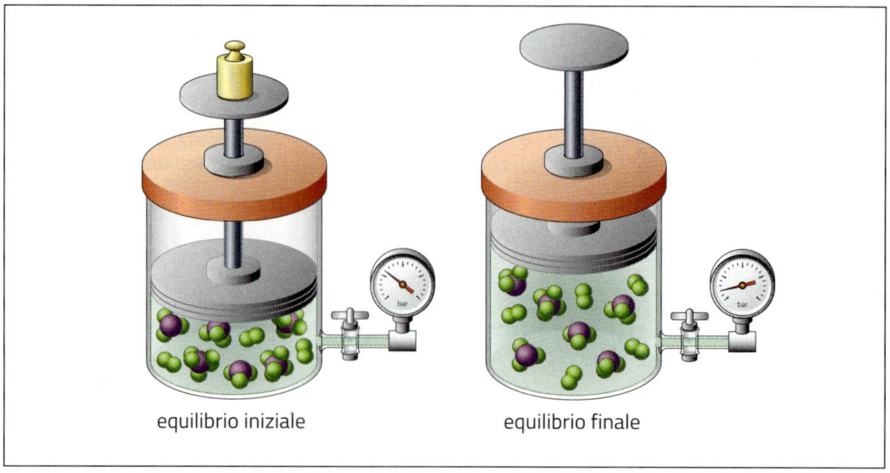

Figura 13 Effetto della diminuzione della pressione sull'equilibrio Una diminuzione di pressione con conseguente aumento di volume su un sistema all'equilibrio con $\Delta n \neq 0$ favorisce la reazione che porta a un aumento del numero delle moli.

Si può quindi affermare che, nelle reazioni in fase gassosa in cui si abbia una *variazione del numero delle moli.*

Un aumento di pressione sposta l'equilibrio nella direzione in cui si ha una diminuzione del numero delle moli; una diminuzione di pressione sposta l'equilibrio nella direzione in cui si ha un aumento del numero delle moli.

b. Prendiamo ora in esame una reazione *omogenea* in fase *gassosa*, la reazione di sintesi dello ioduro di idrogeno, che avviene **senza variazione** del numero di moli ($\Delta n = 0$):

$$H_{2(g)} + I_{2(g)} \rightleftarrows 2\ HI_{(g)}$$

In una reazione in fase gassosa i valori di K_p e K_c sono legati dalla relazione:

$$K_p = K_c \cdot (R \cdot T)^{\Delta n}$$

Nella reazione di sintesi dello ioduro di idrogeno **non** si ha variazione del numero di moli, quindi il fattore $(R \cdot T)^{\Delta n}$ è uguale a 1 e di conseguenza il valore di K_p diventa uguale a quello di K_c:

Per $\Delta n = 0$ si ha $(R \cdot T)^{\Delta n} = 1$ e quindi $K_p = K_c$

Poiché K_c dipende solo dalla *temperatura* e non dalla pressione, è evidente che una *variazione di pressione* (e quindi di volume) in un sistema all'equilibrio non ha **nessun effetto** sulla posizione dell'equilibrio.

c. Consideriamo ora un sistema in equilibrio in fase **eterogenea**. In tal caso la variazione della pressione ha effetto significativo solo sui componenti *gassosi*, ma **non** ha nessun effetto sui componenti solidi e liquidi puri perché il volume (e di conseguenza la concentrazione) di un solido o di un liquido *non dipende dalla pressione*, ma solo dalla densità, che dipende dalla temperatura.

La reazione tra il carbonio e il vapore acqueo è una reazione in fase eterogenea:

$$C_{(s)} + 2\ H_2O_{(g)} \rightleftarrows CO_{2(g)} + 2\ H_{2(g)}$$

Non prendendo in esame il carbonio, che è allo stato solido, il valore di Δn è uguale a 1 e possiamo prevedere che:

- un *aumento* di pressione ovvero una diminuzione di volume favorisce la reazione inversa in quanto fa diminuire il numero delle moli e quindi l'equilibrio si sposta verso i *reagenti*;
- una *diminuzione* di pressione ovvero un aumento di volume sposta l'equilibrio verso i *prodotti* in quanto la reazione diretta aumenta il numero delle moli.

PER SAPERNE DI PIÙ
PDF *Laboratorio*
Il principio di Le Châtelier

d. Prendiamo infine in esame un sistema all'equilibrio in cui **il volume rimane costante** e aumentiamo la pressione aggiungendo un gas inerte (argon) oppure un gas che non partecipa alla reazione: tale aggiunta non fa variare la concentrazione molare dei reagenti o dei prodotti e, quindi, la posizione dall'equilibrio rimane **invariata**.

Solo se il gas aggiunto è un *reagente* o un *prodotto* della reazione, il rapporto tra le concentrazioni dei componenti varia e di conseguenza anche la *posizione* dell'equilibrio.

PER SAPERNE DI PIÙ

La reazione reversibile tra l'emoglobina e l'ossigeno

Il trasporto dell'ossigeno dai polmoni ai tessuti è operato dal sangue. Il sangue è un tessuto connettivo costituito dal plasma e dagli elementi figurati (globuli rossi, globuli bianche e piastrine). Il plasma è un fluido costituito prevalentemente da acqua e in misura minore da proteine (albumine, globuline e fibrinogeno). L'ossigeno, molecola apolare e quindi poco solubile nel plasma, è trasportato dall'emoglobina (simbolo Hb), una proteina presente nei globuli rossi. L'emoglobina è una proteina coniugata, di forma globulare, a struttura quaternaria, costituita da quattro subunità. Ciascuna subunità è costituita da una molecola polipeptidica (globina) e da un gruppo atomico (eme) formato da una molecola di protoporfirina e da un cofattore metallico, lo ione ferro (II). Tra l'ossigeno e lo ione ferro dell'emoglobina avviene una reazione reversibile con formazione del complesso molecolare ossiemoglobina $Hb(O_2)_4$:

$$Hb + 4O_{2(g)} \rightleftharpoons Hb(O_2)_4$$

A livello dei polmoni, lo ione ferro Fe^{2+}, legandosi con l'ossigeno si ossida a ione ferro Fe^{3+}. A livello dei tessuti lo ione Fe^{3+}, rilasciando l'ossigeno, si riduce a ione Fe^{2+}.

La capacità dell'emoglobina di legare o rilasciare ossigeno dipende dalla pressione parziale dell'ossigeno:

a. nei polmoni la pressione parziale dell'ossigeno è alta e quindi l'emoglobina si lega all'ossigeno saturandosi completamente (a una molecola di emoglobina si legano quattro molecole di ossigeno):

$$Hb + 4O_2 \rightleftharpoons Hb(O_2)_4$$

b. nei tessuti la pressione parziale dell'ossigeno è molto bassa e quindi l'emoglobina rilascia l'ossigeno che diffonde nel plasma e da qui nelle cellule dei tessuti:

$$Hb(O_2)_4 \rightleftharpoons Hb + 4O_2$$

L'effetto sull'equilibrio della variazione di temperatura

Il *valore* numerico della costante di equilibrio non dipende dalle variazioni di concentrazione e di pressione (o volume), ma solo dalla *temperatura*. La variazione di temperatura in un sistema chimico all'equilibrio modifica pertanto sia il *valore* di K_c sia la *posizione* dell'*equilibrio*. Per stabilire l'effetto di tale variazione deve essere nota la natura termica della reazione.

a. La reazione di sintesi del triossido di zolfo è una reazione **esotermica** rappresentata dalla seguente equazione:

$$2\,SO_{2(g)} + O_{2(g)} \rightleftharpoons 2\,SO_{3(g)} \qquad (\Delta H° = -192\ kJ)$$

Osservando i valori sperimentali di K_c a diverse temperature risulta evidente che, *aumentando* la *temperatura*, K_c *diminuisce* (tabella **6**).

Il sistema reagisce pertanto alla variazione effettuata assorbendo il calore che viene fornito e favorendo la reazione inversa, con conseguente *aumento della concentrazione dei reagenti* e spostamento *a sinistra* dell'equilibrio. Se il sistema all'equilibrio viene raffreddato, la *temperatura* diminuisce ed è favorita la reazione diretta con un *aumento della concentrazione dei prodotti* e l'equilibrio si sposta a destra.

Tabella 6 Variazione di K_c nella reazione di sintesi di SO_3 in funzione della temperatura

t (°C)	K_c $(mol/L)^{-1}$
25	$27 \cdot 10^{25}$
600	$6 \cdot 10^{2}$
730	$1{,}6 \cdot 10^{2}$

Nelle reazioni di equilibrio esotermiche ($\Delta H < 0$) un aumento di temperatura sposta l'equilibrio a sinistra, mentre una diminuzione di temperatura lo sposta verso i prodotti.

b. La reazione di analisi del tetraossido di diazoto è una reazione **endotermica** rappresentata dalla seguente equazione:

$$N_2O_{4(g)} \rightleftharpoons 2\,NO_{2(g)} \qquad (\Delta H° = 58\ kJ)$$

Osservando i valori sperimentali di K_c a diverse temperature risulta evidente che, *aumentando la temperatura*, K_c *aumenta* (tabella **7**).

Tabella 7 Variazione di K_c nella reazione di decomposizione di N_2O_4 in funzione delle temperatura

t (°C)	K_c (mol/L)
10	$6{,}6 \cdot 10^{-6}$
25	$4{,}5 \cdot 10^{-3}$
100	$260 \cdot 10^{-3}$

Il sistema reagisce pertanto alla variazione effettuata assorbendo il calore che viene fornito e favorendo la reazione diretta, con conseguente *aumento della concentrazione dei prodotti* e spostamento a *destra* dell'equilibrio (figura **14**).

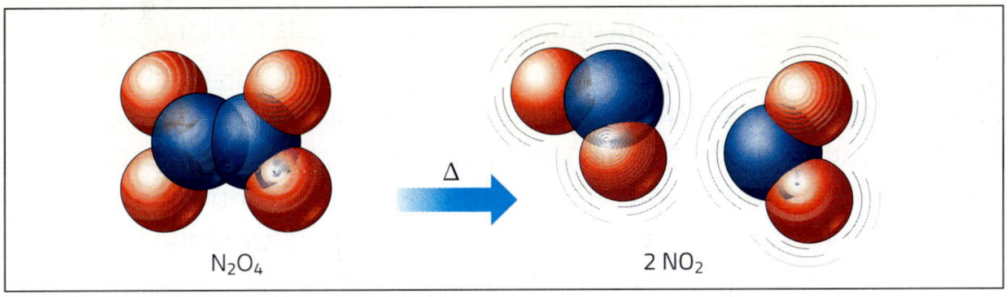

Figura 14 Effetto dell'aumento della temperatura sull'equilibrio In una reazione di equilibrio endotermica, un aumento di temperatura favorisce la reazione diretta.

Se il sistema all'equilibrio viene raffreddato la temperatura diminuisce ed è favorita la reazione inversa, con un *aumento della concentrazione dei reagenti* e uno spostamento a *sinistra* dell'equilibrio.

Nelle reazioni di equilibrio endotermiche ($\Delta H > 0$), un aumento di temperatura sposta l'equilibrio verso i prodotti, mentre una diminuzione di temperatura lo sposta a sinistra.

Rappresentiamo ora tutti gli spostamenti possibili dell'equilibrio chimico e la variazione del valore della costante di equilibrio per una reazione esotermica e per una reazione endotermica (tabella **8**).

Reazione	Variazione di temperatura	Spostamento della posizione dell'equilibrio	Variazione della costante di equilibrio
Esotermica	aumento	verso sinistra	diminuisce
	diminuzione	verso destra	aumenta
Endotermica	aumento	verso destra	aumenta
	diminuzione	verso sinistra	diminuisce

Tabella 8 Spostamento dell'equilbrio nelle reazioni esotermiche ed endotermiche Una reazione esotermica è favorita da una diminuzione di temperatura; una reazione endotermica è favorita da un aumento della temperatura.

6 LA PRESENZA DI UN CATALIZZATORE IN UN SISTEMA ALL'EQUILIBRIO

La presenza di un catalizzatore in un sistema all'equilibrio *non modifica la posizione dell'equilibrio* perché il suo effetto si manifesta in ugual misura sia sulla velocità della reazione diretta sia sulla velocità di reazione inversa (figura **15**). Infatti, poiché la reazione diretta e la reazione inversa passano attraverso lo **stesso** complesso attivato, un catalizzatore abbassa l'energia di attivazione per entrambe le reazioni. In altri termini, la presenza di un catalizzatore in una reazione reversibile permette di arrivare *all'equilibrio in un tempo minore.*

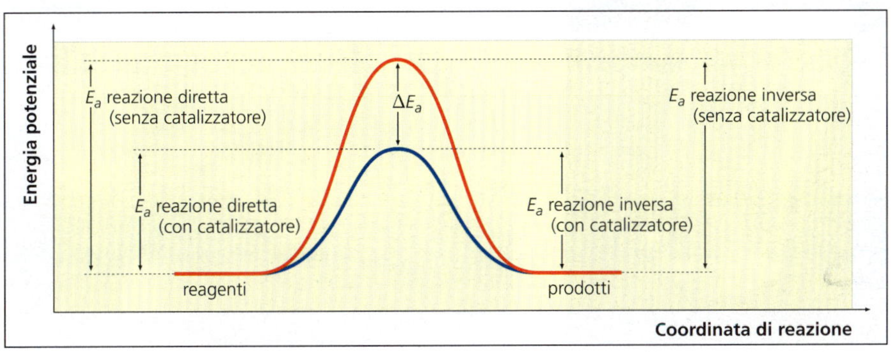

Figura 15 L'effetto del catalizzatore in una reazione chimica Profilo di reazione di una reazione non catalizzata (curva rossa) e di una reazione catalizzata (curva blu). Il catalizzatore abbassa l'energia di attivazione sia della reazione diretta sia di quella inversa, non modificando in tal modo la posizione dell'equilibrio.

7 NELLE REAZIONI A COMPLETAMENTO L'EQUILIBRIO È SPOSTATO A DESTRA

Una reazione chimica reversibile raggiunge l'equilibrio quando la velocità della reazione inversa diventa **uguale** alla velocità della reazione diretta. L'equilibrio può essere realizzato solo se reagenti e prodotti possono reagire in processi opposti, da sinistra verso destra e da destra verso sinistra.

Ma se uno dei prodotti della reazione, a mano a mano che si forma, viene eliminato e quindi sottratto all'equilibrio, la sua concentrazione non aumenta, con il risultato che la **velocità inversa** sarà sempre molto bassa e *non diventerà uguale* alla velocità della reazione diretta.

In tal caso l'equilibrio è tutto spostato a destra e i reagenti si trasformano *completamente* nei prodotti.

- La reazione chimica tra lo zinco e una soluzione di acido cloridrico porta alla formazione di cloruro di zinco e idrogeno:

$$Zn_{(s)} + 2\,HCl_{(aq)} \rightleftharpoons ZnCl_{2(aq)} + H_{2(g)}\uparrow$$

  Se la reazione avviene in un sistema aperto l'idrogeno, poco solubile in acqua, a mano a mano che si forma, si allontana dal sistema: la sua concentrazione in soluzione rimane molto bassa, la reazione inversa procede molto lentamente e l'equilibrio si sposta verso destra (figura **16A**).

- La reazione tra soluzioni acquose di cloruro di bario e di acido solforico porta alla formazione di solfato di bario e acido cloridrico:

$$BaCl_{2(aq)} + H_2SO_{4(aq)} \rightleftharpoons BaSO_{4(s)}\downarrow + 2\,HCl_{(aq)}$$

  Il solfato di bario prodotto dalla reazione è un composto insolubile in acqua, per cui a mano a mano che si forma, precipita e si sottrae all'equilibrio, con il risultato che la reazione inversa non avviene e l'equilibrio si sposta completamente verso destra (figura **16B**).

LE PAROLE

Il termine **precipitato** (dal latino *praecipitare*, «precipitare») indica il fenomeno chimico-fisico di separazione di una fase solida da una soluzione come conseguenza di una reazione chimica o della variazione di un parametro chimico–fisico come pH e temperatura.

Sono **reazioni a completamento** o **irreversibili** quelle in cui l'equilibrio è quasi completamente spostato a destra e che quindi presentano un valore molto alto della costante di equilibrio.

Le reazioni a completamento sono reazioni in cui un prodotto si sottrae continuamente all'equilibrio. Il prodotto può essere un gas *volatile* che si allontana da un sistema aperto oppure un composto *insolubile* in acqua che precipita.

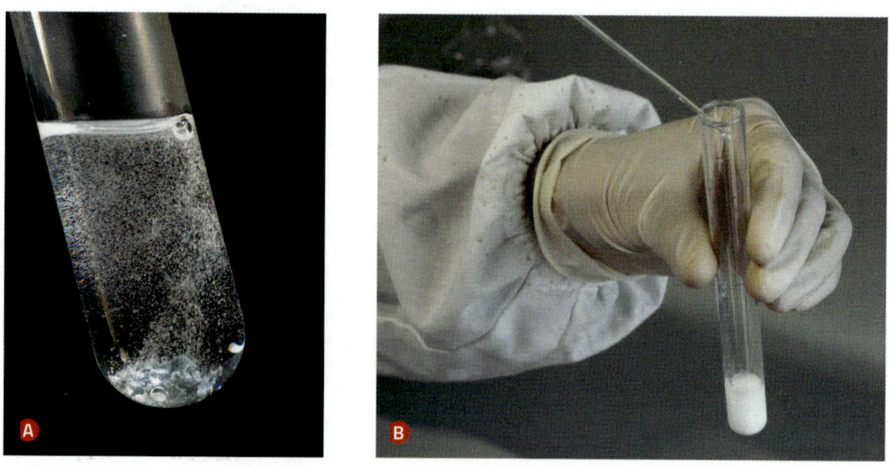

Figura 16 **Nelle reazioni in cui i prodotti si allontanano dal sistema l'equilibrio è spostato a destra** A L'idrogeno prodotto nella reazione tra zinco e acido cloridrico si allontana dal sistema mano a mano che si forma. B Il solfato di bario è un composto insolubile in acqua, per cui precipitando si sottrae all'equilibrio.

FACCIAMO IL PUNTO

LO SAI? RIPASSA CON LO SMARTPHONE

Che cosa si intende per reazioni irreversibili e reversibili?

Sono reazioni **irreversibili** o *complete* quelle che avvengono in una direzione e che, a reazione avvenuta, presentano un'elevata concentrazione di prodotti e una concentrazione irrilevante dei reagenti.
Sono reazioni **reversibili** o *incomplete* quelle che avvengono contemporaneamente in entrambi i sensi e che, a reazione avvenuta, presentano quantità apprezzabili sia di reagenti sia di prodotti.

Quando una reazione raggiunge l'equilibrio?

Una reazione chimica reversibile raggiunge l'equilibrio quando le concentrazioni dei reagenti e dei prodotti rimangono costanti nel tempo, e la velocità della reazione diretta è uguale a quella della reazione inversa.
In una reazione chimica all'equilibrio, il rapporto tra il prodotto delle concentrazioni molari dei prodotti e il prodotto delle concentrazioni molari dei reagenti, ciascuna elevata a un esponente uguale al proprio coefficiente stechiometrico, è uguale a una costante il cui valore dipende solo dalla temperatura (**legge di azione di massa**).

$$K = \frac{[C]^c \cdot [D]^d}{[A]^a \cdot [B]^b}$$

Come si esprime la costante di equilibrio?

Il valore della costante di equilibrio, espresso in funzione della concentrazione molare, è indicato con il simbolo $\boldsymbol{K_c}$; in funzione della pressione parziale (per le reazioni omogenee in fase gassosa) è indicato con il simbolo $\boldsymbol{K_p}$.
In una reazione chimica reversibile in fase eterogenea, la costante di equilibrio è espressa prendendo in considerazione solo i componenti gassosi.

Come è possibile stabilire se l'equilibrio sarà spostato verso i reagenti o verso i prodotti?

Per $K > 1$ la concentrazione dei prodotti è maggiore di quella dei reagenti, e quindi l'equilibrio chimico è spostato a destra.

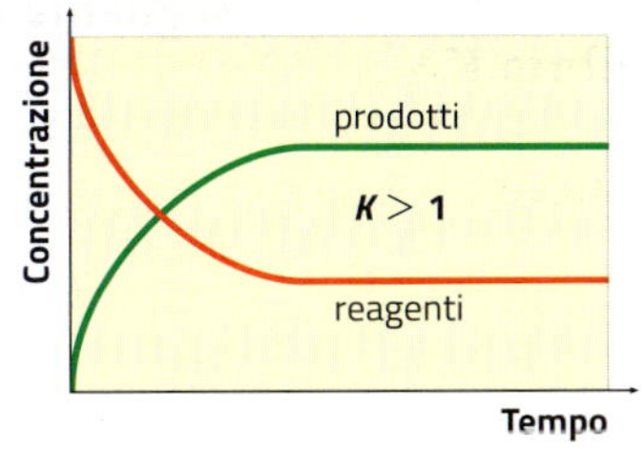

Per $K < 1$ la concentrazione dei prodotti è minore di quella dei reagenti, e quindi l'equilibrio chimico è spostato a sinistra.

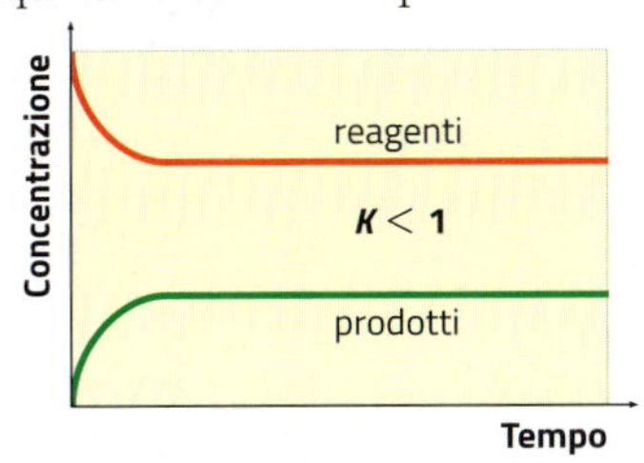

Per $K = 1$ le concentrazioni dei prodotti sono uguali a quelli dei reagenti.

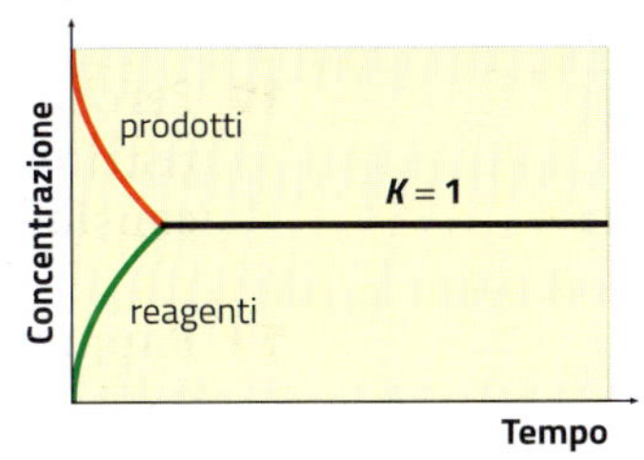

Come è possibile stabilire in quale verso si svolgerà una reazione?

Mediante il calcolo del quoziente di reazione Q si può prevedere il verso nel quale la reazione è destinata a svolgersi.
Il **quoziente di reazione** (simbolo $\boldsymbol{Q}$) è il rapporto tra il prodotto delle concentrazioni molari dei prodotti e il prodotto delle concentrazioni molari dei reagenti, ciascuna elevata al proprio coefficiente stechiometrico, quando la reazione non è ancora all'equilibrio.

$$Q_c = \frac{[C]_t^c \cdot [D]_t^d}{[A]_t^a \cdot [B]_t^b}$$

Per $Q_c < K_c$ le concentrazioni dei prodotti sono minori di quelle dei reagenti e il sistema deve procedere da sinistra verso destra.
Per $Q_c > K_c$ le concentrazioni dei prodotti sono maggiori di quelle dei reagenti e il sistema procede da destra verso sinistra.
Per $Q_c = K_c$ la reazione è all'equilibrio e non tenderà a svolgersi né in un senso né nell'altro.

Qual è l'interpretazione termodinamica dell'equilibrio chimico?

La variazione di energia libera ΔG e la costante di equilibrio sono legate tra loro mediante una relazione che, quando viene raggiunto l'equilibrio, si presenta nella forma:

$$\Delta G_c = - R \cdot T \cdot \ln K$$

Se il ΔG_c è negativo, K è maggiore di 1 e la reazione procede verso destra. Se il ΔG_c è positivo, K è minore di 1 e la reazione procede verso sinistra. Se il ΔG_c è uguale a zero, K è uguale a 1 e la reazione è all'equilibrio.

Che cosa prevede il principio di Le Châtelier?

Quando in una reazione chimica all'equilibrio si modificano le condizioni del sistema, questo reagisce alle variazioni effettuate sui suoi componenti in modo da annullare gli effetti (**principio di Le Châtelier**).
Un aumento della *concentrazione dei prodotti* o una diminuzione della concentrazione dei reagenti sposta l'equilibrio a sinistra; un aumento della concentrazione dei reagenti o una diminuzione della concentrazione dei prodotti a destra.
Un aumento di *pressione* sposta l'equilibrio nella direzione in cui si ha una diminuzione del numero delle moli, mentre una diminuzione di pressione sposta l'equilibrio nella direzione in cui si ha un aumento del numero delle moli.
La variazione di *temperatura* modifica sia il valore di K che la posizione dell'equilibrio: nelle reazioni *esotermiche* un aumento di temperatura sposta l'equilibrio a sinistra, mentre una diminuzione di temperatura lo sposta verso i prodotti; nelle reazioni *endotermiche* un aumento di temperatura sposta l'equilibrio verso i prodotti, mentre una diminuzione di temperatura lo sposta a sinistra.
Un *catalizzatore* in un sistema all'equilibrio non modifica la posizione dell'equilibrio.

ESERCIZI

ZTE ONLINE
Mettiti alla prova con 20 esercizi interattivi

VERIFICA LE TUE CONOSCENZE

LA COSTANTE DI EQUILIBRIO K_c

1 **Con riferimento alla costante di equilibrio K_c**
a. definisci la relazione che la esprime;
b. precisa da quale fattore dipende il suo valore numerico;
c. specifica l'unità di misura.

2 **Rappresenta la costante di equilibrio K_c delle seguenti reazioni:**
a. $N_{2(g)} + 2\,O_{2(g)} \rightleftharpoons 2\,NO_{2(g)}$
b. $3\,O_{2(g)} \rightleftharpoons 2\,O_{3(g)}$
c. $SO_{2(g)} + NO_{2(g)} \rightleftharpoons SO_{3(g)} + NO_{(g)}$
d. $CH_{4(g)} + 4\,F_{2(g)} \rightleftharpoons CF_{4(g)} + 4\,HF_{(g)}$

3 **Indica la K_c per la seguente reazione:**

$$4\,NH_{3(g)} + 3\,O_{2(g)} \rightleftharpoons 2\,N_{2(g)} + 6\,H_2O_{(g)}$$

Ⓐ $K_c = \dfrac{[N_2]^2 \cdot [H_2O]^6}{[NH_3]^4 \cdot [O_2]^3}$

Ⓑ $K_c = \dfrac{[N_2]^2}{[NH_3]^4}$

Ⓒ $K_c = \dfrac{[NH_3]^4 \cdot [O_2]^3}{[N_2]^2 \cdot [H_2O]^6}$

Ⓓ $K_c = \dfrac{[H_2O]^6}{[O_2]^3}$

4 **Indica la reazione a cui corrisponde la seguente costante di equilibrio K_c:**

$$K_c = \frac{[CO]^2 \cdot [O_2]}{[CO_2]^2}$$

Ⓐ $2\,CO_{2(g)} \rightleftharpoons 2\,CO_{(g)} + O_{2(g)}$
Ⓑ $CO_{2(g)} \rightleftharpoons 2\,CO_{(g)} + O_{2(g)}$
Ⓒ $2\,CO_{(g)} + O_{2(g)} \rightleftharpoons 2\,CO_{2(g)}$
Ⓓ $CO_{(g)} + O_{2(g)} \rightleftharpoons CO_{2(g)}$

5 **Il valore della costante di equilibrio K_c si calcola in base ai valori delle concentrazioni**
Ⓐ all'equilibrio dei reagenti e dei prodotti.
Ⓑ iniziali dei reagenti e dei prodotti.
Ⓒ all'equilibrio dei reagenti.
Ⓓ all'equilibrio dei prodotti.

LA COSTANTE DI EQUILIBRIO K_p

6 **Definisci la relazione che lega le costanti di equilibrio K_p e K_c, precisa il valore di R e giustifica in quale condizione il valore numerico di K_p e K_c è uguale.**

7 **Rappresenta la costante di equilibrio K_p delle seguenti reazioni:**
a. $CH_{4(g)} + H_2O_{(g)} \rightleftharpoons CO_{(g)} + 3\,H_{2(g)}$
b. $4\,NH_{3(g)} + 5\,O_{2(g)} \rightleftharpoons 4\,NO_{(g)} + 6\,H_2O_{(g)}$
c. $2\,NO_{(g)} + Cl_{2(g)} \rightleftharpoons 2\,NOCl_{(g)}$

8 **Indica la costante di equilibrio K_p per la seguente reazione:**

$$2\,CO_{(g)} + O_{2(g)} \rightleftharpoons 2\,CO_{2(g)}$$

Ⓐ $K_p = \dfrac{(p_{CO_2})^2}{(p_{CO})^2 \cdot (p_{O_2})}$

Ⓑ $K_p = \dfrac{(p_{CO_2})^2}{(p_{CO}) \cdot (p_{CO_2})^2}$

Ⓒ $K_p = \dfrac{(p_{CO})^2 \cdot (p_{O_2})}{(p_{CO_2})^2}$

Ⓓ $K_p = \dfrac{(p_{CO_2})^2}{(p_{CO}) \cdot (p_{O_2})}$

9 **Indica la reazione a cui corrisponde la seguente costante di equilibrio K_p:**

$$K_p = \frac{(p_{NO_2})^4 \cdot (p_{O_2})}{(p_{N_2O_5})^2}$$

Ⓐ $2\,N_2O_{5(g)} \rightleftharpoons 4\,NO_{2(g)} + O_{2(g)}$
Ⓑ $N_2O_{5(g)} \rightleftharpoons 4\,NO_{2(g)} + O_{2(g)}$
Ⓒ $4\,NO_{2(g)} + O_{2(g)} \rightleftharpoons 2\,N_2O_{5(g)}$
Ⓓ $N_2O_{5(g)} \rightleftharpoons NO_{2(g)} + O_{2(g)}$

GLI EQUILIBRI ETEROGENEI

10 **Perché nella costante di equilibrio delle reazioni in fase eterogenea non sono presi in considerazione i liquidi puri e i solidi?**

11 **Rappresenta le K_p e K_c delle seguenti reazioni:**
a. $Sn_{(s)} + 2\,Cl_{2(g)} \rightleftharpoons SnCl_{4(g)}$
b. $2\,C_{(s)} + 3\,H_{2(g)} \rightleftharpoons C_2H_{6(g)}$
c. $3\,Fe_2O_{3(s)} + H_{2(g)} \rightleftharpoons H_2O_{(g)} + 2\,Fe_3O_{4(s)}$

12 **La reazione di decomposizione del carbonato di calcio è rappresentata dall'equilibrio:**

$$CaCO_{3(s)} \rightleftharpoons CaO_{(s)} + CO_{2(g)}$$

Si tratta di una reazione
Ⓐ in fase omogenea.
Ⓑ in fase eterogenea.
Ⓒ esotermica.
Ⓓ di combustione.

13 **Indica l'espressione che rappresenta la costante di equilibrio K_c per la reazione:**

$$2\,KClO_{3(s)} \rightleftharpoons 2\,KCl_{(s)} + 3\,O_{2(g)}$$

Ⓐ $K_c = [O_2]^3$

Ⓑ $K_c = \dfrac{[KCl]^2}{[KClO_3]^2}$

Ⓒ $K_c = \dfrac{[KCl]^2 \cdot [O_2]^3}{[KClO_3]^2}$

Ⓓ $K_c = [KCl] \cdot [O_2]^3$

IL QUOZIENTE DI REAZIONE

14 **Confronta i diversi valori (minore, superiore, uguale) del quoziente di reazione rispetto alla costante di equilibrio per prevedere in quale direzione si sposterà una reazione chimica per raggiungere l'equilibrio.**

15 **In una reazione, il valore del quoziente di reazione in un dato istante è minore della costante di equilibrio *K*. La reazione**
Ⓐ procede da sinistra verso destra.
Ⓑ procede da destra verso sinistra.
Ⓒ è all'equilibrio.
Ⓓ è esotermica.

16 **Rappresenta il quoziente di reazione Q_p per la seguente reazione reversibile:**

$$4\ Fe_{(s)} + 3\ O_{2(g)} \rightleftharpoons 2\ Fe_2O_{3(s)}$$

RELAZIONE TRA $\Delta G°$ E LA COSTANTE DI EQUILIBRIO

17 **Definisci la relazione che lega la variazione dell'energia libera standard di reazione con il quoziente di reazione e precisa il valore numerico della costante *R*.**

18 **Prendi in esame diversi valori (negativo, uguale a zero e positivo) di $\Delta G°$ e precisa in quale direzione si sposta la posizione di equilibrio di una reazione.**

19 **In una reazione chimica il valore di $\Delta G°$ è positivo. La reazione procede verso:**
Ⓐ destra e il valore di ln *K* è positivo.
Ⓑ sinistra e il valore di ln *K* è positivo.
Ⓒ sinistra e il valore di ln *K* è negativo.
Ⓓ destra e il valore di ln *K* è negativo.

IL PRINCIPIO DI LE CHÂTELIER

20 **Descrivi le modalità con cui un sistema chimico all'equilibrio reagisce all'aumento o alla diminuzione di concentrazione di un reagente.**

21 **Considera la seguente reazione:**

$$CO_{2(g)} + H_{2(g)} \rightleftharpoons CO_{(g)} + H_2O_{(g)}$$

Stabilisci come si modifica l'equilibrio
a. aumentando le moli di H_2;
b. diminuendo le moli di CO;
c. diminuendo le moli di CO_2.

22 **La reazione di sintesi dell'ammoniaca è rappresentata dal seguente equilibrio:**

$$N_{2(g)} + 3\ H_{2(g)} \rightleftharpoons 2\ NH_{3(g)}$$

Mantenendo costante la pressione e aggiungendo ammoniaca
Ⓐ l'equilibrio si sposta verso destra.
Ⓑ l'equilibrio si sposta verso sinistra.
Ⓒ il valore della costante di equilibrio aumenta.
Ⓓ la posizione dell'equilibrio non cambia.

23 **La reazione di analisi dell'ossicloruro di azoto è rappresentata dal seguente equilibrio:**

$$2\ NOCl_{(g)} \rightleftharpoons 2\ NO_{(g)} + Cl_{2(g)}$$

In che modo l'equilibrio si sposta verso sinistra?

24 **La reazione di sintesi dello ioduro di idrogeno è rappresentata dal seguente equilibrio:**

$$H_{2(g)} + I_{2(g)} \rightleftharpoons 2\ HI_{(g)}$$

Aumentando la concentrazione di I_2, che cosa accade al valore della costante di equilibrio K_c?

25 **Stabilisci quale effetto esercita un aumento di pressione nelle seguenti reazioni che hanno raggiunto l'equilibrio:**
a. $2\ H_{2(g)} + 2\ NO_{(g)} \rightleftharpoons N_{2(g)} + 2\ H_2O_{(g)}$
b. $2\ NO_{2(g)} \rightleftharpoons 2\ NO_{(g)} + O_{2(g)}$

26 **Considera le seguenti reazioni che hanno raggiunto l'equilibrio:**
a. $N_2O_{(g)} + NO_{2(g)} \rightleftharpoons 3\ NO_{(g)}$ $(\Delta H > 0)$
b. $2\ NO_{(g)} + Cl_{2(g)} \rightleftharpoons 2\ NOCl_{(g)}$ $(\Delta H < 0)$

Quali effetti produce un aumento o una diminuzione della temperatura sulla posizione dell'equilibrio e sul valore di K_c?

27 **Determina quale effetto ha un aumento di temperatura sulla posizione dell'equilibrio delle seguenti reazioni:**
a. $N_{2(g)} + O_{2(g)} \rightleftarrows 2\ NO_{(g)}$ $(\Delta H = 181\ kJ)$
b. $4\ HBr_{(g)} + O_{2(g)} \rightleftarrows 2\ H_2O_{(g)} + 2\ Br_{2(g)}$ $(\Delta H = -276\ kJ)$

28 **Il valore della costante di equilibrio di una reazione aumenta all'aumentare della temperatura per una reazione**
Ⓐ esotermica.
Ⓑ endotermica.
Ⓒ di sintesi.
Ⓓ di combustione.

29 **Precisa le condizioni ottimali per aumentare la quantità di un prodotto per una reazione endotermica e con Δn maggiore di zero.**

VERIFICA LE TUE ABILITÀ

30 Nella reazione di analisi del pentacloruro di fosforo all'equilibrio, l'analisi chimica ha rilevato la presenza di 0,21 mol/L di PCl_5, di 0,32 mol/L di PCl_3 e di 0,32 mol/L di Cl_2. Calcola la costante di equilibrio K_c.

31 Considera la seguente reazione:

$$CO_{(g)} + H_2O_{(g)} \rightleftharpoons CO_{2(g)} + H_{2(g)}$$

All'equilibrio, l'analisi chimica ha rilevato la presenza di 0,2 mol/L di CO, di 0,5 mol/L di H_2O, di 0,32 mol/L di H_2 e di 0,42 mol/L di CO_2. Calcola la costante di equilibrio K_c.

32 In un reattore da 1 L sono state introdotte 2,0 moli di $NH_{3(g)}$. Quando si raggiunge il seguente equilibrio:

$$2\ NH_{3(g)} \rightleftharpoons N_{2(g)} + 3\ H_{2(g)}$$

è presente 1,0 mol di NH_3. Qual è il valore della costante di equilibrio?

Ⓐ 0,42
Ⓑ 0,75
Ⓒ 1,5
Ⓓ 1,7

33 La reazione di analisi del tetrossido di diazoto è rappresentata dal seguente equilibrio:

$$N_2O_{4(g)} \rightleftharpoons 2\ NO_{2(g)}$$

Alla temperatura di 27 °C la costante di equilibrio K_c è $6{,}68 \cdot 10^{-3}$ mol/L. Calcola il valore di K_p.

34 Alla temperatura di 500 K, K_c della reazione di analisi del pentacloruro di fosforo è $2{,}24 \cdot 10^{-3}$ mol/L. Calcola il valore di K_p.

35 Alla temperatura di 600 °C, K_p della reazione di ossidazione del diossido di zolfo è 96 atm^{-1}. Calcola il valore di K_c.

36 La reazione di analisi del diossido di carbonio è rappresentata dal seguente equilibrio:

$$2\ CO_{2(g)} \rightleftharpoons 2\ CO_{(g)} + O_{2(g)}$$

Alla temperatura di 827 °C K_c è uguale a 26,2 mol/L. Il valore di K_p (espresso in atm) alla stessa temperatura è uguale a:

Ⓐ $2{,}9 \cdot 10^{-1}$
Ⓑ $1{,}78 \cdot 10^{-3}$
Ⓒ $3{,}88 \cdot 10^{-1}$
Ⓓ $2{,}36 \cdot 10^{3}$

37 La reazione di decomposizione del cloruro di ammonio è rappresentata dal seguente equilibrio:

$$NH_4Cl_{(s)} \rightleftharpoons NH_{3(g)} + HCl_{(g)}$$

In un reattore da 5 L, alla temperatura di 500 °C, sono presenti 2 moli di NH_3, 2 moli di HCl e 1 mole di NH_4Cl. Calcola K_c.

38 Rappresenta l'equazione chimica per le reazioni di equilibrio che hanno la seguente K_c:

a. $K_c = [H_2O]$

b. $K_c = \dfrac{[CO_2]^2}{[O_2]^2}$

39 In un reattore sono presenti H_2, I_2 e HI tutti alla stessa concentrazione di 0,002 mol/L:

$$H_{2(g)} + I_{2(g)} \rightleftharpoons 2\ HI_{(g)}$$

Alla temperatura di 783 K, K_c della reazione è uguale a 46. Stabilisci se, in queste condizioni, HI tenderà ad aumentare o a diminuire.

40 N_2O_4 e NO_2 esercitano, all'interno di un reattore, una pressione rispettivamente di 2,4 atm e 1,2 atm:

$$N_2O_{4(g)} \rightleftharpoons 2\ NO_{2(g)}$$

Alla temperatura di 298 K, K_p della reazione è uguale a $9{,}8 \cdot 10^{-1}$ atm. Stabilisci se, in queste condizioni, la pressione di NO_2 tenderà ad aumentare o a diminuire.

41 Considera la reazione di ossidazione del diossido di zolfo. All'equilibrio, le concentrazioni di SO_2 e O_2 sono uguali a 0,005 mol/L e K_c è uguale a 85 $(mol/L)^{-1}$. Calcola la concentrazione di SO_3.

42 Considera la reazione di analisi del pentacloruro di fosforo. All'equilibrio, la concentrazione di PCl_5 è uguale a 0,015 mol/L e K_c è uguale a 0,041 mol/L.
Calcola la concentrazione di PCl_3 e Cl_2.

43 Considera la reazione di analisi dello ioduro di idrogeno. All'equilibrio, le concentrazioni di H_2 e I_2 sono uguali a $2 \cdot 10^{-4}$ mol/L e K_c è uguale a $1{,}4 \cdot 10^{-2}$.
Calcola la concentrazione di HI.

44 In un reattore da 1 L si introducono 0,075 moli di CO_2 e 0,044 moli di H_2. Alla temperatura di 1500 K si ha la seguente reazione:

$$CO_{2(g)} + H_{2(g)} \rightleftharpoons CO_{(g)} + H_2O_{(g)}$$

Quando si raggiunge l'equilibrio, sono presenti 0,045 moli di CO_2. Calcola il valore di K_c.

45 Considera la reazione di sintesi dello ioduro

di idrogeno. Le concentrazioni iniziali di H_2 e I_2 sono entrambe di 1 mol/L e, all'equilibrio, il valore di K_c è 50. Calcola quanti grammi di HI sono presenti all'equilibrio.

46 **La reazione di analisi dello ioduro di idrogeno è rappresentata dalla seguente equazione:**

$$2\,HI_{(g)} \rightleftharpoons H_{2(g)} + I_{2(g)}$$

Alla temperatura di 25 °C il sistema raggiunge l'equilibrio e la variazione di energia libera standard è uguale a 16,74 kJ.
Calcola il valore di K_p.

47 **Considera la seguente reazione:**

$$CO_{(g)} + H_2O_{(g)} \rightleftharpoons CO_{2(g)} + H_{2(g)}$$

Alla temperatura di 987 °C, il valore di K_p è $6{,}3 \cdot 10^{-1}$. Calcola il valore di $\Delta G°$.

48 **Considera il seguente equilibrio:**

$$C_{(s)} + CO_{2(g)} \rightleftharpoons 2\,CO_{(g)}$$

Aumentando la concentrazione di carbonio
Ⓐ la posizione dell'equilibrio si sposta a destra.
Ⓑ la costante di equilibrio aumenta.
Ⓒ la posizione di equilibrio non cambia.
Ⓓ la costante di equilibrio diminuisce.

49 **La reazione di ossidazione del diossido di zolfo è una reazione di equilibrio esotermica. Stabilisci l'effetto di un aumento di temperatura sulla concentrazione dell'ossigeno.**

50 **Considera la seguente reazione:**

$$2\,NO_{(g)} + H_{2(g)} \rightleftarrows N_2O_{(g)} + H_2O_{(g)}\ (\Delta H = -364\ kJ)$$

Stabilisci quale effetto determina sull'equilibrio della reazione:
a. un aumento di temperatura;
b. un aumento di pressione;
c. una diminuzione delle moli di N_2O;
d. la presenza di un catalizzatore.

51 **La reazione di analisi del monossido di azoto è endotermica. All'equilibrio, diminuendo la temperatura**
Ⓐ aumenta la velocità della reazione diretta.
Ⓑ l'equilibrio si sposta verso destra.
Ⓒ aumenta l'energia di attivazione.
Ⓓ l'equilibrio si sposta verso sinistra.

52 **Considera la seguente reazione all'equilibrio:**

$$CCl_{4(l)} + 4\,HCl_{(g)} \rightleftharpoons CH_{4(g)} + 4\,Cl_{2(g)}$$

Aumentando la concentrazione di CCl_4
Ⓐ aumentano le moli di CH_4.
Ⓑ aumentano le moli di CH_4 e Cl_2.
Ⓒ le concentrazioni di CH_4 e Cl_2 non variano.
Ⓓ diminuiscono le moli di CH_4 e Cl_2.

53 **La reazione di ossidazione del diossido di azoto è esotermica. All'equilibrio, diminuendo la temperatura**
Ⓐ aumenta la velocità della reazione diretta.
Ⓑ l'equilibrio si sposta verso destra.
Ⓒ aumenta l'energia di attivazione.
Ⓓ l'equilibrio si sposta verso sinistra.

54 **La reazione di ossidazione del diossido di zolfo è esotermica. L'equilibrio può essere spostato a sinistra**
Ⓐ diminuendo la pressione e la temperatura.
Ⓑ aumentando la pressione e la temperatura.
Ⓒ diminuendo la pressione e aumentando la temperatura.
Ⓓ aumentando la pressione e diminuendo la temperatura.

55 **La reazione di ossidazione del monossido di azoto è esotermica. All'equilibrio, la concentrazione di NO_2 può essere aumentata**
Ⓐ aumentando le moli di NO.
Ⓑ aumentando la temperatura del sistema.
Ⓒ diminuendo le moli di O_2.
Ⓓ aumentando il volume del sistema.

56 **Prendi in esame i seguenti due sistemi all'equilibrio:**
a. la reazione di sintesi del bromuro di idrogeno;
b. la reazione di sintesi dell'ammoniaca.

A temperatura costante, un aumento di pressione provoca lo spostamento
Ⓐ di entrambi gli equilibri verso destra.
Ⓑ di entrambi gli equilibri verso sinistra.
Ⓒ dell'equilibrio **a** verso destra e dell'equilibrio **b** verso sinistra.
Ⓓ dell'equilibrio **b** verso destra e non ha alcun effetto sull'equilibrio **a**.

57 **La reazione di analisi del pentacloruro di fosforo è una reazione di equilibrio. Se, a temperatura e volume costanti, viene aggiunto azoto, la posizione dell'equilibrio**
Ⓐ si sposta verso destra.
Ⓑ si sposta verso sinistra.
Ⓒ non cambia.
Ⓓ si può spostare verso destra o verso sinistra.

TEST YOURSELF

58 **The synthesis reaction of hydrogen iodide is represented by the following reaction:**

$$H_{2(g)} + I_{2(g)} \rightleftharpoons 2\ HI_{(g)}$$

At equilibrium, the chemical analysis has detected the presence of 5.28 mol/L of H_2, of 0.12 mol/L of I_2 and of 5.64 mol/L of HI. Calculate the equilibrium constant, K_c.

59 **Consider the ammonia synthesis. When the reaction reaches equilibrium at 500 K, the partial pressures for each component are: $P_{NH_3} = 0.15$ atm, $P_{N_2} = 1.2$ atm and $P_{H_2} = 0.81$ atm. Calculate K_p.**

60 **The analysis reaction for nitrogen dioxide is represented by the following equilibrium:**

$$2\ NO_{2(g)} \rightleftharpoons 2\ NO_{(g)} + O_{2(g)}$$

At 494 °C, K_p is 0.363 atm. Calculate the value of K_c.

61 **0.5 moles of N_2O_4 are introduced into a 1 L-reactor. The analysis reaction is represented by the following equation:**

$$N_2O_{4(g)} \rightleftharpoons 2\ NO_{2(g)}$$

At equilibrium, 0.427 moles of N_2O_4 are present. Calculate K_c.

62 **Consider the following equilibrium:**

$$H_{2(g)} + Cl_{2(g)} \rightleftharpoons 2\ HCl_{(g)}$$

Determine what happens to the equilibrium when the following conditions occur:

a. a decrease in H_2 moles;
b. an increase in HCl moles;
c. an increase in Cl_2 moles.

VERSO I GIOCHI DELLA CHIMICA

63 **Per una data reazione i dati sperimentali evidenziano che, aumentando la temperatura, la costante di equilibrio non cambia. Ammettendo che il $\Delta H°$ e il $\Delta S°$ siano indipendenti dalla temperatura si deduce che la reazione è:**

Ⓐ endotermica.
Ⓑ esotermica.
Ⓒ atermica.
Ⓓ di combustione.

[Finale nazionale 2015]

64 **Prendi in esame il seguente equilibrio:**

$$A_{(g)} + B_{(g)} \rightleftharpoons C_{(g)}$$

A una data temperatura la costante di equilibrio è 0,877. Indica per quale valore della concentrazione molare di B, all'equilibrio, si ha [C] = [A].

Ⓐ 1,07 Ⓑ 1,55 Ⓒ 1,14 Ⓓ 2,13

[Finale nazionale 2016]

VERSO L'UNIVERSITÀ

65 **Una bollicina di gas si sposta verso l'alto dal fondo di un bicchiere di bibita frizzante termicamente in equilibrio. Che cosa succede al gas della bollicina quando questa si sposta verso l'alto?**

Ⓐ La pressione diminuisce e il volume aumenta.
Ⓑ La pressione aumenta e il volume diminuisce.
Ⓒ La temperatura e la pressione aumentano.
Ⓓ La temperatura e il volume aumentano.
Ⓔ Il volume e la temperatura diminuiscono.

[dalla prova di ammissione a Veterinaria, 2013]

66 **Si dice che una reazione raggiunge lo stato di equilibrio chimico quando**

Ⓐ la velocità della reazione diretta è uguale alla velocità della reazione inversa.
Ⓑ inizia ad avvenire la reazione inversa.
Ⓒ la velocità della reazione diretta inizia a diminuire.
Ⓓ la velocità della reazione inversa inizia a diminuire.
Ⓔ la velocità della reazione diretta si riduce a zero.

[dalla prova di ammissione a Veterinaria, 2008]

VERSO L'ESAME: LE TUE COMPETENZE

IPOTIZZA

67 **In un reattore di 2 L sono presenti 0,3 moli di SO_2, 0,16 moli di Cl_2 e 0,5 moli di SO_2Cl_2:**

$$SO_2Cl_{2(g)} \rightleftharpoons SO_{2(g)} + Cl_{2(g)}$$

Alla temperatura di 298 K, K_c della reazione è uguale a 0,011 mol/L. Stabilisci in quale direzione si sposta il sistema per raggiungere l'equilibrio.

COLLEGA E CALCOLA

68 **In un reattore da 2 L all'equilibrio sono presenti 0,1 moli di PCl_3 e 0,2 moli di Cl_2. Alla temperatura di 700 K, K_c della reazione di analisi è uguale a 10 mol/L. Calcola la concentrazione di PCl_5.**

IPOTIZZA

69 **In un reattore di 5 L sono presenti 0,12 moli di PCl_5, 0,9 moli di PCl_3 e 0,45 moli di Cl_2. Alla temperatura di 298 K, la K_c della reazione è uguale a 0,56 mol/L. Stabilisci in quale direzione si sposta la reazione di analisi del pentacloruro di fosforo per raggiungere l'equilibrio.**

COLLEGA E CALCOLA

70 **In un reattore da 5 L e alla temperatura di 400 °C è presente 1 mole di NH_3. In seguito alla reazione di analisi dell'ammoniaca, all'equilibrio sono presenti 0,086 moli di N_2. Calcola il valore di K_c.**

COLLEGA E CALCOLA

71 **In un reattore da 3 L all'equilibrio sono introdotti 14,01 g di N_2 e 16 g di O_2. Alla temperatura di 2000 K, K_c della reazione di sintesi del monossido di azoto è uguale a $2{,}05 \cdot 10^{-4}$. Calcola i grammi di NO all'equilibrio.**

COLLEGA E CALCOLA

72 **Considera la reazione di sintesi dello ioduro di idrogeno. Alla temperatura di 490 °C, il sistema raggiunge l'equilibrio ed è costituito da 0,316 mol/L di H_2, 1,316 mol/L di I_2 e 4,638 mol/L di HI. Calcola il valore di $\Delta G°$.**

DEDUCI

73 **Considera il seguente equilibrio:**

$$CH_{4(g)} + 2\,H_2S_{(g)} \rightleftharpoons CS_{2(g)} + 4\,H_{2(g)} \quad (\Delta H > 0)$$

Stabilisci quale effetto determina sull'equilibrio della reazione:

a. un aumento delle moli di H_2;
b. una diminuzione delle moli di H_2S;
c. un aumento della temperatura;
d. una diminuzione di volume.

DEDUCI

74 **Considera il seguente equilibrio:**

$$3\,Fe_{(s)} + 4\,H_2O_{(g)} \rightleftharpoons Fe_3O_{4(s)} + 4\,H_{2(g)}$$

Stabilisci quale effetto determina sull'equilibrio della reazione:

a. un aumento di moli di ferro;
b. una diminuzione di moli di Fe_3O_4;
c. un aumento di moli di H_2O;
d. la presenza di un catalizzatore.

IPOTIZZA

75 **Considera il seguente equilibrio:**

$$CH_{4(g)} + H_2O_{(g)} \rightleftharpoons CO_{(g)} + 3\,H_{2(g)} \quad (\Delta H < 0)$$

Stabilisci quali variazioni causeranno lo spostamento dell'equilibrio verso destra.

IPOTIZZA E ARGOMENTA

76 **La sintesi dell'ammoniaca dai suoi elementi costitutivi è una reazione spontanea, ma a temperatura ambiente e pressione atmosferica è così lenta che un anno è insufficiente per ottenere quantità apprezzabili di prodotto.**

a. Scrivi e bilancia la reazione di sintesi dell'ammoniaca a partire da idrogeno e azoto, mostrando che è esotermica.
b. Nel 1918 Haber ricevette il premio Nobel per la chimica per aver messo a punto la sintesi dell'ammoniaca. Haber utilizzò un catalizzatore e una temperatura superiore a 400 °C per accelerare la reazione, ma questo metodo aveva un effetto indesiderato: quale? Motiva la risposta.
c. Bosch nel 1931 ottenne il premio Nobel per la chimica per aver perfezionato il processo di sintesi dell'ammoniaca, facendolo avvenire ad alta pressione.
Come e perché l'aumento di pressione risolse il problema del metodo di Haber?

LEGGI E SPIEGA

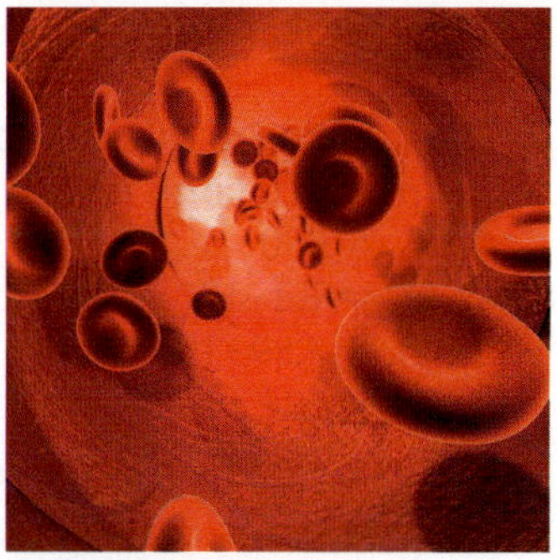

77 **I globuli rossi contengono la proteina emoglobina, che lega e trasporta l'ossigeno. Quando il sangue arriva agli organi periferici (muscoli, pelle, cervello ecc.), l'ossigeno si dissocia dall'emoglobina ed entra nelle cellule, dove è continuamente consumato nella reazione con gli zuccheri o i grassi per produrre energia: un processo noto come respirazione cellulare. Il sangue refluo dagli organi periferici contiene, quindi, meno ossigeno e più emoglobina libera. Nei polmoni l'aria cede l'ossigeno di cui è ricca (O_2 rappresenta circa il 21% dei gas atmosferici) al sangue, dove il gas si accumula e si associa all'emoglobina.**
Spiega il processo descritto utilizzando il principio dell'equilibrio chimico di Le Châtelier.

SEI PRONTO PER LA VERIFICA?

IN 1 ORA

Dopo aver studiato i contenuti dei **capitoli 17, 18 e 19**, svolgi la prova nel **tempo massimo di un'ora**.

CONOSCENZE E ABILITÀ

1 **Calcola la quantità di calore (in kJ) assorbita da 2 kg di rame ($c = 0{,}38$ J/g °C) per innalzare la sua temperatura da 18 °C a 600 °C.**

(5 punti se hai risposto correttamente) ...../5

2 **Indica quale delle seguenti relazioni caratterizza una reazione spontanea a qualunque temperatura:**

Ⓐ $\Delta H < 0, \quad \Delta S < 0$
Ⓑ $\Delta H > 0, \quad \Delta S < 0$
Ⓒ $\Delta H < 0, \quad \Delta S > 0$
Ⓓ $\Delta H > 0, \quad \Delta S > 0$

(5 punti se hai risposto correttamente) ...../5

3 **Nella reazione: $2\ HI_{(g)} \rightarrow H_{2(g)} + I_{2(g)}$ la concentrazione di HI diminuisce di 0,5 mol in 100 secondi. Calcola la velocità di reazione.**

(8 punti se hai risposto correttamente) ...../8

4 **In quale di queste reazioni (di cui è nota la K_c) i prodotti sono favoriti rispetto ai reagenti?**

Ⓐ $K_c = 950$
Ⓑ $K_c = 1{,}2 \cdot 10^{-4}$
Ⓒ $K_c = 3{,}89 \cdot 10^{4}$
Ⓓ $K_c = 794$

(12 punti se hai risposto correttamente) ...../12

5 **In un recipiente da 5 L a 520 °C vengono introdotte 2 mol di H_2 e 2 mol di I_2. Sapendo che all'equilibrio la K_c della reazione:**

$$H_{2(g)} + I_{2(g)} \rightleftharpoons 2\ HI_{(g)}$$

è uguale a 0,0156, calcola la concentrazione di HI e di I_2 all'equilibrio.

(12 punti se hai risposto correttamente) ...../12

6 **Quali fattori modificano il valore della costante di equilibrio?**

(10 punti se hai risposto correttamente) ...../10

7 **La costante specifica di velocità k di una reazione:**

Ⓐ diminuisce col procedere della reazione.
Ⓑ dipende dalla temperatura.
Ⓒ aumenta con l'aumentare della concentrazione dei prodotti.
Ⓓ diminuisce con la diminuzione della concentrazione dei reagenti.

(8 punti se hai risposto correttamente) ...../8

I primi 60 punti valgono per il raggiungimento degli obiettivi minimi. Per fare di più, rispondi alle seguenti domande.

COMPETENZE

8 **L'equazione termochimica per la reazione di combustione del pentano C_5H_{12} è la seguente:**

$$C_5H_{12(g)} + 8\ O_{2(g)} \longrightarrow 5\ CO_{2(g)} + 6\ H_2O_{(l)} \qquad (\Delta H° = -3520\ \text{kJ})$$

Calcola l'entalpia standard di formazione del pentano.

(10 punti se hai risposto correttamente) ...../10

9 **La reazione: $2\ C_{(s)} + O_{2(g)} \rightarrow 2\ CO_{(g)}$ avviene alla temperatura di 25 °C e alla pressione di 1 atm. Calcola il $\Delta G°$.**

(10 punti se hai risposto correttamente) ...../10

10 **Data la reazione:**

$$2\ SO_{3(g)} + CO_{2(g)} \rightleftharpoons CS_{2(g)} + 4\ O_{2(g)} \qquad (\Delta H > 0)$$

determina dove si sposta l'equilibrio:

a. aumentando le moli di CO_2;
b. aumentando la temperatura;
c. aumentando il volume;
d. aumentando le moli di O_2;
e. in presenza di un catalizzatore.

(10 punti se hai risposto correttamente) ...../10

11 **Determina quale effetto ha un aumento di temperatura sulla reazione:**

$$2\ H_2O_{(g)} \rightleftharpoons H_{2(g)} + O_{2(g)} \qquad (\Delta H = 484\ \text{kJ/mol})$$

che ha raggiunto l'equilibrio.

(10 punti se hai risposto correttamente) ...../10

PUNTEGGIO TOTALE ...../100

CAPITOLO

20

GLI ACIDI E LE BASI

1 LA REAZIONE DI DISSOCIAZIONE IONICA CONSISTE NELLA FORMAZIONE DI IONI DI CARICA OPPOSTA

Molti composti chimici inorganici (acidi, basi e sali) quando sono presenti in soluzione acquosa si trovano sotto forma di ioni.

La reazione mediante la quale acidi, basi e sali solubili in acqua si dissociano in ioni di carica elettrica opposta si chiama **dissociazione ionica**.

Esaminiamo le modalità della reazione di dissociazione ionica degli acidi, delle basi e dei sali.

Gli **acidi** sono composti *molecolari polari*, che presentano una *parziale* separazione di cariche elettriche, indicate con i simboli δ+ e δ− (figura **1**).

Ammettiamo di versare un acido (HCl) in acqua, che è un composto molecolare *polare* (figura **2**).

Le molecole di acqua si legano con interazioni intermolecolari (legami dipolo-dipolo) ai due atomi (idrogeno e cloro) uniti da un legame covalente polare (figura **3**). Ne consegue un aumento della polarizzazione del legame fino a quando l'elettrone dall'atomo meno elettronegativo (idrogeno) si trasferisce completamente all'atomo più elettronegativo (cloro).

La separazione delle cariche elettriche diventa *totale* e si ha la formazione di due ioni (processo di **ionizzazione**). L'acqua circonda completamente i

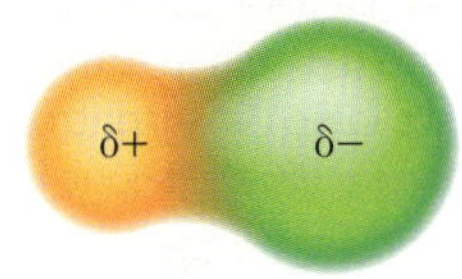

Figura 1 Gli acidi sono composti molecolari polari Tra due atomi di un generico acido legati da un legame covalente eteropolare esiste una parziale separazione di cariche elettriche.

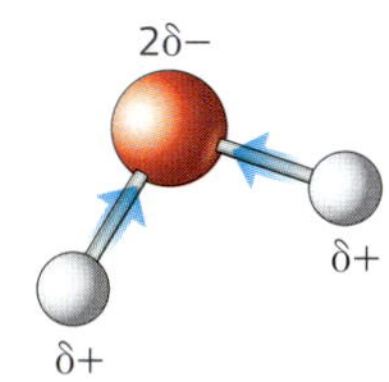

Figura 2 La molecola d'acqua è polare La polarità è determinata dalla parziale separazione di cariche elettriche nella molecola dell'acqua.

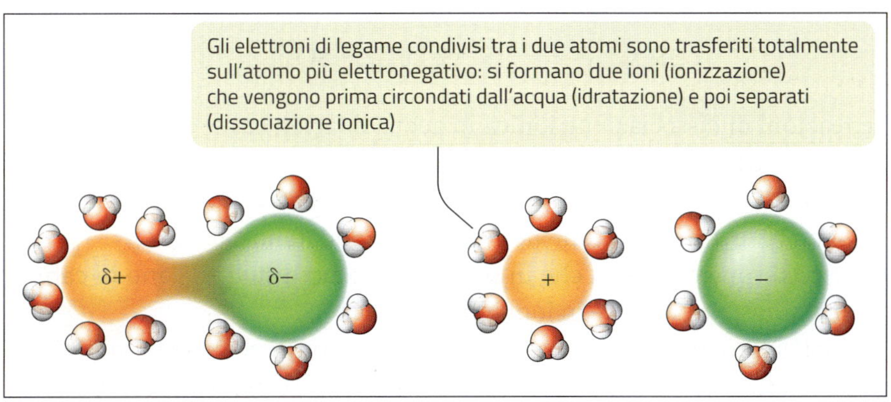

Figura 3 La reazione di dissociazione ionica Le molecole di acqua si legano con legami dipolo-dipolo ai due atomi dell'acido accentuando la separazione delle cariche elettriche.

TI RICORDI?

Il **legame ione-dipolo** è una forza di attrazione elettrostatica che si stabilisce tra uno ione e una molecola polare.

due ioni legandosi a essi con legami *ione-dipolo (*processo di **idratazione**). I due ioni, infine, sono completamente separati (processo di **dissociazione ionica**).

L'acqua quindi prima ionizza e poi dissocia l'acido. Le reazioni di dissociazione ionica dell'acido cloridrico HCl e dell'acido nitrico HNO_3 si rappresentano con le seguenti equazioni chimiche:

$$HCl_{(aq)} \longrightarrow H^+_{(aq)} + Cl^-_{(aq)} \qquad HNO_{3(aq)} \longrightarrow H^+_{(aq)} + NO^-_{3(aq)}$$

Le **basi** e i **sali**, essendo costituiti da atomi con un'*elevata* differenza di elettronegatività, sono composti *ionici* che nello stato solido si presentano sotto forma di ioni. Introducendo questi composti in acqua, le molecole di acqua (molecole polari) si legano con legami ione-dipolo sia agli ioni positivi sia a quelli negativi (processo di **idratazione**). Gli ioni infine si separano completamente (processo di **dissociazione ionica**) (figura 4).

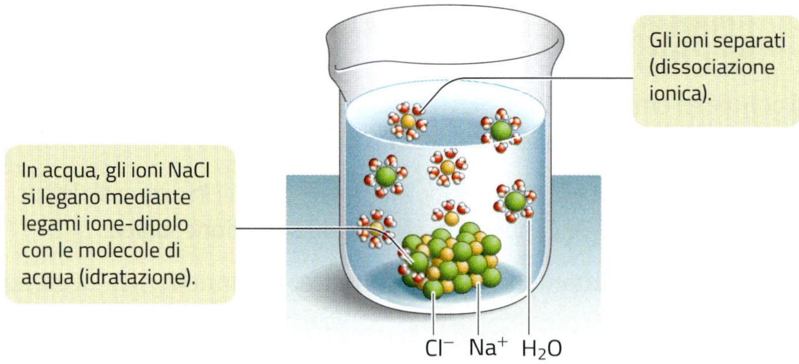

Figura 4 La dissociazione ionica del cloruro di sodio In acqua, un composto ionico va incontro a idratazione e dissociazione ionica.

Le reazioni di dissociazione ionica dell'idrossido di sodio NaOH, dell'idrossido di calcio $Ca(OH)_2$, del cloruro di calcio $CaCl_2$ e del solfato di litio Li_2SO_4 si rappresentano con le seguenti equazioni chimiche:

$$NaOH_{(aq)} \longrightarrow Na^+_{(aq)} + OH^-_{(aq)}$$

$$Ca(OH)_{2(aq)} \longrightarrow Ca^{2+}_{(aq)} + 2\ OH^-_{(aq)}$$

$$CaCl_{2(aq)} \longrightarrow Ca^{2+}_{(aq)} + 2\ Cl^-_{(aq)}$$

$$Li_2SO_{4(aq)} \longrightarrow 2\ Li^{2+}_{(aq)} + SO^{2-}_{4(aq)}$$

LE PAROLE

Il termine **acidi** (dal latino *acidus*, «pungente») indica composti che in acqua danno soluzioni con pH minore di 7.

LE PAROLE

Il termine **basi** (dal latino *basis*, «base») indica composti dal carattere caustico e corrosivo; considerati per l'appunto, le basi di partenza per la preparazione dei sali.

Le reazioni di dissociazione ionica in acqua di acidi, basi e sali evidenziano alcune caratteristiche di questi composti:

- gli **acidi** sono composti che in soluzione acquosa si dissociano in ioni idrogeno H^+ e in anioni monoatomici (Cl^-) o poliatomici (NO_3^-);
- le **basi** sono composti che in soluzione acquosa si dissociano in cationi metallici (Na^+, Ca^{2+}) e in ioni idrossido (OH^-);
- i **sali** sono composti che in soluzione acquosa si dissociano in cationi metallici (Li^+, Ca^{2+}) e in anioni monoatomici (Cl^-) o poliatomici (SO_4^{2-}).

2 I COMPOSTI CHE IN ACQUA SI DISSOCIANO IN IONI SONO ELETTROLITI

Le soluzioni di composti (acidi, basi e sali) che in acqua si dissociano in ioni conducono la corrente elettrica (*soluzioni elettrolitiche*).

Gli acidi, le basi e i sali che in acqua, essendo dissociati in ioni, conducono la corrente elettrica sono definiti **elettroliti**.

Gli elettroliti, a seconda del loro grado di dissociazione, sono distinti in *forti* e *deboli*. I composti che in acqua non si dissociano in ioni sono **non elettroliti**.

Le soluzioni contenenti elettroliti forti conducono corrente, a differenza delle soluzioni in cui sono disciolti non elettroliti (figura **5**).

Figura 5 **Elettroliti e non elettroliti** L'acqua distillata e una soluzione di glucosio non conducono corrente. Invece, NaCl è un elettrolita forte e le soluzioni in cui è disciolto conducono corrente.

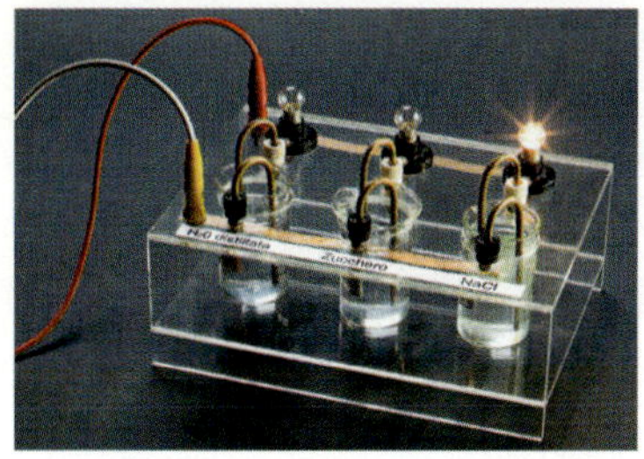

Elettroliti forti

Un elettrolita è **forte** quando in soluzione acquosa è completamente dissociato in ioni.

Sono elettroliti forti i sali solubili, gli acidi inorganici fortemente polarizzati e le basi solubili dei metalli alcalini e dei metalli alcalino-terrosi (tabella **1**).

La reazione di dissociazione ionica di un generico elettrolita forte (simbolo AB) è una reazione *completa*, rappresentata dalla seguente equazione (figura **6A**):

$$AB_{(aq)} \longrightarrow A^+_{(aq)} + B^-_{(aq)}$$

Tabella 1 **Acidi e basi che si comportano da elettroliti forti**

Acidi	Basi
HNO_3	LiOH
H_2SO_4	NaOH
$HClO_4$	KOH
HCl	$Mg(OH)_2$
HBr	$Ca(OH)_2$
HI	$Ba(OH)_2$

Elettroliti deboli

Un elettrolita è **debole** quando in soluzione acquosa è parzialmente dissociato in ioni.

Sono elettroliti deboli alcuni acidi inorganici e le basi poco solubili dei metalli di transizione e di post-transizione. La reazione di dissociazione ionica di un elettrolita debole è una reazione *incompleta*, con l'equilibrio spostato a sinistra, rappresentata, per esempio, dalla seguente equazione (figura **6B**):

$$AB_{(aq)} \rightleftharpoons A^+_{(aq)} + B^-_{(aq)}$$

A COLPO D'OCCHIO

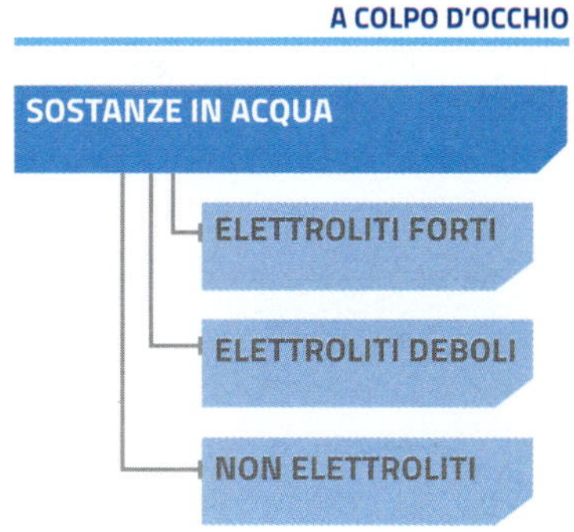

Non elettroliti

Un **non elettrolita** è un composto che in acqua non è dissociato in ioni.

Sono non elettroliti alcuni composti organici (alcoli) e alcune biomolecole (monosaccaridi, disaccaridi, glicerolo) che in acqua sono presenti sotto forma di *molecole* (figura **6C**).

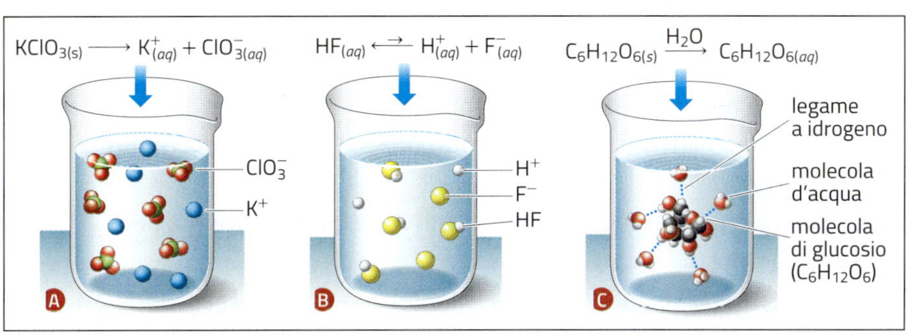

Figura 6 **Elettroliti forti, deboli e non elettroliti** A-B La reazione di dissociazione ionica è completa per un elettrolita forte ($KlCO_3$) e incompleta per un elettrolita debole (HF). C Il glucosio è un solido molecolare che in acqua è presente sotto forma di molecole. Il glucosio, quindi, è un non elettrolita.

PROBLEMA MODELLO

Rappresentare le reazioni di dissociazione ionica

Rappresenta la reazione di dissociazione ionica in acqua per i seguenti composti: acido perclorico $HClO_4$, acido carbonico H_2CO_3, idrossido di bario $Ba(OH)_2$, idrossido ferrico $Fe(OH)_3$, fluoruro di calcio CaF_2, nitrato di alluminio $Al(NO_3)_3$, glucosio $C_6H_{12}O_6$, metanolo CH_3OH.

L'IDEA

L'acido perclorico, l'idrossido di bario, il fluoruro di calcio e il nitrato di alluminio sono tutti elettroliti forti. L'acido carbonico e l'idrossido ferrico sono elettroliti deboli. Il glucosio e il metanolo sono non elettroliti.

LA SOLUZIONE

1. Gli elettroliti forti sono completamente dissociati in ioni positivi e negativi: la reazione di dissociazione ionica è completa. Nello specifico:
   - l'acido perclorico è dissociato nello ione idrogeno H^+ e nello ione perclorato ClO_4^-:

     $$HClO_{4(aq)} \longrightarrow H^+_{(aq)} + ClO^-_{4(aq)}$$

   - l'idrossido di bario è dissociato nello ione bario Ba^{2+} e in due ioni idrossido OH^-:

     $$Ba(OH)_2 \longrightarrow Ba^{2+}_{(aq)} + 2\ OH^-_{(aq)}$$

   - il fluoruro di calcio è dissociato nello ione calcio Ca^{2+} e in due ioni fluoruro F^-:

     $$CaF_{2(aq)} \longrightarrow Ca^{2+}_{(aq)} + 2\ F^-_{(aq)}$$

   - il nitrato di alluminio è dissociato nello ione alluminio Al^{3+} e in tre ioni nitrato NO_3^-:

     $$Al(NO_3)_3 \longrightarrow Al^{3+} + 3\ NO^-_{3(aq)}$$

2. Gli elettroliti deboli sono parzialmente dissociati in ioni: la reazione di dissociazione ionica è incompleta e l'equilibrio è spostato a sinistra. Nello specifico:
   - l'acido carbonico H_2CO_3 è dissociato nello ione idrogeno H^+ e nello ione carbonato CO_3^{2-}:

     $$H_2CO_{3(aq)} \rightleftarrows 2\ H^+_{(aq)} + CO^{2-}_{3(aq)}$$

   - l'idrossido ferrico $Fe(OH)_3$ è dissociato nello ione ferrico Fe^{3+} e in tre ioni idrossido OH^-:

     $$Fe(OH)_{3(aq)} \rightleftarrows Fe^{3+}_{(aq)} + 3\ OH^-_{3(aq)}$$

3. I non elettroliti, pur essendo solubili in acqua, non si dissociano in ioni e pertanto per essi non si può rappresentare la reazione di dissociazione ionica. I non elettroliti in acqua sono presenti sotto forma di molecole.

PROBLEMA SIMILE

Rappresenta l'equazione della reazione di dissociazione ionica per i seguenti composti:

a. H_2SO_4, HBr b. LiOH, $Al(OH)_3$ c. FeI_2, $Mg(NO_3)_2$

3 GLI ACIDI E LE BASI SI IDENTIFICANO PER LE DIVERSE PROPRIETÀ

Gli acidi e le basi sono tra le sostanze più diffuse presenti in natura e le proprietà che permettono di identificare una sostanza come acido oppure come base sono le seguenti:

- gli **acidi** hanno un tipico sapore *aspro*, sono *elettroliti*, colorano di *rosso* la cartina al tornasole e *neutralizzano* le soluzioni delle basi (figura **7A**);
- le **basi**, nel passato note come *alcali* (dall'arabo *al-qulāy*, «ceneri») possiedono un tipico sapore *amaro*, sono *elettroliti*, colorano di *blu* la cartina al tornasole e *neutralizzano* le soluzioni degli acidi (figura **7B**).

Figura 7 Le proprietà degli acidi e delle basi Gli acidi e le basi conducono entrambi l'elettricità, ma presentano importanti differenze.

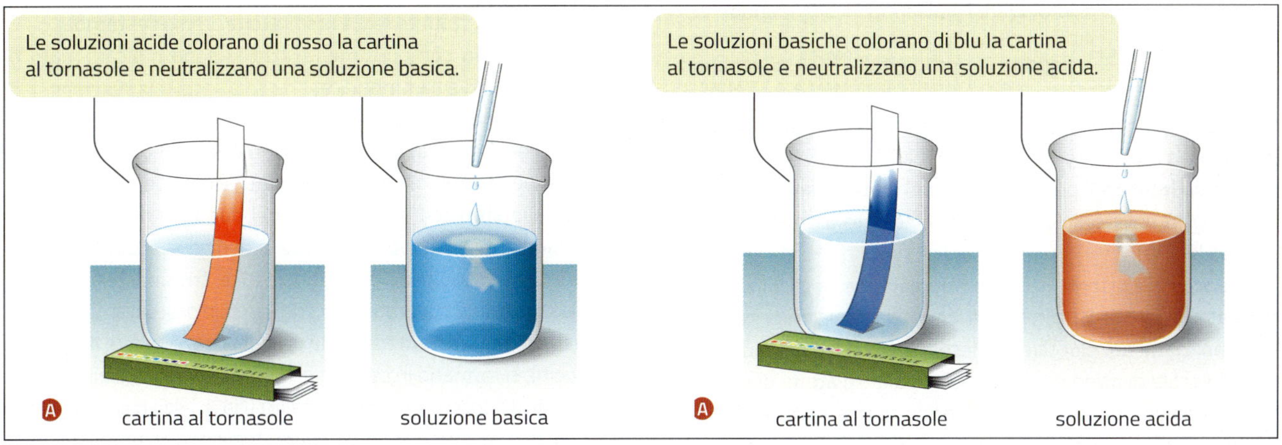

Gli acidi e le basi sono ampiamente presenti negli alimenti e nei prodotti di uso comune.

Tra gli *acidi*ricordiamo l'acido acetico (presente nell'aceto) e l'acido citrico (presente nei limoni). Composti acidi importanti a livello industriale sono l'acido solforico (o vetriolo) utilizzato nelle batterie per autoveicoli e l'acido nitrico usato per la raffinazione di metalli.

Tra le *basi* ricordiamo il bicarbonato di sodio e l'idrossido di magnesio (o magnesia), usati per neutralizzare l'acidità di stomaco; l'ammoniaca, che sotto forma di soluzione acquosa è utilizzata per l'igiene della casa; l'ipoclorito di sodio (o candeggina) usato per il bucato; i sali di acidi grassi (o saponi) utilizzati come detergenti.

Composti basici importanti a livello industriale sono l'idrossido di sodio (o soda caustica), per la preparazione di detersivi e coloranti, e il carbonato di sodio (o soda), per la produzione di vetri e detergenti (figura **8**).

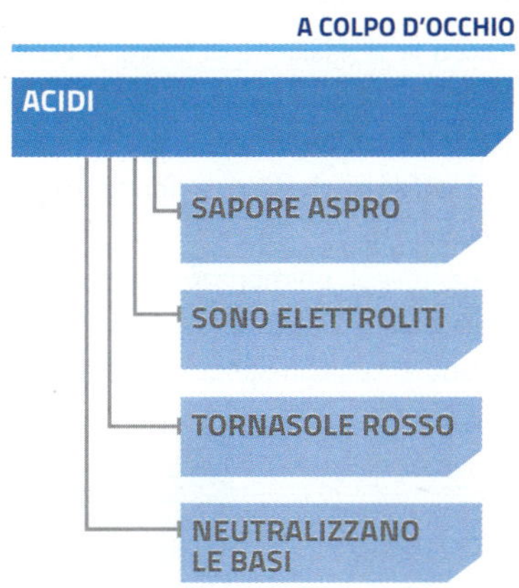

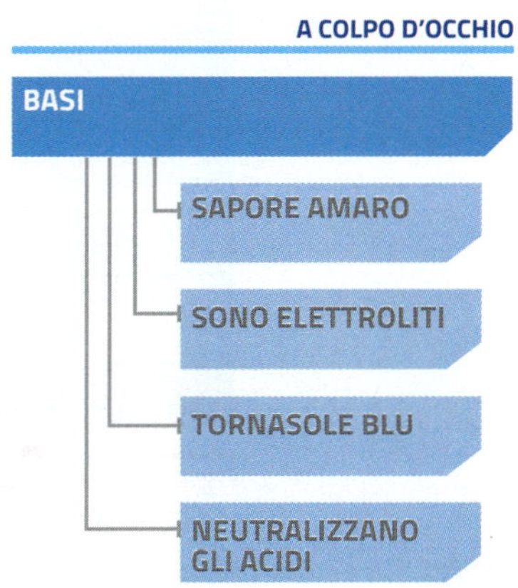

Figura 8 Acidi e basi nella vita quotidiana A Il limone, l'aceto e anche i pomodori contengono sostanze acide. B Il sapone di marsiglia contiene sostanze basiche.

PER SAPERNE DI PIÙ

Acidi e basi nei viventi

Sono diversi i composti a carattere acido o basico presenti nel nostro organismo e con ruoli biologici fondamentali per il metabolismo cellulare.

Tra gli acidi ricordiamo l'acido cloridrico, l'acido lattico e l'acido carbonico.

L'**acido cloridrico** è prodotto dalle cellule parietali delle ghiandole gastriche dello stomaco. Svolge una funzione rilevante per la digestione delle proteine, in quanto favorisce la conversione di un enzima inattivo, il pepsinogeno, nella forma attiva di pepsina, la quale ha il compito di idrolizzare i polipeptidi in oligopeptidi.

$$\text{pepsinogeno} \xrightarrow{\text{HCl}} \text{pepsina} \qquad \text{polipeptidi} \xrightarrow{\text{pepsina}} \text{oligopeptidi}$$

L'idrolisi degli oligopeptidi in amminoacidi è svolta successivamente dalla tripsina secreta dal pancreas.

L'**acido lattico** è il prodotto finale del metabolismo anaerobico del glucosio nelle cellule muscolari in seguito a un'attività fisica intensa (figura).

Il processo è distinto in due vie metaboliche, la glicolisi e la fermentazione lattica. La *glicolisi* si svolge nel citoplasma e comporta la demolizione del glucosio (molecola a sei atomi di carbonio) in due molecole di acido piruvico (molecola a tre atomi di carbonio) e la liberazione di energia sotto forma di due molecole di ATP. Segue la *fermentazione lattica* in cui l'acido piruvico (in assenza di ossigeno) è ridotto ad acido lattico che si accumula nei muscoli, dando la sensazione di fatica. A causa della sua tossicità, l'acido lattico viene prelevato dal sangue e portato al fegato dove viene convertito in glucosio.

L'**acido carbonico** si forma nel plasma del sangue durante il trasporto del diossido di carbonio CO_2 dalle cellule dei tessuti agli alveoli polmonari. Il diossido di carbonio, uno dei prodotti finali dell'ossidazione del glucosio, diffondendo dalle cellule dei tessuti ai capillari sanguigni, reagisce con l'acqua formando acido carbonico H_2CO_3. La reazione è catalizzata dall'enzima anidrasi carbonica. L'acido carbonico, essendo un acido debole e instabile, si dissocia in ioni idrogeno H^+ e ioni bicarbonato HCO_3^-. Quando il sangue, tramite l'arteria polmonare, raggiunge i polmoni, lo ione idrogeno e lo ione bicarbonato ricostituiscono l'acido carbonico, che si decompone in acqua e diossido di carbonio:

$$CO_2 + H_2O \overset{AC}{\rightleftharpoons} H_2CO_3 \rightleftharpoons H^+ + HCO_3^-$$

Il diossido di carbonio infine diffonde dal sangue agli alveoli polmonari e da qui, tramite le vie respiratorie, verso l'esterno.

Composti con comportamento basico sono il bicarbonato di sodio, i sali biliari e l'ammoniaca.

Il **bicarbonato di sodio**, o idrogenocarbonato di sodio, presente nel succo pancreatico secreto dal pancreas, ha il compito di *neutralizzare* nel duodeno (intestino tenue) l'acidità del chimo proveniente dallo stomaco. La presenza nel duodeno di un ambiente leggermente basico favorisce l'attività di diversi enzimi pancreatici (amilasi pancreatica, lipasi pancreatica, tripsina) che completano la digestione di carboidrati, trigliceridi e proteine.

I **sali biliari**, presenti nella bile prodotta dalle cellule del fegato (epatociti), si formano in seguito alla reazione tra acidi biliari (il più noto è l'acido colico) e cationi metallici (Na^+). I sali biliari svolgono un ruolo importante nell'*emulsionare* i trigliceridi in modo da favorire l'attività catalitica della lipasi pancreatica.

L'**ammoniaca** è il prodotto finale del catabolismo degli amminoacidi (monomeri delle proteine). A causa della sua tossicità, l'ammoniaca è trasformata in *urea* nel fegato. Infine i nefroni del rene eliminano l'urea in seguito alla produzione di urina. Nel sangue, l'ammoniaca si forma dal gruppo amminico degli amminoacidi, è fondamentale per il funzionamento del *sistema tampone proteico* controllato dall'albumina, che impedisce le variazioni del pH del sangue.

Figura L'acido lattico si forma nelle cellule muscolari Durante un'intensa attività fisica l'atleta trasforma il glucosio presente nelle cellule muscolari in acido lattico.

4 LA TEORIA DI ARRHENIUS: GLI ACIDI IN ACQUA LIBERANO IONI H^+, LE BASI IONI OH^-

Nel 1887, il chimico svedese Svante Arrhenius (figura **9**) formulò la prima teoria relativa agli acidi e alle basi con riferimento al loro comportamento chimico e alla loro composizione. Arrhenius si basò sull'osservazione che gli acidi (simbolo **HA**) e le basi (simbolo **BOH**) in soluzione sono elettroliti e che gli acidi contengono almeno un atomo di *idrogeno* mentre le basi contengono almeno un gruppo *idrossido*. Giunse così alle seguenti definizioni:

Figura 9 Svante Arrhenius
Per la sua teoria, nel 1903 Arrhenius ricevette il premio Nobel per la chimica.

Un **acido** è una specie chimica che in soluzione acquosa si dissocia liberando ioni idrogeno H^+.

$$HA_{(aq)} \longrightarrow H^+_{(aq)} + A^-_{(aq)}$$

Una **base** è una specie chimica che in soluzione acquosa si dissocia liberando ioni idrossido OH^-.

$$BOH_{(aq)} \longrightarrow B^+_{(aq)} + OH^-_{(aq)}$$

In tal modo, il carattere acido fu associato da Arrehnius a un eccesso di ioni H^+ rispetto a quelli presenti nell'acqua pura e il carattere basico a un eccesso di ioni OH^- rispetto a quelli presenti nell'acqua pura.

Di questo eccesso sarebbe responsabile la dissociazione in soluzione di un acido (HCl, HNO_3) o di una base (NaOH, $Ca(OH)_2$), rappresentata con le seguenti equazioni (figura **10**):

acidi $\quad HCl_{(aq)} \longrightarrow H^+_{(aq)} + Cl^-_{(aq)} \qquad HNO_{3(aq)} \longrightarrow H^+_{(aq)} + NO^-_{3(aq)}$

basi $\quad NaOH_{(aq)} \longrightarrow Na^+_{(aq)} + OH^-_{(aq)} \qquad Ca(OH)_{2(aq)} \longrightarrow Ca^{2+}_{(aq)} + 2\,OH^-_{(aq)}$

Figura 10 Acidi e basi in soluzione
Gli acidi in soluzione acquosa liberano ioni H^+, le basi ioni OH^-.

Le basi, a seconda del numero di gruppi OH^- che possono liberare in soluzione, si chiamano *monobasiche, dibasiche, tribasiche.*

$NaOH_{(aq)}$	$Ca(OH)_2$	$Fe(OH)_{3(aq)}$
soluzione monobasica	soluzione dibasica	soluzione tribasica

Le definizioni di Arrhenius comprendono molti acidi (idracidi e ossiacidi) e molte basi (idrossidi dei metalli alcalini e alcalino-terrosi), tuttavia non consentono di spiegare il comportamento acido di alcuni composti (CO_2, SO_2) che non possiedono atomi di idrogeno e il comportamento basico di alcuni composti (NH_3, CaO) che non possiedono gruppi idrossido.

TI RICORDI?

I metalli **alcalini** sono gli elementi del primo gruppo (tranne l'idrogeno); gli **alcalino-terrosi** sono gli elementi del secondo gruppo.

Il **comportamento acido** del diossido di carbonio e del diossido di zolfo si giustifica ammettendo che i due ossidi acidi reagiscano con l'acqua per dare rispettivamente l'acido carbonico H_2CO_3 e l'acido solforoso H_2SO_3:

$$CO_{2(g)} + H_2O_{(l)} \longrightarrow H_2CO_{3(aq)}$$
$$SO_{2(g)} + H_2O_{(l)} \longrightarrow H_2SO_{3(aq)}$$

i quali successivamente si dissociano liberando ioni idrogeno secondo le seguenti equazioni:

$$H_2CO_{3(aq)} \longrightarrow H^+_{(aq)} + HCO^-_{3(aq)}$$
$$H_2SO_{3(aq)} \longrightarrow H^+_{(aq)} + HSO^-_{3(aq)}$$

Il **comportamento basico** dell'ammoniaca e dell'ossido di calcio si giustifica ammettendo che reagiscano con l'acqua formando l'idrossido di ammonio NH_4OH e l'idrossido di calcio $Ca(OH)_2$:

$$NH_{3(g)} + H_2O_{(l)} \longrightarrow NH_4OH_{(aq)}$$
$$CaO_{(s)} + H_2O_{(l)} \longrightarrow Ca(OH)_{2(aq)}$$

i quali infine si dissociano liberando ioni idrossido secondo le seguenti equazioni:

$$NH_4OH_{(aq)} \longrightarrow NH^+_{4(aq)} + OH^-_{(aq)}$$
$$Ca(OH)_{2(aq)} \longrightarrow Ca^{2+}_{(aq)} + 2\ OH^-_{(aq)}$$

La spiegazione del comportamento acido o basico dei suddetti composti permette di usare ancora le definizioni di acido e di base di Arrhenius, ma modificate nel modo seguente:

Un **acido** è una specie chimica che in soluzione acquosa aumenta la concentrazione degli ioni idrogeno.

Una **base** è una specie chimica che in soluzione acquosa aumenta la concentrazione degli ioni idrossido.

Figura 11 Johannes Nicolaus Brønsted Il chimico danese formulò la teoria acido-base nel 1923, indipendentemente dal britannico Thomas Martin Lowry.

5 LA TEORIA DI BRØNSTED-LOWRY: GLI ACIDI CEDONO PROTONI, LE BASI ACCETTANO PROTONI

Le definizioni di acido e di base di Arrhenius sono le più semplici ma possono valere solo per le *soluzioni acquose*. Nel 1923 il chimico danese Johannes Brønsted (figura **11**) e il chimico inglese Thomas Lowry (contemporaneamente ma separatamente l'uno dall'altro) formularono una teoria molto più ampia e soddisfacente di quella di Arrhenius, *senza collegarla al solvente acqua*.

Nella teoria di Brønsted-Lowry il comportamento di un composto come acido (simbolo HA) o base (simbolo B) è descritto in termini di **trasferimento** (cessione o acquisto) di protoni H^+.

Un **acido** è una specie chimica, molecolare o ionica, capace di cedere un protone.

$$HA \rightleftharpoons H^+ + A^-$$

LE PAROLE

Il termine **protone** (dal greco *protos*, «primo» e *en*, «che esiste») indica una particella elementare subatomica di carica positiva. Il protone formalmente corrisponde allo ione idrogeno H^+.

Una **base** è una specie chimica, molecolare o ionica, capace di accettare un protone.

$$B + H^+ \rightleftharpoons BH^+$$

Le coppie coniugate acido-base

Il trasferimento di un protone da un acido a una base presuppone la contemporanea presenza e disponibilità di un composto che lo ceda e di un composto che lo accetti. Un composto quindi non può comportarsi da acido se non in presenza di una base e viceversa.

L'acido A_1, cedendo un protone, si trasforma nella sua *base coniugata* B_1 e la base B_2, accettando il protone, si trasforma nel suo *acido coniugato* A_2. La reazione che descrive il processo di trasferimento di un protone si rappresenta con la generica equazione di equilibrio:

$$\underset{\text{acido}}{HA} + \underset{\text{base}}{B} \rightleftharpoons \underset{\text{acido coniugato}}{BH^+} + \underset{\text{base coniugata}}{A^-}$$

$$A_1 \qquad B_2 \qquad A_2 \qquad B_1$$

Nelle reazioni di equilibrio di Brønsted-Lowry non esistono dunque acidi e basi, ma sempre e solo coppie coniugate acido-base:

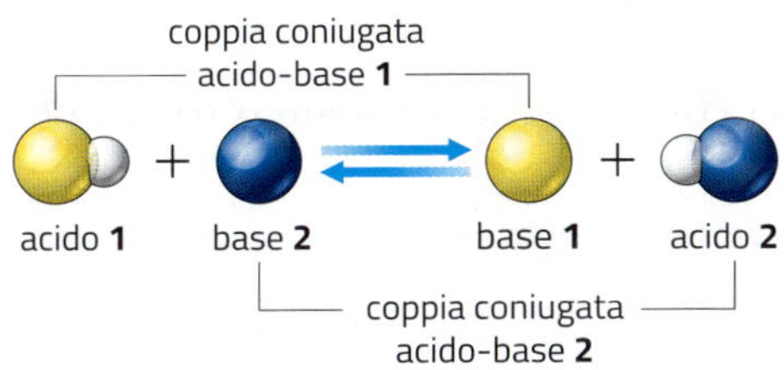

Una **coppia coniugata acido-base** è costituita da due specie chimiche che differiscono per un protone.

6 NELLA REAZIONE DI PROTOLISI SI TRASFERISCE UN PROTONE

La reazione che descrive il processo di trasferimento di un protone da un acido a una base si chiama **reazione di protolisi**.

La reazione di protolisi può avvenire in presenza o in assenza di solvente.

Reazioni di protolisi in acqua

Il *cloruro di idrogeno* HCl in acqua si comporta da acido cedendo un protone all'acqua che, accettandolo, si comporta da base.

Il cloruro di idrogeno si trasforma nella base coniugata Cl^- (ione cloruro) e l'acqua nell'acido coniugato H_3O^+ (ione ossonio):

$$\underset{A_1}{HCl_{(g)}} + \underset{B_2}{H_2O_{(l)}} \rightleftharpoons \underset{A_2}{H_3O^+_{(aq)}} + \underset{B_1}{Cl^-_{(aq)}}$$

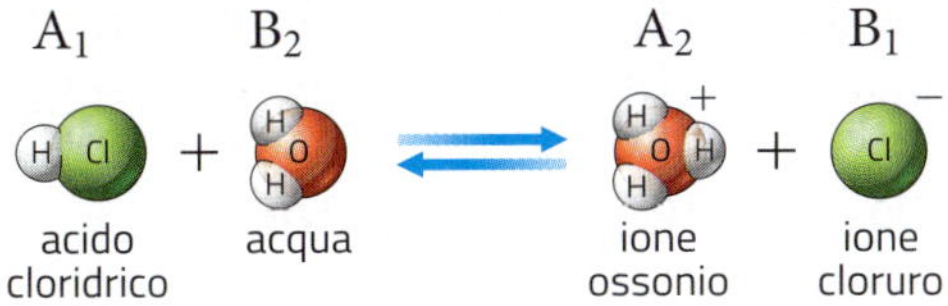

L'*ammoniaca* NH_3 in acqua si comporta da base accettando un protone dall'acqua che, cedendolo, si comporta da acido. L'ammoniaca si trasforma nell'acido coniugato NH_4^+ (ione ammonio) e l'acqua nella base coniugata OH^- (ione idrossido):

$$\underset{B_1}{NH_{3(g)}} + \underset{A_2}{H_2O_{(l)}} \rightleftharpoons \underset{A_1}{NH^+_{4\,(aq)}} + \underset{B_2}{OH^-_{(aq)}}$$

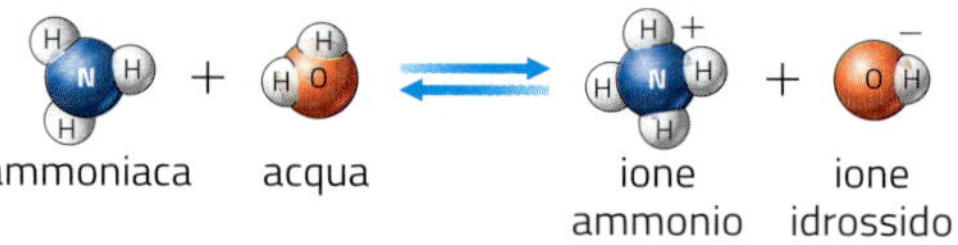

L'*idrossido di sodio* NaOH in acqua si dissocia nello ione sodio Na^+ e nello ione idrossido OH^- secondo la seguente equazione:

$$NaOH_{(aq)} \longrightarrow Na^+_{(aq)} + OH^-_{(aq)}$$

Lo *ione idrossido* si comporta da base accettando un protone dallo ione ossonio H_3O^+ che, cedendolo, si comporta da acido:

$$\underset{B_1}{OH^-_{(aq)}} + \underset{A_2}{H_3O^+_{(aq)}} \rightleftharpoons \underset{B_2}{H_2O_{(l)}} + \underset{A_1}{H_2O_{(l)}}$$

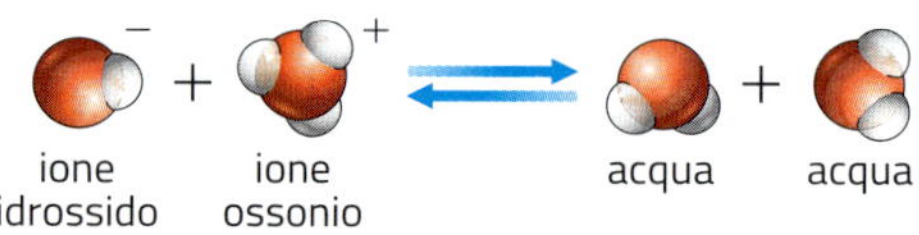

L'*ossido di calcio* CaO in acqua si dissocia nello ione calcio Ca^{2+} e nello ione ossido O^{2-} secondo la seguente equazione:

$$CaO_{(aq)} \longrightarrow Ca^{2+}_{(aq)} + O^{2-}_{(aq)}$$

Lo *ione ossido* si comporta da base accettando un protone dall'acqua che, cedendolo, si comporta da acido:

$$\underset{B_1}{O^{2-}_{(aq)}} + \underset{A_2}{H_2O_{(l)}} \rightleftharpoons \underset{B_2}{H_2O_{(l)}} + \underset{A_1}{H_2O_{(l)}}$$

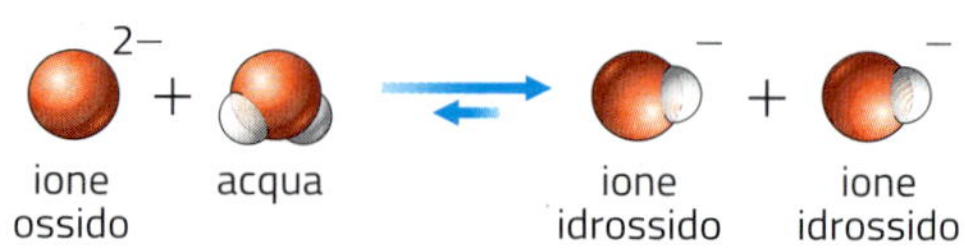

Figura 12 La reazione tra l'ammoniaca e il cloruro di idrogeno in fase gassosa Dalla reazione tra NH_3 e HCl in fase gassosa si forma una nube bianca costituita da microcristalli di cloruro di ammonio (NH_4Cl).

Reazione di protolisi non in acqua

L'ammoniaca e il cloruro di idrogeno, entrambi sotto forma di gas, si comportano rispettivamente da base (accettando un protone) e da acido (cedendo un protone), formando il cloruro di ammonio allo stato solido (figura **12**):

$$NH_{3(g)} + HCl_{(g)} \rightleftharpoons NH_4Cl_{(s)}$$

PROBLEMA MODELLO

Rappresentare l'equazione di protolisi

Rappresenta l'equazione di protolisi tra lo ione bicarbonato HCO_3^- e lo ione cromato CrO_4^{2-} precisando le coppie coniugate acido-base.

L'IDEA

Esaminando la formula chimica dei due ioni è evidente che solo lo ione bicarbonato è una specie chimica con un atomo di idrogeno ionizzabile, per cui questo rappresenta l'acido e di conseguenza lo ione cromato è la base.

LA SOLUZIONE

Lo ione HCO_3^- cedendo un protone si trasforma nella sua base coniugata CO_3^{2-}, viceversa lo ione CrO_4^{2-} accettando un protone si trasforma nel suo acido coniugato $HCrO_4^-$. L'equazione di protolisi è quindi la seguente:

$$HCO_3^- + CrO_4^{2-} \rightleftharpoons CO_3^{2-} + HCrO_4^-$$

LA CONCLUSIONE

Le coppie coniugate acido-base sono pertanto:

$$HCO_3^- / CO_3^{2-} \qquad e \qquad HCrO_4^- / CrO_4^{2-}$$

PROBLEMA SIMILE

Rappresenta la reazione di protolisi tra lo ione solfato acido e lo ione fosfato identificando le coppie coniugate acido-base.

7 I COMPOSTI ANFOTERI POSSONO COMPORTARSI SIA DA ACIDI SIA DA BASI

Consideriamo di nuovo le reazioni di protolisi acido-base dell'acido cloridrico e dell'ammoniaca con l'acqua:

$$HCl_{(aq)} + H_2O_{(l)} \rightleftharpoons H_3O^+_{(aq)} + Cl^-_{(aq)}$$

$$NH_{3(aq)} + H_2O_{(l)} \rightleftharpoons NH^+_{4(aq)} + OH^-_{(aq)}$$

L'acqua nella reazione con l'acido cloridrico si comporta da **base** e nei confronti dell'ammoniaca si comporta da **acido**.

Si definiscono **anfotere** o **anfiprotiche** le specie chimiche (molecolari o ioniche) che si comportano da acido in presenza di una base e da base in presenza di un acido.

LE PAROLE

Il termine **anfotere** (dal greco *anfoteros*, «l'uno e l'altro») indica un composto che si comporta sia da acido sia da base. Tra i composti organici sono anfoteri gli alcoli e gli amminoacidi.

Il comportamento anfotero dell'**acqua** come accettore o donatore di protoni si può così rappresentare:

$$OH^- \xleftarrow[\text{(acido)}]{-H^+} H_2O \xrightarrow[\text{(base)}]{+H^+} H_3O^+$$

Quindi nell'acqua si verifica una reazione di protolisi definita dal trasferimento di un protone da una molecola di acqua, che si comporta da *acido*, a un'altra che si comporta da *base*:

$$\underset{A_1}{H_2O_{(l)}} + \underset{B_2}{H_2O_{(l)}} \rightleftharpoons \underset{A_2}{H_3O^+_{(aq)}} + \underset{B_1}{HO^-_{(aq)}}$$

Tale reazione è da considerarsi quindi una reazione di **autoprotolisi** che, formando due ioni, può definirsi di *autoionizzazione*.

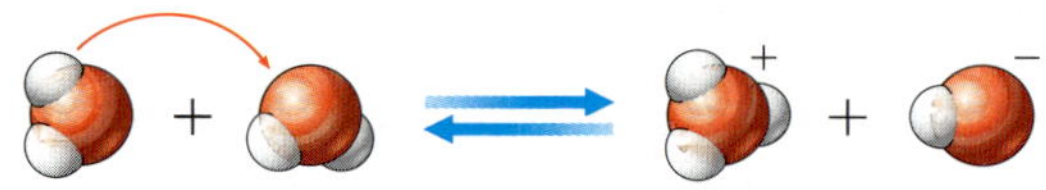

acqua + acqua ⇄ ione ossonio + ione idrossido

Anche l'**ammoniaca** liquida $NH_{3(l)}$ è un composto anfotero in quanto una molecola di ammoniaca, comportandosi da acido, forma lo ione ammide NH_2^- e l'altra molecola di ammoniaca, comportandosi da base, forma lo ione ammonio NH_4^+; entrambi gli ioni sono sciolti in ammoniaca (simbolo am):

$$\underset{A_1}{NH_{3(l)}} + \underset{B_2}{NH_{3(l)}} \rightleftharpoons \underset{A_2}{NH^+_{4(am)}} + \underset{B_1}{NH^-_{2(am)}}$$

La reazione è da considerarsi quindi una reazione di *autoionizzazione*:

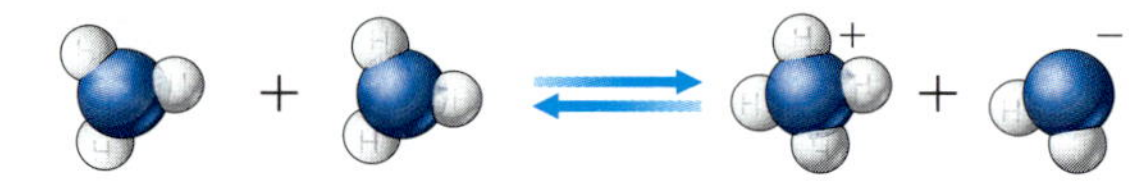

ammoniaca + ammoniaca ⇄ ione ammonio + ione ammide

TI RICORDI?

Gli **anioni poliatomici** sono gruppi di due o più atomi uniti tra di loro mediante legami covalenti polari e con una o più cariche elettriche negative.

Hanno comportamento anfotero anche gli **anioni poliatomici** che derivano dalla dissociazione graduale di acidi poliprotici (H_2S, H_2CO_3, H_3PO_4).

Lo ione bicarbonato HCO_3^-, che deriva dalla dissociazione dell'acido carbonico H_2CO_3, con l'acqua:

- si comporta da *acido* cedendo un protone e trasformandosi nello ione carbonato secondo l'equazione:

$$\underset{A_1}{HCO^-_{3(aq)}} + \underset{B_2}{H_2O_{(l)}} \rightleftharpoons \underset{A_2}{H_3O^+_{(aq)}} + \underset{B_1}{CO^{2-}_{3(aq)}}$$

- si comporta da *base* accettando un protone e trasformandosi nell'acido carbonico secondo l'equazione:

$$\underset{B_1}{HCO^-_{3(aq)}} + \underset{A_2}{H_2O_{(l)}} \rightleftharpoons \underset{B_2}{OH^-_{(aq)}} + \underset{A_1}{H_2CO_{3(aq)}}$$

Quindi lo ione bicarbonato HCO_3^- è l'acido nella coppia coniugata HCO_3^-/CO_3^{2-} ed è la base nella coppia coniugata HCO_3^-/H_2CO_3:

$$CO_3^{2-} \xleftarrow[\text{(acido)}]{-H^+} HCO_3^- \xrightarrow[\text{(base)}]{+H^+} H_2CO_3$$

PER SAPERNE DI PIÙ

Grotte, gusci e gas serra

Esiste un equilibrio tra diossido di carbonio, acido carbonico, bicarbonato e carbonato:

$$H_2O_{(l)} + CO_{2(g)} \rightleftharpoons H_2CO_{3(aq)} \rightleftharpoons 2H^+ + CO^{2-}_{3(aq)} \rightleftharpoons H^+ + HCO^-_{3(aq)}$$

Tale equilibrio mette i relazione litosfera, biosfera e atmosfera.

Il calcare è una roccia sedimentaria che contiene calcite e/o aragonite, minerali composti di carbonato di calcio ($CaCO_3$). Esistono calcari di origine chimica e organogena.

Alla prima categoria appartengono stalattiti e stalagmiti, che si formano nelle grotte carsiche per deposizione di carbonati insolubili dall'acqua piovana, ricca di diossido di carbonio.

Alla seconda categoria appartengono le rocce formatesi dal deposito di gusci di organismi marini (protisti, coralli, molluschi) sui fondali oceanici. Tuttavia, le attività antropiche (trasporti, riscaldamento, produzione di energia elettrica) incrementano la concentrazione atmosferica di CO_2 che, oltre ad aumentare l'effetto serra, provoca acidificazione degli oceani: tale processo ostacola la deposizione dei carbonati e mette così a rischio l'ecosistema marino.

8 GLI ACIDI SI CLASSIFICANO IN FORTI E DEBOLI SECONDO LA LORO TENDENZA A CEDERE PROTONI

La maggiore o minore tendenza a cedere un protone permette di classificare gli acidi di Brønsted-Lowry come forti o deboli.

Un **acido** è **forte** se ha un'alta tendenza a cedere un protone.

Quanto *maggiore* è la *tendenza* dell'acido a cedere un protone, tanto più l'equilibrio di dissociazione è spostato a *destra*, tanto più l'acido è **forte**:

$$HA \rightleftharpoons H^+ + A^-$$

Sono acidi **forti** l'acido nitrico, l'acido solforico, l'acido perclorico e gli acidi alogenidrici (tranne l'acido fluoridrico). Naturalmente le rispettive *basi coniugate* non hanno tendenza ad accettare un protone e sono quindi *basi molto deboli* (tabella **2**).

Un **acido** è **debole** se ha una bassa tendenza a cedere un protone.

Quanto *minore* è la *tendenza* dell'acido a cedere un protone, tanto più l'equilibrio di dissociazione è spostato a *sinistra*, tanto più l'acido è **debole**:

$$HA \rightleftharpoons H^+ + A^-$$

Sono acidi **deboli**:

- tutti gli acidi inorganici tranne gli acidi forti (alcuni acidi deboli sono l'acido carbonico e l'acido cianidrico);
- tutti gli acidi carbossilici, acidi organici in cui è presente il gruppo atomico $-COOH$ (per esempio, l'acido formico $HCOOH$ e l'acido acetico CH_3COOH);
- gli anioni poliatomici contenenti un atomo di idrogeno ionizzabile (per esempio, lo ione diidrogenofosfato $H_2PO_4^-$ e lo ione idrogenosolfuro HS^-);
- il catione poliatomico NH_4^+ (ione ammonio).

Ovviamente tanto più debole è un acido, tanto più forte è la sua base coniugata (tabella **3**).

Tabella 2 Gli acidi forti e le rispettive basi coniugate deboli

Acidi forti	Basi coniugate deboli
HNO_3	NO_3^-
H_2SO_4	HSO_4^-
$HClO_4$	ClO_4^-
HCl	Cl^-
HBr	Br^-
HI	I^-

Tabella 3 Alcuni acidi deboli e le rispettive basi coniugate

Acidi deboli	Basi coniugate forti
H_2CO_3	HCO_3^-
HCN	CN^-
$HCOOH$	$HCOO^-$
CH_3COOH	CH_3COO^-
$H_2PO_4^-$	HPO_4^{2-}
HS^-	S^{2-}
NH_4^+	NH_3

La costante di dissociazione acida definisce la forza di un acido

Prendiamo in esame una reazione di protolisi di un generico acido HA con l'acqua come base, cioè accettore di protoni.

La reazione di *dissociazione* è rappresentata dal seguente equilibrio:

$$HA_{(aq)} + H_2O_{(l)} \rightleftharpoons H_3O^+_{(aq)} + A^-_{(aq)}$$

Dato che la forza dell'acido è determinata dalla *posizione* di questo equilibrio, il parametro che ne esprime la misura *quantitativa* è la costante di equilibrio K_c.

Per gli **acidi forti**, completamente dissociati, l'equilibrio è tutto spostato a *destra* per cui il valore di K_c è *molto alto*. La dissociazione di acidi forti **non** raggiunge l'equilibrio e la reazione è rappresentata dalla seguente equazione:

$$HA_{(aq)} + H_2O_{(l)} \longrightarrow H_3O^+_{(aq)} + A^-_{(aq)}$$

TI RICORDI?

La **costante di equilibrio** di una reazione è un rapporto: al numeratore si pone il prodotto delle concentrazioni molari dei prodotti all'equilibrio, elevate ai coefficienti stechiometrici; al denominatore si pone il prodotto delle concentrazioni molari dei reagenti all'equilibrio, elevate ai coefficienti stechiometrici.

Per gli **acidi deboli**, parzialmente dissociati, l'equilibrio è spostato a *sinistra* per cui il valore della costante di equilibrio K_c è *basso*. La reazione è rappresentata dalla seguente equazione:

$$HA_{(aq)} + H_2O_{(l)} \rightleftarrows H_3O^+_{(aq)} + A^-_{(aq)}$$

La costante di equilibrio K_c è data dalla relazione:

$$K_a = \frac{[H_3O^+]\cdot[A^-]}{[HA]\cdot[H_2O]}$$

Essendo l'acido debole, cioè poco dissociato, sono poche le molecole di acqua protonate (H_3O^+). Ne consegue che la concentrazione molare dell'acqua indissociata $[H_2O]$ si può ritenere costante e quindi questo valore può essere inglobato nella costante K_c, ottenendo in tal modo una nuova costante chiamata **costante di dissociazione acida** (simbolo $\boldsymbol{K_a}$) o costante di ionizzazione acida o costante di acidità (tabella 4):

$$K_c \cdot [H_2O] = K_a$$

Sostituendo nella relazione precedente si ottiene:

$$K_a = \frac{[H_3O^+]\cdot[A^-]}{[HA]}$$

Per l'acido carbonico H_2CO_3 e l'acido cianidrico HCN le equazioni di dissociazione e i relativi valori di K_a alla temperatura di 25 °C sono:

$$H_2CO_{3(aq)} + H_2O_{(l)} \rightleftarrows HCO^-_{3(aq)} + H_3O^+_{(aq)}$$

$$K_{a(H_2CO_3)} = \frac{[HCO_3^-]\cdot[H_3O^+]}{[H_2CO_3]} = 4,2 \cdot 10^{-7}$$

$$HCN_{(aq)} + H_2O_{(aq)} \rightleftarrows CN^-_{(aq)} + H_3O^+_{(aq)}$$

$$K_{a(HCN)} = \frac{[CN^-]\cdot[H_3O^+]}{[HCN]} = 4,9 \cdot 10^{-10}$$

Dai valori di K_a risulta che l'acido cianidrico è *più debole* dell'acido carbonico.

Tabella 4 Valori della costante di dissociazione acida K_a dei più comuni acidi deboli alla temperatura di 25 °C La forza di un acido aumenta andando verso l'alto.

Acido		K_a
Acido iodico	HIO_3	$1,7 \cdot 10^{-1}$
Acido solforoso	H_2SO_3	$1,5 \cdot 10^{-2}$
Ione idrogenosolfato	HSO_4^-	$1,1 \cdot 10^{-2}$
Acido cloroso	$HClO_2$	$1,0 \cdot 10^{-2}$
Acido fosforico	H_3PO_4	$7,5 \cdot 10^{-3}$
Acido fluoridrico	HF	$3,5 \cdot 10^{-4}$
Acido nitroso	HNO_2	$4,5 \cdot 10^{-4}$
Acido formico	HCOOH	$1,8 \cdot 10^{-4}$
Acido acetico	CH_3COOH	$1,8 \cdot 10^{-5}$
Acido carbonico	H_2CO_3	$4,2 \cdot 10^{-7}$
Acido solfidrico	H_2S	$1,0 \cdot 10^{-7}$

Acido		K_a
Ione diidrogenofosfato	$H_2PO_4^-$	$6,3 \cdot 10^{-8}$
Ione idrogenosolfito	HSO_3^-	$6,2 \cdot 10^{-8}$
Acido ipocloroso	HClO	$3,0 \cdot 10^{-8}$
Acido borico	H_3BO_3	$7,3 \cdot 10^{-10}$
Ione ammonio	NH_4^+	$5,6 \cdot 10^{-10}$
Acido cianidrico	HCN	$4,9 \cdot 10^{-10}$
Ione idrogenocarbonato	HCO_3^-	$5,6 \cdot 10^{-11}$
Ione idrogenofosfato	HPO_4^{2-}	$4,8 \cdot 10^{-13}$
Ione idrogenosolfuro	HS^-	$1,0 \cdot 10^{-14}$
Acqua	H_2O	$1,0 \cdot 10^{-14}$

Gli acidi monoprotici e poliprotici

Gli acidi, a seconda del numero di ioni di idrogeno ovvero di protoni che possono cedere a una base, si distinguono in:

- acidi **monoprotici**, se possono cedere un solo protone (alcuni acidi monoprotici sono l'acido fluoridrico HF e l'acido nitroso HNO_2). Le reazioni di protolisi dell'acido fluoridrico e dell'acido nitroso sono le seguenti:

$$HF_{(aq)} + H_2O_{(l)} \rightleftharpoons H_3O^+_{(aq)} + F^-_{(aq)}$$
$$HNO_{2(aq)} + H_2O_{(l)} \rightleftharpoons H_3O^+_{(aq)} + NO^-_{2(aq)}$$

- acidi **poliprotici**, se possono cedere più di un protone. Nello specifico si chiamano diprotici (H_2S, H_2CO_3), triprotici (H_3PO_4), tetraprotici (H_4SiO_4), a seconda che siano capaci di cedere due, tre o quattro protoni.

Gli acidi poliprotici si dissociano *gradualmente*. Le reazioni di prima dissociazione e di seconda dissociazione dell'acido carbonico sono rappresentate dalle seguenti equazioni:

prima dissociazione $$H_2CO_{3(aq)} + H_2O_{(l)} \rightleftharpoons H^+_{(aq)} + HCO^-_{3(aq)}$$
acido carbonico — ione bicarbonato

seconda dissociazione $$HCO^-_{3(aq)} + H_2O_{(l)} \rightleftharpoons H^+_{(aq)} + CO_3^{2-}$$
ione bicarbonato — ione carbonato

A ogni stadio di dissociazione corrisponde una ben definita costante: di prima dissociazione K_{a1}, di seconda dissociazione K_{a2}, di terza dissociazione K_{a3}. Le costanti di dissociazione successive alla prima hanno valori via via *minori* perché l'acido, ionizzandosi, acquista una carica negativa che ostacola sempre più la cessione del protone successivo (tabella **5**). Risulta quindi:

$$K_{a3} < K_{a2} < K_{a1}$$

Acido	Formula	K_{a1}	K_{a2}	K_{a3}
Acido carbonico	H_2CO_3	$4,2 \cdot 10^{-7}$	$4,8 \cdot 10^{-11}$	
Acido fosforico	H_3PO_4	$7,5 \cdot 10^{-3}$	$6,3 \cdot 10^{-8}$	$4,4 \cdot 10^{-13}$

Tabella 5 Valori di K_a dell'acido carbonico e dell'acido fosforico. È più facile sottrarre un protone a una specie neutra che a un anione, per cui la K_a è maggiore per la prima dissociazione che per le successive.

9 LE BASI SI CLASSIFICANO IN FORTI E DEBOLI SECONDO LA LORO TENDENZA AD ACCETTARE PROTONI

La maggiore o minore tendenza ad accettare un protone permette di classificare le basi in forti o deboli.

Una **base** è **forte** se ha un'alta tendenza ad accettare un protone.

Quanto *maggiore è la tendenza* di una base ad accettare un protone, tanto più l'equilibrio di protonazione è spostato a *destra* e tanto più la base è **forte**:

$$B + H^+ \rightleftharpoons BH^+$$

Sono basi **forti** lo ione ammide, lo ione ossido e lo ione idrossido .

- Lo *ione ammide* NH_2^- deriva dall'autoionizzazione dell'ammoniaca. Accettando un protone si trasforma in ammoniaca:

$$\underset{B_1}{NH^-_{2(am)}} + \underset{A_2}{NH^+_{4(am)}} \rightleftarrows \underset{A_1}{NH_{3(l)}} + \underset{B_2}{NH_{3(l)}}$$

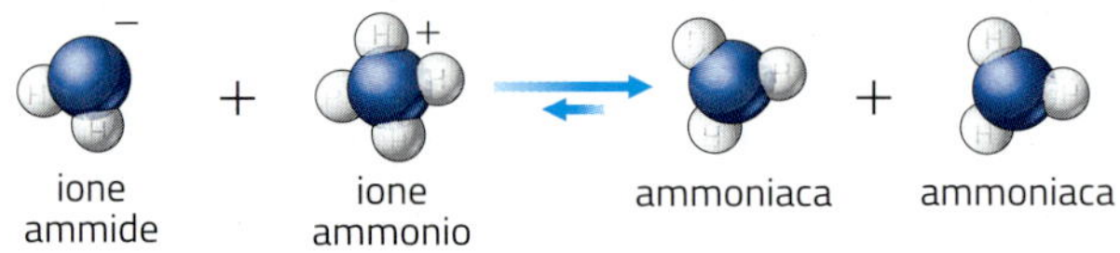

- Lo *ione ossido* O^{2-} deriva dalla dissociazione in acqua degli ossidi dei metalli alcalini e dei metalli alcalino-terrosi (tranne il berillio). Accettando un protone si trasforma nello ione idrossido OH^-:

$$\underset{B_1}{O^{2-}_{(aq)}} + \underset{A_2}{H_2O_{(l)}} \rightleftarrows \underset{A_1}{OH^-_{(aq)}} + \underset{B_2}{OH^-_{(aq)}}$$

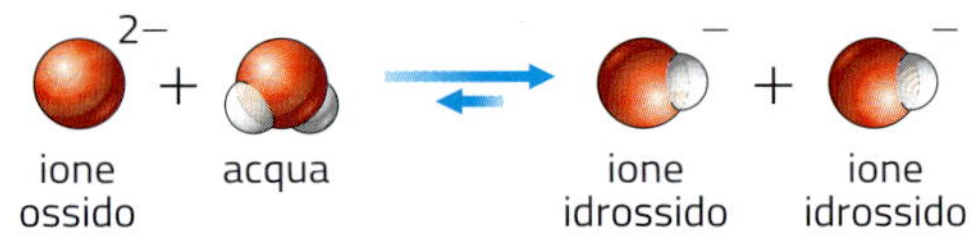

- Lo *ione idrossido* OH^- deriva dalla dissociazione in acqua degli idrossidi dei metalli alcalini e dei metalli alcalino-terrosi (tranne il berillio). Accettando un protone forma l'acqua:

$$\underset{B_1}{OH^-_{(aq)}} + \underset{A_2}{H_3O^+_{(aq)}} \rightleftarrows \underset{A_1}{H_2O_{(l)}} + \underset{B_2}{H_2O_{(l)}}$$

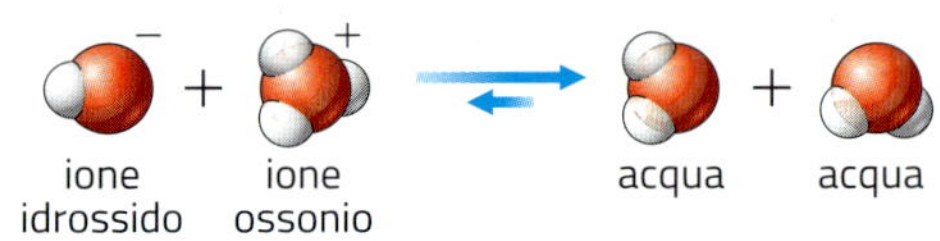

- I rispettivi *acidi coniugati* non hanno tendenza a cedere un protone e sono quindi *acidi molto deboli* (tabella **6**).

Tabella 6 Basi forti e rispettivi acidi coniugati deboli

Basi forti	Acidi coniugati deboli
NH_2^-	NH_3
O^{2-}	OH^-
OH^-	H_2O

Una **base** è **debole** se ha una bassa tendenza ad accettare un protone.

Quanto *minore* è la *tendenza* della base ad accettare un protone, tanto più l'equilibrio di protonazione è spostato a *sinistra*, tanto più la base è **debole**:

$$B + H^+ \rightleftarrows BH^+$$

Sono basi **deboli**:

- l'ammoniaca e l'idrazina N_2H_4;
- le ammine, basi organiche in cui è presente il gruppo atomico $-NH_2$ (le ammine più semplici sono: la metilammina CH_3NH_2 e l'etilammina $CH_3CH_2NH_2$);
- lo ione ossido e lo ione idrossido dei metalli di transizione (zinco, rame) e post-transizione (alluminio, stagno);
- le basi coniugate di acidi forti sono, per esempio, lo ione nitrato, lo ione idrogenosolfato, lo ione cloruro (tabella **7**).

Tabella 7 Alcune basi deboli e i rispettivi acidi coniugati forti

Basi deboli	Acidi coniugati forti
NH_3	NH_4^+
N_2H_4	$N_2H_5^+$
CH_3NH_2	$CH_3NH_3^+$
$CH_3CH_2NH_2$	$CH_3CH_2NH_3^+$
NO_3^-	HNO_3
HSO_4^-	H_2SO_4
Cl^-	HCl

La costante di dissociazione basica definisce la forza di una base

Prendiamo in esame una reazione di protolisi di una generica base B nella quale l'acido, ovvero il donatore di protoni, sia l'*acqua*. La reazione di protonazione in acqua è rappresentata dal seguente equilibrio:

$$B_{(aq)} + H_2O_{(l)} \rightleftharpoons BH^+_{(aq)} + OH^-_{(aq)}$$

Poiché la forza della base è determinata dalla *posizione* di questo equilibrio, il parametro che ne esprime la misura quantitativa è la costante di equilibrio $\boldsymbol{K_c}$.

Per le **basi forti** l'equilibrio è tutto spostato a *destra* e quindi il valore di K_c è *molto alto*. Le basi forti **non** danno, pertanto, reazioni di equilibrio:

$$B_{(aq)} + H_2O_{(l)} \longrightarrow BH^+_{(aq)} + OH^-$$

Per le **basi deboli** l'equilibrio è spostato a *sinistra*, per cui il valore della costante di equilibrio K_c è *basso*:

$$B_{(aq)} + H_2O_{(l)} \overset{\rightarrow}{\longleftarrow} BH^+_{(aq)} + OH^-_{(aq)}$$

La costante di equilibrio K_c è data dalla relazione:

$$K_c = \frac{[BH^+]\cdot[OH^-]}{[B]\cdot[H_2O]}$$

Trattandosi di basi deboli, sono poche le molecole di acqua che cedono il protone, per cui la concentrazione dell'acqua indissociata si può ritenere costante e il suo valore può essere inglobato nella costante K_c. Si ottiene una nuova costante chiamata **costante di dissociazione basica** (simbolo $\boldsymbol{K_b}$) o costante di ionizzazione basica o costante di basicità (tabella **8**):

$$K_c \cdot [H_2O] = K_b$$

Sostituendo nella relazione precedente si ottiene la seguente relazione:

$$K_b = \frac{[BH^+]\cdot[OH^-]}{[B]}$$

Tabella 8 Valori della costante di dissociazione basica K_b di alcune basi deboli alla temperatura di 25 °C La forza della base aumenta andando verso l'alto. I valori di K_b diventono più grandi.

Base		K_b
Ione fosfato	PO_4^{3-}	$5{,}8 \cdot 10^{-3}$
Etilammina	$C_2H_5NH_2$	$6{,}6 \cdot 10^{-4}$
Metilammina	CH_3NH_2	$4{,}4 \cdot 10^{-4}$
Ione carbonato	CO_3^{2-}	$2{,}1 \cdot 10^{-4}$
Trimetilammina	$(CH_3)_3N$	$6{,}5 \cdot 10^{-5}$
Ione cianuro	CN^-	$1{,}6 \cdot 10^{-5}$
Ammoniaca	NH_3	$1{,}8 \cdot 10^{-5}$
Idrazina	N_2H_4	$1{,}7 \cdot 10^{-6}$
Ione ipoclorito	ClO^-	$2{,}9 \cdot 10^{-7}$
Ione solfito	SO_3^{2-}	$1{,}6 \cdot 10^{-7}$

Base		K_b
Ione idrogenosolfuro	HS^-	$1{,}0 \cdot 10^{-7}$
Ione idrogenocarbonato	HCO_3^-	$2{,}4 \cdot 10^{-8}$
Idrossilammina	NH_2OH	$6{,}6 \cdot 10^{-9}$
Anilina	$C_6H_5NH_2$	$4{,}3 \cdot 10^{-10}$
Ione nitrito	NO_2^-	$2{,}2 \cdot 10^{-11}$
Ione fluoruro	F^-	$1{,}5 \cdot 10^{-11}$
Ione clorito	ClO_2^-	$1{,}0 \cdot 10^{-12}$
Ione idrogenosolfito	HSO_3^-	$8{,}3 \cdot 10^{-13}$
Acqua	H_2O	$1{,}8 \cdot 10^{-16}$

Per lo ione bicarbonato HCO_3^- e lo ione cianuro CN^- le equazioni di equilibrio e i relativi valori di K_b alla temperatura di 25 °C sono:

$$HCO^-_{3(aq)} + H_2O_{(l)} \rightleftarrows H_2CO_{3(aq)} + OH^-_{(aq)} \qquad K_b = \frac{[H_2CO_3]\cdot[OH^-]}{[HCO_3^-]} = 2,4\cdot10^{-8}$$

$$CN^-_{(aq)} + H_2O_{(l)} \rightleftarrows HCN_{(aq)} + OH^- \qquad K_b = \frac{[HCN]\cdot[OH^-]}{[CN^-]} = 1,6\cdot10^{-5}$$

Dai valori di K_b risulta che lo ione bicarbonato è una base *più debole* dello ione cianuro.

Le basi monoprotiche e poliprotiche

Analogamente agli acidi, anche le basi, a seconda del numero dei protoni che possono accettare da un acido, sono distinte in:

- basi **monoprotiche**, se possono accettare un solo protone (alcune basi monoprotiche sono l'ammoniaca NH_3, lo ione ipoclorito ClO^- e lo ione cianuro CN^-). Le reazioni di protonazione dell'ammoniaca e dello ione ipoclorito sono rappresentate dalle seguenti equazioni:

$$NH_{3(aq)} + H_2O_{(l)} \rightleftharpoons NH^+_{4(aq)} + OH^-_{(aq)}$$

$$ClO^-_{(aq)} + H_2O_{(l)} \rightleftharpoons HClO_{(aq)} + OH^-_{(aq)}$$

- basi **poliprotiche**, se possono accettare più di un protone. Nello specifico le basi poliprotiche si chiamano diprotiche (S^{2-}), triprotiche (PO_4^{3-}), tetraprotiche (SiO_4^{4-}), a seconda che siano capaci di accettare due o tre protoni. Le basi poliprotiche accettano protoni gradualmente. Le reazioni di prima protonazione e di seconda protonazione dello ione solfuro sono rappresentate dalle seguenti equazioni:

prima protonazione

$$S^{2-}_{(aq)} + H_2O_{(l)} \rightleftarrows HS^-_{(aq)} + OH^-_{(aq)}$$

S^{2-}: ione solfuro; HS^-: ione idrogeno solfuro

seconda protonazione

$$HS^-_{(aq)} + H_2O_{(l)} \rightleftarrows H_2S_{(aq)} + OH^-$$

HS^-: ione solfuro idrogeno; H_2S: acido solfidrico

A ogni equazione di protonazione corrisponde un ben definito valore di K_b (tabella **9**). Dai valori di K_b risulta:

$$K_{b3} < K_{b2} < K_{b1}$$

Tabella 9 Valori di K_b dello ione solfuro e dello ione fostato Lo ione solfuro è una base diprotica, lo ione fostato triprotica. È più facile protonare specie con più cariche negative che con una sola, per cui la K_b è maggiore per la prima reazione di protolisi che per le successive.

Base	Formula	K_{b1}	K_{b2}	K_{b3}
Ione solfuro	S^{2-}	1,0	$1,0\cdot10^{-7}$	
Ione fosfato	PO_4^{3-}	$5,8\cdot10^{-3}$	$1,6\cdot10^{-7}$	$1,3\cdot10^{-12}$

10 I VALORI DI K_a E K_b SONO LEGATI DAL PRODOTTO IONICO DELL'ACQUA

Nelle reazioni di equilibrio di Brønsted-Lowry a un acido corrisponde una base coniugata e a una base corrisponde un acido coniugato.

Risultati sperimentali evidenziano che *maggiore* è il valore di K_a, ovvero più forte è l'acido, *minore* è il valore della K_b, ovvero più debole è la base coniugata e viceversa (figura **13**). A temperatura costante, il *prodotto* della costante di dissociazione di un *acido debole* K_a e della costante di dissociazione della sua *base coniugata* K_b è una costante detta **prodotto ionico dell'acqua** (simbolo $\boldsymbol{K_w}$):

$$K_a \cdot K_b = K_w$$

Alla temperatura di 25 °C:

$$K_w = 1{,}0 \cdot 10^{-14}$$

È evidente che noto uno dei due valori, K_a o K_b, si può determinare l'altro valore mediante le seguenti relazioni:

$$K_a = \frac{K_w}{K_b} \qquad K_b = \frac{K_w}{K_a}$$

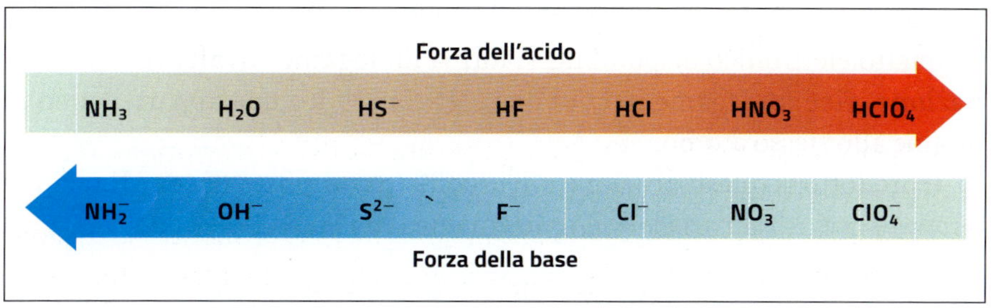

Figura 13 Forza di acidi e basi coniugati Aumentando la forza di un acido, diminuisce la forza della sua base coniugata.

I valori di K_a e K_b delle coppie coniugate acido-base permettono di prevedere se l'equilibrio di una reazione di protolisi è spostato a favore di prodotti (destra) o dei reagenti (sinistra).

Consideriamo la reazione di dissociazione dell'acido acetico CH_3COOH in acqua e riportiamo i corrispondenti valori di K_a e K_b:

$$\underset{K_a = 1{,}8 \cdot 10^{-5}}{CH_3COOH_{(l)}} + \underset{K_b = 1{,}8 \cdot 10^{-16}}{H_2O_{(l)}} \rightleftharpoons \underset{K_b = 5{,}6 \cdot 10^{-10}}{CH_3COO^-_{(aq)}} + \underset{K_a = 1{,}0}{H_3O^+_{(aq)}}$$

Dall'analisi dei valori di K_a e K_b si evidenzia che:

- la K_a di H_3O^+ è *maggiore* della K_a di CH_3COOH e quindi il primo ha maggiore tendenza a cedere il protone;
- la K_b dello ione acetato CH_3COO^- è *maggiore* della K_b di H_2O e quindi il primo ha maggiore tendenza ad accettare il protone.

Risulta pertanto che l'equilibrio della reazione è spostato a *sinistra* (verso i reagenti).

In una reazione di protolisi la posizione dell'equilibrio è spostata nella direzione di formazione dell'acido e della base più deboli, che hanno i valori minori di K_a e K_b.

11 LA TEORIA DI LEWIS: GLI ACIDI ACCETTANO UN DOPPIETTO ELETTRONICO, LE BASI LO CONDIVIDONO

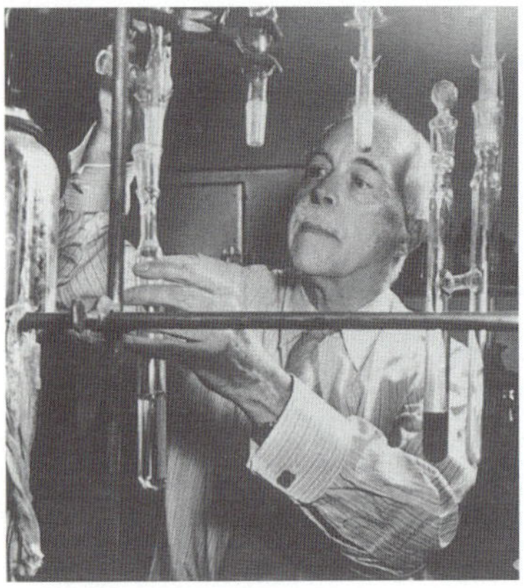

Figura 14 **Gilbert Newton Lewis** Il chimico statunitense elaborò anche una teoria sui legami covalenti. Nonostante l'importanza dei suoi studi, non ricevette mai il premio Nobel.

TI RICORDI?

Il **legame covalente di coordinazione** consiste nella condivisione di un doppietto elettronico tra un atomo o uno ione negativo che fornisce entrambi gli elettroni e un atomo o uno ione positivo che accetta i due elettroni.

La teoria di Brønsted-Lowry su acidi e basi rappresenta sicuramente un'estensione rispetto alla teoria di Arrhenius, ma non è sufficiente a spiegare il comportamento di tutte le reazioni acido-base. Esistono infatti reazioni che sono da considerare reazioni acido-base pur non implicando il trasferimento di un protone.

Una definizione più generale e più ampia di acido e di base fu pertanto formulata nel 1923 dal chimico statunitense Gilbert Newton Lewis (figura **14**) che propose una teoria in cui il comportamento acido o basico non è più legato al trasferimento di un protone, ma è spiegato con la condivisione di un *doppietto elettronico* tra un acido e una base.

Un **acido** è una specie chimica, ionica o molecolare, che può accettare un doppietto elettronico.

Una **base** è una specie chimica, ionica o molecolare, che può condividere un doppietto elettronico.

Tra l'acido (simbolo A) con un orbitale vuoto, e la base (simbolo B), con un doppietto elettronico disponibile, si forma un **legame covalente di coordinazione,** cioè un legame in cui i due elettroni di legame appartengono in origine allo stesso atomo.

Il prodotto di questa reazione è denominato **composto di coordinazione** o *complesso di coordinazione* o semplicemente *complesso*:

$$\underset{\text{acido}}{A} + \underset{\text{base}}{|B} \longrightarrow \underset{\text{complesso}}{A-B}$$

Tutti gli acidi di Brønsted-Lowry, ovvero tutte le specie chimiche che cedono un protone, e tutte le basi di Brønsted-Lowry, cioè specie chimiche che accettano un protone, sono anche acidi e basi di Lewis.

La reazione tra l'acido cloridrico e l'acqua:

- è una *reazione acido-base di Brønsted-Lowry*; l'acido cloridrico si comporta da acido perché cede un protone H^+ all'acqua, che accettandolo si comporta da base:

$$\underset{A_1}{HCl_{(aq)}} + \underset{B_2}{H_2O_{(l)}} \rightleftharpoons \underset{A_2}{H_3O^+_{(aq)}} + \underset{B_1}{Cl^-_{(aq)}}$$

- è una *reazione acido-base di Lewis*; lo ione idrogeno si comporta da acido accettando un doppietto elettronico che viene condiviso dall'acqua, che si comporta da base:

$$\underset{\text{acido}}{H^+} + \underset{\text{base}}{H_2O} \rightleftharpoons \underset{\text{complesso}}{H_3O^+}$$

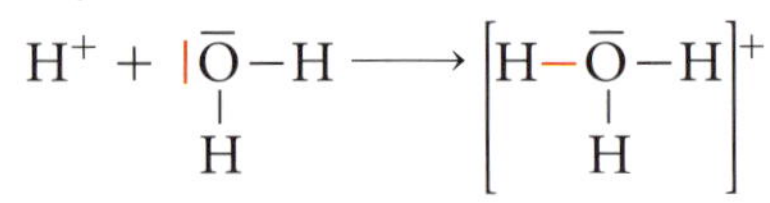

La reazione tra l'ammoniaca e l'acqua:

- è una *reazione acido-base di Brønsted-Lowry*; l'ammoniaca si comporta da base perché accetta un protone dall'acqua, che cedendolo si comporta da acido:

$$\underset{B_1}{NH_{3(aq)}} + \underset{A_2}{H_2O_{(l)}} \rightleftharpoons \underset{A_1}{NH^+_{4(aq)}} + \underset{B_2}{OH^-_{(aq)}}$$

- è una *reazione acido-base di Lewis*; l'ammoniaca si comporta da base condividendo un doppietto elettronico con lo ione idrogeno H^+, che accettandolo si comporta da acido:

$$\underset{\text{base}}{NH_{3(aq)}} + \underset{\text{acido}}{H^+_{(aq)}} \rightleftharpoons \underset{\text{complesso}}{NH^+_{4(aq)}}$$

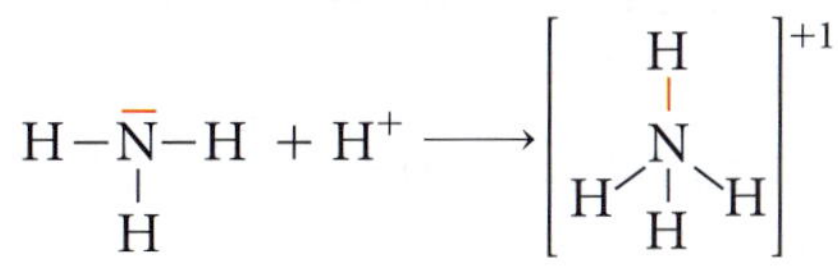

Nella teoria di Lewis sono considerati **acidi**:
- le molecole con **ottetti incompleti**, costituite da atomi di boro o di alluminio legati con legami covalenti polari ad atomi di alogeni (BF_3, $AlCl_3$);
- i **cationi dei metalli di transizione** (Zn^{2+}, Fe^{3+}) o di **post-transizione** (Sn^{2+}), che formano legami covalenti di coordinazione con ioni negativi (Cl^-, CN^-) o con molecole con un doppietto elettronico disponibile (H_2O, NH_3) anche i metalli alcalini e alcalino-terrosi che possono formare composti di coordinazione (Mg^{2+} e clorofilla, Ca^{2+} ed EDTA ecc.).

Il tricloruro di alluminio, $AlCl_3$, è una molecola con ottetto incompleto e quindi con un orbitale vuoto, pertanto si comporta da acido. Lo ione cloruro è uno ione con un doppietto elettronico disponibile che si comporta da base. Tra il tricloruro di alluminio e lo ione cloruro si verifica una reazione acido-base di Lewis con formazione di un complesso, lo ione tetracloruro di alluminio:

$$\underset{\text{acido}}{AlCl_3} + \underset{\text{base}}{Cl^-} \longrightarrow \underset{\text{complesso}}{AlCl_4^-}$$

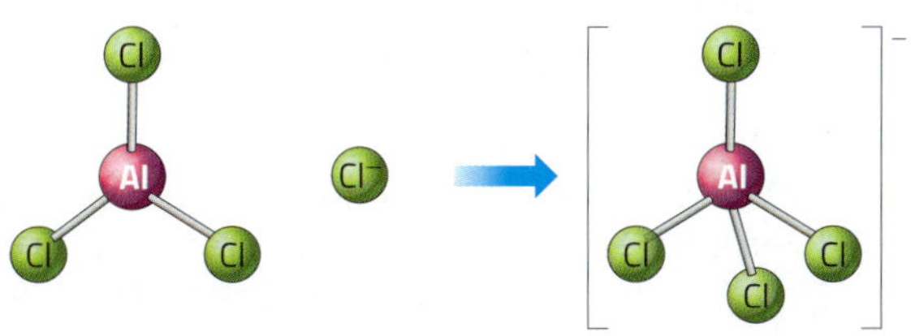

Tra lo ione zinco Zn^{2+}, catione di un metallo di transizione con comportamento acido, e l'ammoniaca, molecola con un doppietto elettronico disponibile e con comportamento basico, si verifica una reazione acido-base di Lewis con formazione dello ione complesso tetramminozinco:

$$\underset{\text{acido}}{Zn^{2+}} + \underset{\text{base}}{4\,NH_{3(l)}} \rightleftharpoons \underset{\text{complesso}}{[Zn(NH_3)_4]^{2+}_{(aq)}}$$

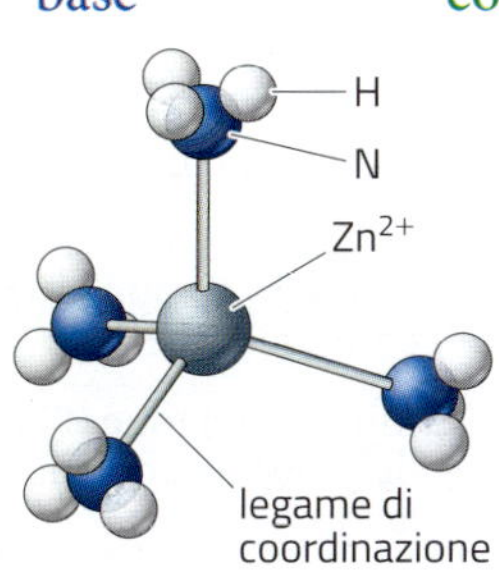

LABORATORIO

Costante di dissociazione di un acido debole

L'obiettivo

Determinare la costante di dissociazione acida dell'acido acetico.

I concetti

Gli acidi deboli (simbolo HA) in soluzione acquosa hanno bassa tendenza a cedere un protone, per cui la reazione di dissociazione dell'acido in acqua è rappresentata dal seguente equilibrio:

$$HA_{(aq)} + H_2O_{(l)} \rightleftarrows H_3O^+_{(aq)} + A^-_{(aq)}$$

Dato che la forza dell'acido è determinata dalla posizione di questo equilibrio il parametro che ne esprime la misura quantitativa è la costante di equilibrio, ovvero la K_a:

$$K_a = \frac{[H_3O^+] \cdot [A^-]}{[HA]}$$

I materiali

Pipette, cilindro graduato da 10 mL, indicatore universale, provette, spruzzetta con acqua distillata; soluzione 0,1 M di acido acetico CH_3COOH.

L'esperimento

1. Versa in una provetta 1 mL di soluzione di acido acetico 0,1 M e aggiungi 9 mL di acqua distillata. Preleva poi 1 mL di quest'ultima soluzione, versala in una provetta e aggiungi 9 mL di acqua distillata; si ha così una soluzione 0,001 M.
2. Versa in due provette rispettivamente 1,5 mL della soluzione 0,1 M di acido acetico e 1,5 mL della soluzione 0,001 M di acido acetico e aggiungi a ogni provetta una goccia di indicatore universale.
   Agita, osserva i colori e confrontali con quelli della scala cromatica di riferimento.
3. Noto il valore del pH e quello della concentrazione degli ioni H^+ si può determinare il valore di K_a con la relazione:

$$K_a = \frac{[H_3O^+]^2}{[CH_3COOH]}$$

Le competenze

Perché il valore di K_a è uguale nelle due soluzioni?

FACCIAMO IL PUNTO

LO SAI? RIPASSA CON LO SMARTPHONE

In che cosa consiste la reazione di dissociazione ionica?

La **reazione di dissociazione ionica** è il processo mediante il quale acidi, basi e sali solubili in acqua si dissociano, generando ioni di segno opposto.
Nel caso di molecole polari come quelle degli acidi, la dissociazione avviene perché le molecole d'acqua formano con esse legami intermolecolari e polarizzano i legami, fino ad arrivare alla totale separazione di carica.
Successivamente le molecole d'acqua circondano gli ioni, formando con essi legami ioni-dipolo (**idratazione**) fino a separare completamente gli ioni (**dissociazione ionica**).
Le basi e i sali sono composti ionici e quindi si ha direttamente il processo di idratazione, seguito dalla dissociazione.

Che cosa sono gli elettroliti?

Gli **elettroliti** sono composti chimici (acidi, basi e sali) che in acqua si dissociano in ioni di carica elettrica opposta; un elettrolita completamente dissociato è forte, un elettrolita parzialmente dissociato è debole. Le soluzioni contenenti elettroliti conducono corrente elettrica.

Quando un acido o una base si definiscono forti e quando deboli?

Gli acidi si distinguono in forti e deboli a seconda della maggiore o minore tendenza a *cedere* un protone; le basi sono forti o deboli a seconda della maggiore o minore tendenza ad *accettare* un protone. La forza di un acido è espressa dalla K_a, quella di una base dalla K_b.

Da Arrhenius a Lewis: che cosa distingue gli acidi e le basi?

	ACIDO	BASE
ARRHENIUS (1887)	Molecola polare (HA) che in soluzione acquosa si dissocia liberando ioni idrogeno H^+	Composto ionico (BOH) che in soluzione acquosa si dissocia liberando ioni idrossido OH^-
BRØNSTED-LOWRY (1923)	Molecola o ione (HA) capace di cedere un protone H^+ a una base B trasformandosi nella base coniugata A^-	Molecola o ione (B) capace di accettare un protone H^+ da un acido HA trasformandosi nell'acido coniugato BH^+
LEWIS (1923)	Molecola o ione (A) con un orbitale vuoto che può accettare un doppietto elettronico da una base B	Molecola o ione (B) con un doppietto elettronico disponibile che può essere condiviso con un acido A

ESERCIZI

ZTE ONLINE
Mettiti alla prova
con 20 esercizi interattivi

VERIFICA LE TUE CONOSCENZE

LA REAZIONE DI DISSOCIAZIONE IONICA

1 **Descrivi la reazione di dissociazione ionica di un acido precisando il significato dei termini *ionizzazione*, *idratazione* e *dissociazione*.**

2 **Indica il composto che in acqua si dissocia in tre ioni per unità formula:**
Ⓐ $LiCl_{(aq)}$
Ⓑ $Li_2S_{(aq)}$
Ⓒ $LiOH_{(aq)}$
Ⓓ $LiClO_{(aq)}$

3 **Indica il numero di ioni in cui è dissociato in acqua il nitrato di potassio:**
Ⓐ 3
Ⓑ 2
Ⓒ 5
Ⓓ 4

4 **Rappresenta l'equazione di dissociazione in acqua per i seguenti composti:**
a. $HBr_{(aq)}$
b. $KOH_{(aq)}$
c. $Na_2S_{(aq)}$
d. $H_2S_{(aq)}$
e. $Ba(OH)_{2(aq)}$
f. $Mg(NO_2)_{2(aq)}$

5 **Analizza la distinzione tra elettroliti forti ed elettroliti deboli.**

6 **Indica quale, tra i seguenti composti, è un non elettrolita:**
Ⓐ NaF
Ⓑ HI
Ⓒ CCl_4
Ⓓ LiOH

7 **Indica il composto che in acqua si comporta da elettrolita forte:**
Ⓐ H_2CO_3
Ⓑ H_3PO_4
Ⓒ HClO
Ⓓ H_2SO_4

LA TEORIA DI ARRHENIUS

8 **Giustifica il comportamento acido del diossido di carbonio e il comportamento basico dell'ossido di calcio in acqua.**

9 **Secondo la teoria di Arrhenius un acido è una sostanza che**
Ⓐ può cedere ioni idrogeno.
Ⓑ in acqua si dissocia liberando ioni idrogeno.
Ⓒ reagisce con una base per formare un sale.
Ⓓ può cedere un protone a una sostanza che lo accetta e si comporta da base.

10 **Rappresenta la dissociazione in acqua dei seguenti acidi:**
a. $HIO_{(aq)}$
b. $H_2MnO_{4(aq)}$
c. $H_3AsO_{4(aq)}$

11 **Secondo la teoria di Arrhenius una sostanza si comporta da base se**
Ⓐ condivide un doppietto elettronico con un acido.
Ⓑ cede ioni OH^-.
Ⓒ in acqua si dissocia liberando ioni OH^-.
Ⓓ accetta ioni H^+ dall'acqua.

12 **Rappresenta la dissociazione in acqua delle seguenti basi:**
a. $AgOH_{(aq)}$
b. $Ni(OH)_{2(aq)}$
c. $Al(OH)_{3(aq)}$

LA TEORIA DI BRØNSTED-LOWRY

13 **Spiega la diversa terminologia – ione idrogeno e protone – utilizzata nella teoria di Arrhenius e nella teoria di Brønsted-Lowry.**

14 **Esamina la relazione che si stabilisce tra un acido e la sua base coniugata.**

15 **Giustifica il comportamento anfotero dell'acqua e rappresenta l'equazione di autoprotolisi.**

16 **Identifica nelle seguenti reazioni di protolisi le coppie coniugate acido-base:**
a. $NH_3 + H_3O^+ \rightleftharpoons NH_4^+ + H_2O$
b. $HCN + NH_2^- \rightleftharpoons CN^- + NH_3$
c. $HS^- + OH^- \rightleftharpoons S^{2-} + H_2O$
d. $HBrO + H_2O \rightleftharpoons H_3O^+ + BrO^-$
e. $HF + OH^- \rightleftharpoons F^- + H_2O$
f. $H_2PO_4^- + CO_3^{2-} \rightleftharpoons HPO_4^{2-} + HCO_3^-$

17 **Indica, per i seguenti acidi, la corrispondente base coniugata:**
a. HNO_2
b. NH_4^+
c. H_3O^+
d. HS^-
e. HSO_4^-
f. HCl

18 **Indica, per le seguenti basi coniugate, il corrispondente acido:**
a. HSO_3^-
b. CO_3^{2-}
c. HPO_4^{2-}
d. CN^-
e. NH_2^-
f. OH^-

19 **Secondo la teoria di Brønsted-Lowry una sostanza si comporta da acido in acqua se**
Ⓐ si dissocia liberando ioni H^+.
Ⓑ accetta un protone dall'acqua.
Ⓒ cede un protone all'acqua.
Ⓓ accetta un doppietto elettronico da una base.

20 **Per la teoria di Brønsted-Lowry, lo ione $H_2PO_4^-$ in soluzione acquosa si comporta**
Ⓐ esclusivamente da acido.
Ⓑ esclusivamente da base.
Ⓒ sia da acido sia da base.
Ⓓ solo da acido forte.

ACIDI FORTI E DEBOLI

21 **Descrivi la differenza tra acidi forti e deboli.**

22 **Disponi in ordine di forza crescente i seguenti acidi:**
a. acido fluoridrico;
b. acido solfidrico;
c. acido cloroso;
d. acido cianidrico.

23 **Quale, tra i seguenti acidi, ha il valore di K_a minore?**
Ⓐ $H_3SiO_4^-$
Ⓑ $HSiO_4^{3-}$
Ⓒ H_4SiO_4
Ⓓ $H_2SiO_4^{2-}$

24 **In quale, tra le seguenti coppie, un acido forte è seguito da un acido debole?**
Ⓐ $HClO_4$, HNO_3
Ⓑ H_3PO_4, H_2SO_4
Ⓒ HCl, H_2CO_3
Ⓓ H_2SO_2, HNO_2

25 **I seguenti acidi hanno uguale concentrazione. Qual è l'acido più dissociato?**
Ⓐ $H_2S_{(aq)}$; $K_a = 1 \cdot 10^{-7}$
Ⓑ $NH^+_{4(aq)}$; $K_a = 5{,}6 \cdot 10^{-10}$
Ⓒ $HNO_{2(aq)}$; $K_a = 4{,}5 \cdot 10^{-4}$
Ⓓ $HSO^-_{4(aq)}$; $K_a = 1{,}2 \cdot 10^{-2}$

26 **Indica l'acido più forte in acqua.**
Ⓐ Acido carbonico
Ⓑ Acido cianidrico
Ⓒ Acido nitrico
Ⓓ Acido solfidrico

BASI FORTI E DEBOLI

27 **Analizza la distinzione tra basi forti e deboli.**

28 **Giustifica, secondo la teoria di Brønsted-Lowry, il comportamento basico dell'ossido di litio e dell'idrossido di litio.**

29 **In quale, tra le seguenti coppie, una base forte è seguita da una base debole?**
Ⓐ $Ca(OH)_2$, K_2O
Ⓑ ZnO, $LiOH$
Ⓒ Na_2O, $CuOH$
Ⓓ $Sn(OH)_2$, Al_2O_3

30 **Indica, tra le seguenti basi con uguale concentrazione, quella più forte:**
Ⓐ ClO^-
Ⓑ F^-
Ⓒ CN^-
Ⓓ CO_3^{2-}

31 **Disponi in ordine di forza crescente le seguenti basi:**
a. anilina;
b. metilammina;
c. ammoniaca;
d. idrazina.

32 **Indica quale, tra le seguenti basi, ha il valore di K_b minore:**
Ⓐ $HP_2O_7^{3-}$
Ⓑ $H_3P_2O_7^-$
Ⓒ $P_2O_7^{4-}$
Ⓓ $H_2P_2O_7^{2-}$

33 **Indica la base più forte in acqua:**
Ⓐ $Zn(OH)_2$
Ⓑ $Pb(OH)_2$
Ⓒ $Fe(OH)_2$
Ⓓ $Ca(OH)_2$

LA RELAZIONE TRA K_a E K_b

34 **Rappresenta l'equazione tra la costante di dissociazione di un acido debole e la costante di dissociazione della sua base coniugata.**

35 **La K_a dello ione ammonio è $5{,}6 \cdot 10^{-10}$, la K_b dell'ammoniaca (base coniugata) è $1{,}8 \cdot 10^{-5}$. Calcola il prodotto ionico dell'acqua.**

36 **Quale tra le seguenti affermazioni è errata?**
Ⓐ L'acido coniugato di una base debole è un acido forte.
Ⓑ La base coniugata di un acido debole è una base forte.
Ⓒ Più debole è un acido, più forte è la sua base coniugata.
Ⓓ Più forte è una base, più forte è il suo acido coniugato.

LA TEORIA DI LEWIS

37 **Giustifica la formazione dello ione ossonio H_3O^+ nella reazione acido-base di Lewis.**

38 **Prendi in esame la seguente reazione acido-base di Lewis:**

$$Al^{3+}_{(aq)} + 6\,H_2O_{(l)} \longrightarrow [Al(H_2O)_6]^{3+}_{(aq)}$$

Giustifica la formazione dello ione complesso.

39 **Identifica nelle seguenti equazioni gli acidi e le basi di Lewis:**
a. $Ag^+_{(aq)} + H_2O_{(l)} \longrightarrow [Ag(H_2O)_2]^+_{(aq)}$
b. $BF_3 + F^- \longrightarrow BF_4^-$
c. $4CO_{(g)} + Ni^{2+}_{(aq)} \longrightarrow [Ni(CO)_4]^{2+}_{(aq)}$
d. $AlH_3 + H^- \longrightarrow AlH_4^-$
e. $NH_2^- + H^+ \longrightarrow NH_3$

40 **Secondo la teoria di Lewis una sostanza si comporta da base se**

Ⓐ cede un protone a un'altra sostanza.
Ⓑ accetta un protone da un'altra sostanza.
Ⓒ condivide un doppietto elettronico con un'altra sostanza.
Ⓓ cede un doppietto elettronico a un'altra sostanza.

VERIFICA LE TUE ABILITÀ

41 **Indica il composto ionico che in acqua si dissocia in quattro ioni per unità formula:**

a. $(NH_4)_2CO_{3(aq)}$
b. $K_3PO_{4(aq)}$
c. $Hg_2Cl_{2(aq)}$
d. $Mn_2(SO_3)_{3(aq)}$

42 **Indica il numero di ioni in cui è dissociato in acqua il cianuro di ammonio.**

43 **Rappresenta l'equazione di dissociazione ionica per i seguenti composti:**

a. H_2CrO_4
b. $Ca_3(PO_4)_2$
c. $Mg(HS)_2$
d. $(NH_4)_2SO_4$
e. $H_2Cr_2O_7$
f. $Ba(CN)_2$

44 **Rappresenta l'equazione di dissociazione ionica per i seguenti composti:**

a. bicarbonato di alluminio;
b. solfato acido di ammonio;
c. bisolfuro ferrico;
d. dicromato stannico.

45 **Indica quale, tra i seguenti composti, in acqua è un elettrolita e rappresentane l'equazione di dissociazione ionica.**

Ⓐ Na_2SO_4
Ⓑ $SiCl_4$
Ⓒ $Cl_2H_{22}O_{11}$
Ⓓ $Ca(OH)_2$
Ⓔ HCN
Ⓕ $Ba(NO_3)_2$
Ⓖ C_2H_6
Ⓗ SiO_2

46 **Indica quale, tra i seguenti composti, in acqua ha un comportamento basico:**

Ⓐ $N_2O_{5(aq)}$
Ⓑ $Na_2O_{(aq)}$
Ⓒ $Cl_2O_{(aq)}$
Ⓓ $NaCl_{(aq)}$

47 **Secondo la teoria di Arrhenius, quale tra le seguenti affermazioni è errata?**

Ⓐ L'ammoniaca è una base.
Ⓑ Una base è una sostanza che si dissocia in acqua liberando ioni idrossido.
Ⓒ Il tricloruro di boro è una base.
Ⓓ Una base è una sostanza che in acqua aumenta la concentrazione degli ioni OH^-.

48 **Quale, tra i seguenti composti, in acqua ha un comportamento acido?**

Ⓐ $SO_{3(aq)}$
Ⓑ $K_2S_{(aq)}$
Ⓒ $KCN_{(aq)}$
Ⓓ $Na_2SO_{4(aq)}$

49 **Completa le seguenti reazioni di protolisi e identifica le coppie coniugate acido-base:**

a. $NH_2^- + H_2O \rightleftarrows$ ....
b. $HS^- + HBr \rightleftarrows$ ....
c. $HClO_4 + H_2O \rightleftarrows$ ....
d. $HCO_3^- + NH_4^+ \rightleftarrows$ ....
e. $NO_2^- + H_2O \rightleftarrows$ ....

50 **Rappresenta per i seguenti ioni poliatomici due equilibri di protolisi in acqua evidenziando il loro comportamento anfotero e identificando per ciascun equilibrio le coppie coniugate acido-base:**

a. $H_2PO_4^-$
b. HSO_4^-

51 **Considera la reazione di protolisi in acqua dell'acido iodidrico e identifica le due coppie coniugate acido-base.**

52 **Per la teoria di Bronsted-Lowry, quale tra i seguenti ioni in soluzione acquosa può agire sia da acido sia da base?**

Ⓐ Ione dicromato acido
Ⓑ Ione idrossido
Ⓒ Ione ammonio
Ⓓ Ione ammide

53 **Considera i seguenti acidi: H_2CO_3, HClO, HCN e H_2SO_3. Disponi le corrispondenti basi coniugate in ordine di forza crescente.**

54 **Rappresenta l'equazione di protolisi in acqua per i seguenti acidi: HSO_4^-, HF e NH_4^+.**

55 **Rappresenta la costante di dissociazione acida K_a per i seguenti acidi in soluzione acquosa: $H_2PO^-_{4(aq)}$, $HBrO_{(aq)}$ e $HS^-_{(aq)}$.**

56 **Una soluzione acquosa 0,1 M di HNO_2 è dissociata per il 6,5%. Calcola la K_a dell'acido.**

57 **Se un acido HA, in soluzione acquosa, è piú forte di un acido HB, si deduce che**

Ⓐ la base B^- è più debole di A^-.
Ⓑ l'acido HA è meno dissociato di HB.
Ⓒ i due acidi sono ugualmente ionizzati.
Ⓓ la base A^- è più debole di B^-.

58 **Rappresenta le equazioni di prima, seconda e terza dissociazione in acqua per l'acido fosforoso.**

59 **Considera le seguenti basi coniugate: HCO_3^-, SO_3^{2-}, NO_2^- e F^-. Disponi i corrispondenti acidi in ordine di forza crescente.**

60 **Considera la reazione di protolisi tra l'acido clorico e l'idrazina. L'acido clorico agisce da**
Ⓐ donatore di un doppietto elettronico.
Ⓑ donatore di un protone.
Ⓒ accettore di un protone.
Ⓓ accettore di un doppietto elettronico.

61 **Rappresenta l'equazione di protolisi in acqua per le seguenti basi:**
a. $CO^{2-}_{3(aq)}$
b. $NaOH_{(s)}$
c. $BaO_{(s)}$

62 **Rappresenta la costante di dissociazione basica K_b per le seguenti basi in soluzione acquosa:**
a. ClO_2^- b. SO_3^{2-} c. NH_3

63 **Rappresenta le equazioni di prima e seconda protonazione per lo ione solfito in soluzione acquosa.**

64 **I seguenti acidi sono in ordine di forza crescente: $HClO < H_2S < HNO_2 < HClO_2$. Qual è la base più debole?**
Ⓐ NO_2^- Ⓑ HS^- Ⓒ ClO_2^- Ⓓ ClO^-

65 **Considera l'equazione di protolisi tra lo ione idrogenocarbonato e l'ammoniaca. Lo ione idrogenocarbonato agisce da:**
Ⓐ donatore di un protone.
Ⓑ accettore di un protone.
Ⓒ donatore di un doppietto elettronico.
Ⓓ accettore di un doppietto elettronico.

66 **La K_a dell'acido ipocloroso è $3{,}5 \cdot 10^{-8}$. Calcola la K_b della sua base coniugata.**

67 **La K_b dello ione fluoruro è $1{,}3 \cdot 10^{-11}$. Calcola la K_a dell'acido fluoridrico.**

68 **Considera la seguente reazione di protolisi:**

$$HCO^-_{3(aq)} + H_2O_{(l)} \rightleftharpoons H_3O^+_{(aq)} + CO^{2-}_{3(aq)}$$

Stabilisci se la posizione dell'equilibrio è spostata verso i reagenti o verso prodotti.

69 **Identifica gli acidi e le basi di Lewis e completa le seguenti equazioni:**
a. $H^+_{(aq)} + Cl^-_{(aq)} \longrightarrow$ ....
b. $NH_{3(aq)} + H^+_{(aq)} \longrightarrow$ ....
c. $AlBr_3 + Br^- \longrightarrow$ ....
d. $SO_3 + O^{2-} \longrightarrow$ ....
e. $CO_2 + OH^- \longrightarrow$ ....

70 **Nella reazione acido-base di Lewis tra il diossido di zolfo e lo ione idrossido**
Ⓐ il diossido di zolfo si comporta da acido accettando un protone dallo ione idrossido.
Ⓑ lo ione idrossido si comporta da base condividendo un protone con il diossido di zolfo.
Ⓒ lo ione idrossido si comporta da base condividendo un doppietto elettronico con il diossido di zolfo.
Ⓓ il diossido di zolfo si comporta da acido condividendo un doppietto elettronico con lo ione idrossido.

71 **Rappresenta, mediante le formule molecolari e di struttura, la reazione acido-base di Lewis tra l'ammoniaca e il trifluoruro di boro.**

72 **Rappresenta la formula dei seguenti ioni complessi.**
a. ione esamminocromo(III)
b. ione tetracianocuprato(I)
c. ione tetraquozinco
d. ione tetrafluoroplatinato(II)

73 **Assegna il nome ai seguenti ioni complessi:**
a. $[Cd(NH_3)_4]^{2+}$ c. $[CoF_4]^{2-}$
b. $[Cr(H_2O)_6]^{3+}$ d. $[Cu(CN)_2]^-$

74 **Rappresenta la geometria dei seguenti ioni complessi:**
a. $[Ag(NH_3)_2]^+$ c. $[CoCl_4]^{2-}$
b. $[Fe(H_2O)_6]^{3+}$ d. $[Ni(CN)_4]^{2-}$

TEST YOURSELF

75 **How many ions are released into the water after the dissociation of a formula unit of sodium carbonate?**

76 **According to Brønsted-Lowry's theory, a base is stronger if**
Ⓐ its conjugate acid is stronger.
Ⓑ its conjugate acid is weaker.
Ⓒ it releases more OH^- ions.
Ⓓ it accepts more H_3O^+ ions.

77 **According to Brønsted-Lowry's theory, NaOH behaves as a base because**
Ⓐ it releases OH^- ions in water completely.
Ⓑ OH^- ions of the hydroxide accept protons from water.
Ⓒ it increases the concentration of OH^- ions in water.
Ⓓ OH^- ions donate pairs of electrons to H_3O^+.

78 **In water, the stronger the acid,**

Ⓐ the lower its acid dissociation constant.
Ⓑ the higher the number of ionizable hydrogen atoms in its molecule.
Ⓒ the weaker its conjugate base.
Ⓓ the stronger its conjugate base.

79 **Represent the equations of first, second and third dissociation for the boric acid, H_3BO_3, in aqueous solution.**

80 **An aqueous solution is made of 1.25 g of NH_3 in 1 L solution and 1.39% of the base is dissociate. Calculate K_b.**

VERSO I GIOCHI DELLA CHIMICA

81 **Secondo la teoria di Brønsted-Lowry, l'idrossido di sodio NaOH in acqua si comporta da base forte poiché:**

Ⓐ si dissocia completamente liberando ioni OH^-.
Ⓑ i suoi ioni OH^- accettano protoni dallo ione ossonio che si comporta da acido.
Ⓒ liberando ioni OH^- fa aumentare la loro concentrazione.
Ⓓ i suoi ioni OH^- accettano protoni dall'acqua che si comporta da acido.

[Finale nazionale 2012]

82 **Indica la serie di anioni che in acqua manifesta proprietà anfiprotiche:**

Ⓐ HS^-, $H_2PO_4^-$, HCO_3^-, SO_4^{2-}
Ⓑ HS^-, $H_2PO_4^-$, CO_3^{2-}, HSO_4^-
Ⓒ HPO_4^{2-}, HCO_3^-, PO_4^{3-}, HSO_4^-
Ⓓ HS^-, $H_2PO_4^-$, HCO_3^-, HSO_4^-

[Finale nazionale 2010]

83 **Considera i seguenti acidi: HCl, HNO_3, $HClO_4$. Indica quale acido è più forte in acqua.**

Ⓐ HCl perché il cloro è molto elettronegativo.
Ⓑ HNO_3 perché all'azoto sono legati tre atomi di ossigeno.
Ⓒ $HClO_4$ perché al cloro sono legati quattro atomi di ossigeno.
Ⓓ Hanno tutti la stessa forza.

[Finale nazionale 2011]

84 **Indica l'acido e la base più forti in acqua:**

Ⓐ H_3O^+ e OH^-
Ⓑ $HClO_4$ e KOH
Ⓒ HNO_3 e LiOH
Ⓓ H_2SO_4 e NaOH

[Finale nazionale 2011]

85 **Indica lo ione che può comportarsi solo da acido:**

Ⓐ NH_4^+
Ⓑ PO_3^{3-}
Ⓒ HPO_3^{2-}
Ⓓ HSO_4^-

[Finale nazionale 2011]

86 **Un elettrolita debole in acqua**

Ⓐ non è mai completamente dissociato.
Ⓑ si dissocia completamente solo se la soluzione è molto concentrata.
Ⓒ si dissocia completamente solo se la soluzione è molto diluita.
Ⓓ non può dissociarsi mai per più del 10%.

[Finale nazionale 2011]

87 **L'acido nitroso in acqua alla temperatura di 25 °C ha una K_a uguale a $5{,}1 \cdot 10^{-4}$. L'acido nitroso in acqua si comporta da**

Ⓐ acido debole.
Ⓑ acido forte.
Ⓒ ossidante.
Ⓓ riducente.

[Finale nazionale 2012]

88 **Indica la serie di acidi che riporta gli acidi in ordine di acidità crescente:**

Ⓐ $H_3BO_3 < H_3PO_3 < HClO_3$
Ⓑ $HClO_3 < H_3BO_3 < H_3PO_3$
Ⓒ $H_3PO_3 < HClO_3 < H_3BO_3$
Ⓓ $H_3BO_3 < HClO_3 < H_3PO_3$

[Finale nazionale 2013]

89 **Indica il composto che in acqua si comporta da elettrolita debole:**

Ⓐ NaCl
Ⓑ HCl
Ⓒ NaOH
Ⓓ HCN

[Finale nazionale 2013]

90 **Secondo la teoria di Brønsted-Lowry, una sostanza (HA) si comporta da acido quando:**

Ⓐ cede un protone a un'altra che si comporta da base.
Ⓑ in acqua si dissocia completamente in ioni H^+ e A^-.
Ⓒ reagisce con una base per formare un sale.
Ⓓ accetta un doppietto elettronico da un'altra che si comporta da base.

[Finale nazionale 2013]

VERSO L'UNIVERSITÀ

91 In una soluzione diluita di un acido forte monoprotico, tipo HCl, abbiamo una $[H^+] = 0{,}001 mol/L$. Qual è la concentrazione degli ioni $[OH^-]$ espressa in mol/L?

Ⓐ 10^{-11}
Ⓑ 10^{-14}
Ⓒ 10^{-3}
Ⓓ 10^{-7}
Ⓔ 10^{-12}

[dalla prova di ammissione a Medicina e Chirurgia, 2008]

92 Sono elettroliti forti in acqua:

Ⓐ tutti gli idrossidi.
Ⓑ tutti i sali solubili.
Ⓒ tutti gli acidi.
Ⓓ tutte le anidridi.
Ⓔ tutte le basi.

[dalla prova di ammissione a Medicina e Chirurgia, 2007]

93 Il prodotto ionico dell'acqua K_w è, a temperatura costante,

Ⓐ 7
Ⓑ 10^{14}
Ⓒ 10^{-14}
Ⓓ 10^{-5}
Ⓔ 0

[dalla prova di ammissione a Medicina e Chirurgia, 2006]

VERSO L'ESAME: LE TUE COMPETENZE

CLASSIFICA E IPOTIZZA

94 La forza di un acido o di una base si può misurare calcolando K_a o K_b; come si vede dalla tabella sottostante, tuttavia, i valori di queste costanti sono diversi a seconda del solvente.

a. Classifica gli acidi come forti o deboli nelle due condizioni sperimentali.
b. In un solvente acido forte come acido solforico (H_2SO_4), i valori di K_a dell'acido acetico e dell'acido fluoridrico sarebbero superiori o inferiori a quelli misurati in acqua? La forza acida di questi composti sarebbe, quindi, maggiore o minore che in acqua?
c. Ipotizza una spiegazione per le differenze che si manifestano nei vari solventi.

Acidi	K_a in acqua	K_a in ammoniaca
acido perclorico ($HClO_4$)	> 1	> 1
acido cloridrico (HCl)	> 1	> 1
acido acetico (CH_3COOH)	$1{,}7 \cdot 10^{-5}$	> 1
acido fluoridrico (HF)	6,7 · 10-4	> 1

RAPPRESENTA E ARGOMENTA

95 Indica, tra i seguenti diagrammi di Eulero-Venn, qual è la migliore rappresentazione delle relazioni tra gli acidi secondo Arrhenius (insieme A), Brønsted-Lowry (insieme B) e Lewis (insieme C) e motiva la risposta.

a.
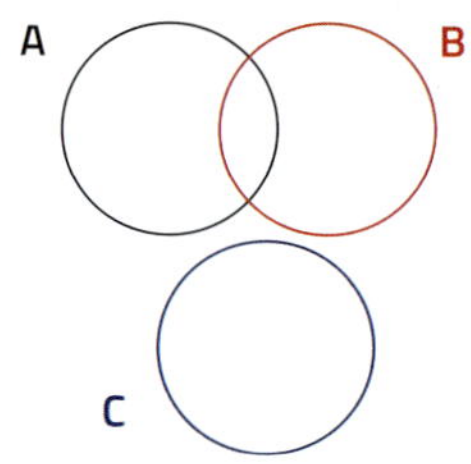

b.
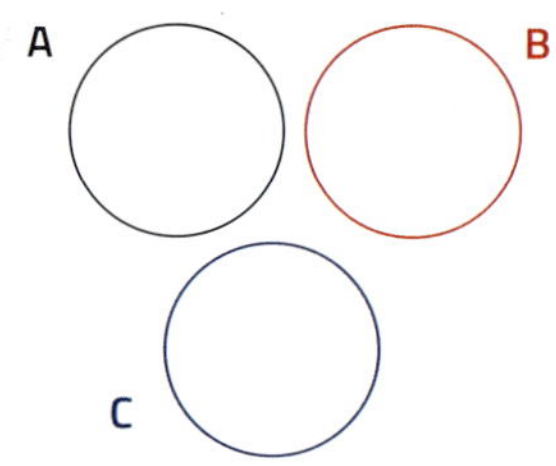

c.
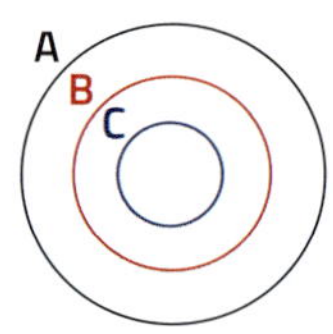

d.
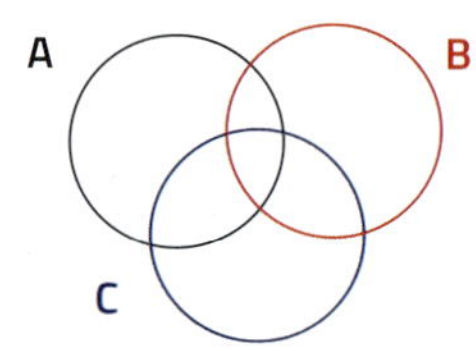

e.
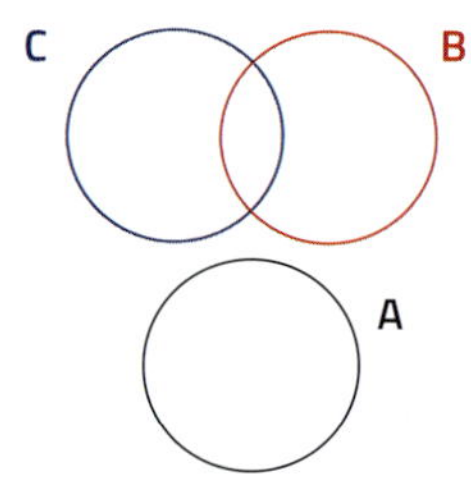

f.
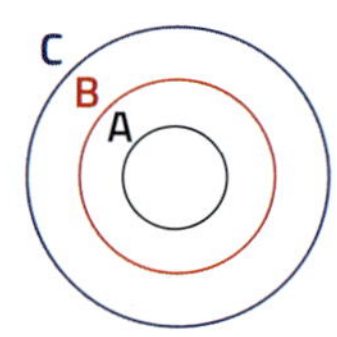

g.
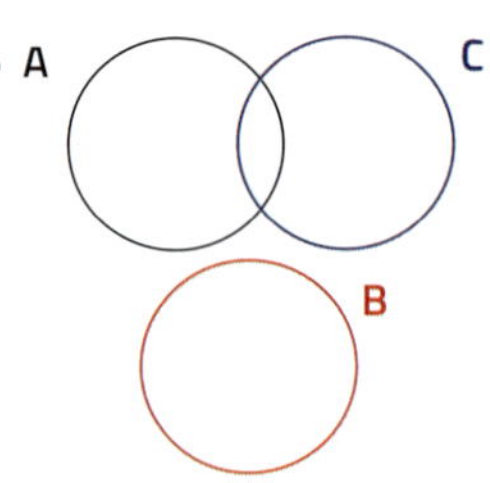

h.
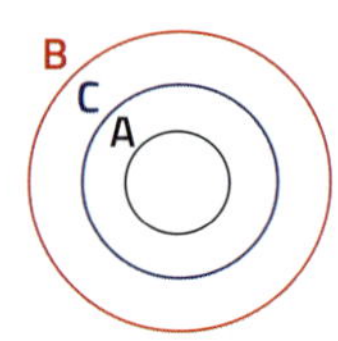

CAPITOLO

21 GLI EQUILIBRI IN SOLUZIONE ACQUOSA

1 L'ACQUA DÀ ORIGINE A UNA REAZIONE DI AUTOIONIZZAZIONE

L'acqua, anche se *pura*, rivela una ridottissima *conducibilità elettrica*. Di conseguenza, in essa devono essere presenti, sia pure in minima quantità, ioni che derivano da un equilibrio di *autoionizzazione*. Poiché l'acqua è un *elettrolita debolissimo*, l'equilibrio è molto spostato a sinistra e la reazione di dissociazione si rappresenta con la seguente equazione:

$$H_2O \rightleftarrows H^+ + OH^-$$

Lo ione idrogeno H^+ è molto instabile e reattivo: esso tende a legarsi con un legame covalente di coordinazione a un'altra molecola di acqua, formando lo **ione ossonio**, o idrossonio, H_3O^+ (figura **1**).

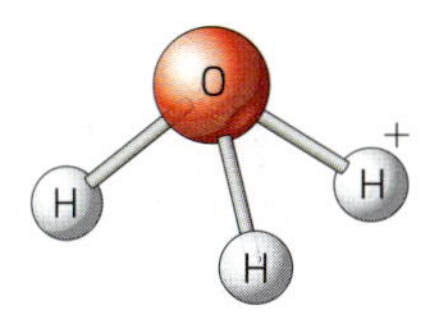

Figura 1 Modello molecolare dello ione ossonio Legandosi a una molecola d'acqua, lo ione idrogeno genera lo ione ossonio H_3O^+.

LE PAROLE

Lo **ione ossonio** (o **idrossonio**) è indicato anche con il nome *ione idronio*, termine ormai superato.

$$H^+ + H_2O \longrightarrow H_3O^+$$

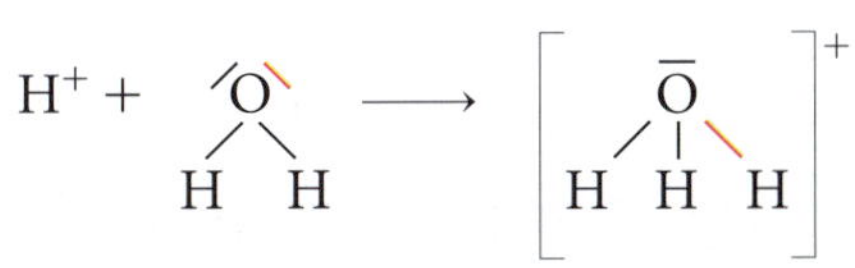

La reazione di autoionizzazione dell'acqua è quindi una reazione acido-base di Brønsted-Lowry: una molecola di acqua si comporta da acido cedendo un protone H^+ e forma lo ione idrossido OH^-, mentre l'altra molecola di acqua si comporta da base accettando un protone H^+ e forma lo ione ossonio H_3O^+ (figura **2**).

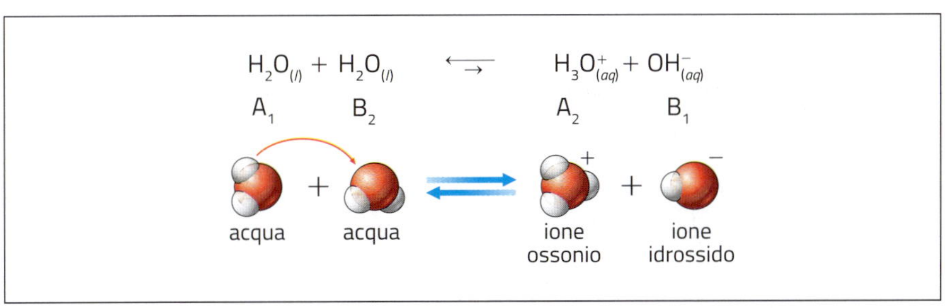

Figura 2 Reazione di autoionizzazione dell'acqua L'autoionizzazione dell'acqua è una reazione acido-base di Brønsted-Lowry in cui l'acqua ha un comportamento anfotero.

Lo ione ossonio H_3O^+ e lo ione idrossido OH^- si legano mediante *legami a idrogeno* con quattro e tre molecole di acqua rispettivamente, risultando così idratati (figura 3).

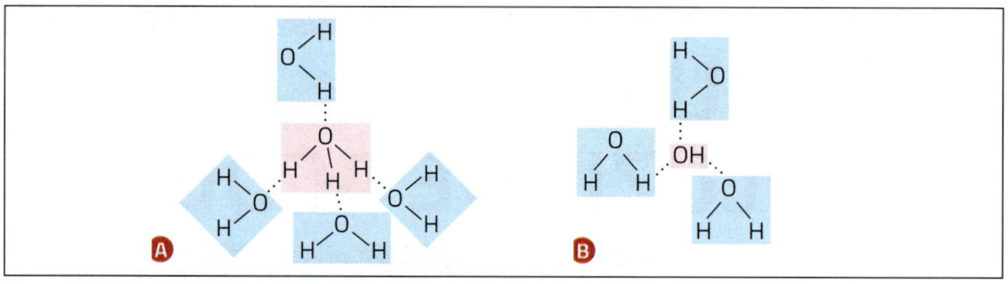

Figura 3 La forma idratata degli ioni ossonio e idrossido Nella forma idratata, A lo ione ossonio forma legami a idrogeno con quattro molecole d'acqua, B lo ione idrossido con tre.

La **reazione di autoionizzazione** o di *autoprotolisi* dell'acqua si può quindi rappresentare con un simbolismo più realistico con la seguente equazione:

$$2\,H_2O_{(l)} \rightleftarrows H_3O^+_{(aq)} + OH^-_{(aq)}$$

Il prodotto ionico dell'acqua

La reazione di autoionizzazione dell'acqua è una reazione di equilibrio rappresentata dalla seguente equazione:

$$2\,H_2O \rightleftarrows H_3O^+_{(aq)} + OH^-_{(aq)}$$

La costante di equilibrio K_c è data dalla relazione:

$$\frac{[H_3O^+]\cdot[OH^-]}{[H_2O]^2} = K_c$$

Poiché l'acqua è un elettrolita debolissimo, il numero delle molecole d'acqua *dissociate* è irrilevante rispetto al numero delle molecole *indissociate*; in altri termini, la concentrazione dell'acqua indissociata all'equilibrio si può considerare uguale alla concentrazione iniziale dell'acqua:

$$[H_2O]_{ind.} = [H_2O]_{iniz.}$$

Di conseguenza, il valore della concentrazione dell'acqua indissociata può considerarsi *costante* ed essere inglobato nella costante K_c:

$$[H_3O^+]\cdot[OH^-] = K_c \cdot [H_2O]^2$$

LE PAROLE

Nella notazione K_w, il simbolo *w*, a pedice della costante, indica che ci si riferisce all'acqua (in inglese *water*).

Il prodotto tra due costanti è una nuova costante indicata con la notazione K_w:

$$K_c \cdot [H_2O]^2 = K_w$$

La relazione precedente diventa quindi:

$$[H_3O^+]\cdot[OH^-] = K_w$$

Questa espressione rappresenta il *prodotto ionico dell'acqua.*

Il prodotto ionico dell'acqua è il prodotto della concentrazione degli ioni H_3O^+ e degli ioni OH^-.

Il valore del prodotto ionico dell'acqua è il valore di una costante di equilibrio e quindi dipende solo dalla *temperatura*. Alla temperatura di 25 °C:

$$K_w = 1{,}0 \cdot 10^{-14}\ M^2$$

La reazione di autoionizzazione dell'acqua è endotermica ($\Delta H > 0$): a un aumento della temperatura corrisponde un *aumento* della concentrazione dei prodotti e, di conseguenza, del valore del *prodotto ionico dell'acqua* (tabella **1**).

Nell'acqua pura la concentrazione degli ioni H_3O^+ è uguale alla concentrazione degli ioni OH^-:

$$[H_3O^+] = [OH^-]$$

Il valore della concentrazione dei due ioni può essere dedotto facilmente dall'espressione del prodotto ionico dell'acqua, ne consegue:

$$[H_3O^+] = [OH^-] = \sqrt{1{,}0 \cdot 10^{-14}} = 1{,}0 \cdot 10^{-7}\ M$$

Quindi, alla temperatura di 25 °C:

$$[H_3O^+] = 1{,}0 \cdot 10^{-7}\ M \quad [OH^-] = 1{,}0 \cdot 10^{-7}\ M$$

Tabella 1 Il prodotto ionico dell'acqua Il valore del prodotto ionico dell'acqua aumenta all'aumentare della temperatura.

Temperatura (°C)	K_w (mol/L)^2
10	$3{,}0 \cdot 10^{-15}$
25	$1{,}0 \cdot 10^{-14}$
40	$3{,}0 \cdot 10^{-14}$
50	$5{,}5 \cdot 10^{-14}$

Valore della concentrazione degli ioni ossonio e idrossido in una soluzione

Il prodotto ionico dell'acqua ha il valore di $1{,}0 \cdot 10^{-14}$ (mol/L)^2 non solo nell'acqua pura, ma *in tutte le soluzioni* alla temperatura di 25 °C. Infatti, se aggiungiamo all'acqua pura un acido o una base le concentrazioni degli ioni H_3O^+ e OH^- non saranno più le stesse, ma varieranno in modo che il loro prodotto rimanga *uguale* al prodotto ionico dell'acqua, K_w.

- Se aggiungiamo all'acqua pura una **base,** la concentrazione degli ioni OH^- assumerà un valore maggiore di $1{,}0 \cdot 10^{-7}$. La concentrazione degli ioni H_3O^+ può essere calcolata con la seguente relazione:

$$[H_3O^+] = \frac{K_W}{[OH^-]}$$

Ammettiamo che, con l'aggiunta di una base all'acqua pura, la concentrazione degli ioni OH^- diventi uguale a $1{,}0 \cdot 10^{-4}$ mol/L. In questo caso la concentrazione degli ioni H_3O^+ sarà di $1{,}0 \cdot 10^{-10}$ mol/L:

$$[H_3O^+] = \frac{1{,}0 \cdot 10^{-14}}{1{,}0 \cdot 10^{-4}} = 1{,}0 \cdot 10^{-10}\ M$$

- Se aggiungiamo all'acqua pura un **acido**, la concentrazione degli ioni di H_3O^+ avrà un valore maggiore di $1{,}0 \cdot 10^{-7}$ mol/L. La concentrazione degli ioni OH^- si determina con la seguente relazione:

$$[OH^-] = \frac{K_W}{[H_3O^+]}$$

Ammettiamo che, con l'aggiunta di un acido all'acqua pura, la concentrazione di H_3O^+ diventi uguale a $1{,}0 \cdot 10^{-5}$ mol/L. La concentrazione degli ioni OH^- sarà di $1{,}0 \cdot 10^{-9}$ mol/L:

$$[OH^-] = \frac{1{,}0 \cdot 10^{-14}}{1{,}0 \cdot 10^{-5}} = 1{,}0 \cdot 10^{-9}\ M$$

Quindi l'*aumento* della concentrazione di uno ione (H_3O^+ o OH^-) determina la *diminuzione* della concentrazione dell'altro ione (OH^- o H_3O^+).

Il valore del prodotto ionico dell'acqua è costante non solo nell'acqua pura ma in una qualunque soluzione acquosa.

A COLPO D'OCCHIO

SOLUZIONE
- ACIDA — $[H_3O^+] > [OH^-]$
- NEUTRA — $[H_3O^+] = [OH^-]$
- BASICA — $[H_3O^+] < [OH^-]$

2 LE SOLUZIONI POSSONO ESSERE ACIDE, NEUTRE E BASICHE

I valori delle concentrazioni degli ioni H_3O^+ e degli ioni OH^- in una soluzione sono sempre legati dall'espressione del prodotto ionico dell'acqua. Poiché tale valore è costante, è evidente che le due concentrazioni sono inversamente proporzionali: aumentando la concentrazione di uno dei due ioni, la concentrazione dell'altro ione deve diminuire. Per questo motivo, si è stabilito di far riferimento alla concentrazione di un solo tipo di ione e, in particolare, alla concentrazione molare degli **ioni H_3O^+**. Una soluzione si definisce:

- **acida** quando la concentrazione di H_3O^+ è *maggiore* della concentrazione di OH^- e quindi maggiore di $1{,}0 \cdot 10^{-7}$ mol/L:

soluzione acida $[H_3O^+] > [OH^-]$ ovvero $[H_3O^+] > 1{,}0 \cdot 10^{-7}$ M

- **neutra** quando la concentrazione di H_3O^+ è *uguale* alla concentrazione di OH^- e quindi uguale a $1{,}0 \cdot 10^{-7}$ mol/L:

soluzione neutra $[H_3O^+] = [OH^-]$ ovvero $[H_3O^+] = 1{,}0 \cdot 10^{-7}$ M

- **basica** quando la concentrazione di H_3O^+ è *minore* della concentrazione di OH^- e quindi minore di $1{,}0 \cdot 10^{-7}$ mol/L:

soluzione basica $[H_3O^+] < [OH^-]$ ovvero $[H_3O^+] < 1{,}0 \cdot 10^{-7}$ M

Riportiamo di seguito i valori delle concentrazioni degli ioni H_3O^+ e degli ioni OH^- per i quali le soluzioni risultano acide, neutre e basiche (figura 4).

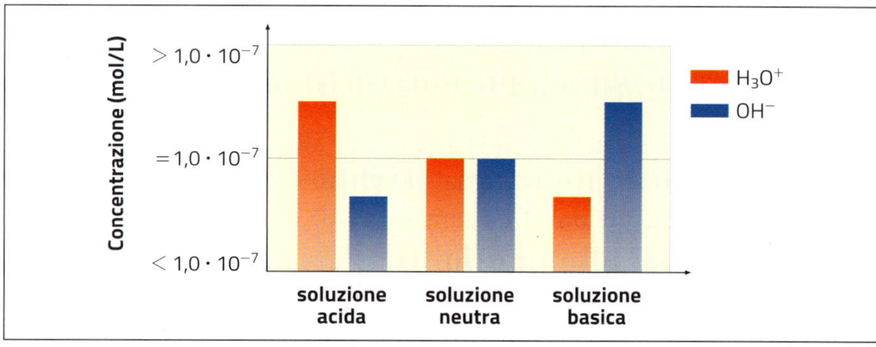

Figura 4 Valori delle concentrazioni degli ioni H_3O^+ e OH^- in una soluzione In una soluzione acida prevalgono gli ioni H_3O^+; in una soluzione neutra gli ioni H_3O^+ sono uguali agli ioni OH^-; in una soluzione basica prevalgono gli ioni OH^-.

Il grado di acidità o basicità di una soluzione: pH e pOH

Se esprimiamo il grado di acidità o basicità di una soluzione con la notazione esponenziale della concentrazione degli ioni H_3O^+, i valori possono variare in un intervallo molto ampio. Per ridurre questo intervallo, si preferisce esprimere la concentrazione degli ioni H_3O^+ *non* con potenze di 10, ma con una notazione definita **pH** dal chimico danese Søren Peter Sørensen.

Il **pH** di una soluzione è il logaritmo negativo in base 10 della concentrazione degli ioni H_3O^+, espressa in molarità (mol/L):

$$pH = -\log [H_3O^+]$$

Il pH, essendo un logaritmo, è un numero *adimensionale* e quindi non deve essere seguito da alcuna unità di misura. Vediamo ora come si calcola il valore del pH.

LE PAROLE

Nella notazione **pH**, la lettera *p* deriva dal termine tedesco *potenz*, «potenza» e la lettera H si riferisce al simbolo dell'idrogeno.

TI RICORDI?

Il **logaritmo** di un numero *n* in base 10 è l'esponente al quale si deve elevare la base 10 per ottenere il numero *n*.

Quando in una soluzione la concentrazione di H_3O^+ è espressa come *prodotto di* 1 *per una potenza in base* 10, il valore del pH corrisponde all'*esponente cambiato di segno*. Una soluzione in cui la concentrazione di H_3O^+ è 1 M ha un valore di pH uguale a 0:

$$pH = -\log [H_3O^+] = -\log 1 = 0$$

Una soluzione in cui la concentrazione di H_3O^+ è uguale a $1{,}0 \cdot 10^{-7}$ M ha un valore di pH uguale a 7:

$$pH = -\log [H_3O^+] = -\log 1{,}0 \cdot 10^{-7} = 7$$

Infine, una soluzione in cui la concentrazione di H_3O^+ è uguale a $1{,}0 \cdot 10^{-14}$ M ha un valore di pH uguale a 14:

$$pH = -\log [H_3O^+] = -\log 1{,}0 \cdot 10^{-14} = 14$$

Se la concentrazione di H_3O^+ di una soluzione ha il *primo fattore diverso* da 1, il valore del pH può invece essere determinato con l'aiuto di una calcolatrice scientifica che disponga della funzione *log*.

Una soluzione in cui la concentrazione di H_3O^+ è uguale a $2{,}0 \cdot 10^{-3}$ M ha un valore di pH uguale a 2,69:

$$pH = -\log [H_3O^+] = -\log 2{,}0 \cdot 10^{-3} = 2{,}70$$

Dal valore del pH si può calcolare la **concentrazione** degli ioni H_3O^+ mediante la relazione:

$$[H_3O^+] = 1{,}0 \cdot 10^{-pH}$$

Se una soluzione ha pH uguale a 3 la concentrazione degli ioni H_3O^+ è uguale a 0,001 mol/L:

$$[H_3O^+] = 1{,}0 \cdot 10^{-pH} = 1{,}0 \cdot 10^{-3}\ mol/L = 0{,}001\ mol/L$$

Se una soluzione ha pH uguale a 4,2, il valore della concentrazione degli ioni H_3O^+ può essere determinato utilizzando una calcolatrice scientifica che disponga della funzione 10^x:

$$[H_3O^+] = 1{,}0 \cdot 10^{-4{,}2}\ mol/L = 6{,}3 \cdot 10^{-5}\ mol/L$$

Il grado di acidità o di basicità di una soluzione può essere espresso anche con riferimento alla concentrazione degli ioni idrossido OH^-. In tal caso si determina il *pOH*.

Il **pOH** di una soluzione è il logaritmo negativo in base 10 della concentrazione degli ioni OH^- espressa in molarità (mol/L):

$$pOH = -\log [OH^-]$$

Noto il valore del pOH, è possibile calcolare la concentrazione degli ioni OH^- con la relazione:

$$[OH^-] = 1{,}0 \cdot 10^{-pOH}$$

Nella *maggior parte* delle soluzioni acquose la concentrazione degli ioni H_3O^+ o degli ioni OH^- è compresa tra i valori di 1,0 M e $1{,}0 \cdot 10^{-14}$ M, per cui in base alle relazioni precedenti i valori del pH o del pOH sono compresi generalmente tra 0 e 14. L'insieme di questi valori costituisce la scala del pH o del pOH (Figura 5).

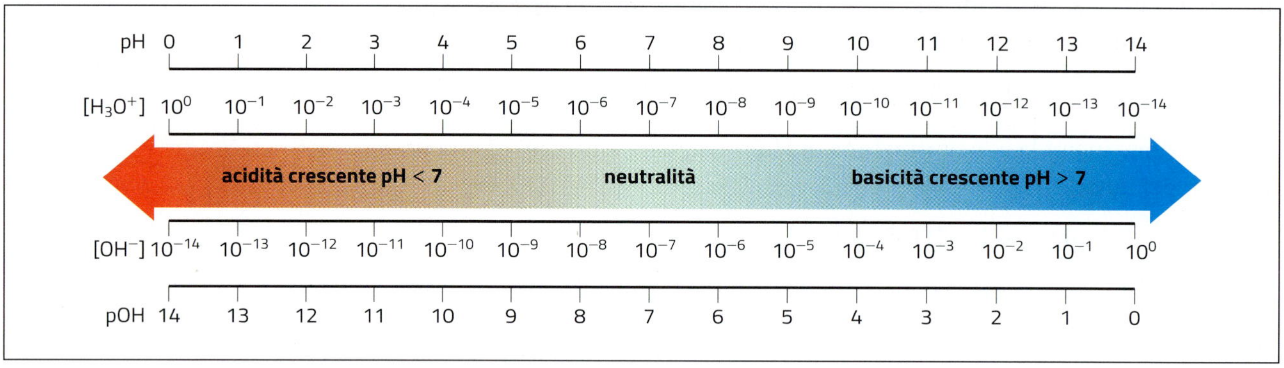

Figura 5 Scala del pH e del pOH La scala riporta i valori del pH e del pOH corrispondenti alle diverse concentrazioni di ioni H_3O^+ e OH^-. Da notare che, al variare di un'unità di pH, la concentrazione degli ioni H_3O^+ (o degli ioni OH^-) varia di 10 volte.

I valori del pH e del pOH alla temperatura di 25 °C sono legati dalla seguente relazione:

$$pH + pOH = 14$$

Se conosciamo solo uno dei due valori, pH o pOH, possiamo determinare l'altro valore di una qualunque soluzione acida o basica (figura 6):

$$pH = 14 - pOH \qquad pOH = 14 - pH$$

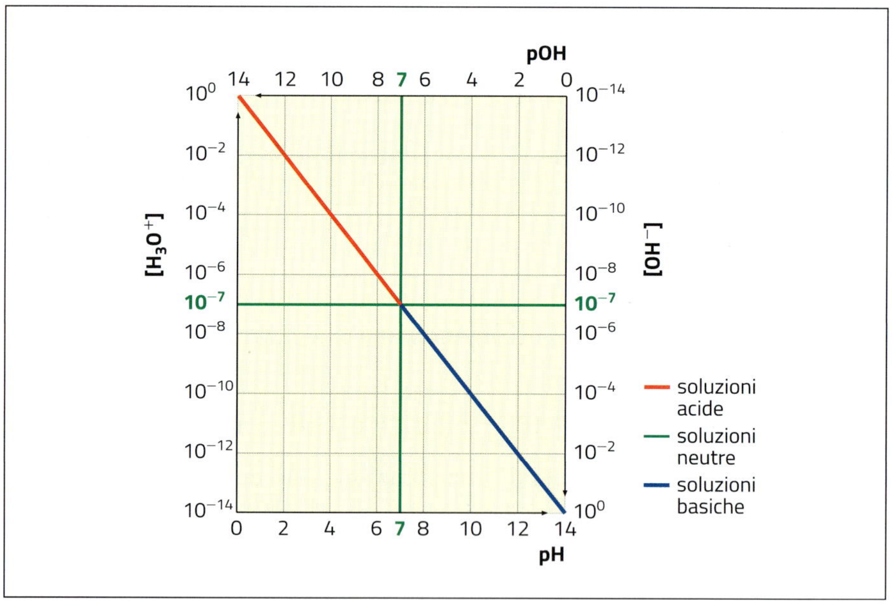

Figura 6 Relazioni tra le concentrazioni di ioni H_3O^+ e OH^- e i valori di pH e pOH In ogni soluzione il prodotto delle concentrazioni degli ioni H_3O^+ e degli ioni OH^- è uguale a $1{,}0 \cdot 10^{-14}$, mentre la somma del pH e del pOH è 14.

Dall'esame dei valori della concentrazione di H_3O^+ e del pH si può notare che all'aumentare della concentrazione degli H_3O^+ il pH diminuisce: se il valore della concentrazione di H_3O^+ *aumenta* da 10^{-2} a 10^{-1}, il pH *diminuisce* da 2 a 1. Da sottolineare che una diminuzione del pH di *una* unità corrisponde a un aumento di *10 volte* della concentrazione degli ioni H_3O^+.

L'acidità e la basicità di una soluzione sono espressi da valori minori o maggiori di 7.

Una soluzione è acida se il pH è minore di 7, neutra se il pH è uguale a 7, basica se il pH è maggiore di 7.

Il pH di una soluzione di un acido o di una base forte

Gli **acidi forti monoprotici** ($HClO_4$, HNO_3, HCl, HBr, HI) sono *completamente* dissociati in ioni, per cui la concentrazione molare degli ioni H_3O^+ *coincide* con la concentrazione molare iniziale dell'acido (simbolo C_a):

$$[H_3O^+] = [C_a]_{iniziale}$$

Noto quindi il valore della concentrazione molare iniziale dell'acido, possiamo quindi calcolare direttamente il pH della soluzione:

$$pH = -\log [H_3O^+]$$

Anche le **basi forti** sono *completamente* dissociate. Se è nota la concentrazione molare iniziale della base (simbolo C_b), è quindi possibile determinare la concentrazione molare degli ioni OH^-. A seconda del tipo di base (allumini o alcalino-terrosi) il valore di OH^- si calcola in modo diverso.

Per le basi forti dei **metalli alcalini**, che dissociandosi liberano *una mole* di ioni OH^-, la concentrazione degli ioni OH^- *coincide* con la concentrazione iniziale della base:

$$[OH^-] = [C_b]_{iniziale}$$

Per le basi forti dei **metalli alcalino-terrosi** (tranne il berillio), che dissociandosi liberano *due moli* di ioni OH^-, la concentrazione molare degli ioni OH^- è il *doppio* della concentrazione iniziale della base:

$$[OH^-] = 2\,[C_b]_{iniziale}$$

Nota la concentrazione molare della base e di conseguenza la concentrazione degli ioni OH^-, si può calcolare il pH secondo due modalità.

a. Si determina prima la concentrazione degli ioni H_3O^+ e quindi il pH:

$$[H_3O^+] = \frac{K_w}{[OH^-]} \qquad pH = -\log[H_3O^+]$$

b. Si calcola prima il pOH e successivamente il pH:

$$pOH = -\log[OH^-] \qquad pH = 14 - pOH$$

PROBLEMA MODELLO

Calcolare il pH di una soluzione di un acido forte

Una soluzione contiene 9,5 g di HNO_3 in 450 mL di soluzione. Calcola il pH.

L'IDEA

L'equazione di dissociazione dell'acido nitrico (acido forte completamente dissociato in acqua) evidenzia che da 1 mole di acido si libera 1 mole di ioni H_3O^+:

$$HNO_{3(l)} + H_2O_{(l)} \longrightarrow H_3O^+_{(aq)} + NO^-_{3(aq)}$$

quindi la concentrazione molare degli ioni H_3O^+ corrisponde alla concentrazione molare iniziale dell'acido:

$$[H_3O^+] = [HNO_3]$$

LA SOLUZIONE

Determiniamo il numero delle moli (n) dell'acido nitrico ($M = 63$ g/mol):

$$n = \frac{m\ (g)}{M\ (g/mol)} = \frac{9{,}5\ g}{63\ g/mol} = 0{,}15\ mol$$

Definiamo la concentrazione molare della soluzione dell'acido nitrico:

$$M = \frac{n\,(\text{mol})}{V\,(\text{L})} = \frac{0,15\ \text{mol}}{0,45\ \text{L}} = 0,33\ \text{mol/L}$$

LA CONCLUSIONE

Determiniamo ora il pH della soluzione:

$$\text{pH} = -\log\,[H_3O^+] = -\log 0,33 = 0,48$$

PROBLEMA SIMILE

Una soluzione contiene 6,5 g di $Mg(OH)_2$ in 220 mL di soluzione. Calcola il pH.

PROBLEMA MODELLO

Calcolare la quantità di una base forte in soluzione a partire dal pH

Una soluzione di $Ba(OH)_2$ ha il pH uguale a 12,7. Calcola i grammi di $Ba(OH)_2$ presenti in 220 mL di soluzione.

L'IDEA

L'equazione di dissociazione ionica dell'idrossido di bario (base forte completamente dissociata) evidenzia che da 1 mole di base si liberano 2 moli di ioni OH^-:

$$Ba(OH)_{2(aq)} \longrightarrow Ba^{2+}_{(aq)} + 2\,OH^-_{(aq)}$$

quindi la concentrazione molare di $Ba(OH)_2$ è la metà della concentrazione molare degli ioni OH^-.

LA SOLUZIONE

Noto il valore del pH, calcoliamo il pOH:

$$\text{pOH} = 14 - \text{pH} = 14 - 12,7 = 1,3$$

Determiniamo ora la concentrazione molare degli ioni OH^-:

$$[OH^-] = 10^{-\text{pOH}} = 10^{-1,3} = 0,05\ \text{mol/L}$$

La concentrazione molare dell'idrossido di bario è la metà della concentrazione molare degli ioni OH^-:

$$[Ba(OH_2)] = \frac{0,05\ \text{mol/L}}{2} = 0,025\ \text{mol}$$

Definiamo il numero delle moli dell'idrossido di bario in 220 mL di soluzione:

$$n = M\ (\text{mol/L}) \cdot V\ (\text{L}) = 0,025\ \text{mol/L} \cdot 0,22\ \text{L} = 5,5 \cdot 10^{-3}\ \text{mol}$$

LA CONCLUSIONE

Determiniamo la massa molare M della base (M = 171 g/mol) e calcoliamo i grammi dell'idrossido di bario:

$$m = n\ (\text{mol}) \cdot M\ (\text{g/mol}) = 5,5 \cdot 10^{-3}\ \text{mol} \cdot 171\ \text{g/mol} = 0,94\ \text{g}$$

PROBLEMA SIMILE

Una soluzione di NaOH ha il pH uguale a 12,2. Calcola i grammi di NaOH in 650 mL di soluzione.

Il pH di una soluzione di un acido o di una base debole

Quando in una soluzione sono presenti acidi o basi deboli, dissociati *parzialmente*, la concentrazione degli ioni H_3O^+ o degli ioni OH^- è *minore* della concentrazione iniziale (espressa in mol/L) dell'acido (C_a) o della base(C_b).

Per determinare il pH di acidi o basi deboli occorre quindi prendere in esame il valore della costante di dissociazione dell'acido K_a o della base K_b, e di conseguenza la **concentrazione** degli ioni H_3O^+ o OH^-.

I valori della concentrazione di H_3O^+ e degli ioni OH^- si calcolano con le seguenti relazioni:

$$[H_3O^+] = \sqrt{K_a \cdot C_a}$$

$$[OH^-] = \sqrt{K_b \cdot C_b}$$

Se sono noti la concentrazione degli ioni H_3O^+ o degli ioni OH^- si può stabilire la concentrazione iniziale dell'acido (C_a) o della base (C_b):

$$C_a = \frac{[H_3O^+]}{K_a} \qquad C_b = \frac{[OH^-]^2}{K_b}$$

PER CAPIRE MEGLIO
Videolezione
Calcolare il pH di una soluzione

PROBLEMA MODELLO

Calcolare il pH di una soluzione di un acido debole

Una soluzione di HNO_2 ($K_a = 4{,}5 \cdot 10^{-4}$) contiene 4,5 g in 110 mL di soluzione. Calcola il pH.

L'IDEA

Per il calcolo del pH della soluzione si deve determinare la concentrazione molare dell'acido nitroso, un acido debole che in acqua è parzialmente dissociato in ioni.

$$HNO_{2(aq)} + H_2O_{(l)} \rightleftarrows H_3O^+_{(aq)} + NO^-_{2(aq)}$$

LA SOLUZIONE

Calcoliamo quindi il numero delle moli (n) dell'acido nitroso ($M = 47$ g/mol):

$$n = \frac{m\,(\text{g})}{M\,(\text{g/mol})} = \frac{4{,}5\ \text{g}}{47\ \text{g/mol}} = 0{,}095\ \text{mol}$$

determiniamo la concentrazione molare dell'acido:

$$\text{M} = \frac{n\,(\text{mol})}{V\,(\text{L})} = \frac{0{,}095\ \text{mol}}{0{,}11\ \text{L}} = 0{,}86\ \text{mol/L}$$

Calcoliamo ora la concentrazione molare degli ioni H_3O^+ con la relazione:

$$[H_3O^+] = \sqrt{K_a \cdot C_a} = \sqrt{(4{,}5 \cdot 10^{-4}) \cdot 0{,}86}\ \text{mol/L} = 1{,}97 \cdot 10^{-2}\ \text{mol/L}$$

LA CONCLUSIONE

Nota la concentrazione molare degli ioni H_3O^+, è possibile definire il pH con la notazione:

$$\text{pH} = -\log\,[H_3O^+] = -\log 2{,}09 \cdot 10^{-2} = 1{,}70$$

PROBLEMA SIMILE

Una soluzione di un'ammina, la metilammina CH_3NH_2 ($K_b = 3{,}6 \cdot 10^{-4}$), contiene 2 g di base in 1 L di soluzione. Calcola il pH.

La determinazione sperimentale del pH di una soluzione

La determinazione sperimentale del pH di una soluzione può essere effettuata con gli indicatori, le cartine indicatrici e il piaccametro.

Gli **indicatori** sono acidi organici deboli che nella forma indissociata (simbolo **HIn**) sono di un colore *diverso* dalla forma dissociata (simbolo $\mathbf{In^-}$).

Il rosso di metile è un indicatore che nella forma indissociata è di colore *rosso* e nella forma dissociata di colore *giallo*. Essendo un acido debole, la reazione di dissociazione ha l'equilibrio spostato a sinistra ed è rappresentata dall'equazione:

$$HIn_{(aq)} + H_2O_{(l)} \rightleftarrows H_3O^+_{(aq)} + In^-_{(aq)}$$

In presenza di una soluzione **acida** l'indicatore diventerà rosso. Il colore rosso della soluzione è giustificato dall'elevata concentrazione di ioni H_3O^+ che, reagendo con la forma dissociata dell'indicatore In^-, spostano l'equilibrio della reazione a *sinistra*, verso la forma indissociata (figura 7A):

$$[HIn] > [In^-]$$

In presenza di una soluzione **basica** l'indicatore diventerà giallo. Il colore giallo della soluzione è giustificato dall'elevata concentrazione in soluzione di ioni OH^- che, reagendo con gli ioni H_3O^+, formano acqua. La diminuzione degli ioni H_3O^+ determina uno spostamento dell'equilibrio della reazione a *destra*, verso la forma dissociata (figura 7C):

$$[HIn] < [In^-]$$

Se la concentrazione delle molecole dell'indicatore HIn è uguale alla concentrazione degli ioni In^- la soluzione assumerà un colore intermedio tra quello della forma indissociata e quello della forma dissociata (per l'indicatore *rosso di metile* la soluzione assumerà il colore arancione, figura 7B):

$$[HIn] = [In^-]$$

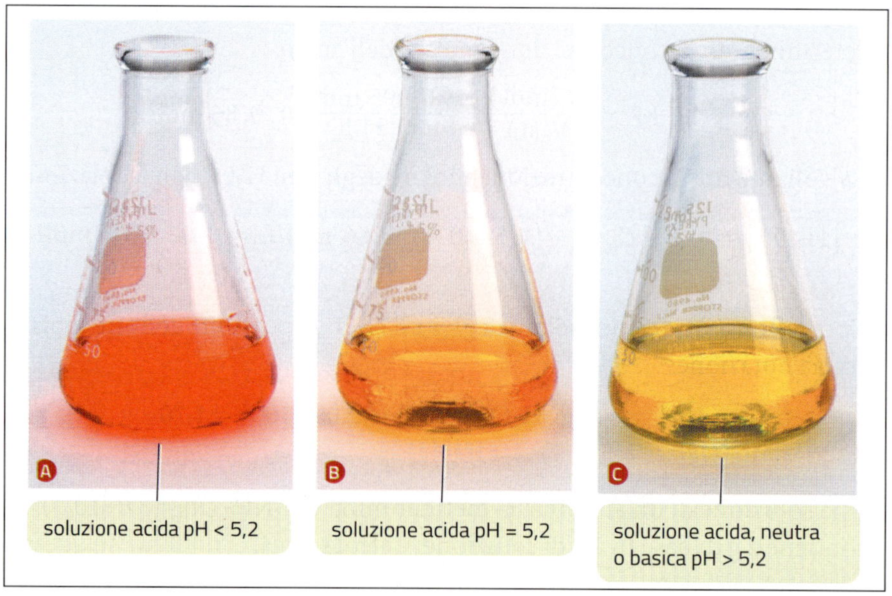

Figura 7 Il rosso di metile assume colori diversi a seconda del pH della soluzione Il punto di viraggio del rosso di metile è a pH = 5,2.

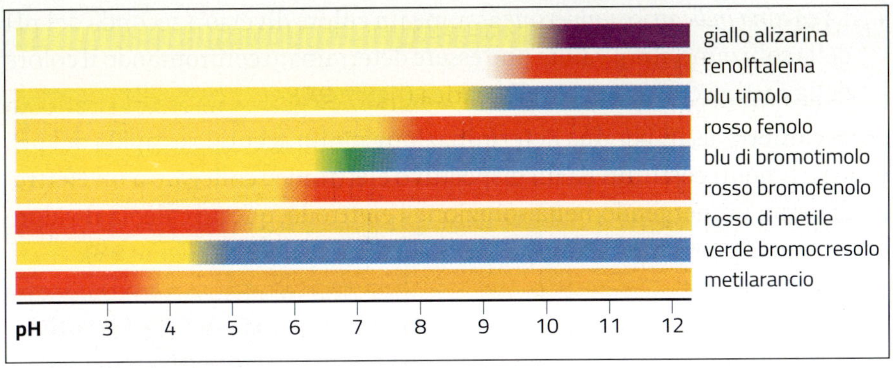

Figura 8 **I colori degli indicatori** Colori assunti dai più comuni indicatori al variare del pH di una soluzione.

Il cambiamento di colore dell'indicatore, detto *viraggio*, dipende dal valore del pH della soluzione (**figura 8**).

Il valore del pH di una soluzione che corrisponde alla variazione di colore dell'indicatore si chiama **pH di viraggio**.

Per l'indicatore rosso di metile il pH di viraggio è uguale a 5,2.

In conclusione, in una soluzione un acido organico debole *indica* se il pH della soluzione è minore, uguale o maggiore di un determinato valore (**tabella 2**).

Si chiamano **indicatori di pH** gli acidi deboli che, aggiunti in piccole quantità a una soluzione, assumono un diverso colore a seconda del pH della soluzione.

Tabella 2 **Valori del pH di viraggio e colori di HIn e In^- dei più comuni indicatori** Per valori inferiori al pH di viraggio, il colore si riferisce alla forma indissociata HIn; per valori superiori a quelli di viraggio, il colore è relativo all'indicatore nella forma dissociata In^-.

Indicatore	pH di viraggio	Colore di HIn (pH soluzione < pH di viraggio)	Colore di In^- (pH soluzione > pH di viraggio)
violetto di metile	1,2	giallo	blu
metilarancio	3,8	rosso	giallo
rosso di metile	5,2	rosso	giallo
blu di bromotimolo	6,8	giallo	blu
fenolftaleina	9,1	incolore	rosso
giallo alizarina	11	giallo	rosso/arancione

Per determinare il pH di una soluzione in modo preciso e rapido coprendo un campo di viraggio esteso, si può utilizzare l'*indicatore universale*.

L'**indicatore universale** è una soluzione costituita da diversi indicatori.

Aggiungendo alla soluzione alcune gocce dell'indicatore universale, la soluzione assume un colore diverso a seconda del pH, il cui valore può essere misurato confrontando il colore della soluzione con una scala cromatica.

Le **cartine indicatrici** sono striscette di carta imbevute in un indicatore (cartina indicatrice acido-base) oppure più indicatori (cartina indicatrice universale).

- La *cartina indicatrice acido-base* è imbevuta dell'indicatore *tornasole* (pH di viraggio uguale a 6,5). È utilizzata per stabilire semplicemente se una soluzione è acida o basica: immersa nella soluzione, la cartina assume un colore rosso (pH < 7) o un colore blu (pH > 7).

PER VEDERE LA CHIMICA
Video *In laboratorio*
Estraiamo un indicatore... dal cavolo rosso

- La *cartina indicatrice universale* assume un colore diverso a seconda del pH della soluzione, il cui valore può essere determinato confrontando il colore della cartina con una scala cromatica (figura **9A**).

I **piaccametri**, usati per una determinazione molto accurata e rapida del pH, sono strumenti costituiti da un dispositivo elettronico collegato a un elettrodo di vetro; immergendo nella soluzione l'elettrodo, questo calcola il valore del pH corrispondente e lo rappresenta sul display digitale (figura **9B**).

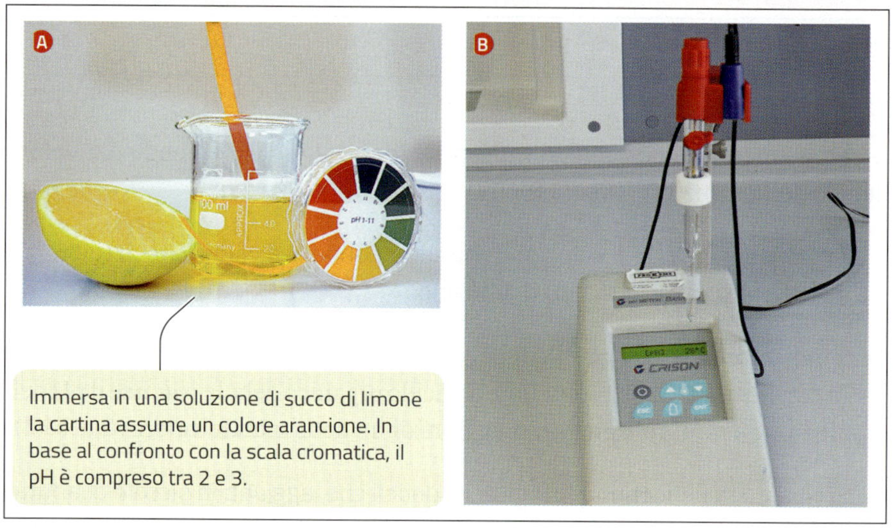

Figura 9 Misurare il pH
A La cartina indicatrice universale.
B I piaccametri sono usati per la determinazione accurata del pH.

PER CAPIRE MEGLIO
PDF *Laboratorio*
Costruzione di una scala cromatica del pH

3 ACIDI E BASI SI NEUTRALIZZANO A VICENDA

Torniamo a esaminare le reazioni acido-base (reazioni che avvengono in *acqua*) per analizzare specificatamente gli aspetti quantitativi in termini di *volume* e di *concentrazione* della soluzione acida e basica. La reazione è descritta dalla seguente equazione:

$$\text{acido} + \text{base} \longrightarrow \text{sale} + \text{acqua}$$

Supponiamo di prendere in esame una soluzione di un acido forte monoprotico, l'acido cloridrico HCl, e la soluzione di una base forte monobasica (in cui è presente un solo gruppo OH), l'idrossido di sodio NaOH. Le due soluzioni hanno *ugual*e volume e la *stessa* concentrazione. L'acido cloridrico e l'idrossido di sodio, essendo degli elettroliti forti, sono *completamente* dissociati in ioni.

Nella soluzione di acido cloridrico sono presenti ioni ossonio H_3O^+ e ioni cloruro Cl^-:

$$HCl_{(aq)} + H_2O_{(l)} \longrightarrow H_3O^+_{(aq)} + Cl^-_{(aq)}$$

Nella soluzione di idrossido di sodio sono presenti ioni sodio Na^+ e ioni idrossido OH^-:

$$NaOH_{(aq)} \longrightarrow Na^+_{(aq)} + OH^-_{(aq)}$$

Trattandosi di due soluzioni con *uguale* volume e la *stessa* concentrazione si ha che il numero degli ioni H_3O^+ presenti nella soluzione acida è uguale al numero degli ioni OH^- della soluzione basica:

$$[H_3O^+] = [OH^-]$$

Aggiungendo la soluzione di HCl alla soluzione di NaOH, si ha che gli ioni Na^+ e Cl^- rimangono in soluzione sotto forma di ioni idratati (ioni spettatori), mentre gli ioni H_3O^+ e OH^- reagiscono per formare acqua. La reazione è quindi descritta dalla seguente equazione:

$$H_3O^+_{(aq)} + OH^-_{(aq)} \longrightarrow 2\,H_2O_{(l)}$$

Poiché tutti gli ioni H_3O^+ reagiscono con gli ioni OH^- la soluzione risulta **neutra** (figura **10**).

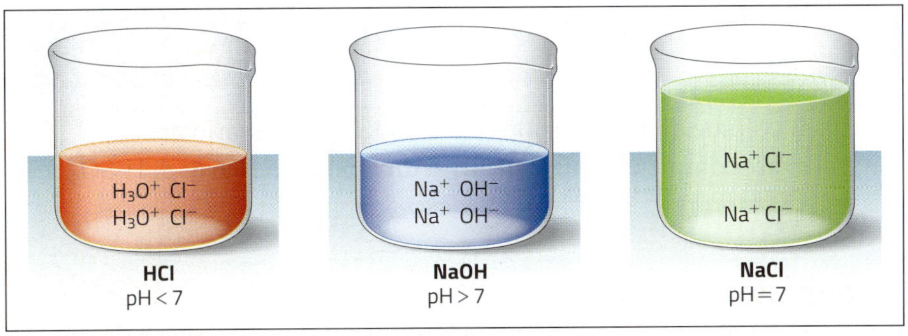

Figura 10 Reazione di neutralizzazione Le soluzioni di HCl e NaOH hanno uguale volume e la stessa concentrazione: nella prima si ha un eccesso di ioni H_3O^+ (pH < 7), nella seconda di ioni OH^- (pH > 7). Aggiungendo la soluzione di HCl a quella di ioni NaOH, gli ioni H_3O^+ e OH^- reagiscono formando acqua (gli ioni Na^+ e Cl^- sono ioni spettatori); la soluzione ottenuta è neutra (pH = 7).

Per la completa neutralizzazione occorre che il *numero* degli ioni H_3O^+ della soluzione acida sia quindi *uguale* a quello degli ioni OH^- della soluzione basica. In altri termini, la neutralizzazione dipende dalla concentrazione delle due soluzioni ma anche dalla *stechiometria* della reazione.

La reazione tra una soluzione di acido solforico (H_2SO_4) e una soluzione di idrossido di potassio (KOH) è descritta dalla seguente equazione:

$$H_2SO_{4(aq)} + 2\,KOH_{(aq)} \longrightarrow K_2SO_{4(aq)} + 2\,H_2O_{(l)}$$

La stechiometria della reazione evidenzia che occorrono *due moli* di KOH per neutralizzare *una mole* di H_2SO_4. Se ammettiamo che le due soluzioni abbiano la stessa concentrazione, è necessario un *volume doppio* della soluzione di KOH per neutralizzare la soluzione di H_2SO_4.

Le **reazioni di neutralizzazione** sono reazioni tra una soluzione di un acido e la soluzione di una base in quantità equimolare con uguale numero di moli).

PER CAPIRE MEGLIO
PDF *Laboratorio*
Reazione di neutralizzazione

LE PAROLE

Il termine **neutralizzazione** (dal latino *neuter*, «né l'uno né l'altro» e *agere*, «fare») indica una reazione chimica tra la soluzione di un acido e la soluzione di una base.

PROBLEMA MODELLO

Calcolare i volumi di neutralizzazione

Calcola il volume di una soluzione 0,64 M di idrossido di sodio (NaOH) necessario per la neutralizzazione completa di 350 mL di una soluzione 0,52 M di acido solforico (H_2SO_4).

L'IDEA

La reazione di neutralizzazione è rappresentata dalla seguente equazione:

$$2\,NaOH_{(aq)} + H_2SO_{4(aq)} \longrightarrow Na_2SO_{4(aq)} + 2\,H_2O_{(l)}$$

Per neutralizzare una mole di H_2SO_4 occorrono quindi due moli di NaOH.

LA SOLUZIONE

Calcoliamo il numero di moli (n) di H_2SO_4 nella soluzione:

$$n_{(H_2SO_4)} = M\,(mol/L) \cdot V\,(L) = 0{,}52\,mol/L \cdot 0{,}35\,L = 0{,}18\,mol$$

In base alla stechiometria della reazione, per la neutralizzazione completa della soluzione di acido solforico (H_2SO_4) occorre un numero *doppio* di moli di NaOH:

$$n_{(NaOH)} = 2n_{(H_2SO_4)} = 2 \cdot 0,18 \text{ mol} = 0,36 \text{ mol}$$

LA CONCLUSIONE

Calcoliamo infine il volume della soluzione di NaOH:

$$V_{(NaOH)} = \frac{n\,(\text{mol})}{M\,(\text{mol/L})} = \frac{0,36 \text{ mol}}{0,64 \text{ mol/L}} = 0,563 \text{ L} = 563 \text{ mL}$$

PROBLEMA SIMILE

Calcola il volume di una soluzione 0,6 M di KOH necessario per neutralizzare completamente 220 mL di una soluzione 0,6 M di H_2SO_4.

L'equivalente chimico

Analizziamo di nuovo la reazione di neutralizzazione tra una soluzione di NaOH (base *monobasica*) e una soluzione di HCl (acido *monoprotico*). In questa reazione:

- 1 mole di NaOH libera 1 mole di ioni OH^-

$$NaOH_{(aq)} \longrightarrow Na^+_{(aq)} + OH^-_{(aq)}$$

- 1 mole di HCl libera 1 mole di ioni H^+

$$HCl_{(aq)} \longrightarrow H^+_{(aq)} + Cl^-_{(aq)}$$

Quindi occorre *una mole* di NaOH per neutralizzare *una mole* di HCl:

$$NaOH_{(aq)} + HCl_{(aq)} \longrightarrow NaCl_{(aq)} + H_2O_{(l)}$$

Consideriamo ora la reazione tra una soluzione di NaOH e una soluzione di H_2SO_4 (acido *diprotico*). In questa reazione:

- 1 mole di NaOH libera 1 mole di ioni OH^-

$$NaOH_{(aq)} \longrightarrow Na^+_{(aq)} + OH^-_{(aq)}$$

- 1 mole di H_2SO_4 libera 2 moli di ioni H^+:

$$H_2SO_{4(aq)} \longrightarrow 2\,H^+_{(aq)} + SO^{2-}_{4(aq)}$$

In questa equazione occorrono *due moli* di NaOH per neutralizzare *una mole* di H_2SO_4:

$$2\,NaOH_{(aq)} + H_2SO_{4(aq)} \longrightarrow Na_2SO_{4(aq)} + 2\,H_2O_{(l)}$$

In altri termini, occorre *una mole* di NaOH per neutralizzare *mezza mole* di H_2SO_4.

L'**equivalente chimico di un acido** è la quantità di un acido (una mole, mezza mole, un terzo di mole) neutralizzata da una mole di ioni OH^-.

L'**equivalente chimico di una base** è la quantità di una base (una mole, mezza mole, un terzo di mole) neutralizzata da una mole di ioni H^+.

Risulta quindi che un equivalente chimico (simbolo **eq**) di un acido monoprotico o di una base monobasica è una mole, di un acido diprotico o di una base dibasica è mezza mole, di un acido triprotico o di una base tribasica è un terzo di mole (tabella **3**).

Acido	Equivalente chimico	Base
monoprotico	1 mole	monobasica
diprotico	1/2 mole	dibasica
triprotico	1/3 mole	tribasica

Tabella 3 L'equivalente chimico
Le quantità espresse in moli di un equivalente chimico di acidi e basi.

La massa equivalente

L'equivalente chimico è una quantità di materia con una massa ben definita.

La massa di un equivalente chimico si chiama **massa equivalente** (simbol m_{eq}).

La massa equivalente di un **acido** (o di una **base**) è data dal rapporto tra la massa molare M e il numero di moli (simbolo $\boldsymbol{n}$) degli ioni H^+ (o degli ioni OH^-) che una mole di acido (o di base) libera dissociandosi in soluzione:

$$m_{eq(acido)} = \frac{M}{n_{(ioni\ H^+)}} \qquad m_{eq(base)} = \frac{M}{n_{(ioni\ OH^-)}}$$

Dato che la massa molare M si esprime in grammi per mole (g/mol) e il numero delle moli degli ioni H^+ o OH^- in **equivalenti per mole** (simbolo **eq/mol**) si ha che la massa equivalente si esprime in **grammi per equivalente** (simbolo **g/eq**) (tabella **4**).

Acido	M (g/mol)	m_{eq} (g/eq)	Base	M (g/mol)	m_{eq} (g/eq)
HNO_3	63	63	NaOH	40	40
H_2SO_4	98	49	$Ca(OH)_2$	74	37
H_3PO_4	98	32,6	$Al(OH)_3$	78	26

Tabella 4 La massa equivalente
Il valore della massa molare M e della corrispondente massa equivalente m_{eq} di alcuni acidi e basi.

La massa equivalente di un **sale** è data dal rapporto tra la massa molare M e il numero delle cariche positive dei cationi (o il numero delle cariche negative degli anioni) che derivano dalla dissociazione di una mole di sale in soluzione:

$$m_{eq} = \frac{M}{\text{numero cariche positive (o negative)}}$$

Per il cloruro di sodio e il nitrato di magnesio la massa equivalente assume i seguenti valori:

$$NaCl_{(aq)} \longrightarrow Na^+_{(aq)} + Cl^-_{(aq)} \quad \text{(cariche positive = 1)}\ m_{eq} = \frac{58}{1} = 58\ \text{g/eq}$$

$$Mg(NO_3)_{2(aq)} \longrightarrow Mg^{2+}_{(aq)} + 2\ NO_{3(aq)} \quad \text{(cariche positive = 2)}\ m_{eq} = \frac{114}{2} = 57\ \text{g/eq}$$

La normalità

Nelle reazioni di neutralizzazioni acido-base gli ioni H^+ di una soluzione acida reagiscono con un ugual numero di ioni OH^- di una soluzione basica. Risulta, quindi, più opportuno esprimere la concentrazione di una soluzione acida o basica non in termini di moli ma di equivalenti.

Il **numero di equivalenti** di soluto (simbolo n_{eq}) in una soluzione è dato dal rapporto tra la massa di soluto m (espressa in grammi) e la massa equivalente m_{eq} (espressa in g/eq):

$$n_{eq} = \frac{m_{(soluto)}}{m_{eq(soluto)}}$$

Il numero di equivalenti in una soluzione rappresenta una nuova unità chimica per esprimere la concentrazione di una soluzione.

Si definisce **normalità** (simbolo **N**) il numero di equivalenti di soluto presenti in 1 L di soluzione:

$$N = \frac{\text{numero equivalenti soluto (eq)}}{\text{volume soluzione (L)}} = \frac{n_{eq}}{V(L)}$$

La normalità si esprime quindi in **equivalenti per litro** (simbolo **eq/L**).

Una soluzione 0,2 N (si legge «0,2 normale») di acido solforico H_2SO_4 (m_{eq} = 49 g/eq) contiene 0,2 equivalenti, ovvero 9,8 g (m = 0,2 eq · 49 g/eq), di H_2SO_4 in 1 L di soluzione.

Indicando con $n_{(H^+, OH^-)}$ il numero di moli di H^+ (o OH^-) rilasciati in soluzione da una mole di acido (o di base), la normalità (N) e la molarità (M) di una soluzione sono legate dalle seguenti relazioni:

$$N = M \cdot n_{(H^+, OH^-)} \qquad M = \frac{N}{n_{(H^+, OH^-)}}$$

TI RICORDI?

La **molarità** (M) di una soluzione indica il numero di moli (n) di soluto in 1 L di soluzione:

$$M = \frac{\text{moli soluto (mol)}}{\text{volume soluzione (L)}}$$

PROBLEMA MODELLO

Calcolare la normalità

Una soluzione contiene 3,5 g di acido carbonico (H_2CO_3), in 420 mL di soluzione. Calcola la normalità.

L'IDEA

La normalità di una soluzione è data dal numero di equivalenti in 1 L di soluzione. Il numero di equivalenti è definito dal rapporto tra la massa del soluto (in grammi) e la massa equivalente: occorre quindi calcolare prima la massa equivalente dell'acido carbonico, poi il numero di equivalenti e infine la normalità.

LA SOLUZIONE

La reazione di dissociazione dell'acido carbonico, H_2CO_3, è rappresentata dalla seguente equazione:

$$H_2CO_{3(aq)} \longrightarrow 2\,H^+_{(aq)} + CO^{2-}_{3(aq)}$$

Una mole di H_2CO_3 (M = 62 g/mol) libera quindi due moli di ioni idrogeno H^+. La massa equivalente è data dal rapporto:

$$m_{eq} = \frac{M\ (\text{g/mol})}{n_{(H^+)}} = \frac{62\ \text{g/mol}}{2\ \text{mol/eq}} = 31\ \text{g/eq}$$

Definiamo ora il numero di equivalenti di acido carbonico:

$$n_{eq} = \frac{m\,(\text{g})}{m_{eq}\,(\text{g/eq})} = \frac{3{,}5\ \text{g}}{31\ \text{g/eq}} = 0{,}113\ \text{eq}$$

LA CONCLUSIONE

Calcoliamo, infine, la normalità della soluzione dividendo il numero di equivalenti di H_2CO_3 per il volume espresso in litri della soluzione ($V = 420$ mL = 0,42 L):

$$N = \frac{n_{eq}}{V(L)} = \frac{0,113\,eq}{0,42\,L} = 0,27\,eq/L$$

PROBLEMA SIMILE

Calcola i grammi di acido nitrico (HNO_3) presenti in 350 mL di una soluzione 0,25 N.

La titolazione acido-base

Le reazioni di neutralizzazione tra la soluzione di un acido e la soluzione di una base possono essere utilizzate per determinare la concentrazione o *titolo* di una delle due soluzioni.

Si considerino due soluzioni, A (a volume noto) e B (a concentrazione nota), di due sostanze diverse in grado di reagire tra loro.

Si dice **titolazione** l'analisi volumetrica che consente di determinare la *concentrazione* (o *titolo*) di A misurando il volume di B necessario e sufficiente a portare a completamento la reazione. In caso di reazione acido-base, l'analisi prende il nome di titolazione acido-base.

La titolazione si esegue aggiungendo piccole quantità di una soluzione basica (o acida) a concentrazione nota (detta *soluzione titolante*) alla soluzione acida (o basica) a concentrazione non nota. L'aggiunta della soluzione titolante alla soluzione da titolare si esegue con una buretta e termina quando si raggiunge il *punto di equivalenza* o *punto di viraggio*.

Il **punto di equivalenza** di una titolazione è raggiunto quando il numero degli equivalenti dell'acido è *uguale* al numero degli equivalenti della base.

$$n_{eq(acido)} = n_{eq(base)}$$

Il raggiungimento del punto di equivalenza è indicato dal viraggio di un opportuno indicatore aggiunto alla soluzione da titolare (figura **11**).

PER CAPIRE MEGLIO
PDF *Laboratorio*
La titolazione acido-base

LE PAROLE

Il termine **titolazione** (dal latino *titulus*, «titolo di rango», e *agere*, «fare») indica un metodo di analisi che permette di determinare la concentrazione di una soluzione mediante la misura del volume di una soluzione a titolo noto.

PER VEDERE LA CHIMICA
Video *In laboratorio*
La titolazione acido-base

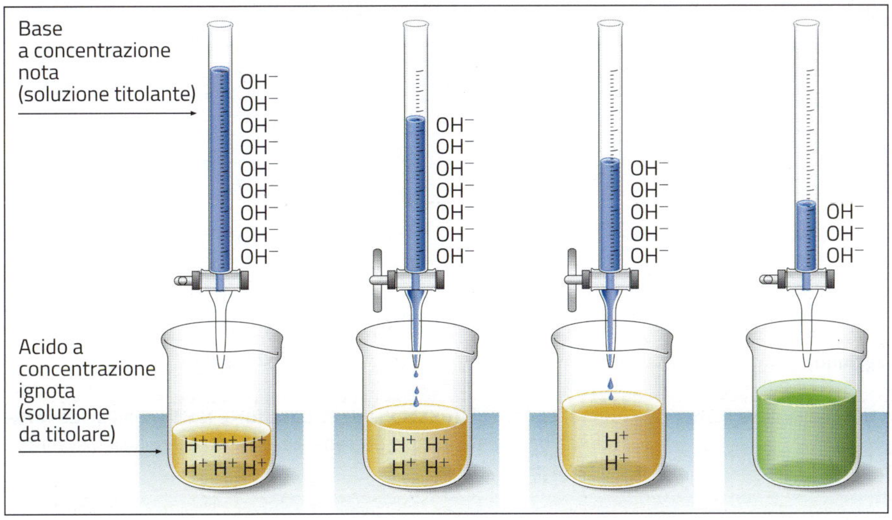

Figura 11 Titolazione di un acido con una base La soluzione della base nella buretta è aggiunta lentamente alla soluzione dell'acido contenuto nel becher, fino al raggiungimento del punto di equivalenza. Se si utilizza l'indicatore blu di bromotimolo il punto di equivalenza corrisponde al colore verde (pH di viraggio).

Poiché il numero di equivalenti di una soluzione di un acido o di una base è dato dalla relazione:

$$n_{eq} = \mathrm{N(eq/L)} \cdot V\mathrm{(L)}$$

PER SAPERNE DI PIÙ
PDF *Approfondimento*
Le curve di titolazione di acidi e di basi deboli

Se sostituiamo i corrispondenti valori nell'equazione precedente otteniamo l'uguaglianza:

$$\mathrm{N_A} \cdot V_\mathrm{A} = \mathrm{N_B} \cdot V_\mathrm{B}$$

dalla quale si può determinare la concentrazione non nota ($\mathrm{N_A}$ o $\mathrm{N_B}$):

$$\mathrm{N_A} = \frac{\mathrm{N_B} \cdot V_\mathrm{B}}{V_\mathrm{A}} \qquad \mathrm{N_B} = \frac{\mathrm{N_A} \cdot V_\mathrm{A}}{V_\mathrm{B}}$$

PER SAPERNE DI PIÙ

Le curve di titolazione di acidi e di basi forti

Il raggiungimento del punto di equivalenza, evidenziato dal viraggio di un indicatore, può essere dedotto determinando il valore del pH dopo ogni aggiunta della soluzione titolante alla soluzione da titolare.

Si chiama **curva di titolazione** il grafico dei valori del pH in relazione al volume di soluzione titolante aggiunta.

Titolazione di un acido forte con una base forte

Ipotizziamo di dover titolare una soluzione di acido cloridrico HCl, **acido forte**, con una soluzione di idrossido di sodio NaOH, **base forte**.

Riportiamo in un grafico il volume (in mL) di NaOH (soluzione titolante) che viene aggiunto alla soluzione di HCl (soluzione da titolare) e il relativo valore del pH (determinato con il piaccametro). All'inizio il pH ha un valore basso, perché la soluzione da titolare è acida. Via via che si aggiunge la base il valore del pH aumenta lentamente, fino a quando non si arriva vicino al punto di viraggio. In prossimità del punto di viraggio anche piccole aggiunte di base provocano un rapido aumento del pH. In seguito a nuove aggiunte di base il pH continua ad aumentare ma in modo molto lento. Dalla curva di titolazione si deduce che il punto di equivalenza è raggiunto per un valore del pH uguale a 7 e che il pH cambia rapidamente da un valore di 3,5 a un valore di 10,5 (figura **A**). Per rilevare il *punto di equivalenza* l'indicatore più adatto potrebbe essere il blu di bromotimolo il cui viraggio (da giallo a blu) si verifica per un valore di **pH uguale a 7**.

La curva di titolazione di un acido forte con una base forte avente la stessa concentrazione è *simmetrica* e il punto di equivalenza corrisponde a un valore di pH uguale a 7 (soluzione neutra).

Titolazione di una base forte con un acido forte

La titolazione di una **base forte** (NaOH) con un **acido forte** (HCl), avente la stessa concentrazione, porta alla formazione di una curva di titolazione sempre simmetrica ma *invertita*. All'inizio il pH ha un valore alto (la soluzione da titolare è basica), ma via via che si aggiunge l'acido il pH diminuisce, prima lentamente, poi rapidamente vicino al punto di viraggio e infine di nuovo in modo lento. Dalla curva di titolazione si deduce che il punto di equivalenza è raggiunto per un valore del pH uguale a 7 (figura **B**).

La curva di titolazione di una base forte con un acido forte avente la stessa concentrazione è simmetrica e il punto di equivalenza corrisponde a un valore di pH uguale a 7 (soluzione neutra).

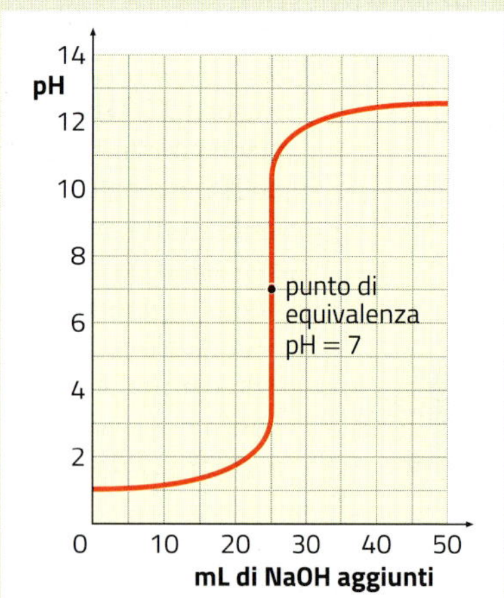

Figura A Curva di titolazione dell'acido forte HCl con la base forte NaOH Il punto di equivalenza si raggiunge a pH = 7.

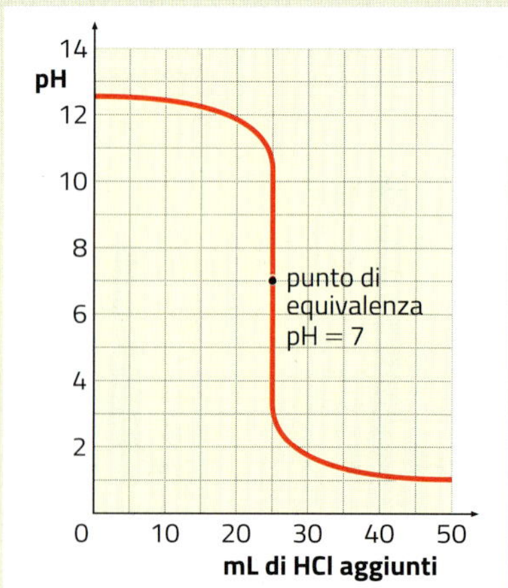

Figura B Curva di titolazione della base forte NaOH con l'acido forte HCl Analogamente al caso precedente, il punto di equivalenza si raggiunge a pH = 7.

4 ANCHE UN SALE IN ACQUA PUÒ DETERMINARE LA VARIAZIONE DEL pH

L'acidità o la basicità di una soluzione è stata definita in funzione della presenza di acidi o basi, ma anche i **sali** in acqua possono rendere l'ambiente *acido* o *basico* a seconda della loro natura (figura **12**).

NH_4Cl soluzione acida — NaCl soluzione neutra — Na_2CO_3 soluzione basica

Figura 12 La soluzione di un sale in acqua può essere acida, neutra o basica L'indicatore blu di bromotimolo conferisce un colore specifico alla soluzione di un sale e ne evidenzia il pH.

LE PAROLE

Il termine **idrolisi** (dal greco *hydro*, «acqua», e *lisis*, «dissoluzione») indica una reazione chimica in cui una molecola è scissa in due molecole più piccole da parte dell'acqua.

L'**idrolisi salina** è il processo per cui la soluzione di un sale in acqua determina la variazione del pH.

I sali sono composti ionici in cui lo ione positivo è il catione di una base e lo ione negativo è l'anione di un acido. In acqua, tutti i sali solubili sono elettroliti *forti* e quindi dissociati completamente in cationi e anioni. Il comportamento degli ioni in acqua è però diverso a seconda che l'acido o la base da cui provengono sia forte o debole.

- I cationi di basi forti e gli anioni degli acidi forti si legano alle molecole dell'acqua (**processo di idratazione**) senza reagire con essa (*ioni neutri*). In questo caso l'equilibrio tra gli ioni H_3O^+ e gli ioni OH^- dell'acqua *non viene alterato* e le soluzioni risultano **neutre**.
- Gli anioni poliatomici idrogenosolfato HSO_4^- e diidrogenofosfato $H_2PO_4^-$ e il catione poliatomico NH_4^+ (ione ammonio) reagiscono con le molecole di acqua (**reazione di idrolisi**) cedendo protoni (*ioni acidi*). In questo caso l'equilibrio tra gli ioni H_3O^+ e OH^- dell'acqua *viene alterato* e le soluzioni risultano **acide**.
- Gli anioni di acidi deboli reagiscono con le molecole di acqua (**reazione di idrolisi**) accettando protoni (*ioni basici*): di conseguenza, l'equilibrio tra gli ioni H_3O^+ e OH^- dell'acqua *viene alterato* e le soluzioni risultano **basiche** (tabella **5**).

TI RICORDI?

Quelle **acido-base** sono reazioni di equilibrio, che può essere spostato verso la dissociazione acida o verso la dissociazione basica per una stessa coppia coniugata: pertanto, la base coniugata di un acido forte è una base debole, mentre l'acido coniugato di una base debole è un acido forte.

Tabella 5 Proprietà acido-base di alcuni ioni in soluzione acquosa Il comportamento degli ioni in soluzione acquosa dipende dall'acido o dalla base da cui derivano.

Ioni	Anioni di acidi forti	Anioni di acidi deboli	Cationi di basi forti	Anioni poliatomici	Cationi poliatomici
Neutri	Cl^- Br^- I^- NO_3^- SO_4^{2-} ClO_4^-		Li^+ Na^+ K^+ Ca^{2+} Sr^{2+} Ba^{2+}		
Acidi				HSO_4^- $H_2PO_4^-$	NH_4^+
Basici		F^- S^{2-} CN^- NO_2^- CO_3^{2-} PO_4^{3-} HS^- HCO_3^- CH_3COO^-			

Esaminiamo ora alcune soluzioni di sali in cui il pH può assumere un valore acido, basico o rimanere neutro. Ricordiamo che i sali si possono considerare il prodotto della reazione tra un acido e una base.

Sale derivante da una base debole e da un acido forte

Il cloruro di ammonio NH_4Cl è un sale costituito dal catione di una **base debole**, NH_3, e dall'anione di un **acido forte**, HCl. In soluzione, il cloruro di ammonio si dissocia completamente in ioni secondo l'equazione:

$$NH_4Cl_{(aq)} \longrightarrow NH^+_{4(aq)} + Cl^-_{(aq)}$$

Lo ione ammonio NH_4^+ (ione acido) è l'acido coniugato forte della base debole NH_3; di conseguenza, lo ione ammonio cede un protone all'acqua (reazione di *idrolisi*) formando ioni H_3O^+:

$$NH^+_{4(aq)} + H_2O_{(l)} \rightleftarrows NH_{3(aq)} + H_3O^+_{(aq)}$$ reazione di idrolisi

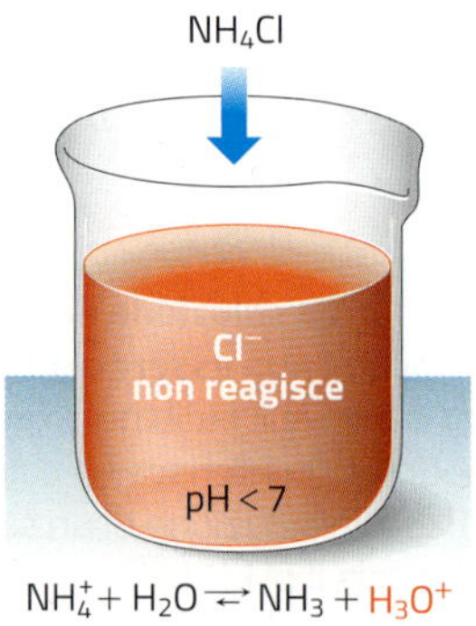

Figura 13 Reazione di idrolisi acida La soluzione di un sale, NH_4Cl, che deriva da un acido forte, HCl, e da una base debole, NH_4OH, presenta un eccesso di ioni H_3O^+.

Lo ione cloruro Cl^- (ione neutro) è invece la base coniugata debole dell'acido forte HCl e si lega alle molecole di acqua senza reagire con essa (processo di *idratazione*, figura **13**).

La soluzione, presentando un eccesso di ioni H_3O^+, risulta quindi acida ($pH < 7$).

La soluzione di un sale che deriva da un acido forte e da una base debole è acida (**idrolisi acida**).

La concentrazione degli ioni H_3O^+ presenti nella soluzione è data dalla relazione:

$$[H_3O^+] = \sqrt{\frac{K_w \cdot C_s}{K_b}}$$

K_w è il prodotto ionico dell'acqua, C_s è la concentrazione del sale (in mol/L) e K_b è la costante di dissociazione della base da cui deriva il sale (nello specifico NH_3).

Minore è la costante di dissociazione della base, più l'equilibrio della reazione di idrolisi è spostato a *destra* e, di conseguenza, *maggiori* sono la concentrazione degli ioni H_3O^+ e l'acidità della soluzione.

Sale derivante da una base forte e da un acido debole

Il bicarbonato di sodio $NaHCO_3$ è un sale costituito dal catione di una **base forte**, NaOH, e dall'anione di un **acido debole**, H_2CO_3. In soluzione, il bicarbonato di sodio si dissocia completamente in ioni secondo l'equazione:

$$NaHCO_{3(aq)} \longrightarrow Na^+_{(aq)} + HCO^-_{3(aq)}$$

Lo ione Na^+ (ione neutro) è l'acido coniugato debole della base forte NaOH e si lega alle molecole di acqua senza reagire con essa (processo di *idratazione*).

Lo ione HCO_3^- (ione basico) è invece la base coniugata forte dell'acido debole H_2CO_3 e accetta un protone dall'acqua (reazione di *idrolisi*) liberando ioni OH^- (figura **14**):

$$HCO^-_{3(aq)} + H_2O_{(l)} \rightleftarrows H_2CO_{3(aq)} + OH^-$$ reazione di idrolisi

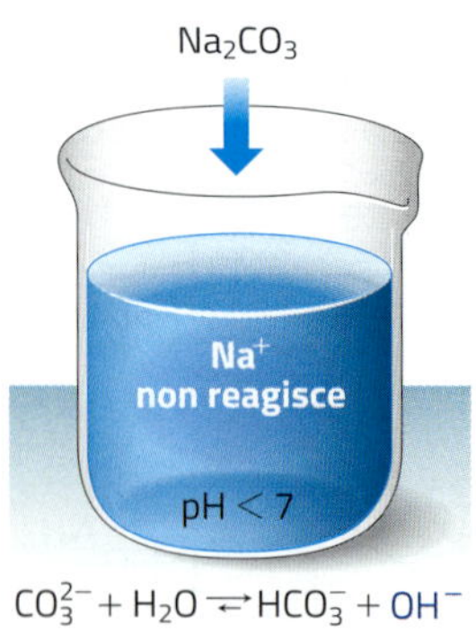

Figura 14 Rreazione di idrolisi basica La soluzione di un sale, $NaHCO_3$, che deriva da un acido debole, H_2CO_3, e da una base forte, NaOH, presenta un eccesso di ioni OH^-.

La soluzione, presentando un eccesso di ioni OH^-, risulta quindi basica ($pH > 7$).

La soluzione di un sale che deriva da un acido debole e da una base forte è basica (**idrolisi basica**).

La concentrazione degli ioni OH^- presenti nella soluzione è data dalla relazione:

$$[OH^-] = \sqrt{\frac{K_w \cdot C_s}{K_a}}$$

K_a è la costante di dissociazione dell'acido da cui deriva il sale (nello specifico H_2CO_3).

Minore è la costante di dissociazione, più l'equilibrio della reazione di idrolisi è spostato a *destra* e, di conseguenza, *maggiori* sono la concentrazione degli ioni OH^- e la basicità della soluzione.

Sale derivante da una base debole e da un acido debole

L'acetato di ammonio, CH_3COONH_4, è un sale costituito dal catione di una **base debole**, NH_3, e dall'anione di un **acido debole**, CH_3COOH.

In soluzione, l'acetato di ammonio si dissocia completamente in ioni secondo l'equazione:

$$CH_3COONH_{4(aq)} \longrightarrow CH_3COO^-_{(aq)} + NH^+_{4(aq)}$$

Lo ione acetato CH_3COO^- (ione basico) è la base coniugata forte dell'acido debole CH_3COOH e accetta un protone dall'acqua (reazione di *idrolisi*) liberando ioni OH^-:

$$CH_3COO^-_{(aq)} + H_2O_{(l)} \rightleftarrows CH_3COOH_{(aq)} + OH^-_{(aq)} \quad \text{reazione di idrolisi}$$

Lo ione ammonio NH_4^+ (ione acido) è invece l'acido coniugato forte della base debole NH_3 e cede un protone all'acqua (reazione di *idrolisi*) liberando ioni H_3O^+:

$$NH^+_{4(aq)} + H_2O_{(l)} \rightleftarrows NH_{3(aq)} + H_3O^+_{(aq)} \quad \text{reazione di idrolisi}$$

Poiché entrambi gli ioni si *idrolizzano*, il pH dipende dalle quantità di ioni H_3O^+ e OH^- nella soluzione e, quindi, dai rispettivi valori di K_a e K_b.

La soluzione di un sale che deriva da un acido debole e da una base debole può essere acida ($K_a > K_b$), neutra ($K_a = K_b$) o basica ($K_a < K_b$).

Nella soluzione in esame la K_b dell'ammoniaca e la K_a dell'acido acetico hanno lo stesso valore ($K_a = K_b = 1{,}8 \cdot 10^{-5}$). Di conseguenza, l'equilibrio delle due reazioni di idrolisi è spostato allo stesso modo: le quantità degli ioni H_3O^+ e OH^- che ne derivano sono quindi uguali, la soluzione risulta neutra. In conclusione, non si ha idrolisi (figura **15**).

Per determinare il pH di soluzioni di sali che derivano da acidi deboli e basi deboli si calcola la concentrazione degli ioni H_3O^+:

$$[H_3O^+] = \sqrt{\frac{K_w \cdot K_a}{K_b}}$$

PER SAPERNE DI PIÙ
PDF *Approfondimento*
La costante di idrolisi

Figura 15 Soluzione di un sale derivante da una base debole e da un acido debole La soluzione di un sale, CH_3COONH_4, che deriva da un acido debole, CH_3COOH, e da una base debole, NH_3, presenta un numero uguale dei due ioni in quanto K_a è uguale a K_b: la soluzione è neutra.

PER CAPIRE MEGLIO
PDF *Laboratorio*
Idrolisi salina

Sale derivante da una base forte e da un acido forte

Il cloruro di sodio, NaCl, è un sale costituito dal catione di una **base forte**, NaOH, e dall'anione di un **acido forte**, HCl. In soluzione, il cloruro di sodio si dissocia completamente in ioni secondo l'equazione:

$$NaCl_{(aq)} \longrightarrow Na^+_{(aq)} + Cl^-_{(aq)}$$

Figura 16 Nella soluzione di un sale derivante da una base forte e da un acido forte non si ha idrolisi

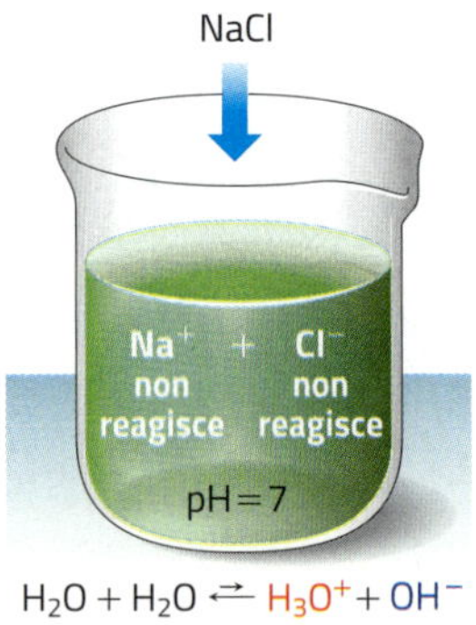

Lo ione sodio Na^+ (ione neutro) è l'acido coniugato debole della base forte NaOH e lo ione cloruro Cl^- (ione neutro) è la base coniugata debole dell'acido forte HCl. I due ioni si legano alle molecole di acqua senza reagire con essa (processo di *idratazione*).

Nella soluzione, l'equilibrio tra le concentrazioni degli ioni H_3O^+ e OH^- derivanti dalla dissociazione dell'acqua non viene modificato; quindi, il pH rimane uguale a 7 e la soluzione risulta neutra (figura **16**).

La soluzione di un sale che deriva da un acido forte e da una base forte è neutra (non si ha idrolisi).

PROBLEMA MODELLO

Calcolare il pH di una soluzione di una soluzione contenente un sale

Calcola il pH di una soluzione contenente 5,5 g di acetato di potassio CH_3COOK in 350 mL di soluzione ($K_a = 1{,}8 \cdot 10^{-5}$).

L'IDEA

L'acetato di potassio CH_3COOK è un sale costituito dal catione di una base forte, KOH, e dall'anione di un acido debole, CH_3COOH. In soluzione, l'acetato di potassio si dissocia completamente in ioni secondo l'equazione:

$$CH_3COOK_{(aq)} \longrightarrow CH_3COO^-_{(aq)} + K^+_{(aq)}$$

Lo ione potassio K^+ (ione neutro) si lega all'acqua senza reagire con essa (processo di idratazione). Lo ione acetato CH_3COO^- (ione basico) accetta il protone dell'acqua formando ioni OH^- (idrolisi basica):

$$CH_3COO^-_{(aq)} + H_2O_{(l)} \rightleftarrows CH_3COOH_{(aq)} + OH^-_{(aq)}$$

La soluzione presenta un eccesso di ioni OH^- ed è quindi **basica**.

LA SOLUZIONE

Determiniamo il numero delle moli dell'acetato di potassio ($M = 98$ g/mol):

$$n_{(CH_3COOK)} = \frac{m\,(g)}{M\,(g/mol)} = \frac{5{,}5\ g}{98\ g/mol} = 0{,}056\ mol$$

Definiamo la concentrazione molare M della soluzione:

$$M = \frac{n\,(mol)}{V\,(L)} = \frac{0{,}056\ mol}{0{,}35\ L} = 0{,}16\ mol/L$$

Calcoliamo la concentrazione degli ioni OH^-:

$$[OH^-] = \sqrt{\frac{K_w \cdot C_s}{K_a}} = \sqrt{\frac{1{,}0 \cdot 10^{-14} \cdot 0{,}16}{1{,}8 \cdot 10^{-5}}} = \sqrt{8{,}9 \cdot 10^{-11}} = 9{,}4 \cdot 10^{-6}$$

LA CONCLUSIONE

Dalla concentrazione degli ioni OH^- possiamo ricavare il pOH e quindi il pH:

$$pOH = -\log\,[OH^-] = -\log 9{,}4 \cdot 10^{-6} = 5{,}03$$
$$pH = 14 - pOH = 14 - 5{,}03 = 8{,}97$$

PROBLEMA SIMILE

Calcola il pH di una soluzione 0,2 M di cianuro di sodio.

5 LE SOLUZIONI TAMPONE SI OPPONGONO ALLE VARIAZIONI DI pH

L'aggiunta di *piccole quantità* di un acido o di una base forte a una soluzione comporta forti variazioni di pH. Tuttavia, in molte soluzioni di laboratorio e in tutte le soluzioni fisiologiche (sangue, urina, saliva, liquido lacrimale, succo gastrico, latte materno) è indispensabile che il pH non subisca variazioni apprezzabili.

Si definisce **soluzione tampone** una soluzione che si oppone alla variazione del pH conseguente all'aggiunta di piccole quantità di solvente (diluizione), di un acido o di una base forte.

Una soluzione tampone può essere costituita da:

- un acido debole e da un sale costituito dal catione di una base forte e dall'anione dell'acido debole (tampone *acido*);
- una base debole e da un sale costituito dal catione della base debole e dall'anione di un acido forte (tampone *basico*).

La capacità di una soluzione tampone di mantenere il valore del pH costante è dovuta all'equilibrio tra la forma indissociata dell'acido (o della base) e il corrispondente anione (o catione).

Esaminiamo il meccanismo con cui agisce un **tampone acido** costituito da una soluzione di acido acetico CH_3COOH e acetato di sodio CH_3COONa.

L'acido acetico (acido debole) in acqua è poco dissociato e, quindi, l'equilibrio con il suo anione (ione acetato, CH_3COO^-) è spostato a sinistra:

$$CH_3COOH_{(aq)} + H_2O_{(l)} \rightleftarrows CH_3COO^-_{(aq)} + H_3O^+_{(aq)}$$

L'acetato di sodio (elettrolita forte) in acqua è completamente dissociato in ioni acetato e ioni sodio Na^+:

$$CH_3COONa_{(aq)} \longrightarrow CH_3COO^-_{(aq)} + Na^+_{(aq)}$$

L'aggiunta di un acido o di una base a questa soluzione determinerà una minima variazione di pH.

- Se aggiungiamo alla soluzione piccole quantità di un *acido*, gli ioni H_3O^+ in eccesso, invece di diminuire il pH, reagiscono con gli **ioni acetato** del sale per formare acido acetico indissociato: l'equilibrio della reazione di dissociazione dell'acido si sposta a *sinistra* e la variazione del pH è minima (figura **17A**).
- Se aggiungiamo alla soluzione piccole quantità di una *base*, gli ioni OH^- in eccesso, invece di aumentare il pH, reagiscono con gli **ioni H_3O^+** per formare acqua: l'equilibrio della reazione di dissociazione dell'acido acetico si sposta a *destra* e la variazione del pH è minima (figura **17B**).

Esaminiamo ora il meccanismo con cui agisce un **tampone basico** costituito da una soluzione di ammoniaca e cloruro di ammonio.

L'ammoniaca (base debole) ha una bassa tendenza ad accettare un protone. L'equilibrio dell'ammoniaca con il suo catione (ione ammonio, NH_4^+) è molto spostato a sinistra:

$$NH_{3(aq)} + H_2O_{(l)} \rightleftarrows NH^+_{4(aq)} + OH^-$$

TI RICORDI?

L'**acido acetico** è un acido carbossilico (acido organico) con formula CH_3COOH.

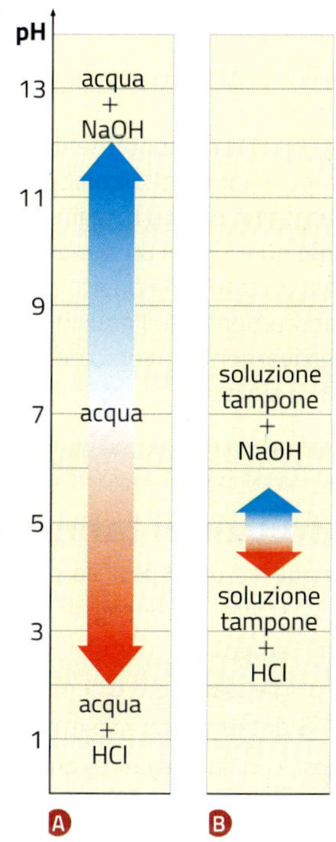

Figura 17 Il tampone acido limita le variazioni di pH A L'aggiunta di piccole quantità di un acido (HCl) o di una base (NaOH) all'acqua comporta forti variazioni del pH. B L'aggiunta delle stesse quantità a una soluzione tampone comporta una minima variazione del pH.

A COLPO D'OCCHIO

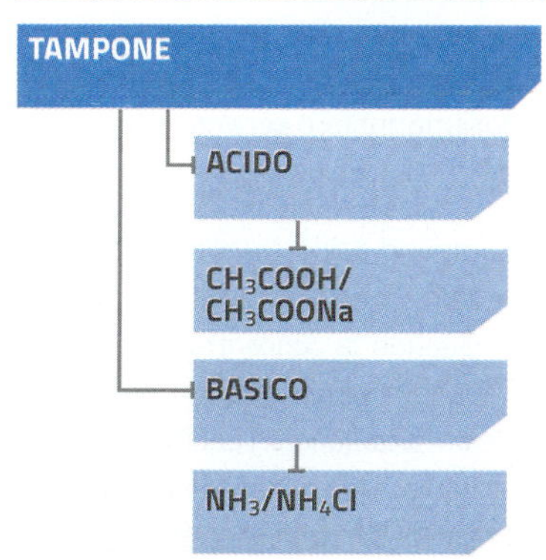

Il cloruro di ammonio (elettrolita forte) in acqua è completamente dissociato in ioni ammonio e ioni cloruro Cl^-:

$$NH_4Cl_{(aq)} \longrightarrow NH^+_{4(aq)} + Cl^-_{(aq)}$$

L'aggiunta di un acido o di una base a questa soluzione porterà a una minima variazione di pH.

- Se aggiungiamo alla soluzione piccole quantità di un *acido*, gli ioni H_3O^+ in eccesso reagiscono con gli ioni OH^- per formare acqua: l'equilibrio della reazione della base si sposta a *destra* e la variazione del pH è minima (figura **18A**).
- Se aggiungiamo alla soluzione piccole quantità di una *base*, gli ioni OH^- in eccesso reagiscono con gli ioni NH_4^+ del sale per formare ammoniaca e acqua: l'equilibrio della reazione si sposta a *sinistra* e la variazione del pH è minima (figura **18B**).

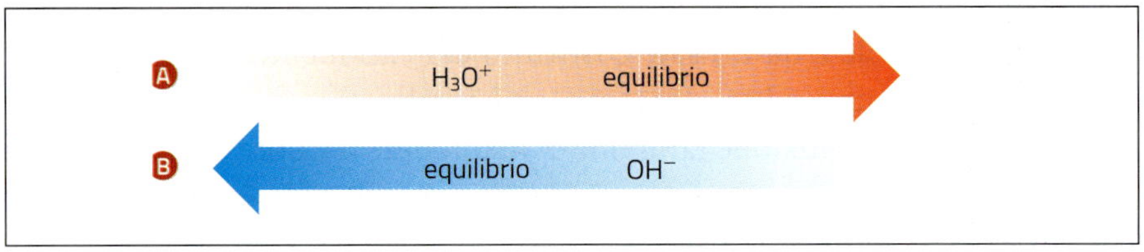

Figura 18 Lo spostamento della posizione dell'equilibrio in un tampone basico L'aggiunta di piccole quantità di un acido o di una base a un tampone basico causa lo spostamento dell'equilibrio rispettivamente A verso destra e B verso sinistra.

PR SAPERNE DI PIÙ

Le soluzioni tampone nel sangue

Il sangue ha uno specifico pH che può variare solo entro limiti molto ristretti. Di conseguenza, è fondamentale il ruolo delle soluzioni tampone (figura A).

Il pH del sangue è di 7,4. Valori di pH inferiori a 7 o superiori a 7,8 determinano rispettivamente le condizioni di *acidosi* e di *alcalosi*, con conseguenze anche molto gravi. L'acidosi inibisce le funzioni del sistema nervoso centrale, mentre l'alcalosi comporta l'ipereccitabilità del sistema nervoso centrale e periferico.

Nonostante nel sangue si verifichino numerose reazioni chimiche che producono ioni H_3O^+ o OH^-, il pH rimane *costante* per la presenza di sistemi tampone che si oppongono alla variazione del pH.

I principali sistemi tampone presenti nel sangue sono i sistemi tampone acido carbonico-ione bicarbonato e il sistema tampone proteico.

Il sistema tampone acido carbonico-ione bicarbonato

Il principale sistema tampone del sangue è costituito dall'*acido carbonico* H_2CO_3, acido debole, e dallo *ione bicarbonato* HCO_3^-, in equilibrio tra loro secondo l'equazione:

$$H_2CO_{3(aq)} + H_2O_{(l)} \rightleftharpoons H_3O^+_{(aq)} + HCO^-_{3(aq)}$$

Il tampone acido carbonico-ione bicarbonato agisce mediante il seguente meccanismo.

- Quando la concentrazione degli ioni H_3O^+ aumenta, il pH del sangue diminuisce. Gli ioni H_3O^+ in eccesso reagiscono con gli *ioni bicarbonato:* l'equilibrio della reazione si sposta a **sinistra** e non si ha la diminuzione del pH che determinerebbe l'acidosi.
- Quando la concentrazione degli ioni OH^- aumenta, il pH del sangue aumenta. Gli ioni OH^- in eccesso reagiscono con l'*acido carbonico*; l'equilibrio si sposta a **destra** e non si ha l'aumento del pH che determinerebbe l'alcalosi:

$$H_2CO_{3(aq)} + OH^-_{(aq)} \rightleftharpoons HCO^-_{3(aq)} + H_2O_{(l)}$$

Per il buon funzionamento di questo sistema tampone occorre un meccanismo che regoli la concentrazione di acido carbonico nel sangue. Questo meccanismo di regolazione avviene a livello dei polmoni mediante il seguente equilibrio:

$$H_2CO_{3(aq)} \rightleftharpoons CO_{2(g)} + H_2O_{(l)}$$

Se nel sangue è presente un eccesso di acido carbonico, l'equilibrio della reazione si sposta a destra e il diossido di carbonio è trasferito dal sangue ai polmoni, dai quali la CO_2 sarà eliminata dall'organismo con l'espirazione. Se nel sangue è presente invece una bassa concentrazione di acido carbonico, l'equilibrio si sposta a sinistra e il diossido di carbonio è trasferito dai polmoni al sangue.

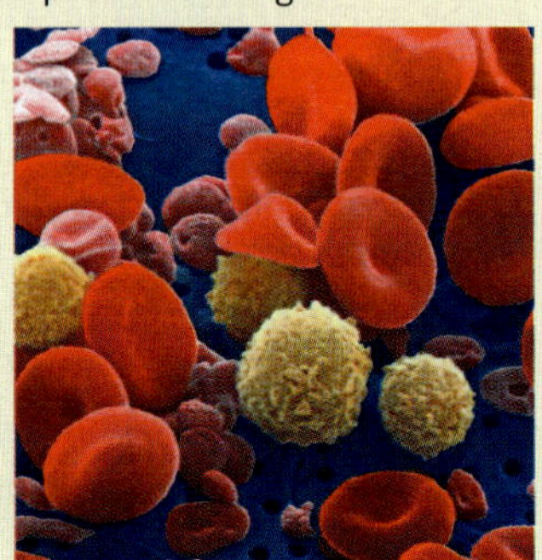

Figura A Il sangue ha un pH lievemente basico Il sistema tampone del sangue previene grosse variazioni di pH, le cui conseguenze per l'organismo possono essere anche irreversibili.

Il pH delle soluzioni tampone

Un **tampone acido** è costituito da un acido debole, HA, e da un suo sale con una base forte. La reazione di dissociazione dell'acido è rappresentata da un'equazione con l'equilibrio molto spostato a sinistra:

$$HA_{(aq)} + H_2O_{(l)} \rightleftarrows H_3O^+_{(aq)} + A^-_{(aq)}$$

La costante di dissociazione acida K_a è data dalla relazione:

$$K_a = \frac{[H_3O^+]\cdot[A^-]}{[HA]}$$

Trattandosi di un acido debole, HA è poco dissociato. Possiamo quindi considerare la concentrazione dell'acido indissociato [HA] uguale alla *concentrazione iniziale dell'acido* (simbolo C_a). La concentrazione della sua base coniugata $[A^-]$ sarà invece uguale a quella dell'anione derivante dal sale, che, essendo completamente dissociato, corrisponde alla *concentrazione del sale* (simbolo C_s).

$$[HA] = C_a$$

$$[A^-] = C_s$$

Sostituendo, l'equazione della K_a si rappresenta nella forma:

$$K_a = \frac{[H_3O^+]\cdot C_s}{C_a}$$

e si ottiene:

$$[H_3O^+] = K_a \cdot \frac{C_a}{C_s}$$

PER CAPIRE MEGLIO
PDF *Laboratorio*
Soluzione tampone

Poiché la concentrazione di una soluzione è data dal rapporto tra il numero delle moli n e il volume V e dato che il volume della soluzione in cui si trovano l'acido e il sale è lo **stesso**, è evidente che il rapporto tra la concentrazione del sale e quella dell'acido corrisponde al rapporto tra il loro numero di moli. Di conseguenza la relazione precedente si può rappresentare nella forma:

$$[H_3O^+] = K_a \cdot \frac{n_a}{n_s}$$

Dalla concentrazione degli ioni H_3O^+ possiamo calcolare il pH con la relazione:

$$pH = -\log\,[H_3O^+]$$

Per un **tampone basico**, costituito da una base debole e da un suo sale con un acido forte, la concentrazione degli ioni OH^- è data dalla relazione:

$$[OH^-] = K_b \cdot \frac{n_b}{n_s}$$

Conoscendo il valore della concentrazione degli ioni OH^-, si può risalire al valore del pH con le seguenti relazioni:

$$pOH = -\log OH^-$$

$$pH = 14 - pOH$$

Il valore del pH di una soluzione tampone non dipende dal volume della soluzione ma dal rapporto tra le concentrazioni dell'acido (o della base) e del sale.

Per preparare una soluzione tampone per un definito valore di pH, dobbiamo quindi utilizzare una coppia acido debole-base coniugata forte (o base debole-acido coniugato forte) in cui il **pK_a** dell'acido (o il **pK_b** della base) sia vicino al pH richiesto.

Il pK_a di un acido (o il pK_b di una base) è il logaritmo negativo in base 10 della K_a dell'acido (o della K_b della base).

$$pK_a = -\log K_a \quad pK_b = -\log K_b$$

PROBLEMA MODELLO

Calcolare il pH di una soluzione tampone

Una soluzione tampone è costituita da 220 mL di una soluzione 0,1 M di acido acetico CH_3COOH ($K_a = 1{,}8 \cdot 10^{-5}$) e da 170 mL di una soluzione 0,1 M di acetato di sodio CH_3COONa. Calcola il pH.

L'IDEA

Per il calcolo del pH della soluzione tampone dobbiamo prima definire il numero delle moli dell'acido e del sale e poi determinare la concentrazione degli ioni H_3O^+.

LA SOLUZIONE

Il numero delle moli dell'acido (n_a) e il numero delle moli del sale (n_s) si calcolano con la relazione:

$$n = M\ (mol/L) \cdot V\ (L)$$

Sostituendo con i valori dell'acido e del sale, otteniamo:

$$n_a = 0{,}1\ mol/L \cdot 0{,}22\ L = 0{,}022\ mol$$

$$n_s = 0{,}1\ mol/L \cdot 0{,}17\ L = 0{,}017\ mol$$

Determiniamo ora la concentrazione degli ioni H_3O^+:

$$[H_3O^+] = K_a \cdot \frac{n_a}{n_s} =$$

$$= 1{,}8 \cdot 10^{-5} \cdot \frac{0{,}022}{0{,}017} = 2{,}33 \cdot 10^{-5}\ mol/L$$

LA CONCLUSIONE

Calcoliamo infine il pH:

$$pH = -\log [H_3O^+] = -\log 2{,}33 \cdot 10^{-5} = 4{,}63$$

PROBLEMA SIMILE

Una soluzione tampone è costituita da 150 mL di una soluzione 0,1 M di acido solfidrico H_2S ($K_a = 1{,}0 \cdot 10^{-7}$) e da 100 mL di una soluzione 0,1 M di idrogenosolfuro di sodio NaHS.
Calcola il pH.

PROBLEMA MODELLO

Calcolare le variazioni di pH in una soluzione tampone

Calcola la variazione del pH (ΔpH) quando 35 mL di una soluzione 1 M di HCl si aggiungono a un litro di una soluzione tampone 0,1 M di NH_3 ($K_b = 1{,}8 \cdot 10^{-5}$) e 0,1 M di cloruro di ammonio, NH_4Cl.

L'IDEA

La determinazione della variazione del pH richiede il calcolo del pH iniziale e di quello finale. La soluzione tampone è costituita dai seguenti equilibri:

$$NH_{3(aq)} + H_2O_{(l)} \rightleftarrows NH^+_{4(aq)} + OH^-_{(aq)}$$

$$NH_4Cl_{(s)} \longrightarrow NH^+_{4(aq)} + Cl^-_{(aq)}$$

LA SOLUZIONE

Calcolo del pH iniziale Poiché si tratta di un tampone basico in cui le concentrazioni della base e del sale sono uguali, la concentrazione degli ioni OH^- è uguale alla costante di dissociazione basica K_b:

$$[OH^-] = K_b = 1{,}8 \cdot 10^{-5}$$

Calcoliamo il pOH e il pH:

$$pOH = -\log[OH^-] = -\log 1{,}8 \cdot 10^{-5} = 4{,}74$$

$$pH = 14 - pOH = 14 - 4{,}74 = 9{,}26$$

Calcolo del pH finale Aggiungendo alla soluzione tampone 35 mL di HCl ($n = 3{,}5 \cdot 10^{-2}$ mol), gli ioni H_3O^+ reagiscono con gli ioni OH^- (con formazione di acqua) e spostano verso destra la reazione di dissociazione basica, modificando il numero di moli di NH_3, che diminuiscono di una quantità equivalente:

$$[NH_3] = 0{,}1 - 3{,}5 \cdot 10^{-2} = 0{,}065 \text{ mol}$$

L'equilibrio della reazione della base si sposta a destra e la concentrazione degli ioni NH_4^+ aumenta della stessa quantità:

$$[NH_4^+] = 0{,}1 + 3{,}5 \cdot 10^{-2} = 0{,}135 \text{ mol}$$

La concentrazione degli ioni OH^- è data dalla relazione:

$$[OH^-] = K_b \cdot \frac{n_b}{n_s} = 1{,}8 \cdot 10^{-5} \cdot \left(\frac{0{,}065}{0{,}135}\right) = 8{,}6 \cdot 10^{-6}$$

Calcoliamo il pOH e infine il pH:

$$pOH = -\log[OH^-] = -\log 8{,}6 \cdot 10^{-6} = 5{,}06$$

$$pH = 14 - pOH = 14 - 5{,}06 = 8{,}94$$

LA CONCLUSIONE

La variazione del pH è data dalla differenza tra il pH inziale e quello finale:

$$\Delta pH = 9{,}26 - 8{,}94 = 0{,}32$$

PROBLEMA SIMILE

Una soluzione tampone, costituita da una soluzione 0,10 M di acido formico HCOOH ($K_a = 1{,}8 \cdot 10^{-4}$) e da una soluzione 0,10 M di formiato di sodio HCOONa, ha un valore di pH uguale a 3,74. Calcola la variazione del pH quando alla soluzione si aggiungono 0,01 mol di HCl.

6 IL PRODOTTO DI SOLUBILITÀ REGOLA GLI EQUILIBRI DEI SALI POCO SOLUBILI

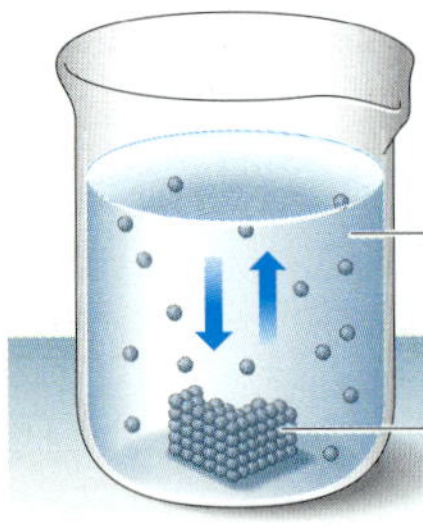

Figura 19 Equilibrio dinamico in una soluzione satura L'equilibrio tra il processo di solubilizzazione e quello di cristallizzazione è un equilibrio dinamico eterogeneo.

Prendiamo in esame un composto *ionico* AB, un sale o una base, *poco solubile*. Se ne introduciamo una piccola quantità in un grande volume di acqua, il composto si dissocia completamente in ioni secondo la seguente equazione:

$$AB_{(s)} \xrightarrow{\text{acqua}} A^+_{(aq)} + B^-_{(aq)}$$

Continuando ad aggiungere piccole quantità del composto, questo continuerà a dissociarsi e *aumenterà la concentrazione dei suoi ioni* in soluzione. La continua aggiunta di piccole quantità del composto porterà alla saturazione della soluzione: il solido in eccesso si depositerà come *corpo di fondo* e la concentrazione degli ioni in soluzione non aumenterà più.

Si realizza pertanto un **equilibrio dinamico** tra gli ioni del solido che vanno in soluzione (processo di *solubilizzazione*) e gli ioni della soluzione che si depositano come corpo di fondo (processo di *cristallizzazione*) (figura **19**). L'equilibrio che si stabilisce tra il solido ionico e gli ioni in soluzione è un **equilibrio eterogeneo** rappresentato dalla seguente equazione:

$$AB_{(s)} \xrightleftharpoons{\text{acqua}} A^+_{(aq)} + B^-_{(aq)}$$

La costante d'equilibrio K_c è data da:

$$K_c = \frac{[A^+]\cdot[B^-]}{[AB]}$$

Ricordando che la concentrazione di un solido in un equilibrio eterogeneo è *costante*, possiamo inglobare il suo valore nella costante di equilibrio:

$$K_c\,[AB] = [A^+]\cdot[B^-]$$

Il prodotto tra due costanti è una nuova costante che prende il nome di *prodotto di solubilità*.

In una soluzione satura di un composto ionico poco solubile, a temperatura costante, il prodotto della concentrazione dei suoi ioni, ciascuna elevata al proprio coefficiente stechiometrico dell'equazione di dissociazione, è costante ed è uguale al **prodotto di solubilità** (K_{ps}):

$$K_{ps} = [A^+]\cdot[B^-]$$

Le reazioni di dissociazione ionica e l'espressione de K_{ps} per l'idrossido di alluminio $Al(OH)_3$ e per il fosfato di calcio $Ca_3(PO_4)_2$ sono:

$$Al(OH)_{3(s)} \xrightleftharpoons{\text{acqua}} Al^{3+}_{(aq)} + 3\,OH^-_{(aq)} \qquad K_{ps} = [Al^{3+}]\cdot[OH^-]^3$$

$$Ca_3(PO_4)_{2(s)} \xrightleftharpoons{\text{acqua}} 3\,Ca^{2+}_{(aq)} + 2\,PO^{3-}_{4(aq)} \qquad K_{ps} = [Ca^{2+}]^3\cdot[PO_4^{3-}]^2$$

Il valore dei K_{ps} dipende direttamente dalla *solubilità* (simbolo ***s***) del composto ionico.

La **solubilità** (simbolo *s*) di un composto ionico (sale, base) è il numero di moli del composto in un litro di soluzione.

La solubilità di esprime pertanto in **mol/L**.

Quanto più piccolo è il valore del K_{ps} di un composto ionico, tanto minore è la sua solubilità, espressa in **mol/L** (tabella **6**).

Composto	K_{ps}	Composto	K_{ps}
AgBr	$5{,}3 \cdot 10^{-13}$	CaF_2	$3{,}9 \cdot 10^{-11}$
AgCl	$1{,}8 \cdot 10^{-10}$	$Ca_3(PO_4)_2$	$2{,}07 \cdot 10^{-33}$
AgI	$1{,}7 \cdot 10^{-16}$	HgS	$4{,}0 \cdot 10^{-53}$
Ag_2S	$6{,}0 \cdot 10^{-51}$	MgF_2	$6{,}5 \cdot 10^{-9}$
Ag_2CrO_4	$1{,}5 \cdot 10^{-12}$	$Mg(OH)_2$	$5{,}6 \cdot 10^{-12}$
$Al(OH)_3$	$1{,}9 \cdot 10^{-33}$	$PbBr_2$	$6{,}3 \cdot 10^{-6}$
$BaCO_3$	$7{,}0 \cdot 10^{-9}$	$PbCl_2$	$1{,}6 \cdot 10^{-5}$
$BaSO_4$	$1{,}2 \cdot 10^{-10}$	$PbCrO_4$	$177 \cdot 10^{-14}$
$Ba_3(PO_4)_2$	$1{,}3 \cdot 10^{-29}$	PbI_2	$7{,}9 \cdot 10^{-8}$
$CaCO_3$	$4{,}9 \cdot 10^{-9}$	ZnS	$2{,}5 \cdot 10^{-22}$

Tabella 6 Costante del prodotto di solubilità K_{ps} I valori si riferiscono ad alcuni composti ionici poco solubili alla temperatura di 25 °C.

Prendiamo quindi in esame il cloruro d'argento e rappresentiamo la reazione di dissociazione ionica in acqua:

$$AgCl_{(s)} \xrightleftharpoons{\text{acqua}} Ag^+_{(aq)} + Cl^-_{(aq)}$$

L'equazione di dissociazione evidenzia che da 1 mole di AgCl si dissociano 1 mole di ioni argento Ag^+ e 1 mole di ioni cloruro Cl^-. Indicando con s la solubilità del sale, le concentrazioni degli ioni Ag^+ e Cl^- in soluzione sono uguali:

$$s = [Ag^+] = [Cl^-]$$

Poiché il valore del K_{ps} è rappresentato dall'espressione:

$$K_{ps} = [Ag^+] \cdot [Cl^-]$$

Sostituendo le concentrazioni dei due ioni con il valore di s, possiamo determinare il valore del K_{ps}:

$$K_{ps} = s^2$$

Con lo stesso procedimento, si può determinare la **solubilità** s di un solido ionico mediante il valore del prodotto di solubilità, mediante la relazione:

$$s = \sqrt{K_{ps}}$$

È importante precisare che entrambe le relazioni sono valide solo per i solidi ionici formati da cationi e anioni di **uguale** carica (come il solfato di bario e il fosfato di alluminio):

solfato di bario $\quad BaSO_{4(s)} \xrightleftharpoons{\text{acqua}} Ba^{2+}_{(aq)} + SO^{2-}_{4(aq)}$

fosfato di alluminio $\quad AlPO_{4(s)} \xrightleftharpoons{\text{acqua}} Al^{3+}_{(aq)} + PO^{3-}_{4(aq)}$

PROBLEMA MODELLO

Calcolare la solubilità

Calcola la solubilità (in g/L) di una soluzione satura di fluoruro di magnesio MgF_2 ($K_{ps} = 6{,}5 \cdot 10^{-9}$).

L'IDEA

L'equazione di dissociazione ionica del fluoruro di magnesio è:

$$MgF_{2(s)} \xrightleftharpoons{\text{acqua}} Mg^{2+}_{(aq)} + 2\ F^-_{(aq)}$$

Da 1 mole di MgF_2 si dissociano 1 mole di ioni magnesio Mg^{2+} e 2 moli di ioni fluoruro F^-. Di conseguenza, indicando con S la solubilità (in mol/L) del sale, le concentrazioni degli ioni in soluzione sono:

$$[Mg^{2+}] = s \qquad [F^-] = 2s$$

LA SOLUZIONE

Rappresentiamo l'espressione della costante del prodotto di solubilità:

$$K_{ps} = [Mg^{2+}] \cdot [F^-]^2$$

Sostituendo le concentrazioni dei due ioni con il valore di s, otteniamo l'equazione:

$$K_{ps} = s \cdot (2s)^2 = 4s^3$$

È possibile ora determinare la solubilità (in mol/L) del fluoruro di magnesio:

$$s = \sqrt[3]{\frac{K_{ps}}{4}} = \sqrt[3]{\frac{6{,}5 \cdot 10^{-9}}{4}} = 1{,}18 \cdot 10^{-3}\ \text{mol/L}$$

LA CONCLUSIONE

La solubilità (in g/L) di MgF_2 ($M = 62$ g/mol) è data dalla relazione:

$$s(\text{g/L}) = s\ (\text{mol/L}) \cdot M\ (\text{g/mol}) = (1{,}18 \cdot 10^{-3}\ \text{mol/L}) \cdot 62\ \text{g/mol} =$$
$$= 7{,}3 \cdot 10^{-2}\ \text{g/L}$$

PROBLEMA SIMILE

La solubilità del cloruro mercuroso Hg_2Cl_2 è uguale a $2 \cdot 10^{-4}$ g/L. Calcola il prodotto di solubilità del sale.

L'effetto dello ione comune

Nelle attività di laboratorio è spesso necessario *diminuire la solubilità* di composti poco solubili. Consideriamo una *soluzione satura* di cloruro d'argento, AgCl, che è rappresentata dal seguente equilibrio:

$$AgCl_{(s)} \xrightleftharpoons{\text{acqua}} Ag^+_{(aq)} + Cl^-_{(aq)}$$

La costante del prodotto di solubilità è data dalla seguente relazione:

$$K_{ps} = [Ag^+] \cdot [Cl^-]$$

Ipotizziamo ora di aumentare la concentrazione di uno dei due ioni (Ag^+ o Cl^-) aggiungendo alla soluzione un composto (acido o sale) *molto solubile* che contenga uno dei due ioni. In questo caso specifico, ammettiamo di aggiungere cloruro di sodio, NaCl, che si dissocia completamente nello ione Na^+ e nello ione cloruro Cl^-:

$$NaCl_{(s)} \xrightarrow{\text{acqua}} Na^+_{(aq)} + Cl^-_{(aq)}$$

L'aggiunta del cloruro di sodio comporterà l'aumento della concentrazione degli ioni cloruro Cl^-.

Tuttavia, gli ioni Cl^- in eccesso si combineranno con gli ioni Ag^+ della soluzione, con formazione di AgCl insolubile, che precipita (*effetto dello ione comune*): l'equilibrio si sposta a *sinistra* e il valore di K_{ps} rimane costante. Lo ione comune, nel caso specifico lo ione Cl^-, fa *diminuire* la concentrazione degli ioni Ag^+ e quindi la solubilità del sale AgCl.

Questo principio è applicato agli impianti di depurazione delle acque per far *diminuire* la concentrazione di ioni metallici nocivi in acque inquinate: si favorisce la formazione di composti insolubili che, depositandosi nelle vasche di decantazione, possono essere poi eliminati (figura **20**).

Figura 20 L'effetto dello ione comune Nelle vasche di decantazione, per effetto dello ione comune, diminuisce la concentrazione di ioni metallici nocivi.

PROBLEMA MODELLO

Calcolare la solubilità in presenza di uno ione comune

Calcola la solubilità S (in mol/L) di una soluzione di ioduro di piombo (II) PbI_2 ($K_{ps} = 7{,}9 \cdot 10^{-9}$) in una soluzione 0,1 M di ioduro di sodio NaI.

L'IDEA

Rappresentiamo la dissociazione ionica dello ioduro di piombo (II) PbI_2:

$$PbI_{2(s)} \xrightarrow{\text{acqua}} Pb^{2+}_{(aq)} + 2\ I^-_{(aq)}$$

Costruiamo la tabella dell'equilibrio, specificando le concentrazioni iniziali, indichiamo con x le variazioni di concentrazione e definiamo le concentrazioni all'equilibrio di reagenti e prodotti. In relazione alle concentrazioni iniziali risulta che quella dello ione Pb^{2+} è uguale a zero e quella dello ione I^- ha il valore della concentrazione della soluzione di NaI, ovvero uguale a 0,1 M.

	$PbI_{2(s)}$	⇄	$Pb^{2+}_{(aq)}$	$2\ I^-_{(aq)}$
moli iniziali	0		0	0,1
variazione delle moli			$+x$	$+2x$
moli all'equilibrio			x	$0{,}1 + 2x$

Rappresentiamo l'espressione del prodotto di solubilità K_{ps}:

$$K_{ps} = [Pb^{2+}] \cdot [I^-]^2$$

LA SOLUZIONE

Sostituendo i valori con quelli definiti nella tabella di equilibrio abbiamo:

$$K_{ps} = x \cdot (0{,}1 + 2x)^2$$

Indicando con S la solubilità del sale, la relazione diventa:

$$K_{ps} = s \cdot (0{,}1 + 2s)^2$$

Il valore di K_{ps} di PbI_2 ($7{,}9 \cdot 10^{-9}$) indica che il sale ha una solubilità molto bassa e quindi anche x (e ovviamente $2x$) ha un valore molto basso. In altri termini, il valore di $2x$ si può considerare irrilevante, essendo molto minore di 0,1. L'equazione precedente si può quindi rappresentare in questo modo:

$$K_{ps} = s \cdot (0{,}1)^2$$

LA CONCLUSIONE

Sostituendo a K_{ps} il valore di $7{,}9 \cdot 10^{-9}$, determiniamo il valore della solubilità S dello ioduro di piombo (II):

$$s = \frac{7{,}9 \cdot 10^{-9}}{(0{,}1)^2} = 7{,}9 \cdot 10^{-7} \text{ mol/L}$$

PROBLEMA SIMILE

Calcola la solubilità S (in mol/L) di una soluzione di $CaSO_4$ ($K_{ps} = 2{,}4 \cdot 10^{-5}$) in una soluzione 0,015 M di $CaCl_2$.

Le reazioni di precipitazione

In una soluzione, le concentrazioni dei due ioni di un sale sono legate al valore del prodotto di solubilità. Il valore dei K_{ps} permette di prevedere se si forma un **precipitato** quando una soluzione è versata in un'altra soluzione, oppure di riconoscere la presenza di determinati ioni in una soluzione.

Per stabilire se si forma un precipitato si deve versare una soluzione in un'altra soluzione. Consideriamo una soluzione di cloruro di sodio e ipotizziamo di versarla in una soluzione di nitrato d'argento. I prodotti della reazione tra le due soluzioni sono il nitrato di sodio, un sale *molto solubile*, e il cloruro d'argento, un sale *poco solubile*. Il cloruro d'argento ha infatti un valore molto piccolo del prodotto di solubilità ($K_{ps} = 1{,}8 \cdot 10^{-10}$) e potrebbe dare origine a un *precipitato* (figura **21**).

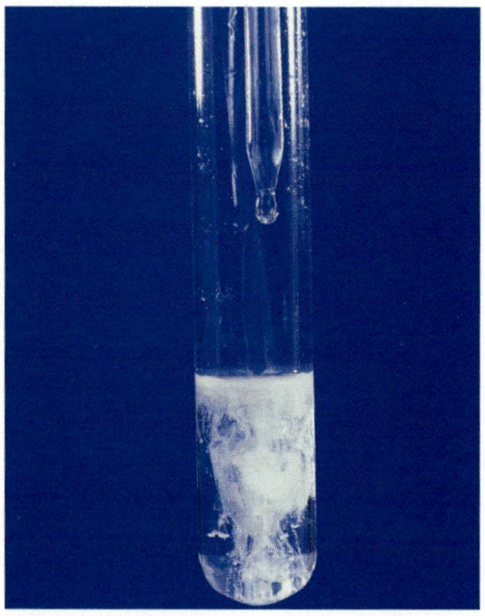

Figura 21 Un test per stabilire la presenza di ioni solfato Versando $Ba(OH)_2$ in una soluzione in cui sono presenti ioni solfato SO_4^{2-}, si ha la formazione di solfato di bario, $BaSO_4$, nella forma di un precipitato bianco.

La reazione di precipitazione è rappresentata dalla seguente equazione:

$$NaCl_{(aq)} + AgNO_{3(aq)} \longrightarrow NaNO_{3(aq)} + AgCl_{(s)}\downarrow$$

Se il prodotto delle concentrazioni degli ioni argento Ag^+ e cloruro Cl^- ha un valore:

- minore del prodotto di solubilità, la *soluzione non è satura* e gli ioni rimangono in soluzione;
- maggiore del prodotto di solubilità, la *soluzione è sovrasatura* e quindi un determinato numero di ioni si separerà dalla soluzione formando un **precipitato**.

La formazione di un precipitato si verifica solo se il prodotto dei valori delle concentrazioni degli ioni in soluzione supera il valore della costante del prodotto di solubilità.

PROBLEMA MODELLO

Stabilire quando si forma un precipitato

Stabilisci se, aggiungendo 10 mL di una soluzione 0,025 M di nitrato di piombo (II) a 20 mL di una soluzione 0,015 M di cloruro di sodio. Stabilisci se si ha la formazione di un precipitato.

L'IDEA

La reazione che avviene tra le due soluzioni porta alla formazione del nitrato di sodio, un sale molto solubile, e del cloruro di piombo (II), un sale poco solubile con un valore del prodotto di solubilità molto piccolo ($K_{ps} = 1,6 \cdot 10^{-5}$):

$$Pb(NO_3)_{2(aq)} + 2\ NaCl_{(aq)} \longrightarrow 2\ NaNO_{3(aq)} + PbCl_{2(s)}\downarrow$$

Rappresentiamo l'equazione di equilibrio di $PbCl_2$:

$$PbCl_{2(s)} \xrightleftharpoons{\text{acqua}} Pb^{2+}_{(aq)} + 2\ Cl^{-}_{(aq)}$$

e l'espressione della costante del prodotto di solubilità:

$$K_{ps} = [Pb^{2+}] \cdot [Cl^{-}]^2$$

Per stabilire se si forma un precipitato di $PbCl_2$ dobbiamo prima calcolare le concentrazioni degli ioni di Pb^{2+} e Cl^{-}, poi calcolare il loro prodotto e confrontarlo con il valore dei K_{ps}.

LA SOLUZIONE

Determiniamo pertanto il numero delle moli degli ioni Pb^{2+} e Cl^{-}:

$$n_{(Pb^{2+})} = M\ (mol/L) \cdot V\ (L) = 0,025\ mol/L \cdot 0,01\ L = 2,5 \cdot 10^{-4}\ mol$$

$$n_{(Cl^{-})} = M\ (mol/L) \cdot V\ (L) = 0,015\ mol/L \cdot 0,02\ L = 3 \cdot 10^{-4}\ mol$$

Definiamo il volume V della soluzione:

$$V = 0,01\ L + 0,02\ L = 0,03\ L$$

e calcoliamo le concentrazioni degli ioni:

$$[Pb^{2+}] = \frac{n\ (mol)}{V\ (L)} = \frac{2,5 \cdot 10^{-4}\ mol}{0,03\ L} = 8,3 \cdot 10^{-3}\ mol/L$$

$$[Cl^{-}] = \frac{n\ (mol)}{V\ (L)} = \frac{3 \cdot 10^{-4}\ mol}{0,03\ L} = 0,01\ mol/L$$

Determiniamo il prodotto tra le concentrazioni dei due ioni:

$$[Pb^{2+}]\ [Cl^{-}] = (8,3 \cdot 10^{-3}) \cdot (0,01)^2 = 8,3 \cdot 10^{-7}\ (mol/L)^3$$

LA CONCLUSIONE

Il valore ottenuto ($8,3 \cdot 10^{-7}$) è minore del valore dei K_{ps} ($1,6 \cdot 10^{-5}$) e di conseguenza, non si ha formazione del precipitato.

PROBLEMA SIMILE

Si aggiungono 200 mL di una soluzione $4 \cdot 10^{-3}$ M di $AgNO_3$ a 200 mL di una soluzione $4 \cdot 10^{-3}$ M di KCl. Stabilisci se si ha la formazione di un precipitato.

LABORATORIO

Soluzione tampone

L'obiettivo

Preparare una soluzione tampone e verificarne l'efficienza.

I concetti

In molti processi chimici ed in tutte le soluzioni fisiologiche è necessario che il pH non subisca variazioni apprezzabili. I sistemi che si oppongono alle variazioni di pH sono le soluzioni tampone. Queste sono costituite, generalmente, da un acido debole e da un sale solubile derivante dallo stesso acido debole e da una base forte.

I materiali

Pipette graduate, provette graduate, indicatore universale, bacchetta di vetro, spruzzetta con acqua distillata.
Soluzioni 0,1 M di acido acetico CH_3COOH, di acetato di sodio CH_3COONa, di acido cloridrico HCl, di idrossido di sodio NaOH.

L'esperimento

1. Prepara tre provette contenenti ognuna 3 mL di acqua distillata e tre provette contenenti ciascuna una soluzione di 1,5 mL di acido acetico e 1,5 mL di acetato di sodio.
2. In ogni provetta aggiungi 2 gocce di indicatore universale. La prima coppia di provette, una di acqua distillata e l'altra della soluzione di acido acetico e acetato di sodio, serve come riferimento.
3. Aggiungi alla seconda coppia di provette 5 gocce di HCl. Agita bene e osserva il colore.
4. Aggiungi alla terza coppia di provette 5 gocce di NaOH. Agita bene e osserva il colore.
5. Confronta i colori ottenuti per le 6 provette con quelli della scala cromatica, prendendo nota per ogni soluzione del pH.
6. Riporta i valori in una tabella in cui, per l'acqua distillata e per la soluzione tampone, si indica il pH della provetta di riferimento, di quella con 5 gocce di HCl e di quella con 5 gocce di NaOH.

Le competenze

Giustifica i valori di pH nella soluzione di HCl e NaOH e nella soluzione tampone.

FACCIAMO IL PUNTO

LO SAI? RIPASSA CON LO SMARTPHONE

In che cosa consiste la reazione di dissociazione dell'acqua?

L'acqua è un elettrolita debolissimo e l'equilibrio della reazione di **autoionizzazione** è molto spostato a sinistra:

$$2\,H_2O_{(l)} \rightleftarrows H_3O^+_{(aq)} + OH^-_{(aq)}$$

Il prodotto della concentrazione degli ioni H_3O^+ e degli ioni OH^- è il prodotto ionico dell'acqua e alla temperatura di 25 °C è uguale a $1{,}0 \cdot 10^{-14}$. La concentrazione dei due ioni, nell'acqua pura, è $1{,}0 \cdot 10^{-7}$ mol/L.

Come si misura il grado di acidità di una soluzione?

Il grado di acidità o basicità di una soluzione è espresso da una grandezza, il **pH**, definita dal logaritmo negativo in base 10 della concentrazione degli ioni idrogeno (in mol/L):

$$pH = -\log_{10}[H_3O^+]$$

Una soluzione è acida se il pH < 7, neutra se il pH = 7, basica se il pH > 7.
Per determinare sperimentalmente il pH di una soluzione si utilizzano gli indicatori, che assumono un diverso colore a seconda del pH della soluzione.
Il valore del pH corrispondente alla variazione di colore dell'indicatore si chiama **pH di viraggio**.

Quando avviene una reazione di neutralizzazione?

La reazione di **neutralizzazione** si verifica tra la soluzione di un acido e la soluzione di una base in quantità equimolari. La reazione tra un acido forte e una base forte dà una soluzione neutra; tra un acido debole e una base forte dà una soluzione basica; tra un acido forte e una base debole dà una soluzione acida.

Che cos'è l'equivalente chimico?

La quantità (una mole, mezza mole, un terzo di mole) di un acido (o di una base) neutralizzata da una mole di ioni OH^- (o di ioni H^+) si chiama **equivalente chimico**. Il numero di equivalenti di soluto presenti in un litro di soluzione indica la normalità.

Che cos'è l'idrolisi salina?

L'**idrolisi salina** è il processo per cui la soluzione di un sale in acqua determina la variazione del pH. La soluzione di un sale che deriva: da un acido forte e da una base debole è acida; da un acido debole e da una base forte è basica; da un acido debole e da una base debole può essere acida ($K_a > K_b$), neutra ($K_a = K_b$) o basica ($K_a < K_b$); da un acido forte e da una base forte è neutra.

Quando una soluzione si dice tampone?

Una **soluzione tampone** si oppone alla variazione del pH per l'aggiunta di piccole quantità di un acido o di una base forte. Può essere costituita da un acido debole e da un sale con una base forte (tampone acido), oppure da una base debole e da un sale con un acido forte (tampone basico).

Che cosa sono gli equilibri di solubilità?

Gli **equilibri di solubilità** sono equilibri eterogenei che si stabiliscono tra un solido ionico e i suoi ioni in soluzione. A temperatura costante, il prodotto delle concentrazioni degli ioni, ciascuno elevato al proprio coefficiente stechiometrico dell'equazione di dissociazione, è uguale alla costante K_{ps}.

CAPITOLO

21 ESERCIZI

ZTE ONLINE
Mettiti alla prova
con 20 esercizi interattivi

VERIFICA LE TUE CONOSCENZE

IL PRODOTTO IONICO DELL'ACQUA

1 **Calcola la concentrazione (in mol/L) degli ioni H_3O^+ nelle soluzioni aventi i seguenti valori di concentrazione degli ioni OH^-:**
a. $[OH^-] = 1 \cdot 10^{-13}$ mol/L
b. $[OH^-] = 1 \cdot 10^{-14}$ mol/L

2 **Calcola la concentrazione (in mol/L) degli ioni OH^- nelle soluzioni aventi i seguenti valori di concentrazione degli ioni H_3O^+:**
a. $[H_3O^+] = 1 \cdot 10^{0}$ mol/L
b. $[H_3O^+] = 1 \cdot 10^{-6}$ mol/L

3 **Calcola la concentrazione degli ioni H_3O^+ nelle soluzioni aventi i seguenti valori di concentrazione degli ioni OH^-:**
a. $[OH^-] = 5 \cdot 10^{-14}$ M
b. $[OH^-] = 1{,}25 \cdot 10^{-12}$ M

4 **Calcola la concentrazione degli ioni OH^- nelle soluzioni aventi i seguenti valori della concentrazione degli ioni H_3O^+:**
a. $[H_3O^+] = 1{,}4 \cdot 10^{-8}$ M
b. $[H_3O^+] = 5 \cdot 10^{-11}$ M

SOLUZIONI ACIDE, NEUTRE E BASICHE

5 **Definisci una soluzione acida, neutra e basica con riferimento alla concentrazione degli OH^-.**

6 **Calcola il pH delle soluzioni aventi la seguente concentrazione degli ioni H_3O^+ e precisa se la soluzione è acida o basica:**
a. $[H_3O^+] = 7{,}8 \cdot 10^{-5}$ M
b. $[H_3O^+] = 8{,}2 \cdot 10^{-10}$ M

7 **Calcola il pOH delle soluzioni aventi le seguenti concentrazioni di H_3O^+ e precisa se la soluzione è acida o basica:**
a. $[H_3O^+] = 7{,}38 \cdot 10^{-9}$ M
b. $[H_3O^+] = 5{,}75 \cdot 10^{-5}$ M

8 **Calcola la concentrazione degli ioni H_3O^+ delle soluzioni aventi pH = 4 e pH = 6,42.**

9 **Calcola la concentrazione degli ioni H_3O^+ delle soluzioni aventi pOH = 3 e pOH = 9,5.**

10 **Calcola la concentrazione degli ioni OH^- nelle soluzioni aventi pH = 3 e pH = 10,3.**

11 **Indica a quale dei seguenti valori del pH alla temperatura di 25 °C si ha la massima concentrazione di ioni H_3O^+.**
Ⓐ 3 Ⓑ 3,5 Ⓒ 6 Ⓓ 6,5

12 **La soluzione A ha il pH di 3,8; la soluzione B ha la concentrazione degli ioni H_3O^+ uguale a $2 \cdot 10^{-7}$ M. Stabilisci quale è la soluzione:**
a. più acida;
b. con il pH maggiore.

IL pH DI SOLUZIONI DI ACIDI E BASI FORTI

13 **Calcola il pH di una soluzione:**
a. 0,01 M di HCl
b. 0,15 M di HNO_3

14 **Calcola il pH di una soluzione 0,1 M di $Ca(OH)_2$.**

15 **Calcola il pH di una soluzione 0,15 M di $Ba(OH)_2$.**

16 **Quale, tra le seguenti soluzioni alla concentrazione di $1 \cdot 10^{-3}$ mol/L, ha il valore di pH minore?**
Ⓐ $HClO_{(aq)}$
Ⓑ $HNO_{3(aq)}$
Ⓒ $HCN_{(aq)}$
Ⓓ $HNO_{2(aq)}$

IL pH DI SOLUZIONI DI ACIDI E BASI DEBOLI

17 **Calcola il pH di una soluzione 0,05 M di acido ipocloroso HClO ($K_a = 3{,}0 \cdot 10^{-8}$).**

18 **Calcola il pH di una soluzione di 0,1 M di anilina $C_6H_5NH_2$ ($K_b = 4{,}3 \cdot 10^{-10}$).**

19 **Calcola il pH di una soluzione 0,5 M di acido benzoico C_6H_5COOH ($K_a = 6{,}6 \cdot 10^{-5}$).**

20 **Calcola il pH di una soluzione 0,08 M di metilammina CH_3NH_2 ($K_b = 4{,}4 \cdot 10^{-4}$).**

GLI INDICATORI

21 **Descrivi le modalità per determinare sperimentalmente il pH con gli indicatori.**

22 Una soluzione ha colore giallo con il blu timolo (pH di viraggio 8,8 dal giallo al blu) e ha il colore blu con il blu di bromotimolo. Stabilisci l'intervallo del pH.

23 Una soluzione ha colore giallo con il rosso fenolo (pH di viraggio 7,6 dal giallo al rosso) e ha colore rosso con il rosso di metile. Stabilisci se la soluzione è acida, neutra o basica.

24 Che cosa permette di stabilire l'uso di un solo indicatore acido-base?

LE REAZIONI DI NEUTRALIZZAZIONE

25 Analizza la reazione di neutralizzazione tra soluzioni equimolari di acido bromidrico e di idrossido di potassio.

26 Rappresenta la reazione di neutralizzazione tra una soluzione di idrossido di calcio e una soluzione di acido nitrico.

27 La soluzione risultante della reazione tra soluzioni equimolari di HCN e LiOH sarà acida, neutra o basica? Per quale motivo?

LA NORMALITÀ

28 Qual è l'unità di misura della massa equivalente?

29 Calcola la massa equivalente dei seguenti composti:

a. $H_2Cr_2O_7$
b. $Ni(OH)_3$
c. $Ca(CN)_2$
d. K_3PO_4

30 Indica il numero di equivalenti (n_{eq}) corrispondente a 0,32 mol di idrossido ferrico.

31 Calcola i grammi di HCl presenti in 200 mL di una soluzione 0,2 N.

LA TITOLAZIONE ACIDO-BASE

32 Giustifica perché il rosso fenolo è l'indicatore più idoneo nella titolazione tra l'acido formico (acido debole) e l'idrossido di potassio.

33 Per titolare 25 mL di una soluzione di KOH sono necessari 35 mL di soluzione di HCl 0,15 N. Calcola la normalità della soluzione di KOH.

34 Stabilisci l'indicatore acido-base più idoneo che potrebbe essere utilizzato nelle seguenti titolazioni:

a. $KOH_{(aq)}$ con $HClO_{4(aq)}$
b. $HNO_{2(aq)}$ con $NaOH_{(aq)}$
c. $NH_{3(aq)}$ con $HBr_{(aq)}$

35 Che cosa si verifica quando in una titolazione acido-base si raggiunge il punto di equivalenza?

36 L'indicatore più idoneo per titolare una soluzione di acido acetico (acido debole) con una soluzione di idrossido di sodio è:

Ⓐ metilarancio (pH di viraggio = 3,8).
Ⓑ rosso di metile (pH di viraggio = 5,2).
Ⓒ blu di bromotimolo (pH di viraggio = 6,8).
Ⓓ fenolftaleina (pH di viraggio = 9,1).

L'IDROLISI SALINA

37 Prendi in esame una soluzione di cianuro di ammonio e stabilisci se la soluzione è acida, neutra o basica. Giustifica la risposta.

38 Stabilisci se le soluzioni dei seguenti sali sono acide, neutre o basiche:

a. KNO_2; NaCN; NH_4HS
b. $CaBr_2$; HCOONa; $LiHCO_3$

39 Le soluzioni dei seguenti sali hanno pH maggiore di 7, uguale a 7 o minore di 7?

a. NH_4HCO_3; CH_3COONa; KBr
b. NH_4Cl; $Ca(HSO_3)_2$; $LiClO_4$

40 Quale tipo di soluzione forma il bicarbonato di sodio ($NaHCO_3$) in acqua?

41 Le soluzioni dei sali $NaCl_{(aq)}$, $Na_2CO_{3(aq)}$ e $NH_4Cl_{(aq)}$ sono, rispettivamente, neutre, basiche o acide?

LE SOLUZIONI TAMPONE

42 Analizza il meccanismo con cui agisce la soluzione tampone costituita dall'acido borico e dal borato biacido di potassio.

43 Rappresenta le equazioni chimiche che evidenziano il comportamento tampone in ambiente basico (OH^-) e in ambiente acido (H_3O^+) della coppia di ioni $H_2PO^-_{4(aq)}/HPO^{2-}_{4(aq)}$.

44 Precisa quale tra le seguenti coppie forma una soluzione tampone:

Ⓐ $H_2SO_4/NaHSO_4$

Ⓑ H_3PO_4/LiH_2PO_4

Ⓒ $HClO/Ca(ClO)_2$

Ⓓ $H_2S/Ba(HS)_2$

45 1 L di una soluzione tampone con pH uguale a 4 viene diluita con 10 L di acqua. Calcola il pH della nuova soluzione.

46 Tra le seguenti soluzioni tutte alla stessa concentrazione, indica quella che subisce la minore variazione di pH per aggiunta di 5 mL da HCl 0,1 M.

Ⓐ HNO_3/KNO_3

Ⓑ $H_2SO_4/NaHSO_4$

Ⓒ NH_3/NH_4HCO_3

Ⓓ H_2S/KHS

47 Indica la coppia acido-sale che in acqua non può dare una soluzione tampone:

Ⓐ H_2CO_3 e $NaHCO_3$

Ⓑ HCOOH e HCOONa

Ⓒ NH_3 e NH_4ClO_4

Ⓓ HCl e NH_4Cl

IL PRODOTTO DI SOLUBILITÀ

48 Il fosfato di bario è un sale poco solubile. Scrivi:

a. l'equazione di dissociazione ionica;

b. l'espressione del K_{ps};

c. l'espressione per il calcolo della solubilità.

49 Dati i seguenti solidi ionici poco solubili, scrivi l'equazione di dissociazione ionica e l'espressione del K_{ps}.

a. CaF_2

b. $Mg(OH)_2$

c. $Ca_3(PO_4)_2$

d. $PbCl_2$

e. $Al(OH)_3$

f. Ag_2CrO_4

50 Date le seguenti espressioni di K_{ps}, scrivi l'equazione di dissociazione ionica.

a. $K_{ps} = [Bi^{3+}]^2\,[S^{2-}]^3$

b. $K_{ps} = [Cr^{3+}]\,[OH^-]^3$

c. $K_{ps} = [Ca^{2+}]\,[CO_3^{2-}]$

51 Rappresenta la reazione di dissociazione ionica del fluoruro di calcio ($K_{ps} = 3,9 \cdot 10^{-11}$) in una soluzione satura e calcola la concentrazione dello ione fluoruro quando la concentrazione dello ione calcio è uguale a $1,0 \cdot 10^{-3}$ M.

52 Scrivi la relazione che esprime la solubilità (s) del solfuro di argento.

EFFETTO DELLO IONE COMUNE

53 Giustifica l'effetto dello ione comune quando a una soluzione di acido carbonico si aggiunge una soluzione di bicarbonato di sodio.

54 Analizza l'effetto dello ione comune quando a una soluzione satura di fluoruro di litio viene aggiunta una soluzione di fluoruro di calcio.

LE REAZIONI DI PRECIPITAZIONE

55 Stabilisci quale precipitato si potrebbe formare versando una soluzione di nitrato di calcio in una soluzione di acido fosforico.

56 In una soluzione la concentrazione degli ioni argento è $4,8 \cdot 10^{-5}$ M e la concentrazione degli ioni cromato è $3,4 \cdot 10^{4}$ M. Stabilisci se è possibile la precipitazione del cromato di argento ($K_{ps} = 1,5 \cdot 10^{-12}$).

57 In soluzione, un solido ionico poco solubile può formare un precipitato quando il prodotto della concentrazione dei due ioni è

Ⓐ minore del prodotto di solubilità.

Ⓑ minore del prodotto ionico dell'acqua.

Ⓒ maggiore del prodotto di solubilità.

Ⓓ maggiore del prodotto ionico dell'acqua.

VERIFICA LE TUE ABILITÀ

58 Alla temperatura di 37 °C il valore di K_w è uguale a $2,4 \cdot 10^{-14}$ M^2. Calcola la concentrazione degli ioni H_3O^+ e OH^-.

59 Alla temperatura di 40 °C, il prodotto ionico dell'acqua K_w è $2,92 \cdot 10^{-14}$ M^2. A questa temperatura una soluzione acquosa ha la concentrazione molare di ioni $[H_3O^+]$ uguale a $1,0 \cdot 10^{-7}$ e, quindi, risulta

Ⓐ acida.

Ⓑ neutra.

Ⓒ poco basica.

Ⓓ molto basica.

60 La concentrazione molare di ioni H_3O^+ in una soluzione $2,50 \cdot 10^{-2}$ mol/L di $Ba(OH)_2$ ha il valore di

Ⓐ $5,00 \cdot 10^{-2}$ mol/L

Ⓑ $2,00 \cdot 10^{-2}$ mol/L

Ⓒ $2,00 \cdot 10^{-13}$ mol/L

Ⓓ $4,00 \cdot 10^{-13}$ mol/L

61 Disponi le seguenti soluzioni secondo il pH crescente:
a. $[H_3O^+] = 3{,}5 \cdot 10^{-3}$ M
b. $[OH^-] = 1 \cdot 10^{-7}$ M
c. $[H_3O^+] = 4{,}2 \cdot 10^{-8}$ M

62 Disponi le seguenti soluzioni secondo il pOH crescente:
a. $[OH^-] = 2{,}4 \cdot 10^{-1}$ M
b. $[H_3O^+] = 1 \cdot 10^{-7}$ M
c. $[OH^-] = 1 \cdot 10^{-11}$ M

63 La soluzione A ha pH = 3,7 e la soluzione B pari a 4,7. Stabilisci:
a. il rapporto delle concentrazioni degli ioni H_3O^+ nelle due soluzioni;
b. il rapporto delle concentrazioni degli ioni OH^-.

64 Il valore della costante del prodotto ionico dell'acqua, alla temperatura di 25 °C, è $1 \cdot 10^{-14}$ M^2, mentre alla temperatura di 60 °C è $9{,}62 \cdot 10^{-14}$ M^2. Se la temperatura dell'acqua varia da 25 °C a 60 °C, il valore del suo pH
Ⓐ varia da 7 a 6,5.
Ⓑ varia da 7 a 10.
Ⓒ varia da 7 a 3.
Ⓓ rimane 7.

65 Il pH dell'acqua distillata, lasciata a contatto dell'aria, è maggiore, minore o uguale a 7?

66 Una soluzione contiene 7,8 g di $HClO_4$ in 300 mL di soluzione. Calcola il pH.

67 Una soluzione di HI ha pH uguale a 3,5. Calcola i grammi di HI presenti in 300 mL di soluzione.

68 Una soluzione contiene 30 g di $Ca(OH)_2$ in 1,5 L di soluzione. Calcola il pH.

69 Una soluzione di LiOH ha pH uguale a 12,5. Calcola i grammi di LiOH presenti in 250 mL di soluzione.

70 Una soluzione contiene 0,96 g di LiOH in 1,5 L. Calcola la concentrazione di ioni H_3O^+.

71 50 mL di una soluzione 1 M di HCl sono aggiunti a 1 L di acqua distillata. Calcola la variazione del pH (ΔpH).

72 Una soluzione contiene 0,14 g di KOH ($M = 56$ g/mol) in 250 mL di soluzione. Calcola il pH.

73 Una soluzione è stata preparata aggiungendo 50 mL di una soluzione 0,2 M di NaOH a 50 mL di acqua. Calcola il pH della soluzione.

74 Una soluzione 0,01 M di HCN si dissocia per il 2,5%. Calcola il pH.

75 Una soluzione di AgOH 0,1 M è dissociata per il 6%. Calcola:
a. il pH della soluzione;
b. la K_b della base.

76 Una soluzione contiene 1,25 g di etilammina $C_2H_5NH_2$ ($K_b = 6{,}6 \cdot 10^{-4}$) in 100 mL di soluzione. Calcola il pH.

77 Una soluzione 0,1 M di idrossido di zinco si dissocia per l'1%. Calcola il pH della soluzione.

78 Una soluzione di HIO si dissocia per l'1% e ha un pH uguale a 3. Calcola la concentrazione molare dell'acido.

79 Aggiungiamo qualche goccia di tornasole, fenolftaleina o metilarancio a soluzioni con le seguenti concentrazioni:
a. $[OH^-] = 7{,}2 \cdot 10^{-12}$ M
b. $[H_3O^+] = 5{,}2 \cdot 10^{-10}$ M

Quali colori assumerebbero con ciascuno dei tre indicatori?

80 Calcola il pH di viraggio:
a. del blu di bromotimolo ($K_{in} = 1{,}58 \cdot 10^{-7}$);
b. dell'indicatore metilarancio ($K_{in} = 1{,}5 \cdot 10^{-4}$).

81 Rappresenta l'equazione chimica tra quantità equimolari delle seguenti soluzioni, precisane la natura (acida, basica o neutra) e la posizione dell'equilibrio:
a. $HNO_{2(aq)}$ con $KOH_{(aq)}$
b. $HBr_{(aq)}$ con $LiOH_{(aq)}$
c. $HClO_{4(aq)}$ con $NH_{3(aq)}$

82 Una soluzione è costituita da 150 mL di una soluzione 0,1 M di HCl e da 200 mL di una soluzione 0,2 M di KOH. Calcola il pH.

83 Calcola il pH di una soluzione ottenuta aggiungendo 80 mL di una soluzione 0,2 M di NaOH a 100 mL di una 0,1 M di HCl.

84 Una soluzione è stata preparata diluendo con acqua, fino a un volume complessivo di 2 L, 80 mL di una soluzione 6 M di acido fosforico. Calcola la molarità e la normalità della nuova soluzione.

85 A 200 mL di una soluzione di H_2SO_4 (d = 1,14 g/mL) al 20% *m*/*m* vengono aggiunti 500 mL di una soluzione 2 N di H_2SO_4. Calcola la normalità della nuova soluzione.

86 Quale volume di acqua deve essere aggiunto a 100 mL di una soluzione 0,6 N di H_2SO_4 per ottenere una soluzione 0,15 M?

87 Per titolare 400 mL di una soluzione di HCl occorrono 200 mL di una soluzione contenente 20 g di NaOH per litro. Calcola la molarità della soluzione dell'acido cloridrico.

88 Calcola il volume (in mL) di una soluzione di $Ba(OH)_2$ 0,245 M che occorre per titolare 29,4 mL di una soluzione di HCl 0,196 M.

89 Per titolare 50 mL di una soluzione di H_2SO_4, sono stati utilizzati 18,2 mL di una soluzione 0,1 M di NaOH. La concentrazione molare dell'acido è uguale a:

Ⓐ 0,036
Ⓑ 0,072
Ⓒ 0,018
Ⓓ 0,137

90 Considera i sali NH_4I, $KClO_4$ e Na_3PO_4. Per ciascuno di essi:

a. rappresenta l'equazione di dissociazione ionica in acqua;
b. classifica come acido, neutro o basico sia l'anione sia il catione;
c. rappresenta l'equazione di idrolisi e precisa se la soluzione sarà acida, basica o neutra.

91 Calcola il pH di una soluzione 4,5 M di KNO_2 ($K_a = 4,5 \cdot 10^{-4}$).

92 La concentrazione di una soluzione di NH_4Cl è $1,8 \cdot 10^{-1}$ M. Alla temperatura di 25 °C la soluzione è acida o basica?

93 Una soluzione 0,1 M di formiato di potassio ha pH minore di quello di una soluzione 0,1 M di acetato di potassio. Che cosa puoi dedurre sulla forza degli acidi e delle basi da cui derivano?

94 Indica quale, tra le seguenti, è la soluzione con il pH maggiore.

Ⓐ $NaClO_{4(aq)}$
Ⓑ $NaNO_{3(aq)}$
Ⓒ $Na_2CO_{3(aq)}$
Ⓓ $NaBr_{(aq)}$

95 Una soluzione tampone è costituita da 100 mL di una soluzione di NH_3 $4 \cdot 10^{-3}$ M ($K_b = 1,8 \cdot 10^{-5}$) e da 100 mL di una soluzione di NH_4Cl $1 \cdot 10^{-3}$ M. Calcola il pH.

96 Una soluzione contenente 4,25 g di HCOONa è aggiunta a 750 mL di una soluzione di HCOOH 0,15 M ($K_a = 1,77 \cdot 10^{-4}$). Qual è il pH?

97 Indica la coppia acido-base più adatta per preparare una soluzione tampone a pH 7,5:

Ⓐ CH_3COOH/CH_3COO^-
Ⓑ $H_2PO_4^-/HPO_4^{2-}$
Ⓒ HSO_4^-/SO_4^{2-}
Ⓓ NH_4^+/NH_3

98 Per preparare una soluzione tampone $H_2CO_3/NaHCO_3$ con un valore di pH uguale a 6,3, quale valore deve avere il rapporto $[H_2CO_3]/[HCO_3^-]$?

99 Una soluzione tampone è preparata sciogliendo 0,25 mol di acido acetico ($K_a = 1,8 \cdot 10^{-5}$) e 0,4 mol di acetato di sodio in acqua in modo da ottenere 1,8 L di soluzione. Qual è il pH della soluzione risultante?

100 La solubilità di $Pb(IO_3)_2$ alla temperatura di 25 °C è di 0,022 g/L. Calcola il valore del prodotto di solubilità.

101 Calcola la solubilità in g/L alla temperatura di 25 °C di una soluzione satura di Ag_3PO_4 ($K_{ps} = 3,4 \cdot 10^{-14}$).

102 In una soluzione satura di PbI_2 esiste il seguente equilibrio:

$$PbI_{2(aq)} \rightleftharpoons Pb^{2+}_{(aq)} + 2\,I^-_{(aq)}$$

La posizione dell'equilibrio si sposta a sinistra aggiungendo una soluzione di:

Ⓐ $PbBr_{2(aq)}$
Ⓑ $Pb(NO_3)_{2(aq)}$
Ⓒ $PbCrO_{4(aq)}$
Ⓓ $PbCl_{2(aq)}$

103 Una soluzione è costituita da volumi uguali di $Ca(NO_3)_2$ 0,01 M e di H_2SO_4 0,01 M. Stabilisci se si ha la precipitazione di $CaSO_4$ ($K_{ps} = 4,9 \cdot 10^{-5}$).

TEST YOURSELF

104 A solution has a pOH of 6.13. Calculate its H_3O^+ and OH^- concentration.

105 A solution was prepared by adding 20 mL of a 0.1 M solution of NaOH to 300 mL of water. Calculate the grams of NaOH and the final pH.

106 Calculate how many mL of a 0.18 N HCl solution are required to titrate 25.4 mL of a 0.15 N NaOH solution.

107 A solution consists of 15 mL of a 0.01 M $BaCl_2$ solution and 25 mL of a 0.0025 M Na_2SO_4 solution. Determine if a precipitate of $BaSO_4$ is formed ($K_{sp} = 1.2 \cdot 10^{-10}$).

VERSO I GIOCHI DELLA CHIMICA

108 Indica i grammi di NaF che occorre aggiungere a 0,5 L di una soluzione di HF 0,05 M (K_a di HF = $3,5 \cdot 10^{-4}$) per ottenere una soluzione con pH uguale a 3,14:

Ⓐ 2,10
Ⓑ 2,18
Ⓒ 3,15
Ⓓ 6,20

[Finale nazionale 2015]

109 Indica di quante volte aumenta la concentrazione di ioni H^+ se si raddoppia la concentrazione di un acido debole ($K_a = 1,0 \cdot 10^{-5}$):

Ⓐ 2,5
Ⓑ 1,4
Ⓒ 2
Ⓓ 3,5

[Finale nazionale 2015]

VERSO L'UNIVERSITÀ

110 Una proprietà che caratterizza le soluzioni tampone è che il valore del pH

Ⓐ non varia significativamente per aggiunte moderate di acidi o basi forti.
Ⓑ è sempre superiore a 11.
Ⓒ non varia mai.
Ⓓ è sempre inferiore a 3.
Ⓔ dipende solamente dalla concentrazione di acido.

[dalla prova di ammissione a Medicina e Chirurgia, 2016]

VERSO L'ESAME: LE TUE COMPETENZE

COLLEGA E CALCOLA

111 Una soluzione è stata preparata aggiungendo a 300 mL di acqua 20 mL di una soluzione di HCl 0,1 M. Calcola i grammi di HCl e il pH della soluzione.

COLLEGA E CALCOLA

112 Una soluzione è stata preparata aggiungendo 510 mL di acqua a 40 mL di una soluzione di NaOH ($d = 1,2$ g/mL) al 38% *m*/*m*. Calcola il pH.

COLLEGA E CALCOLA

113 Una soluzione di acido acetico CH_3COOH ($K_a = 1,8 \cdot 10^{-5}$) ha un valore di pH uguale a 4,6. Calcola la concentrazione molare iniziale dell'acido.

COLLEGA E CALCOLA

114 Una soluzione di ammoniaca ($K_b = 1,8 \cdot 10^{-5}$) ha un valore di pH uguale a 11,3. Calcola la concentrazione molare iniziale della base.

IPOTIZZA

115 Stabilisci quale colore assumerà una soluzione 0,1 M di acido formico HCOOH ($K_a = 1,8 \cdot 10^{-4}$) in seguito all'aggiunta dell'indicatore violetto di metile (pH di viraggio 1,2 dal giallo al blu).

COLLEGA E CALCOLA

116 Calcola quanti grammi di una soluzione di KOH al 10% *m*/*m* sono necessari per neutralizzare 400 mL di una soluzione 2,0 M di HNO_3.

COLLEGA E CALCOLA

117 Calcola la normalità di una soluzione di H_2SO_4 ($d = 1,07$ g/mL) al 10% *m*/*m*.

COLLEGA E CALCOLA

118 Calcola la % *m*/*m* di una soluzione 1,65 N di H_2SO_4 ($d = 1,05$ g/mL).

COLLEGA E CALCOLA

119 Una soluzione di H_2SO_4 ($d = 1,14$ g/mL) contiene 25 g di H_2SO_4 in 135 g di acqua. Calcola la % *m*/*m* e la normalità.

COLLEGA E CALCOLA

120 Calcola quanti mL di acqua devono essere aggiunti a 250 mL di una soluzione di H_3PO_4 ($d = 1,045$ g/mL) al 6% *m*/*m* per ottenere una soluzione 0,5 N.

COLLEGA E CALCOLA

121 **Calcola quale volume (in mL) di acqua deve essere aggiunto a 45 mL di una soluzione 2,1 M di $CuCl_2$ per ottenere una soluzione 3 N.**

COLLEGA E CALCOLA

122 **Per titolare 1200 mL di una soluzione di KOH occorrono 70 mL di una soluzione di HCl (*d* = 1,1 g/mL) al 30% *m*/*m*. Calcola la molarità della soluzione basica.**

COLLEGA E CALCOLA

123 **Una soluzione contiene 3,5 g di NH_4NO_3 in 750 mL di soluzione ($K_b = 1,8 \cdot 10^{-5}$). Calcola il pH.**

COLLEGA E CALCOLA

124 **Una soluzione contiene 2 g di CH_3COONa in 250 mL di soluzione ($K_a = 1,8 \cdot 10^{-5}$). Calcola il pH.**

COLLEGA E CALCOLA

125 **Si vuole preparare una soluzione tampone costituita da una soluzione di HF ($K_a = 3,5 \cdot 10^{-4}$) e da una soluzione di NaF, con un valore di pH uguale a 3. Calcola:**

a. la concentrazione degli ioni H_3O^+ del tampone;

b. il rapporto n_a/n_s;

c. quante moli di NaF bisogna aggiungere a 1 L di HF 0,1 M per preparare la soluzione tampone.

COLLEGA E CALCOLA

126 **Calcola la variazione del pH quando 0,01 mol di una soluzione di HCl sono aggiunte a:**

a. 1 L di acqua distillata;

b. una soluzione tampone costituita da una soluzione 0,1 M di CH_3COOH ($K_a = 1,8 \cdot 10^{-5}$) e da una soluzione 0,1 M di CH_3COONa.

COLLEGA E CALCOLA

127 **Il K_{ps} di $BaSO_4$ alla temperatura di 25 °C è uguale a $1,2 \cdot 10^{-10}$. Calcola quanti grammi del composto sono presenti in 100 mL di soluzione.**

COLLEGA E CALCOLA

128 **Il K_{ps} di $Fe(OH)_3$ alla temperatura di 25 °C è uguale a $1,1 \cdot 10^{-36}$. Calcola quanti grammi del composto sono presenti in 100 mL di soluzione.**

CALCOLA E CONFRONTA

129 **Calcola la solubilità in g/L di AgI ($K_{ps} = 1,7 \cdot 10^{-16}$)**

a. in acqua;

b. in una soluzione 0,15 M di NaI.

COLLEGA E CALCOLA

130 **Calcola la solubilità (in mol/L) di AgCl ($K_{ps} = 1,8 \cdot 10^{-10}$) in una soluzione 0,005 M di $AlCl_3$.**

DEDUCI

131 **Una soluzione è formata da 50 mL di una soluzione 0,02 M di $Pb(NO_3)_2$ e da 20 mL di una soluzione 0,02 M di $CaBr_2$. Stabilisci se si ha precipitazione di $PbBr_2$ ($K_{ps} = 6,3 \cdot 10^{-6}$).**

RICERCA E CONFRONTA

132 **Lo stomaco è un organo che contiene una soluzione acquosa di acido cloridrico e altre sostanze, detta succo gastrico.**
Il succo gastrico in condizioni fisiologiche ha pH superiore a 1, ma alcune condizioni patologiche come la gastrite possono determinare ipersecrezione gastrica e abbassare il valore del pH, con conseguente infiammazione e dolore allo stomaco.
Ipotizziamo che il succo gastrico presente nel lume dello stomaco sia sempre 150 mL con un un pH di 2,0 in condizioni fisiologiche e 0,50 in condizioni patologiche di ipersecrezione gastrica.

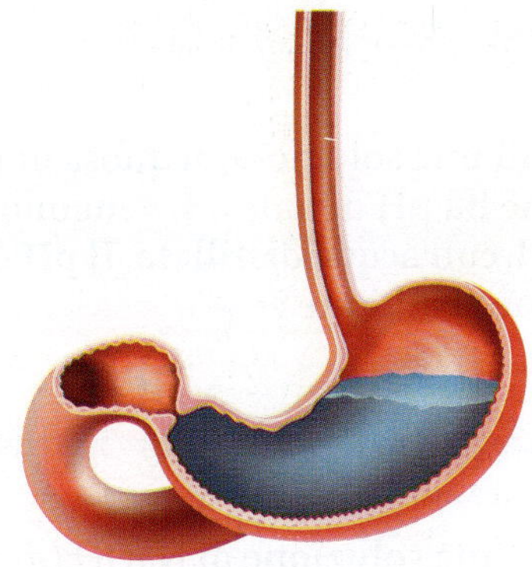

a. Se lo stomaco si svuotasse completamente, riversando il proprio contenuto nell'intestino, ogni ora a digiuno e dopo 3 ore da ognuno dei tre pasti principali, quale sarebbe il volume di succo gastrico prodotto dal corpo umano in 24 ore?

b. Fai una ricerca sul volume di succo gastrico giornalmente prodotto da un essere umano: il dato che hai calcolato è o non è dello stesso ordine di grandezza?

c. Calcola la quantità in grammi di HCl prodotta giornalmente in condizioni fisiologiche e patologiche di ipersecrezione gastrica: di quante volte aumenta la produzione di acido?

SEI PRONTO PER LA VERIFICA?

IN 1 ORA

Dopo aver studiato i contenuti dei **capitoli 20 e 21**, svolgi la prova nel **tempo massimo di un'ora**.

CONOSCENZE E ABILITÀ

1 **Rappresenta la reazione di protolisi in acqua tra lo ione idrogenocarbonato e lo ione cianuro e individuare le coppie coniugate acido-base.**

(4 punti se hai risposto correttamente) ...../4

2 **Quale delle seguenti specie chimiche in soluzione acquosa può agire da acido e da base secondo la teoria di Brønsted-Lowry?**

Ⓐ HCN Ⓑ HS^- Ⓒ NH_4^+ Ⓓ H_3O^+

(4 punti se hai risposto correttamente) ...../4

3 **Calcola la concentrazione molare degli ioni H_3O^+ in una soluzione $2{,}5 \cdot 10^{-2}$ M di $Ba(OH)_2$.**

(5 punti se hai risposto correttamente) ...../5

4 **500 mL di una soluzione acquosa di un acido forte, che ha pH uguale a 3, vengono diluiti fino a 1 L con acqua distillata. Il pH della soluzione risultante è:**

Ⓐ 1,5 Ⓑ 3 Ⓒ 3,3 Ⓓ 6

(6 punti se hai risposto correttamente) ...../6

5 **40 mL di una soluzione di NaOH (d = 1,2 g/mL) al 30% m/m sono aggiunti a 400 mL di acqua. Calcola il pH della soluzione.**

(7 punti se hai risposto correttamente) ...../7

6 **Una soluzione acquosa di CuOH 1 M si dissocia per il 10%. Calcola il pH della soluzione e il valore di K_b.**

(8 punti se hai risposto correttamente) ...../8

7 **Una soluzione è rossa con il rosso clorofenolo (pH di viraggio = 6 da giallo a rosso) ed è blu con il blutimolo (pH di viraggio = 9 da giallo a blu). Il valore del pH è:**

Ⓐ < 6
Ⓑ 7
Ⓒ tra 6 e 9
Ⓓ > 9

(8 punti se hai risposto correttamente) ...../8

8 **A 50 mL di una soluzione 4 M di H_3BO_3 vengono aggiunti 450 mL di soluzione 2 N di H_3BO_3. Calcola la normalità della nuova soluzione.**

(8 punti se hai risposto correttamente) ...../8

9 **Stabilisci quale delle seguenti soluzioni acquose 0,1 M ha il pH maggiore e rappresentare l'equazione di idrolisi.**

Ⓐ $NaCN_{(aq)}$ Ⓑ $NaNO_{2(aq)}$ Ⓒ $NaClO_{(aq)}$ Ⓓ $CH_3COONa_{(aq)}$

(10 punti se hai risposto correttamente) ...../10

I primi 60 punti valgono per il raggiungimento degli obiettivi minimi. Per fare di più, rispondi alle seguenti domande.

COMPETENZE

10 **Calcola la variazione di pH quando 20 mL di una soluzione 0,1 M di HCl si aggiungono a una soluzione tampone formata da 100 mL di una soluzione $2 \cdot 10^{-1}$ M di CH_3COOH ($K_a = 1{,}8 \cdot 10^{-5}$) e da 100 mL di una soluzione $1{,}5 \cdot 10^{-1}$ M di CH_3COONa.**

(10 punti se hai risposto correttamente) ...../10

11 **Quale tra i seguenti campioni di $Ba(OH)_{2(aq)}$ neutralizza 25 mL di $HCl_{(aq)}$ 0,20 M?**

Ⓐ 12,5 cm^3 0,10 M
Ⓑ 25 cm^3 0,10 M
Ⓒ 25 cm^3 0,20 M
Ⓓ 50 cm^3 0,20 M

(10 punti se hai risposto correttamente) ...../10

12 **Calcola la solubilità in g/L alla temperatura di 25 °C di una soluzione satura di Ag_2CrO_4 ($K_{ps} = 2{,}4 \cdot 10^{-12}$).**

(10 punti se hai risposto correttamente) ...../10

13 **Se in una soluzione si hanno ioni Cl^-, ioni Br^-, ioni I^- e ioni CN^- di uguale concentrazione, aggiungendo lentamente ioni Ag^+, precipiterà per primo:**

Ⓐ AgCl ($K_{ps} = 1{,}8 \cdot 10^{-10}$)
Ⓑ AgBr ($K_{ps} = 5{,}3 \cdot 10^{-13}$)
Ⓒ AgI ($K_{ps} = 1{,}7 \cdot 10^{-17}$)
Ⓓ AgCN ($K_{ps} = 1{,}2 \cdot 10^{-16}$)

(10 punti se hai risposto correttamente) ...../10

PUNTEGGIO TOTALE ...../100

CAPITOLO

22 LE REAZIONI DI OSSIDO-RIDUZIONE

1 LE OSSIDO-RIDUZIONI COMPORTANO LA VARIAZIONE DEL NUMERO DI OSSIDAZIONE DEGLI ELEMENTI COINVOLTI NELLA REAZIONE

Gli elementi chimici (tranne i gas nobili), quando sono allo stato atomico o sotto forma di molecole o di unità formula, hanno la tendenza a reagire per raggiungere una maggiore stabilità e di conseguenza una *minore energia*.

La condizione di maggiore stabilità può essere raggiunta tramite il *trasferimento parziale o totale di elettroni* e di conseguenza con una variazione (aumento o diminuzione) del numero di ossidazione degli atomi o ioni.

Con il termine **ossidazione** si indica un aumento del numero di ossidazione, con il termine **riduzione** si indica una diminuzione del numero di ossidazione.

Il numero di ossidazione (simbolo *n.o.*) è definito dal **numero di elettroni** di legame ceduti o acquistati (parzialmente o totalmente) da un atomo in una molecola o da uno ione in un'unità formula.

Quindi:

- un *aumento* del *n.o.* comporta una diminuzione di elettroni ovvero la *perdita* di elettroni;
- una *diminuzione* del *n.o.* determina un aumento del numero di elettroni ovvero l'*acquisto* di elettroni.

Un atomo o uno ione se perde elettroni si **ossida**, se invece acquista elettroni si **riduce**.

Consideriamo la reazione di sintesi dell'ossido di magnesio e assegniamo i numeri di ossidazione:

$$2\,\overset{0}{Mg}_{(s)} + \overset{0}{O}_{2(g)} \longrightarrow 2\,\overset{+2}{Mg}\overset{-2}{O}_{(s)}$$

In questa equazione:

- il numero di ossidazione del magnesio aumenta di 2 unità: il magnesio perde 2 elettroni e si ossida;

LE PAROLE

Il termine **ossidazione** (dal latino *oxydum*, «ossido») indica una reazione chimica in cui a un elemento o composto si addiziona ossigeno o si sottraggono atomi di idrogeno o elettroni.

LE PAROLE

Il termine **riduzione** (dal latino *reducere*, «condurre indietro») indica una reazione chimica in cui un elemento o un composto cede atomi di idrogeno o elettroni.

PER CAPIRE MEGLIO
Videolezione
Assegnare i numeri di ossidazione

TI RICORDI?

Per **calcolare il *n.o.*** occorre confrontare l'elettronegatività degli atomi legati: il legame tra atomi dello stesso elemento non contribuisce al calcolo del *n.o.*, per cui atomi allo stato elementare hanno *n.o.* = 0; in caso di legame tra elementi a diversa elettronegatività, ogni doppietto elettronico di legame contribuisce al calcolo del *n.o.* con +1 per l'elemento meno elettronegativo e con −1 per l'elemento più elettronegativo.

- il numero di ossidazione dell'ossigeno diminuisce di 2 unità: l'ossigeno acquista 2 elettroni e si riduce.

il magnesio si ossida

$$2\,\overset{0}{\mathrm{Mg}}_{(s)} + \overset{0}{\mathrm{O}}_{2(g)} \longrightarrow 2\,\overset{+2}{\mathrm{Mg}}\overset{-2}{\mathrm{O}}_{(s)}$$

l'ossigeno si riduce

Una reazione in cui si ha trasferimento (parziale o totale) di elettroni tra due atomi o ioni, con conseguente variazione del numero di ossidazione dei due atomi o ioni reagenti, è una **reazione di ossido-riduzione**.

Tra quelle già analizzate sono reazioni di ossido-riduzione le seguenti:
- sintesi di ossidi, idruri e sali di idracidi;
- analisi di ossidi basici, idruri covalenti, idracidi e sali di idracidi;
- decomposizione dei clorati;
- scambio semplice o spostamento tra un metallo e l'acqua o un acido o un sale di ossoacido.

2 UNA REAZIONE DI OSSIDO-RIDUZIONE È COSTITUITA DA DUE SEMIREAZIONI: L'OSSIDAZIONE E LA RIDUZIONE

La reazione di sintesi tra il sodio metallico Na e il cloro gassoso Cl_2 porta alla formazione di un solido cristallino, il cloruro di sodio (figura **1**).

Figura 1 La reazione tra il sodio metallico e il cloro gassoso Il sodio metallico (colore grigio) e il cloro gassoso (colore verde tenue) quando reagiscono formano il cloruro di sodio, solido ionico di colore bianco.

Rappresentiamo la reazione con la seguente equazione e assegniamo i numeri di ossidazione:

$$2\,\overset{0}{\mathrm{Na}}_{(s)} + \overset{0}{\mathrm{Cl}}_{2(g)} \longrightarrow 2\,\overset{+1}{\mathrm{Na}}\overset{-1}{\mathrm{Cl}}_{(s)}$$

In questa equazione:
- ciascun atomo di sodio perde un elettrone e di conseguenza il *n.o.* del sodio è aumentato di una unità;
- ciascun atomo di cloro acquista un elettrone e di conseguenza il *n.o.* del cloro è diminuito di una unità.

n.o. aumenta

ossidazione: perdita di e^-

$$2\,\overset{0}{Na}_{(s)} + \overset{0}{Cl}_{2(g)} \longrightarrow 2\,\overset{+1\ -1}{NaCl}_{(s)}$$

riduzione: acquisto di e^-

n.o. diminuisce

La reazione tra il sodio e il cloro è quindi una reazione di ossido-riduzione in cui si ha il trasferimento di un elettrone da un atomo di sodio (che lo perde) a un atomo di cloro (che lo acquista).

La reazione di ossido-riduzione è costituita da due *semireazioni*:

- la **semireazione di ossidazione** (simbolo **ox**) corrisponde a una *perdita* di elettroni, si identifica per un *aumento* del numero di ossidazione e si rappresenta con l'equazione:

$$2\,Na \longrightarrow 2\,Na^+ + 2\,e^- \qquad \text{(ox)}$$

- la **semireazione di riduzione** (simbolo **red**) corrisponde a un *acquisto* di elettroni, si identifica per una *diminuzione* del numero di ossidazione e si rappresenta con l'equazione:

$$Cl_2 + 2\,e^- \longrightarrow 2\,Cl^- \qquad \text{(red)}$$

Dai simboli utilizzati per indicare le due semireazioni, una reazione di ossido-riduzione è anche chiamata reazione **redox** (figura **2**).

PER CAPIRE MEGLIO
Videolezione
Identificare le reazioni di ossido-riduzione (redox)

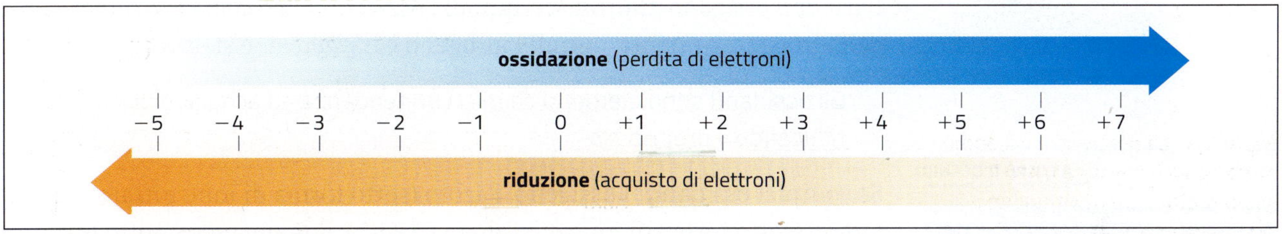

Figura 2 Le variazioni del *n.o.* nelle reazioni di ossido-riduzione Nella semireazione di ossidazione (ox), il *n.o.* aumenta; nella semireazione di riduzione (red), il *n.o.* diminuisce.

Il trasferimento di elettroni richiede la contemporanea presenza di un donatore e di un accettore di elettroni.

L'atomo o ione che perde elettroni si chiama **riducente**, l'atomo o ione che acquista elettroni si chiama **ossidante**.

Nella reazione tra il sodio e il cloro:

- il sodio, cedendo un elettrone, si comporta da **riducente** perché **riduce** il cloro;
- il cloro, acquistando un elettrone, si comporta da **ossidante** perché **ossida** il sodio.

Il prodotto della reazione è il cloruro di sodio, con il sodio che si è ossidato e il cloro che si è ridotto:

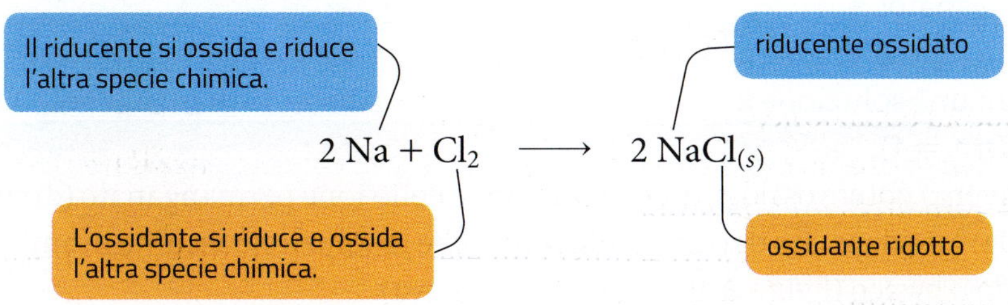

PER VEDERE LA CHIMICA
Video *In laboratorio*
Le reazioni di ossido-riduzione

3 I RIDUCENTI SI OSSIDANO E GLI OSSIDANTI SI RIDUCONO

Nelle reazioni di ossido-riduzione sono sempre presenti un riducente (l'elemento che si ossida) e un ossidante (l'elemento che si riduce).

I **riducenti** sono elementi chimici con tendenza a perdere elettroni, aumentando il proprio *n.o.*

A COLPO D'OCCHIO

RIDUCENTI
- METALLI
- IDROGENO
- CARBONIO
- CO

Agenti riducenti molto noti sono: i metalli, l'idrogeno, il carbonio, il monossido di carbonio (CO).

I *metalli*, in particolare gli alcalini e gli alcalino-terrosi, tendono ad aumentare il loro stato di ossidazione, determinando la riduzione di altri elementi. I metalli si comportano da riducenti nelle reazioni di sintesi degli idruri ionici (nella quale determinano la riduzione dell'idrogeno) e degli ossidi basici (nella quale determinano la riduzione dell'ossigeno).

L'*idrogeno* si comporta da riducente nelle reazioni di sintesi degli idruri covalenti e degli idracidi. Rappresentiamo la reazione di sintesi dell'acqua e assegniamo i numeri di ossidazione:

$$\overset{0}{H_{2(g)}} + \overset{0}{O_{2(g)}} \longrightarrow 2\,\overset{+1\;-2}{H_2O}$$

riducente (H_2) — ossidante (O_2)

Il *n.o.* dell'ossigeno diminuisce, quindi l'ossigeno è l'*ossidante* e si riduce; il *n.o.* dell'idrogeno aumenta, quindi l'idrogeno è il *riducente* e si ossida.

Gli ossidanti sono elementi chimici con tendenza ad acquisire elettromi, riducendo il proprio *n.o.*

A COLPO D'OCCHIO

OSSIDANTI
- OSSIGENO
- AZOTO (NO_3^-)
- CROMO ($Cr_2O_7^{2-}$)
- MANGANESE (MnO_4^-)

Sono tipici ossidanti: l'ossigeno, l'azoto (sotto forma di ione nitrato NO_3^-), il cromo (sotto forma di ione dicromato $Cr_2O_7^{2-}$), il manganese (sotto forma di ione permanganato MnO_4^-).

Rappresentiamo la reazione di sintesi del diossido di carbonio e assegniamo i numeri di ossidazione:

$$\overset{0}{C_{(s)}} + \overset{0}{O_{2(g)}} \longrightarrow \overset{+4\,-2}{CO_{2(g)}}$$

riducente (C) — ossidante (O_2)

Il *n.o.* del carbonio aumenta, quindi il carbonio è il *riducente* e si ossida; il *n.o.* dell'ossigeno diminuisce, quindi l'ossigeno è l'*ossidante* e si riduce.

L'azione ossidante del manganese, sotto forma di ione permanganato MnO_4^-, dipende dall'ambiente (acido o basico) della soluzione. Lo ione permanganato:

- in una soluzione acida (pH < 7) si riduce a ione manganese (II) Mn^{2+};
- in una soluzione basica (pH > 7) si riduce a diossido di manganese MnO_2 (*n.o.* = 4).

Il diverso potere ossidante della soluzione dello ione permanganato (di colore viola) è evidenziato dal differente colore che la soluzione assume in ambiente acido o basico (figura **3** alla pagina successiva).

PER CAPIRE MEGLIO
Video *In laboratorio*
Dimmi di che colore sei e ti dirò in che ambiente stai

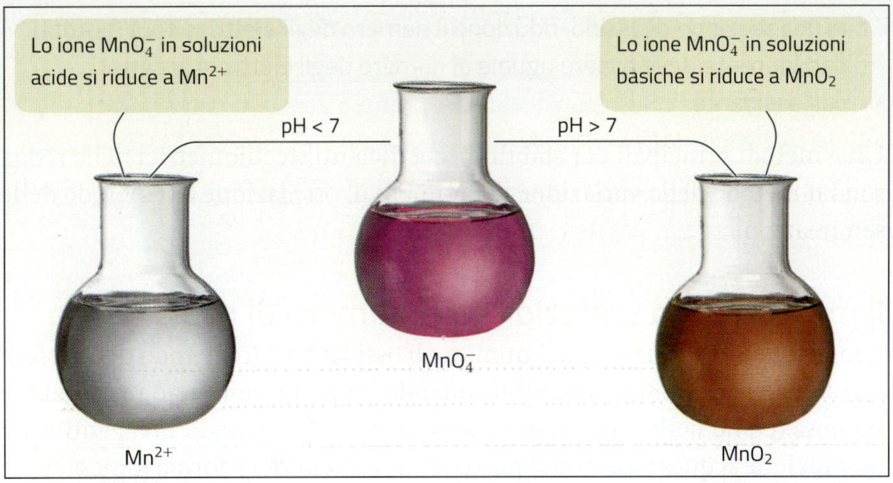

Figura 3 Gli stati di ossidazione del manganese La soluzione di colore viola dello ione permanganato in ambiente acido diventa incolore e in ambiente basico assume un colore rosso-bruno.

Molti elementi chimici si possono comportare sia da riducenti sia da ossidanti. L'ossigeno nell'acqua ossigenata (H_2O_2): in una soluzione acida in cui è presente lo ione dicromato ($Cr_2O_7^{2-}$) si ossida a ossigeno molecolare (O_2), comportandosi da **riducente**:

riducente

$$Cr_2O_{7(aq)}^{2-} + H_2\overset{-1}{O}_{2(l)} \longrightarrow Cr_{(aq)}^{3+} + \overset{0}{O}_{2(g)}$$

In una soluzione basica in cui è presente lo ione cromito (CrO_2^-) si riduce formando acqua, comportandosi da **ossidante**:

$$CrO_{2(aq)}^{-} + H_2\overset{-1}{O}_{2(l)} \longrightarrow CrO_{4(aq)}^{2-} + H_2\overset{-2}{O}_{(l)}$$

ossidante

TI RICORDI?

Il **cromo** (dal greco *khrôma*, «colore») è un elemento chimico i cui composti sono intensamente colorati. È un metallo di transizione dotato di carattere anfotero, di colore argenteo ed è malleabile.

4 NEL BILANCIAMENTO DELLE REAZIONI REDOX SI DEVE CONSERVARE NON SOLO LA MASSA MA ANCHE LA CARICA

Il bilanciamento di una reazione redox prevede il *calcolo dei coefficienti stechiometrici* in modo da garantire sia la conservazione della *massa* sia la conservazione della *carica*. Esaminiamo la reazione tra lo zinco metallico e una soluzione di acido cloridrico e assegniamo i *n.o.* (figura **4**):

$$\overset{0}{Zn}_{(s)} + \overset{+1}{H}Cl_{(aq)} \longrightarrow \overset{+2}{Zn}Cl_{2(aq)} + \overset{0}{H}_{2(g)}$$

In questa equazione:

- l'atomo di zinco è il *riducente* (il suo *n.o.* aumenta di 2 unità) e perde 2 elettroni:

$$Zn_{(s)} \longrightarrow Zn_{(aq)}^{2+} + 2\,e^- \qquad \text{(ox)}$$

- l'atomo di idrogeno è l'*ossidante* (il suo *n.o.* diminuisce di 1 unità) ma, poiché lo zinco perde 2 elettroni, occorrono 2 atomi di idrogeno che acquistano ciascuno 1 elettrone:

$$2\,H_{(aq)}^{+} + 2\,e^- \longrightarrow H_{2(g)} \qquad \text{(red)}$$

Figura 4 La reazione dello zinco in acido cloridrico Lo zinco in acido cloridrico si comporta da riducente; l'idrogeno dell'acido cloridrico è l'ossidante.

In una reazione di ossido-riduzione il numero degli elettroni ($n.\ e^-$) ceduti dal riducente deve essere uguale al numero degli elettroni accettati dall'ossidante.

I due metodi principali per stabilire i coefficienti stechiometrici nelle redox sono il metodo della variazione del numero di ossidazione e il metodo delle semireazioni.

Il metodo della variazione del numero di ossidazione

Il metodo della variazione del numero di ossidazione (o metodo del trasferimento degli elettroni) è preferibile quando i reagenti non sono in soluzione acquosa (come nelle *reazioni di combustione*) oppure quando i reagenti sono in soluzione acquosa ma non si possono rappresentare in forma ionica (come nelle reazioni tra *composti organici* o tra *reagenti molecolari*).

Prendiamo in esame la reazione redox in forma molecolare tra l'ossido ferrico e il carbonio:

$$Fe_2O_{3(s)} + C_{(s)} \longrightarrow Fe_{(s)} + CO_{2(g)}$$

1. **Attribuiamo i numeri di ossidazione** solo agli atomi (in questo caso, ferro e carbonio) in cui si ha una variazione del numero di ossidazione (il *n.o.* dell'ossigeno si omette, in quanto non varia):

$$\overset{+3}{Fe_2}O_3 + \overset{0}{C} \longrightarrow \overset{0}{Fe} + \overset{+4}{C}O_2$$

2. **Identifichiamo l'ossidante e il riducente**. Il ferro è l'ossidante (il suo *n.o.* diminuisce di tre unità), il carbonio è il riducente (il suo *n.o.* aumenta di quattro unità):

ossidante $\overset{+3}{Fe_2} \longrightarrow \overset{0}{Fe}$ $\qquad$ $\overset{0}{C} \longrightarrow \overset{+4}{C}$ riducente

3. **Rendiamo uguale il numero degli atomi di ciascuna coppia**. Al ferro va assegnato il coefficiente 2:

$$\overset{+3}{Fe_2} \longrightarrow 2\ \overset{0}{Fe} \qquad \overset{0}{C} \longrightarrow \overset{+4}{C}$$

4. **Stabiliamo l'entità della variazione del numero di ossidazione (Δ *n.o.*)**: per il ferro Δ *n.o.* = 3; per il carbonio Δ *n.o.* = 4:

$$\overset{+3}{Fe_2} \longrightarrow 2\ \overset{0}{Fe}\ (\boldsymbol{\Delta n.o. = 3}) \qquad \overset{0}{C} \longrightarrow \overset{+4}{C}\ (\boldsymbol{\Delta n.o. = 4})$$

5. **Indichiamo il numero degli elettroni acquistati dall'ossidante** (6) **e ceduti dal riducente** (4):

$$\overset{+3}{Fe_2} + 6\ e^- \longrightarrow 2\ \overset{0}{Fe} \qquad \overset{0}{C} \longrightarrow \overset{+4}{C} + 4e^-$$

6. **Rendiamo uguale il numero degli elettroni acquistati dall'ossidante e ceduti dal riducente** assegnando agli atomi opportuni coefficienti per garantire la *conservazione della carica*. Al ferro va assegnato il coefficiente 2 e al carbonio il coefficiente 3:

$$2\ (Fe_2 + 6\ e^- \longrightarrow 2\ Fe) \qquad 3\ (C \longrightarrow C + 4\ e^-)$$

PER CAPIRE MEGLIO
Videolezione
Bilanciare le redox con il metodo del trasferimento degli elettroni

7. **Assegniamo i coefficienti stechiometrici** agli atomi di ferro e di carbonio e **completiamo il bilanciamento degli altri atomi** (ossigeno) per garantire la *conservazione della massa*. Gli atomi di ossigeno sono già bilanciati, per cui la reazione finale è rappresentata dalla seguente equazione:

$$2\,Fe_2O_{3(s)} + 3\,C_{(s)} \longrightarrow 4\,Fe_{(s)} + 3\,CO_{2(g)}$$

Il metodo delle semireazioni

Il metodo delle semireazioni è indicato soprattutto per le reazioni che avvengono in *soluzione acquosa*, per cui le reazioni sono rappresentate con *l'equazione ionica netta*. Il metodo consiste nel rappresentare le due semireazioni (quella di riduzione e quella di ossidazione), bilanciarle separatamente ed infine sommarle in modo da ottenere l'equazione ionica netta bilanciata.

PER CAPIRE MEGLIO
Videolezione
Scrivere le reazioni redox in forma ionica

Le reazioni possono essere condotte in ambiente acido (nella soluzione sono presenti ioni idrogeno H^+) o in ambiente basico (in soluzione sono presenti ioni idrossido OH^-).

Redox in ambiente acido

Prendiamo in esame la reazione redox in forma ionica e in ambiente acido tra lo ione permanganato e lo ione ioduro:

$$MnO^-_{4(aq)} + I^-_{(aq)} \longrightarrow Mn^{2+}_{(aq)} + I_{2(aq)}$$

PER CAPIRE MEGLIO
Videolezione
Bilanciare le redox con il metodo delle semireazioni

1. **Attribuiamo i numeri di ossidazione agli atomi o agli ioni in cui varia il numero di ossidazione**:

$$\overset{7}{Mn}O^-_{4(aq)} + \overset{-1}{I}^-_{(aq)} \longrightarrow \overset{2}{Mn}^{2+}_{(aq)} + \overset{0}{I}_{2(aq)}$$

2. **Rappresentiamo le semireazioni di riduzione e di ossidazione identificando l'ossidante e il riducente**. Il manganese è l'ossidante (il suo *n.o. diminuisce* di cinque unità), lo iodio è riducente (il suo *n.o. aumenta* di un'unità):

$$\overset{7}{Mn}O^-_4 \longrightarrow \overset{2}{Mn}^{2+}$$
$$\overset{-1}{I}^- \longrightarrow \overset{0}{I}_2$$

3. **Per entrambe le semireazioni**:
   a. **bilanciamo gli atomi**; il manganese è già bilanciato, allo ione ioduro I^- si assegna il coefficiente stechiometrico 2:

$$\overset{7}{Mn}O^-_4 \longrightarrow \overset{2}{Mn}^{2+}$$
$$2\,\overset{-1}{I}^- \longrightarrow \overset{0}{I}_2$$

   b. **definiamo il numero di elettroni acquistati dall'ossidante e ceduti dal riducente**; il manganese *si riduce* acquistando 5 elettroni, lo iodio *si ossida* perdendo 2 elettroni (uno per ogni atomo):

$$\overset{7}{Mn}O^-_4 + 5\,e^- \longrightarrow \overset{2}{Mn}^{2+} \quad \text{(red)}$$
$$2\,\overset{-1}{I}^- \longrightarrow \overset{0}{I}_2 + 2\,e^- \quad \text{(ox)}$$

   c. **bilanciamo le cariche aggiungendo ioni idrogeno H^+**, in modo tale che la somma delle cariche sia uguale in entrambi i membri delle semireazioni. Alla semireazione di riduzione si devono aggiungere 8 ioni H^+, la semireazione di ossidazione è già bilanciata:

$$\overset{7}{Mn}O_4^- + 5\,e^- + 8\,H^+ \longrightarrow \overset{2}{Mn}^{2+} \quad \text{(red)}$$

$$2\,\overset{-1}{I}^- \longrightarrow \overset{0}{I}_2 + 2\,e^- \quad \text{(ox)}$$

d. **bilanciamo gli atomi di idrogeno e di ossigeno aggiungendo molecole di acqua H_2O.** Alla semireazione di riduzione vanno aggiunte 4 molecole di H_2O:

$$\overset{7}{Mn}O_4^- + 5\,e^- + 8\,H^+ \longrightarrow \overset{2}{Mn}^{2+} + 4\,H_2O \quad \text{(red)}$$

$$2\,\overset{-1}{I}^- \longrightarrow \overset{0}{I}_2 + 2\,e^- \quad \text{(ox)}$$

4. **Rendiamo uguale il numero di elettroni acquistati dall'ossidante e ceduti dal riducente** moltiplicando i componenti di ciascuna semireazione per un opportuno coefficiente. La semireazione di riduzione va moltiplicata per 2 e quella di ossidazione per 5:

$$2\,(MnO_4^- + 5\,e^- + 8\,H^+ \longrightarrow Mn^{2+} + 4\,H_2O)$$

$$5\,(2\,I^- \longrightarrow I_2 + 2\,e^-)$$

5. **Sommiamo membro a membro le due semireazioni:**

$$2\,(MnO_4^- + 5\,e^- + 8\,H^+ \longrightarrow Mn^{2+} + 4\,H_2O)$$

$$5\,(2\,I^- \longrightarrow I_2 + 2\,e^-)$$

$$2\,MnO_4^- + 10\,e^- + 16\,H^+ + 10\,I^- \longrightarrow 2\,Mn^{2+} + 8\,H_2O + 5\,I_2 + 10\,e^-$$

6. **Eliminiamo i termini comuni (elettroni, H_2O, H^+).** Nello specifico vengono eliminati solo gli elettroni:

$$2\,MnO_4^- + 16\,H^+ + 10\,I^- \longrightarrow 2\,Mn^{2+} + 8\,H_2O + 5\,I_2$$

7. **Verifichiamo che gli atomi e le cariche risultino bilanciati e che i coefficienti siano ridotti a numeri interi più semplici** e rappresentiamo l'equazione finale:

$$\underset{\text{carica globale} = 4(+)}{2\,MnO_4^- + 16\,H^+ + 10\,I^-} \longrightarrow \underset{\text{carica globale} = 4(+)}{2\,Mn^{2+} + 8\,H_2O + 5\,I_2}$$

Redox in ambiente basico

Consideriamo ora la reazione redox in forma ionica e in ambiente **basico** tra lo ione solfito e il cloro:

$$SO^{2-}_{3(aq)} + Cl_{2(aq)} \longrightarrow SO^{2-}_{4(aq)} + Cl^-_{(aq)}$$

1. **Attribuiamo i numeri di ossidazione agli atomi o agli ioni in cui si ha la variazione del numero di ossidazione:**

$$\overset{4}{S}O^{2-}_{3(aq)} + \overset{0}{Cl}_{2(aq)} \longrightarrow \overset{6}{S}O^{2-}_{4(aq)} + \overset{-1}{Cl}^-_{(aq)}$$

2. **Rappresentiamo le semireazioni di riduzione e di ossidazione identificando l'ossidante e il riducente.** Il cloro è l'ossidante (il suo *n.o.* diminuisce

di 1 unità), lo zolfo è il riducente (il suo *n.o.* aumenta di due unità):

$$\overset{4}{S}O^{2-}_{3(aq)} + \overset{0}{Cl}_{2(aq)} \longrightarrow \overset{6}{S}O^{2-}_{4(aq)} + \overset{-1}{Cl}^{-}_{(aq)}$$

3. **Per entrambe le semireazioni:**
   a. **bilanciamo gli atomi**; lo zolfo è già bilanciato, allo ione cloruro Cl^- si assegna il coefficiente stechiometrico 2:

$$\overset{4}{S}O_3^{2-} \longrightarrow \overset{6}{S}O_4^{2-}$$
$$\overset{0}{Cl}_2 \longrightarrow 2\,\overset{-1}{Cl}^-$$

   b. **definiamo il numero di elettroni acquistati dall'ossidante e ceduti dal riducente**; lo zolfo *si ossida* cedendo 2 elettroni, il cloro *si riduce* acquistando 2 elettroni (uno per ogni atomo):

$$\overset{4}{S}O_3^{2-} \longrightarrow \overset{6}{S}O_4^{2-} + 2\,e^- \quad \text{(ox)}$$
$$\overset{0}{Cl}_2 + 2\,e^- \longrightarrow 2\,\overset{-1}{Cl}^- \quad \text{(red)}$$

   c. **bilanciamo le cariche aggiungendo ioni idrossido OH^-**, in modo tale che la somma delle cariche sia uguale in entrambi i membri delle semireazioni. Alla semireazione di ossidazione si devono aggiungere 2 ioni OH^-, la semireazione di riduzione è già bilanciata:

$$\overset{4}{S}O_3^{2-} + 2\,OH^- \longrightarrow \overset{6}{S}O_4^{2-} + 2\,e^- \quad \text{(ox)}$$
$$\overset{0}{Cl}_2 + 2\,e^- \longrightarrow 2\,\overset{-1}{Cl}^- \quad \text{(red)}$$

   d. **bilanciamo gli atomi di idrogeno e di ossigeno** aggiungendo molecole di acqua H_2O; alla semireazione di ossidazione va aggiunta una molecola di H_2O:

$$\overset{4}{S}O_3^{2-} + 2\,OH^- \longrightarrow \overset{6}{S}O_4^{2-} + 2\,e^- + H_2O \quad \text{(ox)}$$
$$\overset{0}{Cl}_2 + 2\,e^- \longrightarrow 2\,\overset{-1}{Cl}^- \quad \text{(red)}$$

4. **Rendiamo uguale il numero di elettroni acquistati dall'ossidante e ceduti dal riducente**; le due semireazioni sono già bilanciate.
5. **Sommiamo membro a membro le due semireazioni:**

$$\overset{4}{S}O_3^{2-} + 2\,OH^- \longrightarrow \overset{6}{S}O_4^{2-} + 2\,e^- + H_2O \quad \text{(ox)}$$
$$\overset{0}{Cl}_2 + 2\,e^- \longrightarrow 2\,\overset{-1}{Cl}^- \quad \text{(red)}$$
$$\overline{SO_3^{2-} + 2\,OH^- + Cl_2 + 2\,e^- \longrightarrow SO_4^{2-} + 2\,e^- + H_2O + 2\,Cl^-}$$

6. **Eliminiamo i termini comuni** (elettroni, H_2O, OH^-). Nello specifico vanno eliminati solo gli elettroni:

$$SO_3^{2-} + 2\,OH^- + Cl_2 \longrightarrow SO_4^{2-} + 2\,Cl^- + H_2O$$

7. **Verifichiamo che gli atomi e le cariche risultino bilanciati e che i coefficienti siano ridotti a numeri interi più semplici** e rappresentiamo l'equazione finale:

$$\underset{\text{carica globale} = 4(-)}{SO_3^{2-} + 2\,OH^- + Cl_2} \longrightarrow \underset{\text{carica globale} = 4(-)}{SO_4^{2-} + 2\,Cl^- + H_2O}$$

5 UNA REAZIONE DI DISMUTAZIONE È UNA REDOX IN CUI LO STESSO ELEMENTO SI OSSIDA E SI RIDUCE

Esistono reazioni di ossido-riduzione in cui due reagenti (o due prodotti) contengono lo stesso elemento di un prodotto (o di un reagente) ma con un *n.o.* diverso:

Una reazione redox in cui si ossidano e si riducono atomi o ioni dello stesso elemento è una **reazione di dismutazione** o di disproporzione.

Nella reazione di analisi del cloruro mercuroso Hg_2Cl_2 (*n.o.* Hg = +1), il cloruro mercuroso si decompone in cloruro mercurico $HgCl_2$ (*n.o.* Hg = +2) e in mercurio metallico (*n.o.* Hg = 0).

La reazione è rappresentata dalla seguente equazione:

$$Hg_2Cl_{2(s)} \xrightarrow{\Delta} HgCl_{2(g)} + Hg_{(l)}$$

In questa equazione il cloruro mercurico e il mercurio metallico sono due prodotti ottenuti per ossidazione e riduzione dello stesso reagente.

Anche per le reazioni di dismutazione, i coefficienti stechiometrici sono determinati con il metodo della variazione del numero di ossidazione, quando i reagenti sono in forma molecolare, e con il metodo delle semireazioni, quando i reagenti sono in forma ionica.

LE PAROLE

Il termine **dismutazione** (dal greco *dís*, «doppio» e *mutazione*) indica una reazione chimica in cui un composto reagendo dà origine a un prodotto più ossidato e a uno più ridotto.

TI RICORDI?

Il **mercurio** (dal latino *Mercurius*, dio greco) è un elemento chimico (Z = 80, A = 200) che in natura si trova prevalentemente come solfuro. A temperatura ambiente si presenta come un metallo liquido di colore argenteo.

PROBLEMA MODELLO

Bilanciare una reazione di dismutazione in forma molecolare

Bilancia la seguente reazione redox di **dismutazione** in forma *molecolare*:

$$Na_2SO_{3(s)} \longrightarrow Na_2SO_{4(s)} + Na_2S_{(s)}$$

L'IDEA

I reagenti della reazione di dismutazione sono in forma molecolare e quindi i coefficienti stechiometrici si determinano con il metodo della variazione del numero di ossidazione.

LA SOLUZIONE

1. Attribuiamo i numeri di ossidazione solo all'atomo di zolfo (i *n.o.* del sodio e dell'ossigeno si omettono in quanto non variano):

$$Na_2\overset{+4}{S}O_3 \longrightarrow Na_2\overset{+6}{S}O_4 + Na_2\overset{-2}{S}$$

2. Identifichiamo il riducente e l'ossidante. Lo zolfo si comporta sia da riducente (il suo *n.o.* aumenta di due unità) sia da ossidante (il suo *n.o.* diminuisce di sei unità):

riducente $\overset{+4}{S} \longrightarrow \overset{+6}{S}$ $\qquad$ $\overset{+4}{S} \longrightarrow \overset{-2}{S}$ ossidante

3. Stabiliamo la variazione del numero di ossidazione $\Delta n.o.$ ($\Delta n.o.$ = 2, $\Delta n.o.$ = 6):

$$\overset{+4}{S} \longrightarrow \overset{+6}{S}\ (\Delta n.o. = 2) \qquad \overset{+4}{S} \longrightarrow \overset{-2}{S}\ (\Delta n.o. = 6)$$

4. Indichiamo il numero degli elettroni ceduti dal riducente (2) e acquistati dall'ossidante (6):

$$\overset{+4}{S} \longrightarrow \overset{+6}{S} + 2\,e^- \qquad \overset{+4}{S} + 6\,e^- \longrightarrow \overset{-2}{S}$$

5. Rendiamo uguale il numero degli elettroni ceduti dal riducente e acquistati dall'ossidante, assegnando agli atomi opportuni coefficienti per garantire la *conservazione della carica*. Allo zolfo che si comporta da ossidante e riducente (*n.o.* = 4) va assegnato il coefficiente 4 (3 + 1), allo zolfo che si comporta da riducente ossidato (*n.o.* = 6) assegniamo il coefficiente 3:

$$3\,(\overset{+4}{S} \longrightarrow S + 2\,e^-) \qquad 1\,(\overset{+4}{S} + 6\,e^- \longrightarrow \overset{-2}{S})$$

LA CONCLUSIONE

Assegniamo i coefficienti stechiometrici agli atomi di zolfo e completiamo il bilanciamento degli altri atomi (sodio e ossigeno) per garantire la *conservazione della massa*. Gli atomi di sodio e di ossigeno sono già bilanciati, per cui la reazione finale è rappresentata dalla seguente reazione:

$$4\,Na_2SO_{3(s)} \longrightarrow 3\,Na_2SO_{4(s)} + Na_2S_{(s)}$$

PROBLEMA SIMILE

Bilancia la seguente reazione redox di dismutazione in forma molecolare:

$$NH_4NO_{3(s)} \xrightarrow{\Delta} N_2O_{(g)} + H_2O_{(l)}$$

PROBLEMA MODELLO

Bilanciare una reazione di dismutazione in forma ionica

Bilancia la seguente reazione redox di **dismutazione** in forma ionica e in ambiente **basico**:

$$Cl_{2(g)} \longrightarrow Cl^-_{(aq)} + ClO^-_{(aq)}$$

L'IDEA

I reagenti della reazione di dismutazione sono in forma ionica e quindi i coefficienti stechiometrici si determinano con il metodo delle semireazioni.

LA SOLUZIONE

1. Attribuiamo i numeri di ossidazione:

$$\overset{0}{Cl}_{2(aq)} \longrightarrow \overset{-1}{Cl}{}^-_{(aq)} + \overset{+1}{Cl}O^-_{(aq)}$$

2. Rappresentiamo le semireazioni di riduzione e di ossidazione. Il cloro (*n.o.* = 0) si comporta sia da ossidante, assumendo *n.o.* = −1, sia da riducente, assumendo *n.o.* = +1:

$$\overset{0}{Cl}_2 \longrightarrow \overset{-1}{Cl}{}^-$$

$$\overset{0}{Cl}_2 \longrightarrow \overset{+1}{Cl}O^-$$

3. Per entrambe le semireazioni

a. bilanciamo gli atomi assegnando il coefficiente stechiometrico 2 sia allo ione cloruro Cl^- sia allo ione ipoclorito ClO^-:

$$\overset{0}{Cl}_2 \longrightarrow 2\,\overset{-1}{Cl}{}^-$$

$$\overset{0}{Cl}_2 \longrightarrow 2\,\overset{+1}{Cl}O^-$$

b. definiamo il numero di elettroni acquistati dall'ossidante e ceduti dal riducente. Il cloro comportandosi da ossidante acquista 2 elettroni (uno per ogni atomo) e comportandosi da riducente perde 2 elettroni (uno per ogni atomo):

$$\overset{0}{Cl}_2 + 2\,e^- \longrightarrow 2\,\overset{-1}{Cl}{}^- \quad \text{(red)}$$
$$\overset{0}{Cl}_2 \longrightarrow 2\,\overset{+1}{Cl}O^- + 2\,e^- \quad \text{(ox)}$$

c. bilanciamo le cariche aggiungendo ioni idrossido OH^-. La semireazione di riduzione è già bilanciata, alla semireazione di ossidazione vanno aggiunti 4 ioni OH^-:

$$\overset{0}{Cl}_2 + 2\,e^- \longrightarrow 2\,\overset{-1}{Cl}{}^- \quad \text{(red)}$$
$$\overset{0}{Cl}_2 + 4\,OH^- \longrightarrow 2\,\overset{+1}{Cl}O^- + 2\,e^- \quad \text{(ox)}$$

d. bilanciamo gli atomi di idrogeno e di ossigeno aggiungendo molecole di acqua H_2O; alla semireazione di ossidazione vanno aggiunte 2 molecole di H_2O:

$$\overset{0}{Cl}_2 + 2\,e^- \longrightarrow 2\,\overset{-1}{Cl}{}^- \quad \text{(red)}$$
$$\overset{0}{Cl}_2 + 4\,OH^- \longrightarrow 2\,\overset{+1}{Cl}O^- + 2\,e^- + 2\,H_2O \quad \text{(ox)}$$

4. Rendiamo uguale il numero di elettroni acquistati dall'ossidante e ceduti dal riducente; le due semireazioni sono già bilanciate.

5. Sommiamo membro a membro le due semireazioni:

$$\overset{0}{Cl}_2 + 2\,e^- \longrightarrow 2\,\overset{-1}{Cl}{}^- \quad \text{(red)}$$
$$\overset{0}{Cl}_2 + 4\,OH^- \longrightarrow 2\,\overset{+1}{Cl}O^- + 2\,e^- + 2\,H_2O \quad \text{(ox)}$$
$$Cl_2 + 2\,e^- + Cl_2 + 4\,OH^- \longrightarrow 2\,Cl^- + 2\,ClO^- + 2\,e^- + 2\,H_2O$$

6. Eliminiamo i termini comuni (elettroni, H_2O, OH^-). In questa redox vanno eliminati solo gli elettroni:

$$2\,Cl_2 + 4\,OH^- \longrightarrow 2\,Cl^- + 2\,ClO^- + 2\,H_2O$$

LA CONCLUSIONE

Riduciamo a numeri interi più *semplici* i coefficienti stechiometrici dividendoli per 2 e rappresentiamo l'equazione bilanciata finale:

$$Cl_2 + 2\,OH^- \longrightarrow Cl^- + ClO^- + H_2O$$

PROBLEMA SIMILE

1. Bilancia la seguente reazione redox di dismutazione in forma ionica (ambiente acido):

$$Cl_{2(g)} \longrightarrow Cl^-_{(aq)} + ClO^-_{3(aq)}$$

2. Bilancia la seguente reazione redox di dismutazione in forma ionica (ambiente basico):

$$Br_{2(l)} \longrightarrow Br^-_{(aq)} + BrO^-_{3(aq)}$$

PER SAPERNE DI PIÙ

Gli equivalenti nelle reazioni di ossido-riduzione

Il bilanciamento di una reazione di ossido-riduzione consente di stabilire i rapporti molari tra i riducente. Tuttavia, per far reagire quantità esatte di un riducente e di un ossidante non è necessario bilanciare la reazione ma è sufficiente determinare la loro massa equivalente.

La massa equivalente (m_{eq}) di una sostanza che partecipa a una reazione di ossido-riduzione è definita dal rapporto tra la massa molare e il numero di moli di elettroni (ne^-) trasferiti (ceduti o acquistati) per ogni mole di reagente

$$m_{eq} = M/ne^-$$

Lo ione dicromato $Cr_2O_7^{2-}$ è un forte ossidante che in ambiente acido si riduce a ione cromo (III) Cr^{3+}. Assegnando al cromo i numeri di ossidazione, si osserva una diminuzione di 3 unità:

$$Cr_2O^{2-}_{7(aq)} + 14\,H^+_{(aq)} + 6\,e^- \longrightarrow 2\,Cr^{3+}_{(aq)} + 7\,H_2O_{(l)}$$

L'equazione quindi evidenzia che una mole dello ione dicromato ($M = 216$ g/mol) acquista 6 moli di elettroni (3 elettroni per ciascun atomo di cromo) per cui la massa equivalente corrisponde al seguente valore:

$$m_e(Cr_2O_7^{2-}) = \frac{M(\text{g/mol})}{ne^-\ (\text{eq/mol})} = \frac{216\ \text{g/mol}}{6\ \text{eq/mol}} = 36\ \text{g/eq}$$

Nelle reazioni di ossido-riduzione il numero di elettroni trasferiti dal riducente all'ossidante varia spesso a seconda dell'*ambiente* della soluzione (acido o basico) nella quale la reazione avviene, per cui sono *diverse* anche le masse equivalenti dello stesso ione. La massa equivalente dello ione permanganato MnO_4^-, in ambiente acido è diversa da quella in ambiente basico:

ambiente acido

$$MnO_4^- + 5\,e^- \longrightarrow Mn^{2+}$$

$$m_{eq} = \frac{118{,}94\ \text{g/mol}}{5\ \text{eq/mol}} = 23{,}78\ \text{g/eq}$$

ambiente basico

$$MnO_4^- + 3\,e^- \longrightarrow MnO_2$$

$$m_{eq} = \frac{118{,}94\ \text{g/mol}}{3\ \text{eq/mol}} = 39{,}64\ \text{g/eq}$$

Per determinare i rapporti tra il riducente e l'ossidante in una reazione di ossido-riduzione è più opportuno operare con le masse equivalenti anziché con le masse molari, in quanto tra il riducente e l'ossidante si verifica un trasferimento di elettroni.

Un equivalente di un riducente cede una mole di elettroni; un equivalente di un ossidante acquista una mole di elettroni.
Nelle reazioni di ossido-riduzione, un reagente reagisce solo in presenza di un ossidante, e quindi un equivalente di un agente riducente reagisce sempre con un equivalente di un agente ossidante:

$$n_{eq}\ \text{agente riducente} = n_{eq}\ \text{agente ossidante}$$

6 LA TENDENZA DI UN ELEMENTO ALLA RIDUZIONE O ALL'OSSIDAZIONE DIPENDE DAL TIPO DI IONE CON CUI REAGISCE

Il comportamento *riducente* o *ossidante* di un elemento dipende dal potere ossidante (capacità di acquistare elettroni) o dal potere riducente (capacità di cedere elettroni) dell'elemento con cui reagisce.

Mediante semplici saggi sperimentali, che consistono nell'immergere lamine di metalli diversi in soluzioni di sali o di acidi, si è rilevato, infatti, che la tendenza di un metallo ad accettare o a cedere elettroni dipende dal tipo di ione presente nella soluzione con cui esso viene a contatto.

Immergendo parzialmente una lamina di zinco Zn in una soluzione di solfato rameico $CuSO_4$ (di colore azzurro), si osserva che sulla lamina di zinco si deposita rame metallico di colore rosso scuro e la soluzione si decolora (figura **5a** a pagina successiva). Questo risultato si giustifica ammettendo che lo ione rameico Cu^{2+} si è ridotto a rame metallico, mentre lo zinco si è ossidato a ione zinco Zn^{2+}:

$$Zn_{(s)} + Cu^{2+}_{(aq)} \longrightarrow Zn^{2+}_{(aq)} + Cu_{(s)}$$

La reazione evidenzia, quindi, che lo ione rame ha una tendenza ad acquistare elettroni **maggiore** dello ione zinco.

Immergendo parzialmente una lamina di rame in una soluzione di solfato di zinco incolore, **non** avviene nessuna reazione (figura **5B**). Si può pertanto concludere che lo zinco ha una tendenza a *ossidarsi* maggiore del rame.

Figura 5 Il potere ossidante in una soluzione di solfato di rame e il potere riducente in una soluzione di solfato di zinco A Una lamina di zinco immersa in una soluzione di $CuSO_4$ si ricopre di rame metallico. B Una lamina di rame immersa in una soluzione di $ZnSO_4$ non origina nessuna reazione.

Immergendo parzialmente una lamina di zinco in una soluzione di acido cloridrico si osserva uno sviluppo di idrogeno in corrispondenza della lamina di zinco (figura **6A**). Si deve pertanto ammettere che lo ione idrogeno H^+ si è *ridotto* a idrogeno gassoso, mentre lo zinco si è *ossidato* a ione zinco:

$$Zn_{(s)} + 2\,H^+_{(aq)} \longrightarrow Zn^{2+}_{(aq)} + H_{2(g)}$$

La reazione evidenzia, quindi, che lo ione idrogeno ha una tendenza a ridursi **maggiore** di quella dello zinco.

Immergendo parzialmente una lamina di rame in una soluzione di acido cloridrico **non** avviene alcuna reazione. Si deve dedurre, quindi, che lo ione rame ha una tendenza a ridursi **maggiore** dello ione idrogeno (figura **6B**).

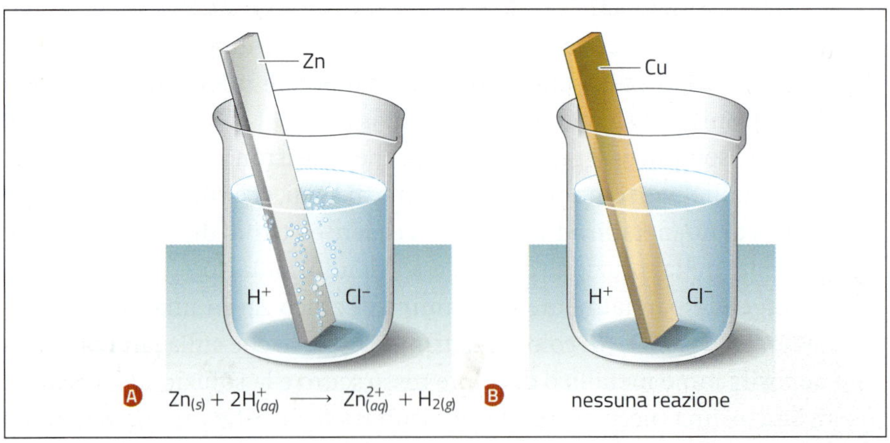

Figura 6 Il potere ossidante e riducente in una soluzione di HCl A Una lamina di zinco immersa in una soluzione di HCl dà origine a una reazione con sviluppo di idrogeno. B Una lamina di rame immersa in una soluzione di HCl non origina alcuna reazione.

In base ai risultati ottenuti, eseguendo numerosi esperimenti è stato possibile disporre gli elementi metallici e l'idrogeno gassoso H_2 in una scala qualitativa, della **serie di attività**, secondo il loro potere ossidante e riducente (tabella **1** alla pagina successiva).

Metalli	Reattività	Semireazione di riduzione	Potere ossidante e riducente
Li K Ba Ca Na	Questi elementi reagiscono con acidi in soluzione acquosa oppure con acqua liberando idrogeno, $H_{2(g)}$.	$Li^+ + e^- \longrightarrow Li$ $K^+ + e^- \longrightarrow K$ $Ba^{2+} + 2\,e^- \longrightarrow Ba$ $Ca^{2+} + 2\,e^- \longrightarrow Ca$ $Na^+ + e^- \longrightarrow Na$	potere ossidante (capacità crescente di acquistare elettroni) ↓ potere riducente (capacità crescente di cedere elettroni) ↑
Mg Al Mn Zn Cr Fe Co Ni Sn Pb	Questi elementi reagiscono con acidi in soluzione acquosa liberando idrogeno, $H_{2(g)}$.	$Mg^{2+} + 2\,e^- \longrightarrow Mg$ $Al^{3+} + 3\,e^- \longrightarrow Al$ $Mn^{2+} + 2\,e^- \longrightarrow Mn$ $Zn^{2+} + 2\,e^- \longrightarrow Zn$ $Cr^{3+} + 3\,e^- \longrightarrow Cr$ $Fe^{2+} + 2\,e^- \longrightarrow Fe$ $Co^{2+} + 2\,e^- \longrightarrow Co$ $Ni^{2+} + 2\,e^- \longrightarrow Ni$ $Sn^{2+} + 2\,e^- \longrightarrow Sn$ $Pb^{2+} + 2\,e^- \longrightarrow Pb$	
H_2		**$2\,H^+ + 2\,e^- \longrightarrow H_2$**	
Cu Ag Hg Pt Au	Questi elementi non reagiscono con acidi in soluzione acquosa.	$Cu^{2+} + 2\,e^- \longrightarrow Cu$ $Ag^+ + e^- \longrightarrow Ag$ $Hg^{2+} + 2\,e^- \longrightarrow Hg$ $Pt^{2+} + 2\,e^- \longrightarrow Pt$ $Au^{3+} + 3\,e^- \longrightarrow Au$	

Tabella 1 La serie di attività degli elementi metallici Gli elementi disposti in alto sono forti agenti riducenti, gli elementi disposti in basso sono forti agenti ossidanti.

La serie di attività permette, quindi, di prevedere lo svolgimento di semplici reazioni di ossido-riduzione. Da essa, infatti, risulta che:

- un catione *acquista* più facilmente elettroni dei cationi che lo *precedono*;
- un metallo *cede* più facilmente elettroni rispetto ai metalli che lo *seguono*;
- i metalli che nella serie di attività si trovano sopra l'idrogeno possono spostare l'idrogeno da un acido o dall'acqua, al contrario di quelli che si trovano sotto. Nella reazione tra il ferro e una soluzione di acido cloridrico, dato che il ferro è collocato sopra l'idrogeno, il ferro cede elettroni agli ioni idrogeno che si riducono a idrogeno gassoso:

$$Fe_{(s)} + 2\,H^+_{(aq)} \longrightarrow Fe^{2+}_{(aq)} + H_{2(g)}$$

- i metalli spostano dai loro sali i metalli che nella serie di attività occupano una posizione sottostante. Nella reazione tra il rame e una soluzione di nitrato di argento, $AgNO_3$, dato che il rame è collocato sopra lo ione argento, si può prevedere che il rame ceda elettroni agli ioni argento che si riducono ad argento metallico Ag (figura 7):

$$Cu_{(s)} + 2\,Ag^+_{(aq)} \longrightarrow Cu^{2+}_{(aq)} + 2\,Ag_{(s)}$$

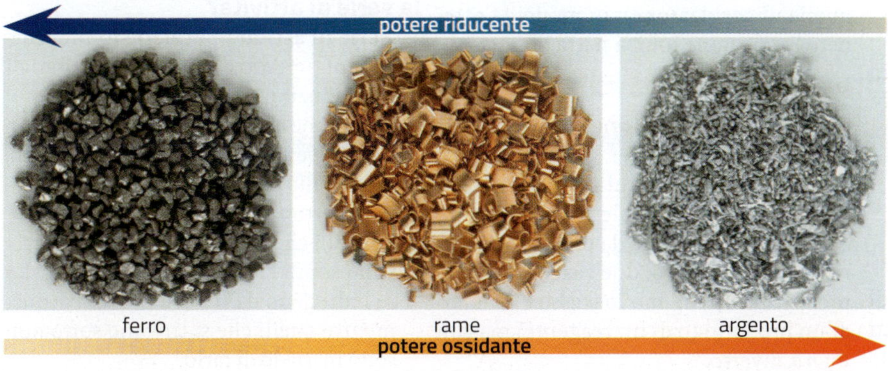

Figura 7 Potere ossidante e potere riducente nei metalli

LABORATORIO

Costruzione di una scala di riduzione

L'obiettivo
Ordinare i cationi metallici e lo ione idrogeno a seconda della loro capacità decrescente a ridursi.

I concetti
Immergendo alcuni metalli, in soluzioni di sali o acidi diversi, e osservando il loro comportamento (variazione di colore della soluzione, formazione di un precipitato, sviluppo di gas, deposizione metallica), è possibile costruire una scala qualitativa in cui gli ioni metallici e lo ione idrogeno sono disposti secondo la loro capacità decrescente a ridursi.

I materiali
6 becher da 50 mL, tela smerigliata, acqua distillata. Soluzioni 1 M di HCl; soluzione 0,1 M di: $CuSO_4$, $FeSO_4$, $AgNO_3$; lamine di rame, ferro e argento.

L'esperimento
1. Pulisci accuratamente le lamine metalliche con la tela smerigliata, successivamente lavale con acqua distillata e asciugale con la carta.
2. Introduci la lamina di ferro in un becher e aggiungi la soluzione di $CuSO_4$.
3. Osserva e costruisci una tabella corrispondente alla prova eseguita, riportando nelle colonne: il metallo, lo ione in soluzione, se la reazione avviene o non avviene, le semireazioni redox e la reazione complessiva, le osservazioni sperimentali e la capacità di ridursi del metallo.
4. Ripeti lo stesso procedimento, continua la raccolta dati e completa la tabella, introducendo:
   - la lamina di Cu nella soluzione di $FeSO_4$;
   - la lamina di Cu nella soluzione di $AgNO_3$;
   - la lamina di Ag nella soluzione di $CuSO_4$.
5. Ripeti lo stesso procedimento, continua la raccolta dati e completa la tabella introducendo:
   - la lamina di Fe nella soluzione di HCl;
   - la lamina di Cu nella soluzione di HCl.

Le competenze
Sulla base del comportamento delle lamine metalliche nelle diverse soluzioni, costruisci e giustifica la scala decrescente della capacità a ridursi dei metalli presi in esame.

FACCIAMO IL PUNTO

LO SAI? RIPASSA CON LO SMARTPHONE

Quando una reazione è un'ossido-riduzione?
Le **ossido-riduzioni** (**redox**) sono reazioni in cui si ha trasferimento di elettroni da una specie chimica a un'altra. Sono costituite da due semireazioni: l'*ossidazione* corrisponde a una perdita di elettroni e a un aumento del *n.o.*; la *riduzione* corrisponde a un acquisto di elettroni e a una diminuzione del *n.o.*

Che cosa si intende per ossidanti o riducenti?
I **riducenti** sono specie chimiche con un *n.o.* basso e tendono a perdere elettroni Gli **ossidanti** sono specie chimiche con *n.o.* alto e tendono ad acquistare elettroni.

Con quali metodi si possono bilanciare le redox?
Il **metodo della variazione del numero di ossidazione** è preferibile quando i reagenti non sono in soluzione acquosa o quando i reagenti sono in soluzione acquosa ma non si possono rappresentare in forma ionica (per esempio, reazioni tra composti organici o tra reagenti molecolari).
Il punto cruciale del bilanciamento è il calcolo di quanto varia il numero di ossidazione delle specie passando dai reagenti e ai prodotti.
Il **metodo delle semireazioni** è indicato quando le reazioni sono rappresentate con l'equazione ionica netta. Il metodo consiste nel bilanciare separatamente le due semireazioni (quella di riduzione e quella di ossidazione), in modo da ottenere l'equazione ionica netta bilanciata.

Che cos'è una reazione di dismutazione?
Una **reazione di dismutazione** è un'ossido-riduzione nella quale lo stesso atomo o ione si comporta sia da ossidante sia da riducente. Pertanto, due reagenti (o due prodotti) contengono lo stesso elemento di un prodotto (o di un reagente) ma con un *n.o.* diverso.

Che cosa si intende per potere ossidante o riducente?
Una specie chimica capace di acquistare elettroni ha potere ossidante, una specie chimica capace di cedere elettroni ha potere riducente.
In base al loro potere ossidante o riducente, le specie vengono ordinate nella **serie di attività**.

Che cosa permette di prevedere la serie di attività?
La **serie di attività** permette di prevedere lo svolgimento di semplici reazioni di ossido-riduzione. Da essa risulta che:
- un catione acquista più facilmente elettroni rispetto ai cationi che lo precedono;
- un metallo cede più facilmente elettroni rispetto ai metalli che lo seguono;
- i metalli che nella serie di attività si trovano sopra l'idrogeno possono spostare l'idrogeno da un acido o dall'acqua, mentre quelli che si trovano sotto non sono in grado di farlo.

CAPITOLO

22 ESERCIZI

ZTE ONLINE Mettiti alla prova con 20 esercizi interattivi

VERIFICA LE TUE CONOSCENZE

IL RIDUCENTE E L'OSSIDANTE

1 **Prendi in esame i numeri di ossidazione dell'azoto e specifica quando può comportarsi da ossidante, da riducente oppure sia da ossidante sia da riducente.**

2 **Il cloro nei suoi composti può avere n.o. −1, 1, 3, 5, 7. Quale delle seguenti specie chimiche può comportarsi da ossidante (O) e quale da riducente (R) oppure sia da ossidante sia da riducente?**

a. $HClO_2$
b. Cl^-
c. Cl_2O_7
d. ClO_4^-
e. ClO^-
f. ClO_3^-

3 **Indica tra le seguenti semireazioni quelle di riduzione e quelle di ossidazione:**

a. $Ca_{(s)} \longrightarrow Ca^{2+}_{(aq)}$
b. $Fe^{3+}_{(aq)} \longrightarrow Fe^{2+}_{(aq)}$
c. $NO^-_{3(aq)} \longrightarrow NO_{(g)}$
d. $OH^-_{(aq)} \longrightarrow O_{2(g)}$
e. $Cl_{2(g)} \longrightarrow ClO^-_{3(aq)}$
f. $Hg_{(l)} \longrightarrow Hg^{2+}_{2(aq)}$

4 **Per ciascuna delle seguenti equazioni redox (non bilanciate) indica l'agente ossidante (O) e l'agente riducente (R):**

a. $Cr_2O_{3(s)} + Al_{(s)} \longrightarrow Cr_{(s)} + Al_2O_{3(s)}$
b. $NO^-_{3(aq)} + Sn^{2+}_{(aq)} + H^+_{(aq)} \longrightarrow NO_{2(g)} + H_2O_{(l)} + Sn^{4+}_{(aq)}$

5 **Per ciascuna delle seguenti equazioni redox (non bilanciate) indica l'agente ossidante (O), l'agente riducente (R), la specie chimica che si ossida e quella che si riduce:**

a. $Fe^{3+}_{(aq)} + I^-_{(aq)} \longrightarrow Fe^{2+}_{(aq)} + I_{2(s)}$
b. $ClO^-_{3(aq)} + H_2S_{(g)} \longrightarrow Cl^-_{(aq)} + SO^{2-}_{4(aq)} + H^+_{(aq)}$
c. $Sn^{2+}_{(aq)} + Fe^{3+}_{(aq)} \longrightarrow Sn^{4+}_{(aq)} + Fe^{2+}_{(aq)}$
d. $Cl_{2(g)} + OH^-_{(aq)} \longrightarrow ClO^-_{(aq)} + Cl^-_{(aq)} + H_2O_{(l)}$
e. $CrO^{2-}_{4(aq)} + NO^-_{2(aq)} + H_2O_{(l)} \longrightarrow Cr(OH)_{3(s)} + NO^-_{3(aq)} + OH^-_{(aq)}$

6 **Considera la seguente redox (non bilanciata)**

$$Sn + HNO_3 + HCl \longrightarrow SnCl_4 + NO + H_2O$$

Quale, tra le seguenti affermazioni, è *errata*?

Ⓐ Lo stagno è il riducente.
Ⓑ L'azoto si ossida.
Ⓒ L'azoto è l'ossidante.
Ⓓ Lo stagno riduce l'azoto.

LE REAZIONI DI OSSIDO-RIDUZIONE

7 **Quale, tra le seguenti reazioni, *non* è una ossido-riduzione?**

Ⓐ Sintesi.
Ⓑ Analisi.
Ⓒ Doppio scambio.
Ⓓ Scambio semplice.

8 **Quale, tra le seguenti reazioni, *non* è una ossido-riduzione?**

Ⓐ $2\,K + F_2 \longrightarrow 2\,KF$
Ⓑ $2\,H_2O \longrightarrow 2\,H_2 + O_2$
Ⓒ $CH_4 + O_2 \longrightarrow CO_2 + 2\,H_2O$
Ⓓ $CaCO_3 \longrightarrow CaO + CO_2$

9 **Indica la reazione di ossido-riduzione.**

Ⓐ $Mg(ClO_3)_2 \longrightarrow MgCl_2 + 3\,O_2$
Ⓑ $2\,KOH + H_2S \longrightarrow K_2S + H_2O$
Ⓒ $Na_2O + SO_2 \longrightarrow Na_2SO_3$
Ⓓ $P_2O_5 + 3\,H_2O \longrightarrow 2\,H_3PO_4$

10 **Indica la reazione di ossido-riduzione.**

Ⓐ $Cr(OH)_{3(s)} + NaOH_{(aq)} \longrightarrow NaCrO_{2(aq)} + 2\,H_2O_{(l)}$
Ⓑ $MnO_{2(s)} + 4\,HCl_{(aq)} \longrightarrow MnCl_{2(aq)} + Cl_{2(g)} + 2\,H_2O_{(l)}$
Ⓒ $BaO_{(s)} + H_2SO_{4(aq)} \longrightarrow BaSO_{4(s)} + H_2O_{2(l)}$
Ⓓ $NH_4HCO_{3(aq)} + NH_4OH_{(aq)} \longrightarrow (NH_4)_2CO_{3(aq)} + H_2O_{(l)}$

LE REAZIONI DI DISMUTAZIONE

11 **Definisci il comportamento chimico del fosforo nella seguente reazione di ossido-riduzione:**

$$P_4 + 6\,H_2O \longrightarrow 2\,PH_3 + 2\,H_3PO_3$$

12 **Indica la reazione di dismutazione.**

Ⓐ $H_2MnO_4 \longrightarrow HMnO_4 + MnO_2 + H_2O$
Ⓑ $P_4 + O_2 \longrightarrow P_4O_{10}$
Ⓒ $Cu + ZnSO_4 \longrightarrow CuSO_4 + Zn$
Ⓓ $Cr + HCl \longrightarrow CrCl_3 + H_2$

LA TENDENZA DEGLI ELEMENTI ALLA RIDUZIONE O ALL'OSSIDAZIONE

13 In un sistema costituito da una lamina d'oro immersa parzialmente in una soluzione di acido solforico non avviene nessuna reazione. Giustifica questa osservazione.

14 Una moneta di zinco immersa in una soluzione di acido perclorico si dissolve. Rappresenta la redox che giustifica il processo.

15 Disponi i seguenti metalli in ordine crescente di potere riducente: Sn, Al, K, Pb.

16 Disponi i seguenti ioni in ordine decrescente di potere ossidante: Ag^+, Al^{3+}, Co^{2+}, Cr^{3+}.

VERIFICA LE TUE ABILITÀ

17 Bilancia le seguenti reazioni redox in forma molecolare con il metodo della variazione del numero di ossidazione:

a. $NH_{3(g)} + Cl_{2(g)} \longrightarrow NH_4Cl_{(s)} + N_{2(g)}$
b. $CO_{(g)} + I_2O_{5(g)} \longrightarrow I_{2(g)} + CO_{2(g)}$
c. $Cr_2O_{3(s)} + Al_{(s)} \longrightarrow Cr_{(s)} + Al_2O_{3(s)}$
d. $Cr_2O_{3(s)} + Na_2CO_{3(s)} + KNO_{3(s)} \longrightarrow$
$\longrightarrow Na_2CrO_{4(s)} + KNO_{2(s)} + CO_{2(g)}$
e. $Fe_2O_{3(s)} + H_{2(g)} \longrightarrow Fe_{(s)} + H_2O_{(g)}$
f. $Fe_2O_{3(s)} + CO_{(g)} \longrightarrow Fe_{(s)} + CO_{2(g)}$
g. $F_2O_{3\,(s)} + Al_{(s)} \longrightarrow Al_2O_{3(s)} + Fe_{(s)}$
h. $NH_{3(g)} + O_{2(g)} \longrightarrow N_{2(g)} + H_2O_{(g)}$
i. $PbSO_{4(s)} + Na_2CO_{3(s)} + C_{(s)} \longrightarrow$
$\longrightarrow Pb_{(s)} + Na_2SO_{4(s)} + CO_{2(g)}$
j. $Sb_2S_{3(s)} + O_{2(g)} \longrightarrow Sb_2O_3 + SO_2$

18 Bilancia le seguenti redox in forma ionica (ambiente *acido*) con il metodo delle semireazioni:

a. $Cu + NO_3^- \longrightarrow Cu^{2+} + NO$
b. $ClO_3^- + SO_2 \longrightarrow Cl^- + SO_4^{2-}$
c. $HgS + NO_3^- \longrightarrow Hg^{2+} + NO + S$
d. $I_2 + Cl_2 \longrightarrow IO_3^- + Cl^-$
e. $I^- + Cr_2O_7^{2-} \longrightarrow Cr^{3+} + I_2$
f. $CrO_4^{2-} + I^- \longrightarrow I_2 + Cr^{3+}$
g. $Mn^{2+} + PbO_2 \longrightarrow MnO_4^- + Pb^{2+}$
h. $MnO_4^- + Cu \longrightarrow Mn^{2+} + Cu^{2+}$
i. $MnO_4^- + Sn^{2+} \longrightarrow Mn^{2+} + Sn^{4+}$
j. $S^{2-} + Cr_2O_7^{2-} \longrightarrow S + Cr^{3+}$
k. $Sn^{2+} + O_2 \longrightarrow Sn^{4+} + H_2O$
l. $Zn + NO_3^- \longrightarrow Zn^{2+} + NH_4^+$

19 Bilancia le seguenti redox in forma ionica (ambiente *basico*) con il metodo delle semireazioni:

a. $Cl_2 + IO_3^- \longrightarrow Cl^- + IO_4^-$
b. $Cl_2 + I_2 \longrightarrow Cl^- + IO_3^-$
c. $ClO^- + CrO_2^- \longrightarrow Cl^- + CrO_4^{2-}$
d. $Cr^{3+} + IO_3^- \longrightarrow CrO_4^{2-} + I^-$
e. $CrO_4^{2-} + SnO_2^{2-} \longrightarrow CrO_2^- + SnO_2$
f. $As_2O_3 + IO_4^- \longrightarrow AsO_4^{3-} + IO_3^-$
g. $Cr_2O_7^{2-} + S \longrightarrow Cr_2O_3 + SO_2$
h. $I^- + MnO_4^- \longrightarrow I_2 + MnO_2$
i. $MnO_2 + ClO_3^- \longrightarrow MnO_4^{2-} + Cl^-$
j. $MnO_4^- + NO_2^- \longrightarrow MnO_2 + NO_3^-$
k. $MnO_4^- + C_2O_4^{2-} \longrightarrow MnO_2 + CO_3^{2-}$
l. $NO_2^- + Br_2 \longrightarrow NO_3^- + Br^-$

20 Considera la seguente reazione redox (non bilanciata):

$$Fe^{2+} + NO_3^- + H^+ \longrightarrow Fe^{3+} + NO + H_2O$$

I coefficienti stechiometrici sono:

Ⓐ 4, 2, 5 ⟶ 4, 3, 2
Ⓑ 3, 4, 6 ⟶ 3, 6, 2
Ⓒ 2, 1, 4 ⟶ 2, 1, 3
Ⓓ 3, 1, 4 ⟶ 3, 1, 2

21 Bilancia le seguenti reazioni redox di dismutazione in forma molecolare con il metodo della variazione del numero di ossidazione:

a. $FeCl_3 + Fe \longrightarrow FeCl_2$
b. $NaNO_2 \longrightarrow NaNO_3 + Na_2O + NO$
c. $KClO_3 \longrightarrow KClO_4 + KCl$
d. $K_2SO_3 \longrightarrow K_2SO_4 + K_2S$

22 Bilancia la seguente reazione redox di dismutazione in forma ionica (ambiente *acido*) con il metodo delle semireazioni:

a. $IO_3^- + I^- \longrightarrow I_2$
b. $Cl_2 \longrightarrow Cl^- + ClO_3^-$

23 Bilancia le seguenti reazioni redox di dismutazione in forma ionica (ambiente *basico*) con il metodo delle semireazioni:

a. $MnO_4^- + Mn^{2+} \longrightarrow MnO_2$
b. $Cl_2 \longrightarrow ClO_4^- + Cl^-$

24 Una soluzione 1 M di ioni ferro(II) Fe^{2+} è aggiunta a una soluzione 1 M di ioni argento Ag^+. Stabilisci da quali specie chimiche è formato il sistema che si ottiene.

25 **Alcune prove sperimentali hanno dato i risultati rappresentati dalle seguenti equazioni redox:**

a. $Fe + Ni^{2+} \longrightarrow Fe^{2+} + Ni$

b. $Ni + Sn^{2+} \longrightarrow Ni^{2+} + Sn$

c. $Sn + Pb^{2+} \longrightarrow Pb + Sn^{2+}$

Disponi gli ioni secondo la loro capacità di riduzione crescente.

26 **Con riferimento alla serie di attività degli elementi, completa e bilancia le seguenti equazioni di ossido-riduzione:**

a. $Cr_{(s)} + Pb^{2+}_{(aq)} \longrightarrow$ ....

b. $Ag_{(s)} + Au^{3+}_{(aq)} \longrightarrow$ ....

27 **Una lamina di argento $Ag_{(s)}$ è immersa in una soluzione di ioni rame(II) $Cu^{2+}_{(aq)}$. Quale fenomeno si verifica?**

Ⓐ Si forma un deposito di $Cu_{(s)}$ sulla lamina di argento.
Ⓑ Si sviluppa $O_{2(g)}$.
Ⓒ La massa della lamina di argento diminuisce.
Ⓓ Non si verifica alcun fenomeno.

28 **Una soluzione di cloruro di zinco è conservata in un contenitore di rame. Quale fenomeno si verifica?**

Ⓐ Si sviluppa cloro.
Ⓑ Il rame si ossida.
Ⓒ La soluzione si conserva inalterata.
Ⓓ Si forma un deposito di zinco sulla superficie del contenitore.

TEST YOURSELF

29 **Manganese can have oxidation number 2, 3, 4, 6, or 7. Indicate whether the following chemical species can act as oxidant, as a reductant or both as an oxidant and a reductant:**

a. Mn^{2+} b. MnO_2 c. MnO_4^- d. Mn^{3+}

30 **For each of the following redox reactions (not balanced), indicate the oxidant and the reductant agent, the chemical species undergoing oxidation and the ones undergoing reduction:**

a. $Cl^-_{(aq)} + NO^-_{3(aq)} + H^+_{(aq)} \longrightarrow NO_{2(g)} + Cl_{2(g)} + H_2O_{(l)}$

b. $ClO^-_{3(aq)} + S^{2-}_{(aq)} + H_2O_{(l)} \longrightarrow Cl^-_{(aq)} + S_{(s)} + OH^-_{(aq)}$

31 **In a system consisting on a tin foil partially immersed into an nitric acid solution, you can observe an increase in hydrogen. Represent the redox reaction explaining the process.**

VERSO I GIOCHI DELLA CHIMICA

32 **Indica il coefficiente stechiometrico dello ione OH^- nella seguente reazione redox:**

$$Br_2 + OH^- \longrightarrow Br^- + BrO_3^- + H_2O$$

Ⓐ 3
Ⓑ 6
Ⓒ 12
Ⓓ 18

[Finale nazionale 2013]

33 **Considera la seguente reazione:**

$$4\,P + 3\,KOH + 3\,H_2O \longrightarrow 3\,KH_2PO_2 + PH_3$$

Indica l'affermazione corretta.

Il fosforo:

Ⓐ si è ridotto.
Ⓑ si è ossidato.
Ⓒ non si è né ossidato né ridotto.
Ⓓ si è sia ridotto sia ossidato.

[Finale nazionale 2015]

VERSO L'UNIVERSITÀ

34 **Se in una reazione gli ioni Ag^+ in soluzione si trasformano in atomi del metallo, ciò significa che gli ioni Ag^+**

Ⓐ si ossidano.
Ⓑ perdono protoni.
Ⓒ agiscono da ossidanti.
Ⓓ acquistano neutroni.
Ⓔ cambiano il loro numero atomico.

[dalla prova di ammissione a Medicina e Chirurgia, 2012]

35 **Data la seguente reazione di ossido-riduzione tra ioni ossalato ($C_2O_4^{2-}$) e ioni permanganato (MnO_4^-) in soluzione acquosa acida:**

$$5\,C_2O^{2-}_{4(aq)} + 2\,MnO^-_{4(aq)} + 16\,H^+_{(aq)} \longrightarrow 10\,CO_{2(g)} + 2\,Mn^{2+}_{(aq)} + 8\,H_2O_{(l)}$$

Quale delle seguenti affermazioni è corretta?

Ⓐ Il carbonio viene ridotto.
Ⓑ L'idrogeno viene ridotto.
Ⓒ L'idrogeno viene ossidato.
Ⓓ Il carbonio viene ossidato.
Ⓔ Il manganese viene ossidato.

[dalla prova di ammissione a Veterinaria, 2015]

VERSO L'ESAME: LE TUE COMPETENZE

RIFLETTI E CALCOLA

36 **Bilancia le seguenti reazioni redox in forma molecolare con il metodo della variazione del numero di ossidazione:**

a. $Ca_3(PO_4)_{2(s)} + C_{(s)} + SiO_{2(s)} \longrightarrow P_{4(s)} + CO_{(g)} + CaSiO_{3(s)}$

b. $C_4H_{10(l)} + O_{2(g)} \longrightarrow CO_{2(g)} + H_2O_{(l)}$

c. $(NH_4)_2SO_{4(s)} \longrightarrow NH_{3(g)} + N_{2(g)} + SO_{2(g)} + H_2O_{(l)}$

d. $P_4O_{10(s)} + C_{(s)} \longrightarrow P_{4(s)} + CO_{(g)}$

RIFLETTI E CALCOLA

37 **Bilancia le seguenti reazioni redox in forma ionica (ambiente *acido*) con il metodo delle semireazioni:**

a. $Cr_2O_7^{2-} + H_2O_2 \longrightarrow Cr^{3+} + O_2$

b. $MnO_4^- + H_2O_2 \longrightarrow Mn^{2+} + O_2$

c. $P_4 + NO_3^- \longrightarrow PO_4^{3-} + NO$

d. $H_3PO_2 + Cr_2O_7^{2-} \longrightarrow H_3PO_4 + Cr^{3+}$

RIFLETTI E CALCOLA

38 **Bilancia le seguenti redox in forma ionica (ambiente *basico*) con il metodo delle semireazioni:**

a. $CrO_2^- + H_2O_2 \longrightarrow CrO_4^{2-} + H_2O$

b. $Cr^{3+} + H_2O_2 \longrightarrow CrO_4^{2-} + H_2O$

c. $CrO_2^- + S_2O_8^{2-} \longrightarrow CrO_4^{2-} + SO_4^{2-}$

d. $SO_3^{2-} + CrO_4^{2-} \longrightarrow CrO_2^- + SO_4^{2-}$

RIFLETTI E CALCOLA

39 **Bilancia le seguenti reazioni redox di dismutazione in forma molecolare con il metodo della variazione del numero di ossidazione:**

a. $K_2MnO_4 + CO_2 + H_2O \longrightarrow KMnO_4 + KHCO_3 + MnO_2$

b. $NH_4NO_3 \longrightarrow N_2O + H_2O$

RIFLETTI E CALCOLA

40 **Bilancia le seguenti reazioni redox di dismutazione in forma ionica (a. e b. in ambiente *acido*, c. e d. in ambiente *basico*) con il metodo delle semireazioni:**

a. $S_2O_3^{2-} \longrightarrow S + SO_2$

b. $P_4 \longrightarrow PH_3 + HPO_3^{2-}$

c. $NO_2 \longrightarrow NO_2^- + NO_3^-$

d. $ClO_2 \longrightarrow ClO_3^- + Cl^-$

RAPPRESENTA E CALCOLA

41 **Considera l'idrocarburo con formula molecolare C_8H_{16}.**

a. Rappresenta la reazione di combustione.

b. Indica il riducente e l'ossidante.

c. Bilancia la reazione con il metodo della variazione del numero di ossidazione.

RAPPRESENTA E CALCOLA

42 **I reagenti di una reazione di spostamento sono il cloro gassoso e una soluzione di ioduro di potassio.**

a. Rappresenta la reazione.

b. Specifica il riducente e l'ossidante.

c. Bilancia la reazione con il metodo delle semireazioni.

RAPPRESENTA E IPOTIZZA

43 **In una di soluzione acquosa di solfato di rame(II) $CuSO_4$, di colore azzurro, viene immersa una lamina di ferro, sulla quale si deposita rame metallico.**

a. Rappresenta e bilancia la reazione di ossido-riduzione.

b. Stabilisci se durante il processo si ha una diminuzione dell'intensità di colore della soluzione.

COLLEGA E CONFRONTA

44 **Considera le seguenti reazioni:**

a. $H_2 \longrightarrow 2\,H^+ + 2\,e^-$

b. $HCl \longrightarrow H^+ + Cl^-$

Uno studente osserva che si formano protoni da entrambe le reazioni e conclude che si tratta in entrambi i casi di reazioni acido-base. Lo studente ha torto o ragione? Perché?

COLLEGA E CONFRONTA

45 **Osserva le seguenti figure:**

A

B

La figura A rappresenta bulloni in ferro parzialmente ossidato in ruggine, formata da composti di Fe(III): il ferro, come lo zinco, il nichel e altri elementi, è considerato un metallo vile. La figura B rappresenta gioielli in leghe metalliche contenenti oro: l'oro, come l'argento e il platino, è considerato un metallo nobile. Spiega la differenza tra metalli vili e nobili, con riferimento alla serie di attività.

CAPITOLO

23 L'ELETTROCHIMICA

1 LE PILE TRASFORMANO L'ENERGIA CHIMICA IN ENERGIA ELETTRICA

In una reazione di ossido-riduzione *spontanea* i reagenti hanno un'energia chimica *maggiore* dei prodotti e quindi il trasferimento di elettroni dal riducente all'ossidante ha come conseguenza la liberazione di energia chimica.

Se il passaggio di elettroni dal donatore di elettroni (il *riducente*) all'accettore di elettroni (l'*ossidante*) non avviene direttamente ma attraverso un conduttore metallico, la reazione di ossido-riduzione può essere utilizzata per trasformare l'energia chimica in energia elettrica.

Una **pila** o **cella galvanica** è un sistema capace di trasformare energia chimica in energia elettrica utilizzando una reazione redox spontanea.

Una pila o cella galvanica è formata da due **semielementi galvanici** (o *semicelle* o *semipile*).

Uno dei due semielementi è costituito dai componenti della *semireazione di ossidazione*: una lamina metallica (*elettrodo*) che rilascia elettroni e una soluzione di un sale solubile contenente ioni dello stesso metallo.

L'altro semielemento è costituito dai componenti della *semireazione di riduzione*: una lamina metallica (*elettrodo*) sulla quale affluiscono gli elettroni ceduti dall'altro semielemento, e una soluzione di un sale solubile contenente ioni dello stesso metallo.

I due semielementi possono essere collegati da un setto poroso di ceramica (figura **1**) oppure da un ponte salino per consentire il passaggio di ioni fra le due soluzioni e garantire così la loro elettroneutralità.

Le pile elettriche vengono distinte in:

- pile *irreversibili* (pila Daniell, pila alcalina e pila a bottone), che non sono più utilizzabili una volta terminata la fase di erogazione di corrente (fase di scarica);
- pile *reversibili* o *accumulatori*, che possono essere ricaricate facendo passare tra gli elettrodi una corrente elettrica di senso inverso a quello della fase di scarica.

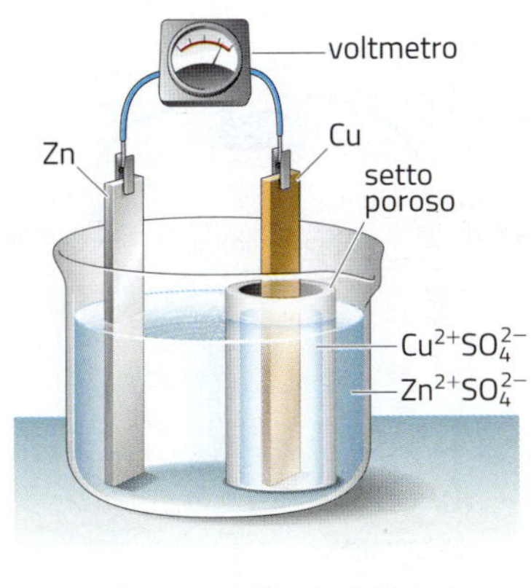

Figura 1 **La cella galvanica** La cella galvanica è costituita da una lamina di zinco immersa in una soluzione di solfato di zinco e da una lamina di rame immersa in una soluzione di solfato di rame. Le due soluzioni sono separate da un setto poroso di ceramica.

2 LA PILA DANIELL È COSTITUITA DA UN ELETTRODO DI RAME E DA UNO DI ZINCO

La pila Daniell (dal nome del chimico inglese John Daniell, che la realizzò nel 1836) è costituita da due semicelle.

Una semicella è costituita da una lamina di zinco Zn immersa parzialmente in una soluzione 1 M di solfato di zinco $ZnSO_4$; l'altra semicella è formata da una lamina di rame Cu immersa parzialmente in una soluzione 1 M di solfato di rame(II), $CuSO_4$, di colore azzurro per la presenza di ioni rame(II).

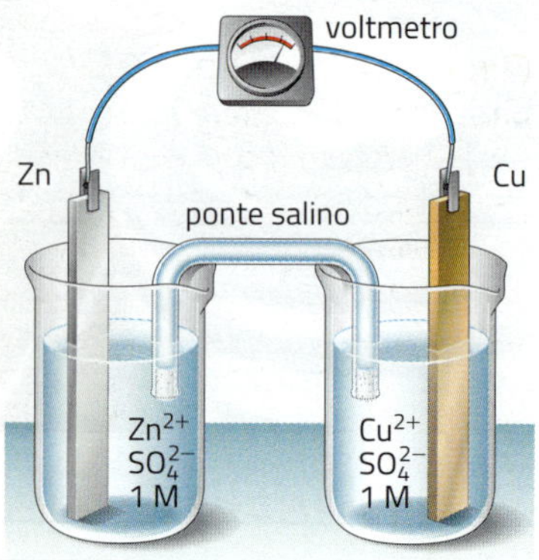

Figura 2 **La pila Daniell** Le due semicelle sono collegate da un ponte salino. I due elettrodi di rame e zinco sono collegati da un conduttore metallico in cui è inserito un voltmetro.

Collegando le due lamine metalliche (elettrodi) con un filo metallico (conduttore elettrico) si ha passaggio di corrente elettrica (figura **2**), che può essere rilevato se nel percorso è inserito uno strumento di misura (generalmente un *voltmetro* che misura la differenza di potenziale elettrico che si stabilisce tra i due elettrodi).

Gli atomi di zinco hanno una maggiore *tendenza* a *ossidarsi* (a cedere elettroni) rispetto al rame e perdono due elettroni che rimangono sulla lamina, mentre gli ioni zinco Zn^{2+} vanno in soluzione. La semireazione di ossidazione è rappresentata dalla seguente equazione:

$$Zn_{(s)} \longrightarrow Zn^{2+}_{(aq)} + 2\,e^- \qquad \text{(ox)}$$

Con il procedere della semireazione di ossidazione, la lamina di zinco *diminuisce* di massa e la soluzione di solfato di zinco, per un eccesso di ioni zinco, diventa *positiva*.

L'elettrodo dove si verifica la semireazione di ossidazione costituisce l'**anodo** e corrisponde al polo negativo della pila.

Gli elettroni, ceduti dagli atomi di zinco, si trasferiscono tramite il conduttore metallico esterno alla lamina di rame.

La conduzione della corrente elettrica dovuta al movimento degli elettroni si chiama **conduzione elettronica**.

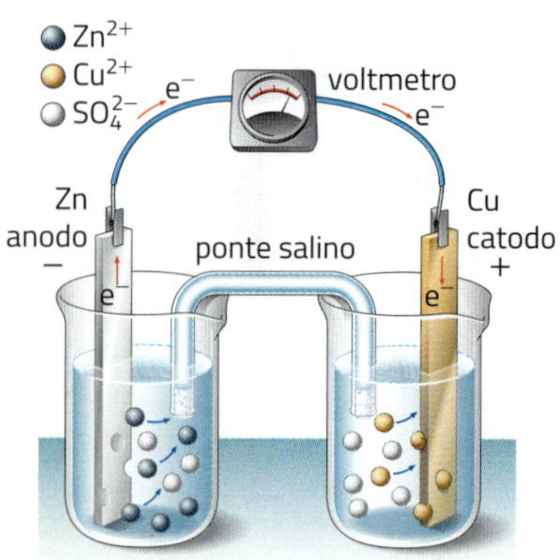

Figura 3 **Le semireazioni all'anodo e al catodo** L'anodo (polo negativo) diminuisce di massa, il catodo (polo positivo) aumenta di massa. Gli elettroni si spostano dall'anodo (semireazione di ossidazione) al catodo (semireazione di riduzione).

Gli elettroni in eccesso presenti sulla lamina di rame attirano gli ioni rame(II) Cu^{2+} della soluzione; gli elettroni si *riducono* trasformandosi in atomi di rame che si depositano sulla lamina. La semireazione di riduzione è rappresentata dalla seguente equazione:

$$Cu^{2+}_{(aq)} + 2\,e^- \longrightarrow Cu_{(s)} \qquad \text{(red)}$$

Con il procedere della semireazione di riduzione la lamina di rame *aumenta* di massa (figura **3**), la soluzione di solfato di rame, per un eccesso di ioni solfato SO_4^{2-}, diventa *negativa* e per la diminuzione degli ioni rame(II) si decolora.

L'elettrodo dove si verifica la semireazione di riduzione costituisce il **catodo** e corrisponde al polo positivo della pila.

La semireazione di ossidazione e quella di riduzione comportano quindi il movimento di elettroni tra i due elettrodi.

Una **pila** è un sistema nel quale gli elettroni passano dal polo negativo (anodo) a quello positivo (catodo).

Il movimento degli elettroni attraverso il conduttore metallico dall'elettrodo dove avviene l'ossidazione (anodo) a quello dove avviene la riduzione (catodo) costituisce il *circuito esterno* della pila.

Il *circuito interno* della pila è realizzato da un **ponte salino**, un tubo di vetro a forma di U rovesciata contenente una soluzione satura di un sale (per esempio, KCl, KNO_3, $NaNO_3$), e chiuso alle due estremità con cotone idrofilo (figura **4**).

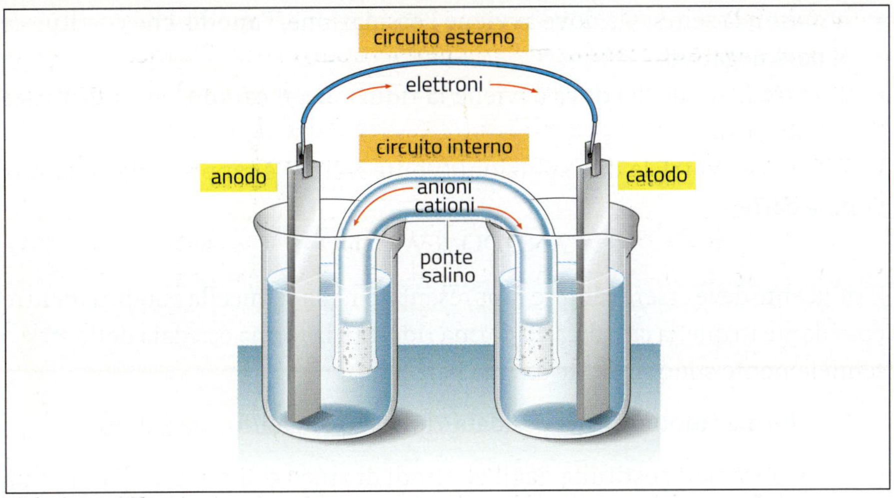

Figura 4 Il circuito elettrico di una pila è costituito da due circuiti Nel circuito esterno gli elettroni si muovono dall'anodo al catodo; nel circuito interno gli ioni si muovono dal ponte salino verso le due soluzioni.

Il ponte salino ha il compito di assicurare l'elettroneutralità delle due soluzioni, mediante la migrazione di ioni positivi nella soluzione catodica e di ioni negativi nella soluzione anodica (figura **5**).

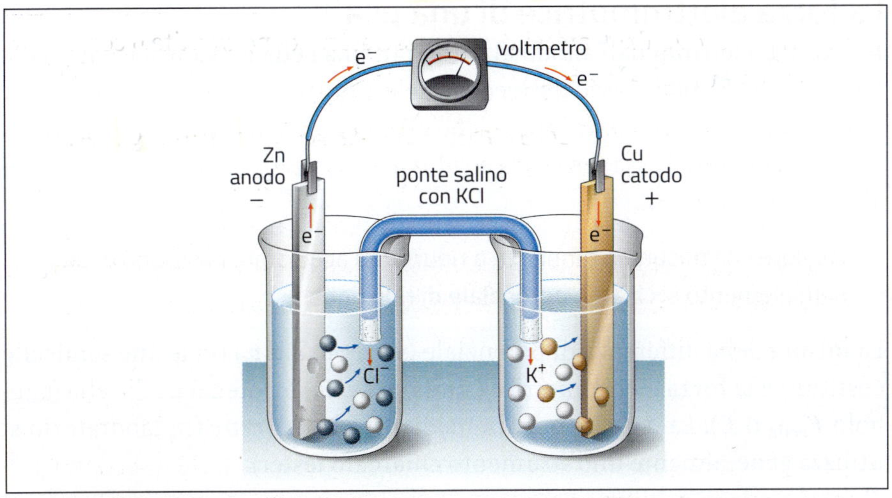

Figura 5 Il ponte salino Il ponte salino garantisce la neutralità delle soluzioni mediante migrazione degli ioni potassio K^+ nella soluzione catodica e degli ioni cloruro Cl^- nella soluzione anodica.

La conduzione della corrente elettrica dovuta al movimento degli ioni si chiama **conduzione ionica**.

La reazione redox complessiva può quindi essere rappresentata nel seguente modo:

$$Zn_{(s)} + Cu^{2+}_{(aq)} \longrightarrow Zn^{2+}_{(aq)} + Cu_{(s)}$$

La pila risulta esaurita, quindi non più utilizzabile, quando la reazione redox raggiunge l'equilibrio e la variazione di energia libera ΔG diventa uguale a *zero*.

Il diagramma di cella

La composizione di una pila o cella galvanica è indicata da una notazione convenzionale.

La notazione con cui si rappresenta una cella galvanica si chiama **diagramma di cella**.

LE PAROLE

Il termine **anodo** (dal greco *anodos*, «ascesa») indica l'elettrodo in cui si verifica la semireazione di ossidazione. Il termine **catodo** (dal greco *kathodos*, «discesa») indica l'elettrodo in cui si verifica la semireazione di riduzione.

Il diagramma di cella riporta:

- a *sinistra* la semicella dove avviene l'ossidazione, l'**anodo**, che costituisce il polo negativo;
- a *destra* la semicella dove avviene la riduzione, il **catodo**, che costituisce il polo positivo.

Il collegamento tra le due soluzioni (ponte salino) è rappresentato da una doppia barra:

ANODO//CATODO

A COLPO D'OCCHIO

ANODO DELLA PILA
- AVVIENE OSSIDAZIONE
- POLO NEGATIVO

Il riducente deve essere sempre rappresentato nella semicella anodica mentre l'ossidante in quella catodica. La forma ridotta e la forma ossidata dello stesso semielemento sono separate da una barretta:

forma ridotta/forma ossidata//forma ossidata/forma ridotta

Per la pila Daniell costituita dagli elettrodi di zinco e di rame, il diagramma di cella è rappresentato dalla seguente notazione:

$$Zn_{(s)}/Zn^{2+}_{(aq)}//Cu^{2+}_{(aq)}/Cu_{(s)}$$

A COLPO D'OCCHIO

CATODO DELLA PILA
- AVVIENE RIDUZIONE
- POLO POSITIVO

La forza elettromotrice di una pila

Il flusso di elettroni dall'anodo al catodo in una cella galvanica è dato dalla tendenza dell'anodo a ossidarsi (cedendo elettroni) e dalla tendenza del catodo a ridursi (accettando elettroni). Poiché gli elementi con un'elevata tendenza a ossidarsi hanno bassa tendenza a ridursi e viceversa, si fa riferimento solo alla *tendenza a ridursi*.

Il valore che misura la tendenza a ridursi (ad acquistare elettroni) di un semielemento si chiama **potenziale di riduzione**.

La misura della differenza di potenziale (simbolo ***d.d.p.***) tra le due semicelle costituisce la **forza** elettromotrice (simbolo ***f.e.m.***) o potenziale di cella (simbolo E_{cella} o E). La *d.d.p.* si misura mediante un *voltmetro* (in laboratorio si utilizza generalmente uno strumento chiamato tester).

TI RICORDI?

La **forza elettromotrice** è la forza che causa il passaggio di corrente elettrica in un conduttore.

La **forza elettromotrice** (*f.e.m.*) di una pila è uguale alla differenza tra il potenziale di riduzione del catodo e il potenziale di riduzione dell'anodo.

$$f.e.m.\ (E_{cella} \text{ o } E) = E_{catodo} - E_{anodo}$$

La *f.e.m.*, detta anche *voltaggio* della pila, si esprime in *volt* (simbolo **V**)

Un **volt** è la differenza di potenziale tra due elettrodi che libera un joule (J) di energia quando tra i due elettrodi si sposta una carica elettrica di un coulomb (simbolo **C**):

$$1\ J = 1\ C \cdot 1\ V$$

PER SAPERNE DI PIÙ

La forza elettromotrice di una pila e la variazione di energia libera sono in relazione tra loro

La spontaneità di una reazione chimica dipende dal valore della *f.e.m.* di una pila; tuttavia la spontaneità di una reazione chimica è anche espressa dalla *variazione di energia libera*. Risulta quindi evidente che esiste una relazione tra la forza elettromotrice E_{cella} di una pila e la variazione di energia libera ΔG di una reazione:

$$\Delta G = -\, n \cdot F \cdot E_{cella}$$

In questa equazione:

- n è il numero di moli di elettroni trasferiti in una reazione di ossido-riduzione;
- F è la costante di Faraday (F = 96 485 C/mol, valore che nei calcoli generalmente si approssima a 96 500 C/mol).

Il segno *meno* nel secondo membro dell'equazione si giustifica perché la variazione di energia libera ΔG e la *f.e.m.* della pila E_{cella} hanno segno opposto: una reazione redox spontanea in una pila è caratterizzata da un valore *negativo* della variazione di energia libera e da un valore *positivo* della *f.e.m.* Se i valori di ΔG e della *f.e.m.* sono determinati in condizioni standard, la relazione precedente si presenta nella forma:

$$\Delta G° = -\, n \cdot F \cdot E°_{cella}$$

Queste due equazioni sono molto importanti perché permettono di determinare il valore di ΔG. Infatti, se è facile determinare sperimentalmente il valore della *f.e.m.* di una cella galvanica, non è assolutamente facile stabilire il ΔG mediante valori puramente termodinamici.

Il valore della *f.e.m.* di una pila dipende dai seguenti fattori:

- dal *tipo dei metalli* utilizzati come elettrodi. Le pile i cui elettrodi sono costituiti da metalli diversi hanno *f.e.m.* diversa: la *f.e.m* di una cella zinco-rame è diversa dalla *f.e.m.* di una cella rame-argento;
- dalla *concentrazione* degli ioni presenti nelle due soluzioni;
- dalla *temperatura* delle due soluzioni;
- dalla *pressione* se almeno uno degli elettrodi è presente sotto forma di gas.

La *f.e.m.* di una pila è una grandezza *intensiva* e quindi non dipende né dal *volume* delle soluzioni né dalle *dimensioni* degli elettrodi. La *f.e.m.* misura la spontaneità di una redox in una cella galvanica.

A COLPO D'OCCHIO

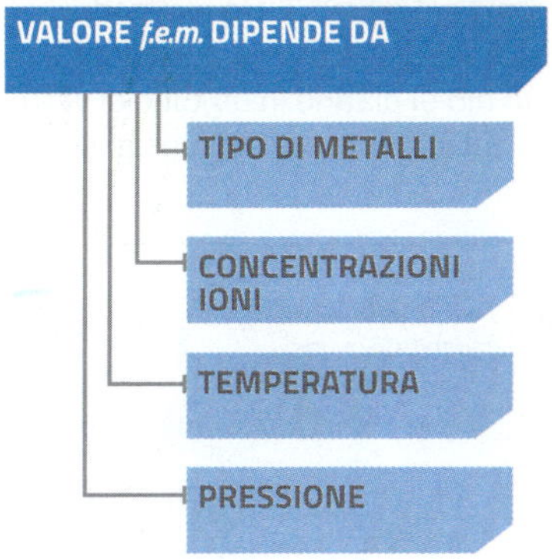

Maggiore è la *f.e.m.*, maggiore è la tendenza della reazione redox ad avvenire spontaneamente.

Tipi di elettrodi

Il termine **elettrodo** (dal greco *elektron*, «ambra», e *hodós*, «via») indica un terminale metallico che favorisce l'acquisizione o la perdita di elettroni ed è utilizzato per far passare corrente elettrica in una soluzione.

In una cella galvanica, l'elettrodo indica la *barretta* di metallo di un *semielemento galvanico* (o semicella o semipila); si deve tuttavia precisare che il termine *elettrodo* è spesso utilizzato per indicare lo stesso semielemento, cioè una barretta di metallo immersa in una soluzione dello stesso metallo.

Esistono quattro diversi tipi di elettrodi.

- L'elettrodo **metallo-ione** (figura 6), formato da una lamina di un metallo (per esempio, rame) immersa parzialmente in una soluzione acquosa di un suo sale (solfato rameico) costituito da ioni positivi dello stesso metallo (ione rameico). L'elettrodo di rame è rappresentato con la seguente notazione:

$$Cu^{2+}_{(aq)}/Cu_{(s)}$$

Figura 6 **L'elettrodo metallo-ione** Lamina di rame immersa in una soluzione di ioni rameici.

- L'elettrodo **a gas** (figura **7A**), formato da una lamina di un metallo inerte (platino, Pt) immersa parzialmente in una soluzione contenente un gas (cloro) e ioni dello stesso gas (ioni cloruro Cl^-). L'elettrodo di cloro è rappresentato con la notazione:

$$Cl_{2(g)}/Cl^-_{(aq)}/Pt_{(s)}$$

- L'elettrodo di **ossido-riduzione** (figura **7B**), formato da una lamina di un metallo inerte (platino) immersa parzialmente in una soluzione contenente la forma ossidata (ione ferrico Fe^{3+}) e la forma ridotta (ione ferroso Fe^{2+}) di uno stesso elemento (ferro). L'elettrodo di ferro è rappresentato con la notazione:

$$Fe^{3+}_{(aq)}, Fe^{2+}_{(aq)}/Pt_{(s)}$$

La forma ossidata Fe^{3+} e quella ridotta Fe^{2+} sono nella stessa fase e quindi si separano con una virgola.

- L'elettrodo **standard a idrogeno** (figura **7C**) è costituito da un filo di platino, collegato a una lamina di platino immersa in soluzione 1 M di acido cloridrico HCl dissociato in ioni idrogeno H^+ e ioni cloruro Cl^-. La soluzione è alla temperatura di 25 °C. Il filo di platino è all'interno di un tubo di vetro nel quale si immette idrogeno gassoso $H_{2(g)}$ alla pressione di 1 bar. L'elettrodo standard a idrogeno è rappresentato con la notazione:

$$H^+_{(aq)}/H_{2(g)}/Pt_{(s)}$$

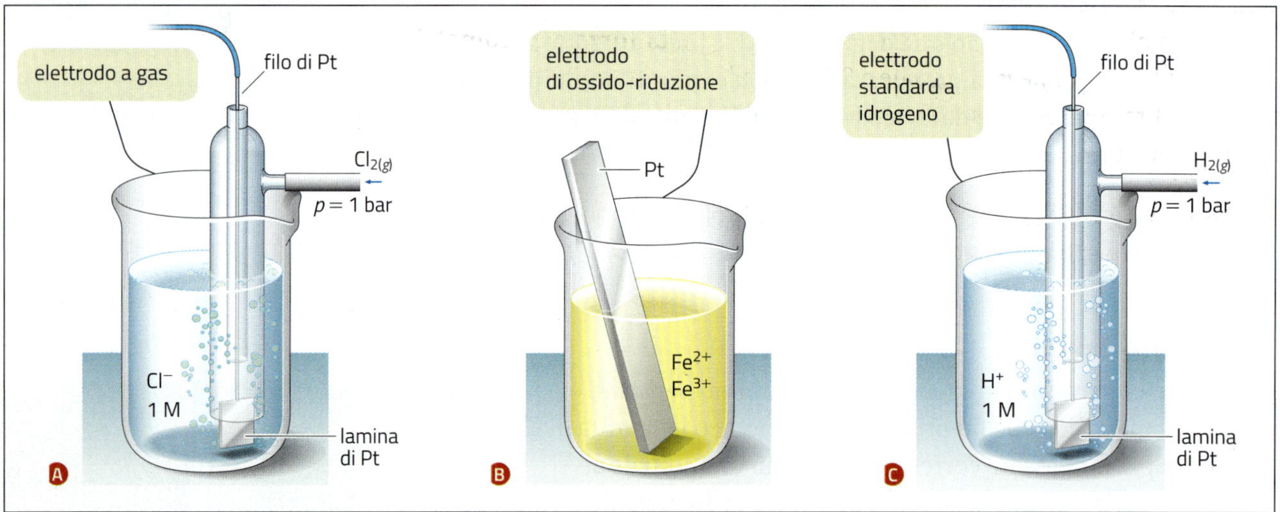

Figura 7 Esempi di elettrodi
A Un elettrodo a gas, formato da una lamina di platino immersa in una soluzione di cloro $Cl_{2(g)}$ e ioni cloruro $Cl^-_{(aq)}$. B Un elettrodo di ossido-riduzione, formato da una lamina di platino immersa parzialmente in una soluzione di ioni Fe^{2+} e Fe^{3+}. C Un elettrodo standard a idrogeno, formato da un filo di platino in un tubo di vetro in cui è immesso idrogeno gassoso.

3 IL POTENZIALE STANDARD DI RIDUZIONE MISURA LA TENDENZA A RIDURSI DI UN ELETTRODO

La forza elettromotrice di una pila è definita dalla differenza di potenziale tra i due elettrodi che la costituiscono. La differenza di potenziale tra due elettrodi si può determinare in modo semplice, mentre non è possibile misurare direttamente il *potenziale di riduzione* di un singolo elettrodo.

Per misurare il potenziale di un singolo elettrodo si realizza una pila costituita dall'elettrodo di cui si vuole determinare il potenziale nelle **con-**

dizioni standard (concentrazione 1 M della soluzione, temperatura di 25 °C e pressione di 1 bar se un elettrodo è a gas), e da un elettrodo di riferimento o standard. L'elettrodo standard è l'**elettrodo a idrogeno** al quale si assegna, convenzionalmente, il valore di **potenziale standard di riduzione** (simbolo $\boldsymbol{E}°$) uguale a 0,00 V.

Ammettiamo di voler misurare il potenziale standard dell'elettrodo di **rame**. Si immerge parzialmente una lamina di rame in una soluzione 1M di ioni rame Cu^{2+}(II) alla temperatura di 25 °C e si collega mediante un ponte salino all'elettrodo a idrogeno (figura **8**).

TI RICORDI?

Il **rame** ($Z = 29$) è un metallo di colore rosso, duttile e malleabile. Viene largamente impiegato nell'industria elettrica e in leghe con lo stagno (bronzo) e con lo zinco (ottone).

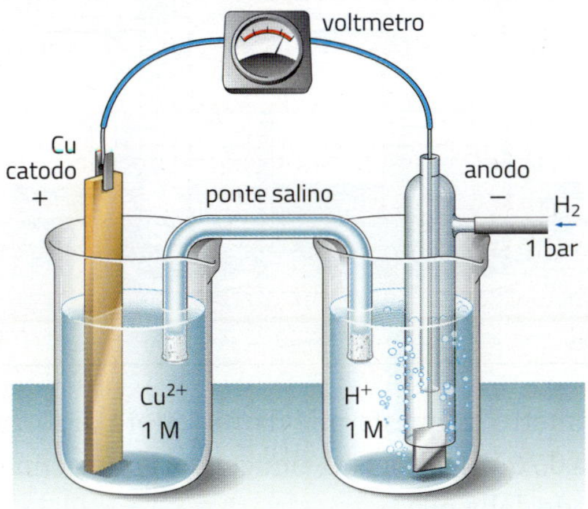

Figura 8 Potenziale standard dell'elettrodo di rame Il potenziale standard dell'elettrodo di rame si misura con una pila standard formata dall'elettrodo a idrogeno e dall'elettrodo di rame.

La lettura al voltmetro di questa pila dà un valore di **forza elettromotrice standard** (simbolo *f.e.m.*°) uguale a 0,34 V. L'idrogeno, ossidandosi più facilmente del rame, costituisce l'**anodo** della pila e quindi le semireazioni che avvengono agli elettrodi sono le seguenti:

$$\text{anodo } (-)\ H_{2(g)} \longrightarrow 2\,H^+_{(aq)} + 2\,e^- \qquad \text{(ox)}$$

$$\text{catodo } (+)\ Cu^{2+}_{(aq)} + 2\,e^- \longrightarrow Cu_{(s)} \qquad \text{(red)}$$

La forza elettromotrice standard di una pila è data dalla relazione:

$$f.e.m.° = E°_{\text{catodo}} - E°_{\text{anodo}}$$

Sostituiamo il valore della *f.e.m.*° e del potenziale standard di riduzione dell'idrogeno:

$$0,34 = E°_{Cu^{2+}/Cu} - 0,00$$

Il valore del potenziale standard dell'elettrodo di rame(II) risulta quindi uguale a 0,34 V:

$$E°_{Cu^{2+}/Cu} = 0,34\ \text{V}$$

Il **valore positivo di $\boldsymbol{E}°$** indica che la tendenza a ridursi della specie ossidata (lo ione Cu^{2+}) è maggiore di quella dello ione idrogeno H^+.

L'elettrodo di rame funziona da **catodo**, l'elettrodo a idrogeno funziona da **anodo** e si rappresenta con la notazione:

$$Pt_{(s)}/H_{2(g)}/H^+_{(aq)}$$

Ammettiamo ora di volere calcolare il potenziale standard dell'elettrodo di **zinco**. Immergiamo una lamina di zinco in una soluzione 1 M di ioni zinco Zn^{2+} alla temperatura di 25 °C e la colleghiamo mediante un ponte salino con l'elettrodo standard a idrogeno (figura 9).

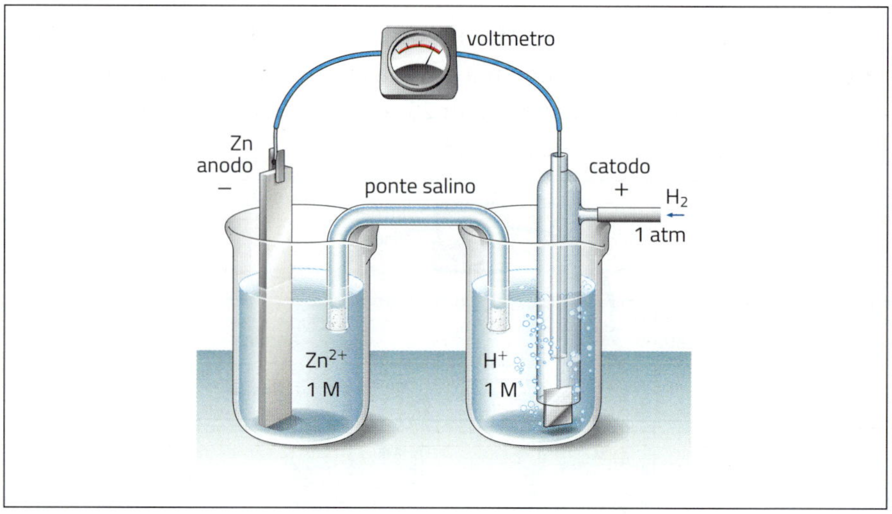

Figura 9 La misura del potenziale standard dell'elettrodo di zinco La pila è formata dall'elettrodo a idrogeno e dall'elettrodo di zinco per la misura del potenziale standard del semielemento.

TI RICORDI?

Lo **zinco** ($Z = 30$) è un metallo bianco-bluastro lucente. È indispensabile nel metabolismo cellulare come cofattore di numerosi enzimi.

La lettura al voltmetro di questa pila dà un valore di forza elettromotrice standard uguale a 0,76 V. L'idrogeno, riducendosi più facilmente dello zinco, costituisce il **catodo** della pila.

Mentre l'elettrodo di zinco funziona da **anodo** l'elettrodo a idrogeno si rappresenta con la notazione:

$$H^+_{(aq)}/H_{2(g)}/Pt_{(s)}$$

I valori dei potenziali di tutti gli altri elettrodi sono stati calcolati in modo analogo utilizzando sempre soluzioni 1 M alla temperatura di 25 °C, per cui prendono il nome di *potenziali standard di riduzione*.

Il **potenziale standard di riduzione** è il valore che misura la tendenza di un elettrodo a ridursi (ad acquistare elettroni) nelle condizioni standard.

4 LA SERIE ELETTROCHIMICA È L'INSIEME DEI VALORI DEI POTENZIALI STANDARD DI RIDUZIONE DEGLI ELEMENTI

I valori dei potenziali standard di riduzione di elettrodo con le rispettive semireazioni di riduzione costituiscono la serie elettrochimica degli elementi (tabella 1 alla pagina successiva). Nella semireazione di riduzione, la forma ossidata si indica a sinistra della doppia freccia e la forma ridotta a destra.

La serie elettrochimica degli elementi è l'insieme dei valori dei potenziali standard di riduzione degli elettrodi, disposti secondo il loro **potere ossidante** decrescente verso il basso.

I valori dei potenziali standard di riduzione permettono di:

- valutare il *potere ossidante* o *riducente* di un elettrodo (figura 10);

Figura 10 Ossidazione e arte L'ossidazione del rame Il maggiore potenziale di ossidazione dell'ossigeno determina l'ossidazione del rame della cupola.

Tabella 1 **Serie dei potenziali standard di riduzione alla temperatura di 25 °C espressi in volt (V)** La tendenza ad agire da ossidante aumenta dal basso verso l'alto. La tendenza ad agire da riducente aumenta dall'alto verso il basso.

Forma ossidata			Forma ridotta	$E°$ (V)	Potere ossidante e riducente
$F_{2(g)}$	$+ 2\,e^-$	$\rightleftharpoons$	$2\,F^-_{(aq)}$	+2,87	
$S_2O^{2-}_{8(aq)}$	$+ 2\,e^-$	$\rightleftharpoons$	$2\,SO^{2-}_{4(aq)}$	+2,01	
$H_2O_{2(aq)} + 2\,H^+_{(aq)}$	$+ 2\,e^-$	$\rightleftharpoons$	$2\,H_2O_{(s)}$	+1,77	
$MnO^-_{4(aq)} + 4\,H^+_{(aq)}$	$+ 3\,e^-$	$\rightleftharpoons$	$MnO_{2(s)} + 2\,H_2O_{(l)}$	+1,69	
$PbO_{2(s)} + SO^{2-}_{4(aq)} + 4\,H^+_{(aq)} + 2\,e^-$		$\rightleftharpoons$	$PbSO_{4(s)} + 2\,H_2O_{(l)}$	+1,69	
$MnO^-_{4(aq)} + 8\,H^+_{(aq)}$	$+ 5\,e^-$	$\rightleftharpoons$	$Mn^{2+}_{(aq)} + 4\,H_2O_{(l)}$	+1,51	
$Au^{3+}_{(aq)}$	$+ 3\,e^-$	$\rightleftharpoons$	$Au_{(s)}$	+1,50	
$Cl_{2(g)}$	$+ 2\,e^-$	$\rightleftharpoons$	$2\,Cl^-_{(aq)}$	+1,36	
$CrO^{2-}_{7(aq)} + 14\,H^+_{(aq)}$	$+ 6\,e^-$	$\rightleftharpoons$	$2\,Cr^{3+}_{(aq)} + 7\,H_2O_{(l)}$	+1,33	
$O_{2(g)} + 4\,H^+_{(aq)}$	$+ 4\,e^-$	$\rightleftharpoons$	$2\,H_2O_{(l)}$	+1,23	
$Br_{2(l)}$	$+ 2\,e^-$	$\rightleftharpoons$	$2\,Br^-_{(aq)}$	+1,08	
$NO^-_{3(aq)} + 4\,H^+_{(aq)}$	$+ 3\,e^-$	$\rightleftharpoons$	$NO_{(g)} + 2\,H_2O_{(l)}$	+0,96	
$Pd^{2+}_{(aq)}$	$+ 2\,e^-$	$\rightleftharpoons$	$Pd_{(s)}$	+0,95	
$Ag^+_{(aq)}$	$+ e^-$	$\rightleftharpoons$	$Ag_{(s)}$	+0,80	
$Fe^{3+}_{(aq)}$	$+ e^-$	$\rightleftharpoons$	$Fe^{2+}_{(aq)}$	+0,77	
$I_{2(s)}$	$+ 2\,e^-$	$\rightleftharpoons$	$2\,I^-_{(aq)}$	+0,54	
$Cu^+_{(aq)}$	$+ e^-$	$\rightleftharpoons$	$Cu_{(s)}$	+0,52	
$O_{2(g)} + 2\,H_2O_{(l)}$	$+ 4\,e^-$	$\rightleftharpoons$	$4\,OH^-_{(aq)}$	+0,40	
$Cu^{2+}_{(aq)}$	$+ 2\,e^-$	$\rightleftharpoons$	$Cu_{(s)}$	+0,34	
$Cu^{2+}_{(aq)}$	$+ e^-$	$\rightleftharpoons$	$Cu^+_{(aq)}$	+0,16	
$Sn^{4+}_{(aq)}$	$+ 2\,e^-$	$\rightleftharpoons$	$Sn^{2+}_{(aq)}$	+0,15	
$HgO_{(s)} + H_2O_{(l)}$	$+ 2\,e^-$	$\rightleftharpoons$	$Hg_{(l)} + 2\,OH^-_{(aq)}$	+0,10	
$2\,H^+_{(aq)}$	$+ 2\,e^-$	$\rightleftharpoons$	$H_{2(g)}$	0,00	
$Pb^{2+}_{(aq)}$	$+ 2\,e^-$	$\rightleftharpoons$	$Pb_{(s)}$	−0,13	
$Sn^{2+}_{(aq)}$	$+ 2\,e^-$	$\rightleftharpoons$	$Sn_{(s)}$	−0,14	
$Ni^{2+}_{(aq)}$	$+ 2\,e^-$	$\rightleftharpoons$	$Ni_{(s)}$	−0,25	
$Co^{2+}_{(aq)}$	$+ 2\,e^-$	$\rightleftharpoons$	$Co_{(s)}$	−0,28	
$Cd^{2+}_{(aq)}$	$+ 2\,e^-$	$\rightleftharpoons$	$Cd_{(s)}$	−0,40	
$Cr^{3+}_{(aq)}$	$+ e^-$	$\rightleftharpoons$	$Cr^{2+}_{(aq)}$	−0,42	
$Fe^{2+}_{(aq)}$	$+ 2\,e^-$	$\rightleftharpoons$	$Fe_{(s)}$	−0,44	
$Cr^{3+}_{(aq)}$	$+ 3\,e^-$	$\rightleftharpoons$	$Cr_{(s)}$	−0,74	
$Zn^{2+}_{(aq)}$	$+ 2\,e^-$	$\rightleftharpoons$	$Zn_{(s)}$	−0,76	
$2\,H_2O_{(l)}$	$+ 2\,e^-$	$\rightleftharpoons$	$H_{2(g)} + 2\,OH^-_{(aq)}$	−0,83	
$Mn_{(s)}$	$+ 2\,e^-$	$\rightleftharpoons$	$Mn^{2+}_{(aq)}$	−1,18	
$ZnO_{(g)} + H_2O_{(l)}$	$+ 2\,e^-$	$\rightleftharpoons$	$Zn_{(s)} + 2\,OH^-_{(aq)}$	−1,22	
$Al^{3+}_{(aq)}$	$+ 3\,e^-$	$\rightleftharpoons$	$Al_{(s)}$	−1,66	
$Mg^{2+}_{(aq)}$	$+ 2\,e^-$	$\rightleftharpoons$	$Mg_{(s)}$	−2,37	
$Na^+_{(aq)}$	$+ e^-$	$\rightleftharpoons$	$Na_{(s)}$	−2,71	
$Ca^{2+}_{(aq)}$	$+ 2\,e^-$	$\rightleftharpoons$	$Ca_{(s)}$	−2,76	
$K^+_{(aq)}$	$+ e^-$	$\rightleftharpoons$	$K_{(s)}$	−2,93	
$Li^+_{(aq)}$	$+ e^-$	$\rightleftharpoons$	$Li_{(s)}$	−3,05	

- identificare il *catodo* e l'*anodo* di una pila, rappresentare il *diagramma di cella*, calcolare la *forza elettromotrice standard* di una pila e stabilire la *variazione di energia libera standard*;
- verificare la *spontaneità* di una reazione redox;
- prevedere la *riduzione* dell'idrogeno con i metalli.

PER SAPERNE DI PIÙ
PDF *Approfondimento*
Le pile alcaline e a bottone sono irreversibili

Determinazione dell'anodo e del catodo di una pila

In una pila, l'*anodo* (polo negativo) corrisponde all'elettrodo con potenziale standard di riduzione *minore*, il *catodo* (polo positivo) corrisponde all'elettrodo con potenziale standard di riduzione *maggiore*.

Per una pila costituita dagli elettrodi di zinco ($E^\circ_{Zn^{2+}/Zn} = -0,76\ V$) e di rame ($E^\circ_{Cu^{2+}/Cu} = +0,34\ V$), lo zinco, con potenziale minore, rappresenta l'anodo e il rame, con potenziale maggiore, il catodo.

PER SAPERNE DI PIÙ
PDF *Approfondimento*
Gli accumulatori sono pile reversibili

Definiti l'anodo e il catodo, è possibile:

- rappresentare il *diagramma di cella* con la notazione:

ANODO//CATODO

$$Zn_{(s)}/Zn^{2+}_{(aq)}//Cu^{2+}_{(aq)}/Cu_{(s)}$$

- calcolare la *forza elettromotrice standard* (*f.e.m.°*) o potenziale standard di cella (simbolo E°_{cella}) con la relazione:

PER SAPERNE DI PIÙ
PDF *Chimica verde*
Gli accumulatori al litio per l'energia sostenibile

$$f.e.m.^\circ\ (E^\circ_{cella}) = E^\circ_{catodo} - E^\circ_{anodo}$$

$$f.e.m.^\circ\ (E^\circ_{cella}) = E^\circ_{Cu^{2+}/Cu} - E^\circ_{Zn^{2+}/Zn} = 0,34\ V - (-0,76\ V) = 1,10\ V$$

- determinare la *variazione di energia libera standard* con la relazione:

$$\Delta G^\circ = -n \cdot F \cdot E^\circ_{cella}$$

$$\Delta G^\circ = -(2\ mol) \cdot (96\,500\ C/mol) \cdot 1,10\ V = -212\,300\ C \cdot V$$

Nel Sistema Internazionale (SI):

$$1\ C \cdot 1\ V = 1\ J$$

Il valore di ΔG° corrisponde a:

$$\Delta G^\circ = -212\,267\ J = -212,3\ kJ$$

PROBLEMA MODELLO

Stabilire i parametri di una pila

Una pila è costituita dagli elettrodi $Ag^{+}_{(aq)}/Ag_{(s)}$ e $Cu^{2+}_{(aq)}/Cu_{(s)}$. Dopo avere identificato il catodo e l'anodo e avere rappresentato il diagramma di cella, calcola la forza elettromotrice standard.

L'IDEA

Per determinare i parametri della pila è necessario conoscere i valori dei potenziali standard di riduzione dei due elettrodi, che possono essere ricavati dalla serie elettrochimica degli elementi:

$$E^\circ_{Ag^{+}/Ag} = 0,80\ V \qquad E^\circ_{Cu^{2+}/Cu} = 0,34\ V$$

LA SOLUZIONE

Il rame ($E°$ minore) è il riducente (*anodo*), l'argento ($E°$ maggiore) è l'ossidante (*catodo*).

Il *diagramma di cella* è quindi rappresentato dalla notazione:

$$Cu_{(s)}/Cu^{2+}_{(aq)}//Ag^{+}_{(aq)}/Ag_{(s)}$$

LA CONCLUSIONE

La *f.e.m.*° della pila è data dalla relazione:

$$f.e.m.° = E°_{catodo} - E°_{anodo} = (0{,}80 - 0{,}34)\ V = 0{,}46\ V$$

PROBLEMA SIMILE

Una pila è costituita dagli elettrodi $Sn^{2+}_{(aq)}/Sn_{(s)}$ e $Fe^{2+}_{(aq)}/Fe_{(s)}$:

a. identifica l'anodo e il catodo;
b. rappresenta le semireazioni di ossidazione e di riduzione;
c. rappresenta la redox completa;
d. rappresenta il diagramma di cella;
e. calcola la forza elettromotrice standard;
f. calcola la variazione di energia libera standard.

Previsione della spontaneità di una reazione redox

La tendenza di una redox a procedere spontaneamente è definita dalla *differenza* dei potenziali standard di riduzione (simbolo $\Delta E°$) tra il valore del potenziale standard dell'ossidante ($E°_{ox}$) e quello del riducente ($E°_{rid}$):

$$\Delta E° = E°_{ox} - E°_{rid}$$

PER CAPIRE MEGLIO
PDF *Laboratorio*
Celle elettrochimiche

In base ai valori dei due potenziali standard di riduzione, il valore di $\Delta E°$ può essere positivo o negativo (figura **11**):

- $\Delta E° > 0$, la reazione è spontanea e avviene nel verso indicato, ovvero **da sinistra a destra**;
- $\Delta E° < 0$, la reazione non è spontanea e non avviene nel verso indicato, ma può avvenire solo **da destra a sinistra**.

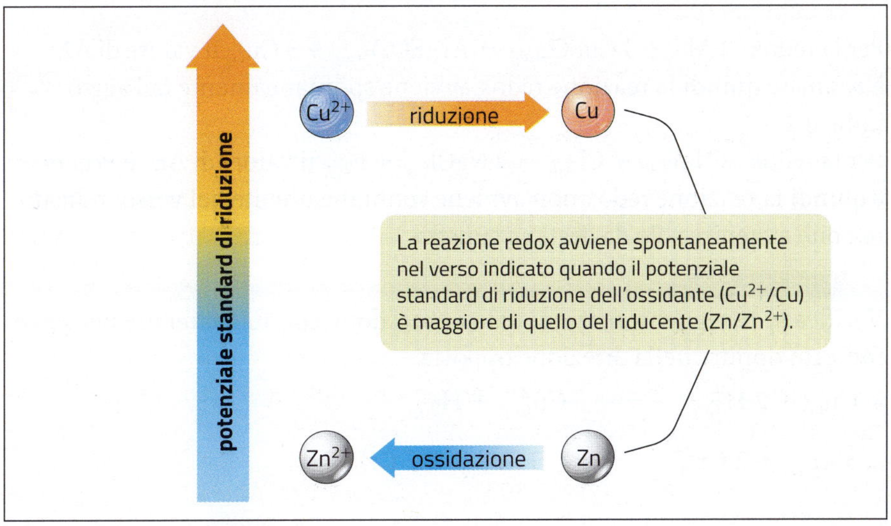

Figura 11 La spontaneità di una reazione redox La differenza dei potenziali standard di riduzione se la reazione è spontanea o non spontanea.

PROBLEMA MODELLO

Determinazione della spontaneità di una redox

Verifica se le seguenti reazioni redox procedono spontaneamente nel verso indicato oppure nella direzione opposta:

a. $2\ Al_{(s)} + 3\ CuSO_{4(aq)} \longrightarrow Al_2(SO_4)_{3(aq)} + 3\ Cu_{(s)}$

b. $2\ NaF_{(aq)} + Cl_{2(g)} \longrightarrow 2\ NaCl_{(aq)} + F_{2(g)}$

L'IDEA

Si rappresentano le semireazioni di ossidazione e di riduzione per individuare il riducente e l'ossidante.
Si ricavano i potenziali standard di riduzione dalla serie elettrochimica degli elementi.
Si calcola il valore di $\Delta E°$: se è > 0 le reazioni redox avvengono nel verso indicato, se è < 0 avvengono nel verso opposto.

LA SOLUZIONE

Rappresentiamo le semireazioni di ossidazione e riduzione:

a. $Al_{(s)} \longrightarrow Al^{3+}_{(aq)} + 3\ e^-$ $\quad Cu^{2+}_{(aq)} + 2\ e^- \longrightarrow 2\ Cu_{(s)}$

L'alluminio, cedendo elettroni, è il riducente; il rame, acquistando elettroni, è l'ossidante.

b. $2\ F^-_{(aq)} \longrightarrow F_{2(g)} + 2\ e^-$ $\quad Cl_{2(g)} + 2\ e^- \longrightarrow 2\ Cl^-_{(aq)}$

Il fluoro, cedendo elettroni, è il riducente; il cloro, acquistando elettroni, è l'ossidante.
Dalla serie elettrochimica degli elementi, si ricavano i valori dei potenziali standard di riduzione.

a. $E°_{Al^{3+}/Al} = -\ 1{,}66\ V \quad E°_{Cu^{2+}/Cu} = 0{,}34\ V$

b. $E°_{F_2/F^-} = 2{,}87\ V \quad E°_{Cl_2/Cl^-} = 1{,}36\ V$

Calcoliamo la differenza di potenziale standard $\Delta E°$:

a. $\Delta E° = E°_{ox} - E°_{rid} = 0{,}34\ V - (-1{,}66\ V) = 2{,}0\ V$

b. $\Delta E° = E°_{ox} - E°_{rid} = 1{,}36\ V - (2{,}87\ V) = -1{,}51\ V$

LA CONCLUSIONE

Per la redox $2\ Al_{(s)} + 3\ CuSO_{4(aq)} \rightarrow Al_2(SO_4)_{3(aq)} + 3\ Cu_{(s)}$ il valore di $\Delta E°$ è *positivo* e quindi la reazione redox avviene spontaneamente nel verso indicato.
Per la redox $2\ NaF_{(aq)} + Cl_{2(g)} \rightarrow 2\ NaCl_{(aq)} + F_{2(g)}$ il valore di $\Delta E°$ è *negativo* e quindi la reazione redox non avviene spontaneamente nel verso indicato, ma può avvenire solo da destra a sinistra.

PROBLEMA SIMILE

Verifica se le seguenti reazioni redox procedono spontaneamente nel verso indicato oppure nella direzione opposta.

a. $Cu_{(s)} + 2\ H^+_{(aq)} \longrightarrow Cu^{2+}_{(aq)} + H_{2(g)}$

b. $3\ Zn_{(s)} + 2\ Cr^{2+}_{(aq)} \longrightarrow 3\ Zn^{3+}_{(aq)} + 2\ Cr_{(s)}$

Previsione della riduzione dello ione idrogeno con i metalli

Nella reazione tra un metallo e la soluzione di un acido *si può verificare* un trasferimento di elettroni dal metallo (riducente) allo ione idrogeno H^+ dell'acido (ossidante) che si riduce a idrogeno gassoso $H_{2(g)}$.

Il potenziale standard dell'idrogeno è uguale a 0,00 V e quindi la riduzione dello ione idrogeno può avvenire solo con i metalli che hanno un potenziale standard di riduzione **negativo**, mentre non può verificarsi con i metalli che hanno un potenziale standard di riduzione positivo (figura **12**). I metalli con potenziale standard di riduzione *maggiore* dell'idrogeno si dicono *metalli nobili* perché non sono ossidati dagli acidi.

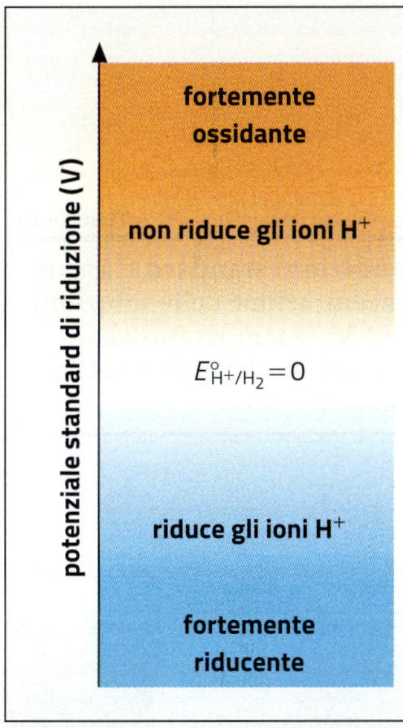

Figura 12 Il potere riducente Il potere riducente di un semielemento è tanto maggiore quanto più è negativo il suo potenziale standard di riduzione.

PER SAPERNE DI PIÙ

La corrosione dei metalli

Solo pochi metalli (Au, Pt, Pd) si trovano in natura allo stato elementare, tutti gli altri sono combinati in vari composti sotto forma di ioni poiché lo stato combinato è più stabile di quello elementare.

Quando i metalli sono allo stato elementare subiscono l'attacco di agenti atmosferici che tendono a riportare il metallo allo stato combinato.

La naturale tendenza dei metalli a ossidarsi in presenza di agenti atmosferici (acqua e aria) si chiama **corrosione**.

La corrosione è un processo degenerativo di tipo elettrochimico (figura). La più nota manifestazione di corrosione è la formazione della **ruggine**, che si verifica quando il ferro metallico (che ha un potenziale di riduzione negativo) è esposto all'aria umida. In questa condizione si forma una piccola cella galvanica costituita dagli elettrodi di ferro e ossigeno.

Il ferro funziona da **anodo** e si ossida a ioni Fe^{2+}, perdendo 2 elettroni:

$$Fe_{(s)} \longrightarrow Fe^{2+} + 2\,e^-$$

I due elettroni ceduti dal ferro, in presenza di acqua, riducono l'ossigeno dell'aria che funziona da **catodo**, con formazione di ioni idrossido OH^-:

$$1/2\ O_{2(g)} + H_2O + 2\,e^- \longrightarrow 2\ OH^-_{(aq)}$$

Gli ioni ferro Fe^{2+} e gli ioni OH^-, che si sono formati rispettivamente all'anodo e al catodo, reagiscono per dare idrossido di ferro(II), $Fe(OH)_2$:

$$Fe^{2+} + 2\ OH^-_{(aq)} \longrightarrow Fe(OH)_{2(s)}$$

L'idrossido di ferro(II) è ossidato dall'ossigeno a ossido di ferro(III) idrato:

$$2\ Fe(OH)_{2(s)} + \frac{1}{2} O_{2(g)} \longrightarrow Fe_2O_{3(s)} \cdot 2\ H_2O_{(l)}$$

L'ossido ferrico idrato costituisce la *ruggine* che si deposita sulla superficie del ferro.

Esistono diversi modi per proteggere i metalli dalla corrosione:

- la **verniciatura**, che consiste nel ricoprire la superficie metallica con delle vernici, con la funzione di formare uno strato protettivo;
- la **passivazione**, che consiste nel ricoprire il metallo con uno strato di *ossido* impedendo al processo di corrosione di agire in profondità;
- la **smaltatura**, che consiste nel ricoprire la superficie metallica con uno strato protettivo vetroso di una miscela fusa di silicati;
- la **galvanostegia**, che consiste nel ricoprire oggetti di un metallo facilmente ossidabile con un altro metallo che presenta maggiore resistenza all'ossidazione.

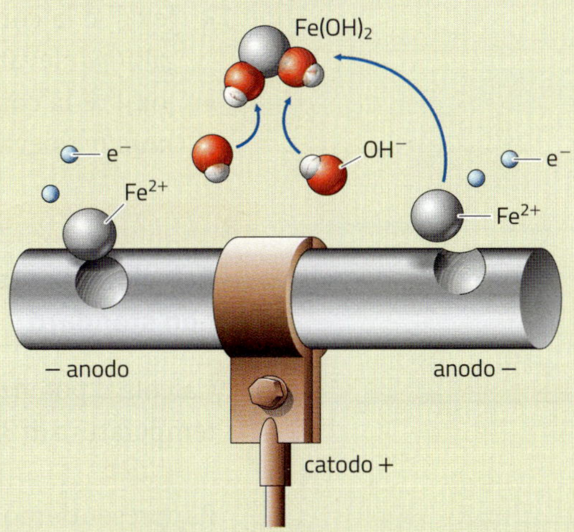

Figura Rappresentazione del processo elettrochimico responsabile della corrosione del ferro.

5 L'EQUAZIONE DI NERNST PERMETTE DI CALCOLARE I POTENZIALI DI RIDUZIONE IN CONDIZIONI NON STANDARD

I *potenziali di riduzione di un elettrodo* dipendono dalla concentrazione delle due soluzioni, dalla temperatura e, per gli elettrodi a gas, dalla pressione e quindi sono stati calcolati in *condizioni standard*).

In condizioni *non standard*, i potenziali di riduzione (*E*) possono essere calcolati con l'**equazione di Nernst** (figura **13**):

$$E = E° + \frac{R \cdot T}{n \cdot F} \cdot \ln \frac{[ox]^a}{[rid]^b}$$

In questa equazione:

- $E°$ è il potenziale standard di riduzione dell'elettrodo;
- R è la costante universale dei gas (nel SI: $R = 8{,}31$ J/K mol^{-1});
- T è la temperatura assoluta espressa in kelvin (K);
- n è il numero di moli di elettroni coinvolti nella semireazione;
- F è la costante di Faraday ($F = 96\,485$ C/mol);
- $[ox]^a$ e $[rid]^b$ sono le concentrazioni molari della forma ossidata e di quella ridotta elevate al proprio coefficiente stechiometrico.

La concentrazione delle soluzioni è espressa in molarità (mol/L) e la pressione per un elettrodo a gas è espressa in bar. Per il calcolo del potenziale di riduzione di un elettrodo metallo-ione ($Cu^{2+}_{(aq)}/Cu_{(s)}$) si deve tenere presente che la concentrazione molare della forma ridotta di un **solido** (rame) è costante e, quindi, tale valore *non è presente* nell'equazione di Nernst.

L'equazione di Nernst è usata anche per calcolare la forza elettromotrice di una cella galvanica (E_{cella}) in condizioni non standard. Se le concentrazioni molari delle forme ridotte dei due elettrodi sono rappresentate da *solidi* la relazione è:

$$E_{cella} = E°_{cella} + \frac{R \cdot T}{n \cdot F} \cdot \ln \frac{[ox_2]^a}{[ox_1]^b}$$

In questa equazione:

- $E°_{cella}$ è la forza elettromotrice della cella nelle condizioni standard;
- $[ox_2]^a$ è la concentrazione molare della forma ossidata del catodo o *polo positivo* elevata al proprio coefficiente stechiometrico;
- $[ox_1]^b$ è la concentrazione molare della forma ossidata dell'anodo o *polo negativo* elevata al proprio coefficiente stechiometrico.

TI RICORDI?

In **condizioni standard** si assume la concentrazione delle soluzioni pari a 1 M, la temperatura a 25 °C e, per gli elettrodi a gas, la pressione a 1 bar.

Figura 13 **Walther Hermann Nernst (1864-1941)** Il chimico-fisico tedesco Nernst vinse il premio Nobel per la Chimica nel 1920.

PROBLEMA MODELLO

Calcolo del potenziale di riduzione dell'elettrodo a una temperatura non standard

Calcola il potenziale di riduzione dell'elettrodo $Zn^{2+}_{(aq)}$ $(2 \cdot 10^{-1}$M$)$ $/Zn_{(s)}$ alla temperatura di 37 °C.

L'IDEA

Rappresentiamo la semireazione di riduzione per definire il numero di moli di elettroni (*n*) coinvolti nella reazione. Dalla serie elettrochimica ricaviamo il potenziale standard di riduzione ($E°$) dell'elettrodo; calcolata la temperatura assoluta, applichiamo l'equazione di Nernst.

LA SOLUZIONE

Scrivendo la semireazione di riduzione si verifica che gli elettroni coinvolti sono 2 moli:

$$Zn^{2+}_{(aq)} + 2\,e^- \longrightarrow Zn_{(s)} \qquad n = 2$$

Ricaviamo dalla serie elettrochimica il valore di $E°$:

$$E°_{Zn^{2+}/Zn} = -\,0{,}76\ V$$

Determiniamo la temperatura assoluta con la relazione:

$$T = t + 273 = 37 + 273 = 310\ K$$

Calcoliamo il potenziale di riduzione dell'elettrodo sostituendo i valori nell'equazione di Nernst. La concentrazione della forma ridotta dell'elettrodo non è presente nell'equazione perché la forma ridotta è lo zinco metallico e la concentrazione di un solido è costante.

$$E_{Zn^{2+}/Zn} = E°_{Zn^{2+}/Zn} + \frac{R \cdot T}{n \cdot F} \cdot \ln[Zn^{2+}] =$$

$$= -\,0{,}76 + \frac{8{,}31 \cdot 310}{2 \cdot 96500} \cdot \ln(0{,}2) = -\,0{,}76 + 0{,}013\,(-\,1{,}6) = -\,0{,}78\,V$$

LA CONCLUSIONE

Il potenziale di riduzione dell'elettrodo $Zn^{2+}_{(aq)}$ $(2 \cdot 10^{-1}M)$ $/Zn_{(s)}$ alla temperatura di 37 °C è −0,78 V.

PROBLEMA SIMILE

Calcola il potenziale di riduzione dell'elettrodo $Ag^{+}_{(aq)}$ (0,25 M)/$Ag_{(s)}$ alla temperatura di 25 °C.

6 LE CELLE ELETTROLITICHE TRASFORMANO L'ENERGIA ELETTRICA IN ENERGIA CHIMICA

In una reazione di ossido-riduzione *non spontanea* i reagenti hanno energia chimica *minore* dei prodotti e quindi il trasferimento di elettroni dal riducente all'ossidante è possibile solo fornendo *energia elettrica*.

Il processo che utilizza la corrente elettrica per far avvenire una reazione redox non spontanea si chiama **elettrolisi**.

L'elettrolisi si realizza in una cella elettrolitica.

Una cella elettrolitica o *voltametro* è un sistema costituito da una **soluzione elettrolitica** o da **un elettrolita fuso** e da due *elettrodi* (conduttori di corrente) generalmente di platino o di grafite. Tra i due elettrodi collegati da un *generatore di corrente continua* (pila o batteria) si origina una differenza di potenziale che permette:

- mediante un conduttore metallico il passaggio di elettroni tra l'elettrodo con carica positiva e l'elettrodo con carica negativa;
- la migrazione degli ioni che derivano dalla dissociazione dell'elettrolita all'interno della cella (figura **14**).

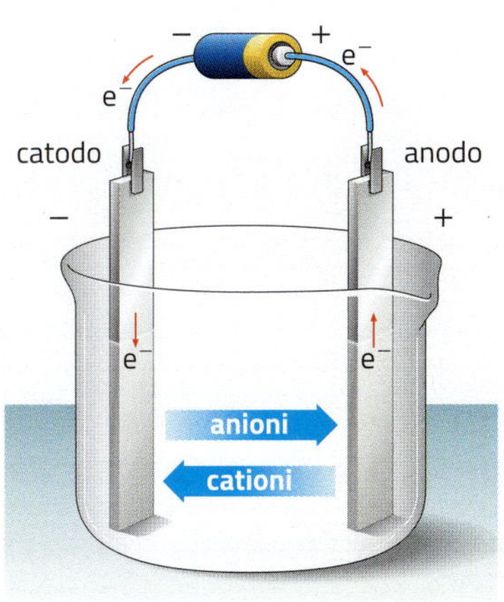

Figura 14 La cella elettrolitica In una cella elettrolitica gli ioni negativi si muovono verso l'anodo dove avviene l'ossidazione, gli ioni positivi si muovono verso il catodo dove avviene la riduzione.

TI RICORDI?

Un **elettrolita** è una sostanza che, allo stato liquido o in soluzione, si dissocia in ioni. Sono elettroliti composti ionici, come sali e idrossidi dei metalli alcalini e alcalino-terrosi, e composti molecolari, come la maggioranza degli idracidi.

A COLPO D'OCCHIO

ANODO DELLA CELLA ELETTROLITICA
- AVVIENE OSSIDAZIONE
- POLO POSITIVO

A COLPO D'OCCHIO

CATODO DELLA CELLA ELETTROLITICA
- AVVIENE RIDUZIONE
- POLO NEGATIVO

Gli ioni positivi (cationi) sono attratti dall'elettrodo negativo (catodo) e gli ioni negativi (anioni) sono attratti dall'elettrodo positivo (anodo):

All'**anodo** gli ioni negativi cedono elettroni all'elettrodo (semireazione di *ossidazione*).

Al **catodo** gli ioni positivi acquistano elettroni dall'elettrodo (semireazione di *riduzione*).

Nel conduttore metallico, circuito esterno, la carica elettrica è trasportata dagli elettroni (*conduzione elettronica*) che passano dall'anodo al catodo. Nella cella elettrolitica, circuito interno, la carica elettrica è trasportata dagli ioni (*conduzione ionica*) che passano dal catodo all'anodo. Il passaggio di **energia elettrica** nella cella fa quindi avvenire una **reazione chimica** (redox) non spontanea.

La **cella elettrolitica** è un sistema capace di trasformare l'energia elettrica in energia chimica.

La cella galvanica e la cella elettrolitica a confronto

Sintetizziamo ora e *confrontiamo* le caratteristiche di una cella galvanica (o pila) e di una cella elettrolitica, mettendo in luce gli aspetti condivisi da entrambi i sistemi e quelli per cui si distinguono (tabella **2**).

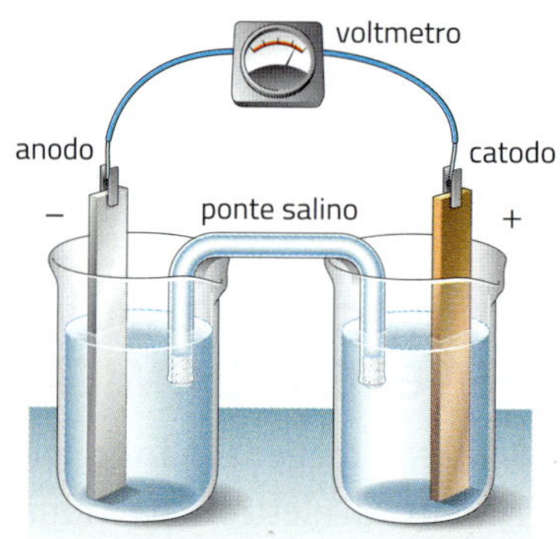

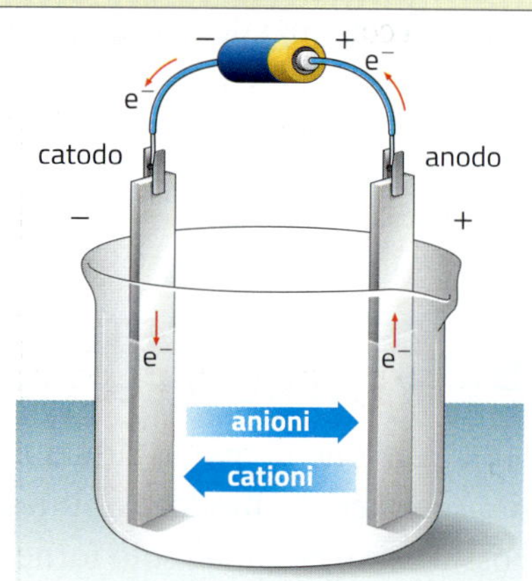

Cella galvanica	**Cella elettrolitica**
L'ossidazione avviene all'anodo	
La riduzione avviene al catodo	
I cationi migrano al catodo	
Gli anioni migrano all'anodo	
L'anodo è il polo negativo	L'anodo è il polo positivo
Il catodo è il polo positivo	Il catodo è il polo negativo
La reazione redox è spontanea	La reazione redox non è spontanea
Trasformazione di energia chimica in energia elettrica	Trasformazione di energia elettrica in energia chimica

Tabella 2 Confronto tra cella galvanica ed elettrolitica Aspetti in comune e differenze tra i due sistemi.

7 L'ELETTROLISI IN SOLUZIONE ACQUOSA ORIGINA VARI PRODOTTI

Quando si fa passare una corrente elettrica continua attraverso una soluzione elettrolitica sono possibili diverse semireazioni.

Al **catodo** le semireazioni di **riduzione** più comuni sono:

- la riduzione di un **catione monoatomico** nel corrispondente atomo metallico, che si verifica quando nella soluzione acquosa sono presenti cationi metallici di *transizione* o di *post-transizione*. Le semireazioni di riduzione dello ione rameico (metallo di transizione) e dello ione stannico (metallo di post-transizione) sono rappresentate dalla seguenti equazioni:

$$Cu^{2+}_{(aq)} + 2\,e^- \longrightarrow Cu_{(s)} \qquad Sn^{4+}_{(aq)} + 4\,e^- \longrightarrow Sn_{(s)}$$

- la riduzione di **ioni idrogeno** H^+ a molecole di idrogeno H_2, che si verifica elettrolizzando una soluzione acquosa di un *acido forte*. La riduzione dello ione H^+ è rappresentata dalla seguente semireazione:

$$2\,H^+_{(aq)} + 2\,e^- \longrightarrow H_{2(g)}$$

- la riduzione di molecole di **acqua** a molecole di idrogeno e ioni idrossido, che si verifica quando in soluzione acquosa sono presenti cationi dei metalli alcalini e alcalino-terrosi. La riduzione dell'acqua è rappresentata dalla seguente semireazione:

$$2\,H_2O_{(l)} + 2\,e^- \longrightarrow H_{2(g)} + 2\,OH^-_{(aq)}$$

La facilità con cui avviene la **riduzione al catodo** segue questo ordine:

Cationi dei metalli di transizione e post-transizione > Ioni idrogeno di acidi forti > Acqua > Cationi dei metalli alcalini e alcalino-terrosi

All'**anodo** le semireazioni di **ossidazione** più comuni sono:

- l'ossidazione di un **anione monoatomico** nella corrispondente molecola del non metallo, che si verifica per gli anioni monoatomici degli *alogeni* tranne il fluoro. L'ossidazione dello ione cloruro Cl^- è rappresentata dalla seguente semireazione:

$$2\,Cl^-_{(aq)} \longrightarrow Cl_{2(g)} + 2\,e^-$$

- l'ossidazione di **ioni idrossido** OH^- a molecole di ossigeno O_2 e acqua, che si verifica elettrolizzando soluzioni acquose di *basi forti* dei metalli alcalini e alcalino-terrosi. L'ossidazione dello ione OH^- è rappresentata dalla seguente semireazione:

$$4\,OH^-_{(aq)} \longrightarrow O_{2(g)} + 2\,H_2O_{(l)} + 4\,e^-$$

- l'ossidazione di molecole di acqua a molecole di ossigeno O_2 e ioni idrogeno H^+, che si verifica elettrolizzando soluzioni acquose di *fluoruri*, *nitrati* e *solfati*. L'ossidazione dell'acqua è rappresentata dalla seguente semireazione:

$$2\,H_2O_{(l)} \longrightarrow O_{2(g)} + 4\,H^+_{(aq)} + 4\,e^-$$

La facilità con cui avviene l'**ossidazione all'anodo** segue questo ordine:

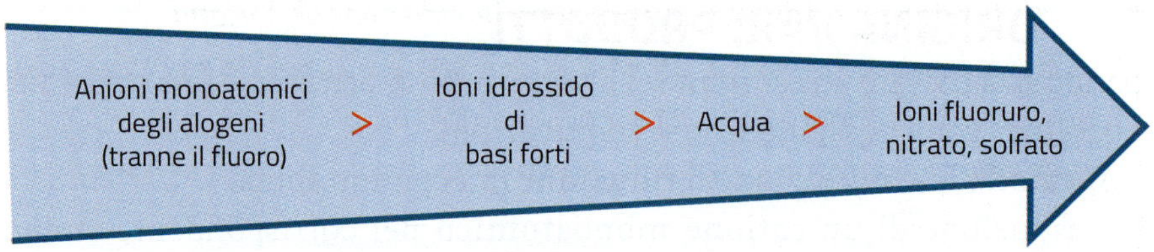

Se in una cella elettrolitica gli ioni idrogeno e gli ioni idrossido presenti derivano dalla sola autoionizzazione dell'acqua, la riduzione degli H^+ o l'ossidazione degli OH^- non si verifica, a causa della loro ridottissima concentrazione.

8 PER L'ELETTROLISI DELL'ACQUA SI DEVE AGGIUNGERE UN ELETTROLITA FORTE

TI RICORDI?

Un **elettrolita**, fuso o in soluzione, può dissociarsi in ioni completamente (in tal caso si definiste **forte**) o parzialmente (in tal caso si definisce **debole**).

L'elettrolisi dell'acqua pura non si può realizzare poiché l'acqua è un elettrolita debolissimo e quindi gli ioni che derivano dalla sua dissociazione (ioni idrogeno e ioni idrossido) sono in una concentrazione così bassa da non permettere la conduzione ionica e, di conseguenza, il passaggio di corrente elettrica.

Il problema si risolve aggiungendo all'acqua un sale, costituito da cationi metallici alcalini o alcalino-terrosi e da alcuni anioni (ione fluoruro F^-, ione nitrato NO_3^-, ione solfato SO_4^{2-}) che non si devono ossidare più facilmente dell'acqua. Il sale, dissociandosi completamente, aumenta la concentrazione degli ioni e quindi la conducibilità nella cella elettrolitica.

Prendiamo in esame una cella elettrolitica (voltmetro di Hoffmann) in cui sia presente una soluzione di solfato di sodio Na_2SO_4: si osserva che al catodo si sviluppa idrogeno e all'anodo ossigeno e, leggendo il volume dei due gas, si nota che quello dell'idrogeno è doppio di quello dell'ossigeno.

Il solfato di sodio, **elettrolita forte**, in soluzione è completamente dissociato in ioni sodio e solfato:

$$Na_2SO_{4(aq)} \longrightarrow 2\,Na^+_{(aq)} + SO^{2-}_{4(aq)}$$

L'acqua, **elettrolita debole**, è parzialmente dissociata in ioni idrogeno e idrossido:

$$H_2O_{(l)} \longrightarrow H^+_{(aq)} + OH^-_{(aq)}$$

In soluzione sono quindi presenti le seguenti specie chimiche:

- ioni sodio Na^+ e ioni idrogeno H^+ che derivano rispettivamente dalla dissociazione del solfato di sodio e dall'autoionizzazione dell'acqua;
- ioni solfato SO_4^{2-} e ioni idrossido OH^- che derivano rispettivamente dalla dissociazione del solfato di sodio e dall'autoionizzazione dell'acqua;
- molecole di acqua indissociate.

Tra i due elettrodi, collegati con un generatore di corrente continua, si stabilisce una differenza di potenziale che determina una reazione di ossido-riduzione (figura 15).

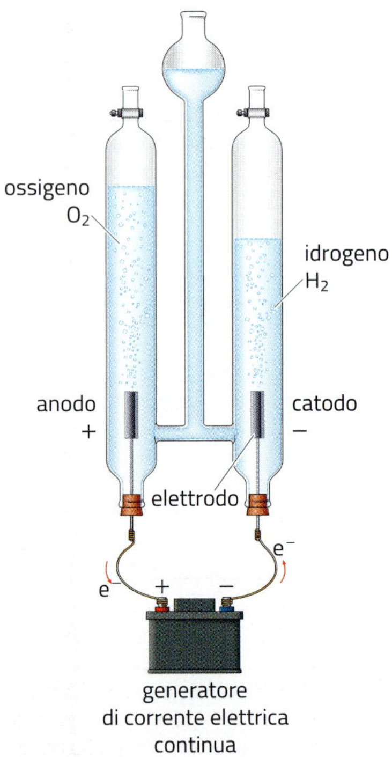

Figura 15 Voltmetro di Hoffmann Nel voltmetro è presente una soluzione di solfato di sodio: l'elettrolisi dell'acqua produce un volume di idrogeno doppio rispetto a quello dell'ossigeno.

- Le semireazioni possibili al *catodo* sono la **riduzione** degli ioni sodio, degli ioni idrogeno e dell'acqua:

$$Na^+_{(aq)} + e^- \longrightarrow Na_{(s)} \qquad 2\,H^+_{(aq)} + 2\,e^- \longrightarrow H_{2(g)}$$

$$2\,H_2O_{(l)} + 2\,e^- \longrightarrow H_{2(g)} + 2\,OH^-_{(aq)}$$

La concentrazione degli ioni idrogeno è ridottissima, gli ioni sodio hanno una bassissima tendenza a ridursi e quindi si ha la *riduzione* dell'*acqua*.

- Le semireazioni possibili all'*anodo* sono l'**ossidazione** degli ioni solfato, degli ioni idrossido e dell'acqua:

$$2\,SO_{4(aq)}^{2-} \longrightarrow S_2O_{8(aq)}^{2-} + 2\,e^- \qquad 4\,OH_{(aq)}^- \longrightarrow O_{2(g)} + 2\,H_2O_{(l)} + 4\,e^-$$

$$2\,H_2O_{(l)} \longrightarrow O_{2(g)} + 4\,H_{(aq)}^+ + 4\,e^-$$

PER CAPIRE MEGLIO
PDF *Laboratorio*
Elettrolisi in soluzione acquosa

La concentrazione degli ioni idrossido è irrilevante, gli ioni solfato hanno una bassissima tendenza a ossidarsi e quindi si ha l'*ossidazione* dell'*acqua*.

- Le **semireazioni** al catodo e all'anodo sono quindi le seguenti:

$$\text{catodo} \quad 2\,H_2O_{(l)} + 2\,e^- \longrightarrow H_{2(g)} + 2\,OH_{(aq)}^-$$

$$\text{anodo} \quad 2\,H_2O_{(l)} \longrightarrow O_{2(g)} + 4\,H_{(aq)}^+ + 4\,e^-$$

Per rendere uguale il numero degli elettroni, ceduti e acquistati, l'equazione della semireazione catodica deve essere moltiplicata per due:

$$\text{catodo} \quad 4\,H_2O_{(l)} + 4\,e^- \longrightarrow 2\,H_{2(g)} + 4\,OH_{(aq)}^-$$

$$\text{anodo} \quad 2\,H_2O_{(l)} \longrightarrow O_{2(g)} + 4\,H_{(aq)}^+ + 4\,e^-$$

La reazione complessiva è rappresentata dalla seguente equazione:

$$4\,H_2O_{(l)} + 4\,e^- + 2\,H_2O_{(l)} \longrightarrow 2\,H_{2(g)} + 4\,OH_{(aq)}^- + O_{2(g)} + 4\,H_{(aq)}^+ + 4\,e^-$$

I quattro ioni idrogeno H^+ e i quattro ioni idrossido OH^- presenti tra i prodotti della reazione si neutralizzano a formare acqua:

$$4\,H_{(aq)}^+ + 4\,OH_{(aq)}^- \longrightarrow 4\,H_2O_{(l)}$$

Di conseguenza la reazione complessiva si rappresenta nella forma:

$$6\,H_2O_{(l)} \longrightarrow 2\,H_{2(g)} + O_{2(g)} + 4\,H_2O_{(l)}$$

Tra i reagenti sono presenti sei molecole di acqua, tra i prodotti quattro e quindi l'equazione definitiva assume la forma:

$$2\,H_2O_{(l)} \longrightarrow 2\,H_{2(g)} + O_{2(g)}$$

TI RICORDI?

Secondo la legge di Avogadro, una mole di gas diversi occupa lo stesso volume, detto **volume molare**, se le condizioni di pressione e temperatura sono le stesse. Per un gas ideale il volume molare è dato dalla relazione:

$$\frac{V}{n} = \frac{R \cdot T}{p}$$

In condizioni standard una mole di gas occupa un volume di 22,4 L. L'elettrolisi dell'acqua produce un numero di moli e quindi un volume di idrogeno doppio rispetto a quello dell'ossigeno.

Nell'elettrolisi di una soluzione acquosa di un sale (Na_2SO_4), in corrispondenza dei due elettrodi l'acqua si riduce e si ossida, sviluppando idrogeno al catodo e ossigeno all'anodo: è avvenuta l'**elettrolisi dell'acqua**.

L'elettrolisi dell'acqua può avvenire anche:

- con soluzioni diluite di **basi forti** (elementi alcalini e alcalino-terrosi); al catodo si ha la *riduzione dell'acqua* con sviluppo di **idrogeno** e produzione di ioni idrossido OH^-, mentre all'anodo si ha l'*ossidazione degli ioni idrossido* OH^- con sviluppo di **ossigeno**;
- con soluzioni diluite di alcuni **acidi** (HF, HNO_3, H_2SO_4) i cui anioni (F^-, NO_3^-, SO_4^{2-}) non si devono ossidare più facilmente dell'acqua; al catodo si ha la *riduzione degli ioni idrogeno* H^+ con sviluppo di **idrogeno** H_2 mentre all'anodo si ha l'*ossidazione dell'acqua* con sviluppo di **ossigeno** O_2 e formazione di ioni idrogeno.

LE PAROLE

Il termine **elettrolisi** (dal greco *elektron*, «ambra», e *lisis*, «dissoluzione») indica la decomposizione di un elettrolita quando una soluzione elettrolitica è attraversata da corrente elettrica.

9 LE LEGGI DI FARADAY: RELAZIONE TRA LE QUANTITÀ DI CORRENTE E DI SOSTANZA NELLA CELLA ELETTROLITICA

Figura 16 Michael Faraday (1791-1867) Con le sue scoperte Faraday contribuì al progresso dell'elettrochimica e dell'elettromagnetismo.

PER SAPERNE DI PIÙ
PDF *La storia della chimica*
Michael Faraday

Tra la *quantità di corrente elettrica* che passa in una cella elettrolitica e la *quantità di sostanza* che si deposita o si sviluppa agli elettrodi intercorrono **relazioni quantitative**. Queste relazioni sono state formulate dal fisico inglese Michael Faraday nel 1833 (figura **16**).

La prima legge di Faraday

La corrente elettrica è un flusso di elettroni e in ogni semireazione redox è coinvolto un numero di elettroni definito e costante; pertanto si deve ammettere che esista una relazione, espressa dalla **prima legge di Faraday**, tra la quantità di carica elettrica che attraversa la cella e la quantità di sostanza prodotta in corrispondenza dei due elettrodi.

Durante l'elettrolisi la quantità di sostanza che si deposita o si sviluppa a un elettrodo è direttamente proporzionale alla quantità di corrente elettrica che passa nella cella elettrolitica.

Nell'elettrolisi di una soluzione acquosa contenente ioni argento Ag^+, al catodo si ha la riduzione dello ione argento ad argento metallico Ag secondo la seguente semireazione:

$$Ag^+_{(aq)} + e^- \longrightarrow Ag_{(s)}$$

Se la cella è attraversata da un solo elettrone si ha la deposizione al catodo di un solo atomo di argento, ma se la cella è attraversata da un numero di Avogadro ($N_A = 6{,}022 \cdot 10^{23}$) di elettroni (corrispondente a una mole di elettroni) si ha la deposizione di una mole di argento (107,8 g).

La quantità di corrente elettrica che corrisponde a un numero di Avogadro di elettroni si chiama **faraday** (simbolo **F**).

La carica dell'elettrone è uguale a $1{,}6 \cdot 10^{-19}$ coulomb (simbolo **C**) e quindi il valore di 1 faraday corrisponde a 96 485 C/mol.

$$1\ F = (1{,}6 \cdot 10^{-19}\ C) \cdot (6{,}022 \cdot 10^{23}\ mol^{-1}) = 96\,485\ C/mol$$

Tuttavia, nei calcoli, il valore di 1 faraday usato generalmente è 96 500 C/mol. Per il calcolo della quantità di sostanza che si deposita o si sviluppa a un elettrodo si deve determinare la quantità di carica elettrica che passa nella cella elettrolitica.

La quantità di carica elettrica è definita dall'intensità della corrente elettrica che passa nella cella e dal tempo in cui si fa passare la corrente.

La **quantità** di corrente elettrica (simbolo Q) corrisponde al prodotto tra l'**intensità** della corrente elettrica (simbolo i) e il **tempo** (simbolo t).

$$Q = i \cdot t$$

Nella precedente relazione:

- la quantità di corrente elettrica è espressa in coulomb (simbolo **C**);
- l'intensità di corrente è espressa in ampere (simbolo **A**);
- il tempo è espresso in secondi (simbolo **s**).

Se prendiamo in esame le unità di misura di queste grandezze, la relazione diventa:

$$\text{numero di coulomb} = \text{numero di ampere} \cdot \text{numero di secondi}$$

$$C = A \cdot s$$

In una cella elettrolitica in cui passa una corrente di 1 A per il tempo di un'ora (3600 s), la quantità di corrente Q che attraversa la cella è uguale a 3600 C:

$$Q = 1\ \text{A} \cdot 3600\ \text{s} = 3600\ \text{C}$$

La seconda legge di Faraday

Prendiamo ora in esame tre celle elettrolitiche contenenti rispettivamente una soluzione di uno ione con una carica (Ag^+), di uno ione con due cariche (Cu^{2+}) e di uno ione con tre cariche (Al^{3+}).

Nella prima cella per un atomo di argento che si deposita al catodo occorre un elettrone, nella seconda cella per un atomo di rame che si deposita occorrono due elettroni, mentre nella terza cella per un atomo di alluminio che si deposita occorrono tre elettroni:

$$Ag^+_{(aq)} + e^- \longrightarrow Ag_{(s)}$$

$$Cu^{2+}_{(aq)} + 2\ e^- \longrightarrow Cu_{(s)}$$

$$Al^{3+}_{(aq)} + 3\ e^- \longrightarrow Al_{(s)}$$

Ne consegue che al passaggio di 1 faraday nella prima cella si deposita una quantità di sostanza corrispondente a *una* mole, nella seconda una quantità di sostanza uguale a *mezza* mole e nella terza una quantità di sostanza uguale a *un terzo* di mole (**figura 17**).

Una mole di uno ione con una carica, **mezza mole** di uno ione con due cariche e **un terzo di mole** di uno ione con tre cariche sono uguali a un **equivalente**.

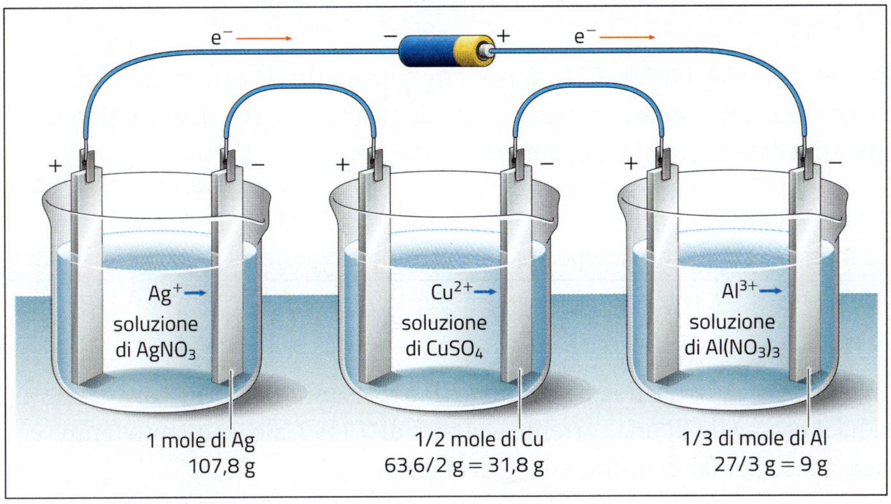

Figura 17 La massa equivalente Il passaggio di 1 faraday di corrente elettrica provoca la deposizione di quantità di sostanze che corrispondono alla massa equivalente.

La relazione tra la massa di un equivalente espressa in grammi (*massa equivalente*) e il passaggio di 1 faraday è espressa dalla *seconda legge di Faraday*.

Il passaggio in una soluzione elettrolitica di 1 faraday (96 500 C) fa depositare o sviluppare a entrambi gli elettrodi quantità di sostanze che corrispondono alle **masse equivalenti**.

In altri termini, il passaggio di 1 F determina la deposizione al catodo di 107,8 g di argento (M = 107,8 g/mol), 31,8 g di rame (M = 63,6 g/mol) e 9 g di alluminio (M = 27 g/mol).

PROBLEMA MODELLO

Calcolare i grammi di sostanza prodotti al catodo di una cella elettrolitica

In una cella elettrolitica che contiene una soluzione di solfato rameico ($CuSO_4$), passa una corrente elettrica di 1,2 A per il tempo di 80 minuti. Calcola quanti grammi di rame si depositano al catodo.

L'IDEA

Si rappresenta la semireazione di riduzione al catodo per definire il numero di elettroni (n) coinvolti nella semireazione.
Calcoliamo la massa equivalente del rame e la corrente elettrica che attraversa la cella.

LA SOLUZIONE

Rappresentiamo la semireazione di riduzione al catodo per definire il numero di elettroni (n) coinvolti nella semireazione:

$$Cu^{2+}_{(aq)} + 2\,e^- \longrightarrow Cu_{(s)} \quad n = 2$$

Calcoliamo la massa equivalente m_{eq} del rame (M = 63,54 g/mol) con la relazione:

$$m_{eq} = \frac{M\ (\text{g/mol})}{\text{n. e}^-\ (\text{eq/mol})} = \frac{63,54\ \text{g/mol}}{2\ \text{eq/mol}} = 31,77\ \text{g/eq}$$

Calcoliamo la quantità di corrente elettrica Q che passa attraverso la cella esprimendo il tempo in secondi (t = 4800 s):

$$Q = i \cdot t = 1,2\ \text{A} \cdot 4800\ \text{s} = 5760\ \text{C}$$

LA CONCLUSIONE

Poiché 1 faraday (96 500 C) fa depositare a un elettrodo una quantità di rame che corrisponde alla massa equivalente (31,77 g/eq), determiniamo la quantità di rame con la seguente relazione:

$$96\,500 : 31,77 = 5760 : m_{(Cu)}$$

La massa di rame che si deposita all'elettrodo è uguale a 1,9 g:

$$m_{Cu} = 31,77 \cdot \frac{5760}{96\,500} = 1,89\ \text{g}$$

PROBLEMA SIMILE

In una cella elettrolitica che contiene una soluzione di cloruro di argento si ha il passaggio di una corrente elettrica di 0,7 A. Calcola quanto tempo è necessario per far depositare 2,4 g di argento.

PER SAPERNE DI PIÙ

Applicazioni industriali dell'elettrolisi

I processi elettrolitici trovano importanti applicazioni industriali: la preparazione di molti elementi chimici (*elettrolisi di elettroliti fusi*), il rivestimento di oggetti metallici facilmente ossidabili (*galvanostegia*), la raffinazione elettrolitica di metalli.

Elettrolisi di elettroliti fusi

I composti ionici (ossidi basici e sali) a temperatura ambiente sono dei solidi costituiti da ioni positivi e ioni negativi. Gli ioni sono legati fortemente dal legame ionico e di conseguenza la forza di attrazione elettrostatica che si stabilisce tra gli ioni non permette a questi ultimi di migrare verso gli elettrodi della cella elettrolitica.

Prendiamo in esame una cella elettrolitica in cui sia presente un composto ionico, il cloruro di sodio NaCl, allo stato solido, costituito da ioni sodio Na^+ e ioni cloruro Cl^- legati fortemente dal legame ionico.

Se portiamo a fusione il solido ($t_f = 800$ °C), il legame ionico si indebolisce e gli ioni sodio e cloruro, sotto l'azione della differenza di potenziale determinata da un generatore di corrente continua, sono liberi di muoversi verso gli elettrodi di grafite, dove avvengono le semireazioni di riduzione e di ossidazione (figura **A**). In un composto ionico fuso le uniche specie chimiche presenti sono gli ioni che lo costituiscono:

- al **catodo** la semireazione di riduzione porta alla formazione di sodio metallico allo stato liquido

$$2\,Na^+_{(l)} + e^- \longrightarrow Na_{(l)}$$

- all'**anodo** la semireazione di ossidazione porta alla formazione di cloro gassoso

$$2\,Cl^-_{(l)} \longrightarrow Cl_{2(g)} + 2\,e^-$$

Per rendere uguali il numero di elettroni ceduti e acquistati, l'equazione della semireazione catodica deve essere moltiplicata per due. La reazione redox complessiva è quindi la seguente:

$$2\,Na^+_{(l)} + 2\,Cl^-_{(l)} \longrightarrow 2\,Na_{(l)} + Cl_{2(g)}$$

Galvanostegia

La galvanostegia è un procedimento mediante il quale un metallo facilmente ossidabile è ricoperto da un altro metallo.

Questo processo ha il fine di proteggere l'oggetto dalla corrosione (zincatura, cromatura), oppure di renderlo più pregiato (argentatura, doratura).

L'oggetto da ricoprire funziona da catodo ed è immerso in una cella elettrolitica, costituita da un elettrodo e da una soluzione elettrolitica. L'elettrodo è di un metallo di cui si vuole ricoprire l'oggetto; la soluzione contiene un sale formato dagli stessi ioni positivi del metallo.

Ammettiamo di voler ricoprire una moneta metallica (catodo) con argento. Introduciamo nella cella elettrolitica una lamina di argento e una soluzione contenente ioni argento Ag^+.

Tra l'elettrodo e la moneta, collegati con un generatore di corrente continua, si stabilisce una differenza di potenziale che determina una reazione di ossido-riduzione:

- all'**anodo** gli atomi di argento della lamina si ossidano a ioni argento Ag^+, che vanno in soluzione:

$$Ag_{(s)} \longrightarrow Ag^+_{(aq)} + e^-$$

- al **catodo** gli ioni argento Ag^+ si riducono ad argento metallico:

$$Ag^+_{(aq)} + e^- \longrightarrow Ag_{(s)}$$

Se l'oggetto da ricoprire *non è metallico* (terracotta) e quindi non è conduttore, si può renderlo conduttore in superficie trattandolo con una vernice apposita (polvere di grafite) che conduca la corrente elettrica: il procedimento è detto di *galvanoplastica* (figura **B**).

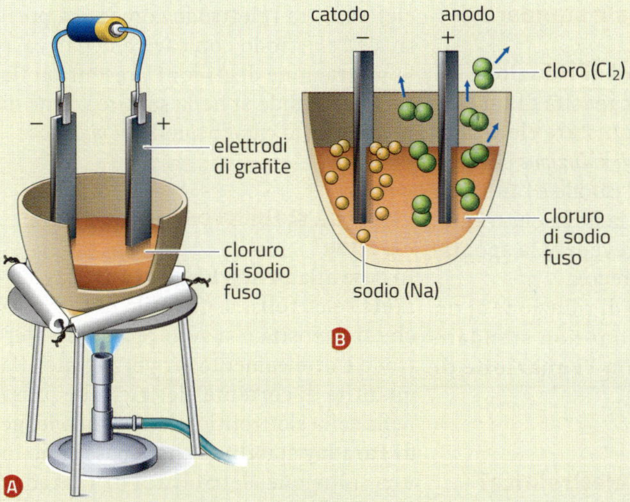

Figura A Elettrolisi del cloruro di sodio allo stato fuso A Passaggio di corrente elettrica nel cloruro di sodio fuso. B Al catodo si deposita sodio metallico, all'anodo si sviluppa cloro gassoso.

Figura B Rivestimento di un oggetto non metallico Le statuette del premio Oscar vengono sottoposte a un processo di galvanoplastica.

La raffinazione elettrolitica dei metalli

La raffinazione elettrolitica è un procedimento che permette di ottenere metalli allo stato purissimo.

Il processo è realizzato in una cella elettrolitica i cui elettrodi sono costituiti da una lamina del metallo da purificare (*anodo*) e da una lamina dello stesso metallo puro (*catodo*).

Nella soluzione elettrolitica è presente un sale costituito da cationi del metallo da purificare. Tra le due lamine, collegate da un generatore di corrente continua, si stabilisce una differenza di potenziale che determina una reazione di ossido-riduzione.

All'**anodo** gli atomi del metallo non puro si ossidano sotto forma di cationi che vanno in soluzione. Al **catodo** i cationi si riducono sotto forma di atomi metallici depositandosi sulla lamina del metallo puro. Le impurezze presenti sulla lamina che si comporta da anodo:

- se non sono solubili in acqua, si depositano sul fondo della cella elettrolitica a costituire i *fanghi anodici*;
- se sono solubili, rimangono in soluzione senza partecipare alla reazione catodica.

Il rame che si ottiene industrialmente per *riduzione* dai suoi minerali contiene delle impurezze. Il rame utilizzato per i conduttori elettrici deve essere purissimo, perché le impurezze diminuiscono notevolmente la conducibilità elettrica.

La purificazione del rame è realizzata con il procedimento della raffinazione elettrolitica. Il rame non puro è ridotto in lamine che costituiscono l'anodo della cella elettrolitica, mentre le lamine di rame puro rappresentano il catodo della cella. Le due lamine (elettrodi), collegate a un generatore di corrente continua, sono immerse in una soluzione elettrolitica di solfato di rame(II) (formula $CuSO_4$).

All'anodo si ha l'ossidazione, per cui gli atomi di rame si allontanano dalla lamina sotto forma di ioni rame(II) che vanno in soluzione:

$$Cu_{(s)} \longrightarrow Cu^{2+}_{(aq)} + 2\,e^-$$

Al catodo gli ioni rame (II) della soluzione si riducono sotto forma di atomi metallici che si depositano sulla lamina:

$$Cu^{2+}_{(aq)} + 2\,e^- \longrightarrow Cu_{(s)}$$

Le impurezze (ferro, argento, oro) si depositano sul fondo come fanghi anodici.

FACCIAMO IL PUNTO

LO SAI? RIPASSA CON LO SMARTPHONE

Che cos'è una pila?

Una **pila** o cella galvanica è un sistema capace di trasformare energia chimica in energia elettrica mediante una redox spontanea. Una pila è formata da due *semielementi* collegati con un ponte salino, ciascuno costituito da una lamina metallica (**elettrodo**) e da una soluzione di un sale contenente ioni dello stesso metallo. Esistono pile *irreversibili* (pila Daniell, pile alcaline e pile a bottone) e *reversibili* (accumulatori).

Come funziona la pila Daniell?

Nella pila Daniell i due semielementi sono costituiti da una lamina di zinco immersa parzialmente in una soluzione di solfato di zinco, e da una lamina di rame immersa parzialmente in una soluzione di solfato di rame. L'elettrodo dove si verifica la semireazione di ossidazione costituisce l'**anodo** (polo negativo della pila), quello dove si verifica la semireazione di riduzione costituisce il **catodo** (polo positivo della pila).

Che cos'è il potenziale standard di riduzione?

Il **potenziale standard di riduzione** è il valore che misura la capacità di un elettrodo a ridursi (ad acquistare elettroni). I valori dei *potenziali di riduzione* permettono di determinare il catodo e l'anodo di una pila, di calcolare la forza elettromotrice standard e di prevedere la spontaneità di una reazione redox.
I valori dei potenziali di riduzione di un elettrodo in condizioni non standard vengono calcolati con l'**equazione di Nernst**.

Che cos'è una cella elettrolitica?

Una **cella elettrolitica** è un sistema in cui il passaggio di corrente elettrica, proveniente da un generatore di corrente continua attraverso una soluzione elettrolitica o un elettrolita fuso, innesca una *reazione redox non spontanea*. Tra i due elettrodi si crea una differenza di potenziale che permette il passaggio di elettroni tra l'elettrodo con carica positiva e l'elettrodo con carica negativa, e la migrazione degli ioni presenti nella cella: all'anodo si ha la semireazione di *ossidazione*, al catodo quella di *riduzione*.

Che cosa stabiliscono le leggi di Faraday?

In base alla **prima legge di Faraday**, durante l'elettrolisi la quantità di sostanza che si deposita o si sviluppa ad un elettrodo è direttamente proporzionale alla quantità di corrente elettrica che passa nella cella elettrolitica. La **seconda legge di Faraday** stabilisce che il passaggio in una soluzione elettrolitica di 1 faraday (96 500 C) fa depositare o sviluppare ad entrambi gli elettrodi quantità di sostanza che corrispondono alle *masse equivalenti*.

23 ESERCIZI

VERIFICA LE TUE CONOSCENZE

LA PILA O CELLA GALVANICA

1 **Descrivi la composizione di una coppia di semielementi o semicelle in una cella galvanica.**

2 **Descrivi la funzione del ponte salino in una cella galvanica.**

3 **In una cella galvanica avviene la seguente reazione redox:**

$$2\ Al_{(s)} + 3\ Sn^{2+}_{(aq)} \longrightarrow 2\ Al^{3+}_{(aq)} + 3\ Sn_{(s)}$$

Rappresenta le semireazioni di ossidazione e di riduzione e stabilisci l'anodo e il catodo.

4 **Una pila ha il seguente diagramma di cella:**

$$Mg_{(s)}/Mg^{2+}_{(aq)}\ //\ Sn^{2+}_{(aq)}/Sn$$

Rappresenta la relazione che esprime la forza elettromotrice.

5 **Una pila è un sistema in cui avviene**

Ⓐ una reazione di ossido-riduzione spontanea.
Ⓑ una riduzione all'anodo e un'ossidazione al catodo.
Ⓒ una reazione esotermica.
Ⓓ una reazione di ossido-riduzione non spontanea.

6 **Stabilisci da quale fattore non dipende la forza elettromotrice della pila:**

$$Pt_{(s)}/H_{2(g)}/H^{+}_{(aq)}/(1\ bar)\ //\ Cu^{2+}_{(aq)}/Cu_{(s)}$$

Ⓐ Temperatura
Ⓑ Concentrazione di ioni idrogeno $H^{+}_{(aq)}$
Ⓒ Concentrazione di ioni rame(II) $Cu^{2+}_{(aq)}$
Ⓓ Volume di idrogeno $H_{2(g)}$

IL POTENZIALE STANDARD DI RIDUZIONE

7 **Per determinare il potenziale di un singolo elettrodo si fa riferimento all'elettrodo a idrogeno. Analizza la sua composizione.**

8 **Rappresenta la reazione redox che si verifica quando una lamina di ferro è immersa parzialmente in una soluzione di HCl.**

9 **In un sistema costituito da una lamina d'argento immersa parzialmente in una soluzione di ioni Sn^{2+} non avviene nessuna reazione. Perché?**

10 **La *f.e.m.*° della cella galvanica argento-rame è uguale a 0,46 V. Noto il potenziale standard del rame ($E^{\circ}_{Cu^{2+}/Cu} = 0{,}34$ V), calcola il potenziale standard dell'argento.**

11 **L'esame dei valori dei potenziali di riduzione standard permette di affermare che la reazione**

$$2\ Ag_{(s)} + Zn^{2+}_{(aq)} \longrightarrow 2\ Ag^{+}_{(aq)} + Zn_{(s)}$$

Ⓐ è spontanea nel senso indicato dalla freccia.
Ⓑ è spontanea nel senso opposto alla freccia.
Ⓒ non avviene.
Ⓓ può avvenire in entrambi i sensi.

12 **Una soluzione di HF si trova in un contenitore di rame. Considerando i potenziali standard dell'idrogeno e del rame, che cosa accade?**

Ⓐ Si sviluppa idrogeno.
Ⓑ Il rame si ossida.
Ⓒ La soluzione rimane inalterata.
Ⓓ Si forma fluoro allo stato di gas.

13 **Rappresenta il diagramma di cella per le seguenti coppie di semielementi:**

a. $Ni^{2+}_{(aq)}/Ni_{(s)}$ e $Cu^{+}_{(aq)}/Cu_{(s)}$
b. $Fe^{2+}_{(aq)}/Fe_{(s)}$ e $Mg^{2+}_{(aq)}/Mg_{(s)}$
c. $Cl_{2(g)}/Cl^{-}_{(aq)}/Pt_{(s)}$ e $I_{2(s)}/I^{-}_{(aq)}$

14 **Calcola la *f.e.m.*° delle pile rappresentate dai seguenti diagrammi di cella:**

a. $Sn_{(s)}/Sn^{2+}_{(aq)}\ //\ Ag^{+}_{(aq)}/Ag_{(s)}$
b. $Al_{(s)}/Al^{3+}_{(aq)}\ //\ Cr^{3+}_{(aq)}/Cr_{(s)}$
c. $Mg_{(s)}/Mg^{2+}_{(aq)}\ //\ Cu^{+}_{(aq)}/Cu_{(s)}$
d. $Zn_{(s)}/Zn^{2+}_{(aq)}\ //\ Ag^{+}_{(aq)}/Ag_{(s)}$

L'EQUAZIONE DI NERNST

15 **Perché nell'equazione di Nerst i valori delle concentrazioni di un solido o di un liquido non sono presenti?**

16 **Rappresenta l'equazione di Nerst per il calcolo del potenziale di cella, precisa il significato dei simboli e le relative unità di misura.**

17 **Indica l'equazione di Nerst per il calcolo del potenziale di riduzione dell'elettrodo di alluminio $E_{Al^{3+}/Al}$.**

LA CELLA ELETTROLITICA

18 **Analizza la modalità di conduzione delle cariche elettriche all'esterno e all'interno del circuito di una cella elettrolitica.**

19 **Prendi in esame una cella galvanica e una cella elettrolitica e precisa gli aspetti in comune e le differenze tra i due processi elettrochimici.**

20 **Disegna una cella elettrolitica, contrassegna l'anodo e il catodo e indica la direzione degli elettroni nel circuito esterno e degli ioni nel circuito interno.**

21 **Indica l'affermazione *errata*.**
In una cella elettrolitica
Ⓐ l'anodo è il polo positivo.
Ⓑ la semireazione di ossidazione avviene all'anodo.
Ⓒ la semireazione di riduzione avviene al catodo.
Ⓓ gli anioni migrano al catodo.

I PRODOTTI DELL'ELETTROLISI IN SOLUZIONE ACQUOSA

22 **Durante l'elettrolisi di una soluzione di idrossido di zinco, in corrispondenza dell'anodo la soluzione diventa acida. Perché?**

23 **Elettrolizzando una soluzione di ioduro di litio, in corrispondenza del catodo la soluzione diventa basica. Fornisci una spiegazione.**

24 **Sottoponendo a elettrolisi una soluzione molto diluita di idrossido di calcio, in corrispondenza degli elettrodi si sviluppano idrogeno e ossigeno. In quale rapporto di volume si liberano i due gas? Motiva la tua risposta.**

25 **Rappresenta le semireazioni di riduzione e di ossidazione dell'acqua in una cella elettrolitica.**

26 **L'ossidazione di ioni idrossido a molecole di ossigeno e di acqua si verifica elettrolizzando una soluzione di:**
Ⓐ $Cu(OH)_{2(aq)}$
Ⓑ $NaOH_{(aq)}$
Ⓒ $Sn(OH)_{2(aq)}$
Ⓓ $AgOH_{(aq)}$

27 **La riduzione di ioni idrogeno a molecole di idrogeno si verifica elettrolizzando una soluzione di:**
Ⓐ $HNO_{3(aq)}$
Ⓑ $HClO_{2(aq)}$
Ⓒ $HClO_{(aq)}$
Ⓓ $HNO_{2(aq)}$

LE LEGGI DELL'ELETTROLISI

28 **Calcola quanti coulomb attraversano una cella elettrolitica applicando una corrente di:**
a. 4 A per un tempo di 600 s;
b. 10 A per un tempo di 20 min;
c. 1,5 A per un tempo di 6 h.

29 **Calcola quante moli di elettroni occorrono per ridurre:**
a. 1,0 moli di ioni Fe^{2+} ad atomi di ferro;
b. 1,5 moli di ioni Fe^{3+} a ioni Fe^{2+};
c. 2,0 moli di ioni Fe^{3+} ad atomi di ferro.

30 **Quante moli di elettroni occorrono per ossidare 0,7 moli di ioni Cl^- a molecole di cloro?**
Ⓐ 0,7 Ⓑ 1,4 Ⓒ 0,35 Ⓓ 2,0

31 **In una cella elettrolitica passano $6{,}0 \cdot 10^{22}$ elettroni. Calcola il numero dei seguenti ioni che possono essere ridotti:**
a. ioni Ca^{2+};
b. ioni Cu^+;
c. ioni Al^{3+}.

32 **Quanti coulomb occorrono per ridurre 0,2 moli di ioni Mn^{3+} ad atomi di manganese?**
Ⓐ 19 300
Ⓑ 6 433
Ⓒ 57 900
Ⓓ 96 500

33 **Una cella elettrolitica è attraversata da una corrente da 7 A per un tempo di 4 ore e 30 minuti. Il numero di faraday che passa nella cella è uguale a:**
Ⓐ 1,17
Ⓑ 7,21
Ⓒ 2,34
Ⓓ 11,7

VERIFICA LE TUE ABILITÀ

34 **Rappresenta l'equazione redox bilanciata per le celle galvaniche descritte dai seguenti diagrammi di cella:**
a. $Al_{(s)}/Al^{3+}_{(aq)} // Zn^{2+}_{(aq)}/Zn$
b. $Sn_{(s)}/Sn^{2+}_{(aq)} // O_{2(g)}/H_2O_{(l)}/Pt_{(s)}$
c. $Br^-_{(aq)}/Br_{2(g)} // I_{2(s)}/I^-_{(aq)}$

35 **Rappresenta il diagramma di cella per le pile che funzionano in seguito alle seguenti reazioni redox:**
a. $2\,H^+_{(aq)} + Pb_{(s)} \longrightarrow Pb^{2+}_{(s)} + H_{2(g)}$
b. $2\,Al_{(s)} + 3\,Ni^{2+}_{(aq)} \longrightarrow 3\,Ni_{(s)} + 2\,Al^{3+}_{(aq)}$
c. $Pb^{2+}_{(aq)} + 2\,Li_{(s)} \longrightarrow 2\,Li^+_{(aq)} + Pd_{(s)}$

36 **Considera il seguente diagramma di cella e indica l'affermazione *errata*.**

$Cu/Cu^{2+}(1\ M)//Fe^{3+}(1\ M), Fe^{2+}(1\ M)/Pt$

Ⓐ Gli elettroni passano dal rame al platino nel circuito esterno.
Ⓑ I cationi migrano dal platino verso il rame nella soluzione.
Ⓒ Il rame si ossida e lo ione ferro(III) si riduce.
Ⓓ Uno dei due metalli non prende parte alla reazione.

37 **Calcola la *f.e.m.*° delle pile che funzionano in seguito alle seguenti reazioni redox:**

a. $Fe_{(s)} + Br_{2(l)} \longrightarrow Fe^{2+}_{(aq)} + 2\ Br^{-}_{(aq)}$
b. $2\ Cr_{(s)} + 3\ Co^{2+}_{(aq)} \longrightarrow 2\ Cr^{3+}_{(aq)} + 3\ Co_{(s)}$
c. $Sn_{(s)} + Cl_{2(g)} \longrightarrow Sn^{2+}_{(aq)} + 2\ Cl^{-}_{(aq)}$

38 **Verifica se le seguenti reazioni redox procedono spontaneamente nel verso indicato oppure nella direzione opposta:**

a. $2\ Al^{3+}_{(aq)} + 3\ Fe_{(s)} \longrightarrow 3\ Fe^{2+}_{(aq)} + 2\ Al_{(s)}$
b. $2\ Mn^{2+}_{(aq)} + 5\ Sn^{4+}_{(aq)} + 8\ H_2O_{(l)} \longrightarrow$
$\longrightarrow 2\ MnO^{-}_{4(aq)} + 5\ Sn^{2+}_{(aq)} + 16\ H^{+}_{(aq)}$
c. $3\ S_{(s)} + 2\ Cr^{3+}_{(aq)} + 7\ H_2O_{(l)} \longrightarrow$
$\longrightarrow Cr_2O^{2-}_{7(aq)} + 3\ H_2S_{(g)} + 8\ H^{+}_{(aq)}$
d. $Cd^{2+}_{(aq)} + Cu_{(s)} \longrightarrow Cu^{2+}_{(aq)} + Cd_{(s)}$
e. $F_{2(g)} + 2\ Cl^{-}_{(aq)} \longrightarrow 2\ F^{-}_{(aq)} + Cl_{2(g)}$
f. $3\ Ca_{(s)} + 2\ Fe^{3+}_{(aq)} \longrightarrow 3\ Ca^{2+}_{(aq)} + Fe_{(s)}$

39 **Nella realizzazione di una pila in condizioni standard, disponi di una semipila catodica costituita dalla coppia $Ag^{+}_{(aq)}/Ag_{(s)}$. Per ottenere la maggior forza elettromotrice, quale delle seguenti coppie di semielementi può funzionare da semipila anodica?**

Ⓐ $Pb^{2+}_{(aq)}/Pb_{(s)}$
Ⓑ $Sn^{2+}_{(aq)}/Sn_{(s)}$
Ⓒ $Cu^{2+}_{(aq)}/Cu_{(s)}$
Ⓓ $Zn^{2+}_{(aq)}/Zn_{(s)}$

40 **Stabilisci quale delle seguenti reazioni non procede spontaneamente nel verso indicato:**

Ⓐ $Cu^{2+}_{(aq)} + Zn_{(s)} \longrightarrow Cu_{(s)} + Zn^{2+}_{(aq)}$
Ⓑ $Cu^{2+}_{(aq)} + Fe_{(s)} \longrightarrow Fe^{2+}_{(aq)} + Cu_{(s)}$
Ⓒ $Pb^{2+}_{(aq)} + Zn_{(s)} \longrightarrow Pb_{(s)} + Zn^{2+}_{(aq)}$
Ⓓ $Cl_{2(g)} + 2\ F^{-}_{(aq)} \longrightarrow F_{2(g)} + 2\ Cl^{-}_{(aq)}$

41 **Un elettrodo di rame è immerso in una soluzione 0,1 M di ioni Cu^{2+} alla temperatura di 35 °C. Calcola il valore del potenziale di riduzione.**

42 **Un elettrodo di zinco è immerso in una soluzione 2 M di ioni Zn^{2+} alla temperatura di 25 °C. Calcola il valore del potenziale di riduzione.**

43 **Calcola, alla temperatura di 18 °C, il potenziale di cella rappresentato dal seguente diagramma di cella:**

$Al_{(s)}/Al^{3+}_{(aq)}\ (1 \cdot 10^{-3}\ M)//Pb^{2+}_{(aq)}\ (1 \cdot 10^{-1}\ M)/Pb_{(s)}$

44 **Calcola, alla temperatura di 15 °C, il potenziale di cella rappresentato dal seguente diagramma di cella:**

$Sn_{(s)}/Sn^{2+}_{(aq)}\ (1 \cdot 10^{-3}\ M)\ //\ Cu^{2+}_{(aq)}\ (10\ M)/Cu_{(s)}$

45 **La *f.e.m.* di una pila**

$Zn_{(s)}/Zn^{2+}_{(aq)}\ //\ Ag^{+}_{(aq)}/Ag_{(s)}$

è molto minore di 1,55 V, valore delle *f.e.m.*° standard. Questa differenza dipende dalla concentrazione

Ⓐ di $[Ag^+]$ e $[Zn^{2+}]$ minori di 1 M.
Ⓑ di $[Ag^+]$ maggiore di 1 M e di $[Zn^{2+}]$ minore di 1 M.
Ⓒ di $[Ag^+]$ minore di 1 M e di $[Zn^{2+}]$ maggiore di 1 M.
Ⓓ di $[Ag^+]$ e $[Zn^{2+}]$ maggiori di 1 M.

46 **Stabilisci quali prodotti si formano all'anodo e al catodo per elettrolisi delle seguenti soluzioni acquose:**

a. $H_2SO_{4(aq)}$
b. $KOH_{(aq)}$
c. $ZnI_{2(aq)}$
d. $HI_{(aq)}$
e. $CuOH_{(aq)}$
f. $Cu(NO_3)_{2(aq)}$

47 **Rappresenta le semireazioni catodica e anodica e la reazione redox complessiva che si verificano elettrolizzando le seguenti soluzioni:**

a. $HNO_{3(aq)}$
b. $LiF_{(aq)}$
c. $NaOH_{(aq)}$
d. $HBr_{(aq)}$
e. $Zn(OH)_{2(aq)}$
f. $SnCl_{2(aq)}$

48 **La coppia di elementi che si ottiene agli elettrodi per elettrolisi di una soluzione 1 M di $CuCl_2$ è:**

Ⓐ $H_{2(g)}$ e $O_{2(g)}$
Ⓑ $H_{2(g)}$ e $Cl_{2(g)}$
Ⓒ $Cu_{(s)}$ e $O_{2(g)}$
Ⓓ $Cu_{(s)}$ e $Cl_{2(g)}$

49 I due elementi che si formano agli elettrodi sottoponendo a elettrolisi una soluzione di ZnF sono:

Ⓐ $O_{2(g)}$ e $F_{2(g)}$
Ⓑ $Zn_{(s)}$ e $H_{2(g)}$
Ⓒ $Zn_{(s)}$ e $O_{2(g)}$
Ⓓ $Zn_{(s)}$ e $F_{2(g)}$

50 Calcola i faraday necessari per far depositare 15 g di alluminio in una cella elettrolitica.

51 Calcola quanti grammi di cromo metallico si depositano al catodo di una cella elettrolitica contenente una soluzione di cloruro di cromo(III) se si fanno passare 150 000 C.

52 Calcola quanti grammi di ferro si depositano durante l'elettrolisi di una soluzione di nitrato ferrico al passaggio di 2,5 faraday.

53 Calcola quanti grammi di argento si depositano al catodo di una cella elettrolitica contenente una soluzione di $AgNO_3$ se passa una corrente di 1 A in un tempo di 2 ore.

54 La riduzione in una cella elettrolitica di $6{,}02 \cdot 10^{20}$ ioni di un metallo ha richiesto 193 C. Lo ione del metallo ha

Ⓐ una carica positiva.
Ⓑ due cariche positive.
Ⓒ tre cariche positive.
Ⓓ quattro cariche positive.

55 In una cella elettrolitica contenente una soluzione acquosa di cloruro di calcio $CaCl_2$ viene fatta passare la quantità di elettricità di 1 F. Al catodo della cella si ha

Ⓐ sviluppo di 11,2 dm^3 di $H_{2(g)}$ a TPS.
Ⓑ sviluppo di 22,4 dm^3 di $H_{2(g)}$ a TPS.
Ⓒ deposito di 20 g di $Ca_{(s)}$.
Ⓓ deposito di 40 g di $Ca_{(s)}$.

56 Indica i grammi di stagno che si depositano durante l'elettrolisi di una soluzione di cloruro stannico al passaggio di 1,2 F.

Ⓐ 29,5 Ⓒ 24,5
Ⓑ 35,6 Ⓓ 30,7

57 In una cella elettrolitica contenente una soluzione di $CuSO_4$ passa una corrente di 1,5 A per un tempo di 2 ore. Indica i grammi di rame che si depositano al catodo della cella.

Ⓐ 31,7 Ⓒ 1,8
Ⓑ 5,9 Ⓓ 3,6

TEST YOURSELF

58 Calculate the value of the reduction potential of a copper electrode immersed in a solution of Cu^{2+} 0.5 M at 25 °C.

59 A current of 12 A passes through an electrolytic cell containing a solution of NaOH for 30 minutes. Calculate:

a. the grams of hydrogen produced at the cathode;
b. the grams of oxygen produced at the anode.

60 Calculate how many minutes are required to deposit 3 grams of zinc if you electrolyse a solution of $ZnCl_2$ with a current of 2.5 A.

VERSO I GIOCHI DELLA CHIMICA

61 In un accumulatore a piombo l'elettrolita è una soluzione di

Ⓐ acido nitrico. Ⓒ acido solforico.
Ⓑ acido perclorico. Ⓓ acido fosforico.

[Finale nazionale 2006]

62 In una cella elettrolitica, contenente cloruro di potassio $KCl_{(s)}$, sono posti due elettrodi di platino. In seguito al passaggio di una corrente di 6 V:

Ⓐ il sale si decompone.
Ⓑ al catodo si forma potassio $K_{(s)}$.
Ⓒ all'anodo si forma cloro $Cl_{2(g)}$.
Ⓓ non avviene alcuna reazione.

[Finale nazionale 2005]

63 Indica il valore alla temperatura di 25 °C della *f.e.m.* della seguente cella elettrolitica:

$$Zn/Zn^{2+}\ (1 \cdot 10^{-8}\ M)\ //\ Cu^{2+}(0{,}1\ M)/Cu$$

Ⓐ 1,0 V Ⓑ 1,22 V Ⓒ 0,97 V Ⓓ 0,89 V

[Finale nazionale 2011]

VERSO L'UNIVERSITÀ

64 La pila è un dispositivo normalmente utilizzato per

Ⓐ trasformare energia termica in energia elettrica.
Ⓑ utilizzare energia elettrica per effettuare una reazione chimica.
Ⓒ trasformare energia chimica in energia elettrica.
Ⓓ trasformare energia chimica in calore.
Ⓔ trasformare energia potenziale in energia chimica.

[dalla prova di ammissione a Veterinaria, 2005]

VERSO L'ESAME: LE TUE COMPETENZE

DEDUCI

65 **Stabilisci quale fenomeno si verifica durante il funzionamento della pila rappresentata in figura nelle condizioni standard.**

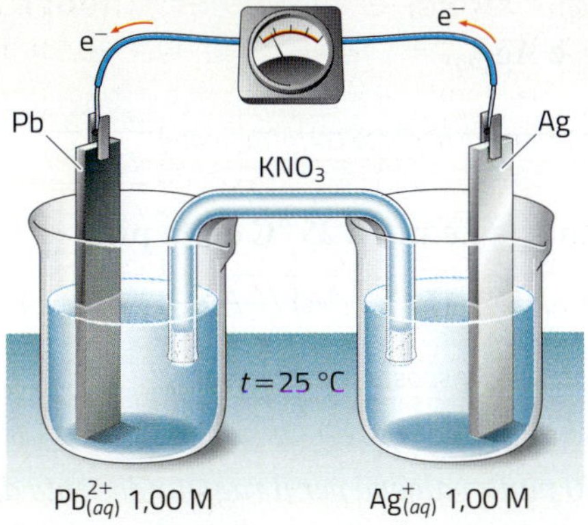

DEDUCI

66 **Qual è l'ossidante nella pila mostrata in figura?**

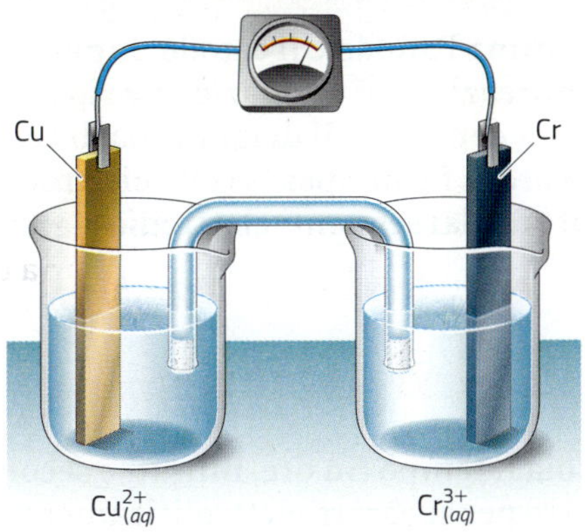

RAPPRESENTA

67 **Disegna una cella galvanica con ponte salino nella quale si verifica la seguente redox:**

$$Cr_{(s)} + Cu^{2+}_{(aq)} \longrightarrow Cr^{3+}_{(aq)} + Cu_{(s)}$$

a. Contrassegna l'anodo e il catodo;
b. indica la direzione del flusso di elettroni nel circuito esterno e di migrazione degli ioni nelle due semicelle.

RAPPRESENTA

68 **Disegna una cella galvanica con ponte salino per la coppia di elettrodi:**

$$Co^{2+}_{(aq)}/Co_{(s)} \text{ e } Cd^{2+}_{(aq)}/Cd_{(s)}$$

a. Identifica l'anodo e il catodo;
b. indica la direzione del flusso di elettroni;
c. rappresenta le semireazioni di ossidazione e di riduzione, la redox complessiva, il diagramma di cella;
d. calcola la *f.e.m.*°.

RAPPRESENTA

69 **Disegna una cella galvanica con ponte salino in cui si verifica la seguente reazione redox:**

$$Sn_{(s)} + Cl_{2(g)} \longrightarrow Sn^{2+}_{(aq)} + 2\,Cl^{-}_{(aq)}$$

a. Identifica l'anodo e il catodo;
b. indica la direzione del flusso di elettroni;
c. illustra le semireazioni di ossidazione e di riduzione, la redox complessiva, il diagramma di cella;
d. calcola la *f.e.m.*°.

ANALIZZA E DEDUCI

70 **Considera le celle galvaniche costituite dai seguenti elettrodi:**

a. $Mg^{2+}_{(aq)}/Mg_{(s)}$ e $H^{+}_{(aq)}/H_{2(g)}/Pt$
b. $Ag^{+}_{(aq)}/Ag_{(s)}$ e $Al^{3+}_{(aq)}/Al_{(s)}$

Identifica il catodo e l'anodo, rappresenta le semireazioni di ossidazione e di riduzione, la redox completa, il diagramma di cella e calcola la *f.e.m.*°.

CALCOLA

71 **Calcola i faraday che bisogna far passare attraverso una soluzione di HI per ottenere 1 m^3 di idrogeno (H_2) alla temperatura di 20 °C e alla pressione di 5 bar.**

CALCOLA

72 **Calcola l'intensità di corrente necessaria per ottenere al catodo 1,5 g di idrogeno nel tempo di 3 ore, elettrolizzando una soluzione di LiCl.**

CALCOLA

73 **Calcola quante ore e minuti occorrono per l'elettrodeposizione del nichel in una cella elettrolitica contenente 350 mL di una soluzione 0,1 M di $NiCl_3$ se passa una corrente di 2,3 A.**

COLLEGA E DEDUCI

74 **In una cella elettrolitica contenente $PbCl_2$ fuso si fa passare una quantità definita di corrente elettrica. Al catodo si depositano 150,4 g di Pb. Calcola quanti grammi di cloro nelle stesse condizioni si sviluppano all'anodo.**

COLLEGA E DEDUCI

75 **Una medaglia ha una superficie di 18 cm^2. Se per ricoprirla d'oro occorrono 0,5 g per ogni cm^2 di superficie, calcola quanti faraday bisogna far passare in una cella elettrolitica contenente una soluzione di $AuCl_3$.**

SEI PRONTO PER LA VERIFICA?

IN 1 ORA

Dopo aver studiato i contenuti dei **capitoli 22 e 23**, svolgi la prova nel **tempo massimo di un'ora**.

CONOSCENZE E ABILITÀ

1 Calcola i coefficienti stechiometrici nelle seguenti reazioni di ossido-riduzione:

a. $ClO^-_{(aq)} + I_{2(s)} \longrightarrow Cl^-_{(aq)} + IO^-_{3(aq)}$ (ambiente basico)

b. $S_{(s)} \longrightarrow S_2O^{2-}_{3(aq)} + S^{2-}_{(aq)}$ (ambiente basico)

c. $MnO^-_{4(aq)} + C_2O^{2-}_{4(aq)} \longrightarrow Mn^{2+}_{(aq)} + CO_{2(g)}$ (ambiente acido)

d. $KClO_3 + H_2SO_4 \longrightarrow$
$\longrightarrow KHSO_4 + HClO_4 + Cl_2O_3 + H_2O$

(12 punti se hai risposto correttamente) ...../12

2 Indica quale delle seguenti reazioni redox avviene a 25 °C nella seguente pila:

$$Sn/Sn^{2+}(1\ M)//H_3O^+(1\ M)/H_2(1\ atm)/Pt$$

Ⓐ $Sn^{2+} + H_2 + 2\ H_2O \longrightarrow Sn + 2\ H_3O^+$
Ⓑ $Sn + 2\ H_3O^+ \longrightarrow Sn^{2+} + H_2 + 2\ H_2O$
Ⓒ $Sn + H_2 + 2\ H_2O \longrightarrow Sn^{2+} + 2\ H_3O^+$
Ⓓ $Sn^{2+} + 2\ H_3O^+ \longrightarrow Sn + H_2 + 2\ H_2O$

(8 punti se hai risposto correttamente) ...../8

3 Durante il funzionamento della cella elettrochimica $Pb_{(s)}/Pb^{2+}_{(aq)}//Cu^{2+}_{(aq)}/Cu_{(s)}$ la lamina di rame ha aumentato la sua massa di 1,2 g. Di quanto è diminuita la massa della lamina di piombo?

(10 punti se hai risposto correttamente) ...../10

4 Quale delle seguenti reazioni procede spontaneamente nel verso indicato?

Ⓐ $Fe^{2+}_{(aq)} + Li_{(s)} \longrightarrow Li^+_{(aq)} + Fe^{3+}_{(aq)}$
Ⓑ $Fe^{3+}_{(aq)} + Li_{(s)} \longrightarrow Li^+_{(aq)} + Fe^{2+}_{(aq)}$
Ⓒ $Fe^{2+}_{(aq)} + Li^+_{(aq)} \longrightarrow Li^+_{(s)} + Fe^{3+}_{(aq)}$
Ⓓ $Fe^{3+}_{(aq)} + Li^+_{(aq)} \longrightarrow Li^+_{(s)} + Fe^{2+}_{(aq)}$

(12 punti se hai risposto correttamente) ...../12

5 Una soluzione 1 M di ioni Cu^{2+} è aggiunta a una soluzione 1 M di ioni Ag^+. Il sistema che si ottiene è costituito da:

Ⓐ $Cu_{(s)}$ e $Ag_{(s)}$
Ⓑ $Cu^{2+}_{(aq)}$ e $Ag_{(s)}$
Ⓒ $Cu^{2+}_{(aq)}$ + e $Ag^+_{(s)}$
Ⓓ $Cu_{(s)}$ e $Ag^+_{(aq)}$

(10 punti se hai risposto correttamente) ...../10

6 Calcola la f.e.m.° a 25 °C della pila:

$$Pb_{(s)}/Pb^{2+}_{(aq)}\ (10^{-3}\ M)\ //\ Ag^+_{(aq)}\ (0,1\ M)/Ag$$

(8 punti se hai risposto correttamente) ...../8

I primi 60 punti valgono per il raggiungimento degli obiettivi minimi. Per fare di più, rispondi alle seguenti domande.

COMPETENZE

7 Determina l'anodo e il catodo, rappresentare le semireazioni di ossidazione e riduzione, la redox completa, il diagramma di cella e calcolare la f.e.m.° per la cella elettrochimica costituita dai seguenti elettrodi:

$$Ni^{2+}_{(aq)}/Ni_{(s)} \quad e \quad Cr^{3+}_{(aq)}/Cr_{(s)}$$

(10 punti se hai risposto correttamente) ...../10

8 Calcola il tempo (in ore, minuti e secondi) che occorre per separare elettroliticamente il rame contenuto in 500 mL di soluzione 0,1 M di cloruro di rame(II) con una corrente di 2 A.

(10 punti se hai risposto correttamente) ...../10

9 Calcola la massa (in grammi) di alluminio che verrà depositata in una cella elettrolitica se passa una corrente di 500 A in 1 minuto.

(10 punti se hai risposto correttamente) ...../10

10 Calcola l'energia libera standard (in kJ/mol) della cella elettrochimica in cui avviene la seguente reazione redox:

$$Al_{(g)} + 3\ H^+_{(aq)} \longrightarrow Al^{3+}_{(aq)} + 3/2\ H_{2(g)}$$

(10 punti se hai risposto correttamente) ...../10

PUNTEGGIO TOTALE ...../100

CAPITOLO

24

LA RADIOATTIVITÀ E L'ENERGIA NUCLEARE

1 I NUCLEI INSTABILI EMETTONO RADIAZIONI NUCLEARI

I nuclei atomici di molti elementi chimici, avendo un rapporto molto alto tra il numero dei neutroni e il numero dei protoni, sono *instabili* e di conseguenza hanno un'elevata energia.

Per diminuire il rapporto tra il numero dei neutroni e quello dei protoni, e quindi per raggiungere una condizione più stabile, questi nuclei emettono spontaneamente radiazioni.

Si definisce **radioattività** il fenomeno per cui alcuni nuclei instabili emettono spontaneamente radiazioni trasformandosi in nuclei stabili o instabili di elementi diversi.

In presenza di un campo elettrico costituito da un elettrodo positivo e da uno negativo, le radiazioni emesse da un nucleo di un elemento radioattivo vengono separate in tre componenti denominate radiazioni alfa (α), beta (β) e gamma (γ) (figura 1).

LE PAROLE

Il termine **radiazione** (dal latino *radiare*, «emettere raggi») indica l'emissione nello spazio di energia elettromagnetica (fotoni) o corpuscolare.

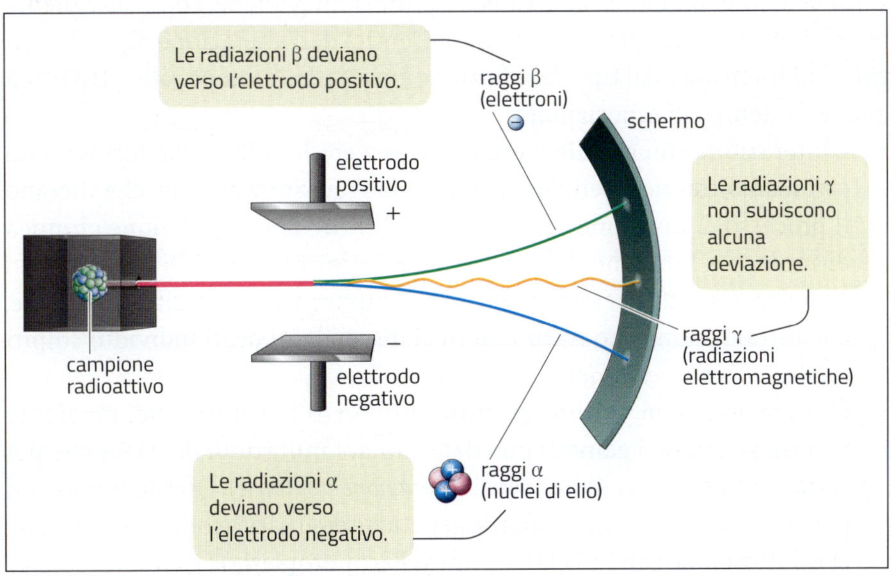

Figura 1 Radiazioni α, β e γ
In presenza di un campo elettrico le radiazioni nucleari emesse da un isotopo radioattivo sono separate in tre componenti.

PER SAPERNE DI PIÙ
PDF *La storia della chimica*
Marie Sklodowska Curie

- Le **radiazioni alfa** sono attratte dall'elettrodo negativo del campo elettrico; possiedono quindi carica *positiva*. Poiché sono formate da due protoni e due neutroni, si identificano con un *nucleo di elio* (simbolo $^{4}_{2}\text{He}$ o $^{4}_{2}\alpha$). Le radiazioni alfa hanno velocità elevata e, per la loro massa relativamente alta, hanno una bassa capacità di penetrazione.
- Le **radiazioni beta** sono attratte dall'elettrodo positivo del campo elettrico, e quindi hanno carica negativa. Le radiazioni beta, avendo una massa irrilevante (circa 2000 volte minore di quella di un nucleone), si identificano con elettroni emessi dal nucleo (simbolo $^{0}_{-1}\text{e}$ o β^-). Le radiazioni beta hanno velocità molto alta e massa molto piccola; di conseguenza, hanno un'*elevata* capacità di penetrazione.
- Le **radiazioni gamma** non risentono della presenza di campi elettrici poiché non hanno carica elettrica. Sono *radiazioni elettromagnetiche* prive di massa e quindi si identificano con un flusso di *fotoni* (simbolo γ). Le radiazioni gamma hanno velocità molto alta ed, essendo prive di massa, la loro capacità di penetrazione *è notevolmente alta* (figura 2).

TI RICORDI?

Con il termine **nucleoni** si indicano i neutroni e i protoni che costituiscono il nucleo dell'atomo.

TI RICORDI?

Un **fotone** è un quanto di energia elettromagnetica. La sua energia (E) è espressa dalla relazione di Planck: $E = h \cdot v$, dove h è la costante di Planck e v è la frequenza della radiazione elettromagnetica.

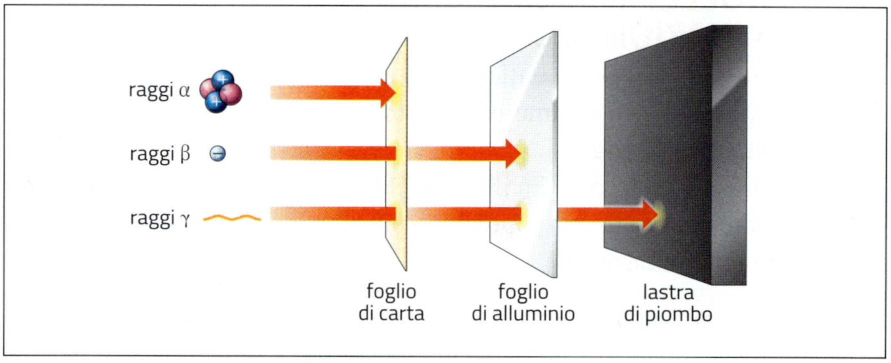

Figura 2 **Capacità di penetrazione delle radiazioni emesse da un radioisotopo**
Le radiazioni α sono fermate da uno spesso foglio di carta, quelle β da un foglio di alluminio (spessore di alcuni mm), quelle γ da una lastra di piombo (spessore di diversi cm).

Gli effetti biologici delle radiazioni

Le radiazioni α, β e γ interagiscono con la materia *ionizzando* gli atomi e le molecole che attraversano. Se interagiscono con gli organi e i tessuti di un organismo, le radiazioni ionizzanti possono modificare la composizione chimica di alcune biomolecole e causare mutazioni geniche, con conseguente alterazione di alcuni processi cellulari. L'entità dell'alterazione dipende non solo dall'intensità e dal tipo di radiazione emessa dall'isotopo radioattivo, ma anche dal tempo di esposizione.

- L'interazione con **cellule somatiche** (ovvero le cellule che formano un organismo, tranne le cellule germinali) può causare mutazioni che alterano il processo di divisione cellulare o modificare la composizione chimica di molecole fondamentali, come gli enzimi responsabili della sintesi proteica. Queste alterazioni possono causare tumori o altre patologie, che tuttavia non sono trasmissibili ai discendenti degli individui colpiti (*mutazioni non ereditarie*).
- L'interazione con **cellule germinali** (ovvero le cellule che, mediante meiosi, generano i gameti) può determinare mutazioni del DNA che poi si trasmetteranno ai discendenti (*mutazioni ereditarie*). Queste mutazioni possono talvolta causare malattie genetiche ereditarie (come, per esempio, la galattosemia, l'anemia falciforme o l'acondroplasia).

TI RICORDI?

Le **cellule germinali** sono le cellule di un organismo deputate alla riproduzione. Tutte le altre cellule, che costituiscono tessuti e organi, sono dette **cellule somatiche**.

La stabilità e l'instabilità dei nuclei atomici

La radioattività è la conseguenza dell'*instabilità* dei nuclei atomici. Il nucleo di un atomo è costituito da neutroni, privi di carica, e da protoni, con carica positiva. All'interno del nucleo sono presenti due forze: la **forza di repulsione elettrostatica**, che si esercita tra i protoni, e l'**interazione nucleare forte**, un'intensa forza di attrazione che si esercita tra i nucleoni (protoni e neutroni), molto superiore alla forza repulsiva tra i protoni (figura **3**).

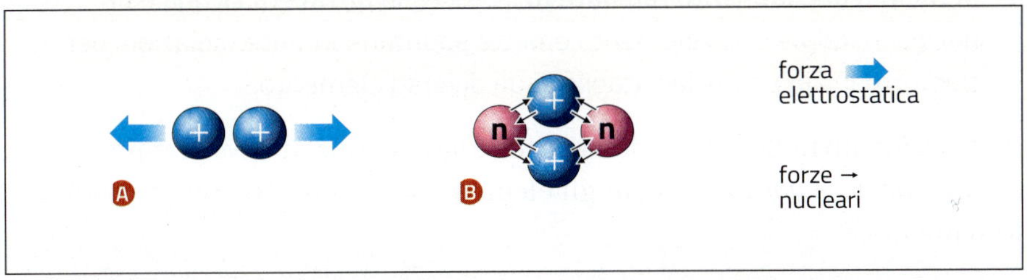

Figura 3 Le forze in gioco nel nucleo A La forza di repulsione elettrostatica che si stabilisce tra i protoni renderebbe impossibile la formazione del nucleo, B ma l'interazione nucleare forte che si stabilisce tra i nucleoni determina la stabilità del nucleo.

LE PAROLE

Il termine **neutrone** (dal latino *neuter*, «né l'uno né l'altro») indica una particella elementare priva di carica elettrica.

L'instabilità dei nuclei atomici non è quindi legata alla forza di repulsione elettrostatica presente tra i protoni, ma al rapporto tra il **numero dei neutroni** e il **numero dei protoni**.

Se in un diagramma riportiamo in ascissa il numero dei protoni (*Z*) e in ordinata il numero dei neutroni (*N*) relativi ai nuclei di tutti gli isotopi, osserviamo che i punti rappresentativi dei nuclei *stabili* sono quelli dei primi venti elementi, che possiedono un numero circa uguale di neutroni e protoni, ovvero quelli in cui il rapporto N/Z è circa uguale a 1 (figura **4**). All'aumentare del numero atomico (**Z** > 20), il rapporto N/Z tende ad aumentare: i nuclei presentano un eccesso via via crescente di neutroni rispetto ai protoni, fino a raggiungere il valore $N/Z = 1{,}5$.

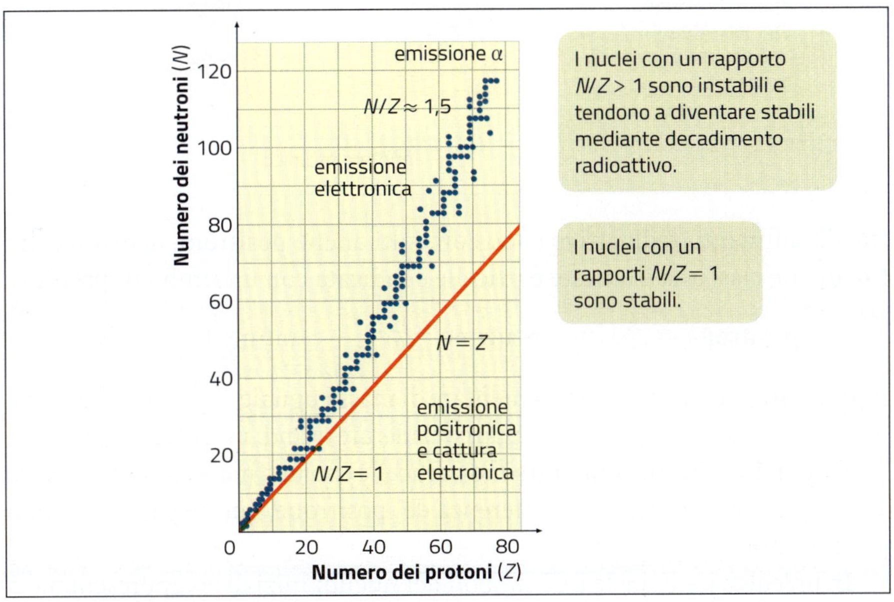

Figura 4 Il diagramma *N*-*Z* Il grafico riporta il numero dei protoni e il numero dei neutroni relativi ai nuclei di tutti gli isotopi.

TI RICORDI?

Gli **isotopi** sono atomi con lo stesso numero atomico (*Z*) ma con diverso numero di massa (*A*).
Il termine (dal greco *ísos*, «stesso», e *tópos*, «luogo») indica atomi dello stesso elemento ma con diverso numero di massa che nella tavola periodica occupano lo stesso posto.

Tutti i nuclei i cui punti rappresentativi sul diagramma *N*-*Z* hanno rapporti N/Z diversi dai valori ottimali sono instabili e radioattivi. Per diventare stabile un **radioisotopo** deve modificare il rapporto N/Z attraverso un processo che lo trasformi in un nucleo meno instabile (quindi ancora radioattivo), o stabile, di un altro elemento.

LE PAROLE

I termini **radionuclide** e **radioisotopo** sono sinonimi; entrambi si riferiscono all'isotopo radioattivo di un elemento.

2 ESISTONO DIVERSE FORME DI DECADIMENTO RADIOATTIVO

Tutti i nuclei che sono instabili per l'elevato rapporto tra i neutroni e i protoni (N/Z) sono radioattivi; di conseguenza, tendono spontaneamente a emettere radiazioni e a trasformarsi in altri nuclei, fino a raggiungere un rapporto N/Z che li renda stabili.

LE PAROLE

Il termine **decadimento** (dal latino *decadĕre*, «cadere giù») indica la diminuzione nel tempo della radioattività di un radioisotopo.

Si chiama **decadimento radioattivo** il processo attraverso il quale un nucleo instabile di un elemento emette spontaneamente radiazioni per trasformarsi in un nucleo stabile di un diverso elemento.

Il decadimento radioattivo è descritto da una reazione nucleare rappresentata da un'*equazione nucleare*, in cui gli elementi sono indicati con i simboli dei loro nuclidi.

I **nuclidi** sono i nuclei degli isotopi di un elemento chimico descritti dal simbolo dell'elemento, dal numero atomico (Z) e dal numero di massa (A).

Il numero atomico e il numero di massa sono evidenziati rispettivamente in basso a sinistra e in alto a sinistra del simbolo chimico.

APP *La tavola periodica interattiva*

I nuclidi del carbonio ($Z = 6$) sono il carbonio-12 e il carbonio-13 (figura 5). Il *protone*, il *neutrone*, l'*elettrone* si rappresentano con simboli specifici. In basso a sinistra del simbolo si indica la carica e in alto a sinistra la massa:

$$\text{protone} = {}^{1}_{1}\text{p} \qquad \text{neutrone} = {}^{1}_{0}\text{n} \qquad \text{elettrone} = {}^{0}_{-1}\text{e}$$

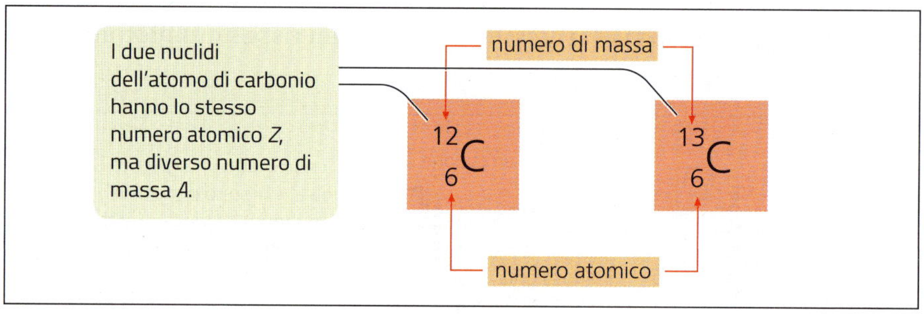

Figura 5 **Simbologia del carbonio-12 e del carbonio-13** Entrambi i nuclidi del carbonio hanno $Z = 6$.

Nel decadimento radioattivo sono coinvolti anche positroni, neutrini e antineutrini; ciascuna di queste particelle è indicata con un simbolo specifico:

$$\text{positrone} = {}^{0}_{+1}\text{e} \qquad \text{neutrino} = {}^{0}_{0}\nu \qquad \text{antineutrino} = {}^{0}_{0}\overline{\nu}$$

Il **positrone** è una particella elementare di massa uguale a quella dell'elettrone ma con una carica positiva: si può considerare quindi un elettrone positivo.

Il **neutrino** e l'**antineutrino** sono particelle con una massa molto inferiore a quella dell'elettrone, ma, a differenza del positrone, queste particelle sono prive di carica.

In un'equazione nucleare i simboli dei nuclidi iniziali si rappresentano a sinistra e quelli dei nuclidi finali a destra. Tra i simboli dei nuclidi iniziali e di quelli finali si interpone una freccia di reazione con il verso da sinistra a destra.

In un'equazione nucleare la somma dei numeri atomici e la somma dei numeri di massa dei *nuclidi iniziali* deve essere uguale alla somma dei numeri atomici e dei numeri di massa dei *nuclidi finali*.

PROBLEMA MODELLO

Rappresentare un'equazione nucleare

Completa la seguente equazione nucleare:

$$..... + {}^{2}_{1}H \longrightarrow {}^{13}_{7}N + {}^{1}_{0}n$$

L'IDEA

In un'equazione nucleare la somma dei numeri atomici e la somma dei numeri di massa dei nuclidi iniziali deve essere uguale alla somma dei numeri atomici e dei numeri di massa dei nuclidi finali.

LA SOLUZIONE

Il numero atomico Z dei prodotti è uguale a 7. Il numero atomico dei reagenti deve avere lo stesso valore e quindi il numero atomico del reagente non noto deve essere uguale a 6 ($Z_{reagenti} = 6 + 1 = 7$). Il numero di massa A dei prodotti è uguale a 14 ($A_{prodotti} = 13 + 1 = 14$): il valore del numero di massa del reagente non noto deve essere uguale a 12 ($A_{reagenti} = 12 + 2 = 14$).

LA CONCLUSIONE

L'isotopo con $Z = 6$ e $A = 12$ è il carbonio-12: ${}^{12}_{6}C$.

PROBLEMA SIMILE

Completa le seguenti equazioni nucleari:

a. $..... \rightarrow {}^{20}_{10}Ne + {}^{0}_{-1}e$

b. ${}^{231}_{91}Pa \rightarrow ..... + {}^{4}_{2}He$

I tipi di decadimento radioattivo

I principali tipi di decadimento radioattivo sono il decadimento α, β^- (leggi «beta meno»), β^+ (leggi «beta più»), K, γ.

Il decadimento α

Il decadimento α riguarda generalmente i radionuclidi con $Z > 83$ (polonio, radon, radio e uranio). Questo tipo di decadimento comporta l'emissione di due protoni e due neutroni, ovvero di un *nucleo di elio*, costituito infatti da due protoni e due neutroni (figura 6).

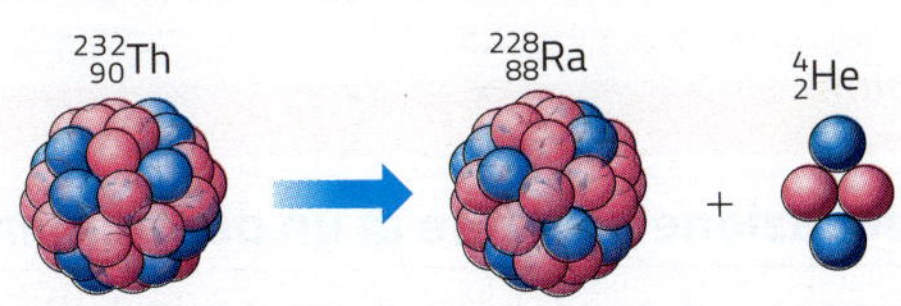

Figura 6 **Il decadimento α** I radionuclidi con $Z > 83$ emettono due protoni e due neutroni, ovvero un nucleo di elio.

Il **decadimento α** di un nuclide porta alla formazione di un nuclide con un numero atomico Z inferiore di 2 unità e un numero di massa A inferiore di 4 unità rispetto al nuclide di partenza.

$$ {}^{A}_{Z}X \longrightarrow {}^{A-4}_{Z-2}Y + {}^{4}_{2}He $$

X indica un generico nuclide radioattivo e Y indica un generico nuclide finale. Per esempio, il decadimento α per il polonio-216 è rappresentato dalla seguente equazione nucleare:

$$ {}^{216}_{84}Po \longrightarrow {}^{212}_{82}Pb + {}^{4}_{2}He $$

PROBLEMA MODELLO

Rappresentare l'equazione nucleare di un decadimento α

Rappresenta l'equazione nucleare per il decadimento α dell'isotopo bismuto-212.

L'IDEA

Il bismuto (Bi) ha $Z = 83$; si deve individuare l'elemento con $Z = 81$.

LA SOLUZIONE

Il decadimento α prevede la formazione di un nuclide con Z inferiore di 2 unità e con A inferiore di 4 unità: ${}^{212}_{83}\text{Bi} \longrightarrow {}^{208}_{81}\text{Tl} + {}^{4}_{2}\alpha$

LA CONCLUSIONE

L'isotopo con $Z = 81$ è il tallio-208.

PROBLEMA SIMILE

Rappresenta l'equazione nucleare del decadimento α dell'isotopo californio-251.

Il decadimento β^-

Il decadimento β^- o *elettronico* riguarda i nuclidi che presentano un *eccesso di neutroni* e di conseguenza un rapporto ***N*/*Z* molto alto**. Consiste nell'emissione di un elettrone (${}^{0}_{-1}\text{e}$) e di un antineutrino (${}^{0}_{0}\overline{\nu}$) derivanti dalla trasformazione di un *neutrone in un protone* (figura 7).

$$ {}^{1}_{0}\text{n} \longrightarrow {}^{1}_{1}\text{p} + {}^{0}_{-1}\text{e} + {}^{0}_{0}\overline{\nu} $$

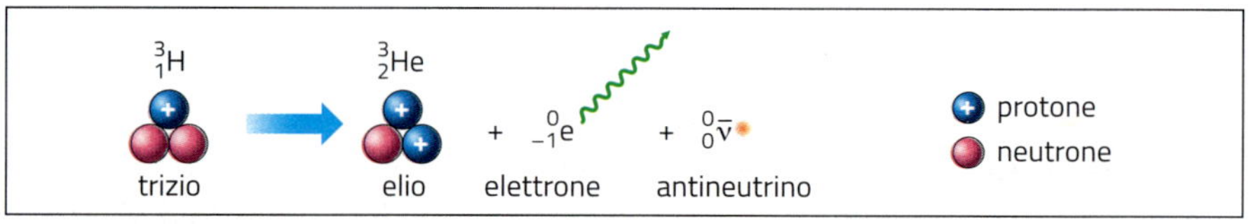

Figura 7 **Il decadimento β^-** I radionuclidi con rapporto *N*/*Z* molto alto emettono un elettrone e un antineutrino che derivano dalla trasformazione di un neutrone in protone.

TI RICORDI?

Il **deuterio** e il **trizio** sono due isotopi dell'idrogeno. Il deuterio (${}^{1}_{2}\text{H}$) ha il nucleo costituito da un protone e un neutrone, il trizio (${}^{1}_{3}\text{H}$) da un protone e due neutroni.

Il **decadimento β^-** porta alla formazione di un nuclide con un numero atomico *Z* superiore di un'unità e un numero di massa *A* invariato rispetto al nuclide di partenza.

$$ {}^{A}_{Z}\text{X} \longrightarrow {}^{A}_{Z+1}\text{Y} + {}^{0}_{-1}\text{e} + {}^{0}_{0}\overline{\nu} $$

Il decadimento β^- per il sodio-24 è il seguente:

$$ {}^{24}_{11}\text{Na} \longrightarrow {}^{24}_{12}\text{Mg} + {}^{0}_{-1}\text{e} + {}^{0}_{0}\overline{\nu} $$

PROBLEMA MODELLO

Rappresentare l'equazione nucleare di un decadimento β^-

Rappresenta l'equazione nucleare del decadimento β^- dell'isotopo nettunio-239.

L'IDEA

Il nettunio (Np) ha $Z = 93$; si deve individuare l'elemento con $Z = 94$.

LA SOLUZIONE

Il decadimento β^- causa la formazione di un nuclide con Z maggiore di una unità e con A invariato: ${}^{239}_{93}\text{Np} \longrightarrow {}^{239}_{94}\text{Pu} + \beta^-$

LA CONCLUSIONE

L'isotopo con $Z = 94$ è il plutonio-239.

PROBLEMA SIMILE

Rappresenta l'equazione nucleare del decadimento β^- dell'isotopo potassio-42.

Il decadimento β^+

Il decadimento β^+ o *positronico* riguarda i nuclidi che presentano un *difetto di neutroni* e di conseguenza un rapporto **N/Z molto basso**. Consiste nell'emissione di un positrone ($^{0}_{+1}e$) e di un neutrino ($^{0}_{0}\nu$) derivanti dalla trasformazione di un *protone in un neutrone* (**figura 8**).

$$^{1}_{1}p \longrightarrow {}^{1}_{0}n + {}^{0}_{+1}e + {}^{0}_{0}\nu$$

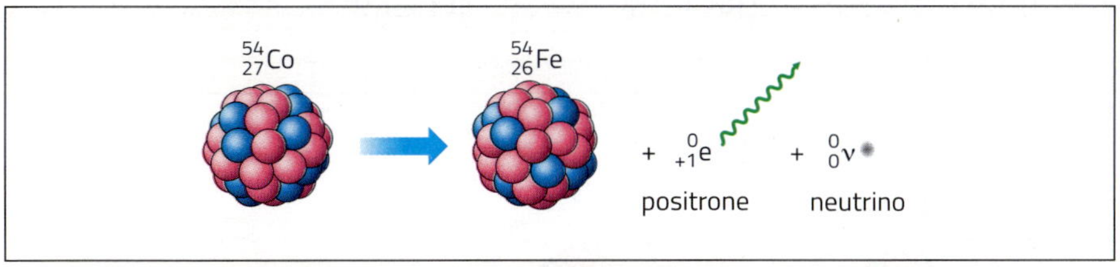

Figura 8 **Il decadimento β^+** I radionuclidi con rapporto *N/Z* molto basso emettono un positrone, che deriva dalla trasformazione di un protone in neutrone.

Il **decadimento β^+** porta alla formazione di un nuclide con un numero atomico *Z* minore di un'unità e un numero di massa *A* invariato rispetto al nuclide di partenza.

$$^{A}_{Z}X \longrightarrow {}_{Z-1}^{A}Y + {}^{0}_{+1}e + {}^{0}_{0}\nu$$

Il decadimento β^+ per il fosforo-29 è il seguente:

$$^{29}_{15}P \longrightarrow {}^{29}_{14}Si + {}^{0}_{+1}e + {}^{0}_{0}\nu$$

PROBLEMA MODELLO

Rappresentare l'equazione nucleare di un decadimento β^+

Rappresenta l'equazione nucleare del decadimento β^+ dell'isotopo rame-64.

L'IDEA

Il rame (Cu) ha $Z = 29$; si deve individuare l'elemento con $Z = 28$.

LA SOLUZIONE

Il decadimento β^+ prevede la formazione di un nuclide con *Z* inferiore di un'unità e un numero di massa invariato:

$$^{64}_{29}Cu \longrightarrow {}^{64}_{28}Ni + {}^{0}_{+1}e$$

LA CONCLUSIONE

L'isotopo con $Z = 28$ è il nichel-64.

PROBLEMA SIMILE

Rappresenta l'equazione nucleare del decadimento β^+ dell'isotopo rutenio-93.

Il decadimento K

Il decadimento K, detto anche decadimento *per cattura elettronica*, riguarda i nuclidi che hanno un rapporto ***N*/*Z* molto basso**. Consiste nella cattura da parte del nucleo di un elettrone del livello energetico più interno (livello K) dell'atomo stesso. Un elettrone del livello energetico esterno va a occupare l'orbitale lasciato libero, con conseguente emissione di energia; l'elettrone catturato dal nucleo si associa invece a un protone e si trasforma in un neutrone, con emissione di un neutrino.

Il **decadimento K** porta alla formazione di un nuclide con un numero atomico *Z* minore di un'unità e un numero di massa *A* invariato rispetto al nuclide di partenza.

$$^{A}_{Z}X + ^{0}_{-1}e \longrightarrow \, ^{A}_{Z-1}Y + ^{0}_{0}\nu$$

Il decadimento per cattura elettronica del berillio-7 è il seguente (figura 9).

$$^{7}_{4}Be + ^{0}_{-1}e \longrightarrow \, ^{7}_{3}Li + ^{0}_{0}\nu$$

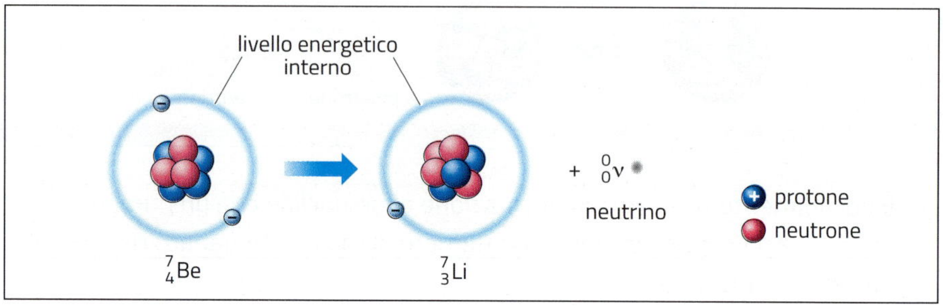

Figura 9 Il decadimento K
Nel decadimento per cattura elettronica il nucleo si impadronisce di un elettrone del livello energetico interno dell'atomo, con conseguente trasformazione di un protone in un neutrone.

A COLPO D'OCCHIO

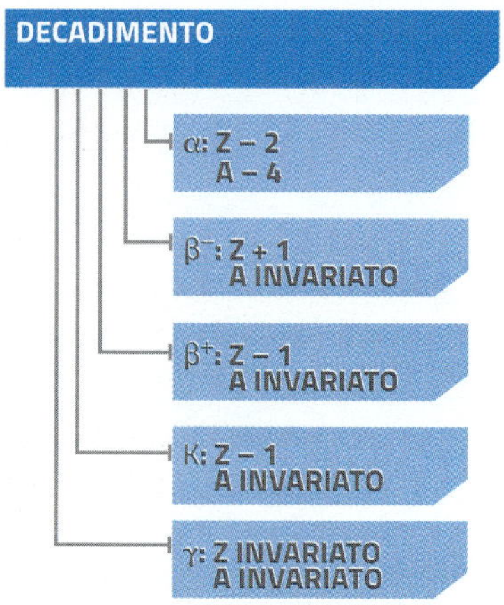

Il decadimento γ

Il decadimento γ riguarda i nuclidi in cui si verifica un decadimento α, β^- oppure β^+. Consiste nel passaggio di un nuclide da uno stato con un elevato contenuto energetico a uno stato di **minore energia** con conseguente liberazione di energia sotto forma di radiazioni γ. Le radiazioni gamma sono prive di massa e quindi la loro emissione **non** comporta variazioni del numero atomico e del numero di massa.

Il **decadimento γ** porta alla formazione di un nuclide con lo stesso numero atomico *Z* e lo stesso numero di massa *A* del nuclide di partenza ma con un minore contenuto energetico.

$$^{A}_{Z}X \longrightarrow \, ^{A}_{Z}X$$

Le serie radioattive naturali

I nuclidi con *Z* maggiore di 83 sono instabili e radioattivi: per conseguire la stabilità devono quindi diminuire il proprio numero atomico. In genere, essi decadono emettendo radiazioni α o β, e trasformandosi in nuclidi con numero atomico ancora instabile e quindi a loro volta radioattivi.

Prima di arrivare a un nuclide stabile possono essere necessarie diverse trasformazioni nucleari a catena. Prima si ha l'emissione di una particella α seguita dall'emissione di una seconda particella α o di una particella β; in seguito, si continua con l'emissione di una o più particelle α o β, fino a quando il nuclide non si trasforma in un isotopo stabile del piombo ($Z = 82$). Questo decadimento a tappe successive costituisce una **serie radioattiva**.

Sono state individuate tre serie radioattive naturali che prendono il nome del radionuclide di partenza:

- *serie dell'uranio-238*, che termina con il piombo-206 (figura 10);
- *serie dell'uranio-235*, che termina con il piombo-207;
- *serie del torio-232*, che termina con il piombo-208.

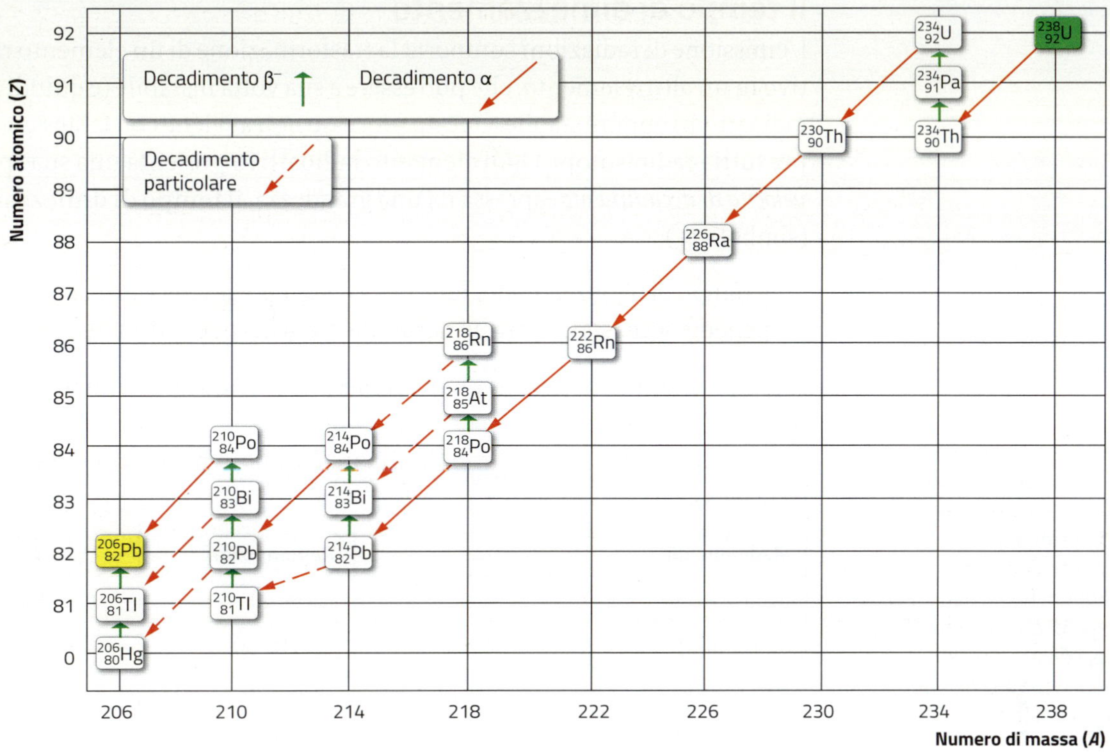

Figura 10 Le serie di decadimento radioattivo dell'uranio-238 La serie ha origine dall'isotopo radioattivo uranio-238 e termina con l'isotopo stabile piombo-206. La posizione di ogni nuclide è determinata dal suo numero atomico e dal suo numero di massa.

CHIMICA VERDE

Bonificare il radon-222

Il radon (simbolo Rn) è un gas nobile (quindi inerte) **radioattivo**. Si forma dal decadimento α del radio, generato a sua volta dal decadimento dell'uranio-238 ($^{238}_{92}U$). L'isotopo più diffuso è il radon-222 (con numero atomico $Z = 86$, $^{222}_{86}Rn$), un gas inodore, incolore e solubile in acqua. Il radon-222 è un gas molto volatile ed è rilasciato facilmente dalle acque profonde delle falde, dove è presente in elevate concentrazioni. Quando si libera dalle acque, il radon-222 si diffonde nel terreno e nell'ambiente circostante e si accumula nelle abitazioni, diventando molto pericoloso per la salute (figura).

Il radon può penetrare e accumularsi nei polmoni. Decadendo (tempo di dimezzamento 3,8 giorni), il radon forma isotopi radioattivi del polonio e del bismuto che a loro volta emettono radiazioni α. Queste radiazioni possono **alterare la divisione cellulare** e contribuire all'insorgenza di **tumori** ai polmoni. Più alta è la concentrazione di radon nell'ambiente, più alte sono le probabilità di contrarre il tumore.

È quindi importante **misurare la concentrazione del radon** negli edifici per determinare la quantità di gas presente. La misurazione può essere effettuata dall'Agenzia Regionale per la Protezione dell'Ambiente (ARPA) oppure autonomamente, mediante dosimetri disponibili in commercio.

Nel caso in cui la concentrazione di radon risulti essere superiore ai livelli di riferimento, è necessario effettuare **interventi di bonifica**: eliminare i punti di infiltrazione, impedire la risalita del gas e garantire un continuo ricambio di aria negli ambienti.

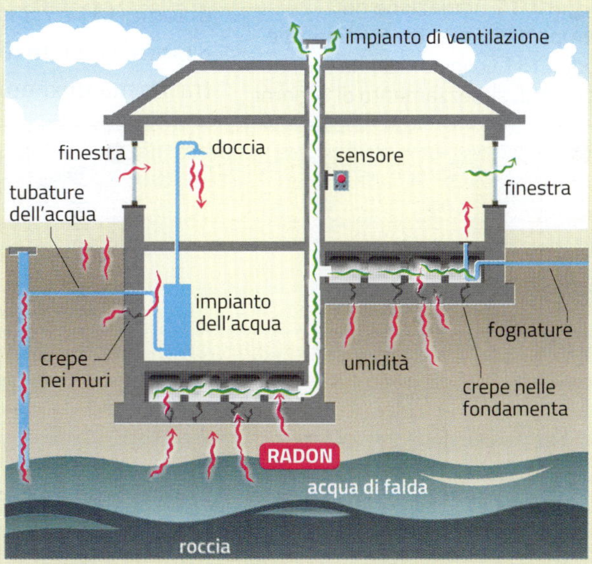

Figura Il radon può accumularsi nelle abitazioni, con rischi per la salute

Il tempo di dimezzamento

L'emissione di radiazioni comporta la trasformazione di un elemento radioattivo in un altro elemento, che può essere a sua volta instabile (e quindi ancora radioattivo) oppure stabile. Questo processo non avviene con la stessa velocità per tutti i radioisotopi. Ogni elemento radioattivo presenta una sua specifica *velocità di decadimento* espressa da una grandezza, il **tempo di dimezzamento** (simbolo $t_{1/2}$):

Il **tempo di dimezzamento** (detto anche tempo di *semi vita* o di *emivita*) è il periodo necessario affinché decada la metà dei nuclei di un radionuclide.

Il tempo di dimezzamento rimane *costante* qualunque sia la quantità iniziale del campione ed è *specifico* per ciascun radionuclide. Può essere espresso in anni (simbolo **a**), giorni (simbolo **d**), ore (simbolo **h**) o secondi (simbolo **s**) (tabella **1**).

Tabella 1 Tempo di dimezzamento di alcuni radionuclidi Anche se ogni nuclide ha un tempo di emivita specifico e costante, i diversi nuclidi differiscono in modo considerevole per la durata dei tempi di dimezzamento.

Radionuclidi	$t_{1/2}$	Radionuclidi	$t_{1/2}$
tallio-210	90 s	calcio-40	164 d
ossigeno-15	120 s	cobalto-60	5,2 a
sodio-24	15 h	radio-226	1620 a
tecnezio-99	6 h	carbonio-14	5730 a
radon-85	3,8 d	uranio-235	$7,1 \cdot 10^8$ a
iodio-131	8 d	uranio-238	$4,5 \cdot 10^9$ a
fosforo-32	14,3 d	torio-232	$1,4 \cdot 10^{10}$ a

Prendiamo in esame l'isotopo iodio-131 ($^{131}_{53}I$), che ha un tempo di dimezzamento di 8 giorni e quando decade si trasforma in xenon-131. Supponiamo che la quantità iniziale di iodio-131 sia 10 mg: dopo 8 giorni si avranno 5 mg di iodio-131, ma anche 5 mg di xenon-131. Dopo altri 8 giorni si avranno 2,5 mg di iodio-131 e 7,5 mg di xenon-131, e così via (figura **11A**). In altri termini, ogni 8 giorni si ha un dimezzamento della quantità precedente di iodio-131 che si trasforma in xenon-131 (figura **11B**).

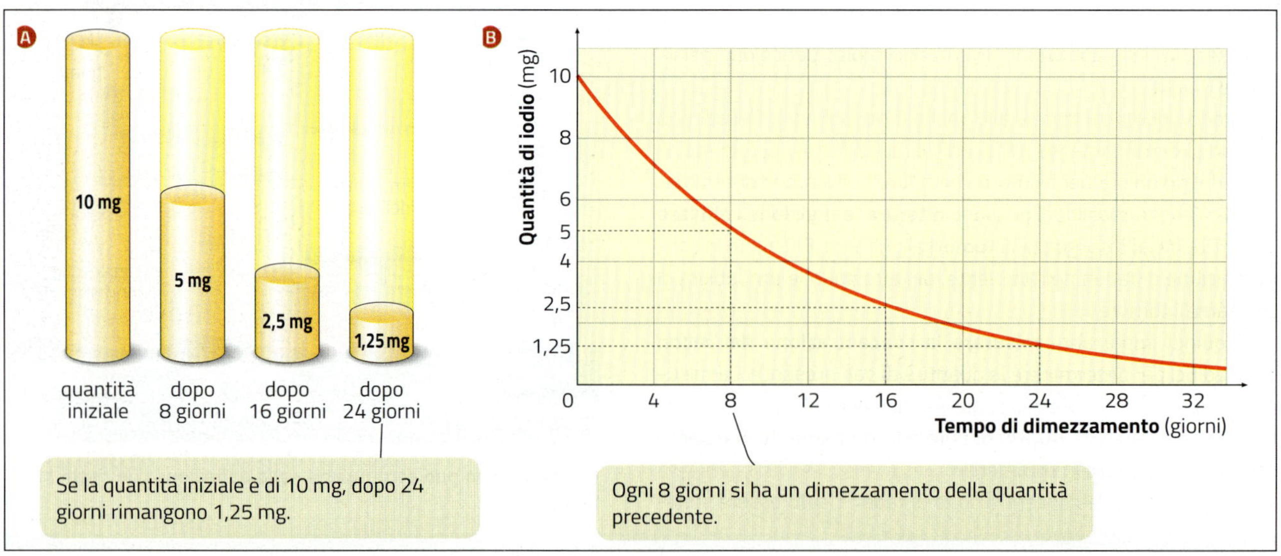

Figura 11 Variazione nel tempo della quantità dell'isotopo iodio-131 Lo iodio-131 ha un tempo di dimezzamento di 8 giorni.

PROBLEMA MODELLO

Calcolare la variazione nel tempo della quantità di un radioisotopo

Il tempo di dimezzamento dell'isotopo cobalto-60 è 5,2 anni. Se la quantità iniziale di questo isotopo è 100 mg, calcola quanti mg di cobalto saranno presenti dopo 20,8 anni.

L'IDEA

Dividendo il tempo considerato (t) per il tempo di dimezzamento ($t_{½}$) otteniamo il numero di dimezzamenti (n_d) avvenuti nel tempo t:

$$\frac{t}{t_{½}} = n_d$$

Dopo un dimezzamento, la frazione di radioisotopo rimasta sarà $\frac{1}{2}$, dopo due dimezzamenti $\frac{1}{4}$ e dopo n dimezzamenti $\frac{1}{2^{n_d}}$.
Moltiplicando tale frazione residua per la quantità iniziale si ottiene la quantità di radioisotopo rimasta dopo il tempo t.

LA SOLUZIONE

$$n_d = \frac{t}{t_{½}} \quad \frac{20,8}{5,2} = 4$$

In 20,8 anni il cobalto-60 si dimezza di 4 volte. La frazione rimasta, dopo 4 dimezzamenti, è:

$$\frac{1}{2^{n_d}} = \frac{1}{2^4} = \frac{1}{16}$$

Quindi, resta $\frac{1}{16}$ della quantità iniziale di cobalto-60.

LA CONCLUSIONE

Dopo 20,8 anni la quantità di cobalto-60 rimasta sarà:

$$\frac{1}{16} \cdot 100 \text{ mg} = 6,25 \text{ mg}$$

PROBLEMA SIMILE

Lo stronzio-90 ha $t_{½} = 28$ anni. Calcola il tempo occorrente affinché tutto lo stronzio-90 presente sulla Terra diventi 1/32 della quantità iniziale.

3 GLI ISOTOPI RADIOATTIVI HANNO NUMEROSI IMPIEGHI IN AMBITO SCIENTIFICO

Molti radioisotopi preparati in laboratorio hanno importanti applicazioni nei diversi campi della ricerca scientifica.

In *medicina* sono largamente utilizzati lo **iodio-131** e il cobalto-60. Lo iodio-131 è utilizzato, a **basse dosi**, per la diagnosi di disfunzioni della *tiroide*, una ghiandola endocrina situata sulla laringe che sintetizza l'*ormone tiroideo*, costituito da molecole di *tiroxina* (o *T4*, contenente 4 atomi di iodio) e da molecole di *triodotironina* (o *T3*, contenente 3 atomi di iodio). Nello specifico, lo iodio-131 è usato come *tracciante in vivo*: somministrato al paziente, lo iodio radioattivo si accumula a livello della tiroide, l'unico organo dell'organismo il cui metabolismo richieda questo elemento (figura 12). A **dosi elevate**, lo iodio-131 è impiegato nel trattamento dei tumori della tiroide stessa: le radiazioni rilasciate danneggiano le cellule del tumore, evitando effetti collaterali dannosi agli altri tessuti del corpo. Anche il **cobalto-60** è largamente usato nella terapia dei *tumori*, come sorgente di raggi γ utili per aggredire e distruggere le cellule tumorali.

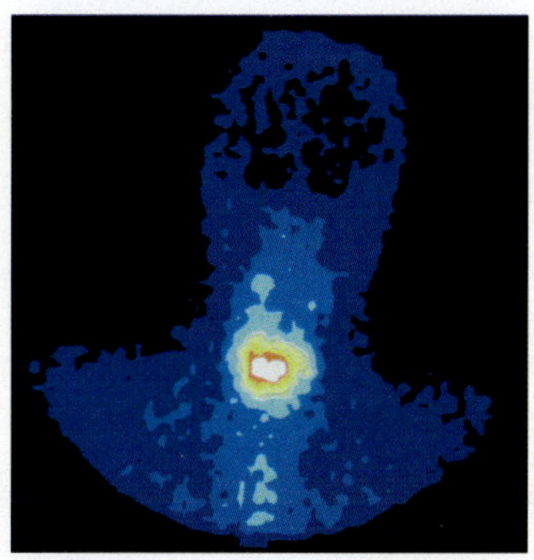

Figura 12 Lo iodio radioattivo per diagnosticare disfunzioni della tiroide I tumori della tiroide sono formati da cellule metabolicamente molto attive che captano grandi quantità di iodio.

In *biologia* il fosforo-32, il carbonio-14 e l'ossigeno-18 sono utilizzati per analizzare importanti processi cellulari. Il **fosforo-32** è stato utilizzato per marcare i nucleotidi costituenti il DNA, permettendo di determinarne la sequenza esatta. Il **carbonio-14** è stato fondamentale nello studio della fotosintesi clorofilliana, per analizzare le reazioni del ciclo di Calvin, in cui il carbonio inorganico (sotto forma di CO_2) è utilizzato per la formazione di molecole organiche (il glucosio). L'**ossigeno-18** è stato utilizzato per stabilire se l'ossigeno liberato nella fase luminosa della fotosintesi clorofilliana provenisse dall'acqua o dal diossido di carbonio.

LE PAROLE

Il termine **fotosintesi** (dal greco *phòs*, «luce», e *sýnthesis*, «composizione») indica la sintesi di composti organici (glucosio) a partire da composti inorganici (diossido di carbonio e acqua).

In *geologia* i radioisotopi **uranio-238** e **potassio-40** sono impiegati per determinare l'età assoluta delle rocce (figura **13**).

In *paleontologia* il **carbonio-14** ($t_{½}$ = 5730 anni) è utilizzato per determinare l'età assoluta di *reperti organici* (oggetti di legno, tessuti, ossa) di età non superiore ai 70 000 anni.

Figura 13 Applicazione degli isotopi radioattivi in geologia La datazione con uranio-238 e potassio-40 è usata per determinare l'età assoluta delle rocce.

PER SAPERNE DI PIÙ

La radiodatazione con il carbonio-14

Il *diossido di carbonio* presente nell'atmosfera è per la quasi totalità costituito dall'isotopo *stabile* carbonio-12 e per una piccolissima quantità dall'isotopo *radioattivo* carbonio-14. Quest'ultimo si forma per l'azione dei raggi cosmici sull'isotopo azoto-14 presente nell'atmosfera (decadimento β^+). Tale processo comporta anche l'emissione di un positrone.

Il carbonio-14 reagisce con l'ossigeno atmosferico e forma diossido di carbonio.

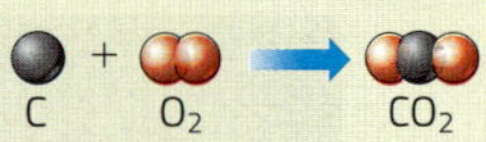

Sia il diossido di carbonio contenente carbonio-12 sia quello costituito da carbonio-14 entrano nelle cellule degli organismi vegetali che svolgono la fotosintesi clorofilliana. In presenza di luce, il diossido di carbonio reagisce con l'acqua formando molecole di glucosio.

$$6\,H_2O + 6\,CO_2 \longrightarrow C_6H_{12}O_6 + 6\,O_2\uparrow$$

Il glucosio è utilizzato da tutti gli organismi eterotrofi per la respirazione cellulare:

$$\text{glucosio } (C_6H_{12}O_6) + O_2 \longrightarrow CO_2 + H_2O$$

Il carbonio-12 e il carbonio-14 si trovano quindi in tutti gli organismi secondo un *rapporto* che rimane costante finché essi sono in vita.

Al momento della morte di un organismo, il carbonio sotto forma di diossido di carbonio non viene più incorporato. Il carbonio-14, isotopo radioattivo, decade mediante decadimento β^-.

$$^{14}_{6}C \longrightarrow {}^{14}_{7}N + {}^{0}_{-1}e + {}^{0}_{0}\bar{\nu}$$

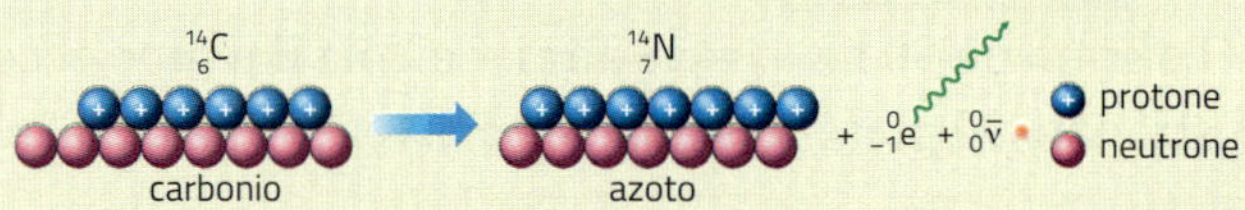

In tal caso il rapporto tra il carbonio-14 e il carbonio-12 non è più costante, poiché la quantità di carbonio-14 diminuisce progressivamente.

Questo fenomeno è alla base della datazione con il carbonio-14: se infatti calcoliamo il rapporto tra il carbonio-14 e il carbonio-12 in un campione biologico ed esaminiamo la curva di decadimento del carbonio-14, possiamo risalire all'età del campione (**figura**).

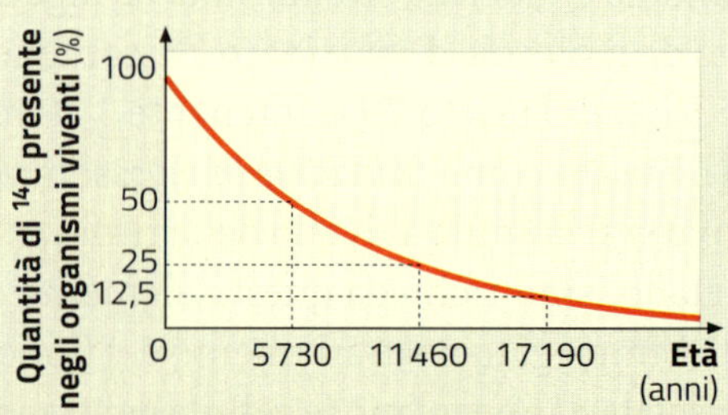

Figura Curva di decadimento del carbonio-14 Il tempo di dimezzamento del carbonio-14 è 5730 anni.

4 IL DIFETTO DI MASSA CORRISPONDE ALL'ENERGIA LIBERATA PER FORMARE UN NUCLEO ATOMICO

I nuclei atomici sono costituiti da due tipi di nucleoni (protoni e neutroni) ed è logico ipotizzare che la massa del nucleo sia esattamente uguale alla somma delle singole masse dei nucleoni che lo compongono. Tuttavia, misure sperimentali con lo spettrometro di massa hanno stabilito che la massa di un nucleo di un atomo è sempre *minore* della somma delle masse dei singoli nucleoni che lo compongono:

TI RICORDI?

Lo **spettrometro di massa** è uno strumento utilizzato per l'analisi qualitativa e quantitativa di un elemento basandosi sul rapporto tra la carica e la massa.

La differenza tra la somma delle masse dei singoli nucleoni costituenti un nucleo e il valore effettivo della massa del nucleo si chiama **difetto di massa** (simbolo Δm).

Per esempio, per il nucleo dell'elio, costituito da due protoni e due neutroni, il difetto di massa corrisponde al valore di 0,0304 u (figura 14).

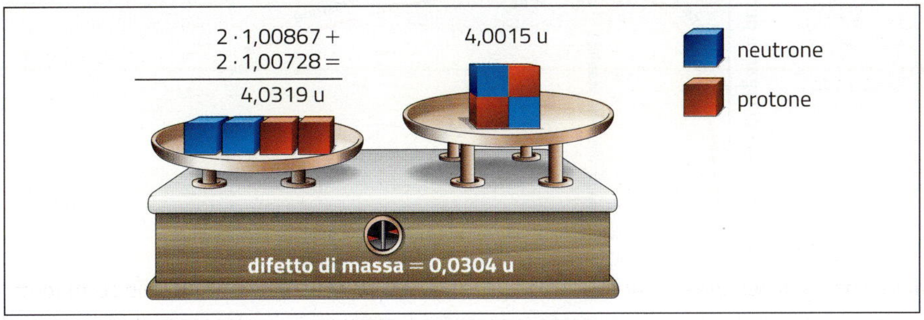

Figura 14 Il difetto di massa nel nucleo di elio Quattro nucleoni isolati (2 protoni e 2 neutroni) hanno una massa maggiore dei quattro nucleoni componenti il nucleo dell'elio. La differenza tra i due valori rappresenta il difetto di massa.

La massa mancante è giustificata da una conseguenza della *teoria della relatività di Einstein*:

La massa è una forma di energia, l'energia è una manifestazione della massa.

La massa e l'energia sono quindi *equivalenti* e sono legate dalla seguente relazione:

$$E = m \cdot c^2$$

In questa equazione:

- E è l'energia espressa in joule (J);
- m è la massa espressa in kilogrammi (kg);
- c è la velocità della luce ($c = 300\,000$ km/s $= 3 \cdot 10^8$ m/s).

In altri termini, la massa mancante corrisponde all'energia che si libera quando si forma un nucleo atomico a partire dai singoli nucleoni (figura 15). La liberazione di energia fa sì che il nucleo diventi *più stabile* dei suoi nucleoni isolati.

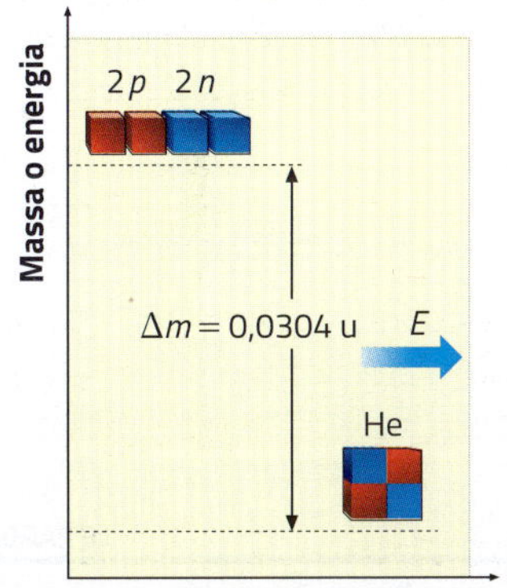

Figura 15 Il difetto di massa Δm La massa mancante corrisponde all'energia E liberata nella formazione di un nucleo atomico.

Energia nucleare di legame

Dato che nel processo di formazione di un nucleo di un atomo si libera energia, è evidente che per separare i nucleoni che lo costituiscono occorre fornire energia: in particolare, è necessaria la stessa quantità di energia che si era liberata nel processo di formazione.

Si chiama **energia nucleare di legame** la quantità di energia necessaria per separare i nucleoni di un nucleo.

Il valore dell'energia nucleare di legame è *specifico* per ogni nucleo e dipende dalla sua stabilità. Più stabile è il nucleo, maggiore è l'energia nucleare di legame.

Il rapporto tra il valore dell'energia nucleare di un nucleo e il numero dei nucleoni si chiama **energia di legame per nucleone**.

Se riportiamo in un grafico i valori dell'energia di legame per nucleone (asse delle ordinate) e il numero di massa (asse delle ascisse) per ciascun nuclide, possiamo notare che i nuclei con maggior energia di legame per nucleone, e quindi più stabili, sono quelli che hanno numero di massa compreso tra 50 e 60. Il nuclide più stabile in assoluto è l'isotopo di ferro-56 (figura **16**).

Figura 16 Variazione dell'energia di legame per nucleone al variare del numero di massa I nuclei più stabili sono quelli con un numero di massa $50 < A < 60$. I nuclei con $A < 50$ diventano più stabili attraverso la reazione di fusione, i nuclei con $A > 60$ diventano più stabili attraverso la reazione di fissione.

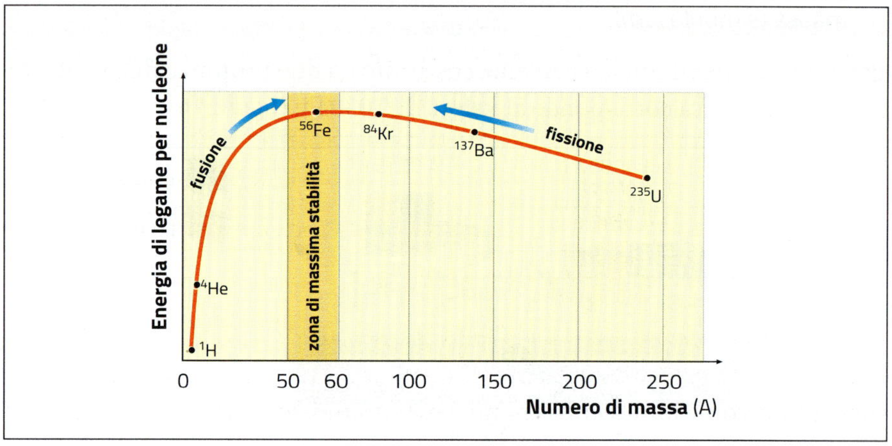

5 LA FISSIONE E LA FUSIONE NUCLEARE RENDONO I NUCLEI PIÙ STABILI E LIBERANO ENERGIA

I nuclei con il numero di massa inferiore a 50 e quelli con il numero di massa superiore a 60 sono instabili. Questi nuclei hanno la tendenza a trasformarsi in nuclei più stabili. Questo processo può avvenire mediante due tipi diversi di reazioni nucleari:

- i *nuclei con* $A > 60$ tenderanno a suddividersi per dare nuclei con *massa più piccola* attraverso una reazione di **fissione nucleare**;
- i *nuclei con* $A < 50$ tenderanno invece a combinarsi per dare nuclei con *massa più grande* attraverso una reazione di **fusione nucleare**.

Alla fine di queste trasformazioni, la massa dei prodotti di una reazione nucleare è sempre *inferiore* alla massa dei reagenti di una quantità Δm che si trasforma in energia secondo la relazione di Einstein.

LE PAROLE

L'**energia nucleare** è l'energia che si libera nelle reazioni (fissione e fusione) che coinvolgono i nuclei atomici.

La fissione nucleare

La reazione di **fissione nucleare** consiste nella suddivisione di *un nucleo di grande massa* e instabile in due nuclei di *massa minore*.

Il processo comporta l'emissione di alcuni neutroni e lo sviluppo di energia. Un elemento utilizzato per la fissione nucleare si dice *fissile*.

Il nucleo di uranio-235 ha grande massa ed è instabile per l'elevato rapporto tra il numero dei neutroni e quello dei protoni. Se un nucleo di uranio-235 è colpito da un neutrone (^1_0n) aumenta la sua instabilità e si *divide* in due nuclei di massa atomica minore (il bario-139 e il kripton-94). Il processo comporta la liberazione di *energia* e l'emissione di tre *neutroni* (figura **17**).

$$^{235}_{92}U + ^1_0n \longrightarrow ^{139}_{56}Ba + ^{94}_{36}Kr + 3\,^1_0n + \text{energia}$$

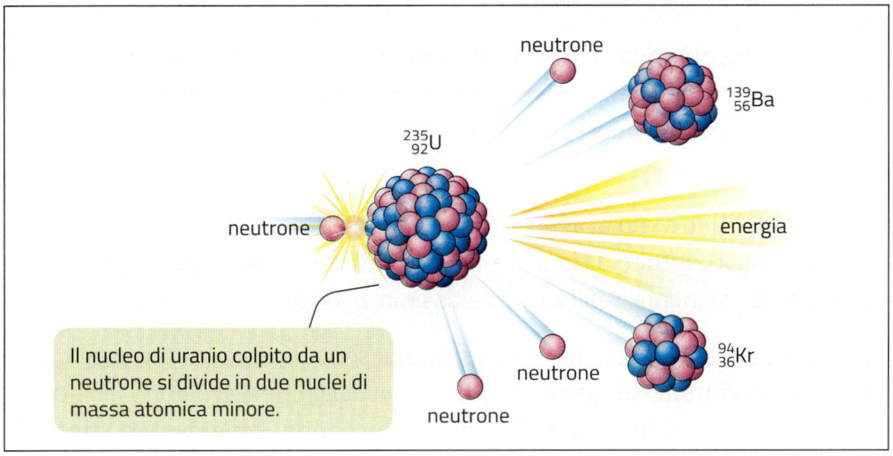

Figura 17 La fissione nucleare La fissione di un nucleo di $^{235}_{92}U$ porta all'emissione di tre neutroni e alla liberazione di una grande quantità di energia.

Lo sviluppo di energia è conseguenza della diminuzione di massa dei due nuclei ottenuti dalla fissione. I neutroni liberati dalla reazione di fissione possono a loro volta colpire altri tre nuclei di uranio, dai quali vengono emessi altri nove neutroni.

A ogni passaggio il numero dei nuclei di uranio che si dividono aumenta, e la reazione decorre più velocemente con sviluppo di enormi quantità di energia:

TI RICORDI?

Una **reazione a catena** è un processo chimico o nucleare che decorre attraverso una sequenza di reazioni in cui i prodotti dell'ultimo stadio attivano il primo stadio della sequenza successiva.

Una reazione, i cui prodotti (in questo caso i neutroni) sono utilizzati per alimentare la reazione stessa, si chiama **reazione a catena**.

In una reazione di fissione nucleare a catena è importante la *quantità di materiale fissile* utilizzata.

- Se la quantità di materiale fissile utilizzata è *uguale o maggiore* di uno specifico valore di massa, detto **massa critica**, la maggior parte dei neutroni emessi *non sfugge* dal campione e quindi vengono colpiti altri nuclei. In queste condizioni la velocità della reazione a catena non è controllata, la quantità di energia che si sviluppa è enorme e si verifica un'*esplosione atomica*.
- Se la quantità di materiale fissile utilizzata è *inferiore* al valore della massa critica, la maggior parte dei neutroni emessi *esce* dal campione. In queste condizioni, la velocità della reazione a catena è controllata (come avviene in un *reattore nucleare*): l'energia che si sviluppa sotto forma di calore può essere utilizzata per generare vapore e produrre energia elettrica (figura **18**).

Figura 18 Il reattore è il cuore di una centrale nucleare Barre di combustibile vengono introdotte nel reattore nucleare, dove la reazione di fissione permette la produzione di energia.

La fusione nucleare

La reazione di **fusione nucleare** consiste nell'unione di *due nuclei di piccola massa* con formazione di un nucleo di *massa maggiore*.

La reazione di fusione può avvenire solo se i due nuclei che interagiscono hanno un'energia cinetica elevatissima, in modo da permettere ai nuclei di vincere la forza di repulsione elettrostatica esercitata dalla loro carica positiva.

Un'energia cinetica così alta può essere raggiunta solo con *temperature elevatissime* (decine di milioni di gradi), per cui si parla di **fusione termonucleare**. La materia in queste condizioni di temperatura si trova sotto forma di plasma.

Il **plasma** è uno stato di aggregazione della materia, globalmente neutro, ma costituito da ioni positivi ed elettroni che si muovono gli uni indipendentemente dagli altri ad altissima velocità.

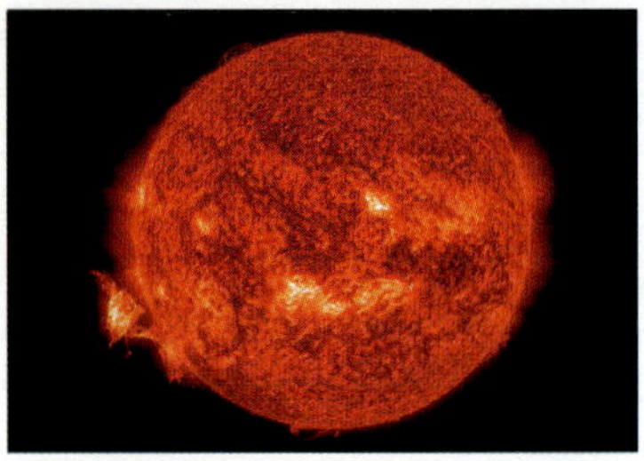

Figura 19 Nel Sole avvengono reazioni di fusione nucleare Le reazioni di fusione termonucleare che avvengono nel Sole consistono nella fusione di 4 nuclei di idrogeno in un nucleo di elio.

L'energia emessa dal Sole ha origine da una serie di reazioni termonucleari (indicate, nel complesso, come *ciclo protone-protone*), che si svolgono nel nucleo alla temperatura di 20 milioni di kelvin e che hanno come risultato finale la fusione di quattro nuclei di idrogeno in un nucleo di elio (figura **19**).

$$4\,^{1}_{1}\text{H} \longrightarrow \,^{4}_{2}\text{He} + \text{energia}$$

Da molti anni si tenta di produrre energia nucleare mediante la fusione di due isotopi dell'idrogeno, il deuterio e il trizio. Il deuterio ($^{2}_{1}$H) è contenuto nell'acqua di mare e quindi la sua disponibilità è illimitata; il trizio ($^{3}_{1}$H) è invece un isotopo radioattivo artificiale che si può produrre per fusione tra due nuclei di deuterio.

I nuclei di deuterio e trizio portati alla temperatura di 100 milioni di kelvin danno origine a una reazione di fusione termonucleare in cui si formano un nucleo di elio ($^{4}_{2}$He) e un neutrone ($^{1}_{0}$n), con liberazione di un'elevata quantità di energia (figura **20**).

$$^{2}_{1}\text{H} + \,^{3}_{1}\text{H} \longrightarrow \,^{4}_{2}\text{He} + \,^{1}_{0}\text{n} + \text{energia}$$

Nella reazione si libera energia in quanto la massa del nucleo di elio è minore della somma delle masse dei nuclei di deuterio e di trizio: il difetto di massa (Δm), secondo la relazione di Einstein, si trasforma in energia.

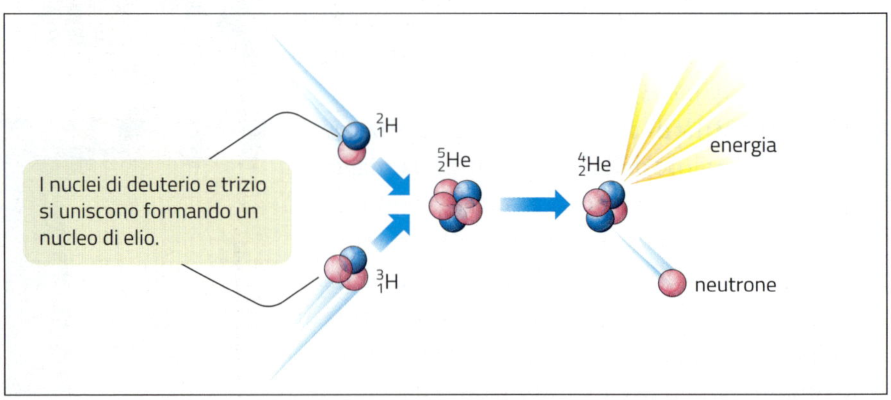

Figura 20 La fusione nucleare La fusione porta all'emissione di un neutrone e alla liberazione di una grande quantità di energia.

FACCIAMO IL PUNTO

LO SAI? RIPASSA CON LO SMARTPHONE

Che cosa sono le radiazioni α, β e γ?

I nuclei atomici di molti elementi chimici, essendo instabili, raggiungono una condizione più stabile emettendo spontaneamente radiazioni:

- le **radiazioni α** sono particelle con carica positiva formate da due protoni e due neutroni e si identificano quindi con nuclei di elio (simbolo $^{4}_{2}He$ o $^{4}_{2}\alpha$);
- le **radiazioni β** sono particelle con carica negativa e si identificano con elettroni emessi dal nucleo (simbolo $^{0}_{-1}e^{-}$ o β^{-});
- le **radiazioni γ** sono radiazioni elettromagnetiche e quindi si identificano con i fotoni, particelle prive di massa e di carica elettrica.

Che cos'è il decadimento radioattivo?

Si chiama **decadimento radioattivo** il processo attraverso il quale un nucleo instabile di un elemento emette spontaneamente radiazioni per trasformarsi in un nucleo stabile di un diverso elemento. Per diventare stabile, un radionuclide o radioisotopo deve modificare il rapporto tra il numero dei neutroni e il numero dei protoni.

- Il **decadimento α** comporta la formazione di un nuclide con un numero atomico inferiore di 2 unità e un numero di massa inferiore di 4 unità.
- Il **decadimento β^{-}** comporta la formazione di un nuclide con un numero atomico maggiore di una unità e un numero di massa invariato.
- Il **decadimento β^{+}** comporta la formazione di un nuclide con un numero atomico minore di un'unità e un numero di massa invariato.
- Il **decadimento K** (chiamato anche *decadimento per cattura elettronica*) comporta la formazione di un nuclide con un numero atomico minore di un'unità e un numero di massa invariato.
- Il **decadimento γ** riguarda i nuclidi in cui si è verificato un decadimento α, β^{-} o β^{+} e non comporta variazioni del numero atomico e del numero di massa.

Che cosa è il tempo di dimezzamento?

La velocità con cui avviene l'emissione di radiazioni (*velocità di disintegrazione*) è espressa da una grandezza, il **tempo di dimezzamento** (simbolo $t_{1/2}$), che è il tempo necessario perché si disintegri la metà dei nuclei di un radionuclide.

Quali sono le applicazioni degli isotopi radioattivi?

In medicina lo **iodio-131** è utilizzato per la diagnosi di disfunzioni della tiroide, il **cobalto-60** nella terapia dei tumori.
In biologia il **fosforo-32** e il **carbonio-14** sono stati utilizzati per analizzare la sequenza di reazioni di processi cellulari (con la sintesi del DNA e fotosintesi clorofilliana).
In paleontologia il **carbonio-14** permette di determinare l'età assoluta di reperti organici (oggetti di legno, tessuti, ossa) di età non superiore ai 70 000 anni.

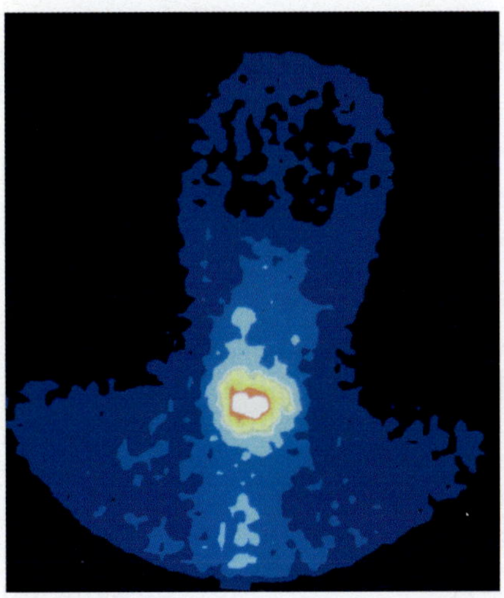

Che cosa si intende per difetto di massa?

Il **difetto di massa** (Δm) è la differenza tra la somma delle masse dei singoli nucleoni presenti in un nucleo e il valore della massa del nucleo.
È questa la massa che si trasforma in energia secondo la relazione di Einstein:

$$E = m \cdot c^2$$

Che cos'è l'energia nucleare di legame?

L'**energia nucleare di legame** è la quantità di energia che occorre per separare i nucleoni di un nucleo. Dividendo l'energia nucleare di legame per il numero dei nucleoni, possiamo determinare l'energia di legame per nucleone.
Riportando in un grafico i valori dell'energia di legame per nucleone in funzione del numero di massa di ciascun nuclide, si nota che i *nuclei con maggior energia di legame per nucleone* sono quelli con numero di massa compreso tra 50 e 60.

In che cosa consiste la fissione nucleare?

La **reazione di fissione nucleare** si verifica quando un nucleo instabile di massa atomica elevata è colpito da un neutrone e si suddivide in due nuclei di massa atomica minore, con emissione di neutroni e sviluppo di energia. I neutroni liberati possono colpire altri nuclei dell'elemento fissile, dai quali vengono emessi altri neutroni (**reazione a catena**).
Poiché utilizza una piccola quantità di materiale fissile (inferiore alla massa critica), la velocità della reazione a catena è controllata e l'energia che si sviluppa (calore) può essere utilizzata per generare vapore e produrre quindi energia elettrica.

In che cosa consiste la fusione nucleare?

La **reazione di fusione nucleare** si verifica quando due nuclei di piccola massa si uniscono per formare un nucleo di massa maggiore. Affinché la reazione di fusione possa avvenire, occorrono temperature notevolmente alte (decine di milioni di gradi), per cui si parla di fusione termonucleare.
Una reazione di fusione nucleare è quella in cui due isotopi dell'idrogeno, i nuclei di deuterio e trizio, alla temperatura di 100 milioni di kelvin formano un nucleo di elio e un neutrone, con liberazione di un'elevata quantità di energia.

ESERCIZI

ZTE ONLINE
Mettiti alla prova
con 20 esercizi interattivi

VERIFICA LE TUE CONOSCENZE

LE RADIAZIONI NUCLEARI

1 **Esamina i parametri (carica e massa) delle radiazioni α e β.**

2 **Giustifica la maggiore capacità di penetrazione delle radiazioni γ rispetto alle radiazioni α.**

3 **Rappresenta i simboli usati per le radiazioni α, β e γ.**

4 **Indica le particelle dotate di massa maggiore:**
Ⓐ particelle β
Ⓑ protoni
Ⓒ particelle α
Ⓓ neutroni

5 **La stabilità del nucleo atomico dipende**
Ⓐ dal rapporto tra il numero dei protoni e quello degli elettroni nel livello energetico esterno.
Ⓑ dal numero dei neutroni.
Ⓒ dal rapporto tra il numero dei neutroni e quello dei protoni.
Ⓓ dal rapporto tra il numero dei protoni e quello dei neutroni.

IL DECADIMENTO RADIOATTIVO

6 **Considera il decadimento positronico e specifica:**
a. quali radionuclidi riguarda;
b. il tipo di particelle emesse;
c. il numero atomico e il numero di massa del radionuclide che si forma.

7 **Identifica il tipo di decadimento radioattivo per le seguenti equazioni nucleari:**
a. ${}^{214}_{83}Bi \longrightarrow {}^{214}_{84}Po + {}^{0}_{-1}e + {}^{0}_{0}\nu$
b. ${}^{257}_{100}Fm \longrightarrow {}^{253}_{98}Cf + {}^{4}_{2}He$
c. ${}^{73}_{33}As + {}^{0}_{-1}e \longrightarrow {}^{73}_{32}Ge + {}^{0}_{0}\nu$
d. ${}^{13}_{7}N \longrightarrow {}^{13}_{6}C + {}^{0}_{+1}e + {}^{0}_{0}\nu$
e. ${}^{226}_{88}Ra \longrightarrow {}^{226}_{88}Ra + {}^{0}_{0}g$
f. ${}^{17}_{9}F \longrightarrow {}^{17}_{8}O + {}^{0}_{+1}e + {}^{0}_{0}\nu$

8 **Bilancia le seguenti equazioni nucleari:**
a. ${}^{25}_{13}Al + {}^{1}_{0}n \longrightarrow {}^{1}_{1}H + Mg$
b. ${}^{238}_{92}U + {}^{2}_{1}H \longrightarrow Np + {}^{1}_{0}n$
c. ${}^{63}_{29}Cu + {}^{2}_{1}H \longrightarrow Ni + {}^{4}_{2}He$

9 **Le radiazioni α emesse durante il decadimento radioattivo di un isotopo instabile sono**
Ⓐ neutroni.
Ⓑ particelle formate da 2 protoni e 2 neutroni.
Ⓒ nuclei di elio-3.
Ⓓ particelle formate da 1 protone e 1 neutrone.

10 **L'emissione di radiazione γ modifica**
Ⓐ il numero di massa, ma non il numero atomico.
Ⓑ il numero atomico, ma non il numero di massa.
Ⓒ il numero di massa e il numero atomico ma non l'energia.
Ⓓ l'energia, ma non il numero di massa e il numero atomico.

11 **Le radiazioni β^- emesse durante il decadimento radioattivo di un isotopo instabile sono**
Ⓐ positroni.
Ⓑ particelle formate da 2 neutroni e 2 protoni.
Ⓒ radiazioni elettromagnetiche ad alta energia.
Ⓓ elettroni emessi dal nucleo.

12 **Le radiazioni β^+ emesse durante il decadimento radioattivo di un isotopo instabile sono:**
Ⓐ elettroni emessi dal nucleo.
Ⓑ neutroni emessi dal nucleo.
Ⓒ nuclei di elio-4.
Ⓓ positroni.

13 **Il decadimento radioattivo β^- comporta:**
Ⓐ una diminuzione di una unità nel numero atomico e un numero di massa invariato.
Ⓑ un aumento di una unità nel numero atomico e un numero di massa invariato.
Ⓒ un aumento di una unità nel numero atomico e un aumento nel numero di massa.
Ⓓ un aumento di due unità nel numero di massa e un numero atomico invariato.

14 **Il numero di massa di un nuclide, in seguito all'emissione di una radiazione β^+,**
Ⓐ non varia.
Ⓑ aumenta di una unità.
Ⓒ diminuisce di una unità.
Ⓓ aumenta di due unità.

15 **In seguito al decadimento per cattura elettronica, il numero atomico di un nuclide**

Ⓐ aumenta di due unità.
Ⓑ diminuisce di una unità.
Ⓒ aumenta di una unità.
Ⓓ diminuisce di due unità.

IL TEMPO DI DIMEZZAMENTO

16 **Un composto contiene 10 g dell'isotopo cesio-157 ($t_{1/2}=30$ anni). Indica quanti grammi dell'isotopo sono presenti dopo 30 anni.**

Ⓐ 20
Ⓑ 5
Ⓒ 30
Ⓓ 2,5

17 **Il tempo di dimezzamento è quello necessario per**

Ⓐ il decadimento di metà dei nuclei di un radioisotopo.
Ⓑ la trasformazione di un nuclide stabile in un altro nuclide stabile.
Ⓒ la formazione di un isotopo radioattivo da un elemento non radioattivo.
Ⓓ il decadimento radioattivo di un isotopo.

18 **La radioattività di un isotopo radioattivo è diminuita a 1/32 rispetto a quella iniziale. I tempi di dimezzamento trascorsi sono:**

Ⓐ $2\ t_{1/2}$
Ⓑ $4\ t_{1/2}$
Ⓒ $5\ t_{1/2}$
Ⓓ $8\ t_{1/2}$

APPLICAZIONE DEGLI ISOTOPI RADIOATTIVI

19 **Perché i radionuclidi utilizzati in radiodiagnostica (risonanza magnetica, scintigrafia) hanno tempi di dimezzamento molto brevi (minuti, ore)? Motiva la tua risposta.**

20 **In biologia l'isotopo radioattivo carbonio-14 è stato utilizzato per analizzare la sequenza di reazioni relative alla**

Ⓐ sintesi del DNA.
Ⓑ fotosintesi clorofilliana.
Ⓒ sintesi delle proteine.
Ⓓ respirazione cellulare.

21 **Indica in quale applicazione scientifica non sono usati gli isotopi radioattivi.**

Ⓐ Diagnostica e terapia medica.
Ⓑ Radiodatazione.
Ⓒ Rilevazione di perdite in oleodotti.
Ⓓ Analisi dei climi.

IL DIFETTO DI MASSA

22 **Analizza la relazione che lega il difetto di massa e l'energia che si libera quando si forma un nucleo atomico.**

23 **Rappresenta il grafico che mette in relazione la variazione di energia di legame per nucleone con il numero di massa, evidenziando la zona di massima stabilità.**

24 **I nuclei atomici con maggiore energia di legame per nucleone hanno un numero di massa**

Ⓐ compreso tra 50 e 60.
Ⓑ minore di 50.
Ⓒ maggiore di 60.
Ⓓ compreso tra 60 e 70.

25 **Il difetto di massa è la differenza tra**

Ⓐ la massa dei protoni e quella dei neutroni.
Ⓑ la somma delle masse dei singoli nucleoni e la massa del nucleo.
Ⓒ la massa dei neutroni e quella dei protoni.
Ⓓ la somma delle masse dei nucleoni e la massa degli elettroni.

LE REAZIONI NUCLEARI

26 **Giustifica la liberazione di energia nei processi di fissione e fusione nucleare.**

27 **Analizza una reazione nucleare di fissione quando si utilizza una quantità di materiale fissile:**

a. uguale o maggiore al valore della massa critica;
b. inferiore al valore della massa critica.

28 **Indica l'affermazione *errata*.**

Una reazione nucleare

Ⓐ coinvolge solo i nuclei dell'atomo.
Ⓑ libera enormi quantità di energia.
Ⓒ non produce nuovi nuclei atomici.
Ⓓ libera energia in conseguenza di una diminuzione di massa.

29 **L'isotopo radioattivo che potrebbe essere utilizzato come combustibile in un reattore nucleare è**

Ⓐ radio-226.
Ⓑ francio-220.
Ⓒ uranio-235.
Ⓓ piombo-204.

VERIFICA LE TUE ABILITÀ

30 **Rappresenta l'equazione nucleare per il decadimento α dei seguenti isotopi radioattivi:**

a. $^{232}_{90}Th$
b. $^{224}_{88}Ra$
c. $^{220}_{86}Rn$
d. $^{212}_{83}Bi$

31 **Rappresenta l'equazione nucleare per il decadimento β^- dei seguenti isotopi radioattivi:**

a. $^{228}_{88}Ra$
b. $^{228}_{89}Ac$
c. $^{212}_{82}Pb$
d. $^{49}_{20}Ca$

32 **Rappresenta l'equazione nucleare per il decadimento β^+ dei seguenti isotopi radioattivi:**

a. $^{22}_{11}Na$
b. $^{43}_{22}Ti$
c. $^{53}_{27}Co$
d. $^{32}_{15}P$

33 **Rappresenta l'equazione nucleare per il decadimento per cattura elettronica dei seguenti isotopi radioattivi:**

a. $^{80}_{37}Rb$
b. $^{68}_{32}Ge$
c. $^{37}_{18}Ar$
d. $^{55}_{26}Fe$

34 **Rappresenta le equazioni nucleari quando l'uranio $^{238}_{92}U$ emette in successione:**

a. una particella α e una particella β^-;
b. tre particelle α e due particelle β^-.

35 **L'isotopo dell'uranio $^{238}_{92}U$ decade a $^{238}_{93}Np$ in seguito all'emissione di**

Ⓐ un positrone.
Ⓑ una particella α.
Ⓒ una particella β^-.
Ⓓ un neutrone.

36 **L'isotopo dell'uranio $^{238}_{92}U$ emettendo una particella α si trasforma nell'isotopo:**

Ⓐ $^{238}_{92}U$
Ⓑ $^{234}_{90}Th$
Ⓒ $^{236}_{90}U$
Ⓓ $^{238}_{93}Np$

37 **Indica la particella che viene emessa nella seguente equazione nucleare incompleta:**

$$^{98}_{42}Mo + ^{2}_{1}He \longrightarrow ^{99}_{43}Tc + ...$$

Ⓐ Neutrone
Ⓑ Elettrone
Ⓒ Positrone
Ⓓ Protone

38 **Indica il prodotto mancante nella seguente equazione nucleare incompleta:**

$$^{19}_{10}Ne \longrightarrow .... + ^{0}_{-1}e$$

Ⓐ Fluoro-19
Ⓑ Sodio-19
Ⓒ Sodio-20
Ⓓ Fluoro-20

39 **Indica la particella mancante nella seguente equazione nucleare incompleta:**

$$^{87}_{36}Kr \longrightarrow ^{86}_{36}Kr + ...$$

Ⓐ Neutrone
Ⓑ Elettrone
Ⓒ Positrone
Ⓓ Protone

40 **Un composto contiene 10 mg dell'isotopo cobalto-60 ($t_{1/2} = 5,2$ anni). Calcola quanti anni fa il composto ^{50}Co conteneva 160 mg dell'isotopo.**

41 **Il tempo di dimezzamento dell'isotopo sodio-24 è di 15 ore. Se un composto contiene 100 mg di questo isotopo, calcola quanti mg di sodio saranno presenti dopo 60 ore.**

42 **Il fosforo-32 ha un tempo di dimezzamento di 14 giorni. Calcola quanti giorni occorrono per ridurre a 1/4 la quantità iniziale dell'isotopo.**

43 **Il tempo di dimezzamento del fosforo-32 è di 14 giorni. Se un composto ne contiene 40 g, i grammi residui dopo 42 giorni sono:**

Ⓐ 10 Ⓑ 20 Ⓒ 15 Ⓓ 5

44 **Un composto contiene 50 mg dell'isotopo attinio-227 ($t_{1/2} = 22$ anni). Indica quanti anni fa il composto ne conteneva 400 mg:**

Ⓐ 44 Ⓑ 66 Ⓒ 88 Ⓓ 110

45 **Calcola la massa in grammi equivalente a 1,0 kJ.**

46 **Calcola l'energia nucleare di legame (in J/nucleone) del nucleo di deuterio la cui massa è uguale a 2,0135 u.**

47 **Il nucleo di trizio ha una massa uguale a 3,0155 u. Indica il valore dell'energia nucleare di legame (in J/nucleone):**

Ⓐ $6,79 \cdot 10^{-13}$
Ⓑ $2,26 \cdot 10^{-13}$
Ⓒ $9,06 \cdot 10^{-13}$
Ⓓ $4,53 \cdot 10^{-13}$

48 **Un nucleo di uranio-235, colpito da un neutrone, forma un nucleo di tellurio-137 e un nucleo di zirconio-97. Il numero di neutroni liberati dalla fissione è:**

Ⓐ 2 Ⓑ 5 Ⓒ 7 Ⓓ 9

TEST YOURSELF

49 When does the stability of a nucleus with Z > 30 increase?

50 Draw the nuclear equation showing the β^+ decay of the radioactive isotope chrome-50.

51 Draw the nuclear equation concerning successive emissions of an α particle and of a β^- particle from the isotope ${}^{226}_{88}Ra$.

52 What is the change in the mass number of a nucleus after the emission of α particles?

53 Indicate what type of decay occurs in the following incomplete nuclear equation:

$${}^{200}_{81}Tl \longrightarrow {}^{200}_{80}Hg + \dots\dots\dots$$

54 In a nuclear reaction
- Ⓐ the whole mass turns into energy.
- Ⓑ a small mass quantity turns into energy.
- Ⓒ the whole energy turns into mass.
- Ⓓ the mass increases.

55 Nuclear fusion is a process in which
- Ⓐ an atomic nucleus splits into two nuclei of lower mass.
- Ⓑ two low-mass atomic nuclei join together to form a nucleus of lower mass.
- Ⓒ two low-mass atomic nuclei join together to form a nucleus of higher mass.
- Ⓓ two great-mass atomic nuclei join together to form a nucleus of lower mass.

VERSO I GIOCHI DELLA CHIMICA

56 Il radon-222 ha un tempo di dimezzamento di 3,82 giorni. Se in una abitazione sono presenti 10^{14} nuclidi di questo gas, indica il numero dei nuclidi che rimangono dopo 30 giorni.
- Ⓐ 2680
- Ⓑ $4{,}3 \cdot 10^{11}$
- Ⓒ $3{,}28 \cdot 10^3$
- Ⓓ $4{,}3 \cdot 10^3$

[Finale nazionale 2007]

57 Un oggetto di legno fossilizzato ha un decadimento del carbonio-14 uguale a 1/8 di quello di un oggetto di legno attuale. Sapendo che il tempo di dimezzamento del carbonio-14 è di 5730 anni, si deduce che l'oggetto di legno fossilizzato ha un'età (in anni) di:
- Ⓐ 17 190
- Ⓑ 34 280
- Ⓒ 9595
- Ⓓ 171

[Finale nazionale 2009]

VERSO L'UNIVERSITÀ

58 L'isotopo radioattivo del carbonio usato per la datazione archeologica è costituito da:
- Ⓐ 6 protoni, 7 neutroni, 6 elettroni.
- Ⓑ 6 protoni, 8 neutroni, 6 elettroni.
- Ⓒ 7 protoni, 7 neutroni, 7 elettroni.
- Ⓓ 7 protoni, 6 neutroni, 7 elettroni.
- Ⓔ 8 protoni, 6 neutroni, 6 elettroni.

[dalla prova di ammissione a Veterinaria, 2010]

VERSO L'ESAME: LE TUE COMPETENZE

RAPPRESENTA

59 Rappresenta l'equazione nucleare relativa alla trasformazione del:

a. ${}^{13}_{6}C$ in ${}^{14}_{6}C$ b. ${}^{250}_{95}C$ in ${}^{252}_{96}C$

DEDUCI

60 Completa le seguenti equazioni nucleari:

a. ${}^{238}_{92}U + {}^{4}_{2}\alpha \longrightarrow 20\,{}^{1}_{1}H + 35\,{}^{1}_{0}n + \dots\dots\dots$

b. ${}^{43}_{20}Ca + {}^{4}_{2}He \longrightarrow {}^{41}_{21}Sc + \dots\dots\dots + \dots\dots\dots$

c. ${}^{6}_{3}Li + {}^{1}_{0}n \longrightarrow {}^{4}_{2}He + \dots\dots\dots$

d. ${}^{19}_{10}Ne \longrightarrow \dots\dots\dots + {}^{0}_{-1}e$

e. ${}^{26}_{13}Al \longrightarrow {}^{25}_{12}Mg + \dots\dots\dots$

f. ${}^{9}_{4}Be + \dots\dots\dots \longrightarrow {}^{6}_{3}Li + {}^{4}_{2}He$

COLLEGA E CALCOLA

61 Calcola l'età di un reperto fossile che emette radiazioni β uguali a 1/4 rispetto a quelle emesse da un organismo vivente.

COLLEGA E CALCOLA

62 Il tecnezio-99 ($t_{1/2}$ = 6 ore) è impiegato nella radiodiagnostica. Si somministra a un paziente una dose uguale a 100 mg. Calcola la quantità residua dopo un giorno.

RAPPRESENTA

63 Il fluoro-19 bombardato con particelle α dopo due trasformazioni genera il sodio-22. Rappresenta l'equazione nucleare per l'intera trasformazione.

RAPPRESENTA

64 Il bombardamento del cadmio-115 con neutroni provoca l'emissione di radiazioni γ. Rappresenta l'equazione nucleare del processo.

COLLEGA E CALCOLA

65 L'isotopo radioattivo iodio-131 è usato ai fini diagnostici per determinare la funzionalità della tiroide. Sapendo che il $t_{1/2}$ è dello iodio è 8 giorni e che 5 g di iodio raggiungono la tiroide, dopo 40 giorni quanti g di iodio rimangono?

SEI PRONTO PER LA VERIFICA?

IN 1 ORA

Dopo aver studiato i contenuti del **capitolo 24**, svolgi la prova nel **tempo massimo di un'ora**.

CONOSCENZE E ABILITÀ

1 **Il cesio-137 ha un tempo di dimezzamento di 30 anni. Dopo quanti anni la quantità di cesio-137 diventerà 1/4 di quella iniziale?**

Ⓐ 30 Ⓑ 15 Ⓒ 120 Ⓓ 60

(4 punti se hai risposto correttamente) ...../4

2 **Bilancia la seguente equazione nucleare:**

$$^{10}_{5}B + ^{1}_{0}n \longrightarrow ^{3}_{1}He + ^{4}_{2}He$$

(4 punti se hai risposto correttamente) ...../4

3 **Completa le seguenti equazioni nucleari:**

a. $^{55}_{25}Mn + 2\,^{1}_{0}n \longrightarrow ^{55}_{25}Fe + ...$

b. $^{27}_{13}Al + ^{4}_{2}He \longrightarrow ^{30}_{15}P + ...$

(6 punti se hai risposto correttamente) ...../6

4 **Quale tra le seguenti affermazioni relative alla reazione di fissione nucleare *non* è vera?**

Ⓐ Si libera una quantità di energia molto elevata.
Ⓑ La maggior parte dei prodotti della reazione è costituita da isotopi radioattivi.
Ⓒ Da ciascun nucleo vengono emessi due o più neutroni.
Ⓓ Il nucleo di un atomo con massa elevata è colpito da un protone.

(5 punti se hai risposto correttamente) ...../5

5 **Quale tipo di trasformazione è descritta dalla seguente equazione?**

$$^{3}_{1}H + ^{2}_{1}H \longrightarrow ^{4}_{2}He + ^{1}_{0}n$$

Ⓐ Una reazione chimica di sintesi.
Ⓑ Una reazione nucleare di decadimento.
Ⓒ Una reazione di fissione nucleare.
Ⓓ Una reazione di fusione nucleare.

(5 punti se hai risposto correttamente) ...../5

6 **Il seguito all'emissione di una particella alfa, l'isotopo $^{226}_{88}Ra$ si trasforma nell'isotopo:**

Ⓐ $^{222}_{86}Rn$ Ⓑ $^{224}_{88}Ra$ Ⓒ $^{224}_{86}Rn$ Ⓓ $^{225}_{87}Fr$

(10 punti se hai risposto correttamente) ...../10

7 **Nella reazione nucleare:**

$$^{235}_{92}U + ^{1}_{0}n \longrightarrow ^{141}_{95}Ba + ... + 3\,^{1}_{0}n$$

il prodotto non noto è:

Ⓐ $^{1}_{1}H$ Ⓑ $^{238}_{92}U$ Ⓒ $^{91}_{35}Br$ Ⓓ $^{92}_{36}Kr$

(8 punti se hai risposto correttamente) ...../8

8 **Nella seguente reazione nucleare:**

$$^{14}_{7}N + ^{4}_{2}He \longrightarrow ^{17}_{8}O + ...$$

il prodotto non noto è:

Ⓐ un elettrone $^{0}_{-1}e$
Ⓑ un nucleo di idrogeno $^{1}_{1}H$
Ⓒ un neutrone $^{1}_{0}n$
Ⓓ un positrone $^{0}_{+1}e$

(8 punti se hai risposto correttamente) ...../8

9 **L'isotopo $^{63}_{28}Ni$ emette particelle β^-. Quale dei seguenti isotopi si forma in seguito al suo decadimento?**

Ⓐ $^{62}_{28}Ni$ Ⓑ $^{63}_{29}Cu$ Ⓒ $^{62}_{27}Co$ Ⓓ $^{64}_{28}Ni$

(10 punti se hai risposto correttamente) ...../10

I primi 60 punti valgono per il raggiungimento degli obiettivi minimi. Per fare di più, rispondi alle seguenti domande.

COMPETENZE

10 **Rappresenta l'equazione nucleare del decadimento per cattura elettronica del magnesio-24.**

(10 punti se hai risposto correttamente) ...../10

11 **Rappresenta l'equazione nucleare per il decadimento α dei seguenti isotopi radioattivi:**

a. $^{192}_{78}Pt$ b. $^{210}_{84}Po$

(10 punti se hai risposto correttamente) ...../10

12 **Rappresenta l'equazione nucleare per il decadimento β^- dei seguenti isotopi radioattivi:**

a. $^{212}_{83}Bi$ b. $^{40}_{19}K$

(10 punti se hai risposto correttamente) ...../10

13 **Rappresenta l'equazione nucleare per il decadimento β^+ dei seguenti isotopi radioattivi:**

a. $^{64}_{29}Cu$ b. $^{9}_{4}Be$

(10 punti se hai risposto correttamente) ...../10

PUNTEGGIO TOTALE ...../100

CAPITOLO

A1

CHIMICA ORGANICA: UNA VISIONE D'INSIEME

1 I COMPOSTI ORGANICI SONO I COMPOSTI DEL CARBONIO

Il carbonio è un elemento molto diffuso al punto che uno specifico ambito della chimica è dedicato allo studio dei suoi composti: la **chimica organica**. I composti del carbonio, infatti, sono milioni e differiscono tra loro sia per il numero degli atomi di carbonio sia per il modo in cui sono legati. Fino agli inizi dell'Ottocento, i composti del carbonio erano considerati essenzialmente di origine naturale, prodotti dall'attività biologica di organismi animali e vegetali. A ciò si deve il nome di composti organici. Nel 1828, tuttavia, il chimico tedesco Friedrich Wöhler (figura **1**) riuscì a produrre per sintesi l'*urea*, $CO(NH_2)_2$, un composto organico presente in soluzione nell'urina, riscaldando un composto inorganico, il cianato di ammonio:

$$NH_4CNO \xrightarrow{\text{calore } (\Delta)} CO(NH_2)_2$$

Da allora sono stati moltissimi i composti del carbonio preparati per sintesi in laboratorio e, quindi, la formulazione più corretta è rappresentata dalla seguente definizione:

> Si definiscono organici i composti del carbonio a eccezione di ossidi (CO, CO_2), carburi (come CaC_2), acido carbonico (H_2CO_3) e i suoi sali (carbonati e bicarbonati).

I composti del carbonio sono costituiti principalmente da sei elementi (carbonio, idrogeno, ossigeno, azoto, fosforo e zolfo).

Nel sistema periodico cinque di questi elementi (carbonio, azoto, ossigeno, fosforo e zolfo) sono tutti vicini tra loro, in alto e a destra, mentre l'idrogeno è collocato in alto e a sinistra perché avendo un solo elettrone nel livello energetico esterno appartiene al primo gruppo. I loro atomi hanno tutti un piccolo raggio atomico e un valore di elettronegatività molto simile: tra essi pertanto si possono stabilire forti legami covalenti. Gli atomi di carbonio, di azoto e di ossigeno possono formare legami semplici e doppi, il carbonio e l'azoto anche tripli. Questi elementi, quindi, possono formare composti stabili e in numero elevato.

Figura 1 **Friederich Wöhler** Il chimico tedesco sintetizzò l'urea a partire da un composto inorganico.

TI RICORDI?

I **polimeri** sono macromolecole costituite dalla ripetizione di più molecole (monomeri), uguali o diverse, unite con legame covalente.

I composti organici si distinguono in tre grandi gruppi:

- **idrocarburi**, distinti in alifatici e aromatici. Sono composti costituiti esclusivamente da atomi di carbonio e di idrogeno;
- **derivati degli idrocarburi**, distinti in alogenati, azotati e ossigenati. Sono composti costituiti, oltre che da atomi di carbonio e di idrogeno, anche da altri elementi quali ossigeno, azoto, fosforo e zolfo;
- **biomolecole**, distinte in carboidrati, lipidi, proteine e acidi nucleici. Sono polimeri (tranne i lipidi) costituiti prevalentemente da atomi di carbonio, idrogeno, ossigeno e azoto.

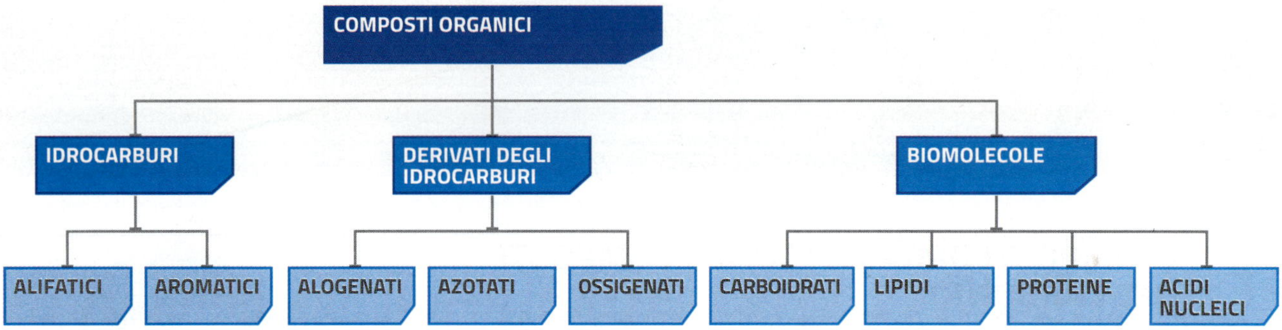

2 LE CARATTERISTICHE DELL'ATOMO DI CARBONIO

TI RICORDI?

Il **legame covalente** consiste nella condivisione di una o più coppie di elettroni tra atomi uguali o diversi di non metalli.

Il numero elevato di composti organici (sono alcuni milioni) è dovuto alla versatilità dell'atomo di carbonio che, unico tra tutti gli elementi chimici, è in grado di formare moltissime molecole diverse, costituite da un numero estremamente variabile di atomi. Gli aspetti più rilevanti e specifici dell'atomo di carbonio sono:

a. la presenza nel livello energetico esterno di quattro elettroni spaiati con i quali forma sempre **quattro legami covalenti**. Tale proprietà può essere spiegata assumendo che l'atomo di carbonio, che nello *stato fondamentale* ha configurazione elettronica esterna $2s^2 2p^2$, al momento di combinarsi con altri atomi assorba energia dall'esterno e trasferisca un elettrone della coppia dell'orbitale $2s$ a un orbitale $2p$ vuoto (*promozione elettronica*). In questo modo aumenterebbe il numero degli elettroni singoli e la configurazione elettronica esterna nello *stato eccitato* risulterebbe $2s^1 2p^3$ (figura 2). Tale ipotesi spiegherebbe la capacità del carbonio di fare quattro legami, ma tre di essi dovrebbero essere equivalenti e uno no. Questa previsione però contrasta con i dati sperimentali: in alcune molecole organiche il carbonio forma quattro legami identici per lunghezza, forza e angolazione.

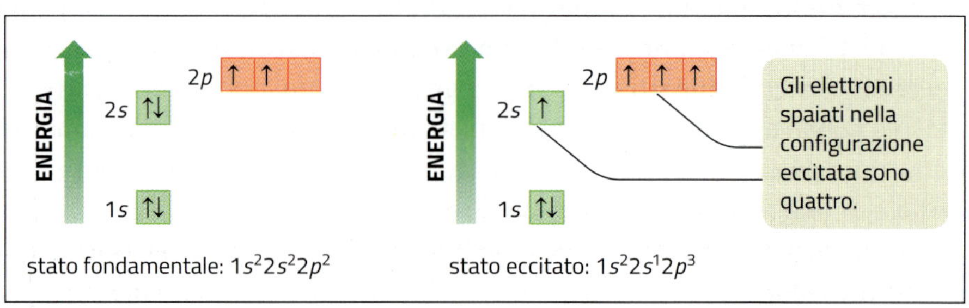

Figura 2 **La configurazione elettronica del carbonio ($Z = 6$)** Nello stato fondamentale gli elettroni spaiati sono due mentre in quello eccitato sono quattro.

Per spiegare le osservazioni empiriche occorre introdurre l'ipotesi dell'ibridazione orbitalica, basata sulla possibilità di formare ibridi degeneri dalla somma di orbitali atomici di diversa energia.

In seguito alla combinazione di un orbitale *s* con uno, due o tre orbitali *p*, il carbonio ha la capacità di ibridarsi *sp*, sp^2 o sp^3:

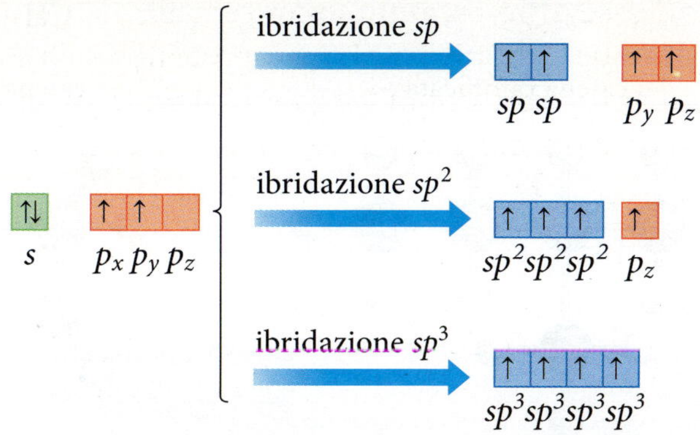

TI RICORDI?

Il **legame covalente** può essere classificato in base al tipo di orbitale molecolare che si forma: σ per sovrapposizione di orbitali atomici ad assi coincidenti; π per sovrapposizione di orbitali atomici ad assi paralleli.

Con gli orbitali ibridi il carbonio forma legami covalenti di tipo σ, mentre con gli orbitali non ibridi *p* forma legami covalenti di tipo π;

b. il **numero di ossidazione (n.o.)**, che assume tutti i valori compresi tra +4 e −4 e permette all'atomo di carbonio di formare un numero infinito di composti. Nei composti organici l'atomo di carbonio può assumere valori diversi nella stessa molecola, per cui si deve attribuire il n.o. a tutti gli atomi di carbonio singolarmente.

Per il calcolo del n.o. di un atomo di carbonio, si deve rappresentare la formula di struttura di Lewis del composto e tenere conto dei seguenti criteri:

- ogni legame con altri atomi di carbonio contribuisce al calcolo del n.o. del carbonio con zero perché gli elettroni di legame sono esattamente condivisi;
- ogni legame con l'idrogeno o con i metalli contribuisce al calcolo del n.o. del carbonio con −1 perché il carbonio è più elettronegativo;
- ogni legame con altri non metalli (O, N, S, alogeni) contribuisce al calcolo del n.o. del carbonio con +1 perché il carbonio è meno elettronegativo.

La somma algebrica di tali valori costituisce il numero di ossidazione dell'atomo di carbonio considerato;

TI RICORDI?

Il **numero di ossidazione** è la carica elettrica che un atomo ha (legame ionico) o avrebbe (legame covalente) se gli elettroni di legame fossero tutti attribuiti all'elemento più elettronegativo.

c. il **valore medio di elettronegatività** ($E_n = 2{,}5$) per cui il carbonio non ha tendenza a perdere o ad acquistare elettroni, ma puttosto a condividerli con altri atomi formando legami covalenti poco polari e quindi forti e stabili;

TI RICORDI?

L'**elettronegatività** (E_n) è la tendenza di un atomo ad attirare verso di sé gli elettroni di legame.

d. il **piccolo raggio atomico** ($r = 77$ pm) per cui l'atomo di carbonio può formare legami covalenti *singoli*, *doppi* e *tripli*; infatti il suo scarso ingombro facilita la formazione di legami stabili con altri atomi di carbonio. La possibilità di formare legami multipli conferisce all'atomo di carbonio la specificità di formare più molecole costituite dagli stessi atomi ma disposti in modo diverso nello spazio e quindi con differenti proprietà fisiche e chimiche e anche con reattività diversa;

e. la grande **tendenza alla concatenazione**, giustificata dall'assenza nell'atomo di carbonio di doppietti elettronici liberi nel livello energetico esterno e da un piccolo raggio atomico, per cui può formare legami covalenti omopolari con altri atomi di carbonio. Le catene possono essere **aperte** (lineari o ramificate) o **chiuse**:

$CH_3-CH_2-CH_2-CH_3$

catena lineare

$CH_3-CH(CH_3)-CH_2-CH_3$

catena ramificata

$\begin{array}{ccc} CH_2 & - & CH_2 \\ | & & | \\ CH_2 & - & CH_2 \end{array}$

catena chiusa

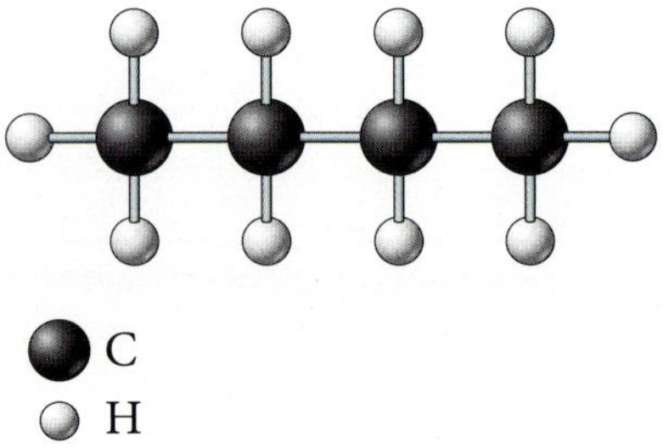

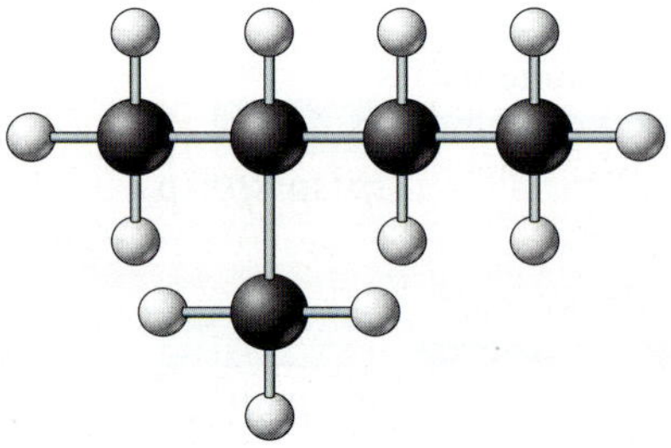

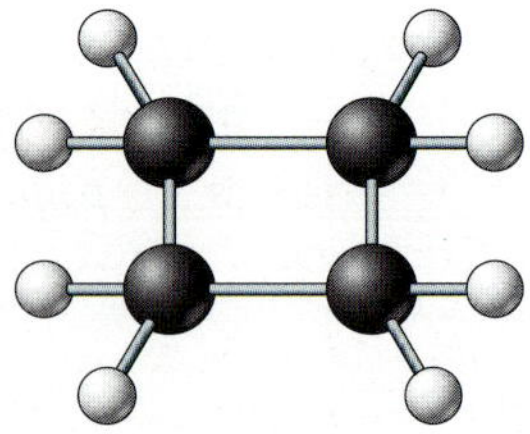

Nelle catene carboniose aperte gli atomi di carbonio sono distinti in *primari* (p), *secondari* (s), *terziari* (t) a seconda che siano legati rispettivamente a un solo atomo di carbonio, a due atomi di carbonio o a tre atomi di carbonio:

$$\overset{p}{C}H_3-\overset{s}{C}H_2-\overset{t}{C}H(\underset{p}{C}H_3)-\overset{s}{C}H_2-\overset{p}{C}H_3$$

PROBLEMA MODELLO

Determinare il n.o. del carbonio nei composti organici

Determina il numero di ossidazione di ciascun atomo di carbonio nell'aldeide acetica CH_3-CHO.

L'IDEA

Si rappresenta la formula di Lewis del composto e, sulla base dell'elettronegatività degli atomi, si assegnano i n.o.

LA SOLUZIONE

Rappresentiamo la formula di struttura di Lewis:

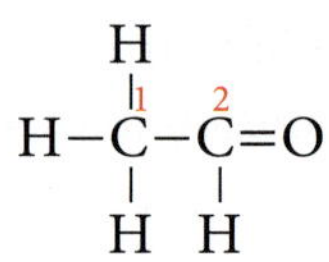

Prendendo in esame i criteri esposti, il carbonio 1, legato a tre atomi di idrogeno e all'atomo di carbonio 2, ha n.o. −3.
Invece, per il carbonio 2, il n.o. è +1, in quanto è dato dalla somma di −1 (per il legame con l'idrogeno) e +2 (per il doppio legame con l'ossigeno).

PROBLEMA SIMILE

Definisci il numero di ossidazione di ciascun atomo di carbonio nei seguenti composti organici:

a. $CH_3-CH_2-CH_3$

b. CH_3-CH_2-OH

3 I COMPOSTI ORGANICI SI RAPPRESENTANO CON DIVERSE FORMULE

I composti organici si possono rappresentare con le formule di struttura di Lewis, razionali, condensate e topologiche:

a. le formule di **Lewis** evidenziano tutti i legami chimici tra gli atomi della molecola;

b. le formule **razionali** mettono in evidenza solo i legami carbonio-carbonio;

c. le formule **condensate** evidenziano solo gli atomi e i gruppi atomici che costituiscono la molecola;

d. le formule **topologiche** evidenziano solo la catena carboniosa mediante l'uso di segmenti consecutivi, che rappresentano i legami C–C o C–X (con X ≠ H) mentre gli atomi di carbonio sono raffigurati come gli estremi del segmento.

Il *normal*-pentano (*n*-pentano) e il *neo*-pentano (2,2-dimetilpropano), entrambi con formula molecolare C_5H_{12}, possono essere rappresentati come in tabella **1**.

A COLPO D'OCCHIO

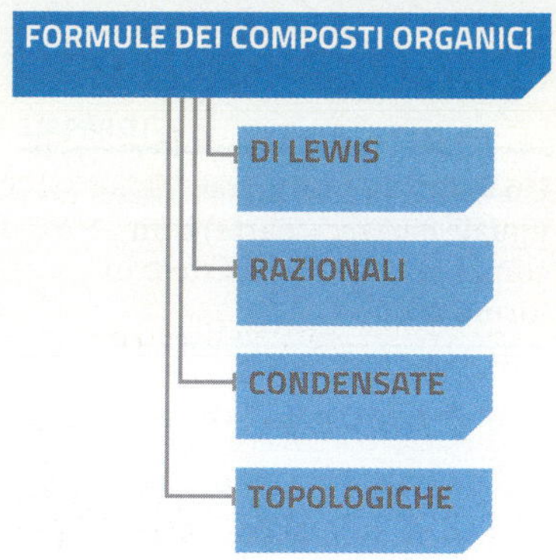

Tabella 1 I tipi di formule per i composti *n*-pentano e *neo*-pentano Vengono rappresentate le formule di Lewis, razionali, condensate e topologiche.

Composto	Lewis	Razionale	Condensata	Topologica
n-pentano	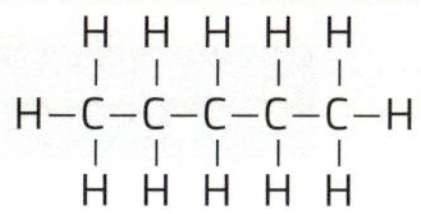	$CH_3-CH_2-CH_2-CH_2-CH_3$	$CH_3(CH_2)_3CH_3$	
neo-pentano	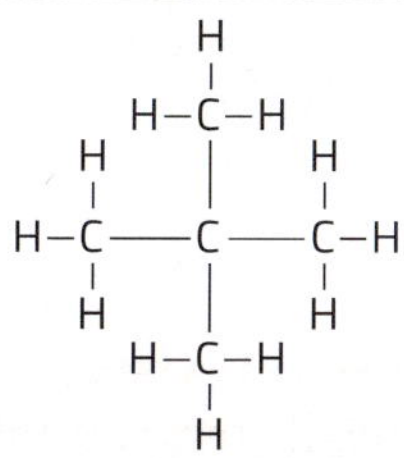	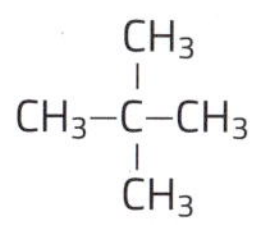	$(CH_3)_4C$	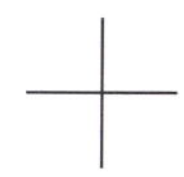

PROBLEMA MODELLO

Rappresentare le formule dei composti organici

Rappresenta la formula di Lewis, razionale e topologica del composto con formula condensata $CH(CH_3)_2(CH_2)_2CH_3$.

LA SOLUZIONE

a. Nella **formula di Lewis** si devono evidenziare tutti i legami chimici tra gli atomi:

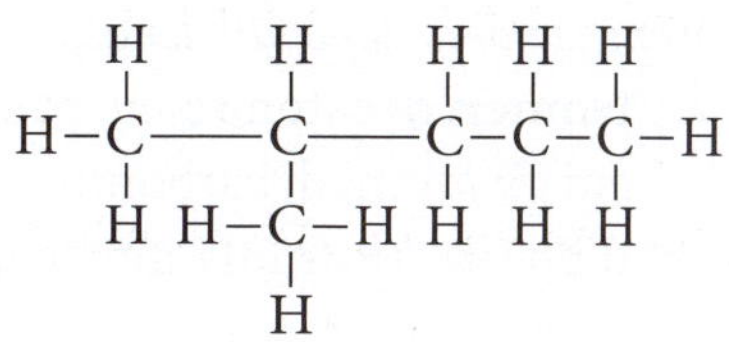

b. Nella **formula razionale** devono essere indicati solo i legami carbonio-carbonio:

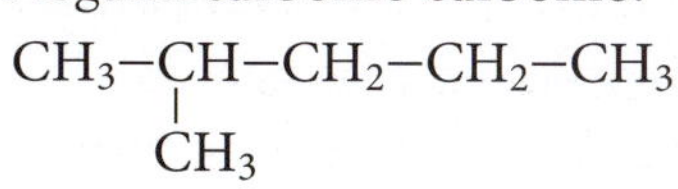

c. Nella **formula topologica** si evidenziano soltanto i legami carbonio-carbonio e si omettono i simboli degli atomi:

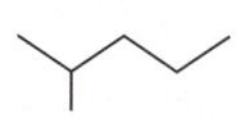

PROBLEMA SIMILE

Rappresenta la formula razionale e condensata del composto con formula topologica:

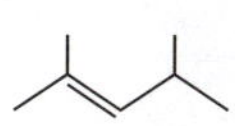

4 GLI ISOMERI: STESSA FORMULA MA DIVERSA STRUTTURA

LE PAROLE

Un **isomero** (dal greco: *isos* = uguale e *meros* = parte) è un composto che può esistere in forme diverse.

L'elevato numero di composti organici e le loro proprietà dipendono strettamente dalla possibilità di diversificare la struttura a parità di formula molecolare, grazie a un fenomeno noto con il nome di **isomeria**.

Il fenomeno dell'isomeria si presenta quando due o più composti, pur avendo la stessa formula molecolare e quindi la medesima composizione chimica, hanno differenti formule di struttura per una diversa disposizione degli atomi costituenti.

Sono detti **isomeri** quei composti con la stessa formula molecolare, ma differente formula di struttura e diverse proprietà fisiche e chimiche.

I due principali tipi di isomeria sono l'*isomeria di struttura* e la *stereoisomeria* che, a loro volta, presentano ulteriori suddivisioni:

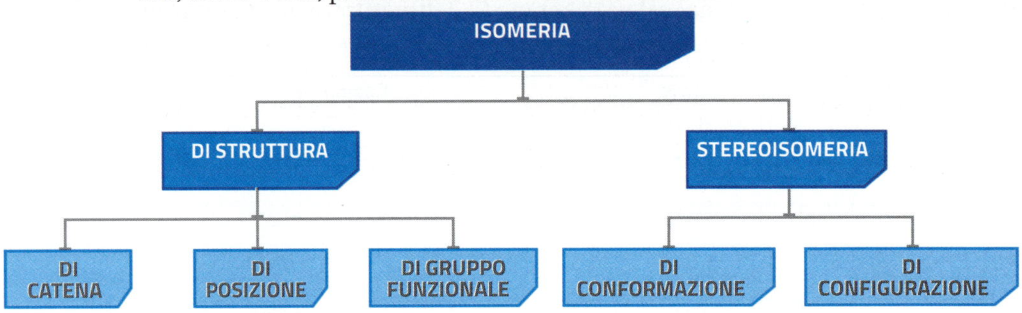

5 GLI ISOMERI DI STRUTTURA HANNO UNA SEQUENZA DIVERSA DEGLI ATOMI

Alcune molecole possono essere costituite dagli stessi atomi ma la disposizione di tali atomi può essere diversa.

Si definisce **isomeria di struttura** quel fenomeno per cui gli atomi di due o più composti con la stessa formula molecolare sono legati tra loro in sequenze differenti.

L'isomeria di struttura è distinta in *isomeria di catena*, *isomeria di posizione* e *isomeria di gruppo funzionale*.

a. **Isomeri di catena** sono composti che differiscono per il modo diverso con cui gli atomi di carbonio sono legati nella catena carboniosa.
Il butano (formula molecolare C_4H_{10}) si presenta sotto forma di due isomeri, il *normal*-butano (*n*-butano) con catena lineare e l'isobutano (2-metilpropano) con catena ramificata:

C_4H_{10}	$CH_3-CH_2-CH_2-CH_3$	$CH_3-CH(CH_3)-CH_3$
butano	*n*-butano	isobutano

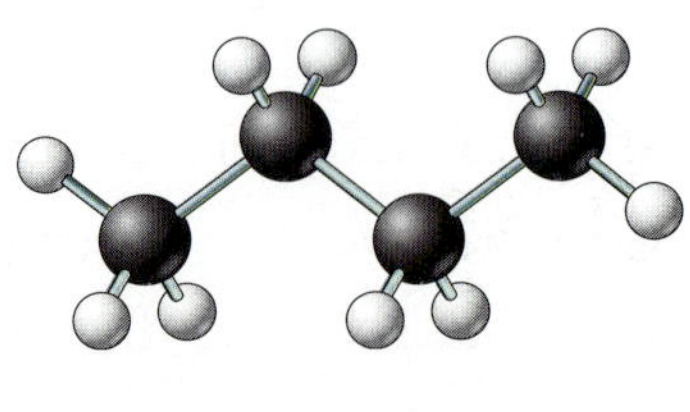

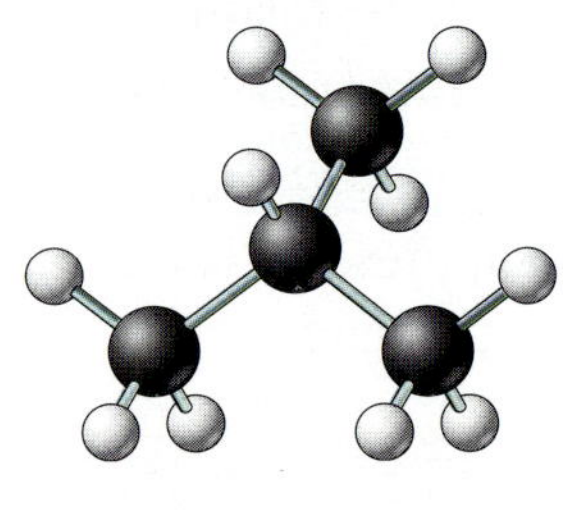

b. Isomeri di posizione sono composti che hanno la stessa catena carboniosa ma che differiscono per la *posizione di legami multipli, atomi o gruppi atomici.*

Butene (formula molecolare C_4H_8), cloropropano (formula molecolare C_3H_7Cl) e propanolo (formula molecolare C_3H_7OH) esemplificano ciascuno di questi tre casi.

Il butene è presente in forma di due isomeri, che si differenziano per la diversa posizione del doppio legame:

C_4H_8	$\overset{1}{C}H_2=\overset{2}{C}H-\overset{3}{C}H_2-\overset{4}{C}H_3$	$\overset{1}{C}H_3-\overset{2}{C}H=\overset{3}{C}H-\overset{4}{C}H_3$
butene	1-butene	2-butene

I due isomeri del cloropropano si distinguono per la posizione dell'atomo di cloro:

C_3H_7Cl	$\overset{3}{C}H_3-\overset{2}{C}H_2-\overset{1}{C}H_2-Cl$	$\overset{3}{C}H_3-\overset{2}{C}HCl-\overset{1}{C}H_3$
cloropropano	1-cloropropano	2-cloropropano

Infine, anche il propanolo presenta due isomeri, che differiscono per la posizione del gruppo ossidrile –OH:

C_3H_7OH	$\overset{3}{C}H_3-\overset{2}{C}H_2-\overset{1}{C}H_2-OH$	$\overset{3}{C}H_3-\underset{\underset{OH}{\mid}}{\overset{2}{C}}H-\overset{1}{C}H_3$
propanolo	1-propanolo	2-propanolo

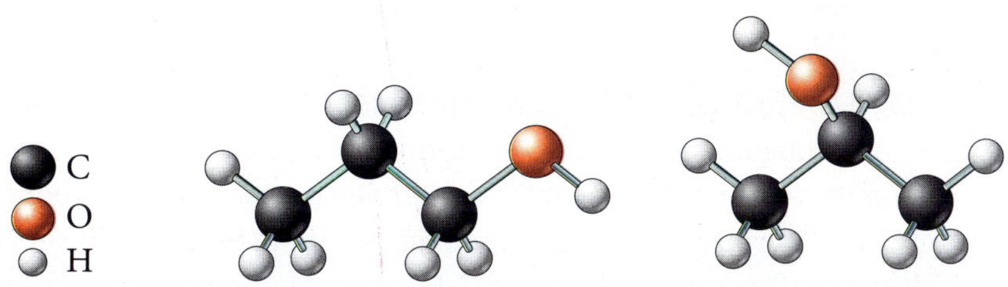

c. Isomeri di gruppo funzionale sono composti che presentano *gruppi funzionali diversi* nella catena carboniosa.

Un **gruppo funzionale** è un legame multiplo, uno specifico atomo o un gruppo atomico presente nella catena carboniosa.

L'etanolo e il dimetil etere hanno la stessa formula molecolare (C_2H_6O) ma due gruppi funzionali diversi: il primo composto ha il gruppo funzionale $-OH$ e quindi è un alcol, il secondo ha come gruppo funzionale un atomo di ossigeno $-O-$ e quindi è un etere:

C_2H_6O	CH_3-CH_2-OH	CH_3-O-CH_3
formula molecolare	etanolo	dimetiletere

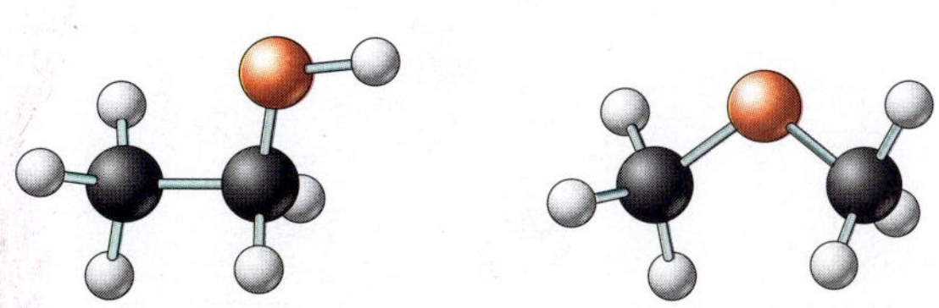

TI RICORDI?

Il **legame multiplo** è un doppio legame oppure un triplo legame tra due atomi.

Il propanale e il propanone hanno la stessa formula molecolare (C_3H_6O) ma due gruppi funzionali diversi: il primo composto ha il gruppo funzionale $-CHO$ ed è un'aldeide, il secondo ha il gruppo funzionale $>CO$ ed è un chetone:

formula molecolare	propanale	propanone
C_3H_6O	$CH_3-CH_2-C(=O)-H$	$CH_3-C(=O)-CH_3$

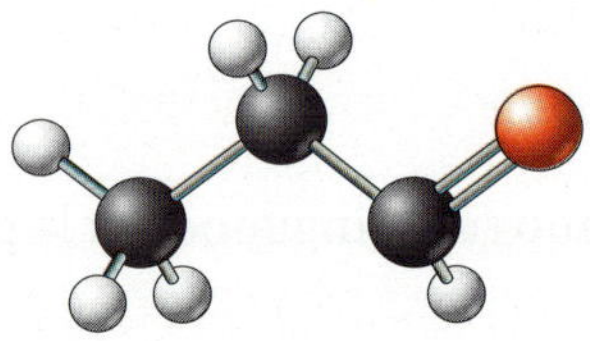

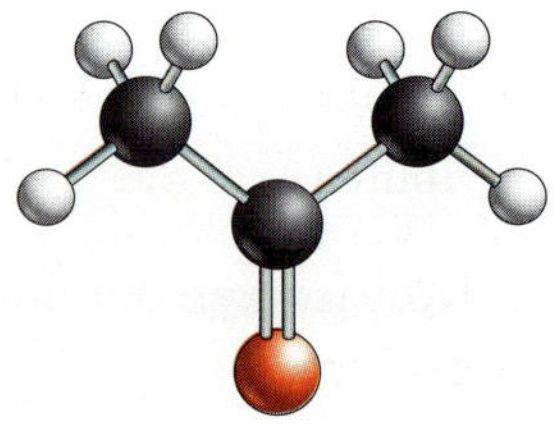

6 GLI STEREOISOMERI HANNO DIVERSA DISPOSIZIONE SPAZIALE

Sono isomeri anche molecole costituite dagli stessi atomi e legati con la medesima sequenza.

> Si definisce **stereoisomeria** quel fenomeno per cui atomi o gruppi atomici di due o più composti sono legati tra loro nella stessa sequenza ma con differente disposizione spaziale.

La stereoisomeria è distinta in *isomeria di conformazione* e *isomeria di configurazione.*

LE PAROLE

La **conformazione** (dal latino: *conformatio* = configurazione) è la particolare disposizione spaziale degli atomi in una molecola.

1. **Isomeri conformazionali o conformeri** sono i composti che differiscono per l'orientazione nello spazio di atomi o gruppi atomici e che *si possono interconvertire* per rotazione intorno a un **legame semplice** carbonio-carbonio. I conformeri presentano le stesse proprietà fisiche e chimiche.
   Nell'etano (formula molecolare C_2H_6) la rotazione intorno al legame semplice carbonio-carbonio permette agli atomi di idrogeno legati ai due atomi di carbonio di assumere un numero elevatissimo di disposizioni spaziali e di passare dall'una all'altra. Due conformazioni possibili sono la **conformazione sfalsata** e la **conformazione eclissata** (figura 3).

Figura 3 Modelli molecolari dell'etano. Conformazione sfalsata e conformazione eclissata.

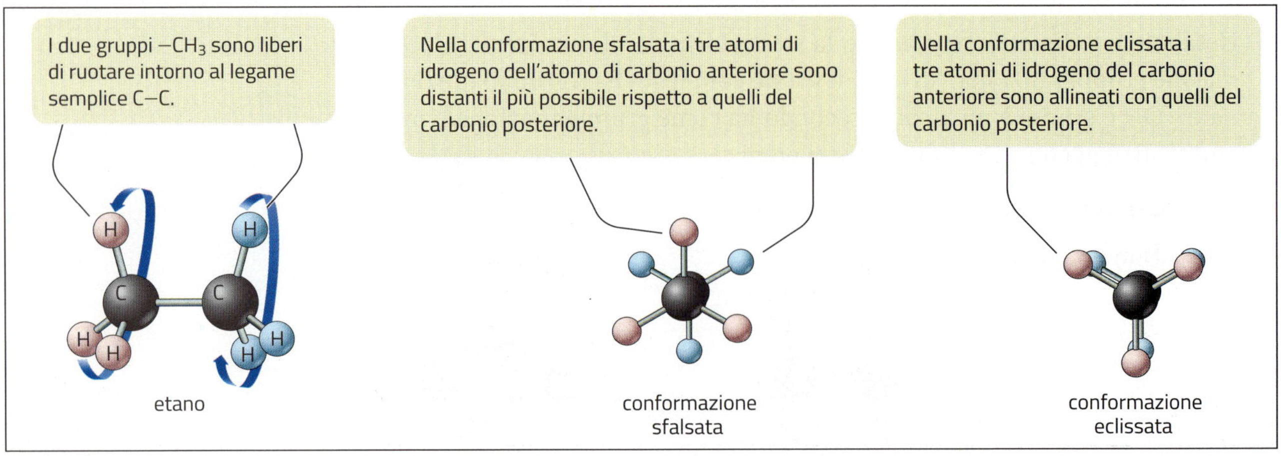

2. **Isomeri configurazionali** sono composti che differiscono per l'orientazione nello spazio di atomi o gruppi atomici ma che *non si possono interconvertire* per rotazione intorno a un legame. Esempi di isomeria configurazionale sono l'*isomeria geometrica* ed *enantiomeria* o *isomeria ottica*.

Gli isomeri geometrici

Isomeri geometrici sono due composti che differiscono per la disposizione spaziale degli atomi o di gruppi atomici legati a due atomi di carbonio uniti da un legame semplice (**cicloalcani**) o da un doppio legame (**alcheni**). L'isomero avente gli atomi o i gruppi atomici disposti nello spazio dalla *stessa parte* rispetto al piano dell'anello carbonioso o al doppio legame si chiama *cis*; quello con gli atomi o i gruppi atomici disposti nello spazio da *parte opposta* si chiama *trans*.

- L'1,2-dimetilciclopropano si presenta sotto forma di due isomeri geometrici: nella forma *cis*- i due gruppi metilici ($-CH_3$) si trovano dalla stessa parte del piano dell'anello, nella forma *trans*- si trovano da parte opposta:

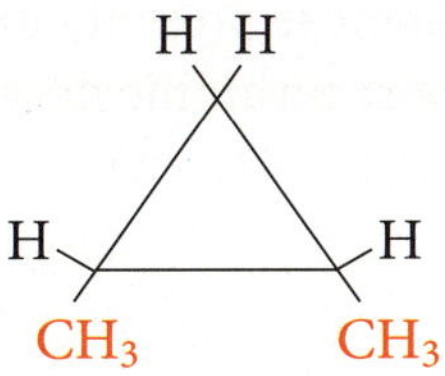

cis-1,2-dimetilciclopropano

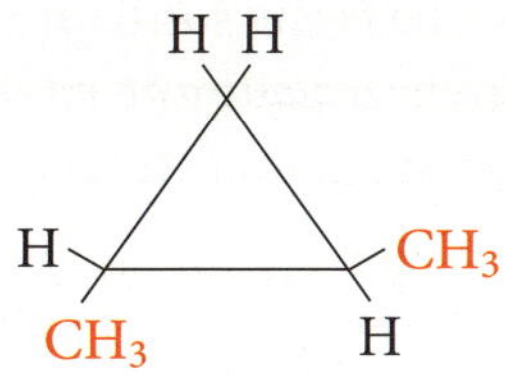

trans-1,2-dimetilciclopropano

La struttura ciclica della molecola impedisce la rotazione intorno al legame carbonio-carbonio e quindi la loro interconversione.

- L'1,2-dicloroetene si presenta sotto forma di due isomeri geometrici in quanto i due atomi di cloro possono trovarsi dalla stessa parte (forma *cis*-) o da parte opposta (forma *trans*-) rispetto al doppio legame:

$C_2H_2Cl_2$

formula molecolare

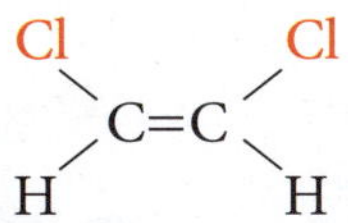

cis-1,2-dicloroetene

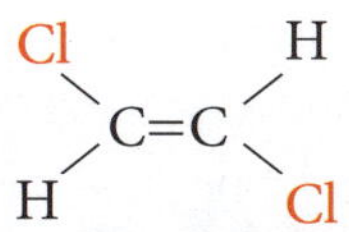

trans-1,2-dicloroetene

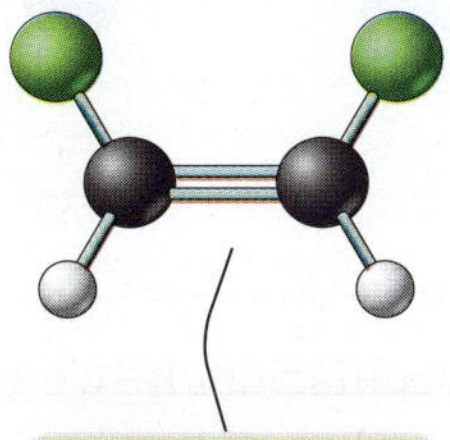

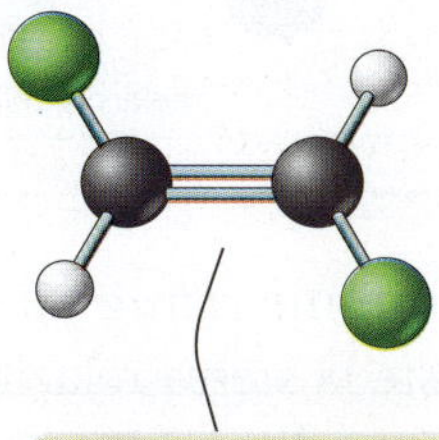

Quando i due atomi di cloro sono dalla stessa parte rispetto al doppio legame si ha la forma *cis*.

Quando i due atomi di cloro sono dalla parte opposta rispetto al doppio legame si ha la forma *trans*.

LE PAROLE

Un **enantiomero** (dal greco: *enantios* = opposto e *meros* = parte) è uno dei due composti che è l'immagine speculare, ma non sovrapponibile, dell'altro.

Gli enantiomeri e la chiralità

Enantiomeri o **isomeri ottici** sono due molecole con diversa disposizione spaziale e che sono l'una *l'immagine speculare dell'altra* ma *non sovrapponibili* (figura 4).

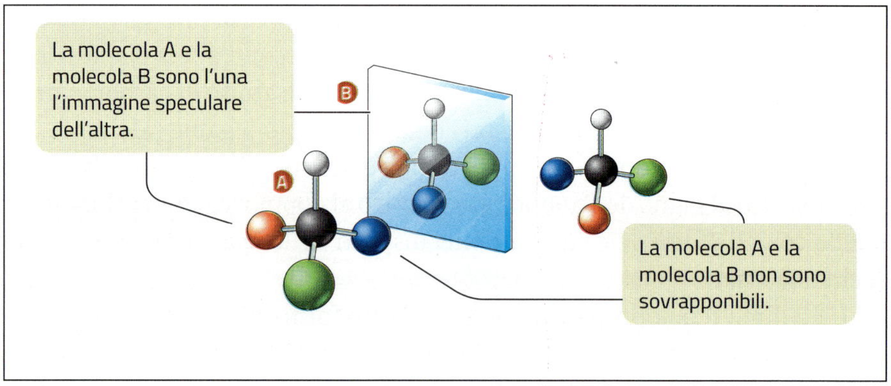

Figura 4 Gli isomeri ottici Per confrontare la molecola **A** con la molecola **B** è necessario affiancare le loro immagini speculari.

Una molecola esiste sotto forma di due enantiomeri se presenta un *atomo di carbonio legato a quattro atomi o gruppi atomici diversi*: un atomo di carbonio di questo tipo si chiama **stereocentro** (o anche *asimmetrico*) e nelle formule di struttura si indica per convenzione con un asterisco (C*). Una molecola che contiene uno stereocentro e che quindi esiste sotto forma di due enantiomeri è detta **molecola chirale** (figura 5).

Una molecola è chirale quando non è sovrapponibile alla sua immagine speculare.

Figura 5 Molecola chirale e molecola achirale.

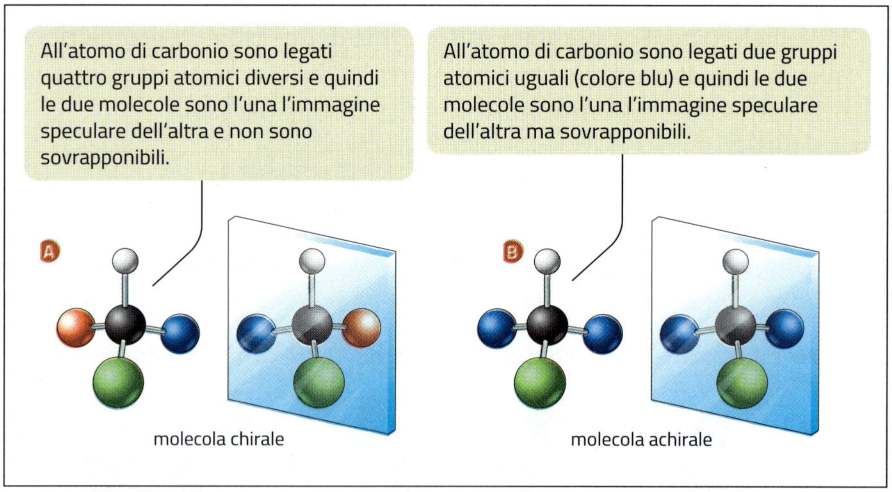

A COLPO D'OCCHIO

REQUISITI PER LA CHIRALITÀ
- AVERE UNO STEREOCENTRO
- ASSENZA DI PIANO DI SIMMETRIA

Il termine *chirale* (dal greco: *cheir* = *mano*) indica che tra due enantiomeri esiste la stessa relazione di specularità che c'è tra la mano destra e quella sinistra: l'una è l'immagine speculare dell'altra ma non sono sovrapponibili (figura 6A).

La disposizione tridimensionale degli atomi o gruppi atomici legati allo stereocentro è evidenziata da una rappresentazione (**formula prospettica**) in cui i due legami tratteggiati stanno sotto il piano del foglio e quelli a cuneo sopra il piano del foglio (figura 6B).

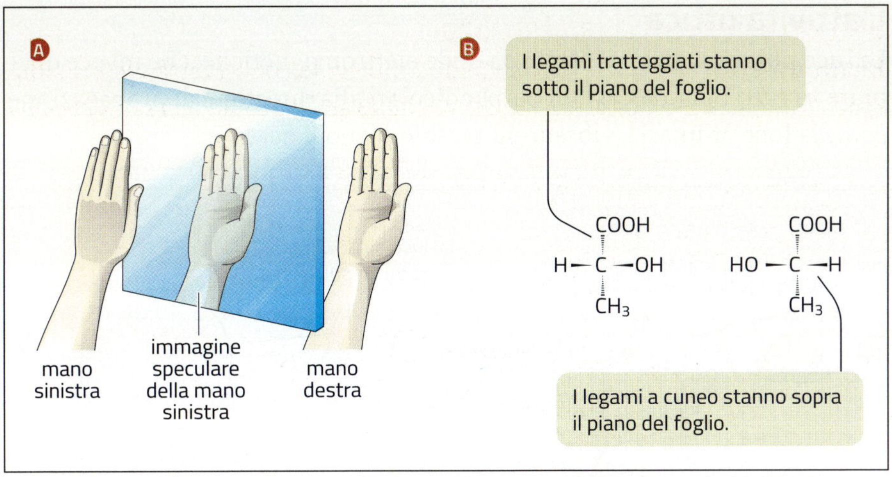

Figura 6 La chiralità A Le mani sono l'immagine speculare l'una dell'altra: l'immagine riflessa della mano sinistra è la mano destra. **B** Formule prospettiche dei due enantiomeri dell'acido lattico.

Il requisito più importante affinché una molecola sia chirale è l'*assenza di un piano di simmetria.*

Un **piano di simmetria** è un piano che divide la molecola in due metà che sono l'una l'immagine speculare dell'altra.

Nel 2,3-diclorobutano entrambi gli atomi di carbonio sono stereocentri, per cui la molecola si presenta sotto forma di due isomeri che sono immagini speculari, ma per la presenza di un piano di simmetria sono sovrapponibili. I due isomeri sono quindi identici e costituiscono un unico composto achirale:

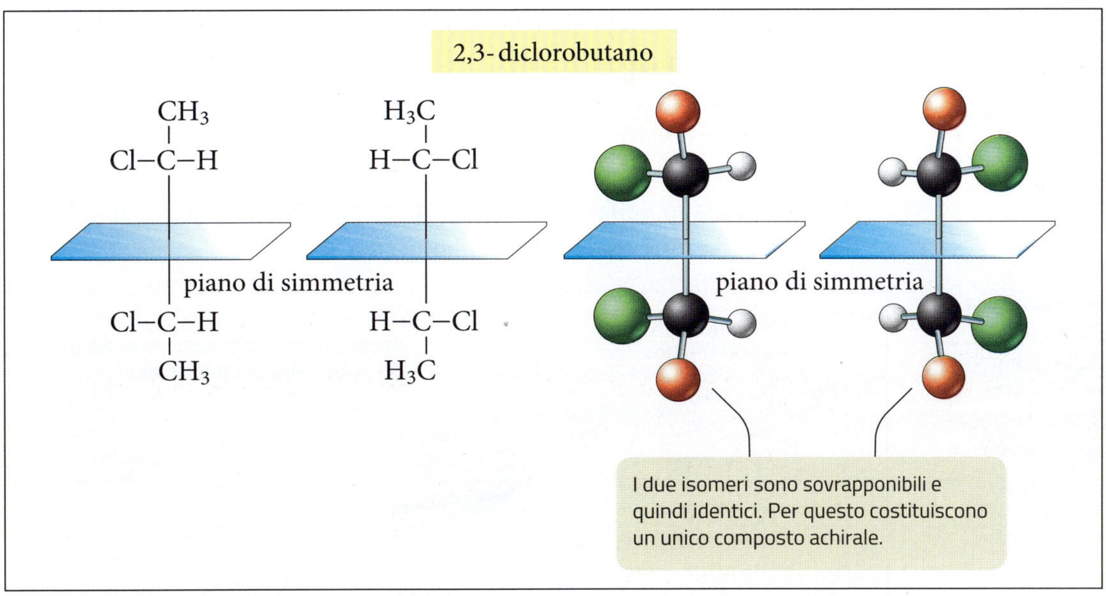

In una molecola chirale i due enantiomeri hanno identiche **proprietà achirali**, fisiche (punto di fusione e di ebollizione, densità, solubilità) e chimiche (reattività con catalizzatori e reagenti achirali) ma **proprietà chirali** (attività ottica e reattività con catalizzatori e/o reagenti chirali) diverse. L'attività ottica è la proprietà per cui i due enantiomeri fanno *ruotare il piano della luce polarizzata di due angoli uguali ma in direzioni opposte* (in senso orario o antiorario).

L'attività ottica

La **luce polarizzata** è costituita da onde elettromagnetiche, che invece di vibrare su tutti i piani possibili perpendicolari alla direzione di propagazione, come la luce ordinaria, vibrano su un solo piano (figura 7).

Figura 7 Luce ordinaria e luce polarizzata La luce ordinaria dopo essere passata attraverso il polarizzatore vibra su un solo piano e risulta quindi polarizzata.

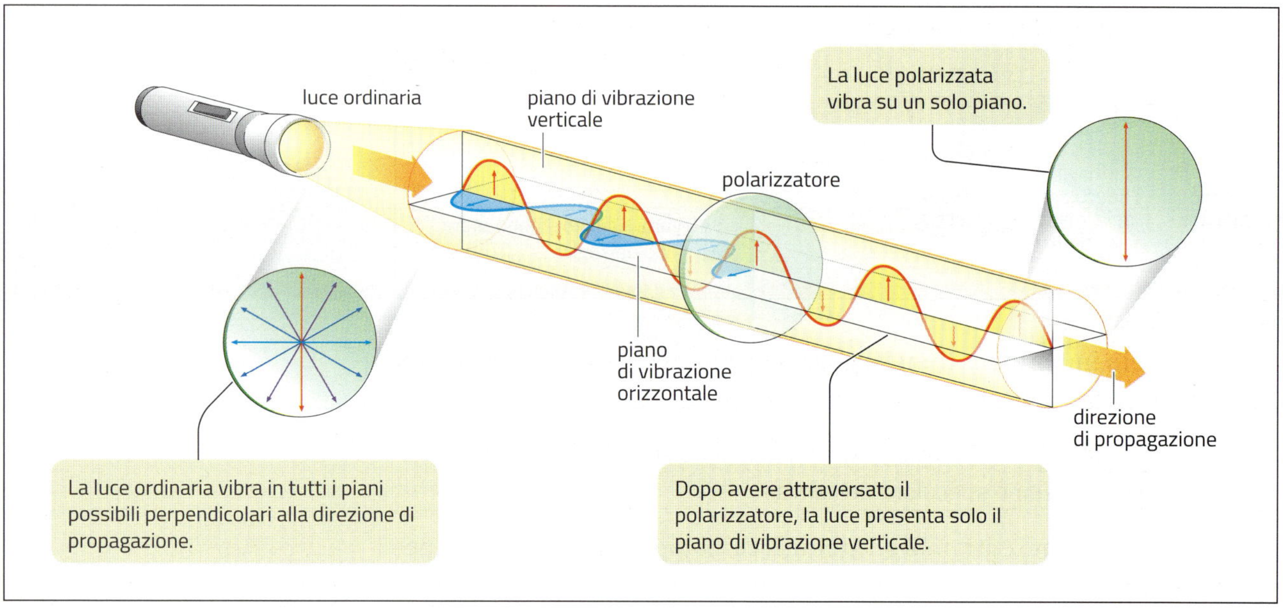

LE PAROLE

Il **polarimetro** (dal greco: *polos* = asse e *metron* = misura) è uno strumento che misura il potere ottico rotatorio di sostanze otticamente attive.

L'attività ottica delle molecole chirali può essere misurata mediante un **polarimetro**. Questo è costituito da:

a. un *polarizzatore* (un prisma di Nicol costituito da calcite o una lente di un materiale chiamato *polaroide*) che permette alla luce ordinaria di divenire luce polarizzata;
b. un *tubo portacampione* contenente la soluzione del composto da esaminare;
c. un *prisma analizzatore* che permette di determinare l'angolo di cui viene ruotato il piano della luce polarizzata (figura 8). Tale valore angolare si chiama **rotazione osservata** (simbolo α).

Figura 8 Il polarimetro misura l'attività ottica delle molecole chirali Se il piano della luce polarizzata è ruotato a destra, la molecola è destrogira; se invece è ruotato a sinistra, la molecola è levogira.

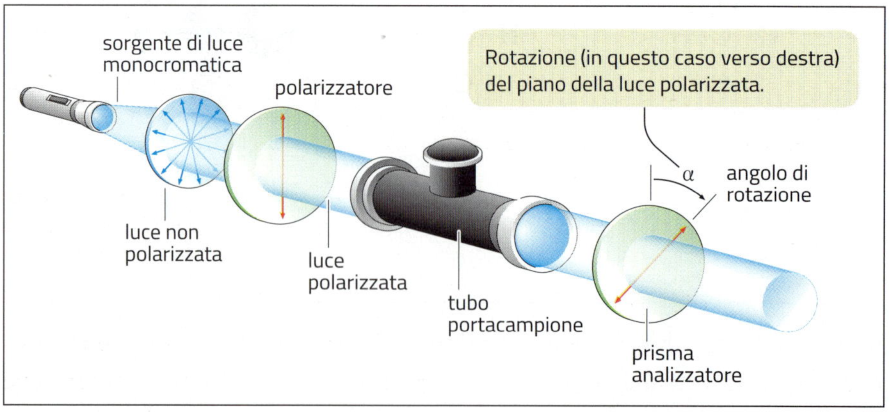

LE PAROLE

Il termine **levogiro** (dal latino: *laevus* = sinistro e *gyrus* = giro) è utilizzato per indicare un composto che fa ruotare il piano della luce polarizzata in senso antiorario.

Se il piano della luce polarizzata viene spostato verso destra (in senso orario), la sostanza otticamente attiva è detta **destrogira** e si indica con il simbolo (+); se invece viene ruotato a sinistra (in senso antiorario), si dice che la sostanza è **levogira** e si indica con il simbolo (−).

La rotazione osservata α di una sostanza otticamente attiva dipende dalla sua struttura molecolare, ma anche da fattori sperimentali quali la lunghezza (l) del tubo portacampione espressa in decimetri (dm), la concentrazione (c) della soluzione, espressa in grammi su millilitro (g/mL), la temperatura (t) e la lunghezza d'onda (λ) della luce impiegata.

Per confrontare l'attività ottica di sostanze diverse, è necessario che questi fattori siano standardizzati, permettendo così di determinare la **rotazione specifica** (simbolo $[\alpha]_\lambda^t$) di una sostanza:

rotazione osservata

rotazione specifica $$[\alpha]_\lambda^t = \frac{\alpha}{l \cdot c}$$ concentrazione della soluzione

lunghezza del tubo portacampione

Molti enzimi, essendo chirali, sono selettivi per uno solo degli enantiomeri (stereoselettività) (figura 9). L'enzima acido lattico deidrogenasi, presente nei muscoli e nel fegato, è in grado di ossidare l'acido (+)-lattico in acido piruvico ma non è in grado di ossidare l'acido (−)-lattico.

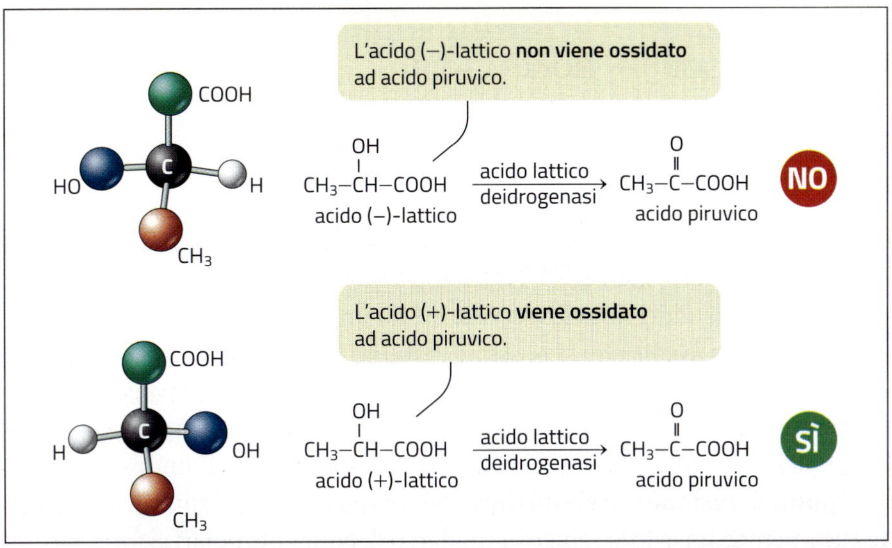

Figura 9 Gli enzimi e la chiralità L'acido lattico deidrogenasi è un enzima che si comporta in modo diverso nei confronti degli enantiomeri (+) e (−) dell'acido lattico.

PER CAPIRE MEGLIO
video:
Chiralità e stereoisomeria

PROBLEMA MODELLO

Riconoscere i tipi di isomeria

Precisa e giustifica il tipo di isomeria relativo a ciascuna delle seguenti coppie di molecole:

a. $C_5H_{10}O$ $CH_3{-}CH_2{-}CH_2{-}CH_2{-}CHO$ $CH_3{-}C({=}O){-}CH_2{-}CH_2{-}CH_3$

b. C_6H_{12} 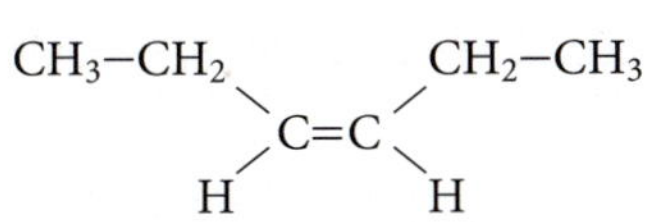 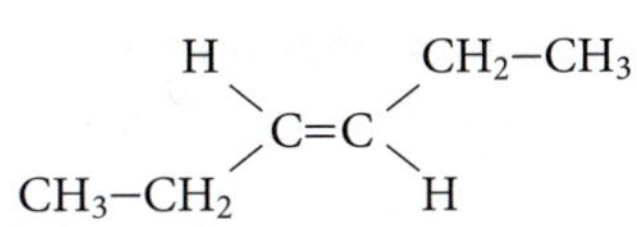

c. $C_4H_{10}O$ $CH_3{-}CH(OH){-}CH_2{-}CH_3$ $CH_3{-}CH_2{-}CH_2{-}CH_2{-}OH$

LA SOLUZIONE

a. I due composti, pur avendo la stessa formula molecolare, presentano un differente gruppo atomico (—CHO e >CO) che conferisce proprietà fisiche e chimiche diverse. Si tratta quindi di isomeri di **gruppo funzionale**.

b. I due composti sono costituiti da atomi disposti nella stessa sequenza, ma con una differente disposizione spaziale degli atomi legati ai due atomi di carbonio del doppio legame. I due composti sono pertanto isomeri **geometrici**: l'isomero con i due atomi di idrogeno dalla stessa parte rispetto al doppio legame è quello *cis*-, l'altro è quello *trans*-.

c. I due composti presentano lo stesso gruppo atomico —OH, ma in posizione diversa. Si tratta quindi di isomeri di **posizione**.

PROBLEMA SIMILE

Identifica il tipo di isomeria nelle seguenti coppie di molecole:

a. $CH{\equiv}CCH_2{-}CH_3$ $CH_3{-}C{\equiv}C{-}CH_3$

b. $CH_3{-}CH_2{-}CH_2{-}CH_2{-}CH_3$ 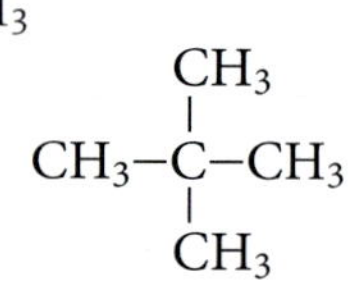

c. 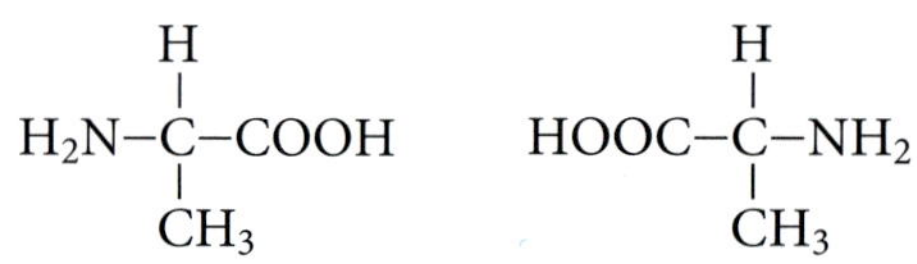

7 LE PROPRIETÀ FISICHE DIPENDONO DAI LEGAMI INTERMOLECOLARI

Lo **stato fisico** (solido, liquido o aeriforme) di un composto dipende *dalla forza e dal numero dei legami* che si possono stabilire tra le molecole del composto stesso. Se i legami intermolecolari sono deboli (*interazioni di van der Waals*) il composto è presente nello stato aeriforme; se sono relativamente più forti (*legami a idrogeno*) e numerosi, il composto è sotto forma di liquido o di solido.

I **punti di fusione** e **di ebollizione** dei composti organici sono generalmente *bassi*, perché tra le loro molecole apolari o debolmente polari si formano dei legami intermolecolari deboli.

All'aumentare del numero degli atomi che costituiscono la molecola, ovvero della **massa molecolare**, aumenta il numero dei legami e quindi composti della stessa classe hanno *valori crescenti della temperatura di fusione ed ebollizione*.

La **solubilità** in acqua (**solvente polare**) dei composti organici dipende dalla presenza nelle molecole di *gruppi idrofili* (dal greco: *hydro* = *acqua* e *philos* = *amico*) o *gruppi idrofobici* (dal greco: *phobos* = *paura*).

I composti contenenti gruppi idrofili sono solubili in acqua.

Sono **gruppi idrofili** i gruppi atomici (—OH, —NH_2, —COOH) capaci di formare legami a idrogeno con l'acqua.

I composti contenenti gruppi idrofobici sono insolubili in acqua.

Sono **gruppi idrofobici** i gruppi atomici (—CH_3, —$(CH_2)_n$—CH_3, —C_6H_5) che non possono formare legami a idrogeno con l'acqua.

TI RICORDI?

Le **interazioni di Van der Waals** sono deboli legami elettrostatici che si stabiliscono tra molecole polari (forze dipolari) o tra molecole apolari (forze di London).

TI RICORDI?

Il **legame a idrogeno** è un legame elettrostatico che si stabilisce tra molecole in cui è presente l'atomo di idrogeno legato a un atomo molto elettronegativo (F, O, N).

A COLPO D'OCCHIO

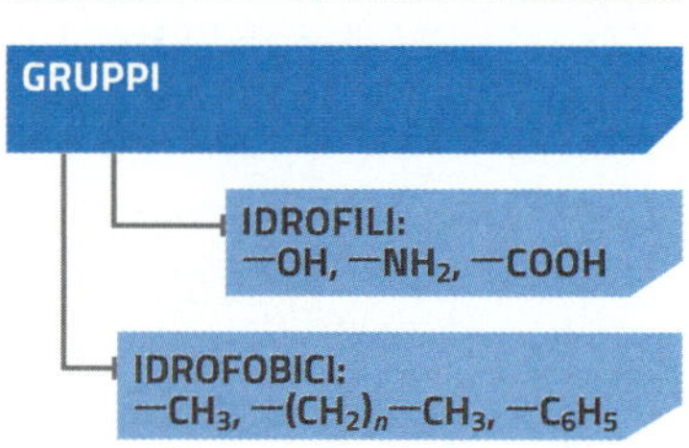

I composti in cui sono presenti gruppi idrofobici sono solubili in *solventi apolari* (benzene). Se un composto contiene contemporaneamente gruppi *idrofili* e *idrofobici*, come l'alcol etilico, CH_3-CH_2-OH, la sua solubilità in acqua dipende dal prevalere del carattere idrofilo o idrofobico dei due gruppi (figura **10**).

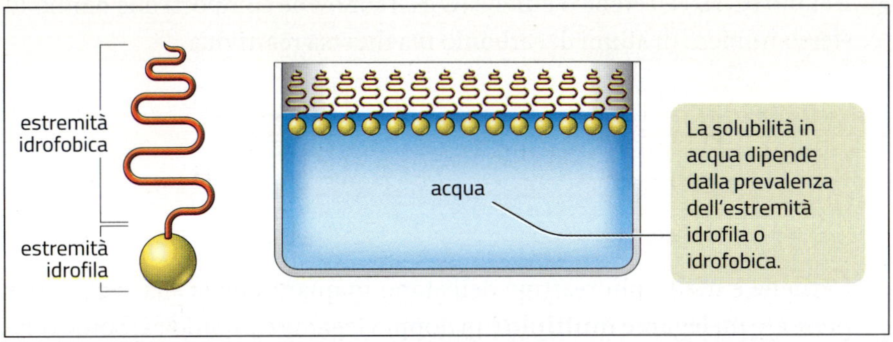

Figura 10 **I gruppi idrofili e idrofobici** In base alla prevalenza di una delle due estremità, le molecole sono solubili rispettivamente in solventi polari o apolari.

Il composto sarà solubile in acqua se il carattere idrofilo è più accentuato del carattere idrofobico, oppure se i gruppi idrofili sono in numero maggiore dei gruppi idrofobici. Per esempio l'alcol etilico è solubile in acqua perché l'effetto del gruppo idrofilo –OH prevale sul carattere idrofobico della breve catena carboniosa (CH_3-CH_2-).

Nel caso in cui non ci sia prevalenza della parte idrofobica né di quella idrofilia, in soluzione acquosa il composto può:

- disporsi all'interfaccia tra solvente e aria;
- formare aggregati mostrato (micelle) o doppio strato.

Composti organici, con un rilevante ruolo biologico, caratterizzati da una testa polare idrofila e da una coda apolare idrofobica, sono i *fosfolipidi* e i *sali biliari*.

I **fosfolipidi** sono i componenti principali:

- delle membrane cellulari (disposizione a doppio strato) con funzione di delimitare organuli e cellule;
- del surfactante (disposizione all'interfaccia acqua-aria, come in figura **10**), con funzione di ridurre la tensione superficiale, impedendo il collasso degli alveoli polmonari.

I sali biliari, prodotti dal fegato, nell'intestino formano micelle (disposizione monostrato) per emulsionare i lipidi, favorendone la solubilizzazione in acqua e quindi la digestione.

8 LA REATTIVITÀ DIPENDE DAI GRUPPI FUNZIONALI

La maggior parte dei legami chimici presenti nelle molecole organiche sono legami semplici carbonio-carbonio e legami carbonio-idrogeno.

Gli atomi di carbonio e di idrogeno hanno un raggio atomico molto piccolo e il legame carbonio-carbonio non è polarizzato mentre quello carbonio-idrogeno lo è pochissimo ($\Delta E_n = 0{,}3$): ne risulta che i composti organici contenenti solo legami semplici carbonio-idrogeno sono poco *reattivi*.

I gruppi funzionali

La **reattività** e il tipo di reazione di un composto organico sono determinati dalla presenza nella sua molecola di un legame multiplo, di un atomo molto elettronegativo (ossigeno, alogeni) o di uno specifico gruppo atomico che attira o respinge elettroni.

- L'etano (C_2H_6) e l'etene o etilene (C_2H_4) sono due composti che hanno lo stesso numero di atomi di carbonio ma diversa reattività:

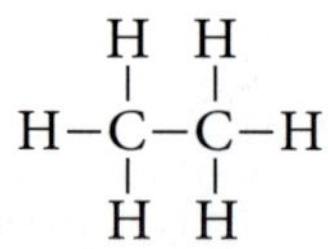

etano

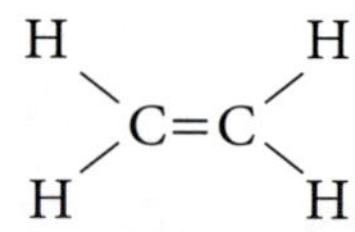

etilene

TI RICORDI?

Il **doppio legame carbonio-carbonio** è costituito da due legami covalenti: uno di tipo σ, più forte, e l'altro di tipo π, più debole.

L'etilene è molto più reattivo dell'etano in quanto nella sua molecola è presente un **legame multiplo** (un doppio legame carbonio-carbonio) che è facilmente soggetto all'attacco di altre specie chimiche.

- Anche il *normal*-propano (C_3H_8) e l'1-cloropropano (C_3H_7Cl) hanno lo stesso numero di atomi di carbonio ma reattività diversa; il propano è poco reattivo mentre l'1-cloropropano lo è molto.

$CH_3{-}CH_2{-}CH_3$ — *n*-propano

$CH_3{-}CH_2{-}CH_2Cl$ — 1-cloropropano

Il diverso comportamento dipende dalla presenza nell'1-cloropropano di un **atomo molto elettronegativo** (il cloro) che polarizza il legame con il carbonio, conferendo alla molecola un'elevata reattività.

- Il *normal*-butano (C_4H_{10}) e l'1-butanolo (C_4H_9OH) sono due composti con diversa reattività:

$CH_3{-}CH_2{-}CH_2{-}CH_3$ — *n*-butano

$CH_3{-}CH_2{-}CH_2{-}CH_2{-}OH$ — 1-butanolo

L'1-butanolo è molto più reattivo del *n*-butano, in quanto nella sua molecola è presente un **gruppo atomico** (il gruppo ossidrile $-OH$) che ha un'elevata tendenza a reagire.

- L'etanolo (C_2H_5OH) e l'etilammina ($C_2H_5NH_2$) sono due composti che presentano la *stessa* catena carboniosa, ma un *diverso gruppo atomico*: il primo contiene il gruppo $-OH$ e il secondo il gruppo $-NH_2$.

$CH_3{-}CH_2{-}OH$ — etanolo

$CH_3{-}CH_2{-}NH_2$ — etilammina

I due composti sono entrambi *molto reattivi*, ma le reazioni dell'etanolo sono *diverse* da quelle dell'etilammina.

Risulta quindi che:

Un legame multiplo, un atomo molto elettronegativo o un gruppo atomico che determina la reattività e il tipo di reazione di un composto organico si chiama **gruppo funzionale**.

L'etanolo (C_2H_5OH), l'1-propanolo (C_3H_7OH) e l'1-butanolo (C_4H_9OH) sono tre composti che hanno un *diverso* numero di atomi di carbonio, ma avendo lo *stesso* gruppo atomico –OH hanno le stesse proprietà chimiche e danno lo **stesso** tipo di reazioni.

$CH_3{-}CH_2{-}OH$	$CH_3{-}CH_2{-}CH_2{-}OH$	$CH_3{-}CH_2{-}CH_2{-}CH_2{-}OH$
etanolo	1-propanolo	1-butanolo

Il **tipo di reazioni** di un composto quindi *non dipende* dalla lunghezza della catena carboniosa ma dal gruppo funzionale, per cui composti con lo *stesso gruppo* funzionale, avendo proprietà e comportamento chimico simile, vengono riuniti in una *stessa classe* (tabella 2).

Gruppo funzionale	Nome	Classe di composti
$-\overset{\vert}{\underset{\vert}{C}}-\overset{\vert}{\underset{\vert}{C}}-$	legame semplice	alcani e cicloalcani
>C=C<	legame doppio	alcheni
–C≡C–	legame triplo	alchini
F, Cl, Br, I	alogeno	alogenuri alchilici
–OH	ossidrile	alcoli e fenoli
–O–	etereo	eteri
>CO	carbonile	aldeidi e chetoni
–COOH	carbossile	acidi carbossilici
–COO–	estere	esteri
–CON<	ammidico	ammidi
$-NH_2$	amminico	ammine

Tabella 2 **I più comuni gruppi funzionali e le più importanti classi di composti organici.**

L'effetto induttivo

La presenza in un composto organico di un atomo con elettronegatività diversa dal carbonio o di un gruppo atomico che attira o respinge elettroni influenza la reattività delle molecole organiche. La differenza di elettronegatività, infatti, porta a una **polarizzazione** del legame e ciò comporta uno *spostamento di elettroni* anche su tutti i legami carbonio-carbonio:

TI RICORDI?

La **polarizzazione** è la separazione di cariche elettriche in punti opposti (i poli) di una molecola.

La trasmissione della polarizzazione lungo una catena carboniosa si chiama **effetto induttivo**.

Essendo la polarizzazione una forza di natura *elettrostatica*, tende naturalmente a diminuire con la distanza fino ad annullarsi. L'effetto induttivo può essere di tipo *attrattivo* e *repulsivo*.

- Nell'1-cloropropano, composto in cui un atomo di cloro è legato a un atomo di carbonio:

C_3H_7Cl 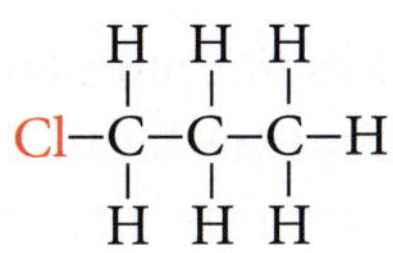 1-cloropropano si ha che l'atomo di cloro (fortemente *più elettronegativo* del carbonio) attira verso di sé gli elettroni di legame: assumendo il cloro una parziale carica negativa ($\delta-$) e il carbonio una parziale carica positiva ($\delta+$), il legame risulta *polarizzato*. Il difetto di elettroni, che si è determinato sull'atomo di carbonio, provoca uno spostamento di elettroni dagli atomi adiacenti (ovvero una *polarizzazione della catena carboniosa*): la presenza del cloro la reattività della molecola. L'effetto induttivo è di tipo **attrattivo** aumenta (figura **11**).

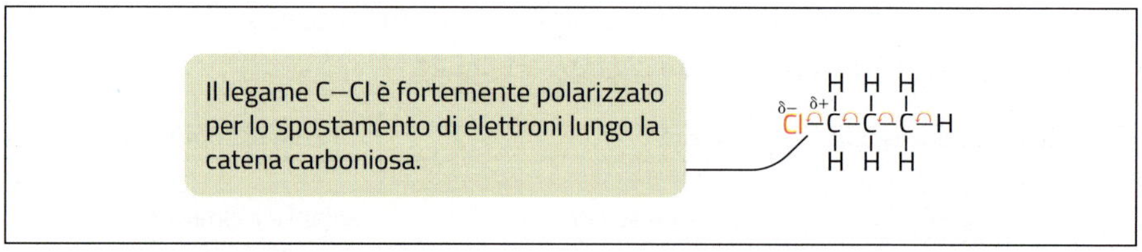

Figura 11 **L'effetto induttivo** Nell'1-cloropropano si tratta di un effetto attrattivo.

- Nell'etanale (o aldeide acetica) l'atomo di ossigeno, molto più elettronegativo del carbonio, attira verso di sé gli elettroni di legame. L'ossigeno perciò assume una parziale carica negativa ($\delta-$) e il carbonio una parziale carica positiva ($\delta+$): di conseguenza, *il legame risulta fortemente polarizzato e la molecola molto reattiva*. L'effetto induttivo è di tipo **attrattivo** (figura **12**).

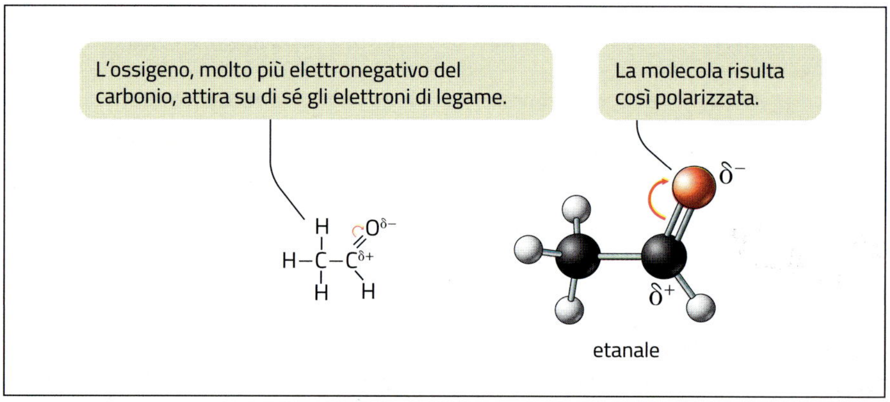

Figura 12 **La polarizzazione del legame** L'aldeide acetica è molto reattiva perché il legame $>C=O$ è molto polarizzato.

Tabella 3 **I principali sostituenti elettron-attrattori**

Sostituenti elettron-attrattori	
$-F$ $-Cl$ $-Br$ $-I$ alogeni	
$-CH=CH_2$ legame doppio	$CH\equiv CH$ legame triplo
$>\overset{\delta+}{C}=\overset{\delta-}{O}$ carbonile	
$-\overset{\delta+}{C}(=O^{\delta-})OH$ carbossile	$-\overset{\delta+}{N}(=O^{\delta-})O$ gruppo nitro

Sono sostituenti **elettron-attrattori** (tabella **3**) gli atomi più elettronegativi dell'atomo di carbonio (alogeni) e i gruppi atomici con carica positiva (gruppo nitro) o quelli in cui il carbonio **non** è ibridato sp^3 e che presentano legami multipli.

- Il propanone (o acetone) è un composto in cui il gruppo atomico $>CO$ è legato a due gruppi metile $-CH_3$:

$$CH_3-CO-CH_3$$

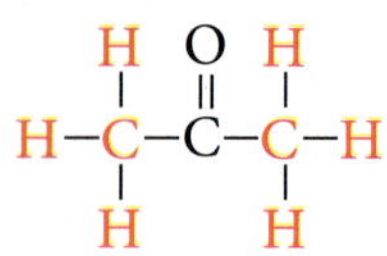

propanone

In questa molecola, l'atomo di ossigeno, più elettronegativo del carbonio, attira verso di sé gli elettroni di legame: il carbonio assume una parziale carica positiva ($\delta+$) e l'ossigeno una parziale carica negativa ($\delta-$), perciò il legame risulta polarizzato. Tuttavia, i due gruppi metile $-CH_3$ determinano uno *spostamento di elettroni* verso l'atomo di carbonio del gruppo >CO che tenderà a neutralizzare la parziale carica positiva sull'atomo di carbonio, *diminuendo* cosí la reattività della molecola. L'effetto induttivo dell'idrogeno e dei gruppi alchilici che lo contentono è di tipo **repulsivo** (figura **13**).

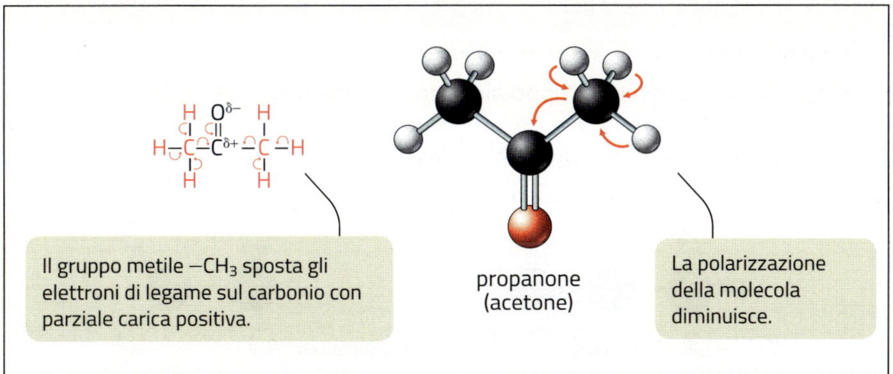

Figura 13 L'effetto induttivo e la polarizzazione del legame
I gruppi $-CH_3$ nel propanone (o acetone) hanno un effetto induttivo repulsivo, neutralizzando la polarizzazione del gruppo >CO.

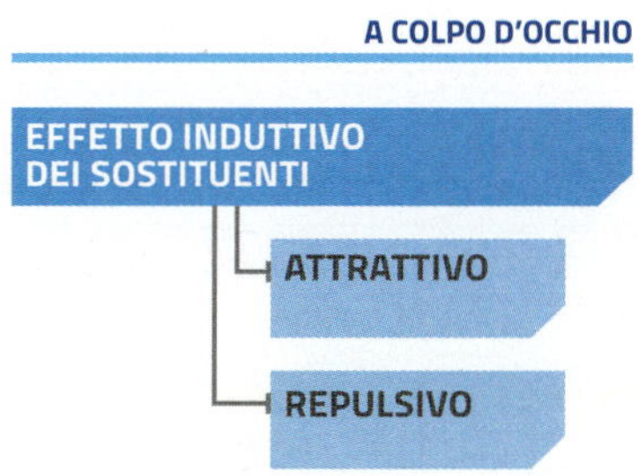

Sono sostituenti **elettron-donatori** (tabella **4**) gli atomi meno elettronegativi del carbonio (atomi di litio e magnesio) o gruppi atomici in cui il carbonio ibridato sp^3 è legato ad atomi di idrogeno (gruppi alchilici).

Tabella 4 Principali sostituenti elettron-donatori

Sostituenti elettron-donatori	
$-CH_3$ 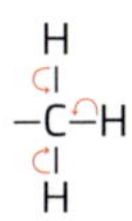 gruppo metile	$-CH_2-CH_3$ 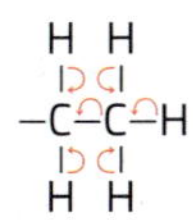 gruppo etile

Le reazioni omolitica ed eterolitica

Un aspetto essenziale per descrivere il meccanismo di una reazione è quello relativo al processo di *rottura del legame covalente* che si può realizzare secondo due modalità, *omolitica* ed *eterolitica*.

1. Nella **rottura omolitica** o **radicalica** di un legame covalente ciascun atomo *trattiene uno dei due elettroni* di legame precedentemente condivisi: si ha la formazione di radicali o **radicali liberi**, atomi o gruppi atomici aventi un elettrone spaiato:

$$A-A \longrightarrow A\cdot + \cdot A$$

   La rottura omolitica di un legame covalente può essere provocata dal calore (**termolisi**) o dalla radiazione ultravioletta (**fotolisi**).
   I radicali liberi ($H\cdot$, $Cl\cdot$, $\cdot CH_3$) sono fortemente *instabili*, per cui tendono a reagire con altri radicali o con molecole per *ricostituire legami covalenti.*
2. Nella **rottura eterolitica** o **polare** di un legame covalente l'atomo più elettronegativo trattiene il doppietto elettronico di legame prima condiviso:

$$A-B \longrightarrow A^+ + B^-$$

La rottura eterolitica riguarda composti in cui è presente un legame covalente polare e può avvenire a temperatura ambiente. Tra gli intermedi delle reazioni eterolitiche, particolare importanza hanno i carbanioni e i carbocationi.

Il **carbanione** è un anione la cui carica negativa è localizzata su un atomo di carbonio legato a un gruppo alchilico (per esempio, $CH_3-C\equiv C^-$)

Il **carbocatione** è un catione la cui carica positiva è localizzata su un atomo di carbonio legato a un gruppo alchilico (per esempio, $^+CH_2-CH_3$)

I carbanioni e i carbocationi sono degli intermedi instabili che tendono a reagire per aumentare la loro stabilità.

LE PAROLE

Il **simbolo R** indica i gruppi atomici che derivano da alcani per il distacco di un atomo di idrogeno.

I carbanioni sono basi forti e quindi, in generale, sono molto reattivi. I carbocationi sono distinti in *primari*, *secondari* e *terziari* a seconda che l'atomo di carbonio positivo sia legato a uno, due o tre gruppi alchilici (simbolo R):

	$R'-\overset{+}{C}H_2$	$R'-\overset{+}{C}H-R''$	$R'-\underset{+}{\overset{R'''}{\overset{\vert}{C}}}-R''$
carbocatione	primario	secondario	terziario

Poiché i gruppi alchilici sono gruppi atomici *elettron-donatori*, ovvero specie chimiche che tendono a neutralizzare la carica positiva sull'atomo di carbonio, è evidente che un carbocatione terziario, essendo legato a un maggiore numero di gruppi alchilici, è più *stabile* di un carbocatione secondario e questo di un carbocatione primario. Tenendo presente che anche $^+CH_3$ è un carbocatione, si ha il seguente ordine di stabilità crescente:

$$\overset{+}{C}H_3 < R'-\overset{+}{C}H_2 < R'-\overset{+}{C}H-R'' < R'-\underset{+}{\overset{R'''}{\overset{|}{C}}}-R''$$

I reagenti elettrofili e nucleofili

Le reazioni eterolitiche, le più frequenti tra i composti organici, coinvolgono sempre specie chimiche povere di elettroni (*elettrofili*) e specie chimiche ricche di elettroni (*nucleofili*).

LE PAROLE

Un **elettrofilo** (dal greco: *elektron* = ambra e *philos* = amico) è uno ione positivo, un gruppo atomico o una molecola che ha affinità per atomi o gruppi atomici con elettroni disponibili per formare legami covalenti.

Gli **elettrofili** sono specie chimiche con una parziale o totale carica positiva oppure con l'ottetto incompleto.

Sono elettrofili (tabella **5**, a pagina seguente):

- gli atomi di carbonio del gruppo carbonile $\rangle CO$ e del gruppo carbossile $-COOH$;
- i cationi come H^+ (ione idrogeno) e NO_2^+ (ione nitronio);

- i carbocationi alchilici come $^{+}CH_3$ (metile) e $^{+}CH_2{-}CH_3$ (etile);
- le molecole con ottetto elettronico incompleto, come $AlCl_3$ e BF_3.

Gli elettrofili tendono a reagire con specie chimiche ricche di elettroni (nucleofili) accettando un doppietto elettronico libero e formando un legame covalente.

I nucleofili sono specie chimiche con una parziale o totale carica negativa oppure con un doppietto elettronico disponibile.

LE PAROLE

Un **nucleofilo** (dal latino *nucleus* = nucleo; dal greco: *philos* = amico) è uno ione negativo, un gruppo atomico o una molecola che ha affinità per atomi o gruppi atomici con la cima elettronica.

Sono nucleofili (tabella **5**):

- gli atomi di ossigeno nei gruppi funzionali come il gruppo carbonile ⟩CO e il gruppo carbossile $-COOH$;
- gli anioni poliatomici quali ossidrile OH^- e alcossido RO^-;
- gli anioni monoatomici degli alogeni Cl^- e I^-;
- i carbanioni alchilici, per esempio $CH_3{-}C{\equiv}C^-$;
- le molecole con almeno un doppietto elettronico disponibile, per esempio NH_3 e H_2O;
- gli atomi di azoto dei gruppi atomici ⟩NH e $-NH_2$.

Tabella 5 I principali reagenti elettrofili e nucleofili

Reagenti elettrofili				Reagenti nucleofili			
$-COOH$	⟩CO	NO_2^+	H^+	$-COOH$	⟩CO	OH^-	RO^-
$^{+}CH_3$	$^{+}CH_2{-}CH_3$	$AlCl_3$	BF_3	Cl^-	I^-	$CH_3{-}C{\equiv}C^-$	
				NH_3	H_2O	⟩NH	$-NH_2$

I nucleofili tendono a reagire con gli elettrofili condividendo il doppietto elettronico disponibile e formando un legame covalente.

I nucleofili sono distinti in **forti** e **deboli** a seconda del valore di elettronegatività dell'elemento che li costituisce.

Ricordando che l'elettronegatività è la tendenza che ha un atomo ad attirare verso di sé gli elettroni di legame e che tale proprietà nel sistema periodico aumenta da sinistra a destra lungo un periodo e diminuisce scendendo lungo un gruppo, è evidente che sono *nucleofili forti* quelli costituiti da atomi con **minore elettronegatività**.

Risulta quindi che la forza di un nucleofilo:

- *diminuisce* da sinistra a destra lungo un periodo: $NH_3 > H_2O$;
- *aumenta* scendendo lungo un gruppo: $OH^- < HS^-$ e $F^- < Cl^- < Br^- < I^-$;
- è *maggiore* negli ioni negativi che nelle molecole neutre in cui è presente lo stesso atomo, in quanto i primi forniscono elettroni con maggiore facilità: $OH^- > H_2O$ e $RO^- > ROH$.

Scarica la app:
TAVOLA PERIODICA INTERATTIVA

FACCIAMO IL PUNTO

LO SAI? RIPASSA CON LO SMARTPHONE

Quali sono le principali proprietà dell'atomo di carbonio?

Gli aspetti piú rilevanti e specifici dell'atomo di carbonio sono:

- la capacità di ibridarsi *sp*, sp^2 e sp^3 e di formare sempre quattro legami covalenti;
- il numero di ossidazione che assume tutti i valori compresi tra +4 e −4;
- il valore medio di elettronegatività (2,5) per cui può formare legami covalenti poco polari e quindi forti e stabili;
- il piccolo raggio atomico (77 pm), per cui può formare legami covalenti singoli, doppi e tripli;
- una grande tendenza alla concatenazione.

Con quali tipi di formule possono essere rappresentati i composti organici?

I composti organici si possono rappresentare con le **formule di Lewis** che mettono in evidenza tutti i legami chimici, con le **formule razionali** che mettono in evidenza solo i legami carbonio-carbonio e con le **formule topologiche che evidenziano solo** la catena carboniosa mediante l'uso di segmenti.

Che sono gli isomeri?

Gli isomeri sono composti con la stessa formula molecolare ma differente formula di struttura e diverse proprietà fisiche e chimiche. Esistono due tipi principali di isomeria: l'isomeria di struttura e la stereoisomeria.

Che cosa si intende per isomeria di struttura?

L'**isomeria di struttura** è quel fenomeno per cui gli atomi di due o piú composti sono legati tra loro in sequenze differenti. È distinta in isomeria di catena, isomeria di posizione e isomeria di gruppo funzionale.

Gli **isomeri di catena** sono composti che differiscono per il modo diverso con cui gli atomi di carbonio sono legati nella catena carboniosa.

Gli **isomeri di posizione** sono composti che hanno la stessa catena carboniosa ma che differiscono per la posizione di gruppi funzionali.

Gli **isomeri di gruppo** funzionale sono composti che presentano gruppi funzionali *diversi nella catena carboniosa.*

Che cosa si intende per stereoisomeria?

La **stereoisomeria** è quel fenomeno per cui atomi o gruppi atomici di due o più composti sono legati tra loro nella stessa sequenza ma con differente disposizione spaziale.

È distinta in isomeria geometrica (o isomeria *cis-trans*) ed enantiomeria (o isomeria ottica).

Gli **isomeri geometrici** sono composti che differiscono per la disposizione spaziale degli atomi o di gruppi atomici legati a due atomi di carbonio uniti da un legame semplice (cicloalcani) o da un doppio legame (alcheni).

Gli **enantiomeri** sono due molecole con diversa disposizione spaziale e che sono l'una l'immagine speculare dell'altra e non sovrapponibili. Una molecola esiste sotto forma di due enantiomeri se presenta un atomo di carbonio stereogeno, ovvero legato a quattro atomi o gruppi atomici diversi. Una molecola che contiene un centro stereogeno si chiama chirale. Il requisito più importante affinché una molecola sia **chirale** è l'assenza di un piano di simmetria.

Da che cosa dipendono le proprietà fisiche dei composti organici?

Lo stato fisico (solido, liquido o aeriforme) e i punti di fusione e di ebollizione di un composto organico dipendono dalla forza e dal numero dei legami intermolecolari (legame a idrogeno, interazioni di van der Waals).

La solubilità in acqua dei composti organici dipende dalla presenza nelle molecole di gruppi idrofili o idrofobici, ovvero di molecole che possono o non possono formare legami intermolecolari con l'acqua.

Da che cosa dipendono le proprietà chimiche dei composti organici?

La reattività di un composto organico è determinata dalla presenza nella sua molecola di un gruppo funzionale (legame multiplo, un atomo molto elettronegativo o uno specifico gruppo atomico).

La presenza in un composto organico di un atomo con elettronegatività diversa dal carbonio o di un gruppo atomico che attira o respinge elettroni determina la polarizzazione del legame che si trasmette lungo la catena carboniosa. Il fenomeno si chiama **effetto induttivo** e può essere attrattivo o repulsivo a seconda che i sostituenti siano atomi o gruppi atomici *elettron-attrattori o elettron-donatori.*

Che cosa si intende per rottura omolitica e rottura eterolitica di un legame?

Un aspetto essenziale per descrivere il meccanismo di una reazione è quello relativo alla modalità di rottura del legame covalente che può essere **omolitica**, con ciascun atomo che trattiene uno dei due elettroni di legame precedentemente condiviso, ed **eterolitica**, con l'atomo più elettronegativo che trattiene il doppietto elettronico di legame prima condiviso.

Tra gli intermedi delle reazioni eterolitiche particolare importanza hanno i **carbanioni** e i **carbocationi**, anioni o cationi, la cui carica negativa o positiva è localizzata su un atomo di *carbonio.*

Che cosa sono gli elettrofili e i nucleofili?

Gli **elettrofili** sono specie chimiche con una parziale o totale carica positiva oppure con l'ottetto incompleto. I **nucleofili** sono specie chimiche con una parziale o totale carica negativa oppure con un doppietto elettronico disponibile.

I nucleofili sono distinti in forti e deboli a seconda che siano costituiti da atomi con basso o alto valore di elettronegatività.

CAPITOLO

A1 ESERCIZI

ZTE ONLINE Mettiti alla prova con 20 esercizi interattivi

VERIFICA LE TUE CONOSCENZE

I COMPOSTI ORGANICI

1 Quale tra i seguenti elementi chimici non è presente nei composti organici?

Ⓐ Se
Ⓑ S
Ⓒ P
Ⓓ N

2 Quale dei seguenti composti del carbonio è inorganico?

Ⓐ CH_3Cl
Ⓑ $HCOOH$
Ⓒ H_2CO_3
Ⓓ CH_3OH

3 Quale dei seguenti composti del carbonio è organico?

Ⓐ CO_2
Ⓑ NH_2CH_3
Ⓒ HCN
Ⓓ $(NH_4)_2CO_3$

4 Qual è il n.o. del carbonio nel seguente composto? $CH_3{-}OH$

Ⓐ +2
Ⓑ 0
Ⓒ +4
Ⓓ −2

5 Il carbonio ha n.o. uguale a −2 nel composto

Ⓐ CH_3Cl
Ⓑ CH_2F_2
Ⓒ $(NH_2)CH_3$
Ⓓ HCN

LE FORMULE DI STRUTTURA

6 L'atomo di carbonio evidenziato in rosso nel seguente composto è

$CH_3{-}CH_2{-}CH{-}CH_3$ (con CH_3 legato al CH; il C di questo CH_3 è evidenziato in rosso)

Ⓐ terziario
Ⓑ primario
Ⓒ secondario
Ⓓ quaternario

7 Il composto $CH_3C(CH_3)_2CH_3$ è rappresentato con la formula

Ⓐ di Lewis
Ⓑ razionale
Ⓒ condensata
Ⓓ topologica

8 La formula condensata corrispondente alla formula razionale $CH_3{-}CH_2{-}NH{-}CH_2{-}CH_3$ è

Ⓐ $CH_3CH_2NHCH_2CH_3$
Ⓑ $NH(CH_2)_2(CH_3)_2$
Ⓒ $NH(CH_2{-}CH_3)_2$
Ⓓ $(CH_3CH_2)NH(CH_2CH_3)$

L'ISOMERIA

9 Gli isomeri sono composti che presentano

Ⓐ stessa formula molecolare ma diversa formula di struttura
Ⓑ stessa formula molecolare e uguali proprietà fisiche e chimiche
Ⓒ diversa formula molecolare e stesse proprietà fisiche e chimiche
Ⓓ stessa formula di struttura e diverse proprietà fisiche e chimiche

10 Il 2-pentene $CH_3{-}CH_2{-}CH{=}CH{-}CH_3$ è un composto che si presenta sotto forma di due isomeri

Ⓐ ottici
Ⓑ geometrici
Ⓒ di gruppo funzionale
Ⓓ di conformazione

11 I composti otticamente attivi hanno almeno

Ⓐ un atomo di carbonio tetraedrico
Ⓑ un triplo legame
Ⓒ un atomo di alogeno
Ⓓ un atomo di carbonio legato a quattro atomi o gruppi atomici diversi

12 Gli isomeri geometrici sono isomeri

Ⓐ configurazionali
Ⓑ conformazionali
Ⓒ otticamente attivi
Ⓓ di posizione

13 Quale tra le seguenti molecole è chirale?

Ⓐ $CH_3{-}C{-}CH_2{-}CH_3$ (con =O sul C)
Ⓑ $CH_3{-}CH{-}CH_3$ (con Cl sul CH)
Ⓒ $CH_3{-}CH{-}NH_2$ (con COOH sul CH)
Ⓓ $CH_3{-}C{-}OCH_3$ (con =O sul C)

14 Quale tipo di isomeria si verifica nell'alchino nel seguente composto? $CH_3{-}CH_2{-}C{\equiv}OH$

Ⓐ di gruppo funzionale
Ⓑ geometrica
Ⓒ di posizione
Ⓓ di catena

15 Quale tipo di isomeria si verifica nel seguente composto?

$CH_3{-}CH{-}CH_3$ (con NH_2 sul CH)

Ⓐ geometrica
Ⓑ di gruppo funzionale
Ⓒ ottica
Ⓓ di posizione

LA REATTIVITÀ

16 **Una specie chimica che nei composti organici presenta una totale carica positiva è definita**

Ⓐ elettrofilo
Ⓑ carbocatione
Ⓒ nucleofilo
Ⓓ radicale

17 **Quale tra le seguenti specie chimiche è un nucleofilo?**

Ⓐ $AlCl_3$ Ⓑ NO_2^+ Ⓒ NH_3 Ⓓ $^+CH_3$

VERIFICA LE TUE ABILITÀ

18 **Qual è l'ibridazione dell'atomo di carbonio evidenziato in rosso nei seguenti composti?**

a. $CH_3{-}CH_2{-}CHO$
b. $CH_3{-}CH_2{-}CH_4$
c. $CH_3{-}COO{-}CH_3$
d. $CH{\equiv}C{-}CH_3$

19 **Qual è il n.o. degli atomi di carbonio nei seguenti composti?**

a. $CH{\equiv}CH$
b. $H{-}COOH$
c. $CH_3{-}OH$
d. $CH_3{-}CO{-}CH_3$

20 **Qual è il n.o. degli atomi di carbonio nei seguenti composti?**

a. $CH_3{-}CH_2{-}CH_3$
b. $CH_3{-}C{\equiv}CH$
c. $CH_2{=}CH{-}CH_3$
d. $CH_2Cl{-}CHBr{-}CH_3$

21 **Rappresenta le catene carboniose dei composti con formula molecolare C_5H_{12} (3 catene aperte) e C_5H_{10} (5 catene chiuse).**

22 **Rappresenta la formula di Lewis, razionale e topologica corrispondente ai seguenti composti.**

a. $(CH_3)_2CHCH_2CH_3$
b. $CH_3(CH_2)_3CH_3$
c. $(CH_3)_3CCH_2CH_3$
d. $(CH_3)_3CH$

23 **Rappresenta le formule razionali corrispondenti alle seguenti formule topologiche.**

a.
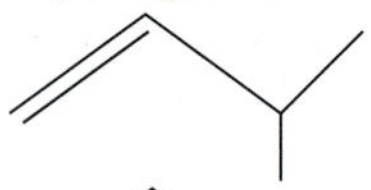

b.
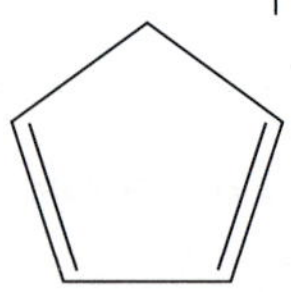

c.

d.
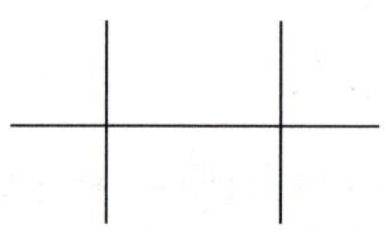

24 **Rappresenta la formula condensata per il seguente composto, dove il simbolo R indica il gruppo atomico $-CH_3$.**

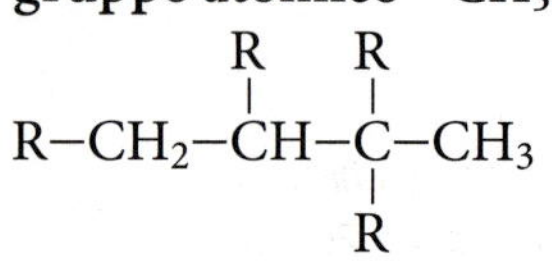

25 **Rappresenta le strutture di Lewis e razionali dei seguenti composti.**

a. $CH_3CON(CH_3)_2$
b. CH_3COOCH_3

26 **Rappresenta le formule razionali degli isomeri di posizione dei composti con formula molecolare**

a. $C_3H_6Cl_2$
b. C_3H_7I

27 **Rappresenta le formule razionali dei due isomeri geometrici dei composti con formula molecolare**

a. $CHBr{=}CHBr$
b. $CHCl{=}CH{-}CH_3$

28 **Rappresenta le formule razionali dei due isomeri di gruppo funzionale del composto con formula molecolare**

a. C_3H_8O
b. $C_4H_{10}O$

29 **Rappresenta le formule razionali dei tre isomeri di posizione dell'alcol lineare con formula molecolare $C_5H_{12}O$.**

30 **Rappresenta le due formule razionali di un composto (uno a catena aperta con doppio legame carbonio-carbonio, l'altro a catena chiusa) con formula molecolare C_3H_6.**

31 **Rappresenta le formule prospettiche dei due isomeri ottici del composto con formula condensata $CH_3(CH_2)_2CH(OH)COOH$.**

32 **Rappresenta le formule razionali degli isomeri di catena dei composti con le seguenti formule molecolari.**

a. C_6H_{14} (5 isomeri)
b. C_7H_{16} (9 isomeri)

33 **Rappresenta le formule razionali degli isomeri del composto con formula molecolare $C_4H_{10}O$ (6 isomeri).**

34 **La rotazione osservata di una soluzione di 100 mL contenente 1 g di un composto chirale è uguale a 1,33°. Sapendo che la determinazione è fatta in un tubo portacampione di 2 dm, calcola la rotazione specifica del composto chirale.**

35 **Disponi i seguenti composti secondo l'ordine crescente della loro temperatura di ebollizione.**

a. $CH_3{-}CH_3$
b. $CH_3{-}CH_2{-}CH_3$
c. CH_4
d. $CH_3{-}CH_2{-}CH_2{-}CH_3$

36 **Disponi i seguenti composti allo stato liquido secondo l'ordine crescente della loro solubilità.**

a. $CH_3-CO-CH_3$
b. CH_3-OH
c. $CH_3-CH_2-CH_2-OH$
d. CH_3-CHO

37 **Disponi i seguenti composti secondo l'ordine crescente del loro punto di ebollizione.**

a. $CH_2OH-CH_2-CH_2OH$
b. $CH_3-CH_2-CH_3$
c. $CH_3-NH-CH_3$
d. CH_3-CH_2-CHO

38 **Disponi le seguenti serie di composti secondo l'ordine crescente della loro reattività.**

a1. $CH_3-CH=CH_2$
a2. $CH_3-CH_2-CH_3$
a3. $CH_3-C\equiv CH$
b1. $CH_3-CHCl-CH_3$
b2. $CH_3-CHI-CH_3$
b3. $CH_3-CHBr-CH_3$

39 **Specifica le classi di composti organici in cui sono presenti i seguenti gruppi funzionali.**

a. $-O-$
b. $-COO-$
c. $-C\equiv C-$
d. $-Br$

40 **Sulla base dei diversi gruppi funzionali, precisa a quale classe appartengono i seguenti composti organici.**

a. $CH_3-CH_2-NH_2$
b. $CH_3-CH_2-CH_2Cl$
c. $CH_3-CO-CH_3$
d. CH_3-CH_2-COOH
e. $CH_3-COO-CH_2-CH_3$
f. CH_3-CH_2-CHO

41 **Rappresenta le formule razionali dei seguenti composti (almeno uno dei possibili isomeri).**

a. $C_4H_{10}O$ (alcol)
b. C_3H_8O (etere)
c. C_6H_6O (aldeide)
d. C_4H_8O (chetone)

42 **Quali tra i seguenti atomi o gruppi atomici sono elettron-attrattori?**

a. $-COOH$
b. $-Br$
c. $-CH_3$
d. $-CH=CH_2$

43 **Quali tra i seguenti gruppi atomici sono elettron-donatori?**

a. $-CH_2-CH_3$
b. $\rangle CO$
c. $-CH_2-CH_2-CH_3$
d. NO_2^+

44 **Rappresenta le formule razionali di un carbocatione primario, uno secondario e uno terziario, dove il simbolo R indica il gruppo atomico $-CH_3$.**

45 **Quali tra le seguenti specie chimiche sono agenti elettrofili (E) e quali nucleofili (N)?**

a. $^+CH_2-CH_3$
b. $AlCl_3$
c. CN^-
d. NO_2^+

TEST YOURSELF

46 **State the hybridization type of the carbon atom highlighted in the following compounds.**

a. $CH_3-CO-CH_2-CH_3$
b. $H-CHO$
c. $CH_3-CHOH-CH_2-CH_3$
d. CH_3-CH_2-COOH

47 **Draw the rational, topologic, and Lewis formula corresponding to the following compounds.**

a. $CH_3(CH_2)_4CH_3$
b. $CH_3(CH_2)_2CH(CH_3)_2$

48 **Draw the rational formulas of all the possible isomers of the compound C_3H_6.**

49 **On the basis of the several functional groups, state what class the following organic compounds belong to.**

a. $CH_3-CH_2-CO-NH_2$
b. $CH_3-O-CH_2-CH_3$
c. $CH_3-CH_2-C\equiv CH$
d. $CH_3-CH_2-CH_2-CHO$

50 **Draw the rational formula corresponding to the two geometrical isomers of the compound $CH_3-CH=CHBr$.**

VERSO L'UNIVERSITÀ

51 **Quanti isomeri strutturali della molecola C_4H_9Br esistono?**

Ⓐ 4
Ⓑ 2
Ⓒ 3
Ⓓ 5
Ⓔ 6

[dalla prova di ammissione a Medicina e Chirurgia e in Odontoiatria e Protesi Dentaria, anno 2013]

52 **Quale dei seguenti gruppi funzionali è presente nella molecola $CH_3CH_2CONH_2$?**

Ⓐ ossidrilico
Ⓑ estereo
Ⓒ chetonico
Ⓓ ammidico
Ⓔ amminico

[dalla prova di ammissione a Medicina e Veterinaria, anno 2014]

53 **La seguente struttura organica $CH_3COOCH_2CH_3$ corrisponde a**

Ⓐ un etere
Ⓑ un acido carbossilico
Ⓒ un estere
Ⓓ un chetone
Ⓔ un fenolo

[dalla prova di ammissione a Medicina e Chirurgia e in Odontoiatria e Protesi Dentaria, anno 2012]

VERSO L'ESAME

RAPPRESENTA

54 **Esamina le relazioni tra i diversi tipi di isomeri attraverso una mappa concettuale.**

OSSERVA E CLASSIFICA

55 **Classifica come chirali oppure non chirali le seguenti coppie di oggetti. Argomenta poi la tua risposta.**

a. coltello e forchetta

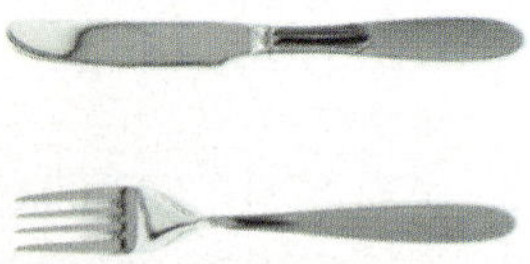

d. saliera e pepiera

b. occhi

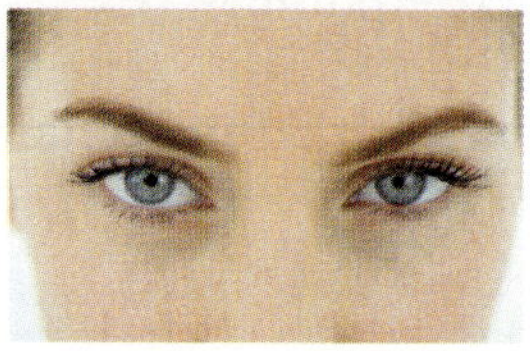

e. paio di scarpe

c. ali di farfalla

f. lenti a contatto

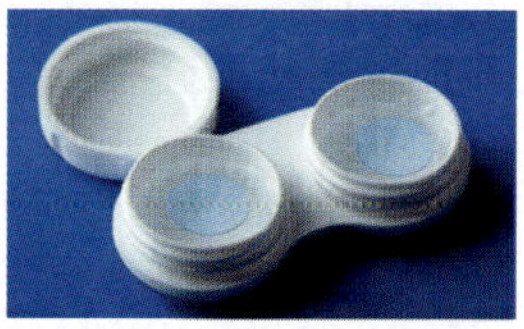

OSSERVA E CLASSIFICA

56 Rappresenta la formula di struttura delle molecole raffigurate dai modellini seguenti, considerando che le sfere nere rappresentano atomi di carbonio, le sfere bianche atomi di idrogeno e gli anelli bianchi legami covalenti.
I due composti sono una coppia di isomeri: di che tipo?

OSSERVA E CLASSIFICA

57 Rappresenta la formula di struttura delle molecole raffigurate dai modellini a fianco, considerando che le sfere rosse rappresentano atomi di ossigeno e i bastoncini legami covalenti.
I due composti sono una coppia di isomeri: di che tipo?

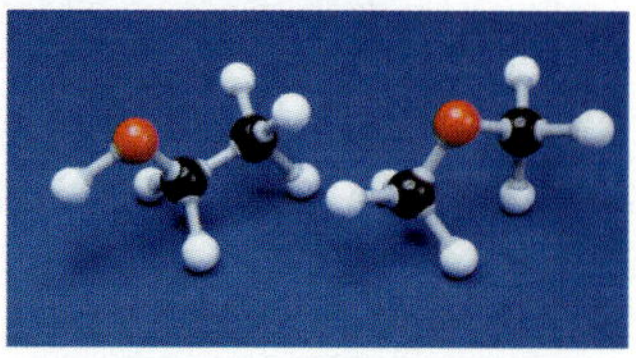

IPOTIZZA E ARGOMENTA

58 **Ipotizza, argomentando la risposta, quale composto è più solubile in acqua tra il propano e l'1-propanolo.**

IPOTIZZA E ARGOMENTA

59 Come antidoto all'intossicazione da metanolo si usa somministrare un composto appartenente alla stessa classe chimica e avente caratteristiche simili di reattività.
Secondo te, si tratta di metano o di etanolo? Argomenta la risposta.

ANALIZZA E IPOTIZZA

60 I composti A e B, liquidi e miscibili, sono enantiomeri con A destrogiro e B levogiro.
Ti aspetti che il piano della luce polarizzata venga ruotato a destra, a sinistra o che non venga ruotato affatto dalle seguenti miscele?

a. 50% A + 50% B
b. 25% A + 75% B
c. 25% B + 75% A

ANALIZZA E DEDUCI

61 «... Il carbonio, infatti, è un elemento singolare: è il solo che sappia legarsi con se stesso in lunghe catene stabili senza grande spesa di energia, ed alla vita sulla terra (la sola che finora conosciamo) occorrono appunto lunghe catene. Perciò il carbonio è l'elemento chiave della sostanza vivente: ma la sua promozione, il suo ingresso nel mondo vivo, non è agevole, e deve seguire un cammino obbligato, intricato, chiarito (e non ancora definitivamente) solo in questi ultimi anni. Se l'organicazione del carbonio non si svolgesse quotidianamente intorno a noi, sulla scala dei miliardi di tonnellate alla settimana, dovunque affiori il verde di una foglia, le spetterebbe di pieno diritto il nome di miracolo.»
Il testo riportato è tratto dalla raccolta di racconti *Il sistema periodico* di Primo Levi e fa riferimento al fatto che non tutto il carbonio presente al mondo è in forma di composti organici. Conseguentemente, perché la vita esista, occorrono reazioni chimiche, che Levi chiama «organicazione», di trasformazione di composti carboniosi inorganici in composti carboniosi organici.
Confronta lo stato di ossidazione del carbonio nel diossido di carbonio con quello del carbonio in almeno uno dei composti organici incontrati in questo primo capitolo e deduci se l'organicazione del carbonio, citata da Levi, è costituita da processi di ossidazione o di riduzione.

CAPITOLO

A2

GLI IDROCARBURI

1 GLI IDROCARBURI SONO COSTITUITI DA CARBONIO E IDROGENO

La grande varietà di composti organici può essere ricondotta a famiglie, costituite da molecole con medesime analogie strutturali, da cui conseguono proprietà chimico-fisiche simili. Una di queste famiglie è quella degli idrocarburi.

> Gli **idrocarburi** sono composti organici costituiti esclusivamente da atomi di carbonio e idrogeno.

Negli idrocarburi, gli atomi di carbonio si legano formando catene aperte o chiuse, lineari o ramificate, e anelli o reticoli complessi.

Gli idrocarburi si suddividono in due grandi gruppi in base alla loro struttura: *alifatici* e *aromatici*.

Gli **idrocarburi alifatici** possono essere *saturi* oppure *insaturi*. Gli idrocarburi saturi contengono solo legami semplici carbonio-carbonio e sono detti *alcani* se a catena aperta, e *cicloalcani* se a catena chiusa.

Gli idrocarburi insaturi possono avere legami multipli carbonio-carbonio: doppi negli alcheni, tripli negli alchini.

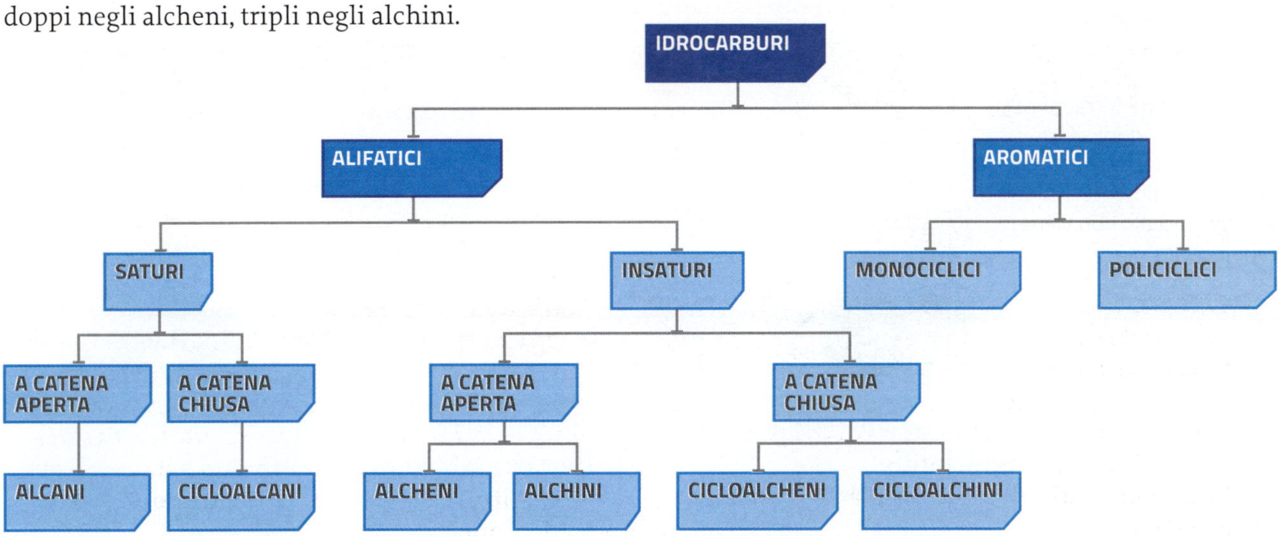

Gli **idrocarburi aromatici** sono idrocarburi a catena chiusa in cui gli atomi di carbonio dell'anello sono uniti da legami covalenti semplici e da un particolare tipo di legame, nel quale gli elettroni formano un'unica nube elettronica.

I **composti aromatici** possono essere *monociclici* se formati da un solo anello, o *policiclici* se formati da più anelli. Se uno o più atomi di carbonio dell'anello sono sostituiti da atomi diversi (N, S, O) si parla di composti *eterociclici.*

Gli atomi di carbonio dell'anello sono uniti da legami covalenti semplici e da un particolare tipo di legame, nel quale gli elettroni formano un'unica nube elettronica.

Derivati degli idrocarbui aromatici sono i composti eterociclici in cui uno o più atomi di carbonio dell'anello sono sostituiti da atomi diversi (eteroatomi). Negli eterociclici aromatici gli eteroatomi più comuni sono l'azoto e l'ossigeno.

2 NEGLI ALCANI IL CARBONIO È IBRIDATO sp^3

Gli **alcani** o **paraffine** sono idrocarburi alifatici a catena aperta, saturi per la presenza di legami semplici carbonio-carbonio.

Tutti gli atomi di carbonio degli alcani sono ibridati sp^3.

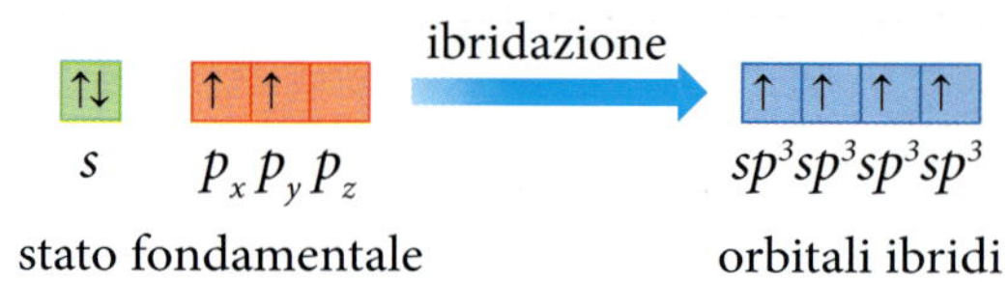

Gli orbitali ibridi sp^3 hanno la forma di due lobi, di cui uno molto più esteso e uno più piccolo, che in genere non viene rappresentato.

I quattro orbitali ibridi sp^3 si orientano in direzione dei vertici di un **tetraedro** con formazione di angoli di legame di 109,5° rispetto al nucleo, che si trova al centro del tetraedro (figura **1**).

Figura 1 Gli orbitali ibridi sp^3 A Formazione degli orbitali ibridi sp^3.
B Disposizione tetraedrica degli orbitali ibridi sp^3 di un atomo di carbonio, dove generalmente il lobo più piccolo non viene rappresentato.

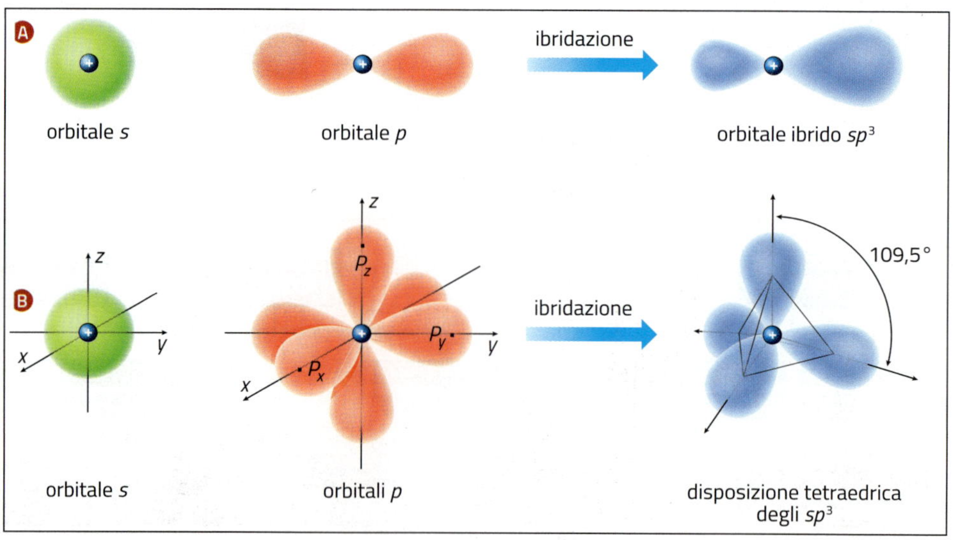

PER CAPIRE MEGLIO
video:
L'ibridazione dell'atomo di carbonio

Quando due atomi di carbonio ibridati sp^3 si uniscono tra di loro, si ha la sovrapposizione *frontale* di due orbitali ibridi sp^3 appartenenti ciascuno a un atomo di carbonio. In questo modo si forma un legame covalente omopolare di tipo σ.

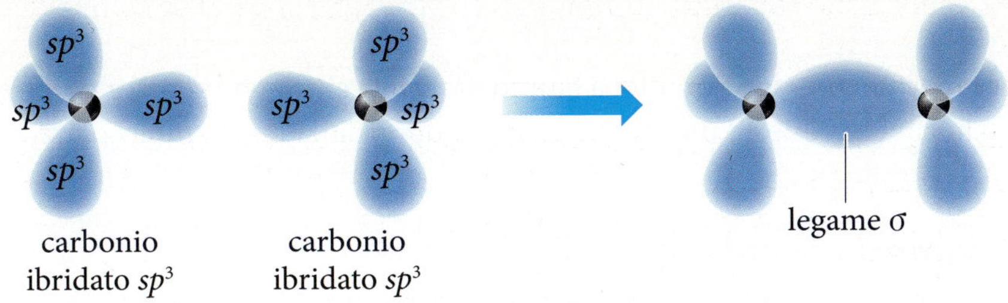

Il legame semplice carbonio-carbonio (lunghezza di legame = 1,54 Å) ha una elevata energia di legame che lo rende forte, stabile e poco reattivo.

TI RICORDI?

Il **legame covalente** σ si forma per la sovrapposizione frontale (testa a testa) tra i due orbitali atomici (per esempio, *s* e *s*, *s* e *p*) dei due atomi reagenti.

TI RICORDI?

Il **simbolo Å** (dal nome del fisico svedese Anders Jonas Ångström) è un'unità di misura della lunghezza corrispondente a 10^{-10} m.

LE PAROLE

Il termine **IUPAC** è la sigla di *International Union of Pure and Applied Chemistry* (Unione Internazionale di Chimica Pura e Applicata).

3 LA FORMULA MOLECOLARE E LA NOMENCLATURA DEGLI ALCANI

Nelle molecole degli alcani sono presenti solo legami semplici carbonio-carbonio, quindi l'ibridazione dell'atomo di carbonio è di tipo sp^3. Agli alcani corrisponde la **formula molecolare** generale:

$$C_nH_{2n+2}$$

dove *n* è il numero di atomi di carbonio presenti nella molecola.

Il **nome** degli alcani con una *catena lineare* di atomi di carbonio (*normal alcani*) secondo le regole IUPAC è costituito da un prefisso che, per i primi quattro termini, deriva dal loro nome comune (*met-*, *et-*, *prop-*, *but-*), per i termini successivi deriva dal numero greco corrispondente al numero di atomi di carbonio (*penta-*, *esa-*, *epta-* e così via) e dal suffisso *-ano* (tabella **1**).

Rappresentiamo ora le formule razionali, le formule di Lewis e i modelli molecolari dei primi quattro termini della serie degli alcani:

Tabella 1 **Gli alcani** La formula molecolare e il nome dei primi sei termini della serie degli alcani.

n	Formula molecolare	Nome
1	CH_4	metano
2	C_2H_6	etano
3	C_3H_8	propano
4	C_4H_{10}	butano
5	C_5H_{12}	pentano
6	C_6H_{14}	esano

CH_4 | CH_3-CH_3 | $CH_3-CH_2-CH_3$ | $CH_3-CH_2-CH_2-CH_3$

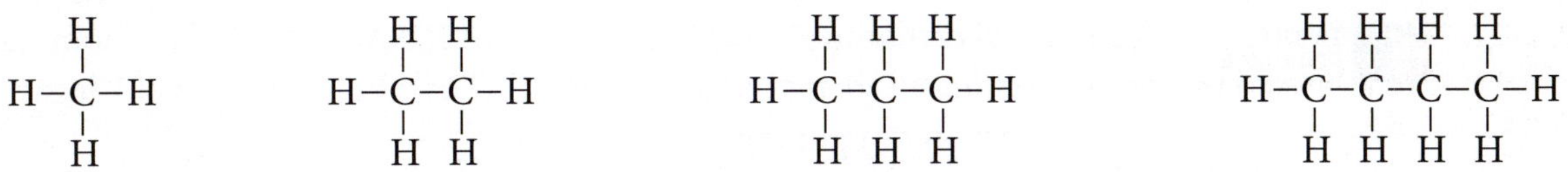

metano | etano | propano | butano

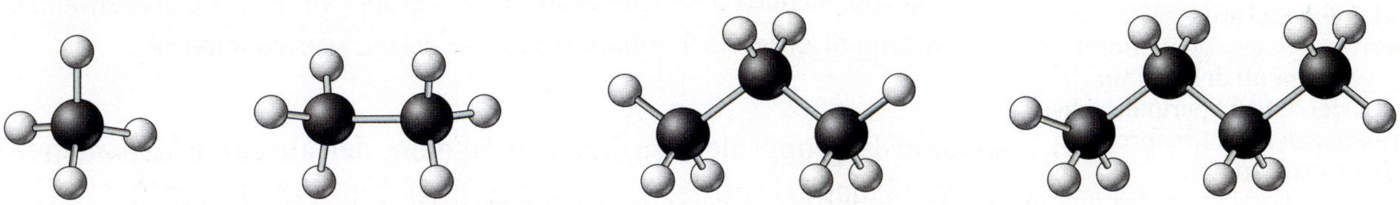

Ogni termine differisce da quello che lo segue o lo precede per il gruppo $-CH_2-$ (gruppo metilenico).

Gli alcani a catena lineare che differiscono per lo stesso gruppo atomico costituiscono una **serie omologa**.

I composti di una serie omologa hanno proprietà chimiche simili e proprietà fisiche diverse, queste ultime infatti dipendono dalla massa molecolare.

L'isomeria di catena

A partire dall'alcano con quattro atomi di carbonio (C_4H_{10}, butano), si verifica l'**isomeria di catena** che comporta la presenza di composti che hanno la stessa formula molecolare ma con atomi di carbonio legati in *sequenza differente*. In passato per i nomi dei due isomeri del butano e dei tre isomeri del pentano sono stati utilizzati i prefissi *normal* (simbolo ***n***), *iso-* e *neo-*.

Per il pentano, C_5H_{12}, le formule razionali e i nomi comuni dei tre isomeri sono i seguenti:

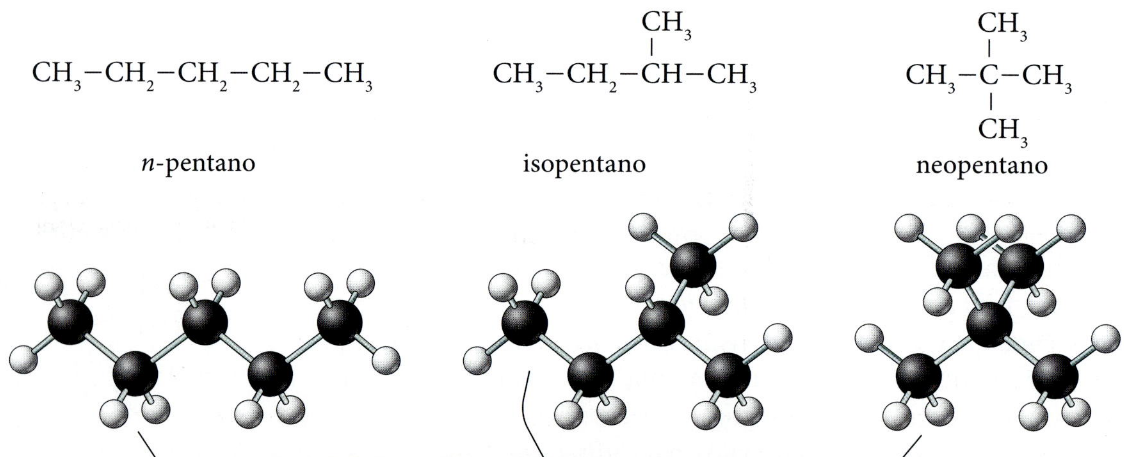

Il pentano presenta tre isomeri di catena: la formula di tutti e tre è C_5H_{12} ma i carboni sono legati secondo una sequenza differente.

Scarica la app: TAVOLA PERIODICA INTERATTIVA

L'uso dei prefissi per denominare gli isomeri di alcani con un elevato numero di atomi di carbonio è complesso. Il sistema IUPAC prevede la denominazione dei *sostituenti*, gruppi o radicali alchilici (simbolo **R**) e alogeni, legati alla catena carboniosa più lunga.

LE PAROLE

Gli **alogeni** (dal greco: *háls* = sale e il suffisso *-genos* = generatore) sono gli elementi del settimo gruppo del sistema periodico che, reagendo con i metalli, formano sali (cloruro di sodio).

I **gruppi alchilici** o **radicali alchilici** sono gruppi atomici che presentano un atomo di idrogeno in meno rispetto all'alcano corrispondente.

I nomi dei gruppi alchilici derivano dal nome dell'alcano corrispondente per sostituzione del suffisso *-ano* con il suffisso *-ile* (tabella **2**).

Tabella 2 Il nome e la formula razionale I primi quattro termini degli alcani e i corrispondenti gruppi alchilici. I prefissi *sec-* e *terz-* specificano se il carbonio è secondario o terziario, il prefisso *iso* indica la presenza di due sostituenti uguali sullo stesso carbonio.

Nome	Formula razionale
metano	CH_4
etano	CH_3-CH_3
n-propano	$CH_3-CH_2-CH_3$
n-butano	$CH_3-CH_2-CH_2-CH_3$
isobutano	$CH_3-\overset{\overset{CH_3}{\vert}}{C}H-CH_3$

Nome	Formula razionale
metile	$-CH_3$
etile	$-CH_2-CH_3$
n-propile	$-CH_2-CH_2-CH_3$
isopropile	$\underset{CH_3\ CH_3}{\overset{\vert}{CH}}$
n-butile	$-CH_2-CH_2-CH_2-CH_3$
sec-butile	$CH_3-\overset{\vert}{C}H-CH_2-CH_3$
isobutile	$\begin{matrix}CH_3\\CH_3\end{matrix}\!>CH-CH_2-$
terz-butile	$CH_3-\underset{\underset{CH_3}{\vert}}{\overset{\overset{CH_3}{\vert}}{C}}-$

Gli **alogeni** sono gli atomi di fluoro, cloro, bromo e iodio rappresentati dai rispettivi simboli e indicati con i loro nomi (lo iodio viene contratto a «iodo», tabella 3).

Tabella 3 Gli alogeni I nomi e i simboli degli alogeni.

Nome	Simbolo
fluoro	F
cloro	Cl
bromo	Br
iodio (iodo)	I

Il **nome** degli isomeri di catena degli alcani si assegna secondo le regole che seguono:

a. si identifica la catena carboniosa **più lunga** che viene denominata con il nome corrispondente al numero di atomi di carbonio;
b. si numera la catena carboniosa più lunga a partire dall'estremità che permette di utilizzare i **numeri più piccoli** in corrispondenza dei sostituenti;
c. quando nella catena carboniosa è presente un solo sostituente, il nome dell'isomero è precisato dal numero che indica la posizione e il nome del sostituente e dal nome della catena carboniosa più lunga (il nome del composto si scrive in un'*unica parola*):

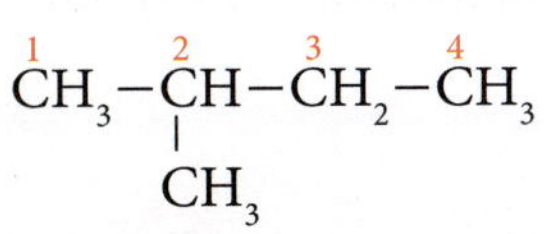
2-metilbutano

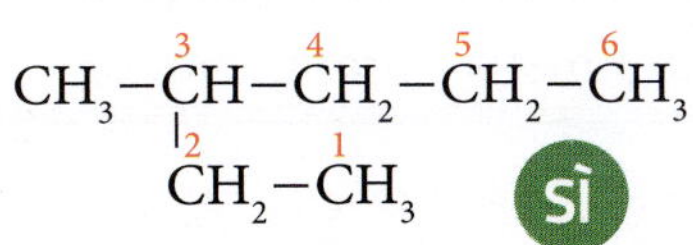
3-metilesano

e non

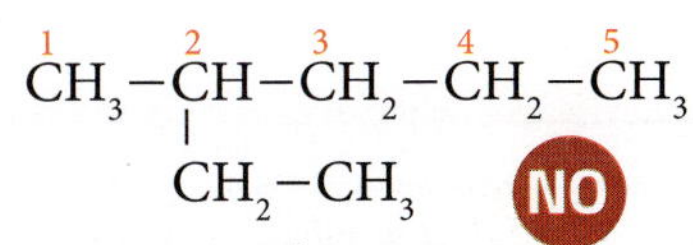
2-etilpentano

d. quando nella catena carboniosa lo *stesso sostituente* è presente più volte, i numeri che ne indicano la posizione vanno separati da una virgola e il nome del sostituente deve essere preceduto dai prefissi *di-*, *tri-*, *tetra-*; se il sostituente è nella *stessa posizione* il numero deve essere ripetuto e separato da una virgola:

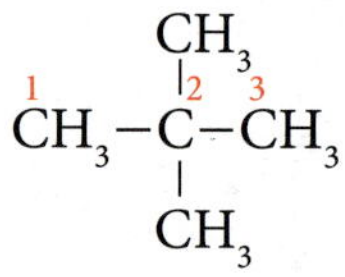
2,2-dimetilpropano

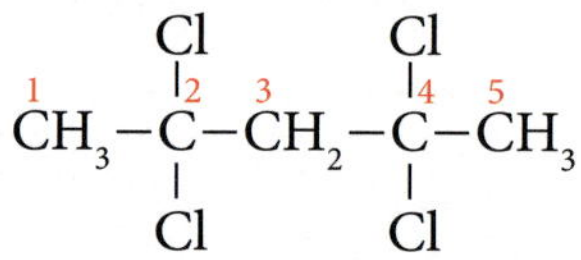
2,2,4,4-tetracloropentano

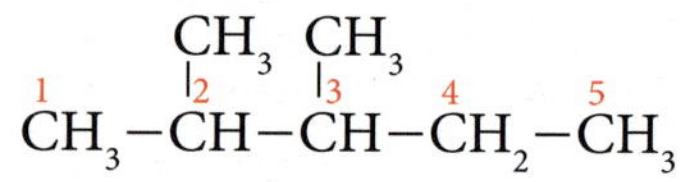
2,3-dimetilpentano

e. quando nella catena carboniosa più lunga i sostituenti sono *diversi*, vanno denominati in **ordine alfabetico** (i prefissi *di-*, *tri-*, *tetra- sec-* e *terz-* non vanno considerati ai fini dell'ordine alfabetico):

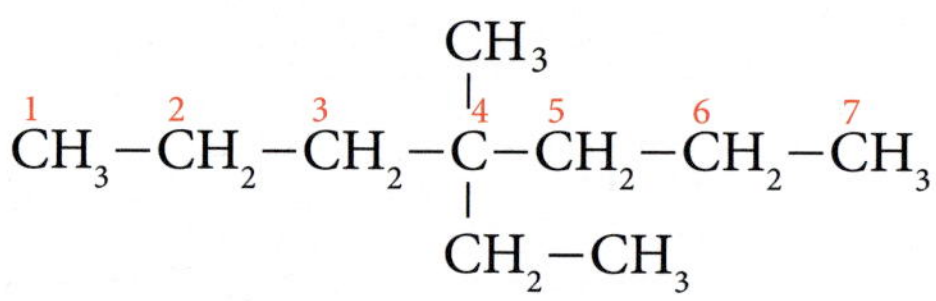
4-etil-4-metileptano

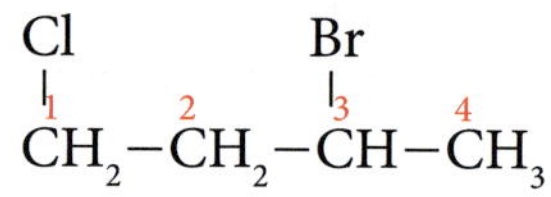
3-bromo-1-clorobutano

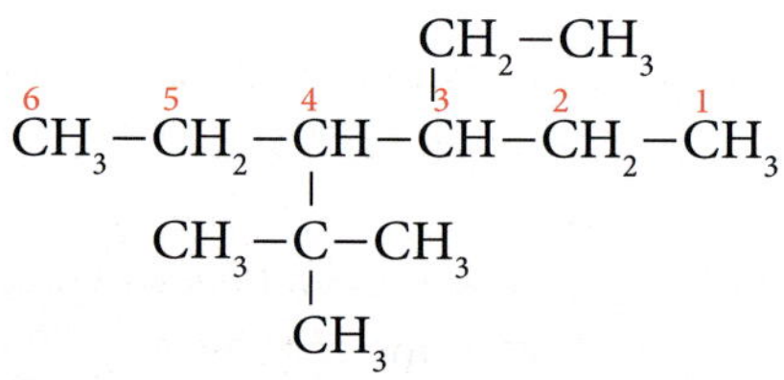
4-*terz*-butil-3-etilesano

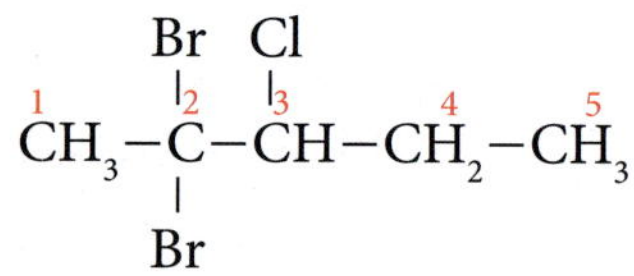
2,2-dibromo-3-cloropentano

f. se nel composto sono presenti *due catene carboniose* di *uguale lunghezza*, il nome corretto è quello corrispondente all'isomero con il maggiore numero di **sostituenti**. Il composto con la seguente formula razionale:

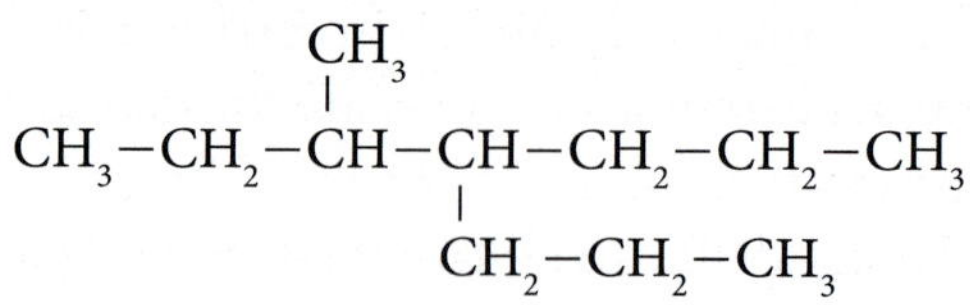

non è un eptano con *un sostituente* (4-*sec*-butileptano) ma è un eptano con *due sostituenti* (3-metil-4-propileptano):

non 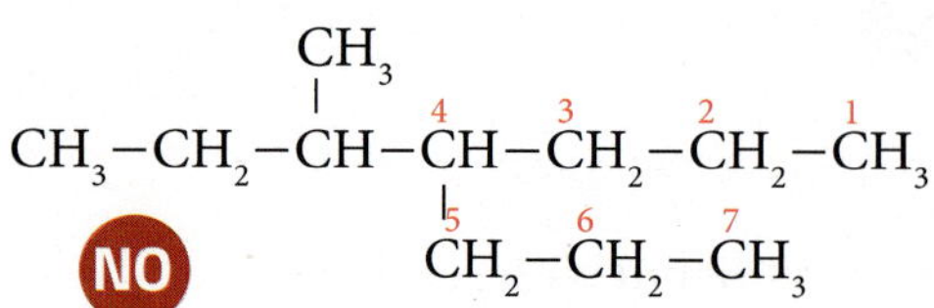
4-*sec*-butileptano

ma 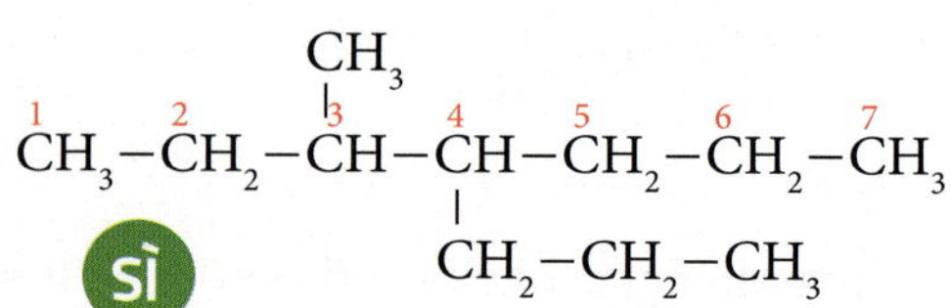
3-metil-4-propileptano

PROBLEMA MODELLO

Nominare gli alcani

Assegna il nome al seguente composto:

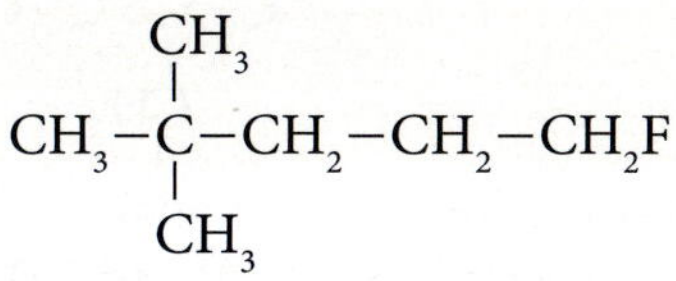

L'IDEA

Identifichiamo la catena carboniosa più lunga; questa è costituita da cinque atomi di carbonio e quindi il nome del composto corrisponde al **pentano**.

LA SOLUZIONE

Dovendo utilizzare i numeri più piccoli in corrispondenza dei sostituenti, la catena deve essere numerata da destra a sinistra; i sostituenti si trovano pertanto nelle posizioni 1 e 4:

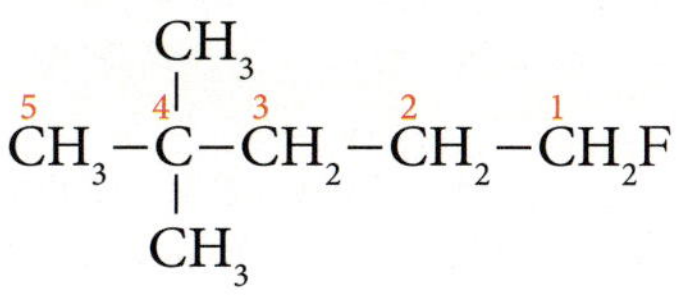

Essendo i sostituenti **diversi** (un atomo di fluoro e due gruppi metile), questi devono essere denominati in **ordine alfabetico** (prima l'atomo di fluoro e dopo i gruppi metile).
Per indicare la presenza di due gruppi metile nella stessa posizione (4), il numero si ripete due volte (separato da una virgola), mentre il nome del sostituente si riporta una volta utilizzando il prefisso *di-*.

LA CONCLUSIONE

Il nome del composto è quindi:
1-fluoro-4,4-dimetilpentano

PROBLEMA SIMILE

Assegna il nome ai seguenti composti:

a. 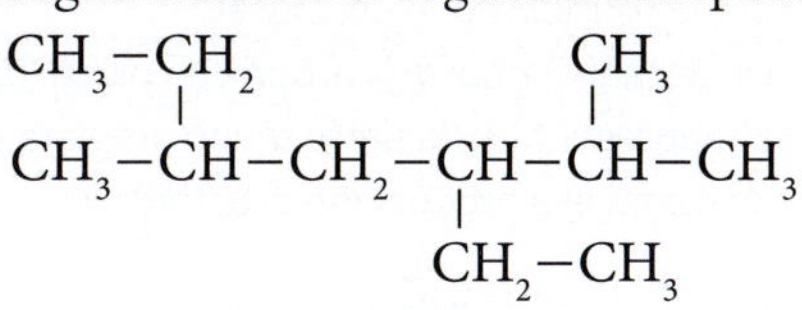

b. 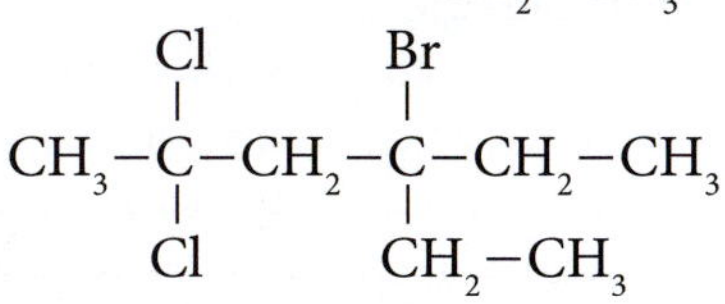

Per rappresentare la **formula razionale** di un alcano di cui si conosce il nome (per esempio, 3-isopropil-2-metilesano), si deve:

a. scrivere la catena carboniosa con un numero di atomi di carbonio (6) corrispondente al prefisso (*es-*) del nome del composto:

$$\overset{1}{C}-\overset{2}{C}-\overset{3}{C}-\overset{4}{C}-\overset{5}{C}-\overset{6}{C}$$

b. aggiungere i sostituenti (isopropile e metile) nelle posizioni (3 e 2) precisate nel nome del composto:

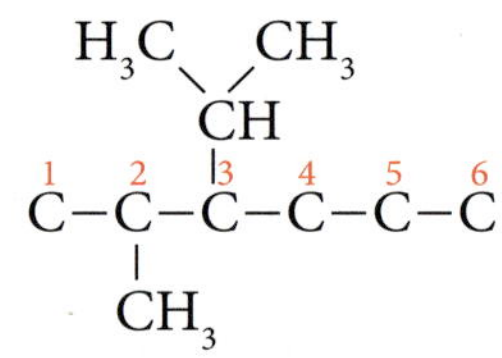

c. completare la formula razionale aggiungendo l'esatto numero di atomi di idrogeno per ogni atomo di carbonio (tenere presente che ciascun atomo di carbonio forma quattro legami):

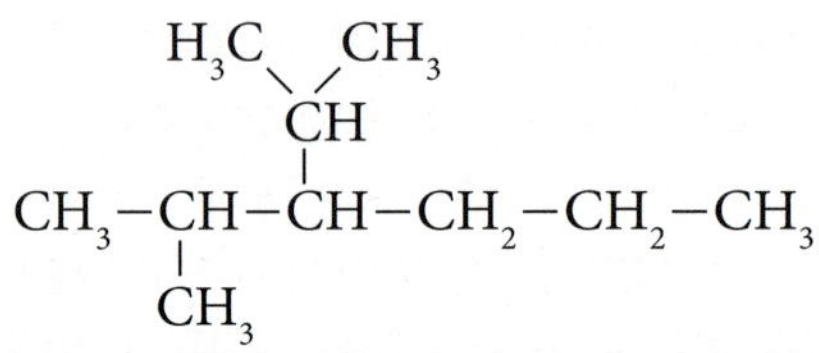

3-isopropil-2-metilesano

PER SAPERNE DI PIÙ

Petrolio: energia e industria

Era il 1859 quando lo statunitense Edwin Drake fece la prima trivellazione per l'estrazione del petrolio grezzo e diede così inizio all'era del **petrolio**. In questi 150 anni il petrolio è diventato la risorsa energetica principale dell'intero pianeta e ha permesso un rapido sviluppo delle tecnologie e della produzione industriale di beni di consumo oggi indispensabili.

La formazione del petrolio

Il petrolio deriva da resti biologici di piante e animali che, rimasti sepolti per centinaia di milioni di anni sotto sedimenti di diversa natura, subiscono una trasformazione chimico-fisica. Il petrolio deve il suo nome proprio al processo geochimico necessario per la sua formazione: dal latino *petra* (pietra) e *oleum* (olio).

La pressione, la temperatura e i lunghi tempi fanno sì che i sedimenti si trasformino in roccia e che la materia organica venga parzialmente decomposta grazie all'azione dei batteri, dando così origine a un giacimento petrolifero.

Il petrolio è un combustibile fossile ed è pertanto una risorsa non rinnovabile. L'economia e la politica legata al suo sfruttamento influenzano notevolmente gli equilibri geopolitici del pianeta. La distribuzione geografica dei giacimenti petroliferi nel mondo, infatti, è tutt'altro che uniforme. I Paesi che più necessitano di energia sono quelli che possiedono meno riserve energetiche e questo fa sì che i paesi consumatori dipendano dai paesi produttori.

La raffinazione

Il **petrolio grezzo** (detto anche **greggio**) non viene utilizzato tal quale, poiché è una miscela complessa di diverse sostanze che devono essere separate per essere utilizzate.

L'insieme della lavorazioni che il greggio subisce prima di poter essere destinato ai suoi usi specifici si chiama raffinazione. La raffineria è un'industria chimica in cui il petrolio viene frazionato nelle sue componenti e viene trattato per raggiungere le caratteristiche dei prodotti finiti che conosciamo (per esempio il diesel). Il primo processo di raffinazione è la distillazione frazionata, che permette di separare i composti in base alla loro temperatura di ebollizione. I principali tagli o frazioni del petrolio, partendo dai più leggeri ai più pesanti, sono:

- Frazione gassosa: gas naturale (metano, etano), gas di petrolio liquefatto (GPL).
- Benzine: sono idrocarburi da quattro a 10 atomi di carbonio (temperatura di ebollizione: 30-200 °C) e rappresentano il taglio più pregiato del petrolio. Sono utilizzati come combustibili per l'autotrazione.
- Cherosene: sono idrocarburi da nove a 11 atomi di carbonio (temperatura di ebollizione: 150-250 °C) e sono destinati alla formulazione di combustibili per aerei.
- Gasoli: sono idrocarburi da 11 a 18 atomi di carbonio (temperatura di ebollizione: 250-350 °C) e vengono utilizzati per la formulazione del diesel.
- Oli pesanti: sono idrocarburi con più di 18 atomi di carbonio e rappresentano la parte meno pregiata del petrolio. Sono destinati alla produzione di asfalti.

Non solo energia

La nostra vita ruota intorno al petrolio più di quanto non possiamo immaginare: plastica, farmaci, vernici, fibre sintetiche, coloranti sono solo una parte di tutti i derivati del petrolio. Anche se la maggior parte viene destinato alla produzione di combustibili, circa il 10% del greggio viene utilizzato per produrre i «mattoni» (*building blocks*) dell'industria chimica, ovvero le molecole di base da cui vengono prodotti tantissimi beni di consumo. Il superamento della dipendenza dal petrolio, quindi, non è solo una sfida energetica ma culturale: il futuro della chimica è quello di cercare strade alternative per la produzione di *building blocks* e di *fuels* (combustibili) che siano sostenibili a livello economico e ambientale.

4 L'ISOMERIA CONFORMAZIONALE DEGLI ALCANI

Negli alcani i legami tra gli atomi di carbonio (ibridati sp^3) sono legami semplici per cui è possibile la rotazione di un atomo di carbonio (e degli atomi di idrogeno a esso legati) rispetto agli altri atomi di carbonio (figura 2).

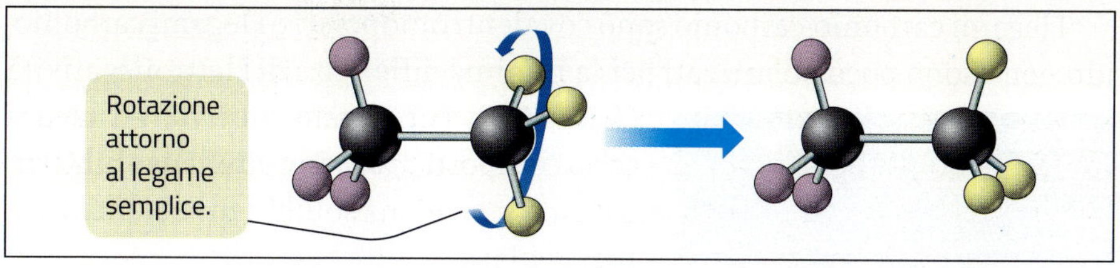

Figura 2 La rotazione attorno al legame principale Nella molecola dell'etano i due atomi di carbonio, legati con un legame semplice, possono ruotare liberamente l'uno rispetto all'altro.

Ne consegue che una molecola, pur conservando la stessa concatenazione di atomi di carbonio, assume diverse disposizioni (**conformazioni**) spaziali.

Si chiamano **isomeri conformazionali** o **conformeri** forme diverse della stessa molecola che si interconvertono per rotazione intorno a un legame semplice carbonio-carbonio.

I conformeri sono stereoisomeri con le stesse proprietà fisiche e chimiche che non possono essere separati perché si interconvertono molto velocemente. Si rappresentano con le *proiezioni di Newman* in cui gli atomi di carbonio si descrivono con una circonferenza e i legami carbonio-idrogeno con dei segmenti. I segmenti del carbonio anteriore partono dal centro della circonferenza, quelli del carbonio posteriore partono dalla circonferenza.

Prendiamo in esame le conformazioni *sfalsata* e *eclissata* dell'etano (C_2H_6):

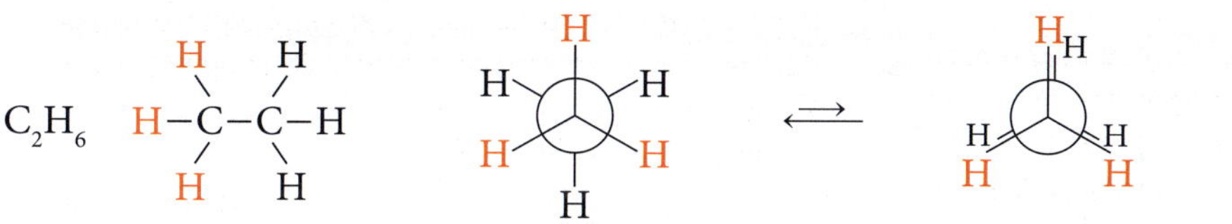

etano — conformazione sfalsata — conformazione eclissata

Nella conformazione sfalsata i legami carbonio-idrogeno dei due atomi di carbonio sono il più lontano possibile, in quella eclissata sono allineati. La conformazione sfalsata si può convertire in quella eclissata e viceversa ruotando di 60° un atomo di carbonio rispetto all'altro (figura 2).

Tra le due conformazioni esiste un numero molto elevato di altre conformazioni. La conformazione a minore contenuto energetico (e quindi più stabile) è quella sfalsata, per cui l'equilibrio (come evidenziato nella figura 3) è tutto spostato verso quest'ultima (per qualsiasi alcano, e non solo per l'etano).

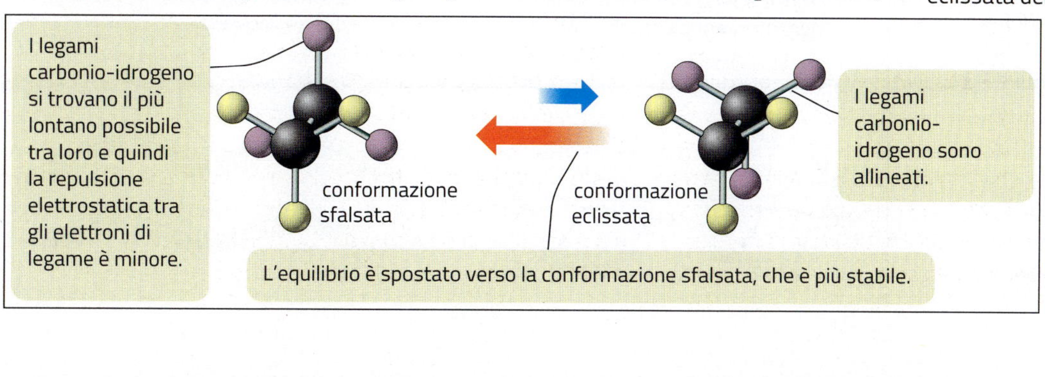

Figura 3 Le conformazioni dell'etano Modelli molecolari della conformazione sfalsata ed eclissata dell'etano.

5 LE PROPRIETÀ FISICHE DEGLI ALCANI

A temperatura ambiente e a pressione ordinaria i primi quattro termini della serie degli alcani sono allo stato di gas, dal quinto al quindicesimo termine sono allo stato liquido, i termini superiori sono solidi.

I legami carbonio-carbonio sono covalenti omopolari e i legami carbonio-idrogeno sono poco polarizzati per la minima differenza di elettronegatività ($\Delta E_n = 0{,}3$). Per questo motivo, gli alcani sono composti *apolari* e quindi **insolubili** in acqua (figura 4) ma solubili in solventi organici apolari.

Figura 4 L'insolubilità degli alcani Le tavole da surf sono rivestite da una miscela di alcani che sono insolubili in acqua e favoriscono l'adesione dei piedi alla tavola.

Dato che gli alcani sono costituiti da molecole apolari, le forze attrattive intermolecolari (*forze di London*) sono molto deboli e di conseguenza i *punti di ebollizione* sono bassi.

I punti di ebollizione negli alcani a *catena lineare* aumentano con l'aumentare della massa molecolare, mentre in quelli a *catena ramificata* con lo stesso numero di atomi di carbonio diminuiscono (tabella 4) perché le molecole assumono una forma più compatta e quindi formano un minore numero di legami intermolecolari (figura 5).

Tabella 4 **I punti di ebollizione di alcani a catena lineare e ramificata.**

Nome	Formula razionale	Massa molecolare	t_e (°C)
n-propano	$CH_3-CH_2-CH_3$	44	−45
n-butano	$CH_3-CH_2-CH_2-CH_3$	58	−1
n-pentano	$CH_3-CH_2-CH_2-CH_2-CH_3$	72	36
2,2-dimetilpropano	CH_3 CH_3-C-CH_3 CH_3	72	10

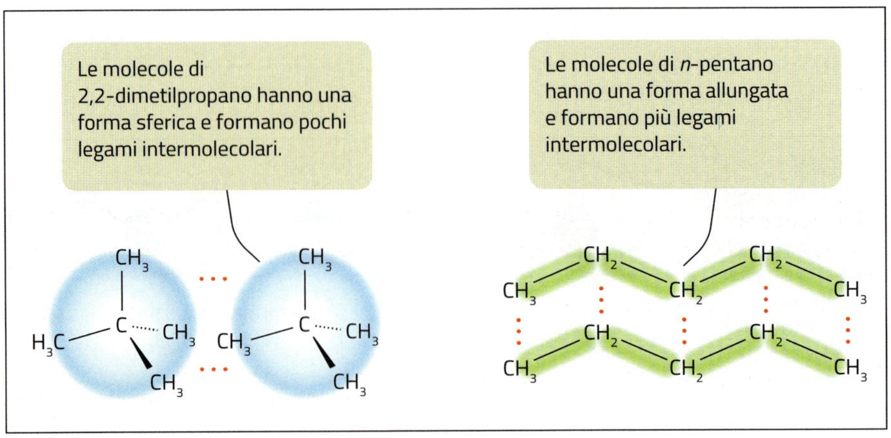

Figura 5 Le forze intermolecolari (forze di London) sono in maggior numero nel *n*-pentano rispetto al 2,2-dimetilpropano Il *n*-pentano quindi bolle a temperature più elevate perché si deve fornire maggiore energia per rompere i legami.

6 LE REAZIONI DEGLI ALCANI

Negli alcani i legami interatomici (carbonio-idrogeno e carbonio-carbonio) sono legami covalenti σ molto forti, per cui la loro scissione avviene difficilmente (figura 6).

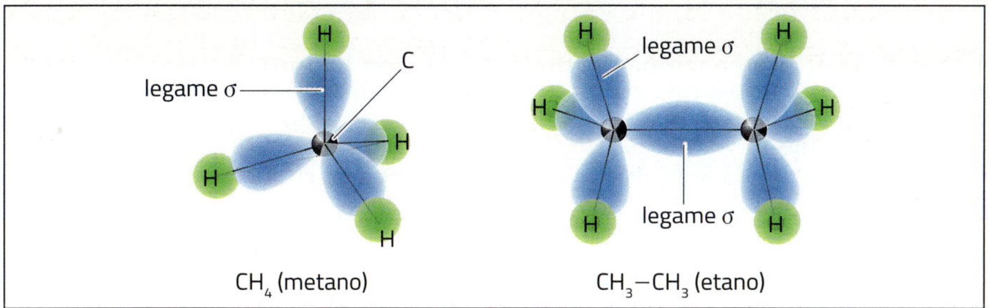

Figura 6 **Il legame carbonio-idrogeno nella molecola del metano e il legame carbonio-carbonio nella molecola dell'etano.**

Gli alcani sono quindi composti molto stabili e di conseguenza poco reattivi, da qui il nome paraffine (dal latino *parum affinis* = poco affini). Gi alogeni reagiscono solo in particolari condizioni: per esempio, in eccesso di ossigeno o con alogeni sono possibili, rispettivamente, combustione (un tipo di ossidazione, figura 7) e alogenazione.

Figura 7 **Il propano è un combustibile** Viene usato prevalentemente in bombole per usi domestici nelle aree non raggiunte da metanodotti o nei campeggi.

La reazione di combustione

La reazione di **combustione** è una reazione di ossido-riduzione fortemente esotermica che comporta la formazione di diossido di carbonio CO_2 e acqua. È rappresentata con la seguente equazione:

$$C_nH_{2n+2} + \frac{3n+1}{2}O_2 \longrightarrow n\,CO_2 + (n+1)H_2O \quad (-\Delta H)$$

La reazione di combustione del butano è la seguente:

$$C_4H_{10} + \frac{13}{2}O_2 \rightarrow 4CO_2 + 5H_2O \quad (-\Delta H)$$

Quando la reazione di combustione è condotta in difetto di ossigeno, l'alcano si ossida parzialmente e si produce monossido di carbonio CO, un gas velenoso inodore che è in grado di legarsi all'emoglobina al posto dell'ossigeno e causare la morte per anossia:

$$2CH_4 + 3O_2 \longrightarrow 2CO + 4H_2O$$

TI RICORDI?

Il **ΔH** (variazione di entalpia) corrisponde alla quantità di calore scambiato con l'ambiente. Il valore del ΔH in una reazione esotermica è negativo.

PER SAPERNE DI PIÙ

Il cracking

Il cracking è un processo usato nella raffinazione del petrolio per rompere le lunghe catene carboniose dei gasoli pesanti.

Si usano elevate temperature (cracking termico) e in molti casi catalizzatori a base di allumina (cracking catalitico). Le due reazioni principali che si verificano sono:

- la rottura dei legami carbonio-carbonio, con produzione di idrocarburi a più bassa massa molecolare;
- la deidrogenazione (eliminazione di H2) con formazione di alcheni e idrocarburi aromatici:

$$R{-}CH_2{-}CH_2{-}R \rightarrow R{-}CH{=}CH{-}R + H_2$$

Quest'ultima reazione è un'ossidazione del carbonio ed è uno dei principali processi industriale di produzione di idrocarburi insaturi.

La reazione di alogenazione

La reazione di **alogenazione** avviene in presenza di luce (radiazioni UV) o fornendo calore e porta alla formazione di un alogenuro alchilico e di un acido alogenidrico. La reazione è rappresentata dalla seguente equazione:

$$R-H+X_2 \xrightarrow{\text{luce o calore}} R-X+HX \quad (X_2=F_2, Cl_2, Br_2)$$

La reazione di alogenazione del metano CH_4 con il cloro Cl_2 (reazione di clorurazione) si rappresenta con l'equazione:

$$CH_3-H+Cl_2 \longrightarrow \underset{\text{clorometano}}{CH_3-Cl}+HCl$$

CHIMICA VERDE

Biodiesel: un combustibile da fonti rinnovabili

Il 10 agosto 1893 venne messo in funzione il primo modello di **motore diesel** progettato dall'omonimo ingegnere Rudolf Diesel (1858-1913). Per ricordare questa scoperta importante, il 10 agosto è stata dichiarata la «Giornata mondiale del biodiesel». A differenza dei motori a scoppio in cui l'accensione della miscela combustibile-comburente viene innescata da una scarica elettrica, il motore diesel è in grado di funzionare senza innesco. La particolarità di questa tecnologia è che sfrutta la compressione dei gas per raggiungere la temperatura di autoignizione: raggiunta questa temperatura, il combustibile inizia a bruciare spontaneamente in presenza di aria. Mentre i motori a scoppio funzionano a benzina, i motori diesel funzionano a **gasolio**, cioè sono necessari due carburanti che derivano da frazioni del petrolio.

Oli vegetali e *Green Chemistry*

I motori diesel muovono oggi centinaia di milioni di automobili, treni e navi nel mondo. Se tutti noi siamo a conoscenza dell'invenzione geniale di Diesel, in pochi sanno che il suo primo prototipo fu ideato per funzionare con olio di arachide. Nel 1912 l'ingegnere pronunciò queste parole: «L'uso degli oli vegetali come carburanti per i motori può sembrare insignificante oggi, ma tali oli, col passare del tempo, possono diventare altrettanto importanti quanto il petrolio e il carbone; la forza motrice potrà essere ottenuta col calore del Sole anche quando le riserve dei combustibili liquidi e solidi saranno esaurite».

Queste parole profetiche dimostrano come già un secolo fa si prospettasse il problema dell'esaurimento delle risorse energetiche.

Alla fine dell'Ottocento diversi scienziati avevano individuato nell'energia solare una fonte rinnovabile e inesauribile. Ma soltanto negli anni Novanta del secolo scorso questi principi sono confluiti nei punti chiave della **Chimica verde** (*Green Chemistry*). Questa nuova concezione della chimica si fonda sull'intento di sviluppare processi, tecnologie e prodotti che siano sostenibili a livello ambientale, energetico ed economico. La tutela degli esseri viventi, dell'ambiente e delle sue risorse hanno dato il via a moltissime ricerche scientifiche, tra cui appunto lo studio di combustibili alternativi alle fonti fossili.

Un biocarburante sostenibile

L'utilizzo degli oli vegetali è stato fortemente rivalutato negli ultimi anni.

Come biocombustibili, infatti, presentano diversi vantaggi:

1. permettono di ridurre la dipendenza dal petrolio;
2. sono una risorsa rinnovabile: si formano tramite il ciclo vitale delle piante;
3. la loro combustione riduce le emissioni di anidride carbonica perché derivano da fonti vegetali che nel successivo ciclo di crescita possono fissare il gas serra prodotto attraverso la combustione la fotosintesi;
4. riducono le emissioni di inquinanti;
5. sono liquidi a temperatura ambiente e facilmente disponibili;
6. hanno un elevato potere calorifico (energia prodotta dalla combustione per unità di massa, MJ/kg).

Nonostante le loro potenzialità, diversi studi hanno però dimostrato che gli oli vegetali non possono essere usati tal quali. A differenza del comune gasolio, infatti, essi hanno una viscosità molto elevata che provoca, soprattutto alle basse temperature, la formazione di depositi che causano guasti al sistema di iniezione del motore.

Biodiesel e sostenibilità

Il biodiesel è nato con l'intento di unire i vantaggi degli oli vegetali alla necessità di renderli utilizzabili per i motori diesel. Si è scoperto che, trattando gli oli vegetali con sostanze come l'alcol, è possibile ottenere molecole con caratteristiche chimico-fisiche simili a quelle del diesel, cioè un **biodiesel**.

Per riuscire a produrre un combustibile sostenibile non è però

L'alogenazione degli alcani avviene con un meccanismo di *sostituzione radicalica* (meccanismo che coinvolge la formazione di radicali), in cui un atomo di idrogeno dell'alcano è sostituito da un atomo di alogeno.
In eccesso di cloro, tutti gli atomi di idrogeno del metano possono essere sostituiti con formazione di derivati polialogenati:

A COLPO D'OCCHIO

$CH_3Cl + Cl_2 \longrightarrow CH_2Cl_2 + HCl$ diclorometano

$CH_2Cl_2 + Cl_2 \longrightarrow CHCl_3 + HCl$ triclorometano o cloroformio

$CHCl_3 + Cl_2 \longrightarrow CCl_4 + HCl$ tetraclorometano o tetracloruro di carbonio

sufficiente che derivi da fonti rinnovabili. Nella produzione del biodiesel si è scelto di utilizzare oli vegetali esausti oppure oli non edibili: in questo modo non si entra in competizione con le coltivazioni destinate all'industria alimentare e si riesce a valorizzare un prodotto di scarto.

Il biodiesel può essere prodotto a partire da oli diversi: colza, palma, soia, noce di cocco, lino, canapa, girasole, arachide, anche se quelli più utilizzati sono i primi tre. A seconda del territorio ci può essere un olio più conveniente di un altro (figura).

Tenendo conto di questi fattori, la produzione del biodiesel diventa una via sostenibile in una specifica realtà geografica. Vi è però ancora tanto da fare per riuscire a mettere sul mercato biocombustibili che siano competitivi con i combustibili fossili. Ma attraverso la sinergia tra ricerca e politiche sostenibili, il futuro a cui guardava Diesel potrà diventare presto realtà. Si considera inoltre che il 10% del greggio viene utilizzato per produrre i «mattoni» (*building blocks*) dell'industria chimica, ovvero le molecole di base da cui vengono prodotti tantissimi beni di consumi. Il superamento della dipendenza dal petrolio, quindi, non è solo una sfida energetica ma culturale: il futuro della chimica è quello di cercare strade alternative per la produzione di *building blocks* e di *fuels* (combustibili) che siano sostenibili a livello economico e ambientale.

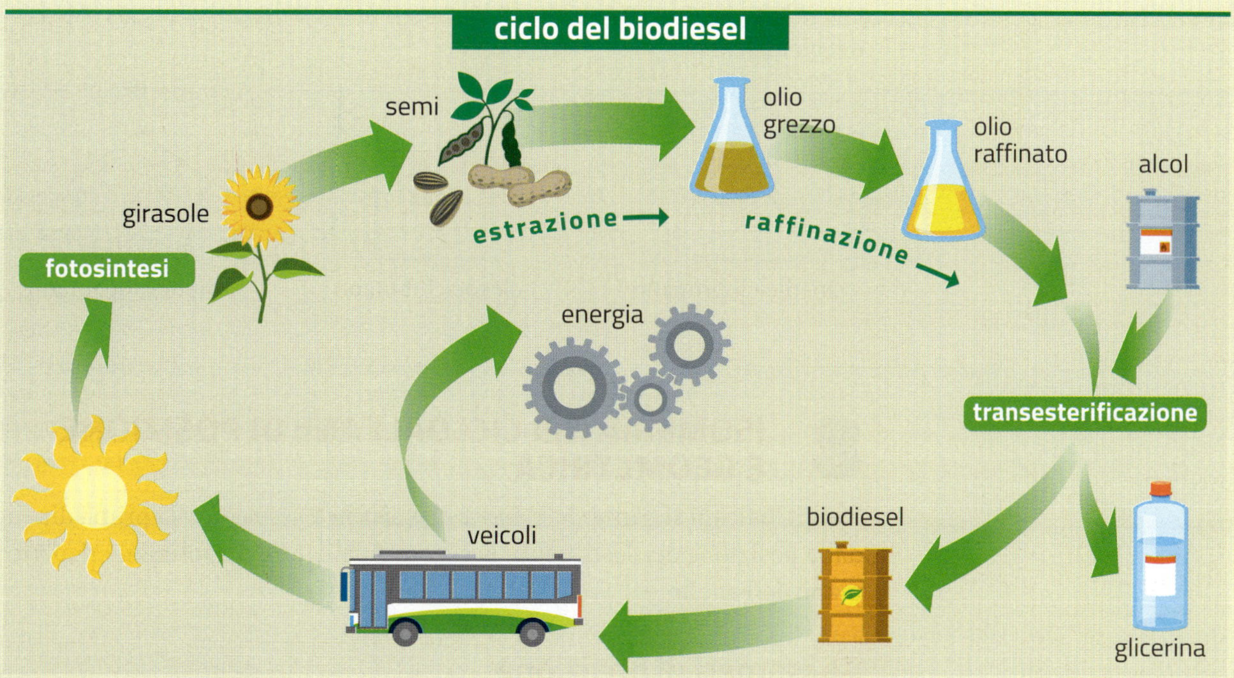

Figura **Il ciclo del biodiesel.**

7 LA FORMULA MOLECOLARE E LA NOMENCLATURA DEI CICLOALCANI

I cicloalcani sono idrocarburi alifatici a catena chiusa, ai quali corrisponde la **formula molecolare** generale (in cui il numero di atomi di carbonio, *n*, è ≥ 3):

$$C_nH_{2n}$$

Il **nome** dei cicloalcani secondo le regole IUPAC è costituito dal prefisso *ciclo-* e dal nome dell'*n-alcano* avente lo stesso numero di atomi di carbonio:

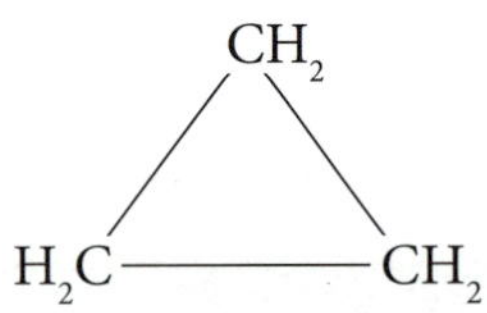

ciclopropano

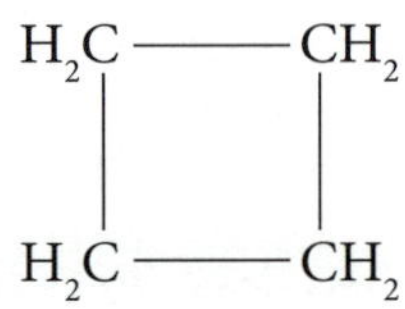

ciclobutano

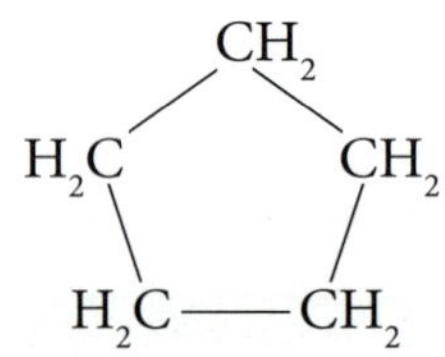

ciclopentano

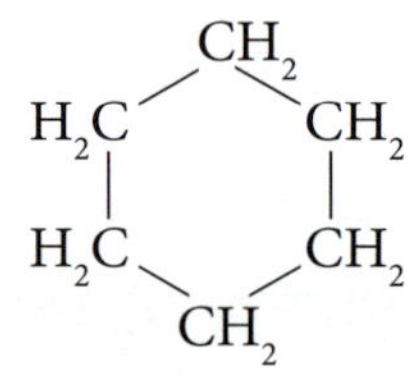

cicloesano

Le formule razionali, tuttavia, possono essere sostituite, per semplificare, dalle *formule topologiche* costituite da poligoni regolari i cui vertici corrispondono ai gruppi CH_2:

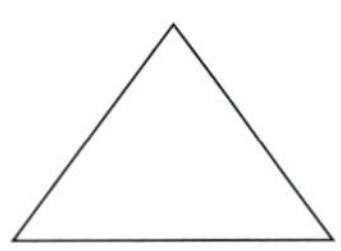
ciclopropano

ciclobutano

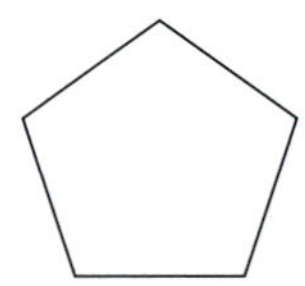
ciclopentano

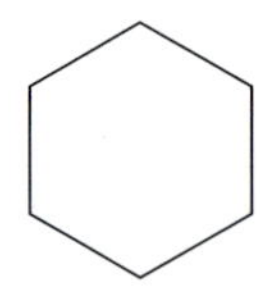
cicloesano

Nelle molecole dei cicloalcani gli atomi di idrogeno possono essere sostituiti con gruppi alchilici o alogeni. In tal caso il nome del sostituente *precede* quello del cicloalcano:

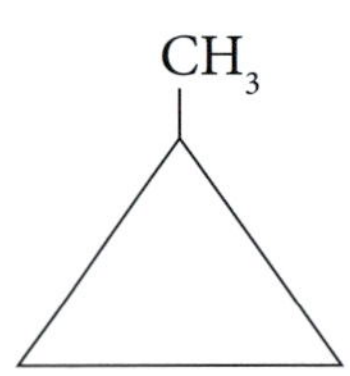

metilciclopropano

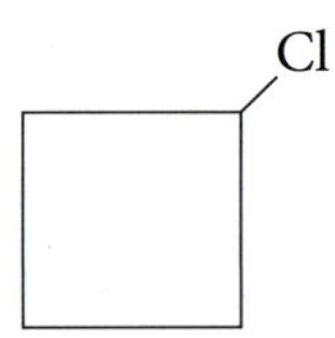

clorociclobutano

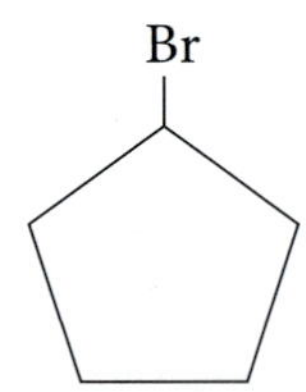

bromociclopentano

8 ISOMERIA NEI CICLOALCANI: DI POSIZIONE E GEOMETRICA

Nei cicloalcani si hanno le *isomerie di posizione* e *geometrica*: la prima dipende dalla posizione dei sostituenti, la seconda dalla loro disposizione rispetto al piano dell'anello.

Gli isomeri di posizione

Un cicloalcano con due o più sostituenti può presentare isomeria di posizione. In tal caso si devono numerare gli atomi di carbonio dell'anello partendo dall'atomo di carbonio che permette di utilizzare i *numeri più piccoli* in corrispondenza dei sostituenti. La numerazione deve sempre iniziare da un atomo di carbonio in cui è presente un *sostituente*:

a. se i sostituenti sono *uguali*, il nome deve essere preceduto dai prefissi *di-*, *tri-*, *tetra-*:

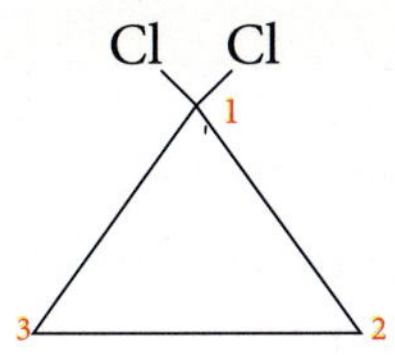

1,1-diclorociclopropano

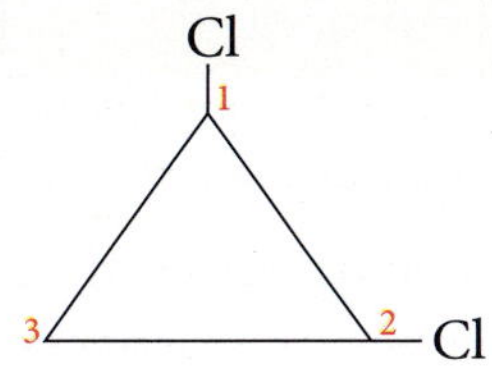

1,2-diclorociclopropano

b. se i sostituenti sono *diversi*, i nomi devono essere indicati in ordine alfabetico:

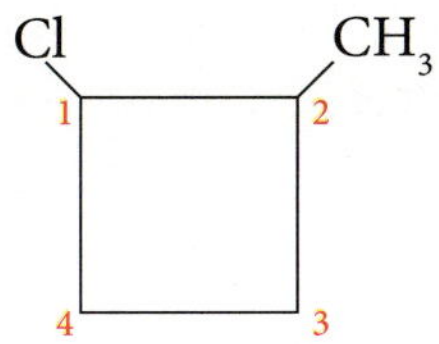

1-cloro-2-metilciclobutano

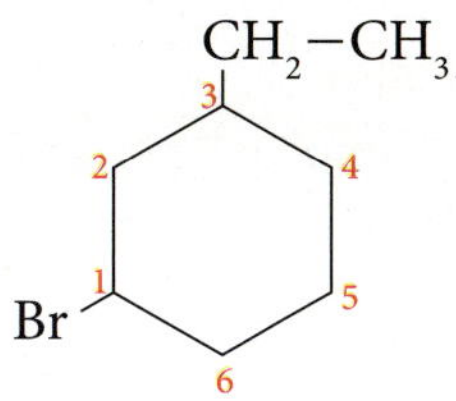

1-bromo-3-etilcicloesano

Gli isomeri geometrici

I cicloalcani con due sostituenti uguali presentano anche l'isomeria geometrica. Infatti, i sostituenti possono trovarsi dalla stessa parte (*cis*) o dalla parte opposta (*trans*) rispetto al piano dell'anello. Nell'1,2-dimetilciclopentano i due isomeri differiscono per la disposizione dei due gruppi metilici CH_3:

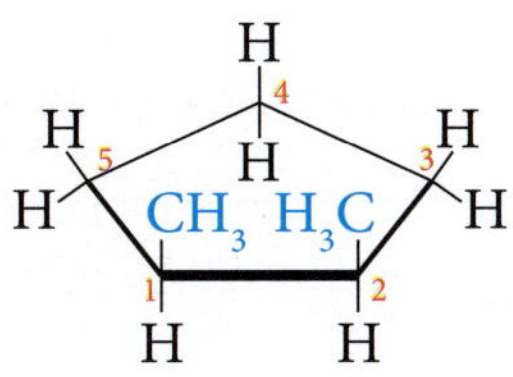

cis-1,2-dimetilciclopentano
(t_e = 99 °C)

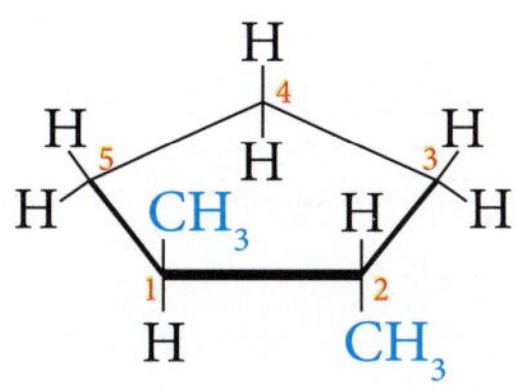

trans-1,2-dimetilciclopentano
(t_e = 92 °C)

I due isomeri *cis* e *trans* sono composti diversi, in quanto hanno proprietà fisiche (temperatura di ebollizione) e chimiche diverse e *non si possono interconvertire* l'uno nell'altro per rotazione intorno al legame semplice carbonio-carbonio (come fanno invece gli isomeri conformazionali degli alcani) perché la struttura ciclica lo impedisce. Gli isomeri geometrici hanno anche attività biologica diversa: una molecola con due gruppi attivi in *cis* interagirà con un enzima o un recettore cellulare in modo diverso rispetto all'isomero *trans*.

PROBLEMA MODELLO

Nominare i cicloalcani

Assegna il nome al seguente composto:

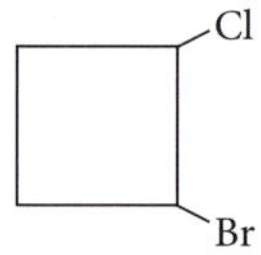

L'IDEA

La formula topologica è costituita da quattro atomi di carbonio e quindi il nome del composto corrisponde al **ciclobutano**.

LA SOLUZIONE

La numerazione dell'anello deve iniziare da un atomo di carbonio in cui è presente un **sostituente**, utilizzando i numeri più piccoli in corrispondenza dei sostituenti, e indicandoli in ordine alfabetico: quindi il bromo è in posizione 1 e il cloro in posizione 2.

LA CONCLUSIONE

Il nome del composto è pertanto il seguente:
1-bromo-2-clorociclobutano

PROBLEMA SIMILE

Assegna il nome ai seguenti composti:

a. 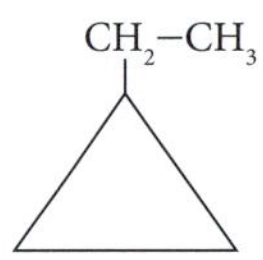

b. 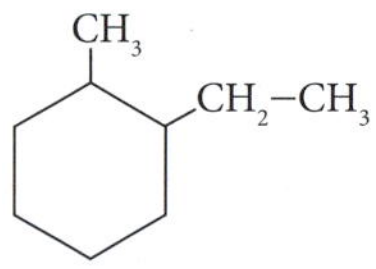

c. 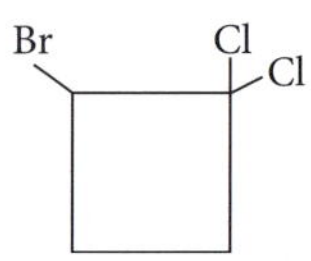

9 LE PROPRIETÀ FISICHE E LA CONFORMAZIONE DEI CICLOALCANI

Le proprietà fisiche

A temperatura ambiente e a pressione ordinaria, i primi due termini della serie (ciclopropano e ciclobutano) sono allo stato di gas, i termini fino al ciclodecano sono allo stato liquido, i termini successivi sono allo stato solido.
I cicloalcani sono composti *apolari* e quindi:

- **insolubili** in acqua (ma solubili in solventi organici apolari),
- con **bassi punti di ebollizione** (leggermente superiori a quelli degli alcani) che aumentano con l'aumentare della massa molecolare.

LE PAROLE

Si dice **apolare** (dal greco: *a* = alfa privativo = senza e *pólos* = perno) un composto chimico che, non presentando separazione di cariche elettriche, è idrofobico ovvero non ha affinità con l'acqua.

Si propone in adozione il seguente corso:

Posca, Fiorani
CHIMICA PIÙ
Dalla materia all'atomo
(ISBN 978.88.08.52768.4, euro 19,70)
Dalla struttura atomica alla chimica organica
(ISBN 978.88.08.66570.6, euro 45,60)
Zanichelli editore

Quanti elementi chimici ci sono in uno smartphone? Almeno venticinque: tanta chimica in poco spazio.
C'è della chimica in tante tecnologie che usiamo ogni giorno. Le leggi che regolano il mondo piccolo degli atomi e delle molecole ci fanno capire come funziona il mondo grande degli oggetti che fanno parte della nostra vita.

I problemi modello
Problemi svolti suddivisi in tre fasi: L'idea, La soluzione, La conclusione per ragionare sia prima sia dopo avere affrontato l'esercizio: imposta il ragionamento all'inizio e poi verifica il risultato.

La chimica verde
La chimica contro l'inquinamento, per lo sviluppo sostenibile. Per esempio, *Quanta CO2 stiamo risparmiando?* e *Green chemistry: la chimica sostenibile.*

- **Una lezione interattiva**: *La mole*
- **schede di Storia della chimica**, per esempio *Niels Bohr*
- **approfondimenti**, per esempio *Dal nomenclator alla IUPAC* e *Il tasso alcolemico*
- **esercizi interattivi online su ZTE**
- **la tavola periodica interattiva**: la carta d'identità degli elementi con tanti dati e giochi interattivi per divertirsi con la chimica

Sito web: online.zanichelli.it/poscafioranichimica

L'eBook che affianca il volume cartaceo è scaricabile da Internet su tablet, netbook o computer e comprende il testo del libro e, a seconda dei progetti, esercizi interattivi, risorse audio, video e animazioni.

I volumi Zanichelli, Bovolenta, Clitt e Lucisano sono compatibili con la normativa vigente (www.zanichelli.it/normative)

Cod. 66570

Con domande che evidenziano i punti fondamentali dell'esperienza, guidano gli studenti e li aiutano a riflettere, osservare, spiegare.
Per costruire le competenze attraverso l'esperienza.

CLIL: Chemistry highlights
Un modulo Clil per fornire uno strumento semplice e immediato per la metodologia CLIL.

Esercizi «Verso l'università»
Una selezione di test d'ammissione universitari per prepararsi ai test d'ingresso, anche di università straniere.

Sei pronto per la verifica?
Una prova generale della verifica, da fare in un'ora e con il punteggio per autovalutarti.

Nell'eBook multimediale tutte le pagine del libro da sfogliare con:

- **videolezioni** per passare dalla teoria agli esercizi, per esempio *Assegnare i numeri di ossidazione, Bilanciare le equazioni chimiche*
- **video In laboratorio con esperimenti**, per esempio *Le sostanze che colorano la fiamma e La preparazione di una soluzione*
- **video LabOr** con esperimenti di chimica organica, per esempio *Distinguere aldeidi e chetoni, Alcani e cicloalcani*
- **animazioni** (sui principali concetti della chimica, per esempio *Il legame ionico e il legame metallico ed Energia di ionizzazione e livelli energetici*
- **video Come si fa?** per imparare il metodo sperimentale: Manipolare i reagenti chimici

La conformazione: disposizione spaziale delle molecole

Gli atomi di carbonio dei cicloalcani sono ibridati sp^3 e quindi formano quattro legami covalenti σ che dovrebbero assumere disposizione tetraedrica con angoli di legame di 109,5 °. Tuttavia, relativamente alla loro disposizione spaziale (conformazione), si deve precisare che:

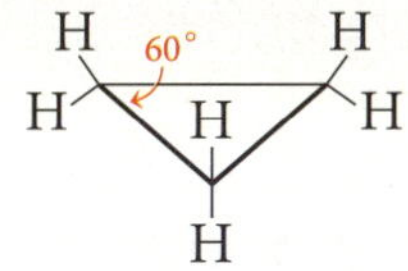

ciclopropano

a. il *ciclopropano*, avendo tre atomi di carbonio, assume una disposizione planare con formazione di angoli di legame di 60 ° e quindi molto minori dell'angolo tetraedrico di 109,5 °.

b. il *ciclobutano* e il *ciclopentano* non hanno una conformazione planare, ma leggermente ripiegata. Gli atomi di carbonio si dispongono infatti nello spazio a formare angoli di legame rispettivamente di 88 °, valore molto minore rispetto all'angolo tetraedrico, e 105 °, valore circa uguale all'angolo tetraedrico:

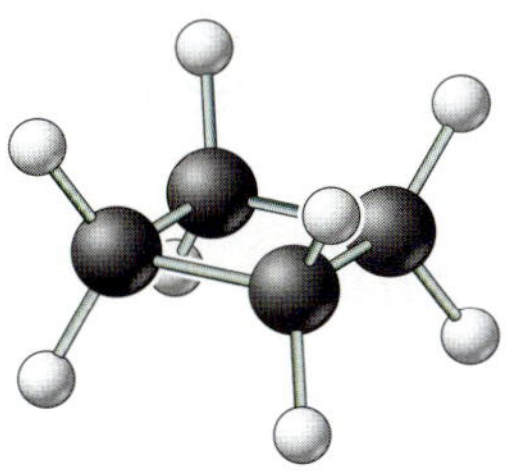

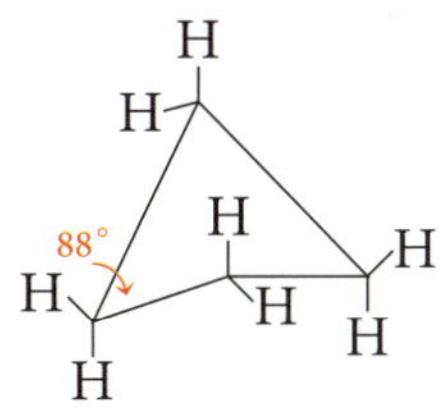

ciclobutano

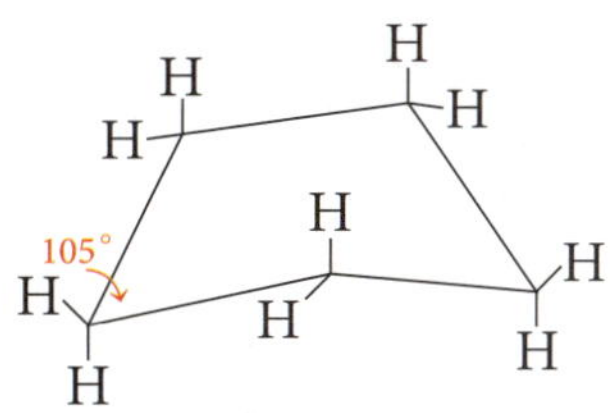

ciclopentano

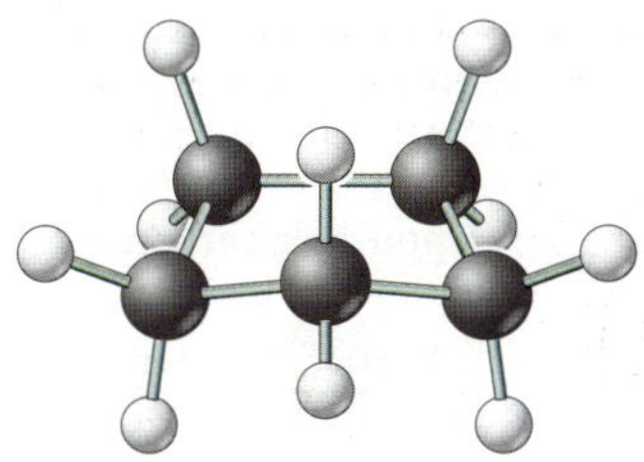

c. il *cicloesano* non ha una disposizione planare con angoli di 120°. Il ripiegamento consente infatti alla molecola di assumere due conformazioni spaziali differenti: **a sedia** e **a barca**, nelle quali gli atomi di carbonio formano angoli di legame di 109,5°, valore uguale all'angolo tetraedrico.

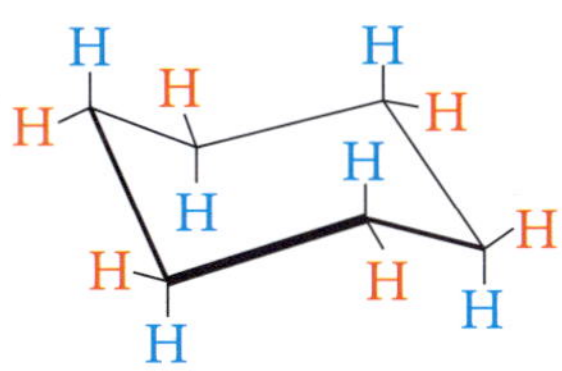

conformazione a sedia

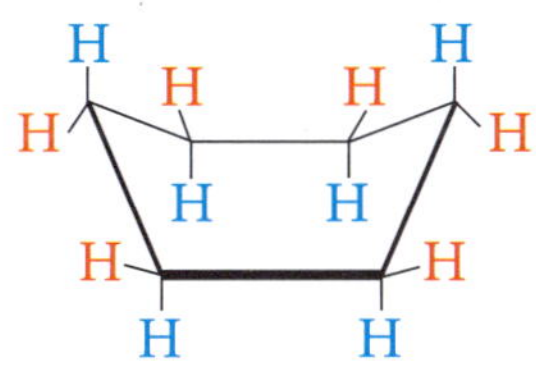

conformazione a barca

Nella conformazione a sedia gli atomi di idrogeno del cicloesano sono di due tipi: *assiali* ed *equatoriali*. Dei sei atomi assiali, tre si trovano al di sopra e tre al di sotto del piano dell'anello, mentre i sei atomi equatoriali si trovano tutti sul piano dell'anello (figura **8**): in questo modo le repulsioni sono minime e la struttura è stabile.

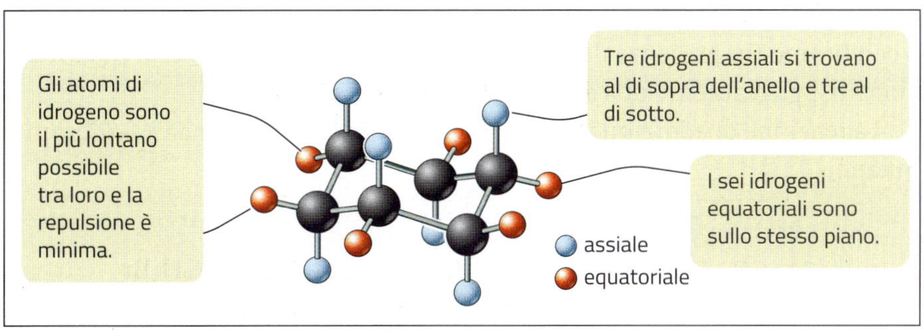

Figura 8 **La conformazione a sedia del cicloesano** È visibile la disposizione degli idrogeni assiali ed equatoriali.

10 LE REAZIONI DEI CICLOALCANI

I cicloalcani sono composti stabili e poco reattivi con comportamento chimico simile a quello degli alcani, per cui le principali reazioni sono di *combustione* e di *alogenazione*.

Una reattività più elevata si verifica solo nei primi due termini della serie (ciclopropano e ciclobutano) ed è da mettere in relazione con gli angoli di legame tra gli atomi di carbonio, i cui valori di 60° nel ciclopropano e di 88° nel ciclobutano sono ben lontani dal valore dell'angolo tetraedrico di 109,5°; di conseguenza gli orbitali ibridi sp^3 si sovrappongono solo parzialmente, formando legami con una elevata **tensione angolare**: ciò conferisce instabilità al ciclopropano e al ciclobutano i quali danno pertanto reazioni di addizione.

PER VEDERE LE REAZIONI
video *LabOr.*
Alcani e cicloalcani

La reazione di combustione

La reazione di **combustione**, una reazione di ossido-riduzione esotermica che avviene in eccesso di ossigeno e porta alla formazione di diossido di carbonio e acqua, è rappresentata dall'equazione:

$$(CH_2)_n + \frac{3}{2} nO_2 \longrightarrow nCO_2 + nH_2O\,(-\Delta H)$$

La reazione di combustione del ciclopentano è rappresentata dall'equazione:

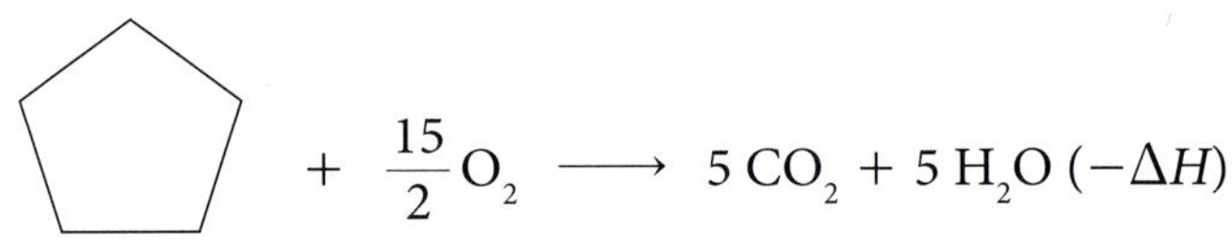

TI RICORDI?
La **combustione** è una reazione tra un combustibile (un composto organico costituito da carbonio e idrogeno oppure da carbonio, idrogeno e ossigeno) e un comburente (ossigeno).

A COLPO D'OCCHIO

REAZIONI DEI CICLOALCANI
- ALOGENAZIONE
- COMBUSTIONE
- ADDIZIONE

La reazione di alogenazione

La reazione di **alogenazione** avviene mediante la formazione di radicali con cloro o bromo, in presenza di *luce*, e porta alla formazione di cicloalcani alogenati *monosostituiti*. L'alogenazione del ciclopentano con bromo è rappresentata dall'equazione:

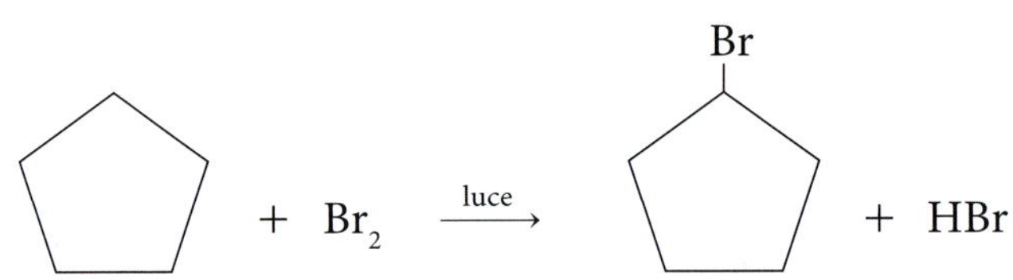

ciclopentano bromociclopentano

La reazione di addizione

La reazione di **addizione** si verifica solo con il ciclopropano o il ciclobutano, che reagiscono con idrogeno molecolare (in presenza di un catalizzatore, Pt) o con bromo (in presenza di luce). Si ha così l'apertura dell'anello e la formazione rispettivamente di *n*-alcani o di alogenuri alchilici.

La reazione di addizione del ciclobutano con bromo forma l'1,4-dibromobutano:

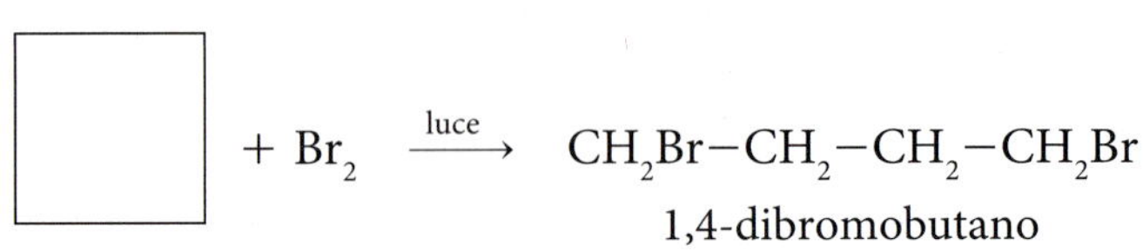

1,4-dibromobutano

TI RICORDI?
Il **catalizzatore** è una specie chimica che, aggiunta ai reagenti di una reazione chimica, aumenta la velocità di reazione, abbassando l'energia di attivazione.

11 NEGLI ALCHENI IL CARBONIO È IBRIDATO sp^2

Gli **alcheni** o **olefine** sono idrocarburi alifatici a catena aperta, insaturi per la presenza di un doppio legame carbonio-carbonio.

Negli alcheni, gli atomi di carbonio del doppio legame sono *ibridati* sp^2. L'atomo di carbonio al momento del legame con altri tre atomi, combina il suo orbitale *s* con due dei suoi orbitali *p* (ibridazione). Si formano tre orbitali ibridi sp^2 contenenti ciascuno un elettrone.

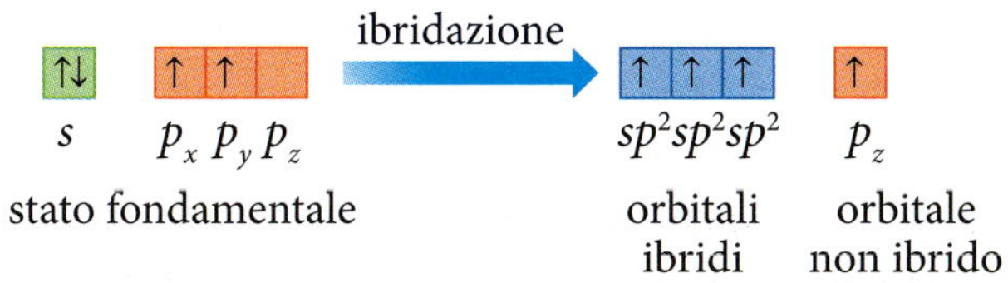

TI RICORDI?

La **forma degli orbitali atomici** è determinata dal numero quantico secondario *l*: per *l* = 0 l'orbitale è di tipo *s*, per *l* = 1 l'orbitale è di tipo *p*.

I tre orbitali ibridi sp^2 si dispongono sullo stesso piano e si orientano in direzione dei vertici di un triangolo equilatero (disposizione **planare triangolare**). Gli orbitali ibridi sp^2 formano angoli di 120° rispetto al nucleo che si trova al centro del triangolo. L'orbitale atomico non ibrido *p* contiene un elettrone e si dispone perpendicolarmente al piano dei tre orbitali ibridi sp^2 (figura **9**).

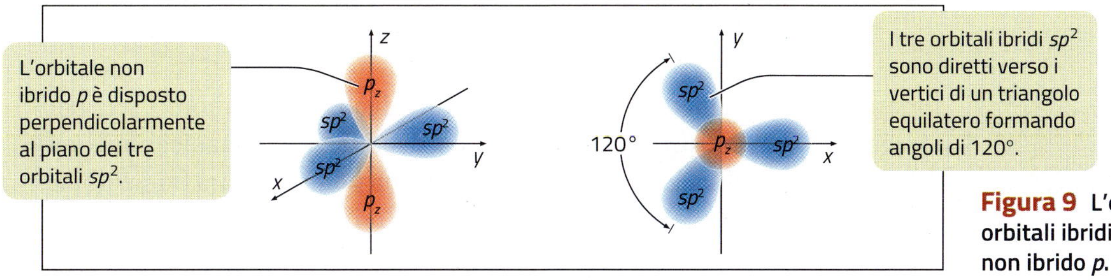

Figura 9 L'orientamento degli orbitali ibridi sp^2 e dell'orbitale non ibrido *p*.

Quando due atomi di carbonio ibridati sp^2 si legano tra loro, si ha la sovrapposizione frontale di due orbitali ibridi sp^2 di ciascun atomo con formazione di un *legame* σ, forte e stabile. Tra i due orbitali non ibridi *p* si ha una sovrapposizione laterale e la formazione di un *legame* π, debole e reattivo: i due atomi di carbonio risultano in tal modo legati da un doppio legame (uno σ e uno π).

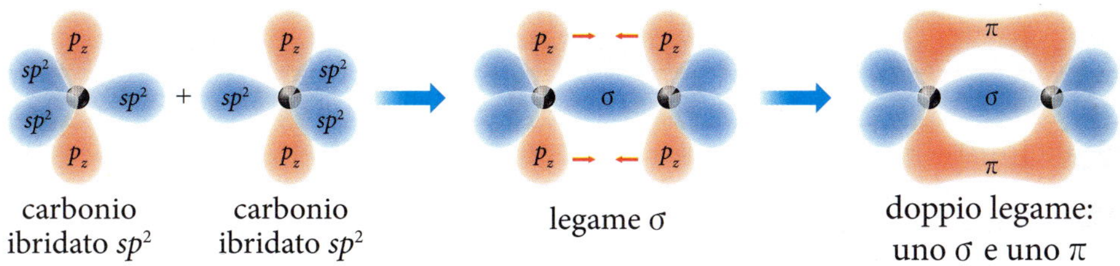

Il doppio legame tra due atomi di carbonio implica tre importanti conseguenze:

- la libera *rotazione non può avvenire*, a differenza di quanto accade nel legame semplice. La rotazione comporterebbe la rottura del legame π che richiederebbe più energia di quella disponibile a temperatura ambiente (figura **10**);

Figura 10 **Il doppio legame C=C e il legame π**

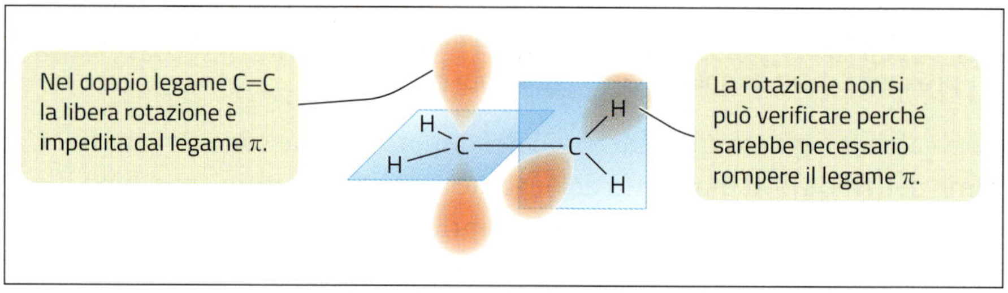

- la lunghezza del doppio legame (1,34 Å) è minore rispetto a quella del legame semplice carbonio-carbonio perché i quattro elettroni condivisi avvicinano i due nuclei più di quanto possa fare un solo doppietto;
- la presenza di un legame π più debole di un legame σ rende la molecola maggiormente instabile e quindi più reattiva.

12 LA FORMULA MOLECOLARE E LA NOMENCLATURA DEGLI ALCHENI

Agli alcheni corrisponde la **formula molecolare** generale (in cui il numero di atomi di carbonio, *n*, è ≥ 2):

$$C_nH_{2n}$$

Il **nome** degli alcheni con una catena lineare di atomi di carbonio, secondo le regole IUPAC, è costituito dal prefisso corrispondente alla radice del nome dei corrispondenti alcani e dal suffisso *-ene*. Nella nomenclatura tradizionale, per i primi tre termini della serie ($n = 2, 3, 4$) si può utilizzare anche il suffisso *-ilene* (tabella **5**). Il primo termine delle serie è l'etilene.

Tabella 5 **Gli alcheni** La formula molecolare e il nome dei primi sei termini della serie degli alcheni.

n	Formula molecolare	Nome
2	C_2H_4	etene (etilene)
3	C_3H_6	propene (propilene)
4	C_4H_8	butene (butilene)
5	C_5H_{10}	pentene
6	C_6H_{12}	esene
7	C_7H_{14}	eptene

Figura 11 **Il radicale vinile** Con il cloruro di vinile ($CH_2{=}CHCl$) sono prodotti dischi musicali chiamati anche «vinili».

Il **gruppo alchenilico** più noto della serie degli alcheni è il *vinile* (figura **11**), gruppo atomico con un atomo idrogeno in meno rispetto all'etilene.

$$-CH{=}CH_2$$
vinile

Gli alcheni a catena lineare costituiscono una *serie omologa*.

13 L'ISOMERIA NEGLI ALCHENI: DI POSIZIONE, DI CATENA E GEOMETRICA

Negli alcheni sono possibili le *isomerie di posizione, di catena* e *geometrica.*

I diversi tipi di isomeria dipendono dalla lunghezza della catena carboniosa e dalla posizione nella catena del doppio legame e dei sostituenti.

Gli isomeri di posizione

A partire dal terzo termine della serie ($n=4$) si verifica, relativamente alla posizione del doppio legame nella catena carboniosa, l'**isomeria di posizione**: in tal caso il nome dell'alchene deve essere preceduto da un numero che indica la posizione del doppio legame, tenendo presente che la numerazione della catena carboniosa deve iniziare dall'estremità più vicina al doppio legame. Per l'esene (C_6H_{12}) esistono tre isomeri di posizione:

$$\overset{1}{CH_2}=\overset{2}{CH}-\overset{3}{CH_2}-\overset{4}{CH_2}-\overset{5}{CH_2}-\overset{6}{CH_3}$$
1-esene

$$\overset{1}{CH_3}-\overset{2}{CH}=\overset{3}{CH}-\overset{4}{CH_2}-\overset{5}{CH_2}-\overset{6}{CH_3}$$
2-esene

$$\overset{1}{CH_3}-\overset{2}{CH_2}-\overset{3}{CH}=\overset{4}{CH}-\overset{5}{CH_2}-\overset{6}{CH_3}$$
3-esene

Gli isomeri di catena

Quando il numero di atomi di carbonio è maggiore o uguale a quattro, è possibile l'**isomeria di catena**. In tal caso per assegnare il nome al composto si deve individuare la *catena carboniosa più lunga contenente il doppio legame* e si deve numerare la catena partendo dall'estremità che permette di utilizzare il numero più piccolo per la posizione del doppio legame:

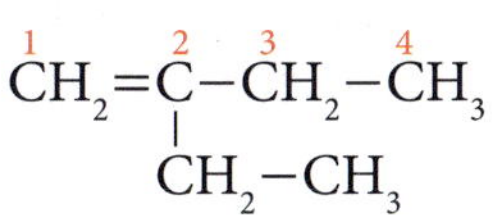
2-etil-1-butene

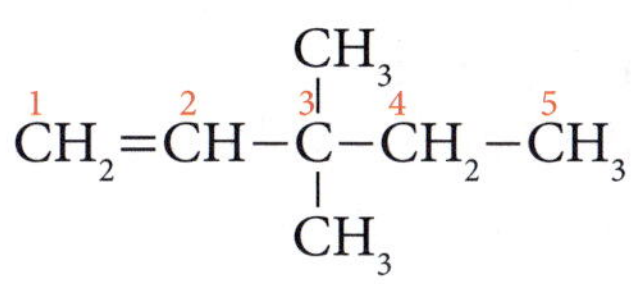
3,3-dimetil-1-pentene

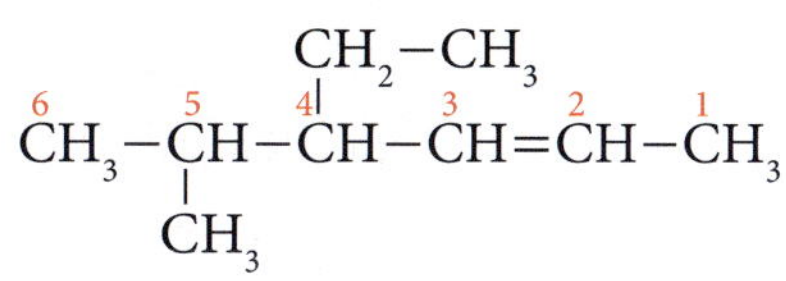
4-etil-5-metil-2-esene

Se il doppio legame è equidistante dalle due estremità della catena, la numerazione deve iniziare dall'estremità *più vicina al primo sostituente*:

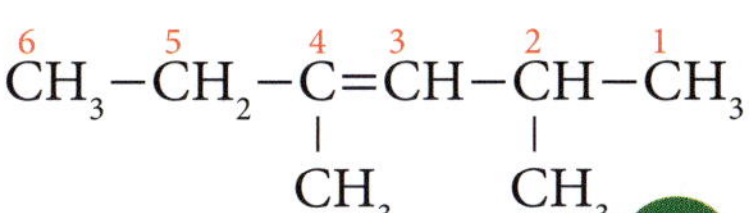
2,4-dimetil-3-esene SÌ

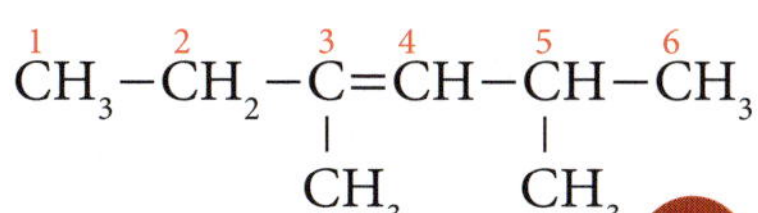
3,5-dimetil-3-esene NO

Gli isomeri geometrici

Gli atomi di carbonio del doppio legame non possono ruotare l'uno rispetto all'altro. Quando entrambi gli atomi di carbonio del doppio legame sono legati a due atomi o due gruppi atomici diversi dall'atomo di idrogeno (alcheni disostituiti) si ha l'**isomeria geometrica**. In tal caso i nomi dei due isomeri sono preceduti dai prefissi *cis-* o *trans-* a seconda che i due sostituenti si trovino dalla stessa parte o da parte opposta rispetto al doppio legame (figura 12).

$CH_3-CH=CH-CH_3$
2-butene

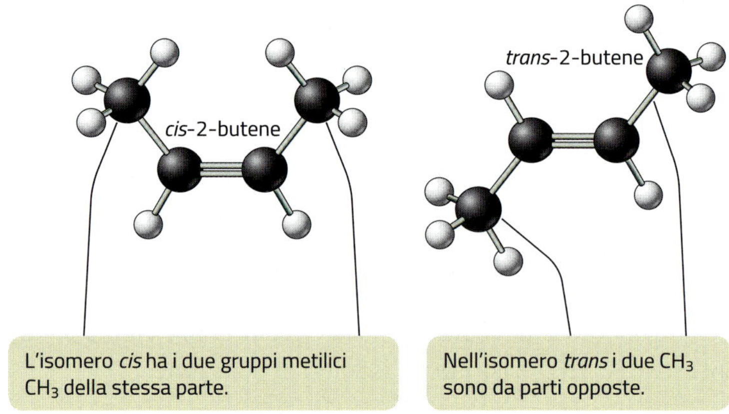

Figura 12 **I modelli molecolari degli isomeri geometrici del 2-butene** L'isomero *cis* ha i due gruppi metilici CH_3 dalla stessa parte, l'isomero *trans* da parte opposta.

Gli isomeri geometrici del 2-pentene sono così rappresentati:

$CH_3-CH=CH-CH_2-CH_3$

2-pentene

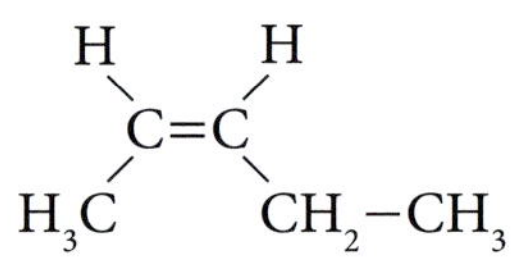

cis-2-pentene

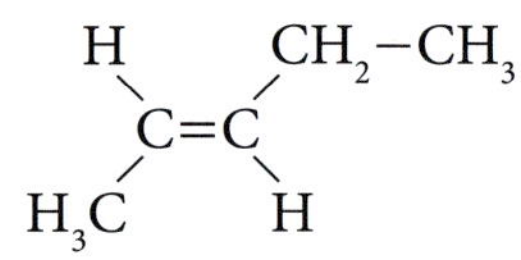

trans-2-pentene

Gli isomeri geometrici non sono interconvertibili spontaneamente e avendo proprietà fisiche e chimiche diverse possono essere separati l'uno dall'altro.

PROBLEMA MODELLO

Rappresentare le formule razionali

Rappresenta la formula razionale del seguente composto:

5,5-dicloro-4-metil-2-esene

LA SOLUZIONE

Il prefisso *es-* indica sei atomi di carbonio e la desinenza -ene un doppio legame; rappresentiamo quindi la catena carboniosa corrispondente sistemando il doppio legame nella posizione 2:

$$\overset{1}{C}-\overset{2}{C}=\overset{3}{C}-\overset{4}{C}-\overset{5}{C}-\overset{6}{C}$$

Aggiungiamo i **sostituenti**, i due atomi di cloro e il gruppo metile, rispettivamente nelle posizioni 5 e 4:

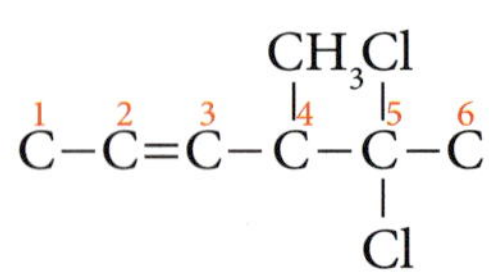

Completiamo la formula del composto aggiungendo l'esatto **numero di atomi di idrogeno**, tenendo presente che ogni atomo di carbonio forma **quattro legami**.

LA CONCLUSIONE

La formula razionale del composto è quindi:

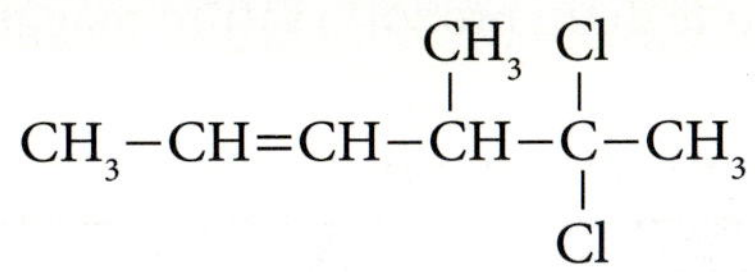

PROBLEMA SIMILE

Rappresenta le formule razionali dei seguenti composti:

a. 4-etil-5-metil-2-propil-1-esene
b. 4,4-dibromo-2-cloro-2-pentene
c. *trans*-1,2-dibromopropene

14 LE PROPRIETÀ FISICHE E LA REATTIVITÀ DEGLI ALCHENI

Proprietà fisiche

A temperatura ambiente e a pressione ordinaria i primi tre termini della serie degli alcheni sono allo stato di gas; dal quarto al sedicesimo termine gli alcheni sono allo stato liquido; i termini superiori sono allo stato solido.

Le molecole degli alcheni sono apolari, di conseguenza questi composti sono insolubili in acqua e hanno punti di ebollizione bassi, molto simili a quelli dei corrispondenti alcani, perché i legami intermolecolari (forze di London) sono molto deboli.

Reattività: combustione e addizione al doppio legame

Gli alcheni possono dare reazione di combustione, che è una reazione comune a tutti gli idrocarburi. La reattività specifica degli alcheni è legata alla presenza del doppio legame tra i due atomi di carbonio ibridati sp^2 (figura **13**).

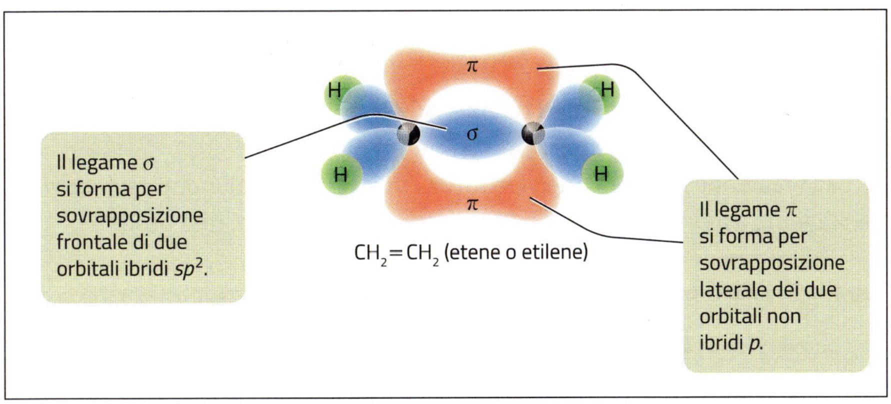

Figura 13 Il doppio legame nella molecola dell'etilene

Il doppio legame ha una elevata *densità elettronica* e rappresenta pertanto un ottimo punto di attacco per l'idrogeno molecolare e per gli agenti elettrofili. I due elettroni del legame π, debole e reattivo, reagendo con gli elettrofili danno origine a **reazioni di addizione**.

In queste reazioni, si rompe il legame π dell'alchene e il legame σ del reagente (X_2 o HX), ma si formano due legami σ che, essendo più forti del legame π, portano alla formazione di un prodotto saturo maggiormente stabile:

alchene reagente prodotto alchene reagente prodotto

Le reazioni di addizione che danno gli alcheni sono quelle di idrogenazione (o riduzione catalitica), di addizione elettrofila e di polimerizzazione.

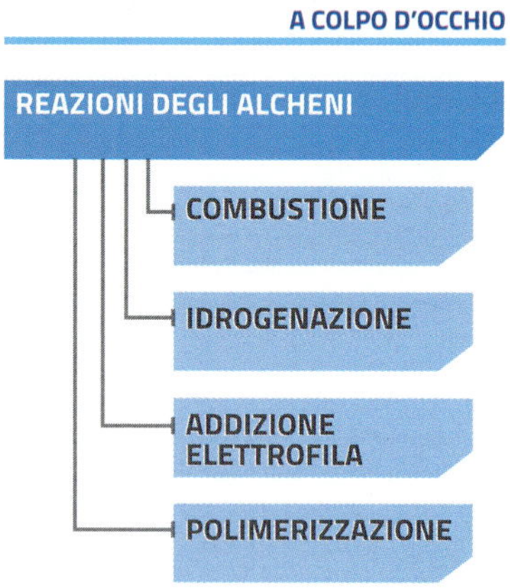

La reazione di idrogenazione

La reazione di **idrogenazione** o **riduzione catalitica** avviene con idrogeno molecolare (H_2) in presenza di un catalizzatore metallico (Ni, Pd, Pt) e forma il corrispondente alcano. Il catalizzatore favorisce la rottura del legame H−H.

L'addizione di idrogeno al carbonio ne determina la **riduzione**.

I due atomi di idrogeno si addizionano sullo stesso lato rispetto al piano del doppio legame; la riduzione ha quindi una stereochimica di tipo *sin*:

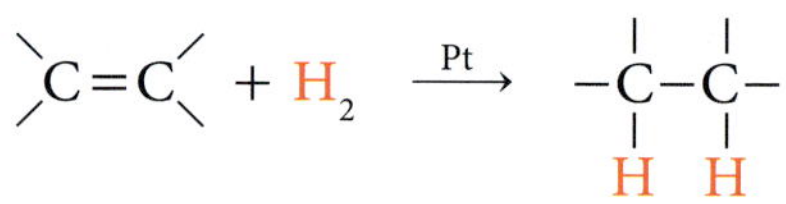

alchene alcano

In una reazione di riduzione *aumenta* il numero di atomi di idrogeno nella molecola; per esempio, l'idrogenazione del propene fornisce propano:

$$CH_2{=}CH{-}CH_3 + H_2 \xrightarrow{Pt} CH_3{-}CH_2{-}CH_3$$

propene propano

La reazione di addizione elettrofila

La reazione di **addizione elettrofila** avviene con alogeni X_2 (alogenazione), acidi alogenidrici HX e acqua (idratazione).

Se la reazione di addizione elettrofila avviene tra un alchene *asimmetrico* e un reagente *asimmetrico* (tabella **6**) si dovrebbero ottenere due prodotti.

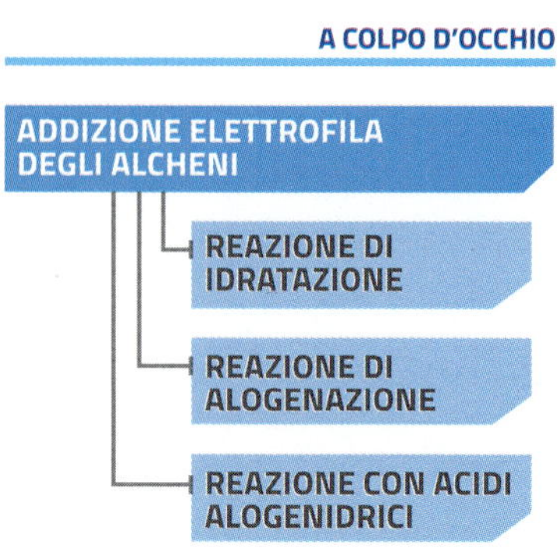

Tabella 6 I più comuni alcheni asimmetrici e reagenti asimmetrici.

Alchene	Reagente
$CH_2{=}CH{-}CH_3$	H−Cl
$CH_2{=}CH{-}CH_2{-}CH_3$	H−Br
$CH_2{=}CH{-}CH_2{-}CH_2{-}CH_3$	H−I
$CH_3{-}CH{=}CH{-}CH_2{-}CH_3$	H−OH

Nella reazione di addizione tra il propene e il cloruro di idrogeno si dovrebbero formare due prodotti, il 2-cloropropano e l'1-cloropropano:

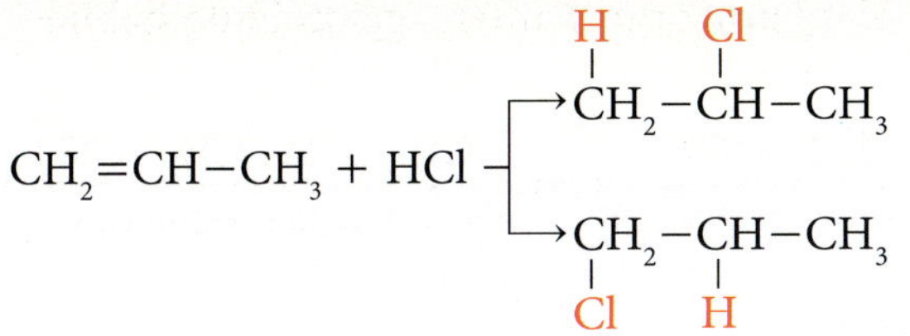

In effetti in questa reazione il prodotto che si forma è uno solo, il 2-cloropropano. Dall'osservazione sperimentale di un gran numero di reazioni di questo tipo, il chimico russo Vladimir Markovnikov enunciò la seguente regola empirica:

Nella **reazione di addizione** tra un alchene asimmetrico e un reagente asimmetrico, l'atomo di idrogeno del reagente si lega all'atomo di carbonio del doppio legame legato al maggior numero di atomi di idrogeno.

La regola di Markovnikov si giustifica analizzando il meccanismo di reazione che avviene in due stadi:

1. il *primo stadio* è l'addizione di un elettrofilo H^+ al doppio legame con formazione di un **carbocatione** e può avvenire in due modi generando cationi con diversa stabilità:

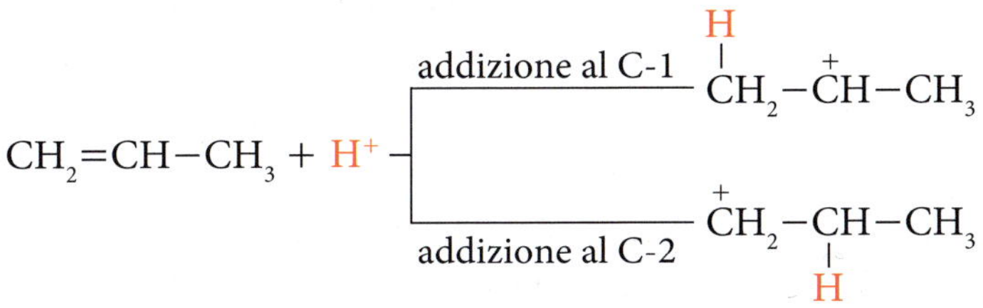

2. Nel *secondo stadio* lo ione cloruro, Cl^-, si legherà al carbocatione secondario $CH_3-\overset{+}{C}H-CH_3$ (più stabile del carbocatione primario $\overset{+}{C}H_2-CH_2-CH_3$) con formazione del 2-cloropropano:

Di conseguenza, la regola di Markovnikov può essere espressa anche così:

La **reazione di addizione** tra un agente elettrofilo e il doppio legame di un alchene asimmetrico decorre in modo tale da portare alla formazione del carbocatione più stabile.

- La reazione di **alogenazione** consiste nell'aggiungere a un alchene la soluzione di un alogeno (Cl_2, Br_2) in un solvente inerte (tetraclorometano CCl_4). Il prodotto che si forma è un alogenuro alchilico, più precisamente un *dialogenuro vicinale* (ha due alogeni legati a due carboni adiacenti):

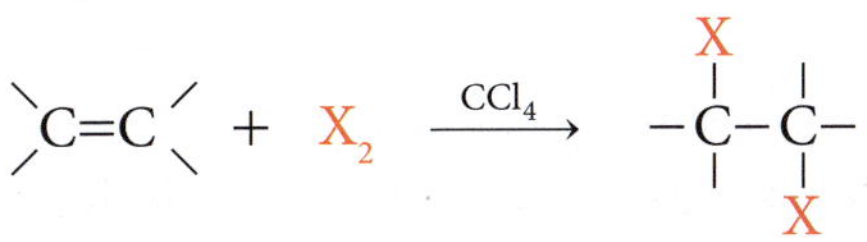

alchene alogeno dialogenuro vicinale

PER VEDERE LE REAZIONI
video *LabOr.*
Alcheni

LE PAROLE

Il termine **empirico** (dal greco: *empeirikós* = ricavato dall'esperienza) indica un metodo o un risultato basato su dati sperimentali piuttosto che su un principio scientifico.

La reazione di alogenazione dell'1-butene con cloro (Cl_2) si rappresenta con l'equazione:

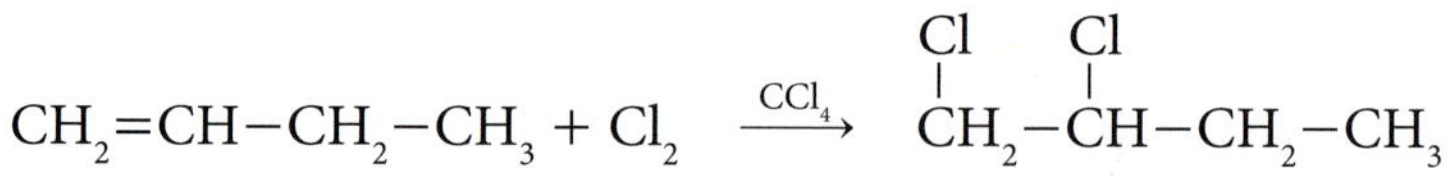

1-butene — 1,2-diclorobutano

- La reazione di **acidi alogenidrici** con un alchene asimmetrico avviene in accordo con la regola di Markovnikov e porta alla formazione di un solo prodotto, un alogenuro alchilico:

alchene — acido alogenidrico — alogenuro alchilico

La reazione di addizione del metilpropene con acido bromidrico HBr si rappresenta con l'equazione:

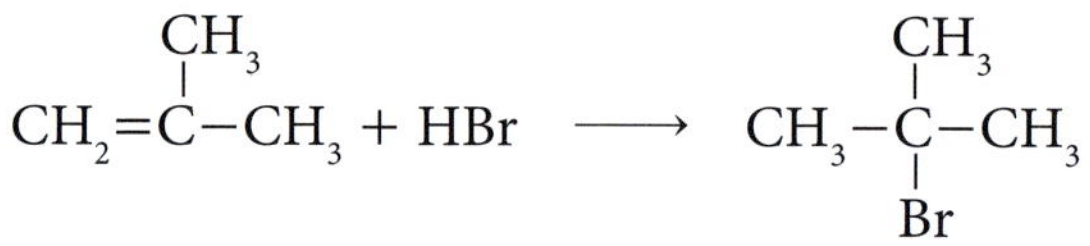

metilpropene — 2-bromo-2-metilpropano

- La reazione di **idratazione** (addizione di acqua agli alcheni) avviene in presenza di un *catalizzatore acido* H^+ che si comporta da elettrofilo. La reazione, in accordo con la regola di Markovnikov, porta alla formazione di un alcol:

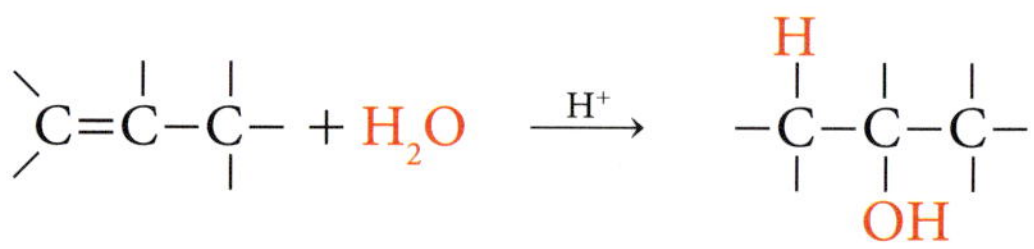

alchene — alcol

La reazione di idratazione degli alcheni avviene in due stadi:

1. nel *primo stadio* si ha l'addizione dello ione H^+ al carbonio del doppio legame con formazione di un carbocatione:

alchene — carbocatione

2. nel *secondo stadio* si addiziona l'acqua con formazione di un intermedio instabile, un alcol protonato, da cui si libera un atomo di idrogeno sotto forma di uno ione H^+ con ricostituzione del catalizzatore acido e formazione dell'alcol:

TI RICORDI?

Gli **acidi alogenidrici** sono composti molecolari formati dall'idrogeno e da un alogeno (n.o. = −1). In acqua si dissociano in uno ione idrogeno H^+ e uno ione negativo (Cl^-, Br^-).

LE PAROLE

L'**acqua** si comporta da **nucleofilo** per la presenza dei doppietti elettronici liberi sull'atomo di ossigeno:

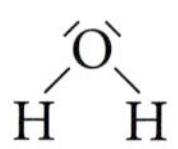

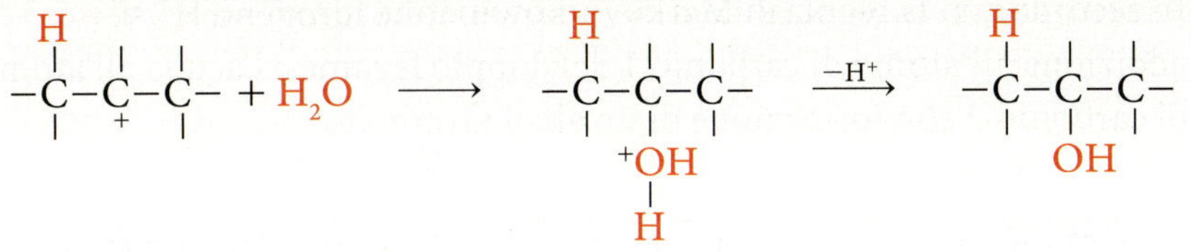

carbocatione | alcol protonato | alcol secondario

La reazione di idratazione dell'1-butene si rappresenta con l'equazione:

$$CH_2{=}CH{-}CH_2{-}CH_3 + H_2O \xrightarrow{H^+} CH_3{-}\underset{\displaystyle OH}{\underset{|}{CH}}{-}CH_2{-}CH_3$$

1-butene | 2-butanolo

La reazione di polimerizzazione

La reazione di **polimerizzazione** decorre con un meccanismo di *addizione radicalica*, avviene in presenza di un iniziatore radicalico, nello specifico un perossido organico (RO–OR), e consiste nell'unione di piccole molecole (*monomeri*) per formare macromolecole (*polimeri*).

Una reazione di polimerizzazione importante è quella che partendo dall'etilene porta alla formazione del **polietilene**, un polimero trasparente, molto resistente e flessibile, che per queste caratteristiche è utilizzato in fogli per avvolgere alimenti e per imballaggi. La reazione è rappresentata dalla seguente equazione:

$$n(CH_2{=}CH_2) \xrightarrow{RO-OR} RO{+}CH_2{-}CH_2{+}_nOR$$

etilene | polietilene

PROBLEMA MODELLO

Rappresentare le reazioni degli alcheni

Rappresenta le equazioni delle seguenti reazioni di addizione specificando il nome dei prodotti:

a. 2-butene e idrogeno (in presenza di platino);
b. 2-metil-1-butene e acqua (in ambiente acido).

L'IDEA

a. La reazione tra il 2-butene e l'idrogeno è una reazione di **idrogenazione**.
b. La reazione tra il 2-metil-1-butene e l'acqua è una reazione di **idratazione** tra un alchene asimmetrico e un reagente asimmetrico.

LA SOLUZIONE E LA CONCLUSIONE

I due atomi di idrogeno si addizionano ai due atomi di carbonio del doppio legame per cui si rompe il legame π e si formano due legami σ:

$$CH_3{-}CH{=}CH{-}CH_3 + H_2 \xrightarrow{Pt} CH_3{-}CH_2{-}CH_2{-}CH_3$$

La reazione porta alla sintesi del corrispondente alcano, nello specifico del butano.

In accordo con la regola di Markovnikov, lo ione idrogeno H^+ si addiziona all'atomo di carbonio-1 del doppio legame e l'acqua all'atomo di carbonio-2 con formazione di un alcol protonato:

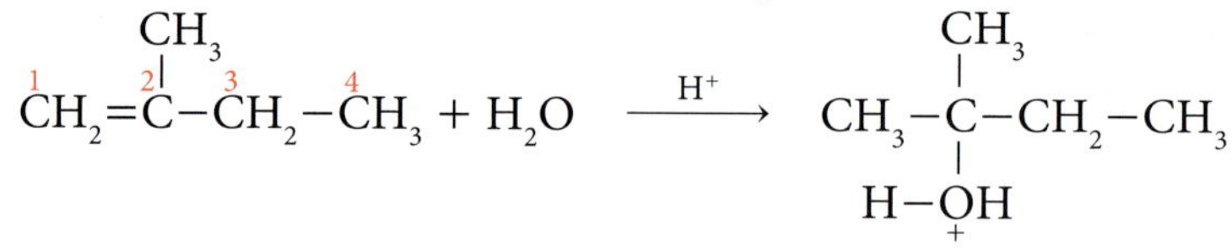

In seguito al distacco dall'acqua di un atomo di idrogeno sotto forma di ione H^+ si ha la sintesi di un alcol terziario, il 2-metil-2-butanolo:

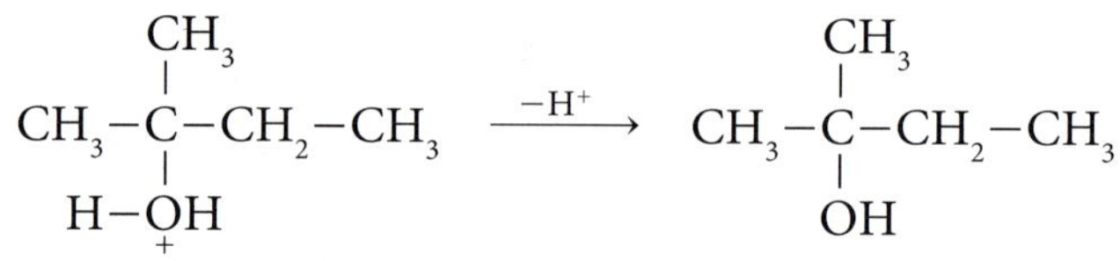

PROBLEMA SIMILE

Rappresenta le equazioni delle seguenti reazioni di addizione, specificando il nome dei prodotti:

a. 3,4-dimetil-1-pentene con cloro (in presenza di tetraclorometano);
b. 3-cloro-1-butene con acido cloridrico.

15 IL CARBONIO NEGLI ALCHINI È IBRIDATO *sp*

Gli **alchini** sono idrocarburi alifatici a catena aperta, insaturi per la presenza di un triplo legame carbonio-carbonio.

Negli alchini gli atomi di carbonio del triplo legame sono *ibridati sp*. L'atomo di carbonio al momento della combinazione con altri due atomi, combina l'orbitale *s* con un orbitale *p* (ibridazione). Si formano due orbitali atomici ibridi *sp* contenenti ciascuno un elettrone.

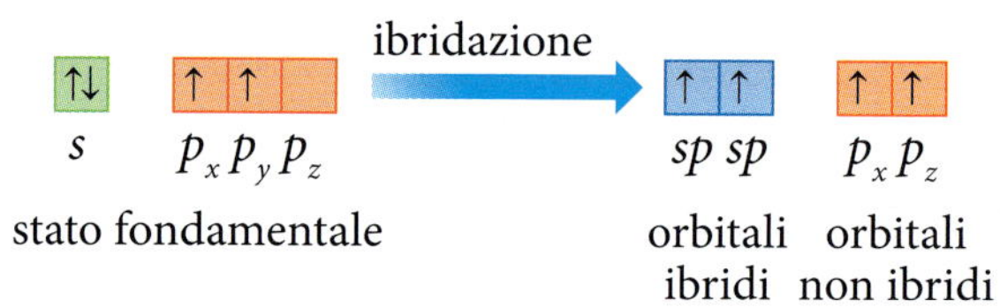

I due orbitali ibridi *sp* si dispongono sullo stesso piano e si orientano lungo la stessa retta ma in direzioni opposte (disposizione **lineare**) con formazione di un angolo di 180° rispetto al nucleo.

I due orbitali atomici non ibridi *p* aventi ciascuno un elettrone sono disposti perpendicolarmente tra loro ed entrambi sono perpendicolari al piano degli orbitali ibridi *sp* (figura **14**).

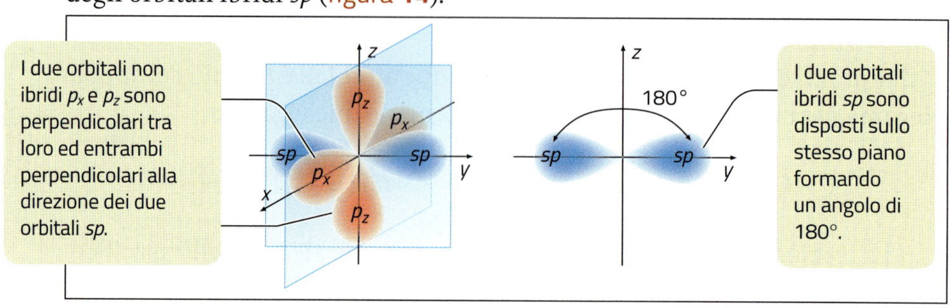

Figura 14 La disposizione degli orbitali ibridi *sp* e degli orbitali non ibridi p_x e p_z.

Quando due atomi di carbonio ibridati *sp* si uniscono tra loro, si ha la sovrapposizione *frontale* tra i due orbitali ibridi *sp* con formazione di *un legame* σ e la sovrapposizione *laterale* di quattro orbitali non ibridi *p* con formazione di *due legami* π. I due atomi di carbonio risultano in tal modo legati da un triplo legame (uno σ e due π).

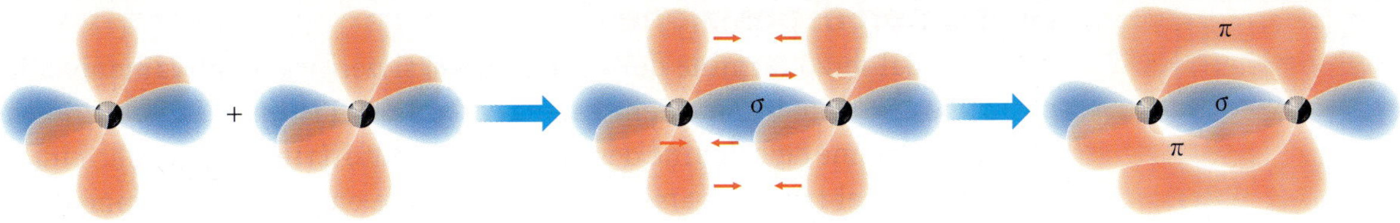

Un triplo legame tra due atomi di carbonio comporta tre conseguenze:

- la lunghezza del triplo legame carbonio-carbonio (1,20 Å) è minore di quella di un legame doppio (1,34 Å) perché i sei elettroni condivisi avvicinano i due nuclei più di quanto possano fare due doppietti elettronici;
- l'energia di legame risulta maggiore di quella di un doppio legame;
- la presenza di due legami π, più deboli del legame σ, rendono la molecola molto instabile e di conseguenza molto reattiva.

TI RICORDI?

L'**energia di legame** è l'energia che si deve fornire per rompere un legame o che si libera per formare un legame. Un valore elevato di energia di legame indica un legame forte.

16 LA FORMULA MOLECOLARE E LA NOMENCLATURA DEGLI ALCHINI

Agli alchini corrisponde la **formula molecolare** generale:

$$C_nH_{2n-2}$$

dove n (numero atomi di carbonio) ≥ 2.

Il **nome** degli alchini con una catena lineare di atomi di carbonio, secondo le regole IUPAC, è costituito dal prefisso corrispondente alla radice del nome degli alcani e dal suffisso *-ino* (tabella **7**).

Tabella 7 **Gli alchini** La formula molecolare e il nome dei primi sei termini della serie degli alchini.

n	Formula molecolare	Nome
2	C_2H_2	etino (acetilene)
3	C_3H_4	propino
4	C_4H_6	butino
5	C_5H_8	pentino
6	C_6H_{10}	esino
7	C_7H_{12}	eptino

PER CAPIRE MEGLIO
video:
La nomenclatura degli idrocarburi alifatici

Analogalmente agli alcani e agli alcheni, anche gli alchini a catena lineare costituiscono una serie omologa.

Il primo termine della serie (l'etino) è noto con il nome comune di *acetilene* (figura **15**).

Figura 15 **L'acetilene** Viene usato nella saldatura ossiacetilenica.

17 ISOMERIA NEGLI ALCHINI: DI POSIZIONE E DI CATENA

Negli alchini si hanno le isomerie *di posizione* e *di catena*: a differenza degli alcheni, negli alchini non si verifica isomeria geometrica.

Gli isomeri di posizione

A partire dal terzo termine della serie ($n=4$) si verifica, relativamente alla posizione del triplo legame nella catena carboniosa, l'**isomeria di posizione**: in tal caso il nome dell'alchino deve essere preceduto da un numero che indica la posizione del triplo legame, tenendo presente che la numerazione della catena carboniosa deve iniziare dall'estremità più vicina al triplo legame. Per il pentino (C_5H_8) esistono due isomeri di posizione:

$$\overset{1}{C}H\equiv\overset{2}{C}-\overset{3}{C}H_2-\overset{4}{C}H_2-\overset{5}{C}H_3 \qquad \overset{1}{C}H_3-\overset{2}{C}\equiv\overset{3}{C}-\overset{4}{C}H_2-\overset{5}{C}H_3$$

1-pentino   2-pentino

Gli isomeri di catena

Quando il numero di atomi di carbonio è maggiore o uguale a cinque si verifica l'**isomeria di catena**. In tal caso per assegnare il nome al composto si deve identificare la *catena carboniosa più lunga contenente il triplo legame* e si deve numerare la catena partendo dall'estremità che permette di utilizzare il *numero più piccolo* per gli atomi di carbonio del triplo legame:

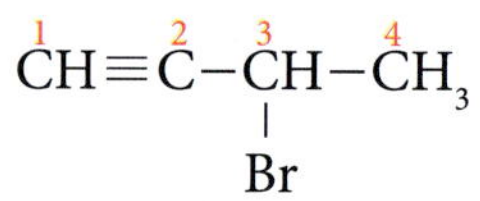

3-bromo-1-butino

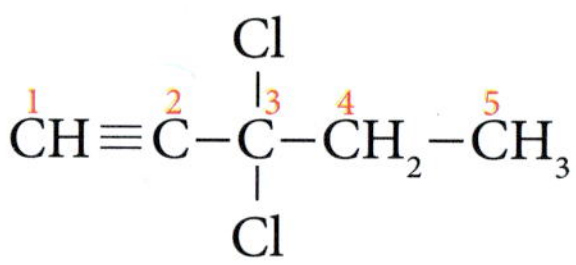

3,3-dicloro-1-pentino

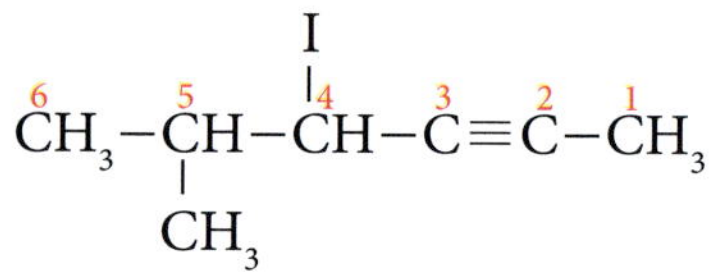

4-iodo-5-metil-2-esino

Se il triplo legame è equidistante dalle due estremità della catena, la numerazione deve iniziare dall'estremità più vicina al primo sostituente:

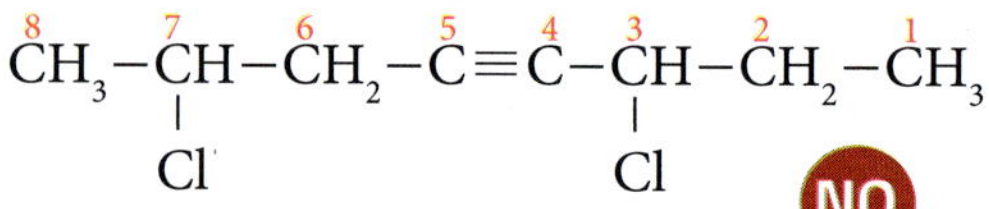

3,7-dicloro-4-ottino NO

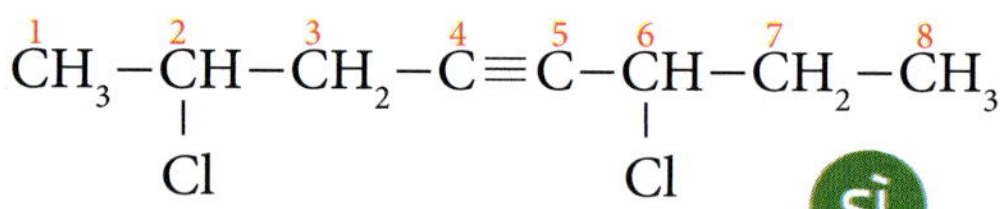

2,6-dicloro-4-ottino SÌ

Negli alchini **non** si verifica l'isomeria geometrica perché i due atomi di carbonio del triplo legame sono legati a un solo sostituente (figura 16).

Figura 16 L'isomeria geometrica È possibile negli alcheni ma non negli alchini.

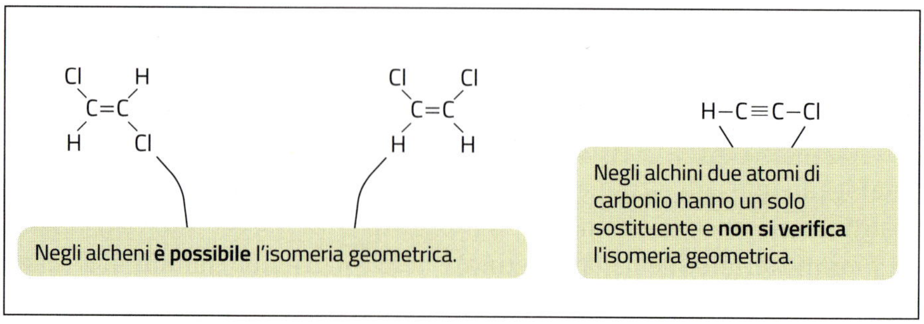

PROBLEMA MODELLO

Rappresentare gli isomeri

Rappresenta le formule razionali di tutti gli isomeri dell'alchino con formula molecolare C_6H_{10} e assegna il nome a ciascuno di essi.

L'IDEA

Negli alchini si verifica l'isomeria di posizione e l'isomeria di catena.
Gli **isomeri di posizione** sono composti con la stessa catena carboniosa, ma con diversa posizione del triplo legame.
Gli **isomeri di catena** sono composti con gli atomi di carbonio disposti in modo diverso nella catena carboniosa.

LA SOLUZIONE E LA CONCLUSIONE

Alla formula molecolare C_6H_{10} corrispondono tre isomeri di posizione rappresentati dalle seguenti formule razionali:

$$CH{\equiv}C{-}CH_2{-}CH_2{-}CH_2{-}CH_3$$
1-esino

$$CH_3{-}C{\equiv}C{-}CH_2{-}CH_2{-}CH_3$$
2-esino

$$CH_3{-}CH_2{-}C{\equiv}C{-}CH_2{-}CH_3$$
3-esino

Disponendo i gruppi metilici $-CH_3$ in posizione diversa all'interno della catena carboniosa sono possibili *quattro* isomeri di catena rappresentati dalle seguenti formule razionali:

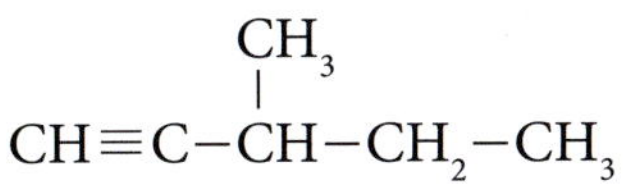
3-metil-1-pentino

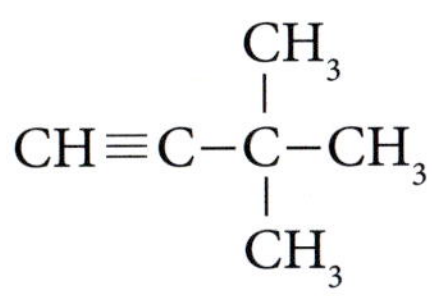
3,3-dimetil-1-butino

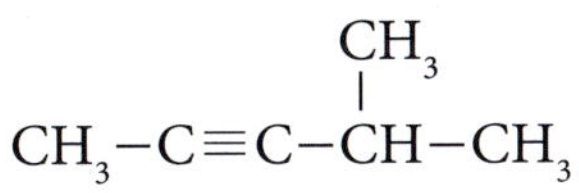
4-metil-2-pentino

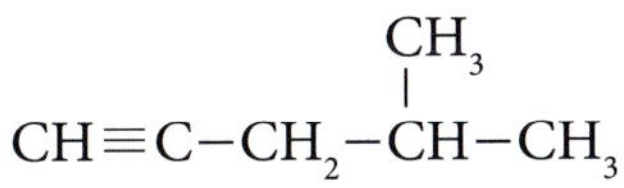
4-metil-1-pentino

PROBLEMA SIMILE
Rappresenta le formule razionali di tutti gli isomeri dell'alchino con formula molecolare C_5H_8 e assegna il nome a ciascuno di essi.

18 LE PROPRIETÀ FISICHE E CHIMICHE DEGLI ALCHENI

Le proprietà fisiche

A temperatura ambiente e a pressione ordinaria i primi tre termini della serie degli alchini sono allo stato di gas; dal quarto al sedicesimo termine gli alchini sono allo stato liquido; i termini superiori sono allo stato solido.

Gli alchini, essendo costituiti da molecole apolari, sono insolubili in acqua e hanno punti di ebollizione bassi (molto simili a quelli degli alcheni), poiché i legami intermolecolari (forze di London) sono molto deboli.

TI RICORDI?
Il **punto di ebollizione** è la temperatura alla quale la tensione di vapore di un liquido è uguale al valore della pressione atmosferica.

Le proprietà chimiche

Negli alchini con *triplo legame terminale*, il legame carbonio-idrogeno è debolmente *polarizzato* per la rilevante forza di attrazione che il carbonio ibridato *sp* esercita sugli elettroni di legame:

$$\mathrm{R{-}C{\equiv}\overset{\delta-}{C}{-}\overset{\delta+}{H}}$$

TI RICORDI?

Una **base forte**, secondo Brønsted e Lowry, è una molecola o ione con una elevata tendenza ad accettare un protone H^+.

In presenza di una base forte (sodioammide $NaNH_2$ in ammoniaca liquida), a causa di tale polarizzazione, si ha la rottura eterolitica del legame carbonio-idrogeno. Di conseguenza, *gli alchini hanno un comportamento acido*: l'idrogeno si allontana sotto forma di uno ione H^+ mentre il carbanione che si forma $R{-}C{\equiv}C^-$ (ione acetiluro) si lega con lo ione positivo metallico Na^+ della base per dare origine a un sale detto **acetiluro** (composto organometallico):

$$\underset{\text{alchino terminale}}{\mathrm{R{-}C{\equiv}\overset{\delta-}{C}{-}\overset{\delta+}{H}}} + \mathrm{Na^+NH_2^-} \xrightarrow{\mathrm{NH_{3(l)}}} \underset{\text{acetiluro di sodio}}{\mathrm{R{-}C{\equiv}C^-Na^+}} + \mathrm{NH_3}$$

LE PAROLE

Un composto **organometallico** è un composto organico in cui è presente un legame carbonio-metallo.

Questo comportamento acido non è presente negli alcheni e negli alcani perché la forza di attrazione che il carbonio ibridato, rispettivamente sp^2 e sp^3, esercita sugli elettroni di legame è molto minore. Gli acetiluri, che si formano in conseguenza dell'acidità degli alchini, possono venire alchilati, ovvero fatti reagire con alogenuri alchilici primari per preparare alchini a catena carboniosa più lunga. La reazione che porta alla formazione del 2-butino è:

$$\underset{\text{acetiluro di sodio del propino}}{\mathrm{CH_3{-}C{\equiv}C^-Na^+}} + \underset{\text{clorometano}}{\mathrm{CH_3{-}Cl}} \xrightarrow{\mathrm{NH_{3(l)}}} \underset{\text{2-butino}}{\mathrm{CH_3{-}C{\equiv}C{-}CH_3}} + \mathrm{NaCl}$$

19 LE REAZIONI DEGLI ALCHINI: COMBUSTIONE E ADDIZIONE AL TRIPLO LEGAME

Anche gli alchini danno reazione di combustione, che è una reazione comune a tutti gli idrocarburi. La reattività specifica degli alchini è legata alla presenza del triplo legame tra i due atomi di carbonio ibridati *sp*. Il triplo legame ha un'elevata *densità elettronica* e rappresenta pertanto un ottimo punto di attacco per l'idrogeno molecolare H_2 (idrogenazione) e per agenti elettrofili che utilizzando gli elettroni dei due legami π, deboli e reattivi, danno origine a **reazioni di addizione** (figura **17**).

La reazione avviene in due stadi:

a. nel *primo stadio* si rompe uno dei due legami π con formazione di un doppio legame carbonio-carbonio;
b. nel *secondo stadio* si ha la rottura dell'altro legame π con formazione di un legame semplice carbonio-carbonio.

Per effetto della rottura dei due legami π si ha la formazione di *quattro legami* σ che, essendo più forti, danno origine a un prodotto saturo più stabile.

$$\mathrm{{-}C{\equiv}C{-}} \longrightarrow \mathrm{>C{=}C<} \longrightarrow \mathrm{{-}\overset{|}{\underset{|}{C}}{-}\overset{|}{\underset{|}{C}}{-}}$$

Le reazioni di addizione che danno gli alchini sono quella di idrogenazione (o riduzione catalitica) e di addizione elettrofila.

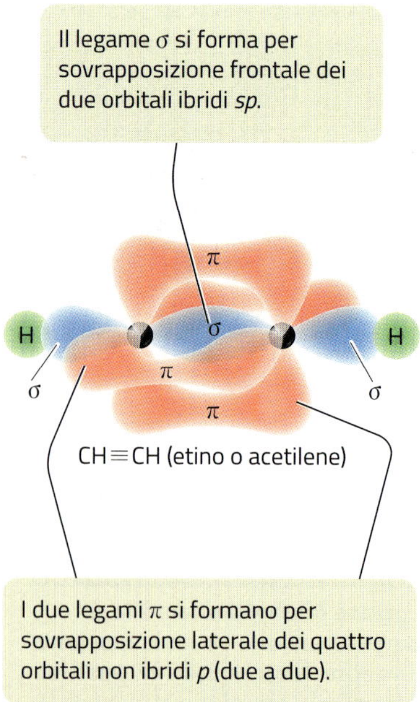

Figura 17 Il triplo legame nella molecola dell'etino o acetilene.

La reazione di idrogenazione

La reazione di **idrogenazione** o **riduzione catalitica** avviene con idrogeno molecolare H_2.

a. In presenza di un *catalizzatore metallico* (Pd, Ni, Pt) si ha l'idrogenazione completa dell'alchino e quindi la formazione del corrispondente alcano:

$$\underset{\text{alchino}}{R-C\equiv C-R'} + 2\,H_2 \xrightarrow{\text{Pd, Ni, Pt}} \underset{\text{alcano}}{R-CH_2-CH_2-R'}$$

Per esempio, la reazione di idrogenazione del 2-butino, catalizzata dal platino, ha come prodotto finale il butano:

$$\underset{\text{2-butino}}{CH_3-C\equiv C-CH_3} + 2\,H_2 \xrightarrow{\text{Pt}} \underset{\text{butano}}{CH_3-CH_2-CH_2-CH_3}$$

b. In presenza di un catalizzatore di palladio e carbonato di calcio (*catalizzatore di Lindlar*) si ha l'addizione di una sola mole di idrogeno e formazione di un *cis*-alchene, poiché l'idrogenazione decorre con stereochimica *sin*. Ne è un esempio la reazione di idrogenazione del 2-butino, che fornisce il *cis*-2-butene:

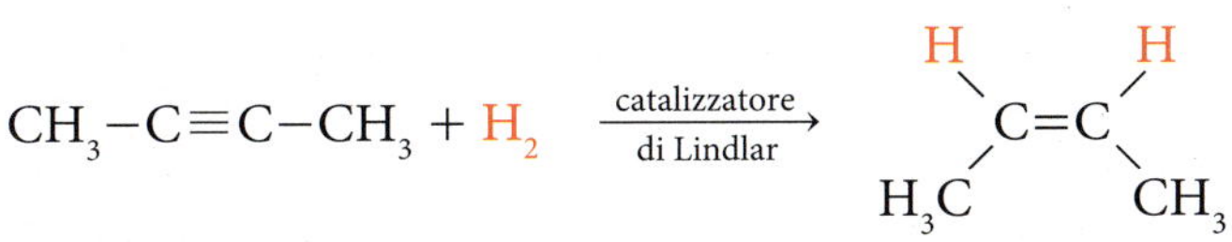

2-butino *cis*-2-butene

La reazione di addizione elettrofila

La reazione di **addizione elettrofila** avviene con alogeni (alogenazione), acidi alogenidrici e acqua (idratazione).

1. La reazione di **alogenazione** consiste nell'aggiungere a un alchino una soluzione costituita da un alogeno (Cl_2, Br_2) in un solvente inerte (CCl_4). La reazione porta alla formazione di prodotti diversi a seconda che l'alchino reagisca con una o due moli di alogeno.
   a. con una mole di alogeno, si ha la formazione di un alchene disostituito con configurazione *trans*, in quanto l'addizione decorre con stereochimica *anti*:

etino *trans*-1,2-dibromoetene

   b. con due moli di alogeno la reazione decorre in due stadi.
      - nel primo stadio si ha la formazione di un *trans*-alchene:

etino *trans*-1,2-dibromoetene

A COLPO D'OCCHIO

REAZIONI DEGLI ALCHINI
- COMBUSTIONE
- IDROGENAZIONE
- ADDIZIONE ELETTROFILA

A COLPO D'OCCHIO

IDROGENAZIONE DEGLI ALCHINI
- CATALIZZATORE METALLICO → ALCANI
- CATALIZZATORE DI LINDLAR → ALCHENI

A COLPO D'OCCHIO

ADDIZIONE ELETTROFILA
- REAZIONE CON ACIDI ALOGENIDRICI
- REAZIONE DI ALOGENAZIONE
- REAZIONE DI IDRATAZIONE

- nel secondo stadio si ha la formazione di un alcano tetrasostituito:

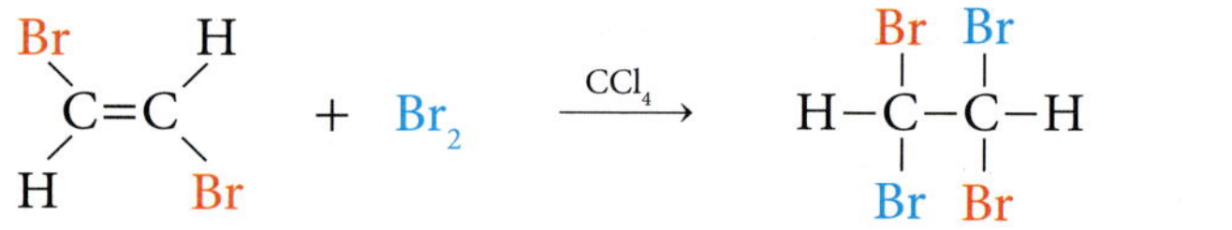

trans-1,2-dibromoetene 1,1,2,2-tetrabromoetano

2. La reazione con **acidi alogenidrici** (HCl e HBr) porta alla formazione di prodotti diversi a seconda che l'alchino reagisca con una o due moli di acido:
   a. con una mole di acido si ha la formazione di un alchene monosostituito:

$$CH{\equiv}CH + HCl \longrightarrow CH_2{=}CHCl$$

etino 1-cloroetene

   b. con due moli di acido la reazione decorre in due stadi e si ha la formazione di un alcano disostituito:

primo stadio $CH{\equiv}CH + HCl \longrightarrow CH_2{=}CHCl$ 1-cloroetene

secondo stadio $CH_2{=}CHCl + HCl \longrightarrow CH_3{-}CHCl_2$ 1,1-dicloroetano

In presenza di un alchino con triplo legame asimmetrico e monosostituito, la reazione di addizione segue la regola di Markovnikov, per cui l'idrogeno dell'acido alogenidrico si lega al carbonio del triplo legame con il maggiore numero di atomi di idrogeno. La reazione di addizione elettrofila di un alchino con una mole di acido alogenidrico porta alla formazione di un alchene monosostituito:

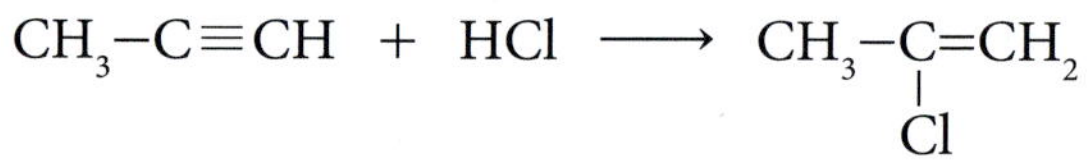

propino 2-cloropropene

La reazione di addizione elettrofila di un alchino con due moli di acido alogenidrico porta alla formazione di un alcano disostituito:

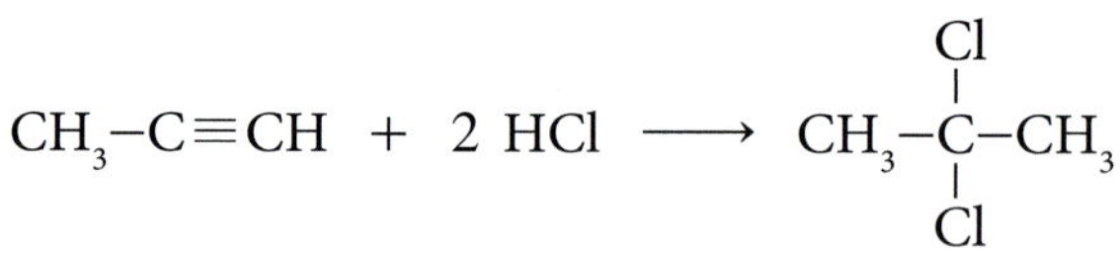

propino 2,2-dicloropropano

3. La reazione di **idratazione** si realizza in presenza di un catalizzatore acido H^+ e dello ione Hg^{2+}: si forma prima un intermedio instabile, un **alcol vinilico** o **enolo** che successivamente si interconverte in un isomero più stabile.
   a. L'idratazione dell'etino o acetilene porta alla formazione di un'*aldeide*, l'etanale o aldeide acetica:

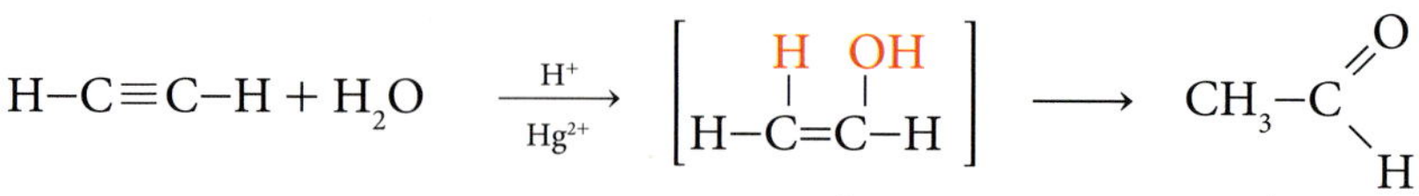

etino enolo etanale

PER SAPERNE DI PIÙ

L'**enolo** (da *-ene* e *-olo*, rispettivamente suffissi del nome degli alcheni e degli alcoli) è un composto in cui è presente un doppio legame e il gruppo alcolico –OH.

A COLPO D'OCCHIO

IDRATAZIONE
- ETINO → ETANALE
- ALCHINO CON TRIPLO LEGAME TERMINALE → CHETONE

b. L'idratazione di un alchino con triplo legame terminale decorre secondo la regola di Markovnikov e si ha la formazione di un *chetone*.

$$\underset{\text{1-butino}}{CH_3-CH_2-C\equiv CH} + H_2O \xrightarrow[Hg^{2+}]{H^+} \underset{\text{enolo}}{\left[CH_3-CH_2-\overset{\overset{HO}{|}}{C}=\overset{\overset{H}{|}}{CH}\right]} \longrightarrow \underset{\text{butanone}}{CH_3-CH_2-\overset{\overset{O}{\|}}{C}-CH_3}$$

PER SAPERNE DI PIÙ

Aldeidi e **chetoni** hanno lo stesso gruppo funzionale, il gruppo carbonile >CO: nelle aldeidi è in posizione terminale, nei chetoni all'interno della molecola.

20 IL BENZENE È UN ANELLO DI ELETTRONI DELOCALIZZATI

Gli **idrocarburi aromatici**, o **areni**, sono una classe di composti organici costituiti da almeno un anello a sei atomi di carbonio.

Negli idrocarburi aromatici, gli atomi di carbonio ibridati sp^2 sono legati da legami covalenti omopolari e da un **legame a elettroni delocalizzati**. Il termine *aromatico*, utilizzato in passato per indicare l'odore molto intenso di alcuni di questi composti, oggi è sinonimo di *elevata stabilità*.
Il termine più semplice di questa serie è il benzene che ha **formula molecolare C_6H_6**. La formula di struttura del benzene si rappresenta con un esagono regolare in cui vengono omessi i simboli degli atomi di carbonio e degli atomi di idrogeno, con all'interno un anello, per indicare gli elettroni delocalizzati.

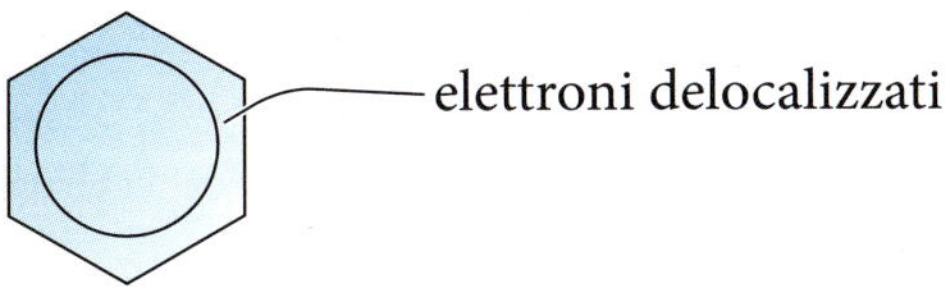

A temperatura ambiente, gli areni, a seconda dalla loro massa molecolare, possono essere liquidi o solidi e generalmente hanno una densità inferiore a quella dell'acqua.

Gli areni sono molecole apolari e di conseguenza insolubili in acqua, ma solubili in solventi organici apolari. I punti di ebollizione degli idrocarburi aromatici sono elevati perché l'alta simmetria la planarità delle molecole rende più forti i legami intermolecolari. La temperatura di ebollizione aumenta con la massa molecolare. Molti composti aromatici sono utilizzati come vernici e coloranti (figura **18**).

Figura 18 **Il benzene** A partire dal benzene, l'industria chimica produce alcuni coloranti e vernici.

21 GLI IDROCARBURI AROMATICI MONOCICLICI SONO ANELLI BENZENICI CON UNO O PIÙ SOSTITUENTI

Gli idrocarburi aromatici **monociclici** sono costituiti da un anello benzenico e da uno o più atomi o gruppi atomici legati all'anello.

Il **nome** degli idrocarburi aromatici monociclici si basa sia su regole sistematiche sia sull'uso di nomi comuni.

a. Per i **derivati monosostituiti**, composti formati da un anello benzenico e da un atomo o gruppo atomico legato all'anello, il nome secondo le regole

IUPAC è costituito dal nome del *sostituente* a cui si fa seguire il termine *benzene* in modo da formare una sola parola. Per alcuni derivati monosostituiti si usa più frequentemente il nome comune.

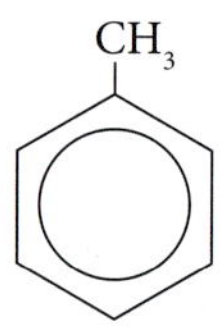

toluene (metilbenzene)

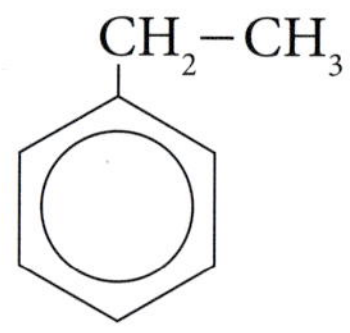

etilbenzene

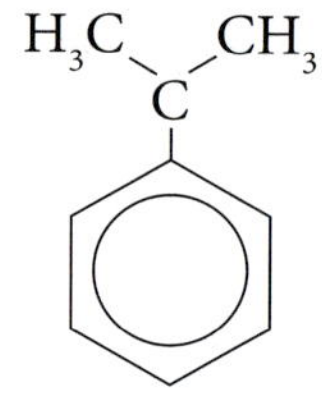

cumene (isopropilbenzene)

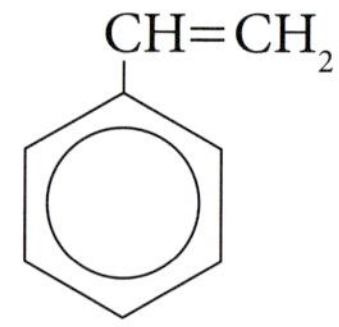

stirene (vinilbenzene)

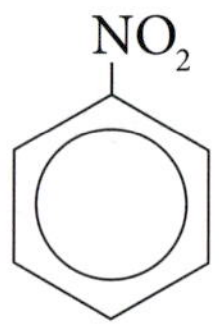

nitrobenzene

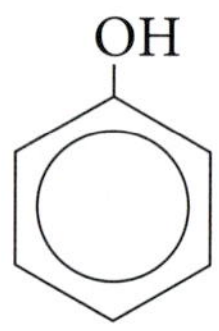

fenolo (idrossibenzene)

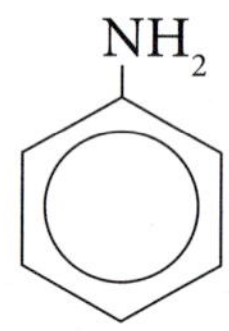

anilina (amminobenzene)

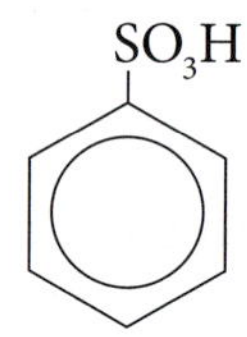

acido benzen solfonico

LE PAROLE

Il termine **orto** (dal greco: *orthós* = diritto) è un prefisso usato nell'anello benzenico per indicare la posizione del sostituente adiacente al primo.

LE PAROLE

Il termine **meta** (dal greco: *metá* = in mezzo) è un prefisso usato nell'anello benzenico per indicare la posizione intermedia di un sostituente.

LE PAROLE

Il termine **para** (dal greco: *pará* = contro) è un prefisso usato nell'anello benzenico per indicare la posizione opposta di un sostituente rispetto al primo.

b. Per i **derivati bisostituiti** (composti formati da un anello benzenico e da due atomi o gruppi atomici legati all'anello) si deve tener presente che si verifica l'isomeria di posizione (sono possibili tre isomeri) per cui occorre indicare la posizione dei due sostituenti. La posizione 1 si assegna al sostituente indicato con il simbolo X (figura **19**). La posizione del secondo sostituente è indicata con il prefisso *orto-* (posizione 2 e 6), *meta-* (posizione 3 e 5), *para-* (posizione 4), rappresentati rispettivamente con i simboli *o-*, *m-*, *p-*.

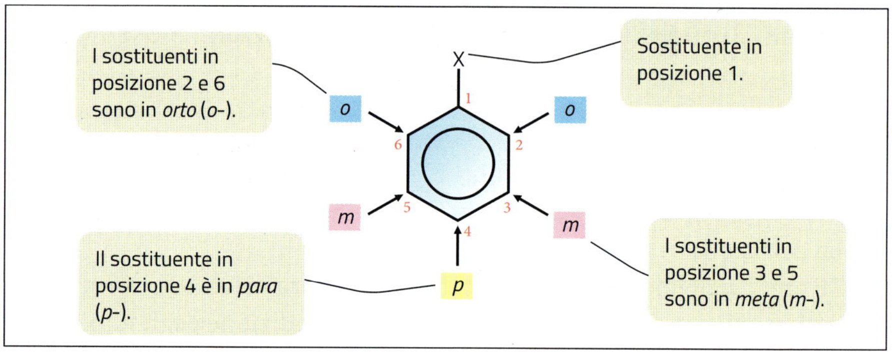

Figura 19 Le posizioni dei sostituenti per i derivati del benzene bisostituiti.

I dimetilbenzene sono chiamati comunemente *xileni.*

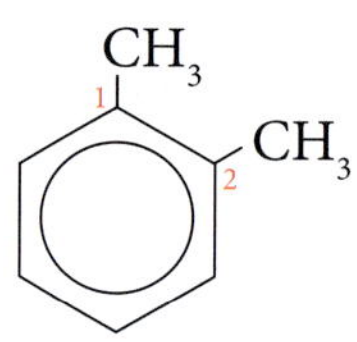

o-xilene

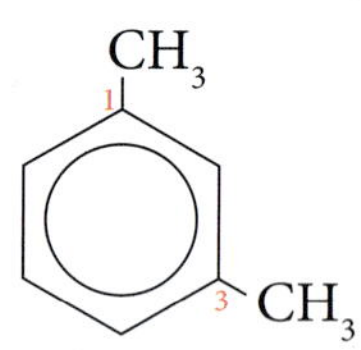

m-xilene

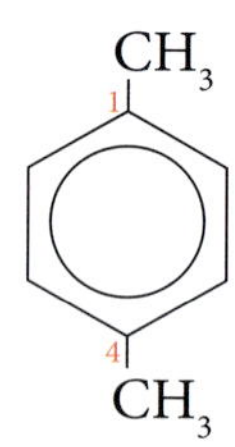

p-xilene

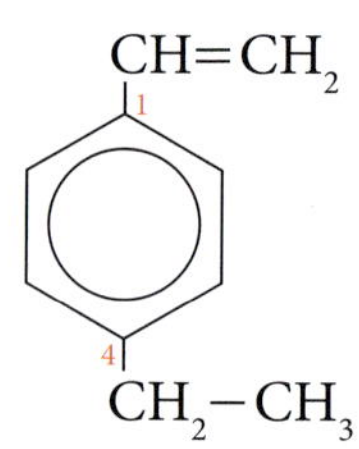

p-etilstirene

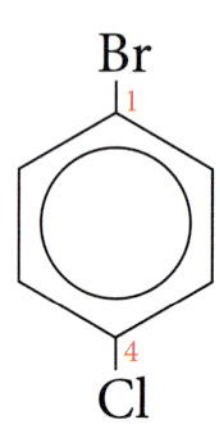

p-cloro-bromobenzene

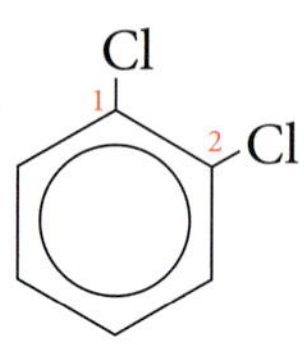

o-diclorobenzene

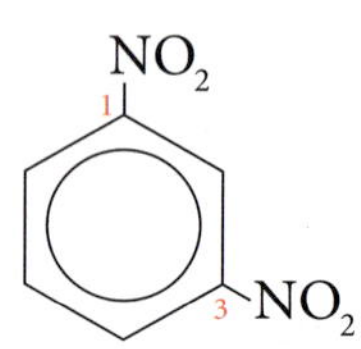

m-dinitrobenzene

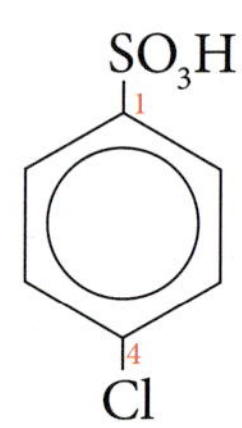

acido *p*-clorobenzensolfonico

c. Nei derivati **polisostituiti** (composti formati da un anello benzenico e da più di due atomi o gruppi atomici legati all'anello), le posizioni dei sostituenti sono indicate numerando gli atomi di carbonio dell'anello in modo da utilizzare i numeri **più piccoli** possibile. Se i sostituenti, presenti nell'anello, sono diversi, questi devono essere denominati in ordine alfabetico.

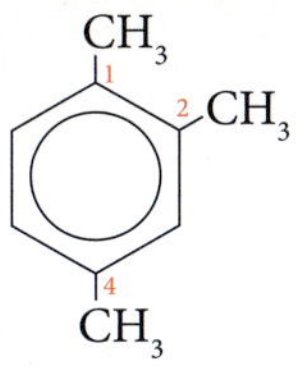
2,4-dimetiltoluene

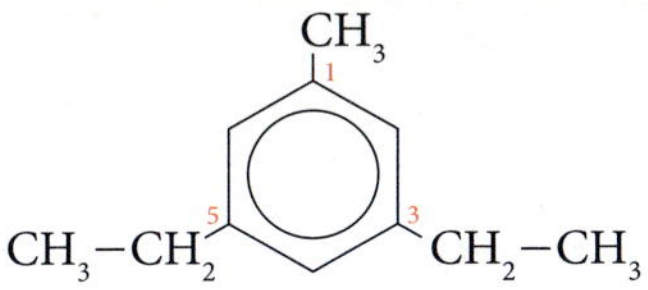
3,5-dietiltoluene

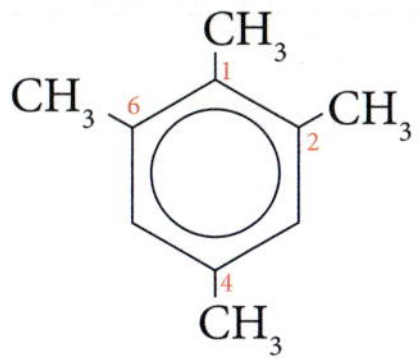
2,4,6-trimetiltoluene

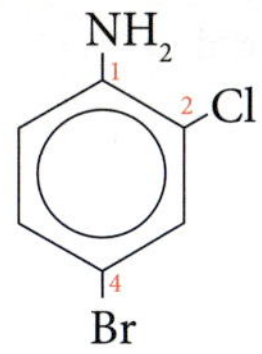
4-bromo-2-cloroanilina

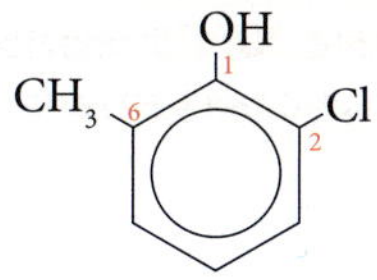
2-cloro-6-metilfenolo

I gruppi arilici

I gruppi arilici o radicali arilici (simbolo **Ar**) sono gruppi atomici che presentano un atomo di idrogeno in meno rispetto alla molecola dell'idrocarburo aromatico da cui derivano. I gruppi arilici più noti hanno nomi comuni e sono il radicale *fenile* e il radicale *benzile* che derivano per sottrazione di un atomo di idrogeno rispettivamente dal benzene e dal toluene (tabella **8**).

Tabella 8 I simboli usati per i gruppi arilici.

Fenile	C_6H_5-	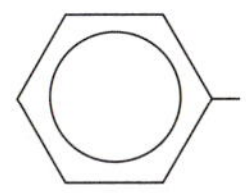
Benzile	$C_6H_5-CH_2-$	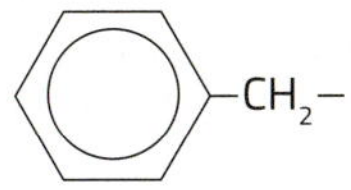

22 LA MOLECOLA DEL BENZENE È UN IBRIDO DI RISONANZA

Il benzene a temperatura ambiente si presenta sotto forma di un liquido incolore e volatile. È un composto apolare e quindi insolubile in acqua. La formula molecolare (C_6H_6) può far pensare a una struttura altamente *insatura*. In realtà, il benzene è notevolmente *stabile* e non dà reazioni di addizione con l'idrogeno e gli alogeni (come invece gli alcheni o gli alchini).

Sulla base di queste evidenze sperimentali, Friedrich Kekulé (1865) ipotizzò che il benzene esistesse sotto forma di un anello esatomico rappresentato da due strutture in *equilibrio* tra loro. In tali strutture gli atomi di carbonio erano legati alternativamente da legami semplici e doppi:

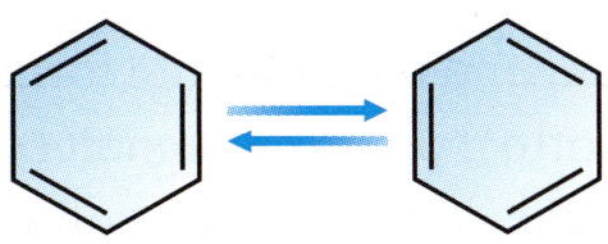

L'elevata velocità con cui i doppi legami cambiavano posizione non permetteva al benzene di subire le reazioni di addizione, tipiche degli idrocarburi insaturi.

Successivamente, i dati sperimentali dimostrarono che tutti i legami carbonio-carbonio hanno la **stessa lunghezza** (di 1,39 Å, intermedia tra quella di un legame semplice e quella di un legame doppio). Si dovette quindi ammettere che le due formule di struttura proposte da Kekulé erano solo due *formule limite*:

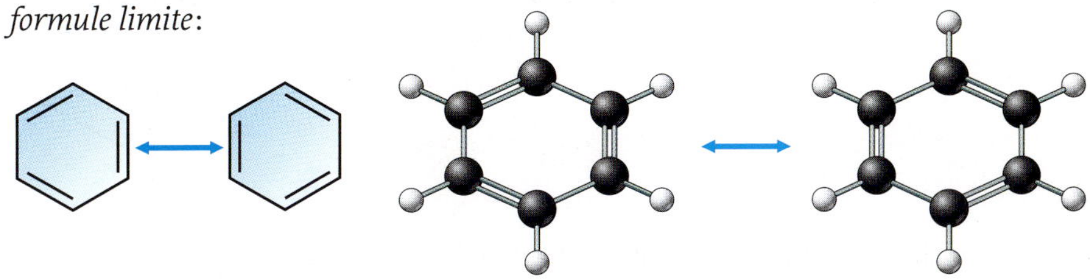

TI RICORDI?

Le **formule limite** sono formule di struttura di una stessa molecola che differiscono solo per la posizione di alcuni legami.

TI RICORDI?

L'**ibrido di risonanza** è una molecola la cui struttura reale è intermedia tra due o più strutture di Lewis (strutture limite).

La vera formula di struttura del benzene è quindi un **ibrido di risonanza**, giustificato dal modello orbitalico. Nel benzene gli atomi di carbonio sono ibridati sp^2: gli orbitali ibridi assumono una disposizione planare formando angoli di 120° (figura **20**).

Figura 20 **L'ibridazione sp^2 del carbonio nel benzene.**

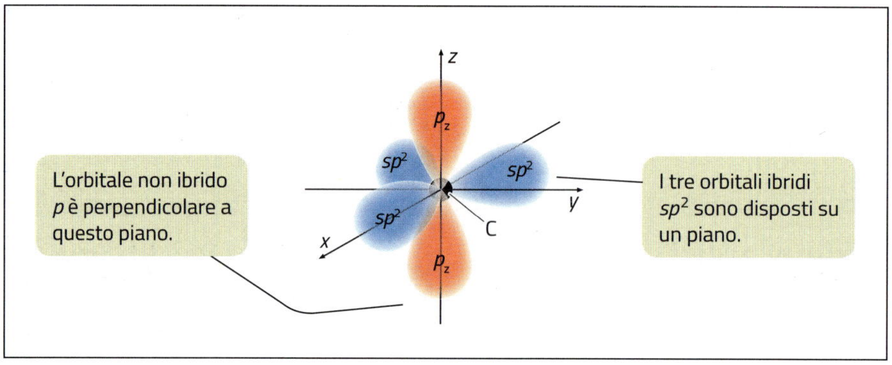

I tre orbitali ibridi sp^2 di ciascun atomo di carbonio formano tre legami covalenti σ, due con atomi di carbonio adiacenti e uno con un atomo di idrogeno (figura **21**).

Figura 21 **I legami σ nel benzene** I sei legami σ carbonio-idrogeno derivano dalla sovrapposizione di un orbitale ibrido sp^2 del carbonio con l'orbitale *s* dell'atomo di idrogeno.

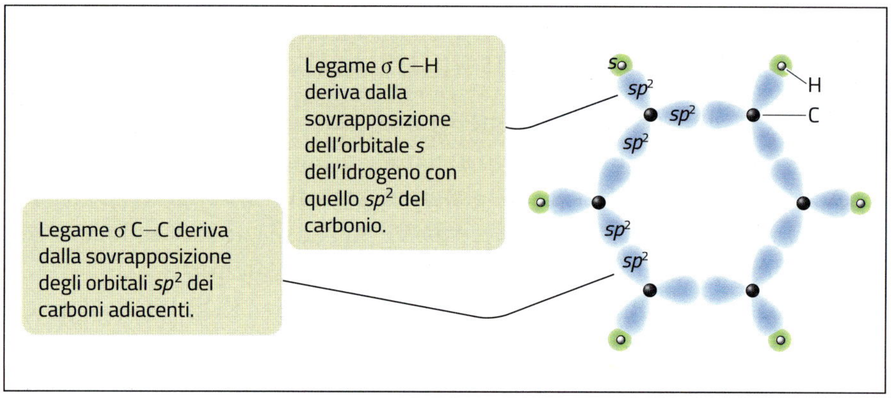

I sei orbitali *p* si sovrappongono lateralmente formando un'unica nube elettronica, disposta sopra e sotto il piano della molecola a costituire un **legame a elettroni delocalizzati** che si rappresenta con un anello all'interno della molecola (figura **22**).

Figura 22 **La sovrapposizione degli orbitali non ibridi *p*** I sei orbitali non ibridi *p* si sovrappongono lateralmente formando un'unica nube elettronica rappresentata con un anello all'interno della molecola.

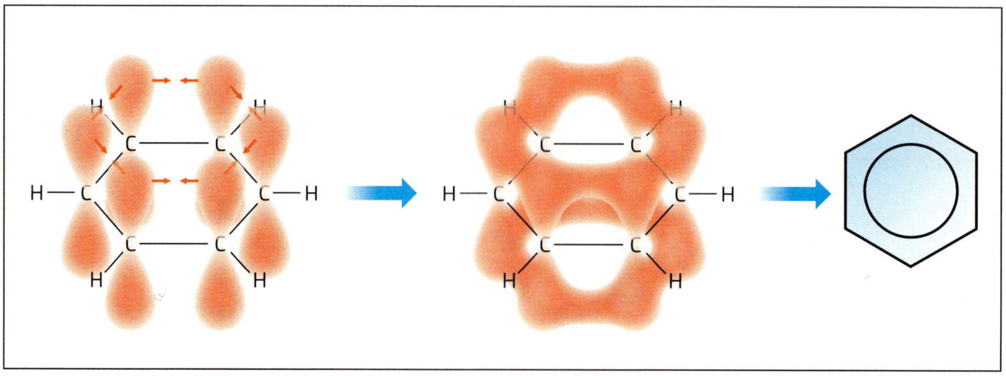

23 IL BENZENE DÀ REAZIONI DI SOSTITUZIONE ELETTROFILA

Dato che l'anello benzenico è stabile e ricco di elettroni π, la reazione più comune alla quale va incontro è la **sostituzione elettrofila**, con uno o più atomi di idrogeno dell'anello che vengono sostituiti con altri atomi o gruppi atomici.

La reazione di sostituzione elettrofila avviene con un meccanismo a due stadi.

a. Nel *primo stadio*, un atomo o gruppo atomico che si comporta da agente elettrofilo (X^+), in presenza di un catalizzatore, si lega a un atomo di carbonio dell'anello aromatico, utilizzando due dei sei elettroni delocalizzati; in tal modo il carbonio assume ibridazione sp^3, si forma un carbocatione (ione arenio) con la carica positiva delocalizzata in posizione *orto-* e *para-*, con perdita dell'aromaticità:

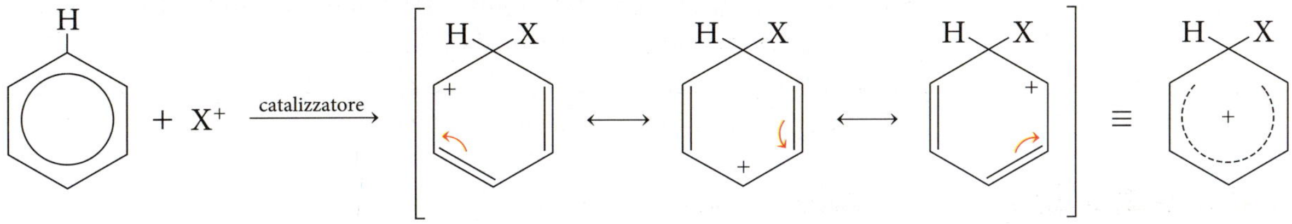

Le strutture limite dei carbocationi possono essere anche indicate con una sola struttura, in cui i due doppietti elettronici delocalizzati sono rappresentati con trattini.

b. Nel *secondo stadio*, si ha che l'atomo di idrogeno legato al carbonio ibridato sp^3 viene allontanato sotto forma di ione H^+; i due elettroni rientrano nell'anello ricostituendo l'aromaticità e si ha la formazione di un derivato del benzene:

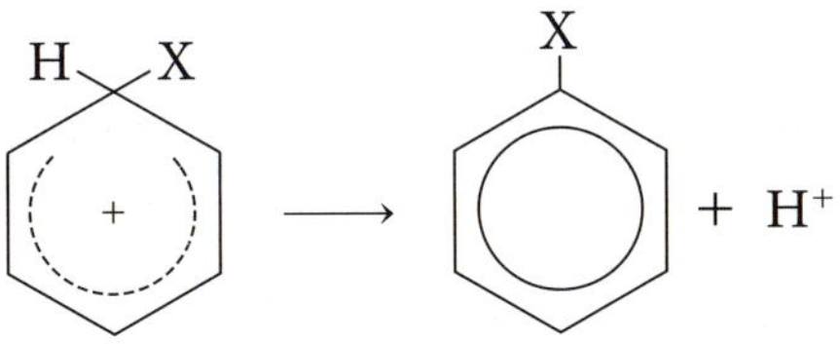

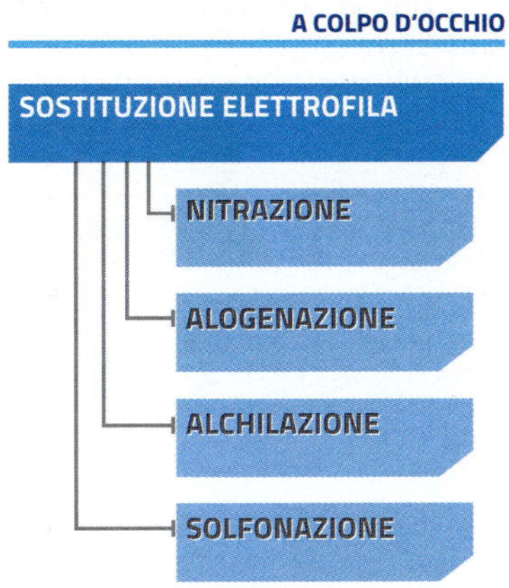

Le principali reazioni di sostituzione elettrofila sono la nitrazione, l'alogenazione, l'alchilazione e la solfonazione.

a. La reazione di **nitrazione**, che consiste nel trattare il benzene con una soluzione di acido solforico (catalizzatore) e di acido nitrico, porta alla formazione del *nitrobenzene*.
Il meccanismo di reazione prevede che l'acido solforico si comporti da acido di Brønsted-Lowry e ceda un protone H^+ all'acido nitrico, che si comporta da base. L'acido nitrico protonato $H_2NO_3^+$ libera acqua e dà origine allo ione nitronio NO_2^+.

TI RICORDI?

Un **acido di Brønsted-Lowry** è una molecola o uno ione capace di cedere un protone a una base.

$$H^+ + H{-}\bar{\underset{-}{O}}{-}NO_2 \rightarrow H{-}\overset{H}{\underset{+}{O}}{-}NO_2 \rightarrow H_2O + NO_2^{\ +}$$

protone — acido nitrico — acido nitrico protonato — ione nitronio

Lo ione nitronio è l'elettrofilo forte che attacca il benzene dando origine al nitrobenzene.

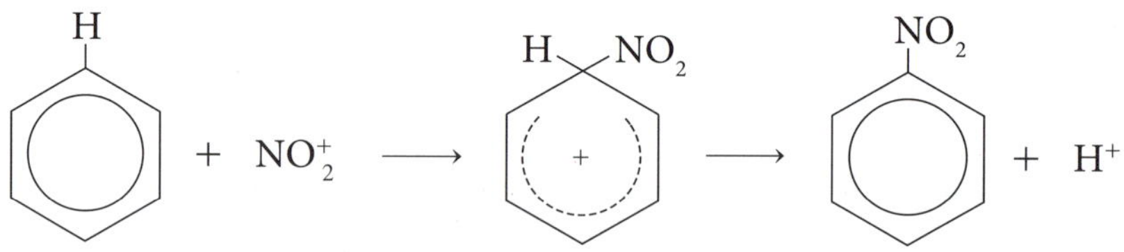

nitrobenzene

b. La reazione di **alogenazione**, che avviene trattando il benzene con un alogeno (Cl_2 o Br_2), in presenza di un corrispondente alogenuro $FeCl_3$ o $FeBr_3$ (catalizzatore), porta alla formazione di un *derivato aromatico.*
Nella reazione di clorurazione, il tricloruro ferrico si comporta da acido di Lewis, polarizzando il legame covalente tra i due atomi di cloro.

$$Cl{-}Cl + FeCl_3 \longrightarrow Cl^+ + FeCl_4^-$$

TI RICORDI?

Un **acido di Lewis** è una molecola o uno ione capace di accettare un doppietto elettronico da una base.

Lo ione Cl^+ che si forma è l'elettrofilo forte che attacca il benzene, dando origine al clorobenzene.

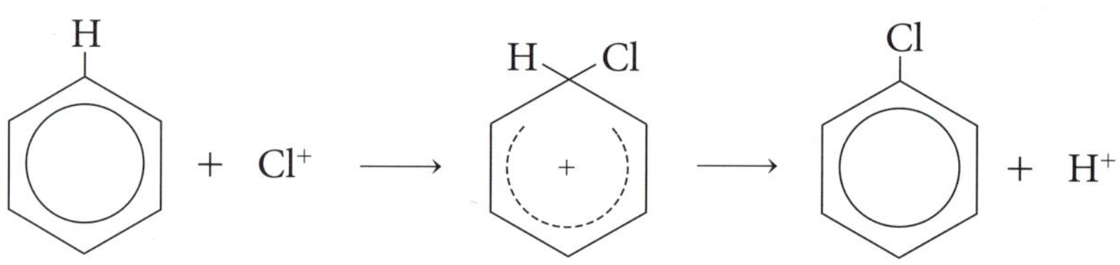

clorobenzene

c. La reazione di **alchilazione** o di **Friedel-Crafts**, che avviene trattando il benzene con un alogenuro alchilico R–X (X = Br, Cl) in presenza di un corrispondente alogenuro $AlCl_3$ o $AlBr_3$ (catalizzatore), porta alla formazione di un *alchilbenzene.*
Nella reazione di alchilazione con il cloruro di metile CH_3Cl, il tricloruro di alluminio si comporta da acido di Lewis e accentua la polarizzazione del legame carbonio-cloro:

$$CH_3{-}Cl + AlCl_3 \rightarrow CH_3^+ + AlCl_4^-$$

Il carbocatione metile CH_3^+ che si forma è l'elettrofilo forte che attacca il benzene dando origine al toluene.

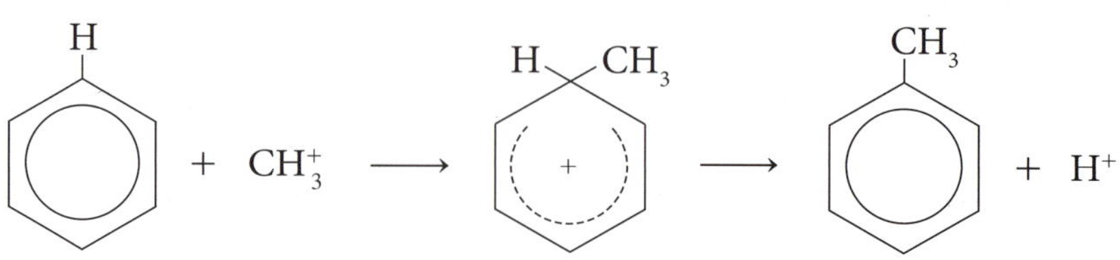

toluene

d. La reazione di **solfonazione** avviene trattando il benzene con acido solforico fumante (acido solforico H_2SO_4, contenente triossido di zolfo, SO_3). Il triossido di zolfo si comporta da elettrofilo forte e attaccando il benzene forma acido benzensolfonico:

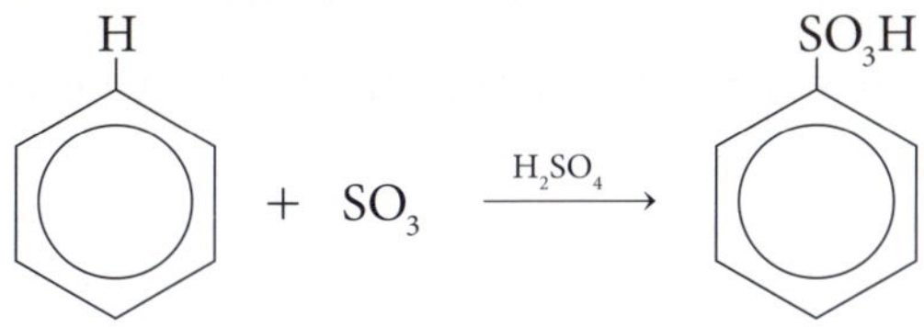

acido benzensolfonico

La reattività del benzene monosostituito

Quando una reazione di sostituzione elettrofila avviene su un benzene monosostituito, la *reattività* di quest'ultimo dipende dal tipo di sostituente già presente nell'anello. I sostituenti, infatti, si distinguono in attivanti e disattivanti a seconda che aumentino o diminuiscano la velocità della reazione.

I sostituenti **attivanti** sono gruppi alchilici o gruppi atomici con un doppietto elettronico libero sull'atomo direttamente legato all'anello benzenico.

Data la disponibilità di elettroni, i sostituenti attivanti sono *elettron-donatori* e per questo aumentano la reattività del benzene monosostituito.

I sostituenti **disattivanti** sono atomi di alogeni o gruppi atomici con una parziale o totale carica positiva sull'atomo direttamente legato all'anello benzenico.

Data la loro tendenza ad attrarre elettroni, i sostituenti disattivanti sono *elettron-attrattori* e quindi diminuiscono la reattività del benzene monosostituito (tabella **9**).

Tabella 9 I più comuni sostituenti attivanti e disattivanti.

Attivanti	Disattivanti
$-NH_2$	$-NO_2$
$-OH$	$-CHO$
$-OCH_3$	$-COOH$
$-CH_3$	$-SO_3H$
$-CH_2-CH_3$	$-F, -Cl, -Br, -I$

L'orientazione del secondo sostituente

Il tipo di sostituente presente sull'anello benzenico, all'atto del legame di un secondo sostituente, determina la **posizione** che quest'ultimo assumerà nell'anello. Infatti, è la maggiore o minore disponibilità di elettroni a definire il prodotto della disostituzione (*orto*, *meta* e *para*) e risultati sperimentali evidenziano che i sostituenti attivanti e gli alogeni orientano il secondo sostituente verso le posizioni **orto**, **para**; i sostituenti disattivanti (tranne gli alogeni) orientano il secondo sostituente verso la posizione **meta** (tabella **10**).

Gli *alogeni sono disattivanti* perché fortemente elettronegativi e di conseguenza elettron-attrattori, mentre la presenza di doppietti elettronici disponibili li rende orto, para-orientanti.

Tabella 10 I più comuni sostituenti (X = primo sostituente) e i loro effetti orientanti.

Primo sostituente	Secondo sostituente
$-NH_2$ $-OH$ $-CH_3$ $-CH_2-CH_3$ $-F, -Cl, -Br, -I$	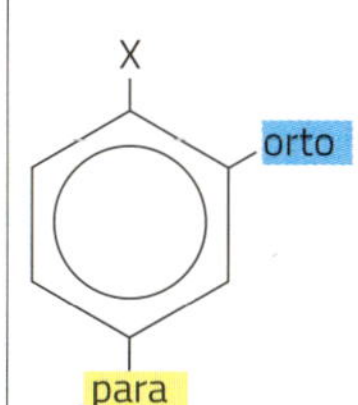
$-NO_2$ $-CHO$ $-COOH$ $-SO_3H$	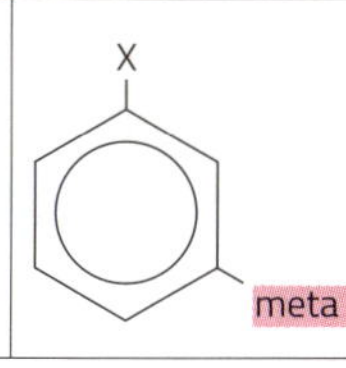

PROBLEMA MODELLO

Rappresentare le reazioni di sintesi dei derivati del benzene

Rappresenta le reazioni di sostituzione elettrofila che portano alla sintesi del *m*-bromonitrobenzene.

L'IDEA

Il *m*-bromonitrobenzene si può sintetizzare mediante due reazioni successive di sostituzione elettrofila tenendo presente gli effetti attivante o disattivante e orientante del primo sostituente presente nell'anello. Nello specifico entrambi i sostituenti sono disattivanti, ma solo il gruppo nitro ($-NO_2$) è meta orientante, quindi occorre effettuare prima una reazione di nitrazione e poi di alogenazione.

LA SOLUZIONE E LA CONCLUSIONE

a. La reazione di **nitrazione** porta alla formazione del nitrobenzene:

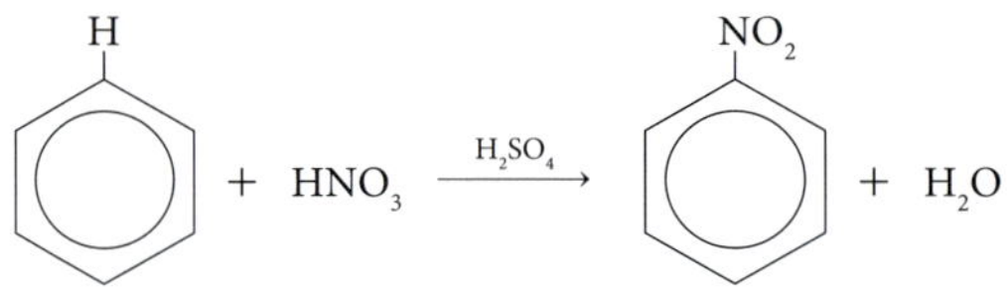

b. La reazione di **alogenazione** porta alla sintesi del *m*-bromonitrobenzene:

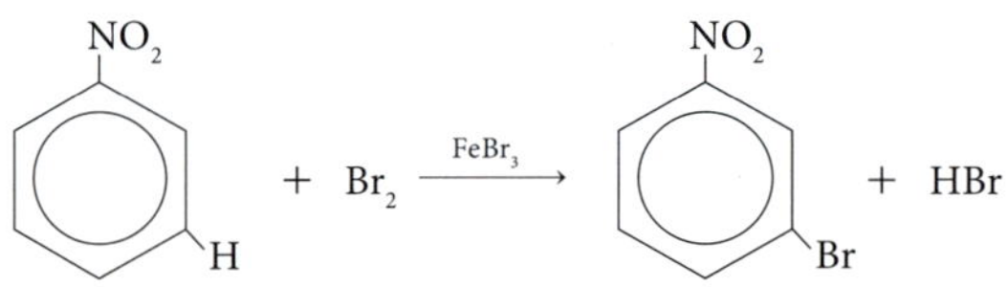

PROBLEMA SIMILE

Progetta, partendo dal benzene, la sintesi dell'acido *m*-clorobenzensolfonico.

24 GLI IDROCARBURI AROMATICI POLICICLICI SONO UN INSIEME DI ANELLI

Gli idrocarburi aromatici **policiclici** sono costituiti da due o più anelli benzenici.

Si distinguono in concatenati e condensati, a seconda del modo in cui gli anelli benzenici sono legati tra loro:

a. gli areni policiclici **concatenati** sono costituiti da due o più anelli benzenici uniti da un legame semplice carbonio-carbonio; il più comune è il *difenile* (figura **23**):

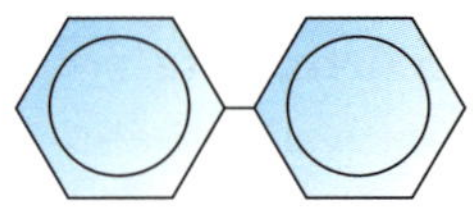

difenile

b. gli areni policiclici **condensati** sono costituiti da due o più anelli benzenici e ogni coppia di anelli ha due atomi di carbonio in comune: il più

Figura 23 **Il difenile** È usato nel trattamento antimuffa degli agrumi.

comune è il *naftalene*, commercialmente noto anche come naftalina (formula molecolare $C_{10}H_8$), che a temperatura ambiente passa dallo stato solido allo stato di vapore (sublimazione):

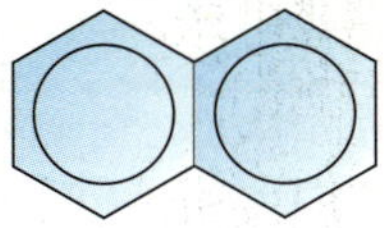

naftalene

Altri idrocarburi policiclici condensati sono l'antracene $C_{14}H_{10}$, il fenantrene $C_{14}H_{10}$, la cui struttura, saturata, è presente in molte molecole biologiche (colesterolo, ormoni steroidei, acidi biliari), e il benzo[a]pirene $C_{20}H_{12}$, presente nel fumo delle sigarette e avente effetti cancerogeni.

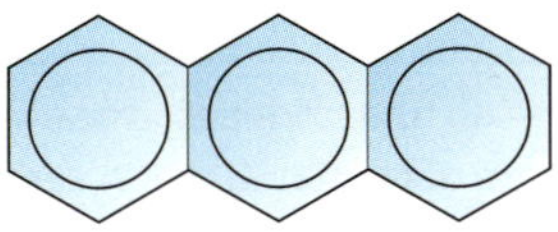

antracene

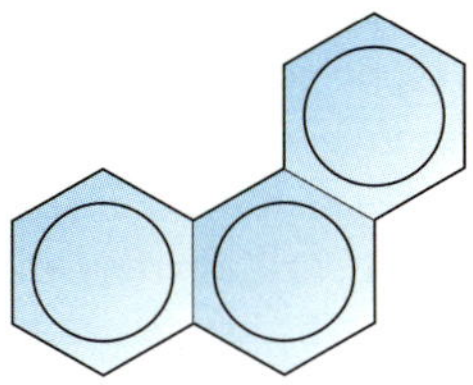

fenantrene

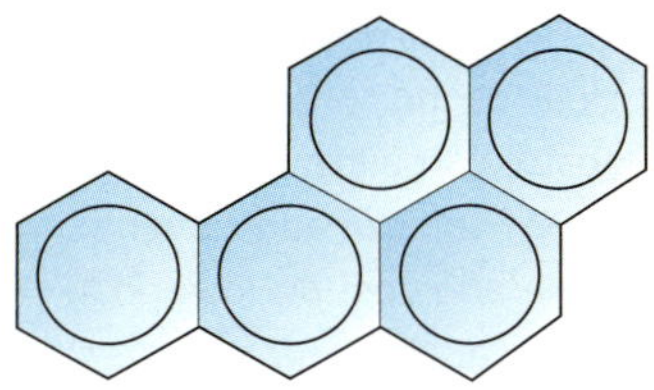

benzo[a]pirene

LA NOSTRA SALUTE

Come si formano gli idrocarburi policiclici aromatici

Nel 1775 il medico britannico Percivall Pott scoprì la prima correlazione tra l'esposizione alla fuliggine e il cancro allo scroto. A quell'epoca, molti bambini lavoravano come spazzacamini e, dopo circa dieci anni di lavoro, molti di loro sviluppavano questo tipo di tumore. Pott si rese conto che il continuo contatto con la fuliggine e la scarsa igiene del tempo provocavano un accumulo delle ceneri sulla cute. Fu la prima scoperta di una malattia professionale e venne chiamato «cancro degli spazzacamini». Nonostante gli studi di Pott, questo tipo di cancro continuò a essere considerato una malattia venerea e soltanto negli anni Trenta del secolo scorso si iniziarono a isolare i composti chimici responsabili di questo tumore.

L'azione cancerogena della fuliggine è dovuta al benzo[a]pirene, una molecola prodotta dalla combustione incompleta del carbone.

Il benzo[a]pirene (figura A) appartiene a un particolare gruppo di composti organici, tristemente noti per la loro tossicità e la loro cancerogenicità: gli idrocarburi policiclici aromatici.

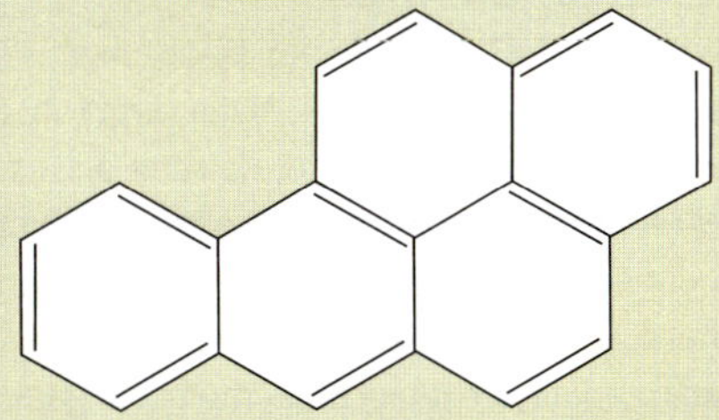

Figura **A** Il benzo[a]pirene.

Gli **idrocarburi policiclici aromatici (IPA)** sono una vasta classe di composti organici caratterizzata dalla presenza di più anelli benzenici condensati tra loro. Sono molecole ad elevato peso molecolare formate da un numero di anelli variabile da 2 a 7. Gli IPA sono presenti nell'ambiente sotto forma di miscele complesse, contenenti oltre un centinaio di composti differenti. A causa della loro estrema varietà, negli anni Ottanta la *United States Environment Protection Agency* (EPA) e la *World Health Organization* (WHO) hanno identificato 16 IPA rappresentativi e definiti «inquinanti prioritari».

L'azione cancerogena

Un composto si dice cancerogeno quando è in grado di interagire con il DNA, compromettendone la struttura e provocando un'alterazione genetica. Gli IPA di per sé non sono agenti cancerogeni, ma lo diventano nel momento in cui il nostro organismo tenta di metabolizzarli. A livello chimico gli IPA sono composti stabili e lipofili: per cercare di eliminarli, il nostro corpo attiva delle trasformazioni metaboliche per renderli idrosolubili, addizionando acqua alla struttura aromatica. Si generano così dei composti idrati (epossidi e dioli) che hanno una spiccata tendenza a legarsi con le molecole del DNA, alterando il patrimonio genetico delle cellule e aumentando, quindi, la probabilità di cancerogenesi.

Gli IPA vengono prodotti da processi di combustione

Le fonti di IPA sono sia antropiche sia naturali. In natura si trovano nel carbone e nel petrolio e, attraverso la raffinazione, si accumulano nelle frazioni pesanti come il bitume. Altre sorgenti naturali sono le emissioni prodotte da incendi di boschi e le eruzioni vulcaniche, anche se il loro contributo è di piccola entità. Al di là della fonte specifica, gli IPA si formano dalla combustione incompleta di materiale organico, come carbone, legno, derivati del petrolio, cibi e rifiuti. Le potenziali sorgenti antropiche sono quindi molteplici: processi industriali, lavorazioni di combustibili fossili, inceneritori, riscaldamento domestico, emissione veicolare, asfalto della copertura stradale, fumo di sigaretta, alimenti affumicati o cucinati alla griglia (figura B). A causa di queste numerose fonti, gli IPA sono considerati composti ubiquitari, cioè sono presenti in tutti i comparti ambientali (aria, acqua, suolo e alimenti).

Un problema ambientale

A causa della loro tossicità, il monitoraggio degli IPA deve seguire diverse normative ambientali. Nella direttiva 2004/107/CE del parlamento europeo il benzo[a]pirene è stato proposto come *marker* rappresentativo e la sua concentrazione massima come soglia di rischio per la salute non deve superare 1 ng/m^3. Come inquinanti, gli IPA non sono però tutti uguali. Quelli con meno di quattro anelli benzenici sono molecole gassose e vengono degradati facilmente.

Gli IPA con più di quattro anelli, invece, tendono a condensare rapidamente e ad adsorbirsi sulla superficie di particelle solide come la fuliggine, le ceneri e il particolato atmosferico. Poiché queste particelle hanno dimensioni tali da poter essere respirate, gli IPA possono penetrare nei polmoni mediante la respirazione. Una volta immessi nell'atmosfera, il loro destino può essere diverso: se il particolato si deposita su coltivazioni destinate all'alimentazione (per esempio grano, frutta e verdura), gli IPA possono essere assunti tramite il cibo per ingestione. La contaminazione alimentare è strettamente legata all'inquinamento, poiché gli IPA sono inquinanti sia atmosferici sia acquatici. Possono entrare a contatto con gli alimenti anche attraverso l'assorbimento da suoli contaminati (patate) o da acque contaminate (molluschi, pesci e crostacei).

L'importanza della prevenzione

Gli IPA sono un importante problema sanitario. I rischi per la salute sono però legati anche al nostro comportamento. Per esempio, chi fuma 20 sigarette al giorno assume in media 105 ng di benzo[a]pirene, mentre per un fumatore passivo sono circa 40 ng. Se siamo esposti soltanto ai contenuti di IPA residuali nell'ambiente e negli alimenti non abbiamo rischi rilevanti per la nostra salute. È una nostra responsabilità, invece, cercare di limitare tutte le possibili esposizione superflue, consumando con moderazione prodotti affumicati o grigliati e, soprattutto, rinunciando a fumare, per la nostra salute e quella degli altri.

Figura B **Le fonti di IPA** Nella cottura allo spiedo e alla griglia, se l'alimento è a contatto diretto con la fiamma, si possono formare idrocarburi policiclici aromatici (IPA).

25 I COMPOSTI AROMATICI ETEROCICLICI SONO COSTITUITI DA ANELLI CONTENENTI ETEROATOMI

I composti aromatici **eterociclici** sono composti il cui anello è costituito da atomi di carbonio e da uno o più eteroatomi, cioè atomi diversi dal carbonio.

Gli aromatici eterociclici più diffusi (figura **24**) sono gli anelli *pentatomici* ed *esatomici*, costituiti rispettivamente da cinque atomi e da sei atomi.

Negli eterociclici aromatici, gli **eteroatomi** più comuni sono l'azoto e l'ossigeno. L'azoto è presente nella piridina e nel pirrolo, l'ossigeno nel furano:

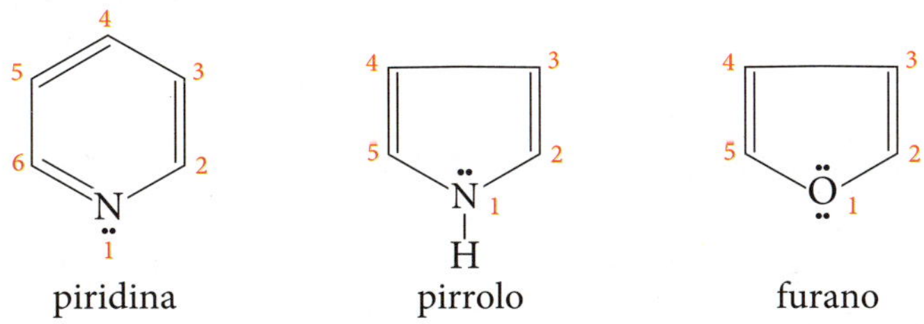

Nella **piridina**, eterociclico esatomico, l'atomo di azoto ibridato sp^2 ha un elettrone nell'orbitale non ibrido *p* perpendicolare al piano dell'anello (figura **25**). All'interno dell'anello vi sono sei elettroni delocalizzati: un elettrone deriva dall'orbitale *p* dell'azoto, mentre gli altri elettroni derivano dai cinque atomi di carbonio (figura **25**).

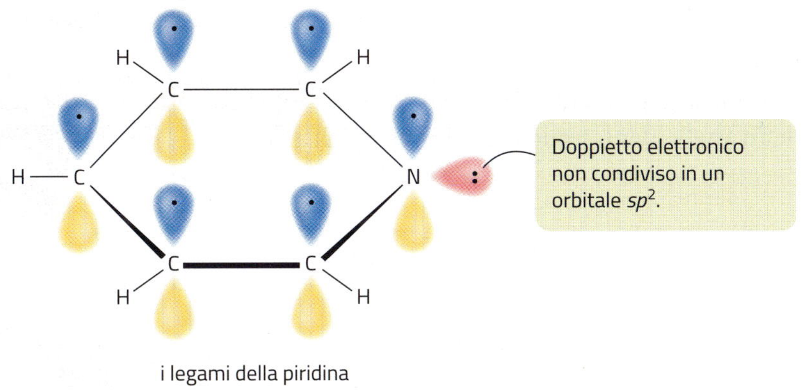

Figura 25 L'anello della piridina ha sei elettroni delocalizzati.

La piridina è quindi un ibrido di risonanza e può essere così rappresentata:

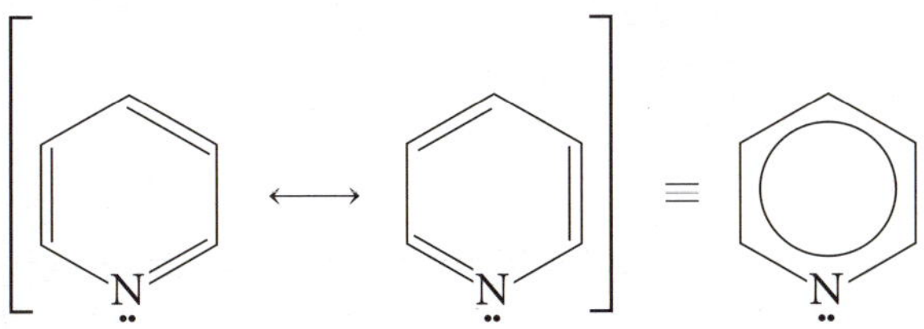

Nel **pirrolo** e nel **furano**, eterociclici pentatomici, l'atomo di azoto e l'atomo di ossigeno, ibridati sp^2, hanno due elettroni nell'orbitale non ibridato *p*. Essendo i due anelli costituiti da quattro atomi di carbonio che possono fornire quattro elettroni, l'atomo di azoto (nel pirrolo) e l'atomo di ossigeno (nel furano) devono contribuire con due elettroni al sistema dei sei elettroni delocalizzati.

Figura 24 Le antocianine I colori di molti fiori rossi e blu sono dovuti alle antocianine, composti aromatici eterociclici.

LE PAROLE

Il termine **eteroatomo** (dal greco: *héteros* = diverso) è utilizzato per indicare in un composto un atomo diverso dal carbonio.

TI RICORDI?

Il **pirrolo** è un composto eterociclico azotato presente nella struttura delle porfirine. Tra queste le più note sono l'eme e la clorofilla costituite da quattro anelli pirrolici, coordinati rispettivamente dallo ione ferro e magnesio.

TI RICORDI?

Il **furano** è un composto che costituisce la struttura base di alcuni monosaccaridi (pentosi ed esosi) in forma semiacetalica.

PER SAPERNE DI PIÙ

Le condizioni di aromaticità

Le condizioni necessarie affinché un composto organico sia aromatico sono tre:

- struttura ciclica;
- complanarità degli atomi del ciclo e di quelli ad essi direttamente legati;
- rispetto della regola di Hückel, che prevede la presenza di un numero di elettroni de localizzati pari a $4n + 2$, con n = numero naturale.

n	Numero di elettroni delocalizzati	Esempi
1	6	benzene, piridina, pirrolo, furano
2	10	naftalene
3	14	antracene, fenantrene

Al contrario di quanto avviene per la piridina, nel pirrolo l'atomo di azoto cede il doppietto elettronico al sistema p per consentire il rispetto della regola di Hückel. Di conseguenza, il doppietto elettronico dell'azoto è più disponibile nella piridina che nel pirrolo, quindi la prima è più basica del secondo.

26 GLI AROMATICI ETEROCICLICI SVOLGONO UN IMPORTANTE RUOLO BIOLOGICO

Composti aromatici molto diffusi e con un rilevante ruolo biologico sono la *pirimidina*, l'*imidazolo* e la *purina*.

La pirimidina

La **pirimidina** è un anello esatomico con due atomi di azoto, mentre l'imidazolo è un anello pentatonico con due atomi di azoto:

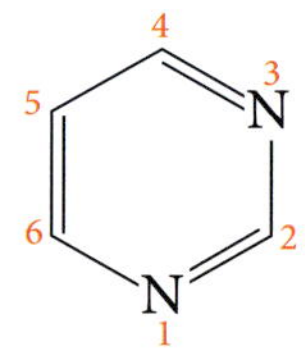

pirimidina

Dalla pirimidina derivano tre basi azotate: citosina, timina e uracile, presenti nei nucleotidi delle molecole di DNA e RNA.

L'imidazolo

L'**imidazolo** è un anello pentatomico con due atomi di azoto:

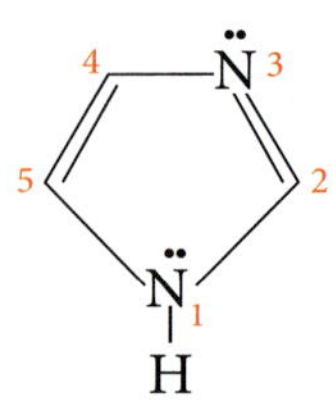

imidazolo

Il doppietto elettronico dell'N-3 non entra far parte dei sei elettroni delocalizzati e quindi può essere condiviso (base di Lewis), rendendo basica la molecola (figura **26**).

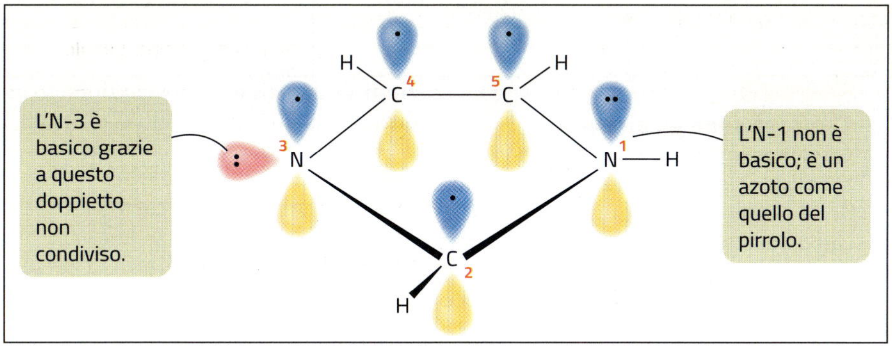

Figura 26 L'imidazolo Nell'anello dell'imidazolo il doppietto dell'azoto in posizione 3 non fa parte degli elettroni delocalizzati.

Il sistema dell'imidazolo si trova nell'amminoacido **istidina**, con un ruolo importante nelle reazioni catalizzate da enzimi.

Per *decarbossilazione* (perdita di una molecola CO_2) dell'istidina si forma l'**istamina** che viene liberata nei tessuti in seguito a ipersensibilità allergica o nella risposta infiammatoria. Per alleviare i sintomi delle allergie sono stati sviluppati molti antistaminici, farmaci che contrastano gli effetti dell'istamina.

TI RICORDI?

L'**acido urico** rappresenta la forma di eliminazione dell'azoto delle purine contenute negli acidi nucleici e, negli animali uricotelici come uccelli e rettili, anche dell'azoto degli amminoacidi contenuti nelle proteine.

La purina

La **purina** è un eterociclico costituito da due anelli condensati: un anello esatomico pirimidinico e un anello pentatomico imidazolico:

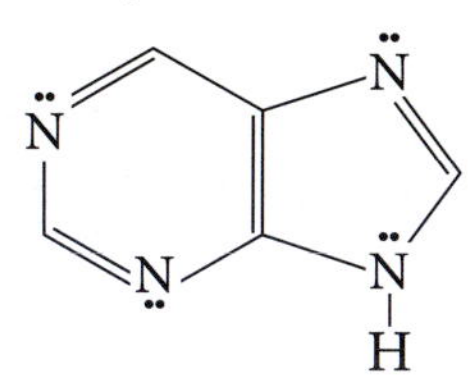

purina

TI RICORDI?

Un **coenzima** è una molecola organica non proteica necessaria per l'attività catalitica di un enzima; funziona da trasportatore di gruppi atomici (coenzima A) o di atomi di idrogeno (NAD, FAD, NADP).

Il sistema della purina si trova nell'acido urico, prodotto dal catabolismo azotato, nella caffeina del caffè e delle bevande a base di cola e nella teina del tè (figura **27**).

PER CAPIRE MEGLIO
video: Aromaticità

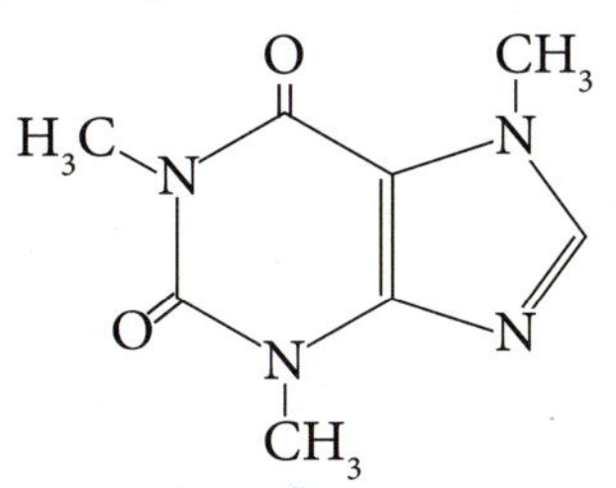

caffeina/teina

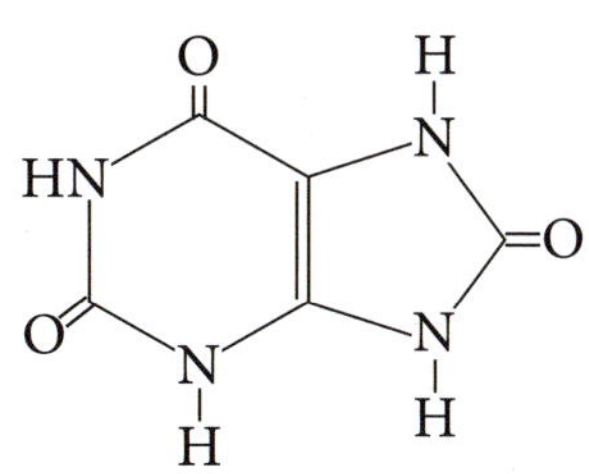

acido urico

Anche le basi azotate dell'adenina e della guanina, presenti nei nucleotidi delle molecole del DNA e dell'RNA, sono derivati della purina.

La nicotinammide (derivato dalla piridina) e l'adenina (derivato della purina) sono presenti nella **nicotinammide-adenin-dinucleotide (NAD)**, un coenzima che svolge un ruolo fondamentale nelle reazioni cataboliche dell'ossidazione del glucosio.

Figura 27 La teina Gli anelli purinici si trovano nella teina.

FACCIAMO IL PUNTO

LO SAI? RIPASSA CON LO SMARTPHONE

Che cosa sono gli alcani?

Gli alcani, o paraffine, sono idrocarburi alifatici a catena aperta, saturi per la presenza di legami semplici carbonio-carbonio. Gli atomi di carbonio dei singoli legami sono *ibridati* sp^2.

Tutti gli atomi di carbonio degli alcani sono *ibridati* sp^3. I quattro orbitali ibridi sp^3 si orientano in direzione dei vertici di un tetraedro (*disposizione tetraedrica*) con formazione di angoli di legame di 109,5° rispetto al nucleo che si trova al centro del tetraedro. Agli alcani corrisponde la formula molecolare generale:

$$C_nH_{2n} + 2$$

n = numero di atomi di carbonio

Quali sono le proprietà fisiche e chimiche degli alcani?

Gli alcani sono composti apolari e quindi insolubili in acqua e con *punti di ebollizione* bassi. I punti di ebollizione negli alcani a *catena lineare* aumentano con l'aumentare della massa molecolare, mentre in quelli a *catena ramificata* con lo stesso numero di atomi di carbonio, diminuiscono.

Gli alcani danno origine a reazioni di combustione e di alogenazione.

Che cosa sono i cicloalcani?

I cicloalcani sono idrocarburi alifatici a catena chiusa, saturi per la presenza di legami semplici carbonio-carbonio. Ai cicloalcani corrisponde la **formula molecolare** generale:

$$C_nH_{2n}$$

n (numero di atomi di carbonio) > 3

Quali sono le proprietà fisiche e chimiche degli cicloalcani?

I cicloalcani sono composti *apolari* e quindi insolubili in acqua e con bassi *punti di ebollizione* che aumentano con l'aumentare della massa molecolare.

I cicloalcani sono composti stabili e poco reattivi e, come per gli alcani, le principali reazioni dei cicloalcani sono quelle di combustione e di alogenazione. Una reattività più elevata si verifica solo nei primi due termini della serie, il *ciclopropano* e il *ciclo butano*.

Che cosa sono gli alcheni?

Gli **alcheni** o olefine sono idrocarburi alifatici a catena aperta, insaturi per la presenza di un doppio legame (gruppo funzionale) carbonio-carbonio. Gli atomi di carbonio del doppio legame sono *ibridati* sp^2

Agli alcheni corrisponde la formula molecolare generale:

$$C_nH_{2n}$$

n (numero atomi di carbonio) > 2

Quali sono le proprietà fisiche e chimiche degli alcheni?

Gli alcheni sono apolari e di conseguenza questi composti sono *insolubili* in acqua e hanno *punti di ebollizione* bassi. La reattività degli alcheni è legata alla presenza del *doppio legame* tra i due atomi di carbonio ibridati sp^2, che rappresenta un ottimo punto di attacco per agenti elettrofili, dando origine a reazioni di addizione.

Le **reazioni di addizione** che danno gli alcheni sono quelle di idrogenazione (o riduzione catalitica), di addizione elettrofila e di polimerizzazione.

Che cosa sono gli alchini?

Gli alchini sono idrocarburi alifatici a catena aperta, insaturi per la presenza di un triplo legame (gruppo funzionale) carbonio-carbonio. Gli atomi di carbonio del triplo legame sono *ibridati sp*. Agli alchini corrisponde la formula molecolare generale:

$$C_nH_{2n-2}$$

n (numero atomi di carbonio) > 2

Quali sono le proprietà fisiche e chimiche degli alchini?

Gli alchini sono apolari, per cui questi composti sono *insolubili* in acqua e hanno *punti di ebollizione* bassi.

Negli alchini con *triplo legame terminale*, il legame carbonio-idrogeno è debolmente *polarizzato*, per cui in presenza di una base forte, l'atomo di idrogeno si stacca sotto forma di ioni H^+ (*comportamento acido*) con formazione di un sale detto **acetiluro**.

La reattività degli alchini è legata alla presenza del triplo legame tra i due atomi di carbonio ibridati *sp* che dà origine a **reazioni di addizione**: idrogenazione (o riduzione catalitica) e addizione elettrofila.

Che cosa sono gli idrocarburi aromatici?

Gli idrocarburi aromatici, o areni, presentano almeno una catena carboniosa chiusa esatomica in cui gli atomi di carbonio, ibridati sp^2, sono legati da legami covalenti omopolari e da un *legame a elettroni delocalizzati*. Il termine più semplice di questa serie di composti è il benzene C_6H_6.

Gli idrocarburi aromatici **monociclici** sono costituiti da un anello benzenico, gli idrocarburi aromatici **policiclici** da due o più anelli.

Quali sono le proprietà fisiche e chimiche degli idrocarburi aromatici?

Gli idrocarburi aromatici sono composti apolari e quindi *insolubili* in acqua, la temperatura di ebollizione aumenta con l'aumentare della massa molecolare.

Il benzene è notevolmente *stabile* poiché la «vera» formula di struttura del benzene è un *ibrido di risonanza* di due formule limite. Data l'elevata stabilità che caratterizza l'anello benzenico, la reazione più comune del benzene è quella di **sostituzione elettrofila**, con uno o più atomi di idrogeno dell'anello che vengono sostituiti con altri atomi o gruppi atomici. Le principali reazioni di sostituzione elettrofila sono la nitrazione, l'alogenazione e l'alchilazione. Il tipo di sostituente presente sull'anello influenza, in seguito all'attacco di un secondo sostituente, la *posizione* che assumerà quest'ultimo nell'anello.

Che cosa sono i composti aromatici eterociclici?

I composti aromatici eterociclici sono composti il cui anello è costituito da atomi di carbonio e da uno o più eteroatomi, cioè atomi diversi dal carbonio. Gli aromatici eterociclici più diffusi sono gli anelli pentatomici ed esatomici, costituiti rispettivamente da cinque atomi e da sei atomi, mentre gli eteroatomi sono generalmente azoto (come in piridina e pirrolo) o ossigeno (come nel furano).

ESERCIZI

ZTE ONLINE Mettiti alla prova con 20 esercizi interattivi

VERIFICA LE TUE CONOSCENZE

GLI ALCANI

1 **Qual è il nome IUPAC del seguente composto?**

$$\begin{array}{l} CH_3-CH-CH_3 \\ \quad\quad\;\; | \\ \quad\quad\;\; CH_2-CH_3 \end{array}$$

Ⓐ 2-etilpropano
Ⓑ 1-isopropiletano
Ⓒ 2-metilbutano
Ⓓ 3-metilbutano

2 **Quale tra le seguenti formule molecolari rappresenta un alcano?**

Ⓐ $C_4H_{10}O$
Ⓑ C_4H_9OH
Ⓒ C_4H_{10}
Ⓓ C_4H_8

3 **Indica il corretto ordine crescente del punto di ebollizione per i seguenti composti**
1) 2-metilbutano, 2) *n*-pentano,
3) *n*-esano, 4) 2,2-dimetilpropano

Ⓐ $2 < 3 < 1 < 4$
Ⓑ $4 < 1 < 3 < 2$
Ⓒ $1 < 4 < 3 < 2$
Ⓓ $4 < 1 < 2 < 3$

4 **I prodotti di una reazione di combustione completa di un alcano sono**

Ⓐ CO_2 e H_2
Ⓑ CO e H_2O
Ⓒ CO_2 e H_2O
Ⓓ CO e H_2

5 **Quale delle seguenti affermazioni riguardanti il metano NON è corretta?**

Ⓐ l'atomo di carbonio è ibridato sp^3
Ⓑ è una molecola polare
Ⓒ è insolubile in acqua
Ⓓ ha una disposizione tetraedrica

6 **Nella reazione di combustione dell'eptano il coefficiente stechiometrico dell'ossigeno è**

Ⓐ 11
Ⓑ 7
Ⓒ 9
Ⓓ 14

7 **Quale dei seguenti alcani è costituito per il 79,80% da carbonio?**

Ⓐ etano
Ⓑ propano
Ⓒ butano
Ⓓ pentano

I CICLOALCANI

8 **Il ciclopropano è un composto**

Ⓐ allo stato liquido
Ⓑ con elevato punto di ebollizione
Ⓒ apolare
Ⓓ insolubile in solventi organici

9 **La reazione di alogenazione del cicloesano con bromo (Br_2) porta alla formazione del**

Ⓐ 1,2-dibromocicloesano
Ⓑ 1,2-dibromoesano
Ⓒ bromocicloesano
Ⓓ 1,1-dibromocicloesano

10 **Nel cicloesano gli atomi di carbonio formano angoli di legame di**

Ⓐ 109,5°
Ⓑ 120°
Ⓒ 104,5°
Ⓓ 90°

11 **In quale dei seguenti composti NON si verifica isomeria geometrica?**

Ⓐ 1,1-diclorocicloesano
Ⓑ 1,2-diclorocicloesano
Ⓒ 1,3-diclorocicloesano
Ⓓ 1,4-diclorocicloesano

12 **Quale delle seguenti formule molecolari rappresenta un cicloalcano?**

Ⓐ C_6H_{12}
Ⓑ C_6H_{10}
Ⓒ C_6H_{14}
Ⓓ C_6H_6

GLI ALCHENI

13 **Quale dei seguenti composti NON presenta isomeria geometrica?**

Ⓐ $CH_3-CH_2-CH=CH-CH_2-CH_3$

Ⓑ $$\begin{array}{l} \quad\quad\quad\quad\quad\; CH_3 \\ \quad\quad\quad\quad\quad\; | \\ CH_3-CCl=C-CH_3 \end{array}$$

Ⓒ $CH_3-CCl=CCl-CH_3$

Ⓓ $CH_3-CH_2-CBr=CBr-CH_3$

14 **Quanti sono gli isomeri NON ciclici con formula molecolare C_4H_8?**

Ⓐ 2 Ⓒ 4

Ⓑ 3 Ⓓ 6

15 **La reazione del pentene con idrogeno molecolare è di**

Ⓐ riduzione catalitica

Ⓑ addizione nucleofila

Ⓒ sostituzione nucleofila

Ⓓ sostituzione elettrofila

16 **Dalla reazione di idratazione del metilpropene in presenza di un catalizzatore acido, si ottiene**

Ⓐ un alcol secondario

Ⓑ un'aldeide

Ⓒ un alcol terziario

Ⓓ un chetone

17 **Quale delle seguenti affermazioni riguardanti gli alcheni NON è corretta?**

Ⓐ sono molecole apolari

Ⓑ hanno punti di ebollizione bassi

Ⓒ sono insolubili in acqua

Ⓓ danno reazioni di addizione nucleofila

18 **L'alchene che attraverso la reazione di idratazione origina un alcol primario è**

Ⓐ propene Ⓒ etilene

Ⓑ 1-butene Ⓓ 1-pentene

19 **Il composto che si forma nella reazione di alogenazione tra l'1-esene e il cloro è**

Ⓐ 1,1-dicloroesano Ⓒ 2,2-dicloroesano

Ⓑ 1,2-dicloroesano Ⓓ 1,6-dicloroesano

GLI ALCHINI

20 **Indica il nome corretto del seguente composto**

$CH_2Cl{-}CHBr{-}C{\equiv}C{-}CH_3$

Ⓐ 4-bromo-5-cloro-2-pentino

Ⓑ 3-bromo-2-cloro-4-pentino

Ⓒ 5-cloro-4-bromo-2-pentino

Ⓓ 2-pentino-4-bromo-5-cloro

21 **Quanti sono gli isomeri di posizione dell'alchino lineare di formula molecolare C_6H_{10}?**

Ⓐ 2 Ⓒ 4

Ⓑ 3 Ⓓ 5

22 **Quale delle seguenti affermazioni riguardanti gli alchini NON è corretta?**

Ⓐ sono insolubili in solventi organici

Ⓑ hanno punti di ebollizione bassi

Ⓒ gli atomi di carbonio del triplo legame sono ibridati *sp*

Ⓓ hanno un comportamento chimico acido

23 **Dalla reazione di idrogenazione del 2-pentino in presenza del catalizzatore di Lindlar si ottiene il**

Ⓐ 2-pentene Ⓒ pentano

Ⓑ *cis*-2-pentene Ⓓ *trans*-2-pentene

24 **La reazione di addizione elettrofila fra un alchino e due moli di un acido alogenidrico porta alla formazione di un**

Ⓐ alchene monosostituito

Ⓑ alchene disostituito

Ⓒ alcano monosostituito

Ⓓ alcano disostituito

25 **Quale tra le seguenti formule molecolari rappresenta un alchino?**

Ⓐ C_6H_{10} Ⓒ C_6H_6

Ⓑ C_6H_{12} Ⓓ C_6H_{14}

26 **In seguito all'idratazione dell'1-pentino (in presenza di catalizzatore acido e dello ione mercurico) si ottiene un**

Ⓐ chetone Ⓒ enolo

Ⓑ etere Ⓓ alchene

GLI IDROCARBURI AROMATICI

27 **Quale delle seguenti affermazioni riguardanti il benzene NON è corretta?**

Ⓐ è una molecola apolare

Ⓑ è insolubile in acqua

Ⓒ è un liquido incolore e volatile

Ⓓ gli atomi di carbonio sono ibridati *sp*

28 **La reazione del benzene con acido nitrico in presenza di acido solforico è di**

Ⓐ sostituzione radicalica
Ⓑ sostituzione elettrofila
Ⓒ sostituzione nucleofila
Ⓓ addizione elettrofila

29 **Quale tra i seguenti gruppi funzionali è *meta*-orientante?**

Ⓐ $-CHO$
Ⓑ $-OH$
Ⓒ $-NH_2$
Ⓓ $-Cl$

30 **Quale tra i seguenti idrocarburi aromatici è policiclico?**

Ⓐ toluene
Ⓑ stirene
Ⓒ naftalene
Ⓓ xilene

31 **La reazione tra il benzene e il cloruro di etile in presenza di cloruro di alluminio porta alla formazione di un**

Ⓐ alchilbenzene
Ⓑ alogenuro alchilico monosostituito
Ⓒ derivato alogenato del benzene
Ⓓ cicloalcano monosostituito

32 **Quale tra i seguenti sostituenti rende l'anello benzenico disattivante?**

Ⓐ $-CH_3$
Ⓑ $-Cl$
Ⓒ $-OH$
Ⓓ $-NH_2$

33 **Quale tra i seguenti composti non dà la reazione di sostituzione elettrofila aromatica?**

Ⓐ 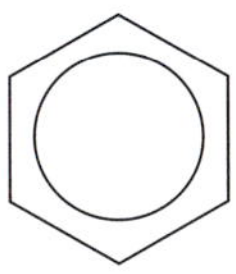
Ⓒ 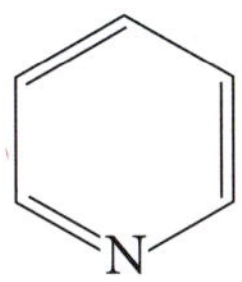
Ⓑ 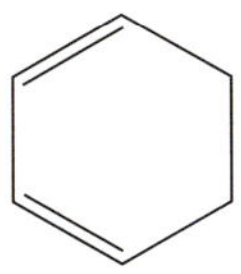
Ⓓ 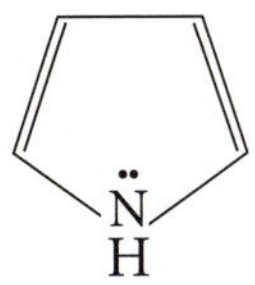

34 **Indica qual è la formula corretta della pirimidina**

Ⓐ 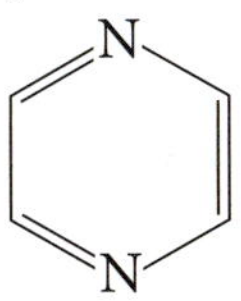
Ⓒ 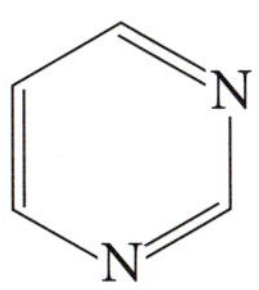
Ⓑ 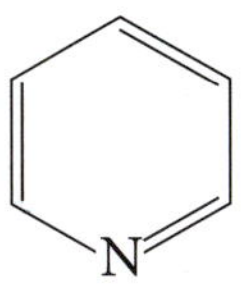
Ⓓ 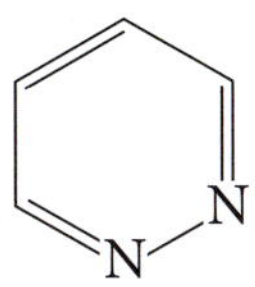

35 **Nel pirrolo, un composto eterociclico pentatomico, l'eteroatomo è un atomo di**

Ⓐ azoto ibridato sp^2
Ⓑ ossigeno ibridato sp^3
Ⓒ ossigeno ibridato sp^2
Ⓓ azoto ibridato sp^3

VERIFICA LE TUE ABILITÀ

36 **Rappresenta le formule razionali dei seguenti composti.**

a. 2-metilpentano
b. 2,3-dimetilbutano
c. 4-etil-2,2-dimetilesano
d. 3-bromo-2-metilpentano
e. 1,1,3,3-tetracloropentano
f. 2-cloro-3-isopropileptano
g. 4-*sec*-butil-2,7-dimetilottano
h. 4-isobutil-4-metileptano
i. 1,2,5-tricloro-2,3-dimetilpentano

37 **Assegna il nome IUPAC ai seguenti composti.**

a. $CH_3-CH_2-C(CH_3)(CH_3)-CH_3$ (formula di struttura: C legato a un CH_3 sopra e a un CH_3 sotto)

b. $CH_3-CH_2-CH_2-CH_2I$

c. $CH_2Cl-CH_2-CH_2-CH(CH_3)-CH_3$

d. $CH_3-CBr(CH_3)-CH_3$

e. $CH_3-CH_2-CH(CH_2-CH_3)-CH_3$

f. $CH_3-CH_2-CH_2-C(CH_3)(CH(CH_3)-CH_2-CH_3)-CH_2-CH_2-CH_3$

38 **Rappresenta la formula razionale dei seguenti composti e assegna il nome IUPAC corretto.**

a. 1-metilbutano
b. 2-etilbutano
c. 2,3-dibromopropano
d. 3-bromo-2-propilpentano

39 **Rappresenta le formule razionali di tutti gli isomeri (il numero è indicato tra parentesi) dei seguenti composti e assegna a ciascuno di essi il nome IUPAC.**

a. $C_3H_6F_2$ (4)

b. $C_2H_2ClBr_3$ (3)

40 **Disponi i seguenti alcani in ordine crescente di punto di ebollizione.**

a. 2-metilesano

b. *n*-eptano

c. 3,3-dimetilpentano

d. *n*-esano

e. 2-metileptano

41 **Rappresenta le equazioni delle seguenti reazioni specificando il nome dei prodotti.**

a. combustione dell'esano

b. mono-clorurazione del butano

42 **Rappresenta le formule razionali dei seguenti composti.**

a. 1-bromo-3-etilcicloesano

b. 1,2-difluorociclopropano

c. 1,1,3-trimetilciclopentano

d. 1-etil-3-metilciclobutano

e. *trans*-1,2-diclorociclopentano

43 **Assegna il nome IUPAC ai seguenti composti.**

a.

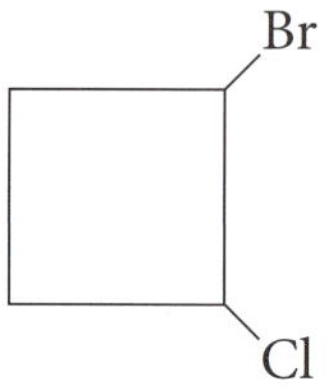

b.

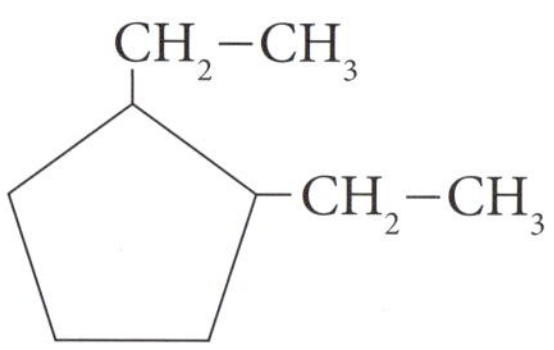

c.

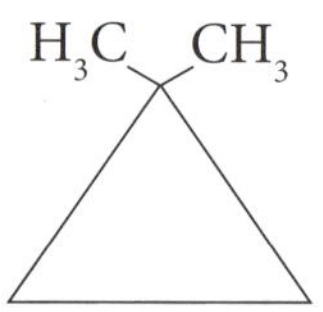

d.

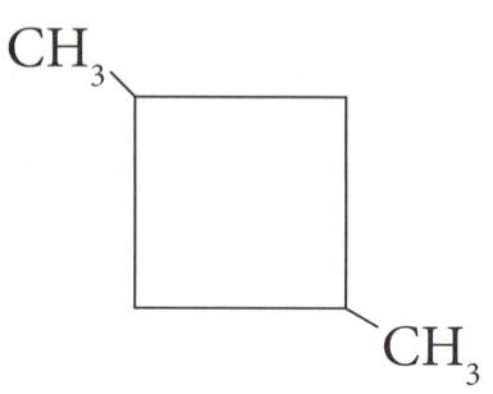

44 **Rappresenta le formule razionali dei seguenti composti e assegna il nome IUPAC corretto.**

a. 1,3-dimetilciclopropano

b. 1-metil-2,4-diclorocicloesano

45 **Rappresenta le formule razionali di tutti i cinque isomeri del ciclopentano con formula molecolare $C_5H_8Cl_2$ e assegna a ciascuno di essi il nome IUPAC.**

46 **Rappresenta le equazioni delle seguenti reazioni specificando il nome dei prodotti.**

a. combustione del ciclobutano

b. bromurazione del cicloesano

47 **Rappresenta le formule razionali dei seguenti composti.**

a. 1,3-dicloro-2-butene

b. 2,3-dimetil-2-pentene

c. 2,2-dimetil-3-eptene

d. 3-etil-2,2-dimetil-3-esene

e. *cis*-2-pentene

f. bromuro di vinile

g. *trans*-4-metil-2-pentene

h. 4-isopropil-2-ottene

48 **Assegna il nome IUPAC ai seguenti composti.**

a.

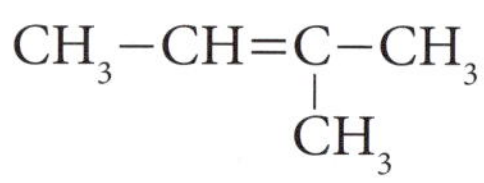

b.

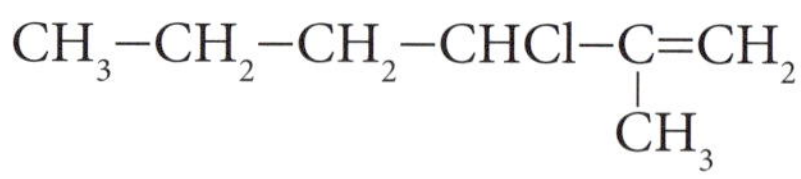

c.

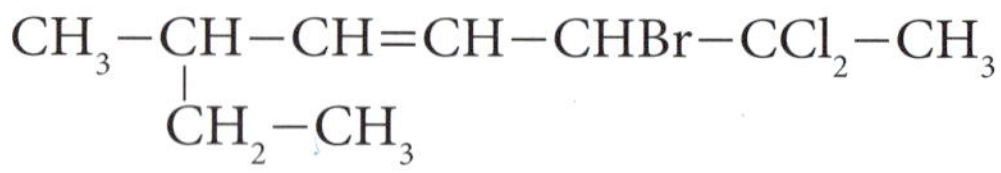

d.

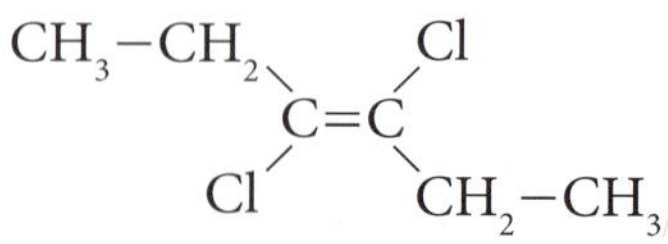

e. $CH_3-CCl_2-CBr_2-CH=CH_2$

f.

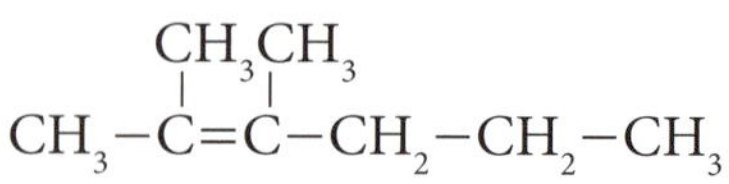

49 **Rappresenta le formule razionali dei quattro isomeri dell'alchene con formula molecolare C_4H_8 e assegna a ciascuno di essi il nome IUPAC.**

50 **Rappresenta le formule razionali dei seguenti composti e assegna il nome IUPAC corretto.**

a. 3-pentene

b. 2-etil-1-propene

c. 3-cloro-3-butene

51 **Quali dei seguenti composti esistono sotto forma di isomeri geometrici?**

a. 2-metil-2-butene

b. 2-bromo-2-pentene

c. 3-metil-3-eptene

d. 2-cloro-1-esene

52 **Rappresenta le equazioni delle reazioni e specifica il nome dei prodotti quando i seguenti composti reagiscono con bromo in tetraclorometano.**

a. 2-butene

b. 2,3-dimetil-2-butene

c. cloruro di vinile

53 **Stabilisci quale alchene e quale reagente darebbero per addizione elettrofila i seguenti prodotti.**

a. 1,2-dibromopentano

b. 2-clorobutano

54 **Rappresenta le equazioni delle seguenti reazioni specificando il nome dei prodotti.**

a. 2-pentene + idrogeno (in presenza di Pt)

b. 1-butene + acido bromidrico

c. 2-metil-2-butene + acqua (in ambiente acido)

55 **Rappresenta le formule razionali dei seguenti composti.**

a. 4-metil-1-pentino

b. 2,2-dicloro-3-esino

c. 3-etil-4-metil-1-esino

d. 3-bromo-3-metil-1-pentino

e. 1,1,4-tricloro-2-butino

f. 4-etil-4-isopropil-2-eptino

56 **Assegna il nome IUPAC ai seguenti composti.**

a. 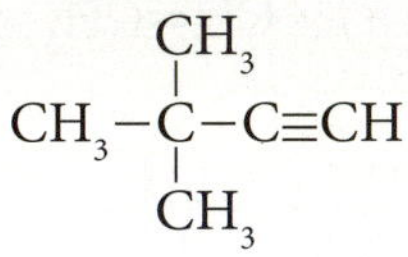

b. 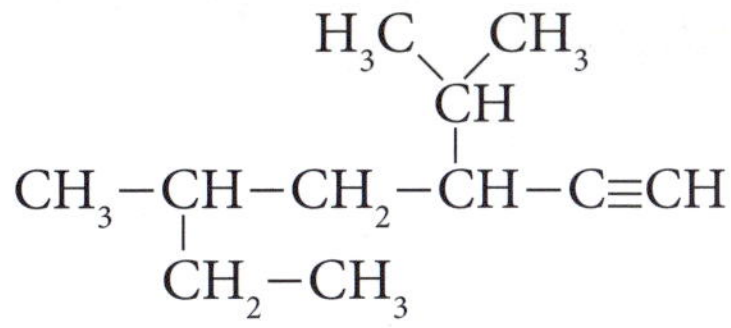

c. 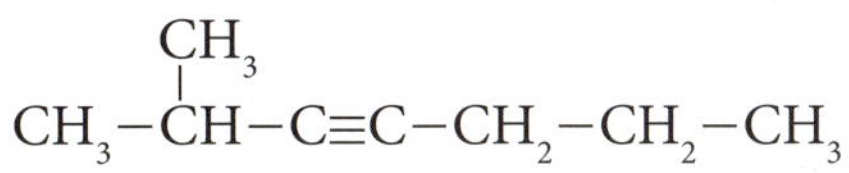

d. $CH_3{-}CHF{-}CH_2{-}CH_2{-}C{\equiv}CH$

e. $CH_3{-}CHBr{-}CHBr{-}CHBr{-}C{\equiv}C{-}CH_3$

57 **Rappresenta le formule razionali dei seguenti composti e assegna il nome IUPAC corretto.**

a. 3-butino

b. 2-cloro-3-pentino

c. 2-etil-3-pentino

58 **Rappresenta le formule razionali dei tre isomeri dell'alchino con formula molecolare C_5H_8 e assegna a ciascuno di essi il nome IUPAC.**

59 **Precisa quale alchino e quale reagente darebbero per addizione elettrofila i seguenti prodotti.**

a. 2,2-dicloropentano

b. 2,2,3,3-tetrabromobutano

60 **Rappresenta le equazioni delle seguenti reazioni specificando il nome dei prodotti.**

a. 1-pentino + idrogeno (in presenza di Pt)

b. 1-pentino + idrogeno (in presenza del catalizzatore di Lindlar)

c. propino + 1 mole di bromo (in presenza di CCl_4)

d. 2-butino + 2 moli di cloro (in presenza di CCl_4)

61 **Rappresenta l'equazione chimica che ha come prodotto l'acetiluro di sodio dell'1-butino.**

62 **Assegna il nome ai seguenti composti.**

a. 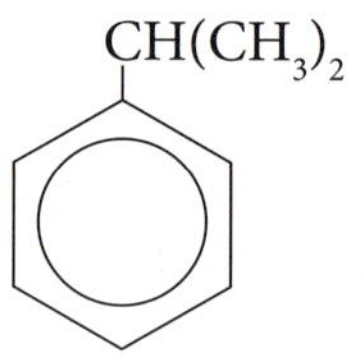

d. 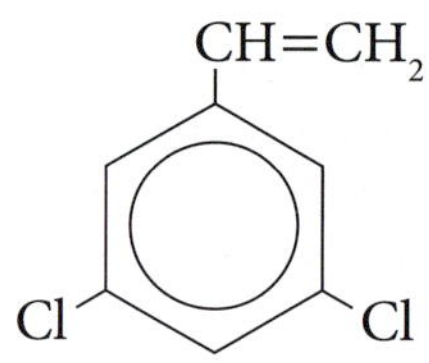

b. 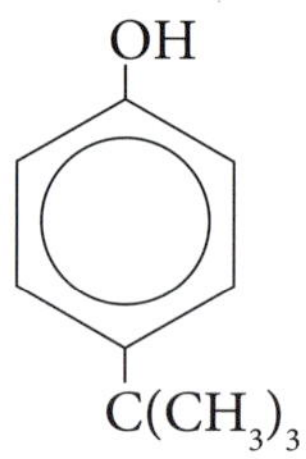

e. 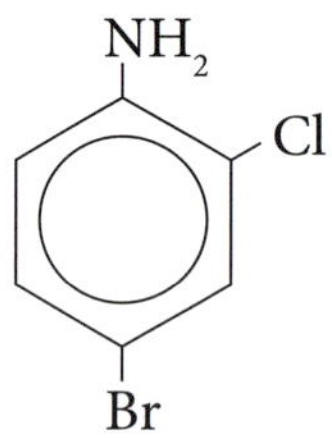

c. 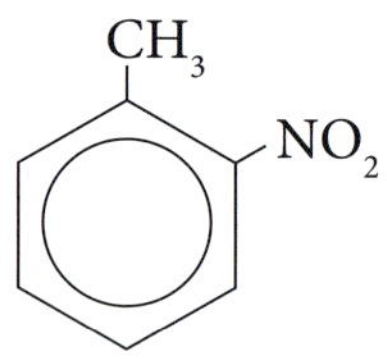

f. 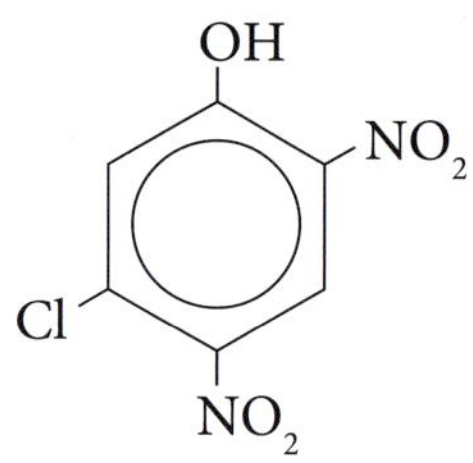

63 **Rappresenta le formule razionali di tutti gli isomeri (il cui numero è indicato tra parentesi) dei seguenti composti e assegna a ciascuno di essi il nome.**

a. trimetilbenzene (3)

b. dicloronitrobenzene (6)

64 **Rappresenta il meccanismo di bromurazione del benzene in presenza del corrispondente catalizzatore.**

65 **Rappresenta le seguenti reazioni di sostituzione elettrofila specificando il nome dei prodotti.**

a. alogenazione del toluene con bromo (in presenza di bromuro ferrico)

b. alchilazione del nitrobenzene con cloruro di etile (in presenza di cloruro di alluminio)

66 **Rappresenta le reazioni che portano alla sintesi dei seguenti composti a partire dal benzene.**

a. *m*-cloronitrobenzene

b. *p*-nitrotoluene

67 **Rappresenta le formule topologiche dei seguenti composti.**

a. 2,5-dimetilpirrolo

b. 2-bromofurano

c. 2-metilimidazolo

68 **Rappresenta la reazione di nitrazione della piridina (in presenza di un catalizzatore acido).**

TEST YOURSELF

69 **Draw the chemical equations of the following reactions specifying the names of the products.**

Ⓐ pentane burning

Ⓑ propane bromination

70 **Draw the rational formulas of all the isomers of cycloalkane with molecular formula $C_3H_4Br_2$ and give each of them their IUPAC name.**

71 **What unsaturated hydrocarbon and what reagent give the following compounds by electrophilic addition?**

Ⓐ 2,2-dichlorobutane

Ⓑ 2-fluoropropene

72 **Starting from benzene, draw the electrophilic substitution reactions which lead to the synthesis of the *p*-chlorotoluene.**

VERSO L'UNIVERSITÀ

73 **Individua la successione numerica che indica correttamente i coefficienti della seguente reazione chimica: $C_6H_6 + O_2 \longrightarrow CO_2 + H_2O$**

Ⓐ 2, 15 → 12, 6

Ⓑ 1, 6 → 3, 3

Ⓒ 1, 6 → 6, 3

Ⓓ 2, 9 → 12, 6

Ⓔ 2, 7 → 3, 1

[dalla prova di ammissione a Medicina e Veterinaria, anno 2014]

74 **Per quanti atomi di idrogeno il benzene differisce dal cicloesano?**

Ⓐ 6 Ⓑ 5 Ⓒ 4 Ⓓ 3 Ⓔ 2

[dalla prova di ammissione a Medicina e Chirurgia e in Odontoiatria e Protesi Dentaria, anno 2011]

VERSO L'ESAME

RAPPRESENTA

75 **Esamina le diverse classi di idrocarburi, le loro caratteristiche e le loro relazioni attraverso una mappa concettuale.**

OSSERVA E CLASSIFICA

76 I seguenti modellini molecolari raffigurano degli idrocarburi: le sfere in colore più scuro rappresentano atomi di carbonio, le sfere in colore più chiaro atomi di idrogeno e i bastoncini legami covalenti.

a. **Numera la catena carboniosa.**
b. **Stabilisci lo stato di ibridazione di ogni atomo di carbonio.**
c. **Classifica la molecola in base al gruppo di idrocarburi a cui appartiene.**
d. **Disegna la formula di struttura del composto.**

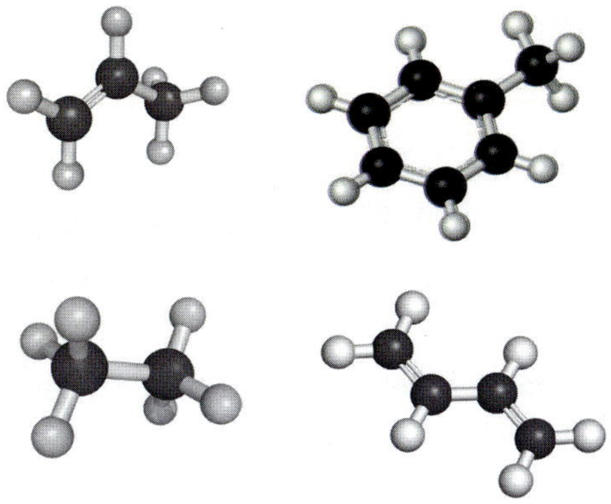

OSSERVA E DESCRIVI

77 I seguenti modellini molecolari raffigurano due idrocarburi: le sfere in colore più scuro rappresentano atomi di carbonio, le sfere in colore più chiaro atomi di idrogeno e i bastoncini legami covalenti.

a. **Identifica le molecole e descrivi analogie e differenze.**
b. **Spiega se le molecole sono tra loro isomeri e, in caso di risposta affermativa, di che tipo.**

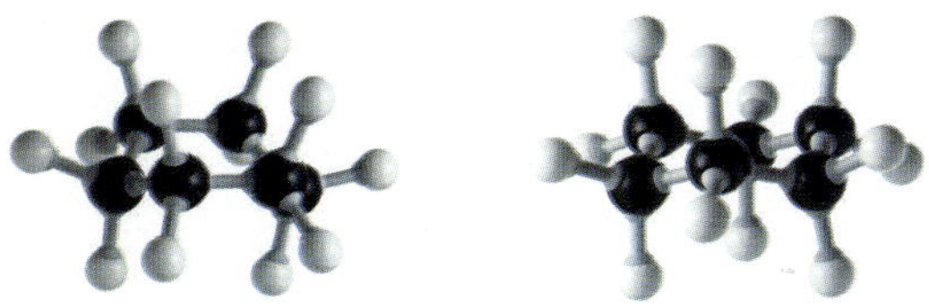

RIFLETTI

78 La maggioranza dei termini scientifici indica in maniera univoca uno e un solo concetto. Esistono, tuttavia, delle eccezioni, come il sostantivo «radicale», utilizzato nel presente capitolo e nel precedente per indicare due concetti molto diversi.

Qual è il significato di radicale nei due diversi contesti?

RIFLETTI

79 Etano, etene e etino (acetilene) sono idrocarburi infiammabili con uguale numero di atomi di carbonio. I limiti di esplosione, che definiscono l'intervallo di concentrazione entro cui la miscela formata con l'aria se innescata s'infiamma, sono molto più ampi per l'acetilene rispetto all'etene e ancora minori per l'etano. Fra i tre composti, è l'acetilene a essere considerato il più pericoloso.

Qual è la motivazione di tale differenza?

ANALIZZA E DEDUCI

80 Nel 1890 Kekulé raccontò nel modo seguente la storia della scoperta della struttura del benzene. «Ero seduto intento a scrivere, ma il lavoro non progrediva; i miei pensieri erano altrove. Girai la sedia verso il camino e mi appisolai. Di nuovo gli atomi giocavano di fronte ai miei occhi (...). Il mio occhio mentale, reso più acuto da questa ripetuta visione, era ora in grado di distinguere strutture più grandi di multiforme conformazione; lunghe file talvolta sistemate più strettamente, tutte sinuose e ricurve come il moto di un serpente. Ma guarda! Che cos'è? Uno dei serpenti aveva afferrato la sua stessa coda, e la forma girava beffardamente davanti ai miei occhi. Come per un lampo improvviso mi risvegliai e passai il resto della notte a elaborare la mia ipotesi.»

In particolare, quale proprietà del benzene Kekulé sostenne di aver compreso in sogno?

CLASSIFICA E CONFRONTA

81 Carotenoidi e antociani (o antocianine) sono pigmenti vegetali, cioè sostanze che conferiscono un determinato colore a un certo organo di una pianta.

a. **Fai una ricerca sulle formule di struttura dei carotenoidi e degli antociani, stabilisci se sono idrocarburi aromatici o alifatici e, se alifatici, classificali in saturi o insaturi.**
b. **Confrontandone le formule di struttura, quale caratteristica ritieni sia necessaria a una molecola organica per assorbire la luce visibile?**

SEI PRONTO PER LA VERIFICA?

IN 1 ORA

Dopo aver studiato i contenuti dei **capitolo A2**, svolgi la prova nel **tempo massimo di un'ora**.

VERIFICA LE TUE CONOSCENZE

1 **Quale tra le formule molecolari dei seguenti idrocarburi corrisponde a quella di un alchino?**

Ⓐ $C_{10}H_{22}$ Ⓒ $C_{10}H_8$
Ⓑ $C_{10}H_{20}$ Ⓓ $C_{10}H_{18}$

(5 punti se hai risposto correttamente) ...../5

2 **Gli isomeri di catena presenti nel pentano sono:**

Ⓐ 2 Ⓑ 3 Ⓒ 5 Ⓓ 4

(5 punti se hai risposto correttamente) ...../5

3 **Quale tra i seguenti composti ha tutti gli atomi di carbonio tetraedrici?**

Ⓐ 1-butene Ⓒ ciclobutano
Ⓑ benzene Ⓓ 1-butino

(5 punti se hai risposto correttamente) ...../5

4 **Quale tra i seguenti idrocarburi non ha struttura planare?**

Ⓐ benzene Ⓒ ciclopentano
Ⓑ ciclopropano Ⓓ etilene

(10 punti se hai risposto correttamente) ...../10

5 **Qual è il corretto ordine crescente del punto di ebollizione dei seguenti composti?**

1. metano
2. *n*-eptano
3. *n*-decano
4. 2,2-dimetilbutano

Ⓐ 1121314 Ⓒ 1141312
Ⓑ 1131412 Ⓓ 1141213

(10 punti se hai risposto correttamente) ...../10

6 **Assegna il nome IUPAC ai seguenti composti:**

Ⓐ 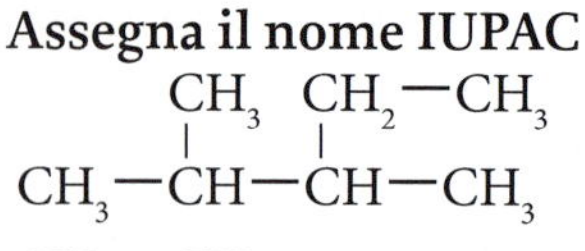

Ⓑ 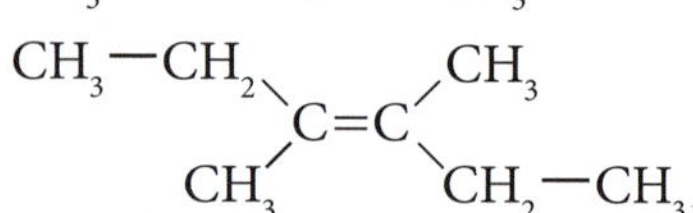

(15 punti se hai risposto correttamente) ...../15

7 **Quale dei seguenti idrocarburi non è isomero degli altri tre?**

Ⓐ ciclopentano Ⓒ metilciclobutano
Ⓑ 1-pentene Ⓓ *n*-pentano

(10 punti se hai risposto correttamente) ...../10

I primi 60 punti valgono per il raggiungimento degli obiettivi minimi. Per fare di più, rispondi alle seguenti domande.

VERIFICA LE TUE COMPETENZE

8 **Rappresenta le formule razionali e precisa i nomi di tutti i possibili isomeri che corrispondono alla formula molecolare $C_2H_2Br_2$.**

(5 punti se hai risposto correttamente) ...../5

9 **Rappresenta la reazione della combustione completa del butano.**

(5 punti se hai risposto correttamente) ...../5

10 **Rappresenta la reazione di clorurazione del ciclobutano.**

(5 punti se hai risposto correttamente) ...../5

11 **Rappresenta la reazione di bromurazione del benzene.**

(5 punti se hai risposto correttamente) ...../5

12 **Esegui la reazione di addizione elettrofila di acqua all'1-pentene precisando il meccanismo.**

(5 punti se hai risposto correttamente) ...../5

13 **Rappresenta la reazione tra il 2-metil-2-butene e l'acido cloridrico, specificando il tipo di reazione ed il nome del prodotto.**

(10 punti se hai risposto correttamente) ...../10

14 **Quale delle seguenti proprietà non può essere attribuita al benzene?**

Ⓐ Dà reazioni di sostituzione nucleofila
Ⓑ Ha una disposizione planare
Ⓒ È insolubile in acqua
Ⓓ È un liquido apolare

(5 punti se hai risposto correttamente) ...../5

PUNTEGGIO TOTALE ...../100

CAPITOLO

A3 I DERIVATI DEGLI IDROCARBURI

1 I DERIVATI DEGLI IDROCARBURI SI SUDDIVIDONO IN ALOGENATI, OSSIGENATI E AZOTATI

I derivati degli idrocarburi sono composti organici che derivano dagli idrocarburi per sostituzione di uno o più atomi di idrogeno con atomi o gruppi atomici diversi, detti **gruppi funzionali**.

I gruppi funzionali determinano il grado di reattività e il tipo di reazione dei derivati degli idrocarburi, che sono stati suddivisi in tre grandi gruppi in base al tipo di atomo presente nei gruppi funzionali.

a. I **derivati alogenati** comprendono gli alogenuri alchilici, vinilici e arilici. Il loro gruppo funzionale è un atomo di alogeno.
b. I **derivati ossigenati** hanno il gruppo funzionale con l'atomo di ossigeno (alcoli, eteri, fenoli, aldeidi, chetoni, acidi carbossilici ed esteri).
c. I **derivati azotati** sono composti che contengono azoto nel gruppo funzionale (ammidi e ammine).

TI RICORDI?

L'**alogenuro arilico** è un derivato di un idrocarburo aromatico ottenuto per sostituzione di uno o più atomi di idrogeno con uno o più atomi di alogeni.

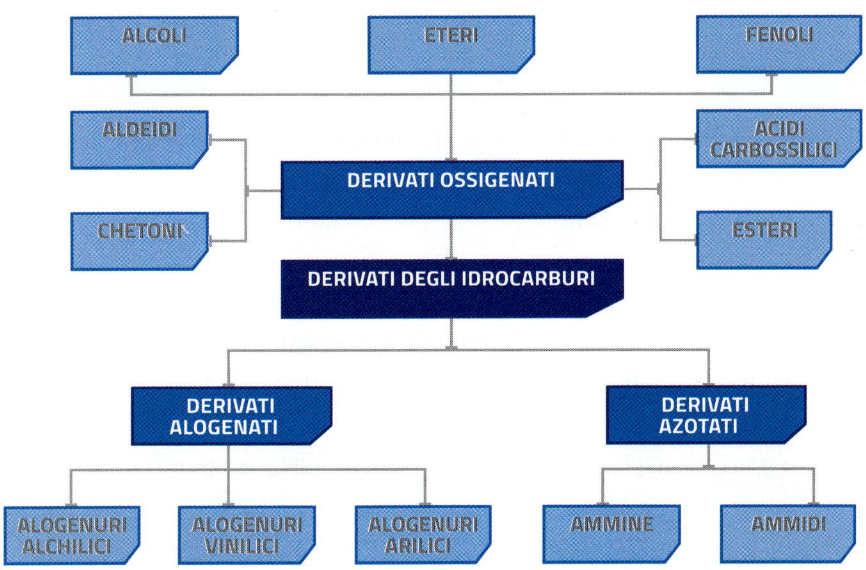

2 GLI ALOGENURI ALCHILICI CONTENGONO ATOMI DI ALOGENI

Gli alogenuri alchilici sono composti organici in cui uno o più atomi di alogeno (gruppo funzionale) è direttamente legato a uno o più atomi di carbonio di un alcano (alcano derivati). In questi composti gli atomi di carbonio sono ibridati sp^3. Agli alogenuri alchilici corrisponde la **formula molecolare** generale:

$$R-X$$

dove R è un gruppo alchilico saturo a catena aperta e X è un alogeno.

La nomenclatura degli alogenuri alchilici

Secondo le regole IUPAC, il **nome** degli alogenuri alchilici è costituito da un numero che indica la posizione dell'alogeno nella catena carboniosa (quest'ultima va numerata partendo dall'estremità più vicina al sostituente), seguito dal nome dell'alogeno e da quello dell'alcano corrispondente, in modo da formare una sola parola:

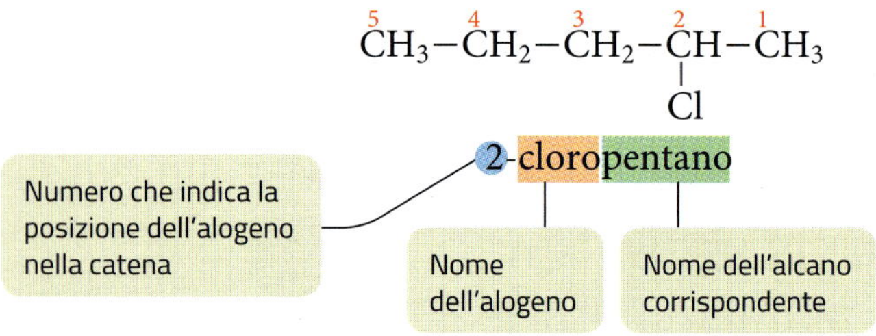

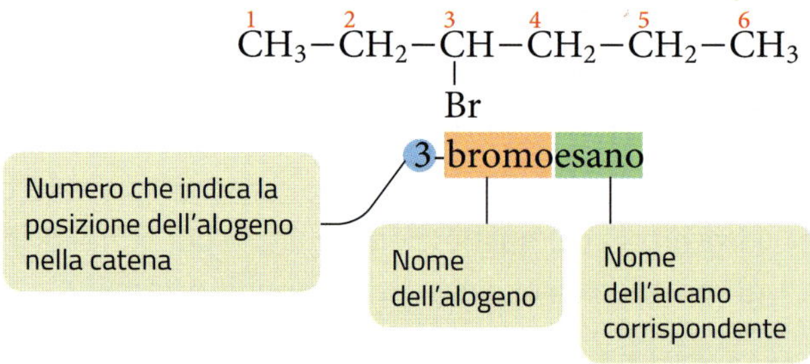

I composti più semplici sono anche denominati con un nome comune, costituito dalla radice del nome dell'alogeno con la desinenza *-uro*, seguita dalla preposizione *di* e dal nome del gruppo alchilico:

	CH_3-Cl	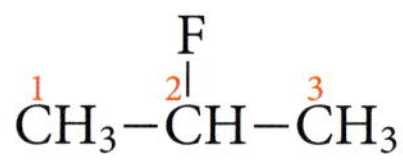
nome IUPAC	clorometano	2-fluoropropano
nome comune	cloruro di metile	fluoruro di isopropile

Se nella catena carboniosa lo stesso sostituente è presente più volte, i numeri che ne indicano la posizione vanno separati da una virgola, e il nome del sostituente deve essere preceduto dai prefissi *di-*, *tri-*, *tetra-*:

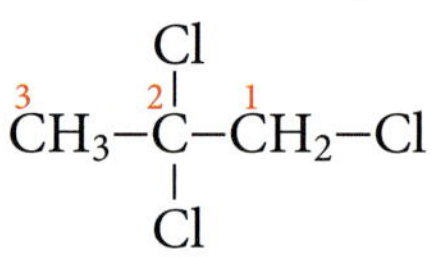

1,2,2-tricloropropano

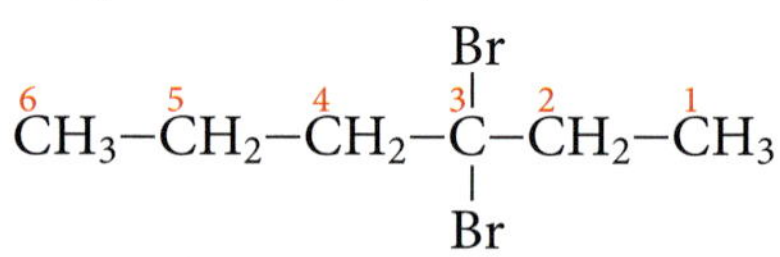

3,3-dibromoesano

Quando nella catena carboniosa i sostituenti sono diversi (gruppi alchilici e alogeni), questi devono essere denominati in ordine alfabetico, numerando la catena carboniosa più lunga partendo dalla estremità più vicina al primo sostituente:

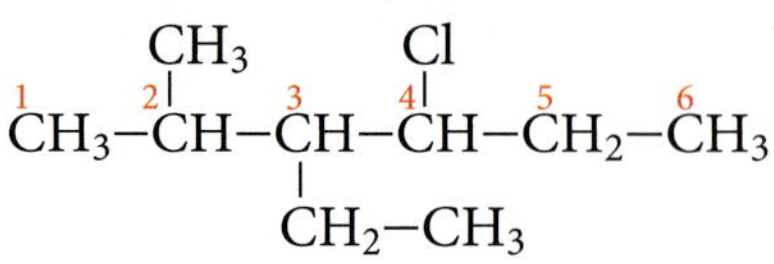

4-cloro-3-etil-2-metilesano

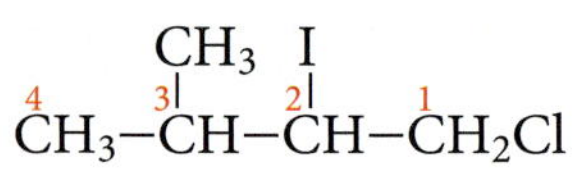

1-cloro-2-iodo-3-metilbutano

La classificazione degli alogenuri alchilici

Gli alogenuri alchilici, tranne quelli del metano (CH_3–X), si classificano in **primari**, **secondari** e **terziari** a seconda che l'atomo di alogeno sia legato, nella catena carboniosa, a un atomo di carbonio primario, secondario o terziario (tabella **1**).

Primario	Secondario	Terziario
R–CH_2–X	X | R′–CH–R″	R′ | R″–C–X | R‴
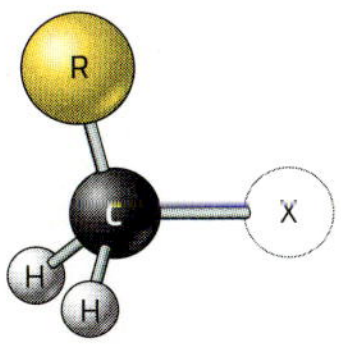	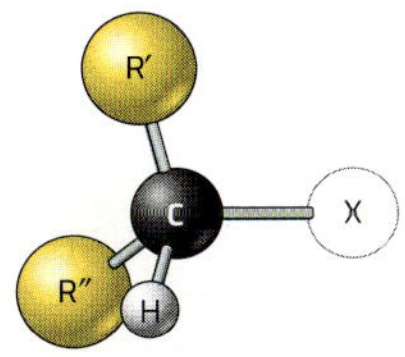	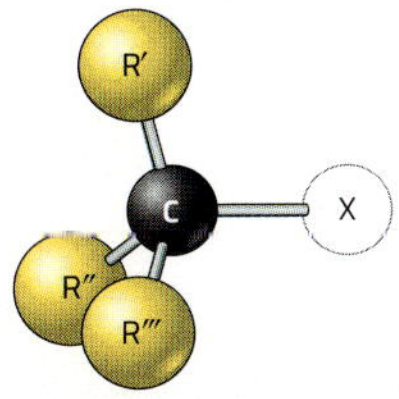

Tabella 1 **Gli alogenuri alchilici** La struttura e la classificazione degli alogenuri alchilici.

PROBLEMA MODELLO

Rappresentare le formule razionali degli alogenuri alchilici

Rappresenta la formula razionale di un:

a. fluoruro alchilico primario C_4H_9F
b. cloruro alchilico secondario C_4H_9Cl
c. bromuro alchilico terziario C_4H_9Br

LA SOLUZIONE

a. In un alogenuro alchilico **primario**, l'atomo di alogeno (il fluoro) è legato nella catena carboniosa a un atomo di carbonio legato a **un solo** atomo di carbonio. La formula razionale è quindi la seguente:

$$CH_3{-}CH_2{-}CH_2{-}CH_2F$$

b. In un alogenuro alchilico **secondario**, l'atomo di alogeno (il cloro) è legato nella catena carboniosa a un atomo di carbonio legato a **due** atomi di carbonio. La formula razionale è la seguente:

$$\begin{array}{l} CH_3{-}\underset{\displaystyle Cl}{\underset{|}{CH}}{-}CH_2{-}CH_3 \end{array}$$

c. In un alogenuro alchilico **terziario**, l'atomo di alogeno (il bromo) è legato nella catena carboniosa a un atomo di carbonio legato a **tre** atomi di carbonio. La formula razionale è quindi la seguente:

$$CH_3{-}\overset{\displaystyle CH_3}{\overset{|}{\underset{\displaystyle CH_3}{\underset{|}{C}}}}{-}Br$$

PROBLEMA SIMILE

Rappresenta la formula razionale di un:

a. ioduro alchilico primario C_3H_7I
b. fluoruro alchilico secondario C_3H_7F
c. cloruro alchilico terziario $C_5H_{11}Cl$

Figura 1 Un alogenuro alchilico e l'acqua Molti capi di abbigliamento sportivo sono costituiti da una fibra sintetica traspirante e resistente all'acqua, il Gore-Tex. La base per la sua fabbricazione è il PTFE, un polimero che deriva da un fluoruro alchilico.

3 LE PROPRIETÀ FISICHE DEGLI ALOGENURI ALCHILICI

Gli alogenuri alchilici hanno **punti di ebollizione più alti** rispetto a quelli degli idrocarburi con lo stesso numero di atomi di carbonio, poiché l'alogeno presente nella catena carboniosa è molto più elettro-negativo dell'idrogeno sostituito, per cui il legame carbonio-alogeno è polare e le molecole di alogenuro alchilico si attraggono con interazioni elettrostatiche tra dipoli permanenti.

L'aumento della temperatura di ebollizione degli alogenuri con lo stesso gruppo alchilico (R), passando dai fluoruri ai cloruri ai bromuri e agli ioduri si giustifica tenendo presente che il numero delle interazioni dipolo-dipolo aumenta per effetto delle dimensioni dell'alogeno. Per gli alogenuri alchilici del metano l'ordine crescente dei punti di ebollizione è il seguente:

$$CH_3F < CH_3Cl < CH_3Br < CH_3I$$

Gli alogenuri alchilici, pur essendo molecole polari, non possono formare legami a idrogeno con l'acqua e quindi sono insolubili in acqua (figura 1).

4 LE REAZIONI DI SOSTITUZIONE NUCLEOFILA E DI ELIMINAZIONE

La reattività degli alogenuri alchilici è legata alla maggiore elettronegatività dell'atomo di alogeno rispetto all'atomo di carbonio, che comporta la polarizzazione del legame carbonio-alogeno:

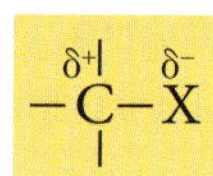

L'atomo di carbonio con una parziale carica positiva può essere pertanto attaccato da un agente nucleofilo per dare origine a due tipi di reazione: di sostituzione nucleofila e di eliminazione.

A COLPO D'OCCHIO

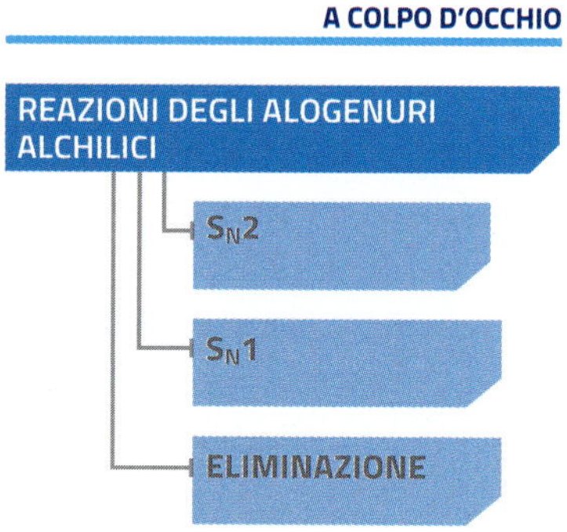

La reazione di sostituzione nucleofila S_N2

In una reazione di **sostituzione nucleofila**, il nucleofilo reagisce con l'alogenuro e *sostituisce* l'alogeno, per dare il prodotto finale, solitamente un alcol o un etere.

La reazione di sostituzione nucleofila può avvenire con due meccanismi differenti, S_N2 e S_N1. Il meccanismo dipende dal tipo di alogenuro alchilico (metilico, primario, secondario o terziario) e dal tipo di nucleofilo (forte o debole). I nucleofili forti sono anioni poliatomici (OH^-, RO^-), i nucleofili deboli sono molecole neutre con almeno un doppietto elettronico disponibile (H_2O, NH_3).

Il **meccanismo S_N2** è un processo che avviene in *un solo stadio* e prevede la partecipazione contemporanea di due reagenti (**sostituzione nucleofila bimolecolare**): il nucleofilo e l'alogenuro.

Il nucleofilo è uno ione negativo (Nu^-) rappresentato dallo ione idrossido (OH^-) o dallo ione alcossido (RO^-). Il nucleofilo attacca l'alogenuro dalla parte opposta dell'alogeno, con formazione di uno stato di transizione in cui sia il nucleofilo sia l'alogeno X si trovano parzialmente legati al carbonio. Con la formazione completa del legame tra il nucleofilo e il carbonio si ha l'*inversione di configurazione* e l'alogeno si allontana sotto forma di anione alogenuro:

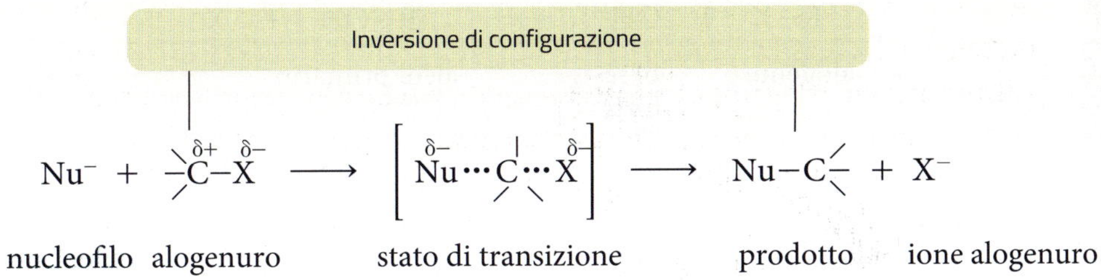

L'inversione di configurazione si spiega in quanto il nucleofilo, attaccando dalla parte opposta rispetto all'alogeno, non va a occupare la sua stessa posizione.

Rappresentiamo il meccanismo S_N2 prendendo in esame la reazione di sostituzione nucleofila tra lo ione OH^- e il bromometano, che porta alla formazione di un alcol primario, il metanolo:

OH^-	+	CH_3Br	$\longrightarrow$	CH_3OH	+	Br^-
nucleofilo		bromometano		metanolo		ione bromuro

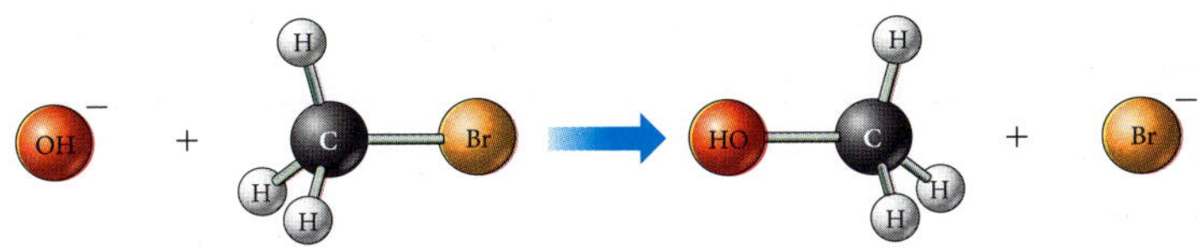

Gli aspetti più rilevanti del meccanismo S_N2 sono i seguenti:

a. poiché il processo avviene in un unico stadio, la velocità di reazione dipende sia dalla concentrazione del nucleofilo che da quella dell'alogenuro;

b. la reazione decorre più velocemente con **alogenuri metilici** e **primari**. Questi infatti sono meno voluminosi rispetto agli alogenuri secondari e terziari, che presentano un ingombro spaziale (o ingombro sterico) maggiore, quindi ostacolano l'attacco del nucleofilo che avviene dalla parte opposta dell'alogeno (**figura 2**);

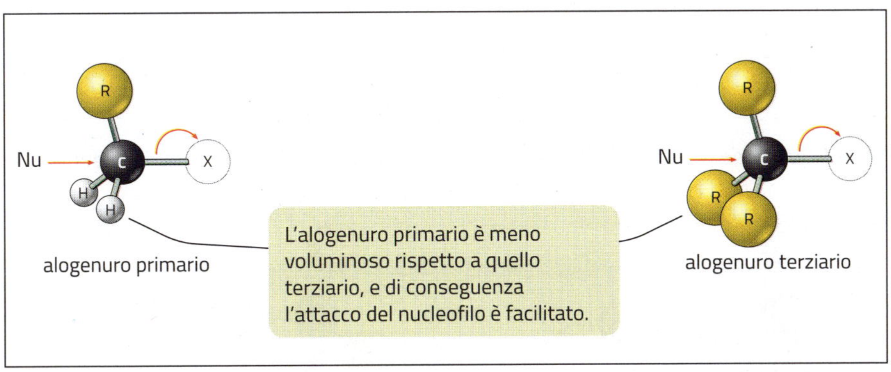

Figura 2 La velocità della reazione S_N2 dipende anche dall'ingombro spaziale La reazione è più veloce con un alogenuro primario che con uno terziario.

c. è favorito da *nucleofili forti*, cioè dagli anioni poliatomici come OH^- o RO^-, dato che la velocità del processo dipende anche dalla concentrazione del nucleofilo.

A COLPO D'OCCHIO

ALOGENURO PRIMARIO + BASE FORTE → ALCOL PRIMARIO

A COLPO D'OCCHIO

ALOGENURO PRIMARIO + ALCOSSIDO → ETERE

Le **reazioni** più comuni di sostituzione nucleofila S_N2 sono quelle tra:

a. un alogenuro alchilico primario e una base forte OH^-, che porta alla formazione di un alcol primario:

$$\underset{\text{alogenuro}}{R{-}X} + \underset{\text{base forte}}{OH^-} \longrightarrow \underset{\text{alcol primario}}{R{-}OH} + X^-$$

b. un alogenuro alchilico primario e un alcossido $R'O^-$, che porta alla formazione di un etere:

$$\underset{\text{alogenuro}}{R{-}X} + \underset{\text{alcossido}}{R'O^-} \longrightarrow \underset{\text{etere}}{R{-}O{-}R'} + X^-$$

La reazione di sostituzione nucleofila S_N1

Il **meccanismo S_N1** è un processo che avviene in due stadi.

a. Nel primo stadio, quello lento, è coinvolto solo l'alogenuro (**sostituzione nucleofila monomolecolare**). In questa fase si rompe il legame tra il carbonio e l'alogeno e si forma un carbocatione, in cui l'atomo di carbonio positivo assume ibridazione sp^2:

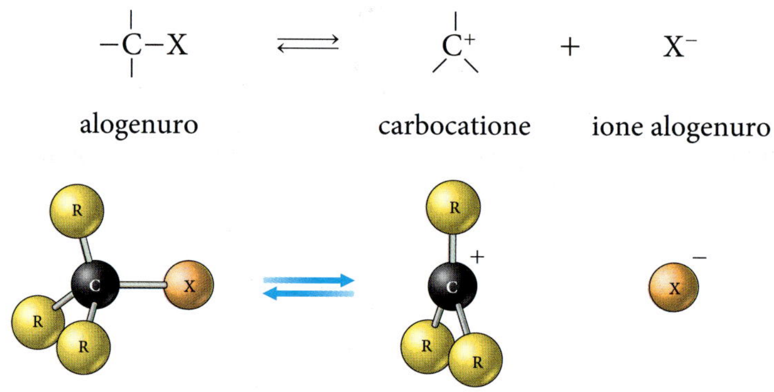

b. Nel secondo stadio, quello veloce, il carbocatione reagisce con il nucleofilo, una molecola neutra (Nu—H) rappresentata da una molecola di acqua o di alcol. In seguito all'attacco del nucleofilo, il carbocatione perde un atomo di idrogeno sotto forma di ione H^+ e forma il prodotto finale:

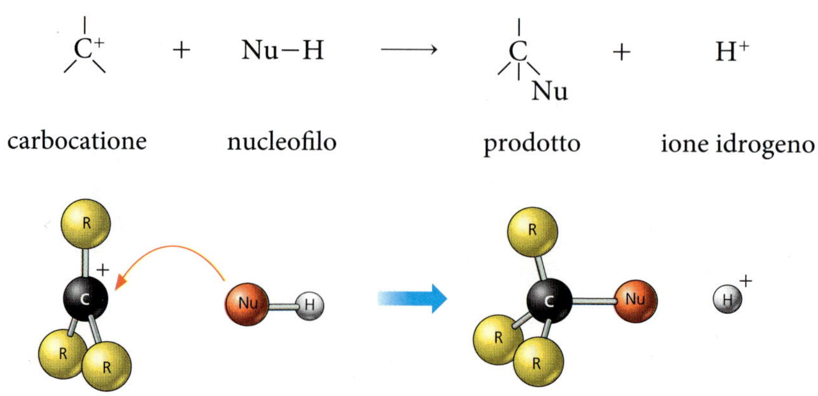

Rappresentiamo il meccanismo S_N1 prendendo in esame la reazione di sostituzione nucleofila tra il 2-bromo-2-metilpropano con l'acqua, che porta alla formazione del 2-metil-2-propanolo. Il meccanismo di reazione prevede due stadi.

a. Nel primo stadio, quello lento, si ha la formazione del carbocatione intermedio che assume una disposizione planare:

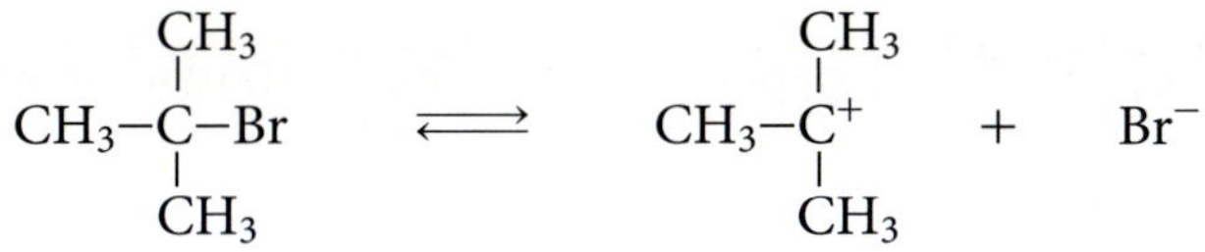

2-bromo-2-metilpropano — carbocatione intermedio

b. Nel secondo stadio, quello veloce, si ha l'attacco del nucleofilo (l'acqua) con formazione di un alcol protonato che, cedendo un protone, forma il 2-metil-2-propanolo:

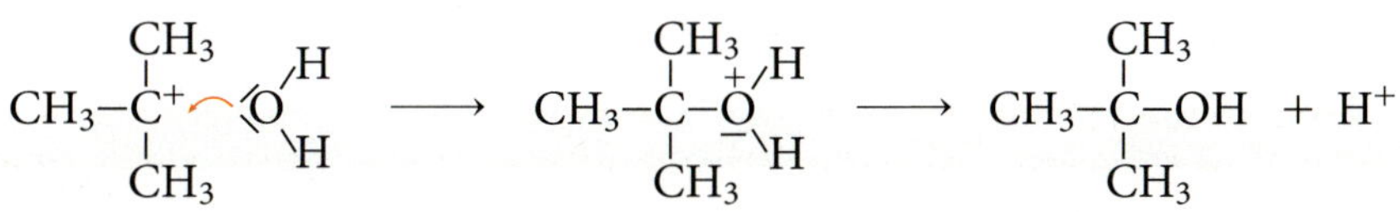

carbocatione intermedio — alcol protonato — 2-metil-2-propanolo

TI RICORDI?

La **disposizione planare** (angoli di legame di 120°) è la geometria di una molecola o di uno ione poliatomico con l'atomo centrale circondato da tre coppie elettroniche.

Gli aspetti più rilevanti del meccanismo S_N1 sono i seguenti:

a. la velocità di reazione è determinata dallo stadio lento e quindi dipende esclusivamente dalla *concentrazione dell'alogenuro* ed è indipendente da quella del nucleofilo;

b. la reazione decorre più velocemente con **alogenuri terziari**, che danno origine a carbocationi terziari più stabili di quelli degli alogenuri alchilici secondari e primari;

c. è favorito da *nucleofili deboli* (molecole neutre) come H_2O.

Le **reazioni** comuni di sostituzione nucleofila con meccanismo S_N1 sono quelle tra:

a. un alogenuro alchilico terziario e l'acqua, che porta alla formazione di un alcol terziario:

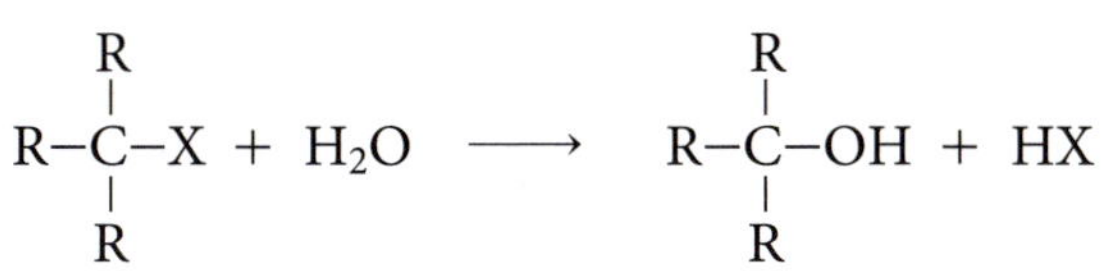

alogenuro — alcol terziario

A COLPO D'OCCHIO

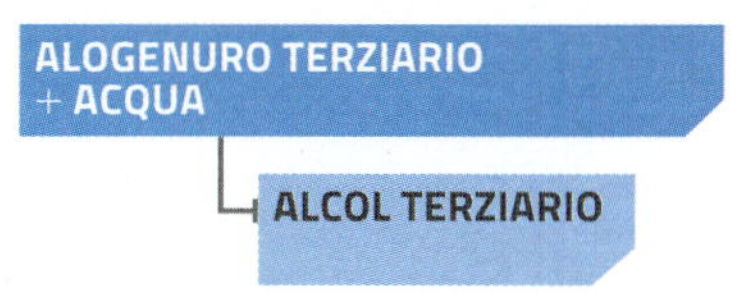

b. un alogenuro alchilico terziario e un alcol che porta alla formazione di un etere:

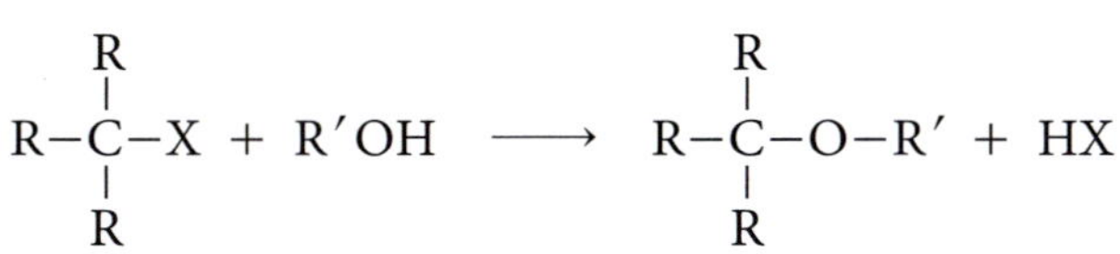

alogenuro — alcol — etere

A COLPO D'OCCHIO

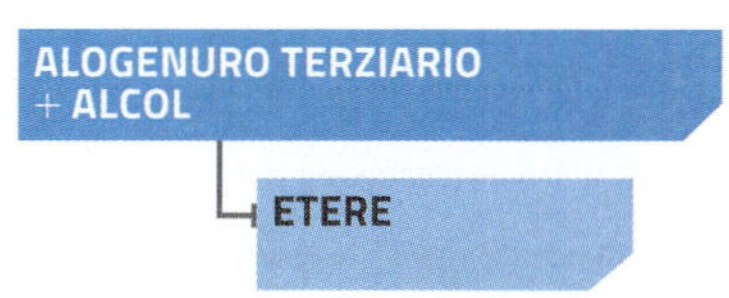

L'effetto del solvente

I solventi polari che possono donare protoni (ovvero solventi protici, come l'acqua e gli alcoli) sono in grado di solvatare i carbocationi, quindi accelerano le reazioni S_N1.

Viceversa, la solvatazione dei nucleofili ne impegna i doppietti elettronici, rendendoli meno efficaci, perciò le S_N2 risultano ritardate in solventi polari protici.

LE PAROLE

L'**eliminazione** (dal latino: *ex* = fuori e *limen* = soglia, da cui *eliminare* = scacciare, far uscire) è una reazione che consiste nella perdita, da parte di una molecola, di due atomi o gruppi atomici sotto forma di una molecola più semplice (H_2O, HCl).

La reazione di eliminazione

In una reazione di **eliminazione** (E) il nucleofilo, uno ione negativo (Nu^-) rappresentato dallo ione idrossido (OH^-) o dallo ione alcossido (RO^-), agisce da *base*, sottraendo all'alogenuro un atomo di idrogeno sotto forma di uno ione H^+.

CHIMICA VERDE

I composti organoclorurati: dal DDT ai pesticidi naturali

I **composti organici clorurati** sono idrocarburi nei quali è presente almeno un atomo di cloro come sostituente. Possono essere saturi (alogenuri alchilici), insaturi (alogenuri alchenilici) o aromatici (alogenuri arilici). Questi composti derivano principalmente dalle attività industriali e sono utilizzati come solventi e come fitofarmaci. Con *fitofarmaco* o *agrochemical* si intende ogni sostanza o miscela di sostanze intese a prevenire, distruggere o indebolire insetti, animali o vegetali indesiderabili.

Il primo pesticida moderno utilizzato su larga scala è stato un composto organoclorurato, il *para*-dicloro-difenil-tricloroetano, chiamato comunemente DDT (**figura A**). Fu sintetizzato per la prima volta nel 1874 da Othmar Zeidler, ma le sue proprietà insetticide furono scoperte soltanto nel 1939 dal chimico svizzero Paul Hermann Müller, che vinse il premio Nobel per la medicina nel 1948 per aver dimostrato l'azione antimalarica del DDT, contribuendo a salvare moltissime vite.

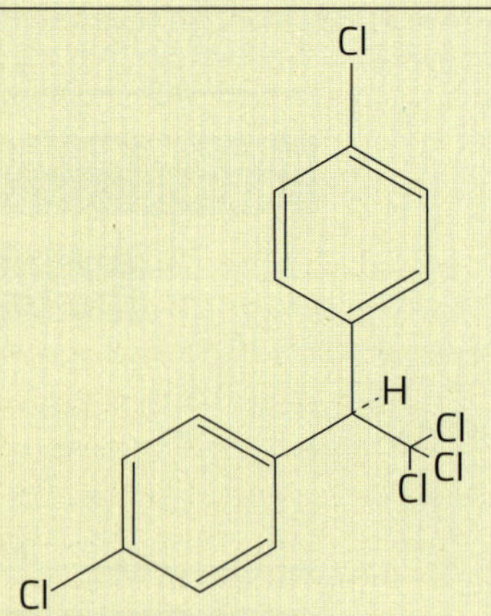

Figura A **La struttura del DDT, dicloro-difenil-tricloroetano** Il nome IUPAC è 1,1,1-tricloro-2,2-bis(p-clorofenil)etano.

Luci e ombre del DDT

La storia del DDT è alquanto controversa. Prima della sua scoperta i soli insetticidi disponibili erano composti a base di arsenico e composti naturali estratti dalle piante: i primi erano molto tossici per l'organismo umano, mentre i secondi avevano un effetto blando. Per questo, il DDT apparve subito un insetticida «ideale»: era estremamente tossico per gli insetti e poco (apparentemente) per l'uomo, e aveva un'elevata persistenza, cioè resisteva per lungo tempo alla decomposizione e alla degradazione ambientale.

La persistenza del DDT è dovuta alle sue caratteristiche chimico-fisiche:

- ha una bassa tensione di vapore, di conseguenza evapora molto lentamente;
- presenta una limitata reattività nei confronti della luce e delle sostanze chimiche presenti nell'ambiente;
- ha una bassissima solubilità in acqua;
- risulta solubile nei solventi organici e, in particolare, nei grassi animali.

Se da un lato queste caratteristiche rappresentarono inizialmente un punto di forza, nel corso degli anni ci si rese conto che queste rendevano il DDT un inquinante organico persistente. Soltanto all'inizio degli anni Sessanta venne sollevato il problema delle conseguenze legate al suo uso massiccio nell'ambiente. A partire dalla Seconda guerra mondiale, il DDT era stato utilizzato in grandi quantità poiché era estremamente efficace contro le zanzare che veicolavano la malaria e contro i pidocchi, che trasmettevano

L'atomo di idrogeno che viene sottratto dal nucleofilo all'alogenuro è quello legato al carbonio adiacente a quello legato all'alogeno.

Il contemporaneo allontanamento dell'atomo di alogeno (X) porta alla formazione di un nuovo legame (un legame π), e quindi di un **alchene**:

$$\text{Nu}^- + \text{R}-\overset{\text{H}}{\overset{|}{\text{C}}}\text{H}-\overset{\text{X}}{\overset{|}{\text{C}}}\text{H}_2 \longrightarrow \text{R}-\text{CH}=\text{CH}_2 + \text{NuH} + \text{X}^-$$

Rappresentiamo la reazione di eliminazione tra l'1-bromopropano e lo ione idrossido OH^- (nucleofilo) che porta alla formazione del propene:

$$\underset{\text{1-bromopropano}}{\underset{\text{Br}}{\underset{|}{\text{C}}}\text{H}_2-\overset{\text{H}}{\overset{|}{\text{C}}}\text{H}-\text{CH}_3} + \underset{\text{ione idrossido}}{\text{OH}^-} \longrightarrow \underset{\text{propene}}{\text{CH}_2=\text{CH}-\text{CH}_3} + \text{H}_2\text{O} + \underset{\text{ione bromuro}}{\text{Br}^-}$$

A COLPO D'OCCHIO

ALOGENURO + NUCLEOFILO

- ALCHENE

il tifo. L'Organizzazione Mondiale della Sanità ha stimato che l'uso del DDT contro la malaria ha salvato la vita di oltre cinque milioni di persone.

La pericolosità dei composti organoclorurati è legata ai seguenti fattori:

- **persistenza:** si accumulano progressivamente nell'ambiente perché sono decomposti difficilmente da organismi e/o processi naturali. Il DDT viene decomposto a DDE (dicloro-difenil-dicloroetano) che è un composto ancora più persistente;
- **bioaccumulo:** si accumulano nei tessuti degli organismi viventi e quindi giungono all'uomo attraverso la catena alimentare;
- **tossicità:** si disperdono facilmente in tutti gli ambienti provocando un forte impatto ambientale.

Il DDT è stato messo al bando negli anni Settanta del secolo scorso (figura **B**); il suo utilizzo è proibito come insetticida, mentre è consentito come antimalarico, in quantità limitate.

Figura B **L'utilizzo del DDT in Italia è vietato dal 1978, dopo che era stato ampiamente usato come insetticida, in particolare in Sardegna, nella lotta contro la malaria** Attualmente viene impiegato nei Paesi tropicali, dove la malaria e il tifo rappresentano delle gravi emergenze.

L'importanza degli insetticidi

L'esempio del DDT ha dato il via alla ricerca di nuovi fitofarmaci che fossero efficaci e allo stesso tempo compatibili con l'ambiente e con gli esseri viventi. In particolare, la ricerca di nuovi insetticidi ha cercato di porre in primo piano fattori come la tossicità, la selettività, la modalità d'azione, la metabolizzazione del prodotto e i suoi effetti indiretti su organismi non coinvolti nella disinfestazione, con lo scopo di mettere in commercio prodotti efficienti e allo stesso tempo controllati nell'utilizzo. La sensibilizzazione sull'uso sostenibile dei prodotti fitosanitari ha portato all'attuazione in Italia di un Piano d'Azione Nazionale (Decreto Legislativo del 14 agosto 2012 n. 150) che stabilisce norme, misure e indicatori per ridurre i rischi e l'impatto ambientale legato all'uso dei pesticidi.

Un insetticida naturale: il piretro

Il piretro è un insetticida naturale composto da una miscela di esteri estratti dai fiori del *Chrysanthemum cinerariaefolium*. Questi esteri derivati dell'acido cristantemico sono detti piretrine. Essi agiscono come insetticidi seguendo il medesimo meccanismo d'azione del DDT, cioè alterano il funzionamento del sistema nervoso dell'insetto bersaglio. L'insetticida mantiene aperti i canali responsabili della trasmissione nervosa, con la conseguente produzione incontrollata di impulsi nervosi che generano nell'insetto tremori e convulsioni che lo portano alla morte. Questo insetticida naturale è efficace, selettivo e ha una bassa tossicità; per questo il suo utilizzo è ammesso nell'agricoltura biologica.

5 GLI ALCOLI CONTENGONO IL GRUPPO OSSIDRILE

Il gruppo ossidrile

Gli alcoli, gli eteri e i fenoli sono tre classi di composti organici che possono essere considerati derivati organici dell'acqua in cui uno o entrambi gli atomi di idrogeno sono sostituiti da gruppi alchilici o arilici.

> Gli **alcoli** sono composti caratterizzati dalla presenza del gruppo funzionale idrossido o ossidrile –OH legato a un atomo di carbonio ibridato *sp*³.

Agli alcoli corrisponde la **formula molecolare** generale:

$$R{-}OH$$

dove R è un gruppo alchilico a catena aperta (saturo o insaturo).

La nomenclatura degli alcoli

Il **nome** degli **alcoli saturi** secondo le regole IUPAC è costituito dal nome dell'alcano corrispondente in cui la desinenza *-o* è sostituita dal suffisso *-olo*. Alcuni alcoli sono noti con il nome tradizionale, costituito dal termine *alcol* seguito dal nome dell'alcano corrispondente in cui la desinenza *-o* è sostituita dal suffisso *-ilico*:

	$CH_3{-}OH$	$CH_3{-}CH_2{-}OH$
nome IUPAC	metanolo	etanolo
nome comune	alcol metilico	alcol etilico

A partire dal terzo termine della serie (propanolo) si verifica l'**isomeria di posizione**: in tal caso il nome del composto deve essere preceduto da un numero che è determinato numerando la catena carboniosa a partire dall'estremità che permette di assegnare al gruppo –OH il numero più piccolo possibile. Il propanolo esiste sotto forma di due isomeri:

C_3H_7OH	$\overset{3}{C}H_3{-}\overset{2}{C}H_2{-}\overset{1}{C}H_2{-}OH$	$\overset{3}{C}H_3{-}\underset{\displaystyle OH}{\underset{\vert}{\overset{2}{C}H}}{-}\overset{1}{C}H_3$
propanolo	1-propanolo	2-propanolo (alcol isopropilico)

Gli alcoli insaturi sono composti nei quali sono presenti il gruppo ossidrile –OH e un legame multiplo (doppio o triplo). Il gruppo ossidrile degli alcoli (desinenza *-olo*) ha la **priorità** sul doppio legame degli alcheni (desinenza *-ene*) e sul triplo legame degli alchini (desinenza *-ino*).

Il **nome** degli **alcoli insaturi** quindi è costituito dal numero che indica la posizione del legame multiplo, seguito dal nome dell'idrocarburo insaturo e dal numero che indica la posizione del gruppo –OH, seguito dal suffisso *-olo*:

$\overset{4}{C}H_2{=}\overset{3}{C}H{-}\underset{\displaystyle OH}{\underset{\vert}{\overset{2}{C}H}}{-}\overset{1}{C}H_3$	$\overset{1}{C}H{\equiv}\overset{2}{C}{-}\underset{\displaystyle OH}{\underset{\vert}{\overset{3}{C}H}}{-}\overset{4}{C}H_2{-}\overset{5}{C}H_3$
3-buten-2-olo	1-pentin-3-olo

Quando nel composto sono presenti dei sostituenti (gruppi alchilici, atomi di alogeni o il radicale fenile), il nome dell'alcol è preceduto dal numero che indica la posizione dei sostituenti e dal nome dei sostituenti:

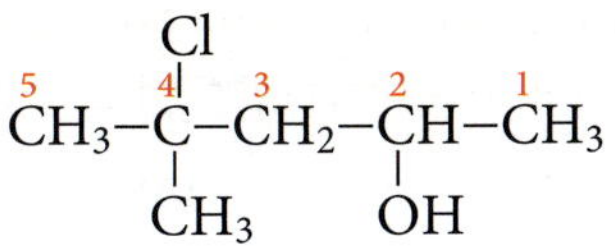

4-cloro-4-metil-2-pentanolo

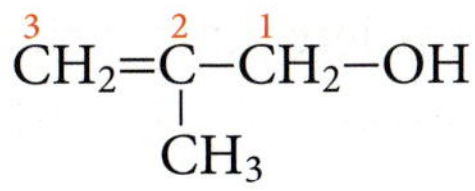

2-metil-2-propen-1-olo

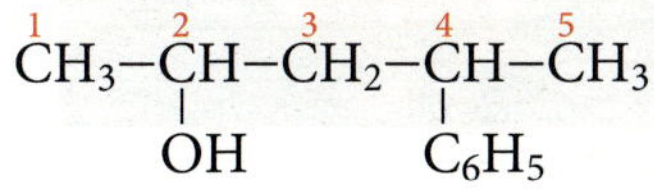

4-fenil-2-pentanolo

PROBLEMA MODELLO

Rappresentare le formule razionali degli alcoli

Rappresenta la formula razionale del seguente composto:

3-bromo-3-metil-2-butanolo

LA SOLUZIONE

Il prefisso *but-* indica quattro atomi di carbonio e la desinenza *-olo* un gruppo –OH; rappresentiamo quindi la catena carboniosa corrispondente sistemando il gruppo –OH nella posizione 2:

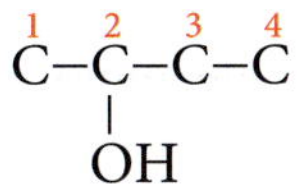

Aggiungiamo i **sostituenti**, l'atomo di bromo e il gruppo metile, nella posizione 3:

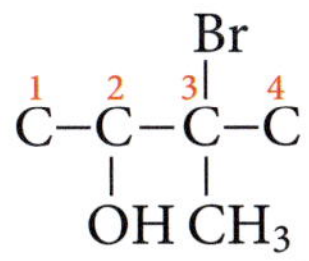

Completiamo la formula del composto aggiungendo l'esatto numero di atomi di idrogeno, tenendo presente che ogni atomo di carbonio forma quattro legami:

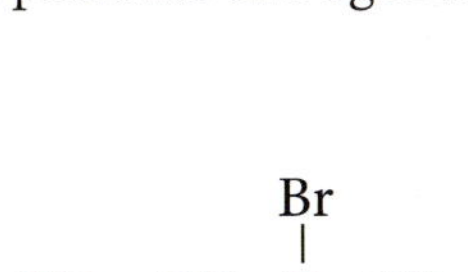

PROBLEMA SIMILE

Rappresenta la formula razionale dei seguenti composti:

a. 3-etil-2-fluoro-5-metil-2-esanolo
b. 2,3-dimetil-3-penten-1-olo
c. 3-bromo-2-fenil-2-butanolo

Figura 3 Il geraniolo I gerani e le rose contengono geraniolo, un alcol primario insaturo.

La classificazione degli alcoli

Gli alcoli si classificano in **primari**, **secondari** e **terziari** a seconda che il gruppo ossidrile –OH sia legato nella catena carboniosa rispettivamente a un atomo di carbonio primario (**figura 3**), secondario o terziario:

$$R{-}CH_2{-}OH \qquad R'{-}\underset{}{\overset{OH}{\overset{|}{C}}}H{-}R'' \qquad R''{-}\underset{\underset{R'''}{|}}{\overset{\overset{R'}{|}}{C}}{-}OH$$

alcol primario — alcol secondario — alcol terziario

6 LA SINTESI DEGLI ALCOLI

A COLPO D'OCCHIO

SINTESI DEGLI ALCOLI
- IDRATAZIONE DEGLI ALCHENI
- RIDUZIONE DI ALDEIDI E CHETONI

Le reazioni di sintesi degli alcoli più comuni sono l'idratazione degli alcheni e la riduzione di aldeidi e chetoni.

La reazione di idratazione degli alcheni

La reazione di **idratazione degli alcheni**, in ambiente acido ricco di H^+, è una reazione di *addizione elettrofila* che porta (in accordo con la regola di Markovnikov) alla formazione di alcoli secondari o terziari (solo con l'addizione di acqua all'etilene si ottiene un alcol primario, l'etanolo).

La reazione di idratazione è rappresentata dalle seguenti equazioni:

$$R{-}CH{=}CH_2 + H_2O \xrightarrow{H^+} R{-}\underset{\underset{OH}{|}}{C}H{-}CH_3$$

alchene monosostituito — alcol secondario

$$R'{-}\overset{\overset{R''}{|}}{C}{=}CH_2 + H_2O \xrightarrow{H^+} R'{-}\underset{\underset{OH}{|}}{\overset{\overset{R''}{|}}{C}}{-}CH_3$$

alchene disostituito — alcol terziario

Per esempio, il 2-butanolo (alcol secondario) è sintetizzato mediante l'idratazione in ambiente acido dell'1-butene:

$$\underset{\text{1-butene}}{CH_3{-}CH_2{-}CH{=}CH_2} + H_2O \xrightarrow{H^+} \underset{\text{2-butanolo}}{CH_3{-}CH_2{-}\overset{\overset{OH}{|}}{C}H{-}CH_3}$$

La reazione di riduzione di aldeidi e chetoni

La reazione di **riduzione di aldeidi** e **chetoni**, in presenza di un *riducente* (simbolo [H]), porta rispettivamente alla formazione di alcoli primari e secondari. La reazione di riduzione è rappresentata dalle seguenti equazioni:

$$\underset{\text{aldeide}}{R{-}CHO} \xrightarrow{[H]} \underset{\text{alcol primario}}{R{-}CH_2{-}OH} \qquad \underset{\text{chetone}}{R{-}\overset{\overset{O}{\|}}{C}{-}R} \xrightarrow{[H]} \underset{\text{alcol secondario}}{R{-}\overset{\overset{OH}{|}}{C}H{-}R}$$

TI RICORDI?

Il **riducente** è una molecola o uno ione (monoatomico o poliatomico) che in una reazione redox cede elettroni o atomi di idrogeno a un ossidante. Il riducente si ossida e di conseguenza il suo numero di ossidazione aumenta.

PER SAPERNE DI PIÙ

Il mentolo: un alcol chirale

Il profumo e l'aroma di menta sono dovuti al **mentolo**, un alcol chirale contenuto nell'olio essenziale dalla *Mentha piperita*, una pianta erbacea aromatica appartenente alla famiglia delle *Lamiaceae*. Esistono varie specie di erbe del genere *Mentha: M. arvensis, M. aquatica, M. spicata* (detta anche *M. viridis*) e *M. piperita*. Ogni specie produce un'essenza aromatica particolare, motivo per cui alcune sono più apprezzate di altre.

Un'**essenza** *è una miscela di sostanze* organiche di varia natura (alcoli, aldeidi, chetoni, esteri) che sono prodotte da un organismo vegetale. Nel momento in cui l'essenza viene estratta dalla pianta prende il nome di olio essenziale.

Le specie di *Mentha* producono essenze a contenuto di mentolo variabile. La menta piperita è la specie di maggior interesse industriale perché il suo olio essenziale possiede un elevato contenuto di mentolo.

L'isomeria nel mentolo

Il mentolo è noto all'uomo fin dall'antichità e veniva utilizzato come erba medicinale già da Egizi, Greci e Romani. La molecola venne però isolata soltanto nel 1771 dal chimico e medico tedesco Hieronymus David Gaubius, che la denominò «*camphora europaea menthae piperitidis*» (canfora europea della menta piperita).

Il mentolo è un alcol caratterizzato dalla presenza di tre centri chirali, che corrispondono ai tre atomi di carbonio dell'anello a cui sono legati i sostituenti (figura). I possibili stereoisomeri del mentolo sono otto ($2^3 = 8$), ma quello che possiede l'odore più intenso e il maggiore potere rinfrescante è il (−)-mentolo, l'alcol con configurazione (1R, 2S, 5R).

Il motivo di questa caratteristica è legata al fatto che i recettori olfattivi del sistema nervoso sono stereoselettivi, cioè l'interazione con le molecole responsabili della profumazione dipende dall'orientazione nello spazio dei legami. Per esempio, il (+)-mentolo è meno rinfrescante e ha un aroma di menta più debole rispetto al (−)-mentolo, mentre il (+)-isomentolo ha l'odore tipico della canfora.

Gli utilizzi del mentolo

L'olio essenziale di menta riveste un ruolo importante nel mercato mondiale poiché è tra gli oli più impiegati nell'industria. Il mentolo viene impiegato in tantissimi settori:

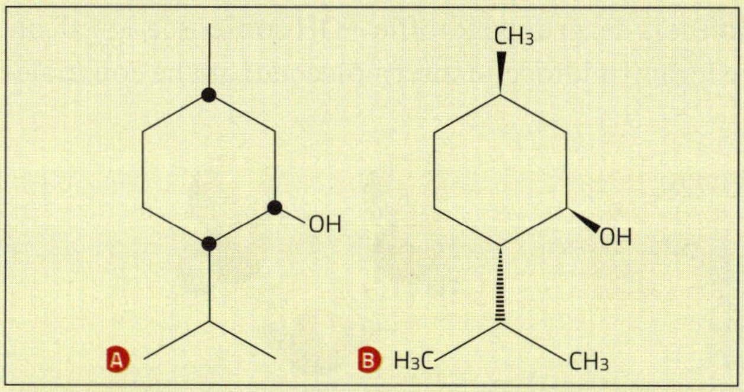

Figura **Il mentolo** I tre centri chirali del mentolo (A) e la struttura del (−)- mentolo (B).

- nell'industria alimentare è utilizzato come additivo in bibite, sciroppi, liquori, chewing-gum e caramelle;
- nel settore cosmetico è usato per aromatizzare dentifrici e prodotti per l'igiene orale, e in detergenti e creme per la sua funzione astringente;
- viene aggiunto nella formulazione dei profumi per conferire freschezza a prodotti destinati ad uso cutaneo;
- è utilizzato come eccipiente nei farmaci, per rendere più gradevole il sapore di alcune medicine;
- ha diverse applicazioni in campo medico come anticongestionante, antinfiammatorio, antisettico bronchiale, come calmante della tosse ed espettorante; inoltre, per la sua azione rinfrescante, è utilizzato anche come coadiuvante in alcune malattie cutanee.

L'azione del mentolo

A che cosa è dovuta la sensazione di fresco che stimola il mentolo? Inizialmente si pensava che questo alcol agisse come rinfrescante provocando un abbassamento della temperatura. Successivamente si è scoperto che il mentolo attiva dei termorecettori, cioè degli specifici recettori nervosi sensibili alla temperatura. Questi appartengono alla famiglia dei canali ionici TRP (*Transient Receptor Potential*), proteine-canale che mediano i segnali nervosi responsabili della percezione del caldo e del freddo.

Il canale specifico responsabile della sensazione psicofisica del freddo è il TRPM8. La sua particolarità consiste nel fatto che è in grado di rispondere sia alle riduzioni di temperatura sia ad alcuni composti chimici, come il mentolo, che generano una sensazione di freschezza. Per questo motivo è anche denominato CMR1 (*Cold and Menthol Receptor 1*), cioè recettore del freddo e del mentolo.

La sintesi industriale

Grazie ai suoi molteplici utilizzi, la richiesta dell'olio essenziale di menta è divenuta nel tempo sempre maggiore. Questo ha fatto nascere l'esigenza di trovare una via di sintesi per produrre industrialmente le molecole contenute negli oli essenziali, in modo da poter sostituire i componenti naturali.

Alla fine dell'Ottocento, il consumo mondiale del mentolo era di circa 100 000 kg all'anno, mentre alla fine del secolo scorso si sono raggiunte le 12 000 tonnellate all'anno.

Non esiste una sola via di sintesi del mentolo, ma ne sono state sviluppate varie a partire da reagenti differenti, per esempio dal *meta*-cresolo, dal mircene, dal citrale e dal limonene. Il problema principale di questi processi è che il prodotto che si vuole ottenere è lo specifico stereoisomero (−)-mentolo, e non gli altri isomeri che hanno caratteristiche organolettiche peggiori. La reazione deve quindi essere controllata per riuscire a essere selettiva verso la produzione dell'isomero di interesse.

Il commercio legato ai prodotti che contengono mentolo produce un giro di affari di circa 300 milioni di dollari. Per questo la ricerca di vie di sintesi alternative e il miglioramento di quelle note sono ancora oggi temi di notevole interesse industriale.

L'etanolo e il 2-propanolo si ottengono rispettivamente per la riduzione dell'etanale e del propanone:

$$\underset{\text{etanale}}{CH_3{-}CHO} \xrightarrow{[H]} \underset{\text{etanolo}}{CH_3{-}CH_2{-}OH} \qquad \underset{\text{propanone}}{CH_3{-}\overset{\overset{\displaystyle O}{\|}}{C}{-}CH_3} \xrightarrow{[H]} \underset{\text{2-propanolo}}{CH_3{-}\overset{\overset{\displaystyle OH}{|}}{C}H{-}CH_3}$$

Come riducenti solitamente si usano il litio alluminio idruro ($LiAlH_4$) e il sodio boridruro ($NaBH_4$). Dato che il doppio legame carbonio-carbonio non viene attaccato da questi idruri, essi possono essere impiegati per ridurre il doppio legame carbonio-ossigeno e ottenere l'alcol, senza ridurre contemporaneamente anche il doppio legame fra gli atomi di carbonio che potrebbe essere presente nello stesso composto, per esempio:

$$\underset{\text{2-butenale}}{CH_3{-}CH{=}CH{-}\overset{\overset{\displaystyle O}{\|}}{C}H} \xrightarrow{NaBH_4} \underset{\text{2-buten-1-olo}}{CH_3{-}CH{=}CH{-}CH_2OH}$$

7 LE PROPRIETÀ FISICHE DEGLI ALCOLI

A temperatura ambiente, i primi dodici termini della serie sono allo stato liquido, i termini superiori allo stato solido.

Negli alcoli, l'elevata differenza di elettronegatività tra l'ossigeno e l'idrogeno del gruppo −OH determina la formazione di due parziali cariche elettriche (negativa sull'atomo di ossigeno e positiva sull'atomo di idrogeno) e, di conseguenza, di legami a idrogeno intermolecolari.

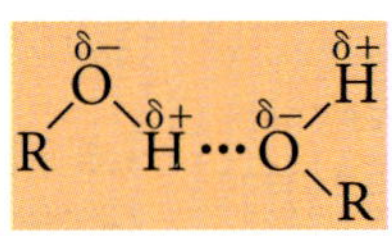

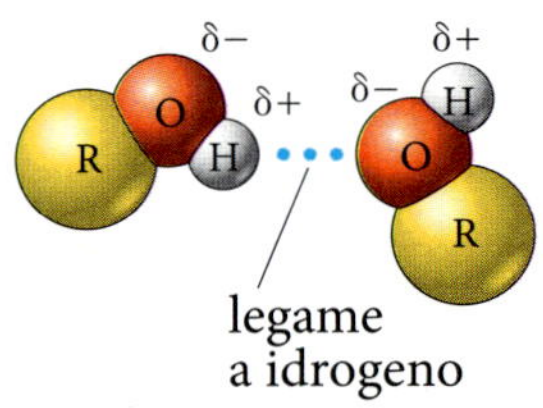

Per la presenza dei legami a idrogeno, gli alcoli hanno **punti di ebollizione** più alti degli idrocarburi, degli alogenuri alchilici e degli eteri aventi massa molecolare corrispondente.

La presenza nella molecola del gruppo idrofilo −OH conferisce agli alcoli la possibilità di formare legami a idrogeno intermolecolari anche con molecole di acqua.

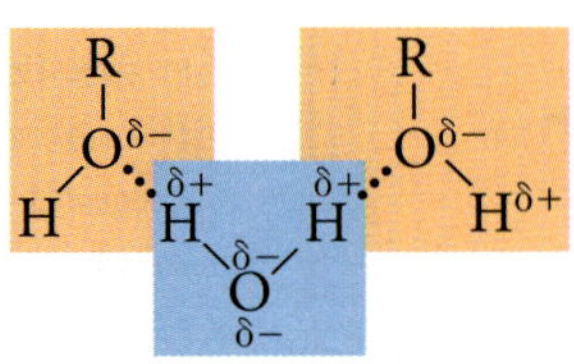

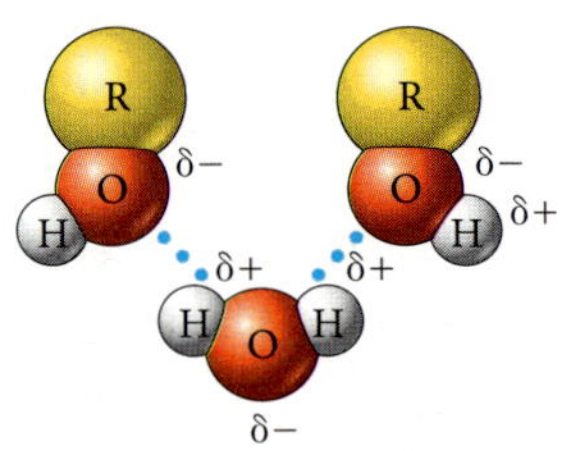

In conseguenza di questi legami, i primi tre termini della serie sono solubili in acqua; aumentando la massa molecolare il gruppo idrofobico (R) prevale sul gruppo idrofilo (–OH) e la solubilità diminuisce: l'alcol esilico è praticamente insolubile (tabella **2**).

Tabella 2 La temperatura di ebollizione e la solubilità in acqua di alcuni alcoli

Nome	Formula razionale	t_e (°C)	Solubilità in acqua
metanolo	CH_3-OH	65	molto solubile
etanolo	CH_3-CH_2-OH	78,5	molto solubile
1-propanolo	$CH_3-CH_2-CH_2-OH$	97	molto solubile
1-butanolo	$CH_3-CH_2-CH_2-CH_2-OH$	117,7	solubile
1-pentanolo	$CH_3-CH_2-CH_2-CH_2-CH_2-OH$	137,9	poco solubile
1-esanolo	$CH_3-CH_2-CH_2-CH_2-CH_2-CH_2-OH$	155,8	insolubile

8 LE PROPRIETÀ CHIMICHE DEGLI ALCOLI

Per la presenza di un legame O–H fortemente polarizzato, gli alcoli (formula molecolare ROH) con basi forti si comportano da **acidi di Brønsted-Lowry**. Gli alcoli cedono infatti uno ione idrogeno H^+ alla base con conseguente formazione di uno ione alcossido RO^- (base coniugata dell'alcol) e dell'acido coniugato della base forte:

$$\underset{A_1}{ROH} + \underset{B_2}{B} \rightleftharpoons \underset{B_1}{RO^-} + \underset{A_2}{BH^+}$$

La forza di un acido in soluzione acquosa si esprime quantitativamente mediante la costante di dissociazione acida K_a, espressa dalla relazione:

$$K_a = \frac{[RO^-]\,[H_3O^+]}{[ROH]}$$

TI RICORDI?

La K_a (costante di dissociazione acida) è data dal rapporto tra il prodotto delle concentrazioni dei prodotti e quello delle concentrazioni dei reagenti (la concentrazione dell'acqua è inclusa nel valore di K_a).

Gli alcoli, come si evidenzia dai valori molto bassi della costante di dissociazione acida K_a, sono acidi molto deboli (tabella **3**).
Dai valori di K_a risulta che gli alcoli primari sono più acidi di quelli secondari

Tabella 3 I valori di K_a per alcuni alcoli

Nome	Formula razionale	Tipo	K_a
etanolo	CH_3-CH_2-OH	primario	$1 \cdot 10^{-16}$
2-propanolo	$CH_3-CH-CH_3$ | OH	secondario	$1 \cdot 10^{-17}$
2-metil-2-propanolo	CH_3 | CH_3-C-CH_3 | OH	terziario	$1 \cdot 10^{-18}$

e questi più acidi di quelli terziari, per cui l'ordine di acidità crescente è il seguente:

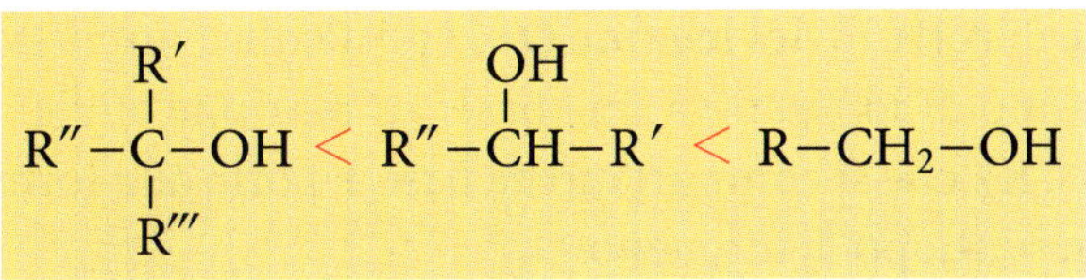

alcol terziario — alcol secondario — alcol primario

La maggiore acidità degli alcoli primari si giustifica con il *minore ingombro sterico* dello ione alcossido (base coniugata dell'alcol). Questo, infatti, idratandosi più facilmente è più stabile dello ione alcossido degli alcoli secondari e terziari con maggiore ingombro sterico.

Se nella molecola dell'alcol sono presenti dei sostituenti, l'acidità, in base al tipo di sostituente, può aumentare o diminuire per **effetto induttivo**. Gli atomi *elettron-attrattori* (alogeni) aumentano l'acidità; i gruppi atomici *elettron-donatori* (gruppi alchilici) diminuiscono l'acidità.

Per la presenza di due doppietti elettronici liberi sull'atomo di ossigeno, gli alcoli si possono comportare anche da **basi di Lewis**, in quanto possono condividere un doppietto elettronico con un protone H^+ o con un altro acido di Lewis.

L'alcol legandosi al protone forma un alcol protonato, che successivamente libera acqua con formazione di un carbocatione (simbolo R^+):

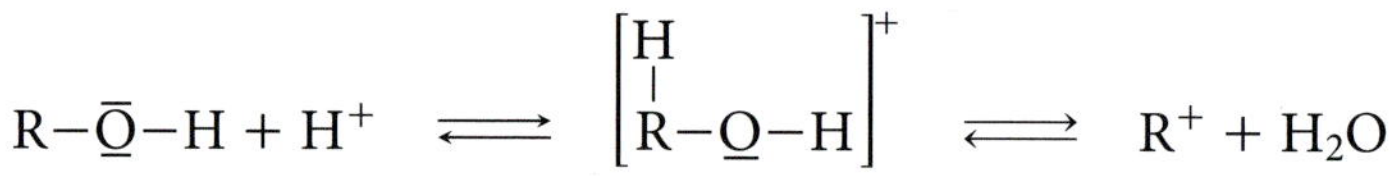

Gli alcoli sono basi molto deboli. Gli alcoli terziari sono più basici di quelli secondari e questi di quelli primari, per cui l'ordine di basicità crescente è il seguente:

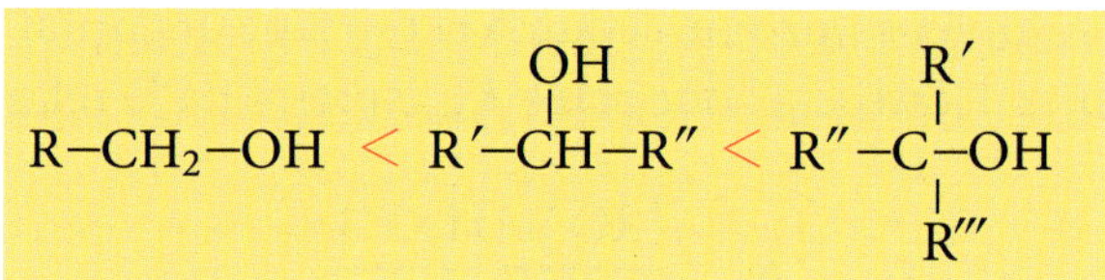

alcol primario — alcol secondario — alcol terziario

La maggiore basicità degli alcoli terziari si giustifica con la maggiore stabilità del carbocatione terziario rispetto al carbocatione secondario e primario.

Gli alcoli, potendosi comportare sia da acidi sia da basi, sono composti **anfoteri**.

TI RICORDI?

Una **base di Lewis** è una molecola o un anione che può condividere un doppietto elettronico con un acido.

LE PAROLE

Con il termine **anfotero** (dal greco: *amphoteros* = l'uno e l'altro) si indicano composti che reagiscono sia con gli acidi sia con le basi. Sono anfoteri l'acqua, l'ammoniaca e gli anioni poliatomici con almeno un atomo di idrogeno.

9 LE REAZIONI DEGLI ALCOLI

Gli alcoli possono dare origine a tre tipi di reazioni: la rottura del legame O—H, la rottura del legame C—O, l'ossidazione di alcoli primari e secondari.

La reazione di rottura del legame O—H

Nella reazione di **rottura del legame O—H** gli alcoli, comportandosi da *acidi*, cedono un atomo di idrogeno a una base. La reazione avviene con metalli alcalini (Li, Na, K), che si comportano da base, e porta alla formazione di sali (alcossidi) con sviluppo di idrogeno:

$$2\,RO{-}H + 2\,Me \longrightarrow 2\,ROMe + H_{2(g)}\uparrow$$

La reazione tra l'alcol etilico e il sodio metallico è rappresentata dall'equazione:

$$2\,CH_3{-}CH_2{-}OH + 2\,Na \longrightarrow \underset{\text{etossido di sodio}}{2\,CH_3{-}CH_2{-}ONa} + H_{2(g)}\uparrow$$

La reazione di rottura del legame C–O

Nella reazione di **rottura del legame C–O** gli alcoli, comportandosi da *base*, in presenza di un catalizzatore acido H^+ accettano uno ione idrogeno.

La reazione più comune di rottura del legame C–O è la reazione di *disidratazione* che avviene in presenza di acido solforico (catalizzatore) e alla temperatura di 180 °C. Si tratta di una reazione di *eliminazione*, usata per la sintesi degli alcheni.

La reazione di disidratazione dell'etanolo è rappresentata dalla seguente equazione:

$$\underset{\text{etanolo}}{\overset{H}{\overset{|}{C}}H_2{-}CH_2{-}OH} \xrightarrow{H^+/180\ °C} \underset{\text{etilene}}{CH_2{=}CH_2} + H_2O$$

A COLPO D'OCCHIO

REAZIONI DEGLI ALCOLI
- ROTTURA LEGAME O–H
- ROTTURA LEGAME C–O
- OSSIDAZIONE DI ALCOLI PRIMARI E SECONDARI

La reazione di ossidazione

Gli alcoli che hanno almeno un atomo di idrogeno legato al carbonio del gruppo ossidrile (alcoli primari e secondari) possono essere ossidati facilmente a composti carbonilici (aldeidi e chetoni). Gli alcoli terziari non danno reazioni di ossidazione.

In una reazione di ossidazione di una molecola organica solitamente *aumenta* il numero di atomi di ossigeno contenuto nella molecola o *diminuisce* il numero di atomi di idrogeno.

Nella reazione di ossidazione, gli alcoli primari e secondari, in presenza di forti ossidanti (simbolo [O]) e in ambiente acido, sono ossidati rispettivamente ad *aldeidi* e *chetoni*.

- La reazione di ossidazione di un **alcol primario** è rappresentata dall'equazione:

$$\underset{\text{alcol primario}}{R{-}CH_2{-}OH} \xrightarrow{[O]} \underset{\text{aldeide}}{R{-}CHO}$$

La reazione di ossidazione dell'1-butanolo è rappresentata dalla seguente equazione:

$$\underset{\text{1-butanolo}}{CH_3{-}CH_2{-}CH_2{-}CH_2{-}OH} \xrightarrow{[O]} \underset{\text{butanale}}{CH_3{-}CH_2{-}CH_2{-}CHO}$$

La reazione di ossidazione di un alcol primario deve essere attentamente controllata perché le aldeidi che si ottengono sono facilmente ossidabili ad acidi carbossilici.

La reazione di ossidazione dell'etanolo si verifica anche nelle cellule epa-

TI RICORDI?

L'**ossidante** è una molecola o uno ione (monoatomico o poliatomico) che in una reazione redox accetta elettroni o atomi di idrogeno da un riducente. L'ossidante si riduce e di conseguenza il suo numero di ossidazione diminuisce.

PER VEDERE LE REAZIONI
video *LabOr*:
Gli alcoli

tiche. La reazione, catalizzata dell'enzima deidrogenasi e dal coenzima NAD^+, porta alla formazione dell'etanale (aldeide acetica):

$$CH_3{-}CH_2{-}OH + NAD^+ \xrightarrow{\text{deidrogenasi}} CH_3{-}CHO + NADH$$

L'acetaldeide prodotta è successivamente ossidata ad acido acetico ($CH_3{-}COOH$) e infine a diossido di carbonio (CO_2) e acqua.

- La reazione di ossidazione di un **alcol secondario** è rappresentata dall'equazione:

$$\underset{\text{alcol secondario}}{R{-}\underset{\displaystyle OH}{\underset{|}{C}}H{-}R'} \xrightarrow{[O]} \underset{\text{chetone}}{R{-}\underset{\displaystyle O}{\underset{||}{C}}{-}R'}$$

PER VEDERE LE REAZIONI
video *LabOr*:
Alcoli primari, secondari e terziari

Per esempio, la reazione di ossidazione del 2-pentanolo è la seguente:

$$\underset{\text{2-pentanolo}}{CH_3{-}\underset{\displaystyle OH}{\underset{|}{C}}H{-}CH_2{-}CH_2{-}CH_3} \xrightarrow{[O]} \underset{\text{2-pentanone}}{CH_3{-}\underset{\displaystyle O}{\underset{||}{C}}{-}CH_2{-}CH_2{-}CH_3}$$

10 I POLIOLI PRESENTANO PIÙ GRUPPI OSSIDRILE

I **polioli** o **alcoli polivalenti** sono composti che derivano dagli alcani per sosituzione di due o più atomi di idrogeno con due o più gruppi ossidrili –OH.

Il **nome** dei polioli secondo le regole IUPAC è costituito dalla radice del nome dell'alcano corrispondente e dal suffisso *-diolo, -triolo, -tetraolo, -pentaolo.* I composti con due gruppi alcolici adiacenti si chiamano comunemente **glicoli**:

LE PAROLE

I **glicoli** (dal greco: *glukus* = dolce) sono sostanze liquide altamente viscose e generalmente dal sapore dolce.

	$CH_2{-}OH$ $\vert$ $CH_2{-}OH$	$CH_2{-}OH$ $\vert$ $CH{-}OH$ $\vert$ $CH_2{-}OH$	$CH_2{-}OH$ $\vert$ $(CH{-}OH)_4$ $\vert$ $CH_2{-}OH$
nome IUPAC	1,2-etandiolo	1,2,3-propantriolo	1,2,3,4,5,6-esanesolo
nome comune	glicole etilenico	glicerolo o glicerina	sorbitolo

Il *glicole etilenico* è il liquido che costituisce il componente antigelo nei radiatori delle automobili (punto di solidificazione uguale a −40 °C) ed è anche il componente di partenza per la preparazione del dacron o terital (poliestere sintetico) usato per ottenere fibre tessili sintetiche.

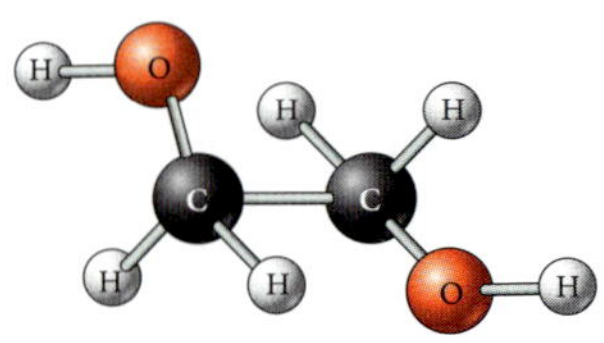

glicole etilenico

Il *glicerolo*, o glicerina, è un liquido incolore, solubile in acqua, molto diffuso nelle cellule dei viventi sotto forma di **trigliceridi**, composti costituiti da una molecola di glicerolo e tre molecole di acidi grassi. Il glicerolo è utilizzato per la preparazione di prodotti cosmetici e farmaceutici (figura 4). Il glicerolo, reagendo con l'acido nitrico, forma la **nitroglicerina**, un potente esplosivo molto sensibile agli urti. La reazione è rappresentata dalla seguente equazione:

$$\begin{array}{l} CH_2{-}OH \\ | \\ CH{-}OH + 3\,HNO_3 \\ | \\ CH_2{-}OH \end{array} \longrightarrow \begin{array}{l} CH_2{-}ONO_2 \\ | \\ CH{-}ONO_2 + 3\,H_2O \\ | \\ CH_2{-}ONO_2 \end{array}$$

La nitroglicerina può essere tuttavia controllata se fatta assorbire da un materiale inerte e poroso: in tal caso si forma la **dinamite**, usata principalmente nelle miniere e nelle demolizioni per l'edilizia (figura 5). Il termine «dinamite» è stato coniato nel 1867 da Alfred Nobel, che ha ideato questo potente esplosivo.

La nitroglicerina, a piccolissime dosi dell'ordine del milligrammo in soluzione alcolica molto diluita, è usata in medicina come vasodilatatore.

Il *sorbitolo* è un composto molto solubile in acqua: per il suo sapore molto dolce è usato nella frutta candita e come sostituto dello zucchero.

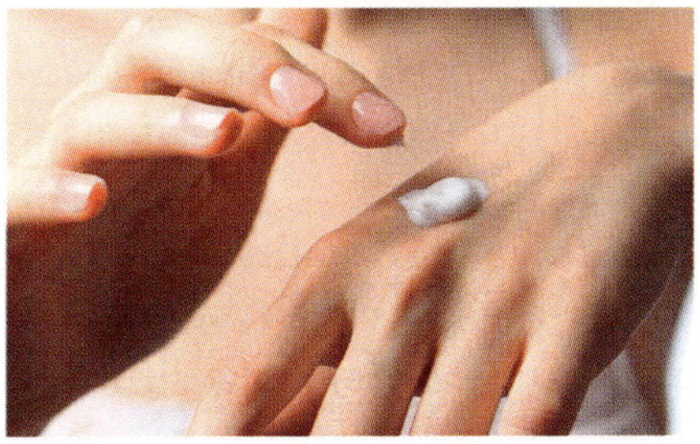

Figura 4 Il glicerolo È impiegato nella preparazione di creme idratanti per le mani.

Figura 5 La nitroglicerina È un potente esplosivo, usato per le demolizioni.

PER SAPERNE DI PIÙ

I **trigliceridi** sono biomolecole che fanno parte della classe dei lipidi; a temperatura ambiente sono distinti secondo il loro stato fisico in *grassi* (stato solido) e *oli* (stato liquido).

11 NEGLI ETERI UN ATOMO DI OSSIGENO È LEGATO A DUE GRUPPI ORGANICI

Gli **eteri** sono composti in cui il gruppo funzionale è un atomo di ossigeno legato a due gruppi organici (alchilici o arilici).

A seconda che all'atomo di ossigeno siano legati due gruppi alchilici o arilici, oppure uno alchilico e uno arilico, le *formule molecolari* generali degli eteri sono le seguenti:

R–O–R′ Ar–O–Ar′ R–O–Ar

Per la presenza sull'atomo di ossigeno di due doppietti elettronici liberi, l'angolo di legame tra i due gruppi alchilici o arilici e l'atomo di ossigeno ha il valore di 110°:

$H_3C{-}\ddot{O}{-}CH_3$ dimetil etere

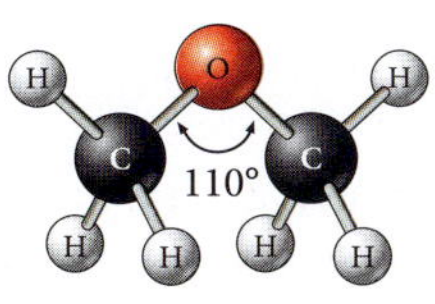

La nomenclatura degli eteri

Gli eteri sono generalmente denominati con un nome comune costituito dai nomi dei due gruppi organici (in ordine alfabetico) seguiti dalla parola *etere*:

$CH_3{-}CH_2{-}O{-}CH_2{-}CH_3$

dietil etere

$CH_3{-}O{-}CH_2{-}CH_3$

etil metil etere

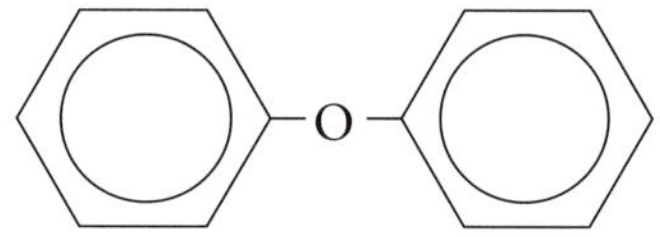

difenil etere

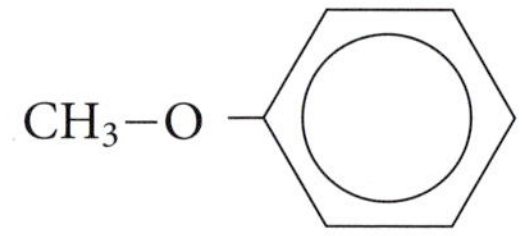

fenil metil etere

Il dietil etere è utilizzato come anestetico in medicina.

12 LE PROPRIETÀ FISICHE DEGLI ETERI

Gli eteri si presentano sotto forma di liquidi, incolori e volatili.

La presenza nella molecola dell'atomo di ossigeno più elettronegativo rispetto ai due atomi di carbonio determina una debole polarità che conferisce agli eteri la possibilità di formare:

- *legami intermolecolari dipolo-dipolo*, per cui i punti di ebollizione sono bassi, simili a quelli degli alcani e molto minori di quelli degli alcoli con massa molecolare analoga;
- *legami a idrogeno* con l'acqua, per cui la loro solubilità è simile a quella degli alcoli con massa molecolare corrispondente, e quindi più elevata di quella degli idrocarburi; la solubilità diminuisce con l'aumentare della massa molecolare (tabella **4**).

Tabella 4 La temperatura di ebollizione e la solubilità in acqua di composti con massa molecolare corrispondente

Nome	Formula razionale	Massa molecolare	t_e (°C)	Solubilità in acqua
1-butanolo	$CH_3{-}CH_2{-}CH_2{-}CH_2{-}OH$	74	118	solubile
dietil etere	$CH_3{-}CH_2{-}O{-}CH_2{-}CH_3$	74	35	solubile
pentano	$CH_3{-}CH_2{-}CH_2{-}CH_2{-}CH_3$	72	32	insolubile

13 LE REAZIONI DEGLI ETERI

Gli eteri, presentando nella loro molecola legami molto forti (legami carbonio-ossigeno e carbonio-idrogeno), sono poco reattivi nei confronti dei reagenti chimici. Tuttavia, in seguito a riscaldamento prolungato in soluzioni acquose concentrate di acidi alogenidrici (HI, HBr), si ha la rottura dei legami carbonio-ossigeno con formazione di un alogenuro alchilico e di un alcol. La reazione è rappresentata dalla seguente equazione:

$$\underset{\text{etere}}{R{-}O{-}R'} + \underset{\text{acido alogenidrico}}{H{-}X_{(aq)}} \xrightarrow{\Delta} \underset{\text{alogenuro alchilico}}{R{-}X} + \underset{\text{alcol}}{R'{-}OH}$$

L'anione alogenuro X^- (I^-, Br^-) si lega al carbonio etereo che presenta minore ingombro sterico. La reazione tra l'etil isopropil etere con una soluzione concentrata di acido iodidrico porta alla formazione dello iodoetano e dell'alcol isopropilico (2-propanolo):

$$(CH_3)_2CH-O-CH_2-CH_3 + HI_{(aq)} \xrightarrow{\Delta} CH_3-CH_2I + (CH_3)_2CH-OH$$

etil isopropil etere — iodoetano — alcol isopropilico

14 GLI EPOSSIDI SONO ETERI CICLICI

Gli **epossidi** o **ossirani** sono eteri ciclici, con un anello a tre termini contenente un atomo di ossigeno.

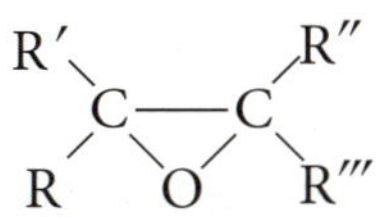

Il termine più semplice è l'ossido di etilene o ossirano:

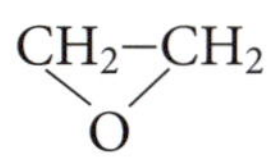

Gli epossidi sostituiti presentano *isomeria geometrica*; per esempio, l'ossido di 2-butene esiste in forma *cis*- e *trans*-:

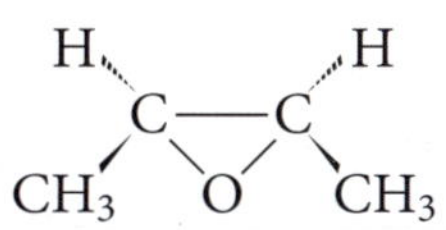

ossido di *cis*-2-butene
(*cis*-2,3-dimetilossirano)

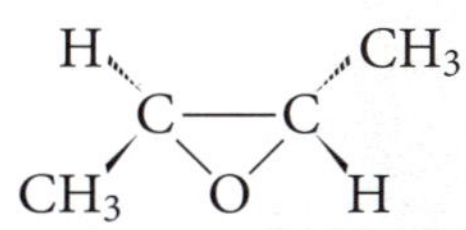

ossido di *trans*-2-butene
(*trans*-2,3-dimetilossirano)

A causa della tensione angolare dell'anello a tre termini, gli epossidi sono molto più reattivi degli eteri a catena aperta e danno prodotti a catena aperta. Per esempio, l'addizione nucleofila dell'acqua, con un catalizzatore acido, produce un 1,2-diolo:

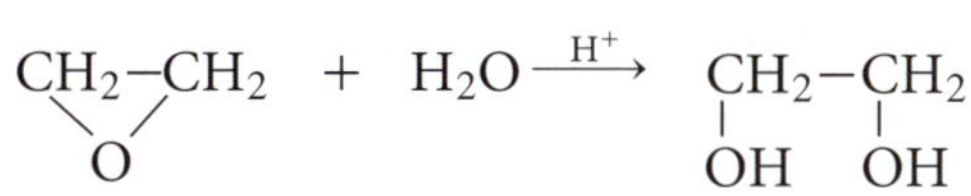

ossido di etilene — glicole etilenico

15 NEI FENOLI IL GRUPPO OSSIDRILICO È LEGATO A UN ANELLO BENZENICO

I **fenoli** sono composti organici con un gruppo idrossido –OH legato direttamente all'anello benzenico.

Ai fenoli corrisponde la formula molecolare generale:

$$Ar-OH$$

Il **nome** dei fenoli secondo le regole IUPAC è costituito dal numero che indica la posizione del sostituente, dal nome del sostituente e dal termine *idrossibenzene*. Sono molto usati anche i nomi comuni, per esempio i metilidrossibenzeni vengono spesso denominati *cresoli*.

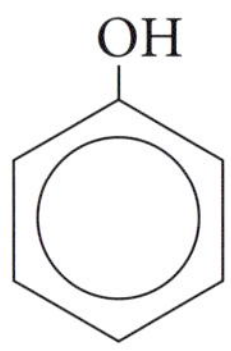
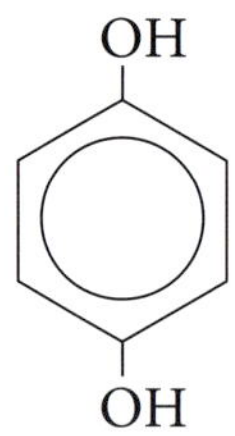
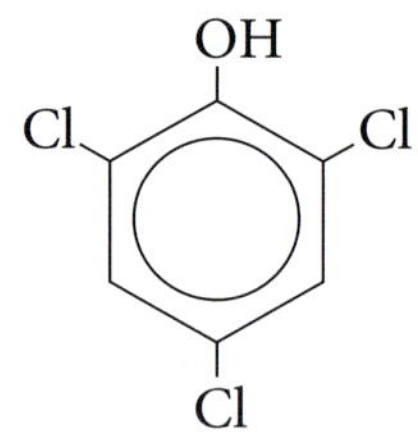
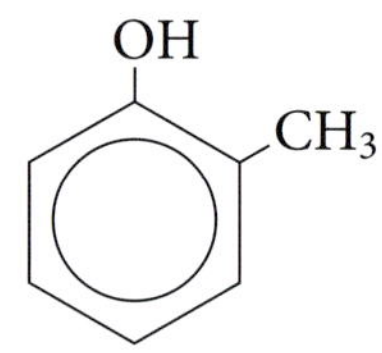

nome comune	fenolo	idrochinone	2,4,6-triclorofenolo	*o*-cresolo
nome IUPAC	idrossibenzene	1,4-diidrossibenzene	2,4,6-tricloroidrossibenzene	2-metilidrossibenzene

CHIMICA VERDE

MTBE: l'etere per la benzina senza piombo

Il **motore a scoppio** fu inventato nel 1876 dall'ingegnere tedesco Nikolaus August Otto, ma venne applicato ai veicoli soltanto un decennio dopo, con alimentazione a **benzina**. In questi motori la combustione della miscela carburante-aria è innescata da una scintilla, cioè in condizioni di funzionamento corretto l'accensione della miscela avviene dopo l'innesco, in particolare nel momento di massima compressione dei gas. Quando però i gas si trovano a pressione elevata può verificarsi una combustione anomala, cioè la miscela si può auto-accendere per effetto dell'alta pressione: questa auto-ignizione è detta **detonazione**.

Nei primi motori a scoppio la combustione incontrollata generava il cosiddetto «battito in testa», un malfunzionamento che provocava problemi al motore e un suo indesiderato surriscaldamento. Agli inizi del Novecento, però, non si era ancora capito quale fosse la vera causa della detonazione, tanto che lo si attribuiva a un problema di natura meccanica.

Il numero di ottano

Thomas Midgley, un ingegnere statunitense, fu il primo a capire agli inizi degli anni Venti che la causa della combustione anomala era legata alle caratteristiche della benzina. Ci si rese conto che la benzina era una miscela complessa la cui composizione doveva essere studiata in stretta relazione con il funzionamento del motore. Si iniziarono così ad aggiungere additivi per migliorare il potere antidetonante del carburante.

Il potere antidetonante di una benzina è misurato dal numero di ottano: maggiore è questo numero, maggiore è la resistenza alla detonazione. In questa scala *è attribuito* valore 0 a una molecola di riferimento con pessimo potere antidetonante (*n*-pentano) e valore 100 a un composto con ottimo potere antidetonante (isoottano).

Il piombo tetraetile

Dopo aver provato migliaia di sostanze, nel 1921 Midgley trovò un additivo che permetteva di raggiungere le prestazioni desiderate a concentrazioni molto basse, il piombo tetraetile $Pb(CH_2{-}CH_3)_4$. Dopo la sua scoperta, la produzione industriale aumentò esponenzialmente, arrivando alla fine degli anni Settanta del secolo scorso a 400 000 tonnellate/anno soltanto negli Stati Uniti.

Già pochi anni dopo il suo utilizzo, ci si accorse che il piombo tetraetile causava seri problemi sanitari a causa della sua tossicità. Che il piombo fosse un metallo nocivo era noto già dall'antichità, soprattutto nelle sue forme di intossicazione acuta, il cosiddetto saturnismo. Il piombo, infatti, è un metallo pesante che si accumula sia nei tessuti minerali (ossa) sia nei tessuti molli (reni, fegato, cervello), causando diverse patologie. Nonostante la sua tossicità, il piombo tetraetile continuò a essere utilizzato fino agli anni Ottanta provocando seri danni all'ambiente e alla salute pubblica.

Se nell'anello benzenico, oltre al gruppo ossidrile –OH, sono presenti anche il gruppo funzionale aldeidico –CHO o carbossile –COOH, il gruppo –OH deve essere considerato un sostituente perché il gruppo funzionale delle aldeidi e degli acidi ha la **priorità** nell'adozione della desinenza:

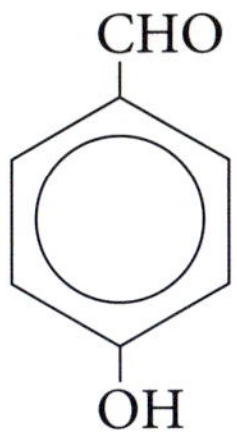

p-idrossibenzaldeide

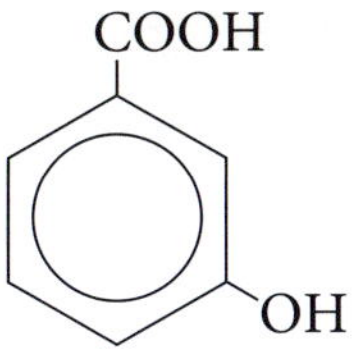

acido *m*-idrossibenzoico

La benzina senza piombo

Finalmente negli anni Ottanta del secolo scorso il piombo tetraetile venne progressivamente eliminato dalle benzine e contemporaneamente furono introdotte le marmitte catalitiche. Oltre al suo effetto nocivo, infatti, il piombo impediva l'utilizzo dei filtri per l'abbattimento degli inquinanti perché ne andava a compromettere la funzione catalitica. Per riuscire a mettere sul mercato la benzina senza piombo l'eliminazione del piombo tetraetile venne compensata con l'aggiunta di altri componenti antidetonanti. Vennero introdotti alcuni composti ossigenati (etanolo, metanolo, isobutanolo, eteri) e alcuni idrocarburi ramificati e aromatici (etilbenzene, toluene).

Tra i composti ossigenati più importanti, il **metil *terz*-butil etere (MTBE)** è l'etere che ha dato una svolta allo sviluppo della benzina «verde» senza piombo (figura A). Le sue proprietà antidetonanti sono dovute al fatto che il legame tra l'ossigeno e il gruppo *terz*-butilico si rompe per scissione omolitica generando dei radicali che bloccano l'auto-accensione della miscela benzina-aria. Come antidetonante l'MTBE presenta diversi vantaggi:

- ha una tossicità molto bassa rispetto ad altri composti ottanizzanti come il piombo tetraetile e il benzene;
- è compatibile con tutti i materiali utilizzati nel motore;
- si riesce a produrre facilmente a e basso costo;
- non ha problemi di miscibilità con l'acqua;
- riduce le emissioni di inquinanti organici presenti nei gas di scarico.

Per queste caratteristiche questo etere è considerato uno dei capostipiti dei *clean fuel*, cioè quei composti chimici che permettono di «pulire» i carburanti, sostituendo componenti inquinanti e nocivi. Tuttora l'MTBE e l'ETBE (etil *terz*-butil etere) sono i principali componenti ottanizzanti della benzina verde, con un contenuto compreso tra il 7 e il 15%.

Tuttavia, anche se l'MTBE ha permesso di sostituire il piombo tetraetile, negli ultimi anni si sta monitorando il suo effetto sull'ambiente. Infatti, a causa della sua elevata solubilità in acqua, l'etere riesce a raggiungere le falde acquifere profonde e vi resta per lungo tempo a causa della sua scarsa degradabilità (figura B). Per questo, sono state emanate delle direttive nazionali (Decreto legislativo 152/2006) in cui si stabilisce un limite di 10 μg/L come concentrazione soglia di rischio dell'MTBE nelle acque sotterranee.

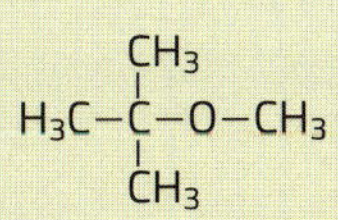

Figura A **La struttura del metil *terz*-butil etere (MTBE).**

Figura B **Le falde acquifere sono un deposito idrico nel sottosuolo che rischia l'inquinamento da MTBE.**

16 LE PROPRIETÀ FISICHE E CHIMICHE DEI FENOLI

Le proprietà fisiche

La presenza nella molecola del gruppo ossidrile —OH conferisce ai fenoli la possibilità di formare legami a idrogeno intermolecolari, per cui i *punti di ebollizione* sono più elevati rispetto agli idrocarburi con massa molecolare corrispondente.

I fenoli possono formare legami a idrogeno intermolecolari anche con l'acqua, ma sono poco solubili per la presenza dell'anello aromatico idrofobico.

Le proprietà chimiche

I fenoli in acqua si comportano da *acidi di Brønsted-Lowry* cedendo all'acqua, che si comporta da base, l'atomo di idrogeno del gruppo —OH sotto forma di ione H^+. Quindi si ha la formazione dello ione fenossido (base coniugata del fenolo) e dello ione ossonio H_3O^+ (acido coniugato dell'acqua).

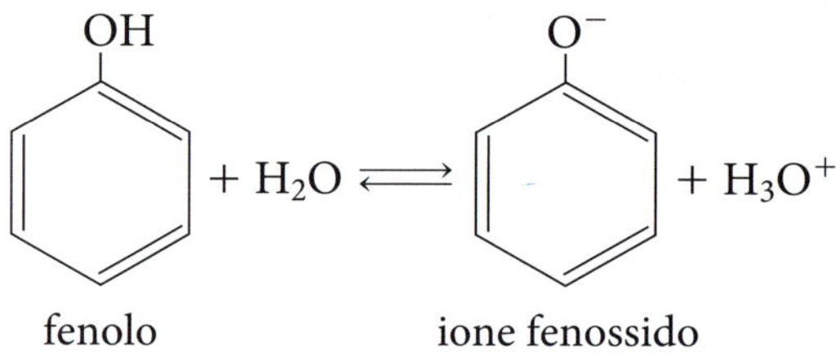

L'acidità dei fenoli è maggiore di quella degli alcoli perché nello ione alcossido R—O⁻ la carica negativa è localizzata sull'atomo di ossigeno. Nello ione fenossido la carica è *delocalizzata* per risonanza nelle posizioni *orto* e *para* dell'anello e questo rende lo ione fenossido più stabile:

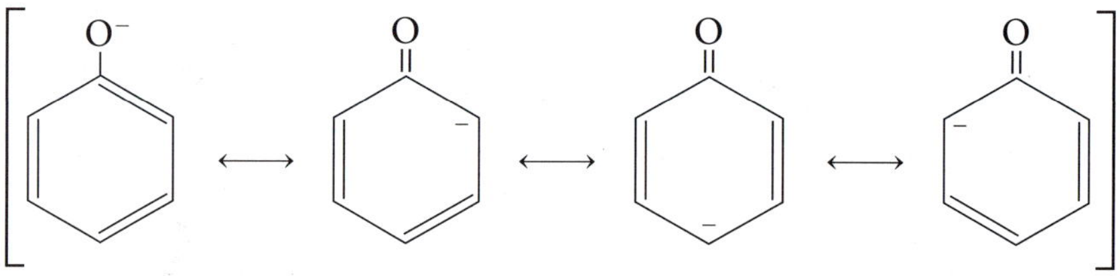

I fenoli **non** hanno comportamento basico, perché la protonazione dell'ossidrile fenolico e la successiva perdita di una molecola di acqua porterebbe alla formazione del *catione fenile*. In tal caso il carbonio positivo dovrebbe essere ibridato *sp* e avere geometria lineare, ma tale geometria è impedita dalla presenza dell'anello benzenico:

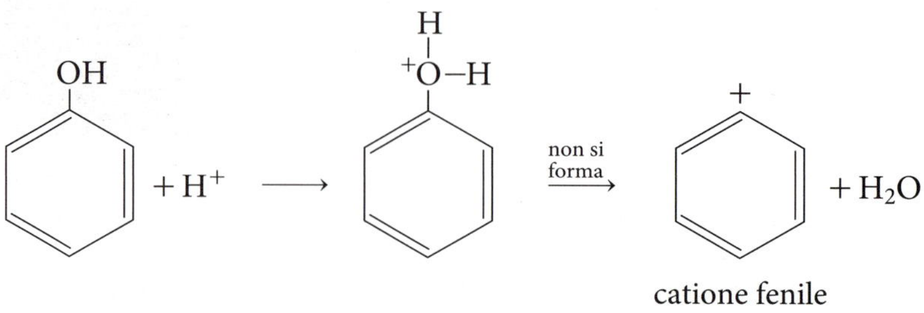

17 LE REAZIONI DEI FENOLI

Dato il loro comportamento acido, i fenoli reagiscono con basi forti (reazione di rottura del legame O—H) per dare composti detti *fenossidi*. La reazione tra il fenolo e l'idrossido di sodio è rappresentata dalla seguente equazione:

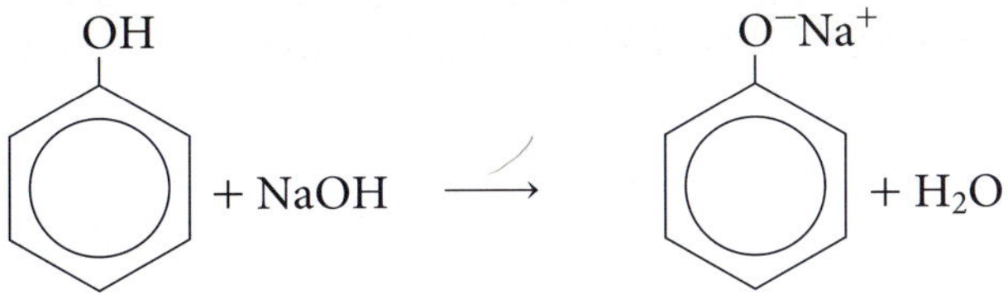

fenolo — fenossido di sodio

I fenoli si ossidano molto facilmente; additivi fenolici con funzione di **antiossidanti** sono usati per proteggere alimenti e oli lubrificanti al fine di evitare alterazioni dovute processi ossidativi. Antiossidanti naturali si trovano in molti alimenti; un composto fenolico molto diffuso negli organismi viventi è la **vitamina E**, che costituisce un antiossidante naturale (figura **6**).

PER VEDERE LE REAZIONI
video *LabOr*:
Fenoli

Figura 6 **La vitamina E** Le mandorle, le noci e le nocciole contengono vitamina E.

18 LE ALDEIDI E I CHETONI CONTENGONO IL GRUPPO CARBONILE

Il gruppo carbonile

Aldeidi e **chetoni** sono composti caratterizzati dalla presenza del gruppo funzionale carbonile, in cui l'atomo di carbonio ibridato sp^2 è legato a un atomo di ossigeno da un doppio legame.

Il **gruppo funzionale carbonile** o carbonilico è costituito da un atomo di carbonio ibridato sp^2 e da un atomo di ossigeno. I tre orbitali ibridi sp^2 sono disposti sul piano (angoli di legame 120°) a formare *legami* σ con i tre atomi legati al carbonio. L'orbitale non ibrido *p* del carbonio e un orbitale *p* dell'ossigeno per sovrapposizione laterale danno origine al *legame* π. Tra il carbonio e l'ossigeno si costituisce così un doppio legame:

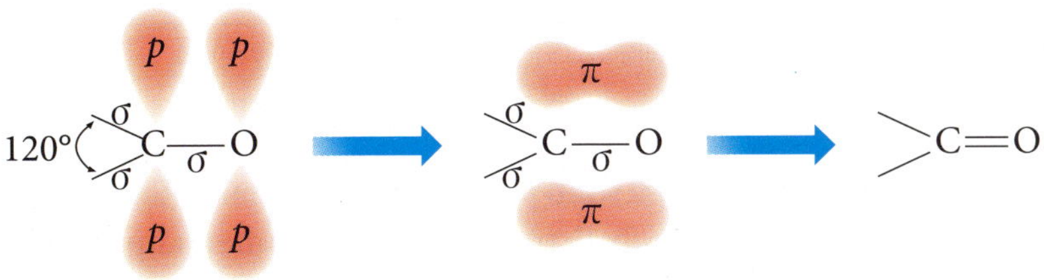

L'ossigeno è più elettronegativo del carbonio, quindi gli elettroni di legame tra il carbonio e l'ossigeno sono spostati verso quest'ultimo. Il legame pertanto risulta fortemente **polare**, con una parziale carica positiva sul carbonio e una parziale carica negativa sull'ossigeno.

La polarizzazione del legame tra il carbonio e l'ossigeno può essere evidenziata mediante due formule limite di risonanza, una neutra e una con due cariche:

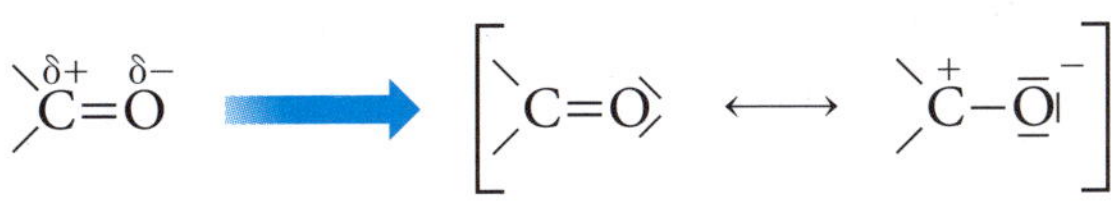

La formula molecolare delle aldeidi e dei chetoni

Nelle **aldeidi** il carbonio del gruppo carbonile è sempre legato a un atomo di idrogeno e a un gruppo alchilico o arilico (nel primo termine della serie alifatica il gruppo alchilico è sostituito da un atomo di idrogeno).

Nei **chetoni** il carbonio del gruppo carbonile è legato a due gruppi alchilici o arilici, oppure uno alchilico e l'altro arilico.

Le formule molecolari generali delle aldeidi e dei chetoni sono pertanto le seguenti:

aldeidi { R−CHO ; Ar−CHO }

chetoni { R−CO−R ; Ar−CO−R ; Ar−CO−Ar }

La nomenclatura delle aldeidi e dei chetoni

Il **nome** delle **aldeidi alifatiche** secondo le regole IUPAC si ottiene sostituendo la desinenza *-o* del nome dell'alcano corrispondente con il suffisso *-ale* (tabella **5**). I primi due termini della serie sono noti con i nomi comuni di formaldeide e acetaldeide:

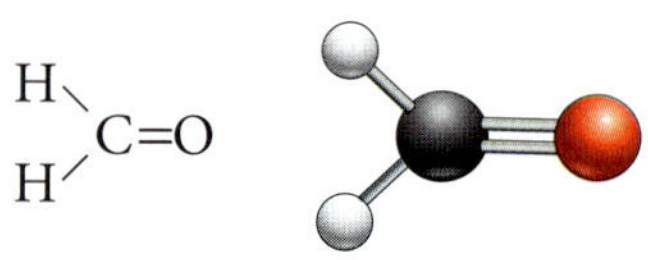

formaldeide

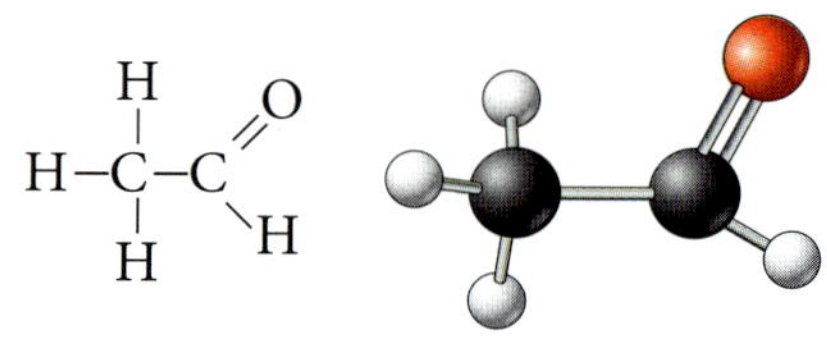

acetaldeide

Tabella 5 La formula razionale e il nome dei primi quattro termini delle aldeidi

Formula razionale	Nome IUPAC	Nome comune
H−CHO	metanale	aldeide formica o formaldeide
CH_3−CHO	etanale	aldeide acetica o acetaldeide
CH_3−CH_2−CHO	propanale	aldeide propionica
CH_3−CH_2−CH_2−CHO	butanale	aldeide butirrica

Quando nella catena carboniosa sono presenti dei sostituenti (i nomi devono essere specificati in ordine alfabetico), la catena va numerata partendo dal carbonio del gruppo carbonile:

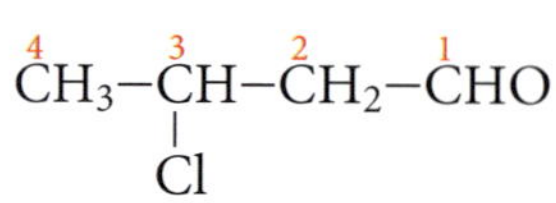

3-clorobutanale

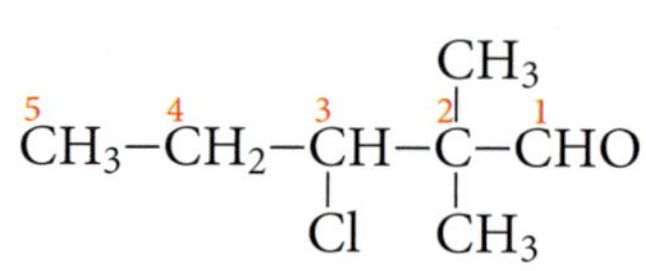

3-cloro-2,2-dimetilpentanale

Se nella catena carboniosa è presente il gruppo idrossido −OH, questo deve essere considerato un sostituente, in quanto il gruppo carbonile ha la priorità nell'adozione del suffisso:

Figura 7 **La benzaldeide** Le mandorle contengono benzaldeide.

$\overset{3}{C}H_3-\overset{2}{C}H(OH)-\overset{1}{C}HO$

2-idrossipropanale

$\overset{4}{C}H_2Cl-\overset{3}{C}H(CH_3)-\overset{2}{C}H(OH)-\overset{1}{C}HO$

4-cloro-2-idrossi-3-metilbutanale

Le **aldeidi aromatiche** sono denominate spesso con nomi comuni; molto note sono la benzaldeide (figura **7**) e l'aldeide salicilica, un suo derivato:

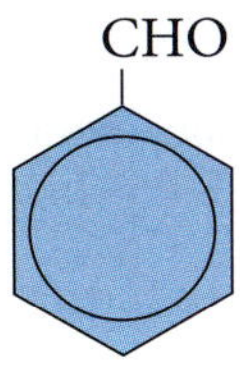

benzaldeide

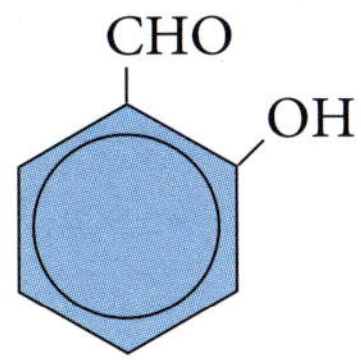

aldeide salicilica

Il **nome** dei **chetoni alifatici** secondo le regole IUPAC si ottiene sostituendo la desinenza *-o* del nome dell'alcano corrispondente con il suffisso *-one*.

Tuttavia è utilizzato anche il nome tradizionale costituito dai nomi dei gruppi alchilici o arilici (denominati in ordine alfabetico) legati al gruppo carbonile e dalla parola *chetone* (tabella **6**). Il primo termine della serie è noto con il nome comune di *acetone* (qui a fianco).

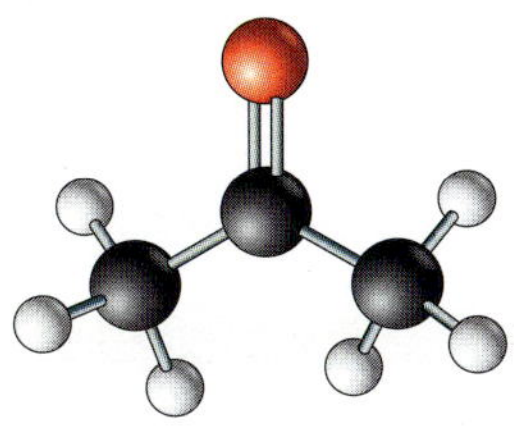

acetone

Tabella 6 **La formula razionale e il nome di alcuni chetoni**

Formula razionale	Nome IUPAC	Nome comune
$CH_3-CO-CH_3$	propanone	dimetil chetone
$CH_3-CO-CH_2-CH_3$	butanone	etil metil chetone
$C_6H_5-CO-C_6H_5$	difenilmetanone	difenil chetone, benzofenone
$C_6H_5-CO-CH_3$	1-feniletanone	fenil metil chetone, acetofenone

A partire dal terzo termine della serie dei chetoni ($n=5$) si ha, relativamente al gruppo carbonile, l'**isomeria di posizione**: si deve pertanto numerare la catena carboniosa partendo dall'estremità più vicina al gruppo carbonile. Il pentanone esiste sotto forma di due isomeri di posizione:

$\overset{5}{C}H_3-\overset{4}{C}H_2-\overset{3}{C}H_2-\overset{2}{C}O-\overset{1}{C}H_3$

2-pentanone

$\overset{5}{C}H_3-\overset{4}{C}H_2-\overset{3}{C}O-\overset{2}{C}H_2-\overset{1}{C}H_3$

3-pentanone

Se nella catena carboniosa sono presenti dei sostituenti la numerazione della catena deve partire dall'estremità più vicina al gruppo carbonile:

$\overset{1}{C}H_3-\overset{2}{C}(=O)-\overset{3}{C}H(Cl)-\overset{4}{C}(CH_3)_2-\overset{5}{C}H_2-\overset{6}{C}H_3$

3-cloro-4,4-dimetil-2-esanone

$\overset{5}{C}H_3-\overset{4}{C}H(CH_3)-\overset{3}{C}H_2-\overset{2}{C}(=O)-\overset{1}{C}H_3$

4-metil-2-pentanone

I **chetoni aromatici** sono denominati spesso con nomi comuni; molto noti sono l'acetofenone (figura **8**) e il benzofenone:

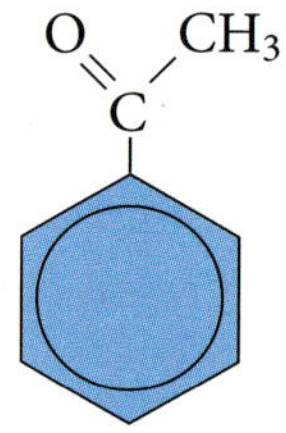

acetofenone
(fenil metil chetone)

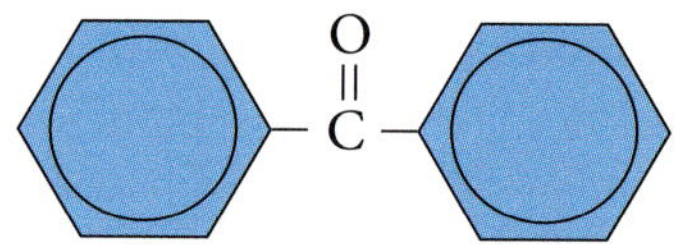

benzofenone
(difenil chetone)

Le aldeidi e i chetoni sono largamente diffusi in natura. Molti di questi composti, avendo aromi e profumi gradevoli, vengono usati per la produzione di cosmetici e di prodotti per la casa come saponi e deodoranti (figura **9**).

Figura 8 **L'acetofenone** Le mele e le albicocche contengono acetofenone.

Figura 9 **Le aldeidi e i chetoni odorosi** I deodoranti per ambienti contengono aldeidi e chetoni.

PER SAPERNE DI PIÙ

Tautomeria cheto-enolica

Le aldeidi e i chetoni che presentano un **atomo di idrogeno in α**, ovvero un atomo di idrogeno legato a un atomo di carbonio (carbonio α) legato al gruppo carbonile:

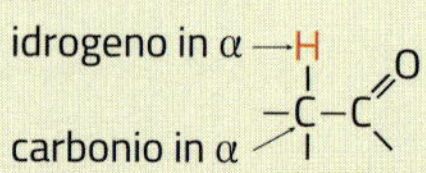

si interconvertono facilmente con il corrispondente enolo (alcol vinilico) stabilendo un **equilibrio cheto-enolico**. La forma *chetonica* (si usa questo termine anche per le aldeidi) e la forma *enolica* differiscono per la posizione di un atomo di idrogeno e di un doppio legame:

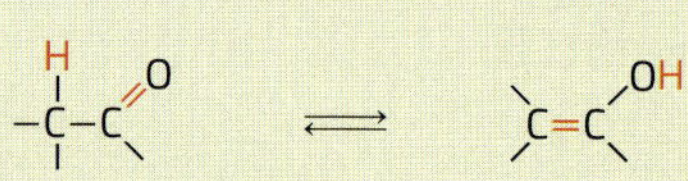

forma chetonica (aldeide o chetone) — forma enolica (enolo)

Il processo di interconversione tra la forma chetonica e quella enolica è un particolare tipo di isomeria di struttura che prende il nome di **tautomeria**. La tautomeria può essere considerata una reazione di equilibrio acido-base intramolecolare. Le due forme (chetonica ed enolica) si chiamano *tautomeri*.

Le aldeidi e i chetoni esistono prevalentemente nella forma *chetonica*. La somma delle energie di legame C=O e del legame C—H nella forma chetonica è maggiore della somma delle energie di legame C=C e del legame O—H della forma enolica e quindi la stabilità della forma chetonica è maggiore:

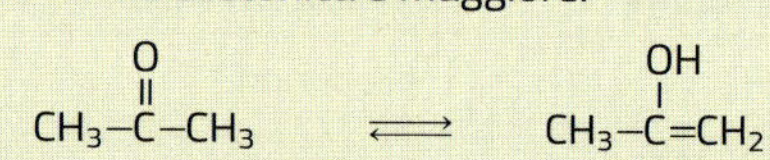

forma chetonica — forma enolica

I fenoli esistono prevalentemente nella forma *enolica*, perché la delocalizzazione elettronica li rende più stabili rispetto alla forma chetonica che non presenta aromaticità:

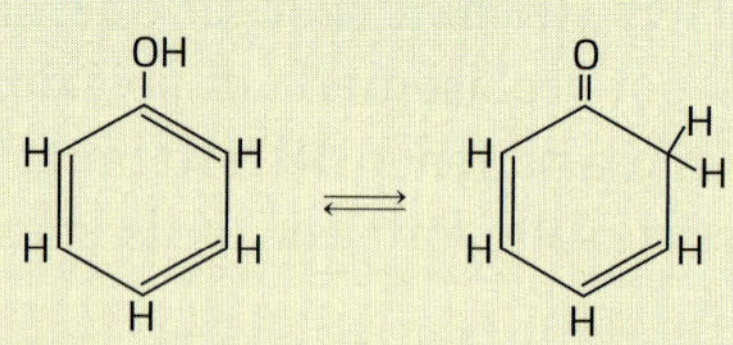

forma enolica — forma chetonica

Trattando i composti carbonilici con basi forti, si possono ottenere soluzioni stabili di ione enolato:

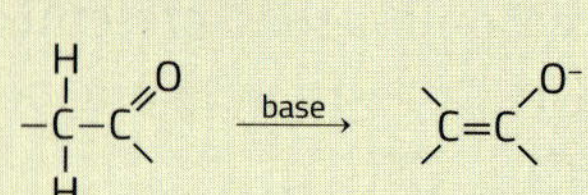

ione enolato

Questi ioni sono buoni nucleofili e rappresentano degli intermedi molto utili in diverse reazioni di sintesi organica.

19 LA SINTESI DELLE ALDEIDI E DEI CHETONI

La reazione di sintesi più comune per ottenere aldeidi e chetoni è l'ossidazione degli alcoli primari e secondari, in presenza di un forte ossidante (simbolo [O]) e in ambiente acido.

La reazione di ossidazione degli alcoli primari

La reazione di **ossidazione degli alcoli primari** porta alla formazione delle *aldeidi*. L'ossidazione dell'1-butanolo che forma il butanale è rappresentata dalla seguente equazione:

$$\underset{\text{1-butanolo}}{CH_3{-}CH_2{-}CH_2{-}CH_2{-}OH} \xrightarrow{[O]} \underset{\text{butanale}}{CH_3{-}CH_2{-}CH_2{-}CHO}$$

A seconda dell'agente ossidante utilizzato, la reazione può arrestarsi all'aldeide oppure proseguire fino ad acido carbossilico, senza la possibilità di isolare l'aldeide intermedia.

La reazione di ossidazione degli alcoli secondari

La reazione di **ossidazione degli alcoli secondari** porta alla formazione dei *chetoni*. Il 2-pentanone si prepara per ossidazione del 2-pentanolo:

$$CH_3{-}CH_2{-}CH_2{-}\underset{\displaystyle OH}{\underset{|}{CH}}{-}CH_3 \xrightarrow{[O]} CH_3{-}CH_2{-}CH_2{-}\underset{\displaystyle O}{\underset{\|}{C}}{-}CH_3$$

2-pentanolo 2-pentanone

LE PAROLE

La **tautomeria** (dal greco: *tautos* = lo stesso e *meros* = parte) è un fenomeno che consiste nella interconversione di due isomeri (tautomeri). Il processo comporta (a differenza della *risonanza*) una variazione nella *configurazione* della molecola.

LE PAROLE

L'**aldeide** (dal latino: *alcool* = alcol e *dehydrogenatum* = deidro) è un composto che si ottiene (in presenza di un ossidante) sottraendo atomi di idrogeno a un alcol.

A COLPO D'OCCHIO

20 LE PROPRIETÀ FISICHE DELLE ALDEIDI E DEI CHETONI

La polarizzazione del doppio legame tra il carbonio e l'ossigeno influenza notevolmente le proprietà fisiche (punti di ebollizione, solubilità) delle aldeidi e dei chetoni.

I composti carbonilici hanno **punti di ebollizione** più alti degli idrocarburi ma più bassi degli alcoli di corrispondente massa molecolare in quanto la polarizzazione del legame carbonio-ossigeno permette la formazione di legami intermolecolari più forti rispetto a quelli che si formano tra le molecole apolari degli idrocarburi, ma più deboli rispetto ai *legami a idrogeno* che si stabiliscono tra le molecole degli alcoli (tabella **7**).

Nome	Formula razionale	Massa molecolare	t_e (°C)
esano	$CH_3{-}CH_2{-}CH_2{-}CH_2{-}CH_2{-}CH_3$	86	
pentanale	$CH_3{-}CH_2{-}CH_2{-}CH_2{-}CHO$	86	102
3-pentanone	$CH_3{-}CH_2{-}CO{-}CH_2{-}CH_3$	86	102
1-pentanolo	$CH_3{-}CH_2{-}CH_2{-}CH_2{-}CH_2OH$	88	118

Tabella 7 La temperatura di ebollizione di composti con massa molecolare corrispondente

I composti carbonilici, pur non potendo formare legami a idrogeno intermolecolari, possono tuttavia, per la polarità del gruppo carbonile, accettare legami a idrogeno dall'acqua; i primi termini delle aldeidi e dei chetoni sono quindi solubili in acqua, ma la solubilità diminuisce all'aumentare della massa molecolare per la prevalenza del gruppo alchilico idrofobico (tabella **8**):

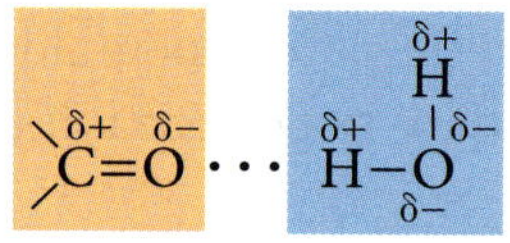

Tabella 8 La solubilità in acqua di alcuni composti carbonilici

Nome	Formula razionale	Solubilità in acqua
metanale	H–CHO	molto solubile
pentanale	$CH_3–CH_2–CH_2–CH_2–CHO$	poco solubile
eptanale	$CH_3–CH_2–CH_2–CH_2–CH_2–CH_2–CHO$	insolubile
propanone	$CH_3–CO–CH_3$	molto solubile
3-esanone	$CH_3–CH_2–CO–CH_2–CH_2–CH_3$	poco solubile
difenilchetone	$C_6H_5–CO–C_6H_5$	insolubile

21 LE REAZIONI DELLE ALDEIDI E DEI CHETONI

A COLPO D'OCCHIO

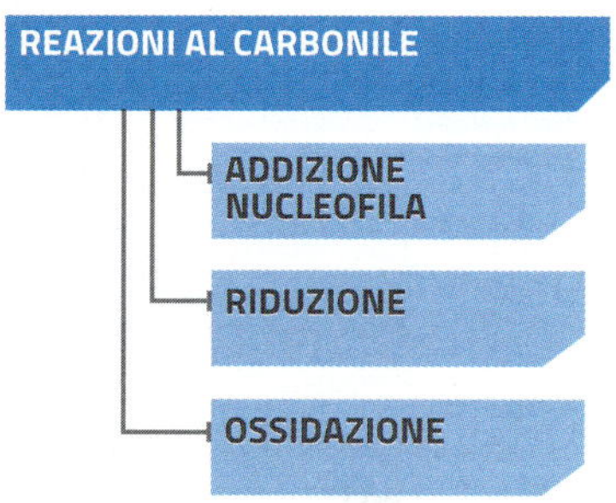

La reattività delle aldeidi e dei chetoni è legata alla presenza del doppio legame tra il carbonio e l'ossigeno ma anche alla sua polarizzazione. Il carbonio, con la sua parziale carica positiva, è un agente elettrofilo e rappresenta di conseguenza un ottimo punto di attacco per agenti nucleofili in reazioni di *addizione nucleofila* con rottura del doppio legame C=O. Inoltre aldeidi e chetoni danno reazioni di *riduzione* e di *ossidazione*.

I chetoni sono meno reattivi delle aldeidi nei confronti dei nucleofili, perché nei chetoni il carbonio carbonilico è legato a due gruppi alchilici: questi rendono più difficile l'attacco di un nucleofilo, a causa del loro ingombro sterico. Essendo elettron-donatori, inoltre, neutralizzano parzialmente la carica δ+ del carbonio, diminuendone la reattività.

PER VEDERE LE REAZIONI
video *LabOr*: Aldeidi e chetoni

La reazione di addizione nucleofila

La reazione più comune di **addizione nucleofila** è la reazione di addizione di alcoli che avviene in presenza di un catalizzatore acido H^+, che protona l'ossigeno ed esalta così il carattere elettrofilo del carbonio carbonilico, convertendone la carica elettrica positiva da parziale a totale. Il catalizzatore acido è necessario perché l'alcol è un nucleofilo debole. Il prodotto della reazione è un *emiacetale* (se il composto carbonilico è un'aldeide) o un *emichetale* (se il composto carbonilico è un chetone). Gli emiacetali e gli emichetali sono composti che presentano sullo stesso atomo di carbonio una funzione alcolica (–OH) e una funzione eterea (–O–):

LE PAROLE

L'**emiacetale** (dal greco: *emi* = metà e *acetum* = acuto) è un composto organico dall'odore pungente che si ottiene per reazione tra una funzione aldeidica e una alcolica.

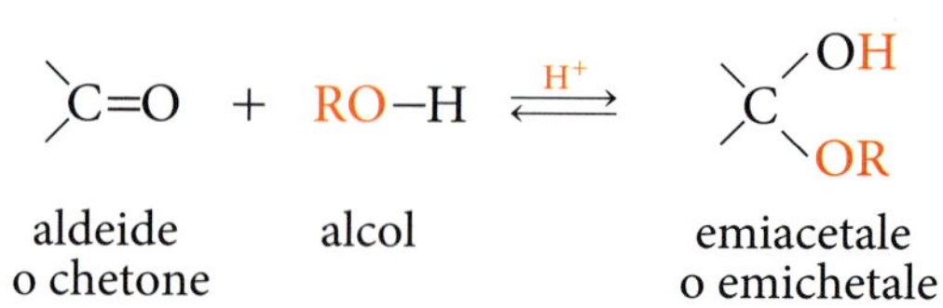

La reazione avviene con un meccanismo in tre stadi successivi, tutti reversibili:

a. nel primo stadio l'ossigeno del carbonile è protonato dal catalizzatore acido H^+;

PER SAPERNE DI PIÙ

L'aroma di vaniglia

Uno degli aromi più utilizzati in campo alimentare è la **vaniglia**, ottenuto da una particolare orchidea tropicale rampicante, la *Vanilla planifolia*. Esistono centinaia di piante del genere *Vanilla*, ma soltanto tre sono di interesse industriale per la qualità dei loro aromi: la *Vanilla pompona*, la *Vanilla tahitensis* e, la più importante, la *Vanilla planifolia*.

La storia della vaniglia

La vaniglia era conosciuta già dagli Aztechi, che la utilizzavano per aromatizzare le bevande. Una delle particolarità di questa pianta è che il suo fiore è fecondabile per un solo giorno, cioè sboccia al mattino e si richiude il pomeriggio, di conseguenza l'impollinazione deve avvenire in un tempo molto ristretto. In Messico, dove la pianta è molto diffusa, la fecondazione avviene per via entomofila a opera delle api del genere *Melipona*. Per questo, quando la vaniglia venne importata in Europa dai conquistatori spagnoli, non si riusciva a portarne avanti la coltivazione, in mancanza degli insetti responsabili dell'impollinazione.

L'impollinazione artificiale fu scoperta soltanto nel 1836 dal botanico belga Charles François Antoine Morren, ma iniziò a diffondersi fuori dai territori dell'America centrale soltanto qualche anno dopo grazie all'idea di Edmund Albius, che trovò il modo di impollinare i fiori servendosi di un ramoscello di bambù. Questo metodo permise la coltivazione su larga scala della vaniglia e la sua diffusione in tutto il mondo. A causa della forma del fiore, l'impollinazione è piuttosto difficile e per questo ancora oggi deve essere fatta manualmente: questo spiega perché il costo della vanillina estratta dai baccelli può raggiungere prezzi molto elevati, anche 3000 dollari al kilogrammo.

Vaniglia e vanillina

Il componente principale della vaniglia è la 4-idrossi-3-metossibenzaldeide comunemente chiamata **vanillina** (figura).

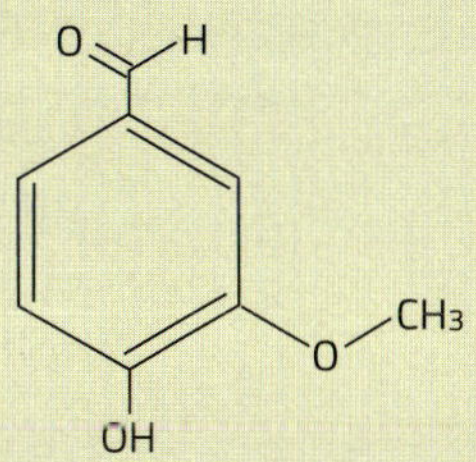

Figura **La struttura chimica della vanillina**

Da un punto di vista chimico è un'aldeide, ma può essere considerata multifunzionale perché presenta anche un anello fenolico. La vanillina è utilizzata sia come aroma sia come profumo: circa due terzi della produzione sono destinati all'industria alimentare, mentre un terzo viene utilizzato come additivo per profumare cosmetici e detergenti.

A causa degli alti costi per la coltivazione e della sempre maggiore richiesta sul mercato, nel XIX secolo sorse l'esigenza di produrre la vanillina per via sintetica, per riuscire a commercializzarla a un prezzo più accessibile. La molecola venne isolata per la prima volta nel 1858 da Nicolas Theodore Gobley, mentre fu sintetizzata in laboratorio qualche decennio dopo da due chimici tedeschi, Ferdinand Tiemamme e Wilhelm Haarmann. La vanillina venne prodotta per la prima volta a partire dalla coniferina, una molecola presente nella resina delle conifere. Dalla prima sintesi nel 1874 a oggi sono stati sviluppati diversi processi partendo da reagenti differenti. Infatti, qualche anno dopo la prima sintesi, si scoprì una via alternativa più vantaggiosa che utilizzava come reagente di partenza l'eugenolo, un fenolo contenuto nell'estratto di chiodi di garofano e nella cannella. Negli anni Trenta invece si passò alla lignina, un composto contenuto nella parete cellulare delle cellule vegetali, utilizzato per la produzione della carta.

Complessivamente, il consumo mondiale di vanillina è di circa 10 000 tonnellate all'anno, ma meno dell'1% è ottenuto dall'estratto naturale. Anche se la vanillina ne è il componente principale, l'estratto di vaniglia contiene molte altre molecole, come l'acido vanillico, il vanillil alcol e la *p*-idrossibenzaldeide. Questo è il motivo per cui la vanillina sintetica non possiede l'aroma «completo» dell'estratto naturale. Tuttavia, essendo molto meno costosa (15 dollari al kilogrammo), è ampiamente utilizzata nell'industria alimentare per aromatizzare prodotti di pasticceria come dolci, gelati e creme.

b. nel secondo stadio l'alcol R—OH attacca il carbonio del carbonile;
c. nel terzo stadio si ha l'eliminazione di un protone H^+.

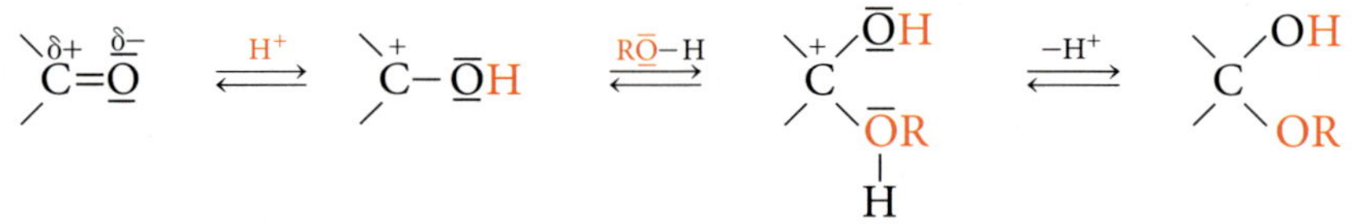

aldeide o chetone — aldeide o chetone protonato — emiacetale o emichetale protonato — emiacetale o emichetale

L'emiacetale o l'emichetale può continuare a reagire con l'alcol (sempre in presenza di un catalizzatore acido H^+) per formare un *acetale* o un *chetale* per eliminazione di acqua. Gli acetali e i chetali sono composti che presentano sullo stesso atomo di carbonio due funzioni eteree:

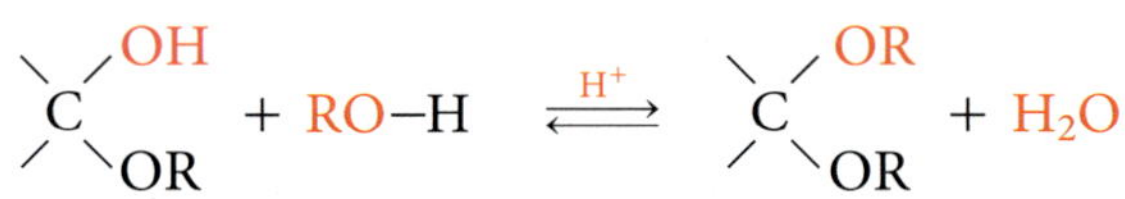

emiacetale o emichetale — alcol — acetale o chetale

Dato che queste reazioni sono reversibili, si può favorire la reazione diretta utilizzando un forte eccesso di alcol o sottraendo l'acqua che via via si forma.

La reazione avviene con un meccanismo a due stadi, entrambi reversibili:

a. nel primo stadio si ha l'attacco del catalizzatore acido H^+ al gruppo —OH dell'emiacetale o emichetale con successiva eliminazione di acqua (*reazione di condensazione*):

emiacetale o emichetale

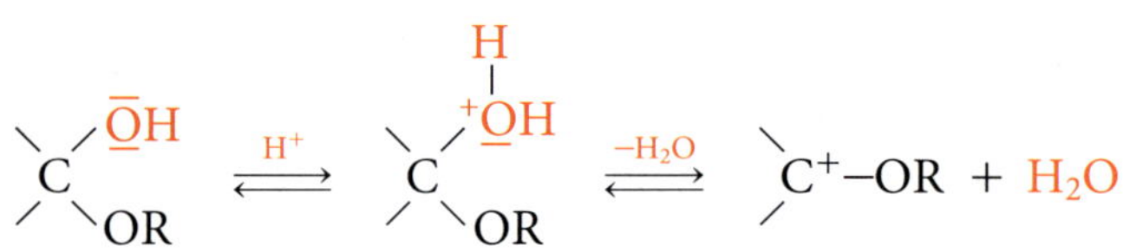

b. nel secondo stadio l'alcol attacca il carbonio carbonilico con successiva eliminazione di un protone:

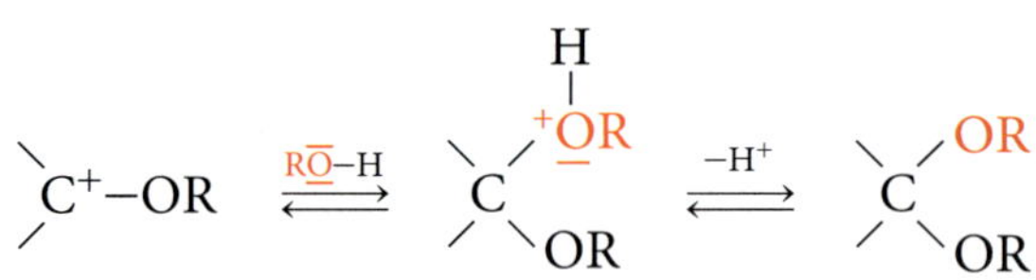

acetale o chetale

In definitiva, l'ossidrile —OH dell'emiacetale o dell'emichetale è stato sostituito dal gruppo alcossido —OR dell'alcol e quindi la reazione è di *sostituzione nucleofila*.

La reazione di riduzione

La reazione di **riduzione** di aldeidi e chetoni con idruri metallici (simbolo [H]) porta rispettivamente alla formazione di *alcol primari* e *alcol secondari*:

$$\underset{\text{aldeide}}{R{-}CHO} \xrightarrow{[H]} \underset{\text{alcol primario}}{R{-}CH_2{-}OH} \qquad \underset{\text{chetone}}{R{-}\overset{\overset{\displaystyle O}{\|}}{C}{-}R} \xrightarrow{[H]} \underset{\text{alcol secondario}}{R{-}\overset{\overset{\displaystyle OH}{|}}{C}H{-}R}$$

TI RICORDI?

La **reazione di condensazione** è una reazione in cui due composti si uniscono con eliminazione di una molecola d'acqua.

A COLPO D'OCCHIO

RIDUZIONE
- DELLE ALDEIDI → ALCOLI PRIMARI
- DEI CHETONI → ALCOLI SECONDARI

Il meccanismo di reazione prevede l'attacco dello ione idruro H^- (nucleofilo) al carbonio carbonilico con conseguente addizione di idrogeno al doppio legame carbonio-ossigeno.

Le reazioni di riduzione del propanale e del propanone sono rappresentate dalle seguenti equazioni:

$$\underset{\text{propanale}}{CH_3-CH_2-CHO} \xrightarrow{[H]} \underset{\text{1-propanolo}}{CH_3-CH_2-CH_2-OH} \qquad \underset{\text{propanone}}{CH_3-CO-CH_3} \xrightarrow{[H]} \underset{\text{2-propanolo}}{CH_3-\underset{\displaystyle OH}{\overset{|}{C}H}-CH_3}$$

La reazione di ossidazione

La reazione di **ossidazione** avviene più facilmente con le aldeidi che con i chetoni, in quanto le aldeidi hanno un atomo di idrogeno facilmente ossidabile legato al gruppo carbonile, mentre i chetoni mancano di tale atomo essendo il carbonio legato a due gruppi alchilici o arilici. L'ossidazione delle aldeidi, in presenza di opportuni ossidanti (simbolo [O]), porta alla formazione degli *acidi carbossilici* corrispondenti:

$$\underset{\text{aldeide}}{R-\overset{\overset{\displaystyle O}{\|}}{C}-H} \xrightarrow{[O]} \underset{\text{acido carbossilico}}{R-\overset{\overset{\displaystyle O}{\|}}{C}-OH}$$

Per esempio, dall'ossidazione dell'acetaldeide si ottiene l'acido acetico (figura **10**):

$$\underset{\text{acetaldeide}}{CH_3-\overset{\overset{\displaystyle O}{\|}}{C}-H} \xrightarrow{[O]} \underset{\text{acido acetico}}{CH_3-\overset{\overset{\displaystyle O}{\|}}{C}-OH}$$

Figura 10 **L'acido acetico** L'aceto è una soluzione costituita da acqua e acido acetico.

I reattivi di Fehling e di Tollens: reazioni di ossidazione per riconoscere le aldeidi

PER VEDERE LE REAZIONI video *LabOr*: Distinguere aldeidi e chetoni

Le aldeidi reagiscono anche con particolari reattivi (**reattivo di Fehling** o **reattivo di Tollens**) utilizzati come saggi di laboratorio per rivelare la presenza del gruppo aldeidico in un composto carbonilico non noto.

a. Il **reattivo di Fehling** (figura **11A** a pagina seguente) è costituito da una soluzione di ioni rame(II) Cu^{2+} di colore azzurro. Gli ioni Cu^{2+} in presenza di un'aldeide, vengono ridotti a ioni rame(I) Cu^+ con formazione di un precipitato (Cu_2O) rosso scuro e dell'acido carbossilico corrispondente. La reazione, in ambiente alcalino, è la seguente:

$$\underset{\text{aldeide}}{R-\overset{\overset{\displaystyle O}{\|}}{C}-H} + \underset{\text{reattivo di Fehling}}{2\,Cu^{2+}_{(aq)}} + 5\,OH^- \longrightarrow \underset{\text{anione dell'acido carbossilico}}{R-\overset{\overset{\displaystyle O}{\|}}{C}-O^-} + \underset{\text{ossido di rame(I)}}{Cu_2O_{(s)}\downarrow} + 3\,H_2O$$

b. Il **reattivo di Tollens** (figura **11B** a pagina seguente) è costituito da una soluzione di ammoniaca (NH_3) contenente ioni argento Ag^+. In presenza di un gruppo aldeidico, gli ioni argento si riducono ad argento metallico

A COLPO D'OCCHIO

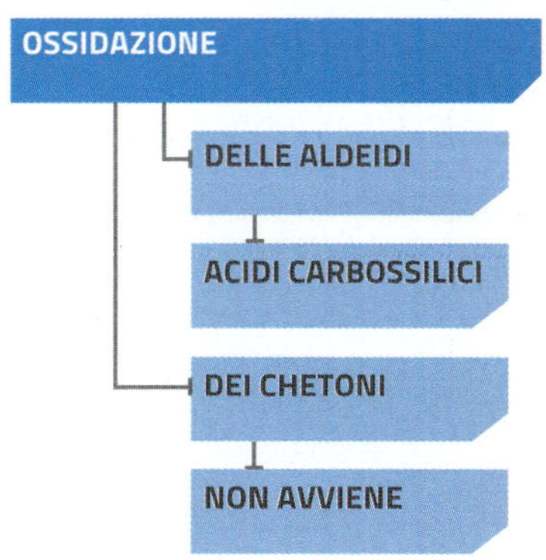

che si deposita sulle pareti della provetta utilizzata per il saggio (*saggio dello specchio d'argento*) e si ha la formazione dell'acido carbossilico corrispondente. La reazione, in ambiente alcalino, è rappresentata dall'equazione:

$$\underset{\text{aldeide}}{R{-}\overset{\overset{\displaystyle O}{\|}}{C}{-}H} + \underset{\text{reattivo di Tollens}}{2\,[Ag(NH_3)_2]^{+}_{(aq)}} + 3\,OH^- \longrightarrow \underset{\text{anione dell'acido carbossilico}}{R{-}\overset{\overset{\displaystyle O}{\|}}{C}{-}O^-} + \underset{\text{argento}}{2\,Ag_{(s)}\downarrow} + 4\,NH_3 + 2\,H_2O$$

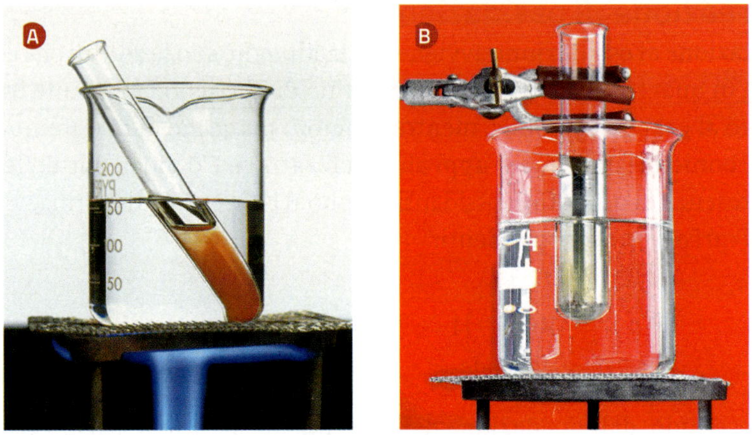

Figura 11 **I saggi di laboratorio che evidenziano la presenza di un gruppo aldeidico** A Il reattivo di Fehling. B Il reattivo di Tollens.

PROBLEMA MODELLO

Rappresentare le reazioni delle aldeidi e dei chetoni

Rappresenta le equazioni delle seguenti reazioni di riduzione specificando il nome dei prodotti:

a. 2,3-diclorobutanale

b. 3-metil-2-pentanone

L'IDEA

Le desinenze *-ale* e *-one* indicano un'aldeide e un chetone e quindi la reazione di riduzione porta rispettivamente alla sintesi di un alcol **primario** e di un alcol **secondario.**

LA SOLUZIONE

Le reazioni sono rappresentate dalle seguenti equazioni:

a. $CH_3{-}CHCl{-}CHCl{-}CHO \xrightarrow{[H]} CH_3{-}CHCl{-}CHCl{-}CH_2OH$

2,3-dicloro-1-butanolo

b. $CH_3{-}CO{-}\underset{\underset{\displaystyle CH_3}{|}}{CH}{-}CH_2{-}CH_3 \xrightarrow{[H]} CH_3{-}\underset{\underset{\displaystyle OH}{|}}{CH}{-}\underset{\underset{\displaystyle CH_3}{|}}{CH}{-}CH_2{-}CH_3$

3-metil-2-pentanolo

PROBLEMA SIMILE

Rappresenta le equazioni delle seguenti reazioni:

a. riduzione del 2-pentanone

b. ossidazione del 3,3-dibromoesanale

22 GLI ACIDI CARBOSSILICI CONTENGONO DUE GRUPPI FUNZIONALI

Il gruppo carbossilico

Gli **acidi carbossilici** sono composti organici caratterizzati dal gruppo funzionale carbossilico costituito a sua volta da due gruppi funzionali: il gruppo carbonile >CO e il gruppo ossidrile –OH.

L'atomo di carbonio è ibridato sp^2; i tre orbitali ibridi sp^2 (disposizione planare, angoli di legame di 120°) formano tre *legami* σ, l'orbitale non ibrido *p* si sovrappone lateralmente con un orbitale *p* dell'ossigeno carbonilico formando un *legame* π.

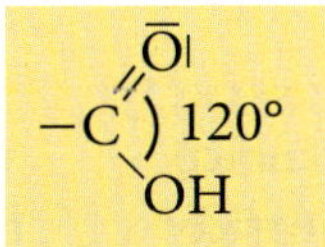

gruppo carbossilico

LE PAROLE

Il termine **carbossile** deriva dalle radici dei nomi dei due gruppi funzionali (*carbo*nile e *oss*idrile) che lo costituiscono.

La formula molecolare degli acidi carbossilici

A seconda che l'atomo di carbonio del gruppo carbossilico sia legato a un gruppo alchilico R o arilico Ar, gli acidi carbossilici si distinguono in alifatici e aromatici.

Le **formule molecolari** generali degli acidi carbossilici sono le seguenti:

R–COOH — acido alifatico

Ar–COOH — acido aromatico

Nel primo termine della serie alifatica, l'acido formico H–COOH, il gruppo alchilico R è sostituito da un atomo di idrogeno.

La nomenclatura degli acidi carbossilici

Il **nome** degli **acidi carbossilici alifatici** secondo le regole IUPAC è costituito dal termine *acido* e dal nome dell'alcano corrispondente in cui la desinenza *-o* è sostituita dal suffisso *-oico*; nel nome *comune* la desinenza *-o* è sostituita dal suffisso *-ico* (tabella **9**). Molti nomi comuni derivano da parole latine che documentano la fonte naturale da cui l'acido è stato isolato (figura **12**).

Figura 12 Le capre producono gli acidi capronico, caprilico e caprinico.

Tabella 9 La formula razionale e il nome dei primi sei termini degli acidi carbossilici alifatici

Formula razionale	Nome IUPAC	Nome comune
H–COOH	acido metanoico	acido formico
CH_3–COOH	acido etanoico	acido acetico
CH_3–CH_2–COOH	acido propanoico	acido propionico
CH_3–CH_2–CH_2–COOH	acido butanoico	acido butirrico
CH_3–CH_2–CH_2–CH_2–COOH	acido pentanoico	acido valerianico
CH_3–CH_2–CH_2–CH_2–CH_2–COOH	acido esanoico	acido capronico

Quando nella catena carboniosa vi sono dei sostituenti, la loro posizione è precisata:

- nel nome **IUPAC** da un *numero*, determinato numerando la catena carboniosa a partire dal gruppo funzionale;

- nel nome **comune** da una *lettera* dall'alfabeto greco, considerando il carbonio α (alfa) quello *adiacente* al carbonio del gruppo funzionale:

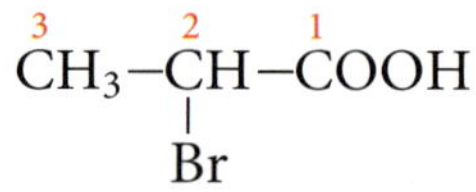
acido 2-bromopropanoico

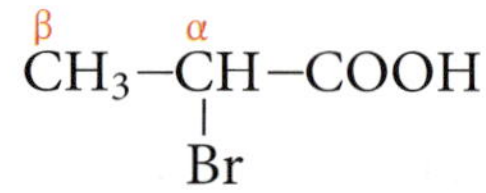
acido α-bromopropionico

Se nella catena carboniosa vi sono il gruppo *idrossido* –OH e il gruppo *carbonile* >CO, questi devono essere considerati dei sostituenti, in quanto il gruppo carbossilico ha la **priorità** nell'adozione della desinenza (il gruppo carbonile è denominato con il prefisso *-osso*):

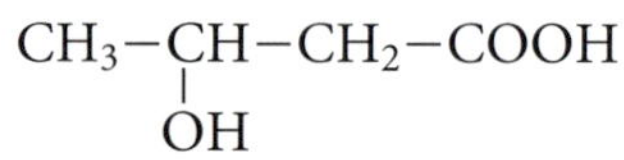

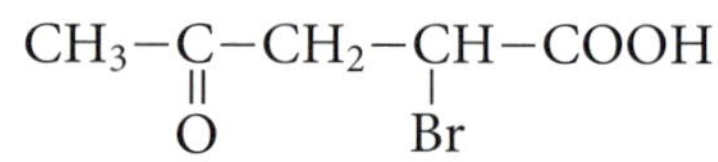

nome IUPAC	acido 3-idrossibutanoico	acido 2-bromo-4-ossopentanoico
nome comune	acido β-idrossibutirrico	acido α-bromo-γ-ossovalerianico

Gli acidi carbossilici alifatici con un numero pari di atomi di carbonio uguale o superiore a 12 si chiamano **acidi grassi**. Questi si distinguono in *saturi*, *insaturi* e *polinsaturi* a seconda che nella catena carboniosa siano presenti solo legami semplici carbonio-carbonio, un legame doppio carbonio-carbonio o due o più legami doppi carbonio-carbonio. Gli acidi grassi insaturi hanno configurazione *-cis*, ovvero hanno due atomi di idrogeno legati ai due atomi di carbonio del doppio legame dalla stessa parte:

$CH_3(CH_2)_{14}COOH$
acido palmitico

$CH_3(CH_2)_7CH{=}CH(CH_2)_7COOH$
acido oleico

Figura 13 L'acido benzoico I mirtilli rossi contengono acido benzoico.

Quando sono combinati con il glicerolo, gli acidi grassi formano i **trigliceridi**, distinti in *grassi* (stato fisico solido) e *oli* (stato fisico liquido).

Gli **acidi carbossilici aromatici** sono denominati con nomi comuni (figura **13**).

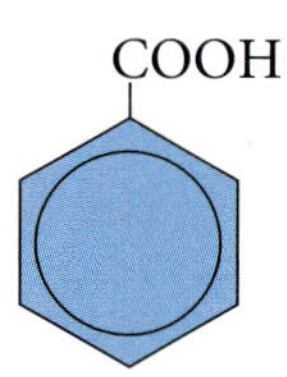
acido benzoico

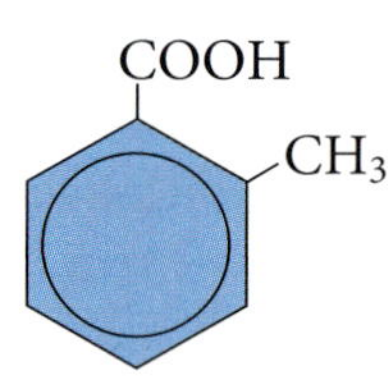
acido *o*-toluico

23 LA SINTESI DEGLI ACIDI CARBOSSILICI

A COLPO D'OCCHIO

SINTESI DEGLI ACIDI CARBOSSILICI
- OSSIDAZIONE DI ALCOLI PRIMARI
- OSSIDAZIONE DI ALDEIDI

La reazione di sintesi più comune per ottenere gli acidi carbossilici è l'ossidazione di alcoli primari e di aldeidi che avviene in presenza di forti ossidanti (simbolo [O]) e in ambiente acido.

a. La reazione di **ossidazione di un alcol primario** porta prima alla formazione di un'aldeide e successivamente di un acido carbossilico:

$$\underset{\text{alcol primario}}{R-CH_2-OH} \xrightarrow{[O]} \underset{\text{aldeide}}{R-CHO} \xrightarrow{[O]} \underset{\text{acido carbossilico}}{R-COOH}$$

L'acido propionico si prepara dall'ossidazione dell'1-propanolo:

$$\underset{\text{1-propanolo}}{CH_3-CH_2-CH_2-OH} \xrightarrow{[O]} \underset{\text{propanale}}{CH_3-CH_2-CHO} \xrightarrow{[O]} \underset{\text{acido propionico}}{CH_3-CH_2-COOH}$$

b. La reazione di **ossidazione di un'aldeide** è rappresentata della seguente equazione:

$$\underset{\text{aldeide}}{R-CHO} \xrightarrow{[O]} \underset{\text{acido carbossilico}}{R-COOH}$$

24 LE PROPRIETÀ FISICHE E CHIMICHE DEGLI ACIDI CARBOSSILICI

Le proprietà fisiche

A temperatura ambiente i primi quattro termini degli acidi carbossilici sono allo stato liquido, i termini superiori sono allo stato solido.

Il gruppo ossidrile $-OH$ consente agli acidi carbossilici di formare legami a idrogeno intermolecolari, per cui i **punti di ebollizione** sono più alti di quelli degli idrocarburi e degli alcoli aventi massa molecolare corrispondente:

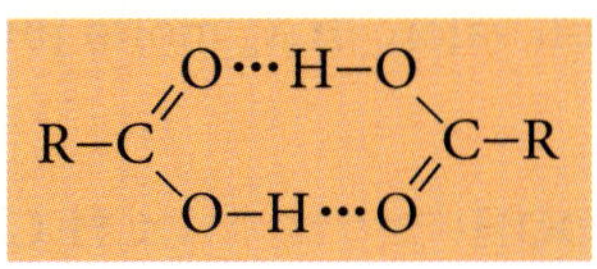

Gli acidi carbossilici formano legami a idrogeno intermolecolari anche con l'acqua e quindi i primi quattro termini della serie sono **solubili** in acqua.

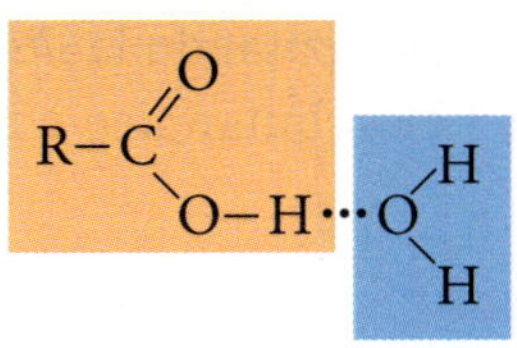

La solubilità diminuisce all'aumentare della massa molecolare per il prevalere del gruppo idrofobico R sul gruppo idrofilo $-OH$ (tabella **10**).

Tabella 10 La temperatura di ebollizione e la solubilità in acqua di alcuni acidi carbossilici

Nome IUPAC	Formula razionale	Massa molecolare	t_e (°C)	Solubilità
acido metanoico	$H-COOH$	46	101	molto solubile
acido esanoico	$CH_3-(CH_2)_4-COOH$	116	205	poco solubile
acido decanoico	$CH_3-(CH_2)_8-COOH$	172	270	insolubile

Le proprietà chimiche

Gli acidi carbossilici, in acqua, si comportano da acidi di Brønsted-Lowry cedendo un protone H^+ all'acqua, che accettandolo si comporta da base, con formazione di un anione carbossilato $R-COO^-$ (base coniugata dell'acido) e dello ione ossonio H_3O^+ (acido coniugato dell'acqua):

$$\underset{A_1}{R-COOH_{(aq)}} + \underset{B_2}{H_2O_{(l)}} \rightleftarrows \underset{B_1}{R-COO^-_{(aq)}} + \underset{A_2}{H_3O^+_{(aq)}}$$

TI RICORDI?

Un **acido** è una sostanza che in acqua si dissocia liberando ioni idrogeno (Arrhenius), cede un protone (Brønsted e Lowry), accetta un doppietto elettronico (Lewis).

TI RICORDI?

La **forza di un acido** si esprime mediante la costante di dissociazione acida K_a.

$$K_a = \frac{[RCOO^-]\,[H_3O^+]}{[RCOOH]}$$

Gli acidi carbossilici, come si evidenzia dai valori molto bassi della costante di dissociazione acida (K_a), sono **acidi deboli**, ovvero poco dissociati, e quindi con l'equilibrio molto spostato a sinistra (tabella **11**).

Tabella 11 I valori di K_a per alcuni acidi carbossilici

Nome	Formula razionale	K_a
acido metanoico	H–COOH	$2{,}1 \cdot 10^{-4}$
acido etanoico	CH_3–COOH	$1{,}8 \cdot 10^{-5}$
acido cloroetanoico	CH_2Cl–COOH	$1{,}5 \cdot 10^{-3}$

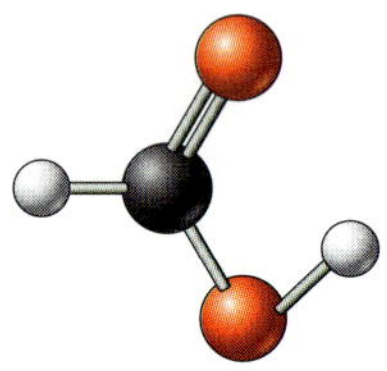

acido formico

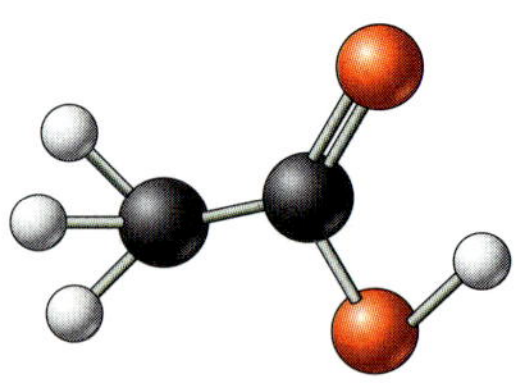

acido etanoico

Se nella molecola dell'acido sono presenti dei sostituenti (gruppi metilici, alogeni), per *effetto induttivo* l'acidità può diminuire o aumentare dipendentemente dalla natura del sostituente.

La presenza di gruppi metilici, essendo questi *elettron-donatori*, diminuisce l'acidità (l'acido etanoico è meno acido dell'acido metanoico o acido formico):

CH_3–COOH < H–COOH

acido etanoico ($K_a = 1{,}8 \cdot 10^{-5}$) < acido metanoico ($K_a = 2{,}1 \cdot 10^{-4}$)

La presenza di alogeni, essendo questi *elettron-attrattori*, aumenta l'acidità: l'acido cloroetanoico ha un valore di K_a molto più alto di quello dell'acido etanoico:

CH_3–COOH < CH_2Cl–COOH

acido etanoico ($K_a = 1{,}8 \cdot 10^{-5}$) < acido cloroetanoico ($K_a = 1{,}5 \cdot 10^{-3}$)

L'effetto induttivo *diminuisce* aumentando la *distanza* tra il sostituente e il gruppo funzionale. L'acido 3-clorobutanoico è molto meno acido rispetto all'acido 2-clorobutanoico:

CH_3–CH(Cl)–CH_2–COOH < CH_3–CH_2–CH(Cl)–COOH

acido 3-clorobutanoico ($K_a = 8{,}9 \cdot 10^{-5}$) < acido 2-clorobutanoico ($K_a = 1{,}4 \cdot 10^{-3}$)

TI RICORDI?

La **forza di un acido** è tanto maggiore quanto più debole è la sua base coniugata, ovvero tanto più l'equilibrio di dissociazione è spostato a destra.

L'acidità degli acidi carbossilici è tuttavia *maggiore* di quella degli alcoli. L'acido etanoico, o acido acetico, ha infatti una costante di dissociazione acida ($K_a = 1{,}8 \cdot 10^{-5}$) molto più alta di quella dell'alcol etilico, o etanolo ($K_a = 1 \cdot 10^{-16}$).

La maggiore acidità dell'acido etanoico rispetto all'etanolo si giustifica tenendo presente che la carica negativa nell'anione etossido (base coniugata dell'etanolo) è localizzata solo su *un atomo di ossigeno*, mentre nell'anione etanoato (base coniugata dell'acido etanoico) è delocalizzata per **risonanza** su *due atomi di ossigeno* rendendolo pertanto più stabile:

CH_3–CH_2–O^-

ione etossido

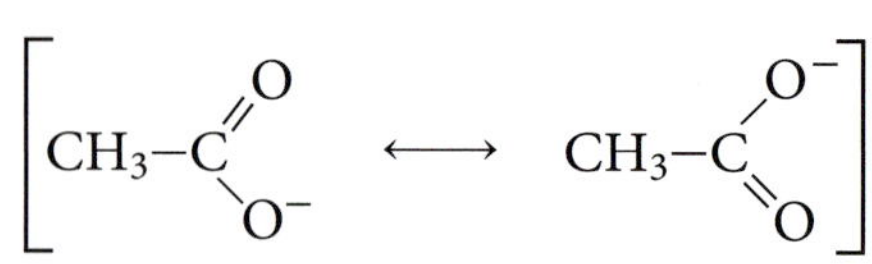

ione etanoato

PROBLEMA MODELLO

Giustificare l'acidità degli acidi organici

Giustifica l'acidità dell'acido benzoico ($K_a = 6{,}6 \cdot 10^{-5}$) e dei suoi cloro derivati, l'acido *o*-clorobenzoico ($K_a = 12{,}5 \cdot 10^{-4}$), l'acido *m*-clorobenzoico ($K_a = 1{,}6 \cdot 10^{-4}$) e l'acido *p*-clorobenzoico ($K_a = 1{,}0 \cdot 10^{-4}$).

LA SOLUZIONE

Nell'acido *o*-clorobenzoico la presenza dell'atomo di cloro, essendo questo **elettron-attrattore**, determina per **effetto induttivo** un aumento dell'acidità, che quindi è maggiore di quella dell'acido benzoico:

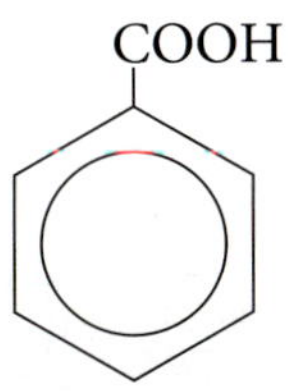

acido
benzoico

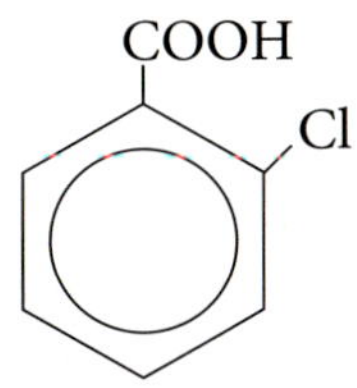

acido
o-clorobenzoico

Nell'acido *m*-clorobenzoico e *p*-clorobenzoico i valori di acidità sono minori in quanto il sostituente, l'atomo di cloro, è più distante dal gruppo carbossilico e quindi l'effetto induttivo diminuisce:

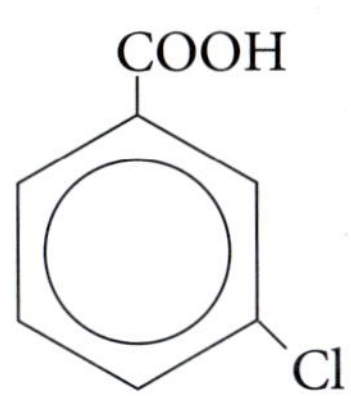

acido
m-clorobenzoico

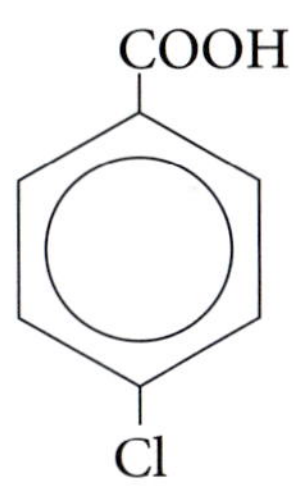

acido
p-clorobenzoico

PROBLEMA SIMILE

Giustifica la diversa acidità tra

a. l'acido *p*-clorobenzoico ($K_a = 1{,}0 \cdot 10^{-4}$) e l'acido *p*-nitrobenzoico ($K_a = 4{,}0 \cdot 10^{-4}$)

b. l'acido dicloroetanoico ($K_a = 5{,}0 \cdot 10^{-2}$) e l'acido tricloroetanoico ($K_a = 2{,}0 \cdot 10^{-1}$)

LA NOSTRA SALUTE

FANS: farmaci antinfiammatori non steroidei

Aspirina®, nimesulide e ibuprofene sono alcuni dei più comuni **farmaci antinfiammatori non steroidei (FANS)**, una classe di farmaci che agiscono come analgesici, antipiretici e antinfiammatori. L'Italia è uno dei paesi in cui si registra uno dei più alti consumi di questi farmaci in Europa, per il fatto che il loro utilizzo è spesso eccessivo e inappropriato.

Il capostipite di questi composti è la **salicina**, una molecola estratta dalla corteccia e dalle foglie del salice bianco (*Salix alba*). Il suo utilizzo per alleviare la febbre venne documentato per la prima volta nella seconda metà del Settecento a opera del sacerdote Edward Stone. La salicina venne isolata soltanto nel 1829 dal chimico francese Henri Leroux, mentre fu l'italiano Raffaele Piria nel 1838 a isolare l'acido salicilico, cioè l'acido organico della salicina. Si scoprì che era proprio questo acido carbossilico ad agire come principio attivo contro gli stati febbrili, ma il suo utilizzo era poco tollerato a causa del suo sapore sgradevole e delle forti irritazioni che arrecava alle mucose gastriche. Per cercare di migliorare gli effetti collaterali pur mantenendone le proprietà curative, nel 1897 il chimico tedesco Felix Hoffman (figura **A**) sintetizzò un derivato dell'acido salicilico, cioè l'acido acetilsalicilico (figura **B**).

La sintesi di questo composto rappresentò la svolta per lo sviluppo dei FANS e dell'industria farmaceutica, perché si riuscì a ottenere un farmaco con effetti terapeutici potenziati e senza gli effetti indesiderati del suo derivato precedente. Questo farmaco iniziò ad essere commercializzato dalla casa farmaceutica Bayer nel 1899 con il nome di Aspirina®, che ancora oggi conosciamo.

Da un punto di vista chimico la maggior parte dei FANS sono acidi carbossilici. Oltre all'Aspirina®, i più comuni sono il diclofenac (Voltaren®), l'ibuprofene (Brufen® e Moment®), il ketoprofene (Oki®), il naprossene (Momendol®) e il nimesulide (Aulin®).

Il meccanismo di azione di questi farmaci è stato scoperto soltanto negli anni '70 da John Vane, che per questo ottenne il premio Nobel per la medicina nel 1982. Il farmacologo britannico dimostrò che l'azione terapeutica dei FANS è dovuta all'inibizione degli enzimi della classe delle cicloossigenasi (COX). Questi enzimi sono responsabili della biosintesi delle prostaglandine, una famiglia di molecole organiche rilasciate dalle cellule quando è in atto un processo infiammatorio. Queste sono i messaggeri chimici responsabili della sensazione di dolore che proviamo quando abbiamo febbre, male ai denti, emicrania e dolori muscolari. I FANS, bloccando la sintesi delle prostaglandine, alleviano il dolore (azione analgesica) e gli altri effetti del processo infiammatorio, ma non hanno un'azione terapeutica sulla causa primaria che lo ha scatenato.

I FANS hanno anche diversi effetti collaterali. Le prostaglandine svolgono una funzione protettiva della mucosa gastrointestinale: per questo, quando la loro produzione è inibita dall'azione del farmaco, le mucose possono venire irritate, causando bruciori e ulcere se i farmaci vengono assunti in dosi massicce per periodi prolungati. Questo è il motivo per cui i medici consigliano sempre di assumere questi farmaci a stomaco pieno.

Figura A **Il chimico tedesco Felix Hoffman**

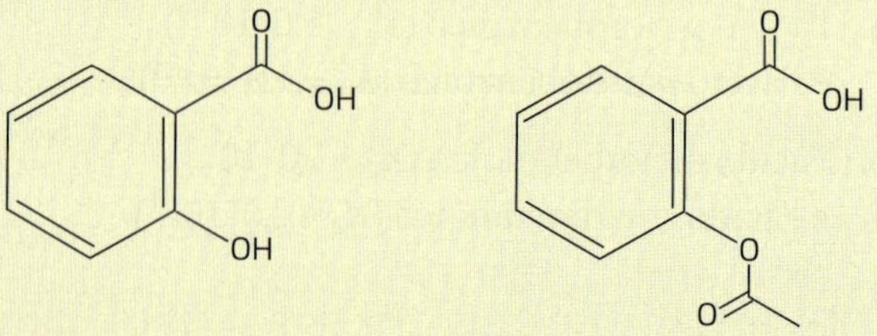

A acido salicilico

B acido acetilsalicilico (Aspirina®)

Figura B **La struttura chimica degli acidi salicilico e acetilsalicilico**
A L'acido salicilico è contenuto nelle foglie e nella corteccia del salice. B L'acido acetilsalicilico è il principio attivo dell'Aspirina®.

25 LE REAZIONI DEGLI ACIDI CARBOSSILICI

La reattività degli acidi carbossilici è legata essenzialmente al gruppo ossidrile O—H del gruppo carbossilico, che in presenza di una base forte può cedere l'atomo di idrogeno oppure in presenza di un nucleofilo può essere sostituito. Gli acidi carbossilici danno pertanto due tipi di reazioni: di rottura del legame O—H e di sostituzione nucleofila acilica.

PER VEDERE LE REAZIONI
video *LabOr*:
Acidi carbossilici

TI RICORDI?
Sono **basi forti** gli ossidi e gli idrossidi del primo e del secondo gruppo del sistema periodico.

a. La reazione di **rottura del legame O—H** avviene in presenza di una base forte (NaOH, KOH) che facilita la rottura eterolitica del legame O—H e porta alla formazione di un *sale* organico. La reazione avviene in acqua ed è rappresentata dalla seguente equazione:

$$\underset{\text{acido carbossilico}}{R{-}\overset{\overset{\displaystyle O}{\|}}{C}{-}OH_{(aq)}} + Na^+OH^-_{(aq)} \longrightarrow \underset{\text{sale dell'acido}}{R{-}\overset{\overset{\displaystyle O}{\|}}{C}{-}O^-Na^+_{(aq)}} + H_2O_{(l)}$$

Il **nome** del sale dell'acido, secondo le regole IUPAC, è costituito dal nome della radice dell'acido ($R{-}COO^-$) con il suffisso *-oato* e dal nome del catione metallico. Nel nome comune il suffisso è *-ato*.
Per esempio, l'etanoato di sodio (o acetato di sodio) si ottiene dalla reazione fra l'acido etanoico e l'idrossido di sodio:

$$\underset{\text{acido etan}\textbf{oico}}{CH_3{-}COOH} + NaOH \longrightarrow \underset{\text{etan}\textbf{oato}\text{ di sodio}}{CH_3{-}COONa} + H_2O$$

b. La reazione di **sostituzione nucleofila acilica** consiste nella sostituzione del gruppo —OH dell'acido con un agente nucleofilo, rappresentato per esempio dal gruppo alcossido —OR degli alcoli o dal gruppo amminico $-NH_2$ dell'ammoniaca. I prodotti della reazione sono composti chiamati **derivati degli acidi carbossilici**, tra i quali i più diffusi sono gli **esteri** e le **ammidi**.

A COLPO D'OCCHIO

REAZIONI DEGLI ACIDI CARBOSSILICI
- **ROTTURA DEL LEGAME O—H**
- **SOSTITUZIONE NUCLEOFILA**

Figura 14 **Gli esteri nella frutta** Molti esteri sono sostanze dall'odore gradevole e a loro si deve il sapore di diversi frutti. Le mele contengono pentanoato di pentile.

26 NEGLI ESTERI L'OSSIDRILE È SOSTITUITO DAL GRUPPO ALCOSSIDO

I **derivati degli acidi carbossilici** sono composti nei quali l'ossidrile del gruppo carbossile è sostituito da un altro gruppo funzionale.

I derivati più comuni degli acidi carbossilici sono gli esteri e le ammidi.

Gli **esteri** sono derivati degli acidi carbossilici nei quali il gruppo ossidrile —OH è stato sostituito con il gruppo alcossido —OR degli alcoli.

Gli esteri sono composti largamente diffusi in natura. Molti esteri hanno un odore gradevole e a essi si deve il profumo dei fiori e il sapore di molti frutti (figura **14**). Alcuni esteri vengono usati dagli insetti per trasmettere segnali (figura **15**).

Figura 15 **Gli esteri negli insetti** Molte farfalle rilasciano una sostanza esterea per attrarre gli individui dell'altro sesso.

LE PAROLE

Con il termine **estere** (dal tedesco: *Ester*, contrazione di *Essigäther* = etere acetico) si denominano composti ottenuti dalla reazione tra un alcol e un acido. Importanti composti biochimici sono gli esteri fosforici, i trigliceridi e le cere.

La formula molecolare degli esteri

Il **gruppo funzionale estereo** è costituito da un atomo di carbonio ibridato sp^2 a cui sono legati due atomi di ossigeno.

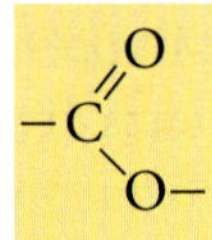

Agli esteri corrisponde la **formula molecolare** generale:

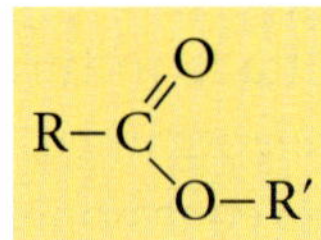

La nomenclatura degli esteri

Il **nome** degli esteri, secondo le regole IUPAC, è costituito dal nome della componente acida (R—CO) con il suffisso *-ato* e dal nome del gruppo alchilico R′ della componente alcolica (OR′):

	$H-\overset{\overset{O}{\|}}{C}-OCH_2-CH_3$	$CH_3-\overset{\overset{O}{\|}}{C}-OCH_3$
nome IUPAC	metanoato di etile	etanoato di metile
nome comune	formiato di etile	acetato di metile

27 LA SINTESI DEGLI ESTERI

La **sintesi** degli esteri avviene mediante una reazione di *sostituzione nucleofila* acilica tra un acido carbossilico e un alcol, in presenza di un catalizzatore acido H^+. La reazione prevede la sostituzione del gruppo —OH dell'acido con il gruppo OR′ dell'alcol:

$$\underset{\text{acido carbossilico}}{R-\overset{\overset{O}{\|}}{C}-OH} + \underset{\text{alcol}}{R'O-H} \overset{H^+}{\rightleftharpoons} \underset{\text{estere}}{R-\overset{\overset{O}{\|}}{C}-OR'} + H_2O$$

Il meccanismo di reazione comprende tre stadi:

a. nel *primo stadio* si verifica l'attacco del catalizzatore acido H^+ all'atomo di ossigeno carbonilico e, in successione, l'**addizione nucleofila** dell'alcol al carbonio carbonilico con formazione di un nuovo legame C—O

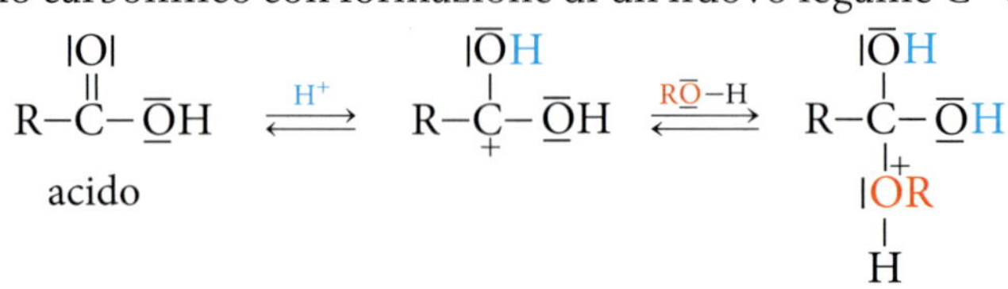

b. nel *secondo stadio*, l'atomo di idrogeno dell'alcol si stacca sotto forma di ione H^+ e si lega a uno dei due gruppi —OH protonandolo:

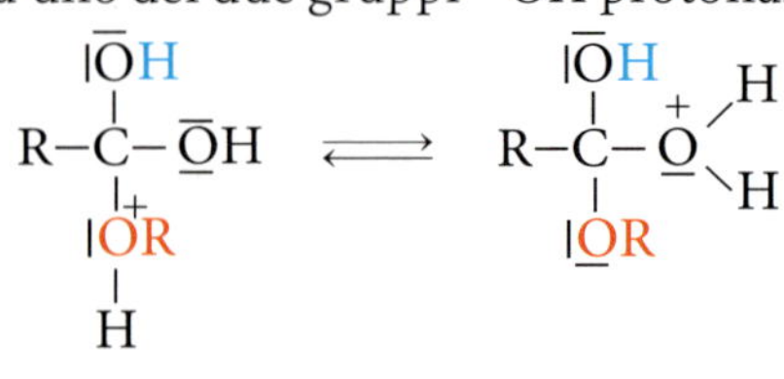

c. nel *terzo stadio* si ha l'**eliminazione** di acqua (*reazione di condensazione*) e il distacco dello ione H^+ del gruppo $-OH$ con ricostituzione del catalizzatore acido e formazione dell'estere:

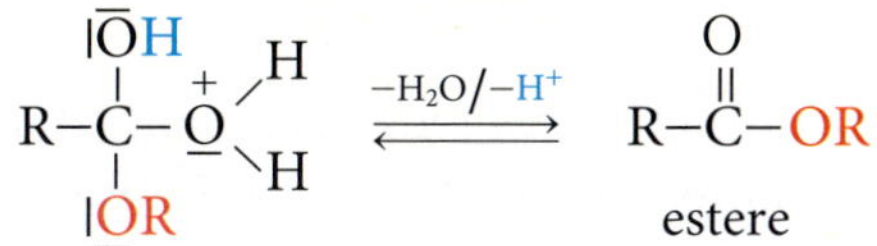

Il risultato complessivo è la sostituzione del gruppo $-OH$ dell'acido carbossilico con il gruppo $-OR$ dell'alcol mediante una reazione di **sostituzione nucleofila acilica**.

Non è tuttavia una sostituzione diretta, ma un processo in due stadi (**addizione nucleofila** ed **eliminazione**) che procede attraverso un intermedio tetraedrico, in cui l'atomo di carbonio è ibridato sp^3:

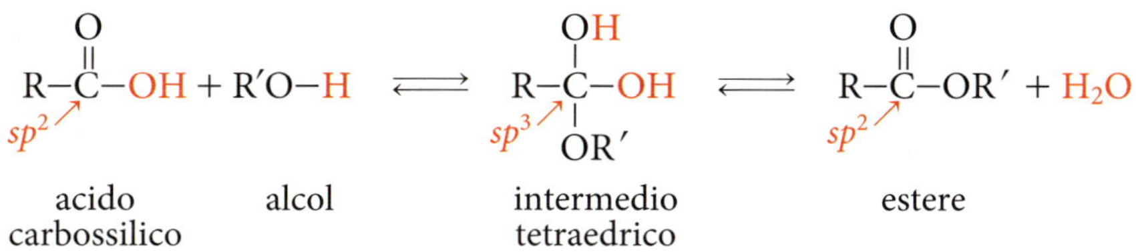

La reazione di esterificazione avviene anche tra il glicerolo (un poliolo) e tre molecole di acidi grassi con la formazione di triesteri del glicerolo, chiamati **trigliceridi**, che rivestono grande importanza biologica.

LE PAROLE

Acile (nome composto dal prefisso *aci-* e dal suffisso *-ile*): radicale organico (formile, acetile) derivato da un acido carbossilico per eliminazione del gruppo ossidrile $-OH$.

28 LE REAZIONI DEGLI ESTERI

La reazione più nota degli esteri è quella di **idrolisi basica**. La reazione avviene tra un estere e una base forte in soluzione acquosa e fornendo calore. I prodotti della reazione sono un sale dell'acido e un alcol:

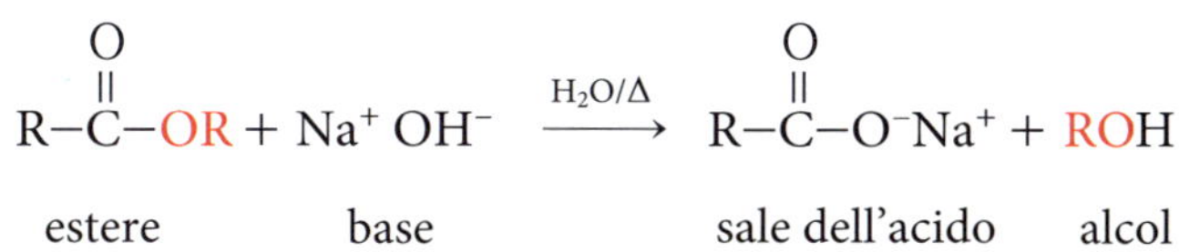

La reazione è una **sostituzione nucleofila acilica** e comporta l'attacco dello ione idrossido OH^- (**nucleofilo forte**) sul carbonio carbonilico.

Quando gli esteri degli acidi grassi subiscono la suddetta reazione, si formano i saponi (sali degli acidi grassi): per questo motivo l'idrolisi basica degli esteri è detta anche *saponificazione*.

PER VEDERE LE REAZIONI
video *LabOr*:
Esteri

LE PAROLE

L'**idrolisi** (dal greco: *hydro* = acqua e *lysis* = rottura) è una reazione chimica in cui una molecola viene divisa in due molecole mediante l'acqua.

29 NELLE AMMIDI L'OSSIDRILE È SOSTITUITO DAL GRUPPO AMMINICO

Le **ammidi** sono derivati degli acidi carbossilici, nei quali il gruppo ossidrile $-OH$ è stato sostituito dal gruppo $-NH_2$, $-NHR$ o $-NR_2$.

Il **gruppo funzionale ammidico** è costituito da un atomo di carbonio ibridato sp^2 a cui è legato un atomo di ossigeno e un atomo di azoto.

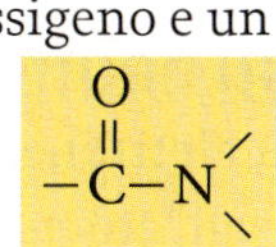

Alle ammidi corrisponde la **formula molecolare** generale:

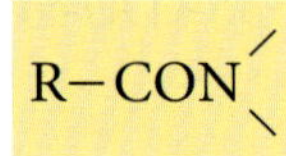

Il legame carbonio-azoto è detto *ammidico*. Esso viene chiamato anche legame *peptidico*, quando è presente nelle *proteine*, ammidi importanti per gli esseri umani. Le proteine sono polimeri costituiti da amminoacidi (monomeri).

Un'ammide con un rilevante ruolo biologico, è l'urea, un solido cristallino solubile in acqua, che rappresenta il prodotto finale del metabolismo delle proteine.

L'urea è la diammide dell'acido carbonico in cui i due gruppi $-OH$ sono sostituiti dai gruppi $-NH_2$.

> **TI RICORDI?**
> L'**urea** è il primo composto organico sintetizzato in laboratorio in seguito al riscaldamento di una soluzione di cianato di ammonio.

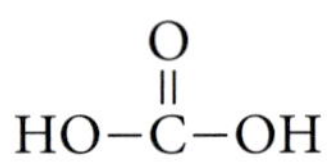

acido carbonico

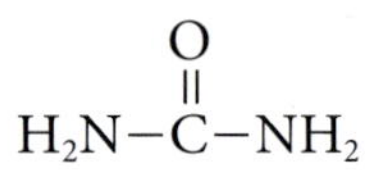

urea

La classificazione delle ammidi

Le ammidi si **classificano** in primarie, secondarie e terziarie a seconda che all'atomo di azoto siano legati, rispettivamente, due idrogeni, un idrogeno e un gruppo R o due gruppi R:

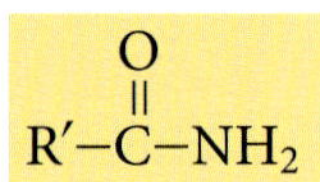

ammide primaria

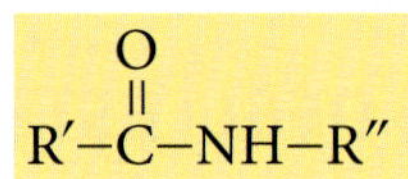

ammide secondaria

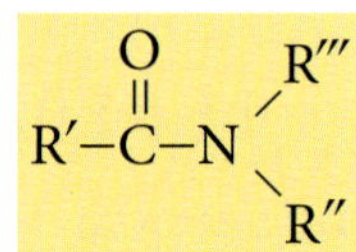

ammide terziaria

La nomenclatura delle ammidi

Il **nome** delle ammidi *primarie*, secondo le regole IUPAC, è costituito dalla radice del nome dell'acido corrispondente con il suffisso *-ammide*:

	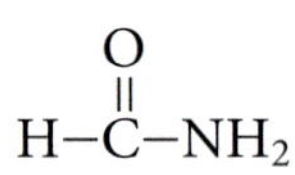	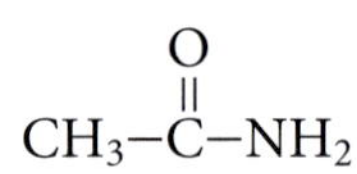
nome IUPAC	metanammide	etanammide
nome comune	formammide	acetammide

Il **nome** delle ammidi *secondarie* e *terziarie* deve essere preceduto dalla lettera *N* e dal nome del gruppo o dei gruppi alchilici legati all'azoto:

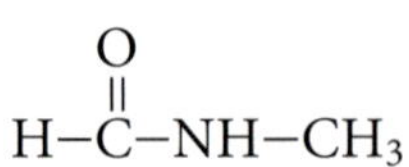

N-metilmetanammide

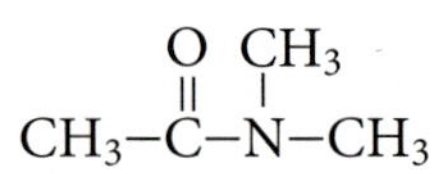

N,N-dimetiletanammide

Le ammidi sono composti neutri

L'atomo di ossigeno è molto più elettronegativo del carbonio e quindi gli elettroni di legame sono spostati sull'atomo di ossigeno. Di conseguenza sul carbonio delle ammidi si crea una parziale carica elettrica positiva e il doppietto elettronico libero sull'atomo di azoto si delocalizza per risonanza con l'atomo di carbonio:

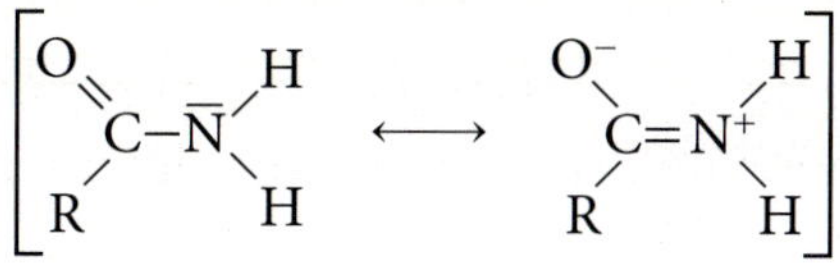

In tale condizione l'atomo di azoto è poco disponibile a reagire con agenti elettrofili e quindi le ammidi hanno un comportamento **neutro** e non basico.

30 LA SINTESI E LE REAZIONI DELLE AMMIDI

La **sintesi** delle ammidi primarie avviene mediante una reazione di **sostituzione nucleofila** tra un derivato reattivo dell'acido carbossilico e l'ammoniaca in presenza di un catalizzatore acido H^+:

$$\underset{\text{derivato reattivo dell'acido carbossilico}}{R-\overset{\overset{\displaystyle O}{\|}}{C}-X} + NH_3 \xrightarrow{H^+} \underset{\text{ammide}}{R-\overset{\overset{\displaystyle O}{\|}}{C}-NH_2} + X$$

La reazione più nota delle ammidi primarie è la reazione di **idrolisi**. La reazione avviene in presenza di un catalizzatore acido e fornendo calore. I prodotti della reazione sono un acido carbossilico e l'ammoniaca:

$$\underset{\text{ammide}}{R-\overset{\overset{\displaystyle O}{\|}}{C}-NH_2} + \underset{\text{acqua}}{H-OH} \xrightarrow{H^+/\Delta} \underset{\text{acido carbosillico}}{R-\overset{\overset{\displaystyle O}{\|}}{C}-OH} + \underset{\text{ammoniaca}}{NH_3}$$

31 GLI ACIDI CARBOSSILICI POLIFUNZIONALI

Gli **acidi carbossilici polifunzionali** sono composti in cui sono presenti più gruppi funzionali.

Gli acidi carbossilici polifunzionali più noti sono gli *idrossoacidi*, i *chetoacidi* e gli *acidi bicarbossilici.*

Gli idrossoacidi

Gli **idrossoacidi** sono composti caratterizzati dal gruppo ossidrile $-OH$ e dal gruppo carbossilico $-COOH$.

Il **nome** degli idrossoacidi secondo le regole IUPAC è preceduto dal prefisso *idrossi-* e da un numero che indica la posizione dell'ossidrile nella catena carboniosa che deve essere numerata partendo dal gruppo carbossilico.

Nel nome *comune* la posizione dell'ossidrile è precisata da una lettera dell'alfabeto greco, considerando il carbonio α (alfa) quello adiacente al carbonio del gruppo carbossilico:

$$CH_3{-}CH_2{-}CH_2{-}\overset{\alpha}{C}H(OH){-}COOH$$

nome IUPAC	acido 2-idrossipentanoico
nome comune	acido α-idrossivalerianico

Il più noto idrossoacido è l'**acido 2-idrossipropanoico** o acido α-idrossipropionico (nome comune *acido lattico*).

$$CH_3{-}CH(OH){-}COOH$$

nome IUPAC	acido 2-idrossipropanoico
nome comune	acido lattico

PER SAPERNE DI PIÙ

La sintesi dell'urea e l'industria dei fertilizzanti

È stata la sintesi di un'ammide a segnare l'inizio della chimica organica. Era il 1828 quando il chimico tedesco Friedrich Wöhler ottenne l'**urea** dalla decomposizione termica di un composto inorganico, il cianato di ammonio (figura A).

All'epoca erano già note diverse molecole organiche, ma queste non erano mai state riprodotte in laboratorio perché era diffusa l'idea che la loro sintesi fosse una prerogativa esclusiva degli organismi viventi. Questa corrente di pensiero era detta **vitalismo**, perché si basava sulla credenza che esistesse una forza vitale (*vis vitalis*) presente solo negli esseri viventi responsabile della produzione delle sostanze organiche. L'urea era una molecola già nota a Wöhler: era stata scoperta nel 1773 dal francese Hilaire Rouelle, che era riuscito ad isolarla dalle urine animali. Con la sintesi dell'urea Wöhler diede una svolta alla storia della chimica, perché dimostrò che le sostanze organiche potevano essere sintetizzate a partire da sostanze inorganiche, facendo crollare così la teoria del vitalismo.

In una lettera a Jöns Jacob Berzelius, Wöhler scrisse: «Le comunico che sono in grado di produrre urea senza aver bisogno di un rene e neppure di un animale, uomo o cane che sia».

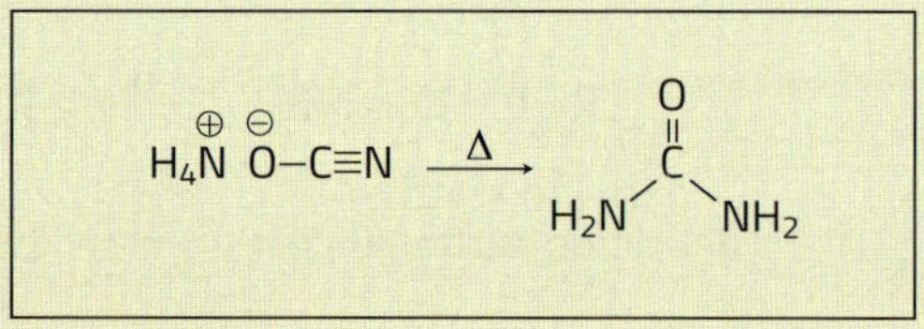

Figura A La sintesi dell'urea dal cianato di ammonio

Lo sviluppo della chimica organica

Dalla sua nascita ad oggi la chimica organica ha fatto enormi progressi, permettendo la sintesi di tantissime molecole che hanno migliorato la qualità della vita. Già pochi anni dopo la scoperta di Wöhler, i chimici iniziarono a ottenere in laboratorio diversi composti organici presenti in natura, come l'acido formico (prodotto dalle formiche come mezzo di difesa) e l'acido acetico (responsabile del sapore acre dell'aceto). Ci si rese conto che la sintesi organica offriva delle enormi potenzialità di sviluppo, ma che era necessaria molta ricerca per poterla applicare al meglio. Lo stesso Wöhler nel 1835 disse: «La chimica organica mi fa quasi diventare matto. Mi appare come una foresta tropicale primitiva, piena delle cose più meravigliose, una boscaglia spaventosa e senza fine nella quale non si ha il coraggio di entrare per paura di non poterne più uscire».

L'urea e i fertilizzanti

Al giorno d'oggi si producono circa 150 milioni di tonnellate all'anno di urea: si tratta di una molecola chiave dell'industria chimica perché è alla base della produzione dei **fertilizzanti**. È ottenuta a

La molecola dell'acido lattico, avendo uno stereocentro, è una molecola chirale che si presenta sotto forma di due enantiomeri, l'acido (−)-lattico e l'acido (+)-lattico:

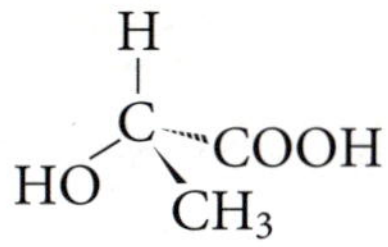

acido (−)-lattico

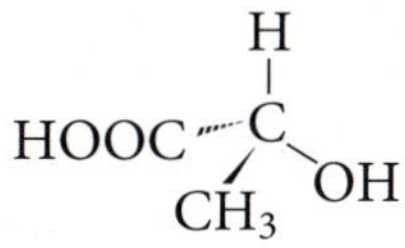

acido (+)-lattico

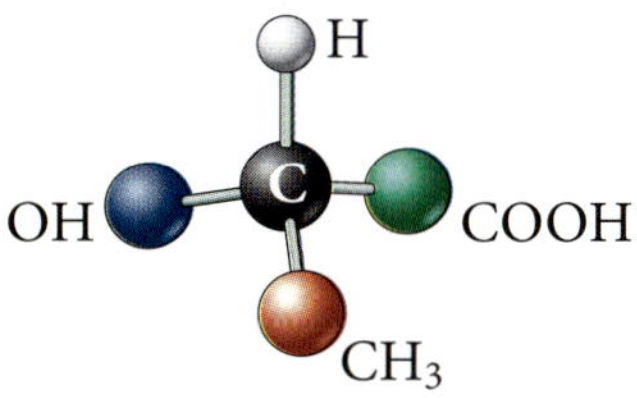

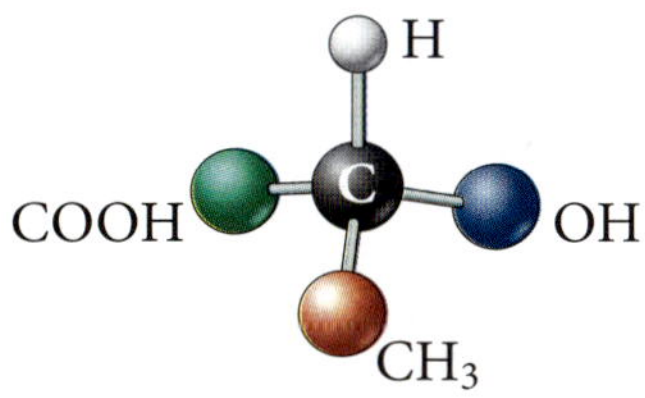

partire da ammoniaca e anidride carbonica attraverso il processo «Bosch-Meiser», ieato dai tedeschi Carl Haber e Wilhelm Meiser alla fine degli anni Venti del secolo scorso.

I fertilizzanti sono una classe di composti che migliorano la fertilità dei terreni e la nutrizione degli organismi vegetali, permettendo di aumentare la produttività delle colture. Già ai tempi di Wöhler si sapeva che le piante avevano bisogno di alcuni nutrienti specifici, in particolare acido carbonico, ammoniaca, acido fosforico, silice, calce, magnesio, potassio e ferro. Oggi sappiamo che gli elementi essenziali per la nutrizione delle piante sono dieci: carbonio, idrogeno, ossigeno, azoto, fosforo, potassio, zolfo, magnesio, calcio e ferro. A eccezione del primo e del terzo, le piante assumono questi elementi dal suolo attraverso l'apparato radicale, motivo per cui i fertilizzanti devono avere le caratteristiche adatte per distribuirsi nel terreno e allo stesso tempo non essere dilavati dalle piogge.

Insieme all'ammoniaca e all'acido nitrico, l'urea è uno dei fertilizzanti più utilizzati al mondo. Infatti, grazie al suo alto contenuto di azoto e alle sue caratteristiche chimico-fisiche è un concime minerale efficace, poco costoso, ben conservabile e versatile, poiché può essere utilizzato sia in forma solida sia disciolto in soluzione acquosa, grazie alla sua capacità di formare legami a idrogeno.

L'industria dei composti azotati

La scoperta delle reazioni e dei processi industriali per la produzione dei fertilizzanti azotati è stata considerata tra le più importanti del secolo scorso. Infatti, ha permesso di aumentare la produttività dei terreni, soddisfacendo i bisogni nutritivi della popolazione in continua crescita.

Già alla fine dell'Ottocento si era prospettato il problema della disparità tra le risorse disponibili e l'incremento demografico, con il rischio di una catastrofe malthusiana. Fu per questo che divenne prioritario trovare un metodo per riuscire a fissare chimicamente l'azoto nei terreni. Agli inizi del Novecento, la principale fonte di azoto era il nitrato di sodio, chiamato anche nitro del Cile, perché era estratto principalmente in questo paese. Veniva impiegato in parte come fertilizzante e in parte era destinato alla produzione di esplosivi e coloranti. La svolta per l'industria chimica dei composti azotati ci fu nel 1909 con la costruzione del primo impianto per la produzione industriale dell'ammoniaca, il **processo Haber-Bosch**. Grazie a questa scoperta l'ammoniaca divenne disponibile in grandi quantità permettendo lo sviluppo dell'industria chimica e, in particolare, la produzione di fertilizzanti, esplosivi, adesivi (figura B) e materie plastiche (in particolare le resine ureiche).

Per la loro rilevanza economica e per lo sviluppo che hanno comportato, le scoperte scientifiche e tecnologiche legate all'industria dei composti azotati sono state considerate tra le più importanti nella storia dell'umanità.

Figura B **I materiali adesivi contengono composti azotati**

Figura 16 **L'acido lattico** È un idrossoacido presente nello yogurt.

- l'acido (−)-lattico è presente nel latte e anche nello yogurt (figura **16**), poiché durante la preparazione di quest'ultimo si ha la trasformazione del lattosio, uno zucchero del latte, in acido lattico a opera del batterio *Lactobacillus*;
- l'acido (+)-lattico, chiamato anche sarcolattico, è il prodotto finale del metabolismo del glucosio negli organismi anaerobi e nelle cellule muscolari (processo di **fermentazione lattica**); nelle cellule muscolari, dopo un esercizio intenso e prolungato, si accumula nei muscoli dando la sensazione di fatica.

I chetoacidi

I **chetoacidi** sono composti caratterizzati dal gruppo carbonile >CO e dal gruppo carbossilico −COOH.

Il **nome** dei chetoacidi, secondo le regole IUPAC, è preceduto dal prefisso *osso-* e da un numero che indica la posizione del gruppo carbonile nella catena carboniosa che deve essere numerata partendo dal gruppo carbossilico. Nel nome *comune* la posizione del carbonile è precisata da una lettera dall'alfabeto greco, considerando il carbonio α (alfa) quello adiacente al carbonio del gruppo carbossilico:

$$CH_3{-}CH_2{-}\overset{\alpha}{\underset{\underset{O}{\|}}{C}}{-}COOH$$

nome IUPAC acido 2-ossobutanoico
nome comune acido α-ossobutirrico

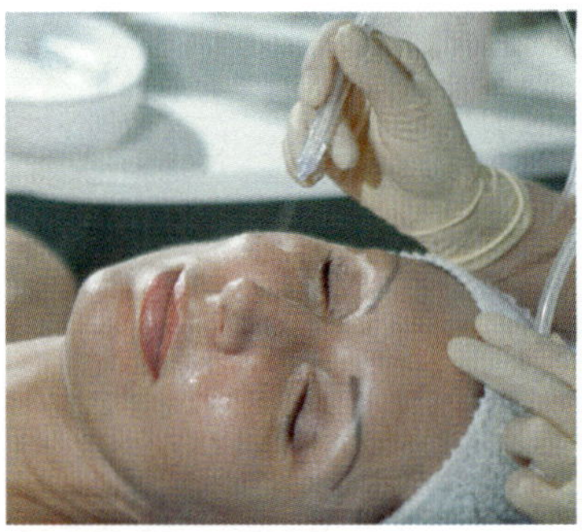

Figura 17 **L'acido piruvico** È un chetoacido usato in cosmetica nelle creme esfolianti.

Il più noto chetoacido è l'**acido 2-ossopropanoico** o acido α-ossopropionico noto con il nome comune di *acido piruvico* (figura **17**):

$$CH_3{-}\underset{\underset{O}{\|}}{C}{-}COOH \qquad \text{acido piruvico}$$

TI RICORDI?

La **glicolisi** è un processo anaerobico che consiste in una sequenza di reazioni metaboliche attraverso le quali una molecola di glucosio è demolita in due molecole di acido piruvico.

L'acido piruvico è il prodotto finale della prima fase dell'ossidazione del glucosio (processo di **glicolisi**):

- in presenza di ossigeno (processo di *respirazione*), l'acido piruvico subisce la decarbossilazione (eliminazione di una molecola di CO_2) con formazione di un composto instabile a due atomi di carbonio, il radicale acetile che si lega al coenzima A a formare l'acetilcoenzima A;
- in assenza di ossigeno, l'acido piruvico, che si forma alla fine della glicolisi, viene ridotto ad acido lattico (processo di *fermentazione lattica*) o ad alcol etilico (processo di *fermentazione alcolica*).

Gli acidi bicarbossilici

Gli **acidi bicarbossilici** contengono due gruppi funzionali carbossile alle estremità della catena carboniosa.

Nel nome IUPAC degli acidi bicarbossilici si premette la parola *acido* e si aggiunge la desinenza *-dioico*, ma questi composti sono più noti con i nomi comuni, che suggeriscono la loro origine. Per esempio, l'acido ossalico (nome comune dell'acido etandioico) si trova nelle piante della famiglia ossalica;

l'acido propandioico è più noto come acido malonico, poiché la fonte principale da cui si ricava sono le mele (in latino, *malum*), mentre l'acido butandioico, che viene anche chiamato acido succinico, si trova nell'ambra (in latino, *succinum*):

HOOC–COOH	HOOC–CH_2–COOH	HOOC–CH_2CH_2–COOH	
acido etandioico	acido propandioico	acido butandioico	*nome IUPAC*
acido ossalico	acido malonico	acido succinico	*nome comune*

Alcuni acidi bicarbossilici sono utilizzati per la sintesi di importanti polimeri come il nylon. Inoltre gli acidi bicarbossilici e i loro analoghi tricarbossilici sono intermedi-chiave nel *ciclo di Krebs* (detto anche ciclo degli acidi tricarbossilici o ciclo dell'acido citrico), che rappresenta la fase dell'ossidazione del glucosio successiva alla glicolisi; questo ciclo viene continuamente alimentato dalla reazione tra l'acetilcoenzima A, formatosi al termine della glicolisi, con l'acido ossalacetico per formare acido citrico, un acido tricarbossilico.

32 LE AMMINE POSSONO ESSERE CONSIDERATE DERIVATI DELL'AMMONIACA

Il gruppo funzionale amminico

Le **ammine** sono composti organici che si possono considerare derivati dall'ammoniaca, per sostituzione di uno o più atomi di idrogeno con uno o più gruppi alchilici o arilici.

Il gruppo funzionale amminico è costituito da un atomo di azoto legato a due atomi di idrogeno che possono essere sostituiti, uno o entrambi, da gruppi alchilici (ammine alifatiche) o arilici (ammine aromatiche). Si distingue pertanto un gruppo amminico primario, secondario e terziario:

$-NH_2$	$-\bar{N}H$ (con R′ legato all'azoto)	$-\bar{N}-R''$ (con R′ legato all'azoto)
primario	secondario	terziario

TI RICORDI?

La **disposizione piramidale triangolare** (angoli di legame di 107°) è la geometria di una molecola in cui l'atomo centrale ha un doppietto elettronico libero ed è circondato da tre coppie elettroniche di legame.

L'atomo di azoto, che nello stato fondamentale ha configurazione elettronica esterna $2s^2\,2p^3$, è ibridato sp^3. I tre orbitali ibridi sp^3 e il doppietto elettronico libero sono diretti verso i vertici di una piramide a base triangolare, formando angoli di legame di 107°.

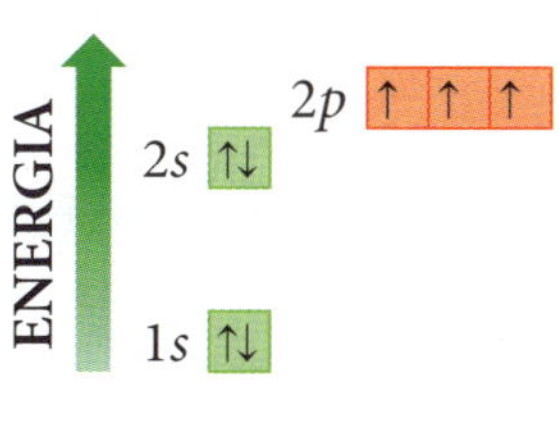

Azoto

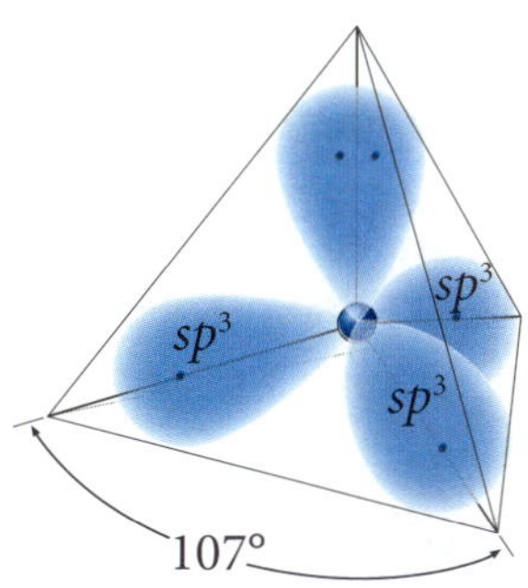

La funzione amminica è presente in numerosi composti naturali di origine animale o vegetale, spesso insieme ad altri gruppi funzionali. Si trova negli amminoacidi (i monomeri delle proteine), nelle basi azotate dei nucleotidi (i monomeri degli acidi nucleici), nelle ammine biogene (un gruppo di neurotrasmettitori azotati che comprendono l'adrenalina, la noradrenalina, la serotonina e la dopamina). È presente inoltre in numerosi alcaloidi cioè composti policiclici ed eterociclici di origine vegetale che comprendono la nicotina (figura **18**), la morfina e la caffeina (figura **19**).

Figura 18 **La nicotina** La funzione amminica è presente nella nicotina della pianta del tabacco.

Figura 19 **La caffeina** Gli alcaloidi, come la caffeina, sono composti naturali contenenti la funzione amminica.

La formula molecolare delle ammine

A seconda che gli atomi di idrogeno dell'ammoniaca sostituiti siano uno, due o tre le ammine (alifatiche e aromatiche) si distinguono in primarie, secondarie e terziarie, a cui corrispondono le seguenti **formule molecolari** generali (tabella **12**).

Tabella 12 Le formule generali delle ammine

	Alifatica	Aromatica
primaria	$R{-}NH_2$	$Ar{-}NH_2$
secondaria	$R'{-}NH{-}R''$	$Ar{-}NH{-}R$
terziaria	$R'{-}N<^{R''}_{R'''}$	$Ar{-}N<^{R'}_{R''}$

La nomenclatura delle ammine alifatiche

Il **nome** delle ammine *alifatiche primarie*, secondo le regole IUPAC, è costituito dal termine ammino (preceduto da un numero che indica la posizione del gruppo amminico) e dal nome della catena carboniosa più lunga:

$CH_3{-}CH_2{-}NH_2$

amminoetano

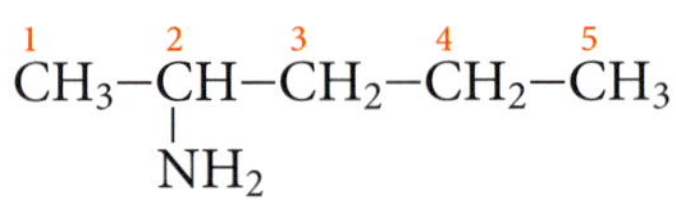

2-amminopentano

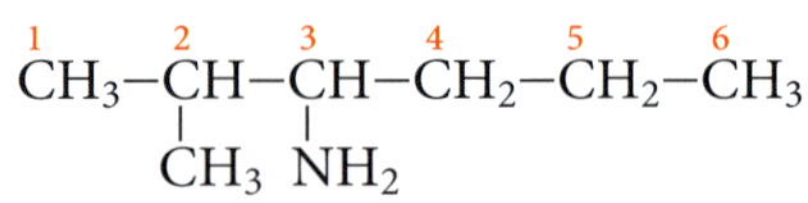

2-metil-3-amminoesano

Il **nome** delle ammine *alifatiche secondarie* e *terziarie*, secondo le regole IUPAC, è costituito dalla lettera *N*, dal nome del gruppo o dei gruppi alchilici legati all'azoto e dal termine *ammino*, seguito dal nome della catena carboniosa più lunga.

$CH_3{-}NH{-}\overset{1}{C}H_2{-}\overset{2}{C}H_2{-}\overset{3}{C}H_3$

N-metilamminopropano

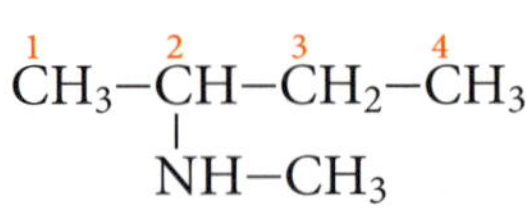

2-*N*-metilamminobutano

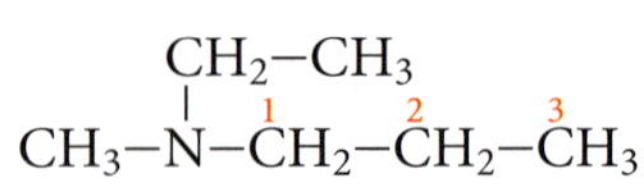

N-etil-*N*-metilamminopropano

Quando in una molecola sono presenti altri gruppi funzionali con priorità maggiore (−OH, >CO, −COOH) il gruppo amminico $-NH_2$ è considerato un *sostituente*:

$\overset{3}{C}H_3-\overset{2}{C}H(NH_2)-\overset{1}{C}H_2OH$
2-ammino-1-propanolo

$\overset{1}{C}H_3-\overset{2}{C}H(NH_2)-\overset{3}{C}O-\overset{4}{C}H_2-\overset{5}{C}H_3$
2-ammino-3-pentanone

$\overset{4}{C}H_3-\overset{3}{C}H(NH_2)-\overset{2}{C}H_2-\overset{1}{C}OOH$
acido 3-amminobutanoico

Il nome *comune* delle ammine alifatiche è costituito dal nome dei gruppi alchilici (specificati in ordine alfabetico) legati all'atomo di azoto seguito dal suffisso *-ammina*:

CH_3-NH_2
metilammina

$CH_3-NH-CH_2-CH_3$
etilmetilammina

$CH_3-CH_2-NH-CH_2-CH_3$
dietilammina

LE PAROLE

L'**anilina** (dal tedesco *anilin*) è un liquido incolore dal caratteristico odore e debolmente idrosolubile. È prodotta per riduzione del nitrobenzene ed è utilizzata nella preparazione di farmaci e coloranti.

La nomenclatura delle ammine aromatiche

Il **nome** delle ammine *aromatiche* deriva dall'anilina. Nelle ammine *aromatiche secondarie* e *terziarie* il nome dei gruppi alchilici legati all'azoto è preceduto dalla lettera *N*:

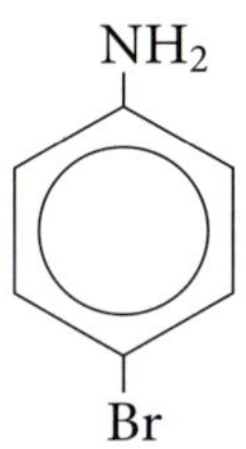

p-bromoanilina

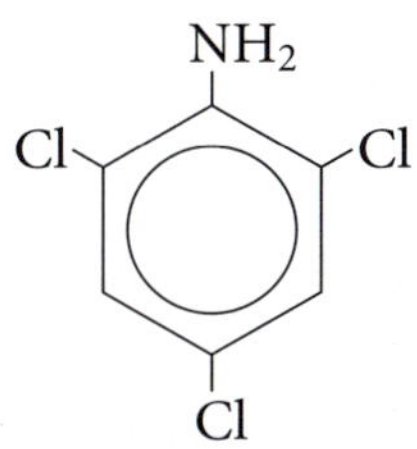

2,4,6-tricloroanilina

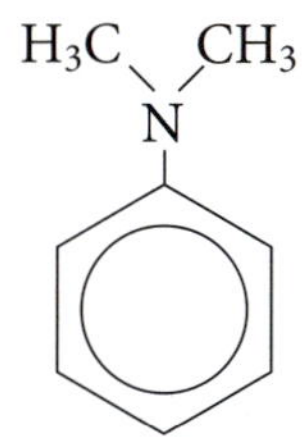

N,*N*-dimetilanilina

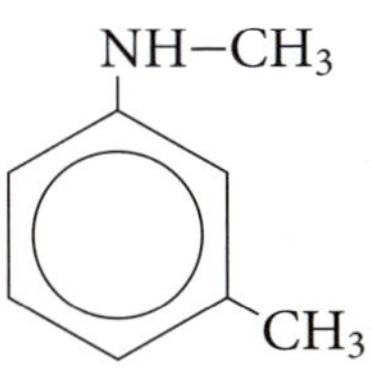

m-metil-*N*-metilanilina

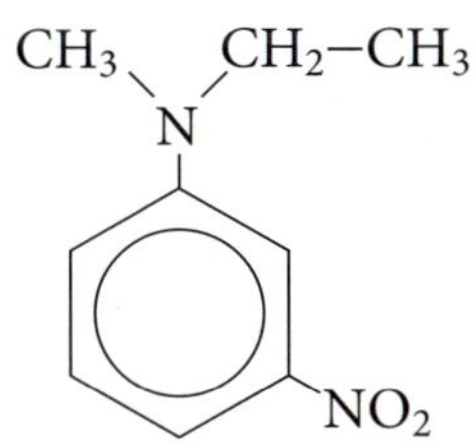

m-nitro-*N*-metil-*N*-etilanilina

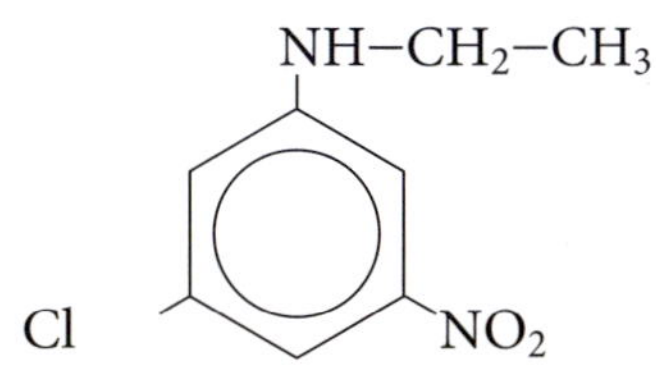

3-cloro-5-nitro-*N*-etilanilina

Molte ammine aromatiche sono usate per la sintesi di farmaci e coloranti (figura **20**).

Figura 20 Le ammine aromatiche I coloranti presenti in molte tinture sono derivati di ammine aromatiche.

33 LE PROPRIETÀ FISICHE, CHIMICHE E LA REATTIVITÀ DELLE AMMINE

Le proprietà fisiche

A temperatura ambiente, la metilammina e l'etilammina sono allo stato di gas, i termini superiori sono allo stato liquido.

Le ammine primarie e secondarie possono formare legami a idrogeno intermolecolari per la presenza dell'atomo di azoto legato rispettivamente a

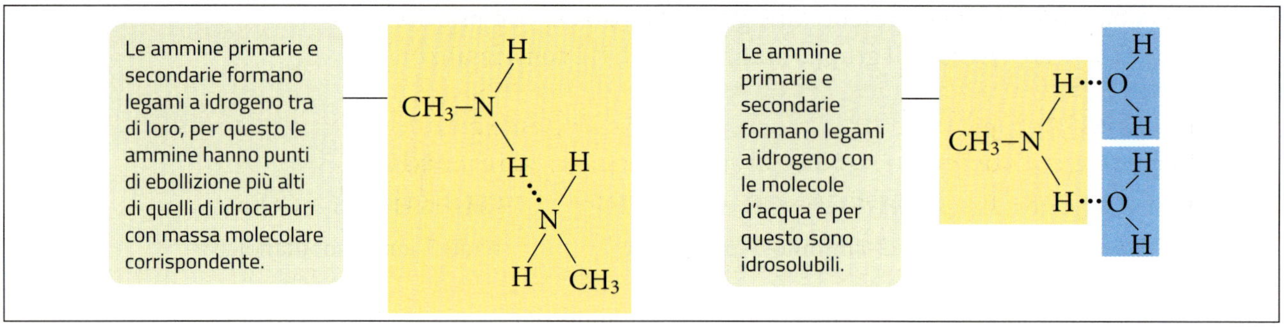

Figura 21 **Le ammine e i legami a idrogeno** Le proprietà fisiche e chimiche delle ammine dipendono dai legami intermolecolari.

due atomi o a un atomo di idrogeno (figura **21**). Quindi, i **punti di ebollizione** delle ammine sono più alti di quelli degli idrocarburi di massa molecolare corrispondente. I minori punti di ebollizione delle ammine rispetto a quelli degli alcoli di massa molecolare corrispondente si giustificano tenendo presente che l'azoto è meno elettronegativo dell'ossigeno (tabella **13**).

Tabella 13 **Il confronto fra le temperature di ebollizione di un alcano, un'ammina e un alcol.**

Composto	Nome	Formula	Massa molecolare	t_e (°C)
alcano	etano	$CH_3{-}CH_3$	30	−88
ammina	metilammina	$CH_3{-}NH_2$	31	−6,3
alcol	metanolo	$CH_3{-}OH$	32	65

Tutte le ammine alifatiche, con massa molecolare non elevata, possono formare legami a idrogeno con l'acqua per cui questi composti sono **solubili** in acqua (tabella **14**).

Le proprietà chimiche

La presenza del doppietto elettronico libero sull'atomo di azoto conferisce alle ammine un comportamento **basico**.

In presenza di un acido forte, le ammine si comportano da **basi di Lewis** perché possono condividere il doppietto elettronico disponibile sull'atomo di azoto: il prodotto della reazione è un sale di alchilammonio. La reazione tra la metilammina e l'acido cloridrico è rappresentata dalla seguente equazione:

PER APPROFONDIRE
video *LabOr.*
Cromatografia a scambio ionico

$$\underset{\text{metilammina}}{CH_3{-}NH_2} + HCl \rightleftharpoons \underset{\text{cloruro di metilammonio}}{CH_3{-}\overset{+}{N}H_3{-}Cl^-}$$

In acqua le ammine si possono comportare da **basi di Brønsted-Lowry** accettando un protone dall'acqua (che si comporta da acido) con formazione di uno ione alchilammonio e liberazione di uno ione idrossido OH^-. La reazione tra l'etilammina e l'acqua è rappresentata dalla seguente equazione:

$$\underset{\substack{\text{etilammina}\\ B_1}}{CH_3{-}CH_2{-}NH_2} + \underset{A_2}{H_2O} \rightleftharpoons \underset{\substack{\text{ione etilammonio}\\ A_1}}{CH_3{-}CH_2{-}\overset{+}{N}H_3} + \underset{B_2}{OH^-}$$

Tabella 14 **La temperatura di ebollizione e la solubilità in acqua di alcune ammine.**

Nome	Formula razionale	t_e (°C)	Solubilità
etilammina	$CH_3{-}CH_2{-}NH_3$	17	molto solubile
dimetilammina	$CH_3{-}NH{-}CH_3$	7,5	solubile
anilina	$C_6H_5{-}NH_2$	184	poco solubile

a. Le ammine **alifatiche** sono più basiche dell'ammoniaca. La maggiore basicità delle ammine si giustifica tenendo presente che i gruppi alchilici legati all'atomo di azoto delle ammine hanno un effetto induttivo elettron-donatore rispetto agli atomi di idrogeno legati all'atomo di azoto dell'ammoniaca; di conseguenza lo ione alchiloammonio (acido coniugato dell'ammina) risulta più stabile. In teoria, aumentando il numero dei gruppi elettron-donatori legati all'azoto, dovrebbe aumentare la basicità dell'ammina (terziaria > secondaria > primaria); in realtà in solvente acquoso, principalmente per effetto sterico, un'ammina terziaria ha una basicità inferiore a quella prevista, compresa tra quella di un'ammina primaria e una secondaria.

$$\underset{\text{terziaria}}{R'{-}NH{-}R''} > \underset{\text{secondaria}}{R'{-}\overset{\displaystyle R''}{\overset{|}{N}}{-}R'''} > \underset{\text{primaria}}{R'{-}NH_2}$$

LE PAROLE

L'**effetto sterico** (dal greco: *stereos* = compatto) è l'effetto derivante dalla presenza in una molecola di gruppi atomici di grandi dimensioni.

b. Le ammine **aromatiche** sono meno basiche di quelle alifatiche e dell'ammoniaca in quanto il doppietto elettronico non condiviso dell'atomo di azoto è delocalizzato per risonanza all'interno dell'anello benzenico. In tal caso il doppietto elettronico è meno disponibile ad accettare un protone, pertanto la forma $Ar{-}NH_2$ di una arilammina è più stabile della forma $Ar{-}NH_3^+$ dello ione fenilammonio:

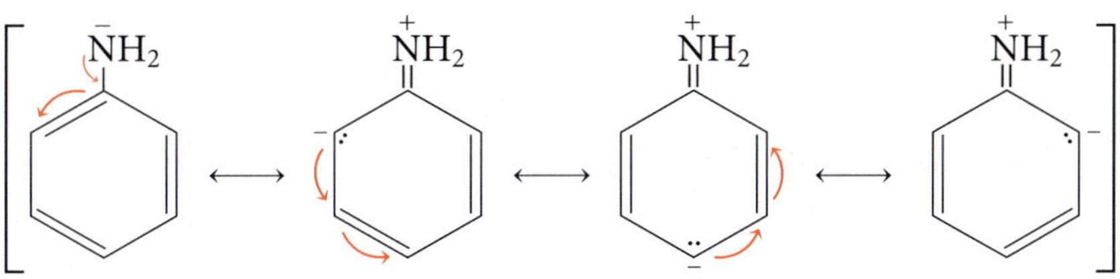

strutture di risonanza dell'anilina

Le reazioni delle ammine

La reattività delle ammine è legata essenzialmente al gruppo $-NH_2$ che, in presenza di un acido forte (HX), può acquistare un atomo di idrogeno con formazione di sali di alchilammonio (**reazione di salificazione**):

$$R{-}NH_2 + HX \longrightarrow \underset{\text{sale di alchilammonio}}{R{-}\overset{+}{N}H_3X^-}$$

PER VEDERE LE REAZIONI
video *LabOr*:
Ammine

La reazione tra la trimetilammina e l'acido cloridrico è rappresentata dalla seguente equazione:

$$\underset{\text{trimetilammina}}{CH_3{-}\underset{\displaystyle CH_3}{\underset{|}{N}}{-}CH_3} + HCl \longrightarrow \underset{\text{cloruro di trimetilammonio}}{CH_3{-}\underset{\displaystyle CH_3}{\underset{|}{N}H}{-}CH_3^+Cl^-}$$

PER VEDERE LE REAZIONI
video *LabOr*:
Ammine primarie, secondarie e terziarie

LA NOSTRA SALUTE

Le amfetamine: da farmaci a stupefacenti

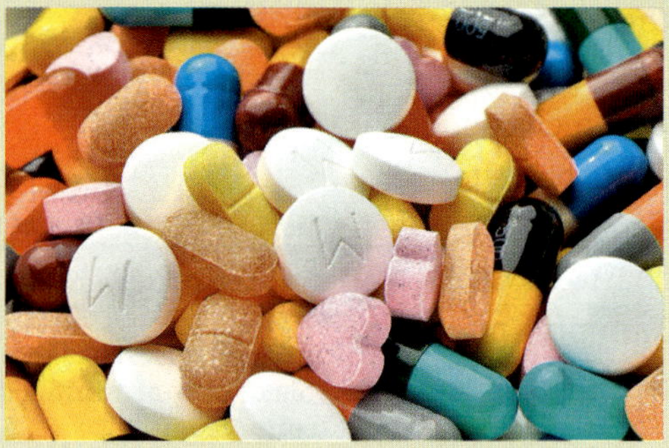

Le **amfetamine** sono un particolare gruppo di molecole organiche conosciute come stupefacenti neurotossici. Per la presenza del gruppo funzionale amminico e per le loro caratteristiche basiche appartengono anche al gruppo degli alcaloidi sintetici.

L'amfetamina fu sintetizzata per la prima volta nel 1887 dal chimico rumeno Lazar Edeleanu. Tuttavia questa molecola venne lasciata nel dimenticatoio per diversi anni e fu studiata come farmaco soltanto negli anni Venti dallo statunitense Gordon Alles. Questa molecola venne scoperta per caso, o meglio per errore: Alles stava ricercando un farmaco sintetico che potesse sostituire l'efedrina, una composto contenuto nelle piante di *Ephedra* che veniva utilizzato per il trattamento dell'asma. Come si può notare dalla figura, le due molecole hanno una struttura simile e questo spiega perché l'amfetamina venne sintetizzata per sbaglio.

Nonostante l'errore, il nuovo composto aveva un'azione decongestionante e antiasmatica, così negli anni Trenta del secolo scorso venne messo in commercio come farmaco con il nome commerciale di **benzedrina**.

Pochi anni dopo ci si rese conto che l'amfetamina agiva come stimolante del sistema nervoso centrale e per questo già negli anni Trenta iniziò a essere utilizzata per la cura della narcolessia (eccessiva sonnolenza). Sempre in quegli anni si rilevarono i primi disturbi psicotici, ma purtroppo la pericolosa azione neurotossica venne compresa soltanto qualche decennio dopo, quando l'abuso di queste droghe era già diffuso.

Il primo utilizzo massiccio di amfetamine si registrò durante la seconda guerra mondiale quando queste droghe, allora ritenute «farmaci», venivano distribuite ai soldati tedeschi come stimolanti per aumentare la sopportazione del dolore e ridurre la sensazione di fatica. In particolare, i soldati assumevano un derivato dell'amfetamina, la metamfetamina (figura), diffusa con il nome commerciale di Pervitin®.

L'azione sul sistema nervoso centrale

Nel 1959 la *Food and Drug Administration* (FDA) ha proibito l'uso delle amfetamine, riconoscendole come sostanze stupefacenti. Il loro uso è consentito soltanto per contrastare alcune patologie, come la narcolessia, il morbo di Parkinson e l'obesità e, per questo, è soggetto a ristrette prescrizioni mediche. Le amfetamine sono **sostanze psicoattive** che agiscono sul sistema nervoso centrale, provocando un'alterazione dei sensi e del comportamento. Sono potenti stimolanti che danno assuefazione, causando gravi danni cerebrali che possono portare alla morte.

Oltre al sistema nervoso centrale l'assunzione delle amfetamine ha diversi effetti anche sul metabolismo corporeo, sul sistema cardiocircolatorio e sul sistema respiratorio. Gli effetti sono dovuti al rilascio delle catecolammine, la dopamina e la noradrenalina, sostanze che normalmente sono prodotte dal nostro corpo per stimolare reazioni di risposta in caso di spavento o di forti emozioni.

Le amfetamine provocano un'alterazione della percezione della fatica, un incremento della pressione arteriosa, della frequenza cardiaca e del ritmo respiratorio. Agiscono sul metabolismo basale, alterando la termoregolazione e la percezione del sonno. Oltre a queste azioni le amfetamine provocano palpitazioni, aggressività, aritmie, senso di agitazione, stato confusionale e sudorazione abbondante. La loro neurotossicità provoca psicosi e degenerazione dei tessuti neuronali che possono portare alla morte.

Un problema sociale

Negli ultimi anni il consumo di amfetamine è diventato un fenomeno giovanile molto preoccupante. Si stima che il consumo di queste droghe riguardi quasi due milioni di persone in Europa, principalmente ragazzi in età adolescenziale. La diffusione di queste droghe riguarda soprattutto la **metilen-diossi-metamfetamina (MDMA)**, chiamata anche «ecstasy». È una droga sintetica derivata dall'amfetamina, che produce effetti stimolanti molto pericolosi che possono essere letali. L'MDMA agisce sulla serotonina, un importante neurotrasmettitore che regola il sonno, l'umore e l'appetito. L'assunzione anche di una sola pasticca può causare un'intossicazione acuta, provocando convulsioni, emorragie cerebrali, insufficienza renale acuta, danni permanenti al cervello e, infine, la morte. L'informazione, il dialogo e l'educazione alla salute sono i mezzi che abbiamo per prevenire gli abusi di stupefacenti e per contrastare il disagio sociale.

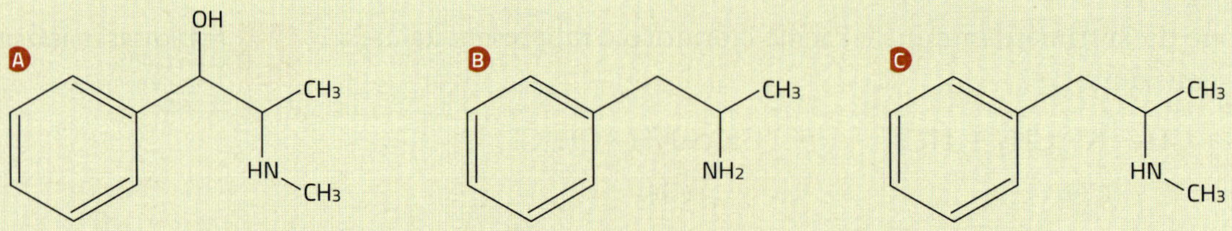

Figura **Le molecole di A efedrina, B amfetamina e C metamfetamina.**

34 I POLIMERI SONO MACROMOLECOLE FORMATE DA MONOMERI

I **polimeri** sono macromolecole a elevata massa molecolare costituite dalla ripetizione di unità molecolari elementari (**monomeri**) uguali o diverse, unite tra loro da legami covalenti.

I polimeri sono distinti in naturali e sintetici:

a. I polimeri **naturali**, con un ruolo biologico rilevante, sono i carboidrati (amido, glicogeno e cellulosa), le proteine e gli acidi nucleici (DNA, RNA), che rappresentano i costituenti fondamentali degli organismi viventi (*biomolecole*). Proteine e acidi nucleici sono eteropolimeri, cioè polimeri costituiti da due o più tipi di monomeri.

b. I polimeri **sintetici** sono prodotti attraverso una serie di reazioni di sintesi. I polimeri di sintesi hanno un ruolo molto importante nella vita quotidiana: polietilene, Teflon®, cellophane®, plexiglas®, nylon, fibre acriliche e poliuretano sono *materie plastiche* utilizzate in tantissimi beni di consumo (indumenti, contenitori, bottiglie, vernici, materiali per i veicoli e per l'edilizia).

I polimeri sintetici

Per rappresentare un polimero si utilizza la formula dell'**unità ripetente**, cioè il gruppo di atomi che viene ripetuto lungo la catena polimerica. Il numero n di unità ripetenti determina il grado di polimerizzazione del polimero. I polimeri si denominano premettendo il prefisso *poli-* al nome del monomero costituente. I polimeri possono essere distinti in *omopolimeri* e *copolimeri* (figura **22**).

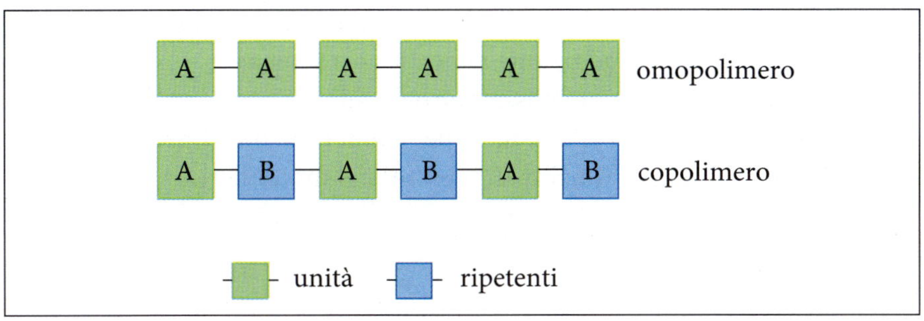

Figura 22 Gli omopolimeri e i copolimeri.

Gli omopolimeri

Un polimero costituito da un solo tipo di unità ripetente è un **omopolimero**.

La reazione di polimerizzazione dell'etilene porta alla formazione del polietilene (un omopolimero):

$$n\,CH_2{=}CH_2 \longrightarrow -(CH_2{-}CH_2)_n-$$

etilene → polietilene

L'etilene $CH_2{=}CH_2$ è il monomero, il gruppo atomico $-CH_2{-}CH_2-$ è l'unità ripetente, la ripetezione di n unità ripetenti legate tra loro a formare una lunga catena $-(CH_2{-}CH_2)_n-$ è il polimero (polietilene).

LE PAROLE

Un **monomero** (dal greco: *monos* = uno solo e *meros* = parte) è l'unità molecolare che si ripete nelle molecole polimeriche. Nei polisaccaridi (amido, glicogeno, cellulosa) il monomero è il glucosio.

I copolimeri

Un polimero costituito da due o più unità ripetenti diverse è un copolimero.

La reazione di polimerizzazione dello stirene e del butadiene porta alla formazione di un copolimero, la gomma stirene-butadiene (gomma SBR, dall'inglese *Styrene Butadiene Rubber*):

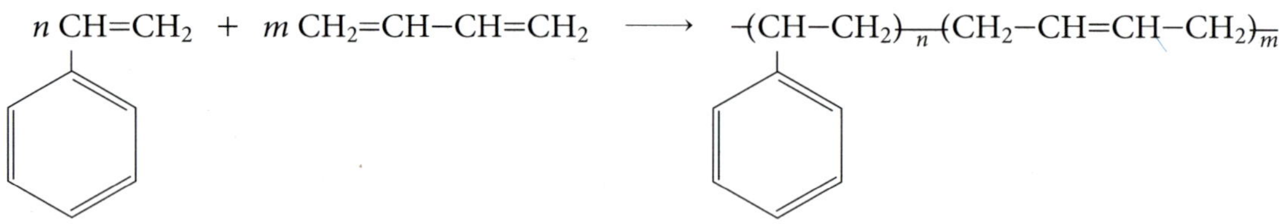

stirene + 1,3-butadiene ⟶ stirene-butadiene

A seconda di come sono legate tra loro le unità monomeriche nella catena, si possono avere quattro tipi di copolimeri (figura **23**):

a. **random**, costituito da una sequenza casuale dei monomeri;
b. **alternato**, costituito da una sequenza di monomeri che si alternano nella catena;
c. **a blocchi**, costituito dall'alternarsi di blocchi in cui vi è un solo un tipo di monomero;
d. **a innesto**, costituito da una catena principale di un omopolimero a cui si legano catene di omopolimeri diversi.

35 LE REAZIONI DI POLIMERIZZAZIONE

Le reazioni di polimerizzazione possono avvenire secondo due meccanismi:

1. polimerizzazione per addizione radicalica o a catena;
2. polimerizzazione per condensazione o a stadi.

Un polimero si forma per addizione o per condensazione dipendentemente dalla *reattività* dei gruppi funzionali presenti nei monomeri.

Figura 23 I tipi di copolimeri

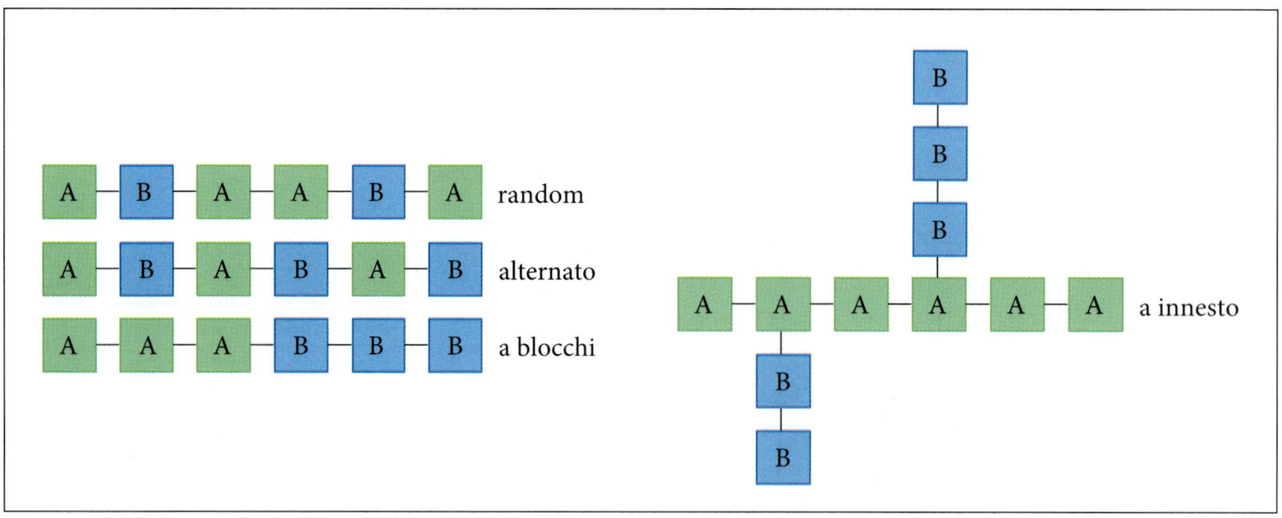

I polimeri di addizione radicalica

Nella **polimerizzazione per addizione radicalica** il polimero si forma per addizioni successive del monomero costituendo così una catena polimerica il cui allungamento procede di un'unità monomerica alla volta. I monomeri utilizzati per questo meccanismo sono generalmente molecole caratterizzate dalla presenza di doppi legami carbonio-carbonio (tabella **15**).

Tabella 15 Alcuni polimeri ottenuti per polimerizzazione radicalica.

Monomero	Formula	Polimero
etilene	$CH_2=CH_2$	polietilene
stirene	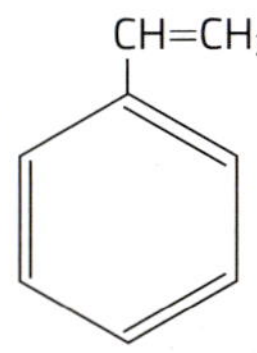	polistirene
metacrilato di metile	$CH_2=C(CH_3)-COO-CH_3$	polimetacrilato di metile (plexiglas®)
cloruro di vinile	$CH_2=CHCl$	polivinilcloruro (PVC)
tetrafluoroetilene	$CF_2=CF_2$	politetrafluoroetilene (Teflon®)

La polimerizzazione per addizione radicalica comporta l'addizione di radicali liberi.

I radicali per la presenza di un elettrone spaiato sono fortemente reattivi, per cui tendono a reagire con altre specie chimiche per raggiungere una configurazione stabile, mediante la formazione di un legame covalente.

I monomeri che polimerizzano per addizione radicalica sono composti con un doppio legame, perciò per avviare la polimerizzazione è necessario un **iniziatore radicalico** che generi radicali nel sistema di reazione.

TI RICORDI?
Un **radicale** è un atomo o un gruppo atomico con un elettrone spaiato derivato dalla rottura omolitica di un legame covalente.

Un **iniziatore radicalico** è una molecola che subisce facilmente una scissione omolitica, per effetto del calore o della luce (radiazione UV), generando radicali liberi.

Gli iniziatori radicalici sono composti instabili che possiedono un legame debole, per cui fornendo calore si ha la rottura omolitica del legame. Tipici iniziatori radicalici sono i perossidi organici, cioè composti in cui è presente il legame covalente tra due atomi di ossigeno —O—O—. Un esempio di reazione di polimerizzazione radicalica è quella che, partendo dall'etilene, porta alla formazione del polietilene. La polimerizzazione del polietilene avviene in tre stadi successivi:

a. nello stadio d'*inizio*, fornendo calore, si ha la rottura omolitica del legame covalente tra i due atomi di ossigeno nella molecola del perossido organico, con formazione di due radicali:

$$R-O-O-R \xrightarrow{\Delta} R-O\cdot + \cdot O-R$$

TI RICORDI?
In un legame covalente si ha una **rottura omolitica** quando ciascuno dei due atomi trattiene uno degli elettroni precedentemente condivisi.

TI RICORDI?

I **perossidi** sono ossidi in cui l'ossigeno ha n.o. uguale a -1. Nei perossidi ionici l'ossigeno è presente sotto forma di ione perossido O_2^{2-}; il perossido molecolare più noto è l'acqua ossigenata H_2O_2.

Un radicale RO•, molto reattivo, si addiziona al doppio legame carbonio-carbonio dell'etilene con formazione di un radicale del carbonio:

$$RO\cdot \quad + \quad CH_2{=}CH_2 \quad \longrightarrow \quad RO{-}CH_2{-}\dot{C}H_2$$

b. nello stadio di propagazione, il radicale del carbonio, essendo molto reattivo, reagisce con una nuova molecola di etilene per formare un nuovo radicale del carbonio con massa molecolare maggiore:

$$RO{-}CH_2{-}\dot{C}H_2 \quad + \quad CH_2{=}CH_2 \quad \longrightarrow \quad RO{-}CH_2{-}CH_2{-}CH_2{-}\dot{C}H_2$$

c. nello stadio di *terminazione*, due radicali del carbonio reagiscono tra loro con formazione del polietilene:

$$RO{-}(CH_2)_n{-}\dot{C}H_2 \quad + \quad \dot{C}H_2{-}(CH_2)_n{-}OR \quad \longrightarrow \quad RO{+}CH_2{-}CH_2{+}_n OR$$

Il polimero che si forma presenta agli estremi della catena i gruppi di atomi provenienti dall'iniziatore radicalico. Gli atomi derivanti dall'iniziatore rappresentano una unità molto piccola rispetto al polimero e, per questo, non vanno ad alterare le proprietà del materiale ottenuto.

Le reazioni di polimerizzazione sono regolate da parametri quali la temperatura, la pressione, la concentrazione dei reagenti, tra i quali l'iniziatore radicalico. Attraverso un'opportuna regolazione di questi fattori è possibile modulare il grado di polimerizzazione del polimero finale e ottimizzare il processo di sintesi.

Oltre alla polimerizzazione radicalica, esistono altri due tipi di polimerizzazione per addizione:

a. la **polimerizzazione cationica**, in cui il monomero è rappresentato da un catione; per esempio l'isobutilene si forma per polimerizzazione di un carbocatione terziario;
b. la **polimerizzazione anionica**, in cui il monomero è, invece, rappresentato da un anione, generalmente un carboanione.

A COLPO D'OCCHIO

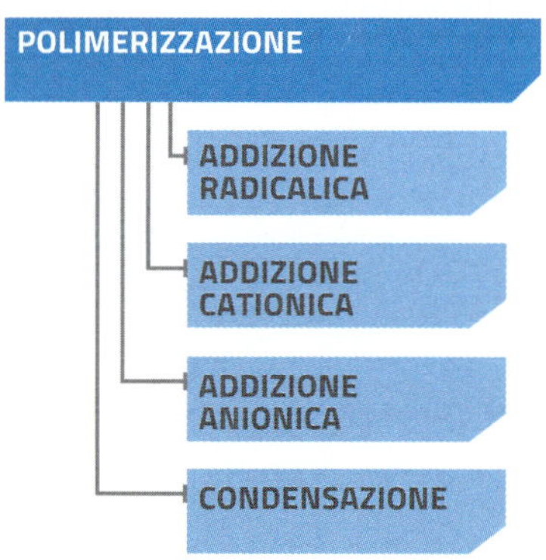

I polimeri di condensazione

I polimeri di condensazione si formano per reazione tra due monomeri diversi, ciascuno dei quali è almeno bifunzionale. La reazione produce l'eliminazione di molecole di acqua.

I monomeri utilizzati per la polimerizzazione per condensazione devono essere bifunzionali per permettere l'allungamento del polimero. A seconda dei gruppi funzionali presenti, i monomeri utilizzati in questo meccanismo sono diversi. I monomeri più comuni sono i dioli (alcoli con due gruppi $-OH$), gli acidi bicarbossilici o diacidi (acidi con due gruppi $-COOH$) e le diammine (ammine con due gruppi $-NH_2$).

Il nome del polimero di condensazione è costituito dal prefisso *poli-* e dal nome del gruppo funzionale risultante dalla reazione tra i monomeri (poliesteri, poliammidi). I polimeri di condensazione più noti hanno nomi commerciali, come nylon e PET (tabella **16**).

Monomero	Formula	Polimero
diolo + acido bicarbossilico ⟶ poliestere	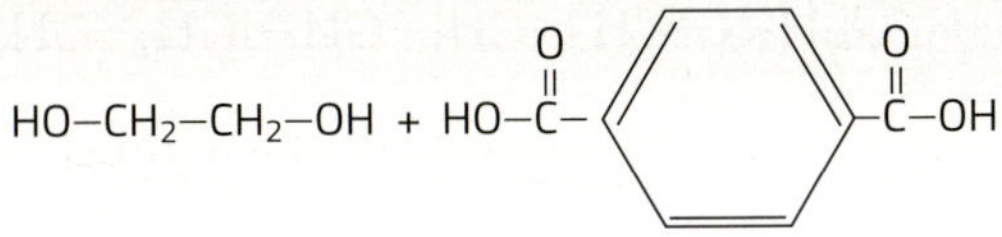 glicole etilenico + acido tereftalico	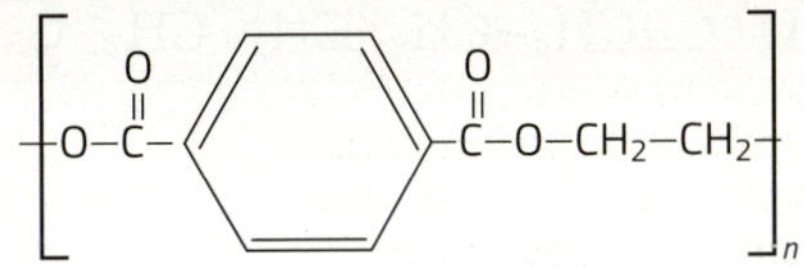 polietilentereftalato (PET)
diammina + acido bicarbossilico ⟶ poliammide	$H_2N{-}(CH_2)_6{-}NH_2 + HOOC{-}(CH_2)_4{-}COOH$ esametilendiammina + acido adipico	$H{-}[N(H){-}(CH_2)_6{-}N(H){-}C(=O){-}(CH_2)_4{-}C(=O)]_n{-}OH$ nylon 6,6

Tabella 16 **Alcuni polimeri ottenuti per condensazione**

La reazione di polimerizzazione per condensazione tra i gruppi funzionali dei due monomeri porta all'eliminazione di molecole di acqua. Grazie alla bifunzionalità di entrambi i monomeri, la polimerizzazione può proseguire agli estremi della catena, permettendo di allungare il polimero in entrambe le direzioni.

Il **PET** è un *poliestere* che si ottiene facendo reagire un diacido aromatico, l'acido tereftalico, con un diolo, il glicole etilenico. La reazione di esterificazione è rappresentata dalla seguente equazione:

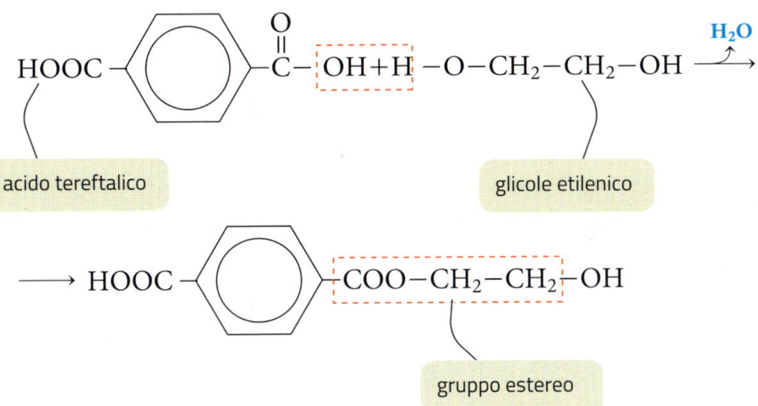

TI RICORDI?

I **glicoli** sono polioli (nello specifico *dioli*) caratterizzati dalla presenza nella molecola di due funzioni alcoliche adiacenti.

In seguito alla reazione tra il gruppo $-COOH$ dell'acido e il gruppo $-OH$ del glicole si forma un prodotto che alle estremità ha ancora un gruppo acido e un gruppo alcolico che possono reagire rispettivamente con una nuova molecola di glicole e una di acido. In tal modo la catena si allunga da entrambe le estremità e si forma un polimero:

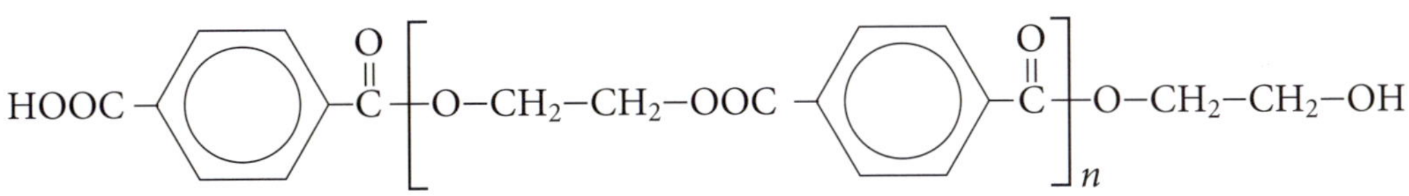

Il **nylon** è una poliammide che si ottiene facendo reagire un acido organico bifunzionale con un'ammina bifunzionale. Il nylon è un polimero molto diffuso che si ottiene dalla reazione tra l'acido adipico e l'esametilendiammina. Il primo monomero è un diacido con sei atomi di carbonio, mentre il secondo è una diammina anch'essa con sei atomi di carbonio: per questo motivo il nylon ottenuto da questi monomeri è chiamato nylon 6,6.

$$n\ HO-\overset{\overset{\displaystyle O}{\|}}{C}-CH_2-CH_2-CH_2-CH_2-\overset{\overset{\displaystyle O}{\|}}{C}-OH \quad + \quad n\ H_2N-CH_2-CH_2-CH_2-CH_2-CH_2-CH_2-NH_2 \longrightarrow$$

acido adipico — esametilendiammina

$$\longrightarrow \left[\overset{\overset{\displaystyle O}{\|}}{C}-CH_2-CH_2-CH_2-CH_2-\overset{\overset{\displaystyle O}{\|}}{C}-NH-CH_2-CH_2-CH_2-CH_2-CH_2-CH_2-NH\right]_n + \ n\ H_2O$$

nylon 6,6

Figura 24 **Il nylon** Le ammidi sono il prodotto di partenza nella preparazione di composti sintetici quali il nylon.

I nylon sono polimeri molto versatili (figura **24**) che sono utilizzati per la produzione di materiali delicati (calze da donna), resistenti (tappeti) o duri (guarnizioni).

A differenza dei polimeri per addizione, quelli ottenuti per condensazione si formano a *stadi*, cioè i monomeri non si addizionano uno alla volta, ma diverse catene in allungamento si legano tra loro a formare una macromolecola più grande. Inoltre, non essendo coinvolti radicali (gruppi atomici molto reattivi), le reazioni di polimerizzazione per condensazione sono tendenzialmente più lente e, pertanto, sono necessari tempi più lunghi per ottenere polimeri finali con elevati gradi di polimerizzazione.

TI RICORDI?

Le **interazioni intermolecolari** sono deboli forze di tipo elettrostatico che si stabiliscono tra molecole polari o apolari. Sono interazioni intermolecolari il legame a idrogeno e le interazioni dipolo-dipolo.

36 LE PROPRIETÀ FISICHE DEI POLIMERI

Le interazioni intermolecolari hanno un ruolo importante nella determinazione delle proprietà fisiche dei polimeri. Infatti, anche se questo tipo di interazioni sono deboli, nel momento in cui vengono moltiplicate per un numero elevato di atomi, il loro effetto diventa significativo.

Nel nylon (un poliammide) si stabiliscono legami a idrogeno tra gli atomi di ossigeno del gruppo carbonilico presente in una catena e gli atomi di idrogeno del gruppo amminico della catena vicina (figura **25**).

Le interazioni tra le catene determinano *forze di coesione* responsabili, a livello macroscopico, dell'ottenimento di un materiale facilmente lavorabile ma resistente.

Figura 25 **I legami a idrogeno tra le catene di nylon 6,6**

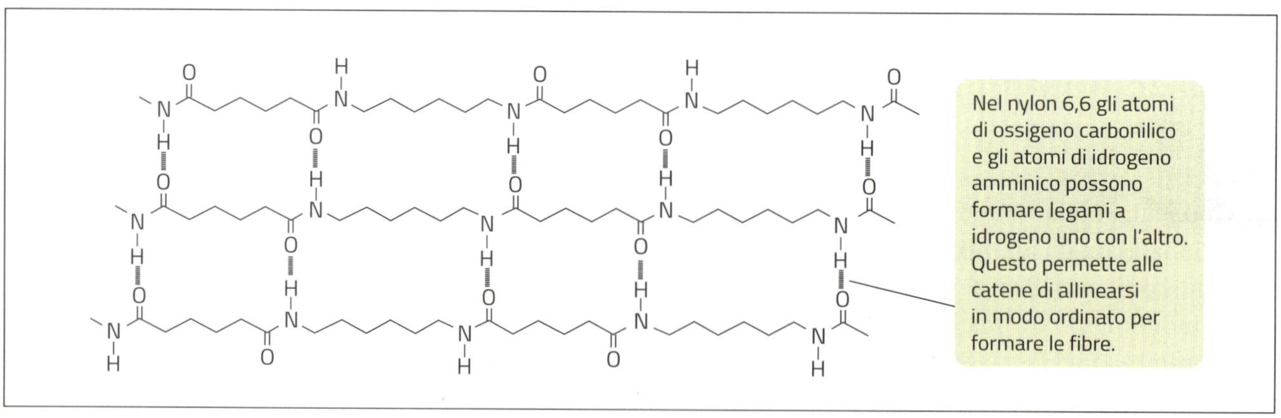

Le proprietà dei polimeri dipendono dai gruppi funzionali presenti, dalla lunghezza della macromolecola e dai legami tra le catene, fattori che determinano complessivamente la struttura microscopica della macromolecola e che si riflettono nelle caratteristiche macroscopiche del materiale.

I polimeri sono anche classificati a seconda delle proprietà dei materiali finali che vanno a costituire. I polimeri filabili, cioè che possono essere ottenuti in fili, sono detti **fibre**. I polimeri, invece, che possono aumentare la loro lunghezza e ritornare alla lunghezza originaria comportandosi in modo elastico sono detti **elastomeri**. Le materie plastiche la cui lavorabilità cambia a seconda della temperatura sono dette nelle **resine sintetiche**. I polimeri in cui l'aumento della temperatura porta alla loro fusione sono detti **resine termoplastiche**. Nelle **resine termoindurenti**, il riscaldamento determina la reticolazione tra le catene, provocando l'indurimento irreversibile del materiale.

37 L'IMPORTANZA DEI POLIMERI NELL'INDUSTRIA E IN NATURA

L'industria dei polimeri ha permesso la diffusione delle materie plastiche in larga scala e ha contribuito al loro utilizzo in tantissimi settori. Le materie plastiche hanno cambiato la vita di tutti noi, permettendoci di avere oggetti più pratici, meno costosi, più leggeri, e di sostituire materiali come il legno, i metalli e la ceramica (figura **26**).

I polimeri sintetici si ottengono da monomeri derivati dal petrolio. Dopo la raffinazione, il petrolio viene lavorato per ottenere i «mattoni» necessari per l'industria chimica. Attraverso vari processi petrolchimici gli idrocarburi fossili vengono trasformati nei monomeri, che diventano quindi i reagenti per la produzione delle materie plastiche.

I polimeri con cui veniamo in contatto tutti i giorni non sono semplici macromolecole ma sono materiali complessi che devono essere prodotti seguendo un'attenta lavorazione. Tutte le materie plastiche che usiamo, infatti, raramente sono pure. Per conferire le proprietà necessarie a seconda degli usi

Figura 26 Alcuni esempi di materie plastiche.

specifici, ai polimeri vengono aggiunti degli additivi che possono avere diverse funzioni. Si possono aggiungere dei rinforzanti per migliorare le proprietà meccaniche, dei coloranti per conferire una colorazione a un materiale che altrimenti sarebbe trasparente, oppure si possono aggiungere stabilizzanti per rendere i polimeri ignifughi o per rallentare la degradazione dovuta all'esposizione alla luce.

I polimeri sintetici hanno permesso di «imitare» alcuni polimeri naturali. Per esempio le gomme sintetiche imitano il comportamento elastico del caucciù, una macromolecola naturale a base di poliisoprene contenuta nel lattice

PER SAPERNE DI PIÙ

Le configurazioni R e S degli enantiomeri

Nelle molecole con uno stereocentro si ha l'**isomeria ottica** o **enantiomeria**. Gli enantiomeri presentano due tipi di configurazioni denominate **R** e **S**. Per stabilire il tipo di configurazione si deve assegnare la priorità agli atomi o gruppi atomici legati allo stereocentro e poi osservare la loro posizione relativa.

Applicazione delle regole di sequenza

Per stabilire la priorità degli atomi o dei gruppi atomici legati allo stereocentro, si devono applicare le seguenti regole di sequenza:

1. si ordinano gli atomi legati allo stereocentro secondo il numero atomico decrescente (maggiore è il numero atomico e più alta è la priorità). Nell'1-bromo-1-cloroetano si ha che la priorità più alta è del bromo e quella più bassa dell'idrogeno:

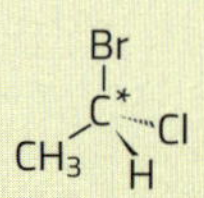

Br > Cl > C > H

2. se non è possibile assegnare la priorità più alta perché due o più atomi legati allo stereocentro hanno lo stesso numero atomico, si deve procedere fino a quando non si trova una differenza. Per esempio, il gruppo etile ($-CH_2-CH_3$) ha priorità più alta rispetto al metile (CH_3).

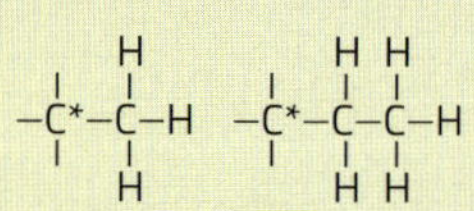

$-CH_2-CH_3 > -CH_3$

Il gruppo $-O-CH_3$ ha priorità maggiore rispetto a $-O-H$:

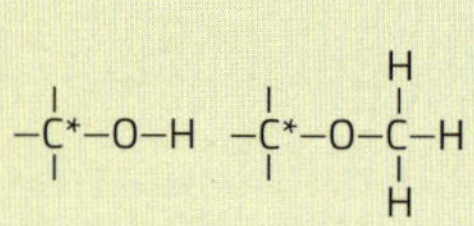

$-O-CH_3 > -O-H$

3. se allo stereocentro sono legati atomi che presentano legami multipli, questi si considerano equivalenti a un numero uguale di legami semplici. Il doppio legame tra due atomi di carbonio equivale a due legami semplici per ogni atomo di carbonio:

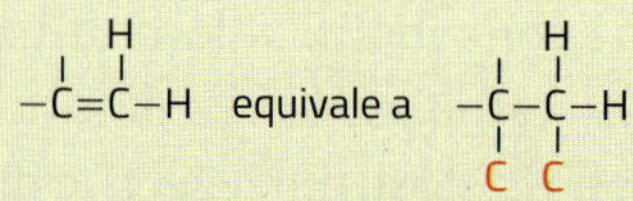

Il triplo legame tra due atomi di carbonio equivale a tre legami semplici per ogni atomo di carbonio:

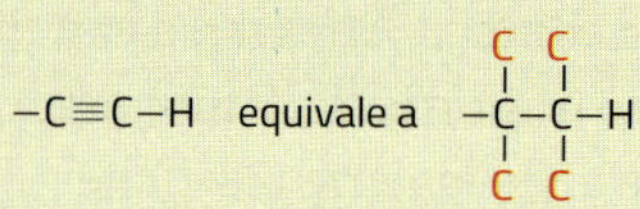

Il doppio legame tra un atomo di carbonio e uno di ossigeno equivale a due legami semplici per ognuno dei due atomi.

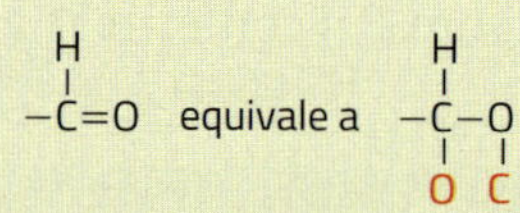

Determinazione della configurazione

Indicati con a, b, c, d gli atomi (o i gruppi atomici) legati allo stereocentro, ammettiamo che l'ordine di priorità sia: a > b > c > d. A questo punto si osserva lo stereocentro dalla parte opposta a quello in cui è situato il gruppo con priorità minore (d). Sulla base della priorità dei tre gruppi rimanenti (a > b > c) si stabilisce se la configurazione dell'enantiomero è R o S.

1. Se per andare dal gruppo a priorità maggiore (a) a quello a priorità minore (c), passando attraverso b, si procede in senso **orario**, ovvero verso *destra*, la configurazione è R (dal latino: *rectus* = destro):

di alcune piante. L'avvento delle gomme sintetiche SBR (*Styrene Butadiene Rubber*) ha permesso di sostituire la gomma naturale in alcuni applicazioni, per esempio negli pneumatici dei veicoli.

Le macromolecole sintetiche e quelle naturali sono quindi due mondi molto vicini.

Le proprietà dei polimeri si ripresentano anche nelle biomolecole biologiche, con l'unica differenza che l'origine di queste ultime è completamente naturale e che la loro sintesi è regolata dal metabolismo cellulare, come vedremo nei capitoli seguenti.

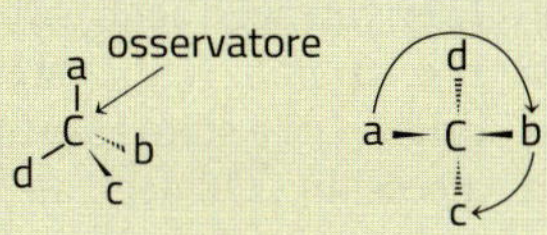

configurazione R

2. Se per andare dal gruppo a priorità maggiore (a) a quello a priorità minore (c), passando attraverso (b), si procede in senso **antiorario**, ovvero verso *sinistra*, la configurazione è S (dal latino: *sinister* = sinistro):

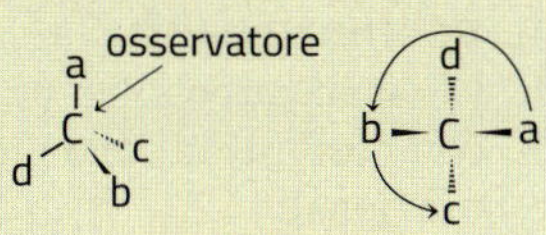

configurazione S

L'acido (–)-lattico e la (–)-gliceraldeide hanno, rispettivamente, configurazione R e S.

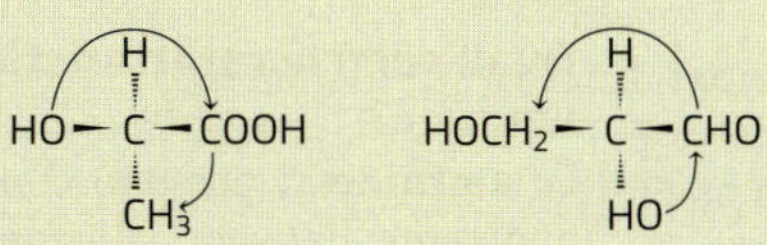

acido (R)-(–)-lattico (S)-(–)-gliceraldeide

Non esiste quindi nessuna relazione tra il segno di rotazione ottica (+ o –) e la configurazione (R o S) dell'enantiomero.

Proviamo ora a determinare la configurazione del 3-metilesano.

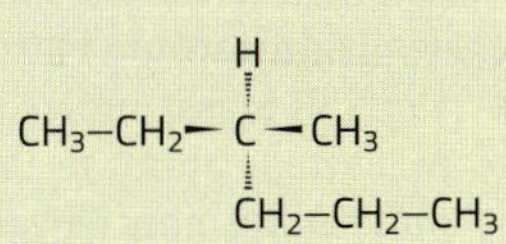

Si assegna l'ordine di priorità dei quattro gruppi atomici legati allo stereocentro:

$$-CH_2-CH_2-CH_3 > -CH_2-CH_3 > -CH_3 > H$$

per andare dal gruppo a priorità maggiore a quello a priorità minore si deve procedere i senso orario, e quindi la configurazione è R.

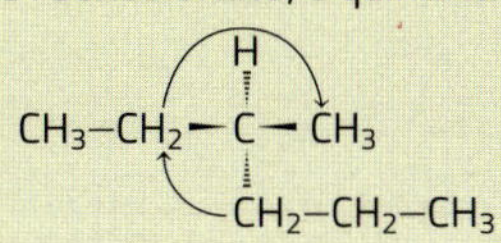

Il nome completo è (R)-3-metilesano.

Proviamo ora a rappresentare la struttura tridimensionale dell'(R)-2-bromobutano.

Si rappresenta la formula razionale e si assegna l'ordine di priorità.

$CH_3-CH(Br)-CH_2-CH_3$ $\quad Br > -CH_2-CH_3 > -CH_3 > H$

Si dispone l'atomo di idrogeno (priorità minore) in alto nella struttura tridimensionale e gli altri tre gruppi in senso orario (R).

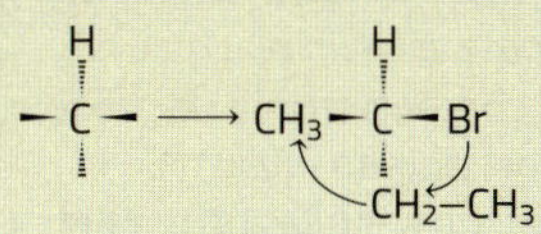

Anche disponendo il gruppo a priorità maggiore in uno degli altri due legami, la configurazione risulta sempre R.

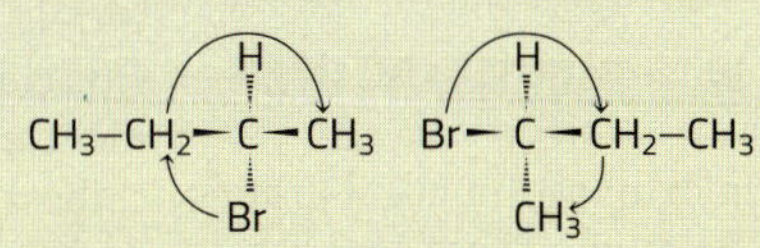

FACCIAMO IL PUNTO

LO SAI? RIPASSA CON LO SMARTPHONE

Quali sono le caratteristiche degli alogenuri alchilici?

Gli **alogenuri alchilici** sono composti organici in cui uno o più atomi di alogeni sono direttamente legati a uno o più atomi di carbonio di un alcano.

Le reazioni di sintesi più comuni sono l'*addizione elettrofila* di acidi alogenidrici o di alogeni agli alcheni e la *sostituzione nucleofila* tra alcoli e acidi alogenidrici.

Gli alogenuri alchilici sono *insolubili* in acqua e hanno *punti di ebollizione* più alti rispetto a quelli degli idrocarburi con lo stesso numero di atomi di carbonio.

Il legame carbonio-alogenoè polarizzato, l'atomo di carbonio con una parziale carica positiva può essere pertanto attaccato o da un agente nucleofilo per dare origine a due tipi di reazione (*sostituzione nucleofila* ed *eliminazione*).

Quali sono le caratteristiche degli alcoli?

Gli **alcoli** hanno il gruppo funzionale ossidrile legato a un atomo di carbonio ibridato sp^3.

Le *reazioni di sintesi* più comuni degli alcoli sono l'*idratazione degli alcheni* (in ambiente acido) e la *riduzione di aldeidi* e *chetoni* che porta rispettivamente alla formazione di alcol primari e secondari.

Gli alcoli hanno *punti di ebollizione* più alti degli idrocarburi, degli alogenuri alchilici e degli eteri aventi massa molecolare corrispondente. I primi tre termini della serie sono completamente *solubili* in acqua. Gli alcoli si possono comportare sia da acidi sia da basi (comportamento *anfotero*).

Le reazioni degli alcoli sono la rottura del legame (legami $-O-H$ e $-C-O$) e la reazione di ossidazione.

Quali sono le caratteristiche degli eteri?

Gli **eteri** sono composti in cui il gruppo funzionale è un atomo di ossigeno legato a due gruppi organici (alchilici o arilici). Si presentano sotto forma di liquidi, incolori e volatili; data la loro debole polarità hanno bassi punti di ebollizione ma una solubilità simile a quella degli alcoli. Sono relativamente inerti nei confronti dei reagenti chimici, tuttavia, in seguito a riscaldamento prolungato in soluzioni acquose concentrate di acidi alogenidrici, si ha la rottura dei legami carbonio-ossigeno (reazione di scissione).

Quali sono le caratteristiche dei fenoli?

I **fenoli** sono composti organici in cui un atomo o più atomi di idrogeno del fenolo è sostituito con uno o più atomi o gruppi atomici. I fenoli formano legami a idrogeno intermolecolari, per cui hanno *punti di ebollizione* elevati ma sono *poco solubili* per la presenza dell'anello aromatico *idrofobico*. In acqua, si comportano da acidi e possono reagire con basi forti (*reazione di rottura del legame*) per dare composti detti *fenossidi*.

Quali sono le caratteristiche delle aldeidi e dei chetoni?

Le **aldeidi** e i **chetoni** sono composti caratterizzati dalla presenza del gruppo funzionale **carbonile**. Questo è costituito da un atomo di carbonio ibridato sp^2 e da un atomo di ossigeno, legati da un doppio legame.

I composti carbonilici hanno *punti di ebollizione* più alti degli idrocarburi, ma più bassi degli alcoli. I primi termini delle aldeidi e dei chetoni sono *solubili* in acqua; la solubilità diminuisce all'*aumentare della massa molecolare*.

I composti carbonilici danno reazioni di addizione nucleofila con rottura del doppio legame carbonio-ossigeno, ma anche reazioni di riduzione e di ossidazione.

Le aldeidi reagiscono con particolari reattivi (reattivo di Fehling o reattivo di Tollens) usati come saggi di laboratorio.

Quali sono le caratteristiche delle aldeidi e dei chetoni?

Gli acidi carbossilici sono composti organici caratterizzati dal gruppo funzionale carbossilico o **carbossile**, che è costituito da due gruppi funzionali, il gruppo carbonile e il gruppo ossidrile.

A temperatura ambiente i primi quattro termini degli acidi carbossilici sono allo stato *liquido*, i termini superiori sono allo stato *solido*. Formano legami a idrogeno intermolecolari, per cui i *punti di ebollizione* sono alti, e legami a idrogeno con l'acqua, per cui questi composti sono *solubili* in acqua.

Gli acidi carbossilici in acqua si dissociano liberando uno ione idrogeno H^+ con formazione di un anione carbossilato.

Gli acidi carbossilici danno due tipi di reazioni: di rottura del legame e di sostituzione nucleofila.

Quali sono i derivati degli acidi carbossilici?

I derivati degli acidi carbossilici sono esteri e ammidi. Negli **esteri** il gruppo ossidrile $-OH$ è stato sostituito con il gruppo alcossido $-OR$ degli alcoli; nelle **ammidi** sono derivati degli acidi carbossilici, nei quali il gruppo ossidrile è stato sostituito dal gruppo dell'ammoniaca o dal gruppo $-NHR$ oppure $-NR_2$ di un'ammina primaria o secondaria.

Che cosa sono gli acidi carbossilici polifunzionali?

Gli acidi carbossilici polifunzionali sono composti in cui sono presenti due gruppi funzionali.

Gli **idrossoacidi** sono composti caratterizzati dal gruppo ossidrile e dal gruppo carbossilico, i **chetoacidi** dal gruppo carbonile e dal gruppo carbossilico.

Quali sono le caratteristiche delle ammine?

Le **ammine** si possono considerare formalmente derivati dall'ammoniaca, per sostituzione di uno o più atomi di idrogeno con uno o più gruppi alchilici (ammine alifatiche) o arilici (ammine aromatiche).

La reazione di *sintesi* più comune per ottenere le ammine alifatiche è la *riduzione delle ammidi*.

I *punti di ebollizione* sono più alti di quelli degli idrocarburi ma non di quelli degli alcoli di massa molecolare corrispondente. Tutte le ammine alifatiche, con massa molecolare non elevata, sono *solubili* in acqua e hanno un comportamento *basico*.

Il gruppo amminico in presenza di un acido forte può acquistare un atomo di idrogeno e formare sali di alchilammonio (*reazione di salificazione*).

A3 ESERCIZI

ZTE ONLINE
Mettiti alla prova
con 20 esercizi interattivi

VERIFICA LE TUE CONOSCENZE

GLI ALOGENURI ALCHILICI

1 **Indica il nome corretto del composto**

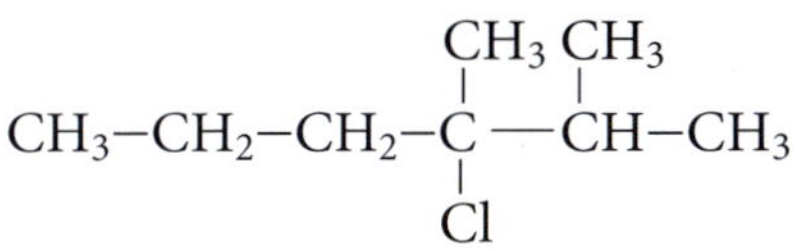

Ⓐ 3-cloro-2,3-dimetilesano

Ⓑ 2,3-dimetil-3-cloroesano

Ⓒ 4-cloro-4,5-dimetilesano

Ⓓ 4,5-dimetil-4-cloroesano

2 **La formula razionale di un cloruro alchilico secondario è**

Ⓐ $CH_3-CH_2-CH_2-CH_2Cl$

Ⓑ $CH_3-CH_2-CHCl-CH_3$

Ⓒ 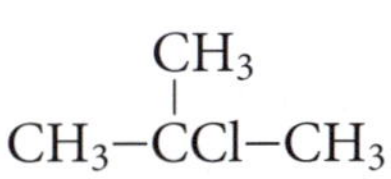

Ⓓ 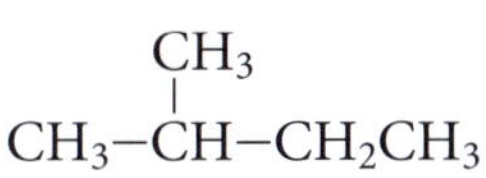

3 **Qual è il corretto ordine crescente del punto di ebollizione per i seguenti composti?**

1. CH_3-CH_2Br
2. CH_3-CH_2I
3. CH_3-CH_2F
4. CH_3-CH_2Cl

Ⓐ $3 < 4 < 2 < 1$

Ⓑ $4 < 3 < 1 < 2$

Ⓒ $3 < 4 < 1 < 2$

Ⓓ $2 < 1 < 4 < 3$

4 **La reazione di sostituzione nucleofila con meccanismo S_N2**

Ⓐ avviene in due stadi e prevede la partecipazione di un solo reagente

Ⓑ è favorita da un alogenuro alchilico terziario

Ⓒ è favorita da un nucleofilo debole

Ⓓ avviene in un solo stadio e prevede la partecipazione di due reagenti

5 **Il prodotto della reazione di eliminazione è**

Ⓐ un alchene

Ⓑ un etere

Ⓒ un estere

Ⓓ un'aldeide

GLI ALCOLI

6 **Il pentanolo è un alcol che possiede**

Ⓐ cinque atomi di carbonio

Ⓑ quattro atomi di carbonio e un gruppo ossidrile

Ⓒ cinque gruppi ossidrili

Ⓓ cinque atomi di carbonio e un gruppo ossidrile

7 **Un alcol si dice terziario quando**

Ⓐ contiene tre atomi di carbonio

Ⓑ contiene tre gruppi ossidrili

Ⓒ il gruppo ossidrile è legato a un atomo di carbonio terziario

Ⓓ il gruppo ossidrile è legato al terzo atomo di carbonio del composto

8 **Il prodotto della reazione di disidratazione in ambiente acido del propanolo è il**

Ⓐ propene

Ⓑ propanone

Ⓒ propanale

Ⓓ propano

9 **Un chetone si ottiene dalla ossidazione di un**

Ⓐ alcol primario o secondario

Ⓑ alcol secondario

Ⓒ alcol terziario

Ⓓ alcol secondario o terziario

10 **Qual è l'ordine di basicità crescente per i seguenti alcoli?**

1. 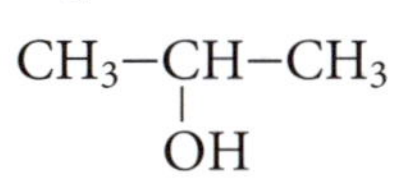
2. $CH_3-CH_2-CH_2-OH$
3. 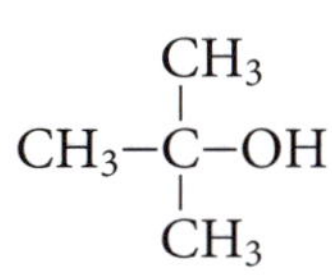

Ⓐ $2 < 1 < 3$

Ⓑ $1 < 2 < 3$

Ⓒ $3 < 1 < 2$

Ⓓ $1 < 3 < 2$

GLI ETERI

11 **Indica il nome corretto del composto**

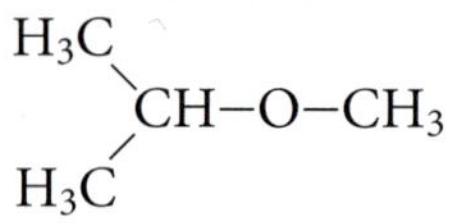

Ⓐ 2,3-dimetil etil etere
Ⓑ metil isopropil etere
Ⓒ etil-2,3-dimetil etere
Ⓓ isopropil metil etere

12 **Qual è il corretto ordine decrescente del punto di ebollizione per i seguenti composti?**

1. CH_3-CH_2-OH
2. CH_3-O-CH_3
3. $CH_3-CH_2-CH_3$

Ⓐ $3 > 2 > 1$
Ⓑ $1 > 2 > 3$
Ⓒ $2 > 1 > 3$
Ⓓ $3 > 1 > 2$

13 **Qual è l'ordine crescente di solubilità per i seguenti composti?**

1. $CH_3-CH_2-O-CH_2-CH_3$
2. CH_3-O-CH_3
3. $CH_3-CH_2-O-CH_3$

Ⓐ $3 < 2 < 1$
Ⓑ $2 < 3 < 1$
Ⓒ $1 < 3 < 2$
Ⓓ $2 < 1 < 3$

14 **I prodotti della reazione di rottura del legame C–O di un etere in presenza di un acido alogenideico, sono**

Ⓐ alogenuro alchilico e aldeide
Ⓑ alogenuro alchilico e chetone
Ⓒ alogenuro alchilico e alcol
Ⓓ alchene e chetone

I FENOLI

15 **Indica qual è il nome comune del composto**

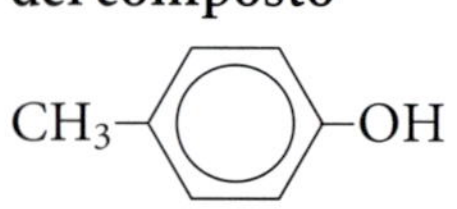

Ⓐ *p*-metilfenolo
Ⓑ *p*-cresolo
Ⓒ *p*-metilidrossibenzene
Ⓓ 4-metilfenolo

16 **I fenoli in acqua hanno un comportamento chimico**

Ⓐ basico
Ⓑ acido
Ⓒ anfotero
Ⓓ neutro

17 **Relativamente alla solubilità in acqua, i fenoli sono**

Ⓐ poco solubili
Ⓑ solubili
Ⓒ molto solubili
Ⓓ insolubili

18 **I fenoli danno una reazione di:**

Ⓐ rottura del legame C–O
Ⓑ addizione elettrofila
Ⓒ riduzione
Ⓓ rottura del legame O–H

19 **Un composto fenolico che funziona da antiossidante naturale è la vitamina**

Ⓐ C Ⓑ D Ⓒ E Ⓓ A

LE ALDEIDI E I CHETONI

20 **Qual è il nome corretto del seguente composto?**

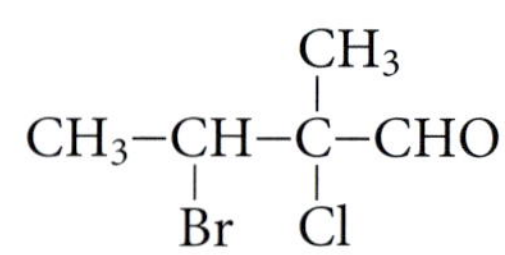

Ⓐ 2-cloro-2-metil-3-bromobutanale
Ⓑ 3-bromo-2-cloro-2-metilbutanale
Ⓒ 2-bromo-2-cloro-2-metilbutanale
Ⓓ 3-bromo-3-metil-3-clorobutanale

21 **Gli isomeri di posizione dell'eptanone sono**

Ⓐ 2
Ⓑ 5
Ⓒ 4
Ⓓ 3

22 **Il prodotto dell'ossidazione di un'aldeide è un**

Ⓐ alcol primario
Ⓑ alcol secondario
Ⓒ acido carbossilico
Ⓓ estere

23 **Qual è l'ordine crescente del punto di ebollizione per i seguenti composti?**

1. $CH_3-CH_2-CH_2-CH_3$
2. $CH_3-CH_2-CH_2-CHO$

3. $CH_3–CH_2–CH_2–CH_2–OH$

Ⓐ 1 < 3 < 2 Ⓒ 3 < 2 < 1

Ⓑ 1 < 2 < 3 Ⓓ 2 < 3 < 1

24 **In un composto carbonilico la forma chetonica e la forma enolica differiscono per la posizione di**

Ⓐ un atomo di idrogeno

Ⓑ un atomo di idrogeno e un doppio legame

Ⓒ un doppio legame

Ⓓ un gruppo –OH e un doppio legame

25 **Quale, tra le seguenti coppie di composti, può essere usata per ottenere un alcol primario?**

Ⓐ aldeide e riducente Ⓒ chetone e riducente

Ⓑ aldeide e ossidante Ⓓ chetone e ossidante

26 **Quale tra le seguenti formule molecolari rappresenta sia un'aldeide sia un chetone?**

Ⓐ C_3H_7O Ⓒ $C_3H_6O_2$

Ⓑ C_2H_6O Ⓓ C_4H_8O

27 **Il prodotto della reazione di ossidazione di un alcol secondario è un**

Ⓐ acido carbossilico Ⓒ aldeide

Ⓑ chetone Ⓓ etere

28 **In una reazione tra un'aldeide e il reattivo di Fehling si ha**

Ⓐ l'ossidazione di ioni Cu^+

Ⓑ la riduzione di ioni Ag^+

Ⓒ la riduzione di ioni Cu^{2+}

Ⓓ l'ossidazione di atomi di Ag

GLI ACIDI CARBOSSILICI

29 **Il prodotto della reazione di rottura del legame O–H di un acido carbossilico è un**

Ⓐ sale Ⓒ ammide

Ⓑ estere Ⓓ etere

30 **Qual è l'ordine decrescente del punto di ebollizione per i seguenti composti?**

1. 1-propanolo
2. acido etanoico
3. *n*-butano

Ⓐ 2 > 1 > 3 Ⓒ 3 > 1 > 2

Ⓑ 1 > 2 > 3 Ⓓ 1 > 3 > 2

31 **Qual è l'ordine decrescente di acidità per i seguenti composti?**

1. $CH_3–CH_2–COOH$
2. $CH_3–CHF–COOH$
3. $CH_2F–CH_2–COOH$

Ⓐ 2 > 1 > 3 Ⓒ 1 > 2 > 3

Ⓑ 2 > 3 > 1 Ⓓ 3 > 2 > 1

32 **La formula condensata dell'acido ottadecanoico è**

Ⓐ $CH_3(CH_2)_8COOH$

Ⓑ $CH_3(CH_2)_{18}COOH$

Ⓒ $CH_3(CH_2)_{16}COOH$

Ⓓ $CH_3(CH_2)_6(CH_2)_{10}COOH$

33 **Quale dei seguenti composti, per ossidazione, fornisce un acido carbossilico?**

Ⓐ chetone Ⓒ alcol terziario

Ⓑ alcol secondario Ⓓ aldeide

I DERIVATI DEGLI ACIDI CARBOSSILICI E GLI ACIDI CARBOSSILICI POLIFUNZIONALI

34 **Le ammidi sono composti con un comportamento chimico**

Ⓐ acido Ⓒ basico

Ⓑ neutro Ⓓ anfotero

35 **Indica il nome IUPAC del seguente composto**

$$CH_3–CH_2–COO–\overset{\displaystyle CH_3}{\underset{\displaystyle CH_3}{\overset{|}{\underset{|}{C}}}}–CH_3$$

Ⓐ propionato di *terz*-butile

Ⓑ metanoato di metile

Ⓒ etanoato di *terz*-butile

Ⓓ propanoato di *terz*-butile

36 **Indica il nome IUPAC corretto del composto**

$$CH_3-CH_2-\underset{\large OH}{\overset{\large CH_3}{\overset{|}{\underset{|}{C}}}}-COOH$$

Ⓐ acido 2-metil-2-idrossibutanoico

Ⓑ acido 3-idrossi-3-metilbutanoico

Ⓒ acido 2-idrossi-2-metilbutanoico

Ⓓ acido 3-metil-3-idrossibutanoico

37 **I derivati degli acidi carbossilici si ottengono con una reazione di**

Ⓐ sostituzione nucleofila acilica

Ⓑ sostituzione elettrofila

Ⓒ addizione nucleofila acilica

Ⓓ addizione elettrofila

38 **L'acido piruvico è il prodotto finale del processo della**

Ⓐ fermentazione alcolica

Ⓑ fermentazione lattica

Ⓒ glicolisi

Ⓓ respirazione cellulare

LE AMMINE

39 **La formula razionale del composto *N*-etil-*N*-metilamminopropano è**

Ⓐ $CH_3-\overset{\large CH_2-CH_3}{\overset{|}{N}}-CH_2-CH_2-CH_3$

Ⓑ $CH_3-\overset{\large CH_3}{\overset{|}{N}}-CH_2-CH_2-CH_3$

Ⓒ $\begin{array}{l} CH_3-CH-CH_3 \\ \quad\quad\; | \\ CH_3-N-CH_2-CH_3 \end{array}$

Ⓓ $CH_3-CH_2-\overset{\large CH_3-CH-CH_3}{\overset{|}{N}}-CH_2-CH_3$

40 **Le ammine sono composti che hanno un comportamento chimico**

Ⓐ acido

Ⓑ basico

Ⓒ neutro

Ⓓ anfotero

41 **Qual è l'ordine decrescente del punto di ebollizione per i seguenti composti?**

1. $CH_3-CH_2-NH_2$
2. $CH_3-CH_2-NH-CH_2-CH_3$
3. NH_3

Ⓐ $2 > 1 > 3$

Ⓑ $1 > 2 > 3$

Ⓒ $3 > 1 > 2$

Ⓓ $1 > 3 > 2$

42 **Qual è l'ordine di basicità crescente per i seguenti composti?**

1. $CH_3-NH-CH_3$
2. CH_3-NH_2
3. NH_3
4. $CH_3-\overset{\large CH_3}{\overset{|}{N}}-CH_3$

Ⓐ $3 < 4 < 2 < 1$

Ⓑ $4 < 1 < 2 < 3$

Ⓒ $2 < 1 < 3 < 4$

Ⓓ $3 < 4 < 1 < 2$

43 **Quale tra le seguenti coppie di composti porta alla formazione di un sale di alchilammonio?**

Ⓐ un'ammina e un alogenuro alchilico

Ⓑ un'ammina e un acido alogenidrico

Ⓒ un'ammina e un alchino

Ⓓ un'ammina e un alcano

I POLIMERI

44 **Relativamente all'etene, indica quali delle seguenti affermazioni sono vere**

1. è un alchene
2. è l'unità ripetente del polietilene
3. ha gli atomi di carbonio ibridati sp^3
4. presenta isomeria geometrica
5. si ottiene per disidratazione dell'etanolo

Ⓐ 1, 2, 5

Ⓑ 2, 3, 4

Ⓒ 2, 4, 5

Ⓓ 1, 2, 3

45 **Il polimero costituito da una catena principale a cui si legano catene laterali è un copolimero**

Ⓐ random

Ⓑ alternato

Ⓒ a blocchi

Ⓓ a innesto

46 **Il nylon è una poliammide che si ottiene mediante reazione di polimerizzazione**

Ⓐ radicalica
Ⓑ per condensazione
Ⓒ cationica
Ⓓ anionica

47 **Il PET è un poliestere che si ottiene dalla reazione di polimerizzazione tra**

Ⓐ un diolo e un diacido
Ⓑ un diacido e una diammina
Ⓒ un diolo e una diammina
Ⓓ un alcol e un acido carbossilico

VERIFICA LE TUE ABILITÀ

48 **Rappresenta la formula razionale dei seguenti composti.**

a. 2-clorobutano
b. 1-bromopentano
c. 1,2,2-triclorobutano
d. 4-cloro-3-etil-2-metilesano
e. 3-etil-2-iodo-4-metileptano
f. ioduro di *terz*-butile
g. bromuro di isopropile
h. 2-bromo-3-cloro-4-metilesano
i. 1,3,5-tricloro-2,2-dimetilpentano
j. ioduro di *sec*-butile

49 **Assegna il nome IUPAC ai seguenti composti.**

a. $CH_2Br-CH_2-CH_3$

b. $CH_3-CHCl-CH_2-CH_2-CH_3$

c. $CH_3-CHCl-CCl_2-CH_2-CH_3$

d. $CH_3-\underset{\underset{\displaystyle CH_3}{|}}{C}Br-CH_3$

e. $CH_2I-\underset{\underset{\displaystyle CH_3}{|}}{C}H-\underset{\underset{\displaystyle CH_3}{|}}{C}H-CH_3$

f. $CH_3-CH_2-\overset{\overset{\overset{\displaystyle CH_3\quad CH_3}{\diagdown\ \diagup}}{\displaystyle CH}}{\overset{|}{C}}Br-CH_3$

g. $CH_2I-CHCl-CHBr-\overset{\overset{\displaystyle CH_3}{|}}{\underset{\underset{\displaystyle CH_3}{|}}{C}}-CH_2-CH_3$

50 **Rappresenta la formula razionale di un**

a. cloruro alchilico primario C_3H_7Cl
b. bromuro alchilico terziario $C_5H_{11}Br$
c. ioduro alchilico secondario $C_6H_{13}I$

51 **Rappresenta le seguenti reazioni di sostituzione nucleofila, specificando il nome dei prodotti.**

a. 1-clorobutano + metossido di sodio
b. bromuro di *terz*-butile + etanolo
c. 2-metil-2-iodobutano + acqua
d. 1-fluoropropano + idrossido di sodio

52 **Rappresenta le seguenti reazioni di eliminazione, specificando il nome dei prodotti.**

a. 2-cloro-2-metilpropano + ione idrossido
b. 1-bromopropano + ione idrossido

53 **Rappresenta le formule razionali dei seguenti composti.**

a. 3-pentanolo
b. 2,3-dicloro-1-butanolo
c. 2,2-dimetil-1-esanolo
d. 2-metil-2-propanolo
e. butossido di potassio
f. 2-metil-2-propen-1-olo
g. 1,2-dibromo-3-pentin-2-olo
h. 2,3-pentandiolo
i. 3-metil-3-esanolo
j. 1-bromo-3-metil-2-butanolo

54 **Assegna il nome IUPAC ai seguenti composti.**

a. $CH_3-CH_2-\underset{\underset{\displaystyle OH}{|}}{C}H-CH_2-CH_3$

b. $CH_3-\underset{\underset{\displaystyle CH_3}{|}}{C}H-\underset{\underset{\displaystyle OH}{|}}{C}H-CH_3$

c. $CH_3-\underset{\underset{\displaystyle OH}{|}}{C}Cl-CH_2-CH_3$

d. $CH_3-\underset{\underset{\displaystyle OH}{|}}{C}H-CBr_2-CH_3$

e. $CH_3-CH=CH-CH_2OH$

f. $CH_3-C\equiv C-\underset{\underset{\displaystyle OH}{|}}{C}H-CH_3$

55 **Rappresenta le formule razionali dei seguenti composti e assegna il nome IUPAC corretto.**

a. 2-etil-1-propanolo

b. 2,3-dimetil-3-butanolo

c. 1-propen-3-olo

d. 2-cloro-4-pentanolo

56 **Classifica i seguenti alcoli come primario, secondario e terziario.**

a. 2-metil-1-pentanolo

b. 2-metil-2-butanolo

c. 2-butin-1-olo

d. 2-metil-1-buten-3-olo

57 **Disponi i composti di ciascun gruppo in ordine crescente di solubilità.**

a. 1-propanolo, cloruro di propile, 1-butanolo

b. 1-pentanolo, 1,5-pentandiolo, 1,2,3-pentantriolo

58 **Disponi i seguenti alcoli in ordine di acidità crescente.**

a. 2-butanolo

b. 1-butanolo

c. 2-metil-2-butanolo

59 **Rappresenta le equazioni delle seguenti reazioni specificando il nome dei prodotti.**

a. 2-metil-2-butanolo + potassio

b. 1-pentanolo + sodio

60 **Rappresenta la reazione di disidratazione del 2-pentanolo in presenza di un acido forte e alla temperatura di 180 °C precisando il nome dei prodotti.**

61 **Rappresenta la reazione di ossidazione dei seguenti composti.**

a. 1-pentanolo b. 2-pentanolo

62 **Rappresenta la formula razionale dei seguenti composti.**

a. *terz*-butil etil etere

b. fenil propil etere

c. etil isopropil etere

d. *p*-bromofenil metil etere

63 **Assegna il nome ai seguenti composti.**

a. 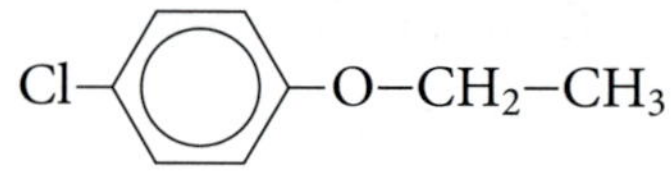

b. $CH_3{-}CH_2{-}O{-}CH_2{-}CH_3$

c. $CH_3{-}O{-}CH_2{-}CH_2{-}CH_3$

64 **Disponi i seguenti eteri in ordine crescente di solubilità.**

a. $CH_3{-}O{-}CH_2{-}CH_3$

b. $CH_3{-}O{-}CH_3$

c. $CH_3{-}CH_2{-}O{-}CH_2{-}CH_3$

65 **Rappresenta le equazioni delle seguenti reazioni specificando il nome dei prodotti.**

a. metil propil etere + acido bromidrico

b. metil isopropil etere + acido iodidrico

66 **Rappresenta la formula razionale dei seguenti composti.**

a. *p*-etilfenolo

b. 3,5-dibromofenolo

c. *p*-cresolo

d. *m*-iodofenolo

67 **Assegna il nome ai seguenti composti.**

a. 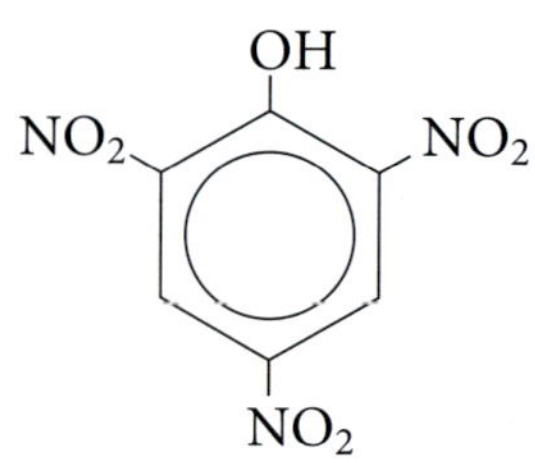

b. 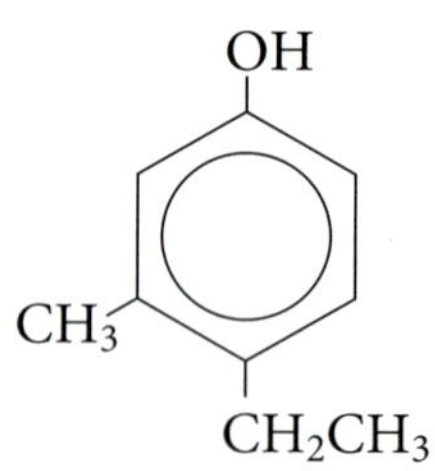

c. 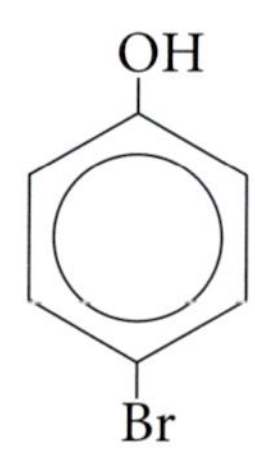

d. 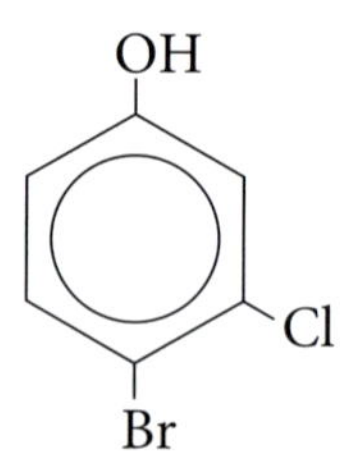

68 **Rappresenta la formula dei seguenti composti e assegna il nome IUPAC.**

a. 3,6-diclorofenolo

b. 2-cloro-3-bromofenolo

69 **Rappresenta l'equazione per la reazione di sintesi del *p*-cloro fenossido di sodio.**

70 **Rappresenta le formule razionali dei seguenti composti.**

a. 2,2-dibromoesanale

b. 4-metilpentanale

c. *m*-clorobenzaldeide

d. 3-idrossibutanale

e. 4,4-dicloro-3-metileptanale

f. 2-ottanone

g. 1-fenilbutanone

h. 2,2-dimetil-3-pentanone

i. benzil fenil chetone

j. metil propil chetone

71 **Assegna il nome IUPAC ai seguenti composti.**

a. $CH_3-CH_2-C(CH_3)_2-CH_2-CH_2-CHO$ (with CH_3 above and below the C)

b. $CH_3-CBrCl-CHO$

c.

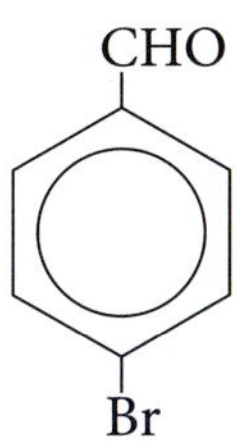

d. $CH_3-CH_2-CH(OH)-CH_2-CHO$

e. $CH_3-CHBr-CH(CH_3)-CHO$

f. $CH_3-CO-CCl_2-CH_2-CH_3$

g. $C_6H_5-CO-C_6H_5$

h. $CH_3-CHBr-CHBr-CO-CH_3$

i. CH_3-CH_2-CO- 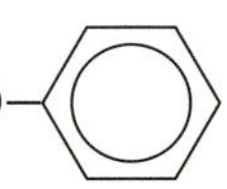

j. $CH_3-CH_2-CO-CH_2-CH_2-CH_3$

72 **Disponi i seguenti composti carbonilici in ordine crescente pr punto di ebollizione.**

a. 4-eptanone

b. 2-metil-3-esanone

c. 2,4-dimetil-3-pentanone

73 **Rappresenta le equazioni delle seguenti reazioni specificando il nome dei prodotti.**

a. 2-pentanone (in presenza di un riducente)

b. pentanale (in presenza di un riducente)

74 **Rappresenta le formule razionali dei seguenti composti.**

a. acido 3-clorobutanoico

b. acido 2-idrossi-2-metilpropanoico

c. acido 4-metil-5-ossoesanoico

d. acetato di calcio

e. etanoato di propile

f. 2-metilpropanoato di etile

g. 2-metilpropanammide

h. *N*-etilpentanammide

i. acido 2,2-dimetilbutanoico

j. acido *m*-nitrobenzoico

75 **Assegna il nome IUPAC ai seguenti composti.**

a. $CH_3-CHBr-CH_2-CH_2-COOH$

b. $CH_3-CH(OH)-CH_2-CH(CH_3)-COOH$

c. $CH_3-CH_2-CO-CH(CH_3)-COOH$

d. $CH_3-CH_2-CH_2-COOH$

e. $CH_3-COO-CH(CH_3)_2$

f. $CH_3-CH_2-C(=O)-N(CH_3)(CH_2-CH_3)$

76 **Disponi i seguenti composti in ordine crescente del punto di ebollizione.**

a. acido acetico

b. acido formico

c. acido butirrico

77 **Disponi i seguenti composti in ordine di acidità crescente.**

a. $CH_3-CH_2-CH_2-COOH$

b. CH_3-CH_2-COOH

c. $CH_3-CH_2-CH_2-CH_2-COOH$

78 **Rappresenta le equazioni delle seguenti reazioni specificando il nome dei prodotti.**

a. acido etanoico + alcol metilico

b. acido propanoico + ammoniaca

c. acido butanoico + idrossido di potassio

79 **Rappresenta la formula razionale dei seguenti composti.**

a. amminopropano

b. 3-amminopentano

c. 3-metil-3-amminoesano

d. *N*-etilamminopropano

e. 3-*N*-metilamminopentano

f. *N*-metil-*N*-etilanilina

g. *N*-etil-*N*-metilamminopentano

h. metilpropilammina

i. etilisopropilammina

j. 3,5-dicloroanilina

k. 3-*N*,*N*-dimetilamminoesano

l. 3-ammino-2-butanolo

80 **Assegna il nome IUPAC ai seguenti composti.**

a. $CH_3-CH_2-CH_2-CH_2-NH_2$

b. $CH_3-CH-CH_2-CH_3$
$\quad\quad\quad\;\; |$
$\quad\quad\quad NH_2$

c. $\quad\quad\quad\quad\quad\quad\quad\quad\quad CH_3$
$\quad\quad\quad\quad\quad\quad\quad\quad\quad\;\; |$
$CH_3-CH_2-CH_2-C-CH_3$
$\quad\quad\quad\quad\quad\quad\quad\quad\quad\;\; |$
$\quad\quad\quad\quad\quad\quad\quad\quad\quad NH_2$

d. $CH_3-NH-CH_2-CH_3$

e. $CH_3-CH_2-CH-CH_3$
$\quad\quad\quad\quad\quad\quad\;\; |$
$\quad\quad\quad\quad\quad\quad NH-CH_3$

f. $\quad\quad CH_3$
$\quad\quad\;\; |$
$CH_3-N-CH_2-CH_3$

g. 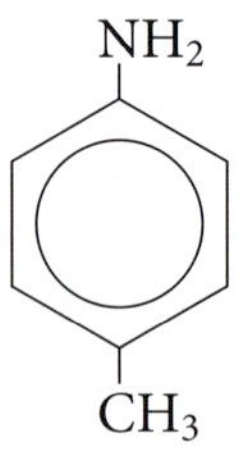

h. 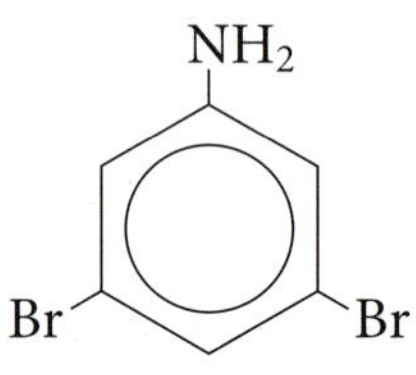

81 **Disponi i seguenti composti in ordine crescente pr punto di ebollizione.**

a. 1-amminobutano

b. 1-butanolo

c. pentano

82 **Disponi i seguenti composti in ordine di basicità crescente.**

a. $CH_3-NH-CH_3$

b. $CH_3-CH_2-NH_2$

c. 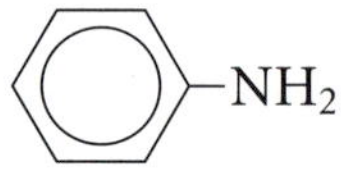

d. $\quad\quad CH_3$
$\quad\quad\;\; |$
CH_3-N-CH_3

83 **Rappresenta le equazioni delle seguenti reazioni specificando il nome del prodotto.**

a. etilammina + acido iodidrico

b. trietilammina + acido bromidrico

84 **Rappresenta la formula razionale di un omopolimero costituito da tre monomeri di**

a. propilene

b. stirene

85 **L'1,1-dicloroetene e il cloruro di vinile formano un copolimero alternato. Rappresenta la formula di una catena costituita da quattro monomeri.**

86 **La bachelite è un polimero di condensazione ottenuto mediante la reazione tra il fenolo e la formaldeide. Sapendo che il gruppo metilenico $-CH_2$ è in posizione orto e/o para rispetto all'ossidrile fenolico, rappresenta la formula del polimero costituito da sei monomeri.**

TEST YOURSELF

87 **Put the following halides in ascending order of boiling point.**

a. bromopropane

b. chloropropane

c. fluoropropane

d. iodopropane

88 **Draw the reaction between glycerol and nitric acid specifying the name of the product.**

89 **Draw the nucleophilic addition reaction (in the presence of an acid catalyst) of the formaldehyde with methanol.**

90 **Put the following carboxylic acids in ascending order of acidity.**

a. $CH_3{-}CH_2{-}CH_2{-}COOH$

b. $CH_3{-}CH_2{-}CH_2{-}CH_2{-}COOH$

c. $CH_3{-}CH_2{-}COOH$

91 **Put the following compounds in ascending order of boiling point.**

a. $CH_3{-}CH_2{-}CH_2{-}NH_2$

b. $CH_3{-}NH{-}CH_2{-}CH_3$

c. $CH_3{-}\underset{\displaystyle CH_3}{\underset{|}{N}}{-}CH_3$

VERSO L'UNIVERSITÀ

92 **Qual è il nome sistematico IUPAC del composto organico con formula $CH_3CBr_2CH(OH)(CH_2)_4CH_3$?**

Ⓐ 2,2-dibromo-ottan-3-olo

Ⓑ 2,2-dibromo-eptan-3-olo

Ⓒ 7,7-dibromo-eptan-6-olo

Ⓓ 7,7-dibromo-ottan-1-olo

Ⓔ 2,2-dibromo-ottan-2-olo

[dalla prova di ammissione a Medicina e Chirurgia e in Odontoiatria e Protesi Dentaria, anno 2015]

93 **Un alcol primario può essere ossidato a dare prima una aldeide e poi un acido carbossilico. Quale delle seguenti sequenze rappresenta l'ordine corretto di queste reazioni?**

Ⓐ $C_4H_9CH_2OH$, C_4H_9CHO, $C_4H_9COOCH_3$

Ⓑ $CH_3CH(OH)CH_3$, CH_3COCH_3, CH_3CH_2COOH

Ⓒ $HCOOH$, $HCHO$, CH_2OH

Ⓓ $CH_2{=}CH_2$, CH_3CHO, CH_3COOH

Ⓔ $CH_3CH_2CH_2CH_2OH$, $CH_3CH_2CH_2CHO$, $CH_3CH_2CH_2COOH$

[dalla prova di ammissione a Medicina e Chirurgia e in Odontoiatria e Protesi Dentaria, anno 2014]

94 **La seguente struttura organica $CH_3COOCH_2CH_3$ corrisponde a**

Ⓐ un acido carbossilico

Ⓑ un etere

Ⓒ un estere

Ⓓ un chetone

Ⓔ un fenolo

[dalla prova di ammissione a Medicina e Chirurgia e in Odontoiatria e Protesi Dentaria, anno 2012]

VERSO L'ESAME

CLASSIFICA

95 **Classifica le seguenti reazioni come sostituzioni, addizioni o eliminazioni.**

a. alogenazione degli alcheni

b. disidratazione degli alcoli

c. esterificazione

COLLEGA

96 **A temperatura ambiente la condensazione di acido etanoico (acido acetico) e ammoniaca in etanammide e acqua non avviene: considerate le proprietà chimiche dei reagenti.**

a. Ipotizza quale altra reazione avviene.

b. Per favorire l'allontanamento dell'acqua e spostare la reazione di condensazione verso destra, la temperatura viene portata al di sopra dei 100 °C: qual è il principio applicato?

COLLEGA

97 **Confronta la reazione di dissociazione acida del fenolo con quella degli acidi carbossilici. Quale fattore comune puoi individuare?**

OSSERVA E CONFRONTA

98 **Osserva le immagini dei diversi modellini molecolari dell'acido lattico, collega i simboli (forme e colori) al loro significato (atomi, legami ecc.) e spiega se un modello è una rappresentazione della realtà o una sua riproduzione fedele.**

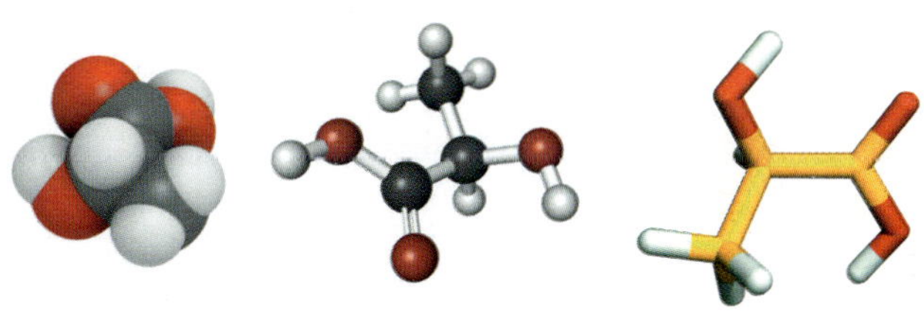

IPOTIZZA E ARGOMENTA

99 **A temperatura e pressione ambiente gli isomeri rappresentati in figura, etanolo ed**

etere dimetilico, presentano rispettivamente stato liquido e stato gassoso.
Ipotizza una motivazione per tale differenza, facendo riferimento alla tipologia di legami intermolecolari che si possono formare nei due composti.

IPOTIZZA

100 **Alcuni farmaci antinfiammatori non steroidei (FANS) sono acidi organici: uno di essi è il ketoprofene, derivato dell'acido propanoico. Se tali farmaci vengono fatti reagire con una base organica si forma un sale. Il sale di lisina, spesso adoperato come farmaco ad azione rapida, viene assorbito in misura maggiore rispetto al ketoprofene perché più solubile nell'ambiente acquoso corporeo.**
Ipotizza la motivazione della differenza di solubilità in acqua tra il ketoprofene e il suo sale di lisina.

IPOTIZZA

101 **Il PLA o polielattato è un materiale plastico, polimero di condensazione dell'acido lattico, che possiede sia un gruppo funzionale carbossilico sia un gruppo funzionale alcolico.**

a. Quale pensi possa essere il gruppo funzionale risultante dal processo di condensazione?

b. L'acido lattico è una molecola chirale: quale processo si potrebbe usare per produrre selettivamente un solo enantiomero di tale molecola, da usare come materia prima?

RICERCA E RIFLETTI

102 **Plinio il Vecchio, in *Naturalis historia*, riportava l'utilità per i malati di gotta del trattamento con decotto di foglie e corteccia di salice in vino. In effetti, l'acido salicilico possiede una lieve attività antinfiammatoria, nota fino da tempi antichi. Tuttavia, nella seconda metà dell'Ottocento, una semplice modifica chimica dell'acido salicilico ha permesso la sintesi dell'acido acetilsalicilico, che ha un potere antinfiammatorio molto maggiore. Nel corpo, il gruppo acetilico si stacca dall'Aspirina® e forma un legame covalente con una proteina, inattivandola: tale inibizione, al contrario di un legame debole, è irreversibile ed è alla base degli effetti del farmaco.**
Cerca e confronta la formula di struttura dell'acido salicilico con quella dell'acido acetilsalicilico e riconosci i gruppi funzionali presenti nelle due molecole.
Spiega poi se l'acido salicilico può inibire la proteina come l'acido acetilsalicilico oppure no e perché.

IPOTIZZA

103 **Nonostante molti idrocarburi siano percepiti dal nostro olfatto, gli aromi naturali sintetizzati nelle cellule vegetali sono costituiti da composti funzionalizzati, quali alcoli (mentolo), composti carbonilici (citrale) e carbossilici (acetato di isopentile).**
Gli idrocarburi presentano odori simili tra loro, mentre gli aromi naturali hanno odori molto diversi: come spieghi questa differenza?

SEI PRONTO PER LA VERIFICA?

IN 1 ORA

Dopo aver studiato i contenuti dei **capitolo A3**, svolgi la prova nel **tempo massimo di un'ora**.

VERIFICA LE TUE CONOSCENZE

1 **Rappresenta le formule razionali dei quattro alcoli corrispondenti alla formula $C_4H_{10}O$, assegna il nome IUPAC e classificarli in primari, secondari e terziari.**

(10 punti se hai risposto correttamente) ...../10

2 **Attribuisci il nome IUPAC ai seguenti composti:**

a. $CH_3-CHBr-CH-CH_2-CH_3$ (con CH_3 legato al terzo carbonio)

$\qquad\qquad\qquad\quad |$

$\qquad\qquad\qquad CH_3$

b. $CH_3-CH_2-CCl-CHCl-CH_2OH$

$\qquad\qquad\qquad |$

$\qquad\qquad\quad CH$

$\qquad\qquad H_3C \quad CH_3$

c. 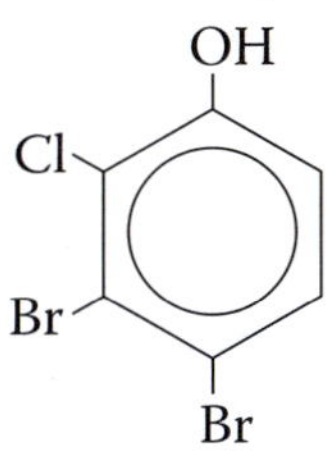

d. $CH_3-CH_2-CH-CH_2-CH_2$

$\qquad\qquad\qquad | \qquad\qquad\quad |$

$\qquad\qquad\quad OH \qquad\quad OH$

e. 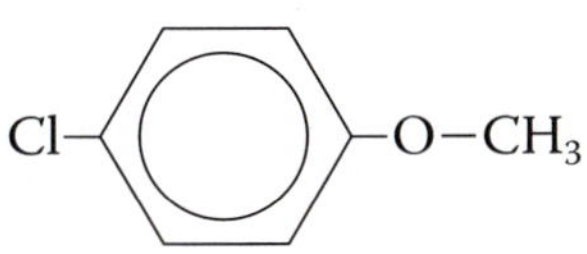

(20 punti se hai risposto correttamente) ...../20

3 **Qual è l'ordine di acidità crescente per i seguenti alcoli?**

a. $CH_3-CH_2-CH_2OH$

b. $CH_3-CHCl-CH_2OH$

$\qquad\qquad\qquad OH$

$\qquad\qquad\qquad |$

c. $CH_3-CH_2-CH-CH_3$

$\qquad\quad CH_3$

$\qquad\quad |$

d. CH_3-C-OH

$\qquad\quad |$

$\qquad\quad CH_3$

(10 punti se hai risposto correttamente) ...../10

4 **Rappresenta le formule razionali dei seguenti composti:**

a. 1,2-dibromo-2,3-dimetilesano

b. 2,4,6-trinitrofenolo

c. 2-metil-1,4-butandiolo

(10 punti se hai risposto correttamente) ...../10

5 **Qual è il corretto ordine crescente del punto di ebollizione per i seguenti composti?**

a. $CH_3-CH_2-O-CH_3$

b. $CH_3-CH_2-CH_2-CH_3$

c. $CH_3-CH_2-CH_2-OH$

$\qquad\quad CH_3$

$\qquad\quad |$

d. $CH_3-CH-CH_3$

Ⓐ $2 < 4 < 3 < 1$

Ⓑ $4 < 2 < 3 < 1$

Ⓒ $4 < 2 < 1 < 3$

Ⓓ $2 < 4 < 1 < 3$

(10 punti se hai risposto correttamente) ...../10

I primi 60 punti valgono per il raggiungimento degli obiettivi minimi. Per fare di più, rispondi alle seguenti domande.

VERIFICA LE TUE COMPETENZE

6 **Quale delle seguenti formule molecolari può rappresentare sia un chetone sia un'aldeide?**

Ⓐ C_6H_6

Ⓑ C_2H_6O

Ⓒ $C_3H_6O_2$

Ⓓ C_3H_6O

(5 punti se hai risposto correttamente) ...../5

7 **Il composto**

$$CH_3-CH_2-CHBr-CH_3$$

presenta:

Ⓐ isomeria *cis-trans*

Ⓑ enantiomeria

Ⓒ comportamento acido

Ⓓ solubilità in acqua

(5 punti se hai risposto correttamente) ...../5

8 **Esegui la reazione di eliminazione tra l'1-cloropentano e l'idrossido di sodio, specificando il nome dei prodotti.**

(15 punti se hai risposto correttamente) ...../15

9 **Esegui la reazione di sostituzione nucleofila del 2-clorobutano con metanolo, specificando il nome dei prodotti.**

(15 punti se hai risposto correttamente) ...../15

PUNTEGGIO TOTALE ...../100

SEI PRONTO PER LA VERIFICA?

IN 1 ORA

Dopo aver studiato i contenuti dei **capitolo A3**, svolgi la prova nel **tempo massimo di un'ora**.

VERIFICA LE TUE CONOSCENZE

1 **Relativamente agli acidi carbossilici stabilisci quali delle seguenti affermazioni sono vere:**

1. sono composti organici costituiti da carbonio e ossigeno;
2. contengono un atomo di carbonio con il massimo numero di ossidazione in un composto organico;
3. possono essere ridotti ad aldeidi;
4. possono essere ridotti ad alcoli secondari;
5. sono generalmente acidi deboli.

Ⓐ 1, 2, 3 Ⓒ 2, 4, 5
Ⓑ 2, 3, 5 Ⓓ 1, 2, 4

(10 punti se hai risposto correttamente) ...../10

2 **Relativamente agli acidi carbossilici, quale affermazione non è vera?**

Ⓐ Hanno minore acidità degli alcoli.
Ⓑ Reagiscono con gli alcoli in presenza di un catalizzatore acido.
Ⓒ La loro solubilità in acqua varia con la lunghezza della catena carboniosa R.
Ⓓ Sali di sodio e di potassio degli acidi a lunga catena hanno azione detergente.

(5 punti se hai risposto correttamente) ...../5

3 **Un'aldeide può essere ottenuta per:**

Ⓐ riduzione di un alcol primario
Ⓑ ossidazione di un alcol secondario
Ⓒ ossidazione di un alcol primario
Ⓓ riduzione di un alcol secondario

(10 punti se hai risposto correttamente) ...../10

4 **Rappresentare le formule dei seguenti composti:**

a. 2,2,4,4-tetrametil-3-pentanone
b. acido *p*-nitrobenzoico
c. acido 2-idrossi-2 metilpropanoico
d. acido 2-ossobutanoico
e. pentanoato di metile
f. N-metilpropanammide
g. N,N-dimetilanilina

(15 punti se hai risposto correttamente) ...../15

5 **In quale tra le sequenze indicate è prevedibile che i composti:**

1) **etilammina** 3) **N-metilanilina**
2) ***p*-cloroanilina** 4) **ammoniaca**

siano disposti secondo l'ordine di basicità decrescente?

Ⓐ $1 > 3 > 2 > 4$ Ⓒ $1 > 4 > 3 > 2$
Ⓑ $2 > 1 > 4 > 3$ Ⓓ $4 > 1 > 3 > 2$

(10 punti se hai risposto correttamente) ...../10

6 **In quale tra le sequenze indicate è prevedibile che i composti:**

1) CH_3-CH_2-COOH 3) CH_3-COOH
2) $CH_3-CHCl-COOH$ 4) CH_2Cl-CH_2-COOH

siano disposti secondo l'ordine di acidità decrescente?

Ⓐ $1 > 2 > 3 > 4$
Ⓑ $2 > 3 > 4 > 1$
Ⓒ $2 > 4 > 3 > 1$
Ⓓ $3 > 2 > 4 > 1$

(10 punti se hai risposto correttamente) ...../10

I primi 60 punti valgono per il raggiungimento degli obiettivi minimi. Per fare di più, rispondi alle seguenti domande.

VERIFICA LE TUE COMPETENZE

7 **Esegui la reazione di disidratazione del 2-metil-2-butanolo in presenza di un acido forte e alla temperatura di 180 °C, precisando il nome del prodotto e specificando il tipo di reazione.**

(10 punti se hai risposto correttamente) ...../10

8 **Rappresenta la reazione di scissione del metilpropiletere con una soluzione di acido iodidrico.**

(10 punti se hai risposto correttamente) ...../10

9 **Rappresenta la reazione che porta alla formazione del fenossido di potassio.**

(10 punti se hai risposto correttamente) ...../10

10 **Quale, tra le seguenti coppie di composti, può essere utilizzata per ottenere un alcol secondario?**

Ⓐ aldeide e riducente Ⓒ chetone e ossidante
Ⓑ aldeide e ossidante Ⓓ chetone e riducente

(10 punti se hai risposto correttamente) ...../10

PUNTEGGIO TOTALE ...../100

PER SAPERNE DI PIÙ

Nanotecnologie: che cosa possono fare le nanoparticelle

Le nanotecnologie nella vita di tutti i giorni

Forse non lo sappiamo, ma abbiamo già incontrato le nanotecnologie e le nanoparticelle sugli scaffali del supermercato, magari in una crema solare o in un cosmetico. Questa tecnologia infinitamente piccola infatti è entrata a far parte della nostra vita quotidiana in oggetti di uso comune, come materiali per auto, apparecchiature elettroniche, plastiche, tessuti e vernici.

Anche se i primi riferimenti alla nanotecnologia risalgono al 1959 ad opera del fisico e premio Nobel Richard Feyman, il termine è stato coniato nel 1986 dall'ingegnere Kim Eric Drexler, che con nanotecnologia intendeva «una tecnologia a livello molecolare che ci renderà in grado di collocare ogni atomo dove vogliamo».

Il termine ha poi avuto la sua definizione ufficiale in tempi più recenti, nell'ambito della *National Nanotechnology Initiative*: «la nanotecnologia è lo studio e il controllo della materia di dimensioni comprese tra 1 e 100 nanometri, dimensioni alle quali si verificano fenomeni che sono in grado di conferire ai materiali proprietà fisiche, chimiche e biologiche uniche e completamente diverse da quelle della materia di base».

L'innovazione dei nanomateriali risiede nel fatto che questi hanno proprietà diverse rispetto ai corrispondenti materiali in forma micrometrica (o maggiore). Per esempio, le nanoparticelle d'oro non hanno il tipico colore dorato ma assumono una colorazione dal rosso al lilla, a causa della diversa interazione con la luce; i nanotubi di carbonio sono materiali con eccellenti proprietà come conduttori nella microelettronica; le nanoparticelle di ossido di titanio sono utilizzate nelle creme solari per la loro capacità di assorbire la radiazione ultravioletta.

Nanoelettronica e nanochimica

Per avere un'idea di cosa significhi avere a che fare con dimensioni nanometriche, possiamo considerare che il rapporto tra il metro e il nanometro è paragonabile al rapporto tra una biglia e il pianeta Terra. Lavorare con l'infinitamente piccolo si è rilevata una sfida per la ricerca e ha portato negli ultimi anni a innovazioni promettenti per lo sviluppo di nuovi materiali e nuove tecnologie, dall'industria tessile a quella ceramica, dalla cosmesi alla medicina, fino al monitoraggio ambientale e al risparmio energetico.

Uno dei primi settori coinvolti è stata l'industria elettronica, che ha sfruttato le nanotecnologie per la miniaturizzazione dei transistor e, successivamente, di dispositivi e calcolatori.

Anche l'industria chimica è stata rivoluzionata dall'avvento di catalizzatori a base di nanoparticelle. Un esempio di catalizzatore è il platino (Pt), presente nelle marmitte catalitiche, che ha la funzione di favorire l'ossidazione degli idrocarburi ad anidride carbonica (CO_2), limitando la produzione di NO_x.

Il suo intervento, però, prevede che ci sia un contatto efficace con i reagenti che devono essere convertiti, motivo per cui è fondamentale tenere in considerazione l'area di scambio del materiale. Si è scoperto che mentre l'oro è un metallo inerte in dimensioni micrometriche, diventa addirittura migliore del platino come catalizzatore quando ha dimensioni nanometriche. Utilizzando l'oro in nanoparticelle, la riduzione delle dimensioni ha permesso di aumentare la superficie esposta del catalizzatore, riducendo così la quantità di metallo prezioso necessaria (e di conseguenza i costi), portando ad un miglioramento complessivo delle prestazioni.

Nanomedicina e *drug-delivery*

Un'importante applicazione delle nanotecnologie è nel campo delle scienze mediche. Grazie alle loro dimensioni, infatti, le nanoparticelle possono essere utilizzate come nanovettori nella somministrazione mirata di farmaci (la cosiddetta *drug delivery*) e come biosensori per la diagnosi di alcune patologie. La *drug-delivery* è utilizzata soprattutto per la somministrazione di farmaci antineoplastici, per colpire selettivamente le cellule cancerose, migliorando l'efficacia delle terapie e riducendo allo stesso tempo gli effetti collaterali provocati dalle terapie tradizionali più invasive. I vettori più utilizzati sono nanoparticelle di oro, di ossido di silicio e di ossido di ferro, spesso coniugate con peptidi o anticorpi per facilitare il riconoscimento del sito biologico bersaglio.

Le nanoparticelle sono utilizzate anche come leganti nella rigenerazione di tessuti ossei fratturati e nella diagnostica precoce basata sull'analisi delle proteine.

Materiali nanoporosi per il risparmio energetico

Le nanotecnologie hanno avuto sviluppi promettenti anche in campo energetico. Gli aerogel sono schiume nanoporose molto leggere e con una bassissima conducibilità termica, caratteristica che li rende degli ottimi isolanti termici. Grazie alla loro trasparenza, sono applicati su matrici vetrose per produrre materiali destinati all'edilizia a risparmio energetico. Sono utilizzati, infatti, per riempire le intercapedini delle finestre, permettendo così di ridurre la dispersione del calore del vetro, garantendone allo stesso tempo la trasparenza.

CHIMICA VERDE

Da rifiuti a risorse: le biomasse

La crescita della popolazione e l'incremento delle attività produttive registrate nell'ultimo secolo compportano una richiesta di energia sempre maggiore, per rispondere alle esigenze delle industrie e della popolazione. Questo è un problema non solo economico ma anche ecologico: infatti si riflette nell'aumento delle emissioni di gas serra, nella prospettiva di esaurimento delle fonti fossili, negli effetti globali dell'inquinamento e nei cambiamenti climatici.

Per questo, l'utilizzo di fonti rinnovabili e la valorizzazione delle biomasse sono diventate tematiche centrali nelle politiche economiche mondiali.

Biomasse e bioenergia

Il termine biomasse indica tutte le materie prime organiche di origine biologica naturale che vengono utilizzate per produrre energia. Sono biomasse tutte le macromolecole organiche contenute negli scarti agricoli, nei residui dell'industria del legno, nei rifiuti derivanti dalle attività zootecniche, nei prodotti delle coltivazioni agro-alimentari e nei rifiuti solidi urbani (limitatamente alla sua componente organica).

A seconda dell'origine della biomassa, la «bioenergia» prodotta può essere di origine animale o vegetale. Da un punto di vista energetico le biomasse maggiormente utilizzate sono quelle vegetali: le piante sono infatti un serbatoio di energia rinnovabile, perché riescono a immagazzinare l'energia solare trasformando l'anidride carbonica in glucosio con la fotosintesi clorofilliana.

Ottenere energia attraverso la combustione di uno scarto vegetale è un processo sostenibile:

- le macromolecole contenute nelle piante vengono bruciate sfruttando l'ossigeno atmosferico per produrre calore;
- i prodotti della reazione di combustione sono anidride carbonica e acqua: questi vengono riutilizzati dalle piante per produrre glucosio attraverso il processo fotosintetico.

Le biomasse sono una risorsa rinnovabile perché rappresentano una fonte di energia che può essere ripristinata attraverso un processo naturale ciclico.

La conversione delle biomasse in energia può essere fatta in due modi, per via termochimica o per via biochimica. Nel processo termochimico la materia organica viene bruciata attraverso una reazione di combustione.

Nei processi biochimici, invece, la biomassa viene trasformata grazie all'azione di enzimi, funghi e microrganismi contenuti nella materia organica.

Gli enzimi degradano le macromolecole (carboidrati, lipidi e proteine) attraverso processi di fermentazione che liberano prodotti che possono essere riutilizzati a scopi energetici, come il biogas. Questo è una miscela di gas costituita principalmente da metano, che può essere impiegato come combustibile.

La bioraffineria

Le biomasse non sono soltanto dei combustibili ma sono anche una risorsa di carbonio per l'industria chimica. Come dal petrolio ricaviamo i combustibili e i «mattoni» per i processi petrolchimici, allo stesso modo le biomasse possono essere trasformate per ottenere biocombustibili e biomolecole. L'insieme di processi che permettono di trasformare la biomassa in combustibili e in prodotti chimici è chiamata «bioraffineria» (figura). Dalla bioraffineria si possono ottenere varie molecole di interesse industriale utilizzando i processi di fermentazione, per esempio:

- etanolo, che può essere utilizzato come combustibile per alimentare i motori dei veicoli;
- acido lattico, utilizzato come additivo acidificante nell'industria alimentare;
- acetone, ottenuto insieme al butanolo e all'etanolo, è impiegato principalmente come solvente.

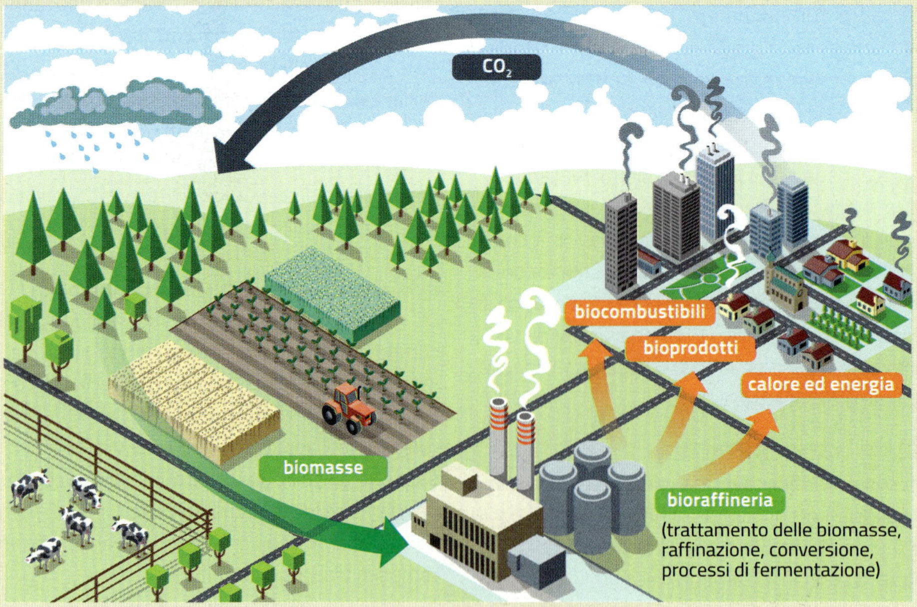

Figura Schema di un impianto di una bioraffineria

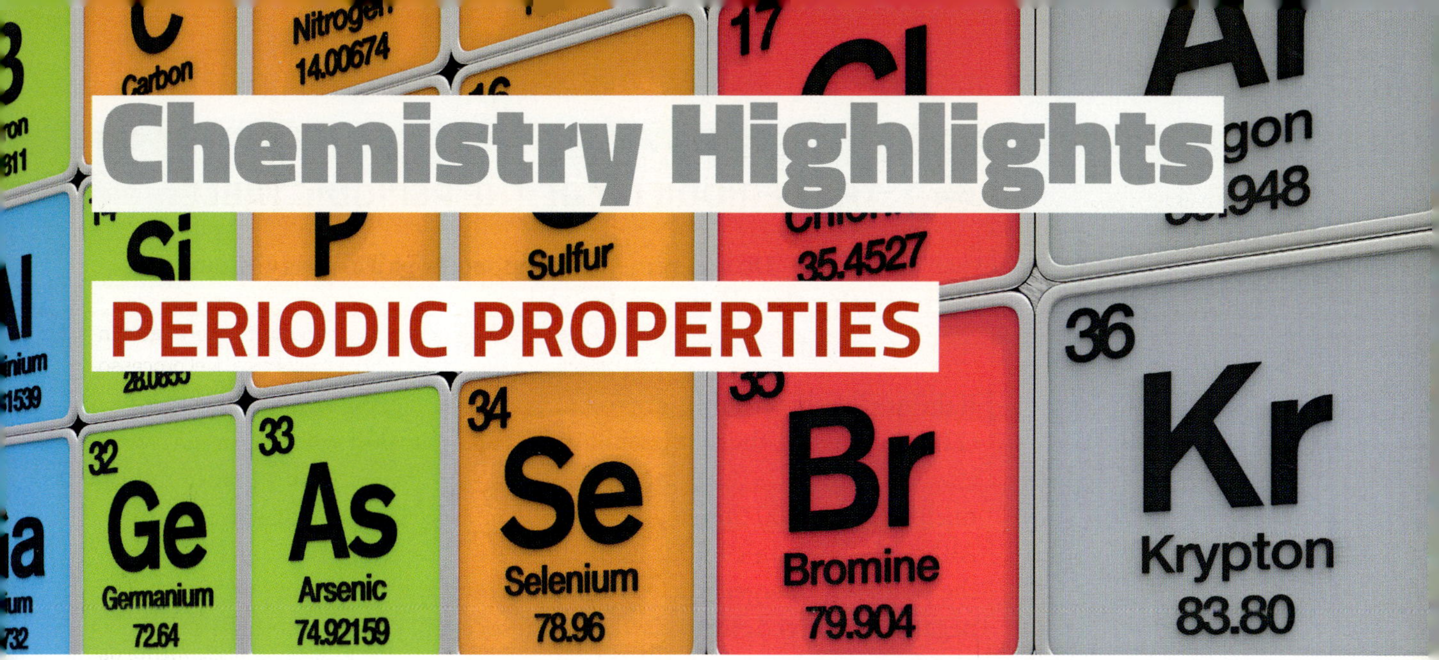

Chemistry Highlights

PERIODIC PROPERTIES

1 WHAT IS THE SIZE OF AN ATOM?

EXERCISE 1 **Before moving on, we need to know a very interesting relationship which exists between the mass and the volume of atoms. Read the text below and complete it where necessary.**

15 min

MASS The weight of an electron is about 1800 times less than the weight of a proton or neutron. Therefore, if the weight (*peso*) of an electron were equivalent to the weight of one grain of rice, the weight of a proton or a neutron would be equivalent to .... (*18/1800/180*) grains of rice.

VOLUME The diameter of the nuclei of atoms is approximately 10^{-15} m (0.000000000000001 m), and the approximate diameter of atoms, including electron clouds, is 10^{-10} m (0.0000000001 m). Therefore, if the nucleus of an atom were compared to a soccer ball, whose diameter is .... cm (*12/22/60*), how big would the «dimension of the orbitals» be compared to the size of the nucleus? .... (*22 kilometers/22 centimeters/22 meters*)

Now imagine putting a soccer ball at the entrance of your school and identifying four special places (ice-cream parlor, pizzeria, gym etc.) which are 11 km away to the north, to the south, to the east and to the west and join these places with a circle and that is the size of the 3D-space in which an electron can orbit around the soccer ball.

IN CONCLUSION Although the nucleus contains 99.9% of the atomic mass, the diameter of the nucleus of an atom is .... (*100,000 times smaller /100,000 times bigger*) than the entire volume of the atom.

Although all of an atom's mass is determined by the .... and neutrons in the .... , all of its volume is determined by its .... cloud

Although electrons contribute very little to atomic .... , the electron cloud determines the atomic ....

A LITTLE REMINDER

If you are wondering (*chiedendo*) what the size of an electron is compared to the size (*dimensione*) of a proton, you are asking a deep question that researchers in physics are still trying to answer – so bravo/a! Keep thinking and keep your eyes out for research results.

HANDS-ON GLOSSARY

keep your eyes out: tenere gli occhi aperti

2 THE PERIODICITY OF THE PERIODIC TABLE

5 min

EXERCISE 2A **Do you remember the soccer ball analogy? Complete the text using these four words.**

could would than then that were

If the nucleus of an atom .... the size of a soccer ball (22 cm diameter), the diameter of the 3D-space within which an electron of .... atom .... orbit around the nucleus be 100,000 time bigger .... the soccer ball. Although the atomic radius is much greater than the radius of its nucleus, the positively charged nucleus has an extremely strong effect on its negatively charged electrons: the 22 cm soccer ball keeps its electrons «**under control**», even if these electrons can be up to 11 km away. Let's look at this interaction.

HANDS-ON GLOSSARY

under control: sotto controllo

10 min

EXERCISE 2B **Figure 1 shows the relative atomic size of the elements and Figure 2 is the familiar Periodic Table. Use these two figures and what you already know to decide which of the five sentences on the next page need to be corrected and correct them, using as few changes as possible.**

1

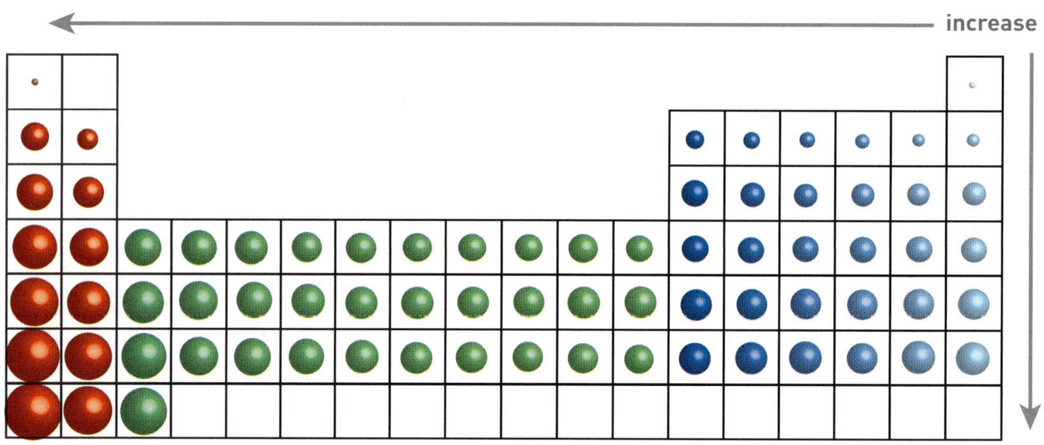

2

IA	IIA	IIIB	IVB	VB	VIB	VIIB	VIIIB	VIIIB	VIIIB	IB	IIB	IIIA	IVA	VA	VIA	VIIA	VIIIA
1 H																	2 He
3 Li	4 Be											5 B	6 C	7 N	8 O	9 F	10 Ne
11 Na	12 Mg											13 Al	14 Si	15 P	16 S	17 Cl	18 Ar
19 K	20 Ca	21 Sc	22 Ti	23 V	24 Cr	25 Mn	26 Fe	27 Co	28 Ni	29 Cu	30 Zn	31 Ga	32 Ge	33 As	34 Se	35 Br	36 Kr
37 Rb	38 Sr	39 Y	40 Zr	41 Nb	42 Mo	43 Tc	44 Ru	45 Rh	46 Pd	47 Ag	48 Cd	49 In	50 Sn	51 Sb	52 Te	53 I	54 Xe
55 Cs	56 Ba		72 Hf	73 Ta	74 W	75 Re	76 Os	77 Ir	78 Pt	79 Au	80 Hg	81 Tl	82 Pb	83 Bi	84 Po	85 At	86 Rn
87 Fr	88 Ra		104 Rf	105 Db	106 Sg	107 Bh	108 Hs	109 Mt	110 Ds	111 Rg	112 Cn	113 Nh	114 Fl	115 Mc	116 Lv	117 Ts	118 Og

A **As we go down a Group, atomic radii of consecutive atoms increase.**

....

....

B Sodium and cesium both belong to Group I.

....

....

C The atomic radius of sodium is bigger than that of cesium.

....

....

D Potassium is smaller than lithium.

....

....

E Carbon and lead are both in Group IV.

....

....

F Carbon is much smaller than lead.

....

....

G Atomic radius increases as we go across a Period, from left to right.

....

....

H Sodium and argon both belong to Period 3.

....

....

I The atomic radius of sodium is much bigger than that of argon.

....

....

J Chlorine has more electrons and protons than sodium but Cl is much smaller than Na.

....

....

K Sodium is much bigger than iodine because Na has more electrons and protons than I.

....

....

L Sodium has far fewer electrons than xenon but it is much bigger than xenon.

....

....

M The greater the atomic number, the bigger the atom.

....

....

Now listen to the dialogue between two students and check your answers.

Track 1

3 TRENDS WITHIN GROUPS AND ACROSS PERIODS

10 min

EXERCISE 3A **Complete the concepts below with the information given in Figure 1 of exercise 2B and the following words:**

increases / *remains the same* / *decreases*

As you move along a Period, from left to right:

a. the atomic number .... ;

a. the number of electrons .... ;

a. the size of the electron cloud .... ;

a. the energy level that the electrons are filling .... ;

a. the number of protons in the nucleus .... ;

a. the positive charge of the nucleus .... ;

a. how strongly electrons "**feel pulled towards the nucleus**" .... ;

a. the atomic radius ....

HANDS-ON GLOSSARY

feel pulled towards the nucleus: si sentono attratti dal nucleo

10 min

EXERCISE 3B **Complete the concepts below with the information given in Figure 1 of exercise 2B and the following words:**

bigger / *farther* / *higher* /
stays the same / *decreases* / *increases*

As you move down a Group, from top to bottom:

a. the atomic radius becomes .... ;

b. the number of outer shell electrons .... ;

c. the outer shell electrons occupy increasingly .... energy levels;

d. the outer shell electrons are increasingly .... away from the nucleus;

e. the number of protons in the nucleus .... ;

f. the distance separating the protons and the outer shell electrons .... ;

g. the «strength» that the positive nucleus has on the electrons in the outer shell ....

EXERCISE 4A **Now complete the table comparing trios of elements:**

10 min

HANDS-ON GLOSSARY

trios of elements: terne di elementi

1. **Write in the *chemical symbol* of these elements.**
2. **Indicate if these trios refer to elements in the *same Group* – or – *the same Period.***
3. **Then organize the elements in order of size, *from larger to smaller,* and indicate if the trend of increasing atomic size is *from left to right* – or – *from top to bottom.***
4. **Finally, indicate what is increasing in this direction, *more populated energy levels* – or – *more protons in nucleus.***

Z: atomic number	Chemical symbols	Same Group / same Period	Larger to smaller	Left to right / top to bottom	More populated energy levels / more protons in nucleus
20, 19, 25	Ca, K, Mn	same Period	K > Ca > Mn	left to right	protons in nucleus
20, 88, 4					
37, 42, 50					
55, 83 ,86					
87, 1, 11					

EXERCISE 4B **Let's put into words what you are beginning to understand. Referring to information in exercise 4A and what you know, complete these sentences. Then listen to check.**

20 min

Track 2

A. 20, 19, 25	These elements are, in decreasing atomic size, K, Ca, and .... , which all belong to the same .... The atomic size of .... is the smallest because it has more .... in the nucleus which exerts (*esercita*) a .... attractive force on its electrons.
B. 20, 88, 4	These elements are, in increasing atomic size, ... , ... and .... which all belong to the same .... is the biggest atom because its .... electrons occupy a .... energy level and are therefore .... away from the nucleus.
C. 55, 83, 86	These elements are, in decreasing atomic size, ... , ... and .... The .... electrons of all three elements remain in the .... energy .... However, since .... has the highest number of .... in its nucleus, its nucleus .... the strongest .... force on its cloud of .... That is why .... is .... than Cs or Bi.
D. 87, 1, 11	These .... are, in increasing .... size, ... , ... , and .... which all .... to .... 1. This means that the .... of all three elements has only .... electron in the .... orbital. However, the .... electron of H occupies the .... energy level while the outer .... electron of Na .... the third .... level and the ....of Fr .... the seventh ....

15 min

EXERCISE 5 **Dino Sauro is a hard-working student. After class, he went on an internet forum and asked: «Why does the atomic radius *increase* when you go down the Group but *decrease* when you go across a Period?»**

Dino received two good answers expressed in different types of «language». On the left is an explanation in *colloquial* language. The same information is presented in parallel on the right, but in *academic* language.

Words are underlined in blue in either the colloquial or the formal text: identify and underline the equivalent in the other text.

HANDS-ON GLOSSARY

shielded: schermati
far away: distante
no longer: non più
pulled closer: attirati
drawn closer: attirati

It's like this: as you go down a Group, you add more and more new «levels» or «shells» to the atom and this makes it bigger. Also, the electrons at higher energy levels are farther away from the nucleus and are **shielded** by electrons in shells that are closer to the nucleus. Because of these two reasons, the nucleus cannot attract **far-away** electrons very strongly and that is the reason why atoms with more energy shells are bigger.

As you go across a Period, atomic radius decreases because you are **no longer** adding «shells» just adding electrons to the shells that are already there. Since you are also adding more and more protons into the nucleus when you move across a Period, the positive attractive force in the nucleus gets stronger. This means that the nucleus pulls more strongly on the electrons, and, since they are **pulled closer** to the nucleus, the atom is smaller.

Hope this helps!

Fran Ken

Descending within a Group, the number of energy levels and thus shells increases. Since consecutive shells are increasingly more distant from the nucleus, atoms become progressively bigger. In addition, since outer shell electrons are shielded by those occupying more internal shells, electrons at higher energy levels experience weaker proton-electron attractive force from the nucleus: atoms with electrons occupying higher energy levels are thus (*quindi*) bigger.

Across a period, from left to right, electrons are added to the same energy level. At the same time, increasingly more protons are also being added to the nucleus. A greater number of protons in the nucleus correlates to a «higher effective nuclear charge.» In other words, the nucleus exerts a stronger attractive force on the electrons which are being **drawn closer** to the nucleus. This results in a smaller atomic radius.

Best wishes with your studies

Prof. Stein

EXERCISE 6A **The graph below shows experimental measurements of atomic radii (measured in picometers, 10–12 m) of some elements. Use these data, and The Periodic table below to work together and decide which of the following six sentences are correct.**

15 min

1

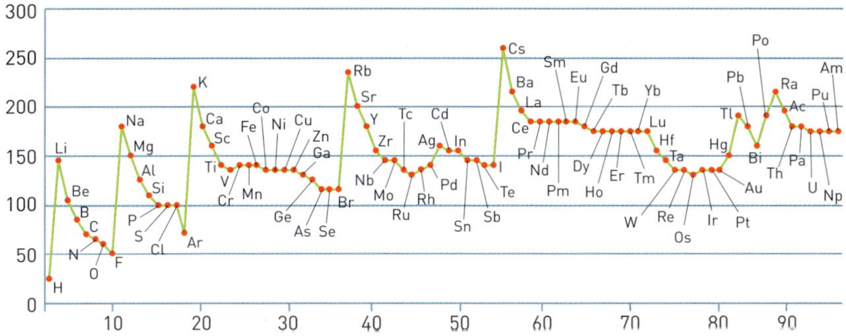

2

IA	IIA	IIIB	IVB	VB	VIB	VIIB	VIIIB	VIIIB	VIIIB	IB	IIB	IIIA	IVA	VA	VIA	VIIA	VIIIA
1 H																	2 He
3 Li	4 Be											5 B	6 C	7 N	8 O	9 F	10 Ne
11 Na	12 Mg											13 Al	14 Si	15 P	16 S	17 Cl	18 Ar
19 K	20 Ca	21 Sc	22 Ti	23 V	24 Cr	25 Mn	26 Fe	27 Co	28 Ni	29 Cu	30 Zn	31 Ga	32 Ge	33 As	34 Se	35 Br	36 Kr
37 Rb	38 Sr	39 Y	40 Zr	41 Nb	42 Mo	43 Tc	44 Ru	45 Rh	46 Pd	47 Ag	48 Cd	49 In	50 Sn	51 Sb	52 Te	53 I	54 Xe
55 Cs	56 Ba		72 Hf	73 Ta	74 W	75 Re	76 Os	77 Ir	78 Pt	79 Au	80 Hg	81 Tl	82 Pb	83 Bi	84 Po	85 At	86 Rn
87 Fr	88 Ra		104 Rf	105 Db	106 Sg	107 Bh	108 Hs	109 Mt	110 Ds	111 Rg	112 Cn	113 Nh	114 Fl	115 Mc	116 Lv	117 Ts	118 Og

Lanthanides series	57 La	58 Ce	59 Pr	60 Nd	61 Pm	62 Sm	63 Eu	64 Gd	65 Tb	66 Dy	67 Ho	68 Er	69 Tm	70 Yb	71 Lu
Actinides series	89 Ac	90 Th	91 Pa	92 U	93 Np	94 Pu	95 Am	96 Cm	97 Bk	98 Cf	99 Es	100 Fm	101 Md	102 No	103 Lr

A Although K has only two electrons more than Cl, the atomic radius of K is more than twice that of Cl.

B Since Cl has 6 electrons more than Na, it is bigger than Na.

C The difference in size between Li and Na is greater than between Li and H.

D Every peak in atomic size corresponds to electrons occupying a new energy shell and thus a new Period.

E Although lithium has 10 electrons and protons less than fluorine, Li is actually smaller than fluorine, but it is more than two times bigger.

F Sodium has only two electrons and protons more than fluorine, but is more than two times bigger.

G Polonium has 31 electrons and protons more than iodine but the two are almost the same size.

H Since Po has many more electrons than Na, it is much bigger.

I Although Fr has 68 more protons and electrons than K, there is much less difference in atomic size between these two elements than the difference between K and Cl which differ by only 2 protons and electrons.

J The biggest change in atomic radius is seen with a change in Period.

Now listen to the six correct sentences.

Track 3

Track 4

10 min

EXERCISE 6B Correct the four incorrect sentences from exercise 6A and insert the correct sentences below: change as few characters as possible. Then listen and check.

....

....

....

....

9 min

EXERCISE 7A To simplify things, in this next section, we will not consider the transition metals: we will only consider the Main-Group elements (those in Groups I-VIII). Use what you know and the figures below to complete the following text which explain trends across Periods. Use the phrases or words given below.

atomic both charged electrons energy level left to right
nucleus periodicity smaller smallest stronger

Trends across a Period

As we move across a Period, there is an increase in the number of .... protons and electrons. Therefore, although there are increasingly more (*progressivamente più*) .... in the cloud, there are also increasingly more protons in the .... The increasingly more positively .... nucleus exerts an increasingly .... attractive force on its negatively charged electrons: therefore, the .... radius becomes increasingly .... as we move across a Period, from .... , with the Noble Gas of that Period having the .... radius of all the elements of that Period. As shown in the empirical data in the figures on the side, the .... of the Periodic Table reflects step-wise (*scatto a gradino*) increases for each change in ....

A

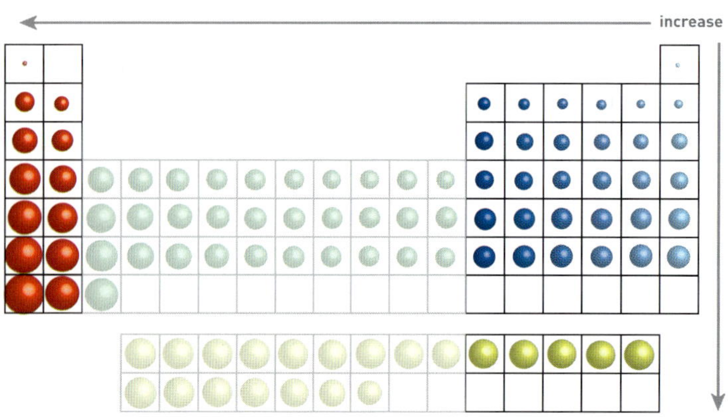

B

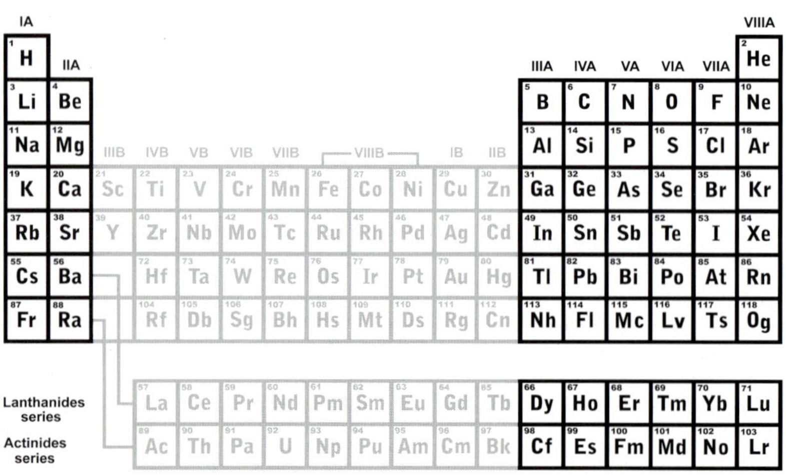

INDICE ANALITICO

A

Å (ångström), A29
abbassamento
- della tensione di vapore, 356
- del punto di congelamento (o crioscopico), 360

acido-i, 515, 516
- alogenidrici, A52
- bicarbossilici, A130
- -base
- - coppie coniugate, 523
- - reazioni, 414
- - titolazione, 559
- carbonico, 520
- carbossilici, A117
- - derivati degli, *vedi* ammidi *ed* esteri
- - formule molecolari, A117
- - nomenclatura, A117
- - polifunzionali, A127
- - proprietà chimiche, A119
- - proprietà fisiche, A119
- - reazioni di rottura del legame O–H, A123
- - reazioni di sostituzione nucleofila acilica, A123
- - sintesi per ossidazione di un alcol primario, A118
- - sintesi per ossidazione di un'aldeide, A119
- cloridrico, 520
- costante di dissociazione acida (K_a), 527
- - e prodotto ionico dell'acqua, 533
- debole, 527
- - pH di una soluzione di un, 551
- definizione
- - di Arrhenius, 521
- - di Brønsted-Lowry, 522
- - di Lewis, 534
- equivalente chimico di un, 556
- forte, 527
- - pH di una soluzione di un, 549
- lattico, 520, A128
- massa equivalente di un, 557
- monoprotici, 529
- nei viventi, 520
- neutralizzazione, 554
- piruvico, A130
- poliprotici, 529
- proprietà degli, 519

acile, A125
acqua
- acidi in, 521
- autoionizzazione dell', 543
- basi in, 521
- comportamento anfotero dell', 525
- dissociazione ionica in, 515
- elettrolisi dell', 622
- idrolisi salina, 561
- legame covalente polare nella molecola di, 298
- prodotto ionico dell', 533, 544
- - e valori di (K_a) e (K_b), 533
- proprietà dell', 312
- - capillarità, 313
- - tensione superficiale, 312
- reazioni di protolisi in, 523

addizione, reazione di
- elettrofila, A50, A59
- - alogenazione, A51, A59
- - con acidi alogenidrici, A52, A60
- - idratazione, A52, A60
- nei cicloalcani, A44
- nucleofila, A112

affinità elettronica, 269
alcani (*o* paraffine), A28
- formula molecolare, A29
- isomeria conformazionale, A35
- nomenclatura, A29
- proprietà fisiche, A36
- reazioni, A37
- - di alogenazione, A38
- - di combustione, A37

alcheni (*o* olefine), A45
- formula molecolare, A46
- isomeria, A47
- nomenclatura, A46
- proprietà fisiche, A49
- reazioni, A49
- - di addizione elettrofila, A50
- - di combustione, A49
- - di idrogenazione (*o* riduzione catalitica), A50
- - di polimerizzazione, A53

alchini, A54
- formula molecolare, A55
- isomeria, A56
- nomenclatura, A55
- proprietà chimiche, A58
- proprietà fisiche, A57
- reazioni, A58
- - di addizione elettrofila, A59
- - di combustione, A58
- - di idrogenazione *o* riduzione catalitica, A59

alcoli, A92
- nomenclatura, A92
- polivalenti, *vedi* polioli
- proprietà chimiche, A97
- proprietà fisiche, A95
- reazioni
- - di ossidazione, A99, A111, A118
- - di rottura del legame C–O, A99
- - di rottura del legame O–H, A98
- sintesi
- - per idratazione degli alcheni, A94
- - per riduzione di aldeidi e chetoni; A94

aldeidi, A107
- formule molecolari, A108
- nomenclatura, A108
- proprietà fisiche, A111
- reazioni, A112
- - di addizione nucleofila, A112
- - di ossidazione, A115, A119
- - di riduzione, A114
- sintesi
- - per ossidazione degli alcoli primari A111
- tautomeria cheto-enolica, A110

alogenazione, reazione di
- degli alcani, A37
- dei cicloalcani, A44

alogeni, A30
alogenuri alchilici, A84
- classificazione, A85
- formula molecolare, A84
- nomenclatura; A84
- proprietà fisiche; A86
- reazioni, A86
- - di eliminazione, A90
- - di sostituzione nucleofila, A86

alogenuro arilico, A83
ambiente, 434
amfetamine, A136
ammidi, A125
- classificazione, A126
- formula molecolare, A126
- nomenclatura; A126
- reazioni, A127
- sintesi, A127

ammine, A131
- formula molecolare, A132
- nomenclatura, A132
- proprietà chimiche, A134
- proprietà fisiche, A133
- reazione di salificazione, A135

ammoniaca, 520
- comportamento anfotero dell', 526
- legame covalente polare nella molecola di, 299

analisi, reazioni di, 410
angolo di legame, 326
anilina, A133
anione, 269
- raggio ionico dell', 269
anodo di una pila, 606
- determinazione dell', 614
antineutrino, 638
aromaticità, A72
Arrhenius
- definizione di acido, 521
- definizione di base, 521
- teoria di, 521
atomo
- affinità elettronica, 269
- configurazione elettronica, 233, 247
- - dell'ottetto, 288
- - esterna, 317
- - rappresentazione della, 287
- di carbonio, ibridazione nell', 321
- di idrogeno, modello di Bohr per l', 233
- elettronegatività, 271
- energia di ionizzazione, 265
- formule di struttura, 322
- limiti del modello di Rutherford, 233
- livello-i energetico-i, 236
- - esterno, 261
- modello di Bohr, 233
- numeri quantici, 238
- orbitale-i, 238
- - *d*, 241
- - degeneri, 239
- - energia degli, 244
- - *f*, 242
- - forma degli, 240
- - *p*, 241
- - *s*, 240
- orbite stazionarie, 236
- raggio atomico, 264
- strutture di Lewis, 322, 323
attività ottica, A12
autoionizzazione dell'acqua, 543
azione di massa, legge di, 488
azoto, legame covalente omopolare nella molecola di, 296

B

base-i, 516
- coppie coniugate acido-, 523
- costante di dissociazione basica (K_b), 531
- - e prodotto ionico dell'acqua, 533
- debole, 529
- - pH di una soluzione di una, 551
- definizione
- - di Arrhenius, 521
- - di Brønsted-Lowry, 523
- - di Lewis, 534
- equivalente chimico di una, 556
- forte, 529
- - pH di una soluzione di una, 549
- massa equivalente di una, 557
- monoprotiche, 532
- nei viventi, 520
- neutralizzazione, 554
- poliprotiche, 532
- proprietà delle, 519
- titolazione acido-, 559
benzedrina, A136
benzene, A63
- reazioni di sostituzione elettrofila, A65
benzile, A63
benzina, A104
- senza piombo A105
bicarbonato di sodio, 520
biodiesel, A38
biomolecole, A2
Bohr Niels, modello atomico di, 233
- per l'idrogeno, 236
Brønsted-Lowry
- definizione di acido, 522
- definizione di base, 523
- teoria di, 522

C

calore, 434
- di combustione, 436
- di formazione, 435
- di neutralizzazione, 436
- di reazione, 435
- - misura del, 436
- specifico, 436
capillarità, 313
carbanione, A20
carbocatione, A20
carbonio
- -14, 646
- ibridazione nell'atomo di, 321
cartine indicatrici, 553
catalizzatore-i, 476, A44
- biologici, 477
- eterogenei, 477
- in un sistema all'equilibrio, 505
- omogenei, 477
catione, 265
- raggio ionico del, 266
catodo di una pila, 606
- determinazione del, 614
cella
- diagramma di, 608
- elettrolitica, 619
- - e cella galvanica, 620
- galvanica (*vedi anche* pila), 605
chetoacidi, A130
chetoni, A107
- formule molecolari, A108
- nomenclatura, A109
- proprietà fisiche, A111
- reazioni, A112
- - di addizione nucleofila, A112
- - di ossidazione, A115
- - di riduzione, A114
- sintesi
- - per ossidazione degli alcoli secondari A111
- tautomeria cheto-enolica, A110
chimica verde, A38
chiralità, A10
cicloalcani, A40
- conformazione, A43
- formula molecolare, A40
- isomeria, A40
- nomenclatura, A40
- proprietà fisiche, A42
- reazioni, A44
- - di addizione, A44
- - di alogenazione, A44
- - di combustione, A44
classe di composti, A17
cloro
- legame covalente omopolare nella molecola di, 295
- legame ionico tra sodio e, 290
cloruro di idrogeno, legame covalente polare nella molecola di, 297
coefficiente di van't Hoff, 355
cofattore, 477
collisioni
- orientazione delle, 465
- teoria delle, 464
- urto efficace, 464
combinazione, reazioni di, 410
combustione, reazione di, 444, A44
- calore di, 436
- degli alcani, A38
- degli alcheni, A49
- dei cicloalcani, A44
- variazione di entalpia standard, 444
complesso attivato, 466
composti
- anfoteri, 525
- binari, 378
- - dell'idrogeno, 386
- - dell'ossigeno, 382
- - nomenclatura dei, 379
- del cromo, 397
- del manganese, 397
- di coordinazione, 534
- inorganici, 376
- ionici, struttura dei, 292
- non binari, 378
- organici, 376
- - clorurati, A90
concentrazione delle soluzioni, 348
- all'equilibrio, 496, 497
- frazione molare, 350
- molalità, 351
- molare (molarità), 349
- normalità, 351
- variazione di ed effetto sull'equilibrio, 500
condensazione, reazione di, A114
conduzione
- elettronica, 606
- ionica, 607

configurazione elettronica, 233, 247
- diagramma energia-orbitale, 247, 288
- esterna, 261, 317
- - dell'ottetto, 288
- - rappresentazione della, 287
- in forma breve, 262
- notazione
- - di Lewis, 288
- - *s*, *p*, 288
- - *s p d f*, 247
conformazione, A8
- a barca, A43
- a sedia, A43
- eclissata, A8
- sfalsata, A8
conformeri, *vedi* isomeri conformazionali
coordinazione, composto di, 534
coppia coniugata acido-base, 523
corpo di fondo, 340
costante
- cinetica, 471
- di dissociazione
- - acida (K_a), 527
- - basica (K_b), 531
- - e prodotto ionico dell'acqua, 533
- di equilibrio, 493
- - K_c, 489
- - K_p, 490
- - relazione tra K_p e K_c, 491
- di Planck, 235
cracking, A37
cristallizzazione, 340
cromo, composti del, 397
curve
- di solubilità, 340
- di titolazione, 560

D

Daniell, pila, 606
decadimento radioattivo, 638
- α, 639
- β^-, 640
- β^+, 641
- γ, 642
- K, 641
decomposizione, reazioni di, 411
densità di un elemento, 263
diagramma-i
- dell'energia di attivazione, 467
- di cella, 608
- energia-orbitale, 247, 288
dicloro-difenil-tricloroetano (DDT), A90
difetto di massa, 647
diluizione, 353
dimezzamento, tempo di, 644
diossido di zolfo, legame covalente dativo nella molecola di, 300
dipolo, 302
- -dipolo, interazioni, 308
- istantaneo-dipolo indotto, 308
dismutazione, reazioni di, 594
dissociazione
- acida, costante di (K_a), 527
- - e prodotto ionico dell'acqua, 533
- basica, costante di (K_b), 531
- - e prodotto ionico dell'acqua, 533
- ionica, 515
- - reazioni di, 348

E

effetto
- dello ione comune, 572
- del solvente, A90
- fotoelettrico, 235
- induttivo, A17
- - attrattivo ,A18
- -repulsivo, A19
- sterico, A135
Einstein Albert, 235
elastomeri, A143
elemento-i
- delle terre rare, 259
- di transizione, 259
- - interna, 259
- gruppi, 255, 259
- legge periodica, 255
- - eccezioni alla, 257
- numero di ossidazione, 373
- periodi, 255, 258
- proprietà degli
- - affinità elettronica, 269
- - densità, 263
- - elettronegatività, 271
- - e massa atomica, 255
- - energia di ionizzazione, 265
- - e numero atomico, 257
- - periodiche, 263
- - raggio atomico, 264
- serie di attività, 598
- serie elettrochimica, 612
- sistema periodico degli, 257, 258
- tavola periodica degli, 255
elettrodo, 609
- a gas, 610
- metallo-ione, 609
- standard a idrogeno, 610
elettrolisi, 619
- applicazioni industriali dell', 627
- dell'acqua, 622
- di elettroliti fusi, 627
- in soluzione acquosa, 621
elettroliti, 517
- deboli, 517
- forti, 517
elettrone
- configurazione elettronica, 233, 247
- - dell'ottetto, 288
- - esterna, 317
- - rappresentazione della, 287
- livello-i energetico-i, 236
- - esterno, 261
- moto di rotazione dell', 242
- nello stato eccitato, 236
- nello stato fondamentale, 236
- orbita dell', 237
- orbitali, 238
- orbite stazionarie, 236
elettronegatività, 271, A3
- tipo di legame e differenza di, 304
eliminazione, reazione di, A90
emiacetale, A112
emoglobina, reazione reversibile tra ossigeno ed, 504
enantiomero-i, A10
- configurazioni R e S, A144
energia
- chimica, 433
- cinetica, 433
- degli orbitali, 244
- di attivazione, 466
- - diagrammi dell', 467
- di ionizzazione, 265
- - prima, 265
- - seconda, 267
- - terza, 268
- di legame, 303
- - per nucleone, 648
- di un quanto, 235
- -orbitale, diagramma, 288
- interna di un sistema, 438
- - variazione di, 438
- libera di Gibbs, 451
- - e forza elettromotrice (*f.e.m.*) di una pila, 609
- - standard, variazione di, 451
- - variazione di e costante di equilibrio, 499
- nucleare di legame, 647
- potenziale, 433
- quanti di, 233
- termica, 433
enolo, A60
entalpia, 439
- di reazione, variazione di, 441
- legge di Hess, 445
- nei viventi,447
- standard
- - di combustione, variazione di, 444
- - di formazione, variazione di, 442
- - di reazione, variazione di, 443
- variazione di, 440
entropia, 448
- molare standard, 450
- nei viventi, 448
- standard di reazione, variazione di, 450
- variazione di, 449
enzimi, 477
epossidi *o* ossirani, A103
equazione
- chimica, 405
- - bilanciamento di una, 406
- - ionica netta, 415
- cinetica, 470
- di Nernst, 618
- di Planck, 235

- di van't Hoff, 362
- termochimica, 441
equilibrio-i (chimico-i), 485, 487
- concentrazione all', 496, 497
- costante di, 493
- - e variazione di energia libera, 499
- - K_c, 489
- - K_p, 490
- e presenza di un catalizzatore, 505
- e reazioni a completamento o irreversibili, 506
- eterogenei, 492
- e variazione
- - della concentrazione, 500
- - di pressione o volume, 501
- - di temperatura, 504
- legge di azione di massa, 488
- posizione dell', 493
- principio di Le Châtelier, 499
- relazione tra K_p e K_c, 491
equivalente-i chimico-i, 556
- massa di un, 557
- nelle reazioni di ossido-riduzione, 597
essenza, A95
esteri, A123
- formula molecolare, A124
- nomenclatura, A124
- reazione di idrolisi basica, A125
- sintesi, A124
eteri, A101
- formule molecolari, A101
- nomenclatura, A102
- proprietà fisiche, A102
- reazioni, A102
eteroatomo, A71

F

Faraday
- prima legge di, 624
- seconda legge di, 625
faraday, 624
farmaci antinfiammatori non steroidei (FANS), A122
fenile, A63
fenoli, A103
- proprietà chimiche, A106
- proprietà fisiche, A106
- reazioni, A107
fertilizzanti, A128
fibre, A143
fissione nucleare, 648
- reazione a catena, 649
formazione, calore di, 435
formula-e
- condensate, A5
- di Lewis, A5
- di struttura, 322
- limite, A63
- prospettica, A10
- razionali, A5
- topologiche, A5
forza-e
- di induzione, 309
- di London, 308
- dipolari, 308
- elettromotrice (*f.e.m.*) di una pila, 608
- - e variazione di energia libera, 609
- - standard, 611
fosfolipidi, A15
fotoni, 235
frazione molare, 350
funzione di stato, 438
furano, A71
fusione nucleare, 650

G

galvanostegia, 627
gas
- elettrodo a, 610
- legge di Henry, 346
- solubilità di un, 344
geometria delle molecole, 317, 326
- angolare, 327
- lineare, 327
- piramidale triangolare, 327
- tetraedrica, 327
- triangolare planare, 327
Gibbs
- energia libera di, 451
- equazione di, 451
glicerolo, A100
glicoli, A100
glicolisi, A130
gruppi (della tavola periodica), 255, 259
- A, 259
- B, 259
- configurazione elettronica esterna e, 261
- numerazione CAS, 259
gruppo-i
- alchenilico, A46
- alchilici (*o* radicali alchilici), A30
- ammidico, A125
- amminico, A131
- arilici, A63
- carbonile (*o* carbonilico), A107
- carbossilico, A117
- estereo, A124
- funzionale, A7, A16
- idrofili, A14
- idrofobici, A14
- ossidrile (*o* idrossido), A92

H

Haber-Bosch, processo, A129
Heisenberg Werner, principio di indeterminazione, 237
Henry, legge di, 346
Hess, legge di, 445
Hund, regola di, 246

I

ibridazione, 318
- nell'atomo di carbonio, 321
- *sp*, 319
- sp^2, 319
- sp^3, 320
ibrido di risonanza, 326, A64
idracidi, 386
- nomenclatura degli, 386
idratazione, 516
idrocarburi, A2, A27
- alifatici, A27
- aromatici (*o* areni), A28, A61
- - eterociclici, A28, A71
- - monociclici, A28, A61
- - policiclici, A28, A68, A69
- - sostituenti in *orto-*, *meta-*, *para-*, A62
- derivati degli, A2, A83
- - alogenati, *vedi* alogenuri alchilici
- - azotati
- - ossigenati
idrogenazione, reazione di, A50, A59
idrogeno
- composti dell', 386
- - nomenclatura dei, 386
- elettrodo standard a, 610
- legame
- - a, 309
- - covalente omopolare nella molecola di, 294
- - covalente polare nella molecola di cloruro di, 297
- modello atomico di Bohr per l'atomo di, 236
idrolisi, A125
- salina, 561
- - acida, 562
- - basica, 562
idrossidi, 389
- nomenclatura degli, 389
idrossoacidi, A127
idruri, 386
- nomenclatura degli, 386
imidazolo, A72
indeterminazione, principio di, 237
indicatore-i di pH, 553
- universale, 553
induzione, forze di, 309
inibitori, 476
iniziatore radicalico, A139
innalzamento del punto di ebollizione (o ebullioscopico), 358
interazione-i
- dipolo-dipolo, 308
- di van der Waals, 307, A14
- intermolecolari, 307
- ione-dipolo, 307, 309
- nucleare forte, 637
ione-i
- ammonio, legame covalente dativo nella molecola di, 301
- biatomici, strutture di Lewis degli, 322

- comune, effetto dello, 572
- dei metalli di transizione e di post-transizione, 292
- -dipolo, interazioni, 307, 309
- negativo, 269
- - raggio ionico, 269
- ossonio, 543
- poliatomici, 292
- - strutture di Lewis degli, 322, 323
- positivo, 265
- - raggio ionico, 266
- spettatori, 415
ionizzazione, 515
- energia di, 265
- - prima, 265
- - seconda, 267
- - terza, 268
isomeri, A6
- configurazionali, A9
- conformazionali, A8
- - degli alcani A35
- di catena, A6
- - degli alcheni, A47
- - degli alchini, A56
- di gruppo funzionale, A7
- di posizione, A7
- - degli alcheni, A47
- - degli alchini, A56
- - dei cicloalcani, A40
- geometrici, A9
- - degli alcheni, A47
- - dei cicloalcani, A41
- ottici (*vedi anche* enantiomeri), A10
isomeria, A6
- di struttura, A6
- - di catena, A30
- stereoisomeria, A8
- - di configurazione, A9
- - di conformazione, A8
isotopi radioattivi, applicazioni degli, 645
istamina, A73
istidina, A73
IUPAC (*International Union of Pure and Applied Chemistry*), 376
- nomenclatura, 376

L

lavoro, 434
Le Châtelier, principio di, 499
legame-i (chimico-i), 287
- a idrogeno, 309, A14
- angolo di, 326
- covalente, 289, 293, A2
- - a elettroni delocalizzati, A61
- - dativo, 300
- - eteropolare o polare, 289, 297
- - multiplo, A16
- - omopolare, 289, 294
- - polarità del, 301
- - rottura eterolitica o polare del, A19
- - rottura omolitica o radicalica, A19
- di valenza (*Valence Bond*), teoria del, 293
- e differenza di elettronegatività, 304
- energia di, 303
- - nucleare, 647
- - per nucleone, 648
- forza del, 303
- ionico, 289, 290
- - tra il sodio e il cloro, 290
- lunghezza di, 303
- metallico,289, 306
- orbitale di, 293
- pi-greco (π), 296
- primari, 289
- secondari, 289, 307
- sigma (σ), 295, A29
legge
- di azione di massa, 488
- di Faraday
- - prima, 624
- - seconda, 625
- di Henry, 346
- di Hess, 445
- di Raoult, 356
- periodica, 255
- - eccezioni alla, 257
Lewis
- definizione di acido, 534
- definizione di base, 534
- notazione di, 288
- strutture di, 322, 323
- teoria di, 534
liquidi, soluti, 342
livello-i energetico-i, 236
- esterno, 261
London, forze di, 308
luce
- doppia natura della, 234
- polarizzata, A12
- rifrazione, 234
- velocità della, 234

M

manganese, composti del, 397
massa
- difetto di, 647
- equivalente, 557
- - di una base, 557
- - di un acido, 557
- - di un sale, 557
- legge di azione di, 488
meccanismo di reazione, 474
Mendeleev Dmitrij Ivanovič, tavola periodica di, 255
mentolo, A95
metallo-i, 272, 275
- corrosione dei, 617
- di transizione e di post-transizione, ioni dei, 292
- -ione, elettrodo, 609
- legame metallico, 306
- raffinazione elettrolitica dei, 628
- serie di reattività dei, 412
metil *terz*-butil etere (MTBE), A105
metilen-diossi-metamfetamina (MDMA), A136
modello atomico
- di Bohr, 233
- di Rutherford, limiti del, 233
molalità, 351
molarità, 349
molecola-e
- angolo di legame, 326
- chirale, A10
- destrogira, A12
- formule di struttura, 322
- geometria delle, 317, 326
- - angolare, 327
- - lineare, 327
- - piramidale triangolare, 327
- - tetraedrica, 327
- - triangolare planare, 327
- levogira, A12
- polarità delle, 329
- risonanza, 325
- strutture di Lewis, 322, 323
molecolarità, 474
momento dipolare, 302
monomero, A137

N

Nernst, equazione di, 618
neutralizzazione
- calore di, 436
- reazioni di, 555
neutrino, 638
nicotinammide-adenin-dinucleotide (NAD), A73
nitroglicerina A101
nomenclatura
- degli idrossidi, 389
- degli ossoacidi, 390
- degli ossoanioni, 394
- dei composti binari, 379
- - dell'idrogeno, 386
- - dell'ossigeno, 382
- dei sali binari, 387
- dei sali di ossoacidi, 395
- IUPAC, 376
- sistematica, 376
non elettroliti, 517
non metallo-i, 272
- legame covalente nei, 293
- - eteropolare, 297
- - omopolare, 294
normalità, 351, 557
notazione
- di Lewis, 288
- *s*, *p*, 288
- *s p d f*, 247
- Stock, 379
nuclei
- interazione nucleare forte, 637
- stabilità e instabilità dei, 637

nucleone, energia di legame per, 648
nuclidi, 638
numero-i
- atomico, 257
- di ossidazione, 373, A3
- - del carbonio nei composti organici, A4
- - metodo della variazione del, 590
- quantico-i, 238
- - di spin, 242
- - magnetico, 239
- - principale, 238
- - secondario, 239
nylon, A141

O

olefine, *vedi* alcheni
onda elettromagnetica, 234
- ampiezza, 234
- frequenza, 234
- lunghezza d'onda, 234
orbita-e
- dell'elettrone, 237
- stazionarie, 236
orbitale-i, 238
- *d*, 241
- degeneri, 239
- diagramma energia-, 288
- di legame, 293
- energia degli, 244
- *f*, 242
- forma degli, 240
- ibridazione degli, 318
- ibridi, 318
- - *sp*, 319
- - sp^2, 319
- - sp^3, 320
- numero-i quantico-i, 238
- ordine di riempimento degli, 246
- *p*, 241
- *s*, 240
ordine di reazione, 471
osmosi, 361
ossidante, 587, 588, A99
ossidazione, 585
- degli alcoli, A99
- metodo della variazione del numero di, 590
- numero di, 373
ossidi, 382
- acidi, 384
- basici, 383
- nomenclatura degli, 382
ossido-riduzione (redox), reazione-i di, 585
- bilanciamento delle, 589
- - metodo della variazione del numero di ossidazione, 590
- - metodo delle semireazioni, 591
- equivalenti nelle, 597
- in ambiente acido, 591
- in ambiente basico, 592
- spontaneità di una, 615
ossigeno
- composti binari dell', 382
- - nomenclatura dei, 382
- legame covalente omopolare nella molecola di, 296
- reazione reversibile tra emoglobina ed, 504
ossirani, *vedi* epossidi
ossoacidi, 390
- nomenclatura degli, 390
ossoanioni, 393
- nomenclatura degli, 394
ottetto, 288

P

paraffine, *vedi* alcani
Pauli Wolfgang, principio di esclusione di, 243
periodi, 255, 258
- brevi, 258
- lunghi, 259
perossidi, 384
- nomenclatura dei, 384
petrolio, A34
pH di una soluzione, 546
- cartine indicatrici, 553
- determinazione sperimentale del, 552
- di un acido o di una base debole, 551
- di un acido o di una base forte, 549
- di viraggio, 553
- indicatori di, 553
- piaccametri, 554
- tampone, 567
piaccametri, 554
piano di simmetria, A11
pila-e (*vedi anche* cella galvanica), 605, 606
- anodo, 606
- - determinazione dell', 614
- catodo, 606
- - determinazione del, 614
- Daniell, 606
- forza elettromotrice (*f.e.m.*) di una, 608
- - standard, 611
- irreversibili, 605
- ponte salino, 607
- reversibili o accumulatori, 605
piretro, A91
piridina, A71
pirimidina, A72
pirrolo, A71
Planck Max, 233, 235
- costante di, 235
- equazione di, 235
plasma, 650
pOH di una soluzione, 546
polarimetro, A12
polarità
- del legame covalente, 301
- delle molecole, 329
polarizzazione A17
polietilene, A53
polietilentereftalato (PET), A141
polimeri, A2, A137
- copolimeri; A138
- di addizione, A139
- di condensazione, A140
- importanza dei, nell'industria, A143
- naturali, A137
- omopolimeri, A137
- proprietà fisiche; A142
- sintetici, A137
polimerizzazione, reazione di, A53, A138
- per addizione
- - anionica, A140
- - cationica, A140
- - radicalica, A139
- per condensazione, A140
polioli, A100
ponte salino, 607
positrone, 638
potenziale di riduzione, 608
- equazione di Nernst, 618
- standard, 610
precipitato, 574
precipitazione, reazioni di, 574
pressione
- effetto sull'equilibrio, 501
- osmotica, 360
- - equazione di van't Hoff, 362
principio
- della minima energia, 246
- della termodinamica
- - primo, 438
- - secondo, 447
- di esclusione di Pauli, 243
- di indeterminazione, 237
- di Le Châtelier, 499
prodotto
- di solubilità, 570
- ionico dell'acqua, 544
- - e valori di (K_a) e (K_b), 533
profilo di reazione, 467
proprietà
- achirali, A11
- chirali, A11
- colligative, 354
- degli elementi
- - affinità elettronica, 269
- - densità, 263
- - elettronegatività, 271
- - e massa atomica, 255
- - energia di ionizzazione, 265
- - e numero atomico, 257
- - periodiche, 263
- - raggio atomico, 264
protolisi, reazione di, 523
- in acqua, 523
- non in acqua, 524
punto
- di congelamento, 360
- - abbassamento del, 360
- di ebollizione, 358
- - innalzamento del, 358
- di equivalenza, 559
purina, A73

Q

quanto-i, 233, 235
- di luce, 235
- energia di un, 235
quoziente di reazione, 494

R

radiazioni nucleari, 635
- alfa, 636
- beta, 636
- effetti biologici delle, 636
- gamma, 636
radicali liberi, A19
radioattività, 635
radon-222, 643
raffinazione elettrolitica dei metalli, 628
raggio
- atomico, 264
- ionico
- - del catione, 266
- - dell'anione, 269
Raoult, legge di, 356
reagente-i
- elettrofili, A20
- in eccesso, 419
- limitante, 419
- nucleofili, A20
- velocità di reazione e
- - concentrazione dei, 469, 470
- - legami nei, 468
- - suddivisione dei, 475
reattività, A16
reattivo
- di Fehling, A115
- di Tollens, A115
reazione-i (chimica-che), 405
- a catena, 649
- acido-base, 414
- a completamento o irreversibili, 506
- all'equilibrio, 487
- - costante di equilibrio, 493
- - K_c, 489
- - K_p, 490
- - legge di azione di massa, 488
- - posizione dell'equilibrio, 493
- - principio di Le Châtelier, 499
- - relazione tra K_p e K_c, 491
- calore di, 435
- - misura del, 436
- complete o irreversibili, 485
- di addizione elettrofila, A50, A59
- di addizione nucleofila, A112
- di analisi, 410
- di combinazione, 410
- di combustione, 444, A44
- - variazione di entalpia standard, 444
- di condensazione, A114
- di decomposizione, 411
- di dismutazione, 594
- di dissociazione ionica, 348
- di doppio scambio, 413
- - in forma ionica, 415
- di eliminazione, A90
- di idrogenazione, A50, A59
- di idrolisi salina, 561
- - acida, 562
- - basica, 562
- di neutralizzazione, 555
- di ossido-riduzione (redox), 585
- - bilanciamento delle, 589
- - equivalenti nelle, 597
- - in ambiente acido, 591
- - in ambiente basico, 592
- - metodo della variazione del numero di ossidazione, 590
- - metodo delle semireazioni, 591
- - spontaneità di una, 615
- di polimerizzazione, A53, A138
- di precipitazione, 574
- di protolisi, 523
- - in acqua, 523
- - non in acqua, 524
- di salificazione, A135
- di scambio semplice o spostamento, 411
- di sintesi, 409
- di sostituzione elettrofila, A65
- di sostituzione nucleofila, A86
- endotermiche, 437
- esotermiche, 437
- eterogenee, 406
- fotochimiche, 477
- incomplete o reversibili, 421, 486
- meccanismo di, 474
- molecolarità, 474
- omogenee, 406
- ordine di, 471, 474
- profilo di, 467
- quoziente di, 494
- resa
- - percentuale, 422
- - reale, 422
- - teorica, 421
- reversibile tra emoglobina e ossigeno, 504
- secondarie, 421
- spontaneità di una, 451
- stadio limitante, 474
- variazione di entalpia, 441
- - standard di, 441, 443
- variazione di entropia, 449
- - standard di, 450
- velocità di, 462
- - costante cinetica, 471
- - determinazione sperimentale della, 464
- - e concentrazione dei reagenti, 469, 470
- - e legami nei reagenti, 468
- - equazione cinetica, 470
- - e suddivisione dei reagenti, 475
- - e temperatura del sistema reagente, 473
- - fattori che influenzano la, 468
- verso di svolgimento di una, 494
regola di Hund, 246
resa
- percentuale, 422
- reale, 422
- teorica, 421
resine sintetiche, A143
riducente, 587, 588, A94
riduzione, 585
- potenziale di, 608
- - equazione di Nernst, 618
- - standard, 610
risonanza, 325
- ibrido di, 326
rotazione
- osservata, A12
- specifica, A13
rottura del legame covalente,
- C–O, A99
- eterolitica *o* polare, A19
- O–H, A98, A123
- omolitica *o* radicalica, A19
Rutherford Ernest, limiti del modello atomico di, 233

S

sale-i
- biliari, 520, A15
- binari, 387
- - nomenclatura dei, 387
- di ossoacidi, 395
- - nomenclatura dei, 395
- idrolisi, 561
- - acida, 562
- - basica, 562
- massa equivalente di un, 557
salicina, A122
salificazione, reazione di, A135
sangue, soluzioni tampone nel, 566
scambio
- doppio, reazioni di, 413
- - in forma ionica, 415
- semplice o spostamento, reazioni di, 411
semimetalli, 272
semireazione-i
- di ossidazione, 587
- di riduzione, 587
- metodo delle, 591
serie
- di attività, 598
- di reattività dei metalli, 412
- elettrochimica, 612
- radioattiva-e, 642
- - naturali, 642
sintesi, reazioni di, 409
sistema chimico, 434
- all'equilibrio, catalizzatore in un, 505
- energia interna di un, 438
- - variazione di, 438

- velocità di reazione e temperatura del, 473
sistema periodico degli elementi, 257, 258
sodio e cloro, legame ionico tra, 290
solido-i
- insolubile, 339
- ionici, 347
- molecolari polari, 348
- solubile, 339
- solubilità di, 339
- soluti, 339
solubilità, 339, 570
- curve di, 340
- di soluti liquidi, 342
- di soluti solidi, 339
- - ionici, 347
- - molecolari polari, 348
- di un gas, 344
- - legge di Henry, 346
- prodotto di, 570
solubilizzazione, 340
soluto-i, 337
- ionici, 338
- liquidi, 342
- molecolari apolari, 338
- molecolari polari, 338
- solidi, 339
soluzione-i, 337
- abbassamento del punto di congelamento, 360
- acida, 546
- acquosa, elettrolisi in, 621
- basica, 546
- concentrazione delle, 348
- - frazione molare, 350
- - molalità, 351
- - molare (molarità), 349
- - normalità, 351
- diluizione, 353
- formazione di un precipitato, 574
- gassose, 337
- ideale, 355
- insatura, 339
- ipertonica, 362
- ipotonica, 362
- isotoniche, 362
- liquide, 337
- neutra, 546
- normalità, 557
- pH di una, 546
- - di un acido o di una base debole, 551
- - di un acido o di una base forte, 549
- pOH di una, 546
- pressione osmotica, 360
- - equazione di van't Hoff, 362
- proprietà delle, 337
- - colligative, 354
- punto di ebollizione di una, 358
- - innalzamento del, 358
- reale, 355
- satura, 339
- - con corpo di fondo, 340
- solide, 337
- solubilità, 339, 570
- - curve di, 340
- - di solidi e liquidi, 339
- - di un gas, 344
- - prodotto di, 570
- soluto, 337
- solvente, 337
- sovrasatura, 340
- tampone, 565
- - nel sangue, 566
- - pH delle, 567
- tensione di vapore di una, 356
- - abbassamento della, 356
- - legge di Raoult, 356
solvente, 337
sostituente-i
- attivanti, A67
- disattivanti, A67
- elettron-attrattore, A18
- elettron-donatore, A19
- in *orto-*, *meta-*, *para-*, A62
sostituzione
- elettrofila, reazione di, A65
- - alchilazione *o* di Friedel Crafts, A66
- - alogenazione, A66
- - nitrazione, A65
- - solfonazione, A67
- nucleofila, reazione di, A86
- - acilica, 123
- - bimolecolare (S_N2), A86
- - monomolecolare (S_N1), A88
spettro
- di emissione
- - continuo, 235
- - discontinuo, 235
- elettromagnetico, 234
- visibile, 234
spin, numero quantico di, 242
stadio limitante, 474
stato, funzione di, 438
stechiometria, 417
stereocentro, A10
Stock, notazione, 379
struttura-e
- di Lewis, 322, 323
- formule di, 322
superossidi, 384
- nomenclatura dei, 384

T

tampone
- acido, 565
- basico, 565
- soluzioni, 565
- - nel sangue, 566
- - pH delle, 567
tautomeria cheto-enolica, A110
tavola periodica degli elementi, 255
- di Mendeleev, 255
- e numero atomico, 257
- gruppi, 255, 259
- legge periodica, 255
- - eccezioni alla, 257
- periodi, 255, 258
temperatura, effetto della variazione sull'equilibrio, 504
tempo di dimezzamento, 644
tensione di vapore di una soluzione, 356
- abbassamento della, 356
- legge di Raoult, 356
teoria
- delle collisioni, 464
- del legame di valenza (*Valence Bond*), 293
- di Arrhenius, 521
- di Brønsted-Lowry, 522
- di Lewis, 534
- elettromagnetica ondulatoria, 234
- quantistica, 233, 235
- VSEPR (*Valence Shell Electron Pair Repulsion*), 326
termodinamica, 433
- primo principio della, 438
- secondo principio della, 447
titolazione acido-base, 559
- curve di, 560
- punto di equivalenza, 559
trigliceridi, A100

U

unità formula, 291
unità ripetente, A137
urea, A128
urto efficace, 464

V

valenza, teoria del legame di (*Valence Bond*), 293
van der Waals, interazioni di, 307
van't Hoff
- coefficiente di, 355
- equazione di, 362
vaniglia, A113
vanillina (4-idrossi-3-metossibenzaldeide), A113
velocità
- della luce, 234
- di reazione, 462
- - costante cinetica, 471
- - determinazione sperimentale della, 464
- - e concentrazione dei reagenti, 469, 470
- - e legami nei reagenti, 468
- - equazione cinetica, 470
- - e suddivisione dei reagenti, 475
- - e temperatura del sistema reagente, 473
- - fattori che influenzano la, 468
viraggio, pH di, 553
volt, 608
volume, effetto della variazione sull'equilibrio, 501
VSEPR (*Valence Shell Electron Pair Repulsion*), teoria, 326